城市生活垃圾处理标准定额汇编

住房和城乡建设部标准定额研究所　编

中国建筑工业出版社

图书在版编目（CIP）数据

城市生活垃圾处理标准定额汇编/住房和城乡建设部标准定额研究所编. —北京：中国建筑工业出版社，2009
ISBN 978-7-112-11185-5

Ⅰ. 城… Ⅱ. 住… Ⅲ. 城市-垃圾处理-标准-汇编-中国 Ⅳ. X799.305 - 65

中国版本图书馆 CIP 数据核字（2009）第 154267 号

责任编辑：何玮珂
责任设计：赵明霞
责任校对：刘 钰 兰曼利

城市生活垃圾处理标准定额汇编
住房和城乡建设部标准定额研究所 编
*
中国建筑工业出版社出版、发行（北京西郊百万庄）
各地新华书店、建筑书店经销
北京红光制版公司制版
世界知识印刷厂印刷
*
开本：787×1092 毫米 1/16 印张：53¾ 字数：2150 千字
2009 年 11 月第一版 2009 年 11 月第一次印刷
定价：**112.00** 元
ISBN 978-7-112-11185-5
（18499）

前　言

随着我国城市人口的增长、经济的发展和居民生活水平的不断提高，城市生活垃圾产生量逐年迅速增长。据有关统计资料，我国城市生活垃圾的年产量高达1.7亿多吨，且每年以10%左右的速度增加。但目前我国城市生活垃圾的处理率不高，真正达到无害化处理和资源化利用的比例更低，与日俱增的生活垃圾已成为困扰经济发展和环境治理的重大问题。

城市生活垃圾主要是由城市居民的生活垃圾、商业垃圾、市政维护和管理中产生的垃圾等构成。我国城市生活垃圾的基本特点是热值低、含水量高、成分复杂、季节性变化大等。随着城市居民生活方式的改变，生活垃圾在总量上增长的同时，成分也在发生很大的变化。生活垃圾中无机物的含量持续下降，有机物不断增加，可燃物增多，可回收利用物增多，可利用价值增大。

城市生活垃圾的大量产生，不仅严重地污染环境，破坏资源，而且是产生、传染疾病，危害人们身体健康的重要源头。近年来，国家及地方各级政府都高度重视城市生活垃圾的处理工作，投入大量资金进行科学研究和垃圾处理设施建设，采取卫生填埋、高温堆肥、焚烧、资源化综合处理等多种形式进行垃圾处理，使城市生活垃圾处理率由20世纪80年代初的2%提高到现在的60%以上。

为了配合全国各地城市生活垃圾处理工作的开展，满足广大从事城市生活垃圾处理工作方面的管理、规划、设计、施工、验收等人员的需要，我们收集了涉及城市生活垃圾处理方面的现行工程项目建设标准、工程建设标准、产品标准和定额，编制成《城市生活垃圾处理标准定额汇编》出版。该书内容全面，针对性强，相信能为广大用户带来方便。

住房和城乡建设部标准定额研究所

2009年7月

目　　录

一、工程项目建设标准

1　生活垃圾转运站工程项目建设标准 …………………………………… 1—1—1
2　城市生活垃圾处理和给水与污水处理工程项目建设用地指标 ………… 1—2—1
3　城市生活垃圾焚烧处理工程项目建设标准 ……………………………… 1—3—1
4　城市生活垃圾卫生填埋处理工程项目建设标准 ……………………… 1—4—1
5　城市生活垃圾堆肥处理工程项目建设标准 ……………………………… 1—5—1

二、国　家　标　准

1　镇规划标准 GB 50188—2007 ……………………………………………… 2—1—1
2　村庄整治技术规范 GB 50445—2008 ……………………………………… 2—2—1
3　城市容貌标准 GB 50449—2008 …………………………………………… 2—3—1
4　生活垃圾填埋场污染控制标准 GB 16889—2008 ………………………… 2—4—1
5　生活垃圾焚烧污染控制标准 GB 18485—2001 …………………………… 2—5—1
6　生活垃圾焚烧炉及余热锅炉 GB/T 18750—2008 ………………………… 2—6—1
7　生活垃圾卫生填埋场环境监测技术要求 GB/T 18772—2008 ………… 2—7—1
8　医疗废物焚烧环境卫生标准 GB/T 18773—2008 ………………………… 2—8—1
9　生活垃圾分类标志 GB/T 19095—2008 …………………………………… 2—9—1
10　城镇垃圾农用控制标准 GB 8172—87 ………………………………… 2—10—1

三、行　业　标　准

1　生活垃圾卫生填埋技术规范 CJJ 17—2004 ……………………………… 3—1—1
2　生活垃圾转运站技术规范 CJJ 47—2006 ………………………………… 3—2—1
3　城市生活垃圾好氧静态堆肥处理技术规程 CJJ/T 52—93 ……………… 3—3—1
4　城市生活垃圾堆肥处理厂运行、维护及其安全技术规程
CJJ/T 86—2000 ……………………………………………………………… 3—4—1
5　生活垃圾焚烧处理工程技术规范 CJJ 90—2009 ………………………… 3—5—1
6　城市生活垃圾卫生填埋场运行维护技术规程 CJJ 93—2003 ………… 3—6—1
7　城市生活垃圾分类及其评价标准 CJJ/T 102—2004 …………………… 3—7—1
8　生活垃圾填埋场无害化评价标准 CJJ/T 107—2005 …………………… 3—8—1
9　城市道路除雪作业技术规程 CJJ/T 108—2006 ………………………… 3—9—1
10　生活垃圾转运站运行维护技术规程 CJJ 109—2006 ………………… 3—10—1
11　机动车清洗站工程技术规程 CJJ 71—2000 …………………………… 3—11—1

12 生活垃圾卫生填埋场封场技术规程 CJJ 112—2007 …… 3—12—1
13 生活垃圾卫生填埋场防渗系统工程技术规范 CJJ 113—2007 …… 3—13—1
14 生活垃圾焚烧厂运行维护与安全技术规程 CJJ 128—2009 …… 3—14—1
15 城市环境卫生专用设备 清扫、收集、运输 CJ/T 16—1999 …… 3—15—1
16 城市环境卫生专用设备 垃圾转运 CJ/T 17—1999 …… 3—16—1
17 城市环境卫生专用设备 垃圾卫生填埋 CJ/T 18—1999 …… 3—17—1
18 城市环境卫生专用设备 垃圾堆肥 CJ/T 19—1999 …… 3—18—1
19 城市环境卫生专用设备 垃圾焚烧、气化、热解 CJ/T 20—1999 …… 3—19—1
20 城市环境卫生专用设备 粪便处理 CJ/T 21—1999 …… 3—20—1
21 城市生活垃圾 有机质的测定 灼烧法 CJ/T 96—1999 …… 3—21—1
22 城市生活垃圾 总铬的测定 二苯碳酰二肼比色法 CJ/T 97—1999 …… 3—22—1
23 城市生活垃圾 汞的测定 冷原子吸收分光光度法 CJ/T 98—1999 …… 3—23—1
24 城市生活垃圾 pH 的测定 玻璃电极法 CJ/T 99—1999 …… 3—24—1
25 城市生活垃圾 镉的测定 原子吸收分光光度法 CJ/T 100—1999 …… 3—25—1
26 城市生活垃圾 铅的测定 原子吸收分光光度法 CJ/T 101—1999 …… 3—26—1
27 城市生活垃圾 砷的测定 二乙基二硫代氨基甲酸银分光光度法 CJ/T 102—1999 …… 3—27—1
28 城市生活垃圾 全氮的测定 半微量开氏法 CJ/T 103—1999 …… 3—28—1
29 城市生活垃圾 全磷的测定 偏钼酸铵分光光度法 CJ/T 104—1999 …… 3—29—1
30 城市生活垃圾 全钾的测定 火焰光度法 CJ/T 105—1999 …… 3—30—1
31 城市生活垃圾产量计算及预测方法 CJ/T 106—1999 …… 3—31—1
32 垃圾生化处理机 CJ/T 227—2006 …… 3—32—1
33 垃圾填埋场用高密度聚乙烯土工膜 CJ/T 234—2006 …… 3—33—1
34 垃圾填埋场用线性低密度聚乙烯土工膜 CJ/T 276—2008 …… 3—34—1
35 生活垃圾渗滤液碟管式反渗透处理设备 CJ/T 279—2008 …… 3—35—1
36 垃圾填埋场压实机技术要求 CJ/T 301—2008 …… 3—36—1
37 生活垃圾渗沥水 术语 CJ/T 3018.1—93 …… 3—37—1
38 生活垃圾渗沥水 色度的测定 稀释倍数法 CJ/T 3018.2—93 …… 3—38—1
39 生活垃圾渗沥水 总固体的测定 CJ/T 3018.3—93 …… 3—39—1
40 生活垃圾渗沥水 总溶解性固体与总悬浮性固体的测定 CJ/T 3018.4—93 …… 3—40—1
41 生活垃圾渗沥水 硫酸盐的测定 重量法 CJ/T 3018.5—93 …… 3—41—1
42 生活垃圾渗沥水 氨态氮的测定 蒸馏和滴定法 CJ/T 3018.6—93 …… 3—42—1

43 生活垃圾渗沥水 凯氏氮的测定 硫酸汞催化消解法
CJ/T 3018.7—93 …… 3—43—1
44 生活垃圾渗沥水 氯化物的测定 硝酸银滴定法
CJ/T 3018.8—93 …… 3—44—1
45 生活垃圾渗沥水 总磷的测定 钒钼磷酸盐分光光度法
CJ/T 3018.9—93 …… 3—45—1
46 生活垃圾渗沥水 pH 值的测定 玻璃电极法
CJ/T 3018.10—93 …… 3—46—1
47 生活垃圾渗沥水 五日生化需氧量（BOD_5）的测定
稀释与培养法 CJ/T 3018.11—93 …… 3—47—1
48 生活垃圾渗沥水 化学需氧量（COD）的测定
重铬酸钾法 CJ/T 3018.12—93 …… 3—48—1
49 生活垃圾渗沥水 钾和钠的测定 火焰光度法
CJ/T 3018.13—93 …… 3—49—1
50 生活垃圾渗沥水 细菌总数的检测 平板菌落计数法
CJ/T 3018.14—93 …… 3—50—1
51 生活垃圾渗沥水 总大肠菌群的检测 多管发酵法
CJ/T 3018.15—93 …… 3—51—1
52 城市垃圾产生源分类及垃圾排放 CJ/T 3033—1996 …… 3—52—1
53 城市生活垃圾采样和物理分析方法 CJ/T 3039—95 …… 3—53—1
54 城市生活垃圾堆肥处理厂技术评价指标 CJ/T 3059—1996 …… 3—54—1
55 医疗废弃物焚烧设备技术要求 CJ/T 3083—1999 …… 3—55—1

四、定 额

1 市政工程投资估算指标 第十册 垃圾处理工程
HGZ 47-110-2008 …… 4—1—1

一、工程项目建设标准

生活垃圾转运站工程
项目建设标准

建标 117—2009

主编部门：中华人民共和国住房和城乡建设部
批准部门：中华人民共和国住房和城乡建设部
中华人民共和国国家发展和改革委员会
施行日期：2 0 0 9 年 8 月 1 日

住房和城乡建设部、国家发展和改革委员会

关于批准发布《生活垃圾转运站工程项目建设标准》的通知

建标［2009］65号

国务院有关部门，各省、自治区、直辖市、计划单列市住房和城乡建设厅（委、局）、发展和改革委员会，新疆生产建设兵团建设局、发展和改革委员会：

根据建设部《关于印发〈二〇〇四年工程项目建设标准、投资估算指标、建设项目评价方法与参数编制项目计划〉的通知》（建标函［2005］19号）的要求，由住房和城乡建设部负责编制的《生活垃圾转运站工程项目建设标准》，经有关部门会审，现批准发布，自2009年8月1日起施行。

在生活垃圾转运站项目的审批、核准、设计和建设过程中，要严格遵守国家关于严格控制建设标准，进一步降低工程造价的相关要求，认真执行本建设标准，坚决控制工程造价。

本建设标准的管理由住房和城乡建设部、国家发展和改革委员会负责，具体解释工作由住房和城乡建设部负责。

中华人民共和国住房和城乡建设部
中华人民共和国国家发展和改革委员会
二〇〇九年三月二十七日

前　言

《生活垃圾转运站工程项目建设标准》是根据原建设部《关于印发〈二〇〇四年工程项目建设标准、投资估算指标、建设项目评价方法与参数编制项目计划〉的通知》（建标函［2005］19号），由华中科技大学等单位负责编制而成。

在编制过程中，编制组对我国生活垃圾转运站建设和运营情况进行了深入调查研究，认真总结了经验，在借鉴国外有关做法和经验，考虑适应国内当前和今后一段时期需要的基础上，遵循艰苦奋斗、勤俭建国的方针，在满足功能和安全的前提下，严格执行我国资源能源节约、生态环境保护的各项法规和政策。征求意见稿完成后，广泛征求有关部门、单位及专家的意见，多次召开讨论座谈会，最后召开审查、复审会，会同有关部门审查定稿。

本建设标准共分九章：总则、建设规模与项目构成、选址与总图布置、主体工程、配套工程、环境保护与劳动保护、建筑标准与建设用地、运营管理与劳动定员、主要技术经济指标。

本建设标准对政府投资的生活垃圾转运站工程必须严格执行。在实施过程中，请各单位注意总结经验，积累资料，如发现需要修改和补充之处，请将意见和有关资料寄华中科技大学环境科学与工程学院（地址：武汉市珞喻路1037号华中科技大学东校区；邮政编码：430074），以便今后修订时参考。

主编单位：华中科技大学

参编单位：城市建设研究院
广西玉柴专用汽车有限公司
上海中荷环保有限公司
珠海经济特区联谊机电工程有限公司
海沃机械（扬州）有限公司
中国城市环境卫生协会
上海绿环机械有限公司
武汉华曦科技发展有限公司
五洲工程设计研究院

主要参编人员：陈海滨　陶　华　徐文龙
邓　成　黄　宁　周治荣
张来辉　谈　浩　汪俊时
魏正康　王敬民　秦建宁
沈　磊　朱建军　张后亮
陈恩富　田永汉　章　程
万迎峰

目　录

第一章　总则 ………………………… 1—1—4
第二章　建设规模与项目构成 ……… 1—1—4
第三章　选址与总图布置 ………… 1—1—4
第一节　选址 ………………………… 1—1—4
第二节　总图布置 ………………… 1—1—5
第四章　主体工程 ………………… 1—1—5
第五章　配套工程 ………………… 1—1—5
第六章　环境保护与劳动保护 …… 1—1—6
第一节　环境保护 ………………… 1—1—6
第二节　劳动保护 ………………… 1—1—6
第七章　建筑标准与建设用地 …… 1—1—6
第八章　运营管理与劳动定员 …… 1—1—6
第九章　主要技术经济指标 ……… 1—1—7
本建设标准用词和用语说明 ……… 1—1—7
附件　生活垃圾转运站工程
项目建设标准
条文说明 ………………………… 1—1—8

第一章　总　　则

第一条　为贯彻落实科学发展观、促进经济社会和环境保护的协调发展，实现生活垃圾处理的减量化、资源化和无害化，提高生活垃圾转运站工程项目（以下简称“转运站”）的决策和规划建设水平，合理确定建设标准，充分发挥投资效益，制定本建设标准。

第二条　本建设标准是项目决策和合理确定项目建设水平的全国统一标准，是审批、核准转运站项目的重要依据，也是有关部门审查工程项目初步设计和监督检查整个建设过程的依据。

第三条　本建设标准适用于新建转运站。改建、扩建项目参照执行。

第四条　转运站的建设必须遵守国家有关的法律、法规，贯彻执行环境保护、节约土地、劳动保护、安全卫生和节能等有关规定。

第五条　转运站的建设水平应以本地区的经济社会发展水平和自然条件为基础，按不同建设规模合理确定，做到技术先进、经济合理、安全卫生、保护环境。

第六条　转运站的建设应在城市（城镇）总体规划和环境卫生专项（专业）规划的指导下，统筹规划，近、远期结合，以近期为主。转运站的建设数量、规模、布局和选址应进行技术、经济、社会和环境保护论证，综合比选。新建项目应与垃圾收运及处理系统相协调，改建、扩建工程应充分利用原有设施。

第七条　转运站的建设应采用成熟、适用的先进技术、工艺、材料和设备，应结合国情，遵照以下原则，并经充分的技术、经济、社会和环境保护论证后合理确定：

一、有利于推进垃圾转运设备的国产化。

二、有利于提高转运站的工艺技术水平，促进我国环境卫生事业的发展。

三、引进国外的技术和装备，必须满足先进、成熟、可靠的基本条件。

四、引进国外先进技术设备必须进行细致的技术经济论证。

第八条　转运站的建设应坚持专业化协作和社会化服务相结合的原则，合理确定配套工程项目，提高运营管理水平，降低运营成本。

第九条　转运站的建设应落实工程建设资金和土地、道路、交通、供电、给排水、通信等建设条件。

第十条　转运站的建设除应执行本建设标准外，尚应符合国家现行有关经济、参数标准和指标及定额的规定。

第二章　建设规模与项目构成

第十一条　转运站的建设应根据城市的规模与特点，结合城市总体规划、市环境卫生专项（专业）规划，合理确定其数量、规模和项目构成。

第十二条　转运站的建设规模和数量应与生活垃圾收集、处理设施相协调。对于生活垃圾处理设施集中建设且远离城市的地区，可建设大型的转运站对垃圾集中转运；对于生活垃圾处理设施分区建设的城市，可建设满足相应服务区域要求的垃圾转运站。

第十三条　转运站建设规模分类宜符合表1的规定。

表1　生活垃圾转运站建设规模分类（t/d）

<table>
<tr><th colspan="2">类　型</th><th>额定日转运能力</th></tr>
<tr><td rowspan="2">大型</td><td>Ⅰ类</td><td>1000～3000</td></tr>
<tr><td>Ⅱ类</td><td>450～1000</td></tr>
<tr><td>中型</td><td>Ⅲ类</td><td>150～450</td></tr>
<tr><td rowspan="2">小型</td><td>Ⅳ类</td><td>50～150</td></tr>
<tr><td>Ⅴ类</td><td><50</td></tr>
</table>

注：1　以上规模类型Ⅱ、Ⅲ、Ⅳ类额定日处理能力不含上限值，Ⅰ类含上下限值；

2　建设规模大于3000t/d的特大型转运站（除建筑面积和建设用地指标外）参照Ⅰ类转运站有关要求。

第十四条　转运站由主体工程设施、配套工程设施以及生产管理和生活服务设施等构成。具体包括下列内容：

一、主体工程设施主要包括：站房，进出站道路，垃圾集装箱，垃圾计量、装卸料/压缩、垃圾渗沥液及污水处理、除臭、通风、灭虫、自动控制等系统。

二、配套工程设施主要包括：供配电、给排水、机械维修、停车、冲洗、消防、通信、检测及化验等设施。

三、生产管理与生活服务设施主要包括：办公室、值班室、休息室、浴室、宿舍、食堂等设施。

第十五条　大、中型转运站应包含主体工程设施、配套工程设施以及生产管理和生活服务设施。小型转运站以主体工程设施为主，生产管理和生活服务设施应借助周边公共设施。

第三章　选址与总图布置

第一节　选　　址

第十六条　转运站选址应符合下列要求：

一、应符合城市总体规划、环境卫生专项（专业）规划以及国家现行有关标准的规定和要求。

二、应按区域统筹、城乡统筹等原则，合理布局。

三、交通便利，易于安排垃圾收集和运输线路。

四、有可靠的电力供应、供水水源及污水排放系统。

五、不宜设在公共设施集中区域和人流、车流集中的地段。

第十七条 具备水路运输条件时，宜设置水路转运站（码头）。

第二节 总图布置

第十八条 转运站的总图布置应该符合转运工艺流程要求，功能区应合理布局、人流物流通畅、作业管理方便。

第十九条 转运站内道路应综合考虑转运规模、运输方式、周边交通状况等因素合理确定。站内转运路线和收集路线宜分开，做到线路清晰明确。

第二十条 转运站应充分利用地形、地貌等自然条件进行合理的工艺布置。

第二十一条 兼有其他功能（如含停车场、修理厂、分选车间等设施）的转运站，应以转运设施与设备为中心进行布置，各项辅助设施应根据使用功能、生产流程、地形及安全因素等合理布局。

第四章 主体工程

第二十二条 转运站主体建（构）筑及配套设施应符合下列要求：

一、转运站主体设施及容器应封闭，严禁建设露天转运站。

二、垃圾转运车间应安装便于启闭的出口（如卷帘闸门等），并设置可关闭的通风口。

三、转运站的建（构）筑应简单、实用，其风格、色调应与周边建筑和环境协调。

第二十三条 垃圾转运工艺应根据垃圾收集、运输、处理的方式及建设规模合理确定。应满足提高机械化和自动化水平、保证安全、改善环境卫生和劳动条件、提高劳动生产效率的要求。

第二十四条 为保证转运站工作的连续性，提高使用寿命，转运站的转运单元不应少于2个。

第二十五条 大、中型转运站作业区应符合下列要求：

一、应设置进站垃圾计量设施，大型转运站计量设备必须具有自动记录、统计等功能。

二、应在转运站入口或计量设施处设置车号自动识别系统，并进行垃圾来源、运输单位及车辆型号、规格登记。

三、卸料场地应满足垃圾车顺畅作业的要求。

四、垃圾卸料、转运作业区应配置通风、降尘、除臭等系统。

五、垃圾储存容器应具有良好的防渗和防腐性能，应设置渗滤液收集设施。

六、应设置单独的垃圾收集车和运输车辆抽样检查停车等待区。

第二十六条 转运站应根据其规模、类型配置相应的填装、压实设备。

第二十七条 转运站内各转运单元的配套机械设备，应选用同一型号、规格；同一垃圾转运系统的多个转运站的配套机械设备也应选用同一型号、规格。

第二十八条 转运站机械设备、配套车辆以及垃圾容器、设施等应综合考虑日有效运行时间和高峰期垃圾量进行配置。

第二十九条 转运站的道路工程应符合现行国家标准《厂矿道路设计规范》GBJ 22的有关要求。站内道路设施应保证各种工作车辆的流畅通行，道路宽度、转弯半径与承载能力等应满足最大转运车辆满载通行的要求。

第五章 配套工程

第三十条 转运站的配套工程应与主体工程相适应。其装备标准应满足转运站正常运行、安全作业和保护环境的要求。改建、扩建工程应充分利用原有的设施。

第三十一条 转运站供电电源应由当地电网供给，供电方式应根据工艺设计要求和服务区具体情况决定，按现行国家标准《供配电系统设计规范》GB 50052和地方有关法规执行。大、中型转运站供电设施应采用二级负荷并自备电源。

第三十二条 转运站应有可靠的供水水源和完善的供水设施。生活用水、生产用水及其他用水应符合国家现行有关标准的规定。

第三十三条 转运站的排水系统必须实行雨污分流，废水排放应符合国家现行有关标准的规定。

第三十四条 转运站消防设施的设置必须满足站内消防要求，并应符合现行国家标准《建筑设计防火规范》GB 50016以及《建筑灭火器配置设计规范》GB 50140的有关要求。

第三十五条 转运站应配置必要的通信设施，以保证各生产岗位之间的通信联系和对外通信的需要。

第三十六条 大型转运站应设置相对独立的管理办公设施；中、小型转运站行政办公设施可与站内主体设施合并建设。

第三十七条 转运站应配备监控设备；大型转运站应配备闭路监视系统、交通信号系统及现场控制系统；有条件的可设置中央控制系统，其他类型转运站宜根据实际情况配置。

第三十八条 中、小型转运站可根据需要设置附属式公厕，公厕应与转运设施有效隔离，并满足国家现行有关标准的规定。

第三十九条 大型转运站应设置机修设施，中、小型转运站可根据具体需求酌情设置。

第六章 环境保护与劳动保护

第一节 环 境 保 护

第四十条 转运站环境保护配套设施必须与转运站主体工程没施同时设计、同时建设、同时启用。

第四十一条 转运站应通过合理布置建（构）筑物、设置绿化隔离带、配备污染防治设施和设备等措施，对转运过程产生的二次污染进行有效防治。

第四十二条 转运站应结合垃圾转运单元的工艺特点，强化在卸装垃圾等关键位置的通风、降尘、除臭措施；大型转运站必须设置独立的通风、除臭系统。

第四十三条 配套的转运车辆必须有良好的整体密封性能。

第四十四条 转运作业过程产生的噪声控制应符合现行国家标准《城市区域环境噪声标准》GB 3096 的规定。

第四十五条 转运站应根据所在地区水环境质量要求和污水收集、处理系统等具体条件，确定渗沥液及污水排放、处理措施，并应符合国家现行有关标准及当地环境保护部门的要求。中、小型转运站的渗沥液及污水宜直接排入市政污水管网集中处理。

第二节 劳 动 保 护

第四十六条 转运站的安全卫生措施应符合国家现行标准《工业企业设计卫生标准》GBZ 1 和《生产过程安全卫生要求总则》GB 12801 及《关于生产性建设工程项目职业安全卫生监察的暂行规定》（劳字[1988] 48 号）的要求。

第四十七条 转运站的卸料平台等重要和危险位置应按现行国家标准《安全标志》GB 2894、《安全色》GB 2893 的要求设立醒目的标牌或标志。

第四十八条 转运站内应提供劳动保护用具、用品和专用设施。

第四十九条 转运站内应做好卫生防疫工作，应采取防虫、灭虫等措施。

第七章 建筑标准与建设用地

第五十条 转运站的建筑标准应贯彻安全实用、经济合理、因地制宜的原则，根据转运站规模、建筑物用途、建筑场地条件等需要而确定，应与周围环境相协调，适应城市发展的需要。

第五十一条 转运站的各类建筑物应根据工艺要求合理设置，其建筑面积指标应按表 2 执行。

表 2 生活垃圾转运站建筑面积（m^2）

类型		主体设施	配套设施	生产管理与生活服务设施
大型	Ⅰ类	1500～3000	400～600	400～900
	Ⅱ类	1000～2000	200～400	200～400
中型	Ⅲ类	400～1200	100～200	100～200
小型	Ⅳ类	150～400	<100	<100
	Ⅴ类	50～200	<50	<50

注：1 同类设施中，规模小者取下限，反之取上限，在此区间规模宜采用插入法进行测算；
2 生产管理和生活服务设施包括办公室、值班室、休息室、浴室、宿舍、食堂等；
3 配套设施面积未包括站内道路和停车场；
4 规模大于 3000t/d 的转运站各项设施建筑面积可参照现行有关标准，并结合工艺条件酌情增加；
5 小城镇的小型（Ⅵ、Ⅴ类）转运站建筑面积指标可取偏大值，大城市则应取偏小值；
6 其他功能（分选、加油等）设施建筑面积另计。

第五十二条 转运站的建设用地，应遵循科学合理、节约用地的原则，满足生产、生活、办公的需求，并留有发展的余地。转运站建设用地指标应按表 3 执行。

表 3 生活垃圾转运站建设用地指标（m^2）

类型		用地指标
大型	Ⅰ类	≤20000
	Ⅱ类	15000～20000
中型	Ⅲ类	4000～15000
小型	Ⅳ类	1000～4000
	Ⅴ类	≤1000

注：1 建设用地指标含上限值，不含下限值。转运能力大于 3000t/d 的转运站，用地指标可酌情增加；
2 表内用地只含转运站主体工程设施和第十四条所列配套工程设施及生产、生活服务设施的建设用地，不包括其他功能（如停车场、修理厂、分选车间等）所需用地，否则，应按国家现行相关的标准确定其额外用地指标；
3 建设规模大的取上限，规模小的取下限，中间规模应采用内插法确定；
4 小城镇的Ⅴ类转运站建设用地指标可取偏大值，大城市则应取偏小值；
5 对于邻近江河、湖泊、海洋和大型水面的生活垃圾转运码头，其陆上转运站用地指标可适当上浮。

第五十三条 转运站行政办公及生活服务设施用地不得超过总用地面积的 5%～8%。

第五十四条 转运站绿地率应为总用地面积的 20%～30%，中型以上（含中型）转运站宜取上限；当地处绿化隔离带区域时，绿地率指标宜取下限。

第八章 运营管理与劳动定员

第五十五条 转运站运营机构的设置应以精干、高效和有利于生产经营为原则，做到分工合理，职责分明。

第五十六条 转运站宜采用一至两班制。

第五十七条 各类转运站的劳动定员应按照定岗定量的原则，根据项目的工艺特点、技术水平、自动控制水平、投资体制、当地社会化服务水平和经营管理的要求，合理确定。各类转运站劳动定员可参照表4的标准按需配备。

表4 转运站劳动定员（人）

类型		劳动定员
大型	Ⅰ类	25～60
	Ⅱ类	10～30
中型	Ⅲ类	5～12
小型	Ⅳ类	3～6
	Ⅴ类	2～4

注：1 劳动定员指主要转运操作和管理人员数量，不含垃圾收集、转运车辆司机；

2 转运能力大于3000t/d的转运站，劳动定员可酌情增加。

第九章 主要技术经济指标

第五十八条 转运站项目的工程投资应按国家现行的有关规定编制。本章所列技术经济指标，可作为审批、核准项目时的参考依据。若工程建设实际内容随市场价格出现变化，应按照动态管理的原则进行调整、修正。

第五十九条 转运站投资估算指标可按表5所列指标控制。

表5 转运站投资估算指标[万元/(t/d)]

类型		投资估算指标
大型	Ⅰ类	4～5
	Ⅱ类	4～5
中型	Ⅲ类	3～5
小型	Ⅳ类	3～4
	Ⅴ类	3～4

注：1 投资估算含转运车购置费，但不包括收集车购置费；不包括征地费、拆迁费及分选、公厕、景观与厂外工程等其他辅助功能建设投资；

2 运距远的Ⅲ类转运站投资指标可取偏大值，反之则应取偏小值；

3 涉及软地基处理、半地下结构等特殊情况的取放大系数1.10～1.30；

4 表中投资估算指标按照2007年北京市工料及费率标准计算。

第六十条 转运站建设工期可按表6控制。建设工期从破土动工计，至工程竣工验收止，不包括非正常停工。

表6 转运站建设工期（月）

类型		建设工期
大型	Ⅰ类	≤12
	Ⅱ类	≤12
中型	Ⅲ类	≤9
小型	Ⅳ类	≤6
	Ⅴ类	≤3

第六十一条 转运站项目应按国家现行的有关建设项目经济评价方法与参数的规定进行经济评价。

本建设标准用词和用语说明

1 为便于在执行本建设标准条文时区别对待，对要求严格程度不同的用词说明如下：

1）表示很严格，非这样做不可的用词：
正面词采用“必须”，反面词采用“严禁”。

2）表示严格，在正常情况下均应这样做的用词：
正面词采用“应”，反面词采用“不应”或“不得”。

3）表示允许稍有选择，在条件许可时首先应这样做的用词：
正面词采用“宜”，反面词采用“不宜”；
表示有选择，在一定条件下可以这样做的用词，采用“可”。

2 本建设标准中指明应按其他有关标准、规范执行的写法为“应符合……的规定”或“应按……执行”。

附件

生活垃圾转运站工程项目建设标准

条 文 说 明

目　录

第一章　总则 …………………………… 1—1—10
第二章　建设规模与项目构成 ……… 1—1—11
第三章　选址与总图布置 …………… 1—1—11
　第一节　选址 ………………………… 1—1—11
　第二节　总图布置 …………………… 1—1—12
第四章　主体工程 …………………… 1—1—12
第五章　配套工程 …………………… 1—1—13
第六章　环境保护与劳动保护 ……… 1—1—13
　第一节　环境保护 …………………… 1—1—13
　第二节　劳动保护 …………………… 1—1—14
第七章　建筑标准与建设用地 ……… 1—1—14
第八章　运营管理与劳动定员 ……… 1—1—14
第九章　主要技术经济指标 ………… 1—1—15

第一章 总 则

第一条 生活垃圾转运站工程项目（简称“转运站”）直接关系到城市人民的生活与环境保护。本建设标准是在国家有关基本建设方针、政策、法规指导下，借鉴、总结国内外转运站建设经验，并考虑其建设发展需要而编制的。本建设标准编制目的在于推动技术进步、提高投资效益与社会效益，为项目决策和建设管理提供科学依据。

第二条 建设标准是依据有关规定由国家建设和投资主管部门审批发布的为项目决策和合理确定建设水平服务的全国统一标准，是工程项目决策和建设中有关政策、技术、经济的综合性要求的文件。对建设项目在技术、经济、管理上起宏观调控作用，具有一定的政策性和实用性。本建设标准内容的规定为强制性与指导性相结合，对涉及建设原则、贯彻国家经济建设的有关方针、行业发展与产业政策和有关合理利用资源、能源、土地以及环境保护、职业安全卫生等方面的规定，以强制性为主，在项目决策和建设中，有关各方应认真贯彻执行。对涉及建设规模、项目构成、工艺装备、配套工程、建筑标准和主要技术经济指标等方面的规定，以指导性为主，由投资者、业主自主决策，有关各方可在项目决策和建设中结合具体情况执行。建设标准的作用是为项目的决策等建设前期工作提供所遵循的原则，为建设实施提供监督检查的尺度。

第三条 本建设标准主要适用于新建的垃圾转运站。改建、扩建的转运站因受原选址、用地、交通、规模等条件的限制，一时可能达不到本建设标准的规定，但技术装备水平、环境保护等指标应符合本建设标准的规定。

第四条 转运站建设必须首先遵守国家有关经济建设的一系列法律、法规，符合社会主义市场经济的基本原则。环境保护、节约用地和节约能源是我国的基本国策。我国宪法有保护环境的条文，并发布了环境保护法等一系列法规、条例、规定和标准，以保护环境和维持生态平衡。转运站是保护环境的重要基础设施工程之一，如果建设不当，容易对环境造成严重污染，尤其是对城市居住环境的污染，对人民生活和生态环境造成严重危害，所以必须加强环境保护意识。本建设标准第六章对环境保护作了规定。我国人多地少，人均耕地面积正逐年减少，国家已经颁布了有关土地利用的法令并对建设用地指标作了规定，城市环境卫生设施的用地应该遵循节约用地的原则。本建设标准第七章列出了建设用地条款。转运站的选址和规模设定对垃圾转运站工作效率影响较大，合理设定转运站的位置和规模至关重要。

第五条 转运站建设应符合我国国情，应以我国的技术经济水平为基础，并考虑今后城市发展与科学技术发展的需要。我国幅员辽阔，地区经济水平差异很大，因此要区别不同城市、不同建设规模，合理确定建设水平和选定第九章所列的有关技术经济指标参数（例如，地区中心城市、旅游城市等应按较高标准设置）。转运站在技术上应当是先进、可行、安全可靠的，并能适应当地的经济条件。

第六条 本条规定工程建设的原则。转运站是防治城市生活垃圾污染、改善环境的辅助工程，是保障人体健康、维护和促进城市经济发展的重要基础设施。城市生活垃圾转运工程又是城市基础设施，隶属于一个大的系统工程，所以条文强调工程建设必须符合城市（城镇）总体规划，满足人们对环境的要求。应统筹规划，既要满足城市近期的需要，又要考虑远期发展的经济合理性，应以近期（5 年规划）为主，远近期相结合，并为将来发展留有余地。

本建设标准中的城市总体规划是广义（含城市、城镇）的表述。

鉴于转运站的社会与环境影响大而直接，因此，其工程建设应根据规模做多方案比较，不但要进行技术经济论证，而且需进行社会与环境的论证及综合比选，尤其是大型转运站项目，应根据筹资能力，从发挥效益出发，控制初期工程规模和投资。新建项目应与现有的垃圾收运及处理系统相协调，改扩建工程应充分利用原有设施。

第七条 本条规定转运站建设在推动技术进步、引进设备和技术方面的原则。

第八条 本条规定转运站项目建设内容确定的原则，并非所列项目都要建设，要视生产需要和工艺要求，在充分利用建设地区依托条件的前提下，合理确定项目的内容，不搞大而全或小而全。

第九条 本条规定工程建设必须落实工程建设资金及土地、供电、给排水、交通和通信等设施的条件，以保证工程的顺利实施和投产。

第十条 转运站项目建设涉及面广、专业多，建设标准的内容仅从加强转运站建设的宏观管理，工程建设水平及投资等主要方面作出必要的规定。在本建设标准编制过程中，国家已经颁布或将要颁布一系列规范和标准，本建设标准在有关条文中，对执行这些标准和规范都做了相应的规定。随着标准化工作的进展，将有更多的标准、规范、定额、指标陆续发布，故本条作了明确的规定。

本建设标准引用的现行国家和行业标准主要有：

《城市环境卫生设施规划规范》GB 50337；

《城镇环境卫生设施设置标准》CJJ 27；

《生活垃圾转运站技术规范》CJJ 47；

《工业企业总平面设计规范》GB 50187；

《厂矿道路设计规范》GBJ 22；

《工业企业设计卫生标准》GBZ 1；

《工业企业厂内铁路道路运输安全规程》GB 4387；

《工业企业厂界环境噪声排放标准》GB 12348；

《城市区域环境噪声标准》GB 3096；

《环境空气质量标准》GB 3095；

《作业场所空气中粉尘测定方法》GB 5748；

《恶臭污染物排放标准》GB 14554；

《地表水环境质量标准》GB 3838；

《污水综合排放标准》GB 8978；

《建筑物防雷设计规范》GB 50057；

《建筑设计防火规范》GB 50016；

《建筑内部装修设计防火规范》GB 50222；

《建筑灭火器配置设计规范》GB 50140；

《建筑地面设计规范》GB 50037；

《建筑采光设计标准》GB 50033；

《机械设备安装工程施工及验收通用规范》GB 50231；

《汽车加油加气站设计与施工规范》GB 50156；

《机动车清洗站工程技术规程》CJJ 71；

《生产过程安全卫生要求总则》GB 12801；

《城市生活垃圾处理和给水与污水处理工程项目建设用地指标》（建标［2005］157 号）；

《安全色》GB 2893；

《安全标志》GB 2894。

第二章　建设规模与项目构成

第十一条　本条是关于转运站建设规模与数量的规定。转运站建设规模及数量应满足城市总体规划和环境卫生专项（专业）规划的要求，结合服务区域和城市特点确定。

转运站可根据其服务区域环境卫生专项（专业）规划或其从属的垃圾处理系统的需求，在进行垃圾转运作业的基础上增加储存、分选、回收等项功能，成为综合性转运站。

垃圾转运站所从属的转运系统可分为一级转运和二级转运，一般情况下，使用一级转运系统，如图 1 所示。

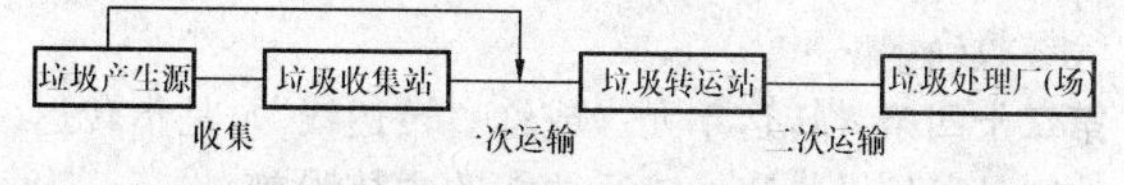

图 1　生活垃圾一级转运系统

当垃圾转运量很大而运距较远时（通常≥30km），可建立二级转运系统。在此系统中，垃圾经由数个中小型垃圾转运站转运至一个大型转运站，再次集中运往垃圾处理厂（场）。二级转运系统的基本技术路线，如图 2 所示。

第十二条　转运站的建设规模及数量应根据其服务范围及其垃圾处理设施的分布情况来确定。

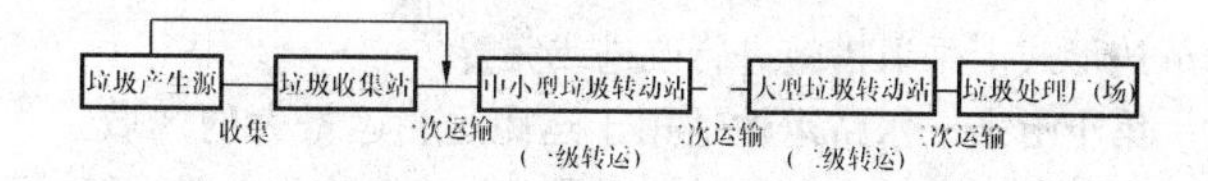

图 2　生活垃圾二级转运系统

第十三条　此条是转运站建设规模的分类原则。参照《城市生活垃圾处理和给水与污水处理工程项目建设用地指标》（建标［2005］157 号）等国家现行技术标准的规定，将转运站的规模按转运能力分为三大类五小类。

第十四条　明确规定转运站建设项目的构成，是为了避免漏建或多列工程项目致使转运站无法运行或造成浪费。转运工艺及规模不同时，生产设施的内容也不同。规模较大的转运站，配套工程设施和生产服务设施相应更齐全。

第十五条　对于大、中型转运站，应保证项目建设的完整性，达到配套设施、管理设施、生活服务设施等的合理配备。对于小型转运站，由于受到规模、场地等多方面原因的限制，应遵循精简节约的原则，生产管理和生活服务设施应借助周边公共设施，避免浪费。有分选、公厕、景观等其他功能的转运站，配套工程设施和生产管理与生活服务设施还应满足其他功能的要求。

第三章　选址与总图布置

第一节　选　　址

第十六条　本条明确转运站选址的要求。转运站选址应符合城市总体规划和环境卫生专项（专业）规划的基本要求，若转运站所在区域的城市总体规划未对转运站选址提出要求或尚未编制环境卫生专业规划，则其选址应由建设主管部门会同规划、土地、环保、交通等有关部门进行，或及时征求有关部门的意见。

转运站应设置在生活垃圾收集服务区内人口密度大、垃圾排放量大、易形成转运站经济规模的地方，以有利于提高建设投资效益和运营管理，同时又必须注意防治二次污染。

转运站设置在交通便利、易安排收集和运输线路的地方有利于生产调度和降低日常运行成本。

有污水排放的条件是指按环保部门要求将污水直接排放或经适当处理后达标排放。

转运站选址应避开立交桥或平交路口旁，以及影剧院、大型商场出入口等繁华地段，主要是避免造成交通混乱或拥挤。若必须选址于此类地段时，应从转运站进出通道的结构与形式上进行优化或完善。转运站选址避开邻近商场、餐饮店、学校等群众日常生活聚集场所，主要是避免垃圾转运作业时的二次污染影响甚至危害，以及潜在的环境污染对社会造成的负面影响。若必须选址于此类地段时，应从建筑结构或建筑形式上采取措施进行改进或完善。

第十七条 水路运输适用于运距远、运量大的区域。在具备这些基本条件时，还需对公路运输和水路运输进行方案比选和技术、经济与环境的综合论证，择优选用。

若设置水路运输转运站（码头），其设计建造除符合转运站的基本规定外，还必须满足特定设施及有关行业标准的规定与要求。

第二节 总图布置

第十八条 转运站的总体布局应依据其采用的转运工艺及技术路线确定，充分利用场地空间，保证转运作业，有效地抑制二次污染并节约土地。

第十九条 转运站内道路除满足道路设计的一般要求外，还应满足国家现行有关标准的要求。

第二十条 转运站的总体布置应利用站址地形、地貌等自然条件。对于高位卸料、设置进站引桥的竖向工艺设计，充分利用地形和场地空间尤其重要。

第二十一条 兼有其他功能（如停车场、修理厂、分选车间等设施）的转运站，仍应以转运设施与设备为中心设置，各项辅助设施根据作业流程及地形等因素合理安排，确保各单元安全、高效。

第四章 主体工程

第二十二条 转运站设施和容器应封闭，以保证隔离雨水，防止臭气、灰尘等污染周边环境卫生，严禁新建露天敞口转运站。

为了保证垃圾转运作业对污染实施有效控制或在相对密闭的状态下进行，从建筑结构方面可采取的主要措施包括：给垃圾转运车间安装便于启闭的卷帘闸门，设置非敞开式通风口等。

转运站的建设应重在实用，其建筑形式、风格、色调应与周边建筑和环境协调，不宜太华丽、铺张，也不宜对周围建筑环境的美观产生影响。

第二十三条 我国现行主要的垃圾转运方式有以下几类：

一、敞开式转运：即转运设备的容器不可密封，转运场所是敞开或半敞开的，与之配套的车辆也通常是敞开式的。这种转运方式会造成垃圾散落、臭气散发、污水泄漏等严重二次污染，尤其影响周围的环境。该种原始转运方式正在逐步被淘汰或改造。

二、封闭式转运：垃圾转运场所和垃圾装载容器均可封闭。这种转运方式解决了部分垃圾散落等问题，减少了对周围环境的污染，但在垃圾量大、运距远的情况下，不能实现高效运输。

三、压缩式转运：即机械填装/压缩式转运，是在封闭转运的前提下，利用机械压缩设备对垃圾进行压缩，增加垃圾的容重。这种模式除了有封闭转运的优点外，还提高了转运车的运输效率，尤其是大吨位、远距离垃圾运输，可大大降低成本。

（一）压缩式转运根据物料被装载、转运时的移动方向分为卧式或立式两大类。

1. 卧式：将垃圾倒入卧放的容器（车箱）内，并依靠机械动力（刮板或活塞推板）将容器（或车箱）填满压实，并沿水平方向完成转运作业。

2. 竖式：利用垃圾重力，直接将垃圾倒入竖直置放的容器（车箱），并依靠液压装置，对容器（车箱）内的垃圾进行垂直压实，并完成转运作业。

（二）压缩式转运根据转运容器内的垃圾是否被压实及其压实程度，划分为填装式（兼压缩式）和压缩式两大类。

1. 填装式：采用回转式刮板将物料送入装载容器，依靠机械动作力将装载容器填满并压实。此类填装设备过去通常与装载容器连为一体（如后装式垃圾收运车），现在为了提高单车运输效率，逐渐将填装/压缩装置与装载容器分离。

2. 压缩式：采用往复式推板将物料压入装载容器。与刮板式填装作业相比，往复式推压技术对容器内的垃圾施加更大的压力。

3. 压缩式转运还可进一步按垃圾被压实的不同工艺路线及机械动作程序，分为直接压缩（压装）式和预压式等。

（1）直接压缩。

工艺路线：接收垃圾→直接压装进入转运车箱→转运。

作业过程为：首先连接转运容器（车箱）和压装设备，当受料器内接收垃圾达到一定数量后，启动压实设备，推压板将垃圾直接压入转运车箱。其间可根据需要调整压头压力大小或推压次数，车箱装满并压实后，与压装设备分离，由转运车辆运至目的地。

（2）预先压缩。

工艺路线：接收垃圾→在受料器（或预压仓）内压实→推入转运车箱→转运。

作业过程为：垃圾倾入受料容器，被压实成块后推入转运容器（车箱），由转运车辆运至目的地。车箱内可装入的垃圾块数量由其箱体容积和垃圾块体积等参数确定。

第二十四条 转运单元（或称“转运线”）是指转运站内具备垃圾装卸、转运功能的主体设施/设备。为了保证转运作业的连续性与事故状态下（如机械故障、机器检修等）的转运能力，即使是小型转运站，其转运单元数也不应少于2个。当一个转运单元丧失工作能力时，剩余的转运单元可以通过延长作业时间来完成转运站的全部转运任务。转运单元轮换作业还可以提高转运站的使用寿命。

第二十五条 本条提出大、中型转运站作业区的具体要求。

无论垃圾处理厂（场）等转运站的下游设施是否设置了计量设备，大型转运站都必须在垃圾收集/运输车进、出站口设置计量设施，并且计量设备必须具有自动记录、统计等功能。

中型及其以下转运站可依照其从属的垃圾处理系统的总体规划或服务区环境卫生专项（专业）规划要求，确定需配置的计量设备。若后续的垃圾处理厂（场）已配置了计量设备，则转运站可考虑省略计量程序；对于服务区范围较小，垃圾收集量变化不大的小型转运站，采用车吨位换算法也是经济可行的，但应通过实测确定换算系数。

配置必要的自动识别、登记装置是实现转运站科学化、规范化运营管理的保证措施。

进站车辆抽样检查停车区可以专设，也可以临时划定（对于小型转运站），但届时必须有相应的标示牌及调度管理。

转运作业过程中的粉尘、臭气是转运站的主要环境污染元素，必须通过适当措施对其进行有效控制。

第二十六条 目前我国转运机械压实设备主要可分为刮板式和活塞式两大类。前者设备体积小，操作简单灵活，能够边填装边压实，适用于中、小型转运站；后者压实强度大、装载效率高，更适用于大型转运站。

现在我国部分城市或地区选用的垃圾压缩设备，其密封性、安全性、压实能力以及和转运车辆的配套衔接均达不到要求，应该逐步标准化、规范化。

第二十七条 转运站内各转运单元的配套机械设备，选用同一型号、规格，以提高站内机械设备的通用性和互换性，便于转运站的建造和运行维护。如果可能，同一垃圾转运系统的多个转运站也应选用同一类型、规格的配套机械设备。这样虽可能由于局部单元的转运能力过大而造成单体设施/设备投资增加，但大大提高了转运站乃至整个转运系统的建设、运行维护效率，并且更加有利于系统的管理，因而综合效益大大增强。

第二十八条 虽然转运站服务范围内的垃圾收集作业时间可能为全天候，但由于管理运营和交通条件的限制（如应避开交通高峰期），转运站机械设备和转运车辆的工作时间不能持续常规的6～8h运行。因此，转运站及转运单元的设计日转运能力应为配套机械设备有效工作时段内的总转运能力。

按集中有效时段设计配套机械设备转运能力同样可以提高转运站运行的稳定性，当转运任务增加或出现机械事故时可通过延长其余转运设备工作时间来保证完成转运任务。

第二十九条 本条是对转运站道路的要求。转运站内道路应该满足各种车辆顺利通行的要求。

第五章 配 套 工 程

第三十条 本条是转运站配套工程的建设原则。改建、扩建工程应以扩大生产能力、提高装备条件、促进技术进步、提高运行效益为主，重点应是发挥现有设施的能力，挖掘潜力。

第三十一条 各类转运站都应有必要措施保证临时停电时能继续其垃圾转运功能。小型转运站可通过合理调度等措施将垃圾进行分流；大、中型转运站必须依靠备用电源确保停电状态下转运系统正常运行。

第三十二条 转运站的生产用水主要指设备或设施冲洗用水。

第三十三条 雨水和生活污水按接入市政管网考虑，垃圾渗沥液及设备冲洗污水则依据转运站服务区水环境质量要求考虑处理途径与方式。

转运站的室内外场地都应平整并保持必要的坡度，以避免滞留渍水；转运车间内应按垃圾填装设备布局要求设置垃圾渗沥液导排沟（管）以便及时疏排污水。

转运车间应设置污水池，用于收集转运作业过程产生的垃圾渗沥液和场地冲洗等生产污水。污水池的结构和容量必须与污水处理方案及工艺路线相匹配。如用罐车将污水运至处理厂时，污水的容积必须满足两次运送间隔期收集、储存污水的需求。

第三十四条 本条是对转运站消防的要求，转运站内应该配备消防设施，预防转运站建筑、转运设备、运输车辆等消防隐患。

第三十五条 转运站的控制室、转运作业现场、门房/计量站等关键环节应配置必要的通信设施，以便于收集、转运车辆调度等生产运营管理。

第三十六条 中、小型转运站可在转运站主体建筑内或依附其设置管理办公室，必须保证安全与卫生方面的基本要求。

第三十七条 大型转运站应配备集中控制管理仪器设备，设置了中央控制系统后仍应保留现场控制系统。

第三十八条 环卫设施征地较为紧张，故可以考虑将布局在城市中心区的公厕和中、小型转运站合建以提高用地效率，但要满足国家现行有关法规的要求，同时还要考虑到周围环境等因素的影响。大型转运站（多为二级转运）因远离城市中心区，没有附设公厕的必要。

第三十九条 中、小型转运站应尽量使机械设备的修理工作社会化，转运站只要做好日常的维护保养，并视具体情况和实际需求承担部分专用设备、装置的小修任务。

第六章 环境保护与劳动保护

第一节 环 境 保 护

第四十条 转运站环境保护配套设施建设必须遵循“三同时”原则。

第四十一条 转运站内的建（构）筑物应按生产和管理两大类相对集中，中间设置绿化隔离带，转运站的四周应设置由多种树种、花木合理搭配形成的环保隔离与绿化带。各生产车间应配备相应污染防治设施和设备，对转运过程产生的二次污染进行有效防治。

第四十二条 转运站对周边环境影响最大的是转运作业时产生的粉尘和臭气，因此，通过洒水降尘和喷药除臭等方法，加强卸装垃圾等关键位置的通风、降尘、除臭十分重要。对于大型转运站，还必须设置独立的通风、除臭设施或设备。

第四十三条 转运车辆的整体密封性能，必须满足避免渗沥液滴漏和防止尘屑撒落、臭气散逸等方面的要求。对于前者，不仅要在运输车底部设置积液容器，还必须依据载运车规模、垃圾性状以及通行道路坡度等具体条件核准、调整其容积。

第四十四条 转运站噪声控制主要包括对机械设备的减振降噪及转运站采取密闭式结构、设置绿化隔离带或设置隔声屏障等隔声措施。

第四十五条 转运站生活污水排放应按国家现行标准的规定排入临近市政排水管网；也可与生产污水合并处理，达标排放。

转运作业过程产生的垃圾渗沥液及清洗车辆、设备产生的生产污水，应进行专门的处理。条件许可时可自行处理，或运往邻近垃圾处理厂的渗滤液处置设施处理；也可先进行预处理，达到一定要求（获环保部门批准）后再排入邻近市政排水管网集中处理。

根据污染集中控制原则和项目规模效益原则，中、小型转运站不宜单独建设垃圾渗沥液处理系统，宜直接排入市政污水管网集中处置。

第二节 劳动保护

第四十六条 转运站安全与劳动卫生应符合国家现行的有关技术标准的规定和要求。

第四十七条 应按照现行国家标准《安全标志》GB 2894、《安全色》GB 2893 的规定，在转运站的相应位置设置醒目的安全标志。

第四十八条 转运站内应该备有防噪耳塞、手套等劳动保护用具，还应备有灭火、消防等安全设施，特别是大型转运站还应备有更衣、洗浴、休息场所。

第四十九条 转运站内应该采取通风、杀虫等有效措施，保障工作区环境卫生。

第七章 建筑标准与建设用地

第五十条 本条是转运站建筑标准及形式的原则。

第五十一条 表 2 中各类设施建筑面积指标是在广泛调研基础上，根据对北京、上海、天津、重庆、广东、湖南、湖北、江苏、浙江、云南、贵州、山东、山西、陕西、河南等省区的 20 多个城市的 41 个有效调查样本的数据测算，并结合不同规模转运站特点和实际需求制定的。

小型（Ⅵ、Ⅴ类）转运站建筑面积指标应视服务区域、服务对象不同而定——对于服务人口多为 1 万～5 万的小城镇，小型转运站多建在城镇中心区的边缘地带，需要配置必要的辅助设施。因此，其建筑面积指标应取偏大值甚至上限。但是对于人口密集的大城市，小型转运站通常兼做垃圾收集站，其服务对象多为小区居民，建造位置都在城市中心区，无必要配置其他辅助设施。因此，其建筑面积指标应取偏小值甚至下限。

第五十二条 转运站建设用地指标和工艺及附属功能有关。国内已建、在建转运站的统计数据表明，建设用地存在较大的差异。部分大型转运站兼有分选等功能，用地较多，超出一般转运站的用地标准。

指标中Ⅰ类大型转运站用地面积的上限值 $20000m^2$ 是对应 3000t/d 规模的大型转运站的用地指标上限，对于 3000t/d 规模以上的转运站，用地面积应根据实际需要适当扩大。

包括其他功能（如停车场、修理厂、分选车间等）的转运站，用地面积应按国家现行相关的标准增加其额外用地指标。

Ⅴ类转运站建设用地指标应视服务区域、服务对象不同而定——小城镇的Ⅴ类转运站多建在城镇中心区的边缘地带，需要配置必要的辅助设施，且小城镇建设用地相对富裕。因此，其用地指标应取偏大值甚至上限。但是，大城市内兼做垃圾收集站的Ⅴ类转运站没有必要配置其他辅助设施，且中心城区建设用地非常紧缺，很难征用较多土地。因此，其用地指标应取偏小值甚至下限。

第五十三条 本条参照《城市生活垃圾处理和给水与污水处理工程项目建设用地指标》（建标［2005］157号）中对于转运站行政办公及生活服务用地的规定，当转运站功能单一时，宜取下限；当转运站兼有如分选、公厕、景观等其他功能时，可取上限。

第五十四条 本条参照《城市生活垃圾处理和给水与污水处理工程项目建设用地指标》（建标［2005］157号）中对于转运站绿地率的规定制定。

第八章 运营管理与劳动定员

第五十五条 本条规定了转运站运营机构设置的原则。

第五十六条 转运站单班工作时间一般为每天 6～8h，实际转运作业时一般不大于 4h。一至两班制通常已经能够满足辖区垃圾转运作业要求。对于兼有其他功能的转运站，运行时间需要适当延长的，工作制度或实际作业时间可作适当调整。

第五十七条 生活垃圾转运站通常为一班制作业。若因需要（如早、晚两班）实行两班制运行的转运站，其劳动定员可取1.2的调整系数。

第九章 主要技术经济指标

第五十八条 本条规定编制和使用工程投资估算的原则，强调应根据有关情况变化进行动态管理。遇到地基特殊处理、国外贷款工程等特殊情况，各项指标应综合具体情况调整、修正。

第五十九条 本条所列的投资估算指标是评估或审批新建转运站估算投资额的依据。在具体评估或审批转运站项目时，应结合工程项目的建设水平、污水处理和臭气控制要求、运输距离等实际情况进行调整、修正。

目前许多新建转运站兼有分选、公厕、景观等辅助功能，此时估算投资额应根据实际情况增加，并按照国家现行的有关规定编制。

小城镇乃至中等城市多采用一级转运模式（参阅图1），日转运能力150～450t的Ⅲ类转运站的配套运输车辆负责将生活垃圾运往末端处理设施，因此转运站总投资较高；大城市（特别是特大城市）若采用二级转运模式（参阅图2），其中的一级转运站为Ⅲ类转运站时，其配套运输车辆只负责将生活垃圾由上游的收集站（或小型转运站）运往下游的大型转运站，运距多在10～20km。因此，转运站总投资较低。

转运站单位运行费用（元/t）可参照下列指标：

不设立独立完整通风、除臭、除尘系统，单位运行费用3～6元/t；

设立独立通风、除臭、除尘系统，单位运行费用6～9元/t。

新建转运站运行费用指标，是在对现有的转运站实际运行费用的经验总结，并适当考虑今后转运站运行管理水平和标准将逐步提高的基础上确定的。运行费用包括能源动力费、车辆燃料费、工资福利、修理及维护费用等，不包括分选、公厕、景观等其他辅助功能花费。

无污水排放或处理设施的宜取下限，有污水排放或处理设施的宜取上限。

本章中所有投资估算的额度均以2007年北京价格为基准。

第六十条 建设工期是参考现行的转运站平均建设工期确定的。由于建设工期与建设资金落实情况、施工条件等因素有关，转运站建设工期应根据项目的实际条件合理确定，防止建设工期拖延，增加工程投资。

第六十一条 转运站项目经济评价方法与参数应符合国家的有关要求和规定，采用标准的现代分析方法。

城市生活垃圾处理和给水与污水处理工程项目建设用地指标

主编部门：中华人民共和国建设部
批准部门：中华人民共和国建设部
中华人民共和国国土资源部
施行日期：2005年10月1日

建设部、国土资源部

关于批准发布《城市生活垃圾处理和给水与污水处理工程项目建设用地指标》的通知

建标［2005］157号

国务院各有关部门，各省、自治区、直辖市建设厅（建委）、国土资源厅（国土环境资源厅、国土资源和房屋管理局、房屋土地资源管理局、规划和国土资源局），计划单列市建委、国土资源行政主管部门，解放军总后营房部、土地管理局，新疆生产建设兵团建设局、国土资源局：

根据建设部、国土资源部《关于同意开展〈城市生活垃圾处理、供水、污水处理工程项目建设用地指标〉编制工作的函》（建办标函［2003］372号）的要求，由建设部负责编制的《城市生活垃圾处理和给水与污水处理工程项目建设用地指标》，业经有关部门会审，现批准为全国统一的建设用地指标予以发布，自2005年10月1日起施行。

本建设用地指标实施的监督管理工作，由国土资源部负责；具体解释工作，由建设部负责。

中华人民共和国建设部
中华人民共和国国土资源部
二〇〇五年九月九日

编 制 说 明

《城市生活垃圾处理和给水与污水处理工程项目建设用地指标》，是根据建设部、国土资源部《关于同意开展〈城市生活垃圾处理和给水与污水处理工程项目建设用地指标〉编制工作的函》建办标函［2003］372号的要求，由建设部标准定额研究所会同城市建设研究院、中国市政工程中南设计研究院共同编制的。

在编制过程中，编制组进行了广泛的调查研究，认真分析了与本建设用地指标相关的垃圾处理和给水与污水处理工程项目的建设用地情况及有关资料，特别是20世纪90年代以后的新建项目的建设用地；总结了多年来在城市生活垃圾处理和给水与污水处理工程项目建设中行之有效的科学合理利用节约土地的经验；遵循国家有关建设和土地管理的法律法规，从我国国情出发，根据行业发展的技术经济政策，汲取了近年来国内外工艺技术发展的成果，经过多次论证和反复测算，并经广泛征求有关单位和专家的意见，最后召开全国审查会议定稿。

本建设用地指标共分五章：总则、合理和节约用地的基本规定、城市生活垃圾处理工程项目建设用地指标、城市给水工程项目建设用地指标、城市污水处理工程项目建设用地指标。

在本建设用地指标的施行过程中，请各单位注意总结经验，积累资料，如发现需要修改和补充之处，请将意见和资料分别寄交建设部标准定额司（地址：北京市海淀区三里河路9号；邮政编码：100835）和国土资源部土地利用司（地址：北京市西城区阜成门内大街64号；邮政编码：100812），以供今后修订时参考。

中华人民共和国建设部
2005年8月

目　次

第一章　总则………………………………… 1—2—4
第二章　合理和节约用地的基本规定………………………………… 1—2—4
　第一节　城市生活垃圾处理工程项目…… 1—2—4
　第二节　城市给水与污水处理工程项目………………………………… 1—2—4
第三章　城市生活垃圾处理工程项目建设用地指标……………… 1—2—4
　第一节　一般规定……………………………… 1—2—4
　第二节　城市生活垃圾卫生填埋处理工程项目………………………… 1—2—5
　第三节　城市生活垃圾焚烧处理工程项目………………………………… 1—2—5
　第四节　城市生活垃圾堆肥处理工程项目………………………………… 1—2—6
　第五节　城市生活垃圾转运站工程项目………………………………… 1—2—6
第四章　城市给水工程项目建设用地指标 ……………………… 1—2—6
第五章　城市污水处理工程项目建设用地指标 ………………… 1—2—7
附加说明 ……………………………… 1—2—9
附件　城市生活垃圾处理和给水与污水处理工程项目建设用地指标条文说明 ………………………… 1—2—10

第一章 总 则

第一条 为贯彻“十分珍惜、合理利用土地和切实保护耕地”的基本国策，加强对城市基础设施建设用地的科学管理，促进城市生活垃圾处理和给水与污水处理工程建设合理确定和节约用地，提高土地利用率，制定本建设用地指标。

第二条 本建设用地指标是编制评估和审批城市生活垃圾处理和给水与污水处理工程项目可行性研究报告，编审初步设计文件，确定项目建设用地规模的依据；是建设用地预审、核定和审批工程项目建设用地规模的尺度。

第三条 本建设用地指标适用于城市生活垃圾处理和给水与污水处理工程新建项目；改、扩建项目可参照执行。

第四条 城市生活垃圾处理和给水与污水处理工程项目建设用地，必须贯彻执行国家有关建设和土地管理法律、法规，积极采用先进技术，坚持专业化协作和社会化服务的原则，统筹兼顾，精心规划、设计，切实做到科学合理、节约用地。

第五条 城市生活垃圾处理和给水与污水处理工程项目建设用地，除应符合本建设用地指标的规定外，尚应符合国家现行有关标准和指标的规定。

第二章 合理和节约用地的基本规定

第一节 城市生活垃圾处理工程项目

第六条 城市生活垃圾处理工程项目的建设，应根据城市基础设施建设发展的需要，综合考虑城市规模与特点等条件，确定经济合理的建设规模。

第七条 城市生活垃圾处理工程项目的选址，必须符合城市规划和土地利用总体规划的要求。工程项目选址时，应充分利用荒地、劣地，少占用耕地、林地等经济效益高的土地。

第八条 城市生活垃圾处理工程项目分期建设的用地应分期办理用地；近期建设用地应合理集中，远期建设用地应规划预留在场外。

第九条 城市生活垃圾处理工程项目的建设应采用先进的生产工艺和装备，减少占地面积。改、扩建工程项目应充分利用原有的场地和设施，节约使用土地。

第十条 城市生活垃圾处理工程项目的建设应贯彻专业化协作和社会化服务的原则，减少工程项目的构成。

第十一条 城市生活垃圾处理工程项目的总平面布置，应以合理和节约用地为原则，做多方案比较。主体工程设施、辅助工程设施和行政办公与生活服务设施，宜分别相对集中布置，并保持合理的距离，满足正常生产、管理和安全、卫生的要求。行政办公与生活服务设施用房，应尽量组合成综合楼，减少建筑物占地。厂区建筑物和交通运输设施，应根据工艺技术与处理流程，按照充分利用地形、地势的要求进行合理布置。

第二节 城市给水与污水处理工程项目

第十二条 城市给水与污水处理工程项目的建设，应根据城市基础设施建设发展的需要，综合考虑城市规模与特点以及资源、动力等条件，确定经济合理的建设规模。

第十三条 城市给水与污水处理工程项目厂（站）址的选择，应符合城市规划和土地利用规划的要求。工程项目选址时，应充分利用荒地、劣地，不应占用耕地、林地等经济效益高的土地。

第十四条 净（配）水厂、污水处理厂、泵站用地应按项目总规模一次规划设计，控制建设总用地面积；分期建设的项目用地应分期办理用地。生产设施用地应考虑分期建设之间的协调；附属设施用地宜按照建设总规模一次建设，若项目各期之间的时间跨度较大时，亦可考虑分期建设，分期办理用地。

第十五条 净（配）水厂、污水处理厂厂区的总平面布置，应以合理和节约用地为原则，做多方案比较。生产设施与辅助生产设施宜分别集中布置，并保持合理的距离，满足正常生产和管理的需要。污泥处理与处置设施在保证工艺要求的基础上宜与水处理构筑物分别集中布置，避免相互之间的环境影响。

第十六条 净（配）水厂、污水处理厂及泵站的生产和辅助生产设施在厂（站）区内的布置，应符合国家现行有关消防、卫生的标准、规范的规定；危险性构（建）筑物的设置位置及与其他设施之间的距离，应符合国家现行有关安全防护的标准、规范的规定。

第三章 城市生活垃圾处理工程项目建设用地指标

第一节 一 般 规 定

第十七条 城市生活垃圾处理应包括城市生活垃圾卫生填埋、焚烧、堆肥处理和综合处理工程项目以及城市生活垃圾转运站等设施。

第十八条 城市生活垃圾处理工程项目绿化面积应满足绿地率的要求，提高绿化覆盖率，并应鼓励和推广屋顶绿化和立体绿化。

绿地率应按下式计算：

$$绿地率=\frac{项目总用地面积内的绿地面积}{项目总用地面积}\times 100\%$$

第十九条 城市生活垃圾处理工程项目由主体工程设施、辅助工程设施和行政办公与生活服务设施组成。

城市生活垃圾处理方式不同的工程项目，主体工程设施不同，但辅助工程设施和行政办公与生活服务设施内容基本相同。

辅助工程设施包括：道路交通、维修车间、供配电、给排水、消防、暖通、通信、监测化验、加油站、计量、车辆冲洗设施及绿化等。

行政办公与生活服务设施包括：行政办公用房、值班宿舍、食堂、浴室等。

第二十条 行政办公与生活服务设施用地，应根据不同项目的特点按照占总用地面积的比例确定。

第二十一条 城市生活垃圾处理工程项目采用两种或两种以上处理工艺时为城市生活垃圾综合处理工程项目。

第二十二条 城市生活垃圾综合处理工程项目建设用地，必须小于各单项处理工艺所需用地面积之总和。

第二十三条 城市生活垃圾综合处理工程项目的行政办公与生活服务设施建设用地，不应超过该工程项目主导工艺所需的行政办公与生活服务设施用地的25%。

第二节 城市生活垃圾卫生填埋处理工程项目

第二十四条 城市生活垃圾卫生填埋工程项目建设用地指标，应按照工程建设规模和额定日处理能力确定。

建设规模按总库容量（单位：万m^3）分为下列四类：

Ⅰ类：≥1200；

Ⅱ类：500～1200；

Ⅲ类：200～500；

Ⅳ类：＜200。

注：以上规模分类，Ⅱ、Ⅲ类含下限值，不含上限值。

建设规模按额定日处理能力（单位：t/d）分为下列四级：

Ⅰ类：≥1200；

Ⅱ类：500～1200 ；

Ⅲ类：200～500；

Ⅳ类：＜ 200。

注：以上规模分级，Ⅱ、Ⅲ类含下限值，不含上限值。

第二十五条 城市生活垃圾卫生填埋处理工程项目建设用地，由主体工程设施、辅助工程设施和行政办公与生活服务设施用地组成。

主体工程设施包括：场区道路，场地平整，水土保持，防渗工程，坝体工程，洪雨水与地下水导排，渗滤液收集、处理与排放，填埋气体导出、收集处理或利用，绿化隔离带，防飞散设施，封场工程，监测井，填埋作业设备，挖运土及环境保护设施等。

第二十六条 城市生活垃圾卫生填埋处理工程项目总用地面积，应满足其使用寿命10年以上的垃圾容量，填埋库区每平方米占地平均应填埋8～10m^3垃圾。工程项目行政办公与生活服务设施区绿地率宜为25%～35%；当工程项目地处绿化隔离带区域时，绿地率指标可取下限。

第二十七条 城市生活垃圾卫生填埋处理工程项目，应根据本章第二十三条～第二十五条的规定，合理计算工程项目建设用地面积。

第二十八条 城市生活垃圾卫生填埋处理工程项目的行政办公与生活服务设施用地面积，不得超过总用地面积的8%～10%（小型填埋处理工程项目取上限）。

第三节 城市生活垃圾焚烧处理工程项目

第二十九条 城市生活垃圾焚烧处理工程项目的建设用地指标，应按工程建设规模确定。

建设规模按额定日处理能力（单位：t/d）分为下列四类：

Ⅰ类：1200～1200；

Ⅱ类：600～1200；

Ⅲ类：150～600；

Ⅳ类：50～150。

注：以上规模类别Ⅱ、Ⅲ、Ⅳ类含下限值，不含上限值。Ⅰ类含上、下限值。

第三十条 城市生活垃圾焚烧处理工程项目建设用地，由主体工程设施、辅助工程设施和行政办公与生活服务设施用地组成。

主体工程设施包括：受料及供料系统、焚烧系统、烟气净化系统、余热利用系统、灰渣处理系统、除尘脱臭系统、污水处理系统、仪表及自动控制系统等。

第三十一条 城市生活垃圾焚烧处理工程项目建设用地指标，不应超过表1的规定。

表1 焚烧处理工程项目建设用地指标（m^2）

类 型	用地指标
Ⅰ类	40000～60000
Ⅱ类	30000～40000
Ⅲ类	20000～30000
Ⅳ类	10000～20000

注：①对于大于2000t/d特大型焚烧处理工程项目，其超出部分建设用地面积按30m^2/t·d递增计算。

②建设规模大的取上限，规模小的取下限，中间规模采用内插法确定。

③本指标不含绿地面积。

第三十二条 工程项目绿地率应为20%～30%；当工程项目地处绿化隔离带区域时，绿地率指标可取下限。

第三十三条 城市生活垃圾焚烧处理工程项目的行政办公与生活服务设施用地面积，不得超过各类规模总用地面积的5%～8%。规模小的取上限，规模大的取下限，中间值采用插入法确定。

第四节 城市生活垃圾堆肥处理工程项目

第三十四条 城市生活垃圾堆肥处理工程项目建设用地指标，应按照工程建设规模确定。

建设规模按额定日处理能力（单位：t/d）分为下列四类：

Ⅰ类：300～600；

Ⅱ类：150～300；

Ⅲ类：50～150；

Ⅳ类：≤50。

注：以上规模类别Ⅱ、Ⅲ类含下限值，Ⅰ类含上、下限值。

第三十五条 城市生活垃圾堆肥处理工程项目建设用地，由主体工程设施、辅助工程设施和行政办公与生活服务设施用地组成。

主体工程设施包括：受料及供料系统、前处理系统、发酵及后处理系统、除尘脱臭、污水处理系统、仪表及控制系统等。

第三十六条 城市生活垃圾堆肥处理工程项目建设用地指标不应超过表2的规定。

表2 堆肥处理工程项目建设用地指标（m²）

类 型	用地指标
Ⅰ类	35000～50000
Ⅱ类	25000～35000
Ⅲ类	15000～25000
Ⅳ类	≤15000

注：①表中指标不含堆肥产品深加工处理及堆肥残余物后续处理用地。

②建设规模大的取上限，规模小的取下限，中间规模应采用内插法确定。

③本指标不含绿地面积。

第三十七条 工程项目绿地率应为20%～30%；当工程项目地处绿化隔离带区域时，绿地率指标可取下限。

第三十八条 城市生活垃圾堆肥处理工程项目行政办公与生活服务设施用地面积不得超过各类规模总用地面积的8%～10%。规模小的取上限，规模大的取下限，中间值采用插入法确定。

第五节 城市生活垃圾转运站工程项目

第三十九条 城市生活垃圾转运站工程项目建设用地指标，应按照工程建设规模确定。

建设规模按额定日转运能力（单位：t/d）分为下列五类：

Ⅰ类：1000～3000；

Ⅱ类：450～1000；

Ⅲ类：150～450；

Ⅳ类：50～150；

Ⅴ类：≤50。

注：以上规模类型Ⅱ、Ⅲ、Ⅳ含下限值不含上限值。Ⅰ类含上下限值。

第四十条 城市生活垃圾转运站工程项目建设用地，由主体工程设施、辅助工程设施和行政办公与生活服务设施用地组成。

主体工程设施包括：受料及供料系统、压缩转运系统、除尘脱臭系统、污水处理系统及自控监控系统等。

第四十一条 城市生活垃圾转运站工程建设用地指标，不应超过表3的规定。

表3 转运站工程项目建设用地指标（m²）

类 型	用地指标
Ⅰ类	≤20000
Ⅱ类	15000～20000
Ⅲ类	4000～15000
Ⅳ类	1000～4000
Ⅴ类	≤1000

注：①表中指标不含垃圾分类、资源回收等其他功能用地。

②对于临近江河、湖泊、海洋和大型水面的城市生活垃圾转运码头，其陆上转运站用地指标可适当上浮。

③建设规模大的取上限，规模小的取下限，中间规模应采用内插法确定。

第四十二条 工程项目绿地率为20%～30%，当工程项目地处绿化隔离带区域时，绿地率指标可取下限。

第四十三条 城市生活垃圾转运站工程项目的行政办公与生活服务设施用地面积不得超过各类规模总用地面积的5%～8%。规模小的取上限，规模大的取下限，中间值采用内插法确定。

第四章 城市给水工程项目建设用地指标

第四十四条 城市给水工程项目建设用地包括净（配）水厂用地和泵站用地。

第四十五条 城市给水工程项目的建设用地面积指标应根据工程建设规模和处理深度确定。

建设规模按日处理水量（单位：万m³/d）分为下列三类：

Ⅰ类：30～50；

Ⅱ类：10～30；

Ⅲ类：5～10；

注：Ⅰ类规模含上限值，其他规模分类含下限值，不含上限值。

水处理深度划分为预处理、常规处理、深度处理。主要有以下工艺形式：

一、常规处理工艺：混合、絮凝、沉淀（或澄清）、过滤及后续消毒的水处理工艺；

二、预处理＋常规处理工艺：在常规处理工艺前增加生物预处理（或其他预处理单元）的水处理工艺；

三、常规处理＋深度处理工艺：在常规处理工艺后增加活性炭过滤（或臭氧生物活性炭过滤等其他深度处理单元）的水处理工艺；

四、预处理＋常规处理＋深度处理工艺：在常规处理工艺的前后分别增加预处理和深度处理的水处理工艺。

第四十六条 城市给水工程的建设用地由水厂和泵站用地组成，具体包括下列设施用地：

一、水厂

水厂分净水厂和配水厂。水厂用地包括生产设施用地和辅助生产、行政办公与生活设施用地。

净水厂的生产设施主要包括：预处理设施、投药（混凝剂、氯等）、混合、絮凝、沉淀（或澄清）、过滤、提升泵房、活性炭过滤（或其他深度处理工艺）、清水池、消毒、二级泵房、污泥处理构筑物、供电及变电设施等。

配水厂的生产设施主要包括：清水池、消毒、二级泵房、供电及变电设施等。需要去除地下水中的铁、锰、氟、砂粒等时，可根据实际需要增加用地。

净（配）水厂辅助生产、行政办公与生活服务设施主要包括：生产控制、化验、维修、仓库、食堂、供热、交通运输（含车库）、安全保卫、行政办公设施等。

二、泵站

泵站用地主要包括泵房及配套设施和必要的行政办公与生活服务设施用地。

第四十七条 净（配）水厂建设用地面积不应超过表4的规定。

表4 净（配）水厂建设用地指标（hm^2）

面积 规模 水厂类型	Ⅰ类 （30～ 50万 m^3/d）	Ⅱ类 （10～ 30万 m^3/d）	Ⅲ类 （5～ 10万 m^3/d）
常规处理水厂	8.40～11.00	3.50～8.40	2.05～3.50
配水厂	4.50～5.00	2.00～4.50	1.50～2.00
预处理＋常规处理水厂	9.30～12.50	3.90～9.30	2.30～3.90
常规处理＋深度处理水厂	9.90～13.00	4.20～9.90	2.50～4.20
预处理＋常规处理＋深度处理水厂	10.80～14.50	4.50～10.80	2.70～4.50

注：①表中的用地面积为水厂围墙内所有设施的用地面积，包括绿化、道路等用地，但未包括高浊度水预沉淀用地。

②建设规模大的取上限，规模小的取下限，中间规模应采用内插法确定。

③建设用地面积为控制的上限，实际使用中不应大于表中的限值。

④预处理采用生物预处理形式控制用地面积，其他工艺形式宜适当降低。

⑤深度处理采用臭氧生物活性炭工艺控制用地面积，其它工艺形式宜适当降低。

⑥表中除配水厂外，净水厂的控制用地面积均包括生产废水及排泥水处理的用地。

第四十八条 泵站建设用地面积不应超过表5的规定。

表5 泵站建设用地指标（m^2）

规 模	Ⅰ类 （30～ 50万 m^3/d）	Ⅱ类 （10～ 30万 m^3/d）	Ⅲ类 （5～ 10万 m^3/d）
面积	5500～8000	3500～5500	2500～3500

注：①表中面积为泵站围墙以内，包括整个流程中的构筑物和附属建筑物、附属设施等的用地面积。

②小于Ⅲ类规模的泵站，用地面积参照Ⅲ类规模的用地面积控制。

③泵站有水量调节池时，可按实际增加建设用地。

第四十九条 给水工程净水厂的辅助生产、行政办公和生活服务设施用地面积应以保证生产正常运行管理和环境需要为原则，严格控制用地面积。一般不应超过水厂总用地的5%～12%，规模大的取下限，规模小的取上限，中间规模采用内插法确定。

第五章 城市污水处理工程项目建设用地指标

第五十条 城市污水处理工程用地分为污水处理厂用地和泵站用地。

第五十一条 城市污水处理工程项目的建设用地面积应根据工程建设规模和污水处理级别（或深度）确定。

建设规模按日污水处理量（单位：万 m^3/d）分为下列五类：

Ⅰ类：50～100；

Ⅱ类：20～50；

Ⅲ类：10～20；

Ⅳ类：5～10；

Ⅴ类：1～5。

注：Ⅰ类规模含上限值，其他规模含下限值，不含上限值。

污水处理级别划分如下：

一级处理（包括强化一级处理）：以沉淀为主体的处理工艺；

二级处理：以生物处理为主体的处理工艺；

深度处理：进一步去除二级处理不能完全去除的污染物的处理工艺。

第五十二条 污水处理工程的建设用地由污水处理厂和泵站用地组成，其具体包括下列设施用地：

一、污水处理厂

污水处理厂用地主要包括污水和污泥处理的生产设施、辅助生产设施、行政办公与生活服务设施用地。

一级污水处理厂的生产设施主要包括：除渣、污水提升、沉砂、沉淀（或澄清）、消毒、污泥储存与提升、污泥浓缩、污泥脱水和处置等设施。强化一级处理时可包括药剂投加设施；

污水二级处理厂的生产设施根据工艺特点，可全部或部分包括污水一级处理的设施，以及生物处理设施和供氧系统等设施；污泥处理与处置设施可与一级处理厂的相同，可增加污泥厌氧消化或采用好氧消化等方式。

污水深度处理厂的生产设施主要包括：混合、絮凝、沉淀（或澄清）、过滤、消毒等设施。

污水处理厂的辅助生产、行政办公与生活服务设施主要包括：生产控制、维修、仓库、交通运输（含车库）、化验及试验、食堂、供热、安全保卫、行政办公设施等。

二、泵站

泵站用地主要包括泵房及配套设施和必要的生产管理与生活服务设施用地。

第五十三条 城市污水处理厂的建设用地面积不应超过表6的规定。

表6 城市污水处理厂建设用地控制面积

建设规模（万 m^3/d）	污水处理厂［hm^2］		
	一级处理污水厂	二级处理污水厂	深度处理
Ⅰ类（50～100）	—	25.00～45.00	—
Ⅱ类（20～50）	6.00～10.00	12.00～25.00	4.00～7.50
Ⅲ类（10～20）	4.00～6.00	7.00～12.00	2.50～4.00
Ⅳ类（5～10）	2.25～4.00	4.25～7.00	1.75～2.50
Ⅴ类（1～5）	0.55～2.25	1.20～4.25	0.55～1.75

注：①表中的用地面积为污水处理厂围墙内所有设施的控制面积，包括绿化、道路等设施的用地面积。

②建设规模大的取上限，规模小的取下限，中间规模应采用内插法确定。

③建设用地面积为控制的上限，实际使用中不应大于表中的限值。

④一级、二级污水厂的用地面积，均按照有初次沉淀池的工艺流程考虑。

⑤二级污水厂的用地面积限定为城市污水，城市污水的水质限定如下：

BOD_5 ≤ 200mg/L，COD_{cr} ≤ 400mg/L，SS ≤ 300mg/L，NH_3-N ≤ 40mg/L，TN ≤ 55mg/L，TP≤6mg/L；出水水质按国家《城镇污水处理厂污染物排放标准》（GB 18918—2002）一级标准的B标准考虑。

⑥小于1万 m^3/d规模的污水厂占地面积应符合国家其他的有关规定。

⑦建设规模大于等于10万 m^3/d的二级污水厂，污泥处理工艺包括厌氧消化系统时，可在用地控制面积的基础上增加5%～12%的用地面积。

⑧污水厂用地控制面积，不包括污泥处置的用地面积。

⑨表中深度处理的用地面积是在污水二级处理的基础上增加的用地；深度处理工艺按提升泵房、絮凝、沉淀（或澄清）、过滤、消毒、送水泵房等常规流程考虑；当二级污水厂出水满足特定回用要求或仅需其中几个净化单元时，深度处理用地应根据实际情况降低。

第五十四条 泵站建设用地控制面积不应超过表7的规定。

表7 泵站建设用地控制面积（m^2）

建设规模（万 m^3/d）	面积（m^2）
Ⅰ类（50～100）	2700～4700
Ⅱ类（20～50）	2000～2700
Ⅲ类（10～20）	1500～2000
Ⅳ类（5～20）	1000～1500
Ⅴ类（1～5）	550～1000

注：①表中控制面积为泵站围墙以内，包括整个流程中的构筑物和附属建筑物、附属设施等的用地面积。

②建设规模大的取上限，规模小的取下限，中间规模应采用内插法确定。

③小于Ⅴ类规模的泵站用地面积按Ⅴ类规模的面积控制。

第五十五条 城市污水处理厂的辅助生产、行政办公和生活服务设施用地面积应在满足污水处理厂正常运行管理和管理区环境要求的条件下，严格控制用地面积。一般不应超过污水处理厂总用地控制面积的5%～15%，规模大的取下限，规模小的取上限，中间值采用内插法确定。

附加说明

主编单位、参编单位和主要起草人名单

主 编 单 位：建设部标准定额研究所

参 编 单 位：城市建设研究院

中国市政工程中南设计研究院

主要起草人：

城市生活垃圾处理部分：

徐金泉 徐文龙 董一新 胡传海

王敬民 孟宝峰 云 松 刘 涛

城市给水污水处理部分：

李树苑 刘海燕 吴瑜红 张怀宇

杨文进

附件

城市生活垃圾处理和给水与污水处理工程项目建设用地指标

条 文 说 明

前　　言

根据建设部、国土资源部建办标函［2003］372号《关于同意开展〈城市生活垃圾处理和给水与污水处理工程项目建设用地指标〉编制工作的函》的要求，由建设部负责主编，具体由建设部标准定额研究所会同城市建设研究院、中国市政工程中南设计研究院共同编制的《城市生活垃圾处理和给水与污水处理工程项目建设用地指标》，经建设部、国土资源部于2005年9月9日以建标［2005］157号文批准发布施行。

为便于有关单位人员在使用本建设用地指标时，能正确理解和执行条文的规定，《城市生活垃圾处理和给水与污水处理工程项目建设用地指标》编制组，根据建设部、原国家土地管理局印发的《工程项目建设用地指标编制工作暂行办法》中关于编制建设用地指标条文说明的统一要求，按《城市生活垃圾处理和给水与污水处理工程项目建设用地指标》的章、节、条顺序，编制了《城市生活垃圾处理和给水与污水处理工程项目建设用地指标条文说明》，现予以印发，供国内各有关部门和单位使用时参考。

2005年8月

目　录

第一章　总则 …………………………… 1—2—13
第二章　合理和节约用地的基本规定 …………………………… 1—2—13
第一节　城市生活垃圾处理工程项目 … 1—2—13
第二节　城市给水与污水处理工程项目 …………………………… 1—2—13
第三章　城市生活垃圾处理工程项目建设用地指标 ……………… 1—2—14
第一节　一般规定 …………………… 1—2—14
第二节　城市生活垃圾卫生填埋处理工程项目 …………………………… 1—2—14
第三节　城市生活垃圾焚烧处理工程项目 …………………………… 1—2—14
第四节　城市生活垃圾堆肥处理工程项目 …………………………… 1—2—15
第五节　城市生活垃圾转运站工程项目 …………………………… 1—2—15
第四章　城市给水工程项目建设用地指标 …………………………… 1—2—15
第五章　城市污水处理工程项目建设用地指标 ………………………… 1—2—16

第一章 总 则

第一条 本条明确制定本建设用地指标的目的，是为了在工程建设项目中认真贯彻执行“十分珍惜、合理利用每寸土地和切实保护耕地”的基本国策。实行最严格的土地管理制度。这是由我国人多地少的国情决定的，也是贯彻科学发展观，保证经济社会可持续发展的必然要求。因此，在城市生活垃圾处理和给水与污水处理工程项目建设中，必须坚持科学合理节约用地，加强建设用地的科学管理，切实做到合理用地，提高土地利用率。《城市生活垃圾处理和给水与污水处理工程项目建设用地指标》(以下简称本指标）是遵循国家有关建设和土地管理的法律、法规和方针政策，在总结我国城市生活垃圾处理和给水与污水处理工程项目近年来建设和用地管理经验的基础上，考虑今后的发展而编制的。

第二条 本条明确建设用地指标的作用。本指标对建设项目的用地在宏观上起控制作用，也为项目可行性研究、选址、确定用地规模、总平面设计和合理确定建设用地提供科学依据，使项目建设有所遵循。

第三条 本条规定本指标的适用范围与相应工程项目的建设标准基本一致，适用于新建项目。对于改建、扩建工程项目，因受原有条件限制，情况较复杂，且改建、扩建的工程内容、规模和方式各异。有的可以在原厂（场、站）区内改建、扩建，不需或没有条件新征土地；有的在厂（场、站）区外规划的预留地扩建，有的需新增部分用地等等。因此，对改建、扩建工程项目，要具体情况具体分析，故条文规定参照执行。

第四条 本条明确城市生活垃圾处理和给水与污水处理工程项目的建设用地的基本原则，必须在贯彻执行国家有关建设和土地管理的法律、法规等的基础上，要求积极推广采用先进技术，坚持专业化协作和社会化服务，从全局出发，统筹兼顾，精心规划、设计，切实地做到合理和节约用地。

第五条 本条明确本建设用地指标与国家现行有关标准规范的关系。随着建设事业的发展和工程建设标准化工作的进展，将有更多与项目建设用地有关的标准、规范、定额、指标等陆续制定发布，故本条对用地指标的一致性作了明确规定，注意协调，以免发生矛盾。

第二章 合理和节约用地的基本规定

第一节 城市生活垃圾处理工程项目

第六条 按照经济合理的规模建设城市生活垃圾处理工程项目，不仅能发挥项目各项设施的能力，发挥投资效益，而且能使项目占地更加科学合理。因此，本条按合理和节约用地的原则，强调城市生活垃圾处理工程项目应按经济合理的规模进行建设。城市生活垃圾处理工程项目（含生活垃圾卫生填埋处理、焚烧处理、堆肥处理以及转运站等）的建设规模及项目构成，应按照其国家现行的工程项目建设标准的规定确定。

第七条 城市生活垃圾处理工程项目选址是建设中十分重要的环节，对节省投资和科学合理节约用地关系极大。本条强调选址首先要符合当地城市规划和土地利用规划，同时还要将土地优劣条件，节约用地作为选址的重要条件，应尽可能地选用荒地、劣地，尽量不占耕地和经济效益高的土地，千方百计做到合理和节约用地。

第八条 本条对城市生活垃圾处理工程项目的建设若分期建设时，强调分期建设的用地应分期征用的要求，以避免早征晚用或征而不用，浪费土地。对于近期建设用地要求合理集中，对于远期建设用地要求预留在厂（场、站）外。

第九条 本条规定城市生活垃圾处理工程项目采用先进的生产工艺和装备，有利于减少工程项目的建设用地。对于改、扩建工程项目，应充分利用原有场地和设施，可以做到节约用地。

第十条 本条要求在城市生活垃圾处理工程项目建设中坚持专业化协作和社会化服务的原则，避免搞“大而全”或“小而全”工程，减少工程项目的建设内容，压缩建筑面积，合理和节约用地。

第十一条 本条规定城市生活垃圾处理工程项目的总平面布置应做好多方案比较，反复论证选取合理和节约用地的最优方案。其行政办公与生活服务设施各项用房的规模都较小，尽量组合成综合楼，可以减少建筑物占地。对于场（厂）区建筑物的交通运输设施，要求按照工艺技术与处理流程和充分利用地形地势进行合理布置，也是合理和节约用地的有效措施。

第二节 城市给水与污水处理工程项目

第十二条 本条要求城市给水与污水处理工程项目建设按照经济合理的规模进行建设。工程建设规模是确定建设用地的主要方面。因此，确定符合实际又适应发展需要吃建设规模，对于项目建设、合理和节约用地是非常重要的。

第十三条 本条规定了城市给水与污水处理工程项目厂（站）选址时的用地要求。

第十四条 本条规定净（配）水厂、污水处理厂的建设按照总规模一次规划设计，以利于控制总用地规模。生产设施用地分期实施、分期征用，以免浪费土地，同时考虑各期之间的协调；附属设施用地与建设规模的关系不显著，而且规模增加，用地面积增加较少（或相同），考虑完整性和生产管理要求，一般可按照总规模一次建设，当项目近远期时间跨度较大时，亦可分期建设，分期征用土地，但是应考虑各期之间的协调。

第十五条 本条规定净（配）水厂、污水处理厂总平面布置，应进行多方案比较的基本原则，选取科学合理、节约用地的最优方案。在满足工艺要求的基础上，应综合考虑生产管理、经济运行、环境需要等方面的要求，生产设施与辅助生产设施分别集中布置，可以减少厂区的用地面积。

第十六条 本条规定厂（站）区平面布置既要节约土地，又要符合国家现行的消防、危险品防护安全距离等要求。

第三章 城市生活垃圾处理工程项目建设用地指标

第一节 一般规定

第十七条 本条明确了城市生活垃圾处理工程项目所包含的范围。目前垃圾处理的方式较多，但卫生填埋、焚烧、堆肥是生活垃圾的主要处理方式，而垃圾转运又是垃圾处理前的必要手段，因此本建设用地指标包括城市生活垃圾卫生填埋处理、焚烧处理、堆肥处理以及转运站等工程项目。

第十八条 本条针对城市生活垃圾处理工程项目，提出了绿地率指标和计算公式，并要求工程项目的绿化面积应满足绿地率指标的要求。规定绿地率指标最大值是为了遏制建“花园式工厂”。同时，为美化垃圾处理工程项目的厂（场）区环境，提高绿化覆盖率，鼓励和推广屋顶绿化和立体绿化。

第十九条 本条明确城市生活垃圾处理工程项目由主体工程设施、辅助工程设施和行政办公与生活服务设施等组成。采用不同处理工艺的城市生活垃圾处理工程项目，其主体工程设施不同，但辅助工程设施和行政办公与生活服务设施的功能基本相同。

第二十条 本条规定行政办公与生活服务设施用地根据不同项目的特点分别按照其占总用地面积的比例确定。

第二十一条 本条明确城市生活垃圾综合处理工程项目的内涵。

第二十二条、第二十三条 这两条规定，当城市生活垃圾处理工程项目采用两种或两种以上的综合处理工艺（卫生填埋、焚烧处理、堆肥处理等）时，可根据实际需要和处理规模确定综合处理中的主导工艺，但综合处理厂的建设用地一定小于各处理工艺单独建设的总用地面积之和。但综合处理工程项目的行政办公与生活服务设施用地，也不应超过本工程项目主导工艺项目行政办公与生活服务设施用地面积的25%。

第二节 城市生活垃圾卫生填埋处理工程项目

第二十四条 本条规定城市生活垃圾卫生填埋处理工程项目建设用地指标依据建设规模、额定日处理能力确定，并对建设规模按总库容量分类和按额定日处理能力分级作出规定。工作制度每年工作时间按365天，每天工作时间按一班或两班制计。

第二十五条 本条对城市生活垃圾卫生填埋处理工程项目建设用地的组成作了规定。

第二十六条 卫生填埋场场地，由于场址地形条件的差异，以及填埋场的服务范围和垃圾特性的变化，难以统一计算建设用地指标。总体上要求填埋场在城市生活垃圾处理规划所确定的范围内，一般要满足其使用寿命在10年以上，填埋库区每平方米占地平均填埋8～10m^3以上垃圾。上述两项指标对《城市生活垃圾卫生填埋处理工程项目建设标准》的第五十二条下限指标作了调整。

第二十七条 卫生填埋处理工程项目建设用地指标不宜统一规定，这是因为：(1) 地形、地质的差异使得填埋场单位容量的占地面积存在较大差异；不同的填埋场场地，例如深坑、沟谷、平地，以及承载力低的滩涂等，其填埋堆体厚度可以有很大差别。(2) 填埋场污水（渗沥液）搜集和处理需要的占地面积存在较大差异。例如：对于降水量比较大的地区，其污水调节池和处理设施都需要占用较大面积；对于降水量少的地区（例如年降水量500mm）填埋场污水调节池可以很小，也不需要建污水处理厂；有些填埋场因可将污水经过简单处理直接排入城市污水处理厂，而不需建单独的渗沥液处理厂等。(3) 填埋场用地指标在部分发达国家有一些统计，但没有规定。在一些发达国家如美国、日本、德国等要求各地区及时上报填埋场剩余容量，以便尽早规划城市垃圾处理设施。填埋场建设用地指标主要目的是规划和指导一个地区和城市的填埋场用地，但一个城市的填埋场处理规模由于受这个地区或城市的其他垃圾处理方式选择条件的影响，因而难以起到预期的作用。因此，城市生活垃圾卫生填埋处理工程项目应综合考虑上述第二十四条、第二十五条、第二十六条的规定，合理计算工程项目建设用地面积。

第二十八条 本条对城市生活垃圾卫生填埋处理工程项目的行政办公与生活服务设施用地面积占总用地面积的比例作出规定。

第三节 城市生活垃圾焚烧处理工程项目

第二十九条 本条规定城市生活垃圾焚烧处理工程项目建设用地指标依据建设规模确定。并明确建设规模按额定日处理能力的分类要求。工作制度垃圾焚烧处理工程项目每年工作日为365天，每条生产线运行时间在8000h以上，每天三班制。

第三十条 城市生活垃圾焚烧处理工程项目建设用地的组成，按照其建设标准关于项目构成的规定，主要由主体工程设施、辅助工程设施和行政办公与生活服务设施等组成，具体分项工程设施与建设标准规定相一致。

第三十一条 焚烧厂建设用地指标和工艺有关，根据国内 20 个已建、在建以及拟建的焚烧厂的统计数据，建设用地存在较大差异，部分焚烧厂考虑了今后的改扩建及灰渣填埋场的建设，用地较多，超出一般焚烧厂的用地标准。从国际上看，灰渣填埋场的建设，一般不在焚烧厂的用地范畴。所以，焚烧厂的用地变化范围不大。因此，结合国外一些焚烧厂的用地，并考虑到国内的技术进步，根据科学合理和节约用地的原则，规定提出该用地指标。该指标不包括绿地指标。

第三十二条、第三十三条 本两条分别对城市生活垃圾焚烧处理工程项目的绿地面积以及行政办公与生活服务设施用地面积占总用地面积的比例等作出规定。

第四节 城市生活垃圾堆肥处理工程项目

第三十四条 本条规定城市生活垃圾堆肥处理工程项目建设用地指标依据建设规模确定，并对建设规模按额定日处理能力分类作出规定；工作制度每年工作按 330 天，每天按两班制计。

第三十五条 本条对城市生活垃圾堆肥处理工程项目建设用地的组成作了规定。

第三十六条 该用地指标是在调查分析国内现有典型堆肥厂用地指标的基础上，根据科学合理、节约用地原则确定的，其中不含堆肥产品深加工处理，堆肥残余物处理用地。并对项目绿地率作出规定；当工程项目地处绿化隔离带区域时，绿地率取下限。

第三十七条、第三十八条 本两条分别对城市生活垃圾堆肥处理工程项目的绿地面积以及行政办公与生活服务设施用地面积占总用地面积的比例等作出规定。

第五节 城市生活垃圾转运站工程项目

第三十九条 本条规定城市生活垃圾转运站工程项目建设用地指标依据建设规模确定，并对建设规模按额定日转运能力分类作出规定。工作制度每年工作按 365 天，每天工作按 1～2 班制。

第四十条 本条对转运站工程项目建设用地的组成作了规定。

第四十一条 该用地指标是在调查分析国内现有各类垃圾转运站用地指标的基础上，根据科学合理和节约用地原则而确定的。本用地指标不含垃圾分类、资源回收等其他功能用地。

第四十二条、第四十三条 本两条分别对城市生活垃圾转运站工程项目的绿地面积以及行政办公与生活服务设施用地面积占总用地面积的比例等作出规定。

第四章 城市给水工程项目建设用地指标

第四十四条 城市给水工程一般分取水工程、净水工程、输水工程和配水工程。净水工程主要包括净水厂和配水厂，取水工程与输配水工程的用地面积主要是泵站，泵站包括取水泵站和加压泵站。因此，本条规定给水工程的建设用地分为净（配）水厂、泵站。本指标中未包括给水系统中的高位水池等设施的用地面积。

第四十五条 本条规定城市给水工程用地指标主要根据建设规模和水处理深度确定。建设规模主要根据现行《城市给水工程项目建设标准》进行划分。处理深度按照水厂的水处理工艺划分。净水厂指水源水质需要净化或处理的水厂，一般有常规净水工艺的水厂，预处理、常规处理工艺的水厂，常规处理、深度处理工艺的水厂，预处理、常规处理、深度处理工艺的水厂等。配水厂的水源水质一般较好（如地下水水源），只需设置消毒和清水池等设施，不需设置水质净化设施，当地下水含铁、锰、氟等指标超过标准时，应包括相应的处理设施。

第四十六条 本条规定给水工程项目建设的用地构成。

一、水厂

净（配）水厂的建设用地主要包括两类，即生产设施用地和辅助生产用地（包括辅助生产、行政办公和生活服务设施用地）。两类用地包括道路、绿化等相应的用地内容。

规定了净（配）水厂两类用地包括的主要内容。

二、泵站

泵站用地与水厂相似，也包括两类用地，但是内容相对较少。

第四十七条 本条规定了净（配）水厂的建设用地控制面积。

水厂用地控制面积主要按照水厂的类型进行规定，以便于使用。水厂分常规处理水厂、配水厂、预处理＋常规处理水厂、常规处理＋深度处理水厂、预处理＋常规处理＋深度处理水厂，按照水厂的总用地面积控制。水厂单位水量用地面积列于附表 1 中，表中主要列出单独的预处理单元、深度处理单元以及污泥处理单元的用地控制面积指标，方便分项使用。

根据调查资料，水厂用地面积差异较大。水厂的生产构筑物的建设用地在规模相同或相近时，差距应较小，占地大的主要原因是附属设施建筑面积较大，水厂内建（构）筑物的间距过大造成，有些水厂的辅助生产、行政办公和生活服务区占地面积过大，没有将节约用地的基本原则贯穿在整个工程的建设过程中，造成了用地的浪费。本标准的用地控制面积主要根据调查资料的分析，以及对正常情况下水厂用地的技术分析后提出的用地控制面积。

附表1 给水工程建设用地指标［$m^2/(m^3\cdot d)$］

建设规模	常规处理水厂		预处理用地	深度处理用地	污泥处理用地
	净水厂	配水厂			
Ⅰ类（30～50万m^3/d）	0.25～0.20	0.15～0.10	0.030～0.028	0.045～0.040	0.03～0.02
Ⅱ类（10～30万m^3/d）	0.30～0.25	0.20～0.15	0.035～0.030	0.065～0.045	0.05～0.03
Ⅲ类（5～10万m^3/d）	0.35～0.30	0.30～0.20	0.045～0.035	0.085～0.065	0.06～0.05

注：预处理、深度处理及污泥处理的建设用地指标仅为工艺单元需要的用地指标，该指标不包括高浊度水的预沉设施。

本用地控制面积中，不包括给水系统中的高位水池等附属设施的用地面积。

预处理的用地控制面积主要按照生物预处理方式确定，采用预臭氧、预氧化等其他方式进行预处理时，应根据实际用地情况降低指标。深度处理用地指标主要根据臭氧生物活性炭工艺确定，采取其他深度处理工艺时，应按照实际条件的变化调整用地。污泥处理用地包括了废水回收以及污泥的浓缩和脱水设施用地。

第四十八条 本条列出泵站的用地控制面积，给水工程的泵站主要包括取水泵站、原水转输泵站、加压泵站等，用地控制面积按照正常情况下确定，未包括有水量调节池的面积。因此，规定对有水量调节池的加压泵站可根据水量调节池的容积，按照实际需要（计算）增加用地面积。

第四十九条 本条规定水厂的辅助生产、行政办公和生活服务设施用地面积在整个水厂用地所占的比例。该用地面积主要指厂前区，包括辅助生产、行政办公及生活服务设施的用地面积。根据对已经建成投产水厂的调研，水厂的辅助生产、行政办公及生活服务设施的用地面积占整个水厂用地面积的比例与建设规模关系不明显，一般在5%～22%，总体上建设规模越大所占的比例越小，结合技术分析得出的结果，本标准提出了辅助生产、行政办公及生活服务设施的用地面积指标为5%～12%。在确定水厂附属设施用地面积时，应以保证生产正常运行管理和管理区的环境需要为原则，严格控制其用地。本条规定的占地指标仅指水厂，不包括自来水公司的管理设施用地。

第五章 城市污水处理工程项目建设用地指标

第五十条 本条规定城市污水处理工程用地划分主要部分包括污水处理厂和泵站。未包括城市排水管道系统中的倒虹管等附属设施的用地面积。

第五十一条 本条规定城市污水处理工程的建设用地控制面积按照工程建设规模（以城市污水处理量计）和污水处理级别确定。工程建设规模分五类，污水处理级别分两级，必要时可进行深度处理。

第五十二条 本条明确污水处理工程用地构成的主要内容。污水处理厂和泵站包括的项目，主要是生产设施和辅助生产、行政办公及生活服务设施等。污水处理工程的建设用地指标主要按照两个层次给出，一是生产设施用地，二是辅助生产、行政办公及生活服务设施用地，其中后者的用地面积按比例确定。

第五十三条 本条规定城市污水处理工程建设用地控制面积。控制面积按照国家现行《城市污水处理工程项目建设标准》的规定执行，对规模大于10万m^3/d，含污泥厌氧消化处理系统的污水处理厂进行了调整，可以在用地控制面积的基础上增加5%～12%，具体增加的幅度应根据工程的实际情况确定。

对建设规模小于1万m^3/d的污水处理厂的建设面积，国家正在编制小城镇污水处理工程的设计指南，因此，其用地面积可按照其他的有关规定执行。

为方便使用，在附表2中列出了污水厂单位水量的用地控制指标。

附表2 污水处理厂建设用地控制指标［$m^2/(m^3\cdot d)$］

建设规模	一级污水厂	二级污水厂	深度处理
Ⅰ类（50～100）	—	0.50～0.45	—
Ⅱ类（20～50）	0.30～0.20	0.60～0.50	0.20～0.15
Ⅲ类（10～20）	0.40～0.30	0.70～0.60	0.25～0.20
Ⅳ类（5～10）	0.45～0.40	0.85～0.70	0.35～0.25
Ⅴ类（1～5）	0.55～0.45	1.20～0.85	0.55～0.35

本条对污水处理厂用地控制面积的限定条件进行了说明，水质超过该限定值时，在本着节约用地的基本原则基础上，可以适当增加用地面积。

第五十四条 本条规定了泵站的用地控制面积，主要按照现行《城市污水处理工程项目建设标准》（修订）的内容提出，未作调整。

第五十五条 通过对国内部分城市污水处理厂辅助生产、行政办公及生活服务设施用地面积占污水处理厂厂区总面积的比例分析，一般在13%～37%，平均25%。而且，建设规模与比例的关系不明显，一般规模大的辅助生产、行政办公及生活服务设施占的比例小，反之则大。为合理控制污水处理厂用地面积，结合技术分析得出的结果，本标准规定污水处理厂的辅助生产、行政办公及生活服务设施用地面积宜控制在5%～15%，一般规模小的取上限，规模大的取下限。

城市生活垃圾焚烧处理工程项目建设标准

主编部门：中 华 人 民 共 和 国 建 设 部
批准部门：中 华 人 民 共 和 国 建 设 部
　　　　　中华人民共和国国家发展计划委员会
施行日期：2 0 0 1 年 1 2 月 1 日

建设部、国家计委关于批准发布

《城市生活垃圾堆肥处理工程项目建设标准》和《城市生活垃圾焚烧处理工程项目建设标准》的通知

建标［2001］213号

国务院各有关部门，各省、自治区建设厅、计委、直辖市建委、计委，计划单列市建委、计委：

根据国家计委《关于制订工程项目建设标准的几点意见》（计标［1987］2323号）和建设部、国家计委《关于工程项目建设标准编制工作暂行办法》（［90］建标字第519号）的要求，按照建设部《关于下达工程建设标准编制计划的通知》（计财司［94］建计年字第70号）的安排，由建设部城市建设研究院会同有关单位共同编制的《城市生活垃圾堆肥处理工程项目建设标准》和《城市生活垃圾焚烧处理工程项目建设标准》，经有关部门会审，批准为全国统一标准予以发布，自2001年12月1日起实施。

鉴于我国地域辽阔，各地经济发展不平衡，西部地区和一些中小城市，应从当地实际情况出发，合理选择城市生活垃圾处理工艺，近期应以卫生填埋为主，辅以垃圾堆肥，符合焚烧条件的可选择焚烧。在执行《标准》时，可适当简化辅助配套设施，但应满足生产作业安全和环境保护要求，避免产生二次污染。《标准》中所列投资估算指标是按北京地区的预算价格及费率标准计算的，只能作为参考。各地在进行建设项目投资估算时，应根据当地价格水平进行相应调整，并严格控制工程造价。

本建设标准的管理及解释工作，由国家计委和建设部负责。

中华人民共和国建设部
中华人民共和国国家发展计划委员会
二〇〇一年十月二十三日

编 制 说 明

《城市生活垃圾焚烧处理工程项目建设标准》是受国家计委委托，由建设部组织建设部城市建设研究院等单位编制的。

在编制过程中，编制组遵循艰苦奋斗、勤俭建国的方针，注重推动技术进步和提高投资效益，贯彻环境保护、节约土地、节约能源、安全生产和国家有关生活垃圾处理行业发展的技术政策，结合城市生活垃圾焚烧处理设备国产化、标准化和系列化的要求，对我国现有的城市生活垃圾焚烧处理工程进行了广泛深入的调查研究，总结了近几年来城市生活垃圾焚烧处理工程项目建设的实践经验，对收集的资料进行了认真的分析研究，广泛征求了全国各有关部门、单位及专家的意见，最后召开全国审查会议，会同各有关部门审查定稿。

本建设标准共分九章：总则、建设规模与项目构成、选址与总图布置、工艺与装备、配套工程、环境保护与劳动保护、建设标准与建设用地、运营管理与劳动定员、主要技术经济指标。

本建设标准系初次编制，在施行过程中，请各单位注意总结经验，积累资料，如发现需要修改和补充之处，请将需要修改和补充的意见及时反馈。有关意见和资料寄建设部城市建设研究院（北京市朝阳区惠新南里2号院，邮政编码100029），以便今后修订时参考。

中华人民共和国国家发展计划委员会
中华人民共和国建设部
2001年6月

目　录

第一章　总则…………………………………… 1—3—4

第二章　建设规模与项目构成 ……… 1—3—4

第三章　选址与总图布置 ……………… 1—3—5

第四章　工艺与装备 …………………… 1—3—5

第五章　配套工程 ……………………… 1—3—6

第六章　环境保护与劳动保护 ……… 1—3—6

第七章　建筑标准与建设用地 ……… 1—3—7

第八章　运营管理与劳动定员 ……… 1—3—7

第九章　主要技术经济指标………… 1—3—7

附加说明 …………………………………… 1—3—8

附件　城市生活垃圾焚烧处理工程项目建设标准条文说明 ………………………… 1—3—9

第一章　总　　则

第一条　为促进社会经济和环境保护的协调发展，实现城市生活垃圾处理的无害化、减量化和资源化，加强国家对建设项目投资和建设的管理，提高城市生活垃圾焚烧处理工程项目的决策和规划建设水平，合理确定和正确掌握建设标准，保护环境，推动技术进步，充分发挥投资效益，制定本建设标准。

第二条　本建设标准是为项目决策服务和合理确定项目建设水平的全国统一标准，是编制、评估、审批城市生活垃圾焚烧处理工程项目可行性研究报告的重要依据，也是有关部门审查城市生活垃圾焚烧处理工程项目初步设计和监督检查整个建设过程标准的尺度。

第三条　本建设标准适用于城市生活垃圾焚烧处理新建工程项目。改、扩建工程项目可参照执行。

第四条　城市生活垃圾焚烧处理工程项目的建设，必须遵守国家有关的法律、法规，执行国家环境保护、节约土地、劳动保护、安全卫生、节约能源、消防等有关方面的规定。

第五条　城市生活垃圾焚烧处理工程的建设水平，应以本地区的经济发展水平和垃圾成分特点，并考虑城市经济建设和科学技术的发展，按不同城市、不同建设规模，合理确定，做到技术先进、经济合理、安全卫生。

第六条　城市生活垃圾焚烧处理工程项目的建设，应根据城市总体规划和环境卫生专业规划，统筹规划，近、远期结合，以近期为主。建设规模、布局和选址应进行技术经济论证和环境影响评价，综合比选。新建项目应与现有的垃圾收运及处理系统相协调，改、扩建工程应充分利用原有设施。

第七条　城市生活垃圾焚烧处理工程项目的建设，应采用成熟可靠的技术、工艺和设备；对于需要引进的先进技术和关键设备，应以提高项目的综合效益、推动技术进步为原则，在充分的技术经济论证的基础上合理确定。

第八条　城市生活垃圾焚烧处理工程项目的建设，应坚持专业化协作和社会化服务的原则，合理确定配套工程项目，提高运营管理水平，降低运营成本。

第九条　城市生活垃圾焚烧处理工程项目的建设，应考虑焚烧处理的资源化利用。

第十条　城市生活垃圾焚烧处理工程项目的建设，应落实工程建设资金和土地、供电、给排水、交通、通信等建设条件；并采取有效措施确保工程建成后正常运行所需的费用。

第十一条　城市生活垃圾焚烧处理工程项目的建设，除执行本建设标准外，尚应符合国家现行的有关标准、定额和指标的规定。

第二章　建设规模与项目构成

第十二条　城市生活垃圾焚烧处理工程项目主体是城市生活垃圾焚烧厂（以下简称“焚烧厂”），焚烧厂的建设，应根据城市的规模与特点，合理确定建设规模和建设数量。中小城市集中的地区宜进行区域性规划，集中建设焚烧厂。

第十三条　焚烧厂的建设规模，应根据焚烧厂服务范围的垃圾产量、成分特点以及变化趋势等因素综合考虑确定；并应根据处理规模合理确定生产线数量和单台处理能力。焚烧厂建设规模分类与生产线数量宜符合表1的规定。

表1　建设规模分类与生产线数量

类　型	额定日处理能力（t/d）	生产线数量（条）
Ⅰ类	1200以上	3～4
Ⅱ类	600～1200	2～4
Ⅲ类	150～600	2～3
Ⅳ类	50～150	1～2

注：①Ⅳ类中1条生产线的生产能力不宜小于50t/d；
②Ⅲ类中1条生产线的生产能力不宜小于75t/d；
③额定日处理能力分类中，Ⅱ、Ⅲ类含上限值，不含下限值。

第十四条　焚烧厂建设项目由焚烧厂主体工程与设备、配套工程、生产管理与生活服务设施构成。具体包括下列内容：

一、焚烧厂主体工程与设备主要包括：

1. 受料及供料系统：包括垃圾计量、卸料、储存、给料等设施。

2. 焚烧系统：包括垃圾进料、焚烧、燃烧空气、启动点火及辅助燃烧等设施。

3. 烟气净化系统：包括有害气体去除、烟尘去除及排放等设施。

4. 余热利用系统：包括余热锅炉、空气预热器、发电或供热等设施。

5. 灰渣处理系统：包括炉渣处理系统与飞灰处理系统。

炉渣处理系统主要包括出渣、冷却、碎渣、输送、储存和除铁等设施。

飞灰处理系统主要包括飞灰收集、输送、储存等设施。

6. 仪表与自动化控制系统。

二、配套工程主要包括：总图运输、供配电、给排水、污水处理、消防、通信、暖通空调、机械维修、监测化验、计量、车辆冲洗等设施。

三、生产管理与生活服务设施主要包括：办公用房、食堂、浴室、值班宿舍、绿化等设施。

第三章　选址与总图布置

第十五条　焚烧厂的厂址选择应符合下列要求：

一、焚烧厂的选址，应符合城市总体规划、环境卫生专业规划以及国家现行有关标准的规定。

二、应具备满足工程建设的工程地质条件和水文地质条件。

三、不受洪水、潮水或内涝的威胁。受条件限制，必须建在受到威胁区时，应有可靠的防洪、排涝措施。

四、不宜选在重点保护的文化遗址、风景区及其夏季主导风向的上风向。

五、宜靠近服务区，运距应经济合理。与服务区之间应有良好的交通运输条件。

六、应充分考虑焚烧产生的炉渣及飞灰的处理与处置。

七、应有可靠的电力供应。

八、应有可靠的供水水源及污水排放系统。

九、对于利用焚烧余热发电的焚烧厂，应考虑易于接入地区电力网。对于利用余热供热的焚烧厂，宜靠近热力用户。

第十六条　焚烧厂应以焚烧厂房为中心进行布置，各项设施应按垃圾处理流程作适当安排，以确保相关设备联系良好，充分发挥功能。

第十七条　焚烧厂厂内道路应根据工厂规模、运输要求、管线布置要求等合理确定。焚烧厂房四周宜设环形道路。道路的荷载等级应根据交通情况确定。

第十八条　焚烧厂的绿化布置应满足总体规划要求，合理安排绿化用地，绿化覆盖率符合现行有关规定。

第四章　工 艺 与 装 备

第十九条　焚烧厂的工艺与装备，应根据焚烧厂建设规模、所用工艺和装备的技术条件合理确定。应满足适度提高机械化、自动化水平，保证安全、改善环境卫生和劳动条件，提高劳动生产率的要求。

第二十条　焚烧厂工艺和装备的选择，应采用成熟的技术，有利于垃圾的稳定焚烧、降低环境的二次污染，符合高效、节能的要求。

第二十一条　应分析垃圾的物理化学特性，确定进炉垃圾低位热值应高于5000kJ/kg。

第二十二条　焚烧厂年工作日365d，每条生产线的年运行时间应在8000h以上。

第二十三条　焚烧厂垃圾受料和供料系统应符合下列要求：

一、应设进厂垃圾计量设施。

二、卸料场地应满足垃圾车顺畅作业的要求。应减小垃圾、污水以及臭气对环境的影响。

三、应根据垃圾接收量和生产线布置情况合理确定卸料门数量。

四、进入焚烧厂的垃圾应储存于垃圾仓内。垃圾仓应具有良好的防渗和防腐性能。垃圾仓内应处于负压状态，以使臭气不外溢。垃圾仓必须设置渗沥液收集设施。

五、垃圾抓斗起重机的能力应根据焚烧厂的规模进行选择，并应考虑垃圾的混合、倒堆、给料的时间分配；垃圾抓斗起重机应具有防碰撞和称量功能。

六、垃圾破碎设备的选用应根据垃圾的性质和焚烧设备的特点决定。

第二十四条　焚烧厂焚烧系统应符合下列要求：

一、新建焚烧厂宜采用同一种容量、同一种型号的焚烧炉。

二、焚烧炉进料设备应符合下列要求：

1. 垃圾进料斗应有足够的垃圾储存容量，并避免产生搭桥现象；

2. 垃圾推料器应能根据燃烧要求向炉内供应垃圾，并可调节供应量。

三、应根据垃圾特性选择合适的焚烧炉炉型，Ⅲ类（含Ⅲ类）以上焚烧厂宜优先选用炉排型焚烧炉，审慎采用其他形式的焚烧炉。严禁选用不能达到污染物排放标准的焚烧炉。

四、焚烧炉选择应符合下列要求：

1. 对垃圾特性适应性强，在确定的垃圾特性范围内，保持额定处理能力；

2. 焚烧炉内烟气温度和停留时间应满足国家有关技术标准的规定；

3. 炉渣热灼减率不应大于5%。

五、燃烧空气设施由一次空气系统和二次空气系统组成。燃烧空气应从垃圾仓内抽取，可采用一、二次空气加热装置，一、二次风机台数应根据焚烧炉设置要求确定。

六、启动点火及辅助燃烧设施的能力应能满足点火启动和停炉要求，并能在垃圾热值较低时助燃。

第二十五条　焚烧厂余热利用系统应符合下列要求：

一、余热利用方式可根据垃圾特性、工程规模及当地具体情况，经过技术经济比较后确定。

二、利用焚烧垃圾余热发电或供电、供热、供冷联合生产，新建工程的发电机组不宜超过2台（套）。

三、利用焚烧垃圾余热生产饱和蒸汽或热水，除满足工厂自用外，有条件时可直接外供或将蒸汽转换成热水外供。

第二十六条　焚烧厂必须设置烟气净化系统。烟气净化系统应符合下列要求：

一、净化后排放的烟气应达到国家现行有关排放标准的规定。

二、应对烟气中不同污染物采用相应治理措施；在选择治理方案时应充分考虑垃圾特性和焚烧后各种污染物的物理、化学性质的变化。

三、袋式除尘器作为烟气净化系统的末端设备，应优先选用，同时应充分注意对滤袋材质的选择。

四、氯化氢、硫氧化物和氟化氢的去除宜用碱性药剂进行中和反应，并宜优先采用半干法烟气净化工艺。

五、应采取相应措施，严格控制二噁英类和重金属对环境的污染。

六、氮氧化物的去除，宜采用燃烧方式进行控制，在此基础上再考虑是否设置氮氧化物去除装置。

七、烟气净化系统与燃烧系统应同步连续运转。

第二十七条 焚烧厂灰渣处理系统应根据炉渣与飞灰的产量、特性、综合利用方式、当地自然条件、运输条件，通过技术经济比较后确定。焚烧产生的炉渣与飞灰必须分别进行处理与处置。

第二十八条 焚烧厂应根据工艺装备情况，按适用、可靠的原则，选择合理的仪表及自动化控制系统。仪表及自动化控制系统应采用成熟的控制技术和质量可靠、性能良好的设备和元件。自动化控制的范围和水平应根据焚烧设施的规模及自动化程度确定。Ⅲ类（含Ⅲ类）以上焚烧厂应有较高的自动化控制水平。

第五章 配套工程

第二十九条 焚烧厂的配套工程应与主体工程相适应。新建焚烧厂的配套设施，应充分利用当地提供的专业化协作条件，合理确定配套工程项目；改建、扩建工程应充分利用原有的设施。

第三十条 焚烧厂供电电源应由当地电力网供给。焚烧厂供电负荷级别、供电方式及上网方式应根据工艺要求、余热利用性质及环境特征等因素，按国家现行标准执行。

第三十一条 焚烧厂应有可靠的供水水源和完善的供水设施。生活用水、锅炉用水及其他生产用水应符合国家现行有关标准的规定。

第三十二条 焚烧厂厂区排水应采用雨污分流制。根据技术经济比较确定渗沥液和其他生产废水、生活污水处理工艺。当不能满足上述条件时，应建设污水处理设施，经处理后的水应优先考虑循环再利用，排放应按国家现行有关标准执行。

第三十三条 焚烧厂消防设施的设置必须满足厂区消防要求，消防设施应符合国家现行的防火规范要求。垃圾仓应设有火情监测和灭火设施。

第三十四条 焚烧厂通信设施的设置，应保证各生产岗位之间的通信联系和对外通信的需要。

第三十五条 焚烧厂生产厂房、辅助及附属建筑物宜以自然通风为主。中央控制室、抓斗起重机控制室、变配电室、分析化验室等应设置通风装置；当通风装置不能满足工艺及卫生要求时，应设置空气调节装置。

第三十六条 焚烧厂应配备常规维护设备和紧急故障维修设施。

第三十七条 焚烧厂应设置分析化验和环保监测设施，应配备垃圾、污水、烟气、灰渣等常规指标的监测和分析仪器设备。Ⅱ类（含Ⅱ类）以上焚烧厂必须设置烟气在线监测设备。

第六章 环境保护与劳动保护

第三十八条 焚烧厂的环境保护应符合下列有关要求。

一、生活垃圾焚烧厂焚烧炉渣按一般固体废物处理，焚烧飞灰应按危险废弃物处理。

二、生活垃圾焚烧厂工艺废水中污染物最高允许排放浓度应按现行国家标准《污水综合排放标准》（GB 8978）的有关要求执行。

三、生活垃圾焚烧厂氨、硫化氢、甲硫醇和臭气浓度厂界排放限值根据生活垃圾焚烧厂所在区域，应分别按照现行国家标准《恶臭污染物排放标准》（GB 14554）表1相应级别的指标执行。

四、生活垃圾焚烧厂噪声控制限值按现行国家标准《工业企业厂界噪声标准》（GB 12348）执行。

五、生活垃圾焚烧厂厂房通风除尘按国家现行标准《工业企业设计卫生标准》（TJ 36）执行。

六、焚烧炉大气污染物排放应达到表2的要求。

表2 焚烧炉大气污染物排放限值①

项　目	单　位	数值含义	限　值
烟尘	mg/m^3	测定均值	80
烟气黑度	林格曼黑度．级	测定值②	1
一氧化碳	mg/m^3	小时均值	150
氮氧化物	mg/m^3	小时均值	400
二氧化硫	mg/m^3	小时均值	260
氮化氢	mg/m^3	小时均值	75
汞	mg/m^3	测定均值	0.2
镉	mg/m^3	测定均值	0.1
铅	mg/m^3	测定均值	1.6
二噁英类	$ng\ TEQ/m^3$	测定均值	1.0

注：①本表规定的各项标准限值，均以标准状态下含11%O_2的干烟气为参考值换算；

②烟气最高黑度时间，在任何1h内累计不得超过5min。

第三十九条 焚烧厂应有效控制焚烧状况，保证系统在额定状况下运行，使污染物原始排放浓度降到最低。

第四十条 焚烧厂的安全卫生措施应符合国家现行标准《工业企业设计卫生标准》（TJ 36）和《生产过程安全卫生要求总则》（GB 12801）及《关于生产性建设工程项目职业安全监察的暂行规定》的要求。

第四十一条 焚烧厂应做好卫生防疫工作，应采取防蝇、灭虫、防尘、除臭措施。

第四十二条 焚烧厂内必须设立醒目的标牌或标志。

第七章 建筑标准与建设用地

第四十三条 焚烧厂的建筑标准应贯彻安全实用、经济合理、因地制宜的原则，根据焚烧厂规模、建筑物用途、建筑场地条件等需要而确定，应与周围环境相协调，适应城市发展的需要。

第四十四条 焚烧厂的生产管理与生活服务设施建筑在满足使用功能和安全的条件下，宜集中布置。各类焚烧厂生产管理与生活服务建筑面积指标不宜超过表3所列指标。

表3 附属建筑面积指标（m^2）

类型	生产管理用房	生活服务设施用房
Ⅰ类	500～700	900～1100
Ⅱ类	300～500	600～900
Ⅲ类	150～300	350～600
Ⅳ类	≤150	≤350

注：①生产管理用房包括行政办公用房、传达室等；
②生活服务设施用房主要包括食堂、浴室、绿化用房、值班宿舍等；
③Ⅰ、Ⅱ、Ⅲ类附属建筑面积指标含上限值，不含下限值。

第四十五条 焚烧厂的建设用地，应遵守科学合理、节约用地的原则，满足生产、生活、办公的需求，并留有发展的余地。焚烧厂建设用地指标应按表4执行。

表4 建设用地指标（m^2）

类型	用地指标
Ⅰ类	40000～60000
Ⅱ类	30000～40000
Ⅲ类	20000～30000
Ⅳ类	10000～20000

注：建设用地指标含上限值，不含不限值。

第八章 运营管理与劳动定员

第四十六条 焚烧厂运营机构的设置应以精干高效、提高劳动生产率，有利于生产经营为原则。做到分工合理，职责分明。

第四十七条 焚烧厂工作制度，宜采用五班制工作制。

第四十八条 焚烧厂劳动定员可分为生产人员、辅助生产人员和管理人员。各类焚烧厂的劳动定员应按照定岗定量的原则，根据项目的工艺特点、技术水平、自动控制水平、投资体制、当地社会化服务水平和经营管理的要求，合理确定。可按表5选用。

表5 焚烧厂劳动定员（人）

类型	劳动定员
Ⅰ类	120～150
Ⅱ类	80～120
Ⅲ类	50～80
Ⅳ类	≤50

第九章 主要技术经济指标

第四十九条 新建焚烧处理工程项目投资，应按国家现行的有关规定编制；评估或审批项目可行性研究报告的投资估算时，可参考本章所列指标，但应根据工程实际内容及价格变化的情况，按照动态管理的原则进行调整后使用。

第五十条 新建焚烧厂投资估算指标可按表6采用。

表6 焚烧厂投资估算指标［万元/(t/d)］

类型	投资估算指标
Ⅰ类、Ⅱ类、Ⅲ类	35～65
Ⅳ类	20～35

注：①Ⅰ类、Ⅱ类、Ⅲ类焚烧厂中主要设备和系统如炉本体、烟气净化系统、仪表与自动化控制系统等以进口为主宜取上限，全部国产化宜取下限；
②Ⅳ类焚烧厂中无余热利用系统的宜取下限，有余热利用系统的宜取上限；
③表中指标采用北京市2000年人工、材料、机械设备预算价格计算；
④表中不包括征地、拆迁、青苗与破路赔偿等费用。

第五十一条 各类焚烧厂建设工期可按表7所列指标控制。

表7 焚烧厂建设工期（月）

类　型	建设工期
Ⅰ类	28～36
Ⅱ类	24～32
Ⅲ类	20～28
Ⅳ类	16～24

注：建设工期以破土动工开始计，以工程竣工止，不包括非正常停工。

第五十二条 新建焚烧厂电耗指标应小于100kW·h/t垃圾。

第五十三条 新建焚烧厂运行费用指标宜按40～90元/t垃圾控制。

第五十四条 生活垃圾焚烧处理工程项目应按国家现行的建设项目经济评价方法与参数的规定进行经济评价。

附加说明

主编单位和主要起草人名单

主 编 单 位： 建设部城市建设研究院

参 编 单 位： 五洲工程设计研究院
核工业第二研究设计院
深圳市市政环卫综合处理厂

主要起草人： 张进锋　徐文龙　徐海云　杨宏毅　郭祥信　白良成　魏金华　龚伯勋

附件

城市生活垃圾焚烧处理
工程项目建设标准

条 文 说 明

前　言

根据建设部《关于下达工程项目建设标准编制计划的通知》[计财司（94）建计年字第70号]，由建设部负责主编，具体由建设部城市建设研究院编制的《城市生活垃圾焚烧处理工程项目建设标准》，经建设部、国家计委2001年10月23日以建标[2001]213号文批准为全国统一标准，发布施行。

为便于有关部门和咨询、设计、科研、建设等单位的有关人员在使用本建设标准时能正确理解和执行条文的规定，现将《城市生活垃圾焚烧处理工程项目建设标准条文说明》予以印发，供国内各有关部门和单位参考。

2001年6月

目　录

第一章　总则 …………………………… 1—3—12
第二章　建设规模与项目构成 ……… 1—3—13
第三章　选址与总图布置 …………… 1—3—13
第四章　工艺与装备 ………………… 1—3—13
第五章　配套工程 …………………… 1—3—14
第六章　环境保护与劳动保护 ……… 1—3—14
第七章　建筑标准与建设用地 ……… 1—3—15
第八章　运营管理与劳动定员 ……… 1—3—15
第九章　主要技术经济指标 ………… 1—3—15

第一章 总 则

第一条 城市生活垃圾焚烧处理工程直接关系到城市人民生活与环境保护。本建设标准是在国家有关基本建设方针、政策、法令指导下，借鉴发达国家的经验，总结我国城市生活垃圾焚烧处理工程建设经验，特别是近几年来的建设经验，并考虑今后城市生活垃圾焚烧处理工程建设发展需要而编制的，本建设标准编制目的在于推动技术进步、提高投资效益与社会效益，为项目决策和建设管理提供科学依据。

第二条 建设标准是依据有关规定由国家建设和计划主管部门审批发布的为项目决策和合理确定建设水平服务的全国统一标准，是工程项目决策和建设中有关政策、技术、经济的综合性宏观要求的文件。对建设项目在技术、经济、管理上起宏观调控作用，具有一定的政策性和实用性。本建设标准内容的规定为强制性与指导性相结合，对涉及建设原则、贯彻国家经济建设的有关方针、行业发展与产业政策和有关合理利用资源、能源、土地以及环境保护、职业安全卫生等方面的规定，以强制性为主。在项目决策和建设中，有关各方应认真贯彻执行。对涉及建设规模、项目构成、工艺装备、配套工程、建筑标准和主要技术经济指标等方面的规定，以指导性为主，由投资者、业主自主决策，有关各方可在项目决策和建设中结合具体情况执行。建设标准的作用是为项目的决策等建设前期工作提供所遵循的原则，为建设实施提供监督检查的尺度。

第三条 本建设标准主要适用于新建城市生活垃圾焚烧处理工程。改、扩建的城市生活垃圾焚烧处理工程项目，因受到既有条件的限制，一时可能达不到本建设标准的规定，但技术装备水平、环境保护、基建投资等指标应符合本建设标准的规定。

第四条 城市生活垃圾焚烧处理工程建设是国家经济建设的重要组成部分，因此工程建设必须首先遵守国家有关经济建设的一系列法律、法规，符合社会主义市场经济的基本原则。环境保护、节约用地和节约能源是我国的基本国策。城市生活垃圾焚烧处理工程是保护环境和保护生态平衡的重要基础设施工程之一，如果处理不当，容易对环境造成严重污染，尤其是对大气的污染，对人民生活和生态环境造成严重危害，所以必须加强环境保护的意识。我国宪法有保护环境的条文，并发布了环境保护法等一系列法规、条例、规定和标准，以保护环境和生态平衡。本建设标准第六章对环境保护作了规定。我国人多地少，人均耕地面积正逐年减少，工业建设用地应严格控制。国家已经颁布了有关土地的法令和建设用地指标的规定，本建设标准第七章列出了建设用地条款。城市生活垃圾焚烧处理工程能耗的高低对处理成本影响较大，降低生产过程的能耗是发展城市生活垃圾焚烧处理工程建设的基本方针。

第五条 城市生活垃圾焚烧处理工程建设应适合我国国情，应以我国的技术经济水平为基础，并考虑今后城市发展与科学技术发展的需要。我国幅员辽阔，地区经济水平差异很大，因此要区别不同城市、不同建设规模，合理确定建设水平。技术上应当是先进的、可行的、安全可靠的，并能适应当地的经济条件。

第六条 城市生活垃圾焚烧处理工程是防治城市生活垃圾污染、改善环境的工程，是保障人体健康，维护和促进城市经济发展的重要基础设施。本条规定工程建设的原则。城市生活垃圾焚烧处理工程是城市基础设施，是一个大的系统工程，所以强调工程建设必须符合城市总体规划，满足人们对环境的要求。应统筹规划，既要满足城市近期的需要，又要考虑远期发展的经济合理性，应以近期为主，近期、远期相结合并为将来发展留有余地。

城市生活垃圾焚烧处理工程建设应做多方案比较，进行技术经济论证，综合比选。根据筹资能力，从发挥效益出发，控制初期工程规模和投资。新建项目应与现有的垃圾收运及处理系统相协调，改、扩建工程应充分利用原有设施。

第七条 本条规定城市生活垃圾焚烧处理工程建设在推动技术进步、引进设备和技术方面的原则。城市生活垃圾焚烧处理工程的建设应采用成熟可靠的技术、工艺和设备。

本条强调采用国外先进工艺与技术设备，应符合我国国情，遵守以下具体原则：

一、有利于提高城市生活垃圾焚烧处理工程的工艺技术水平，促进我国环境卫生事业的提高与发展。

二、引进国外的技术和装备，必须满足先进、成熟、可靠的基本条件。

三、引进国外先进技术设备必须进行细致的技术经济论证。

四、大力推进垃圾焚烧设备的国产化。

第八条 本条规定城市生活垃圾焚烧处理工程项目建设内容确定的原则，并非所列项目都要建设，要视生产需要和工艺要求，在充分利用建设地区依托条件的前提下，合理确定项目的内容，不搞大而全，小而全。

第九条 为提高城市生活垃圾焚烧处理工程的综合经济效益，增强自身发展能力，降低运行费用，要重视余热等的资源化利用。

第十条 我国城市生活垃圾焚烧处理工程的建设周期一般较长，主要原因是工程建设投资和配套设施不能落实，以及不能保证运行维护费用。因此本条规定工程建设必须落实工程建设资金及土地、供电、给排水、交通和通信等设施的条件，以保证工程的顺利实施和投产。

第十一条 城市生活垃圾焚烧处理工程项目建设涉及面广、专业多，本建设标准的内容仅从加强城市生活垃圾焚烧处理工程建设的宏观管理，工程建设水平及投资效益等主要方面作出必要的规定。在本建设标准编制过程中，国家已经颁布或将要颁布一系列规范和标准，本建设标准在有关条文中，对执行这些标准和规范都做了相应的规定。随着标准化工作的进展，将有更多的标准、规范、定额、指标陆续发布，故本条作了明确的规定。

第二章 建设规模与项目构成

第十二条、第十三条 关于城市生活垃圾焚烧处理工程建设规模与数量的规定。城市生活垃圾焚烧处理工程项目主体是城市生活垃圾焚烧厂（以下简称“焚烧厂”），本建设标准未包括城市生活垃圾运输、转运和其他处理工程。焚烧厂建设规模及数量应满足城市总体规划和环境卫生专业规划的要求。焚烧厂的建设规模与城市规模和城市特点有关。对于中、小城市分布密集的地区，人口也比较密集，每个城市垃圾产量不高，分散建设各自的焚烧厂必然带来更大污染的可能性和增加建设投资，应进行区域性规划和建设；对于特大、大城市来说，城市面积很大，生活垃圾产量很高，可分区建设焚烧处理工程。

焚烧厂项目建设标准按工程建设规模划分等级。工程建设规模分四类。

第十四条 明确规定焚烧厂建设项目的构成，是为避免漏建或多列工程项目致使焚烧厂无法运行或人为造成浪费。焚烧处理工艺不同时，生产设施的内容不同。焚烧厂辅助生产设施和生产管理及生活福利设施一般包括的内容是根据目前焚烧厂实际状况及今后的发展方向提出的。随着国家改革开放的进一步深入，焚烧厂项目的经营管理将逐步由事业单位向企业过渡，最终实现企业化经营。因此能够由社会化条件解决的设施均不再行设置。

第三章 选址与总图布置

第十五条 焚烧厂的选址是焚烧厂建设的重要组成部分，是焚烧厂规划建设的第一步，应符合城市总体规划及环境卫生专业规划等有关方面的要求。国家现行标准《生活垃圾焚烧污染控制标准》（GWKB 3—2000）中对焚烧厂选址原则做了具体规定，焚烧厂的选址要满足其有关要求。

焚烧厂的选址与众多因素有关，主要遵循两条原则：一是从防止污染角度考虑的安全原则，二是从经济角度考虑的经济合理原则。必须综合考虑工程地质条件、水文地质条件、交通运输、供电、给排水、余热利用等因素。

第十六条 本条是焚烧厂总图布置的原则。焚烧厂总图布置要满足焚烧处理、污染控制、余热利用等的要求，以焚烧厂房为中心进行布置。

第十七条 厂区道路除满足道路设计的一般要求外，还应满足国家现行有关标准的要求。厂区道路主要线路应形成回路，通行能力依焚烧垃圾运输量而定。

第十八条 本条是对焚烧厂绿化作出的要求。

第四章 工艺与装备

第十九条 本条是确定焚烧厂工艺与装备水平的原则。根据我国目前国情及科学技术发展水平，焚烧厂建设要保证安全、改善环境卫生和劳动条件，提高劳动生产率。

第二十条 本条是焚烧厂选择工艺和装备的原则。应采用成熟的技术，有利于垃圾的稳定焚烧、降低环境污染，符合高效、节能的要求。

第二十一条 本条要求明确焚烧处理对象的特性，作为设计和建设的依据。

生活垃圾的热值对焚烧起着决定性的作用，是评价生活垃圾性质的一项重要指标。因为生活垃圾的热值受多种因素的影响，在可能的条件下控制这些因素可以使生活垃圾的热值较大幅度的增加。与国外经济发达国家相比，国内的生活垃圾热值较低，这是由我国城市生活垃圾的收集方式及生活水平等因素决定的。《城市生活垃圾处理及污染防治技术政策》对焚烧厂进炉垃圾低位热值作出了明确规定，即应高于5000kJ/kg。

第二十二条 本条是对焚烧厂年运行时间作出的要求。

第二十三条 本条是对受料及供料系统作出的要求。

进厂垃圾计量设施包括地磅房及地磅。

垃圾车卸料门的数量应根据垃圾接收量和生产线布置情况合理确定，以维持正常作业，不堵车为原则。

垃圾仓具有储存和脱水的功能，垃圾脱水后可提高进炉垃圾的低位热值。因此垃圾仓应具有良好的防渗和防腐性能，并能使渗沥液导出，必须设置渗沥液收集设施。

用抓斗起重机来抓取垃圾，是较好的获取垃圾的方式。本条对抓斗起重机的设置提出要求，以利于垃圾供料作业。

随着城市居民生活水平的提高，越来越多的大件垃圾进入焚烧厂。同时一些焚烧设备对垃圾进料尺寸有一定的要求，如循环流化床焚烧炉。因此应根据垃圾的性质及焚烧设备的特点决定是否选用垃圾破碎设备。

第二十四条 本条是对焚烧系统的要求。由于垃圾焚烧系统是焚烧厂最重要的组成部分，炉本体内的燃烧状况是焚烧污染控制最关键的因素，本条对垃圾进料设备、焚烧炉炉型选择、焚烧炉本体、燃烧空气设施、启动点火及辅助燃烧设施等进行了要求。

根据生活垃圾在焚烧炉内的运动形式及工作原理的不同，可以把焚烧炉分为多种类型。主要有固定床、流化床二类，固定床炉分机械移动式炉排炉与滚转窑炉两种。炉排是机械移动炉排式焚烧炉的关键部位，其形式也有往复式炉排、摆动式炉排、滚筒式炉排及链条炉排等。《城市生活垃圾处理及污染防治技术政策》中明确提出："垃圾焚烧目前宜采用以炉排型焚烧炉为基础的成熟技术，审慎采用其他炉型的焚烧炉。禁止选用不能达到控制标准的焚烧炉。"

第二十五条 本条是对余热利用系统的要求。余热利用是焚烧处理城市生活垃圾资源化的具体体现。余热利用方式有发电、热电联供、供热等，具体选择何种方式可根据垃圾特性、工程规模及当地具体情况，经过技术经济比较后确定。

第二十六条 本条是关于烟气净化系统的规定。烟气净化是城市生活垃圾焚烧污染控制的关键，国家现行有关标准《生活垃圾焚烧污染控制标准》(GWKB 3—2000）对焚烧烟气排放作出了明确规定。

氯化氢的去除（含硫氧化物和氟化氢的去除）工艺主要有干法工艺、半干法工艺和湿法工艺。

干法工艺是将石灰粉喷入反应器，与酸性气体接触反应产生固态化合物，该法对氯化氢的去除率一般为80%～90%。

半干法工艺是将一定浓度的石灰浆喷入雾化反应器并通过喷水控制反应温度。该法对氯化氢的去除率可达90%～99%。

湿法工艺是将烟气在骤冷器中降温至60～70℃后，在湿式洗涤塔中被碱液洗涤，去除烟气中的污染物。从洗涤塔排除的废水需经处理。该法对氯化氢的去除率可达98%～99%以上。

在这三种工艺中，半干法具有零废水排放、对酸性气体去除效率较高、系统简单、设备成熟等优点，在城市生活垃圾焚烧系统中得到了广泛应用。

二噁英的去除可通过下列三个措施：

一、严格控制炉膛内焚烧烟气和停留时间，确保垃圾充分焚烧。

二、减少烟气在200～350℃温度区的滞留时间。

三、在烟气中喷入活性碳或多孔性吸附剂，实现充分接触，并选用具有高效去除亚微米级粒子能力的除尘设备进行捕集。

活性碳或多孔性吸附剂应兼有去除重金属功能。

第二十七条 本条是对灰渣处理系统的要求。由于飞灰中吸附有大量焚烧产生的污染物，因此必须将炉渣与飞灰分别处理与处置。

第二十八条 本条是对仪表及自动化控制系统的要求。不同城市应结合经济和技术发展的状况合理确定焚烧厂自动控制水平，对于Ⅲ类（含Ⅲ类）以上焚烧厂，为保证燃烧稳定性和烟气处理效果、提高余热利用效率，应具备较高的自动控制水平。

第五章 配套工程

第二十九条 本条是焚烧厂配套工程的建设原则。改建、扩建工程应以扩大生产能力、提高装备水平、促进技术进步、提高经济效益为主，重点应是发挥现有设施的能力，挖掘潜力。

第三十条 本条是对焚烧厂电气工程的要求。由于焚烧厂工艺要求、余热利用性质及环境特征等因素的不同，供电负荷级别、供电方式及上网方式都有不同。

第三十一条 本条是对焚烧厂供水的要求。焚烧厂供水水源从城市自来水管网接入为宜，如难以与自来水管网相接，则需建设有效的供水系统，并配置相应的供水设施。

第三十二条 本条是对焚烧厂排水的要求。焚烧厂的排水分为两个部分，即雨水和废水。废水包括工艺生产废水和生活污水。工艺生产废水包括垃圾渗沥液及生产废水。生产废水包括洗车废水、卸料场地冲洗废水、除灰渣废水及锅炉废水等。

第三十三条 本条是对焚烧厂消防的要求。垃圾仓内要采取水消防措施。

第三十四条 本条是对焚烧厂通信的要求。焚烧厂通信设施应包括生产管理通信和生产调度通信，应保证各生产岗位之间的通信联系和对外通信的需要。

第三十五条 本条是对焚烧厂采暖通风与空调的要求。生产厂房、辅助及附属建筑物宜以自然通风为主。

第三十六条、第三十七条 对焚烧厂机械设备维护维修设施及分析化验环保监测设施的要求作出规定。焚烧厂的机械设备维护维修应充分利用社会化服务设施，不搞大而全，小而全。在没有条件的地方，应有基本的维护维修设施。维修设备应包括电焊机、气焊设备、铣床、钻床、车床、刨床、吊车等。

第六章 环境保护与劳动保护

第三十八条 本条是对焚烧厂环境保护的总体要求。国家现行标准《生活垃圾焚烧污染控制标准》(GWKB 3—2000）对焚烧烟气排放、废水处理、灰渣处理、噪声污染控制、恶臭污染控制等均作出了具体规定。

第三十九条 本条对控制焚烧工况提出了要求，以保证污染物原始排放浓度最低，从而有利于后续的烟气净化。

第四十条、第四十一条 规定了焚烧厂劳动保护的总要求及焚烧厂卫生防疫的要求。《关于生产性建设工程项目职业安全监察的暂行规定》（劳字［1988］48号）是原劳动部进行规范可行性研究报告中安全、卫生部分的编制格式和进行锅炉等安全设备验收的依据，各项工程设计和建设应按规定执行。国家现行标准《工业企业设计卫生标准》（TJ 36）对厂内作业区的卫生指标作出了具体规定，是设计的依据。现行国家标准《生产过程安全卫生要求总则》（GB 12801）是作业生产安全卫生的总则。上述三项标准是安全卫生工作的指导性文件。

第四十二条 为保证安全及物流、人流的合理组织，本条规定焚烧厂应设立标牌和标志。

第七章　建筑标准与建设用地

第四十三条 本条是焚烧厂建筑形式和建设用地安排的原则。

第四十四条 焚烧厂的管理用房、生活设施用房在满足使用功能和安全的条件下，宜集中布置，其建筑面积应本着合理设置、节约投资的原则确定。由于焚烧厂一般建于城乡结合部，本标准表3中对生活设施的建筑面积做了适当放宽。

第四十五条 焚烧厂建设用地指标和工艺有关。根据国内20个已建、在建焚烧厂的统计数据，建设用地存在较大的差异。部分焚烧厂考虑了今后的改扩建及灰渣填埋场的建设，用地较多，超出一般焚烧厂的用地标准。从国际上看，灰渣填埋场的建设一般不在焚烧厂用地范畴，所以焚烧厂的用地变化范围不大，因此结合国外一些焚烧厂的用地，并考虑国内的技术进步，提出本标准表4列出的用地指标。部分国外焚烧厂的用地指标统计见附表1和附表2。

附表1　德国城市生活垃圾焚烧厂用地指标统计表

序号	地　点	处理量（t/d）	占地面积（m^2）	生产线数量（条）
1	Augburg	720	175000（含堆肥、分拣）	3
2	Bamberg	432	32800	3
3	Berlin	1512	40000	7
4	Bielefeld	1152	70000	3
5	Bonn	720	29000	3
6	Burgkirchen	720	11200	2
7	Dusseldorf	1800	55000（预留16000）	6
8	Hamburg-Borsigstrasse	1032	55000	2
9	Hamburg	300	21500	2
10	Heideberg	140	23000（含堆肥）	1

续附表1

序号	地　点	处理量（t/d）	占地面积（m^2）	生产线数量（条）
11	Ierlohn	768	38763	3
12	Kassel	480	18500	2
13	Kempten	204	5470	1
14	Kiel sud	420	38270	2
15	Mannheim	1056	50000	3
16	Neunkirchen	360	56800	2
17	Nurnberg	1380	27000	4
18	Oberhausen	2112	54464	4
19	Rosenheim	240	13500（预留3000）	1
20	Wurzburg	900	40000	3
21	Zirndorf	96	10000	1

附表2　瑞士城市生活垃圾焚烧厂用地指标统计表

序号	地　点	处理量（t/d）	占地面积（m^2）	生产线数量（条）
1	Basel-Stadt	900	18000	2
2	Bazenheid	240	24797	3
3	Bern	372	15500	2
4	Brugg-Biel	125	20239	1
5	Buchs	516	15000	3
6	Colombier	168	3200	2
7	Limmattal	240	20000（预留5000）	2
8	Oftringen	192	19000（预留6000）	1
9	Zurich-Josefstrasse	336	13000	1

第八章　运营管理与劳动定员

第四十六条、第四十七条 规定了焚烧厂运营机构设置的原则。现行人年工作日为2016h（252d），五班制才能满足劳动法要求。

第四十八条 目前国内已有的焚烧厂的定员都普遍偏高，本标准表5本着精简机构、提高效率的原则进行了适当调整。

第九章　主要技术经济指标

第四十九条 本条规定编制和使用工程投资估算指标的原则，强调应根据有关的变化情况调整使用，进行动态管理。遇有地基特殊处理、国外贷款工程以及其他特殊设防等情况，各项指标应结合具体情况调整使用。国内城市生活垃圾焚烧厂主要技术经济指标的统计见附表3。

附表 3　国内城市生活垃圾焚烧厂主要技术经济指标统计表

序号	焚烧厂名称	处理规格 (t/d)	占地面积 (hm^2)	劳动定员 (人)	建设周期 (月)	建设投资 (万元)	运行费用 (元/t 垃圾)	备　注
1	上海市江桥垃圾焚烧厂（一期）	1000	13.6	150	36	74561	101	可研
2	宁波垃圾焚烧厂	1000	3.127	98	18	34225	35.25	初设
3	北京高安屯生活垃圾焚烧厂	1344	4.54	80	36	72507	77	可研
4	天津垃圾焚烧发电厂	1200	4.65	80	36	60599	57.07	预可研
5	广州市资源电厂	1063	9	100	29	70000	—	
6	深圳市市政环卫综合处理厂	450	—	167	—	14700	153（总成本）	1988 年投入运行
7	深圳市龙岗中心城垃圾焚烧处理厂	300	—	80	—	9000	—	1999 年投入运行
8	珠海市垃圾焚烧发电厂	600	—	180	—	20500	110	2000 年投入运行
9	厦门市环卫综合处理厂（一期）	400	5.61	120	22	29722	—	初设
10	温州市瓯海东庄垃圾焚烧发电厂	320	—	30	—	9000	52	2000 年一期投入运行
11	常州市环境卫生综合厂	150	—	30	—	1268.8	45	1995 年投入运行
12	宜兴市垃圾综合处理场	200	—	35	—	2000	30	1998 年投入运行
13	盘锦市垃圾处理厂	400	11	80	24	9800	43	含预分选
14	长春市一汽垃圾焚烧厂	200	—	41	—	2100	84	1997 年投入运行

第五十条　本条所列的估算指标是评估或审批新建焚烧厂的投资估算的参考依据。在具体评估或审批焚烧厂项目时，应结合工程的实际情况，按照动态管理的原则，进行调整后采用。新建焚烧厂的投资估算应按国家现行的有关规定编制。

本标准表 6 中焚烧厂投资估算指标是在目前我国已建和在建的焚烧厂投资的统计数据的基础上，考虑了一定的前瞻性而确定的。

第五十一条　本标准表 7 是根据焚烧厂规模的大小所提出的建设工期控制指标。由于建设工期与建设资金落实情况、施工条件等因素有关，在确定焚烧厂建设工期时，应根据项目的实际条件，合理确定，防止建设工期拖延，增加工程投资。

第五十二条　焚烧厂的能耗按工艺的不同有很大差异，如辅助燃料、水、石灰、液碱、盐酸等，这里在对国内已建和在建的焚烧厂数据统计基础上对电耗指标作出了规定。

第五十三条　新建生活焚烧厂运行费用指标，是根据现有的焚烧厂实际运行费用经验总结，并适当考虑今后焚烧厂运行管理水平和标准将逐步提高，在此基础上确定的。

运行费用包括原材料及燃料动力费、工资及福利费、修理费及其他费用，不包括灰渣处理费用。

无余热利用系统的焚烧厂运行费用指标宜取下

限，有余热利用并设置氮氧化物去除装置的焚烧厂运行费用指标宜取上限。

第五十四条 建设项目经济评价是项目可行性研究的有机组成部分和重要内容。它是项目决策前可行性研究过程中，采用现代分析方法，对拟建项目计算期（包括建设期和生产期）内投入和产出诸多经济因素进行调查、预测、研究、计算和论证，比选推荐最佳方案，作为项目决策的重要依据。经济评价在焚烧厂项目建设的应用，是按照建立市场经济体制、推行企业化运行的要求，近几年才开展起来的，还缺乏系统的分析数据。目前，我国还没有普遍实行垃圾处理收费制度，已开始垃圾处理收费的地区也没有达到处理成本的要求，因此焚烧厂项目建设的投资效益主要表现为环境效益和社会效益。但可以通过建立垃圾处理收费制度，维持焚烧厂自身运行为基本目标，对项目作出财务效益评价和国民经济效益评价。经济评价方法应按国家现行的有关规定执行。

城市生活垃圾卫生填埋处理工程项目建设标准

主编部门：中华人民共和国建设部
批准部门：中华人民共和国建设部
　　　　　中华人民共和国国家发展计划委员会
施行日期：2001年7月1日

关于批准发布《城市生活垃圾卫生填埋处理工程项目建设标准》的通知

建标［2001］101号

国务院各有关部门，各省、自治区建设厅、计委（计经委），直辖市建委、计委（计经委），计划单列市建委、计委：

根据国家计委《关于制订工程项目建设标准的几点意见》（计标［1987］2323号）和建设部、国家计委《关于工程项目建设标准编制工作暂行办法》（［90］建标字第519号）的要求，按照建设部《关于下达工程建设标准编制计划的通知》（计财司［94］建计年字第70号）的安排，由建设部城市建设研究院编制的《城市生活垃圾卫生填埋处理工程项目建设标准》，经有关部门会审，批准为全国统一标准予以发布，自2001年7月1日起施行。

鉴于我国地域辽阔，各地经济发展不平衡，西部地区和一些中小城市在执行《标准》时，应根据当地实际情况，适当简化辅助配套设施，但应满足生产作业安全和环境保护要求，尽量避免二次污染。《标准》中所列投资估算指标为北京地区参考价格，各地在进行建设项目投资估算时，应根据当地价格水平进行相应调整，严格控制工程造价。

本建设标准的管理及解释工作，由国家计委和建设部负责。

中华人民共和国建设部
中华人民共和国国家发展计划委员会
二〇〇一年五月十五日

编 制 说 明

《城市生活垃圾卫生填埋处理工程项目建设标准》是受国家计委委托，由建设部组织建设部城市建设研究院等单位编制的。

在编制过程中，编制组贯彻节约土地、环境保护、节约能源、安全生产和国家有关生活垃圾处理行业发展的技术政策。注重推动技术进步和提高投资效益，结合城市生活垃圾卫生填埋场设备国产化、标准化和系列化的要求，对我国现有的垃圾卫生填埋处理工程进行了广泛深入的调查研究。总结了近几年来城市生活垃圾卫生填埋处理工程项目建设的实践经验，对收集的资料进行了认真的分析研究。广泛征求了各有关部门、单位及专家的意见，会同各有关部门审查定稿。

本建设标准共分九章：总则、建设规模与项目构成、选址、填埋场主体工程与设备、配套工程、环境保护与劳动保护、建设用地与建筑标准、运营管理与劳动定员、主要技术经济指标。

本建设标准系初次编制，在施行过程中，请各单位注意总结经验，积累资料，如发现需要修改和补充之处，请将意见及时反馈。

中华人民共和国国家发展计划委员会
中华人民共和国建设部
2001年5月

目 次

第一章 总则…………………………… 1—4—4
第二章 建设规模与项目构成 ……… 1—4—4
第三章 选址…………………………… 1—4—4
第四章 填埋场主体工程与设备 …… 1—4—5
第五章 配套工程 ………………… 1—4—6
第六章 环境保护与劳动保护 ……… 1—4—6
第七章 建设用地与建筑标准 ……… 1—4—6
第八章 运营管理与劳动定员 ……… 1—4—7
第九章 主要技术经济指标………… 1—4—7
附加说明 …………………………… 1—4—8
附件 城市生活垃圾卫生填埋处理工程项目建设标准
条文说明 ……………………… 1—4—9

第一章　总　　则

第一条　为促进社会经济和环境保护的协调发展，实现城市生活垃圾处理的无害化、减量化和资源化，加强国家对建设项目投资和建设的宏观管理，提高城市生活垃圾卫生填埋处理工程项目的决策和规划建设水平，合理确定和正确掌握建设标准，保护环境，推进技术进步，充分发挥投资效益，制定本建设标准。

第二条　本建设标准是项目决策和合理确定项目建设水平的全国统一标准，是编制、评估、审批城市生活垃圾卫生填埋处理工程项目可行性研究报告的重要依据，也是有关部门审查工程项目初步设计和监督检查整个建设过程的依据。

第三条　本建设标准适用于城市生活垃圾卫生填埋处理新建工程。改建、扩建工程可参照执行。

第四条　城市生活垃圾填埋处理工程项目的建设，必须遵守国家有关的法律、法规，贯彻执行环境保护、节约土地、劳动保护、安全卫生和节能等有关规定。

第五条　城市生活垃圾填埋处理工程项目的建设水平，应以本地区的经济发展水平和自然条件为基础，并考虑城市经济建设与科学技术的发展，按不同城市、不同建设规模，合理确定，做到技术先进、经济合理、安全可靠。

第六条　城市生活垃圾填埋处理工程项目的建设，应在城市总体规划和环境卫生专业规划的指导下，统筹规划，近、远期结合，以近期为主。工程项目的建设规模、布局和选址应进行技术经济和环境论证，综合比选。新建项目应与现有的垃圾收运及处理系统相协调，改建、扩建工程应充分利用原有设施。

第七条　城市生活垃圾填埋处理工程项目的建设，应采用成熟的、适用的先进技术、工艺、材料和设备；对于采用新技术和设备，应经充分的技术经济论证后合理确定。

第八条　城市生活垃圾填埋处理工程项目的建设，应坚持专业化协作和社会化服务相结合的原则，合理确定配套工程项目，提高运营管理水平，降低运营成本。

第九条　城市生活垃圾填埋处理工程项目的建设，除执行本建设标准外，尚应符合国家有关标准、定额和指标规定。

第二章　建设规模与项目构成

第十条　城市生活垃圾卫生填埋处理工程项目主体是城市生活垃圾卫生填埋处理场（以下简称“填埋场”），填埋场建设，应根据城市的规模与特点，结合城市环境卫生专业规划，合理确定填埋场建设规模和项目构成。中、小城市宜进行区域性规划，集中建设填埋场。

第十一条　填埋场的建设规模，应根据垃圾产生量、场址自然条件、地形地貌特征、服务年限及技术、经济合理性等因素综合确定。填埋场建设规模分类和日处理能力分级宜符合下列规定：

一、填埋场建设规模分类：

Ⅰ类　总容量为1200万m^3以上；

Ⅱ类　总容量为500～1200万m^3；

Ⅲ类　总容量为200～500万m^3；

Ⅳ类　总容量为100～200万m^3。

注：以上规模分类含下限值不含上限值。

二、填埋场建设规模日处理能力分级：

Ⅰ级　日处理量为1200t/d以上；

Ⅱ级　日处理量为500～1200t/d；

Ⅲ级　日处理量为200～500t/d；

Ⅳ级　日处理量为200t/d以下。

注：以上规模分级含下限值不含上限值。

第十二条　填埋场的合理使用年限，应在10年以上，特殊情况下不应低于8年；且宜根据填埋场建设的条件考虑分期建设。

第十三条　填埋场建设项目由填埋场主体工程与设备、配套工程和生产管理与生活服务设施等构成。具体包括下列内容：

一、填埋场主体工程与设备主要包括：场区道路，场地平整，水土保持，防渗工程，坝体工程，洪雨水及地下水导排，渗沥液收集、处理和排放，填埋气体导出、收集处理或利用，计量设施，绿化隔离带，防飞散设施，封场工程，监测井，填埋推铺、碾压设备，挖运土及消杀设备等。

二、配套工程主要包括：进场道路（码头）、机械维修、供配电、给排水、消防、通信、监测化验、加油、冲洗和洒水等设施。

三、生产管理与生活服务设施主要包括办公、宿舍、食堂、浴室等设施。

第三章　选　　址

第十四条　填埋场的选址，应符合城市总体规划、环境卫生专业规划，以及现行国家标准《生活垃圾填埋污染控制标准》（GB 16889）和《城市生活垃圾卫生填埋技术规范》（CJJ 17）的要求。

第十五条　填埋场选址，应综合考虑地理位置、地形、地貌、水文地质、工程地质等条件对周围环境、工程建设投资、运行成本和运输费用的影响，经过多方案比选后确定。

第十六条　填埋场选址应符合下列要求：

一、选址应由建设、规划、环保、环卫、设计、国土管理、水利、卫生防疫、地质勘察等有关部门参加。

二、场址应符合下列要求：

1. 当地城乡建设总体规划和环境卫生专业规划的要求；

2. 环境保护的要求；

3. 应充分利用天然地形以增大填埋容量，使用年限应达到相关要求；

4. 交通方便，运距合理；

5. 征地费用较低，施工较方便；

6. 人口密度较低、土地利用价值较低；

7. 位于夏季主导风下风向，距人畜居栖点500m以外；

8. 远离水源，尽量设在地下水流向的下游地区。

三、选址应按下列步骤进行：

1. 场址初选。根据城市总体规划、区域地形、工程地质和水文地质资料确定多个候选场址；

2. 场址推荐。对候选场址进行踏勘，并通过对场地的地形、地貌、工程地质、水文地质、植被、水文、气象、交通运输、覆盖土源和人口分布等对比分析，征求当地政府意见，确定2个以上（含2个）的预选场址；

3. 场址确定。对预选场址进行技术、经济和环境的综合比较，提出首选方案，完成可行性研究报告（或选址报告），通过审查确定场址。

第四章 填埋场主体工程与设备

第一节 填埋场主体工程

第十七条 填埋场场底基础处理应符合国家现行标准《城市生活垃圾卫生填埋技术规范》（CJJ 17）的要求，并应具有足够的承载能力和不小于2%的纵横坡度。

第十八条 填埋场场底必须进行防渗处理。场址的自然条件符合国家现行标准《城市生活垃圾卫生填埋技术规范》（CJJ 17）要求时，可采用天然防渗方式；不具备天然防渗条件的，应采用人工防渗措施。采用的人工合成材料高密度聚乙烯（HDPE）防渗膜的锚固平台高差不宜超过10m。

第十九条 填埋场底部应铺设渗沥液收集系统，包括导流层、导流盲沟、渗沥液收集管道、集水井等。盲沟或管道以不小于2%的坡度坡向集水井。

渗沥液收集系统必须能承受渗沥液的腐蚀，并应在封场后仍保持有效。有条件时应设有反冲洗设施。

第二十条 收集的渗沥液在处理前应先进入污水调节池，调节池应有足够容量。污水调节池容量应按多年逐月平均降雨量产生的渗沥液量以及渗沥液处理规模确定。

渗沥液处理应优先考虑排入城市污水处理厂进行处理，在不具备排入城市污水处理厂条件时，应建设相应的污水处理设施。

第二十一条 填埋场应设置独立的洪雨水及地下水导排系统。洪雨水导排系统应满足雨污分流、场外汇水和场内未作业区域的汇水直接排放的要求，尽量减少洪雨水侵入垃圾堆体，其排水能力应满足防洪标准的要求。地下水导排系统应做到将未被污染的地下水导出，减少地下水侵入垃圾堆体和对防渗层产生不良的顶托压力，其排水能力应与地下水产生量相匹配。

第二十二条 填埋场洪雨水导排系统的防洪标准应符合现行国家标准《防洪标准》（GB 50201）和《城市防洪设计规范》（CJJ 50）的技术要求，不得低于该城市的防洪标准。

填埋场洪雨水导排系统的防洪标准应符合表1的要求。

表1 填埋场洪雨水导排系统的防洪标准（重现期：年）

防洪等级	填埋场规模类型	防洪标准	
		设计	校核
Ⅲ	Ⅰ类、Ⅱ类	50	100
Ⅴ	Ⅲ类、Ⅳ类	20	50

第二十三条 填埋场场内的运输道路应根据其功能、使用年限和交通运输量分为主要道路和辅助道路，临时性道路和永久性道路。其布局应满足填埋作业、维护、管理、生活后勤和其他辅助工作的要求。

道路设计标准应满足交通量、车载负荷及使用年限要求，场内道路应符合现行国家标准《厂矿道路设计规范》（GBJ 22）的要求。

第二十四条 填埋气体的导排、处理和利用措施应根据填埋场规模、生活垃圾成分、产气速率、产气量和用途等确定。

填埋气体不利用时，应主动导出，并采取集中燃烧处理。

第二十五条 填埋场填埋作业区周围应设置防轻质垃圾飞散设施。

第二十六条 填埋场应设置监测井。监测井的设置应符合现行国家标准《生活垃圾填埋污染控制标准》（GB 16889）的要求。

第二十七条 填埋场必须设置计量设施和车辆冲洗设施。

第二十八条 填埋场终场后应进行封场处理、土地再利用和生态恢复，填埋场稳定前，不应建设永久性建筑物。

第二节 卫生填埋作业

第二十九条 卫生填埋应采用单元作业法，作业工序为卸车、推铺、压实、覆盖，并应编制科学合理的填埋作业计划。

第三十条 填埋场作业区应设置和道路相连接的卸车平台。道路和卸车平台应满足运输量和车载量的要求。

第三十一条 填埋作业过程中，随着垃圾堆体高程的变化，应根据需要在相应的高程上设置阶段性的填埋气体导排设施。填埋气体导排设施宜采用垂直导气和水平导气相结合的系统。

第三节 卫生填埋工艺设备

第三十二条 填埋场主要工艺设备应根据日处理垃圾量和作业区、卸车平台的分布，可参照表2选用。

表2 填埋场工艺设备选用表（t/d）

日处理规模	推土机	压实机	挖掘机	装载机
Ⅰ级	2～3	2～3	2	2～3
Ⅱ级	2	2	2	2
Ⅲ级	1～2	1～2	1～2	1～2
Ⅳ级	1～2	1～2	1～2	1～2

注：①卫生填埋机械使用率不得低于65%。
②不使用压实机的，可两倍数量增配推土机。

第三十三条 覆盖土应按土量、运距和车辆能力配备运输车。

第三十四条 垃圾进场后需要进行二次倒运时，应实行封闭化运输，并应配备足够的作业机械和运输车辆。

第五章 配 套 工 程

第三十五条 填埋场的配套工程应与主体工程相适应。其设备标准应能满足填埋场全天候安全作业和不污染环境的要求。

第三十六条 Ⅰ、Ⅱ、Ⅲ类填埋场应设置监测室，配备垃圾、渗沥液、填埋气体、填埋场大气、地表水和地下水等常规指标的化验分析仪器和监测设备。Ⅳ类以下的填埋场不宜设置监测室。

第三十七条 填埋场生产管理、生活服务区与填埋区的距离应符合安全防护要求，生产管理、生活服务区与填埋区中间宜用绿化带隔离。

第三十八条 填埋场供电电源应由当地电网供给，供电宜采用三级负荷。电气设施应按照现行国家标准《建筑物防雷设计规范》（GB 50057）等有关规定设避雷接地装置。

第三十九条 填埋场应有可靠的供水水源和完善的供水设施。生活用水水质应符合现行国家标准《生活饮用水卫生标准》（GB 5749）的要求。

第四十条 填埋场消防设施的设置应满足场区消防要求，消防设施应符合国家现行的防火规范要求。

第四十一条 填埋场设备维修宜实行社会化服务，在不具备条件的地方，可配备相应的设备维修设施。

第四十二条 填埋场的外部道路工程应符合现行国家标准《厂矿道路设计规范》（GBJ 22）的要求。

第四十三条 填埋场通信设施的设置，应满足各生产岗位之间的通信联络和对外通信的需要。

第四十四条 填埋场专用道路两侧及填埋场周边，应设置绿化隔离带，填埋场终场覆盖后应及时进行生态恢复。

第六章 环境保护与劳动保护

第四十五条 填埋场的污染控制应符合现行国家标准《生活垃圾卫生填埋污染控制标准》（GB 16889）的要求。

第四十六条 填埋场污水的排放，应符合当地环保部门要求的排放标准。应对填埋气体进行定期监测，填埋区不宜有封闭式建（构）筑物，建（构）筑物中的甲烷含量不得超过1.25%（体积百分比）。必须设有排风系统、自动安全报警系统和防爆措施。

填埋场臭气的排放应符合现行国家标准《恶臭污染物排放标准》（GB 14554）的规定。

第四十七条 填埋场的环境质量，应根据国家现行标准《生活垃圾卫生填埋场环境监测技术标准》（CJ/T 3037）定期进行监测和评价。应配置相应测试设备。

第四十八条 填埋场应有灭蝇、灭鼠、防尘和除臭措施。

第四十九条 填埋场的安全、卫生措施应符合《关于生产性建设工程项目职业安全监察的暂行规定》、《工业企业设计卫生标准》（TJ 36）、《生产过程安全卫生要求总则》（GB 12801）等国家现行标准和规定中的有关要求。

第五十条 填埋场区内，必须设立醒目的安全标牌或标记。

第五十一条 填埋场内机电设备所产生的噪声，超过现行国家标准《工业企业厂界噪声标准》（GB 12348）规定时，应采取减震措施或隔音、防噪措施。

第七章 建设用地与建筑标准

第五十二条 填埋场建设的总平面应按照功能分区布置；建设用地应遵守科学合理、节约用地的原则，满足生产、办公、生活的需求。填埋场总占地一般要满足其使用寿命8～10年以上；填埋区占地应达到每平方米可填埋5～10m^3以上垃圾。

第五十三条 填埋场建筑标准，应贯彻安全实用、经济合理、因地制宜的原则，根据填埋场规模、服务年限、建筑物用途、建筑场地条件等需要而确定。

第五十四条 填埋场构筑物与附属建筑物应按工艺要求与使用年限，结合当地条件选择相应的结构形式。

第五十五条 填埋场的生产管理、生产辅助设施建筑在满足使用功能和安全的条件下，宜集中布置。各级填埋场附属建筑面积指标不宜超过表3所列指标。

表3 各级填埋场附属建筑面积指标（m^2）

日处理规模	生产管理用房	辅助设施用房
Ⅰ级	1200～2500	200～600
Ⅱ级	400～1800	100～500
Ⅲ级	300～1000	100～200
Ⅳ级	300～700	100～200

注：①生产管理用房包括：行政办公、机修车间、计量间、门房、加油站、车库、化验室、变配电房等。
②辅助设施用房包括：食堂、浴室、值班宿舍等。
③填埋作业为两班制，有独立污水处理厂的取上限；填埋作业为单班制，又未设污水处理厂的取下限。

第八章 运营管理与劳动定员

第五十六条 填埋场运营机构的设置应以精干高效和有利于生产经营为原则，做到分工合理，职责分明。

劳动定员应按照定岗定员的原则，根据项目的工艺特点、技术水平、自动控制水平和经营管理的要求，合理确定。

第五十七条 填埋场工作制度，宜采用一至二班制。

第五十八条 填埋场劳动定员可分为生产人员、辅助生产人员和管理人员。各级填埋场的劳动定员可参照表4选用。辅助生产人员可根据当地的社会化协作条件，逐步由社会化服务系统解决。

表4 填埋场劳动定员（人）

日处理规模	劳动定员
Ⅰ级	按比例增加
Ⅱ级	50～70
Ⅲ级	30～50
Ⅳ级	＜30

注：填埋作业为两班制，有独立污水处理厂的取上限；填埋作业为单班制，又未设污水处理厂的取下限。

第九章 主要技术经济指标

第五十九条 新建填埋处理工程项目的投资应按国家现行的有关规定编制。评估或审批项目可行性研究报告的投资估算时，可参照本章所列指标，但应根据工程实际内容及价格变化的情况，按照动态管理的原则进行调整后使用。

第六十条 新建填埋处理工程项目每立方米库容投资估算指标可参照表5采用。

表5 填埋场投资估算指标（元/m^3）

填埋场特征	投资估算指标
采用人工衬层防渗的填埋场	16～26
未采用人工衬层防渗的填埋场	11～21

注：①在降水量较大的地区如南方地区建设填埋场，其渗沥液处理规模较大，填埋场投资估算指标宜取上限。
②在填埋场场址状况相近的条件下，日处理规模较大的填埋场，填埋场投资估算指标较高。
③填埋场征地费未计入。表中投资估算指标按2000年北京市工料及费率标准计算。

第六十一条 新建填埋处理工程项目分项投资占总投资的比例可参照表6控制。

表6 分项投资占总投资的比例（%）

项　目	比　例
清理场地	20～45
进场道路	
垃圾坝	
雨污分流排导系统	
覆盖土存放	
环境监测设施	
防渗系统	25～50
渗沥液收集系统	
渗沥液处理	
化验设备	10～20
填埋机具	
生产管理用房及其他辅助设施	10～20
设计、勘察、工程准备等	

注：①不采用人工衬层；垃圾渗沥液产生量少；不单独进行渗沥液处理或只需进行简易处理的填埋场清理场地、进场道路、垃圾坝、雨污分流排导系统、覆盖土存放、环境监测设施部分投资比例为较高限。
②采用人工衬层；垃圾渗沥液产生量较多并设渗沥液处理厂的填埋场防渗系统、渗沥液收集系统、渗沥液处理部分投资比例为较高限。
③小型填埋场化验设备和填埋机具部分投资比例为较高限。
④小型填埋场生产管理用房及其他辅助设施和设计、勘察、工程准备等部分投资比例为较高限。
⑤本指标中未包括填埋场用地的土地、青苗等补偿费和安置补助费。

第六十二条 各类填埋场建设工期可按表7所列

指标控制。

表7　填埋场建设工期（月）

建设规模	建设工期	
	天然防渗	人工防渗
Ⅰ类	12～21	—
Ⅱ类	9～15	12～21
Ⅲ类	6～12	9～15
Ⅳ类	6	6～9

注：①表中所列工期以破土动工起计，不包括非正常停工。

②表中人工防渗系采用人工衬层材料。

③Ⅰ类填埋场宜分期建设。

第六十三条　新建填埋场能耗指标可按下列指标控制：

填埋作业机械的燃料消耗汽油（柴油）应小于 0.5kg/m³。

渗沥液排导、处理过程中每吨污水的电耗应小于 3.5～5.0kW·h。

第六十四条　新建填埋场运行费用（元/t 填埋量）可按表8所列指标控制。

表8　运行费用指标（元/t 填埋量）

种类 运行费用分项	不设独立污水处理设施或污水三级以下排放标准	进行污水处理并达二级排放标准
填埋场气体排导设施	15～35	20～45
临时道路		
覆盖材料		
其他维护工程		
工资福利		
维修费		
能耗		
其他材料		

注：①表中所列费用不含折旧费。

②表中污水排放标准采用现行国家标准《生活垃圾卫生填埋污染控制标准》（GB 16889）。

第六十五条　填埋处理工程项目应按国家现行的有关建设项目经济评价方法与参数的规定进行经济评价。

附加说明

主编单位和主要起草人名单

主编单位：建设部城市建设研究院

参编单位：北京市环境卫生工程研究所

上海市市容环境卫生管理局

苏州市环境卫生管理局

主要起草人：徐文龙　张进锋　徐海云　王敬民　郭　青　俞锡弟　王锦忠　赵爱华　陆正明　冯道坤　潘　维　蔡镇云

附件

城市生活垃圾卫生填埋处理工程项目建设标准

条 文 说 明

前　言

受国家计委委托，由建设部组织建设部城市建设研究院等单位编制的《城市生活垃圾卫生填埋处理工程项目建设标准》，经建设部、国家计委 2001 年 5 月 15 日以建标［2001］101 号文批准为全国统一标准，发布全国施行。

为了使有关部门和咨询、设计、科研、建设单位的有关人员在使用本建设标准时能正确理解和执行条文的规定，现将《城市生活垃圾卫生填埋处理工程项目建设标准条文说明》予以印发，供国内各有关部门和单位参考。不得翻印。

2001 年 5 月

目　录

第一章　总则 …………………………… 1—4—12
第二章　建设规模与项目构成 ……… 1—4—12
第三章　选址 …………………………… 1—4—13
第四章　填埋场主体工程与设备 …… 1—4—13
第五章　配套工程 ……………………… 1—4—14
第六章　环境保护与劳动保护 ……… 1—4—15
第七章　建设用地与建筑标准 ……… 1—4—15
第八章　运营管理与劳动定员 ……… 1—4—16
第九章　主要技术经济指标 ………… 1—4—16

第一章 总 则

第一条 城市生活垃圾卫生填埋处理工程直接关系到城市人民生活与环境保护。本建设标准是在国家有关基本建设方针、政策、法令指导下，总结我国城市生活垃圾卫生填埋处理工程项目建设经验，特别是近几年来的建设经验，并考虑今后城市生活垃圾卫生填埋处理工程建设发展需要而编制的，本建设标准编制目的在于推动技术进步、提高投资效益与社会效益，为项目决策和建设管理提供科学依据。

第二条 建设标准是依据有关规定由国家建设和计划主管部门审批发布的为项目决策和合理确定建设水平服务的全国统一标准，是工程项目决策和建设中有关政策、技术、经济的综合性宏观要求的文件。对建设项目在技术、经济、管理上起宏观调控作用，具有一定的政策性和实用性。本建设标准内容的规定为强制性与指导性相结合，对涉及建设原则、贯彻国家经济建设的有关方针、行业发展与产业政策和有关合理利用资源、能源、土地以及环境保护、职业安全卫生等方面的规定，以强制性为主。在项目决策和建设中，有关各方应认真贯彻执行。对涉及建设规模、项目构成、工艺装备、配套工程、建筑标准和主要技术经济指标等方面的规定，以指导性为主，由投资者、业主自主决策，有关各方可在项目决策和建设中结合具体情况执行。建设标准的作用是为项目的决策等建设前期工作提供所遵循的原则，为建设实施提供监督检查的尺度。

第三条 本建设标准主要适用于新建城市生活垃圾卫生填埋处理工程项目。改、扩建的城市生活垃圾卫生填埋处理工程项目，因受到既有条件的限制，一时可能达不到本建设标准的规定，但技术装备水平、环境保护、基建投资等指标应符合本建设标准的规定。

第四条 城市生活垃圾卫生填埋处理工程的建设占用土地量较大，作为环境保护项目，同时又容易对环境造成二次污染并对周围环境造成较大影响。因此，填埋场建设要严格执行国家有关法律和法规。

第五条 城市生活垃圾卫生填埋处理工程建设应适合我国国情，应以我国的技术经济水平为基础，并考虑今后城市发展与科学技术发展需要。我国幅员辽阔，地区经济水平差异很大，因此要区别不同城市、不同建设规模，合理确定建设水平。技术上应当是先进的、可行的、安全可靠的，并能适应当地的经济条件。

第六条 城市生活垃圾卫生填埋处理工程建设必须符合城市总体规划，满足人们对环境的要求。应统一规划，分期实施。

城市生活垃圾卫生填埋处理工程是城市基础设施，既要满足城市近期需要，又要考虑远期发展的经济合理性，要近、远期结合并为将来发展留有余地。本条提出城市生活垃圾卫生填埋处理工程建设规划与布局应与城市总体规划相适应，就是要求城市生活垃圾卫生填埋处理工程建设应当适应城市发展需要进行。

城市生活垃圾卫生填埋处理工程建设应作多方案比较，进行技术经济论证，综合比选。根据筹资能力，分期、分段实施；从发挥效益出发，控制初期工程规模和投资。

第七条 本条强调如采用国外先进工艺与技术设备，要符合我国国情，有利于提高城市生活垃圾卫生填埋处理工程的工艺技术水平，促进我国环境卫生事业的提高与发展。对引进国外的技术和设备，必须满足先进、成熟、可靠的基本条件，并进行细致的技术经济论证。

第八条 城市生活垃圾卫生填埋处理工程应充分利用当地有可能提供的协作条件，合理确定项目的内容，不搞大而全，小而全。

第九条 本条阐明本建设标准与国家现行有关技术标准与规范的关系。城市生活垃圾卫生填埋处理工程项目建设涉及面广、专业多，本建设标准仅从加强项目建设的宏观管理和影响合理确定建设水平、投资效益的主要方面作出必要的规定。在本建设标准编制过程中，国家已经颁布或将要颁布一系列规范和标准，本建设标准在有关条文中，对执行这些标准和规范都做了相应的规定。随着标准化工作的进展将有更多的标准、规范、定额、指标陆续发布，故本条做了明确规定。

第二章 建设规模与项目构成

第十条 本条是关于城市生活垃圾卫生填埋处理工程项目规模与数量的规定。城市生活垃圾卫生填埋处理工程项目主体是城市生活垃圾卫生填埋处理场（以下简称“填埋场”），本建设标准未包括城市生活垃圾运输、转运和其他处理工程。填埋场建设地点、规模及数量要能满足城市环境卫生专业规划的要求。填埋场的建设规模与城市规模和城市特点有关。对于中、小城市分布密集的地区，人口也比较密集，每个城市面积都不大，填埋场选址困难，分散建设各自的填埋场必然带来更大污染的可能性，因此提倡进行区域性规划和建设；对于特大、大城市来说，城市面积很大，生活垃圾产量很高，可分区建设填埋场。

第十一条 本条对填埋场建设规模的日处理规模和总容量做了定量规定，两者要达到有机结合，日处理规模较小所建填埋场总容量太大和日处理规模较大所建填埋场总容量太小均会造成建设投资的浪费。

第十二条 本条对填埋场的使用年限作了硬性规

定，使用年限应大于10年，特殊情况下不得小于8年，以便发挥投资的规模效益。为了减少初期投资，根据实际条件，将填埋场库区工程分期建设，避免投资的浪费。

第十三条 本条明确规定建设项目的构成和建设内容，是为避免漏建或多列工程项目致使填埋场无法运行或人为造成浪费。

第三章 选 址

第十四条 填埋场作为城市生活垃圾消纳场地，直接为城市服务，因此，填埋场选址要符合城市总体规划和环境卫生专业规划要求。

现行国家标准《生活垃圾填埋污染控制标准》(GB 16889) 和《城市生活垃圾卫生填埋技术规范》(CJJ 17) 中均对填埋场选址做了具体规定，填埋场选址要满足其有关要求。

第十五条 填埋场的选址与众多因素有关，主要遵循两条原则：一是从防止污染角度考虑的安全原则；二是从经济角度考虑的经济合理原则。必须综合考虑场址的地形、地貌、水文与工程地质条件、对居民及周围环境的影响、交通运输、覆盖土源等因素。水文与工程地质条件较好的填埋场，既能降低环境污染，又能减少工程建设投资。

第十六条 随着我国经济的发展，填埋场建设数量增长较快，大多数城市非常重视填埋场的选址，为填埋场的建设和运营打下良好的基础；但目前还存在不能以科学的态度对待选址的现象，造成基建投资过大，甚至出现严重的二次污染。因此本条对参加选址人员、场址要求以及选址步骤进行了规定，在选址时要严格执行。填埋场选址步骤中的各阶段要以文字报告形式备案，并作为工程竣工验收的重要组成部分。

第四章 填埋场主体工程与设备

第一节 填埋场主体工程

第十七条 根据国家现行标准《城市生活垃圾卫生填埋技术规范》(CJJ 16) 要求，填埋场场底要结合实际地形、工程地质和水文地质条件采取适当的工程措施，以满足地基承载力和渗沥液导排的要求。

第十八条 天然防渗是指所选的填埋场场底土层渗透系数和厚度能满足防渗要求。填埋场场底防渗在场址选择时就应考虑，应尽量选择工程地质和水文地质条件能符合国家现行标准《城市生活垃圾卫生填埋技术规范》(CJJ 17) 中自然防渗条件的场址。

在工程地质和水文地质条件达不到国家现行标准《城市生活垃圾卫生填埋技术规范》(CJJ 17) 要求时，应采取工程措施，如铺设高密度聚乙烯防渗膜等人工防渗材料等，以防止渗沥液对周围环境的影响。

第十九条 渗沥液渗入到填埋场底部后，通常通过防渗层之上的砂石导流层汇集到底部的碎石导流盲沟，再流入集水井（平地填埋）或通过管道以重力流形式直接流入污水调节池（山地填埋）。渗沥液收集盲沟和管道的坡度大于或等于2%，以便于污水收集。

由于填埋场垃圾渗沥液是高浓度的有机废水，具有一定的腐蚀性，因此渗沥液收集系统所用材料要具有抗腐蚀性，并能满足填埋场封场后渗沥液收集处理系统继续运行的需要。

填埋场封场后，渗沥液收集处理系统仍要继续维护和运行，并对水质进行监测，直到符合环保要求后，才能停止运行。

反冲洗设施是用来对渗沥液收集管进行清洗的装置，渗沥液收集管的定期冲洗，可以促进渗沥液收集系统长期有效运行。

第二十条 本条规定了渗沥液在处理前应先进入污水调节池。设置污水调节池的目的是调节渗沥液的水质和水量。

垃圾渗沥液是高浓度有机污水，处理难度大。单独建立渗沥液处理站，单位投资较大，处理成本较高。因此，渗沥液处理应优先考虑与城市污水处理相结合。在不具备排入城市污水处理厂条件时，要根据环保部门要求的排放标准建设污水处理设施。

填埋场渗沥液与降水有着一定关系，由于受填埋场防渗和覆盖的影响，填埋场渗沥液的产生存在一定的滞后性，根据国内外填埋场运行经验和设计经验，填埋场渗沥液调节池容量计算步骤如下：首先根据多年（通常为20年）逐月平均降雨量计算出每个月的渗沥液产生量；然后扣除当月的处理量；最后计算出最大累积余量，该最大累积余量即为调节池最低调节容量。

第二十一条 雨、污分流是填埋场建设的一条重要原则。填埋场产生的渗沥液主要是由于直接降水和周围汇水进入填埋场垃圾堆体而产生的。为减少垃圾渗沥液，填埋场周围要根据需要建设截洪沟截除场区周围汇水，同时在填埋作业过程中对垃圾填埋堆体进行有效覆盖，减少雨水的直接入深量。场底地下水或裂隙水应导出，以免对防渗层产生不利影响，避免地下水侵入垃圾体。

第二十二条 洪雨水导排系统防洪应满足现行国家标准《防洪标准》(GB 50201) 和《城市防洪工程设计规范》(CJJ 50) 有关条文要求，并结合填埋场分类确定防洪标准。

第二十三条 填埋场场内道路应按现行国家标准《厂矿道路设计规范》(GBJ 22) 露天矿山道路三级以上标准设计，场内主要道路一般为永久性道路，路面可采用高级路面；辅助道路一般为半永久性（阶段性）道路可采用次高级路面；填埋区内临时道路采用中级或低级路面。路面宽度根据运输车辆计算确定，一般6～8m。

第二十四条 垃圾填埋气体主要成分为甲烷，据国内外的测试，填埋气体中的甲烷含量一般在50%～70%。这种气体不仅是影响环境的温室气体，而且是易燃易爆气体。填埋气体与空气混合，甲烷浓度达到5%～15%之间时遇火即会爆炸，国内外由于填埋气体的聚集和迁移引起的爆炸和火灾事故时有发生，因此填埋气体对周围的安全始终存在着威胁，必须对填埋气体进行有效地控制。

填埋气体的热值很高，对其进行合理的利用既能取得环境效益和社会效益，同时又能获得一定的经济效益。填埋气体经过收集、储存和净化后其利用方式主要有气体发电、提供燃气、供热等。

由于填埋气体是很强的温室气体，其温室效应约是二氧化碳的100倍，因此填埋气体即使不利用，也应尽可能导出，集中燃烧处理。

第二十五条 设置防轻质垃圾飞散设施，是防止塑料薄膜、废纸等轻质物质到处飞散，污染环境。

第二十六条 监测井是对填埋场周围地下水进行监测的设施，监测数据直接反映出填埋场对地下水污染程度。

第二十七条 设置计量检查设施，是对进场垃圾进行计量和对进场垃圾种类的检查。垃圾运输车辆的驾驶员必须对所运垃圾进行申报，说明垃圾成分，当管理人员产生怀疑时，可对其进行检查。垃圾运输车辆卸车后离场前，必须对轮胎进行清洗，避免对城市道路造成污染。

第二十八条 填埋场终场后直到最终稳定（生物稳定和物理稳定）需要相当长的时间，在此间仍将产生渗沥液和填埋气体。因此为保证安全不宜在填埋场地建设永久建（构）筑物。

第二节 卫生填埋作业

第二十九条 按照国家现行标准《城市生活垃圾卫生填埋技术规范》（CJJ 17）的要求作业，可以提高作业效率，达到较高的压实密度，延长填埋场使用寿命。同时，科学合理的作业规划可以减少作业暴露面，减少渗沥液产生量，有效地控制对环境的污染。

第三十条 为保证填埋场全天候运行，需设置卸车平台。在雨季填埋作业时，垃圾运输车不能直接进入垃圾填埋作业面，可在卸车平台卸车，从而保证了填埋场的正常运行。

第三十一条 填埋气体导排设施的设置可使填埋气体有序迁移，减少填埋场发生爆炸和火灾的可能性。

第三节 卫生填埋工艺设备

第三十二条 填埋场作业机械的配备要根据作业机械的能力和工程实际需要设置，并考虑一定的机械使用率和完好率。垃圾推铺、压实机械的合理工作范围不宜超过60m。

第三十三条 垃圾填埋工艺要求，经压实的垃圾要进行日覆盖，填埋作业单元完成后要进行中间覆盖，达到最终填埋标高后进行终场覆盖。由于覆盖材料的不同所配备的车辆及数量也不同，因此，在配备运输车辆时，应根据覆盖材料、覆盖方式、运输距离、垃圾填埋量等因素确定。

第三十四条 在垃圾运输车不能进入填埋区或其他情况下，需要在场区内进行二次倒运。在这种情况下要根据垃圾倒运量配备相应的作业机械和运输车辆，并要求防止倒运过程中的二次污染。

第五章 配 套 工 程

第三十五条 本条是关于填埋场配套工程设置的规定。填埋场配套工程主要包括与主体工程规模相应的生产管理区、作业区管理用房、场外道路以及供电、供水、计量、环境监测、消防、绿化、设备维修、通信等相关设施。

第三十六条 Ⅳ类以下的填埋场由于规模小不宜设置环境检测室，其检测活动可由当地环境监测部门负责。

第三十七条 本条是关于填埋场的设置位置及有关要求的规定。

填埋场管理区是填埋场的行政管理、经营决策、指挥调度、机械设备维修、后勤生活服务等活动的中心与主要基地，应符合安全防护要求，尽量设置在上风向，以不受填埋气体、气味和蝇、鼠影响为原则。在填埋区与管理区之间应有足够的绿化带隔离，尽量减少填埋区对管理区的环境影响。

第三十八条 填埋场供电电源尽量由当地接入。考虑到填埋场特点，供电等级不宜太高，采用三级负荷即可。此外，为保证各电气设施运行安全、有效，各电气设施均按照现行国家标准《建筑物防雷设计规范》（GB 50057）设置避雷接地装置。

第三十九条 本条文是关于填埋场供水设施的规定。填埋场供水水源从城市供水管网接入为宜，如因填埋场所处地域难以与城市供水管网相接，则需建设有效的供水系统，并配置相应的供水设施。

第四十条 本条是关于填埋场消防设施的规定。生产管理区建（构）筑物参照现行国家标准《建筑设计防火规范》（GBJ 16）执行，灭火器按《建筑灭火器配置设计规范》（GBJ 140）配置。填埋作业区需配备洒水车及消防用砂土，以备应急。

填埋场应配备填埋气体测定仪和自动报警设施，并定期对填埋场及周围进行甲烷浓度监测。

应对作业人员加强消防知识教育和训练，严禁将火种带入填埋场。

第四十一条 本条是关于填埋场机械设备维护维修设施设置的规定。填埋场的机械设备维护维修应充分利用社会化服务设施，不搞大而全，小而全。在没有条件的地方，应有完善的维护维修设施，机修车间要便于推土机、装载机等大型设备进出。配备的主要维修设备有电焊机、气焊设备、铣床、钻床、车床、刨床、吊车等。

第四十二条 本条是关于填埋场外部道路工程的规定。场外道路是指填埋场区至城市道路或公路的道路，在选线时应避开居民点和村庄，以免引起人们的不满。

第四十三条 本条是关于填埋场通信设施的规定。填埋场因距城镇较远，填埋作业区又与行政、生活管理区有一定距离，故填埋场的对外联系及各作业区（岗位）相互之间的通信联系极为重要。因此，场内通信可通过配备无线对讲机等方式解决，与外界联系需架设电话通信线路。

第四十四条 本条是关于填埋场绿化的规定。为减少填埋场对周围环境的影响，应加强绿化。绿化范围主要包括填埋作业区周围、封场区域、场外道路两侧等。

绿化隔离带可种植易于生长的高大乔木，并与灌木相间布置，以减少对道路沿途和填埋场周围的居民点的环境污染。终场绿化可选用易于生长的浅根树种、灌木和草本作物等。

第六章 环境保护与劳动保护

第四十五条 填埋场是消纳城市生活垃圾的场所，是环境保护工程项目，填埋场运行过程中产生的污染物处理和排放标准，要严格按照现行国家标准《生活垃圾卫生填埋污染控制标准》（GB 16889）执行，尽量避免产生二次污染。

第四十六条 渗沥液的排放标准应由地方环保部门根据现行国家标准《生活垃圾卫生填埋污染控制标准》(GB 16889)、周围水体类别和排放方式确定。

1993年国家环保局颁布了国家标准《恶臭污染物排放标准》(GB 14554)，而在《生活垃圾填埋场环境监测技术标准》（CJ/T 3037）中没有这部分内容，故补充此要求。

第四十七条 为掌握填埋场对周围环境的影响，填埋场及四周要进行环境质量检测，检测项目、内容、位置、频率以及检测方法在国家现行标准《生活垃圾填埋场环境监测技术标准》(CJ/T 3037) 中均有规定，应该严格执行。

第四十八条 填埋场是蚊蝇和老鼠孳生的重要场所，在填埋作业过程中，应该减少垃圾暴露时间，及时覆盖，并定时进行消杀。填埋场道路应定期清扫和洒水，以保证填埋场的清洁。

第四十九条 《关于生产性建设工程项目职业安全监察的暂行规定》（劳字［1988］48号）是原劳动部进行规范可行性研究报告中安全、卫生部分的编制格式和进行锅炉等安全设备验收的依据，要求较细，是各项工程设计和建设应执行的规定。国家现行标准《工业企业设计卫生标准》（TJ 36）对厂内作业区的卫生指标作出了具体规定，是设计的依据。现行国家标准《生产过程安全卫生要求总则》（GB 12801）是作业工作安全卫生的总则。上述三项标准是安全卫生工作的指导性文件。

第五十条 针对填埋场沼气有起火、爆炸危险，应设置防火标牌；车辆出入应设置行车安全标牌和限速标牌；配电室应设置高压警示标牌等。

第五十一条 填埋场内的噪声主要来自填埋作业机械如：垃圾压实机、推土机、挖掘机等，在购置时，尽量选用噪声符合有关标准的机械设备。填埋作业机械所产生的噪声，超过现行国家标准《工业企业厂界噪声标准》（GB 12348）规定时，应采取减震措施或隔音、防噪措施。

第七章 建设用地与建筑标准

第五十二条 填埋场总平面布置要根据功能的不同分区布置，但各功能区之间要便于满足填埋作业需要，容易协调。填埋场在满足生产、办公、生活的需求和防护距离的情况下，尽量集中布置，节约土地。填埋场场地由于地形条件的差异，以及填埋场的服务范围和垃圾特性的变化，很难统一计算出建设用地指标，总体上要求填埋场在城市生活垃圾处理规划所确定的范围内，一般要满足其使用寿命8～10年以上，以便获得较好的投资效益；此外根据国内外填埋场的实践经验，填埋区一般要求每平方米占地可消纳5～10m^3 垃圾或更多。在填埋区占地面积相同的条件下，填埋堆体高，填埋区每平方米占地填埋垃圾就多。例如，北京市阿苏卫生活垃圾填埋场（一期）填埋区占地26万m^2，填埋堆体设计高度约45m（其中地上高度约40m)，填埋容积613万m^3，填埋区每平方米占地消纳23.6m^3 垃圾。

第五十三条 本条是关于建筑物建筑标准确定的原则。填埋场建筑物的建筑标准，在满足使用年限和使用功能的条件下，要安全实用，经济合理，没有必要一味的追求高标准，造成投资浪费。

第五十四条 本条是关于建（构）筑物结构形式的要求。填埋场构筑物一般采用钢筋混凝土结构或砖混结构，附属建筑物宜采用砖混结构。

第五十五条 目前国内各种类型填埋场的生产管理用房和生活服务设施用房的建筑面积差别很大，即使是相同类型的填埋场，由于作业时间的长短不同，建设内容不同，建筑面积亦不同。本标准表3的填埋场附属建筑面积指标是在国内正常运行的填埋场附属建筑面积统计数据进行统计并进行整理得出的，各级填埋场附属建筑面积，不宜超过该指标的上限。

第八章　运营管理与劳动定员

第五十六条　本条是关于填埋场运营机构设置的原则。我国的填埋场目前大多为事业单位，随着我国社会主义市场经济体系的逐步确立，填埋场运营企业化将会逐步推进；随着技术进步和经济水平的提高，填埋场作业的机械化水平也会逐步提高。这些都会促使生产效率和管理水平显著提高。各地应结合实际条件和未来改革要求，合理确定填埋场的运营管理体制和劳动定员。

第五十七条　填埋场工作制度的设置与垃圾收运时间密切相关，并与垃圾收运相配套。目前大多数城市填埋场实行一班制或二班制。

第五十八条　目前，受技术经济水平及管理体制等因素的影响，与发达国家填埋场工作人员数量相比，国内同类填埋场的工作人员数量普遍偏高（见附表1）。本标准表4是在国内现有填埋场工作人员数量统计分析基础上，本着提高效率、着眼改革、推进技术进步的基本精神，根据填埋场各岗位的需要并结合目前的技术管理水平和条件制定的。总体上这一定员水平相对国内现有填埋场工作人员数量要低20%左右，各地确定填埋场劳动定员时可参照本标准表4选用，并根据当地实际条件和需要酌情调整。

附表1　典型填埋场工作人员数量调查

序号	填埋场名称	日处理规模(t/d)	处理规模级别	人员数(人)
1	深圳市下坪固体废弃物填埋场	1800	Ⅰ级	77
2	北京市阿苏卫生活垃圾填埋场	1500	Ⅰ级	82
3	杭州市天子岭垃圾填埋场	1500	Ⅰ级	215
4	北京市北神树生活垃圾填埋场	980	Ⅱ级	72
5	苏州市七子山生活垃圾卫生填埋场	500～800	Ⅱ级	74
6	广西北海市白水塘生活垃圾填埋场	200～300	Ⅲ级	32
7	四川绵阳市楼房村生活垃圾填埋场	300～400	Ⅲ级	36

注：表中序号5、6、7的人数未含污水处理人员。

第九章　主要技术经济指标

第五十九条　本条是关于城市生活垃圾填埋处理工程项目投资控制原则。填埋场建设投资估算应在首先满足国家现行标准《生活垃圾填埋污染控制标准》(GB 16889) 和《城市生活垃圾卫生填埋技术规范》(CJJ 17) 有关技术要求的基础上，按照国家现行的编制投资估算的有关规定，根据具体工程量和当地实际定额水平确定。

第六十条　本章所列的估算指标是评估和审批新建生活垃圾卫生填埋处理工程的投资估算的参考依据。在具体评估填埋处理工程项目时，应结合工程的实际情况，按照动态管理的原则，进行调整后采用。新建填埋场的投资估算应按国家现行的有关规定编制。

填埋场的建设投资受填埋场占地面积、日处理规模、防渗方式、场地条件以及填埋场渗沥液处理状况等多因素影响。同等规模不同类型的填埋场，主要工程量的性质和大小会出现很大的差异，就是同一类型的填埋场在不同地区和不同条件下工程量也会差别很大。一般的讲，在其他条件相同的情况下，对于需要采用大面积水平防渗的山谷型填埋场，投资估算指标较高；对于不需采用人工防渗的平原地区填埋场，投资估算指标较低；对于降雨量较低的地区（例如我国北方等地区年降水量小于700～800mm）投资估算指标较低；对于垃圾渗沥液处理要求达到一级排放限值[《生活垃圾填埋污染控制标准》(GB 16889)]或达到三级排放限值而且需要铺设较长管网才能进入城市污水管网的填埋场，可以根据实际情况适当增加估算指标；对于不需采用人工防渗的填埋场且降雨量较低的地区（例如我国北方等地区）可根据实际情况适当降低估算指标。

现有典型填埋场投资的调查数据表明（见附表2），对于采用人工衬层的填埋场，填埋场容积投资为8.79～22.77元/m^3，平原地区和降水量少的地区填埋场每立方米容积投资较低，山谷型和降水量多的地区填埋场每立方米容积投资较高；对于未采用人工衬层的填埋场，填埋场容积投资为6.5～18.15元/m^3，道路工程量小和降水量少的地区填埋场每立方米容积投资较低，道路工程量大和降水量多的地区填埋场每立方米容积投资较高。本标准表5中填埋场投资估算指标是在目前填埋场投资水平基础上，并考虑未来5～10年填埋场技术发展趋势而确定的。本标准表5按2000年北京的工料预算价格及费率标准计算的，由于各地建设条件的差异和工程本身的变化，本指标很难全部反映实际情况，仅作为计算投资估算的参考指标，各地使用时根据当地现行价调整。由于填埋场占用土地费用各地区差异较大，在本标准表5的估算指标中未包括填埋场用地的土地、青苗等补偿费和安置补助费。

附表 2　典型填埋场投资指标调查

垃圾场名称	处理规模	总容量（万 m^3）	建设费用（万元）	单位投资（元/m^3）	建成时间	备注
杭州市天子岭垃圾填埋场	Ⅰ级	600	3900	6.50	1991	W，T
苏州市七子山生活垃圾填埋场	Ⅱ级	470	3270	6.96	1993	W，T
福建漳州市九龙岭生活垃圾填埋场	Ⅲ级	134	2432.2	18.15	2000	W，T
河南南阳市生活垃圾填埋场	Ⅲ级	114.6	800	6.98	2000	W
福建永安市仙峰岭生活垃圾填埋场	Ⅲ级	100.8	1074	10.65	2000	W，T
深圳市下坪生活垃圾填埋场（一期）	Ⅰ级	1493	34000	22.77	1997	L，T
北京市阿苏卫生活垃圾填埋场（一期）	Ⅰ级	613	5387	8.79	1994	L，T
河北保定市西康庄生活垃圾填埋场	Ⅱ级	306	6111.5	19.97	2000	L
广西北海市白水塘生活垃圾填埋场	Ⅲ级	323	4000	12.4	1998	L，T

注：①L—采用人工衬层，W—未采用人工衬层，T—填埋场建有垃圾渗沥液处理厂。
②表中投资价采用当时、当地价。
③表中建设费用未包括征地费用。

第六十一条　填埋场工程建设内容主要由清理场地、进场道路、垃圾坝、雨污分流排导系统、覆盖土存放、环境监测设施、防渗系统、渗沥液收集系统、渗沥液处理、化验设备、填埋机具、生产管理用房及其他辅助设施以及设计、勘察、工程准备等部分组成。各部分投资占总投资的比例对于不同填埋场会存在较大差异，本标准表 6 是在目前我国填埋场投资的统计数据的基础上，根据我国填埋场技术要求，并考虑未来 5～10 年填埋场技术发展趋势而确定的；可作为评估填埋场投资构成的参考依据。

第六十二条　本标准表 7 是根据填埋场建设工程量的大小所提出的建设工期控制指标。填埋场建设工期还与建设资金落实计划、施工条件等因素有关，在确定填埋场建设工期时，应根据项目的实际条件，合理确定建设工期，防止建设工期拖延，增加工程投资。

第六十三条　填埋场的能耗主要是填埋作业机械的燃料动力消耗和渗沥液排导、处理过程中的电耗。填埋场的油耗指标主要限制垃圾填埋场填埋作业效率；垃圾填埋过程中的燃料动力（汽油、柴油）消耗应小于 0.5kg/m^3 填埋量（压实后）；渗沥液排导、处理过程中的电耗指标主要控制垃圾渗沥液的处理效率。渗沥液排导、处理过程中的电耗小于 3.5～5kW·h/t 污水。

第六十四条　本标准表 8 是新建填埋场运行费用指标，是根据现有的填埋场实际运行费用经验总结并适当考虑填埋场运行管理水平和标准将逐步提高的基础上拟订的。

第六十五条　建设项目经济评价是项目可行性研究的有机组成部分和重要内容，它是项目决策前可行性研究过程中，采用现代分析方法，对拟建项目计算期（包括建设期和生产期）内投入和产出诸多经济因素进行调查、预测、研究、计算和论证，比选推荐最佳方案，作为项目决策的重要依据。经济评价在填埋场项目建设的应用，是近几年才开展起来的，还缺乏系统的经验，目前，我国还没有普遍实行垃圾处理收费，已开始垃圾处理收费的地区也没有达到处理成本的要求，因此，填埋场项目建设的效益主要表现为环境效益和社会效益。但可以通过垃圾处理收费，以维持填埋场自身运行为基本目标，对项目作出财务评价和国民经济角度评价。经济评价方法应按国家现行的有关规定执行。

城市生活垃圾堆肥处理工程项目建设标准

主编部门：中 华 人 民 共 和 国 建 设 部

批准部门：中 华 人 民 共 和 国 建 设 部

中华人民共和国国家发展计划委员会

施行日期：2 0 0 1 年 1 2 月 1 日

建设部、国家计委关于批准发布《城市生活垃圾堆肥处理工程项目建设标准》和《城市生活垃圾焚烧处理工程项目建设标准》的通知

建标［2001］213号

国务院各有关部门，各省、自治区建设厅、计委，直辖市建委、计委，计划单列市建委、计委：

根据国家计委《关于制订工程项目建设标准的几点意见》（计标［1987］2323号）和建设部、国家计委《关于工程项目建设标准编制工作暂行办法》（［90］建标字第519号）的要求，按照建设部《关于下达工程建设标准编制计划的通知》（计财司［94］建计年字第70号）的安排，由建设部城市建设研究院会同有关单位共同编制的《城市生活垃圾堆肥处理工程项目建设标准》和《城市生活垃圾焚烧处理工程项目建设标准》，经有关部门会审，批准为全国统一标准予以发布，自2001年12月1日起实施。

鉴于我国地域辽阔，各地经济发展不平衡，西部地区和一些中小城市，应从当地实际情况出发，合理选择城市生活垃圾处理工艺，近期应以卫生填埋为主，辅以垃圾堆肥，符合焚烧条件的可选择焚烧。在执行《标准》时，可适当简化辅助配套设施，但应满足生产作业安全和环境保护要求，避免产生二次污染。《标准》中所列投资估算指标是按北京地区的预算价格及费率标准计算的，只能作为参考。各地在进行建设项目投资估算时，应根据当地价格水平进行相应调整，并严格控制工程造价。

本建设标准的管理及解释工作，由国家计委和建设部负责。

中华人民共和国建设部

中华人民共和国国家发展计划委员会

二〇〇一年十月二十三日

编　制　说　明

《城市生活垃圾堆肥处理工程项目建设标准》是受国家计委委托，由建设部组织建设部城市建设研究院等单位编制的。

在编制过程中，编制组遵循艰苦奋斗、勤俭建国的方针，注重推动技术进步和提高投资效益，贯彻环境保护、节约土地、节约能源、安全生产和国家有关生活垃圾处理行业发展的技术政策，结合城市生活垃圾堆肥处理设备国产化、标准化和系列化的要求，对我国现有的城市生活垃圾堆肥处理工程进行了广泛深入的调查研究，总结了近几年来城市生活垃圾堆肥处理工程项目建设的实践经验，对收集的资料进行了认真的分析研究，广泛征求了全国各有关部门、单位及专家的意见，最后召开全国审查会议，会同各有关部门审查定稿。

本建设标准共分九章：总则、建设规模与项目构成、选址与总图布置、工艺与装备、配套工程、环境保护与劳动保护、建筑标准与建设用地、运营管理与劳动定员、主要技术经济指标。

本建设标准系初次编制，在施行过程中，请各单位注意总结经验，积累资料，如发现需要修改和补充之处，请将需要修改和补充的意见及时反馈。有关意见和资料寄建设部城市建设研究院（北京市朝阳区惠新南里2号院，邮政编码100029），以便今后修订时参考。

中华人民共和国国家发展计划委员会

中华人民共和国建设部

2001年6月

目　次

第一章　总则 …… 1—5—4
第二章　建设规模与项目构成 …… 1—5—4
第三章　选址与总图布置 …… 1—5—4
第四章　工艺与装备 …… 1—5—5
第五章　配套工程 …… 1—5—5
第六章　环境保护与劳动保护 …… 1—5—6
第七章　建筑标准与建设用地 …… 1—5—6
第八章　运营管理与劳动定员 …… 1—5—6
第九章　主要技术经济指标 …… 1—5—7
附加说明 …… 1—5—7
附件　城市生活垃圾堆肥处理工程项目建设标准
条文说明 …… 1—5—8

第一章 总 则

第一条 为促进社会经济和环境保护的协调发展，实现城市生活垃圾处理的无害化、减量化和资源化，加强国家对建设项目投资和建设的管理，提高城市生活垃圾堆肥处理工程项目的决策和规划建设水平，合理确定和正确掌握建设标准，保护环境，推进技术进步，充分发挥投资效益，制定本建设标准。

第二条 本建设标准是为项目决策服务和合理确定项目建设水平的全国统一标准，是编制、评估、审批城市生活垃圾堆肥处理工程项目可行性研究报告的重要依据，也是有关部门审查城市生活垃圾堆肥处理工程项目初步设计和监督检查整个建设过程标准的尺度。

第三条 本建设标准适用于城市生活垃圾堆肥处理新建工程项目（采用好氧发酵工艺）以及垃圾综合处理厂的堆肥车间等工程。改、扩建工程项目可参照执行。

第四条 城市生活垃圾堆肥处理工程主要用于对可生物降解的有机垃圾的处理。宜在城市生活垃圾分类收集基础上进行城市生活垃圾堆肥处理工程项目建设。

第五条 城市生活垃圾堆肥处理工程项目的建设，必须遵守国家有关的法律、法规，执行国家保护环境、节约土地、劳动保护、安全卫生等有关方面的规定。

第六条 城市生活垃圾堆肥处理工程项目的建设水平，应以本地区的经济发展水平和垃圾成分特点，并考虑城市经济建设与科学技术的发展，按不同城市、不同建设规模，合理确定，做到技术先进、经济合理、安全卫生。

第七条 城市生活垃圾堆肥处理工程项目的建设，应根据城市总体规划和环境卫生专业规划，统筹规划，近、远期结合，以近期为主。建设规模、布局和选址应进行技术经济论证和环境影响评价，综合比选。新建项目应与现有的垃圾收运及处理系统相协调，改、扩建工程应充分利用原有设施。

第八条 城市生活垃圾堆肥处理工程项目的建设，应采用成熟的、适用的先进技术、工艺和设备。对于采用新技术和设备，应经充分的技术经济论证后合理确定。

第九条 城市生活垃圾堆肥处理工程项目的建设，应坚持专业化协作和社会化服务的原则，合理确定配套工程项目，提高运营管理水平，降低运营成本。应落实工程建设资金和相应建设条件，并采取有效措施确保工程建成后正常运行所需的费用。

第十条 城市生活垃圾堆肥处理工程项目的建设，除执行本建设标准外，尚应符合国家现行的有关标准、定额和指标的规定。

第二章 建设规模与项目构成

第十一条 城市生活垃圾堆肥处理工程项目主体是城市生活垃圾堆肥处理厂（以下简称“堆肥厂”），堆肥厂的建设应根据城市的规模与特点，结合城市总体规划和环境卫生专业规划，合理确定建设规模和项目构成。

第十二条 堆肥厂的建设规模（根据进场垃圾量）分类宜符合表1的规定。

表1 建设规模分类（t/d）

类　型	额定日处理能力
Ⅰ类	300～600
Ⅱ类	150～300
Ⅲ类	50～150
Ⅳ类	≤50

注：建设规模分类Ⅰ、Ⅱ、Ⅲ类额定日处理能力含上限值，不含下限值。

第十三条 堆肥厂建设项目由堆肥厂主体工程设施、配套设施以及生产管理和生活服务设施等构成。

各部分具体设施的设置应根据进入堆肥厂的垃圾特性和堆肥处理工艺需要确定。具体包括下列内容：

一、堆肥厂主体工程设施主要包括：计量设施、前处理设施、发酵设施、后处理设施等。

1. 计量设施主要包括：地衡、控制与记录等设备及相关建（构）筑物。

2. 前处理设施主要包括：受料、给料、破袋、分选、破碎、输送等机械设备及相关建（构）筑物。

3. 发酵设施主要包括：与高温好氧发酵工艺相匹配的机械设备及相关建（构）筑物。

4. 后处理设施主要包括：对发酵稳定后的堆肥物料进行进一步处理所需的破碎、分选、输送等机械设备及相关建（构）筑物。

二、配套设施主要包括：厂内道路、维修、供配电、给排水、消防、通信、监测化验、消杀和绿化等设施。

三、生产管理设施主要包括：行政办公用房、机修车间、计量间、化验室、变配电室等设施。

四、生活服务设施主要包括：食堂、浴室、值班宿舍等设施。

第三章 选址与总图布置

第十四条 堆肥厂的选址应符合下列要求：

一、应符合城市总体规划、环境卫生专业规划以及国家现行有关标准的要求。

二、应具备满足工程建设的工程地质条件和水文地质条件。

三、统筹考虑服务区域，结合已建或拟建的垃圾处理设施，合理布局，并利于实现综合处理。

四、综合考虑运距对周围环境的影响、交通运输等的合理性，充分利用已有基础设施，有利于减少工程建设投资。

第十五条 堆肥厂的总图布置应符合下列要求：

一、应符合生产工艺技术要求。

二、按功能分区设置，做到分区合理，人流、物流顺畅，并尽量减少中间运输环节。

三、主要生产部分与辅助生产部分应综合考虑地形、风向、使用功能及安全等因素，宜采取相对集中布置。

第四章 工艺与装备

第一节 一般规定

第十六条 堆肥厂的工艺与装备，应根据堆肥厂的建设规模，所用工艺与装备的技术条件合理确定，满足适度地提高机械化、自动化水平，保证安全，改善环境、卫生和劳动条件，提高劳动生产率的要求。

第十七条 堆肥处理工艺有多种形式，根据垃圾在发酵过程中所处的状态划分为两类：发酵过程中垃圾得到混合并能够连续进出料称为动态堆肥；发酵过程中垃圾处于堆放状态称为静态堆肥。

第十八条 堆肥厂应设置计量设施，并对进厂垃圾量及垃圾来源等进行计量记录。

第二节 前处理

第十九条 设置前处理工艺应以可堆肥物与不可堆肥物以及有毒、有害物质分离为原则。

第二十条 前处理工艺宜采用人工分选和机械处理相结合的方式。前处理机械设备包括垃圾给料与输送、人工和（或）机械分选、破碎处理设备，其设备的选型及配置应符合工艺要求。

第二十一条 前处理建（构）筑物应包含垃圾受料区（坑）和机械设备作业区等。前处理工作环境应良好，并应根据相应环保标准要求控制作业过程产生的污染或危害。

垃圾受料区（坑）大小应根据贮存周期确定，其结构形式应便于进场车辆卸料及前处理机械设备运行，受料区（坑）底部应有导排垃圾渗沥液装置，顶部应有排风除臭装置。

前处理建（构）筑物整体结构上应具备防雨、防尘、除臭、防渗功能。

第三节 发酵

第二十二条 采用好氧静态发酵工艺应符合国家现行有关标准的要求，采用好氧动态发酵工艺时应参照执行。高温发酵过程必须保证堆体内物料温度在55℃以上并保持5～7d。

第二十三条 发酵设施的类型、结构与规模，应按工艺技术设计要求配置，应具有适宜的发酵工艺条件与生产作业环境。

第二十四条 发酵设施必须设有强制通风装置和渗沥液收集系统。强制通风装置和渗沥液收集系统的设置，应符合国家现行有关标准的要求，发酵设施底部必须设置集液坑（井）。垃圾发酵后的渗沥液应集中收集作为物料调节用水，多余的渗沥液可送至其他污水处理设施处理或自行处理，并应达标排放。

第二十五条 发酵设施的进出料装置应按工艺技术要求配置，对易腐蚀的金属构件及设备等设施应采取相应的防腐蚀措施。

第二十六条 应对发酵设施排出气体进行收集并应设置脱臭装置。

第四节 后处理

第二十七条 后处理工艺应以保证堆肥产品质量符合国家现行标准《城镇垃圾农用控制标准》（GB 8172）、《粪便无害化卫生标准》（GB 7959）和《城市生活垃圾堆肥处理厂技术评价指标》（CJ/T 3059）的有关要求。

第二十八条 后处理设施应根据工艺设计要求合理配置，其建（构）筑物必须具有防雨功能，以及良好的采光、通风条件和必要的工作通道。

第五节 堆肥残余物处置

第二十九条 垃圾堆肥过程中产生的残余物应尽可能回收利用，不可回收利用的必须进行焚烧处理或卫生填埋处置。

第五章 配套工程

第三十条 堆肥厂的配套工程应与主体工程相适应。其装备标准应满足堆肥厂全天候安全作业和不污染环境的要求。

第三十一条 堆肥厂供电电源应由当地电网供给，供电负荷级别应为三级，供电方式应根据工艺设计要求、环境特征等因素，按现行国家标准《供配电系统设计规范》（GB 50052）和地方有关法规执行。

第三十二条 堆肥厂应有可靠的供水水源和完善的供水设施。生活用水水质应符合现行国家标准《生活饮用水卫生标准》（GB 5749）的要求。

第三十三条 堆肥厂的排水系统必须实行雨污分流，排水应符合现行国家标准《污水综合排放标准》（GB 7987）的要求。

第三十四条 堆肥厂消防设施的设置必须满足厂区消防要求，并应符合现行国家标准《建筑设计防火规范》（GBJ 16）以及《建筑灭火器配置设计规范》（GBJ 140）的有关要求。

第三十五条 堆肥厂应配套设置常规维修和紧急故障维修设施。

第三十六条 堆肥厂应配备堆肥产品检验设施以及堆肥成品仓库。堆肥成品仓库贮存周期宜为60～90d。

第三十七条 堆肥厂的道路工程应符合现行国家标准《厂矿道路设计规范》（GBJ 22）的有关要求。厂内道路设施应保证各种工作车辆的流畅通行。

第三十八条 堆肥厂通信设施的设置，应保证各生产岗位之间的通信联系和对外通信的需要。

第三十九条 堆肥厂的绿化布置应满足总体规划要求，合理安排绿化用地，绿化率不应小于35%。

第六章　环境保护与劳动保护

第四十条 堆肥厂的环境保护和劳动保护应符合国家现行有关标准的要求。

第四十一条 堆肥厂厂区周边及厂区内的生产区与管理区之间，均应设置绿化隔离带。

第四十二条 堆肥厂作业区内应设有防尘、除臭、灭蝇、消毒等措施。臭气排放应符合现行国家标准《恶臭污染物排放标准》（GB 14554）的有关要求。

第四十三条 堆肥厂的安全、卫生设施应符合国家现行标准《工业企业设计卫生标准》（TJ 36）、《生产过程安全卫生要求总则》（GB 12801）及《关于生产性建设工程项目职业安全监察的暂行规定》的要求。

第四十四条 堆肥厂中的电机、鼓风机、分选机械、破碎机械及其他机械产生的噪声，其控制标准应符合国家和地方现行标准的规定。

第四十五条 堆肥厂作业区内，必须设立安全检测设施及醒目的安全标牌或标记。

第七章　建筑标准与建设用地

第四十六条 堆肥厂建筑标准应根据城市性质、周围环境及建设规模等条件，按照国家现行标准的有关规定执行，原则上不应进行特殊的装修。其建设应贯彻安全实用、经济合理、因地制宜的原则，根据堆肥厂规模、建（构）筑物用途、建（构）筑物场地条件等区别对待。

第四十七条 堆肥厂的生产管理及生活服务设施建筑在满足使用功能和安全的条件下，宜集中布置。堆肥厂附属建筑面积不宜超过表2所列指标。

表2　堆肥厂附属建筑面积指标（m^2）

类　型	生产管理用房	生活服务用房
Ⅰ类	1200～1500	400～600
Ⅱ类	800～1200	200～400
Ⅲ类	500～800	100～200
Ⅳ类	200～500	80～100

注：①生产管理用房包括：行政办公、机修车间、计量间、化验室、变配电室等；
②生活服务用房包括：食堂、浴室、值班宿舍等；
③表中面积指标不包含堆肥产品深加工处理、堆肥残余物处理用地面积；
④劳动定员多的堆肥厂取上限，劳动定员少的堆肥厂取下限。

第四十八条 堆肥厂建设的用地应符合科学、合理、节约的原则。堆肥厂建设用地指标应按表3所列指标控制。

表3　堆肥厂建设用地指标（m^2）

类　型	用　地　指　标
Ⅰ类	35000～50000
Ⅱ类	25000～35000
Ⅲ类	15000～25000
Ⅳ类	≤15000

注：①表中用地指标不包含堆肥产品深加工处理、堆肥残余物处理用地；
②动态堆肥取下限，静态堆肥取上限；
③Ⅰ类堆肥厂可根据实际处理规模酌情增加。

第八章　运营管理与劳动定员

第四十九条 堆肥厂运营机构的设置应以精干高效和有利于生产经营为原则，做到分工合理，职责分明。

劳动定员应按照定岗定员的原则，根据项目的工艺特点、技术水平、自动控制水平和管理的要求，合理确定。

第五十条 堆肥厂工作制度，可根据工艺技术要求选择采用单班制或多班制。

第五十一条 堆肥厂劳动定员可分为生产人员、辅助生产人员和管理人员。各类堆肥厂的劳动定员可参照表4的标准按需配备。辅助生产人员可根据当地的社会化协作条件，逐步由社会化服务系统解决。

表 4　堆肥厂劳动定员（人）

类　型	劳动定员
Ⅰ类	55～70
Ⅱ类	35～55
Ⅲ类	20～35
Ⅳ类	≤20

注：①表中数据不包含堆肥产品深加工处理工序人员配备；
②表中数据不包含堆肥残余物处理、处置工序人员配备；
③对混合收集的城市垃圾设置人工分选，前处理和后处理工序多的堆肥厂取上限；
④对于未设置前处理或采用静态堆肥的堆肥厂取下限。

第九章　主要技术经济指标

第五十二条　新建堆肥处理工程项目的投资应按国家现行的有关规定编制，评估或审批项目可行性研究报告的投资估算时，可参照本章所列指标，但应根据工程实际内容及价格变化的情况，按照动态管理的原则进行调整后使用。

第五十三条　新建堆肥厂投资估算指标可按表 5 所列指标控制。

表 5　堆肥厂投资估算指标[万元/(t/d)]

堆肥处理工艺形式	投资估算指标
静态堆肥	6～10
动态堆肥	8～14

注：①表中指标不包含堆肥产品深加工处理设施投资估算费用；
②表中指标不包含堆肥残余物处理所需设施投资估算费用；
③表中指标不包含征地费、场外道路及外部工程费用；
④表中指标采用北京市 2000 年人工、材料、机械设备预算价格计算；
⑤对于全封闭堆肥系统和机械化自动化水平高的堆肥系统取上限；
⑥对于敞开式堆肥系统和机械化水平低，直接接收分类收集或分选处理后的垃圾堆肥系统取下限。

第五十四条　各类堆肥厂建设工期可按表 6 所列指标控制。

表 6　堆肥厂建设工期（月）

类　型	建设工期
Ⅰ类	14～20
Ⅱ类	12～14
Ⅲ类	10～12
Ⅳ类	8～10

注：表中所列工期从破土动工计，至工程竣工止，不包括非正常停工。

第五十五条　新建堆肥厂工程项目能耗指标可按下列指标控制：

一、静态好氧堆肥发酵过程和输送过程（燃料消耗折合为电耗）中的电耗应小于 10kW·h/t 垃圾处理量；

二、动态好氧堆肥发酵过程和输送过程（燃料消耗折合为电耗）中的电耗应小于 20kW·h/t 垃圾处理量。

第五十六条　新建堆肥厂运行费用指标可按表 7 所列指标控制。

表 7　堆肥厂运行费用估算指标（元/t 垃圾）

堆肥处理工艺形式	运行费用指标
静态堆肥	20～30
动态堆肥	30～45

注：①表中指标不包含折旧费；
②表中指标不包含堆肥残余物处理所需设施运行费用；
③表中指标不包含堆肥产品深加工处理设施运行费用；
④对于连续堆肥系统和机械化自动化水平高、处理规模小的堆肥系统取上限；
⑤对于敞开式堆肥系统和机械化水平低，直接接收分类收集或分选处理后的垃圾堆肥系统取下限。

第五十七条　堆肥厂工程项目应按国家现行的有关建设项目经济评价方法与参数的规定进行经济评价。

附加说明

主编单位和主要起草人名单

主 编 单 位： 建设部城市建设研究院
参 编 单 位： 华中科技大学
同济大学
主要起草人： 徐海云　徐文龙　陈海滨
张进锋　陈世和　郭祥信
孟宝峰　王敬民

附件

城市生活垃圾堆肥处理工程项目建设标准

条 文 说 明

前 言

根据建设部《关于下达工程建设标准编制计划的通知》(计财司［94］建计年字第70号)，由建设部负责，具体由建设部城市建设研究院主编的《城市生活垃圾堆肥处理工程项目建设标准》，经建设部、国家计委2001年10月23日以建标［2001］213号文批准为全国统一标准，发布全国施行。

为便于有关部门和咨询、设计、科研、建设等单位的有关人员在使用本建设标准时能正确理解和执行条文的规定，现将《城市生活垃圾堆肥处理工程项目建设标准条文说明》予以印发，供各有关部门和单位参考。

2001年6月

目　次

第一章　总则 ………………………………… 1—5—11
第二章　建设规模与项目构成 ……… 1—5—11
第三章　选址与总图布置 …………… 1—5—12
第四章　工艺与装备…………………… 1—5—12
第五章　配套工程 …………………… 1—5—13
第六章　环境保护与劳动保护 ……… 1—5—14
第七章　建筑标准与建设用地 ……… 1—5—14
第八章　运营管理与劳动定员 ……… 1—5—14
第九章　主要技术经济指标 ………… 1—5—15

第一章 总 则

第一条 城市生活垃圾堆肥处理工程项目直接关系到城市人民生活与环境保护。本建设标准是在国家有关基本建设方针、政策、法令指导下，总结我国城市生活垃圾堆肥处理工程项目建设经验，特别是近几年来的建设经验，并考虑今后城市生活垃圾堆肥处理工程项目建设发展的需要而编制的。本建设标准编制目的在于推动技术进步，提高投资效益与社会效益，为项目决策和建设管理提供科学依据。

第二条 建设标准是依据有关规定由国家建设和计划主管部门审批发布的，为项目决策和合理确定建设水平服务的全国统一标准，是工程项目决策和建设中有关政策、技术、经济的综合性和宏观指导性文件。对建设项目在技术、经济、管理上起宏观调控作用，具有一定的政策性和实用性。本建设标准的内容包括强制性与指导性，其中涉及建设原则、贯彻国家经济建设的有关方针、行业发展与产业政策和有关合理利用资源、能源、土地以及环境保护、职业安全卫生等方面的规定，以强制性为主。在项目决策和建设中，有关各方应认真贯彻执行；对涉及建设规模、项目构成、工艺装备、配套工程、建筑标准和主要技术经济指标等方面的规定，以指导性为主，由投资者、业主自主决策，有关各方可在项目决策和建设中结合具体情况执行。建设标准的作用是为项目的决策等建设前期工作提供应遵循的原则，为建设实施提供监督检查的尺度。

第三条 本建设标准主要适用于新建的采用好氧发酵工艺处理城市生活垃圾的堆肥处理工程。城市生活垃圾处理改、扩建工程项目及综合处理厂建设堆肥处理车间（采用好氧发酵工艺处理）时，亦应参照执行本建设标准的规定。

第四条 本条明确了城市生活垃圾堆肥处理工程项目建设的处理对象。为提高城市生活垃圾堆肥处理效率，降低堆肥处理成本，提高堆肥产品质量，应尽可能在垃圾分类收集的基础上建设城市生活垃圾堆肥工程项目。

第五条 堆肥产品应用于农田时，在肥料元素组成、有机质含量、重金属含量、水分及粒度等方面均应符合国家现行标准《城镇垃圾农用控制标准》(GB 8172)和《城市生活垃圾堆肥处理厂技术评价指标》（CJ/T 3059）以及《粪便无害化卫生标准》(GB 7959)等相关标准、规定的要求。城市生活垃圾堆肥处理工程项目的生产工艺、配套设施、工艺参数等是保证堆肥产品达标的关键。要采取有效措施，防止垃圾堆肥处理工程建成后对环境的二次污染。

第六条 城市生活垃圾堆肥处理工程项目建设水平应适合我国国情、本地区的经济发展水平和当地的垃圾成分特性。本地区对堆肥产品的需求量是确定建设城市生活垃圾堆肥处理工程项目建设规模的重要依据之一。我国幅员辽阔，地区经济发展水平差异很大，因此要区别不同城市，不同建设规模，合理确定建设水平。技术上应当是成熟的、可行的、安全可靠的，并能适应当地的经济发展条件和市场需求。

第七条 城市生活垃圾堆肥处理工程项目建设必须符合城市总体规划，满足人们对环境的要求。应统一规划，分期实施。

城市生活垃圾堆肥处理工程项目建设，既要满足城市垃圾处理近期要求，又要考虑远期发展需要，要近、远期结合并为将来发展留有余地。本条规定城市生活垃圾堆肥处理工程项目建设规划与布局应与城市总体规划相适应，就是要求城市生活垃圾堆肥处理工程项目建设应适应城市发展需要。

城市生活垃圾堆肥处理工程项目建设应作多方案比较，进行技术经济论证，综合比选。根据筹资能力，分期、分段实施，从发挥效益出发，控制初期工程规模和投资。

第八条 在城市生活垃圾堆肥处理工程项目建设中采用工艺技术与设备时，要注重成熟性与适用性，要充分考虑堆肥处理成本及负担能力。城市生活垃圾堆肥处理工程机械化和自动化水平不同，其垃圾处理总成本差异也较大。采用新工艺技术与设备，应有利于提高有机垃圾回收利用水平，降低污染物的排放量。引进国外的技术和设备，必须满足先进、成熟、可靠的基本条件，并进行细致的技术经济论证。

第九条 城市生活垃圾堆肥处理工程项目的建设应充分利用当地有可能提供的协作条件，合理确定项目的内容，不搞大而全，小而全。

第十条 本条阐明本建设标准与国家现行有关技术标准与规范的关系。城市生活垃圾堆肥处理工程项目建设涉及面广、专业多，本建设标准的内容仅从加强垃圾堆肥处理工程建设的宏观管理和影响，合理确定建设水平、投资效益等主要方面作出必要的规定。在本建设标准编写前和修订过程中，对执行这些标准和规定都作了相应规定。随着标准化工作的进展，将有更多的标准、规范、定额、指标等陆续发布，故本条就其相互关系作了规定。

第二章 建设规模与项目构成

第十一条 本条是关于城市生活垃圾堆肥处理工程项目建设规模与构成的规定。城市生活垃圾堆肥处理工程项目主体是城市生活垃圾堆肥处理厂（以下简称“堆肥厂”）。堆肥厂建设规模应满足城市总体规划和环境卫生专业规划的要求，其建设规模与城市规模、城市特点有关。一般来说大城市城市人口多，生活垃圾产量高，可堆肥垃圾量相对较大，有建设大型堆肥厂的条件，但堆肥厂的建设规模及数量又与该城市的城市特点、区域位置、适宜于堆肥处理的垃圾产量、垃圾分类收集状况、垃圾处理水平以及当地对堆肥产品的市场需求等因素密切相关。因此，建设堆肥厂时应综合考虑以上各因素。

第十二条 本条对堆肥厂的建设规模的分类作了定量规定。堆肥厂的建设规模应根据堆肥厂服务范围内需要堆肥处理的垃圾量确定。考虑生活垃圾来源及垃圾堆肥产品使用特性等因素，以及国内外现有的城市生活垃圾堆肥厂运行经验，集中建设垃圾堆肥厂处理规模一般不宜太大。

第十三条 本条规定了堆肥厂建设项目的设施分类和项目构成。由于进入堆肥厂的垃圾特性差异较大，堆肥工艺形式也是多种多样，堆肥厂项目构成要根据堆肥工艺需要确定，例如，对于庭院有机垃圾或分类收集后的适宜堆肥的有机垃圾，其前处理工序可以简化。

第三章 选址与总图布置

第十四条 本条规定堆肥厂的选址应符合当地城市总体规划和城市环境卫生规划要求，技术上应符合国家现行标准《城市生活垃圾堆肥处理厂技术评价指标》(CJ/T 3059) 的要求。因堆肥处理过程中散发气味等对环境的影响，堆肥厂的选址应该与居住区有一定的卫生防护距离；对于敞开式堆肥处理厂，其卫生防护距离宜达到填埋厂的选址要求。堆肥厂厂址地质条件要求能够满足堆肥厂建筑物和构筑物的承载要求。为使堆肥厂建设获得最大投资效益，堆肥厂的选址还应综合考虑交通运输、产品出路等因素。

第十五条 本条规定堆肥厂的总体布局以及堆肥厂的生产管理、辅助生产、生活服务设施等建（构）筑物在满足使用功能和安全的条件下，宜相对集中布置，同时应本着合理设置、节约投资的原则确定。各项工程的布局除考虑主体工程的工艺技术要求外，还应结合地形、夏季主导风向等自然条件考虑，如生产区和管理区应形成相对集中的两个独立区域，其间应有自然隔离区或人工隔离带；且管理区应在夏季主导方向上风向。

第四章 工艺与装备

第一节 一般规定

第十六条 本条是根据我国目前国情及科学技术的发展对堆肥厂工艺与装备水平的影响而作出的原则规定。受经济水平的限制，低成本的堆肥处理工程具有更强的适用性。

第十七条 本条说明了动态堆肥和静态堆肥特点。动态堆肥由于垃圾物料能够较好地混合并均匀发酵，发酵时间相对较短，发酵占地相对较少，但同时其投资费用和运行成本较高，典型动态堆肥系统如间歇式仓式动态好氧堆肥、滚筒式好氧堆肥。静态堆肥由于物料不能够较好地混合和均匀发酵，发酵时间相对较长，发酵占地相对较大，但同时其投资费用和运行成本较低，典型静态堆肥系统如静态仓式好氧堆肥、条形堆肥等。

第十八条 本条要求堆肥厂设置计量设施。垃圾堆肥厂对进场垃圾进行计量，对垃圾来源和特性等进行记录统计，是堆肥厂管理和堆肥产品控制的基本措施。

第二节 前处理

第十九条 本条说明前处理工艺的目的和原则。混合垃圾中的不可堆肥物不仅会影响甚至破坏堆肥系统各环节的装、卸料工序，还会影响和恶化堆肥工艺条件，如阻碍通风和热量传递等，造成堆肥产品质量下降。

第二十条 前处理工艺中，人工手选有利于去除瓶、罐、塑料袋、织物及大件垃圾等不可堆肥物，与机械处理相结合能提高前处理工艺的综合性能和效能，有利于实现废品回收及资源再利用。

人工手选设备主要有皮带输送机及相关设备等，机械设备主要有装载机、抓吊等给料设备、破袋机、破碎机、分选机（滚筒筛、振动筛等）、磁选机、涡流分选机等。

人工手选工序宜交叉对置在皮带输送机房，工位数常以偶数计，皮带机长度及各工位间隔的距离视人工手选与皮带机配合情况而定，一般要求皮带机速度小于 0.5m/s，同侧两工位间距离不小于 4m。

前处理机械设备中装载机、抓吊等给料设备主要用于将垃圾原料从受料区（坑）输入前处理工序；破袋机的作用主要是破除垃圾袋；破碎机主要是减小堆肥原料体积及尺寸，达到改善发酵工艺条件的目的；滚筒筛、格栅、振动筛尽管机械运动原理不同，但其基本功能相似，即实现物料的粒度（尺寸）分级，以去除不可堆肥物以及改善工艺条件；磁选机主要用于去除磁性金属物；涡流分选机主要用于去除非磁性金属物。

应本着精简、高效原则选用并有机组合机械设备，不宜单纯追求机械设备的数量与规模。

第二十一条 本条规定前处理设施建（构）筑物应包含进厂垃圾的受料区（坑）和机械设备作业区等。机械设备作业区是机械设备运行的必要场地，若是可移动的机械设备，如装载机、抓吊等，除必须考虑其放置占地外，还需考虑其运行时行走通道、安全防护区。本条亦对前处理设施的结构、大小及其作业环境作出要求。

第三节 发 酵

第二十二条 本条规定发酵时采取好氧静态发酵工艺必须符合国家现行标准《城市生活垃圾好氧静态堆肥处理技术规程》(CJJ/T 52)的要求，对发酵过程工艺参数（风量、温度、时间等）进行调控，减少二次污染。

第二十三条 本条规定发酵设施按其工艺过程完成程序可分为一次性发酵设施和两次性发酵设施；按发酵物料移动状态分为静态和动态或间歇动态发酵设施；按发酵设施形式可分为封闭式堆肥和敞开式堆肥；按发酵建（构）筑物结构形式分为卧式发酵设施和立式发酵设施。我国目前已建垃圾堆肥厂多选用两次性静态好氧发酵工艺，其发酵设施可分为统仓型发酵仓、分隔仓型发酵仓等。

无论哪一种类型的发酵设施都必须具有良好的防雨、隔声、除臭功能及良好的现场工作环境。

第二十四条 本条规定满足垃圾好氧发酵所需的通风装置的数量、规格等应依据国家现行标准《城市生活垃圾堆肥处理厂技术评价指标》(CJ/T 3059)的要求以及发酵周期、发酵仓容积等工艺参数而定，并配有备用通风装置。

依国家现行标准《城市生活垃圾堆肥处理厂技术评价指标》(CJ/T 3059)关于垃圾渗滤液与雨水及清洗水分流的要求，发酵设施底部必须设置集液坑(井)。

第二十五条 我国现有的发酵系统进料设备主要有装载机、抓斗、皮带机等；出料设备有抓斗、装载机、螺杆、皮带机等。由于发酵装置与垃圾直接接触，湿度较大，对易腐蚀金属构件和设备应具体分析腐蚀的性质，结合当地的实际情况，因地制宜地选用经济合理、技术可靠的防腐蚀方法，并达到国家现行的有关标准。

第二十六条 本条对脱臭装置作出规定。垃圾好氧发酵工程中主要排出的气体是水蒸气、CO_2 和少量的 NH_3 等，此外运行中由于各种原因，局部会因为出现厌氧状态而产生臭气，为防止二次污染，垃圾堆肥厂应设置脱臭装置。

第四节 后 处 理

第二十七条 本条对垃圾堆肥工程后处理工序的目的和要求作出规定，除应符合现行国家标准《城镇垃圾农用控制标准》(GB 8172)和《粪便无害化卫生标准》(GB 7959)的有关要求外，还应符合《城市生活垃圾堆肥处理厂技术评价指标》(CJ/T 3059)的有关要求，以保证堆肥产品质量符合国家相关标准。

经过发酵后，预处理工序没有去除的塑料、玻璃、陶瓷、金属、小石块等杂质依然明显存在，因此，应对发酵后物料做进一步处理。

第二十八条 本条规定后处理设施必须根据工艺设计要求合理配置。后处理机械设备主要包括：滚筒筛、振动筛、磁选机、风选机、重力分选机等分选设备以及破碎机等。后处理工序的工作条件整体上优于前处理工序，但仍有一定程度的臭气、粉尘等污染物，此外从保护堆肥产品质量考虑，其建（构）筑物设计也应考虑良好的通风采光条件，具备良好的防雨功能。

第五节 堆肥残余物处置

第二十九条 本条对堆肥残余物的处置作出规定。对堆肥残余物原则上应尽可能回收利用，不可回收利用的必须进行处理，既可焚烧处理，也可直接卫生填埋处置。

第五章 配 套 工 程

第三十条 本条规定配套工程从功能、规模、布局等各方面均应与主体工程相适应，以形成协调的垃圾堆肥处理系统。各项配套工程的功能与规模均应满足堆肥主体工程的工艺要求。

第三十一条 为保证堆肥厂稳定运行，堆肥厂需要设置可靠的供配电设施。一般三级用电负荷可满足堆肥厂供电要求，供电方式应根据工艺设计要求及现行国家标准《供配电系统设计规范》(GB 50052)以及地方有关法规合理确定。

第三十二条 本条规定堆肥厂水源以连接邻近城市供水管网为宜，不满足上述条件时，需建设有效的供水系统并配置相应的供水设施，其水质应符合现行国家有关标准的要求。

第三十三条 本条规定堆肥厂厂区雨水可经雨水排放系统排放，排水应符合现行国家标准的要求。而渗沥液必须由单独的收集系统收集，其可直接用于堆肥发酵，或送污水处理厂处理。

第三十四条 本条规定堆肥厂消防设施除设置消火栓外，还应依现行国家有关标准的要求，在废品回收贮存库、实验室等场合配置足够的灭火器材。

第三十五条 根据“专业化与社会化”相结合的原则，可移动的机械设备及装载机、汽车等车辆的大修应尽量由专业维修机构维修，一般机械设备，如翻堆机、抓斗、螺杆送料机等，则可考虑配置必要的维修技术力量与专用维修设备，垃圾堆肥工程应具备各类设备的小修和日常维修保养的能力及配套设施。

第三十六条 本条规定，为保证堆肥产品质量，应配置堆肥产品检验设备。检验设备的设置应充分考虑专业化协作条件，不宜全套设置。另外，为解决堆肥产品生产连续性与堆肥产品使用（销售）季节性的矛盾等问题，各地可根据具体情况，按60～90d的贮存周期设置堆肥成品库房。

第三十七条 厂区道路除满足道路设计的一般要求外，还应满足现行国家有关标准的要求。厂区道路主要线路应形成回路，通行能力根据堆肥生产原料与产品运输量而定。

第三十八条 厂区应有对外联系电话，主要工序之间应设置可靠的联系渠道，如配置对讲机、设置信号灯等。

第三十九条 本条对堆肥厂的绿化作出了要求。

第六章 环境保护与劳动保护

第四十条 堆肥厂是处理城市生活垃圾的场所，是环境保护工程项目，堆肥厂运行过程中产生的污染物处理和排放应符合国家现行标准《城市生活垃圾好氧静态堆肥处理技术规程》（CJJ/T 52）的要求。

第四十一条 堆肥厂厂区与邻近的城镇、居住区、风景旅游区、文物保护区等区域之间的距离在选址时必须符合有关标准。此外从视觉和卫生的角度考虑，厂区周边及厂区内生产区与管理区之间应设置适当的防护隔离带。

第四十二条 本条规定了堆肥厂应设置除臭及卫生防疫措施，臭气排放应符合现行国家标准《恶臭污染物排放标准》（GB 14554）的要求。

第四十三条 国家现行标准《工业企业设计卫生标准》（TJ 36）对厂内作业区的卫生指标作出了具体规定，是设计的依据。现行国家标准《生产过程安全卫生要求总则》（GB 12801）是作业工作安全卫生的总则。《关于生产性建设工程项目职业安全监察的暂行规定》［劳字（1988）48号］是原劳动部进行规范可行性研究报告中安全、卫生部分的编制格式和进行锅炉等安全设备验收的依据，要求较细，是各项工程设计和建设应执行的规定。上述三项标准是安全卫生工作的指导性文件。

第四十四条 本条是对堆肥厂噪声所作的规定。虽然有些机电设备在单机运行时，噪声指标符合企业标准，但当多台设备同时作业时，有可能超过卫生部和劳动部发布的现行国家标准《工业企业厂界噪声标准》（GB 12348）的要求，为保障职工的工作环境，应采取减振、防噪措施。

第四十五条 本条文是对堆肥厂作业区内安全方面作的规定，如工程作业区内应设置防火标牌，车辆出入应有行车安全标牌和限速标牌，配电室应有高压警示标牌等。

第七章 建筑标准与建设用地

第四十六条 本条是对堆肥厂建筑标准和建设用地安排的总原则。根据科学、合理的用地原则，在满足工艺设计要求的基础上，应遵循尽可能节省材料，节约投资的原则。建筑标准应根据城市性质、周围环境及建设规模等条件合理确定，原则上不应进行特殊的装修。

第四十七条 本条规定堆肥厂的生产管理及生活服务设施建筑在满足使用功能和安全的条件下，宜采取相对集中布置，其建筑面积应本着科学合理、节约投资的原则确定。本标准表2中堆肥厂附属建筑面积指标系在调查国内现有典型堆肥厂附属建筑面积的基础上，并根据劳动定员设定的。由于国内现行的堆肥厂大多不能正常运行，且多为事业单位，随着垃圾处理企业化管理改革的深入，堆肥厂用工和管理机制也会发生一定变化。因此，堆肥厂附属建筑面积要根据实际需要确定，不宜超过本标准表2中堆肥厂附属建筑面积的指标。

第四十八条 本条是关于堆肥厂用地面积确定的原则。本标准表3中用地指标系在调查国内现有典型堆肥厂用地指标（见附表1）的基础上，并适当考虑增加绿地面积制定的。其中不包含堆肥产品深加工处理、堆肥残余物处理用地。动态堆肥由于发酵时间相对较短，发酵占地面积少，因而取下限，静态堆肥由于发酵时间相对较长，发酵占地面积较多，因而取上限。其在施行过程中应本着科学、合理、节约土地的原则确定堆肥厂实际占地面积。

附表1 国内现有典型堆肥厂用地指标调查

堆肥厂名称	处理规模（t/d）	占地面积（m^2）	建成时间	备注
北京石景山区垃圾堆肥厂	300	27000	1991	静态仓式好氧堆肥
北京市南宫堆肥厂	400	66000	1998	隧道式动态堆肥/德国技术设备
常州市环境卫生综合厂	150	7800	1994	间歇式仓式动态好氧堆肥

第八章 运营管理与劳动定员

第四十九条 本条是关于堆肥厂运营机构设置的原则。我国的堆肥厂运营单位目前大多为事业单位，随着我国社会主义市场经济体系的逐步确立，堆肥厂运营企业化将会逐步推进；随着技术进步和经济水平的提高，堆肥厂的机械化水平也会逐步提高。这些都会促使生产效率和管理水平显著提高。各地应结合实际条件和未来改革要求，合理确定堆肥厂的运营管理体制和劳动定员。

第五十条 本条规定，堆肥厂工作制度的设置与堆肥厂所采用的工艺方案密切相关，同时它也与垃圾收集和运输时间有关，故工作制度的设置应与其相适应为宜。

第五十一条 目前，国内较规范的城市垃圾堆肥厂较少，而且大多不能正常运行。由于现行堆肥厂基本上为事业单位，劳动定员相对偏高，国内典型堆肥厂劳动定员调查结果见附表2。本标准表4是在分析堆肥厂工序组成的基础上，本着提高效率、着眼改革、推进技术进步的基本精神，根据堆肥厂各岗位的需要并结合我国现有的管理水平和条件制定的。由于堆肥产品深加工及堆肥残余物处理存在多种选择，表4中未含上述工序需要配备的人员；对于混合收集的城市垃圾堆肥厂，人工分选、前处理和后处理等工序设置较多，相应的劳动定员就会增加；对于未设置前处理或采用静态堆肥工艺的堆肥厂，相应的劳动定员就会减少。随着堆肥机械化水平和自动化水平的提高，特别是企业化管理运营的实施，堆肥厂劳动定员还会相应下降。各地确定堆肥厂劳动定员时，可参考本标准表4，并根据实际条件和需要酌情调整。

附表2 国内典型堆肥厂劳动定员调查

堆肥场名称	处理规模(t/d)	建成时间	劳动定员(人)	堆肥工艺	备注
桂林市平山堆肥厂	400	1998	28	静态好氧堆肥	中外合作运营
北京市南宫堆肥场	400	1998	104	德国技术设备/隧道式动态堆肥	
北京石景山区垃圾堆肥场	300	1991	45	无前处理/静态仓式好氧堆肥	已停止运行
常州市环境卫生综合厂	150	1994	45	间歇式仓式动态好氧堆肥	包括堆肥筛上物焚烧处理人员
南宁市石西无害化垃圾处理厂	100	1998	30	静态仓式好氧堆肥	

第九章 主要技术经济指标

第五十二条 本条规定编制和使用工程投资估算指标的原则，强调应根据有关的变化情况调整使用，进行动态管理。遇到地基特殊处理、国外贷款工程以及其他特殊设防等情况，各项指标应结合具体情况调整后使用。国内城市生活垃圾堆肥厂主要技术经济指标的统计见附表3。

附表3 国内典型堆肥厂建设及运行投资指标调查

堆肥厂名称	处理规模(t/d)	建设总投资(万元)	单位投资(万元/t/d)	运行费用(元/t)	建成时间	备注
北京石景山区垃圾堆肥厂	300	300	1.00	8～10	1991	无前处理/静态仓式好氧堆肥
北京市南宫堆肥厂	400	18000	45.00	160	1998	德国技术设备/隧道式动态堆肥
常州市环境卫生综合厂	150	1560	10.00	—	1994	间歇式仓式动态好氧堆肥
南宁市马路岭无害化垃圾处理厂	100	580	5.80	20～25	1993	静态仓式好氧堆肥
四川德阳马鞍山垃圾处理厂	100	565	5.65	20～25	1994	静态仓式好氧堆肥

注：表中费用数据为当时当地价格。

第五十三条 本条所列的估算指标是评估或审批新建堆肥厂工程投资估算的参考依据。在具体评估或审批堆肥厂项目时，应结合工程的实际情况，按照动态管理的原则，进行调整后采用。新建堆肥厂的投资估算应按国家现行的有关规定编制。

本标准表5中垃圾堆肥工程投资估算指标是在目前我国现有堆肥厂的调查数据的基础上（见附表2），考虑了一定的前瞻性而确定的。本标准表5中所列技术经济指标均仅针对采用国产设备而言，采用国外设备未计在内。由于各地建设条件的差异和工程本身的变化，本指标很难全部反映实际情况，仅作为计算投资估算的参考指标，各地使用时可根据当地现行价调整。由于堆肥厂占用土地费用各地区差异较大，堆肥厂外部条件也存在一定差异，在本标准表5的估算指标中未包括堆肥厂占用土地费用、场外道路及外部工程费用。目前，国内能够正常运行的垃圾堆肥厂较少，其重要原因是城市生活垃圾混合收集。混合收集的城市生活垃圾中虽然可堆肥物的重量比例较高，但不可堆肥物的体积比例特别是各种包装物比例不断增加，使得前处理难度加大，堆肥处理成本逐步提高，堆肥质量难以保证，堆肥市场难以拓展。对于混合收集的城市生活垃圾堆肥处理工程，不仅要分析其单位投资指标，还要考虑其堆肥处理过程中产生大量的不可堆肥物的处理所需的投资费用，才能全面反映堆肥处理工程的投资效益。

第五十四条 本标准表6是根据堆肥厂建设工程量的大小所提出的建设工期控制指标。堆肥厂建设工期还与建设资金落实计划、施工条件等因素有关，在确定堆肥厂建设工期时，应根据项目的实际条件，合理确定建设工期，防止建设工期拖延，增加工程投资。

第五十五条 本条指出堆肥厂的电耗、燃料消耗指标主要限制堆肥厂堆肥作业效率，分选、破碎、筛分、通风、输送等设备消耗电能；翻堆机、装载机、运输车辆等以燃油为动力消耗油料。由于堆肥厂工艺不同，其能耗亦不同；一般动态好氧堆肥能耗高于静态好氧堆肥，而且机械化程度越高能耗越高。

第五十六条 堆肥厂的运行费用除受堆肥处理工艺影响外，还受劳动力成本、电力和动力燃料价格、定员数、生产规模等因素影响。本标准表7是新建堆肥厂运行费用指标，是根据现行堆肥厂运行管理水平（见附表2）和平均价格水平（电力价格为0．5元/度；动力用燃油价格为3000元/t；劳动员工工资福利水平为12000元/人·年），并适当考虑现有堆肥厂实际运行的状况而制订的。各地使用时可根据当地价格水平进行调整。

第五十七条 建设项目经济评价是项目可行性研究的有机组成部分和重要内容。它是项目决策前可行性研究过程中，采用现代分析方法，对拟建项目计算期（建设期和生产期）内投入和产出诸多经济因素进行调查、预测、研究、计算和论证，比选推荐最佳方案，作为项目决策的重要依据。经济评价在堆肥厂工程项目建设的应用，是近几年才开展起来的，还缺乏系统的经验。目前，我国还没有普遍实行垃圾处理收费，已开始垃圾处理收费的地区也没有达到处理成本的要求，因此堆肥厂工程项目建设的效益主要表现为环境效益和社会效益。但可以通过设定垃圾处理收费，以维持堆肥厂自身运行为基本目标，对项目作出财务评价和国民经济评价。经济评价方法按国家现行的有关规定执行。

二、国 家 标 准

中华人民共和国国家标准

镇规划标准

Standard for planning of town

GB 50188—2007

主编部门：中华人民共和国建设部
批准部门：中华人民共和国建设部
施行日期：2 0 0 7 年 5 月 1 日

中华人民共和国建设部
公　　告

第553号

建设部关于发布国家标准《镇规划标准》的公告

现批准《镇规划标准》为国家标准，编号为GB 50188—2007，自2007年5月1日起实施。其中，第3.1.1、3.1.2、3.1.3、4.1.3、4.2.2、5.1.1、5.1.3、5.2.1、5.2.2、5.2.3、5.4.4、5.4.5、6.0.4、7.0.4、7.0.5、8.0.1（3）（4）、8.0.2（3）（4）、9.2.3、9.2.5（1）（2）、9.3.3、10.2.5（4）、10.3.6、10.4.6、11.2.2、11.2.6、11.3.4、11.3.6、11.3.7、11.4.4、11.4.5、11.5.4、12.4.3、13.0.1、13.0.4、13.0.5、13.0.6、13.0.7条(款)为强制性条文，必须严格执行。原《村镇规划标准》GB 50188—2006同时废止。

本规范由建设部标准定额研究所组织中国建筑工业出版社出版发行。

中华人民共和国建设部
2007年1月16日

前　　言

根据建设部建标［1999］308号文件的通知要求，标准编制组广泛调查研究，认真总结实践经验，参考有关国际标准和国外先进标准，并在广泛征求意见的基础上，修订了本标准。

本标准的主要内容是：1. 总则；2. 术语；3. 镇村体系和人口预测；4. 用地分类和计算；5. 规划建设用地标准；6. 居住用地规划；7. 公共设施用地规划；8. 生产设施和仓储用地规划；9. 道路交通规划；10. 公用工程设施规划；11. 防灾减灾规划；12. 环境规划；13. 历史文化保护规划；14. 规划制图。

修订的主要技术内容是：在原标准9章的基础上增设了术语、防灾减灾规划、环境规划、历史文化保护规划和规划制图等5章；重点调整了镇村体系和规模分级、规划建设用地标准、公共设施项目配置；公用工程设施规划中增加了燃气工程、供热工程、工程管线综合等3节；并对原有其他各章也作了补充修改。

本标准以黑体字标志的条文为强制性条文，必须严格执行。

本标准由建设部负责管理和对强制性条文的解释，由主编单位负责具体技术内容的解释。

本标准主编单位：中国建筑设计研究院（北京市西直门外车公庄大街19号，邮政编码：100044）。

本标准参编单位：天津市城市规划设计研究院
吉林省城乡规划设计研究院
浙江省城乡规划设计研究院
浙江东华城镇规划建筑设计公司
武汉市城市规划设计研究院
四川省城乡规划设计研究院
宁夏自治区小城镇协会
北京市市政工程科学技术研究所
中国城市规划设计研究院
国家环境保护总局环境规划院

本标准主要起草人：任世英　赵柏年　寿　民
赵保中　孙蕴山　杨斌辉
邓竞成　郑向阳　傅芳生
刘学功　崔招女　胡　桃
乔　兵　沈　纹　徐詠九
刘志刚　陈定外　潘顺昌
赵中枢　何建清　王　宁
赵　辉　冯新刚　卢比志
宗羽飞　吴俊勤　汪　勰
樊　晟　屈　扬　张燕霞
邵爱云　杨金田

目　　次

1　总则………………………………………… 2—1—4
2　术语………………………………………… 2—1—4
3　镇村体系和人口预测 ……………………… 2—1—4
3.1　镇村体系和规模分级 ………………… 2—1—4
3.2　规划人口预测 ………………………… 2—1—4
4　用地分类和计算 …………………………… 2—1—5
4.1　用地分类 ……………………………… 2—1—5
4.2　用地计算 ……………………………… 2—1—6
5　规划建设用地标准………………………… 2—1—6
5.1　一般规定 ……………………………… 2—1—6
5.2　人均建设用地指标 …………………… 2—1—7
5.3　建设用地比例 ………………………… 2—1—7
5.4　建设用地选择 ………………………… 2—1—7
6　居住用地规划 ……………………………… 2—1—7
7　公共设施用地规划………………………… 2—1—8
8　生产设施和仓储用地规划 ………………… 2—1—9
9　道路交通规划……………………………… 2—1—9
9.1　一般规定 ……………………………… 2—1—9
9.2　镇区道路规划 ………………………… 2—1—9
9.3　对外交通规划………………………… 2—1—10
10　公用工程设施规划……………………… 2—1—10
10.1　一般规定 …………………………… 2—1—10
10.2　给水工程规划 ……………………… 2—1—10
10.3　排水工程规划 ……………………… 2—1—11
10.4　供电工程规划 ……………………… 2—1—11
10.5　通信工程规划 ……………………… 2—1—12
10.6　燃气工程规划 ……………………… 2—1—12
10.7　供热工程规划 ……………………… 2—1—12
10.8　工程管线综合规划 ………………… 2—1—13
10.9　用地竖向规划 ……………………… 2—1—13
11　防灾减灾规划 …………………………… 2—1—13
11.1　一般规定 …………………………… 2—1—13
11.2　消防规划 …………………………… 2—1—13
11.3　防洪规划 …………………………… 2—1—13
11.4　抗震防灾规划 ……………………… 2—1—14
11.5　防风减灾规划 ……………………… 2—1—14
12　环境规划 ………………………………… 2—1—14
12.1　一般规定 …………………………… 2—1—14
12.2　生产污染防治规划 ………………… 2—1—14
12.3　环境卫生规划 ……………………… 2—1—15
12.4　环境绿化规划 ……………………… 2—1—15
12.5　景观规划 …………………………… 2—1—15
13　历史文化保护规划……………………… 2—1—15
14　规划制图 ………………………………… 2—1—16
附录A　用地计算表………………………… 2—1—16
附录B　规划图例…………………………… 2—1—17
附录C　用地名称和规划图例中
　　　　英文词汇对照表 ………………… 2—1—28
本标准用词说明 …………………………… 2—1—28
附：条文说明 ……………………………… 2—1—29

1 总 则

1.0.1 为了科学地编制镇规划，加强规划建设和组织管理，创造良好的劳动和生活条件，促进城乡经济、社会和环境的协调发展，制定本标准。

1.0.2 本标准适用于全国县级人民政府驻地以外的镇规划，乡规划可按本标准执行。

1.0.3 编制镇规划，除应符合本标准外，尚应符合国家现行有关标准的规定。

2 术 语

2.0.1 镇 town

经省级人民政府批准设置的镇。

2.0.2 镇域 administrative region of town

镇人民政府行政的地域。

2.0.3 镇区 seat of government of town

镇人民政府驻地的建成区和规划建设发展区。

2.0.4 村庄 village

农村居民生活和生产的聚居点。

2.0.5 县域城镇体系 county seat, town and township system of county

县级人民政府行政地域内，在经济、社会和空间发展中有机联系的城、镇（乡）群体。

2.0.6 镇域镇村体系 town and village system of town

镇人民政府行政地域内，在经济、社会和空间发展中有机联系的镇区和村庄群体。

2.0.7 中心镇 key town

县域城镇体系规划中的各分区内，在经济、社会和空间发展中发挥中心作用的镇。

2.0.8 一般镇 common town

县域城镇体系规划中，中心镇以外的镇。

2.0.9 中心村 key village

镇域镇村体系规划中，设有兼为周围村服务的公共设施的村。

2.0.10 基层村 basic-level village

镇域镇村体系规划中，中心村以外的村。

3 镇村体系和人口预测

3.1 镇村体系和规模分级

3.1.1 镇域镇村体系规划应依据县（市）域城镇体系规划中确定的中心镇、一般镇的性质、职能和发展规模进行制定。

3.1.2 镇域镇村体系规划应包括以下主要内容：

1 调查镇区和村庄的现状，分析其资源和环境等发展条件，预测一、二、三产业的发展前景以及劳力和人口的流向趋势；

2 落实镇区规划人口规模，划定镇区用地规划发展的控制范围；

3 根据产业发展和生活提高的要求，确定中心村和基层村，结合村民意愿，提出村庄的建设调整设想；

4 确定镇域内主要道路交通，公用工程设施、公共服务设施以及生态环境、历史文化保护、防灾减灾防疫系统。

3.1.3 镇区和村庄的规划规模应按人口数量划分为特大、大、中、小型四级。

在进行镇区和村庄规划时，应以规划期末常住人口的数量按表 3.1.3 的分级确定级别。

表 3.1.3 规划规模分级（人）

规划人口规模分级	镇 区	村 庄
特大型	＞50000	＞1000
大 型	30001～50000	601～1000
中 型	10001～30000	201～600
小 型	≤10000	≤200

3.2 规划人口预测

3.2.1 镇域总人口应为其行政地域内常住人口，常住人口应为户籍、寄住人口数之和，其发展预测宜按下式计算：

$$Q = Q_0(1+K)^n + P$$

式中 Q——总人口预测数（人）；

Q_0——总人口现状数（人）；

K——规划期内人口的自然增长率（%）；

P——规划期内人口的机械增长数（人）；

n——规划期限（年）。

3.2.2 镇区人口规模应以县域城镇体系规划预测的数量为依据，结合镇区具体情况进行核定；村庄人口规模应在镇域镇村体系规划中进行预测。

3.2.3 镇区人口的现状统计和规划预测，应按居住状况和参与社会生活的性质进行分类。镇区规划期内的人口分类预测，宜按表 3.2.3 的规定计算。

表 3.2.3 镇区规划期内人口分类预测

人口类别		统 计 范 围	预测计算
常住人口	户籍人口	户籍在镇区规划用地范围内的人口	按自然增长和机械增长计算
	寄住人口	居住半年以上的外来人口 寄宿在规划用地范围内的学生	按机械增长计算
通勤人口		劳动、学习在镇区内，住在规划范围外的职工、学生等	按机械增长计算
流动人口		出差、探亲、旅游、赶集等临时参与镇区活动的人员	根据调查进行估算

3.2.4 规划期内镇区人口的自然增长应按计划生育的要求进行计算，机械增长宜考虑下列因素进行预测：

1 根据产业发展前景及土地经营情况预测劳力转移时，宜按劳力转化因素对镇域所辖地域范围的土地和劳力进行平衡，预测规划期内劳力的数量，分析镇区类型、发展水平、地方优势、建设条件和政策影响以及外来人口进入情况等因素，确定镇区的人口数量。

2 根据镇区的环境条件预测人口发展规模时，宜按环境容量因素综合分析当地的发展优势、建设条件、环境和生态状况等因素，预测镇区人口的适宜规模。

3 镇区建设项目已经落实、规划期内人口机械增长比较稳定的情况下，可按带眷情况估算人口发展规模；建设项目尚未落实的情况下，可按平均增长预测人口的发展规模。

4 用地分类和计算

4.1 用 地 分 类

4.1.1 镇用地应按土地使用的主要性质划分为：居住用地、公共设施用地、生产设施用地、仓储用地、对外交通用地、道路广场用地、工程设施用地、绿地、水域和其他用地9大类、30小类。

4.1.2 镇用地的类别应采用字母与数字结合的代号，适用于规划文件的编制和用地的统计工作。

4.1.3 镇用地的分类和代号应符合表4.1.3的规定。

表4.1.3 镇用地的分类和代号

类别代号		类别名称	范围
大类	小类		
R		居住用地	各类居住建筑和附属设施及其间距和内部小路、场地、绿化等用地；不包括路面宽度等于和大于6m的道路用地
	R1	一类居住用地	以一～三层为主的居住建筑和附属设施及其间距内的用地，含宅间绿地、宅间路用地；不包括宅基地以外的生产性用地
	R2	二类居住用地	以四层和四层以上为主的居住建筑和附属设施及其间距、宅间路、组群绿化用地
C		公共设施用地	各类公共建筑及其附属设施、内部道路、场地、绿化等用地
	C1	行政管理用地	政府、团体、经济、社会管理机构等用地
	C2	教育机构用地	托儿所、幼儿园、小学、中学及专科院校、成人教育及培训机构等用地

续表4.1.3

类别代号		类别名称	范围
大类	小类		
C	C3	文体科技用地	文化、体育、图书、科技、展览、娱乐、度假、文物、纪念、宗教等设施用地
	C4	医疗保健用地	医疗、防疫、保健、休疗养等机构用地
	C5	商业金融用地	各类商业服务业的店铺，银行、信用、保险等机构，及其附属设施用地
	C6	集贸市场用地	集市贸易的专用建筑和场地；不包括临时占用街道、广场等设摊用地
M		生产设施用地	独立设置的各种生产建筑及其设施和内部道路、场地、绿化等用地
	M1	一类工业用地	对居住和公共环境基本无干扰、无污染的工业，如缝纫、工艺品制作等工业用地
	M2	二类工业用地	对居住和公共环境有一定干扰和污染的工业，如纺织、食品、机械等工业用地
	M3	三类工业用地	对居住和公共环境有严重干扰、污染和易燃易爆的工业，如采矿、冶金、建材、造纸、制革、化工等工业用地
	M4	农业服务设施用地	各类农产品加工和服务设施用地；不包括农业生产建筑用地
W		仓储用地	物资的中转仓库、专业收购和储存建筑、堆场及其附属设施、道路、场地、绿化等用地
	W1	普通仓储用地	存放一般物品的仓储用地
	W2	危险品仓储用地	存放易燃、易爆、剧毒等危险品的仓储用地
T		对外交通用地	镇对外交通的各种设施用地
	T1	公路交通用地	规划范围内的路段、公路站场、附属设施等用地
	T2	其他交通用地	规划范围内的铁路、水路及其他对外交通路段、站场和附属设施等用地

续表 4.1.3

类别代号		类别名称	范围
大类	小类		
S		道路广场用地	规划范围内的道路、广场、停车场等设施用地，不包括各类用地中的单位内部道路和停车场地
	S1	道路用地	规划范围内路面宽度等于和大于6m的各种道路、交叉口等用地
	S2	广场用地	公共活动广场、公共使用的停车场用地，不包括各类用地内部的场地
U		工程设施用地	各类公用工程和环卫设施以及防灾设施用地，包括其建筑物、构筑物及管理、维修设施等用地
	U1	公用工程用地	给水、排水、供电、邮政、通信、燃气、供热、交通管理、加油、维修、殡仪等设施用地
	U2	环卫设施用地	公厕、垃圾站、环卫站、粪便和生活垃圾处理设施等用地
	U3	防灾设施用地	各项防灾设施的用地，包括消防、防洪、防风等
G		绿地	各类公共绿地、防护绿地；不包括各类用地内部的附属绿化用地
	G1	公共绿地	面向公众、有一定游憩设施的绿地，如公园、路旁或临水宽度等于和大于5m的绿地
	G2	防护绿地	用于安全、卫生、防风等的防护绿地
E		水域和其他用地	规划范围内的水域、农林用地、牧草地、未利用地、各类保护区和特殊用地等
	E1	水域	江河、湖泊、水库、沟渠、池塘、滩涂等水域；不包括公园绿地中的水面

续表 4.1.3

类别代号		类别名称	范围
大类	小类		
E	E2	农林用地	以生产为目的的农林用地，如农田、菜地、园地、林地、苗圃、打谷场以及农业生产建筑等
	E3	牧草和养殖用地	生长各种牧草的土地及各种养殖场用地等
	E4	保护区	水源保护区、文物保护区、风景名胜区、自然保护区等
	E5	墓地	
	E6	未利用地	未使用和尚不能使用的裸岩、陡坡地、沙荒地等
	E7	特殊用地	军事、保安等设施用地；不包括部队家属生活区等用地

4.2 用地计算

4.2.1 镇的现状和规划用地应统一按规划范围进行计算。

4.2.2 **规划范围应为建设用地以及因发展需要实行规划控制的区域，包括规划确定的预留发展、交通设施、工程设施等用地，以及水源保护区、文物保护区、风景名胜区、自然保护区等。**

4.2.3 分片布局的规划用地应分片计算用地，再进行汇总。

4.2.4 现状及规划用地应按平面投影面积计算，用地的计算单位应为公顷（hm^2）。

4.2.5 用地面积计算的精确度应按制图比例尺确定。1∶10000、1∶25000、1∶50000的图纸应取值到个位数；1∶5000的图纸应取值到小数点后一位数；1∶1000、1∶2000的图纸应取值到小数点后两位数。

4.2.6 用地计算表的格式应符合本标准附录A的规定。

5 规划建设用地标准

5.1 一般规定

5.1.1 **建设用地应包括本标准表4.1.3用地分类中的居住用地、公共设施用地、生产设施用地、仓储用地、对外交通用地、道路广场用地、工程设施用地和绿地8大类用地之和。**

5.1.2 规划的建设用地标准应包括人均建设用地指标、建设用地比例和建设用地选择三部分。

5.1.3 人均建设用地指标应为规划范围内的建设用地面积除以常住人口数量的平均数值。人口统计应与用地统计的范围相一致。

5.2 人均建设用地指标

5.2.1 人均建设用地指标应按表5.2.1的规定分为四级。

表5.2.1 人均建设用地指标分级

级 别	一	二	三	四
人均建设用地指标（m^2/人）	>60～≤80	>80～≤100	>100～≤120	>120～≤140

5.2.2 新建镇区的规划人均建设用地指标应按表5.2.1中第二级确定；当地处现行国家标准《建筑气候区划标准》GB 50178的Ⅰ、Ⅶ建筑气候区时，可按第三级确定；在各建筑气候区内均不得采用第一、四级人均建设用地指标。

5.2.3 对现有的镇区进行规划时，其规划人均建设用地指标应在现状人均建设用地指标的基础上，按表5.2.3规定的幅度进行调整。第四级用地指标可用于Ⅰ、Ⅶ建筑气候区的现有镇区。

表5.2.3 规划人均建设用地指标

现状人均建设用地指标（m^2/人）	规划调整幅度（m^2/人）
≤60	增0～15
>60～≤80	增0～10
>80～≤100	增、减0～10
>100～≤120	减0～10
>120～≤140	减0～15
>140	减至140以内

注：规划调整幅度是指规划人均建设用地指标对现状人均建设用地指标的增减数值。

5.2.4 地多人少的边远地区的镇区，可根据所在省、自治区人民政府规定的建设用地指标确定。

5.3 建设用地比例

5.3.1 镇区规划中的居住、公共设施、道路广场、以及绿地中的公共绿地四类用地占建设用地的比例宜符合表5.3.1的规定。

表5.3.1 建设用地比例

类别代号	类 别 名 称	占建设用地比例（%）	
		中心镇镇区	一般镇镇区
R	居住用地	28～38	33～43
C	公共设施用地	12～20	10～18
S	道路广场用地	11～19	10～17
G1	公共绿地	8～12	6～10
四类用地之和		64～84	65～85

5.3.2 邻近旅游区及现状绿地较多的镇区，其公共绿地所占建设用地的比例可大于所占比例的上限。

5.4 建设用地选择

5.4.1 建设用地的选择应根据区位和自然条件、占地的数量和质量、现有建筑和工程设施的拆迁和利用、交通运输条件、建设投资和经营费用、环境质量和社会效益以及具有发展余地等因素，经过技术经济比较，择优确定。

5.4.2 建设用地宜选在生产作业区附近，并应充分利用原有用地调整挖潜，同土地利用总体规划相协调。需要扩大用地规模时，宜选择荒地、薄地，不占或少占耕地、林地和牧草地。

5.4.3 建设用地宜选在水源充足，水质良好，便于排水、通风和地质条件适宜的地段。

5.4.4 建设用地应符合下列规定：

1 应避开河洪、海潮、山洪、泥石流、滑坡、风灾、发震断裂等灾害影响以及生态敏感的地段；

2 应避开水源保护区、文物保护区、自然保护区和风景名胜区；

3 应避开有开采价值的地下资源和地下采空区以及文物埋藏区。

5.4.5 在不良地质地带严禁布置居住、教育、医疗及其他公众密集活动的建设项目。因特殊需要布置本条严禁建设以外的项目时，应避免改变原有地形、地貌和自然排水体系，并应制订整治方案和防止引发地质灾害的具体措施。

5.4.6 建设用地应避免被铁路、重要公路、高压输电线路、输油管线和输气管线等所穿越。

5.4.7 位于或邻近各类保护区的镇区，宜通过规划，减少对保护区的干扰。

6 居住用地规划

6.0.1 居住用地占建设用地的比例应符合本标准5.3的规定。

6.0.2 居住用地的选址应有利生产，方便生活，具有适宜的卫生条件和建设条件，并应符合下列规定：

1 应布置在大气污染源的常年最小风向频率的下风侧以及水污染源的上游；

2 应与生产劳动地点联系方便，又不相互干扰；

3 位于丘陵和山区时，应优先选用向阳坡和通风良好的地段。

6.0.3 居住用地的规划应符合下列规定：

1 应按照镇区用地布局的要求，综合考虑相邻用地的功能、道路交通等因素进行规划；

2 根据不同的住户需求和住宅类型，宜相对集中布置。

6.0.4 居住建筑的布置应根据气候、用地条件和使用要求，确定建筑的标准、类型、层数、朝向、间距、群体组合、绿地系统和空间环境，并应符合下列规定：

1 应符合所在省、自治区、直辖市人民政府规定的镇区住宅用地面积标准和容积率指标，以及居住建筑的朝向和日照间距系数；

2 应满足自然通风要求，在现行国家标准《建筑气候区划标准》GB 50178 的Ⅱ、Ⅲ、Ⅳ气候区，居住建筑的朝向应符合夏季防热和组织自然通风的要求。

6.0.5 居住组群的规划应遵循方便居民使用、住宅类型多样、优化居住环境、体现地方特色的原则，应综合考虑空间组织、组群绿地、服务设施、道路系统、停车场地、管线敷设等的要求，区别不同的建设条件进行规划，并应符合下列规定：

1 新建居住组群的规划，镇区住宅宜以多层为主，并应具有配套的服务设施；

2 旧区居住街巷的改建规划，应因地制宜体现传统特色和控制住户总量，并应改善道路交通、完善公用工程和服务设施，搞好环境绿化。

7 公共设施用地规划

7.0.1 公共设施按其使用性质分为行政管理、教育机构、文体科技、医疗保健、商业金融和集贸市场六类，其项目的配置应符合表 7.0.1 的规定。

表 7.0.1 公共设施项目配置

类别	项目	中心镇	一般镇
一、行政管理	1. 党政、团体机构	●	●
	2. 法庭	○	—
	3. 各专项管理机构	●	●
	4. 居委会	●	●
二、教育机构	5. 专科院校	○	—
	6. 职业学校、成人教育及培训机构	○	○
	7. 高级中学	●	○
	8. 初级中学	●	●
	9. 小学	●	●
	10. 幼儿园、托儿所	●	●
三、文体科技	11. 文化站（室）、青少年及老年之家	●	●
	12. 体育场馆	●	○
	13. 科技站	●	○
	14. 图书馆、展览馆、博物馆	●	○
	15. 影剧院、游乐健身场	●	○
	16. 广播电视台（站）	●	○
四、医疗保健	17. 计划生育站（组）	●	●
	18. 防疫站、卫生监督站	●	●
	19. 医院、卫生院、保健站	●	○
	20. 休疗养院	○	—
	21. 专科诊所	○	○
五、商业金融	22. 百货店、食品店、超市	●	●
	23. 生产资料、建材、日杂商店	●	●
	24. 粮油店	●	●
	25. 药店	●	●
	26. 燃料店（站）	●	●
	27. 文化用品店	●	●
	28. 书店	●	●
	29. 综合商店	●	●
	30. 宾馆、旅店	●	○
	31. 饭店、饮食店、茶馆	●	●
	32. 理发馆、浴室、照相馆	●	●
	33. 综合服务站	●	●
	34. 银行、信用社、保险机构	●	○
六、集贸市场	35. 百货市场	●	●
	36. 蔬菜、果品、副食市场	●	●
	37. 粮油、土特产、畜、禽、水产市场	根据镇的特点和发展需要设置	
	38. 燃料、建材家具、生产资料市场		
	39. 其他专业市场		

注：表中●——应设的项目；○——可设的项目。

7.0.2 公共设施的用地占建设用地的比例应符合本标准5.3的规定。

7.0.3 教育和医疗保健机构必须独立选址，其他公共设施宜相对集中布置，形成公共活动中心。

7.0.4 学校、幼儿园、托儿所的用地，应设在阳光充足、环境安静、远离污染和不危及学生、儿童安全的地段，距离铁路干线应大于300m，主要入口不应开向公路。

7.0.5 医院、卫生院、防疫站的选址，应方便使用和避开人流和车流量大的地段，并应满足突发灾害事件的应急要求。

7.0.6 集贸市场用地应综合考虑交通、环境与节约用地等因素进行布置，并应符合下列规定：

1 集贸市场用地的选址应有利于人流和商品的集散，并不得占用公路、主要干路、车站、码头、桥头等交通量大的地段；不应布置在文体、教育、医疗机构等人员密集场所的出入口附近和妨碍消防车辆通行的地段；影响镇容环境和易燃易爆的商品市场，应设在集镇的边缘，并应符合卫生、安全防护的要求。

2 集贸市场用地的面积应按平集规模确定，并应安排好大集时临时占用的场地，休集时应考虑设施和用地的综合利用。

8 生产设施和仓储用地规划

8.0.1 工业生产用地应根据其生产经营的需要和对生活环境的影响程度进行选址和布置，并应符合下列规定：

1 一类工业用地可布置在居住用地或公共设施用地附近；

2 二、三类工业用地应布置在常年最小风向频率的上风侧及河流的下游，并应符合现行国家标准《村镇规划卫生标准》GB 18055的有关规定；

3 新建工业项目应集中建设在规划的工业用地中；

4 对已造成污染的二类、三类工业项目必须迁建或调整转产。

8.0.2 镇区工业用地的规划布局应符合下列规定：

1 同类型的工业用地应集中分类布置，协作密切的生产项目应邻近布置，相互干扰的生产项目应予分隔；

2 应紧凑布置建筑，宜建设多层厂房；

3 应有可靠的能源、供水和排水条件，以及便利的交通和通信设施；

4 公用工程设施和科技信息等项目宜共建共享；

5 应设置防护绿带和绿化厂区；

6 应为后续发展留有余地。

8.0.3 农业生产及其服务设施用地的选址和布置应符合下列规定：

1 农机站、农产品加工厂等的选址应方便作业、运输和管理；

2 养殖类的生产厂（场）等的选址应满足卫生和防疫要求，布置在镇区和村庄常年盛行风向的侧风位和通风、排水条件良好的地段，并应符合现行国家标准《村镇规划卫生标准》GB 18055的有关规定；

3 兽医站应布置在镇区的边缘。

8.0.4 仓库及堆场用地的选址和布置应符合下列规定：

1 应按存储物品的性质和主要服务对象进行选址；

2 宜设在镇区边缘交通方便的地段；

3 性质相同的仓库宜合并布置，共建服务设施；

4 粮、棉、油类、木材、农药等易燃易爆和危险品仓库严禁布置在镇区人口密集区，与生产建筑、公共建筑、居住建筑的距离应符合环保和安全的要求。

9 道路交通规划

9.1 一般规定

9.1.1 道路交通规划主要应包括镇区内部的道路交通、镇域内镇区和村庄之间的道路交通以及对外交通的规划。

9.1.2 镇的道路交通规划应依据县域或地区道路交通规划的统一部署进行规划。

9.1.3 道路交通规划应根据镇用地的功能、交通的流向和流量，结合自然条件和现状特点，确定镇区内部的道路系统，以及镇域内镇区和村庄之间的道路交通系统，应解决好与区域公路、铁路、水路等交通干线的衔接，并应有利于镇区和村庄的发展、建筑布置和管线敷设。

9.2 镇区道路规划

9.2.1 镇区的道路应分为主干路、干路、支路、巷路四级。

9.2.2 道路广场用地占建设用地的比例应符合本标准5.3的规定。

9.2.3 镇区道路中各级道路的规划技术指标应符合表9.2.3的规定。

表9.2.3 镇区道路规划技术指标

规划技术指标	道路级别			
	主干路	干路	支路	巷路
计算行车速度(km/h)	40	30	20	—
道路红线宽度(m)	24～36	16～24	10～14	—

续表 9.2.3

规划技术指标	道路级别			
	主干路	干路	支路	巷路
车行道宽度（m）	14～24	10～14	6～7	3.5
每侧人行道宽度（m）	4～6	3～5	0～3	0
道路间距（m）	≥500	250～500	120～300	60～150

9.2.4 镇区道路系统的组成应根据镇的规模分级和发展需求按表 9.2.4 确定。

表 9.2.4 镇区道路系统组成

规划规模分级	道路级别			
	主干路	干路	支路	巷路
特大、大型	●	●	●	●
中 型	○	●	●	●
小 型	—	○	●	●

注：表中●——应设的级别；○——可设的级别。

9.2.5 镇区道路应根据用地地形、道路现状和规划布局的要求，按道路的功能性质进行布置，并应符合下列规定：

1 连接工厂、仓库、车站、码头、货场等以货运为主的道路不应穿越镇区的中心地段；

2 文体娱乐、商业服务等大型公共建筑出入口处应设置人流、车辆集散场地；

3 商业、文化、服务设施集中的路段，可布置为商业步行街，根据集散要求应设置停车场地，紧急疏散出口的间距不得大于 160m；

4 人行道路宜布置无障碍设施。

9.3 对外交通规划

9.3.1 镇域内的道路交通规划应满足镇区与村庄间的车行、人行以及农机通行的需要。

9.3.2 镇域的道路系统应与公路、铁路、水运等对外交通设施相互协调，并应配置相应的站场、码头、停车场等设施，公路、铁路、水运等用地及防护地段应符合国家现行的有关标准的规定。

9.3.3 高速公路和一级公路的用地范围应与镇区建设用地范围之间预留发展所需的距离。

规划中的二、三级公路不应穿过镇区和村庄内部，对于现状穿过镇区和村庄的二、三级公路应在规划中进行调整。

10 公用工程设施规划

10.1 一般规定

10.1.1 公用工程设施规划主要应包括给水、排水、供电、通信、燃气、供热、工程管线综合和用地竖向规划。

10.1.2 镇的公用工程设施规划应依据县域或地区公用工程设施规划的统一部署进行规划。

10.2 给水工程规划

10.2.1 给水工程规划中的集中式给水主要应包括确定用水量、水质标准、水源及卫生防护、水质净化、给水设施、管网布置；分散式给水主要应包括确定用水量、水质标准、水源及卫生防护、取水设施。

10.2.2 集中式给水的用水量应包括生活、生产、消防、浇洒道路和绿化用水量，管网漏水量和未预见水量，并应符合下列规定：

1 生活用水量的计算：

1）居住建筑的生活用水量可根据现行国家标准《建筑气候区划标准》GB 50178 的所在区域按表 10.2.2 进行预测；

表 10.2.2 居住建筑的生活用水量指标（L/人·d）

建筑气候区划	镇 区	镇区外
Ⅲ、Ⅳ、Ⅴ区	100～200	80～160
Ⅰ、Ⅱ区	80～160	60～120
Ⅵ、Ⅶ区	70～140	50～100

2）公共建筑的生活用水量应符合现行国家标准《建筑给水排水设计规范》GB 50015 的有关规定，也可按居住建筑生活用水量的 8%～25%进行估算。

2 生产用水量应包括工业用水量、农业服务设施用水量，可按所在省、自治区、直辖市人民政府的有关规定进行计算。

3 消防用水量应符合现行国家标准《建筑设计防火规范》GB 50016 的有关规定。

4 浇洒道路和绿地的用水量可根据当地条件确定。

5 管网漏失水量及未预见水量可按最高日用水量的 15%～25%计算。

10.2.3 给水工程规划的用水量也可按表 10.2.3 中人均综合用水量指标预测。

表 10.2.3 人均综合用水量指标（L/人·d）

建筑气候区划	镇 区	镇区外
Ⅲ、Ⅳ、Ⅴ区	150～350	120～260
Ⅰ、Ⅱ区	120～250	100～200
Ⅵ、Ⅶ区	100～200	70～160

注：1 表中为规划期最高日用水量指标，已包括管网漏失及未预见水量；

2 有特殊情况的镇区，应根据用水实际情况，酌情增减用水量指标。

10.2.4 生活饮用水的水质应符合现行国家标准《生活饮用水卫生标准》GB 5749 的有关规定。

10.2.5 水源的选择应符合下列规定：

1 水量应充足，水质应符合使用要求；

2 应便于水源卫生防护；

3 生活饮用水、取水、净水、输配水设施应做到安全、经济和具备施工条件；

4 选择地下水作为给水水源时，不得超量开采；选择地表水作为给水水源时，其枯水期的保证率不得低于90%；

5 水资源匮乏的镇应设置天然降水的收集贮存设施。

10.2.6 给水管网系统的布置和干管的走向应与给水的主要流向一致，并应以最短距离向用水大户供水。给水干管最不利点的最小服务水头，单层建筑物可按10～15m计算，建筑物每增加一层应增压3m。

10.3 排水工程规划

10.3.1 排水工程规划主要应包括确定排水量、排水体制、排放标准、排水系统布置、污水处理设施。

10.3.2 排水量应包括污水量、雨水量，污水量应包括生活污水量和生产污水量。排水量可按下列规定计算：

1 生活污水量可按生活用水量的75%～85%进行计算；

2 生产污水量及变化系数可按产品种类、生产工艺特点和用水量确定，也可按生产用水量的75%～90%进行计算；

3 雨水量可按邻近城市的标准计算。

10.3.3 排水体制宜选择分流制；条件不具备可选择合流制，但在污水排入管网系统前应采用化粪池、生活污水净化沼气池等方法预处理。

10.3.4 污水排放应符合现行国家标准《污水综合排放标准》GB 8978 的有关规定；污水用于农田灌溉应符合现行国家标准《农田灌溉水质标准》GB 5084 的有关规定。

10.3.5 布置排水管渠时，雨水应充分利用地面径流和沟渠排除；污水应通过管道或暗渠排放，雨水、污水的管、渠均应按重力流设计。

10.3.6 污水采用集中处理时，污水处理厂的位置应选在镇区的下游，靠近受纳水体或农田灌溉区。

10.3.7 利用中水应符合现行国家标准《建筑中水设计规范》GB 50336 和《污水再生利用工程设计规范》GB 50335的有关规定。

10.4 供电工程规划

10.4.1 供电工程规划主要应包括预测用电负荷，确定供电电源、电压等级、供电线路、供电设施。

10.4.2 供电负荷的计算应包括生产和公共设施用电、居民生活用电。

用电负荷可采用现状年人均综合用电指标乘以增长率进行预测。

规划期末年人均综合用电量可按下式计算：

$$Q = Q_1(1+K)^n$$

式中 Q——规划期末年人均综合用电量(kWh/人·a)；

Q_1——现状年人均综合用电量（kWh/人·a)；

K——年人均综合用电量增长率（%）；

n——规划期限（年）。

K 值可依据人口增长和各产业发展速度分阶段进行预测。

10.4.3 变电所的选址应做到线路进出方便和接近负荷中心。变电所规划用地面积控制指标可根据表10.4.3选定。

表 10.4.3 变电所规划用地面积指标

变压等级（kV）一次电压/二次电压	主变压器容量[kVA/台（组）]	变电所结构形式及用地面积（m^2）	
		户外式用地面积	半户外式用地面积
110（66/10）	20～63/2～3	3500～5500	1500～3000
35/10	5.6～31.5/2～3	2000～3500	1000～2000

10.4.4 电网规划应符合下列规定：

1 镇区电网电压等级宜定为110、66、35、10kV和380/220V，采用其中2～3级和二个变压层次；

2 电网规划应明确分层分区的供电范围，各级电压、供电线路输送功率和输送距离应符合表10.4.4的规定。

表 10.4.4 电力线路的输送功率、输送距离及线路走廊宽度

线路电压（kV）	线路结构	输送功率（kW）	输送距离（km）	线路走廊宽度（m）
0.22	架空线	50以下	0.15以下	—
	电缆线	100以下	0.20以下	—
0.38	架空线	100以下	0.50以下	—
	电缆线	175以下	0.60以下	—
10	架空线	3000以下	8～15	—
	电缆线	5000以下	10以下	—
35	架空线	2000～10000	20～40	12～20
66、110	架空线	10000～50000	50～150	15～25

10.4.5 供电线路的设置应符合下列规定：

1 架空电力线路应根据地形、地貌特点和网络规划，沿道路、河渠和绿化带架设；路径宜短捷、顺直，并应减少同道路、河流、铁路的交叉；

2 设置35kV及以上高压架空电力线路应规划专用线路走廊（表10.4.4），并不得穿越镇区中心、文物保护区、风景名胜区和危险品仓库等地段；

3 镇区的中、低压架空电力线路应同杆架设，镇区繁华地段和旅游景区宜采用埋地敷设电缆；

4 电力线路之间应减少交叉、跨越，并不得对弱电产生干扰；

5 变电站出线宜将工业线路和农业线路分开设置。

10.4.6 重要工程设施、医疗单位、用电大户和救灾中心应设专用线路供电，并应设置备用电源。

10.4.7 结合地区特点，应充分利用小型水力、风力和太阳能等能源。

10.5 通信工程规划

10.5.1 通信工程规划主要应包括电信、邮政、广播、电视的规划。

10.5.2 电信工程规划应包括确定用户数量、局（所）位置、发展规模和管线布置。

1 电话用户预测应在现状基础上，结合当地的经济社会发展需求，确定电话用户普及率（部/百人）；

2 电信局（所）的选址宜设在环境安全和交通方便的地段；

3 通信线路规划应依据发展状况确定，宜采用埋地管道敷设，电信线路布置应符合下列规定：

1）应避开易受洪水淹没、河岸塌陷、土坡塌方以及有严重污染的地区；

2）应便于架设、巡察和检修；

3）宜设在电力线走向的道路另一侧。

10.5.3 邮政局（所）址的选择应利于邮件运输、方便用户使用。

10.5.4 广播、电视线路应与电信线路统筹规划。

10.6 燃气工程规划

10.6.1 燃气工程规划主要应包括确定燃气种类、供气方式、供气规模、供气范围、管网布置和供气设施。

10.6.2 燃气工程规划应根据不同地区的燃料资源和能源结构的情况确定燃气种类。

1 靠近石油或天然气产地、原油炼制地、输气管沿线以及焦炭、煤炭产地的镇，宜选用天然气、液化石油气、人工煤气等矿物质气；

2 远离石油或天然气产地、原油炼制地、输气管线、煤炭产地的镇区和村庄，宜选用沼气、农作物秸秆制气等生物质气。

10.6.3 矿物质气中的集中式燃气用气量应包括居住建筑（炊事、洗浴、采暖等）用气量、公共设施用气量和生产用气量。

1 居住建筑和公共设施的用气量应根据统计数据分析确定；

2 生产用气量可根据实际燃料消耗量折算，也可按同行业的用气量指标确定。

10.6.4 液化石油气供应基地的规模应根据供应用户类别、户数等用气量指标确定；每个瓶装供应站一般供应5000～7000户，不宜超过10000户。

供应基地的站址应选择在地势平坦开阔和全年最小频率风向的上风侧，并应避开地震带和雷区等地段。

供应基地和瓶装供应站的位置与镇区各项用地和设施的安全防护距离应符合现行国家标准《城镇燃气设计规范》GB 50028的有关规定。

10.6.5 选用沼气或农作物秸秆制气应根据原料品种与产气量，确定供应范围，并应做好沼水、沼渣的综合利用。

10.7 供热工程规划

10.7.1 供热工程规划主要应包括确定热源、供热方式、供热量，布置管网和供热设施。

10.7.2 供热工程规划应根据采暖地区的经济和能源状况，充分考虑热能的综合利用，确定供热方式。

1 能源消耗较多时可采用集中供热；

2 一般地区可采用分散供热，并应预留集中供热的管线位置。

10.7.3 集中供热的负荷应包括生活用热和生产用热。

1 建筑采暖负荷应符合国家现行标准《采暖通风与空气调节设计规范》GB 50019、《公共建筑节能设计标准》GB 50189、《民用建筑节能设计标准（采暖居住建筑部分）》JGJ 26的有关规定，并应符合所在省、自治区、直辖市人民政府有关建筑采暖的规定；

2 生活热水负荷应根据当地经济条件、生活水平和生活习俗计算确定；

3 生产用热的供热负荷应依据生产性质计算确定。

10.7.4 集中供热规划应根据各地的情况选择锅炉房、热电厂、工业余热、地热、热泵、垃圾焚化厂等不同方式供热。

10.7.5 供热工程规划，应充分考虑以下可再生能源的利用：

1 日照充足的地区可采用太阳能供热；

2 冬季需采暖、夏季需降温的地区根据水文地质条件可设置地源热泵系统。

10.7.6 供热管网的规划可按现行行业标准《城市热力网设计规范》CJJ 34的有关规定执行。

10.8 工程管线综合规划

10.8.1 镇区工程管线综合规划可按现行国家标准《城市工程管线综合规划规范》GB 50289的有关规定执行。

10.9 用地竖向规划

10.9.1 镇区建设用地的竖向规划应包括下列内容：

1 应确定建筑物、构筑物、场地、道路、排水沟等的规划控制标高；

2 应确定地面排水方式及排水构筑物；

3 应估算土石方挖填工程量，进行土方初平衡，合理确定取土和弃土的地点。

10.9.2 建设用地的竖向规划应符合下列规定：

1 应充分利用自然地形地貌，减少土石方工程量，宜保留原有绿地和水面；

2 应有利于地面排水及防洪、排涝，避免土壤受冲刷；

3 应有利于建筑布置、工程管线敷设及景观环境设计；

4 应符合道路、广场的设计坡度要求。

10.9.3 建设用地的地面排水应根据地形特点、降水量和汇水面积等因素，划分排水区域，确定坡向和坡度及管沟系统。

11 防灾减灾规划

11.1 一 般 规 定

11.1.1 防灾减灾规划主要应包括消防、防洪、抗震防灾和防风减灾的规划。

11.1.2 镇的防灾减灾规划应依据县域或地区防灾减灾规划的统一部署进行规划。

11.2 消 防 规 划

11.2.1 消防规划主要应包括消防安全布局和确定消防站、消防给水、消防通信、消防车通道、消防装备。

11.2.2 消防安全布局应符合下列规定：

1 生产和储存易燃、易爆物品的工厂、仓库、堆场和储罐等应设置在镇区边缘或相对独立的安全地带；

2 生产和储存易燃、易爆物品的工厂、仓库、堆场、储罐以及燃油、燃气供应站等与居住、医疗、教育、集会、娱乐、市场等建筑之间的防火间距不应小于50m；

3 现状中影响消防安全的工厂、仓库、堆场和储罐等应迁移或改造，耐火等级低的建筑密集区应开辟防火隔离带和消防车通道，增设消防水源。

11.2.3 消防给水应符合下列规定：

1 具备给水管网条件时，其管网及消火栓的布置、水量、水压应符合现行国家标准《建筑设计防火规范》GB 50016的有关规定；

2 不具备给水管网条件时应利用河湖、池塘、水渠等水源规划建设消防给水设施；

3 给水管网或天然水源不能满足消防用水时，宜设置消防水池，寒冷地区的消防水池应采取防冻措施。

11.2.4 消防站的设置应根据镇的规模、区域位置和发展状况等因素确定，并应符合下列规定：

1 特大、大型镇区消防站的位置应以接到报警5min内消防队到辖区边缘为准，并应设在辖区内的适中位置和便于消防车辆迅速出动的地段；消防站的建设用地面积、建筑及装备标准可按《城市消防站建设标准》的规定执行；消防站的主体建筑距离学校、幼儿园、托儿所、医院、影剧院、集贸市场等公共设施的主要疏散口的距离不应小于50m。

2 中、小型镇区尚不具备建设消防站时，可设置消防值班室，配备消防通信设备和灭火设施。

11.2.5 消防车通道之间的距离不宜超过160m，路面宽度不得小于4m，当消防车通道上空有障碍物跨越道路时，路面与障碍物之间的净高不得小于4m。

11.2.6 镇区应设置火警电话。特大、大型镇区火警线路不应少于两对，中、小型镇区不应少于一对。

镇区消防站应与县级消防站、邻近地区消防站，以及镇区供水、供电、供气等部门建立消防通信联网。

11.3 防 洪 规 划

11.3.1 镇域防洪规划应与当地江河流域、农田水利、水土保持、绿化造林等的规划相结合，统一整治河道，修建堤坝、圩垸和蓄、滞洪区等工程防洪措施。

11.3.2 镇域防洪规划应根据洪灾类型（河洪、海潮、山洪和泥石流）选用相应的防洪标准及防洪措施，实行工程防洪措施与非工程防洪措施相结合，组成完整的防洪体系。

11.3.3 镇域防洪规划应按现行国家标准《防洪标准》GB 50201的有关规定执行；镇区防洪规划除应执行本标准外，尚应符合现行行业标准《城市防洪工程设计规范》CJJ 50的有关规定。

邻近大型或重要工矿企业、交通运输设施、动力设施、通信设施、文物古迹和旅游设施等防护对象的镇，当不能分别进行设防时，应按就高不就低的原则确定设防标准及设置防洪设施。

11.3.4 修建围埝、安全台、避水台等就地避洪安全设施时，其位置应避开分洪口、主流顶冲和深水区，其安全超高值应符合表11.3.4的规定。

表 11.3.4 就地避洪安全设施的安全超高

安全设施	安置人口（人）	安全超高(m)
围埝	地位重要、防护面大、人口≥10000 的密集区	＞2.0
	≥10000	2.0～1.5
	1000～＜10000	1.5～1.0
	＜1000	1.0
安全台、避水台	≥1000	1.5～1.0
	＜1000	1.0～0.5

注：安全超高是指在蓄、滞洪时的最高洪水位以上，考虑水面浪高等因素，避洪安全设施需要增加的富余高度。

11.3.5 各类建筑和工程设施内设置安全层或建造其他避洪设施时，应根据避洪人员数量统一进行规划，并应符合现行国家标准《蓄滞洪区建筑工程技术规范》GB 50181 的有关规定。

11.3.6 易受内涝灾害的镇，其排涝工程应与排水工程统一规划。

11.3.7 防洪规划应设置救援系统，包括应急疏散点、医疗救护、物资储备和报警装置等。

11.4 抗震防灾规划

11.4.1 抗震防灾规划主要应包括建设用地评估和工程抗震、生命线工程和重要设施、防止地震次生灾害以及避震疏散的措施。

11.4.2 在抗震设防区进行规划时，应符合现行国家标准《中国地震动参数区划图》GB 18306 和《建筑抗震设计规范》GB 50011 等的有关规定，选择对抗震有利的地段，避开不利地段，严禁在危险地段规划居住建筑和人员密集的建设项目。

11.4.3 工程抗震应符合下列规定：

1 新建建筑物、构筑物和工程设施应按国家和地方现行有关标准进行设防；

2 现有建筑物、构筑物和工程设施应按国家和地方现行有关标准进行鉴定，提出抗震加固、改建和拆迁的意见。

11.4.4 生命线工程和重要设施，包括交通、通信、供水、供电、能源、消防、医疗和食品供应等应进行统筹规划，并应符合下列规定：

1 道路、供水、供电等工程应采取环网布置方式；

2 镇区人员密集的地段应设置不同方向的四个出入口；

3 抗震防灾指挥机构应设置备用电源。

11.4.5 生产和贮存具有发生地震的次生灾害源，包括产生火灾、爆炸和溢出剧毒、细菌、放射物等单位，应采取以下措施：

1 次生灾害严重的，应迁出镇区和村庄；

2 次生灾害不严重的，应采取防止灾害蔓延的措施；

3 人员密集活动区不得建有次生灾害源的工程。

11.4.6 避震疏散场地应根据疏散人口的数量规划，疏散场地应与广场、绿地等综合考虑，并应符合下列规定：

1 应避开次生灾害严重的地段，并应具备明显的标志和良好的交通条件；

2 镇区每一疏散场地的面积不宜小于 4000m²；

3 人均疏散场地面积不宜小于 3m²；

4 疏散人群至疏散场地的距离不宜大于 500m；

5 主要疏散场地应具备临时供电、供水并符合卫生要求。

11.5 防风减灾规划

11.5.1 易形成风灾地区的镇区选址应避开与风向一致的谷口、山口等易形成风灾的地段。

11.5.2 易形成风灾地区的镇区规划，其建筑物的规划设计除应符合现行国家标准《建筑结构荷载规范》GB 50009 的有关规定外，尚应符合下列规定：

1 建筑物宜成组成片布置；

2 迎风地段宜布置刚度大的建筑物，体型力求简洁规整，建筑物的长边应同风向平行布置；

3 不宜孤立布置高耸建筑物。

11.5.3 易形成风灾地区的镇区应在迎风方向的边缘选种密集型的防护林带。

11.5.4 易形成台风灾害地区的镇区规划应符合下列规定：

1 滨海地区、岛屿应修建抵御风暴潮冲击的堤坝；

2 确保风后暴雨及时排除，应按国家和省、自治区、直辖市气象部门提供的年登陆台风最大降水量和日最大降水量，统一规划建设排水体系；

3 应建立台风预报信息网，配备医疗和救援设施。

11.5.5 宜充分利用风力资源，因地制宜地利用风能建设能源转换和能源储存设施。

12 环境规划

12.1 一般规定

12.1.1 环境规划主要应包括生产污染防治、环境卫生、环境绿化和景观的规划。

12.1.2 镇的环境规划应依据县域或地区环境规划的统一部署进行规划。

12.2 生产污染防治规划

12.2.1 生产污染防治规划主要应包括生产的污染控

制和排放污染物的治理。

12.2.2 新建生产项目应相对集中布置，与相邻用地间设置隔离带，其卫生防护距离应符合现行国家标准《村镇规划卫生标准》GB 18055 和本标准第 8 章的有关规定。

12.2.3 空气环境质量应符合现行国家标准《环境空气质量标准》GB 3095 的有关规定。

12.2.4 地表水环境质量应符合现行国家标准《地表水环境质量标准》GB 3838 的有关规定，并应符合本标准 10.3.4～10.3.6 的规定。

12.2.5 地下水质量应符合现行国家标准《地下水质量标准》GB/T 14848 的有关规定。

12.2.6 土壤环境质量应符合现行国家标准《土壤环境质量标准》GB 15618 的有关规定。

12.2.7 生产中的固体废弃物的处理场设置应进行环境影响评价，并宜逐步实现资源化和综合利用。

12.3 环境卫生规划

12.3.1 环境卫生规划应符合现行国家标准《村镇规划卫生标准》GB 18055 的有关规定。

12.3.2 垃圾转运站的规划宜符合下列规定：

1 宜设置在靠近服务区域的中心或垃圾产量集中和交通方便的地方；

2 生活垃圾日产量可按每人 1.0～1.2kg 计算。

12.3.3 镇区应设置垃圾收集容器（垃圾箱），每一收集容器（垃圾箱）的服务半径宜为 50～80m。镇区垃圾应逐步实现分类收集、封闭运输、无害化处理和资源化利用。

12.3.4 居民粪便的处理应符合现行国家标准《粪便无害化卫生标准》GB 7959 的有关规定。

12.3.5 镇区主要街道两侧、公共设施以及市场、公园和旅游景点等人群密集场所宜设置节水型公共厕所。

12.3.6 镇区应设置环卫站，其规划占地面积可根据规划人口每万人 0.10～0.15hm^2 计算。

12.4 环境绿化规划

12.4.1 镇区环境绿化规划应根据地形地貌、现状绿地的特点和生态环境建设的要求，结合用地布局，统一安排公共绿地、防护绿地、各类用地中的附属绿地，以及镇区周围环境的绿化，形成绿地系统。

12.4.2 公共绿地主要应包括镇区级公园、街区公共绿地，以及路旁、水旁宽度大于 5m 的绿带，公共绿地在建设用地中的比例宜符合本标准 5.3 的规定。

12.4.3 防护绿地应根据卫生和安全防护功能的要求，规划布置水源保护区防护绿地、工矿企业防护绿带、养殖业的卫生隔离带、铁路和公路防护绿带、高压电力线路走廊绿化和防风林带等。

12.4.4 镇区建设用地中公共绿地之外的各类用地中的附属绿地宜结合用地中的建筑、道路和其他设施布置的要求，采取多种绿地形式进行规划。

12.4.5 对镇区生态环境质量、居民休闲生活、景观和生物多样性保护有影响的邻近地域，包括水源保护区、自然保护区、风景名胜区、文物保护区、观光农业区、垃圾填埋场地应统筹进行环境绿化规划。

12.4.6 栽植树木花草应结合绿地功能选择适于本地生长的品种，并应根据其根系、高度、生长特点等，确定与建筑物、工程设施以及地面上下管线间的栽植距离。

12.5 景观规划

12.5.1 景观规划主要应包括镇区容貌和影响其周边环境的规划。

12.5.2 镇区景观规划应充分运用地形地貌、山川河湖等自然条件，以及历史形成的物质基础和人文特征，结合现状建设条件和居民审美需求，创造优美、清新、自然、和谐、富于地方特色和时代特征的生活和工作环境，体现其协调性和整体性。

12.5.3 镇区景观规划应符合下列规定：

1 应结合自然环境、传统风格，创造富于变化的空间布局，突出地方特色；

2 建筑物、构筑物、工程设施的群体和个体的形象、风格、比例、尺度、色彩等应相互协调；

3 地名及其标志的设置应规范化；

4 道路、广场、建筑的标志和符号、杆线和灯具、广告和标语、绿化和小品，应力求形式简洁、色彩和谐、易于识别。

13 历史文化保护规划

13.0.1 镇、村历史文化保护规划必须体现历史的真实性、生活的延续性、风貌的完整性，贯彻科学利用、永续利用的原则。

13.0.2 镇、村历史文化保护规划应依据县域规划的基本要求和原则进行编制。

13.0.3 镇、村历史文化保护规划应纳入镇、村规划。镇区的用地布局、发展用地选择、各项设施的选址、道路与工程管网的选线，应有利于镇、村历史文化的保护。

13.0.4 镇、村历史文化保护规划应结合经济、社会和历史背景，全面深入调查历史文化遗产的历史和现状，依据其历史、科学、艺术等价值，确定保护的目标、具体保护的内容和重点，并应划定保护范围：包括核心保护区、风貌控制区、协调发展区三个层次，制订不同范围的保护管制措施。

13.0.5 镇、村历史文化保护规划的主要内容应包括：

1 历史空间格局和传统建筑风貌；

2 与历史文化密切相关的山体、水系、地形、地物、古树名木等要素；

3 反映历史风貌的其他不可移动的历史文物，体现民俗精华、传统庆典活动的场地和固定设施等。

13.0.6 划定镇、村历史文化保护范围的界线应符合下列规定：

1 确定文物古迹或历史建筑的现状用地边界应包括：

1）街道、广场、河流等处视线所及范围内的建筑用地边界或外观界面；

2）构成历史风貌与保护对象相互依存的自然景观边界。

2 保存完好的镇区和村庄应整体划定为保护范围。

13.0.7 镇、村历史文化保护范围内应严格保护该地区历史风貌，维护其整体格局及空间尺度，并应制定建筑物、构筑物和环境要素的维修、改善与整治方案，以及重要节点的整治方案。

13.0.8 镇、村历史文化保护范围的外围应划定风貌控制区的边界线，并应严格控制建筑的性质、高度、体量、色彩及形式。根据需要并划定协调发展区的界线。

13.0.9 镇、村历史文化保护范围内增建设施的外观和绿化布局必须严格符合历史风貌的保护要求。

13.0.10 镇、村历史文化保护范围内应限定居住人口数量，改善居民生活环境，并应建立可靠的防灾和安全体系。

14 规 划 制 图

14.0.1 规划图纸绘制应符合下列规定：

1 规划图纸应标注图题、图界、指北针和风象玫瑰、比例和比例尺、规划期限、图例、署名、编制日期和图标等内容。

2 规划图例宜按本标准附录 B“规划图例”的规定绘制。

附录 A 用地计算表

附表 A 用地计算表

类别代号	用地名称	现状年人			规划年人		
		面积（hm^2）	比例（%）	人均（m^2/人）	面积（hm^2）	比例（%）	人均（m^2/人）
R							
R1 R2							

续附表 A

类别代号	用地名称	现状年人			规划年人		
		面积（hm^2）	比例（%）	人均（m^2/人）	面积（hm^2）	比例（%）	人均（m^2/人）
C							
C1 C2 C3 C4 C5 C6							
M							
M1 M2 M3 M4							
W							
W1 W2							
T							
T1 T2							
S							
S1 S2							
U							
U1 U2 U3							
G							
G1 G2							
建设用地			100			100	
E							
E1 E2 E3 E4 E5 E6 E7							
规划范围面积（hm^2）							

附录B 规 划 图 例

附表 B.0.1 用地图例

代号	项 目	单 色	彩 色
R	居住用地		51
R1	一类居住用地	加注代码 R1	
R2	二类居住用地	加注代码 R2	
C	公共设施用地		10
C1	行政管理用地	C 加注符号	
	居委、村委、政府	居 村 ★	居 村 ★ 10
C2	教育机构用地		31
	幼儿园、托儿所	C2 加注 幼	幼
	小学	小	小
	中学	中	中
	大、中专、技校	大 专 技	大 专 技
C3	文体科技用地	C 加注符号	
	文化、图书、科技	文 科 图	文 科 图
	影剧院、展览馆	影 展	影 展
	体育场 （依实际比例绘出）		102

续附表 B.0.1

代号	项目	单色	彩色
C4	医疗保健用地	C加注符号	
	医院、卫生院		10
	休、疗养院	休 疗	休 疗
C5	商业金融用地		10
C6	集贸市场用地	C加注 集	C加注 集
M	生产设施用地		34
M1	一类工业用地	加注代码 M1	
M2	二类工业用地	加注代码 M2	
M3	三类工业用地	加注代码 M3	
M4	农业服务设施用地	加注代码 M4 或符号	
	兽医站	兽	兽 32
W	仓储用地		181
W1	普通仓储用地		
W2	危险品仓储用地	加注符号 W2	
T	对外交通用地		253
T1	公路交通用地	加注符号	
	汽车站		
T2	其他交通用地		
	铁路站场		
	水运码头		
S	道路广场用地		8

续附表 B.0.1

代号	项目	单色	彩色
	停车场	P	P 8
U	工程设施用地		153
U1	公用工程用地	加注符号	
	自来水厂		131
	泵站、污水泵站		131 34
	污水处理场		34
	供、变电站（所）		10
	邮政、电信局（所）	邮 电	邮 电
	广播、电视站		
	气源厂、汽化站	m m_a	m m_a
	沼气池		
	热力站		
	风能站		
	殡仪设施		
	加油站		
U2	环卫设施用地	加注符号	
	公共厕所	WC	WC
	环卫站、垃圾收集点、转运站	H	H 34
	垃圾处理场		34

续附表 B.0.1

代号	项　目	单　色	彩　色
U3	防灾设施用地	加注符号	
	消防站	119	119
	防洪堤、围埝		
G	绿地		
G1	公共绿地		72
G2	防护绿地		80
E	水域和其他用地		
E1	水域		131
	水产养殖		130
	盐田、盐场		130
E2	农林用地		
	旱地		60
	水田		60
	菜地		60
	果园		60
	苗圃		60
	林地		60
	打谷场	谷	谷 60

续附表 B.0.1

代号	项　目	单　色	彩　色
E3	牧草和养殖用地		61
	饲养场	加注 鸡 猪 牛 等符号	
E4	保护区		64
E5	墓地		60
E6	未利用地		
E7	特殊用地		64

附表 B.0.2　建筑图例

代号	项　目	现　状	规　划
B	建筑物及质量评定	注：字母 a、b、c 表示建筑质量好、中、差，数字表示建筑层数，写在右下角	注：数字表示建筑层数，平房不需表示，写在左下角
B1	居住建筑	a2 a2 40	2 2 40
B2	公共建筑	a4 a4 10	4 4 10
B3	生产建筑	a2 a2 34	2 2 34
B4	仓储建筑	a a 190	190
F	篱、墙及其他		
F1	围墙		
F2	栅栏		

续附表 B.0.2

代号	项目	现状	规划
F3	篱笆		
F4	灌木篱笆		
F5	挡土墙		
F6	文物古迹		
	古建筑		应标明古建名称
	古遗址	×× 遗址	应标明遗址名称
	保护范围	文保	指文物本身的范围
F7	古树名木		

附表 B.0.3　道路交通及工程设施图例

代号	项目	现状	规划
S0	道路工程		
S11	道路平面 红线、车行道、中心线、中心点坐标、标高、纵坡	i=%	x= y=　h
S12	道路平曲线	α=　；x= R=　；y=　h 注：α—转折角度；$\frac{x}{y}$—折点坐标 R—平曲线半径（m）；h—折点标高	
S13	道路交叉口 红线、车行道、中心线、交叉口坐标及标高、缘石半径	x= y=　h R=	
T0	对外交通		
T11	高速公路	(未建成)	
T12	公路	东山市	东山市
T13	乡村土路		

续附表 B.0.3

代号	项 目	现 状	规 划
T14	人行小路		
T15	路堤		
T16	路堑		
T17	公路桥梁		
T18	公路涵洞、涵管		
T19	公路隧道		
T21	铁路线		
T22	铁路桥		
T23	铁路隧道		
T24	铁路涵洞、涵管		
T31	公路铁路 平交道口		
T32	公路铁路跨线桥 公路上行		
T33	公路铁路跨线桥 公路下行		
T34	公路跨线桥		
T35	铁路跨线桥		
T41	港口		
T42	水运航线		
T51	航空港、机场		

续附表B.0.3

代号	项　目	现　状	规　划
U11	给水工程		
	水源地	 131	 130
	地上供水管线	 *DN*200 140	 *DN* 200 140
	地下供水管线	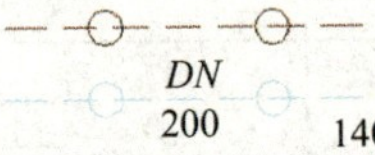 *DN* 200 140	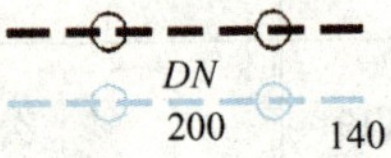 *DN* 200 140
	输水槽（渡槽）	140	
	消火栓	140	140
	水井	140	140
	水塔	140	 140
	水闸	 140	 140
U12	排水工程		
	排水明沟 流向、沟底纵坡	 6‰ 6‰ 3	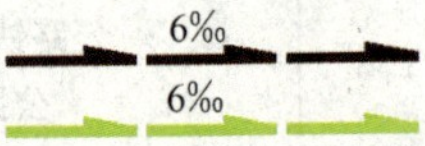 6‰ 6‰ 3
	排水暗沟 流向、沟底纵坡	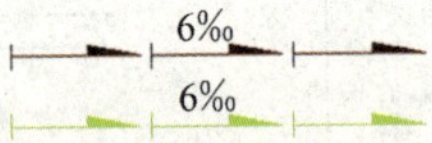 6‰ 6‰ 3	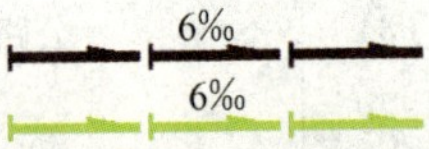 6‰ 6‰ 3
	地下污水管线	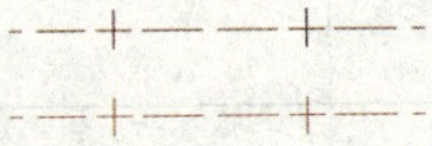 34	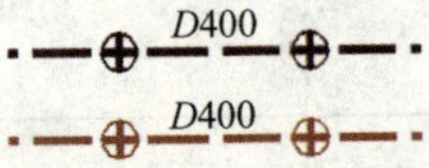 *D*400 *D*400 34
	地下雨水管线	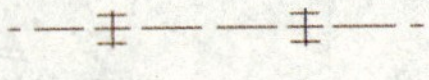 3	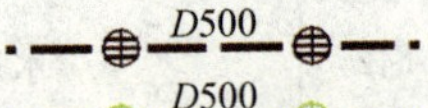 *D*500 *D*500 3
U13	供电工程		

续附表 B.0.3

代号	项　　目	现　　状	规　　划
	高压电力线走廊	10	110kV 110kV 10
	架空高压电力线	10	10kV 10kV 10
	架空低压电力线	10	10
	地下高压电缆	10	10
	地下低压电缆	10	10
	变压器	10	10
U14	通信工程		
	架空电信电缆	3	3
	地下电信电缆	3	3
U15	其他管线工程		
	供热管线	252	252
	工业管线	252	252
	燃气管线	42	42
	石油管线	42	42

附表 B.0.4　地域图例

代号	项　目	单色/彩色
L	边界线	
L1	国界	200
L2	省级界	200
L3	地级界	200
L4	县级界	200
L5	镇（乡）界	200
L6	村界	200
L7	保护区界	加注名称 74
L8	镇区规划界	221
L9	村庄规划界	221
L10	用地发展方向	221
A	居民点层次、人口及用地	
A1	中心城市	10 北京市 (人) (hm²)
A2	县（市）驻地	10 甘泉县 (人) (hm²)
A3	中心镇	10 太和镇 (人) (hm²)
A4	一般镇	10 赤湖镇 (人) (hm²)

续附表 B.0.4

代号	项　目	单色/彩色	
A5	中心村	梅竹村 47 (人) (hm²)	
A6	基层村	杨庄 47 (人) (hm²)	
Z	区域用地与资源分析		
Z1	适于修建的用地		70
Z2	需采取工程措施的用地		31
Z3	不适于修建的用地		45
Z4	土壤耐压范围	>20kN/m² <20kN/m²	>20kN/m² <20kN/m² 23+40
Z5	地下水等深范围	0.8m 1.5m	0.8m 1.5m 160
Z6	洪水淹没范围（100年、50年、20年）及标高	洪50年	洪50年 140+10
Z7	滑坡范围		虚线内为滑坡范围
Z8	泥石流范围		小点之内为泥石流边界
Z9	地下采空区		小点围合内为地下采空区范围
Z10	地面沉降区		小点围合内为地面沉降范围
Z11	金属矿藏	Fe	框内注明资源成分

续附表 B.0.4

代号	项　目	单色/彩色	
Z12	非金属矿藏	Si	框内注明资源成分
Z13	地热	60℃	圈内注明地热温度
Z14	石油井、天然气井		
Z15	火电站、水电站		21+10　130+10

附录 C　用地名称和规划图例中英文词汇对照表

附表 C　用地名称和规划图例中英文词汇对照表

代号 Codes	中文名称 Chinese	英文同（近）义词 English
R	居住用地	Residential land
C	公共设施用地	Public facilities
M	生产设施用地	Industry and agriculture manufacturing facilities land
W	仓储用地	Warehouse land
T	对外交通用地	Transportation land
S	道路广场用地	Roads and Squares
U	工程设施用地	Municipal utilities
G	绿地	Green space
E	水域和其他用地	Waters and miscellaneous
A	居民点层次	Settlement administrative levels
B	房屋建筑	Building
F	篱、墙	Fence，Wall
L	边界线	Boundary line
Z	区域用地与资源分析	Analysis for zonal land and resources

本标准用词说明

1　为便于在执行本标准条文时区别对待，对要求严格程度不同的用词说明如下：

1）表示很严格，非这样做不可的：
正面词采用“必须”，反面词采用“严禁”；

2）表示严格，在正常情况下均应这样做的：
正面词采用“应”，反面词采用“不应”或“不得”；

3）表示允许稍有选择，在条件许可时首先应这样做的：
正面词采用“宜”，反面词采用“不宜”；
表示有选择，在一定条件下可以这样做的，采用“可”。

2　条文中指明应按其他有关标准执行时的写法为：
“应符合……规定”或“应按……执行”。

中华人民共和国国家标准

镇 规 划 标 准

GB 50188—2007

条 文 说 明

前　言

《镇规划标准》GB 50188—2007 经建设部 2007 年 1 月 16 日以第 553 号公告批准发布。

本标准第一版《村镇规划标准》GB 50188—93 的主编单位是：中国建筑技术发展研究中心村镇规划设计研究所，参编单位是：四川省城乡规划设计研究院、吉林省城乡规划设计研究院、天津市城乡规划设计院、武汉市城市规划设计研究院、浙江省村镇建设研究会、陕西省村镇建设研究会。

为便于广大设计、施工、科研、学校等有关单位有关人员在使用本标准时能正确理解和执行条文规定，《镇规划标准》编制组按章、节、条顺序编制了本标准的条文说明，供使用者参考。在使用中如发现本标准条文和说明有不妥之处，请将意见函寄中国建筑设计研究院城镇规划设计研究院（北京市西直门外车公庄大街 19 号，邮政编码：100044）。

目　次

1　总则 …………………………………… 2—1—32
3　镇村体系和人口预测 ………………… 2—1—32
3.1　镇村体系和规模分级 ………………… 2—1—32
3.2　规划人口预测 ………………………… 2—1—32
4　用地分类和计算 ……………………… 2—1—33
4.1　用地分类 ……………………………… 2—1—33
4.2　用地计算 ……………………………… 2—1—34
5　规划建设用地标准 …………………… 2—1—35
5.1　一般规定 ……………………………… 2—1—35
5.2　人均建设用地指标 …………………… 2—1—35
5.3　建设用地比例 ………………………… 2—1—35
5.4　建设用地选择 ………………………… 2—1—37
6　居住用地规划 ………………………… 2—1—37
7　公共设施用地规划 …………………… 2—1—37
8　生产设施和仓储用地规划 …………… 2—1—37
9　道路交通规划 ………………………… 2—1—37
9.2　镇区道路规划 ………………………… 2—1—37
9.3　对外交通规划 ………………………… 2—1—38
10　公用工程设施规划 …………………… 2—1—38
10.2　给水工程规划 ……………………… 2—1—38
10.3　排水工程规划 ……………………… 2—1—38
10.4　供电工程规划 ……………………… 2—1—38
10.6　燃气工程规划 ……………………… 2—1—39
10.7　供热工程规划 ……………………… 2—1—39
10.9　用地竖向规划 ……………………… 2—1—39
11　防灾减灾规划 ……………………… 2—1—39
11.2　消防规划 …………………………… 2—1—39
11.3　防洪规划 …………………………… 2—1—39
11.4　抗震防灾规划 ……………………… 2—1—40
11.5　防风减灾规划 ……………………… 2—1—40
12　环境规划 …………………………… 2—1—40
12.2　生产污染防治规划 ………………… 2—1—40
12.3　环境卫生规划 ……………………… 2—1—40
12.4　环境绿化规划 ……………………… 2—1—40
12.5　景观规划 …………………………… 2—1—40
13　历史文化保护规划 ………………… 2—1—41
14　规划制图 …………………………… 2—1—41

1 总　则

1.0.1 系统制订和不断完善有关镇规划的标准，是加强镇规划建设工作，使之科学化、规范化的一项重要内容。

这次修订是在总结《村镇规划标准》GB 50188—93颁布十多年来我国村镇规划建设事业发展变化的基础上，特别是镇的数量迅速增加和建设质量不断提高，镇的发展变化对于改变农村面貌和推进农村的现代化建设，加速我国城镇化的进程，日益显示出其重要性，而进行修编的。

规划是建设的先导，提高镇的规划水平，目的是为广大居民创造良好的生活和生产环境。为此，这次修订，除完善了已有的规划标准外，同时增补了有关内容，从而为规划编制和组织管理工作提供更为全面和更加严格的技术标准，以促进我国城乡经济、社会和环境的协调发展。

1.0.2 为适应镇的建设发展形势，本标准的名称改为镇规划标准，其适用范围为全国县级人民政府驻地以外的镇的规划，乡的规划可按本标准执行。

由于县级人民政府驻地镇与其他镇虽同为镇建制，但两者从其管辖的地域规模、性质职能、机构设置和发展前景来看却截然不同，两者并不处在同一层次，因此，本标准不适用于县级人民政府驻地镇。

乡规划可按本标准执行，是由于我国的镇与乡同为我国基层政权机构，且都实行以镇（乡）管村的行政体制，随着我国乡村城镇化的进展、体制的改革，使编制的规划得以延续，避免因行政建制的变更而重新进行规划。

1.0.3 本标准是一项综合性的通用标准，内容涉及多种专业，这些专业都颁布了相应的专业标准和规范。因此，编制镇规划时，除应执行本标准的规定外，还应遵守国家现行有关标准的规定。

3 镇村体系和人口预测

3.1 镇村体系和规模分级

3.1.1 镇的发展建设与其周围地域特别是县级人民政府行政地域（以下简称县域）的经济、社会发展具有密切的联系，因而必须依据县域范围的城镇体系规划，对其性质职能及发展规模合理进行定位与定量，划分为中心镇和一般镇。

3.1.2 镇村体系是县域以下一定地域内相互联系和协调发展的聚居点群体。这些聚居点在政治、经济、文化、生活等方面是相互联系和彼此依托的群体网络系统。随着行政体制的改革，商品经济的发展，科学文化的提高，镇与村之间的联系和影响将会日益增强。部分公共设施、公用工程设施和环境建设等也将做到城乡统筹、共建共享，以取得更好的经济、社会、环境效益。

本条规定了镇域镇村体系规划的主要内容。

综合各地有关镇域镇村体系层次的划分情况，自上而下依次可分为中心镇、一般镇、中心村和基层村等四个层次。

1 镇与村在体系中的职能，既有行政职能，也有经济与社会职能。

2 就一个县域的范围而言，上述镇村的四个层次，一般是齐全的。在一个镇所辖地域范围内，一般只有一个中心镇或一个一般镇，即两者不同时存在；中心村和基层村也有类似的情况，例如在北方平原地区，村庄人口聚集的规模较大，每个村庄都设有中心村级的基本生活设施，全部划定为中心村，而可以没有基层村这一层次。在规划中各地要根据镇与村的职能和特征进行具体分析，因地制宜地划分层次。

3.1.3 在镇、村层次划分的基础上，进一步按人口规模进行分级，为镇、村规划中确定各类建筑和设施的配置、建设的规模和标准，规划的编制程序、方法和要求等提供依据。表3.1.3所列镇区和村庄人口规模分级的要点是：

1 根据镇村体系中的居民点类别，对镇区、村庄的现状与发展趋势，分别按其规划人口的规模划分为特大、大、中、小型四级，以便确定其各项规划指标、建设项目和基础设施的配置等。

2 为统一计算口径，表中的人口规模均以每个镇区或村庄的规划范围内的规划期末常住人口数为准，而非其所辖地域范围内所有居民点的人口总和。

由于行政区划调整、镇乡合并等情况，根据规划的要求，如镇区采取组团式布局时，其镇区人口规模应为各组团的人口之和。

3 依据全国人口的统计资料和规划发展前景以及各省、自治区、直辖市对镇区和村庄人口规模分级情况，通过对不同的分级方案进行比较，确定了常住人口规模分级的定量数值。人口规模分级采用1、3、5和2、6、10的等差级数，数字系列简明，镇区规模符合全国各地的规划情况，村庄规模的现状平均值位于中型的中位值附近。考虑到我国的地域差异，镇区规模不再区分中心镇与一般镇，村庄规模不再区分中心村与基层村。同时，规定了小型的镇区和村庄的人口规模不封底，特大型的镇区和村庄的人口规模不封顶，以适应我国不同地区的镇区和村庄人口规模相差悬殊和发展不平衡的特点。

3.2 规划人口预测

3.2.1 规划期间人口规模的发展预测，主要是依据发展前景的需要，分析建设条件的可能，考虑人口的自然增长、机械增长和富余劳动力等情况，对到达规划期末的人口进行测算。规划人口规模预测的内容，包括对镇域总人口、镇区和各个村庄人口规模进行预测，目的是为确定建设用地、设施配置等各项规划内容提供依据。

镇域总人口是指该镇所辖地域范围内所有常住人口的总和，根据国家统计部门的规定，常住人口包括户籍人口和寄住半年以上的外来人口。本标准提出的采用综合分析法作为人口发展预测的方法，是目前各地进行镇和村规划普遍采用的一种比较符合实际的计算方法。其特点是，在计算人口时，将自然增长和机械增长两部分叠加。采取这种方法预测人口规模，符合我国镇和村人口的实际情况。

计算公式中的自然增长率 K 和机械增长数 P 可以是负值，即负增长。

关于人口自然增长率的取值，不仅要根据当地的计划生育规划指标，还要考虑用当地人口年龄与性别的构成情况加以校核，以使预测结果更加符合实际。

关于人口机械增长的数值，要根据本地区的具体情况确定。一般来说，在自然资源、地理位置、建设条件等具有较大优势、经济发展较快的镇，有可能接纳外地人员进入本镇工作；对于靠近城市、工矿区、耕地较少的镇，则可能有部分劳动力进入城市或转入工矿区，甚至部分转至外地工作。

3.2.2 规定了镇区人口规模要依据县域城镇体系规划中预测的数值，结合镇区情况加以核定。村庄人口应在镇域镇村体系规划中预测。

3.2.3 不同类型的人口，对各类用地和设施有着不同的需求和影响。为了反映镇村人口类型的实际情况，在规划中进行现状人口统计和规划人口预测时，本条规定了镇区人口按其居住的状况和参与社会生活的性质进行分类计算。

根据镇区人口的特点，常住人口都是居住的主体。其中包括本镇区户籍的居民和寄住半年以上的外来人口以及寄宿学生。参与镇区内社会生活的还有定时进入镇区的通勤工人、学生，差旅和探亲的流动人口，以及数量可观的赶集人员。为了统一概念，便于统计，镇区人口分为常住人口、通勤人口和流动人口三类。

1 常住人口是指户籍人口、居住半年以上的外来人口和寄宿学生。常住人口是镇区人口的主体。常住人口的数量决定了居住用地面积，也是确定建设用地规模和基础设施配置的主要依据。

2 通勤人口是指劳动、学习在镇区规划范围内，而户籍和居住在镇区外的职工和学生。这部分人对镇区内的部分公共建筑、基础设施以及生产设施的规模有较大的影响。

3 流动人口是指出差、旅游、探亲和赶集等临时参与镇区社会活动的人员。这部分人对一些公共设施、集贸市场、道路交通都有影响。

为使镇区人口规模的预测更加符合当地实际情况，规定了按人口类别分别计算其自然增长、机械增长和估算发展变化，以利于进一步分别计算各类用地规模。表 3.2.3 提出了各类人口预测的计算内容：

1 人口自然增长的计算，包括规划范围内的户籍人口，不包括居住半年以上的外来人口。

2 人口机械增长的计算，包括规划范围内的常住人口和通勤人口，但由于其情况的不同可分别计算。

3 流动人口的发展变化要分别进行计算或估算。虽然不作为人口规模的基数，由于影响用地的规模和设施的配置，也是确定人均建设用地指标的因素。

3.2.4 关于镇区人口机械增长的预测，总结各地的经验，本标准提出了根据劳力转化、环境容量、职工带眷或平均增长等因素进行预测，各地在进行村镇规划时，要结合当地的具体情况选择一种或多种因素进行综合分析。其中环境容量因素，需要充分分析当地的发展优势，并综合考虑建设条件（包括用地、供水、能源等）以及生态环境状况等客观制约条件，预测远景的合理发展规模，以避免造成建设的“超载”现象。

4 用地分类和计算

4.1 用 地 分 类

4.1.1 针对各地在编制镇规划时，用地的分类和名称不一，计算差异较大，导致数据与指标可比性差，不利于规范规划和管理工作，本标准统一了用地的分类和名称，共分 9 大类、30 小类，这一分类具有以下特点：

1 概念明确、系统性强、易于掌握。

2 既同城市用地分类方法大致相同，又具有镇用地的特点。

3 有利于用地的定量分析，便于制订定额指标。

4 既同国家建设主管部门颁布的有关规定的精神一致，又同各地编制的镇规划以及制订的定额指标的分类基本相符。

以下就使用中的几种情况加以说明：

1 土地使用性质单一时，可明确归类。

2 一个单位的用地内，兼有两种以上性质的建筑和用地时，要分清主从关系，按其主要使用性能归类。如工厂内附属的办公、招待所等，则划为工业用地；如中学运动场，晚间、假日为居民使用，仍划为中学用地；又如镇属体育场兼为中小学使用，则划为文体科技用地小类。

3 一幢建筑内具有多种功能，该建筑用地具有多种使用性质时，要按其主要功能的性质归类。

4 一个单位或一幢建筑具有两种使用性质，而不分主次，如在平面上可划分地段界线时分别归类；若在平面上相互重叠，不能划分界线时，要按地面层的主要使用性能，作为用地分类的依据。

为适应镇区规划深度的要求，规定了将 9 大类用地按项目的功能再划分为 30 小类。

4.1.2 关于用地的分类代号的使用规定。类别代号中的大类以英文同（近）义词的字头表示，小类则在字头右边附加阿拉伯数字表示，供绘制图纸和编制文件时使用，也便于国际交流。

4.1.3 表 4.1.3 用地的分类和代号，对各类用地的范围均作了明确规定。现就有关用地分类的一些问题说明如下：

1 关于居住用地

为了区别不同类型的居住用地标准，有利于在规划中节约用地，本次修订根据近年来的实践进行了局部调整，将居住用地划分为一类居住用地和二类居住用地两小类。

2 关于公共设施用地

鉴于各地对公共设施的小类划分差别较大，现统一分为行政管理、教育机构、文体科技、医疗保健、商业金融和集贸市场六小类。

由于教育机构在公共建筑用地中占的比例较大，且与人口年龄构成以及提高人口素质密切相关，因而单独设小类。

集贸市场虽属商业性质，但与一般商业机构有较大不同，在用地布局和道路交通等方面具有不同要求，其用地规模与常住人口规模无直接关系，并在不同镇区的集贸市场的经营内容与方式，占地数量与选址等都有很大差异，因此单独设小类。

医疗保健的内容包括医疗、防疫、保健、休疗养等机构用地。

公用事业中的变电所、电信局（所）、公共厕所、垃圾站、消防站等设施均划入工程设施用地大类之中，不作为居住用地的配套公建，也不在公共建筑中设小类，而是将其归入工程设施用地。

考虑到民族习俗和国际惯例，将宗教用地划入公共设施用地中的文体科技小类。

位于大型风景名胜区内的文物古迹，同风景名胜区一起划入水域和其他用地大类。

3 生产设施用地

工业用地按其对居住和公共环境的干扰与污染程度分为三小类，以利于规划中的用地布局，并单设农业服务设施用地小类。包括镇区中的农业服务设施用地，如各类农产品加工包装厂、农机站、兽医站等，而不包括农业中直接进行生产的用地，如育秧房、打谷场、各类种植和养殖厂（场）等，将其归入农林用地之中，不参与建设用地的平衡。

4 关于仓储用地

将仓储用地分为普通仓储用地和危险品仓储用地两小类。

5 关于对外交通用地

对外交通用地分为公路交通用地和其他交通用地两小类。

6 关于道路广场用地

道路广场用地，包括道路用地和广场用地两小类。为兼顾镇区内不同的道路情况和规划深度的要求，作了如下规定：

对于路面宽度等于和大于 6m 的道路，均计入道路用地，路面宽度小于 6m 的小路，不计入道路用地，而计入该小路所服务的用地之中，以利于用地布局中各类用地面积的计算。

对于兼有公路和镇区道路双重功能时，可将其用地面积的各半，分别计入对外交通用地和道路广场用地。

7 工程设施用地，根据其功能不同划分为公用工程、环卫设施和防灾设施三小类用地。其中公用工程用地中的殡仪设施，包括殡仪馆、火化场、骨灰堂，不包括墓地。

8 绿地

绿地分为公共绿地和防护绿地两类，而不包括苗木、花圃等，因其属于农林生产用地，不参与建设用地平衡。考虑到镇与村中称公共绿地更为贴切，本次修订中未参照《城市绿地分类标准》CJJ/T 85 采用“公园绿地”一词。

9 水域和其他用地

包括不参与建设用地平衡的水域、农林用地、牧草和养殖用地、各类保护区、墓地、未利用地、特殊用地共 7 小类。

4.2 用 地 计 算

4.2.1 现状用地和规划用地，规定统一按规划范围进行统计，以利于分析比较在规划期内土地利用的变化，既增强了用地统计工作的科学性，又便于比较在规划期内土地利用的变化，也便于规划方案的比较和选定。应该说明，以往在统计用地时，现状用地多按建成区范围统计，而规划用地则按规划范围统计。两者统计范围不一致，只能了解两者的不同数值，而不知新增建设用地的原来使用功能的变化情况。在规划图中，将规划范围明确用一条封闭的点画线表示出来，这个范围既是统计范围，也是用地规划的工作范围。

4.2.2 规定了规划用地范围是建设用地以及因发展需要实行规划控制的区域。

4.2.3 规定了分片布置的镇区用地的计算方法。

4.2.4 规定了镇区用地面积的计算要求和计量单位，要按平面图进行量算。山丘、斜坡均按平面投影面积计算，而不按表面面积计算。

4.2.5 规定了根据图纸比例尺确定统计的精确度。

4.2.6 规定了镇区用地计算的统一表式，以利于不同镇用地间的对比分析。由于该表包括了建设用地平衡和规划范围统计两部分内容，因此表名定为用地计算表。

5 规划建设用地标准

5.1 一 般 规 定

5.1.1 镇建设用地是指参与建设用地平衡和指标计算的用地，即镇用地分类表 4.1.3 中前八大类用地之和。第九大类"水域和其他用地"，不属于建设用地的范围，不参与建设用地的平衡和指标的计算。

5.1.2 为了节约用地、合理用地、节约投资、优化环境，对规划建设用地制订了严格的控制标准。

镇规划建设用地的标准包括数量和质量两个方面的内容，具体分为人均建设用地指标、建设用地比例和建设用地选择三项。

5.1.3 规定计算建设用地标准时的人口数量以规划范围内的常住人口为准。人口统计范围必须与用地统计范围一致。镇区规划范围内的常住人口包括户籍和寄住两种人口的人数。

需要说明，镇区的通勤人口和流动人口虽然对建设用地规模和构成有影响，但同常住人口相比，对建设用地的影响仍然是局部的、暂时的。为简化计算起见，对于这部分流动性强、变化幅度大的人数，要根据实际情况，除对某些公共建筑、生产建筑和基础设施用地予以考虑外，可在确定规划建设用地的指标级别的幅度中，适当提高取值或调整用地比例予以解决。

5.2 人均建设用地指标

5.2.1 我国幅员辽阔，自然环境、生产条件、风俗习惯多样，致使现状人均用地水平差异很大，难于在规划期内合理调整到位，这就决定了在规划中，需要制订不同的用地标准。具体情况如下：

根据有关部门提供的统计资料，一些省、自治区、直辖市（以下简称省）之间 1991 年的镇区现状人均用地幅度相差约 10 倍（64～647m²/人），2001 年人均用地幅度减少到约 6 倍（84～509m²/人），2005 年则减少到 5 倍多（72.4～387m²/人）。这一情况表明，镇区人均建设用地偏小的省人均用地有所增加，用地偏大的省人均用地则在减少，其发展趋势是合理的。其中，全国约 70%的省的镇区现状人均建设用地为 80～160m²/人。再从开展镇规划的情况看，全国大多数省制订的镇建设用地指标和规划建设实例都能控制在 80～120m²/人之间。基于这一情况，本着严格控制建设用地的原则，这次修订将原标准规定的用地指标总区间值 50～150m²/人内划分的五个级别，取消了其中的 50～60m²/人和大于 150m²/人的指标。将标准的总区间调整为 60～140m²/人内，划分为四个级别。

5.2.2 由于大型工程项目等的兴建，需要选址新建的镇区，在条件许可时，本着既合理又节约的原则进行规划，人均建设用地指标可在表 5.2.1 中第二级（80～100m²/人）的范围内确定。在纬度偏北的Ⅰ、Ⅶ建筑气候区，建筑日照要求建筑间距大，用地标准可按第三级（100～120m²/人）范围内确定。在各建筑气候分区内，新建镇区均不得采用第一、四级人均建设用地指标。［附"中国建筑气候区划图"。摘自《建筑气候区划标准》GB 50178］

5.2.3 考虑到在 10～20 年的规划期限内，各地镇区的发展建设主要是在现状的基础上进行的。因此，在编制规划时，要以现状人均建设用地水平为基础，通过调整逐步达到合理。为严格控制用地，按表 5.2.3 及本条的规定，在确定规划建设用地指标时，该指标要同时符合指标级别和允许调整幅度的两项规定要求。

关于人均建设用地指标调整的原则如下：①对于现状用地偏紧、小于 60m²/人的应增加；②对于现状用地在 60～80m²/人区间的，各地根据土地的状况，可适当增加；③对于现状用地在 80～100m²/人区间的，可适当增加或减少；④对于现状用地在 100～140m²/人区间的，可适当压缩；⑤对于现状用地大于 140m²/人的，要压缩到 140m²/人以内。

第四级用地指标，只能用于Ⅰ、Ⅶ建筑气候区的现有镇区。

有关现状人均建设用地及其可采用的规划人均建设用地指标和相应地允许现状调整幅度，均在表 5.2.3 中作了规定。总的调整幅度一般控制在－15～＋15m²/人范围内，主要是考虑到在 10～20 年规划期间，一般建设用地指标不可能大幅度增减，而是根据本镇区的具体条件，逐步调整达到合理。

5.2.4 考虑到边远地区地多人少的镇区用地现状，不做出具体规定，可根据所在省、自治区制定的地方性标准确定。

5.3 建设用地比例

5.3.1 建设用地比例是人均建设用地标准的辅助指标，是反映规划用地内部各项用地数量的比例是否合理的重要标志。因此，在编制规划时，要调整各类建设用地的比例，使其用地达到合理。表 5.3.1 中确定的居住、公共设施、道路广场和公共绿地四类用地占建设用地的比例是总结多年来进行镇区规划建设的一些实例，并参照各地制订的用地比例标准的基础上提出的。通过对镇用地资料的分析表明，上述四类用地所占的比例具有一定的规律性，规定的幅度基本上可

附图　中国建筑气候区划图

以达到用地结构的合理，而其他类的用地比例，由于不同类型的镇区的生产设施、对外交通等用地的情况相差极为悬殊，其建设条件差异又较大，可按具体情况因地制宜加以确定，本标准不作规定。

对于通勤人口和流动人口较多的中心镇的镇区，其公共设施用地所占比例宜选取规定幅度内的较大值。

表 5.3.1 规定了居住、公共设施、道路广场和公共绿地四类用地总和在建设用地中的适宜比例。需要说明，规划四类用地的比例要结合实际加以确定，不能同时都取上限或下限。

5.3.2 本条是对某些具有特殊建设要求的镇区，在选用表 5.3.1 中的建设用地比例时，作出的一些特殊规定。

5.4 建设用地选择

本节提出了选择建设用地要遵守的规定。其中 5.4.4 所述的生态敏感的地段是指生态敏感与脆弱的地区，如沙尘暴源区、荒漠中的绿洲、严重缺水地区、珍稀动植物栖息地或特殊生态系统、天然林、热带雨林、红树林、珊瑚礁、鱼虾产卵场、重要湿地和天然渔场等。5.4.5 所指的不良地质地带是指对建设项目具有直接危害和潜在威胁的滑坡、泥石流、崩塌以及岩溶、土洞的发育地段等。

6 居住用地规划

6.0.1 为适应我国各地镇区居住建筑差别的特点，居民住宅用地的面积标准，应在符合本标准 5.3 建设用地比例的规定范围内。

6.0.2～6.0.4 关于居住用地的选址和规划布置中要遵守的规定。根据各省、自治区、直辖市对本辖区范围内不同地区、不同类别的住户制定的用地面积、容积率指标、朝向、间距等标准结合本镇区的具体情况予以确定。

6.0.5 本次修订提出了“居住组群”规划的要求，是针对镇区居住用地规模与城市居住区相比要小得多，一次性建设开发的规模相对也小。“居住组群”是为了适应镇区发展建设要求，按不同居住人口规模而建设的居住建筑群体，其规模及组织形式具有因地制宜的特点。在居住用地规划中，根据方便居民使用、优化居住环境、集约利用资源、住宅类型多样、体现地方特色等原则，结合不同的地区、周围环境和建设条件，组织住宅空间，配置服务设施，以及布置绿地、道路交通和管线等，以提高居住用地的规划水平。

7 公共设施用地规划

7.0.1 镇区公共设施项目的配置，主要依据镇的层次和类型，并充分发挥其地位职能的作用而定。本标准按照分级配置的原则，在综合各地规划建设实践的基础上，参照近年来一些省、自治区、直辖市对镇公建项目配置的有关规定，调整制定了表 7.0.1 的项目内容。表中按镇的层次，提出了配置的项目，按其使用性质分为行政管理、教育机构、文体科技、医疗保健、商业金融、集贸市场六类，共 39 个项目。考虑到镇区的地位、层次的不同，规定了应设置和可设置的项目，供各地在规划时选定。

7.0.2 镇区公共设施的用地面积指标应在符合本标准 5.3 建设用地比例的规定范围内，考虑到各地建设情况的差异，在保证配置基本设施的前提下，逐步加以完善。

7.0.3～7.0.6 对各类公共设施用地的选址和规划的基本要求。其中 7.0.6 有关集贸市场的场地布置、市场选型应符合现行行业标准《乡镇集贸市场规划设计标准》CJJ/T 87 的有关规定。

8 生产设施和仓储用地规划

8.0.1 对工业生产用地的选址和布置的要求。按照生产经营的特点和对生活环境的影响程度，分别对无污染、轻度污染和严重污染三类情况，规定了选址要求。

根据工业应逐步向镇区工业用地集中的原则，对现有工业布局应进行必要的调整，规定了新建和扩建的二、三类工业应按规划的要求向工业用地集中。

对已造成污染的工厂规定了必须迁建或调整转产等的要求。

8.0.2 对镇区工业用地的规划布局和技术要求。包括：集约布置、节约和合理用地，一些基础设施的共建共享，环境绿化，以及预留发展用地等。

8.0.3 对一些农业生产和服务设施用地的选择和布置的要求。

1 规定农机站、农产品加工厂等的选址要求。

2 规定畜禽、水产等养殖类的生产厂（场）的选址，必须达到卫生防疫要求，并严格防止对生活环境的污染和干扰。

3 规定兽医站要布置在镇区的边缘，并应满足卫生和防疫的要求等。

8.0.4 对仓库及堆场用地的选址和布置的技术要求。对易燃易爆和危险品的仓库选址，应符合防火、环保、卫生和安全的有关规定。

9 道路交通规划

9.2 镇区道路规划

9.2.1 将镇区的道路按使用功能和通行能力划分为

主干路、干路、支路、巷路，不再称为一、二、三、四级，以避免与公路等级名称相混淆。

9.2.3 表9.2.3规定了镇区道路规划技术指标为计算行车速度、道路红线宽度、车行道宽度、人行道宽度及道路间距等五项设计指标。其中主干路的道路红线宽度由原标准的24～32m调整为24～36m，理由是：①考虑镇区发展需要和“节地”要求适当增加；②与《城市道路交通规划设计规范》GB 50220的规定基本协调。

9.2.4 规划镇区道路系统，要根据镇区的规模按表9.2.4的规定进行配置。表中应设的级别，是指在一般情况下，应该设置道路的级别；可设的级别是指在必要的情况下，可以设置的道路级别。

9.3 对外交通规划

9.3.1 镇域内道路规划的要求。

9.3.2 镇域的道路规划要与对外交通的各项设施协调配置，统筹安排客运和货运的站场、码头，以及为其服务的广场和停车场等设施。依据的主要标准包括：《公路工程技术标准》JTJ 001、《公路路线设计规范》JTJ 011、《公路环境保护设计规范》JTJ/T 006、《汽车客运站建筑设计规范》JGJ 60、《铁路线路设计规范》GB 50090、《铁路车站及枢纽设计规范》GB 50091、《铁路旅客车站建筑设计规范》GB 50226、《河港工程设计规范》GB 50192、《港口客运站建筑设计规范》JGJ 86等。

9.3.3 公路穿过镇区、村庄，影响通行能力，易造成安全事故，规划中应对穿过镇区和村庄的不同等级的公路进行调整。

10 公用工程设施规划

10.2 给水工程规划

10.2.2 给水工程规划中的集中式给水包括的内容和用水量计算的要求。镇区规划用水量应包括生活、生产、消防、浇洒道路和绿化用水量，管网漏失水和未预见水量。其中，生活用水包括居住建筑和公共建筑的生活用水，生产用水包括工业用水和农业服务设施用水。各部分用水量，分别按以下要求计算：

1 生活用水量的计算：

1) 居住建筑生活用水量，按表10.2.2进行预测。表10.2.2、表10.2.3中“镇区外”一栏系指规划范围内给水设施统建共享的村庄用水量指标。

2) 公共建筑的生活用水量。由于镇区公共建筑与城市公共建筑的功能、设施及要求等，没有实质性差别，所以可按现行国家标准《建筑给水排水设计规范》GB 50015的有关规定执行。为了便于规划操作，公共建筑的生活用水量也可按居住建筑生活用水量的8%～25%计算。

2 生产用水量的计算：

工业和农业服务设施用水量可按所在省、自治区、直辖市人民政府的有关规定进行计算。

3 消防用水量按现行国家标准《建筑设计防火规范》GB 50016的有关规定计算。

4 浇洒道路和绿化用水量。由于我国各地镇区的经济条件、建设标准、规模等差异很大，其用水量可按当地条件确定，不作具体规定。

5 在计算最高日用水量（即设计供水能力）时，要充分考虑管网漏失因素和未预见因素。管网漏失水量和未预见水量可按最高日用水量的15%～25%合并计算。

10.2.6 规定了给水干管布置走向要与给水的主要流向一致，并以最短距离向用水大户供水，以便降低工程投资，提高供水的保证率。本条还规定了给水干管的最小服务水头的要求。

10.3 排水工程规划

10.3.2 规定了排水工程规划包括的内容和排水量计算的要求。

排水分为生活污水、生产污水、径流的雨水和冰雪融化水，后者可统称雨水。

生活污水量可按生活用水量的75%～85%估算。

生产污水量及变化系数，要根据工业产品的种类、生产工艺特点和用水量确定。为便于操作，也可按生产用水量的75%～90%进行估算。水的重复利用率高的工业取下限值。

雨水量与当地自然条件、气候特征有关，可按邻近城市的相应标准计算。

10.3.3 排水体制选择的技术要求。

排水体制宜选择分流制。条件不具备的镇区可选择合流制。为保护环境，减少污染，污水排入管网系统前，要采用化粪池、生活污水净化沼气池等进行预处理。

对现有排水系统的改造，可创造条件，逐步向分流制过渡。

10.3.6 本条是对污水处理厂厂址选择的要求。

10.4 供电工程规划

10.4.2 镇所辖地区内的用电负荷，因其地理位置、经济社会发展与建设水平、人口规模及居民生活水平的不同，可采用现状人均综合用电指标乘以增长率进行预测较为实际。增长率应根据历年来增长情况并考虑发展趋势等因素加以确定。K值为年综合用电增长率，一般为5%～8%，位于发达地区的镇可取较小值，地处发展地区的镇可取较大值，K值也可根据规划期内的发展速度分阶段进行预测。同时还可根据当地实际情况，采用其他预测方法进行校核。

10.4.4 供配电系统如果结线复杂、层次过多，不仅管理不便、操作复杂，而且由于串联元件过多，元件故障和操作错误而产生事故的可能性也随之增加，因此要求合理地确定电压等级、输送距离，划分用电分区范围，以减少变电层次，优化网络结构。本条还规定了高压线路走廊宽度，表10.4.4中未列入的220kV、330kV、500kV电压，其线路走廊宽度分别为30～40m、35～45m、60～75m。

10.4.7 本条要求结合地方条件，因地制宜地确定电源，实行能源互补，开发小水电、风力和太阳能发电等能源。

10.6 燃气工程规划

10.6.2 目前常用燃气主要有矿物质气和生物质气两大类：矿物质气主要有天然气、液化石油气、焦炉煤气等。生物质气主要包括沼气和秸秆制气等。

矿物质气品质好，质量稳定，供应可靠，但要求具有一定的规模以及较高的资金投入和运行管理。生物质气燃烧放热值较低、质量不稳定，均为可再生资源，且资金投入少，运行管理要求不高，适合小规模建设。燃气工程的规划应根据资源情况确定燃气种类。

10.6.5 沼气的制备需要一定的条件，如温度对沼气的产生量有很大的影响，许多地区建设的沼气设施不能保证全年有效供应。农作物秸秆制气，也受秸秆数量、存放条件等的限制，因此在规划中应考虑与其他能源的互补，同时还应考虑制气后所产生的沼液、沼渣、炭灰等的综合利用。

10.7 供热工程规划

10.7.2 集中供热具有热效率高、对环境影响小、供热稳定、品质高的优点，但其初投资和运行管理费用较高；分散供热的热效率低、对环境影响较大，可按需分别设置，管理运行较简单，因此采暖地区应根据不同经济发展情况确定供热方式。

10.9 用地竖向规划

10.9.1、10.9.2 规定了建设用地竖向规划的内容和基本要求。其中在进行土方平衡时，要确定取土和弃土的地点，以避免乱挖乱弃，防止毁损农田、破坏自然地貌、造成水土流失。

10.9.3 规定了建设用地中，组织地面排水的一些要求。

11 防灾减灾规划

11.2 消防规划

11.2.2 提出了用地布局中满足消防安全的基本要求。

1 对生产和储存易燃、易爆物品的工厂、仓库、堆场等设施的布置要求。

2 对现状中影响消防安全的工厂、仓库、堆场和储罐等要迁移或改造，并对耐火等级低的建筑和居民密集区提出了改善消防安全条件的要求。

3 规定了生产和储存易燃、易爆物品的工厂、仓库、堆场储罐以及燃油、燃气供应站等与居住、医疗、教育、集会、娱乐、市场等大量人流活动设施的防火最小距离。

11.2.3 规定了消防给水的要求：

1 对具备给水管网的镇，提出了建设消防给水的要求。

2 对不具备给水管网的镇，提出了解决消防给水的办法。

3 对天然水源或给水管网不能满足消防给水以及对寒冷地区消防给水的要求。

11.2.4 对不同规模的镇，设置消防站、消防值班室、义务消防队的具体要求，按《城市消防站建设标准》中对消防站的责任区面积、建设用地所作的规定：标准型普通消防站的责任区面积不应大于7km²，建设用地面积2400～4500m²；小型普通消防站的责任区面积不应大于4km²，建设用地面积400～1400m²。

11.3 防洪规划

11.3.2 防洪措施要根据洪水类型确定。按洪灾成因可分为河洪、海潮、山洪和泥石流等类型。河洪一般应以堤防为主，配合水库、分（滞）洪、河道整治等措施组成防洪体系；海潮则以堤防、挡潮闸为主，配合排涝措施组成防洪体系；山洪和泥石流工程措施要同水土保持措施相结合等。

防洪措施要体现综合治理的原则，实行工程防洪措施与非工程防洪措施相结合。

11.3.3 在现行国家标准《防洪标准》GB 50201中，对于城镇、乡村分别规定了不同等级的防洪标准，城镇防洪规划要根据所在地区的具体情况，按照规定的防洪标准设防。镇如果靠近大型或重要工矿企业、交通运输设施、动力设施、通信设施、文物古迹和旅游设施等防护对象，并且又不能分别进行防护时，该防护区的防洪标准要按其中较高者加以确定。同时，镇区防洪规划尚应符合现行行业标准《城市防洪工程设计规范》CJJ 50的有关规定。

11.3.4 位于易发生洪灾地区的镇，设置就地避洪安全设施，要根据镇域防洪规划的需要，按其地位的重要程度以及安置人口的数量，因地制宜地选择修建围埝、安全台、避水台等不同类型的就地避洪安全设施，本条对就地设置的避洪安全设施的位置选择和安全超高提出了要求。该安全超高的数值要按蓄、滞洪时的最高洪水位，考虑水面的浪高及设施的重要程度等因素按表 11.3.4 确定。

11.3.5 在各项建筑和工程设施内，根据镇域防洪规划需要设置安全层作为避洪时，要根据避洪人员数量进行统筹规划，并应符合现行国家标准《蓄滞洪区建筑工程技术规范》GB 50181 的有关规定。

11.3.6 在易发生内涝灾害的地区，既要注重镇域的防洪，又要重视镇区的防涝问题。为确保建设区内能够迅速排除涝水，需要综合规划和整治排水体系。

11.4 抗震防灾规划

11.4.2 规定在处于地震设防区内进行镇的规划，必须遵守现行国家标准《中国地震动参数区划图》GB 18306和《建筑抗震设计规范》GB 50011 的有关规定，选择对抗震有利的地段，避开不利地段，严禁在危险地段布置人口密集的项目。

11.4.3

1 在工程抗震规划中规定了对新建建筑物、构筑物和工程设施要按国家现行的有关抗震标准进行设防。依据的主要标准包括：《建筑抗震设计规范》GB 50011、《构筑物抗震设计规范》GB 50191、《室外给水排水和燃气热力工程抗震设计规范》GB 50032，以及有关电力、通信、水运、铁路、公路等工程抗震设计规范。

同时，还要遵守所在省、自治区、直辖市现行的有关工程抗震设计标准的规定。

2 在工程抗震规划中规定了对现有建筑物、构筑物和工程设施要按国家现行的有关标准进行鉴定，并提出抗震加固、改建和拆迁的意见。依据的主要标准包括：《建筑抗震鉴定标准》GB 50023、《工业构筑物抗震鉴定标准》GBJ 117、《室外给水排水工程设施抗震鉴定标准》GBJ 43、《室外煤气热力工程设施抗震鉴定标准》GBJ 44、《建筑抗震设防分类标准》GB 50223，以及有关其他工程设施鉴定和设防分类标准。

同时，还要遵守所在省、自治区、直辖市现行的有关工程鉴定和设防分类标准的规定。

11.4.4 规定了抗震防灾的生命线工程和重要设施要进行统筹规划，并要符合本条规定的各项具体要求。

11.4.5 提出了生产和储存具有产生地震次生灾害源的单位及其预防措施，并根据次生灾害的严重程度，规定了必须采取的具体措施。

11.5 防风减灾规划

11.5.1 规定了易形成风灾的地区，镇区建设用地要避开同风向一致的天然谷口、山口等容易形成风灾的地段，因大风气流被突然压缩，急剧增大风速，会造成巨大风压或风吸力而形成灾害。

11.5.2 规定了对建筑的规划设计要遵守的各项要求，以尽量减少强大风速的袭击，降低建筑物本身受到的风压或风吸力。

11.5.3 在易形成风灾地区的镇区边缘种植密集型防护林带，防止被风拔起，需要加大树种的根基深度。同时，处于逆风向的电线杆、电线塔和其他高耸构筑物，均易被风拔起、折断和刮倒。因此，在易形成风灾地区的镇区规划建设，必须考虑加强对风的抗侧拉、抗折和抗拔力。

11.5.4 为抵御台风引起的海浪、狂风和暴雨，对处于台风袭击地区的镇区规划，应在滨海、岛屿地区首先考虑修建抵御风暴潮的堤坝，统一规划排水体系，及时排除台风带来的暴雨水。同时，要建立台风预报信息网，配备必要的救援设施。

11.5.5 规定了充分利用风力资源，因地制宜地建设能源转换和储存设施，是节约能源、推广清洁能源、实行能源互补的重要手段。

12 环 境 规 划

12.2 生产污染防治规划

12.2.1～12.2.7 分别规定了生产污染防治中关于生产项目布置、空气环境质量、地表水环境质量、地下水环境质量、土壤环境质量、固体废弃物处理等应执行的国家现行标准。

12.3 环境卫生规划

12.3.2 规定了垃圾转运站设置的要求。转运站的位置宜靠近服务区域的中心或垃圾产量多和交通方便的地方。生活垃圾日产量可按每人 1.0～1.2kg 计算。

12.3.3 规定了镇区生活垃圾收集、运输、处理和利用的要求。

12.3.4 由于粪便中含有危害人群健康的病菌、病毒和寄生虫卵，规定了对居民粪便的处理要符合现行国家标准《粪便无害化卫生标准》GB 7959 的要求。

12.3.5 规定了镇区设置公共厕所的地点，并宜设置节水型公共厕所。

12.4 环境绿化规划

12.4.1～12.4.4 对镇区绿化规划的原则和各项绿地规划的具体要求。

12.4.5 对于镇区建设用地以外的水域和其他用地中对镇区环境产生影响的部分，也应统筹进行环境绿化规划，以达到优化生态环境的目标。

12.5 景 观 规 划

12.5.1 镇的景观是展示镇形象的重要组成部分，规划内容包括镇区内的容貌和影响镇貌的周边环境的规划。

12.5.2 镇区景观规划的要求主要是充分运用自然条

件和历史形成的物质基础以及人文特征，结合现实建设的条件和居民审美要求，进行综合考虑和统一规划，为居民塑造具有时代特征、富有地方特色、体现优美和谐的生活和工作环境。

13 历史文化保护规划

13.0.1 本条确定保护规划应遵循的原则。

13.0.2 镇、村历史文化保护规划应依据县域规划的基本要求和原则进行编制。

13.0.3 本条说明了镇、村历史文化保护规划是镇、村规划不可分割的部分，在镇、村规划中的每个环节都与历史文化保护是密不可分。对于确认为历史文化名镇（村）的应严格按本章进行规划。

13.0.4 镇、村历史文化保护规划要结合经济、社会和历史背景，全面深入调查历史文化遗产的历史和现状，依据其历史、科学、艺术等价值，遵循保护历史真实载体，保护历史环境，科学利用、永续利用的原则，确定保护目标、保护内容、保护重点和保护措施，以利于从整体上保护风貌特色和文化特征。

13.0.5 镇、村历史文化保护规划的内容主要包括：

1 历史空间格局和传统建筑风貌；

2 与历史发展和文化传统形成有联系的自然和人文环境景观要素，如山体、水系、地形、地物、古树名木等；

3 反映传统风貌的不可移动的历史文物，体现民俗精华、传统庆典活动的场地和固定设施等。

13.0.6 镇、村历史文化保护范围的具体边界应因地制宜进行划定：一是文物古迹或历史建筑现状的用地边界，在保护对象的主要视线景观通道的主要观景点向外眺望时，其视线可及处的建筑应被划入保护范围，包括街道、广场、河流等处视线所及范围内的建筑用地边界和外观边界；二是与保护对象的整体风貌相互依存的自然景观和环境，如山体、树木、林地、水体、河道和农田等，也应划入保护范围。

对保存完好的镇区和村庄的整体风貌，应当将其整体划为保护范围。

13.0.7 镇、村历史文化保护的主要目标是保护它的整体风貌、历史格局和空间尺度。保护规划应对保护对象制订相应的保护原则和保护要求。对与其风貌有冲突的建筑物、构筑物和环境要素提出在外观、材料、色彩、高度和体量等方面的整治要求。对其重要节点、建筑物、构筑物以及公共空间提出保护与整治规划。

13.0.8 镇、村历史文化保护范围的外围划出一定范围的风貌控制区的具体边界，是为了确保历史文化保护范围内风貌的完整。在风貌控制区内，为了避免在保护范围边界两侧形成两种截然不同甚至相互冲突的形象，有必要对保护区周围的建设活动进行严格的控制管理。

13.0.9 在镇、村历史文化保护范围内增建的设施，应该从尺度、形式、色彩、材料、风格等方面同历史文化协调一致，绿化的布局应符合当地的历史传统。

13.0.10 镇、村历史文化保护范围多数是居民日常生活的场所，普遍存在居住人口密集和基础设施不完善的状况。为了确保在保护范围内环境的协调，需要限定居住人口的数量，并逐步完善基础设施和公共服务设施，改善居民的生活环境，满足居民现代生活的需要。同时，为了保护历史文化遗产的安全，应建立可靠的防灾和安全体系。

14 规 划 制 图

14.0.1 为使镇的规划图纸达到完整、准确、清晰、美观，提高制图质量与效率，利于计算机制图软件研制，满足规划设计和建设管理等要求，规定了规划图纸绘制应标注的内容，以及规划使用的图例。其各项规定是在总结各地镇域和镇区规划图纸绘制的基础上，参照现行行业标准《城市规划制图标准》CJJ/T 97和有关专业的制图标准，结合镇规划的特点而编制的。

附录B“规划图例”内容包括：

1 用地图例——主要用于镇区用地布局规划；

2 建筑图例——主要用于建筑质量调查和近期建设的详细规划；

3 道路交通及工程设施图例——主要用于各项工程设施规划；

4 地域图例——主要用于区位分析、镇村体系规划、用地分析等。

根据不同图纸的绘制要求，图例分为单色和彩色两种，并按计算机制图的要求，在图例的右下角标注了采用“Auto CAD”中256种颜色的色标数字作为参考。

中华人民共和国国家标准

村庄整治技术规范

Technique code for village rehabilitation

GB 50445—2008

主编部门：中华人民共和国住房和城乡建设部
批准部门：中华人民共和国住房和城乡建设部
施行日期：2 0 0 8 年 8 月 1 日

中华人民共和国住房和城乡建设部
公　　告

第6号

关于发布国家标准《村庄整治技术规范》的公告

现批准《村庄整治技术规范》为国家标准，编号为GB 50445—2008，自2008年8月1日起实施。其中，第3.1.6、3.2.2（1、2、5）、3.2.3（4）、3.2.5（2）、3.3.2（4、5）、3.3.6、3.4.1（3）、3.4.3（1）、3.4.4（3）、3.4.6、3.5.3（1）、3.5.4、3.5.6、4.1.5、4.3.2、6.2.4（2）、8.4.4、8.4.7、10.4.2、10.5.3、11.1.2（1）条（款）为强制性条文，必须严格执行。

本规范由我部标准定额研究所组织中国建筑工业出版社出版发行。

中华人民共和国住房和城乡建设部

2008年3月31日

前　　言

本规范是根据建设部《2007年工程建设标准规范制订、修订计划（第一批）》（建标［2007］125号）的要求，由中国建筑设计研究院会同有关设计、研究和教学单位编制而成。

本规范主要内容包括：1. 总则；2. 术语；3. 安全与防灾；4. 给水设施；5. 垃圾收集与处理；6. 粪便处理；7. 排水设施；8. 道路桥梁及交通安全设施；9. 公共环境；10. 坑塘河道；11. 历史文化遗产与乡土特色保护；12. 生活用能。

本规范以黑体字标志的条文为强制性条文，必须严格执行。

本规范由住房和城乡建设部负责管理和对强制性条文的解释，由中国建筑设计研究院负责具体技术内容的解释。

在执行过程中，请各有关单位及时将实践中的意见和建议反馈给中国建筑设计研究院（地址：北京市西城区车公庄大街19号，邮政编码：100044），以便修订时参考。

本规范主编单位：中国建筑设计研究院

本规范参编单位：北京工业大学
北京市市政工程设计研究总院
中国城市建设研究院
中国疾病预防控制中心环境与健康相关产品安全所
武汉市城市规划设计研究院
北京市城市规划设计研究院

本规范主要起草人：方　明　赵　辉　邵爱云　单彦名　杜白操　马东辉　赵志军　徐海云　潘力军　邵辉煌　冯　駜　陈　敏　杜　遂　傅　晶　魏保军　郭小东　苏经宇　崔招女　刘学功　李　艺　黄文雄　王友斌　王俊起　白　芳　徐贺文　陈雄志　仝德良　潘一玲　董艳芳　冯新刚

目　次

1　总则 …………………………… 2—2—4
2　术语 …………………………… 2—2—4
3　安全与防灾 …………………… 2—2—5
3.1　一般规定 ………………………… 2—2—5
3.2　消防整治 ………………………… 2—2—6
3.3　防洪及内涝整治 ………………… 2—2—7
3.4　其他防灾项目整治 ……………… 2—2—8
3.5　避灾疏散 ………………………… 2—2—9
4　给水设施 ……………………… 2—2—9
4.1　一般规定 ………………………… 2—2—9
4.2　给水方式 ………………………… 2—2—9
4.3　水源 ……………………………… 2—2—9
4.4　集中式给水工程………………… 2—2—10
4.5　分散式给水工程………………… 2—2—11
4.6　维护技术………………………… 2—2—11
5　垃圾收集与处理 ……………… 2—2—11
5.1　一般规定………………………… 2—2—11
5.2　垃圾收集与运输………………… 2—2—11
5.3　垃圾处理………………………… 2—2—12
6　粪便处理……………………… 2—2—12
6.1　一般规定………………………… 2—2—12
6.2　卫生厕所类型选择……………… 2—2—12
6.3　厕所建造与卫生管理要求……… 2—2—13
7　排水设施……………………… 2—2—14
7.1　一般规定………………………… 2—2—14
7.2　排水收集系统…………………… 2—2—14
7.3　污水处理设施 ………………… 2—2—14
7.4　维护技术 ……………………… 2—2—15
8　道路桥梁及交通安全设施 …… 2—2—15
8.1　一般规定 ……………………… 2—2—15
8.2　道路工程 ……………………… 2—2—15
8.3　桥涵工程 ……………………… 2—2—16
8.4　交通安全设施 ………………… 2—2—16
9　公共环境 …………………… 2—2—16
9.1　一般规定 ……………………… 2—2—16
9.2　整治措施 ……………………… 2—2—17
10　坑塘河道 …………………… 2—2—17
10.1　一般规定 …………………… 2—2—17
10.2　补水 ………………………… 2—2—18
10.3　扩容 ………………………… 2—2—18
10.4　水环境与景观 ……………… 2—2—19
10.5　安全防护与管理 …………… 2—2—19
11　历史文化遗产与乡土特色保护 …………………… 2—2—19
11.1　一般规定 …………………… 2—2—19
11.2　保护措施 …………………… 2—2—20
12　生活用能 …………………… 2—2—20
12.1　一般规定 …………………… 2—2—20
12.2　技术措施 …………………… 2—2—20
本规范用词说明 ………………… 2—2—21
附：条文说明 …………………… 2—2—22

1 总　　则

1.0.1 为提高村庄整治的质量和水平，规范村庄整治工作，改善农民生产生活条件和农村人居环境质量，稳步推进社会主义新农村建设，促进农村经济、社会、环境协调发展，制定本规范。

1.0.2 本规范适用于全国现有村庄的整治。

1.0.3 村庄整治应充分利用现有房屋、设施及自然和人工环境，通过政府帮扶与农民自主参与相结合的形式，分期分批整治改造农民最急需、最基本的设施和相关项目，以低成本投入、低资源消耗的方式改善农村人居环境，防止大拆大建、破坏历史风貌和资源。

1.0.4 村庄整治应因地制宜、量力而行、循序渐进、分期分批进行，并应充分传承当地历史文化传统，防止违背群众意愿，搞突击运动。并应符合下列基本原则：

1 充分利用已有条件及设施，坚持以现有设施的整治、改造、维护为主，尊重农民意愿、保护农民权益，严禁盲目拆建农民住宅；

2 各类设施整治应做到安全、经济、方便使用与管理，注重实效，分类指导，不应简单套用城镇模式大兴土木、铺张浪费；

3 根据当地经济社会发展水平、农民生产方式与生活习惯，结合农村人口及村庄发展的长期趋势，科学制定支持村庄整治的县域选点计划；

4 综合考虑整治项目的急需性、公益性和经济可承受性，确定整治项目和整治时序，分步实施；

5 充分利用与村庄整治相适应的成熟技术、工艺和设备，优先采用当地原材料，保护、节约和合理利用能源资源，节约使用土地；

6 严格保护村庄自然生态环境和历史文化遗产，传承和弘扬传统文化；严禁毁林开山，随意填塘，破坏特色景观与传统风貌，毁坏历史文化遗存。

1.0.5 村庄整治项目应包括安全与防灾、给水设施、垃圾收集与处理、粪便处理、排水设施、道路桥梁及交通安全设施、公共环境、坑塘河道、历史文化遗产与乡土特色保护、生活用能等。具体整治项目应根据实际需要与经济条件，由村民自主选择确定，涉及生命财产安全与生产生活最急需的整治项目应优先开展。

村庄整治应符合有关规划要求。当村庄规模较大、需整治项目较多、情况较复杂时，应编制村庄整治规划作为指导。

1.0.6 村庄整治除应符合本规范外，尚应符合国家现行有关标准的规定。

2 术　　语

2.0.1 村庄整治　village rehabilitation

对农村居民生活和生产的聚居点的整顿和治理。

2.0.2 次生灾害　secondary induced disasters

自然灾害造成工程结构和自然环境破坏而引发的连锁性灾害。常见的有次生火灾、爆炸、洪水、有毒有害物质溢出或泄漏、传染病、地质灾害等。

2.0.3 基础设施　infrastructures

维持村庄或区域生存的功能系统和对国计民生、村庄防灾有重大影响的供电、供水、供气、交通及对抗灾救灾起重要作用的指挥、通信、医疗、消防、物资供应与保障等基础性工程设施系统，也称生命线工程。

2.0.4 浊度　turbidity

反映天然水及饮用水物理性状的指标，是悬浮物、胶态物或两者共同作用造成的在光线方面的散射或吸收状态，也称浑浊度。

2.0.5 可生物降解的有机垃圾　biodegradable waste

指可以腐烂的有机垃圾，如食物残渣、树叶、草等植物垃圾等。

2.0.6 堆肥　composting

在有氧和有控制的条件下通过微生物的作用对分类收集的有机垃圾进行的生物分解过程，制作产生肥料。

2.0.7 粪便无害化处理　feces harmless treatment

有效降低粪便中生物性致病因子数量，使病原微生物失去传染性，控制疾病传播的过程。

2.0.8 卫生厕所　sanitary latrine

有墙、有顶，厕坑及贮粪池不渗漏，厕内清洁，无蝇蛆，基本无臭，贮粪池密闭有盖，粪便及时清除并进行无害化处理的厕所。

2.0.9 户厕　household latrine

供农村家庭成员便溺用的场所，由厕屋、便器、贮粪池组成。

2.0.10 水冲式厕所　water closed latrine

具有给水和完整的排水设施的厕所。

2.0.11 人工湿地　artificial wetland

人工筑成的水池或沟槽，底面铺设防渗漏隔水层，填充一定深度的土壤或填料层，种植芦苇类维管束植物或根系发达的水生植物，污水由湿地一端通过布水管渠进入，与生长在填料表面的微生物和水中溶解氧进行充分接触而获得净化。

2.0.12 生物滤池　biological filter

污水处理构筑物，内置填料做载体，污水由上往下喷淋过程中与载体上的微生物及自下向上流动的空气充分接触，获得净化。

2.0.13 稳定塘　stabilization pond

污水停留时间长的天然或人工塘。主要依靠微生物好氧和（或）厌氧作用，以多极串连运行，稳定污水中的有机污染物。

2.0.14 表面水力负荷 hydraulic surface loading

每平方米表面积单位时间内通过的污水体积数。

2.0.15 坑塘 pit-pond

人工开挖或天然形成的储水洼地，包括养殖、种植塘及湖泊、河渠形成的支汊水体等。

2.0.16 滚水坝 overflow dam

高度较低的溢流水坝，控制坝前较低的水位，也称滚水堰。

2.0.17 塘堰 small reservoir

山丘区的小型蓄水工程，用以拦蓄地面径流，供灌溉及居民生活用水，也称塘坝。

2.0.18 历史文化遗产 cultural heritage

具有历史文化价值的古遗址、建（构）筑物、村庄格局。

2.0.19 历史文化名村 historic village

由住房和城乡建设部与国家文物局公布的、保存文物特别丰富并具有重大历史价值或革命纪念意义，能较完整地反映一定历史时期的传统风貌和地方民族特色的村落。

2.0.20 生物质成型燃料 biomass briquette

将农作物秸秆、农林废弃物、能源作物等生物质通过高压在高温或常温下压缩成热值达 11932～18840kJ/kg 的高密度棒状或颗粒状的燃料。

2.0.21 太阳房 solar house

依靠建筑物本身构造和建筑材料的热工性能，吸收和储存太阳光热量，满足使用需要的房屋。

3 安全与防灾

3.1 一 般 规 定

3.1.1 村庄整治应综合考虑火灾、洪灾、震灾、风灾、地质灾害、雷击、雪灾和冻融等灾害影响，贯彻预防为主，防、抗、避、救相结合的方针，坚持灾害综合防御、群防群治的原则，综合整治、平灾结合，保障村庄可持续发展和村民生命安全。

3.1.2 村庄整治应达到在遭遇正常设防水准下的灾害时，村庄生命线系统和重要设施基本正常，整体功能基本正常，不发生严重次生灾害，保障农民生命安全的基本防御目标。

3.1.3 村庄整治应根据灾害危险性、灾害影响情况及防灾要求，确定工作内容，并应符合下列规定：

1 火灾、洪灾和按表 3.1.3 确定的灾害危险性为 C 类和 D 类等对村庄具有较严重威胁的灾种，村庄存在重大危险源时，应进行重点整治，除应符合本规范规定外，尚应按照国家有关法律法规和技术标准规定进行防灾整治和防灾建设，条件许可时应纳入城乡综合防灾体系统一进行；

表 3.1.3 灾害危险性分类

灾种＼灾害危险性	划分依据	A	B	C	D
地震	地震基本加速度 a（g）	$a<0.05$	$0.05 \leqslant a < 0.15$	$0.15 \leqslant a < 0.30$	$a \geqslant 0.30$
风	基本风压 w_0（kN/m^2）	$w_0<0.3$	$0.3 \leqslant w_0 < 0.5$	$0.5 \leqslant w_0 < 0.7$	$w_0 \geqslant 0.7$
地质	地质灾害分区	一般区		易发区、地质环境条件为中等和复杂程度	危险区
雪	基本雪压 s_0（kN/m^2）	$s_0<0.30$	$0.30 \leqslant s_0 < 0.45$	$0.45 \leqslant s_0 < 0.60$	$s_0 \geqslant 0.60$
冻融	最冷月平均气温（℃）	>0	$-5 \sim 0$	$-10 \sim -5$	<-10

2 除第 1 款规定外的一般危险性的常见灾害，可按群防群治的原则进行综合整治；

3 应充分考虑各类安全和灾害因素的连锁性和相互影响，并应符合下列规定：

1）应按各项灾害整治和避灾疏散的防灾要求，对各类次生灾害源点进行综合整治；

2）应按照火灾、洪灾、毒气泄漏扩散、爆炸、放射性污染等次生灾害危险源的种类和分布，对需要保障防灾安全的重要区域和源点，分类分级采取防护措施，综合整治；

3）应考虑公共卫生突发事件灾后流行性传染病和疫情，建立临时隔离、救治设施。

3.1.4 现状存在隐患的生命线工程和重要设施、学校和村民集中活动场所等公共建筑应进行整治改造，并应符合国家现行标准《建筑抗震设计规范》GB 50011、《建筑设计防火规范》GB 50016、《建筑结构荷载规范》GB 50009、《建筑地基基础设计规范》GB 50007、《冻土地区建筑地基基础设计规范》JGJ 118 等的要求。

存在结构性安全隐患的农民住宅应进行整治，消除危险因素。

3.1.5 村庄洪水、地震、地质、强风、雪、冻融等灾害防御，宜将下列设施作为重点保护对象，按照国家现行相关标准优先整治：

1 变电站（室）、邮电（通信）室、粮库（站）、卫生所（医务室）、广播站、消防站等生命线系统的关键部位；

2 学校等公共建筑。

3.1.6 村庄现状用地中的下列危险性地段，禁止进行农民住宅和公共建筑建设，既有建筑工程必须进行拆除迁建，基础设施线状工程无法避开时，应采取有效措施减轻场地破坏作用，满足工程建设要求：

1 可能发生滑坡、崩塌、地陷、地裂、泥石流等的场地；

2 发震断裂带上可能发生地表位错的部位；

3 行洪河道；

4 其他难以整治和防御的灾害高危害影响区。

3.1.7 对潜在危险性或其他限制使用条件尚未查明或难以查明的建设用地，应作为限制性用地。

3.2 消防整治

3.2.1 村庄消防整治应贯彻预防为主、防消结合的方针，积极推进消防工作社会化，针对消防安全布局、消防站、消防供水、消防通信、消防通道、消防装备、建筑防火等内容进行综合整治。

3.2.2 村庄应按照下列安全布局要求进行消防整治：

1 村庄内生产、储存易燃易爆化学物品的工厂、仓库必须设在村庄边缘或相对独立的安全地带，并与人员密集的公共建筑保持规定的防火安全距离。

严重影响村庄安全的工厂、仓库、堆场、储罐等必须迁移或改造，采取限期迁移或改变生产使用性质等措施，消除不安全因素。

2 生产和储存易燃易爆物品的工厂、仓库、堆场、储罐等与居住、医疗、教育、集会、娱乐、市场等之间的防火间距不应小于50m，并应符合下列规定：

1）烟花爆竹生产工厂的布置应符合现行国家标准《民用爆破器材工厂设计安全规范》GB 50089的要求；

2）《建筑设计防火规范》GB 50016规定的甲、乙、丙类液体储罐和罐区应单独布置在规划区常年主导风向下风或侧风方向，并应考虑对其他村庄和人员聚集区的影响。

3 合理选择村庄输送甲、乙、丙类液体、可燃气体管道的位置，严禁在其干管上修建任何建筑物、构筑物或堆放物资。管道和阀门井盖应有明显标志。

4 应合理选择液化石油气供应站的瓶库、汽车加油站和煤气、天然气调压站、沼气池及沼气储罐的位置，并采取有效的消防措施，确保安全。

燃气调压设施或气化设施四周安全间距需满足城镇燃气输配的相关规定，且该范围内不能堆放易燃易爆物品。通过管道供应燃气的村庄，低压燃气管道的敷设也应满足城镇燃气输配的有关规范，且燃气管道之上不能堆放柴草、农作物秸秆、农林器械等杂物。

5 打谷场和易燃、可燃材料堆场，汽车、大型拖拉机车库，村庄的集贸市场或营业摊点的设置以及村庄与成片林的间距应符合农村建筑防火的有关规定，不得堵塞消防通道和影响消火栓的使用。

6 村庄各类用地中建筑的防火分区、防火间距和消防通道的设置，均应符合农村建筑防火的有关规定；在人口密集地区应规划布置避难区域；原有耐火等级低、相互毗连的建筑密集区或大面积棚户区，应采取防火分隔、提高耐火性能的措施，开辟防火隔离带和消防通道，增设消防水源，改善消防条件，消除火灾隐患。防火分隔宜按30～50户的要求进行，呈阶梯布局的村寨，应沿坡纵向开辟防火隔离带。防火墙修建应高出建筑物50cm以上。

7 堆量较大的柴草、饲料等可燃物的存放应符合下列规定：

1） 宜设置在村庄常年主导风向的下风侧或全年最小频率风向的上风侧；

2） 当村庄的三、四级耐火等级建筑密集时，宜设置在村庄外；

3） 不应设置在电气设备附近及电气线路下方；

4） 柴草堆场与建筑物的防火间距不宜小于25m；

5） 堆垛不宜过高过大，应保持一定安全距离。

8 村庄宜在适当位置设置普及消防安全常识的固定消防宣传栏；易燃易爆区域应设置消防安全警示标志。

3.2.3 村庄建筑整治应符合下列防火规定：

1 村庄厂（库）房和民用建筑的耐火等级、允许层数、允许占地面积及建筑构造防火要求应符合农村建筑防火的有关规定；

2 既有耐火等级低的老建筑有条件时应逐步加以改造，采取提高耐火等级等措施消除火灾隐患；

3 村庄电气线路与电气设备的安装使用应符合国家电气设计技术规范和农村建筑防火的有关规定；村庄建筑电气应接地，配电线路应安装过载保护和漏电保护装置，电线宜采用线槽或穿管保护，不应直接敷设在可燃装修材料或可燃构件上，当必须敷设时应采取穿金属管、阻燃塑料管保护；

4 现状存在火灾隐患的公共建筑，应根据《建筑设计防火规范》GB 50016等国家相关标准进行整治改造；

5 村庄应积极采用先进、安全的生活用火方式，推广使用沼气和集中供热；火源和气源的使用管理应符合农村建筑防火的有关规定；

6 保护性文物建筑应建立完善的消防设施。

3.2.4 村庄消防供水宜采用消防、生产、生活合一的供水系统，并应符合下列规定：

1 具备给水管网条件时，管网及消火栓的布置、水量、水压应符合现行国家标准《建筑设计防火规范》GB 50016及农村建筑防火的有关规定；利用给水管道设置消火栓，间距不应大于120m；

2 不具备给水管网条件时，应利用河湖、池塘、水渠等水源进行消防通道和消防供水设施整治；利用天然水源时，应保证枯水期最低水位和冬季消防用水的可靠性；

3 给水管网或天然水源不能满足消防用水时，宜设置消防水池，消防水池的容积应满足消防水量的要求；寒冷地区的消防水池应采取防冻措施；

4 利用天然水源或消防水池作为消防水源时，应配置消防泵或手抬机动泵等消防供水设备。

3.2.5 村庄整治应按照国家有关规定配置消防设施，并应符合下列规定：

1 消防站的设置应根据村庄规模、区域位置、发展状况及火灾危险程度等因素确定，确需设置消防站时应符合下列规定：

1）消防站布局应符合接到报警5min内消防人员到达责任区边缘的要求，并应设在责任区内的适中位置和便于消防车辆迅速出动的地段；

2）消防站的建设用地面积宜符合表3.2.5的规定；

3）村庄的消防站应设置由电话交换站或电话分局至消防站接警室的火警专线，并应与上一级消防站、邻近地区消防站，以及供水、供电、供气、义务消防组织等部门建立消防通信联网。

表3.2.5 消防站规模分级

消防站类型	责任区面积(km^2)	建设用地面积(m^2)
标准型普通消防站	≤7.0	2400～4500
小型普通消防站	≤4.0	400～1400

2 5000人以上村庄应设置义务消防值班室和义务消防组织，配备通信设备和灭火设施。

3.2.6 村庄消防通道应符合现行国家标准《建筑设计防火规范》GB 50016及农村建筑防火的有关规定，并应符合下列规定：

1 消防通道可利用交通道路，应与其他公路相连通；消防通道上禁止设立影响消防车通行的隔离桩、栏杆等障碍物；当管架、栈桥等障碍物跨越道路时，净高不应小于4m；

2 消防通道宽度不宜小于4m，转弯半径不宜小于8m；

3 建房、挖坑、堆柴草饲料等活动，不得影响消防车通行；

4 消防通道宜成环状布置或设置平坦的回车场；尽端式消防回车场不应小于15m×15m，并应满足相应的消防规范要求。

3.3 防洪及内涝整治

3.3.1 受江、河、湖、海、山洪、内涝威胁的村庄应进行防洪整治，并应符合下列规定：

1 防洪整治应结合实际，遵循综合治理、确保重点、防汛与抗旱相结合、工程措施与非工程措施相结合的原则。根据洪灾类型确定防洪标准：

1）沿江、河、湖泊村庄防洪标准不应低于其所处江河流域的防洪标准；

2）邻近大型或重要工矿企业、交通运输设施、动力设施、通信设施、文物古迹和旅游设施等防护对象的村庄，当不能分别进行防护时，应按“就高不就低”的原则确定设防标准及防洪设施。

2 应合理利用岸线，防洪设施选线应适应防洪现状和天然岸线走向。

3 受台风、暴雨、潮汐威胁的村庄，整治时应符合防御台风、暴雨、潮汐的要求。

4 根据历史降水资料易形成内涝的平原、洼地、水网圩区、山谷、盆地等地区的村庄整治应完善除涝排水系统。

3.3.2 村庄的防洪工程和防洪措施应与当地江河流域、农田水利、水土保持、绿化造林等规划相结合并应符合下列规定：

1 居住在行洪河道内的村民，应逐步组织外迁；

2 结合当地江河走向、地势和农田水利设施布置泄洪沟、防洪堤和蓄洪库等防洪设施；对可能造成滑坡的山体、坡地，应加砌石块护坡或挡土墙；防洪（潮）堤的设置应符合国家有关标准的规定；

3 村庄范围内的河道、湖泊中阻碍行洪的障碍物，应制定限期清除措施；

4 在指定的分洪口门附近和洪水主流区域内，严禁设置有碍行洪的各种建筑物，既有建筑物必须拆除；

5 位于防洪区内的村庄，应在建筑群体中设置具有避洪、救灾功能的公共建筑物，并应采用有利于人员避洪的建筑结构形式，满足避洪疏散要求；避洪房屋应依据现行国家标准《蓄滞洪区建筑工程技术规范》GB 50181的有关规定进行整治；

6 蓄滞洪区的土地利用、开发必须符合防洪要求，建筑场地选择、避洪场所设置等应符合《蓄滞洪区建筑工程技术规范》GB 50181的有关规定并应符合下列规定：

1）指定的分洪口门附近和洪水主流区域内的土地应只限于农牧业以及其他露天方式使用，保持自然空地状态；

2）蓄滞洪区内的高地、旧堤应予保留，以备临时避洪；

3）蓄滞洪区内存在有毒、严重污染物质的

工厂和仓库必须制定限期拆除迁移措施。

3.3.3 村庄应选择适宜的防内涝措施，当村庄用地外围有较大汇水需汇入或穿越村庄用地时，宜用边沟或排（截）洪沟组织用地外围的地面汇水排除。

3.3.4 村庄排涝整治措施包括扩大坑塘水体调节容量、疏浚河道、扩建排涝泵站等，应符合下列规定：

1 排涝标准应与服务区域人口规模、经济发展状况相适应，重现期可采用5～20年；

2 具有排涝功能的河道应按原有设计标准增加排涝流量校核河道过水断面；

3 具有旱涝调节功能的坑塘应按排涝设计标准控制坑塘水体的调节容量及调节水位，坑塘常水位与调节水位差宜控制在0.5～1.0m；

4 排涝整治应优先考虑扩大坑塘水体调节容量，强化坑塘旱涝调节功能；主要方法包括：

1）将原有单一渔业养殖功能坑塘改为养殖与旱涝调节兼顾的综合功能坑塘；

2）调整农业用地结构，将地势低洼的原有耕地改为旱涝调节坑塘；

3）受土地条件限制地区，宜采用疏浚河道、新（扩）建排涝泵站的整治方式。

3.3.5 村庄防洪救援系统，应包括应急疏散点、救生机械（船只）、医疗救护、物资储备和报警装置等。

3.3.6 村庄防洪通信报警信号必须能送达每户家庭，并应能告知村庄区域内每个人。

3.4 其他防灾项目整治

3.4.1 地质灾害综合整治应符合下列规定：

1 应根据所在地区灾害环境和可能发生灾害的类型重点防御：山区村庄重点防御边坡失稳的滑坡、崩塌和泥石流等灾害；矿区和岩溶发育地区的村庄重点防御地面下沉的塌陷和沉降灾害；

2 地质灾害危险区应及时采取工程治理或者搬迁避让措施，保证村民生命和财产安全；地质灾害治理工程应与地质灾害规模、严重程度以及对人民生命和财产安全的危害程度相适应；

3 地质灾害危险区内禁止爆破、削坡、进行工程建设以及从事其他可能引发地质灾害的活动；

4 对可能造成滑坡的山体、坡地，应加砌石块护坡或挡土墙。

3.4.2 位于地震基本烈度六度及以上地区的村庄应符合下列规定：

1 根据抗震防灾要求统一整治村庄建设用地和建筑，并应符合下列规定：

1）对村庄中需要加强防灾安全的重要建筑，进行加固改造整治；

2）对高密度、高危险性地区及抗震能力薄弱的建筑应制定分区加固、改造或拆迁措施，综合整治；位于本规范第3.1.6条规定的不适宜用地上的建筑应进行拆迁、外移，位于本规范第3.1.7条规定的限制性用地上的建筑应进行拆迁、外移或消除限制性使用因素。

2 地震设防区村庄应充分估计地震对防洪工程的影响，防洪工程设计应符合现行行业标准《水工建筑物抗震设计规范》SL 203的规定。

3.4.3 村庄防风减灾整治应根据风灾危害影响统筹安排进行整治，并应符合下列规定：

1 风灾危险性为D类地区的村庄建设用地选址应避开与风向一致的谷口、山口等易形成风灾的地段；

2 风灾危险性为C类地区的村庄建设用地选址宜避开与风向一致的谷口、山口等易形成风灾的地段；

3 村庄内部绿化树种选择应满足抵御风灾正面袭击的要求；

4 防风减灾整治应根据风灾危害影响，按照防御风灾要求和工程防风措施，对建设用地、建筑工程、基础设施、非结构构件统筹安排进行整治，对于台风灾害危险地区村庄，应综合考虑台风可能造成的大风、风浪、风暴潮、暴雨洪灾等防灾要求；

5 风灾危险性C类和D类地区村庄应根据建设和发展要求，采取在迎风方向的边缘种植密集型防护林带或设置挡风墙等措施，减小暴风雪对村庄的威胁和破坏。

3.4.4 村庄防雪灾整治应符合下列规定：

1 村庄建筑应符合现行国家标准《建筑结构荷载规范》GB 50009的有关规定，并应符合下列规定：

1）暴风雪严重地区应统一考虑本规范第3.4.3条防风减灾的整治要求；

2）建筑物屋顶宜采用适宜的屋面形式；

3）建筑物不宜设高低屋面。

2 根据雪压分布、地形地貌和风力对雪压的影响，划分建筑工程的有利场地和不利场地，合理布局和整治村庄建筑、生命线工程和重要设施。

3 雪灾危害严重地区村庄应制定雪灾防御避灾疏散方案，建立避灾疏散场所，对人员疏散、避灾疏散场所的医疗和物资供应等作出合理规划和安排。

4 雪灾危险性C类和D类地区的村庄整治时应符合本规范第3.4.3条第5款的规定。

3.4.5 村庄冻融灾害防御整治应符合下列规定：

1 多年冻土不宜作为采暖建筑地基，当用作建筑地基时，应符合现行国家标准的有关规定；

2 山区建筑物应设置截水沟或地下暗沟，防止地表水和潜流水浸入基础，造成冻融灾害；

3 根据场地冻土、季节冻土标准冻深的分布情况，地基土的冻胀性和融陷性，合理确定生命线工程和重要设施的室外管网布局和埋深。

3.4.6 雷暴多发地区村庄内部易燃易爆场所、物资仓储、通信和广播电视设施、电力设施、电子设备、村民住宅及其他需要防雷的建（构）筑物、场所和设施，必须安装避雷、防雷设施。

3.5 避 灾 疏 散

3.5.1 村庄避灾疏散应综合考虑各种灾害的防御要求，统筹进行避灾疏散场所与避灾疏散道路的安排与整治。

3.5.2 村庄道路出入口数量不宜少于 2 个，1000 人以上的村庄与出入口相连的主干道路有效宽度不宜小于 7m，避灾疏散场所内外的避灾疏散主通道的有效宽度不宜小于 4m。

3.5.3 避灾疏散场地应与村庄内部的晾晒场地、空旷地、绿地或其他建设用地等综合考虑，与火灾、洪灾、海啸、滑坡、山崩、场地液化、矿山采空区塌陷等其他防灾要求相结合，并应符合下列规定：

1 应避开本规范第 3.1.6 条规定的危险用地区段和次生灾害严重的地段；

2 应具备明显标志和良好交通条件；

3 有多个进出口，便于人员与车辆进出；

4 应至少有一处具备临时供水等必备生活条件的疏散场地。

3.5.4 避灾疏散场所距次生灾害危险源的距离应满足国家现行有关标准要求；四周有次生火灾或爆炸危险源时，应设防火隔离带或防火林带。避灾疏散场所与周围易燃建筑等一般火灾危险源之间应设置宽度不少于 30m 的防火安全带。

3.5.5 村庄防洪保护区应制定就地避洪设施规划，有效利用安全堤防，合理规划和设置安全庄台、避洪房屋、围埝、避水台、避洪杆架等避洪场所。

3.5.6 修建围埝、安全庄台、避水台等就地避洪安全设施时，其位置应避开分洪口、主流顶冲和深水区，其安全超高值应符合表 3.5.6 规定。安全庄台、避水台迎流面应设护坡，并设置行人台阶或坡道。

表 3.5.6 就地避洪安全设施的安全超高

安全设施	安置人口（人）	安全超高（m）
围 埝	地位重要、防护面大、安置人口超过 10000 的密集区	＞2.0
	≥10000	2.0～1.5
	≥1000，＜10000	1.5～1.0
	＜1000	1.0
安全庄台、避水台	≥1000	1.5～1.0
	＜1000	1.0～0.5

注：安全超高指在蓄、滞洪时的最高洪水位以上，考虑水面浪高等因素，避洪安全设施需要增加的富余高度。

3.5.7 防洪区的村庄宜在房前屋后种植高杆树木。

3.5.8 蓄滞洪区内学校、工厂等单位应利用屋顶或平台等建设集体避洪安全设施。

4 给 水 设 施

4.1 一 般 规 定

4.1.1 村庄给水设施整治应充分利用现有条件，改造完善现有设施，保障饮水安全。

4.1.2 村庄给水设施整治应实现水量满足用水需求，水质达标。整治后生活饮用水水量不应低于 40～60L/(人·d)，集中式给水工程配水管网的供水水压应满足用户接管点处的最小服务水头。水质应符合现行国家标准《生活饮用水卫生标准》GB 5749的规定。

4.1.3 村庄给水设施整治的主要内容包括水源、给水方式、给水处理工艺、现有设备设施和输配水管道的整治，并应根据当地实际情况完善其他必要的设备设施。

4.1.4 集中式给水工程整治的设计、施工应根据供水规模，由具有相应资质的专业单位负责。

4.1.5 生活饮用水必须经过消毒。凡与生活饮用水接触的材料、设备和化学药剂等应符合国家现行有关生活饮用水卫生安全的规定。

4.1.6 村庄给水设施整治应符合本规范第 3.1.6 条的规定。

4.2 给 水 方 式

4.2.1 给水方式分为集中式和分散式两类。

4.2.2 给水方式应根据当地水源条件、能源条件、经济条件、技术水平及规划要求等因素进行方案综合比较后确定。

4.2.3 村庄靠近城市或集镇时，应依据经济、安全、实用的原则，优先选择城市或集镇的配水管网延伸供水。

4.2.4 村庄距离城市、集镇较远或无条件时，应建设给水工程，联村、联片供水或单村供水。无条件建设集中式给水工程的村庄，可选择手动泵、引泉池或雨水收集等单户或联户分散式给水方式。

4.3 水 源

4.3.1 水源整治内容为现有水源保护区内污染源的清理整治，或根据需要选择新水源。

4.3.2 应建立水源保护区。保护区内严禁一切有碍水源水质的行为和建设任何可能危害水源水质的设施。

4.3.3 现有水源保护区内所有污染源应进行清理整治。

4.3.4 选择新水源时，应根据当地条件，进行水资源勘察。所选水源应水量充沛、水质符合相关要求，无条件地区可收集雨（雪）水作为水源。

水源水质应符合下列规定：

1 采用地下水为生活饮用水水源时，水质应符合现行国家标准《地下水质量标准》GB/T 14848 的规定；

2 采用地表水为生活饮用水水源时，水质应符合现行国家标准《地表水环境质量标准》GB 3838 的规定。

4.3.5 水源水质不能满足上述要求时，应采取必要的处理工艺，使处理后的水质符合现行国家标准《生活饮用水卫生标准》GB 5749的规定。

4.4 集中式给水工程

4.4.1 给水处理工艺的整治应符合下列规定：

1 应根据水源水质、设计规模、处理后水质要求，参照相似条件下已有水厂的运行经验，确定水处理工艺流程与构筑物；

2 原水含铁、锰量超标，可采用曝气氧化工艺；

3 原水含氟量超标，可采用活性氧化铝吸附或混凝沉淀工艺；

4 原水含盐量（苦咸水）超标，可采用电渗析或反渗透工艺；

5 原水含砷量超标，可采用多介质过滤工艺；

6 原水浊度超标可采用下列处理工艺：

1）原水浊度长期不超过 20NTU，瞬时不超过 60NTU，可采用慢滤或接触过滤工艺；

2）原水浊度长期不超过 500NTU，瞬时不超过 1000NTU，可采用两级粗滤加慢滤或混凝沉淀（澄清）工艺；

7 原水藻类、氨氮或有机物超标（微污染的地表水），可在混凝沉淀前增加预氧化工艺，或在混凝沉淀后增加活性炭深度处理工艺。

4.4.2 设备设施的整治应符合下列规定：

1 给水工程设施的整治主要包括现有给水厂站及生产建（构）筑物、调节构筑物以及水泵、消毒等设备设施的整治或根据整治需要增加必要的设备设施；

2 给水厂站及生产建（构）筑物的整治应符合下列规定：

1）应符合本规范第 3.1.6 条的规定；

2）给水厂站生产建（构）筑物（含厂外泵房等）周围 30m 范围内现有的厕所、化粪池和禽畜饲养场应迁出，且不应堆放垃圾、粪便、废渣和铺设污水管渠；

3）有条件的厂站应配备简易水质检验设备；

4）无计量装置的出厂水总干管应增设计量装置；

3 调节构筑物的整治应符合下列规定：

1）清水池、高位水池应有保证水的流动、避免死角的措施，容积大于 $50m^3$ 时应设导流墙，增加清洗及通气等措施；

2）清水池和高位水池应加盖，设通气孔、溢流管和检修孔，并有防止杂物和爬虫进入池内的措施；

3）室外清水池和高位水池周围及顶部宜覆土；

4）无避雷设施的水塔和高位水池应增设避雷设施；

4 水泵的整治应符合下列规定：

1）不能满足水量、水压要求的水泵宜进行更换；

2）不能适应水量、水压变化要求的水泵宜增设变频设施；

3）当水泵向高地供水时，应在出水总干管上安装水锤防护装置；

5 消毒设施的整治应符合下列规定：

1）消毒方法和消毒剂的选择应根据当地条件、消毒剂来源、原水水质、出水水质要求、给水处理工艺等，通过技术经济比较确定；可采用氯、二氧化氯、臭氧、紫外线等消毒方法，消毒剂与水的接触时间不应小于 30min；

2）消毒剂以及消毒系统应符合国家相关标准、规范的规定。

4.4.3 输配水管道的整治应符合下列规定：

1 现有供水不畅的输配水管道应进行疏通或更新，以解决跑、冒、滴、漏和二次污染等问题；

2 输水管道的整治应符合下列规定：

1）应满足管道埋设要求，尽量缩短线路长度，避免急转弯、较大的起伏、穿越不良地质地段，减少穿越铁路、公路、河流等障碍物；

2）新建或改造的管道应充分利用地形条件，优先采用重力流输水；

3 配水管道宜沿现有道路或规划道路敷设，地形高差较大时，宜在适当位置设加压或减压设施；

4 村庄生活饮用水配水管道不应与非生活饮用水管道、各单位自备生活饮用水管道连接；

5 输配水管道的埋设深度应根据冰冻情况、外部荷载、管材性能等因素确定；露天管道宜设调节管道伸缩设施，并设置保证管道稳定的措施，还应根据需要采取防冻保温措施；

6 输配水管道在管道隆起点上应设自动进（排）气阀；排气阀口径宜为管道直径的1/12～1/8，且不小于 15mm；

7 管道低凹处应设泄水阀，泄水阀口径宜为管道直径的1/5～1/3；

8 管道分水点下游的干管和分水支管上应设检

修阀；

9 室外管道上的闸阀、蝶阀、进（排）气阀、泄水阀、减压阀、消火栓、水表等宜设在井内，并有防冻、防淹措施。

4.5 分散式给水工程

4.5.1 手动泵给水工程的整治应符合下列规定：

1 手动泵给水工程由水源井、井台和手动泵组成；

2 水源井应选择在水量充沛、水质良好、环境卫生、运输方便、靠近用水中心、便于施工管理、易于排水、安全可靠的地点，并应符合本规范第 4.3.2 条的规定；

3 水源井周边应保持环境卫生，并应有排水设施；

4 井台应高出周边地面，高差不应小于 0.2m。

4.5.2 引泉池给水工程的整治应符合下列规定：

1 引泉池给水工程由山泉水水源、引泉池与供水管网组成；

2 整治前应对泉水出露的地形、水文地质条件等进行实地勘察，确定水源的补给及泉水类型；

3 引泉池应设顶盖封闭，并设通风管；管口宜向下弯曲，包扎细网；引泉池进口、检修孔孔盖应高出周边地面 0.1～0.2m；池壁应密封不透水，壁外用黏土夯实封固，黏土层厚度为 0.3～0.5m；引泉池周围应作不透水层，地面以一定坡度坡向排水沟；

4 引泉池池壁上部应设置溢流管，管径比出水管管径大一级，出水管距池底 0.1～0.2m，可在池底设置排空管。

4.5.3 雨水收集给水工程的整治应符合下列规定：

1 依据收集场地的不同，雨水收集系统可分为屋顶集水式与地面集水式雨水收集系统两类；

2 屋顶集水式雨水收集系统由屋顶集水场、集水槽、落水管、输水管、简易净化装置（粗滤池）、贮水池、取水设备等组成；

3 地面集水式雨水收集系统由地面集水场、汇水渠、简易净化装置（沉砂池、沉淀池、粗滤池）、贮水池、取水设备等组成；

4 集水场的整治应符合下列规定：

1）集水能力应满足用水量需求，并应与贮水池的容积相配套；

2）集水面应采用集水性好的材料；

3）集水面的坡度应大于 0.2%，并设集水槽（管）或汇水渠（管）；

4）集水面应避开畜禽圈、粪坑、垃圾堆、农药、肥料等污染源；

5）贮水池应符合本规范第 4.4.2 条有关调节构筑物的整治要求。

4.6 维护技术

4.6.1 验收应符合下列规定：

1 集中式给水工程应通过竣工验收后，方可投入运行；

2 建（构）筑物、给水管井、混凝土结构、砌体结构、管道工程、机电设备等施工及验收均应符合国家有关施工及验收规范的规定。

4.6.2 运行管理应符合下列规定：

1 集中式给水工程应设置管理机构或由相关部门兼管，明确职责，落实管理人员；

2 供水单位应根据具体情况，建立包括水源卫生防护、水质检验、岗位责任、运行操作、安全规程、交接班、维护保养、成本核算、计量收费等运行管理制度和突发事件处理预案，按制度进行管理；

3 供水单位应取得取水许可证、卫生许可证，运行管理人员应有健康合格证；

4 供水单位应根据工程具体情况建立水质检验制度，配备检验人员和检验设备，对原水、出厂水和管网末梢水进行水质检验，并接受当地卫生部门的监督；水质检验项目和频率等应根据当地卫生主管部门的要求进行；

5 分散式给水村庄的供水主管部门应建立巡视检查制度，了解水源保护和村民饮水情况，发现问题应及时采取措施，保证安全供水。

5 垃圾收集与处理

5.1 一 般 规 定

5.1.1 村庄垃圾应及时收集、清运，保持村庄整洁。

5.1.2 村庄生活垃圾宜就地分类回收利用，减少集中处理垃圾量。

5.1.3 人口密度较高的区域，生活垃圾处理设施应在县域范围内统一规划建设，宜推行村庄收集、乡镇集中运输、县域内定点集中处理的方式，暂时不能纳入集中处理的垃圾，可选择就近简易填埋处理。

5.1.4 工业废弃物、家庭有毒有害垃圾宜单独收集处置，少量非有害的工业废弃物可与生活垃圾一起处置。塑料等不易腐烂的包装物应定期收集，可沿村庄内部道路合理设置废弃物遗弃收集点。

5.2 垃圾收集与运输

5.2.1 生活垃圾宜推行分类收集，循环利用。

5.2.2 垃圾收集点应放置垃圾桶或设置垃圾收集池（屋），并应符合下列规定：

1 收集点可根据实际需要设置，每个村庄不应少于 1 个垃圾收集点；

2 收集频次可根据实际需要设定，可选择每周

1～2次。

5.2.3 垃圾收集点应规范卫生保护措施，防止二次污染。蝇、蚊孳生季节，应定时喷洒消毒及灭蚊蝇药物。

5.2.4 垃圾运输过程中应保持封闭或覆盖，避免遗撒。

5.3 垃圾处理

5.3.1 废纸、废金属等废品类垃圾可定期出售。

5.3.2 可生物降解的有机垃圾单独收集后应就地处理，可结合粪便、污泥及秸秆等农业废弃物进行资源化处理，包括家庭堆肥处理、村庄堆肥处理和利用农村沼气工程厌氧消化处理。

5.3.3 家庭堆肥处理可在庭院或农田中采用木条等材料围成约1m^3空间堆放可生物降解的有机垃圾，堆肥时间不宜少于2个月。庭院里进行家庭堆肥处理可用土覆盖。

5.3.4 村庄集中堆肥处理，宜采用条形堆肥方式，时间不宜少于2～3个月。条形堆肥场地可选择在田间、田头或草地、林地旁。

5.3.5 设置人畜粪便沼气池的村庄，可将可生物降解的有机垃圾粉碎后与畜粪混合处理。

5.3.6 砖、瓦、石块、渣土等无机垃圾宜作为建筑材料进行回收利用；未能回收利用的砖、瓦、石块、渣土等无机垃圾可在土地整理时回填使用。

5.3.7 暂时不能纳入集中处理的其他垃圾，可采用简易填埋处理，并应符合下列规定：

1 简易填埋处理场严禁选址于村庄水源保护区范围内，宜选择在村庄主导风向下风向，且应避免占用农田、林地等农业生产用地；宜选择地下水位低并有不渗水黏土层的坑地或洼地；选址与村庄居住建筑用地的距离不宜小于卫生防护距离要求；

2 简易填埋（堆放）场主要处置暂时不能纳入集中处理的其他垃圾，倾倒过程应进行简单覆盖，场址四周宜设置简易截洪设施；

3 简易填埋处理场底部宜采用自然黏性土防渗。

6 粪便处理

6.1 一般规定

6.1.1 村庄整治应实现粪便无害化处理，预防疾病，保障村民身体健康，防止粪便污染环境。

6.1.2 应按实际需要选择厕所类型，其改造和建设应符合国家有关的规定。

户厕改造宜实现一户一厕。

6.1.3 人、畜粪便应在无害化处理后进行农业应用，减少对水体与环境的污染。

6.1.4 当地主管部门应对新改建厕所的粪便无害化处理效果进行抽样检测，粪大肠菌、蛔虫卵应符合现行国家标准《粪便无害化卫生标准》GB 7959的规定；血吸虫病流行地区的厕所应符合卫生部门的有关规定。

6.2 卫生厕所类型选择

6.2.1 村庄整治中应综合考虑当地经济发展状况、自然地理条件、人文民俗习惯、农业生产方式等因素，选用适宜的厕所类型：

1 三格化粪池厕所；

2 三联通沼气池式厕所；

3 粪尿分集式生态卫生厕所；

4 水冲式厕所；

5 双瓮漏斗式厕所；

6 阁楼堆肥式厕所；

7 双坑交替式厕所；

8 深坑式厕所。

6.2.2 厕所类型选择应符合下列规定：

1 不具备上、下水设施的村庄，不宜建水冲式厕所。水冲式厕所排出的粪便污水应与通往污水处理设施的管网相连接；

2 家庭饲养牲畜的农户，宜建造三联通沼气池式厕所；

3 寒冷地区建造三联通沼气池式厕所应保持温度，宜与蔬菜大棚等农业生产设施结合建设；

4 干旱地区的村庄可建造粪尿分集式生态卫生厕所、双坑交替式厕所、阁楼堆肥式厕所或双瓮漏斗式厕所；

5 寒冷地区的村庄可采用深坑式厕所，贮粪池底部应低于当地冻土层；

6 非农牧业地区的村庄，不宜选用粪尿分集式生态卫生厕所。

6.2.3 户厕应满足建造技术要求、方便使用与管理，与饮用水源保持必要的安全卫生距离，并应符合下列规定：

1 地上厕屋应满足农户自身需要；

2 地下结构应符合无害化卫生厕所要求、坚固耐用、经济方便；特殊地质条件地区，应由当地建筑设计部门提出建造的质量安全要求。

6.2.4 为防止人畜共患病，还应符合下列规定：

1 禁止人畜混居，避免人禽混居；

2 血吸虫病流行地区与其他肠道传染病高发地区村庄的沼气池式户厕，不应采用可随时取沼液与沼液随意溢流排放的设计模式，严禁将沼液作为牲畜的饲料添加剂、养鱼、养禽等，严禁向任何水域排放粪便污水和沼液。

6.2.5 使用预制式贮粪池、便器与厕所其他关键设备前，应进行安全性与功能性的技术鉴定，符合要求的方可生产。

6.3 厕所建造与卫生管理要求

6.3.1 厕所建造与卫生管理应符合下列规定：

1 三格化粪池厕所：

1）厕所内应有贮水容器；

2）排气管应与三格化粪池的第一池相通，高于厕屋500mm以上；

3）使用前，贮粪池应进行渗漏测试，不渗漏方可投入使用；

4）贮粪池投入运行前，应向第一池注入水至浸没第一池过粪管口；

5）应定期检查过粪管是否堵塞，并及时进行疏通；

6）第三格的粪液应及时清掏，清掏的粪渣、粪皮及沼气池的沉渣应进行堆肥等无害化处理；

7）禁止在第一池取粪用肥；禁止向第二、三池倒入新鲜粪液；禁止将洗浴水、畜禽粪通入贮粪池；

8）厕纸不宜丢入厕坑。

2 三联通沼气池式厕所：

1）厕所内应有贮水容器；

2）新建沼气池需经7d以上养护，经试水、试压，不漏气、不漏水后方可投料使用；

3）首次投料启动采用沼气池沉渣或污染物作为接种物时，接种量为总发酵液的10%～15%，采用旧沼气池发酵液作为接种物时，应大于30%；

4）沼气池发酵液含水量一般为90%～95%，料液碳氮比一般为20∶1，发酵最宜pH值为6.8，沼液应经沉淀后于溢流贮存处掏取；

5）根据当地用肥季节和习惯，沼气池宜每年出料1～2次；

6）使用和检查维修沼气池时，必须严格防火、防爆和防止窒息事故发生；

7）严禁在进粪端取粪用肥，严禁将洗浴水通入厕所的发酵间，严禁向沼气池投入剧毒农药和各种杀虫剂、杀菌剂。

3 粪尿分集式生态卫生厕所：

1）应有覆盖料；

2）应设置贮粪池与贮尿池，贮粪池向阳采光，贮尿池避光密封；应单独设置男士使用的小便器，管道与贮尿池连接；

3）出粪口盖板应用涂黑金属板制作；

4）便器为粪尿分别收集型，南方村庄尿收集口直径宜为30mm，北方村庄尿收集口直径宜为60mm；

5）地下水位高的地区宜建造地上或半地上式贮粪池；

6）新厕所使用前在坑内垫入约100mm干灰；便后在粪坑内加入干灰（草木灰、炉灰、庭院土等），用量为粪便量3倍以上；厕坑潮湿时应加入适量干灰；尿肥施用时需兑入3～5倍的水；冬季非耕作期不使用尿肥时，应密闭和低温保存；

7）单坑在使用过程中，应不定期将粪坑堆积的粪便向外翻倒，翻倒时将外侧储存6个月以上干燥的粪便清掏出施肥；

8）厕纸不宜丢入厕坑。

4 水冲式厕所：

1）用水量需适度；

2）便器应用水封；

3）寒冷地区厕所宜建造在室内，上下水管线应采取防冻措施。

5 双瓮漏斗式厕所：

1）厕所内应有贮水容器；

2）排气管应与厕所的前瓮相通，高于厕屋500mm以上；

3）使用前应先加水试渗漏，不渗漏后方可投入运行；

4）启用前，应向前瓮加清水至浸没前瓮过粪管口；

5）后瓮粪液应及时清掏，严禁向后瓮倒入新鲜粪液；

6）后瓮粪液如形成白色菌膜，表明运行良好；未形成白色菌膜应调整用水量；

7）厕纸不宜丢入厕坑。

6 阁楼堆肥式厕所：

1）应保持贮粪池通风；粪便、垃圾可作为堆肥原料；

2）贮粪池内的粪便发酵堆肥储存期为半年，厕坑容积根据每人每天粪便量与覆盖料量按4kg计算；

3）需要用肥前1个月，应增加湿度达到可以升温的条件并保持粪堆温度50℃以上5～7d，放置20～30d腐熟，清出粪肥，循环应用。

7 双坑交替式厕所：

1）便后应用干细土覆盖吸收水分并使粪尿与空气隔开；

2）应集中使用其中一个厕坑，满后封闭，为封存坑；同时启用另一个坑，为使用坑，满后封闭；将第一个粪便清掏后，继续交替使用；

3）封存半年以上的厕粪可直接用作肥料，不足半年的清掏后应经堆肥等无害化处理。

8 深坑式厕所：

1）清掏粪便应进行堆肥处理后方可施肥应用；

2）滑粪道斜坡长与排粪口长之比宜为 2∶1，坡度应达到 60°，排便口应加盖；

3）排气管设计应与贮粪池连通，设在厕屋内侧、外侧均可，可用砖砌或采用陶管，直径 100mm；修建时应高出厕屋顶 500mm 以上，同时安装防风帽；

4）贮粪池口应有盖，口（直）径不应大于 300 mm，并高于地面 100～150mm。

6.3.2 贮粪池应避免粪便裸露。

7 排 水 设 施

7.1 一 般 规 定

7.1.1 村庄排水设施整治包括确定排放标准、整治排水收集系统和污水处理设施。

7.1.2 排水量包括污水量和雨水量，污水量包括生活污水量及生产污水量。排水量可按下列规定计算：

1 生活污水量可按生活用水量的 75%～90%进行计算；

2 生产污水量及变化系数可按产品种类、生产工艺特点及用水量确定，也可按生产用水量的 75%～90%进行计算；

3 雨水量可按照临近城市的标准进行计算。

7.1.3 污水排放应符合现行国家标准《污水综合排放标准》GB 8978的有关规定；污水用于农田灌溉应符合现行国家标准《农田灌溉水质标准》GB 5084 的有关规定。

7.1.4 村庄应根据自身条件，建设和完善排水收集系统，采用雨污分流或雨污合流方式排水。

7.1.5 有条件且位于城镇污水处理厂服务范围内的村庄，应建设和完善污水收集系统，将污水纳入到城镇污水处理厂集中处理；位于城镇污水处理厂服务范围外的村庄，应联村或单村建设污水处理站。

无条件的村庄，可采用分散式排水方式，结合现状排水，疏通整治排水沟渠，并应符合下列规定：

1 雨水可就近排入水系或坑塘，不应出现雨水倒灌农民住宅和重要建筑物的现象；

2 采用人工湿地等污水处理设施的村庄，生活污水可与雨水合流排放，但应经常清理排水沟渠，防止污水中有机物腐烂，影响村庄环境卫生。

7.1.6 粪便污水、养殖业污水、工业废水不应污染地表水和地下水饮用水源及其他功能性水体。并应符合下列规定：

1 粪便污水应经化粪池、沼气池等进行卫生处理或制作有机肥料，出水达到标准后引至村庄水系下游的低质水体或直接利用；

2 养殖业污水宜单独收集入沼气池制作有机肥料，出水达到标准后引至水系下游的低质水体或直接利用；

3 工业废水处理达到标准后，应排入村庄排水沟渠或村庄水系。

7.1.7 缺水地区的村庄应合理利用生活污水。

7.1.8 村庄排水设施应符合本规范第 3.1.6 条的规定。

7.2 排水收集系统

7.2.1 排水宜采用雨污分流，统一排放。条件不具备时，可采用雨污合流，但应逐步实现分流。雨污分流时的雨水就近排入村庄水系，雨污分流时的污水、雨污合流时的合流污水应输送至污水处理站进行处理，或排入村庄水系的低质水体。

7.2.2 雨水应有序排放，雨水沟渠可与道路边沟结合。污水应有序暗流排放，可采用排水管道或暗渠。雨水和污水管渠均按重力流计算。

7.2.3 排水沟渠沿道路敷设，应尽量避免穿越广场、公共绿地等，避免与排洪沟、铁路等障碍物交叉。

7.2.4 寒冷地区，排水管道应铺设在冻土层以下，并有防冻措施。

7.2.5 排水收集系统整治应符合下列规定：

1 雨水排放可根据当地条件，采用明沟或暗渠收集方式；雨水沟渠应充分利用地形，及时就近排入池塘、河流或湖泊等水体，并应定时清理维护，防止被生活垃圾、淤泥淤积堵塞；

2 雨水排水沟渠的纵坡不应小于 0.3%，雨水沟渠的宽度及深度应根据各地降雨量确定，沟渠底部宽度不宜小于 0.15m，深度不宜小于 0.12m；

3 雨水排水沟渠砌筑可选用混凝土或砖石、条石等地方材料；

4 南方多雨地区房屋四周应设置排水沟渠；北方地区房屋外墙外地坪应设置散水，宽度不应小于 0.50m，外墙勒脚高度不应低于 0.45m，一般采用石材、水泥等材料砌筑；特殊干旱地区房屋四周可用黏土夯实排水；

5 有条件的村庄，宜采用管道收集生活污水，应根据人口数量和人均用水量计算污水总量，并估算管径，管径不应小于 150mm；

6 污水管道宜依据地形坡度铺设，坡度不应小于 0.3%，距离建筑物外墙应大于 2.5m，距离树木中心应大于 1.5m，管材可选用混凝土管、陶土管、塑料管等多种地方材料；污水管道应设置检查井。

7.3 污水处理设施

7.3.1 有条件的村庄，应联村或单村建设污水处理站。并应符合下列规定：

1 雨污分流时，将污水输送至污水处理站进行处理；

2 雨污合流时，将合流污水输送至污水处理站进行处理；在污水处理站前，宜设置截流井，排除雨季的合流污水；

3 污水处理站可采用人工湿地、生物滤池或稳定塘等生化处理技术，也可根据当地条件，采用其他有工程实例或成熟经验的处理技术。

7.3.2 村庄污水处理站应选址在夏季主导风向下方、村庄水系下游，并应靠近受纳水体或农田灌溉区。

7.3.3 村庄的工业废水和养殖业污水经过处理达到现行国家标准《污水综合排放标准》GB 8978 的要求后，可输送至村庄污水处理站进行处理。

7.3.4 污水处理站出水应符合现行国家标准《城镇污水处理厂污染物排放标准》GB 18918 的有关规定；污水处理站出水用于农田灌溉时，应符合现行国家标准《农田灌溉水质标准》GB 5084 的有关规定。

7.3.5 人工湿地适合处理纯生活污水或雨污合流污水，占地面积较大，宜采用二级串联。

7.3.6 生物滤池的平面形状宜采用圆形或矩形。填料应质坚、耐腐蚀、高强度、比表面积大、空隙率高，宜采用碎石、卵石、炉渣、焦炭等无机滤料。

7.3.7 地理环境适合且技术条件允许时，村庄污水可考虑采用荒地、废地以及坑塘、洼地等稳定塘处理系统。用作二级处理的稳定塘系统，处理规模不宜大于 $5000m^3/d$。

7.4 维护技术

7.4.1 村庄排水设施中的构筑物、砌体结构、管道工程、机电设备等施工验收均应符合国家有关施工及验收的规定，并应进行必要的复验和外观检查。

7.4.2 运行与管理应符合下列规定：

1 井盖开启、损坏或遗失时，应立即采取安全防护措施，并及时更换；

2 井深不超过 3m，在穿竹片牵引钢丝绳和掏挖污泥时，不宜下井操作；

3 下井人员应经过安全技术培训，学会人工急救和防护用具、照明及通信设备的使用方法；

4 操作人员下井作业时，应开启上下游检查井盖通风，井上应有 2 人监护，监护人员不得擅离职守；每次下井连续作业时间不宜超过 1h；

5 严禁进入管径小于 800mm 的管道作业；

6 严禁把杂物投入下水道。

8 道路桥梁及交通安全设施

8.1 一般规定

8.1.1 道路桥梁及交通安全设施整治应遵循安全、适用、环保、耐久和经济的原则。

8.1.2 道路桥梁及交通安全设施整治应利用现有条件和资源，通过整治，恢复或改善道路的交通功能，并使道路布局科学合理。

8.1.3 道路桥梁及交通安全设施整治应按照规划、设计、施工、竣工验收和养护管理阶段分步进行。

8.1.4 当地主管部门应组织对道路桥梁及交通安全设施进行质量验收。

8.2 道路工程

8.2.1 村庄整治应合理保留原有路网形态和结构，必要时应打通“断头路”，保证有效联系。并应考虑消防需要设置消防通道，并应符合本规范第 3.2.6 条的规定。

8.2.2 道路路面宽度及铺装形式应满足不同功能要求，有所区别。路肩宽度可采用 0.25～0.75m。

1 主要道路：

主要道路路面宽度不宜小于 4.0m；路面铺装材料应因地制宜，宜采用沥青混凝土路面、水泥混凝土路面、块石路面等形式，平原区排水困难或多雨地区的村庄，宜采用水泥混凝土或块石路面；

2 次要道路：

次要道路路面宽度不宜小于 2.5m；路面宽度为单车道时，可根据实际情况设置错车道；路面铺装宜采用沥青混凝土路面、水泥混凝土路面、块石路面及预制混凝土方砖路面等形式；

3 宅间道路：

宅间道路路面宽度不宜大于 2.5m；路面铺装宜采用水泥混凝土路面、石材路面、预制混凝土方砖路面、无机结合料稳定路面及其他适合的地方材料。

8.2.3 村庄道路标高宜低于两侧建筑场地标高。路基路面排水应充分利用地形和天然水系及现有的农田水利排灌系统。平原地区村庄道路宜依靠路侧边沟排水，山区村庄道路可利用道路纵坡自然排水。各种排水设施的尺寸和形式应根据实际情况选择确定，并应符合本规范第 7.2.5 条的规定。

8.2.4 村庄道路纵坡度应控制在 0.3%～3.5%之间，山区特殊路段纵坡度大于 3.5%时，宜采取相应的防滑措施。

8.2.5 村庄道路横坡宜采用双面坡形式，宽度小于 3.0m 的窄路面可以采用单面坡。坡度应控制在 1%～3%之间，纵坡度大时取低值，纵坡度小时取高值；干旱地区村庄取低值，多雨地区村庄取高值；严寒积雪地区村庄取低值。

8.2.6 村庄道路路堤边坡坡面应采取适当形式进行防护。宜采用干砌片石护坡、浆砌片石护坡、植草砖护坡及植草护坡等多种形式。

8.2.7 村庄道路采用水泥或沥青路面时，土质路基压实应采用重型击实标准控制，路基压实度应符合表

8.2.7的规定，达不到表8.2.7要求的路段，宜采用砂石等其他路面结构类型。

表8.2.7 路基压实度

填挖类别	零填及挖方	填方	
路床顶面以下深度（m）	0～0.3	0～0.8	≥0.8
压实度（%）	≥90	≥90	≥87

8.2.8 路面结构层所选材料应满足强度、稳定性及耐久性的要求，并结合当地自然条件、地方材料及工程投资等情况确定。各种结构层厚度应根据道路使用功能、施工工艺、材料规格及强度形成原理等因素综合考虑确定。

8.2.9 沥青混凝土路面适用于主要道路和次要道路，施工工艺流程及方法可按照现行相关标准规定进行，施工过程中应加强质量监督，保证工程质量。

8.2.10 水泥混凝土路面适用于各类村庄道路，施工工艺流程及方法可按照现行相关标准规定进行，施工过程中应加强质量监督，保证工程质量。

8.2.11 石材类路面及预制混凝土方砖类路面适用于次要道路和宅间道路，块石路面可用于主要道路，施工工艺流程可参照整平层施工、放线、铺砌石材或预制混凝土方砖、勾缝或灌缝、养护的步骤进行。

8.2.12 无机结合料稳定路面适用于宅间道路，施工工艺流程及方法可按照现行相关标准规定进行，施工过程中应加强质量监督，保证工程质量。

8.3 桥涵工程

8.3.1 当过境公路桥梁穿越村庄时，在满足过境交通的前提下，应充分考虑混合交通特点，设置必要的机动车与非机动车隔离措施。

8.3.2 现有桥梁荷载等级达不到相关规定的，应采用限载通行、加固等方式加以利用。新建桥梁荷载等级应符合有关标准的规定。

8.3.3 现有窄桥加宽应采用与原桥梁相同或相近的结构形式和跨径，使结构受力均匀，并保证桥梁基础的抗冲刷能力。

8.3.4 应对现有桥涵防护设施进行整修、加固及完善，重点部位为桥梁栏杆、桥头护栏。

8.3.5 桥面坡度过大的机动车与非机动车混行的中小桥梁，桥面纵坡不应大于3%；非机动车流量很大时，桥面纵坡不应大于2.5%。

8.3.6 村庄道路整治中，应考虑桥梁两端与道路衔接线形顺畅，交通组织合理；行人密集区的桥梁宜设人行步道，宽度不宜小于0.75m。

8.3.7 河湖水网密集地区，桥下净空应符合通航标准，还应考虑排洪、流冰、漂流物及河床冲淤等情况。

8.3.8 因自然条件分隔，居民出行困难而搭设的行人便桥，应确保安全，并与周围环境相协调。

8.3.9 现有桥涵及其他排水设施应进行必要整合，进行疏浚，保证正常发挥排水作用。

8.4 交通安全设施

8.4.1 村庄道路整治中，应结合路面情况完善各类交通设施，包括交通标志、交通标线及安全防护设施等。

8.4.2 当公路穿越村庄时，村庄入口应设置标志，道路两侧应设置宅路分离挡墙、护栏等防护设施；当公路未穿越村庄时，可在村庄入口处设置限载、限高标志和限高设施，限制大型机动车通行。

8.4.3 在公路与村庄道路形成的平面交叉口处应设置减速让行、停车让行等交通标志，并配合划定减速让行线、停车让行线等交通标线；还可设置交通信号灯。

8.4.4 村庄道路通过学校、集市、商店等人流较多路段时，应设置限制速度、注意行人等标志及减速坎、减速丘等减速设施，并配合划定人行横道线，也可设置其他交通安全设施。

8.4.5 村庄道路遇有滨河路及路侧地形陡峭等危险路段时应设置护栏标志路界，对行驶车辆起到警示和保护作用。护栏可采用垛式、墙式及栏式等多种形式。

8.4.6 现有各类桥梁及通道可分别设置限载、限高及限宽标志，必要时应设置限高、限宽设施，保证桥梁与通道的行车安全与畅通。

8.4.7 村庄道路建筑限界内严禁堆放杂物、垃圾，并应拆除各类违章建筑。

8.4.8 可在村庄主要道路上设置交通照明设施，为机动车、非机动车及行人出行提供便利。

8.4.9 村庄中零散分布的空地，可开辟为停车位，供机动车及其他农用车辆停放。

8.4.10 交通标志、标线的形状、规格、图案及颜色应符合现行国家标准《道路交通标志和标线》GB 5768的规定。

9 公共环境

9.1 一般规定

9.1.1 村庄公共环境整治应遵循适用、经济、安全和环保的原则，恢复和改善村庄公共服务功能，美化自然与人工环境，保护村庄历史文化风貌，并应结合地域、气候、民族、风俗营造村庄个性。

9.1.2 村庄公共环境整治应覆盖村庄建设用地范围内除家庭宅院外的全部公有空间，包括：河道水塘、水系整治；晾晒场地等设施整治；建设用地整治；景观环境整治；公共活动场所整治及公共服务设施整治等内容。

9.1.3 应根据村民需要，并考虑老年人、残疾人和少年儿童活动的特殊要求进行村庄公共环境整治。

9.2 整治措施

9.2.1 村庄内部废弃农民住宅、闲置房屋与闲置用地，可采取下列措施改造利用：

1 闲置且安全可靠的村办企业厂房、仓库等集体用房应根据其特点加以改造利用；原有建筑与新功能要求不符时，可进行局部改造；

2 废弃农民住宅应根据一户一宅和村民自愿的原则，合理整治利用；

3 暂时不能利用的村庄内部闲置用地，应整治绿化。

9.2.2 村庄景观环境整治应符合下列规定：

1 村庄主要街道两侧可采用绿化等手法适当美化，街巷两侧乱搭乱建的违章建（构）筑物及其他设施应予以拆除；

2 公共场所的沟渠、池塘、人行便道的铺装宜采用当地砖、石、木、草等材料，手法宜提倡自然，岸线应避免简单的直锐线条，人行便道避免过度铺装；

3 村庄重要场所可布置环境小品，应简朴亲切，以农村特色题材为主，突出地域文化民族特色；

4 公共服务建筑应满足基本功能要求，宜小不宜大，建筑形式与色彩应与村庄整体风貌协调；

5 根据村庄历史沿革、文化传统、地域和民族特色确定建筑外观整治的风格和基调；

6 引导村民逐步整合现有农民住宅的形式、体量、色彩及高度，形成整洁协调的村容风貌；

7 保留利用村庄现有水系的自然岸线，整治边坡与岸线建筑环境，形成自然岸线景观；

8 保护利用村庄内部的古树名木、祠堂、名人故居、碑牌甬道、井台渡口等特色文化景观，并应符合本规范第11.2.3条的规定。

9.2.3 村庄公共活动场所整治应符合下列规定：

1 公共活动场所宜靠近村委会、文化站及祠堂等公共活动集中的地段，也可根据自然环境特点，选择村庄内水体周边、坡地等处的宽阔位置设置，并应符合本规范第3.1.6条的规定；

2 已有公共活动场所的村庄应充分利用和改善现有条件，满足村民生产生活需要；无公共活动场所或公共活动场所缺乏的村庄，应采取改造利用现有闲置建设用地作为公共活动场所的方式，严禁以侵占农田、毁林填塘等方式大面积新建公共活动场所；

3 公共活动场所整治时应保留现有场地上的高大乔木及景观良好的成片林木、植被，保证公共活动场所的良好环境；

4 公共活动场地应平整、畅通，无坑洼、无积水、雨雪天无淤泥；条件允许的村庄可设置照明灯具；

5 公共活动场所可根据村民使用需要，与打谷场、晒场、非危险品的临时堆场、小型运动场地及避灾疏散场地等合并设置；当公共活动场地兼作村庄避灾疏散场地使用时，应符合本规范第3.5.3条的规定；

6 公共活动场所可配套设置坐凳、儿童游玩设施、健身器材、村务公开栏、科普宣传栏及阅报栏等设施，提高综合使用功能；

7 公共活动场所上下台阶处应设置缓坡，方便老年人、残疾人使用。

9.2.4 村庄公共服务设施的整治应按照科学配置、完善功能、相对集中、方便使用、有利管理的原则，并应符合下列规定：

1 应根据村庄经济条件及实际需要确定公共服务设施的配置项目、建设规模，严禁超越本村实际，盲目求大求全；

2 公共服务设施的设置应符合有关部门要求及相关规划内容；

3 小学的设置及规模应符合当地教育部门的要求及相关规划，合理确定。

9.2.5 村庄人员活动密集的场所宜设置公共厕所，并应符合本规范第6.2.1条的规定。

10 坑塘河道

10.1 一般规定

10.1.1 坑塘河道应保障使用功能，满足村庄生产、生活及防灾需要。严禁采用填埋方式废弃、占用坑塘河道。坑塘使用功能包括旱涝调节、渔业养殖、农作物种植、消防水源、杂用水、水景观及污水净化等，河道使用功能包括排洪、取水和水景观等。

10.1.2 坑塘河道应符合下列规定：

1 具备补水和排水条件，满足水体利用要求；

2 水体容量、水深、控制水位及水质标准应符合相关使用功能的要求；不同功能的坑塘河道对水体的控制标准可按表10.1.2确定。

表10.1.2 不同功能坑塘河道水体控制标准

坑塘功能	最小水面面积(m^2)	河道宽度(m)	适宜水深(m)	水质类别
旱涝调节坑塘	50000	—	1.0～2.0	Ⅴ
渔业养殖坑塘	600～700	—	＞1.5	Ⅲ
农作物种植坑塘	600～700	—	1.0	Ⅴ
杂用水坑塘	1000～2000	—	0.5～1.0	Ⅳ
水景观坑塘	500～1000	—	＞0.2	Ⅴ
污水处理坑塘(厌氧)	600～1200	—	2.5～5.0	—

续表 10.1.2

坑塘功能	最小水面面积(m²)	河道宽度(m)	适宜水深(m)	水质类别
污水处理坑塘(好氧)	1500～3000	—	1.0～1.5	—
行洪河道	—	≥自然河道宽度	—	—
生活饮用水河道	—		>1.0	Ⅱ～Ⅲ
工业取水河道	—		>1.0	Ⅳ
农业取水河道	—		>1.0	Ⅴ
水景观河道	—		>0.2	Ⅴ

注:坑塘河道水质类别不应低于表中规定标准。

10.1.3 坑塘河道存在下列情况时，应根据当地条件进行整治：

1 坑塘河道使用功能受到限制，影响村庄公共安全、经济发展或环境卫生；

2 废弃坑塘土地闲置，重新使用具有明显的生态、环境或经济效益。

10.1.4 坑塘河道整治应结合村庄综合整治统一实施，处理好与防洪、灌溉等相关设施的关系。

10.1.5 应根据自然条件、环境要求、产业状况及坑塘现有水体容量、水质现状等调整和优化坑塘功能，并应符合下列规定：

1 临近湖泊的坑塘应以旱涝调节为主要功能，兼顾渔业养殖功能；临近村庄的坑塘应以消防备用水源、生活杂用水为主要功能；临近村庄集中排污方向的坑塘宜优先作为污水净化功能使用；

2 坑塘功能调整不应取消和降低原有坑塘旱涝调节功能；

3 河道整治不应改变原有功能，应以维护河道行洪、取水功能为主要目的；已废弃坑塘在满足本规范第 10.1.2 条有关规定的情况下，可采取拆除障碍物、清理坑塘、疏浚坑塘进出水明渠、改造相关涵闸等措施整治，恢复其基本使用功能。

10.2 补 水

10.2.1 雨量充沛、地下水位较高地区的村庄，应充分利用降雨、地下水进行坑塘河道的自然补水；自然补水不能满足水体容量要求时，可采用人工方式。

10.2.2 坑塘河道补水整治应贯彻开源节流方针，并应符合下列规定：

1 根据当地水资源条件调整用水结构，发展与水资源相适应的产业类型，提高工业循环用水率，减少或取缔高耗水、低产能的中小型企业；

2 污水宜集中收集、集中处理，经处理水质达标后可用于农业灌溉，减少新鲜水取用量。

10.2.3 山区、丘陵地区的村庄宜充分利用现有水库效能进行蓄水；平原河网、湖泊密集地区的村庄宜充分利用现有取水泵站能力引水，并适度增加旱涝调节坑塘，提高村庄旱季补水应变能力。

10.2.4 坑塘人工补水可根据当地条件，选择人工引水和人工蓄水两种方式。

1 人工引水应符合下列规定：

1）原有引水明渠水源基本断流时，宜重新选择水源，采用人工引水方式补水；水源地宜选择临近坑塘、水量充沛的河道、湖泊、水库或其他旱涝调节坑塘，并应符合本规范第 4.3.2、4.3.4 的规定；

2）引水方式宜优先选择涵闸控制的自流引水方式，其次选择泵站抽升引水方式；

3）引水明渠的布置应根据引水方位、地形条件选择在地势低洼、顺坡、线路较短的位置；引水明渠构造结合自然地形可采用浆砌砖、块石护砌明渠或土明渠；

4）平原地区宜采用土明渠，山区及丘陵地区宜采用块石、砖护砌明渠。

2 人工蓄水应符合下列规定：

1）坑塘原有引水明渠水源出现季节性缺水时，可选用人工蓄水方式补水；

2）可采用在坑塘下游排水口处设置节制闸或滚水坝的蓄水方式补水；

3）水深要求变化较大的坑塘应采用节制闸控制，按坑塘不同水深要求控制节制闸的开启水位；水深要求变化不大的坑塘可采用滚水坝控制，坝顶高度按坑塘正常水深相应水位高度控制。

10.2.5 有取水功能的河道出现自然补水不足时，可采取下列措施：

1 因水源断流出现自然补水不足时，下游取水构筑物较多的河道应采用人工引水方式保障河道最小流量；下游取水构筑物较少的河道可废弃原有取水构筑物，另选水源地取水，并应符合本规范第 4.3.2、4.3.4 的规定；

2 因季节性缺水出现自然补水不足时，可采取局部工程措施人工蓄水；可在取水构筑物处适当挖深河床，降低进水孔或吸水管高度，满足取水水泵有效吸水深度，河床挖深不宜超过 1m。

10.3 扩 容

10.3.1 坑塘水体容量不能满足功能要求时，可进行坑塘扩容。

10.3.2 可通过扩大坑塘用地面积、提高坑塘有效水深两种形式进行坑塘扩容，并应符合下列规定：

1 应结合坑塘使用功能、用地条件选择扩容方案，宜首先选择清淤疏浚方式，满足坑塘有效水深；

2 坑塘扩容规模除特殊要求外，水面面积和水深应符合本规范第 10.1.2 条的有关规定。

10.3.3 坑塘扩容整治与周边其他土地利用发生矛盾

时，对旱涝调节、污水处理等涉及生产保障、公共安全、环境卫生的坑塘，应遵循扩容优先的原则，其他坑塘应遵循因地制宜、相互协调的原则。

10.3.4 旱涝调节坑塘扩容整治应与村庄防灾、排水工程整治相协调，水体调节容量、调蓄水位应达到原有水利排灌控制要求。无相关规定的，其水面面积、常年水深应满足本规范第10.1.2条有关规定的低限要求，并应符合本规范第3.3.4条的相关规定。

10.3.5 旱涝调节坑塘扩容整治应充分利用地势低洼区域的湖汊，并应符合下列规定：

1 严禁随意在湖汊等地势低洼的坑塘上填土建造房屋，已建房屋应逐步拆除；

2 原有单一渔业养殖功能坑塘可改为养殖与旱涝调节兼顾的综合功能坑塘；

3 调整农业用地结构，退田还湖，宜将地势低洼的原有耕地改为旱涝调节坑塘；

4 受土地条件限制、无法实施旱涝调节坑塘扩容整治的村庄，应按照统一防灾要求进行整治，弥补现有旱涝调节坑塘水体调节容量的不足。

10.3.6 水景观坑塘扩容整治应根据用地现状，利用闲置土地扩容，满足水景观要求。

10.4 水环境与景观

10.4.1 加强坑塘河道水环境保护，充分发挥功能作用。

10.4.2 坑塘河道水环境保护应符合下列规定：

1 设有集中式饮用水源取水口的河道、塘堰水体保护应符合本规范第4.3.2、4.3.3条的规定；

2 作为生活杂用水的坑塘不得有污水排入。

10.4.3 村庄采用氧化沟和稳定塘技术处理污水的，应选择距离村庄不小于300m、并位于夏季主导风向下风向的坑塘，其周边应建设旁通渠，疏导汇流雨水直接排入下游水体。

10.4.4 不满足使用功能的水体应进行重点整治，按照先截污、后清淤、再修复的顺序逐步提高水体水质，并应符合下列规定：

1 现有污水排放口应进行截污整治，建设截污管道排入污水集中处理场地；

2 未接纳工业有毒有害污水的坑塘，清淤淤泥宜用作旱地作物肥料，且不应露天堆放；接纳工业有毒有害污水的坑塘，清淤淤泥应运送到附近污泥处置场进行无害化处置，无条件的可结合村庄垃圾简易填埋场处理，并应符合本规范第5.3.7条的规定；

3 水体修复宜采用岸边带形种植芦苇、水中种植荷花等喜水植物方式。

10.4.5 村庄内部或临近村庄的水体可结合村庄布局进行景观建设，包括修建水边步道、开辟滨水活动场所、局部设置亲水平台及修整岸边植物等内容。水体护坡宜采用自然护坡、适度采用硬质护砌。严禁在水上建设餐饮、住宅等可能污染水体的建筑，水上游览设施建设不应分隔水体和减少水面面积。

10.5 安全防护与管理

10.5.1 有危险和存在安全隐患的坑塘河道应实施安全防护整治。

10.5.2 坑塘安全防护应针对坑塘水深采用不同措施，保障村民生命安全。安全措施包括设置护栏、设置警示标志牌、改造边坡、降低水深、拓宽及平整岸边道路等措施，并应符合下列规定：

1 水深在0.80～1.20m的水体、拦洪溪沟及蓄水塘堰的泄洪沟渠，应在显著位置设置固定的警示标志牌；水深超过1.20m的水体除设置警示标志牌以外，还应采取安全措施；

2 坑塘水体宜减少直立式护坡，采用缓坡形式边坡，边坡值不应大于1∶2；

3 不宜设置缓坡的水体，应在临水村庄的道路、公共场所等地段设置安全护栏，高度不应低于1.05m，栏条净间距不应大于12cm；其他临水区段水边通道宽度不应小于1.20m，且应保证通道平整。

10.5.3 严禁在坑塘河道内倾倒垃圾、建筑渣土。

10.5.4 对坑塘河道实施维护管理，定期清淤保洁，保障整治效果。

11 历史文化遗产与乡土特色保护

11.1 一 般 规 定

11.1.1 村庄整治中应严格、科学保护历史文化遗产和乡土特色，延续与弘扬优秀的历史文化传统和农村特色、地域特色、民族特色。对于国家历史文化名村和各级文物保护单位，应按照相关法律法规的规定划定保护范围，严格进行保护。

11.1.2 村庄中历史文化遗产和乡土特色应严格进行保护，并符合下列规定：

1 下列内容应按照现行相关法律、法规、标准的规定划定保护范围，严格进行保护：

1）国家、省、市、县级文物保护单位；

2）国家历史文化名村；

3）树龄在100年以上的古树以及在历史上或社会上有重大影响的中外历代名人、领袖人物所植或者具有极其重要的历史、文化价值、纪念意义的名木。

2 其他具有历史文化价值的古遗址、建（构）筑物、村庄格局和具有农村特色、地域特色以及民族特色的建筑风貌、场所空间和自然景观应经过认定，严格进行保护。

11.1.3 村庄历史文化遗产和乡土特色保护工作应包括：

1 调查、甄别、认定保护对象；

2 制定保护及管理措施。

11.1.4 村庄整治不得破坏或改变经认定应予以保护的历史文化遗产，整治措施应确保遗存的安全性和遗产环境的和谐性。

历史文化遗产分布区内的村庄整治应制定专项方案，并会同文物行政部门论证通过后方可实施；涉及文物保护单位的整治措施应符合国家文物保护法律法规的相关规定。

11.1.5 村庄整治应注重保护具有乡土特色的建（构）筑物风貌、山水植被等自然景观及与村庄风俗、节庆、纪念等活动密切关联的特定建筑、场所和地点等，并保持与乡土特色风貌的和谐。

11.2 保护措施

11.2.1 历史文化遗产与乡土特色保护应符合下列规定：

1 保护范围的划定和管理应按照《中华人民共和国文物保护法》、《城市紫线管理办法》执行，保护范围内严禁从事破坏历史文化遗产和乡土特色的活动；

2 具备保护修缮需求和相应技术、经济条件的村庄，应按照历史文化遗产与乡土特色保护要求制定和实施保护修缮措施；

3 暂不具备保护修缮需求和技术、经济条件的村庄，应严格保护遗存与特色现状，严禁随意拆除翻新，可视病害情况严重程度适当采取临时性、可再处理的抢救性保护措施。

11.2.2 历史文化遗产与乡土特色保护措施，应以保护历史遗存、保存历史和乡土文化信息、延续和传承传统、特色风貌为目标，主要包括下列内容：

1 历史遗存保护主要采取保养维护、现状修整、重点修复、抢险加固、搬迁及破坏性依附物清理等保护措施；

2 建（构）筑物特色风貌保护主要采取不改变外观特征，调整、完善内部布局及设施的改善措施；

3 村庄特色场所空间保护主要采取完整保护特定的活动场所与环境，重点改善安全保障和完善基础设施的保护措施；

4 自然景观特色风貌保护主要采取保护自然形貌、维护生态功能的保护措施。

11.2.3 历史文化遗产的周边环境应实施景观整治，周边的建（构）筑物形象和绿化景观应保持乡土特色并与历史文化遗产的历史环境和传统风貌相和谐。

文物保护单位、历史文化名村保护范围及建设控制地带内的村庄整治应符合国家有关文物保护法律法规的规定，并应与编制的文物保护规划和历史文化名村保护规划相衔接。

11.2.4 历史文化名村的整治工作中应保护村庄的历史文化遗产、历史功能布局、道路系统、传统空间尺度及传统景观风貌，并应按照国家法律法规的有关规定制定、实施保护和整治措施。

12 生活用能

12.1 一般规定

12.1.1 村庄生活应节约能源，保护生态环境，开发利用可再生能源。

12.1.2 能源使用时应保证安全，防止燃烧排放物危害身体健康。

12.1.3 村庄炊事及生活热水用能应逐步以太阳能、改良的生物质燃料等清洁环保能源代替低效率的燃煤、燃柴等常规能源消费类型。并应符合下列规定：

1 选用符合标准的太阳能热利用产品，建筑物的设计与施工应为太阳能利用提供必备条件，既有建筑物安装太阳能装置不应影响建筑物质量与安全；

2 可根据村庄条件选择沼气、改良的生物质燃料、液化天然气或液化石油气等气体燃料，燃气供应场站应规范选址，燃气储运不应遗留安全隐患；

3 城市附近的村庄可就近选择城镇管道燃气。

12.1.4 新建房屋应采取节能措施，宜采用保温技术与材料、被动式太阳房技术。有条件地区的村庄应逐步对既有房屋实施节能改造。

12.1.5 应因地制宜确定能源利用形式，可采用太阳能、改良的生物质燃料及沼气等实用能源。鼓励开发先进能源利用技术及建设示范工程，宜逐步规模化和市场化。

12.2 技术措施

12.2.1 应推广使用省柴节煤炉灶，并应符合下列规定：

1 省柴炉灶的热效率不应低于20%，北方地区“炕连灶”柴灶热能综合利用效率不应低于50%；

2 需使用煤炭进行炊事或供暖的地区，节煤炉灶热效率不应低于25%，小型燃煤单元集中供暖锅炉房热效率不应低于50%。

12.2.2 生物质资源丰富区域，应逐步以热效率较高的生物质成型燃料替代秸秆、薪柴、煤炭等。生物质成型燃料生产厂宜根据燃料需求情况由村庄独建或多个村庄合建。

12.2.3 居住密集，且具有大中型养殖场的村庄，应由村庄或镇建设大中型沼气供气系统，并应符合下列规定：

1 沼气生产厂的选址应位于村庄常年风向的下风向，不应占用基本农田；

2 沼气供应系统的设计、施工、验收等应符合现行行业标准《沼气工程技术规范》NY/T 1220的有关规定；

3 沼液及沼渣应规范排放或综合利用，不应污染河道或地下水。

12.2.4 村庄新建公共建筑应采用太阳房，寒冷及严寒地区村庄的农民住宅宜采用被动式太阳房。

12.2.5 既有房屋的节能化改造宜根据现有建筑保温技术和材料的价格性能比，并考虑改造的方便和可操作性，分期分批实施。

12.2.6 年平均风速大于 2～3m/s 的地区，若具备适合风力发电机安装的场地，可考虑使用风能。

家用风力发电系统应定期维护保养。村办风力发电系统应由专人负责维护保养，维护保养员须掌握相关技术。

12.2.7 根据当地资源条件，村庄可选择实施下列实用技术：

1 距电力系统较远的山区村庄，可采用微水电或小水电进行供电；

2 距电力系统较远的沿海村庄，可采用小型潮汐发电技术进行供电；

3 距电力系统较远、但地热资源丰富的村庄，可采用小型地热发电技术进行供电；

4 已实现供电且地温资源丰富的村庄，可采用热泵技术供应冬季采暖或夏季制冷。

本规范用词说明

1 为便于在执行本规范条文时区别对待，对要求严格程度不同的用词说明如下：

1）表示很严格，非这样做不可的用词：
正面词采用“必须”，反面词采用“严禁”；

2）表示严格，在正常情况下均应这样做的用词：
正面词采用“应”，反面词采用“不应”或“不得”；

3）表示允许稍有选择，在条件许可时首先应这样做的用词：
正面词采用“宜”，反面词采用“不宜”；
表示有选择，在一定条件下可以这样做的用词，采用“可”。

2 条文中指明应按其他有关标准、规范执行时，写法为：“应符合……规定”或“应按……执行”。

中华人民共和国国家标准

村庄整治技术规范

GB 50445—2008

条 文 说 明

前　言

《村庄整治技术规范》GB 50445—2008 经住房和城乡建设部 2008 年 3 月 31 日以第 6 号公告批准发布。

为便于有一定文化知识的农民及基层技术人员在使用本规范时，能正确理解和执行条文规定，《村庄整治技术规范》编制组按章、节、条顺序编制了本规范的条文说明，供使用者参考。在使用中如发现本规范条文和说明有不妥之处，请将意见函寄至中国建筑设计研究院（地址：北京市西城区车公庄大街 19 号，邮政编码：100044）。

目　次

1　总则 ………………………………………… 2—2—25
3　安全与防灾………………………………… 2—2—26
3.1　一般规定……………………………… 2—2—26
3.2　消防整治……………………………… 2—2—29
3.3　防洪及内涝整治……………………… 2—2—29
3.4　其他防灾项目整治…………………… 2—2—30
3.5　避灾疏散……………………………… 2—2—30
4　给水设施…………………………………… 2—2—31
4.1　一般规定……………………………… 2—2—31
4.3　水源…………………………………… 2—2—31
4.4　集中式给水工程……………………… 2—2—31
4.5　分散式给水工程……………………… 2—2—33
4.6　维护技术……………………………… 2—2—33
5　垃圾收集与处理 ………………………… 2—2—33
5.1　一般规定……………………………… 2—2—33
5.2　垃圾收集与运输……………………… 2—2—33
5.3　垃圾处理……………………………… 2—2—33
6　粪便处理…………………………………… 2—2—33
6.1　一般规定……………………………… 2—2—33
6.2　卫生厕所类型选择…………………… 2—2—34
6.3　厕所建造与卫生管理要求…………… 2—2—34
7　排水设施…………………………………… 2—2—35
7.1　一般规定……………………………… 2—2—35
7.2　排水收集系统………………………… 2—2—36
7.3　污水处理设施………………………… 2—2—36
7.4　维护技术……………………………… 2—2—38
8　道路桥梁及交通安全设施……………… 2—2—39
8.1　一般规定……………………………… 2—2—39
8.2　道路工程……………………………… 2—2—39
8.3　桥涵工程……………………………… 2—2—41
8.4　交通安全设施………………………… 2—2—41
9　公共环境 ………………………………… 2—2—42
9.1　一般规定……………………………… 2—2—42
9.2　整治措施……………………………… 2—2—42
10　坑塘河道 ……………………………… 2—2—43
10.1　一般规定 …………………………… 2—2—43
10.2　补水 ………………………………… 2—2—44
10.3　扩容 ………………………………… 2—2—45
10.4　水环境与景观 ……………………… 2—2—45
10.5　安全防护与管理 …………………… 2—2—46
11　历史文化遗产与乡土特色保护 ……… 2—2—46
11.1　一般规定 …………………………… 2—2—46
11.2　保护措施 …………………………… 2—2—46
12　生活用能………………………………… 2—2—47
12.1　一般规定 …………………………… 2—2—47
12.2　技术措施 …………………………… 2—2—47

1 总 则

1.0.1 为规范并指导有一定文化知识的农民及基层技术人员开展村庄整治工作，确保其科学化、系统化进行，制定本规范。

1.0.2 规范实施中严格避免将村庄整治等同于新村建设的做法。根据村庄整治工作安排，现阶段村庄整治宜以较大规模村庄为主，对从长远发展来看需要迁并的较小规模村庄及各级城乡规划不予保留的村庄不宜进行重点整治，避免浪费投资；如规划确定迁并的村庄确需整治，可参照本规范执行。

1.0.3 开展村庄整治，必须坚持以邓小平理论和"三个代表"重要思想为指导，贯彻落实科学发展观，以农村实际为出发点，以"治大、治散、治乱、治空"等"治旧"工作为重点，围绕推进社会主义新农村建设、全面建设小康社会和构建社会主义和谐社会的目标，改善农村人居环境，改变农村落后面貌。

村庄长远发展应遵循各地编制的各级城乡规划内容要求，村庄整治工作应重点解决当前农村地区的基本生产生活条件较差、人居环境亟待改善等问题，兼顾长远。

1.0.4 开展村庄整治工作，必须尊重农民意愿，保障农民权益，并应全面考虑下列工作要求：

1 应首先明确村庄整治工作中，农民的实施主体和受益主体地位；"整治什么、怎么整治、整治到什么程度"等问题应由农民自主决定；必须防止借村庄整治活动侵害农民权益，影响农村社会稳定的各类行为；

2 一切从农村实际出发，结合当地地形、地貌特点，因地制宜进行村庄整治；应避免超越当地农村发展阶段，大拆大建、急于求成、盲目照搬城镇建设模式等行为，防止"负债搞建设"、"大搞新村建设"等情况的发生；

3 村庄整治应综合考虑国家政策，并根据当地的实际情况，首先做好选点工作，避免盲目铺开；

4 应根据村庄经济情况，结合本村实际和农民生产生活需要，按照轻重缓急程度，合理选择具体的整治项目；优先解决当地农民最急迫、最关心的实际问题，逐步改善村庄生产生活条件；

5 村庄整治要贯彻资源优化配置与调剂利用的方针；提倡自力更生、就地取材、厉行节约、多办实事；村庄发展所需空间和物质条件，必须立足于土地的集约利用和能源的高效利用，积极开发和推广资源节约、替代和循环利用技术；

6 注重自然生态保护，保持原有村落格局，维护乡土特色，展现民俗风情，弘扬传统文化，倡导文明乡风；村庄的自然生态环境具有不可再生性和不可替代性的基本特征，村庄整治过程中要注意保护性的利用。

具有历史文化遗产和传统的村庄，是历史见证的实物形态，具有不可替代的历史价值、艺术价值和科学价值。整治过程中应重视保护与利用的关系，在保护的前提下发展，以发展促保护。

1.0.5 村庄整治以政府帮扶与农民自主参与相结合的形式，重点整治农村公共设施项目，对于农民住宅等非公有设施的整治应根据农民意愿逐步自主进行，本规范不作硬性规定。

1 编制村庄整治规划，应符合下列规定：

1）立足现有条件及设施，以"治旧"为中心，避免混同于其他建设性规划；

2）以公共设施与公共环境整治、改善为主要内容，采用入户访谈、座谈讨论、问卷调查等形式，广泛征求农民意愿，结合当地实际，科学评估，合理确定整治项目、整治措施及整治时序；

3）提出村庄整治工作的技术要求、实施建议与行动计划；

4）注重当前需要，兼顾长远发展，统筹相关规划的内容与要求；

5）提供符合村庄整治实施要求的主要技术文件。

2 村庄整治规划应收集下列相关技术资料：

1）与村庄整治涉及项目相关的现行国家标准、行业标准文件；

2）村庄地形及现状图（1/2000～1/1000），有条件村庄还应准备村域地形图；若无现成图件，应及时进行测绘；

3）村庄的地质资料（重点包括地震断裂带、滑坡、山洪、泥石流等），以及水源与水源地资料。

3 村庄整治规划成果应达到"两图三表一书"的要求：

1）现状图：标明地形地貌、河湖水面、坑（水）塘、道路、工程管线、公共厕所、垃圾站点、集中畜禽饲养场以及其他公共设施，各类用地及建筑的范围、性质、层数、质量等与村庄整治密切相关的内容；

2）整治布局图：除标明山林、水体、道路、农用地、建设用地等用地的范围外，应根据确定的整治项目，标明主次道路红线位置、横断面、交叉点坐标及标高；给水设施及管线走向、管径、主要控制标高；水面、坑塘及排水沟渠位置、走向、宽度、主要控制标高及沟渠形式；配电线路的走向；公共活动场所、集中场院、绿地、路灯、公共厕所、垃圾收集转运点等公共设施的位置、规模和范围；集中禽畜圈舍、集中沼气池等的位置与规模；燃气、供热管线的走向、管径；重点保护的民房、祠堂、历史建筑物与构筑物、古树名木等；拟拆迁农宅及腾退建设用地的范围与用途；近期拟建房农户的数量及安排；其他有关设施和构筑物的位置等；

3）主要指标表：包括整治前后村庄人口、农户数量、居住面积指标、基础设施配置及人居环境主要指标的变化情况；

4）投资估算表：估算所选整治项目的工程量与用工量，估算和汇总投资量；

5）实施计划表：根据实际需要和承受能力，提出实施整治的计划安排，包括整治项目清单、具体内容、整治措施、用工量、所需资金或物资量，以及实施进度计划等；

6）说明书：包括现状条件分析与评估，选择确定整治项目的依据及原则，整治项目的工程量、实施步骤及投资估算，各整治项目的技术要领、施工方式及工法，实施村庄整治的保障措施以及整治后项目的运行维护管理办法等建议，需要说明的其他事项等。

1.0.6 本规范为综合性通用规范，涉及多种专业，这些专业都颁布了相应的专业标准和规范。因此，进行村庄整治时，除应执行本规范的规定外，还应遵守国家现行有关强制性标准的相关规定。

3 安全与防灾

3.1 一 般 规 定

3.1.1 村庄安全防灾与城市不同，我国村庄量大、面广，不同地区村庄人口规模、自然条件、历史环境、发展基础、经济状况差别很大，灾种类型、灾损程度、防灾避灾的能力差别也较大，因此不同地区村庄安全防灾整治的内容和要求也有较大差别。村庄整治时，应以灾害出现频率较高、灾损程度较大的主要灾种为主，综合防御。

3.1.2 村庄灾害种类较多，不确定性通常很大，防御水准和要求也有较大差异。制定统一的村庄安全与防灾防御目标难度较大，本规范中所规定的基本防御目标是从村庄功能和工程设施的防灾安全角度确定，将保护人的生命安全放在第一位。各地可根据村庄整治的具体要求及建设与发展的实际情况，确定防御目标。

目前我国尚无统一的灾害设防标准，因此本规范所指“正常设防水准下的灾害”是按照国家法律法规和相关标准所确定的灾害设防标准，相当于中等至大规模灾害影响，地震是指设防烈度（50年超越概率10%）灾害影响，风和雪是指50年一遇灾害影响，洪水灾害是指所确定的防洪标准下的灾害影响，地质灾害通常指地质灾害防治工程的设防要求，不低于所保护对象的防御目标。村庄灾害防御设防标准、用地选择、防灾措施需根据安全与防灾目标、灾害设防要求和国家现行标准规定制定，具有强制性要求。

3.1.3 当前，我国各地村庄遭受的灾害类型、灾害程度差异较大，根据村庄整治的工作特点及要求，村庄整治中安全防灾的重点在于：根据村庄实际，采用切实可行的有效措施，较大限度地降低和减少各类灾害损失，最大程度地保证村民生命财产安全。对于受到重大灾害影响、必须实施整村搬迁、异地安置等措施的村庄，应纳入县域镇村布局规划中统筹考虑，不属于村庄整治的工作内容。村庄整治不是一项根治性的、彻底解除各类灾害威胁的工作，对于重大灾害的防治，还应依赖于相关重大基础设施工程的建设和改造进行。

村庄整治应按照我国有关法律法规和本规范的规定，合理确定村庄安全防灾整治的灾害种类。目前我国尚无统一的灾害危险水准的分类分级规定，本条根据现行国家法律法规和标准规定给出。如无明确规定的灾种，可参照执行。

目前我国尚无统一的洪水危险性分区，按照《中华人民共和国防洪法》，防洪区是指洪水泛滥可能淹及的地区，分为洪泛区、蓄滞洪区和防洪保护区。洪泛区是指尚无工程设施保护的洪水泛滥所及的地区。蓄滞洪区是指包括分洪口在内的河堤背水面以外临时贮存洪水的低洼地区及湖泊等。防洪保护区是指在防洪标准内受防洪工程设施保护的地区。洪泛区、蓄滞洪区和防洪保护区的范围，在各级防洪规划或者防御洪水方案中划定，并报请省级以上人民政府按照国务院规定的权限批准后予以公告。这些地区的村庄应把洪灾作为重点整治内容。

村庄防风应依据防灾要求、历史风灾资料、风速观测数据，根据现行国家标准《建筑结构荷载规范》GB 50009的有关规定确定。我国目前尚无统一的村庄建设风灾防御标准，因此按照《建筑结构荷载规范》GB 50009的有关规定确定。

地质灾害分区是指按照地质灾害防治规划所确定的地质灾害危险分区。地质灾害易发区是指历史上经常发生并出现损失的地区。地质灾害危险区是指发生过重大地质灾害并导致重大损失的地区。地质灾害易发区、危险区应按照地质灾害的评价结果确定。地质灾害环境条件一般包括地形、地貌、地质构造、岩土条件、水文地质条件及人类活动等，这些环境条件影响和制约地质灾害的形成、发展和危害程度。地质环境条件复杂程度分类可按表1进行。

表1 地质环境条件复杂程度分类表

复　杂	中　等	简　单
地质灾害发育强烈	地质灾害发育中等	地质灾害一般不发育
地形与地貌类型复杂	地形较简单，地貌类型单一	地形简单，地貌类型单一
地质构造复杂，岩性岩相变化大，岩土体工程地质性质不良	地质构造较复杂，岩性岩相不稳定，岩土体工程地质性质较差	地质构造简单，岩性单一，岩土体工程地质性质良好
工程水文地质条件差	工程水文地质条件较差	工程水文地质条件良好
破坏地质环境的人类工程活动强烈	破坏地质环境的人类工程活动较强烈	破坏地质环境的人类工程活动一般

注：每类5项条件中，有1项符合条件者即归为该类型。

基本雪压按现行国家标准《建筑结构荷载规范》GB 50009附表D.4给出的50年一遇的雪压采用。当基本雪压值在现行国家标准《建筑结构荷载规范》GB 50009附表D.4没有给出时，可按上述规范附图D.5.1全国基本雪压分布图近似确定。山区的基本雪压应通过实际调查后确定。当无实测资料时，可按当地邻近空旷平坦地面的基本雪压乘以系数1.2采用。

村庄整治过程中，有条件的村庄可根据需要进行次生灾害评估，可按下列要求进行：

1 次生火灾划定高危险区；

2 提出需要加强防灾安全的重要水利设施或海岸设施；

3 对于爆炸、毒气扩散、放射性污染、海啸、泥石流、滑坡等次生灾害可根据当地条件选择提出需要加强防灾安全的重要源点。

3.1.4、3.1.5 村庄的生命线工程和重要设施、学校和村民集中活动场所是重要建筑，应按照国家有关标准进行设计和建造。在部分农村地区的祠堂等一些村民集聚的传统场所，由于建造年代较长，存在多种安全隐患，是村庄整治中必须关注的建筑。村庄整治时应按照基础设施布局、设防、设施节点的防灾处理、设施的防灾备用率等防灾要求，对村庄供电、供水、交通、通信、医疗、消防等系统的重要设施，根据其在防灾救灾中的重要性和薄弱环节，进行加固改造整治。

3.1.6 我国的村庄绝大部分是历史上自然发展形成的。根据各地村庄整治的要求，本规范重点针对危险性不适宜地段的设施与建(构)筑物，根据土地利用防灾适宜性分类和建设用地限制性要求对相应的工程设施进行整治。在村庄整治过程中，对于一些规模较大的村庄，重点通过工程性措施防治或降低可能发生的灾害影响，对于个别规模较小分散布局的村落和散居农户的整治重点在躲避，可通过避让危险性不适宜地段的方式解决安全居住问题。

土地利用防灾适宜性可根据各灾种灾害影响，综合考虑用地布局、社会经济等因素，按表2进行分类，建设用地选择适宜性好的场地，避开不适宜场地，不符合表3要求的工程采取加固或拆除等综合整治措施。

表2 土地利用防灾适宜性分类

类	级	适宜性地质、地形、地貌描述
适宜S	S1	不存在场地不利和破坏因素： (1) 属稳定基岩、坚硬土或开阔、平坦、密实、均匀的中硬土等场地稳定、土质均匀、地基稳定的场地； (2) 地质环境条件简单，无地质灾害破坏作用影响； (3) 无明显地震破坏效应； (4) 地下水对工程建设无影响； (5) 地形起伏即使较大但排水条件尚可
适宜S	S2	存在轻微影响的场地不利或破坏因素，一般无需采取整治措施或只需简单处理： (1) 属中硬土或中软土场地，场地稳定性较差，土质较均匀、密实，地基较稳定； (2) 地质环境条件简单或中等，无地质灾害破坏作用影响或影响轻微，易于整治； (3) 虽存在一定的软弱土、液化土，但无液化发生或仅有轻微液化的可能，软土一般不发生震陷或震陷很轻，无明显的其他地震破坏效应； (4) 地下水对工程建设影响较小； (5) 地形起伏虽较大但排水条件尚可
适宜S	S3	存在中等影响的场地不利或破坏因素，工程建设时需采取一定整治措施或对工程上部结构采取防灾措施： (1) 中软或软弱场地，土质软弱或不均匀，地基不稳定； (2) 场地稳定性差，地质环境条件复杂，地质灾害破坏作用影响大，较难整治； (3) 软弱土或液化土较发育，可能发生中等程度及以上液化或软土可能震陷且震陷较重，其他地震破坏效应影响较小； (4) 地下水对工程建设有较大影响； (5) 地形起伏大，易形成内涝

续表 2

类	级	适宜性地质、地形、地貌描述
有条件适宜 Sc	Sc	存在严重影响的场地不利或破坏因素，工程建设时需采取消除性整治措施，或采取一定整治措施并对工程上部结构采取防灾措施： （1）场地不稳定，动力地质作用强烈，环境工程地质条件严重恶化，不易整治； （2）土质极差，地基存在严重失稳的可能性； （3）软弱土或液化土发育，可能发生严重液化或软土可能震陷且震陷严重； （4）条状突出的山嘴，高耸孤立的山丘，非岩质的陡坡，河岸和边坡的边缘，平面分布上成因、岩性、状态明显不均匀的土层（如故河道、疏松的断层破碎带、暗埋的塘滨沟谷和半填半挖地基）等地质环境条件复杂，地质灾害危险性大； （5）洪水或地下水对工程建设有严重威胁
不适宜 N	NR	NP 中危险和危害程度较低的场地
	NP	存在严重影响的场地破坏因素的通常难以整治的危险性区域： （1）可能发生滑坡、崩塌、地陷、地裂、泥石流等的场地； （2）发震断裂带上可能发生地表位错的部位； （3）其他难以整治和防御的灾害高危害影响区； （4）行洪河道

注：1 根据该表划分每一类场地工程建设适宜性类别，从适宜性最差开始向适宜性好依次推定，其中一项属于该类即划为该类场地；

2 表中未列条件，可按其对场地工程建设的影响程度比照推定。

表 3　村庄建设用地选择要求

类	级	村庄建设限制性要求
适宜 S	S1	开挖山体进行建设时，应保证人工边坡的稳定性，并应符合国家相关标准要求
	S2	
	S3	工程建设应考虑不利因素影响，应按照国家相关标准采取一定的场地破坏工程治理措施，结构体系的选择适当考虑场地的动力特性，上部结构根据需要可选择采取一定工程措施抗御灾害的破坏，对于Ⅰ、Ⅱ、Ⅲ级工程尚应采取适当的加强措施
	S4	工程建设应考虑不利因素影响，应按照国家相关标准采取消除场地破坏影响的工程治理措施，或从治理场地破坏和上部结构加强两方面采取较完善的治理措施，结构体系的选择应考虑场地的动力特性。不宜选作Ⅰ、Ⅱ、Ⅲ级工程建设用地，无法避让时应采取完全消除场地破坏影响的工程措施

续表 3

类	级	村庄建设限制性要求
有条件适宜 Sc	Sc	暂时不宜作为建设用地。作为工程建设用地时，应查明用地危险程度，属于危险地段时，应按照不适宜用地相应规定执行，危险性较低时，可按照相应适宜性类型的用地规定执行
不适宜 N	NR	优先用作非建设用地，不宜用作工程建设用地。对于村庄线状基础设施用地无法避开时，生命线管线工程应采取有效措施适应场地破坏作用
	NP	禁止作为工程建设用地。基础设施管线工程无法避开时，应采取有效措施减轻场地破坏作用，满足工程建设要求

表 2 中的适宜性分类主要依据灾害影响程度、治理难易程度和工程建设要求进行规定，其中“有条件适宜”主要指潜在的不适宜用地，但由于某些限制，场地不利因素未能明确确定，若要进行使用，需要查明用地危险程度和消除限制性因素。

村庄用地选择与建设工程项目的重要性分类密切相关。本规范总结了我国 10 多种规范中的工程项目重要性分类，从村庄综合防灾要求出发，考虑到完整性列出了全部 4 类分类标准（见表 4）。

通过村庄土地利用适宜性综合评价得到的村庄建设用地的防灾适宜性分类，主要包括下列内容：

1 村庄土地利用防灾适宜性综合评价可搜集整理、分析利用已有资料和工程地质测绘与调查结果，综合考虑各灾种的评价要求，安排必要的勘探、测试，对其进行灾害环境、地质和场地条件方面的综合评价；进行工程地质勘察时，可按照现行标准《城市规划工程地质勘察规范》CJJ 57 和《城市抗震防灾规划标准》GB 50413 的有关规定适当降低要求进行；

表 4　建设工程项目重要性分类表

重要性等级	破坏后果	项　目　类　别
Ⅰ	极严重	甲类建筑：核电站，一级水工建筑物、三级特等医院等
Ⅱ	很严重	重大建设项目：乙类建筑；开发区建设、城镇新区建设；重大的次生灾害源工程；二级（含）以上公路、铁路、机场，大型水利工程、电力工程、港口码头、矿山、集中供水水源地、垃圾处理场、水处理厂等

续表 4

重要性等级		破坏后果	项目类别
Ⅲ		严重	重要建设项目：20 层以上高层建筑，14 层以上体型复杂高层建筑；重要的次生灾害源工程；三级（含）以上公路、铁路、机场，中型水利工程、电力工程、港口码头、矿山、集中供水水源地、垃圾处理场、水处理厂等
Ⅳ	Ⅳa	较不严重	村庄新区建设，学校等公共建筑，供水、供电等基础设施，对村庄可能产生较大影响的易燃、易爆物品，有毒、有污染的化学物品等次生灾害源工程
	Ⅳb	不严重	其他一般工程

2　村庄用地抗震防灾性能评价包括：用地抗震防灾类型分区，地震破坏及不利地形影响估计；从抗震要求的角度，进行抗震适宜性综合评价，划出潜在危险地段；进行适宜性分区，并提出村庄规划建设用地选择与相应村庄建设的抗震防灾要求和对策；

3　地质灾害影响评价应充分搜集和建立村庄及其周边地区地层岩性、地质构造、地形地貌、地下水活动、地震、地下矿产开采及气象等基础资料，对灾害历史及其影响，灾害类型、特点和规模，灾害的成因环境和条件，灾害的危险性和危害性等进行评估；在可能和必要的条件下，考虑到地质灾害评估的专业性和复杂性，可由专业技术人员为村庄整治提供灾害发生的环境基础资料和地质灾害危险性、危害性评估成果。

3.2　消 防 整 治

3.2.1～3.2.6　消防设施是村庄最重要的公共设施之一。村庄消防整治应根据现状及发展要求、易燃物的存在与可燃性、人口与建筑物密度、引发火灾的偶然性因素及历史火灾经验等，进行火灾危险源的调查及其影响评估，提出相应防御要求和整治措施，包括村庄消防安全布局、村庄建筑消防、消防分区、消防通道、消防用水、消防设施安排等。

3.3　防洪及内涝整治

3.3.1　位于防洪区和易形成内涝地区的村庄需要考虑防洪整治。

1　统筹兼顾流域防洪要求，村庄防洪标准应不低于其所处江河流域的防洪标准。

大型工矿企业、交通运输设施、文物古迹和风景区被洪水淹没后，损失大、影响严重，防洪标准应相对较高。本款从统筹兼顾上述防洪要求，减少洪水灾害损失考虑，对邻近上述地区村庄的防洪整治规定：当不能分别进行防护时，应按就高不就低原则，按较高防洪标准执行。

2　水流流态、泥沙运动、河岸、海岸的不利影响，将直接影响村庄乃至更大范围的防洪，村庄防洪设施选线应适应防洪现状和天然岸线走向，并应合理利用岸线。

3.3.2　防洪工程及防洪措施是保障村庄防洪安全的主要对策。在进行村庄防洪整治时，建设场地选择地势较高、较平坦且易于排水的地区可避免被洪水淹没；建设场地距主干道较近，考虑一旦村庄被洪水淹没时可及时组织人员撤离。河道是用于行洪的，《中华人民共和国防洪法》规定任何人不得在河道内设置阻碍行洪的障碍物，对于已建房屋等人工建筑物，整治时需清除。

蓄滞洪区土地利用、开发必须符合国家有关法规、标准的要求。分洪口门附近建造的房屋会妨碍洪水畅流，同时在洪水冲（击）刷作用下将被破坏。为减少蓄滞洪或突然溃堤时人员伤亡和经济损失，蓄滞洪区内新建永久性房屋（包括学校、商店、机关、企事业房屋等）应按照《蓄滞洪区建筑工程技术规范》GB 50181 的要求设计、建造能避洪救人的平顶结构形式。

3.3.3、3.3.4　村庄防洪排涝是村庄整治的内容之一，在南方等多雨地区和水网地带更是村庄整治的重要内容。要对村庄的地形、地质、水文和所在地区年均降雨量等条件综合分析，兼顾现状与规划、近期与远期、局部与整体，充分利用现有的自然条件，合理有效组织地面排水。

防内涝工程措施：

1　当只有局部用地受涝又无大的外来汇水且有蓄涝洼地可以利用时，可采取蓄调防涝方案，利用蓄积的内涝水改善环境或作它用；建设用地可采用重力排水；

2　当内涝频率不大又无大的外来汇水、区域内易于实施筑堤防涝方案，且比采用回填防涝方案更经济合理时，可采用局部抽排防涝；

3　当内涝频率高又有大的外来汇水且不能集中组织抽排，但附近有土可取，采用回填防涝方案较筑堤防涝更经济合理时可采用局部回填方案；此时，回填用地高程高于设防水位不应小于 0.5m，用地内地面雨水采用重力排水；

4　当内涝频率高又有大的外来汇水且受涝影响范围大，但附近又无土可取时，需设置防涝堤来保护用地。防涝堤宜高于设防水位 0.5m，用地内雨水采用局部抽排。当采用筑堤抽排防涝时，用地的规划高程可不作规定；

5 村庄用地外围多数还有较大汇水需汇入或穿越村庄用地范围后才能排出，若不妥善组织，任由外围雨水进入村庄用地内的雨水排放系统，将大大增加投资，甚至形成内涝威胁，影响整个村庄雨水排放系统的正常使用，因此宜在用地外围设置雨水边沟，在村庄用地内设置排（导）洪沟，共同排除外围过境雨水。

3.3.5 洪水发生后，环境恶化，蚊蝇孳生，常伴有胃肠道疾病发生，严重者可导致瘟疫发生。因此，村庄整治中应根据洪水灾区人口数量，合理规划设置应急疏散点、救生机械（船只）、医疗救护（救护点、医护人员）、物资储备和报警装置等。

3.4 其他防灾项目整治

3.4.1 地质灾害防御改造应尽量保持或少改变天然环境，防止人为破坏和改变天然稳定的环境。地质灾害是指在特殊的地质环境条件（地质构造、地形地貌、岩土特征和地表地下水等）下，由内动力或外动力作用、或两者共同作用、或人为因素引起的灾害，通常包括山体崩塌、滑坡、泥石流、地面塌陷、地裂缝、地面沉降等。

地质灾害的发生有天然因素和人为因素。危害较大、常见的灾害类型有：引起边坡失稳的崩塌、滑坡、塌方和泥石流等，主要发育在山区、陡峭的边坡；引起地面下沉的塌陷和沉降，在矿区和岩溶发育地区常见；引起地面开裂的断错和地裂缝等，主要发育于断裂带附近。发育在山区的滑坡、塌方和泥石流等危害最突出，是山区防灾的重点。

3.4.2 村庄的地震基本烈度应按国家规定权限审批颁发的文件或图件采用。通常情况下，地震动峰值加速度的取值可根据现行国家标准《中国地震动参数区划图》GB 18306 确定；地震基本烈度按照现行国家标准《中国地震动参数区划图》GB 18306 使用说明中地震动峰值加速度与地震基本烈度的对应关系确定。当有按国家规定权限审批颁发的抗震设防区划、地震动小区划等文件或图件时，可按相关文件或图件确定。

3.4.3 风力具有难以预测和不可避免性，需从建筑物选址、结构形式、房屋构件之间的连接等方面制定技术措施。

3.4.4 暴风雪灾预防需从村庄布局、建筑物选址、屋顶结构形式等方面采取措施。

3.4.5 冻融灾害是寒冷地区村庄建筑工程破坏的典型因素，尤其对于重要工程应按照国家相关标准采用防冻融措施。

1 多年冻土用作建筑地基时，应符合现行标准《建筑地基基础设计规范》GB 50007、《膨胀土地区建筑技术规范》GBJ 112、《湿陷性黄土地区建筑规范》GBJ 25、《冻土地区建筑地基基础设计规范》JGJ 118、《冻土工程地质勘察规范》GB 50324 中的有关规定。

2、3 为防止施工和使用期间的雨水、地表水、生产废水和生活污水浸入地基，应配置排水设施。在山区应设置截水沟或在建筑物下设置暗沟，以排走地表水和潜水流，避免因基础堵水造成冻害。

低洼场地，可采用非冻胀性土填方，填土高度不应小于 0.5m，范围不应小于散水坡宽度加 1.5m。基础外面可用一定厚度的非冻胀性土层或隔热材料在一定宽度内进行保温，其厚度与宽度宜通过热工计算确定，可用强夯法消除土的冻胀性。

3.4.6 雷电对建（构）筑物、电子电气设备和人、畜危害很大，我国很多地区常见雷电伤人的报道。因此，雷电灾害频发地区的村庄，在整治时应针对雷电防灾进行整治。

3.5 避 灾 疏 散

3.5.1 避灾疏散是临灾预报发布后或灾害发生时把需要避灾疏散的人员从灾害程度高的场所安全撤离，集结到预定的、满足防灾安全要求的避灾疏散场所。

避灾疏散安排应坚持“平灾结合”原则。避灾疏散场所平时可用于村民教育、体育、文娱和粮食晾晒等其他生活、生产活动，临灾预报发布后或灾害发生时用于避灾疏散。避灾疏散通道、消防通道和防火隔离带平时作为交通、消防和防火设施，避灾疏散时启动其防灾功能。

避灾疏散人员包括需要避灾疏散的村庄居民和流动人口，同时应考虑避灾疏散人员的分布。村庄整治中需对避灾疏散场所建设、维护与管理，避灾疏散实施过程，避灾疏散宣传教育活动或演习提出要求和管理对策。

3.5.2 通道有效宽度指扣除灾后堆积物的道路的实际宽度。建筑倒塌后废墟的高度可按建筑高度的 1/2 计算。疏散道路两侧的建筑倒塌后其废墟不应覆盖疏散通道。疏散通道应当避开易燃建筑和可能发生的火源。对重要的疏散通道要考虑防火措施。

3.5.3 避灾疏散场所需综合考虑防止火灾、洪灾、海啸、滑坡、山崩、场地液化及矿山采空区塌陷等各类灾害和次生灾害。用地可连成一片，也可由比邻的多片用地构成，从防止次生火灾的角度考虑，疏散场地不宜太小。

3.5.4 防火安全带是隔离避灾疏散场所与火源的中间地带，可以是空地、河流、耐火建筑及防火树林带、其他绿化带等。若避灾疏散场所周围有木制建筑群、发生火灾危险性比较大的建筑或风速较大的地域，防火安全带的宽度应适当增加。

防火树林带可防止火灾热辐射对避灾疏散人员的伤害，应选择对火焰遮蔽率高、抗热辐射能力强的树种。规划建设新的避灾疏散场所时，可提出周围建筑的耐火性能要求。发生火灾后避灾疏散人员可在避灾疏散场所内向远离火源方向移动，当火灾威胁到避灾避难人员安全时，应从安全通道撤离到邻近避灾疏散场所或实施远程疏散。临时建筑和帐篷之间留有消防通道。严格控制避灾疏散场所内的火源。

3.5.5、3.5.6 防洪整治应对保护区内用于就地避洪的设施进行整治，对安全堤防、安全庄台、避洪房屋、围埝、避水台、避洪杆架等应根据需要就地避洪的人员、牲畜、生活必需品以及重要农机具数量等进行合理整治和建设。

3.5.7 高杆树木可就地避洪，村民住宅旁宜有计划种植高杆树木，以便分洪时，就近避险。

3.5.8 蓄滞洪区启用或自然溃堤后的水深一般较深，多在3～10m之间，对于蓄滞洪区内的办公、学校、商店、厂房、仓库等建筑设置避洪安全设施是保障蓄滞洪区内生命和财产安全的重要措施，可作为临时避难场所，也能为转移营救提供宝贵的时间。

4 给水设施

4.1 一般规定

4.1.1 我国北方地区、西部地区有水源性缺水问题，南方地区、沿海地区则出现了水质性缺水问题；同时我国农村给水设施存在设施老化、给水水源安全防护距离不足、缺乏必要的水净化处理设备、消毒设施等问题。为了保障用水安全，保证村民身体健康，给水设施整治在村庄整治中不可缺失，是村庄整治的重要内容。

2004年11月，水利部、卫生部联合颁布了《农村饮用水安全卫生评价指标体系》，分安全和基本安全两个级别，由水质、水量、方便程度和保证率四项指标组成。四项指标中只要有一项低于安全或基本安全最低值，就不能定为饮水安全或基本安全。

水质：符合现行国家标准《生活饮用水卫生标准》GB 5749要求的为安全；符合《农村实施〈生活饮用水卫生标准〉准则》要求的为基本安全。

水量：每人每天可获得的水量不低于40～60L为安全；不低于20～40L为基本安全。

方便程度：人力取水往返时间不超过10min为安全；取水往返时间不超过20min为基本安全。

保证率：供水保证率不低于95%为安全；不低于90%为基本安全。

4.1.2 本条是关于给水设施整治目标的规定。

集中式给水工程配水管网用户接管点处的最小服务水头，单层建筑可按5～10m计，建筑每增加1层，水头可按增加3.5m计算。

4.1.3 本条是关于给水设施整治内容的规定。

4.1.4 本条是关于集中式给水工程整治设计、施工单位资质的规定。

4.1.5 本条是关于给水设施整治卫生安全的规定。

4.3 水　源

4.3.1 本条是关于水源整治内容的规定。

4.3.2 本条是关于水源保护的规定。

饮用水水源保护区的划分应符合现行行业标准《饮用水水源保护区划分技术规范》HJ/T 338的规定，并应符合国家及地方水源保护条例的规定。

1 地下水水源保护应符合下列规定：

1）水源井的影响半径范围内，不应开凿其他生产用水井；保护区内不应使用工业废水或生活污水灌溉，不应施用持久性或剧毒农药，不应修建渗水厕所、污废水渗水坑、堆放废渣、垃圾或铺设污水渠道，不得从事破坏深层土层活动；

2）雨季应及时疏导地表积水，防止积水渗入和漫溢到水源井内；

3）渗渠、大口井等受地表水影响的地下水源，防护措施应遵照地表水水源保护要求执行。

2 地表水水源保护应符合下列规定：

1）水源保护区内不应从事捕捞、网箱养鱼、放鸭、停靠船只、洗涤和游泳等可能污染水源的任何活动，并应设置明显的范围标志和禁止事项的告示牌；

2）水源保护区内不应排入工业废水和生活污水；其沿岸防护范围内，不应堆放废渣、垃圾，不应设立有毒、有害物品仓库及堆栈；不得从事放牧等可能污染该段水域水质的活动；

3）水源保护区内不得新增排污口，现有排污口应结合村庄排水设施整治予以取缔；

4）输水渠道、作预沉池（或调蓄池）的天然池塘的防护措施与上述要求相同。

4.3.3 本条是关于水源保护区内污染源清理整治的规定。

4.3.4 本条是关于选择新水源的规定。

4.4 集中式给水工程

4.4.1 本条是关于给水处理工艺整治的规定。

1 本款是关于给水处理工艺整治原则的规定。

2 原水含铁、锰超标可采用下列处理工艺：

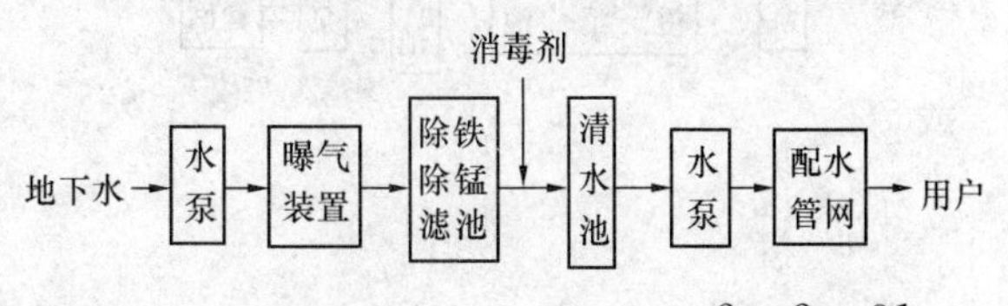

3　原水含氟超标可采用下列处理工艺：

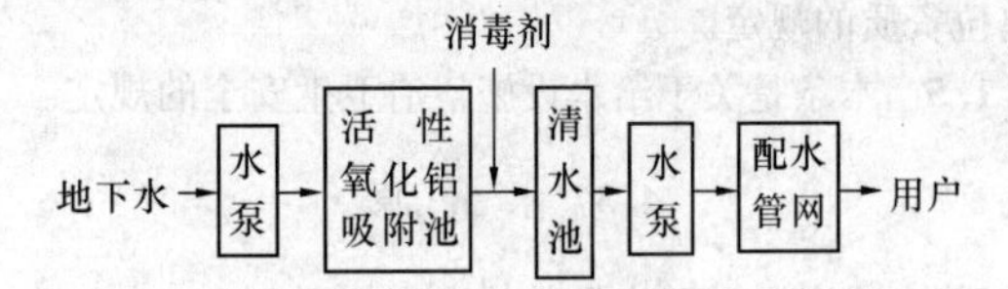

或

凝聚剂　消毒剂
地下水→水泵→混合→絮凝沉淀过滤池→清水池→水泵→配水管网→用户

4　原水含盐量超标（苦咸水）可采用下列处理工艺：

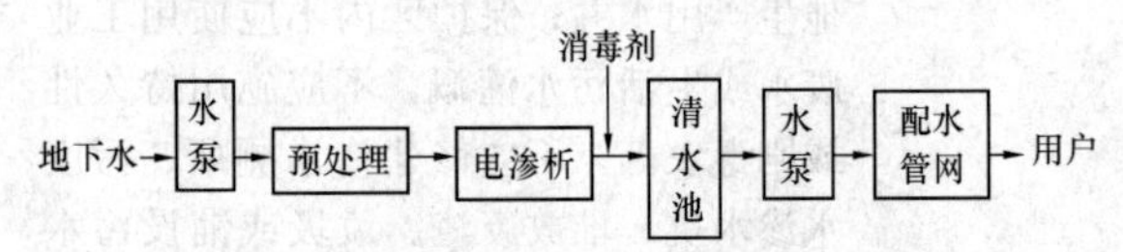

5　原水含砷超标可采用下列处理工艺：

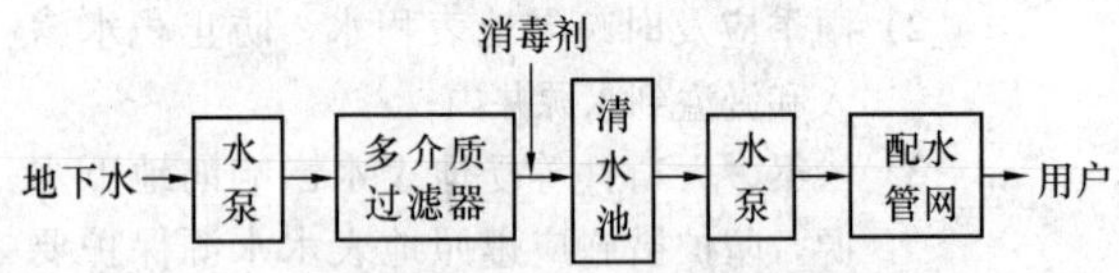

6　原水浊度超标可采用下列处理工艺：

1）原水浊度长期不超过20NTU，瞬时不超过60NTU的地表水，可采用下列处理工艺：

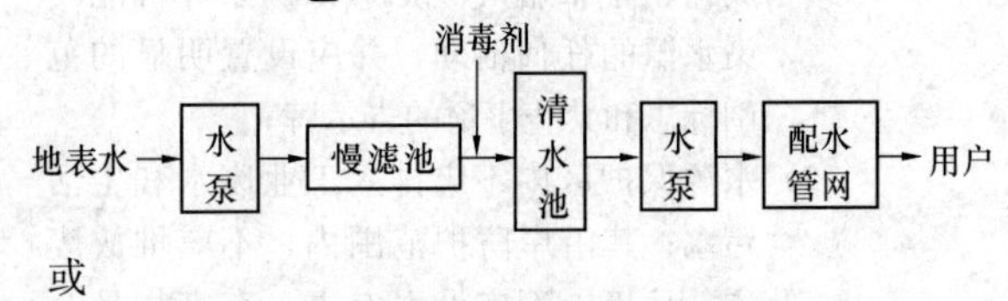

或

消毒剂
地表水→水泵→接触滤池→清水池→水泵→配水管网→用户

2）原水浊度长期不超过500NTU，瞬时不超过1000NTU的地表水，可采用下列处理工艺：

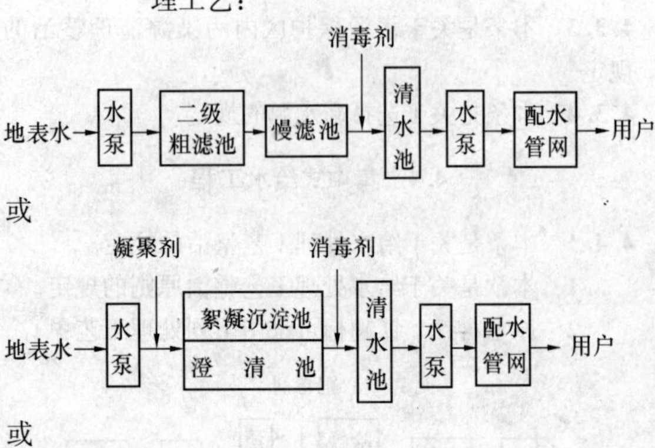

或

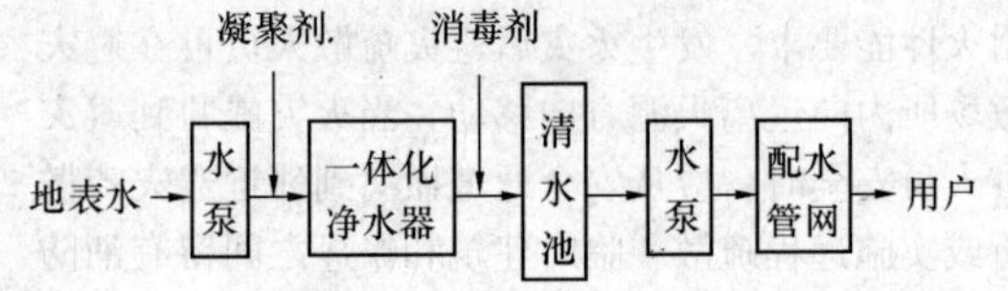

7　原水藻类、氨氮或有机物超标（微污染的地表水）可采用下列处理工艺：

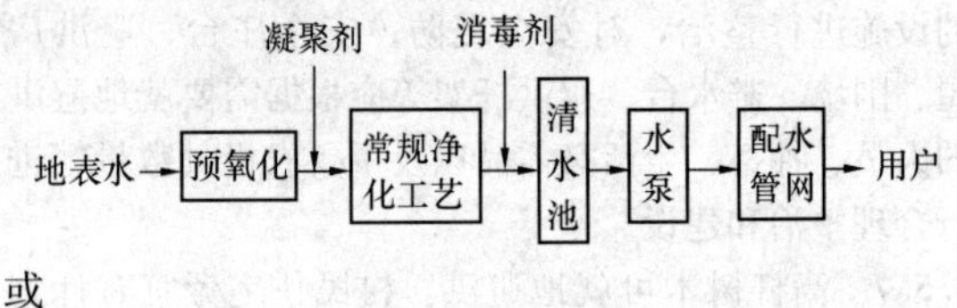

或

凝聚剂　消毒剂
地表水→预氧化→常规净化工艺→活性炭滤池→清水池→水泵→配水管网→用户

4.4.2　本条是关于设备设施整治的规定。

1　本款是关于给水工程设备设施整治内容的规定。

2　本款是关于给水厂站及生产建（构）筑物整治的规定。

3　本款是关于调节构筑物整治的规定。

4　本款是关于水泵整治的规定。

5　本款是关于消毒设施整治的规定。

消毒剂的投加点应根据原水水质、工艺流程和消毒方法等确定。可在水源井、清水池、高位水池或水塔等处投加。

消毒剂的投加量应通过试验或参照相似条件运行经验确定。消毒剂与水要充分混合接触，接触时间不应小于30min。

漂白粉（精）消毒，应先制成浓度为1%～2%的澄清溶液，再通过计量设备投入水中，每日配制次数不宜大于3次；应设溶药池和溶液池，溶液池宜设2个，池底坡度$i \geqslant 0.02$，坡向排渣管，排渣管管径不应小于50mm。

次氯酸钠消毒宜采用次氯酸钠发生器现场制备，并应有相应有效的安全设施。

二氧化氯消毒宜采用化学法现场制备，并应有相应有效的安全设施。

4.4.3　本条是关于输配水管道整治的规定。

1　本款是关于输配水管道整治目标的规定。

2　本款是关于输水管道整治原则的规定。

3　本款是关于配水管道整治原则的规定。

4　本款是关于生活饮用水管网与非生活饮用水管道、各单位自备生活饮用水管道连接的规定。

5　本款是关于输配水管道埋设深度的规定。

6～9　本款是关于输配水管道附属设备设施整治的规定。

4.5 分散式给水工程

4.5.1 本条是关于手动泵给水工程整治的规定。

4.5.2 本条是关于引泉池给水工程整治的规定。

4.5.3 本条是关于雨水收集给水工程整治的规定。

4.6 维护技术

4.6.1 本条是关于给水工程整治验收的规定。

4.6.2 本条是关于给水工程运行管理的规定。

1、2 本款是关于运行管理制度的规定。

供水单位应规范运营机制，努力提高管理水平，确保安全、稳定、优质和低耗供水。

水源管理应符合下列规定：

1）供水单位可参照《饮用水水源保护区污染防治管理规定》，结合实际情况，合理设置生活饮用水水源保护区，并设置明显标志；应经常巡视，及时处理影响水源安全的问题；

2）任何单位和个人在水源保护区内进行建设活动，应征得供水单位和当地主管部门的批准。

3 本款是关于供水单位和管理人员应取得卫生许可的规定。

4 本款是关于水质检验的规定。

5 本款是关于分散式供水村庄建立巡查制度的规定。

5 垃圾收集与处理

5.1 一般规定

5.1.1 垃圾处理是村庄整治的重要内容。本条是对村庄垃圾处理的一般性要求，尤其是针对村庄普遍缺乏垃圾收集设施、垃圾随意弃置的现状，对村庄环境治理提出垃圾应收集清运的具体管理要求。

5.1.2 垃圾宜回收利用，垃圾分类收集是实现垃圾资源化的最有效途径。通过垃圾分类收集，不仅可直接回收大量废旧原料，实现垃圾减量化，而且可减少垃圾运输费用，简化垃圾处理工艺，降低垃圾处理成本。

5.1.3 小规模的卫生填埋场和焚烧厂若要达到环保要求，成本高，技术管理要求高，正常运行难，因此集中处理一定规模的垃圾十分必要，一些人口密度较高区域推行的村收集、乡镇运输、县集中处理的模式正是适应这一要求的有益探索。为了减少生活垃圾收集和运输成本，实行分类收集是必要的。通过分类收集，将大部分易腐烂的有机垃圾、砖瓦、灰渣等无机垃圾单独收集，就地处理和利用，将塑料等不易腐烂的包装物为主的其他垃圾集中收集处理，能有效降低收集运输与处理费用。对暂时缺乏集中处理条件的村庄，建议就近进行简易填埋处理。

5.1.4 生活垃圾中不得混入含有有毒有害成分的工业垃圾，废日光灯管、废弃农药、药品等家庭有毒有害垃圾也应逐步建立单独收集体系。

5.2 垃圾收集与运输

5.2.1 生活垃圾主要内容的划定：

1 废品类垃圾主要包括：金属、废纸、动物皮毛等；

2 可生物降解的有机垃圾主要包括：烂蔬菜、烂水果、瓜果皮、剩菜、剩饭、咖啡茶叶残渣、蛋壳、花生壳、面包、麦片、花园及植物垃圾、骨头、海鲜贝壳、灌木枝条、小木块、小木条、废纸、皮毛、头发、遗弃粪便等；

3 无机垃圾主要包括煤灰渣、渣土、碎砖瓦及草木灰等。

5.2.2 垃圾收集设施设置应根据具体需要确定，可以单户配置，也可以多户配置，每个村庄不应少于1个垃圾收集点。收集设施宜防雨、防渗、防漏，避免污染周围环境。密闭式垃圾收集点可根据需要采用垃圾桶、垃圾箱等多种形式。

5.3 垃圾处理

5.3.3 家庭堆肥处理是指在庭院或农田中将可生物降解的有机垃圾集中堆放处理，并自然发酵的过程，为促进发酵过程的自然通风，可用当地材料（如木条、钢筋或其他材料），围成约0.5～1.0m^3的空间作为垃圾集中堆放地。平均温度应达到50℃以上并至少保持5d。

5.3.4 村庄集中堆肥处理指将家庭单独收集的可生物降解的有机垃圾集中处理。在无条件实行家庭堆肥的家庭和村庄，需要将单独收集的可生物降解的有机垃圾集中处理。

村庄集中堆肥处理宜采用条形堆肥，即将垃圾堆为长条形，断面为三角形或梯形，堆高约1m，断面面积约1m^2，条形堆肥长度可根据场地大小确定，间距以方便翻堆为宜。条形堆肥的发酵腐熟时间宜在2～3个月以上，并应采用机械或人工手段定期翻堆，增加垃圾堆体的透气性和均匀性。

5.3.7 简易填埋处理场应根据村庄及乡镇实际需要选择，适当分散建设，规模不宜过大，否则可能带来集中污染风险。

6 粪便处理

6.1 一般规定

6.1.1 解决农村地区人的粪便污染，防止致病微生物污染环境，预防与粪便相关的人畜共患病、肠道传染病，从源头控制污染源、切断传播途径是村庄整治的重要目标。厕所是人类生活最基本的卫生设施，也是解决人排泄物无害化的关键设施。村庄整治中应加强卫生厕所建设和管理，控制肠道传染病、寄生虫病及部分生物媒介传染病传播。

6.1.2 农村户厕应与村庄整治统一规划，协调进行，降低重复建设带来的浪费、减少厕所模式选择错误和建造不规范带来的损失。在部分疾病流行地区，如血吸虫病流行地区，由于对粪便中携带致病微生物处理有特殊要求，所以农村户厕的设计必须符合相应规范标准要求及疾病防控的要求。

6.1.3 无害化处理后的粪便中含有大量氮磷钾等营养物质，合理并充分利用，能减少化肥用量，利于粪污资源化，并能保护土壤、促进农作物生长、改善水体富营养化造成的面源环境污染，保持生态系统的良性循环，符合循环经济的要求。

6.1.4 厕所无害化效果评价工作专业性强，必须由相关主管部门进行检测和评价。粪大肠菌是有代表意义的肠道致病菌和指示菌，蛔虫卵在环境中的存活能力要强于其他寄生虫卵，当粪大肠菌值≥10^{-2}、蛔虫卵的去除率≥95%时，其他寄生虫病的危害降低，因此要求检测粪大肠菌和蛔虫卵的相关指标，检测方法可按照现行国家标准《粪便无害化卫生标准》GB 7959的规定进行。

6.2 卫生厕所类型选择

6.2.1 为使村民了解建造卫生厕所的意义，提高参与程度，使卫生厕所建造、使用、管理具有可持续性，专业技术人员应根据当地自然条件、风俗习惯、生产方式、给排水设施和经济发展状况等，指导村民选择厕所模式及建造材料。厕所建造要注重实用，不宜在形式上过大投入，要与经济发展状况相适应。

卫生厕所建设可因地制宜地从鉴定确认为卫生厕所的模式中选择。三格化粪池式厕所、三联通沼气池式厕所、粪尿分集式生态卫生厕所、双瓮漏斗式厕所、完整下水道水冲式厕所是目前我国农村应用较多的厕所模式。详细的设计、建造参数和图纸参见《中国农村卫生厕所技术指南》。

6.2.2 厕所类型选择应符合下列规定：

1 城镇周边地区或经济较发达地区的村庄，建有污水处理场及上、下水设施，具备水冲式厕所的建造条件；但有些村庄无污水排放系统，甚至直接将污水排入池塘，也大量建造水冲式厕所，会造成环境质量迅速下降，所以本款提出要求：粪便污水必须与通往污水处理厂的管网相连接，不能随意排放；

2 一头猪的粪便量，至少相当于6个人的粪便量，家庭饲养农户至少有3～4头猪，猪粪便有助于生成沼气，但普通三格化粪池厕所贮粪池容量小，无法容纳全部粪便量，因此提倡家庭饲养业的农户建造三联通沼气池式厕所；

3 寒冷地区，冬季使用三联通沼气池生产沼气必须保持一定的温度，0℃左右的温度无法正常运转，单独加温沼气池不现实，可采用沼气池与蔬菜大棚结合使用方式；

4 干旱缺水地区的村庄，推荐选用用水量很少的粪尿分集式生态卫生厕所、双坑交替式厕所、阁楼堆肥式厕所及双瓮漏斗式厕所；

5 目前尚无可推广应用的针对寒冷地区的户厕模式，暂以深坑式户厕代用，为保证厕所卫生与使用的安全性，贮粪池底部须低于当地冻土层，否则极易冻裂或翻浆时变形；

6 粪尿分集式生态卫生厕所将粪便和尿分别收集、处理，作为农业肥料使用，因此非农业地区的村庄不宜选用粪尿分集式生态卫生厕所。

6.2.3 厕所应符合建造技术要求，贮粪池不渗不漏，对浅层水污染概率低。本规范提出卫生防护距离要求，但如与粪便无害化建造技术要求矛盾时，应首先服从无害化建造技术的要求。出于卫生与使用安全的考虑，厕所地下结构应坚固耐用、经济方便，但特殊地质条件地区有特殊要求，可由当地主管部门提出具体的质量与安全要求，地上厕屋则可自行选择。

6.2.4 沼气式厕所若要达到发酵均匀、提高沼气产气效率的目的需增加搅拌，粪便中未死亡的寄生虫卵就会伴随沼液一起排出，影响无害化效果。因此提出在血吸虫病流行地区及其他肠道传染病高发地区村庄的沼气池式户厕，不采用可随时取沼液与沼液随意溢流排放的设计。

目前厕所粪便无害化处理程度有限，粪液排入水体，会造成富营养化，未死亡的寄生虫卵进入水体，会形成疾病传播条件，造成肠道致病菌传播，不利于预防疾病。因此，禁止向任何水域排放粪便污水和沼液，禁止将沼液作为牲畜的饲料添加剂养鱼、养禽等。

6.2.5 目前农村厕具生产还未形成产业化、市场化，为保障农民的切身利益，应对厂家生产的预制式贮粪池、便器等其他关键设备进行安全性能与功能性能的技术鉴定，符合安全与技术要求的设备方可进入市场。选择产品时应检查检测报告，并将生产厂家的资质证明、产品合格证与产品检测报告的复印件存档备查。便器与建厕材料应坚固耐用，利于卫生清洁与环境保护；建造材料应为正规生产厂家的合格产品，选择产品时应查验质量鉴定报告，并将复印件存档备查。

6.3 厕所建造与卫生管理要求

6.3.1 厕所建造与卫生管理应符合下列规定：

1 三格化粪池厕所正式启用前应在第一格池内注水100～200L，水位应高出过粪管下端口，用水量以每人每天3～4L为宜。每年宜进行1～2次厕所维护，使用中如果发现第三池出现粪皮时应及时清掏。化粪池盖板应盖严，防止发生意外。清渣或取粪水时，不得在池边点灯、吸烟，防止沼气遇火爆炸。清掏出的粪渣、粪皮及沼气池沉渣中含有大量未死亡的寄生虫卵等致病微生物，需经堆肥等无害化处理。

目前厕所使用与管理方面存在很多问题，例如粪便如果直接倒入三格化粪池的二、三池的后池，无害化效果就会破坏，产生臭味，因此禁止向二、三池倒入新鲜粪液。从粪便无害化效果分析，将洗浴水通入三格化粪池厕所贮粪池的做法不可取。粪水应与污水分流，生活污水不得排入化粪池。而且本规范确定的贮粪池无能力处理畜、禽粪，因此不提倡将畜、禽粪便通入三格化粪池厕所贮粪池。

2 应合理配置并充分利用畜粪、垫圈草、铡碎和粉碎并经适当堆沤的作物秸秆、蔬菜叶茎、水生植物、青杂草等作为三联通沼气池式厕所的原料。

禁止在三联通沼气池的进粪端取粪用肥。每年宜进行1～2次厕所维护，清渣时，不得在池边点灯、吸烟，防沼气遇火爆炸。清掏出的粪渣、粪皮及沼气池沉渣中含有大量未死亡的寄生虫卵等致病微生物，需经堆肥等无害化处理。沼液内含有氮磷钾和富有营养的氨基酸，可作为肥料，但是严禁作为牲畜的饲料添加剂养鱼、养禽等。

3 粪尿分集式生态卫生厕所使用前应在厕坑内加5～10cm灰土，便后以灰土覆盖，灰土量应大于粪便量3倍以上。粪便必须用覆盖料覆盖，充足加灰能使粪便保持干燥，促进粪便无害化。但不同覆盖料达到粪便无害化的时间有所不同，草木灰的覆盖时间不应少于3个月，炉灰、锯末、黄土等的覆盖时间不应少于10个月。粪便在厕坑内堆存时间约为半年至一年。尿液不应流入贮粪池，尿液储存容器应避光并较密闭，容量能保证存放10d以上，加5倍水稀释后，可直接用于农作物施肥。

5 对于双瓮漏斗式厕所，新厕建成使用前应向前瓮加水，水面要超过前瓮过粪管开口处。每天应用少量水（每人每天不宜超过1L）清洗漏斗便器。每年定期清除前瓮粪渣1次，清除的粪渣经堆肥等无害化处理后，可用于农业施肥。应使用后瓮粪液，防止直接从前瓮取粪，并应注意养护和维修工作，保持正常运转。

6 对于阁楼堆肥式厕所，新厕建成使用前和每次清理完粪肥后，应先在贮粪池底通风管上铺约100mm厚的干草或干牛马粪和一层土，使其既有透气空间，又便于吸收水分。每次便后及时用庭院土覆盖粪便，应将生活垃圾、牲畜粪便（牛、马、羊、鸡粪）适时投入贮粪池内，不定期进行混匀平整，形成500mm以上厚度的堆积层。

需要用肥前1.5～2个月，应人工调整配比，加入适量的水（污水、洗米水、洗菜水等）使水分达到约40%。表层用草与土覆盖使其升温发酵，经0.5月的高温发酵能达到粪便无害化效果，要符合农田可应用的腐熟肥的要求，则需1.5个月以上的时间。非用肥期，应保持厕坑干燥，防止粪便发酵升温。

污物应随时清扫。塑料与不可降解物、有毒有害物不能投入厕坑。

7 对于双坑交替式厕所，新厕建成使用前，厕坑底部要撒一层细土，将出粪口挡板周边用泥密封。厕所内要存放细干土，每次便后加土覆盖。定期将厕坑中间粪便推向周边。便器盖用时拿开，便后塞严。双坑交替使用，一坑满后封闭，同时启用第二厕坑。粪便经高温堆肥等无害化处理后方可做农肥使用。应保持清洁卫生，定期清扫。

8 深坑式厕所入冬前，应将贮粪池内粪便清掏干净，清掏出的粪便应经堆肥等无害化处理。厕所应定期清扫，保持干净。

6.3.2 避免粪便裸露是控制蚊蝇孳生、减少厕所臭味的关键。应避免设计方案与建造技术方面的缺陷，关注使用过程中出现的问题，避免粪便裸露。

7 排水设施

7.1 一般规定

7.1.1 我国农村绝大多数村庄没有污水、雨水的收集排放和处理设施，对农村人居环境造成极大危害，在村庄整治中采用符合当地实际的做法解决村庄生活污水、雨水的排放和处理，可以有效地改善农村的人居环境。

7.1.2 本条是关于排水量计算的规定。

村庄排水分为生活污水、生产污水，径流雨水和冰雪融化水统称为雨水。

生活污水量可按生活用水量的75%～90%进行估算。

生产污水量及变化系数，要根据乡镇工业产品的种类、生产工艺特点和用水量确定。为便于操作，也可按生产用水量的75%～90%进行估算。水重复利用率高的工厂取下限值。

雨水量与当地自然条件、气候特征有关，可参照临近城市的相应标准计算。

7.1.3 本条是关于污水排放标准的规定。

7.1.7 缺水地区雨水、生活污水收集利用的具体措施如下：

1 缺水地区宜采用集流场收集雨水，集流场可分为屋面集流场和地面集流场，收集的雨水宜采用水窖贮存；

2 有条件地区村庄可在农家房前或田间利用露天水池收集贮存雨水；

3 生活污水输送至污水处理站，处理达标后，就近排入村庄水系或用于农田灌溉等；

4 没有污水处理设施时，生活污水经化粪池、沼气池等进行卫生处理后可直接利用。

7.2 排水收集系统

7.2.1 本条是关于选择排水收集系统的规定。

村庄排水宜选择雨污分流。在降雨量较少的地区也可选择雨污合流。

7.2.2 本条是关于雨污水排放的规定。

7.2.3 本条是关于排水沟渠敷设的规定。

7.2.4 本条是关于寒冷地区排水管道敷设深度的规定。

7.2.5 本条是关于排水收集系统整治的规定。

规定了对雨水和污水管渠设计的具体要求，包括管渠形式、材料、尺寸和坡度等。雨水排水沟渠断面形式可参考图1。

房屋四周排水沟渠做法可参考图2。

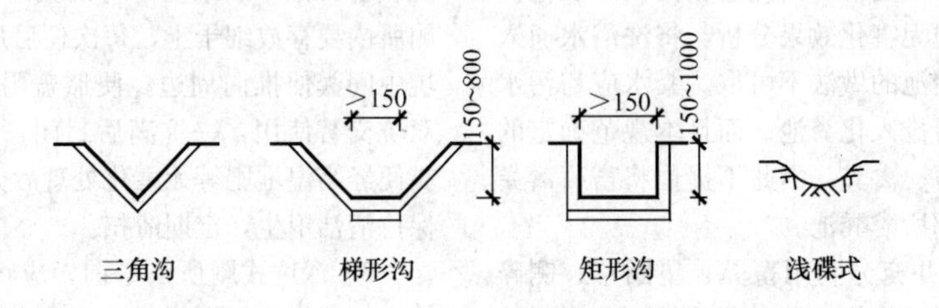

图1 排水沟渠断面形式

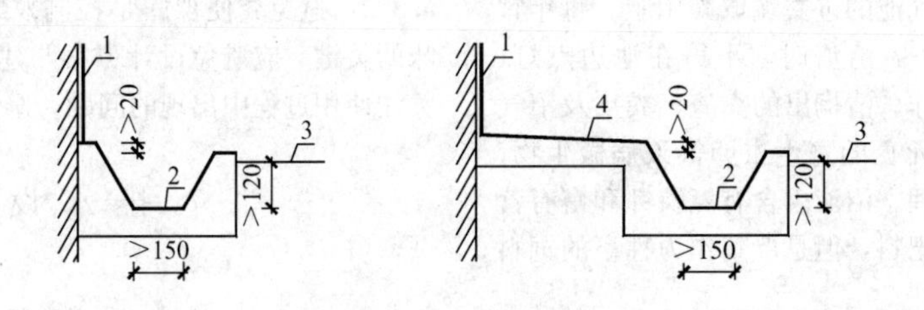

图2 房屋排水沟渠做法

1—外墙勒脚；2—纵坡度0.3%～0.5%；3—室外地坪；4—散水坡

无条件修建污水管道的村庄，可参考图1、图2的形式，加盖建造暗渠排放生活污水。

7.3 污水处理设施

7.3.1 本条是关于污水处理站的规定。

1 本款是关于雨污分流时污水处理站进水的规定。

2 本款是关于雨污合流时污水处理站进水的规定。

3 本款是关于采用污水处理工艺的规定。

7.3.2 本款是关于污水处理站选址的规定。

7.3.3 本款是关于工业废水和养殖业污水排入污水处理站要求的规定。

7.3.4 本款是关于污水处理站出水要求的规定。

7.3.5 人工湿地系统水质净化技术是一种生态工程方法。基本原理是在一定的填料上种植特定的湿地植物，建立起人工湿地生态系统，当污水通过系统时，经砂石、土壤过滤，植物根际的多种微生物活动，污水中的污染物和营养物质被吸收、转化或分解，水质得到净化。经过人工湿地系统处理后的水，可达到地表水水质标准，可直接排入饮用水源或景观用水的湖泊、水库或河流中。因此，特别适合饮用水源或景观用水区附近生活污水的处理、受污染水体的处理，或为这些水体提供清洁水源补充。

人工湿地处理污水采用类型包括地表流湿地、潜流湿地、垂直流湿地及其组合，一般将处理污水与景观相结合。并应符合下列规定：

1 应设置拦污格栅去除悬浮杂质，其后设置沉淀池预处理，停留时间应大于1h；

2 一级人工湿地为潜流湿地，填料为大颗粒卵石，粒径30～50mm，停留时间应大于18h；

3 二级人工湿地为垂直流湿地，填料为小颗粒卵石，粒径4～32mm，停留时间应大于6h；

4 人工湿地表面宜种植芦苇、水葱、菖蒲、茭白等根系发达的水生植物。

图3是利用人工湿地处理村庄生活污水的典型工艺流程，图4、图5分别是一级人工湿地和二级人工湿地的结构示意图。

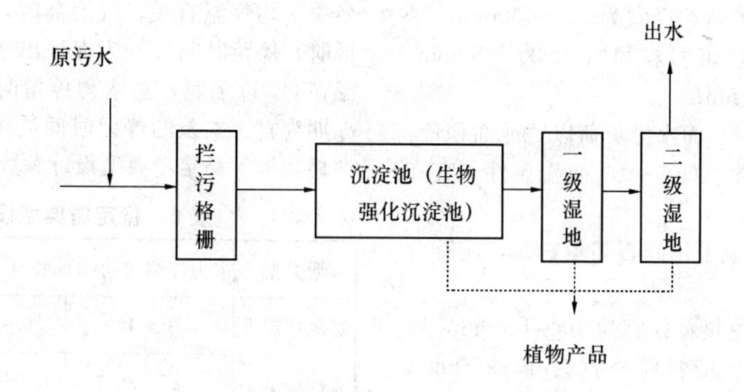

图3　人工湿地处理村庄生活污水的工艺流程

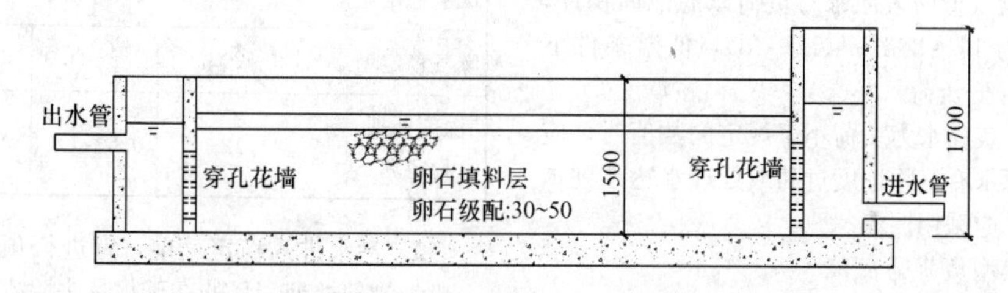

图4　一级人工湿地结构示意

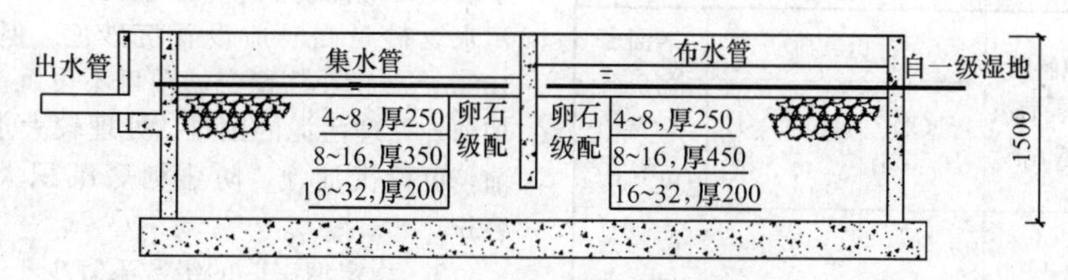

图5　二级人工湿地结构示意

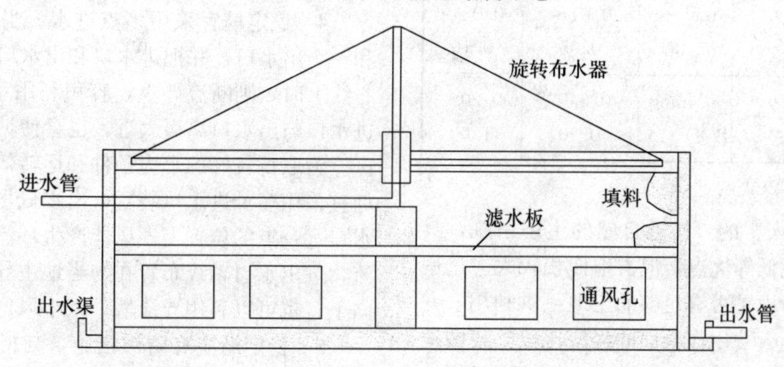

图6　生物滤池结构示意

7.3.6　生物滤池由池体、填料、布水装置和排水系统等四部分组成，可为圆形，也可为矩形。滤池填料应高强度、耐腐蚀、比表面积大、空隙率高和使用寿命长。对碎石、卵石、炉渣等无机滤料可就地取材。图6是生物滤池结构示意图。

生物滤池应符合下列规定：

1　生物滤池的布水装置可采用固定或旋转布水器。生物滤池布水应使污水均匀分布在整个滤池表面，可提高滤池处理效果。布水装置可采用间歇喷洒布水系统或旋转式布水器。高负荷生物滤池多采用旋转式布水器，由固定的进水竖管、配水短管和可以转动的布水横管组成。每根横管的断面积由设计流量和流速决定；布水横管的根数取决于滤池和水力负荷的大小，最大时可采用4根，一般用2根。

2　生物滤池底部空间的高度不应小于0.6m，沿滤池池壁四周下部应设置自然通风孔，其总面积不应小于池表面积的1%。

3　生物滤池的池底应设1%～2%的坡度坡向集水沟，集水沟以0.5%～2%的坡度坡向总排水沟，并有冲洗底部排水渠的措施。

4　低负荷生物滤池采用碎石类填料时，应符合下列要求：

1）滤池下层填料粒径宜为60～100mm，厚0.2m；上层填料粒径宜为30～50mm，厚1.3～1.8m；

2）正常气温时表面水力负荷以滤池面积计，宜为1～3m³/（m²·d），低温条件下宜降低负荷。

5 高负荷生物滤池采用碎石类填料时，应符合下列要求：

1）滤池下层填料粒径宜为70～100mm，厚0.2m；上层填料粒径宜为40～70mm，厚度不宜大于1.8m；

2）正常气温时表面水力负荷以滤池面积计，宜为10～36m³/（m²·d），低温条件下宜降低负荷。

当生物滤池表面水力负荷小于规定的数值时，应采取回流；当原水有机物浓度过高或处理水达不到水质排放标准时，应采用回流。

生物滤池典型负荷见表5。

表5 生物滤池典型负荷

处理要求	工艺类型	填料的比表面积（m²/m³）	容积负荷		表面水力负荷［(m³/(m²·h)］
			kgBOD₅/(m³·d)	kgNH₄⁺-N/(m³·d)	
部分处理	高负荷	40～100	0.50～5.00	—	0.20～2.00
碳氧化/硝化	低负荷	80～200	0.05～5.00	0.01～0.05	0.03～0.10
三级硝化	低负荷	150～200	＜40mg BOD⁵/L*	0.04～0.20	0.20～1.00

注：* 为装置进水浓度。

7.3.7 稳定塘是人工的、接近自然的生态系统，具有管理方便、能耗低等优点，但占地面积较大。选用稳定塘时，必须考虑是否有足够的土地可供利用，并应对工程投资和运行费用作全面的经济比较。我国地少价高，稳定塘占地约为活性污泥法二级处理厂用地面积的13.3～66.7倍，因此，稳定塘建设规模不宜大于5000m³/d。

在地理环境适合且技术条件允许时，村庄污水处理设施可采用荒地、废地以及坑塘、洼地等建设稳定塘处理系统。并应符合下列规定：

1 稳定塘设计应根据试验资料确定。无试验资料时，根据污水水质、处理程度、当地气候及日照等条件，总停留时间以20～120d为宜。

温度、光照等气候因素对稳定塘处理效果的影响十分重要，决定稳定塘的处理效果以及塘内优势细菌、藻类及其他水生生物的种群。冰封期长的地区，总停留时间应适当延长。稳定塘的停留时间与冬季平均气温有关，气温高时，停留时间短；气温低时，停留时间长。为保证出水水质，冬季平均气温在0℃以下时，总水力停留时间以不少于塘面封冻期为宜。本条的停留时间适用于好氧稳定塘和兼性稳定塘。稳定塘典型设计参数见表6。

表6 稳定塘典型设计参数

塘类型	水力停留时间(d)	水深(m)	BOD₅去除率(%)
好氧稳定塘	10～40	1.0～1.5	80～95
兼性稳定塘	25～80	1.5～2.5	60～85
厌氧稳定塘	5～30	2.5～5.0	20～70
曝气稳定塘	3～20	2.5～5.0	80～95
深度处理稳定塘	4～12	0.6～1.0	30～50

2 污水进入稳定塘前，宜进行预处理，预处理一般为物理处理，目的在于尽量去除水中杂质或不利于后续处理的物质，减少稳定塘容积。应设置格栅，污水含砂量高时应设置沉砂池。但污水流量小于1000m³/d的小型稳定塘前可不设沉淀池，否则将增加塘外处理污泥的困难。处理较大水流量的稳定塘前，可设沉淀池，防止塘底沉积大量污泥，减少容积。

3 稳定塘串联的级数不宜少于3级，第一级塘有效深度不宜小于3m。

4 稳定塘宜采用多点进水。当只设一个进水口和一个出水口，并把进水口和出水口设在长度方向中心线上时，则断流严重，容积利用系数可低至0.36。进水口与出水口离得太近，也会使塘内存在较大死水区。为取得较好的水力条件和运转效果，推流式稳定塘宜采用多个进水口装置，出水口尽可能布置在距进水口远一点的位置上。风能产生环流，为减小这种环流，进出水口轴线布置在与当地主导风向相垂直的方向上，也可以利用导流墙，减小风产生环流的影响。

5 稳定塘应有防渗措施，与村民住宅区之间应设置卫生防护带。无防渗层的稳定塘很可能影响和污染地下水，因此必须采取防渗措施，包括自然防渗和人工防渗。稳定塘在春初秋末容易散发臭气，所以，塘址应在村庄主导风向的下风侧，并与村民住宅之间设置卫生防护带，以降低影响。

6 稳定塘污泥蓄泥量为40～100L/(人·年)，一级塘应分格并联运行，轮换清除污泥。

7 多级稳定塘处理的最后出水中，一般含有藻类、浮游生物，可作鱼饵，在其后可设置养鱼塘，但水质必须符合相关标准的规定。

7.4 维护技术

7.4.1、7.4.2 人工湿地的运行与管理应符合下列规定：

进水量应控制在设计允许范围内，并不得长时间断流；监管湿地植物，包括收割管理、病虫害防治、霜冻害管理、应急处理管理等；加强污水的预处理，避免一级碎石床人工湿地堵塞；控制不良气味的产生。

生物滤池的运行与管理应符合下列规定：

应定期检查运行周期，调试验收阶段宜根据不同季节、不同水质制订多套运行方案作为运行指南，并规定运行周期的合理范围；滤速应控制在设计范围内，过低会造成下层滤床堵塞，过高则不能保证出水水质；应每周检查生物滤池的堵塞状况，定期清理筛网、出水槽、溢流堰、出水稳流栅等处沉积的藻类、滤料或其他污物；清理滤料承托层、滤头及滤板下部时，应将生物滤池放空，如果属于非正常的堵塞而停运，可通过检修孔进入滤板下部局部清理；工作人员进入生物滤板下部必须有安全措施，系安全带，启动反洗风机以低风量为滤板下部通风，并与外边守候人员保持联系。

稳定塘的运行与管理应符合下列规定：

进水量应控制在设计范围内，避免负荷过高，产生厌氧异味；应监管稳定塘内水生植物，包括收割管理、病虫害防治与霜冻害管理、应急处理管理等；应定期清理塘底泥；应监管稳定塘的防渗性能，避免污水污染饮用水水源或功能性水体。

8 道路桥梁及交通安全设施

8.1 一 般 规 定

8.1.1 村庄的道路桥梁是农村生活空间的基本组成要素，村民日常活动须臾不能离开。目前多数村庄内部道路为自然形成，缺少连通和铺装，不少地方是“晴天一身土、雨天一身泥”，严重影响了出行活动。拥有平坦、干净的道路是村民的迫切愿望，是村庄整治的重点内容。

村庄道路桥梁及交通安全设施整治要因地制宜，结合当地的实际条件和经济发展状况，实事求是，量力而行。同时村庄整治工作要做到：以人为本，从大处着眼，小处入手，使各种设施更加人性化；制定合理的施工方案和安全措施，保障施工安全；利用一切可以利用的条件和手段，创造整洁美观的道路环境；形成村庄特色，注重与自然环境的和谐发展；提高道路桥梁及交通安全设施的使用年限；节约各项有限资源，合理降低工程成本。

8.1.2 村庄道路桥梁及交通安全设施整治应充分利用现有条件和设施，从便利生产、方便生活的需要出发，凡是能用的和经改造整治后能用的都应继续使用，并在原有基础上得到改善。同时注重美化环境，创建文明整洁、设施完善、美观和谐的社会主义新农村。

8.1.3 村庄道路桥梁及交通安全设施整治是一项基本建设工作，应符合国家基本建设程序的有关规定，严格控制好建设过程中的几个重要环节，即规划、设计、施工、竣工验收及养护管理。同时按照建设部建村[2005]174号文件《关于村庄整治工作的指导意见》的要求：“编制村庄整治规划和行动计划，合理确定整治项目和规模，提出具体实施方案和要求，规范运作程序，明确监督检查的内容与形式”。

8.1.4 村庄道路桥梁及交通安全设施整治工程竣工后，应由当地主管部门组织施工单位、监理单位及相关单位，对工程质量进行综合验收。验收标准应符合交通运输部《农村公路建设质量管理办法(试行)》及国家有关规定。

村庄道路桥梁及交通安全设施整治完成后，养护管理工作是长期任务，必须做到领导负责、职责明确、分级管理，建立有效的长效机制，健全养护管理体系，使这项工作制度化、科学化、规范化，保证道路桥梁及交通安全设施完好，处于良好的技术状态。

8.2 道 路 工 程

8.2.1 村庄经过长期的演变和发展，逐步形成现有的风格和规模，路网形态与结构有其充分的合理性和实用性。但是有些道路因受到地形及周围环境的影响和限制，过于狭窄，且缺少连通和铺装，不仅影响生产生活的便利，也造成了安全隐患。为了贯彻安全与防灾的基本防御目标，应着力提高村庄路网的通达性，拓宽或打通一些“断头路”。

8.2.2 按照使用功能，本规范将村庄道路分为三个层次，即主要道路、次要道路、宅间道路。由于村庄的自然、地理、环境、道路条件等实际情况各不相同，因此村庄道路桥梁及交通安全设施整治中应根据村庄特点，准确把握各类道路的使用功能。

村庄道路路面铺装形式应满足道路功能要求，不同道路功能的铺装应有所区别。路肩宽度可根据实际空间采用0.25m、0.50m或0.75m。

1 主要道路：

村庄主要道路是将村内各条道路与村口连接起来的道路，解决村庄内部各种车辆的对外交通，路面较宽，路面两侧可设置路缘石，考虑边沟排水，边沟可采用暗排形式，或采用干砌片石、浆砌片石、混凝土预制块等明排形式。主要道路路基路面应具有足够的承载力和稳定性。因此，路面铺装一般可采用沥青混凝土路面、水泥混凝土路面、块石路面等形式。平原区排水有困难地区或潮湿地区，宜采用水泥混凝土路面。

2 次要道路：

村庄次要道路是村内各区域与主要道路的连接道

路，主要供农用小型机动车及畜力车通行，次要道路交通量及车辆荷载较小。路面宽度为单车道时，可设置必要的错车道。对路面的结构功能一般要求较低，因此路面铺装类型应重点考虑经济、环保、和谐等因素，因地制宜采用不同类型的路面铺装。平原区可采用沥青混凝土路面或水泥混凝土路面，山区可采用水泥混凝土路面、石材路面、预制混凝土方砖路面等形式。

3 宅间道路：

村庄宅间道路是村民宅前屋后与次要道路的连接道路，是村民每日生活、生产的必经之路，宅间道路承担的交通量最小，仅供非机动车及行人通行，路面宽度一般较小。路面铺装可因地制宜采用水泥混凝土路面、石材路面、预制混凝土方砖及透水砖、无机结合料稳定路面等路面形式，也可通过不同材料的组合、拼砌花纹，组成多种不同风格样式，体现当地特色。

8.2.3 根据地表水排放需要，村庄道路标高宜低于两侧建筑场地标高。路面排水应充分利用地形并与地表排水系统配合，合理选定各种排水设备的类型和位置，确定排水功能，形成完整的排水系统。平原地区村庄道路主要依靠路侧边沟排水，特殊困难道路纵坡度小于 0.3%时，应设置锯齿形边沟，沟底保持 0.3%～0.5%的最小纵坡度，出水口附近的纵坡度应根据地形高差、地质情况作特殊处理。山区村庄道路可利用道路纵坡自然排水。

8.2.4 村庄道路纵坡度应控制在 0.3%～3.5%之间，道路最小纵坡度是为满足路面迅速排水的要求。道路最大纵坡度是根据汽车的动力性能、农用车辆与非机动车行驶的需要及行车速度、行车安全、驾驶条件、便利生产生活等不同要求作出规定。遇有特殊困难道路纵坡度大于 3.5%时，应采取必要的防滑措施，如礓嚓路面、路面拉毛、路面刻槽等。

8.2.5 村庄道路路拱一般采用双面坡形式，宽度小于 3m 的窄路面可以采用单面坡。横坡度应根据路面宽度、面层类型、纵坡度及气候等条件确定。

8.2.6 村庄道路路堤边坡坡面容易受到地表水的冲刷，造成边坡失稳，影响路基的承载力和稳定，因此应采取边坡防护措施。如干砌片石、浆砌片石、植草砖、植草等多种形式，路堤边坡防护整治应与村庄环境、绿化整治相结合。

8.2.7 表 8.2.7 中内容符合现行行业标准《城市道路设计规范》CJJ 37 中关于城市道路支路的规定。

8.2.8 各类路面结构应根据当地条件确定，厚度可参照表 7 的规定。各结构层最小厚度是综合考虑了施工工艺、材料规格及强度形成原理等多种因素而确定的。路基压实需考虑压实过程中对周围建筑的振动，可采用大型碾压设备和小型电动夯及人工木夯相结合的做法，减少对周围建筑的影响。

表 7 各类路面结构层最小厚度

路面形式	结构层类型	结构层最小厚度(cm)
水泥路面	水泥混凝土	18.0
沥青路面	沥青混凝土	3.0
	沥青碎石	3.0
	沥青贯入式	4.0
	沥青表面处治	1.5
其他路面	砖块路面	12.0
	块石路面	15.0
	预制混凝土方砖路面	10.0
路面基层	水泥稳定类	15.0
	石灰稳定类	15.0
	工业废渣类	15.0
	柔性基层	10.0

注：表中数值符合交通运输部《农村公路建设暂行技术要求》中的有关规定。

8.2.9 沥青混凝土路面适用于主要道路和次要道路，施工过程中应加强质量监督，保证工程质量。沥青混凝土路面结构层组合形式，可参考图 7。

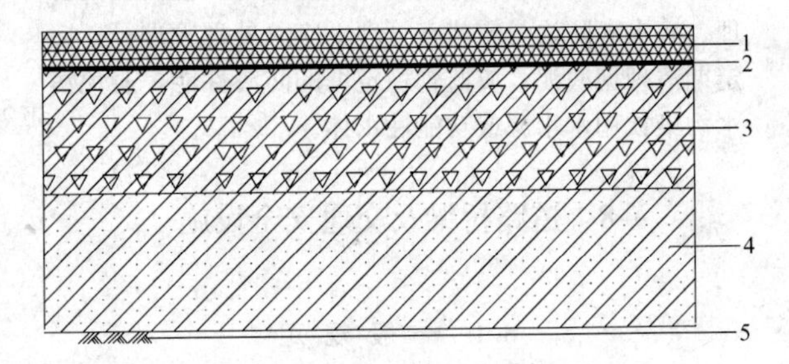

图 7 沥青混凝土路面结构层

1—细粒式沥青混凝土；2—乳化沥青透层；3—石灰、粉煤灰、砾石；4—石灰土；5—土基

8.2.10 水泥混凝土路面适用于各类村庄道路，施工过程中应加强质量监督，保证工程质量。水泥混凝土路面结构层组合形式，可参考图 8。

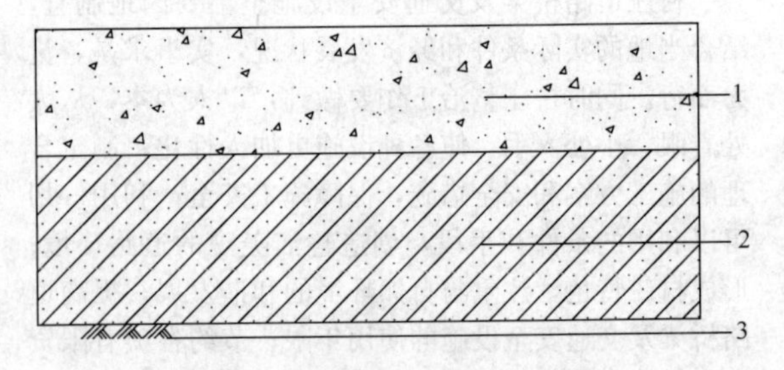

图 8 水泥混凝土路面结构层

1—水泥混凝土；2—石灰土；3—土基

8.2.11 石材类路面及预制混凝土方砖类路面主要适用于次要道路和宅间道路，块石路面可用于主要道

路，施工工艺流程及方法可参照《简明公路施工手册》、《市政工程施工手册》(第二卷)的规定。石材及预制混凝土方砖路面结构层组合形式，可参考图9、图10。

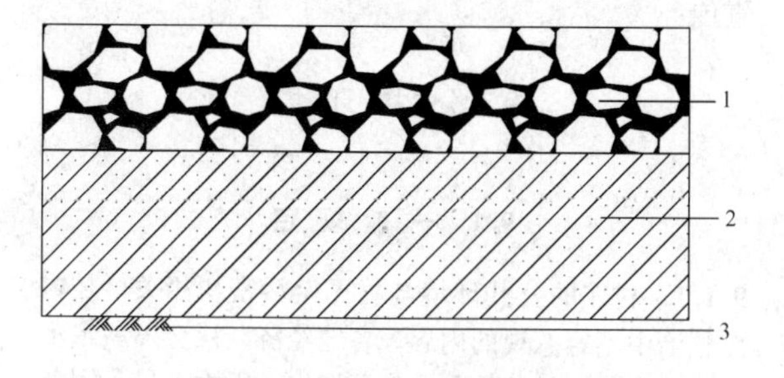

图9　石材类路面结构层

1—片石、块石；2—石灰土；3—土基

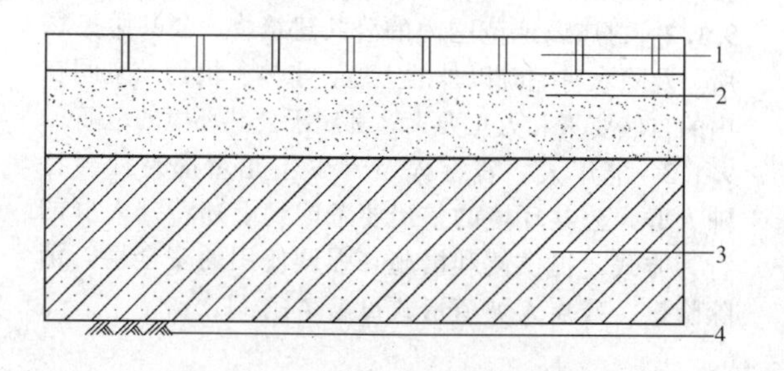

图10　预制混凝土方砖路面结构层

1—预制混凝土方砖；2—素混凝土；3—石灰土；4—土基

8.2.12　无机结合料(包括水泥、石灰或工业废渣等)稳定路面适用于宅间道路，施工过程中应加强质量监督，保证工程质量。

8.3　桥 涵 工 程

8.3.1　当公路桥梁穿越村庄时，应充分考虑混合交通特点，即机动车、非机动车和行人之间的干扰和冲突，在满足过境交通的前提下，应设置必要的机动车与非机动车隔离措施，如人行步道、隔离栅、隔离墩等。

8.3.2　村庄内现有桥梁，在荷载等级达不到相关规定的情况下，如果没有限载措施，桥梁结构安全会受到很大影响。应本着安全使用的原则，采取限载通行或桥梁加固等措施。

8.3.3　村庄内现有窄桥难以适应交通需要，可采取桥梁加宽的措施满足交通需求。桥梁加宽应采用与原桥梁相同或相近的结构形式和跨径，使结构受力均匀，保证桥梁结构安全，并保证桥梁基础的抗冲刷能力。

8.3.4　对现有桥涵的防护设施包括桥梁栏杆、桥头护栏等应进行整修、加固。对需要设置而没有设置的防护设施应加以完善。

8.3.5　小型桥涵的桥面纵坡度应与路线纵坡度一致。大、中型桥涵纵断面线形应根据两岸地势、通航要求及道路纵断面线形要求布置为对称的凸形线形，或一面纵坡。

平原地区：机动车与非机动车混行时纵坡度应控制在3%以内；非机动车流量很大时宜采用纵坡度不大于2.5%。

山区：当桥梁两端道路纵坡度较大时，桥面纵坡度可适当增大，但不应大于桥梁两端道路的纵坡度。

为了保证桥面排水顺畅，桥面最小纵坡度应大于0.3%。

8.3.6　桥梁两端接线道路平面布置应满足车流顺畅的要求，当道路横断面宽度与桥梁不一致时，应在桥梁引道及接线道路一定范围内逐渐过渡。在村庄行人密集区的桥梁宜设置人行步道或安全道，宽度不宜小于0.75m，桥面人行步道或安全道外侧，必须设置人行道栏杆，高度可取1.00～1.20m。

8.3.7　在河湖水网密集地区，河道水系是重要的交通走廊，担负着繁重的运输任务，因此，桥下河道应符合相应的通航标准。此外还应根据各地气候等自然条件考虑泄洪、流冰、漂流物及河床冲淤等情况。

8.3.8　河湖水系发达地区因自然条件分隔，往往造成居民出行困难，为此而搭设的行人便桥应确保安全，并与周围环境相协调。

8.3.9　为了保证村庄内地表水及时、顺畅排除，应对现有桥涵及其他排水设施的过水断面进行有效清理疏浚，冲刷比较严重的河床和沟渠可采取硬化边坡措施，保证正常排水功能。

8.4　交通安全设施

8.4.1　村庄道路整治中，需要结合路面情况完善各类交通安全设施，便于组织、引导及管理出行，保证道路交通的安全与畅通。道路交通安全设施指村庄内部各类交通标志、标线及安全防护设施等。

8.4.2　当公路穿越村庄时，主要安全隐患是机动车与道路两侧居住村民的出入及路边堆放杂物之间的冲突，因此应设置宅路分离设施，如宅路分离挡墙、护栏等；还可在村庄入口适当位置设置标志，提醒驾驶员小心驾驶；当公路未穿越村庄时，由于村庄内部道路条件的限制，不适合大型机动车行驶，因此可在村庄入口处设置限行标志、限高标志和门架式限高设施，限制大型机动车通行。

8.4.3　在公路与村庄道路形成的平面交叉口处，主要安全隐患是直行和转弯车辆与相交道路车辆和行人之间的冲突，因此应设置“减速让行、停车让行”等标志，并配合划定“减速让行线、停止让行线”等，合理分配通行优先权，保证过境交通车辆优先通行。

8.4.4　村庄道路通过学校、集市、商店等人流较多路段，主要安全隐患是机动车与行人密集之间的冲突，必须设置限制速度、注意行人等标志，并设置减速坎、减速丘等设施，同时配合划定人行横道线，也可根据需要设置其他交通安全设施。

8.4.5 村庄道路遇有滨河路及路侧地形陡峭等危险路段时，应根据实际情况设置护栏，保证车辆与行人的安全，护栏的形式分为垛式、墙式及栏式。

8.4.6 村庄道路整治中对现有穿越铁路、公路的车行通道或人行通道应设置限高、限宽、限载标志，必要时应设置门架式限高、限宽设施，以保证通道的安全与畅通。车行通道及人行通道的净空要求可按照现行行业标准《公路工程技术标准》JTG B01 的规定执行。

8.4.7 村庄道路建筑限界内严禁堆放各类杂物、垃圾、晾晒粮食，并拆除各类违章建筑，保证道路的畅通和安全。

8.4.8 村庄道路桥梁及交通安全设施整治过程中可结合各地村庄建设规划，在经济条件、供电条件允许的情况下，在村庄主要道路上设置交通照明设施，为机动车、非机动车及行人提供出行的视觉条件。

8.4.9 随着经济的发展，农业机械化水平的提高，村庄各类机动车辆、农用车辆及农用机械的保有量逐年提高，因此在村庄整治过程中要充分考虑各类车辆、机械的存放空间，充分利用村庄内部零散空地，开辟停车场、停车位，使动态交通与静态交通相适应。

8.4.10 设置合理完善的交通安全设施可最大限度减少安全事故隐患，降低事故损失，构建人车路相互和谐、祥和安宁的生活环境。其设置应适当、有效，并应对村民进行交通安全教育、交通知识的普及和宣传。

9 公共环境

9.1 一般规定

9.1.1 村庄的公共环境与村民生活密切相关，是村庄整治中不容忽视的内容。各地经济、社会发展水平差距较大，自然条件和风俗习惯也有很大差异，因此不同地区村庄的公用设施的改造与完善，应因地制宜，分类指导。

9.1.2 村庄属地范围内的公共建筑物、公共服务场所，及除农村宅院以外的土地、水体、植物及空间在内的自然要素和人工要素，都属于公共环境的范畴。

9.1.3 老年人、残疾人及青少年儿童都是社会特殊人群，公共环境的整治要考虑到上述特殊人群的行为方式，提供便利措施，强调使用的安全性，消除隐患。残疾人坡道形式可参考图 11。

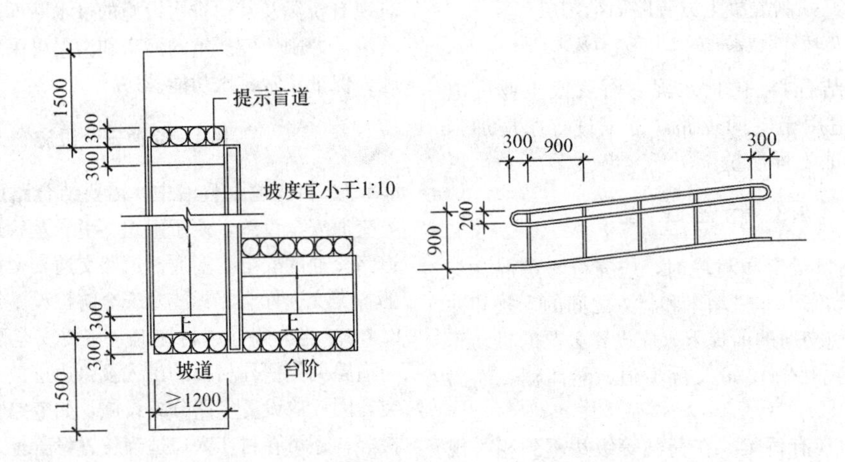

图 11 残疾人坡道参考做法

9.2 整治措施

9.2.1 闲置房屋与闲置用地整治，应坚持一户一宅的基本政策，对一户多宅、空置原住宅造成的空心村，应合理规划、民主决策，拆除质量面貌较差或有安全隐患的旧宅。

9.2.2 景观环境整治主要包括建筑物外观整治、绿化整治、景观整治。

1 建筑物外观的装饰和美化可采取下列措施：

1) 建筑物外墙应选用当地材料(木、竹、砖、石、砂岩、天然混凝土等)，采用当地常见形式(虎皮墙、毛石墙、编竹墙、天然混凝土墙、砂岩墙等)，并运用低造价施工方式(粉刷、假斩石、剁斧石及干粘石等)，降低造价，塑造地方风格；

2) 建筑物外立面粉刷剥落、细部残缺甚至墙体损坏等，应及时修补和翻新；

3) 对建筑物的屋顶形式、底层、顶层、尽端转角、楼梯间、阳台露台、外廊、山墙、出入口、门窗洞口及装饰细部等局部可适当装饰和美化，达到外观整治要求；

4) 应整合太阳能、沼气系统、遮阳板等设备部件与建筑物构件的关系，使建筑外观和谐统一。

2 村庄绿化环境整治可采取下列措施：

1) 将村庄入口、道路两旁、无建筑物的滨水地区及不适宜建设地段作为绿化布置的重点；

2) 集中活动场所宜设置集中绿化，不宜贪大求多；可利用不宜建设的废弃场地布置小型绿地；也可在建筑和围墙外修建花池，宽度以 0.6～1.0m 为宜；还可种植花草树木，做到环境优美，整洁卫生；

3) 村庄绿化应以乔木为主，灌木为辅，必要时以草点缀，植物宜选用具有地方特色、多样性、经济性、易生长、抗病害及生态效益好的品种；

4) 应保留村庄现有河道水系，并进行必要的整治和疏通，改善水质环境；

5) 道路两旁绿化应以自然设计手法为主，绿化配置错落有致，以乔木种植为主、灌木点缀为辅，单株乔木树池形式，可参考图 12；

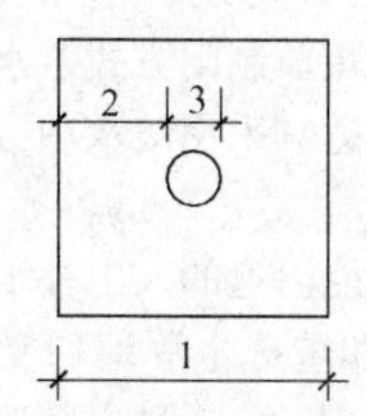

图 12　树池形式

1—树池长宽宜大于或等于 900mm；
2—树池边距树木宜大于或等于 400mm；3—树木直径

6) 可结合边沟布置绿化带，宽度以 1.5～2.0m 为宜。

3 景观环境整治是对村内各类环境景观的整治，根据村庄实际情况，主要包括村口景观、水体及岸线景观、街道景观、场地景观、文化景观及院落景观等。

9.2.4 村庄公共服务设施位置要适中，村委会、文化中心、商业服务等建筑宜结合公共活动场地统一建设。公共服务设施的配建面积可按每人 0.5～1.0m^2 计，根据实际建设条件而定。

10　坑塘河道

10.1　一般规定

10.1.1 村庄内部的坑塘河道与人居环境密切相关，近些年村庄内部的水体和沿岸环境日趋恶化，严重影响公共卫生和村容村貌，是村庄整治的重点内容之一。

坑塘整治对象主要指村庄内部与村民生产生活直接密切关联，有一定蓄水容量的低地、湿地、洼地等，包括村内养殖、种植用的自然水塘，也包括人工采石、挖砂、取土等形成的蓄水低地。河道整治对象主要指流经村内的自然河道和各类人工开挖的沟渠。

坑塘按照农村坑塘常见利用方式分类。河道沟渠按照基本功能分类，不包含航运功能。

10.1.2 坑塘河道的配套设施、水体及用地是坑塘河道功能能否正常发挥的重要因素。不同功能坑塘河道对水体控制标准按相关行业生产和技术要求来控制。

各功能坑塘河道水体控制要求：

1 旱涝调节坑塘：功能与水体容量大小成正比，为保证基本旱涝调节功能，按坑塘界定的最大容量 10^5m^3 的 1/2 及最小水深 1m 确定最小水面面积，水质按满足农业用水标准确定；

2 渔业养殖和农作物种植坑塘：最小水面面积按农田常用计量单位 1 亩确定，适宜水深按照农业生产一般要求确定；

3 杂用水坑塘：对水面面积无严格规定，考虑该功能坑塘对水质有一定要求，通过适当扩大坑塘水面面积扩增水体容量，以保障水体交换；控制水深以 0.5～1.0m 为宜，易于促进微生物对水体的净化作用；

4 水景观坑塘：对水面面积无严格规定，水深按能满足湿地、浅水滩景观要求即可；

5 污水处理坑塘：按照稳定塘污水自然处理方式控制坑塘水体；坑塘适宜水深依据《室外排水设计规范》GB 50014 提供的典型设计参数确定，即好氧稳定塘按 1.0～1.5m 确定，厌氧稳定塘按 2.5～5.0m 确定；坑塘最小水面面积依据污水处理量、坑塘水深及其他工艺要求确定；根据村庄人口数量和污水量排放标准，村庄排污量一般在 50～500m^3/d之间，按照处理规模 50m^3/d 确定最小水面面积；另依据现行国家标准《室外排水设计规范》GB 50014，污水总停留时间按 60d 计算，因此好氧稳定塘最小水面面积按 1500～3000m^2 控制，厌氧稳定塘则按 600～1200m^2 控制；

6 河道：河道均有行洪功能，应按照自然形成的河道宽度控制；具有取水功能的河道，水深按照取水构筑物最小进水深度确定；

7 水体水质：各功能坑塘河道水质类别执行现行国家标准《地表水环境质量标准》GB 3838，依据地表水水域环境功能和保护目标，按功能高低依次划分为五类：Ⅰ类主要适用于源头水、国家自然保护区；Ⅱ类主要适用于集中式生活饮用水地表水源地一级保护区、珍稀水生生物栖息地、鱼虾类产场、仔稚幼鱼的索饵场等；Ⅲ类主要适用于集中式生活饮用水地表水源地二级保护区、鱼虾类越冬场、洄游通道、水产养殖区等渔业水域及游泳区；Ⅳ类主要适用于一般工业用水区及人体非直接接触的娱乐用水区；Ⅴ类主要适用于农业用水区及一般景观要求水域。

10.1.3 坑塘河道整治应优先考虑公共性，具备易于实施的建设条件，防止盲目整治现象。

10.1.4 坑塘河道整治的基本原则：防止因局部坑塘河道整治影响整体防洪、灌溉要求；控制规模，避免出现以整治坑塘河道为由进行圈地。

10.1.5 坑塘河道功能调整的依据：

1 应首先明确整治对象的功能，村庄坑塘的使用功能应合理分配，满足经济、安全、环境、生活等方面要求，如渔业养殖、农业种植坑塘满足经济要求，旱涝调节坑塘满足安全和经济要求，污水净化坑塘、水景观坑塘满足环境要求；

2 不同功能的坑塘对自然地势、所在位置、水体容量、水质状况有不同要求，因此提出原则性的要求，并加强了对涉及安全和农业用水水源的旱涝调节坑塘的保护。

10.2 补　水

10.2.1 坑塘河道自然补水主要来源于汇流区域雨水和浅层地下水的补给。自然补水不能满足水体容量要求的有下列两种情况：

1 自然河渠上游因沿途取水量增多而水源减小；

2 坑塘河道面积萎缩，蓄水容量相应减小。

10.2.2 社会用水量的不断增长是坑塘河道自然补水困难的主要原因，实施开源节流是缓解坑塘河道缺水的有效举措。

10.2.3 本条是关于利用坑塘河道现有水利设施的原则。

10.2.4 人工补水措施应保障可持续的引水量，减少引水明渠投资和输水能耗。

引水明渠断面及坡度规定：对引水流量较小、水体容量有限的坑塘，明渠断面可参考图 13，坡度可参考表 8 控制。根据明渠断面和坡度对应关系，该明渠断面最小流量可达 0.40m^3/s 以上，日引水流量达 3.5×$10^4$$m^3$，对水体容量 $10^5$$m^3$ 的最大坑塘，3d 内可完成最大容量补水。

表 8　明渠坡度控制标准

水渠类别	粗糙系数	最大流速（m/s）	最大坡度	最小流速（m/s）	最小坡度
黏土及草皮护面	0.025～0.030	1.2	0.004	0.4	0.0007
干砌块石	0.022	2.0	0.009		0.0004
浆砌块石	0.017	3.0	0.012		0.0003
浆砌砖	0.015	3.0	0.009		0.0002

明渠构造形式选择：平原地区引水渠坡度较缓，土明渠基本能适应流速要求，采用土明渠可节省明渠整治投资；山区及丘陵地区明渠坡度较大，常有水流冲刷现象，宜选择构造承载力较高的明渠，可参考图 14。

不同功能坑塘的蓄水方式选用：旱涝调节坑塘水位变化大，适宜采用节制闸方式蓄水；其他功能的坑塘水位变化较小，适宜采用滚水坝方式蓄水，可参考图 15。

10.2.5 有取水功能河道的人工补水整治规定：

1 人工引水和重选水源地均受到投入资金、实施效益等因素的影响，应通过方案比选后选择实施措施，对取水功能要求较高的河道应采取人工引水方式，尽量减少对生产、生活取水的影响；

2 采取局部工程措施进行人工蓄水主要适用于易于改造的简易取水构筑物，可参考图 16；规定河床挖深不宜超过 1m，是依据现行国家标准《室外给水设计规范》GB 50013 规定取水构筑物顶面进水孔距河床最小高度为 1m 而确定，以限制河床的挖深。

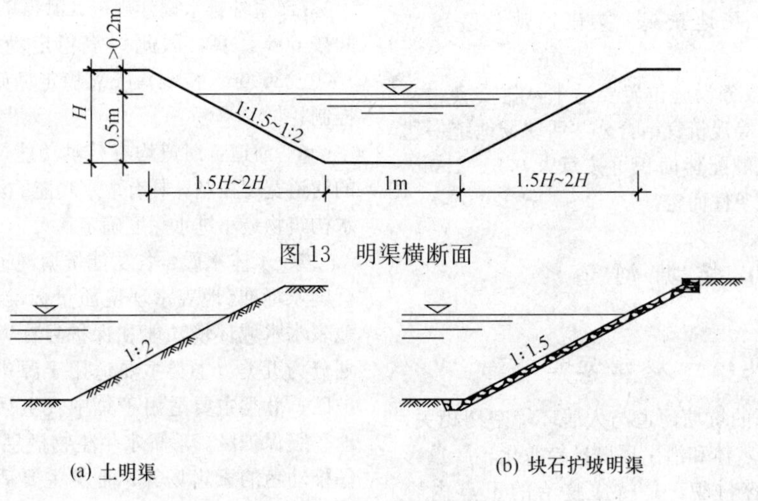

图 13　明渠横断面

(a) 土明渠

(b) 块石护坡明渠

图 14　不同类别明渠

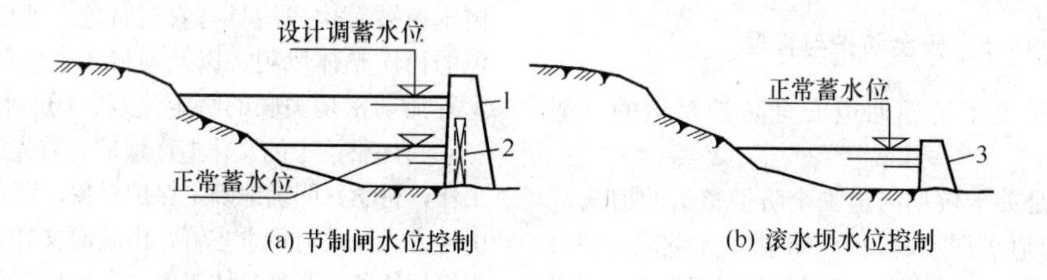

(a) 节制闸水位控制　　(b) 滚水坝水位控制

图15　坑塘蓄水构筑物

1—节制闸坝体；2—闸门；3—滚水坝

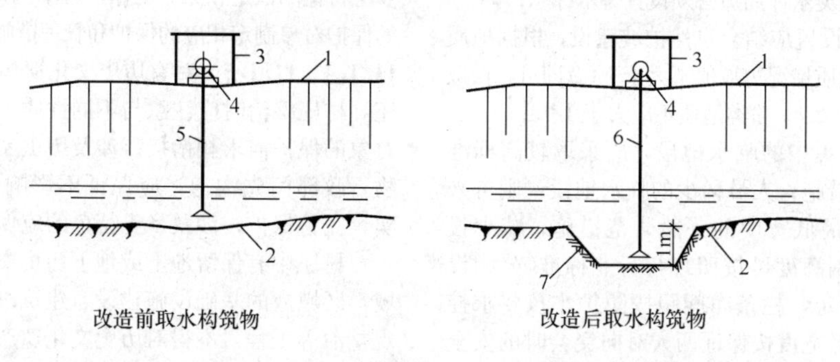

图16　取水构筑物人工蓄水改造

1—河床岸边；2—河床底部；3—取水泵房；4—水泵；5—原吸水管；6—改造后吸水管；7—人工蓄水坑

10.3　扩　　容

10.3.1　本条是关于扩容整治的对象与整治的前提条件。

10.3.2　为避免因坑塘扩容影响周边土地其他功能的利用，本条明确了扩容方案的选择原则。同时为限制扩容超量，减少土地浪费，规定了扩容规模。

10.3.3　旱涝调节、污水处理等涉及生产保障、公共安全、环境的坑塘与渔业养殖、农业种植经济类型的坑塘比较，前者社会影响较大，因此在坑塘扩容整治与周边其他土地利用设施发生矛盾时，明确了两者不同的协调原则。"扩容优先"，明确了保证扩容，周边其他设施相应改造或废除的原则；"因地制宜、相互协调"，明确了扩容与周边其他设施对土地的利用要求处于平等位置，应以相互协调为原则，甚至扩容整治需服从于其他设施对土地的利用要求。

10.3.4、10.3.5　旱涝调节坑塘是村庄及地区排涝防灾系统的组成部分，对水体调节容量、水位控制有统一要求。旱涝调节坑塘应充分利用地势低洼区域的湖汊进行扩容整治，并应符合排涝防灾工程要求。

10.3.6　本条明确水景观坑塘扩容与村庄建设的相互关系。

10.4　水环境与景观

10.4.1　坑塘河道功能的发挥，需要水体具备一定的物化条件，并达到一定环境标准，因此，在生产和生活过程中必须加强对水体环境的保护，保证各类水体合理使用，充分发挥主导功能。

10.4.2　生活性用水水体的保护对象包括生活饮用水水源和生活杂用水。

10.4.3　利用坑塘水体进行村庄生活污水处理是一种特殊利用方式，为了避免对村庄环境造成不利影响，坑塘应距离村庄足够的防护距离，且处于夏季主导风向下风向，为便于管理，距离村庄不宜超过500m；同时，应减少污染物在未经处理的情况下进入下游水体的情况，在其他处理设施不到位的情况下，降雨汇流会导致污水处理坑塘内污染物随雨水直接排入下游水体，因此，将坑塘作为污水处理场所时，应同步建设必要的工程阻止周边雨水汇流入该坑塘。

10.4.4　改善水质的措施有多种，但最基本的措施仍然是减少进入水体的污染物数量，在解决外源污染物基础上还不能满足水体水质要求的，可采取清淤措施。

对不同的淤泥成分应采取不同的处理措施。只接纳农村生活污水的淤泥一般肥分较高而重金属等沉积性毒害物质含量极少，在经过消毒处理后是比较好的农业有机肥料，应积极回用。对工业有毒有害污水污染的坑塘淤泥应采取无害化处理措施。

10.4.5　农村水体景观环境的整治应以自然为主，适当建设一些供村民休息、散步和日常户外娱乐活动的设施，要有利于日常管理维护，并不得对水系和水体造成破坏，特别要防止借旅游为名建设水上餐厅、水上度假屋等。

有依水建屋历史的江南、岭南等水乡，应在历史文化保护的基础上采取水污染控制措施，应参照本规范"严禁在水上建设餐饮、住宅等可能污染水体的建筑"的规定执行。

10.5 安全防护与管理

10.5.1 本条是关于坑塘河道安全防护整治的一般规定。

10.5.2 本条是关于坑塘河道安全防护整治的措施。

1 坑塘河道水深不超过0.8m基本无危险，超过1.2m的在发生危险时自救比较容易，但对于拦洪、泄洪沟渠，由于突发性强、流速快，即使水深不足0.8m也很危险，因此，这类水体周边必须设置警示标志；

2 水体边坡设置应结合自然护坡建设，根据地质情况确定，一般地质情况边坡值不大于1∶2即可，松散型砂质不应大于1∶2.5，粉类地质不应大于1∶3；

3 人群相对集中的临水地段，应采取较高标准的安全护栏防范措施；人员稀少的临水地段，则可采取控制水边通道最低宽度的一般防范措施，减少投资；护栏最低控制高度可按照现行行业标准《公园设计规范》CJJ 48确定，栏条净间距按防护小孩要求控制；水边通道最低宽度按保证两人对向交会时的安全要求控制。

10.5.3 坑塘河道内堆放垃圾、建筑渣土，会严重影响水体容量，污染水质。村庄垃圾、建筑渣土应结合环卫整治要求统一处理。

10.5.4 本条是关于坑塘河道用地实施维护管理的规定。

11 历史文化遗产与乡土特色保护

11.1 一 般 规 定

11.1.1～11.1.3 村庄的历史文化遗产与乡土特色保存有大量不可再生的历史和乡土文化信息，是村庄中宝贵的文化资源，是世代认知与特殊记忆的符号，是全体村民的共同遗产和精神财富。对村庄历史文化遗产和乡土特色风貌的科学保护与合理利用，有助于村民了解历史、延续和弘扬优秀的文化传统，将对农村精神文明建设和社会发展起到积极作用。

村庄中的历史文化遗产和乡土特色保护往往同村庄特定的物质环境和人文环境密切关联，需要在整治工作中认真甄别并做好保护。

在规划中应按照《城市紫线管理办法》来执行。

国家、省、市、县级文物保护单位类型包括：古文化遗址、古墓葬、古建筑、石窟寺、石刻、壁画、近代现代重要史迹和代表性建筑等。

村庄中的其他文化遗产主要包括：古遗址，古代民居、祠堂、庙宇、商铺等建筑物，近代现代史迹和代表性建筑，古井、古桥、古道路、古塔、古碑刻、古墓葬、其他古迹等人工构筑物。

古树名木一般指在人类历史过程中保存下来的年代久远或具有重要科研、历史、文化价值的树木。

村庄的乡土特色主要指由村庄建筑、山水环境、树木植被等构成的具有农村特色、地域特色、民族特色的村庄整体风貌，以及与村庄中的风俗、节庆、纪念等活动密切关联的特定建筑、场所和地点等。

村庄整治中的文化遗产保护应首先通过调查和认定工作，科学、明确地确定保护对象。调查和认定工作应由地方人民政府负责主管，由政府文物保护工作部门承担组织任务、开展具体工作、实施监督管理，并应充分吸收村民意见，鼓励村民主动参与村庄历史文化遗产与乡土特色的认定和保护工作，对不同性质、类型、特征的保护对象制定相应的保护和管理措施。

11.1.4、11.1.5 对有历史文化遗产和乡土特色的村庄，村庄整治时应注意与不同性质、类型、特征保护对象的保护需求相衔接。涉及历史文化遗产的应与文物行政部门先沟通，应保证不影响遗存和风貌的真实，完整保护；涉及乡土特色的应保证风貌协调。

村庄中有保留地上或地下历史文化遗存分布的区域，区域内的基础设施建设、建筑改造整饰、环境景观整治等工程，不得对历史文化遗产的保存造成安全威胁或不良影响。整治工程方案应按照历史文化遗产的保护要求进行专项研究和设计，在会同文物行政部门论证通过后方可实施。凡是涉及土地下挖的工程项目，必须按地下遗存保护要求设计下挖深度，不得对遗存造成破坏；凡是在地上遗存分布范围内进行的工程项目，一方面应尽量避让、绕行，不得对遗存造成破坏，一方面需要在形象上尽量保证与遗产的历史环境风貌相和谐。

11.2 保 护 措 施

11.2.1 历史文化遗产和乡土特色保护，应根据相应的技术和经济条件，具体开展。

11.2.2 村庄历史文化遗产与乡土特色保护，要针对不同的保护目标采取相应的、不同力度的保护措施。

历史遗存类的保护措施，重点在于尽可能使遗存得到真实和完整地保存；建(构)筑物特色风貌的保护措施，重点在于外观特征保护和内部设施改善；特色场所的保护措施，重点在于空间和环境的保护、改善；自然景观特色的保护措施，重点在于自然形貌和生态功能保护。

11.2.3 保护历史文化遗产与乡土特色，必须注意环境风貌的整体和谐。村庄中历史文化遗产周边的建筑物，在需要实施整饰或改造时，可在建筑体量、外形、屋顶样式、门窗样式、外墙材料、基本色彩等方面保持与村庄传统、特色风貌的和谐；历史文化遗产周边的绿化配置宜选用本地植被品种，绿化设计宜采用自然化的手法，花坛、路灯、公共休息座凳、地面铺装等景观设施在外形设计上应尽可能简洁、小型、淡化形象，材料选择要同时具备可识别性和环境和谐性。

11.2.4 历史文化名村整治工作中的历史文化遗产和乡土特色保护，可按照现行国家标准《历史文化名城保护规划规范》GB 50357中有关历史城区的保护要求制定和实施保护整治措施。

《历史文化名城保护规划规范》GB 50357 对历史城区的保护包括下列规定：第 3.4.1 条 历史城区道路系统要保持或延续原有道路格局；对富有特色的街巷，应保持原有的空间尺度。第 3.4.4 条 历史城区的交通组织应以疏解交通为主，宜将穿越交通、转换交通布局在历史城区外围。第 3.4.7 条 道路及路口的拓宽改造，其断面形式及拓宽尺度应充分考虑历史街道的原有空间特征。第 3.5.1 条 历史城区内应完善市政管线和设施。当市政管线和设施按常规设置与文物古迹、历史建筑及历史环境要素的保护发生矛盾时，应在满足保护要求的前提下采取工程技术措施加以解决。

12 生 活 用 能

12.1 一 般 规 定

12.1.1 我国大部分人口分布在农村，大部分生活用能也分布在农村。相对于较大的生活用能需求，村庄可直接利用的能源资源量十分有限；同时，我国农村地区还存在能源利用效率低、能源利用方式落后、能源浪费严重的问题。因此，重视节约能源，有效减少各类能源使用量，改善用能紧张状况，是村庄整治的重点内容之一。

我国部分村庄生活用能供需矛盾突出，若不加以引导，可能会出现草木过度采伐、生态环境恶化的局面。因此，能源获取必须注重保护生态环境，实现可持续发展。

可再生能源是非化石能源，指在自然界中可以不断再生、永续利用、取之不尽、用之不竭的资源，它对环境无害或危害极小，而且分布广泛，适宜就地开发和利用，主要包括太阳能、风能、水能、沼气能、生物质能和地热能等。发展可再生能源，有利于保护环境，并可增加能源供应，改善能源结构，保障能源安全。

12.1.2 燃料室内燃烧及不完全燃烧会降低氧气含量，增加二氧化碳、一氧化碳等有害物质含量，对空气带来较大污染。长期处在被污染的空气中，人体健康会受到影响，甚至会引发各类中毒事件。有条件的村庄可按照现行国家标准《室内空气质量标准》GB/T 18883 的规定执行。

12.1.3 受村庄区位、自然条件、经济条件、传统习惯的制约，不同地区各类能源的资源分布、利用成本等差异较大，呈现出不同的发展模式和发展速度。当前，以压缩秸秆颗粒、复合燃料等代替燃煤、传统燃柴作为炊事用能，是村庄用能向优质能源转变的重要方式之一。各村庄可结合当地条件选择供能方式及类型。

12.1.4 节能建筑可大量节约冬季采暖及夏季空调用能。

12.1.5 我国省柴节煤炉灶、生物质压缩燃料、沼气利用、风能利用及太阳能等能源利用技术已基本成熟，从节能、卫生、方便等角度考虑，值得推广。

还有一些能源利用技术目前尚处于发展阶段，未来有可能成为解决村庄能源问题的技术之一。比如秸秆气化技术，在我国部分村庄已经建立了秸秆气化集中供气示范工程，生产的燃气可用于炊事，较为便利；类似技术应继续进行试点、完善，条件成熟后可逐步推广利用。

12.2 技 术 措 施

12.2.1 目前省柴节煤炉灶已进行商业化生产，热效率较一般炉灶大幅度提高。

12.2.2 目前我国大部分村庄仍然消耗大量生物质作为基本炊事及冬季取暖燃料，利用方式多为直接燃烧，热效率仅 10%左右，而且厨房和居室烟尘污染严重。

生物质成型燃料有生产方便、燃烧充分、干净卫生等优点，可广泛用于家庭炊事、取暖、小型热水锅炉等。目前国产秸秆颗粒燃料成型机，设备寿命期内平均每年成本大约 130 元/t，每吨秸秆颗粒燃料售价约为 250 元，与煤炭相比有明显的价格优势。因此，应加大扶持力度，发展燃料加工产业，推广生物质燃料的使用。

12.2.3 沼气是有机物质在厌氧环境中，在一定的温度、湿度、酸碱度的条件下，通过微生物发酵作用产生的一种可燃气体。目前我国沼气工程成套技术，能较好适应原料特性差异，而且具有投资小、运行费用低的优点。

沼气池的基本类型有水压式沼气池、浮罩式沼气池、半塑式沼气池及罐式沼气池四种。应根据当地气温、地质、建设位置等条件确定沼气池的选型。

户用沼气池容积应与家庭煮饭、烧水、照明等生活需求量匹配，并适当考虑生产需求。按发酵间和贮气箱总容积计算，每人平均按 1.5～2m^3 计算为宜。北方地区气温较低，可取上限；南方地区气温较高，可取下限。

沼气供应系统的设计、施工、验收应符合国家现行标准、规范，图 17 为水压式沼气池示例。

12.2.4 太阳房是太阳能热利用比较好的形式之一，分为主动式和被动式两大类。主动式太阳房是以太阳能集热器、管道、散热器、风机或泵、贮热装置等组成的强制循环的太阳能采暖系统，控制调节方便、灵活，但一次投资高，维修管理工作量大，技术较复杂，仍要耗费一定的常规能源。

被动式太阳房通过建筑和周围环境的合理布置，内部空间和外部形体的巧妙处理，建筑材料和结构的恰当选择，在冬季能集取、保持、贮存、分布太阳热能，解决建筑物采暖问题。被动式太阳房是一种阳光射进房屋、自然加以利用的途径，不需要或仅使用很少的动力和机械设备，运行费用和风险低。

太阳房应符合下列规定：

1 太阳房宜选址在背风向阳位置，朝向宜在南偏东或偏西 15°以内，保证整个采暖期内南向房屋有充足日照，夏季避免过多日晒；

2 房屋间距宜大于前面建筑物高度的2倍；

3 房屋形状最好采用东西延长的长方形，且墙面上无过多的凸凹变化；宜在满足抗震要求的情况下，加大南窗面积，减小北窗面积，取消东西窗，采用双层窗，有条件的可采用塑钢窗；

4 应根据用途确定内部房间安排，主要房间如住宅的卧室、起居室和学校的教室等安排在南向，辅助房间如住宅的厨房、卫生间和教室的走廊等安排在北向；

5 太阳房的墙体应具有集热、贮热和保温功能，屋顶及地面应采取保温措施；

6 严寒地区被动式太阳房用于农民住宅，宜与火炕结合。

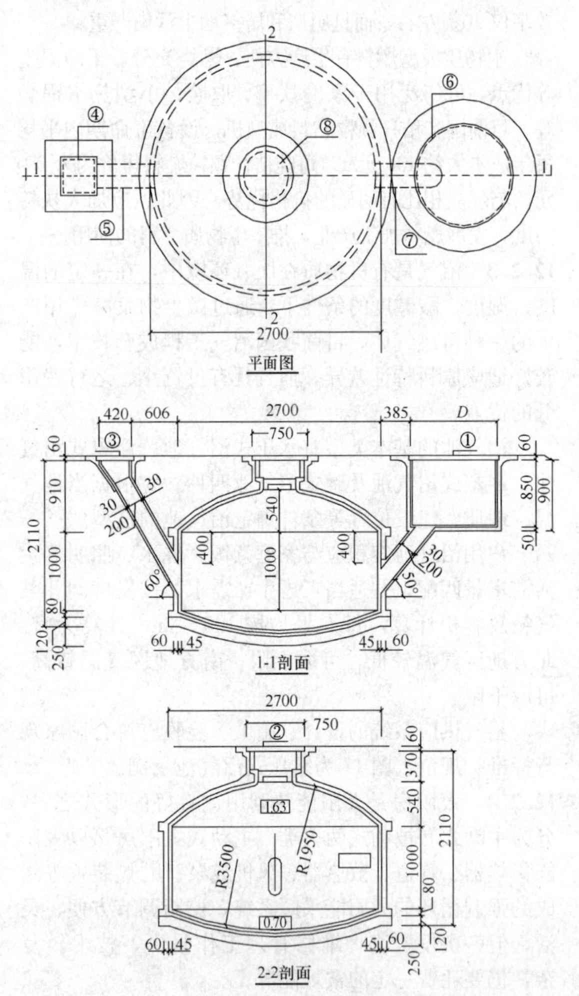

水压间直径一览表

分项 \ 产气率	0.15	0.20	0.25	0.30
水压间容积(m^3)	0.51	0.68	0.85	1.02
水压间直径 D(m)	0.87	1.01	1.13	1.24
盖板1直径(m)	0.93	1.07	1.19	1.30

① 盖板1　③ 盖板3　⑤ 进料管　⑦ 出料管
② 盖板2　④ 进料口　⑥ 水压间　⑧ 蓄水池

图17　水压式沼气池示例

12.2.5 经济条件较好的村庄，旧有房屋的节能化改造可参照以下2种改造措施：

1 合瓦屋面旧平房保温节能改造措施：

1）外墙：聚合物砂浆聚苯板外墙外保温，保温厚度40mm；

2）外窗：在通常的外窗内侧增加一层钢窗或塑钢窗，形成双层窗；

3）吊顶：在原吊顶上铺玻璃棉板，或更换玻璃棉板吊顶，厚度30mm。

2 平瓦屋面旧平房保温节能改造措施：

1）外墙：聚合物砂浆聚苯板外墙外保温，保温厚度50mm；

2）外窗：更换为塑钢双玻窗；

3）吊顶：在原吊顶上铺玻璃棉板，或更换玻璃棉板吊顶，厚度30mm。

通过对北京某实际项目跟踪分析，分别对农村住宅外墙、外窗、吊顶实施改造，平均投资180～250元/m^2，建筑能耗降低约40%～60%，节能效果显著。

12.2.6 小型风力发电能够为无电和缺少常规能源地区的村庄解决生活和部分生产用电。我国小型风力发电技术较为成熟，具备从100W到10kW多个风力发电机组生产能力，且有启动风速低、低速发电性能好、限速可靠、运行平稳、价格便宜等优点。

有条件的地区，风力发电应与电力系统并网。如并网难度较大，可采用离网型小型风力发电技术，风力机的选型、安装数量应与村庄电力需求相当。

12.2.7 微水电指发电容量不大于10kW的水电机组，小水电指发电容量大于10kW、不大于100kW的水电机组。

我国海洋能源十分丰富，且利用技术日趋成熟，已建潮汐发电站总装机容量为5930kW，年发电量为1.02×10^8kW·h。建立潮汐电站，可解决缺电地区村庄生活用电。

我国地热资源已探明储量约合463Gt标准煤，但利用率十分低。目前我国已具备大规模开发地热的能力，地热发电已具有一定的商业化运行基础，地热供暖在我国已大量采用，基于地热的矿水医疗保健和旅游产业也发展迅速。但受成本、回灌、环保等因素制约，村庄采暖及制冷尚不具备使用地热的条件。在高温地热资源丰富的地区，可建立地热电站，解决缺电地区生活用电。

热泵技术通过装置吸收周围环境，例如自然空气、地下水、河水、海水及污水等低温热源的热能，转换为较高温热源释放至所需空间内，既可用作供热采暖设备，也可用作制冷降温设备，能节约大量能源，但相对于锅炉房采暖，设备投资偏大。

中华人民共和国国家标准

城市容貌标准

Standard for urban appearance

GB 50449—2008

主编部门：中华人民共和国住房和城乡建设部
批准部门：中华人民共和国住房和城乡建设部
施行日期：2 0 0 9 年 5 月 1 日

中华人民共和国住房和城乡建设部
公　告

第129号

关于发布国家标准《城市容貌标准》的公告

现批准《城市容貌标准》为国家标准，编号为GB 50449—2008，自2009年5月1日起实施。其中，第4.0.2、5.0.9、7.0.5、8.0.4（2）、10.0.6条（款）为强制性条文，必须严格执行。原《城市容貌标准》CJ/T 12—1999同时废止。

本标准由我部标准定额研究所组织中国计划出版社出版发行。

中华人民共和国住房和城乡建设部

二〇〇八年十月十五日

前　言

根据住房和城乡建设部"关于印发《二〇〇一～二〇〇二年度工程建设国家标准制订、修订计划》的通知"（建标〔2002〕85号）的要求，本标准由上海市市容环境卫生管理局负责主编，具体由上海环境卫生工程设计院会同天津市环境卫生工程设计院共同对《城市容貌标准》CJ/T 12—1999进行全面修订而成。

在本标准修订过程中，标准编制组经广泛调查研究，认真总结了国内外实践经验和科研成果，参考了有关国际标准和国外先进技术，把握发展趋势，完整梳理了城市容貌的内涵、外延，并在广泛征求全国相关单位意见的基础上，经反复讨论、修改，最后经专家审查定稿。

本标准修订后共有11章，主要修订内容是：

1. 增加了术语章节，对城市容貌、公共设施等标准中涉及的相关术语进行了规定；
2. 将原标准中公共设施章节中的有关城市道路容貌方面的规定单设一章，并进行修订和补充；
3. 增加了城市照明若干规定，并单设一章；
4. 增加了城市水域若干规定，并单设一章；
5. 增加了居住区若干规定，并单设一章；
6. 保留了原标准中已有章节，但对各章节内容进行了修订和补充。

本标准中以黑体字标志的条文为强制性条文，必须严格执行。

本标准由住房和城乡建设部负责管理和对强制性条文的解释，上海环境卫生工程设计院负责具体技术内容的解释。在执行过程中，请各单位结合工程实践，认真总结经验，如发现需要修改或补充之处，请将意见和建议寄上海环境卫生工程设计院（地址：上海市徐汇区石龙路345弄11号，邮政编码：200232）。

本标准主编单位、参编单位和主要起草人：

主编单位： 上海市市容环境卫生管理局

参编单位： 上海环境卫生工程设计院
天津市环境卫生工程设计院

主要起草人： 冯肃伟　秦　峰　冯　蒂　陈善平
万云峰　郃　俊　吕世会　钦　濂
郑双杰　邓　枫　张　范　何俊宝

目　次

1　总则 ………………………………… 2—3—4
2　术语 ………………………………… 2—3—4
3　建（构）筑物 ……………………… 2—3—4
4　城市道路 …………………………… 2—3—4
5　园林绿化 …………………………… 2—3—5
6　公共设施 …………………………… 2—3—5
7　广告设施与标识……………………… 2—3—5
8　城市照明 …………………………… 2—3—6
9　公共场所 …………………………… 2—3—6
10　城市水域…………………………… 2—3—7
11　居住区……………………………… 2—3—7
本标准用词说明 ………………………… 2—3—7
附：条文说明…………………………… 2—3—8

1 总　　则

1.0.1 为加强城市容貌的建设与管理，创造整洁、美观的城市环境，保障人体健康与生命安全，促进经济社会可持续发展，制定本标准。

1.0.2 本标准适用于城市容貌的建设与管理。城市中的建（构）筑物、道路、园林绿化、公共设施、广告标志、照明、公共场所、城市水域、居住区等的容貌，均适用本标准。

1.0.3 城市容貌建设与管理应符合城市规划的要求，并应与城市社会经济发展、环境保护相协调。

1.0.4 城市容貌建设应充分体现城市特色，保持当地风貌，保持城市环境整洁、美观。

1.0.5 城市容貌的建设与管理，除应符合本标准外，尚应符合国家现行有关标准的规定。

2 术　　语

2.0.1 城市容貌　urban appearance

城市外观的综合反映，是与城市环境密切相关的城市建（构）筑物、道路、园林绿化、公共设施、广告标志、照明、公共场所、城市水域、居住区等构成的城市局部或整体景观。

2.0.2 公共设施　public facility

设置在道路和公共场所的交通、电力、通信、邮政、消防、环卫、生活服务、文体休闲等设施。

2.0.3 城市照明　urban lighting

城市功能照明和景观照明的总称，主要指城市范围内的道路、街巷、住宅区、桥梁、隧道、广场、公共绿地和建筑物等处的功能照明、景观照明。

2.0.4 公共场所　public area

机场、车站、港口、码头、影剧院、体育场（馆）、公园、广场等供公众从事社会活动的各类室外场所。

2.0.5 广告设施与标识　facilities of outdoor advertising and sign

广告设施是指利用户外场所、空间和设施等设置、悬挂、张贴的广告。标识是指招牌、路铭牌、指路牌、门牌及交通标志牌等视觉识别标志。

3 建（构）筑物

3.0.1 新建、扩建、改建的建（构）筑物应保持当地风貌，体现城市特色，其造型、装饰等应与所在区域环境相协调。

3.0.2 城市文物古迹、历史街区、历史文化名城应按现行国家标准《历史文化名城保护规划规范》GB 50357的有关规定进行规划控制；历史保护建（构）筑物不得擅自拆除、改建、装饰装修，并应设置专门标志；其他具有历史价值的建（构）筑物及具有代表性风格的建（构）筑物，宜保持原有风貌特色。

3.0.3 现有建（构）筑物应保持外形完好、整洁，保持设计建造时的形态和色彩，符合街景要求。破残的建（构）筑物外立面应及时整修。

3.0.4 建（构）筑物不得违章搭建附属设施。封闭阳台、安装防盗窗（门）及空调外机等设施，宜统一规范设置。电力、电信、有线电视、通信等空中架设的缆线宜保持规范、有序，不得乱拉乱设。

3.0.5 建筑物屋顶应保持整洁、美观，不得堆放杂物。屋顶安装的设施、设备应规范设置。屋顶色彩宜与周围景观相协调。

3.0.6 临街商店门面应美观，宜采用透视的防护设施，并与周边环境相协调。建筑物沿街立面设置的遮阳篷帐、空调外机等设施的下沿高度应符合现行国家标准《民用建筑设计通则》GB 50352的规定。

3.0.7 城市道路两侧的用地分界宜采用透景围墙、绿篱、栅栏等形式，绿篱、栅栏的高度不宜超过1.6m。胡同里巷、楼群角道设置的景门，其造型、色调应与环境协调。

3.0.8 城市各类工地应有围墙、围栏遮挡，围墙的外观宜与环境相协调。临街建筑施工工地周围宜设置不低于2m的遮挡墙，市政设施、道路挖掘施工工地围墙高度不宜低于1.8m，围栏高度不宜低于1.6m。围墙、围栏保持整洁、完好、美观，并设有夜间照明装置；2m以上的工程立面宜使用符合规定的围网封闭。围墙外侧环境应保持整洁，不得堆放材料、机具、垃圾等，墙面不得有污迹，无乱张贴、乱涂画等现象。靠近围墙处的临时工棚屋顶及堆放物品高度不得超过围墙顶部。

3.0.9 城市雕塑和各种街景小品应规范设置，其造型、风格、色彩应与周边环境相协调，应定期保洁，保持完好、清洁和美观。

4 城 市 道 路

4.0.1 城市道路应保持平坦、完好，便于通行。路面出现坑凹、碎裂、隆起、溢水以及水毁塌方等情况，应及时修复。

4.0.2 城市道路在进行新建、扩建、改建、养护、维修等施工作业时，在施工现场应设置明显标志和安全防护设施。施工完毕后应及时平整现场、恢复路面、拆除防护设施。

4.0.3 坡道、盲道等无障碍设施应畅通、完好，道缘石应整齐、无缺损。

4.0.4 道路上设置的井（箱）盖、雨箅应保持齐全、完好、正位，无缺损，不堵塞。

4.0.5 人行天桥、地下通道出入口构筑物造型应与周围环境相协调。

4.0.6 不得擅自占用城市道路用于加工、经营、堆放及搭建等。非机动车辆应有序停放，不得随意占用道路。

4.0.7 交通护栏、隔离墩应经常清洗、维护，出现损坏、空缺、移位、歪倒时，应及时更换、补充和校正。路面上的各类井盖出现松动、破损、移位、丢失时，应及时加固、更换、归位和补齐。

4.0.8 城市道路应保持整洁，不得乱扔垃圾，不得乱倒粪便、污水，不得任意焚烧落叶、枯草等废弃物。城市道路应定时清扫保洁，有条件的城市或路段宜对道路采用水洗除尘，影响交通的降雪应及时清除。

4.0.9 各种城市交通工具，应保持车容整洁、车况良好，防止燃油泄漏。运载散体、流体的车辆应密闭，不得污损路面。

5 园 林 绿 化

5.0.1 城市绿化、美化应符合城市规划，并和新建、改建、扩建的工程项目同步建设、同时投入使用。

5.0.2 城市绿化应以绿为主，以美取胜，应遵循生物多样性及适地适树原则，合理配置乔、灌、草，注重季相变化，不得盲目引进外来植物。

5.0.3 城市绿地应定时进行养护，保持植物生长良好、叶面洁净美观，无明显病虫害、死树、地皮空秃。城市绿化养护应符合以下要求：

1 公共绿地不宜出现单处面积大于 1m² 以上的泥土裸露。

2 造型植物、攀缘植物和绿篱，应保持造型美观。绿地中模纹花坛、模纹组字等应保持完整、绚丽、鲜明。绿地围栏、标牌等设施应保持整洁、完好。

3 绿地环境应整洁美观，无垃圾杂物堆放，并应及时清除渣土、枝叶等，严禁露天焚烧枯枝、落叶。

4 行道树应保持树形整齐、树冠美观，无缺株、枯枝、死树和病虫害，定期修剪，不应妨碍车、人通行，且不应碰架空线。

5.0.4 城市道路绿地率指标应符合表 5.0.4 的规定。

表 5.0.4 道路绿地率指标

道 路 类 型	道路绿地率
园林景观路	≥40%
红线宽度＞50m	≥30%
红线宽度 40～50m	≥25%
红线宽度＜40m	≥20%

5.0.5 绿带、花坛（池）内的泥土土面应低于边缘石 10cm 以上，边缘石外侧面应保持完好、整洁。树池周围的土面应低于边缘石，宜采用草坪、碎石等覆盖，无泥土裸露。

5.0.6 对古树名木应进行统一管理、分别养护，并应制定保护措施、设置保护标志。

5.0.7 城市绿化应注重庭院、阳台绿化和垂直绿化。

5.0.8 河流两岸、水面周围，应进行绿化。

5.0.9 严禁违章侵占绿地，不得擅自在城市树木花草和绿化设施上悬挂或摆放与绿化无关的物品。

6 公 共 设 施

6.0.1 公共设施应规范设置，标识应明显，外形、色彩应与周边环境相协调，并应保持完好、整洁、美观，无污迹、尘土，无乱涂写、乱刻画、乱张贴、乱吊挂，无破损、表面脱落现象。

6.0.2 各类摊、亭、棚的样式、材料、色彩等，应根据城市区域建筑特点统一设计、建造，宜兼顾功能适用与外形美观，并组合设计，一亭多用。

6.0.3 书报亭、售货亭、彩票亭等应保持干净整洁，亭体内外玻璃立面洁净透明；各类物品应规范、有序放置，严禁跨门营业。

6.0.4 城市中不宜新建架空管线设施，对已有架空管线宜逐步改造入地或采取隐蔽措施。

6.0.5 电线杆、灯杆、指示杆等杆体无乱张贴、乱涂写、乱吊挂；各类标识、标牌有机组合、一杆多用。

6.0.6 候车亭应保持完整、美观，顶棚内外表面无明显积灰、无污迹；座位保持干净清洁，厅内无垃圾杂物、无明显灰尘；广告灯箱表面保持明亮，亮灯效果均匀；站台及周边环境保持整洁。

6.0.7 垃圾收集容器、垃圾收集站、垃圾转运站、公共厕所等环境卫生公共设施应保持整洁，不得污染环境；应定期维护和更新，设施完好率不应低于95%，并应运转正常。

6.0.8 公共健身、休闲设施应保持清洁、卫生。

7 广告设施与标识

7.0.1 广告设施与标识按面积大小分为大型、中型、小型，并应符合表 7.0.1 的规定。

表 7.0.1 广告设施与标识分类

类 型	a(m)或 S(m²)
大型	$a \leqslant 4$ 或 $S \geqslant 10$
中型	$4 > a > 2$ 或 $10 > S > 2.5$
小型	$a \leqslant 2$ 或 $S \leqslant 2.5$

注：a 指广告设施与标识的任一边边长，S 指广告设施与标识的单面面积。

7.0.2 广告设施与标识设置应符合城市专项规划，与周边环境相适应，兼顾昼夜景观。

7.0.3 广告设施与标识使用的文字、商标、图案应准确规范。陈旧、损坏的广告设施与标识应及时更新、修复，过期和失去使用价值的广告设施应及时拆除。

7.0.4 广告应张贴在指定场所，不得在沿街建（构）筑物、公共设施、桥梁及树木上涂写、刻画、张贴。

7.0.5 有下列情形之一的，严禁设置户外广告设施：

1 利用交通安全设施、交通标志的。

2 影响市政公共设施、交通安全设施、交通标志使用的。

3 妨碍居民正常生活，损害城市容貌或者建筑物形象的。

4 利用行道树或损毁绿地的。

5 国家机关、文物保护单位和名胜风景点的建筑控制地带。

6 当地县级以上地方人民政府禁止设置户外广告的区域。

7.0.6 人流密集、建筑密度高的城市道路沿线，城市主要景观道路沿线，主要景区内，严禁设置大型广告设施。

7.0.7 城市公共绿地周边应按城市规划要求设置广告设施，且宜设置小型广告设施。

7.0.8 对外交通道路，场站周边广告设施设置不宜过多，宜设置大、中型广告设施。

7.0.9 建筑物屋顶不宜设置大型广告设施，三层及以下建筑物屋顶不得设置大型广告设施，当在建筑物屋顶设置广告设施时，应严格控制广告设施的高度，且不得破坏建筑物结构；建筑物屋顶广告设施的底部构架不应裸露，高度不应大于1m，并应采取有效措施保证广告设施结构稳定、安装牢固。

7.0.10 同一建筑物外立面上的广告的高度、大小应协调有序，且不应超过屋顶，广告设置不应遮盖建筑物的玻璃幕墙和窗户。

7.0.11 人行道上不得设置大、中型广告，宜设置小型广告。宽度小于3m的人行道不得设置广告，人行道上设置广告的纵向间距不应小于25m。

7.0.12 车载广告色彩应协调，画面简洁明快、整洁美观。不应使用反光材料，不得影响识别和乘坐。

7.0.13 布幔、横幅、气球、彩虹气膜、空飘物、节日标语、广告彩旗等广告，应按批准的时间、地点设置。

7.0.14 招牌广告应规范设置；不应多层设置，宜在一层门檐以上、二层窗檐以下设置，其牌面高度不得大于3m，宽度不得超出建筑物两侧墙面，且必须与建筑立面平行。

7.0.15 路铭牌、指路牌、门牌及交通标志牌等标识应设置在适当的地点及位置，规格、色彩应分类统一，形式、图案应与街景协调，并保持整洁、完好。

8 城市照明

8.0.1 城市照明应与建筑、道路、广场、园林绿化、水域、广告标志等被照明对象及周边环境相协调，并体现被照明对象的特征及功能。照明灯具和附属设备应妥善隐蔽安装，兼顾夜晚照明及白昼观瞻。

8.0.2 根据城市总体布局及功能分区，进行亮度等级划分，合理控制分区亮度，突出商业街区、城市广场等人流集中的公共区域、标志性建（构）筑物及主要景点等的景观照明。

8.0.3 城市景观照明与功能照明应统筹兼顾，做到经济合理，满足使用功能，景观效果良好。

8.0.4 城市照明应符合生态保护、环境保护的要求，避免光污染，并应符合以下规定：

1 城市照明设施的外溢光/杂散光应避免对行人和汽车驾驶员形成失能眩光或不舒适眩光。

2 城市照明灯具的眩光限制应符合表8.0.4的规定。

表8.0.4 城市照明灯具的眩光限制

安装高度(m)	L与A的关系
$h \leq 4.5$	$LA^{0.5} \leq 4000$
$4.5 < h \leq 6$	$LA^{0.5} \leq 5500$
$h > 6$	$LA^{0.5} \leq 7000$

注：1 L为灯具与向下垂线成85°和90°方向间的最大平均亮度(cd/m²)。

2 A为灯具在与向下垂线成85°和90°方向间的出光面积(m²)，含所有表面。

3 城市景观照明设施应控制外溢光/杂散光，避免形成障害光。

4 室外灯具的上射逸出光不宜大于总输出光通的25%。在天文台（站）附近3km范围内的室外照明应从严控制，必须采用上射光通量比为零的道路照明灯具。

5 城市照明设施应避免光线对于乔木、灌木和其他花卉生长的影响。

8.0.5 新建、改建、扩建工程的照明设施应与主体工程同步设计、同步施工、同步投入使用。

8.0.6 城市照明应节约能源、保护环境，应采用高效、节能、美观的照明灯具及光源。

8.0.7 灯杆、灯具、配电柜等照明设备和器材应定期维护，并应保持整洁、完好，确保正常运行。

8.0.8 城市功能照明设施应完好，城市道路及公共场所装灯率及亮灯率均应达到95%。

9 公共场所

9.0.1 公共场所及其周边环境应保持整洁，无违章设摊、无人员露宿。经营摊点应规范经营，无跨门营业，保持整洁卫生，不影响周围环境。

9.0.2 公共场所应保持清洁卫生，无垃圾、污水、痰迹等污物。

9.0.3 机动车停车场、非机动车停放点（亭、棚）应布局合理、设置规范，车辆停放整齐。非机动车停放点（亭、棚）不应设置在影响城市交通和城市容貌的主要道路、景观道路及景观区域内。

9.0.4 在公共场所举办节庆、文化、体育、宣传、商业等活动，应在指定地点进行，及时清扫保洁。

9.0.5 集贸市场内的经营设施以及垃圾收集容器、公共厕所等设施应规范设置、布局合理，保持干净、整洁、卫生。

10 城市水域

10.0.1 城市水域应力求自然、生态，与周围人文景观相协调。

10.0.2 水面应保持清洁，及时清除垃圾、粪便、油污、动物尸体、水生植物等漂浮废物。

10.0.3 水体必须严格控制污水超标排入，无发绿、发黑、发臭等现象。

10.0.4 水面漂浮物拦截装置应美观，与周边环境相协调，不得影响船舶的航行。

10.0.5 岸坡应保持整洁完好，无破损，无堆放垃圾，无定置渔网、渔箱、网箭，无违章建筑和堆积物品。亲水平台等休闲设施应安全、整洁、完好。

10.0.6 岸边不得有从事污染水体的餐饮、食品加工、洗染等经营活动，严禁设置家畜家禽等养殖场。

10.0.7 各类船舶、趸船及码头等临水建筑应保持容貌整洁，各种废弃物不得排入水体。

10.0.8 船舶装运垃圾、粪便和易飞扬散装货物时，应密闭加盖，无裸露现象，防止飘散物进入水体。

11 居住区

11.0.1 居住区内建筑物防盗门窗、遮阳雨棚等应规范设置，外墙及公共区域墙面无乱张贴、乱刻画、乱涂写，临街阳台外无晾晒衣物。各类架设管线应符合现行国家标准《城市居住区规划设计规范》GB 50180的有关规定，不得乱拉乱设。

11.0.2 居住区内道路路面应完好畅通，整洁卫生，无违章搭建、占路设摊，无乱堆乱停。道路排水通畅，无堵塞。

11.0.3 居住区内公共设施应规范设置，合理布局，整洁完好。坐椅（具）、书报亭、邮箱、报栏、电线杆、变电箱等设施无乱张贴、乱刻画、乱涂写。

11.0.4 居住区内公共娱乐、健身休闲、绿化等场所无积存垃圾和积留污水，无堆物及违章搭建。

11.0.5 居住区的垃圾收集容器（房）、垃圾压缩收集站、公共厕所等环卫设施应规范设置，定期保洁和维护。

11.0.6 居住区内绿化植物应定期养护，无明显病虫害，无死树，无种植农作物、违章搭建等毁坏、侵占绿化用地现象。

11.0.7 居住区的各种导向牌、标志牌和示意地图应完好、整洁、美观。

11.0.8 居住区内不得利用居住建筑从事经营加工活动，严禁饲养鸡、鸭、鹅、兔、羊、猪等家禽家畜。居民饲养宠物和信鸽不得污染环境，对宠物在道路和其他公共场地排放的粪便，饲养人应当即时清除。

本标准用词说明

1 为便于在执行本标准条文时区别对待，对要求严格程度不同的用词说明如下：

1）表示很严格，非这样做不可的用词：
正面词采用“必须”，反面词采用“严禁”。

2）表示严格，在正常情况下均应这样做的用词：
正面词采用“应”，反面词采用“不应”或“不得”。

3）表示允许稍有选择，在条件许可时首先应这样做的用词：
正面词采用“宜”，反面词采用“不宜”；

表示有选择，在一定条件下可以这样做的用词，采用“可”。

2 本标准中指明应按其他有关标准、规范执行的写法为“应符合……的规定”或“应按……执行”。

中华人民共和国国家标准

城 市 容 貌 标 准

GB 50449—2008

条 文 说 明

目　次

1　总则 ………………………………… 2—3—10
2　术语 ………………………………… 2—3—10
3　建（构）筑物 …………………… 2—3—10
4　城市道路…………………………… 2—3—11
5　园林绿化…………………………… 2—3—11
6　公共设施…………………………… 2—3—12
7　广告设施与标识 ………………… 2—3—12
8　城市照明 ………………………… 2—3—12
9　公共场所 ………………………… 2—3—13
10　城市水域 ……………………… 2—3—13
11　居住区 ………………………… 2—3—14

1 总　　则

1.0.1 本条规定了本标准的目的、意义。

1.0.2 本条规定了本标准的适用范围。

1.0.3、1.0.4 这两条提出了城市容貌建设的一般原则。

2 术　　语

2.0.2 一般设置在道路及公共场所的公共设施包括各类公益性设施、公共服务性设施及广告设施，可细分为道路交通、公共交通、电力、通信、绿化、消防、环卫、道路照明、生活服务、文体休闲及广告标志设施。其中道路交通设施主要包括指示灯、信号灯控制箱、交通岗亭、护栏、隔离墩等；公共交通设施主要包括候车亭、公交站点指示牌、出租车扬招点、道路停车咪表、自行车棚、自行车架等；电力设施主要包括电杆、电线、电力控制箱、调压器等；通信设施主要包括通信线路、通信控制箱、电话亭、邮筒、通信信息亭等；绿化设施主要包括行道树树底隔栅、花坛、花池等；消防设施主要包括消防栓；环卫设施主要包括垃圾收集容器、垃圾收集站、垃圾转运站、公共厕所等；道路照明设施主要包括路灯、景观灯；生活服务设施主要包括书报亭、阅报栏、画廊、自动贩卖机、售买亭、售票亭等；文体休闲设施主要包括坐椅、健身器材、雕塑等；广告标志设施主要包括各类广告设施、招牌、招贴栏以及路铭牌、门牌、道路标志、指示牌等标志。

公共设施中有关道路交通设施、绿化设施、道路照明设施及广告标志设施的相关规定分别在第4、5、7、8章中进行了详述，因此本标准的公共设施主要是第6章涉及的设施。

2.0.4 公共场所一般指供公众从事社会活动的各种场所，是提供公众进行工作、学习、经济、文化、社交、娱乐、体育、参观、医疗、卫生、休息、旅游和满足部分生活需求所使用的一切公用建筑物、场所及其设施的总称。本标准所指的公共场所主要指影响城市容貌、位于室外的公共场所，主要包括以下几类：

1 机场、车站、港口、码头等交通设施的室外公共场所。

2 体育馆、学校、医院、电影院、博物馆、展览馆等公共设施的室外公共场所。

3 公园、广场、旅游景区（点）、城市居民户外休憩场所。

3 建（构）筑物

3.0.1 建（构）筑物单体是构成城市景观的主体，是影响城市容貌的主要因素，各类建（构）筑物在建设前必须经有关部门审批。

城市容貌除应保持景观协调外，还应注重创造城市特色。一些城市不重视保持本地风貌，造成千城一面，毫无特色。应当阅读和尊重地方建筑风格形成过程，挖掘当地传统建筑风貌，利用现代技术来满足现代人的生活方式，创造各具特色的城市景观。

3.0.2 一个城市历史文化遗产的保护状况是城市文明的重要标志。在城市建设和发展中，必须正确处理现代化建设和历史文化保护的关系，尊重城市发展的历史，使城市的风貌随着岁月的流逝而更具内涵和底蕴。为使城市历史文脉得以保存，必须重视保护城市文物古迹，文物保护单位、历史街区，历史文化街区、历史古城，历史文化名城，应按照现行国家标准《历史文化名城保护规划规范》GB 50357 和《城市紫线管理办法》（建设部令第119号）有关规定进行规划控制。城市中其他具有历史价值的建（构）筑物以及具有代表性风格的建（构）筑物也应予以保护。

在实际工作中，一些城市根据实际情况增加了保护名目，补充了三个层次的空隙，是有意义的新发展。如在“文物保护单位”之外，增加“历史建筑”或“近代优秀建筑”的名目，保护有继续使用的要求，又不适合用“文物保护单位”保护方法的建（构）筑遗产；在“历史文化街区”之后增加“历史文化风貌区”的名目，保护那些不够“历史文化街区”标准，却又不应放弃的历史街区和历史性自然景观。另外，仔细地认定保护层次十分重要。属于文物保护单位的，不可轻易拆掉或仅保留外观，可称“原物保护”；属于历史文化街区的，要保护外观整体的风貌，不必强求所有建筑的“原汁原味”，可称“原貌保护”；历史文化名城中非文物古迹、非历史地段的大片地方，只求延续风貌特色，不必再提过高要求，可称“风貌保护”。

3.0.3 本条规定了对城市现状建（构）筑物的维护、管理要求。城市建（构）筑物的维护与管理牵涉到规划、市容、城管监察、房地等职能部门，在管理中应理顺管理体制，加强部门协作与沟通，建立宣传教育机制，加强宣传教育。单位和个人都应当保持建（构）筑物外观的整洁、美观。

3.0.4 本条规定了对建（构）筑物附属设施的管理要求。建（构）筑物上的附属设施是管理的难点，居民不同的生活习惯和需求，导致城市中各种形式的违章搭建活动屡禁不止，严重影响城市社区的市容景观。城市市容管理中应加强对居民的宣传教育，制止违章搭建活动。各地可根据当地实际情况制定对城市道路沿街建筑外立面的控制管理办法，以及建筑立面上安装空调机、窗罩、阳台罩、防盗网的规定等专项条文，对建筑物外立面进行更详细的管理。

3.0.5 本条规定了建筑屋顶的容貌要求。

3.0.6 本条规定了临街商业门店及出挑物的管理要求。商业门店的招牌设置应符合本标准第7章"广告设施与标志"的相关要求；临街建筑出挑物应符合现行国家标准《民用建筑设计通则》GB 50352的规定。

3.0.7 随着经济的不断发展和人民生活水平的提高，公众在追求宽敞、方便的建筑使用空间的同时，也追求舒适的建筑外部环境，这已成为一种趋势。当钢筋水泥的建筑挤满了城市每一寸土地时，人们感受到城市生活环境中最缺少的是绿色。当前的矛盾不仅是绿化面积与建筑用地的矛盾，还有绿色如何呈现的问题。以往用地分界常采用实体围墙的做法，妨碍了绿色在城市中的显现，因此，我们应在建筑与绿化中寻找平衡，追求绿化与建筑的整体与统一。采用透景围墙、绿篱、栅栏等显绿的方式作为用地分界形式，把绿化的概念扩充到城市空间中解决城市绿色不足的矛盾，可以满足市民对绿色需求不断增大的愿望。

3.0.8 城市中各种工地产生的扬尘、噪声对环境造成很大危害，同时也给城市景观造成不良影响。为了保证工地自身的安全以及周边行人的安全，必须设置围墙、围栏设施。

3.0.9 本条规定了城市中的雕塑、街景小品的设置要求。城市雕塑建设必须按照住房和城乡建设部、文化部颁布的《城市雕塑建设管理办法》（文艺发〔1993〕40号）进行，必须符合当地城市规划要求，宜纳入当地城市总体规划和详细规划，有计划地分步实施。城市雕塑、街景小品的建设宜进行统一规划，保持地方特色，融入城市环境。

4 城市道路

4.0.2 城市道路施工现场应符合相关规定，除保障行人和交通车辆安全外，还要避免或减少施工作业对城市容貌和周围环境的影响。

4.0.3 本条明确了道路上无障碍设施的管理要求。供人们行走和使用的道路、交通的无障碍设施，应符合乘轮椅者、拄盲杖者及使用助行器者的通行与使用要求。

4.0.4 本条规定了井盖等道路附属设施的设置要求。

4.0.6 任何人不得随意占用城市道路，因特殊情况需要临时占用城市道路的，须经相关主管部门批准后，方可按照规定占用。经批准临时占用城市道路的，不得损坏城市道路；占用期满后，应当及时清理现场，恢复城市道路原状；损坏城市道路的，应当修复或者给予赔偿。"非机动车辆应有序停放"包含两层含义：一是应停放在规定区域，二是应停放整齐。

4.0.7 本条规定了对影响城市容貌的道路附属设施的管理、维护要求。各类城市道路附属设施，应符合城市道路养护规范；如因缺损影响交通和安全时，有关产权单位应当及时补缺或者修复。

4.0.8 城市道路主要承担交通功能，是人流量较大、人与人交流较多的城市空间，是展现城市容貌的最主要区域。本条主要对城市道路保洁管理的单位和个人，以及位于城市道路两侧的单位及行人的主体行为进行规定，并应符合《城市环境卫生质量标准》（建城〔1997〕21号）的要求。

本条规定了城市道路清扫保洁的作业质量要求。对于有条件的城市，例如水资源较为充足、社会经济条件较好的城市，可根据需要采用水冲式除尘，提倡采用中水；对于降雪城市尤其是北方城市，应做好除雪工作。清扫、保洁和垃圾清运应符合《城市环境卫生质量标准》（建城〔1997〕21号）的要求。

4.0.9 本条规定了在城市行驶的交通工具的环境卫生要求。

5 园林绿化

5.0.2 本条明确了城市绿化建设中应遵循的原则和功能要求。城市绿化应当根据当地的特点，利用原有的地形、地貌、水体、植被和历史文化遗址等自然、人文条件合理设置。

5.0.3 本条规定了城市绿化的管理养护要求。为满足这些要求，各地应按照《城市绿化条例》（中华人民共和国国务院令第100号），实行分工负责制。

1 城市的公共绿地、风景林地、防护绿地、行道树及干道绿化带的绿化，由城市人民政府城市绿化行政主管部门管理。

2 各单位管界内的防护绿地的绿化，由该单位按照国家有关规定管理。

3 单位自建的公园和单位附属绿地的绿化，由该单位管理。

4 居住区绿地的绿化，由城市人民政府城市绿化行政主管部门根据实际情况确定的单位管理；城市苗圃、草圃和花圃等，由其经营单位管理。

5.0.4 在规划道路红线宽度时应同时确定道路绿地率。道路绿地率是道路红线范围内各种绿带宽度之和占总宽度的百分比。

5.0.6 百年以上树龄的树木，稀有、珍贵树木，具有历史价值或者重要纪念意义的树木，均属古树名木。

5.0.7 庭院、阳台、屋顶、立交桥等绿化和建筑立面的垂直绿化构成了城市立体绿化，可作为城市绿化建设的重要补充，在满足绿化建设指标的同时，实现节约土地资源目标。城市的理想绿地面积应占城市总用地面积的50%以上，并且以植物造景为主来规划建设城市园林绿地系统，才可能达到人均绿化面积60m²的最佳居住环境，才能充分发挥绿色植物的生态环境效益，维护生物多样性和城市生态平衡。在高楼林立的城市里，要达到人均绿化面积60m²，仅靠平面绿化是不够的，还应该进行立体绿化。

5.0.8 本条规定了河流、水面的绿化要求。

5.0.9 本条文中的"绿地"指城市绿线内的用地，其范围按《城市绿线管理办法》（建设部令第112号）规定划定。城市绿地管理单位应建立、健全管理制度。任何单位和个人不得擅自占用城市绿化用地；确要临时占用城市绿化用地的，须经城市绿化行政主管部门同意，并按照有关规定办理临时用地手续；占用的城市绿化用地，应当限期归还。

6 公共设施

6.0.1 公共设施是丰富市民生活、完善城市服务功能，提高城市质量的重要组成部分，与城市居民联系十分紧密。城市范围内的公共设施，应按照各行业设施设置要求和城市规划总体要求进行规范设置，便于引导市民开展生活和生产活动。此外，目前公共设施上乱张贴、乱刻画、乱涂写的现象突出，对城市容貌的影响显著，故本条对其进行了规定。考虑到城市建设过程中涉及的公共设施较广，本条对原标准3.6条的设施范围进行了扩展，并增加了设施与周边环境协调的要求。

6.0.2 摊、亭、棚形式在城市区域内数量众多，对城市容貌的影响较大。近年来，上海、北京等大中城市提出了将各种小型的摊、亭、棚组合设计、一亭多用，在一定程度上减少了分散污染源，并且功能齐全、方便大众、易于管理。

6.0.3 书报亭、售货亭、彩票亭在城市范围内数量较多，与市民生活息息相关。从调研的情况来看，书报亭和售货亭的跨门营业现象突出，彩票亭的公告纸、公告牌的无序摆放情况较显著，对城市容貌的影响较为突出。

6.0.6 候车亭的人流量较大，部分城市的候车亭造型独特，成为城市中的风景线，而大多数城市将公益性宣传画、广告附设于候车亭，大幅面图案的视觉效果较为强烈，如果整体环境卫生和景观效果较差，对于整个城市容貌的影响也较为显著。本条对候车亭的环境卫生、景观效果提出了要求。

6.0.7 本条规定了环卫公共设施的管理、维护要求。环卫公共设施的完好程度，对于其功能的良好发挥有密切的联系。参考国内外环卫规划中环卫设施完好率的现状，考虑到全国不同城市的普遍要求，制定了设施完好率为95%的标准。

6.0.8 公共健身、休闲设施大多为免费开放，向市民提供健身休闲的基础设施，具有多样性、大众性和公益性。保持这些设施的清洁、卫生，有利于设施功能的正常发挥，促进全民健身运动的开展。

7 广告设施与标识

7.0.1 本条参考全国各城市户外广告管理规定的相关要求，根据广告设施与标识面积的大小，将其分为大型、中型、小型。在按表7.0.1要求对广告设施与标识进行分类时，只要 a 或 S 任一值符合要求即成立，如当广告设施与标识的边长 $a \geqslant 4$m 或面积 $S \geqslant 10m^2$，则此广告设施与标识即为大型。

7.0.2 本条针对国内广告设施与标识的设计、制作参差不齐的现状，规定广告设施及标识不仅应符合相关规划规定，还应追求"美"，并兼顾昼夜景观效果。

7.0.3 针对广告设施与标识在文字使用上出现的新问题，本条提出了建设、管理的具体要求。同时，在原标准第6.4条对广告过期后的处理方法基础上，增加了对未过期的广告的日常维护、保养工作。

7.0.4 一味限制广告会导致乱张贴广告的行为，甚至是极端行为，如屡禁不止的"城市牛皮癣"现象等。本条从疏导角度，提出广告必须张贴在指定场所，正确引导广告张贴行为。

7.0.5 本条明确了各城市应严禁设置广告的区域及位置，以免影响交通安全、城市形象及居民生活。本条中严禁设置户外广告设施的各类情形涵盖了《中华人民共和国广告法》（1995年2月1日起施行）第三十二条的规定，并增加了利用行道树或者损毁绿地的情形。

7.0.6 本条提出限制大型广告的设置区域，避免大型广告给人造成的压抑感觉，破坏城市整体形象。

7.0.7 本条对城市公共绿地周边的广告设置提出要求。

7.0.8 本条对对外交通道路沿线、场站周边广告设置提出要求。

7.0.9 本条明确了屋顶广告的设置控制要求。

7.0.10 本条明确了墙面广告的建设控制要求。

7.0.11 为解决全国各地普遍存在"人行道上的设施过多，公共空间拥挤"的问题，本条对人行道上的广告设置提出了要求，禁止在人行道上设置大、中型广告。

7.0.12 本条明确了交通工具上的广告设置、维护要求。

7.0.13 本条明确了布幔、横幅、气球、彩虹气膜、空飘物、节目标语、广告彩旗等广告的设置要求。

7.0.14 本条规定了沿街建（构）筑物立面招牌的具体设置要求，强调招牌面积不宜过大。

7.0.15 本条明确了各类标识的设置、管理要求，确保既准确导向又不影响城市容貌。

8 城市照明

8.0.1 针对目前全国很多城市存在的过度照明问题，本条提出了适度景观照明的建设要求，城市照明设施设置不仅要取得良好的夜景效果，还要兼顾白天的景观效果。

8.0.2 本条提出了城市照明尤其是景观照明的布局原则。应适应城市总体布局及功能区划要求，科学合理、主次分明、重点突出、体现城市特点，避免雷同、缺乏整体性、造成资源浪费。

为使城市照明工作规范化及创造良好的城市夜景观，城市照明建设应按规划设计进行。城市照明规划设计一般分为城市照明总体规划、城市照明详细规划及城市照明节点设计三个层次，这样从宏观到微观、总体到局部进行控制，保证创造良好的城市夜景观。

8.0.3 由于全国大多数城市景观照明与功能照明（主要是道路功能照明）分属不同部门管理，因此在照明设施的规划设计、建设上存在各自为政的状况，从而造成重复设置、相互不协调的问题，因此本条提出了城市景观照明与功能照明应进行统一规划设计。

8.0.4 针对城市景观照明可能对居住、交通、环境造成的光污染、安全隐患及生态影响等，本条提出具体控制要求。

根据现行行业标准《建筑照明术语标准》JGJ 119，不舒适眩光指产生不舒适感觉，但并不一定降低视觉对象的可见度的眩光。

失能眩光指降低视觉对象的可见度，但并不一定产生不舒适感觉的眩光。

外溢光/杂散光指照明装置发出的落在目标区域或边界以外的光。

障害光指外溢光/杂散光的投射强度或方向足以引起人们烦躁、不舒适、注意力不集中或降低对于一些重要信息（如交通信号）的感知能力，甚至对动、植物亦会产生不良影响的光。

8.0.5 本条强调了城市照明设施事前控制的重要性。目前，城市照明尤其是景观照明很多是在主体工程建成后再实施的，宜造成对主体工程的损坏及重复施工，特别是建（构）筑物建成后再进行装饰照明工程，不仅难以达到良好的景观效果，而且可能破坏建（构）筑物外观与风格。

8.0.6 现今照明技术不断发展，世界各国不断研究出各种新型的照明设备，采用新材料、新技术、新光源，使照明设备越来越具有高光效、长寿命、低能耗、安全可靠等优点，另外还发明了具有自洁作用、不用电的、灭蚊等多种功能的照明设备，适应这一发展趋势，因此照明设施应选用先进的技术和设备，在节约能源、保护环境的前提下做到美观。

8.0.7 本条明确了照明设施设备的管理、维护要求。

8.0.8 本条明确了城市功能照明的几个重要建设指标。其中，装灯率指道路及城市广场、公园、码头、车站等公共场所的功能性照明的实际总装灯数量占按国家相关标准规定的应装总装灯数量的比率。亮灯率指道路及城市广场、公园、码头、车站等公共场所的功能性照明的总装灯数量中亮灯数量所占比率。

9 公共场所

9.0.1 本条规定了公共场所及其周边环境的总体容貌要求。在公共场所设置的经营摊点对城市容貌有着重大影响，本条特此提出了具体管理要求。

9.0.2 公共场所的清扫保洁应符合《城市环境卫生质量标准》（建城〔1997〕21号）的要求。

9.0.3 本条规定了机动车、非机动车停靠点的建设、管理要求。将原标准7.2条的“繁华地带”调整为“主要道路、景观道路及景观区域”，使其更清晰、准确。对原标准7.2条的存车处设置进行了具体描述。

9.0.4 本条规定了在公共场所举办各类活动的市容环境管理要求。现实社会生活中，在公共场所经常举办各类活动，其使用的临时设施以及产生的各类垃圾对城市容貌有着较大影响，为保持市容环境整洁，应及时清扫、处置各类垃圾，确保活动结束后无废弃物和临时设施。

9.0.5 本条规定了集贸市场的市容环境建设、管理要求。集贸市场是一个比较特殊的公共场所，人员流动性较大，产生各类垃圾较多，配套设施较多，对城市容貌影响较大，为保持市容环境整洁，对集贸市场的经营设施、环卫公共设施及其他附属（配套）设施进行了规定。同时，本条所称“集贸市场”是指经依法登记、注册，由市场经营服务机构经营，有若干经营者、消费者入场集中进行以生活消费品交易为主的场所。

10 城市水域

10.0.1 本章节中城市水域界定的范围与现行国家标准《城市规划基本术语标准》GB/T 50280中的规定一致。

10.0.2 本条明确了城市水域水面的容貌要求。为保持水面清洁，严禁向水体倾倒垃圾，发现废弃漂浮物应及时清除，不得长时间存留。

10.0.3 城市水域水体是城市水域容貌的直观体现，本条从控制水体色彩视觉角度明确了管理要求。具体应按照现行国家标准《地表水环境质量标准》GB 3838、《污水综合排放标准》GB 8978及其他一些相关污水排放标准严格执行，严禁不符合标准的废水排入城市水域水体，防止富营养化、发黑及发臭等现象发生。

10.0.4 漂浮物拦截装置对保持城市水域水面清洁具有重要作用，本条规定了其建设要求。

10.0.5 本条规定了城市水域岸坡的建设、管理和维护要求。

10.0.6 本条对水域岸边进行的相关经营活动提出了限制性管理要求。水域岸边一般指水域陆域部分，包括滨水的建筑用地、道路、绿地等，具体范围可由当地主管部门根据实际情况划定。

10.0.7 本条明确了各类船舶、趸船、码头的市容环境卫生要求。船舶扫舱垃圾应按规定要求处置；冲洗甲板或舱室时，应事先进行清扫，不得将货物残余、废水、油污排入水体。

10.0.8 采用密闭船舶可有效减少垃圾、粪便和飞扬物对城市水域水体的影响。

11 居 住 区

11.0.1 本条规定了居住区内建（构）筑物环境卫生水平及保持容貌美观的要求。

11.0.2 居住区道路作为车辆和人员的汇流途径，具有明确的导向性，并应适于消防车、救护车、商店货车和垃圾车等的通行，必须保证道路的完好通畅，不应设摊经营和堆物，应保持整洁卫生、排水通畅。

11.0.3 本条规定了居住区内公共设施布局、环境卫生及容貌要求。

11.0.4 本条规定了居住区公共场所应达到的环境卫生及容貌要求。

11.0.5 本条规定了居住区内垃圾收集容器、垃圾压缩收集站、公共厕所等环卫设施应保持的环境卫生水平。

11.0.6 居住区内绿化植物是小区景观重要组成部分，应保持生长良好，不得随意破坏。另外绿化围栏应完好、整洁，无破损；绿化作业产生的垃圾应及时清除，以免占道或造成污染。

11.0.7 本条规定了居住区内导向牌、标志牌应该满足导向功能及美观、整洁的要求。

11.0.8 为了不影响居住区内居民的日常生活和小区环境，制定本条。

中华人民共和国国家标准

生活垃圾填埋场污染控制标准

Standard for pollution control on the landfill site of municipal solid waste

GB 16889—2008

代替 GB 16889—1997

中华人民共和国环境保护部
公　　告

2008年　第5号

为贯彻《中华人民共和国环境保护法》、《中华人民共和国水污染防治法》、《中华人民共和国大气污染防治法》和《中华人民共和国固体废物污染环境防治法》，防治生活垃圾填埋处置造成的污染，保护和改善生态环境，保障人体健康，现批准《生活垃圾填埋场污染控制标准》为国家污染物排放标准，并由我部与国家质量监督检验检疫总局联合发布。

标准名称、编号如下：

生活垃圾填埋场污染控制标准（GB 16889—2008）

按有关法律规定，以上标准具有强制执行的效力。

该标准自2008年7月1日起实施，由中国环境科学出版社出版，标准内容可在环境保护部网站（www. mep. gov. cn/tech）查询。

自标准实施之日起，《生活垃圾填埋场污染控制标准（GB 16889—1997）》废止。

特此公告。

2008年4月2日

目　次

前言 ………………………………………… 2—4—4
1　适用范围 ……………………………………… 2—4—5
2　规范性引用文件………………………………… 2—4—5
3　术语和定义 …………………………………… 2—4—5
4　选址要求 ……………………………………… 2—4—6
5　设计、施工与验收要求 ……………………… 2—4—6
6　填埋废物的入场要求 ………………………… 2—4—7
7　运行要求 ……………………………………… 2—4—8
8　封场及后期维护与管理要求 ………………… 2—4—8
9　污染物排放控制要求 ………………………… 2—4—9
10　环境和污染物监测要求 …………………… 2—4—10
11　实施要求 …………………………………… 2—4—11

前 言

为贯彻《中华人民共和国环境保护法》、《中华人民共和国固体废物污染环境防治法》、《中华人民共和国水污染防治法》、《国务院关于落实科学发展观 加强环境保护的决定》等法律、法规和《国务院关于编制全国主体功能区规划的意见》，保护环境，防治生活垃圾填埋处置造成的污染，制定本标准。

本标准规定了生活垃圾填埋场选址要求，工程设计与施工要求，填埋废物的入场条件，填埋作业要求，封场及后期维护与管理要求，污染物排放限值及环境监测等要求。生活垃圾填埋场排放大气污染物（含恶臭污染物）、环境噪声适用相应的国家污染物排放标准。

为促进地区经济与环境协调发展，推动经济结构的调整和经济增长方式的转变，引导工业生产工艺和污染治理技术的发展方向，本标准规定了水污染物特别排放限值。

本标准首次发布于1997年。

此次修订的主要内容：

——修改了标准的名称；

——补充了生活垃圾填埋场选址要求；

——细化了生活垃圾填埋场基本设施的设计与施工要求；

——增加了可以进入生活垃圾填埋场共处置的生活垃圾焚烧飞灰和医疗废物焚烧残渣、医疗废物、一般工业固体废物、厌氧产沼等生物处理后的固态残余物、粪便经处理后的固态残余物和生活污水处理污泥的入场要求；

——增加了生活垃圾填埋场运行、封场及后期维护与管理期间的污染控制要求；

——增加了生活垃圾填埋场污染物控制项目数量。

自本标准实施之日起，《生活垃圾填埋污染控制标准》（GB 16889—1997）废止。

按照有关法律规定，本标准具有强制执行的效力。

本标准由环境保护部科技标准司组织制定。

本标准主要起草单位：中国环境科学研究院、同济大学、清华大学、城市建设研究院。

本标准环境保护部2008年3月17日批准。

本标准自2008年7月1日起实施。

本标准由环境保护部解释。

1 适用范围

本标准规定了生活垃圾填埋场选址、设计与施工、填埋废物的入场条件、运行、封场、后期维护与管理的污染控制和监测等方面的要求。

本标准适用于生活垃圾填埋场建设、运行和封场后的维护与管理过程中的污染控制和监督管理。本标准的部分规定也适用于与生活垃圾填埋场配套建设的生活垃圾转运站的建设、运行。

本标准只适用于法律允许的污染物排放行为；新设立污染源的选址和特殊保护区域内现有污染源的管理，按照《中华人民共和国大气污染防治法》、《中华人民共和国水污染防治法》、《中华人民共和国海洋环境保护法》、《中华人民共和国固体废物污染环境防治法》、《中华人民共和国放射性污染防治法》、《中华人民共和国环境影响评价法》等法律的相关规定执行。

2 规范性引用文件

本标准内容引用了下列文件中的条款。凡是不注日期的引用文件，其有效版本适用于本标准。

GB/T 5750—2006 生活饮用水标准检验法

GB/T 7466—1987 水质 总铬的测定

GB/T 7467—1987 水质 六价铬的测定 二苯碳酰二肼分光光度法

GB/T 7468—1987 水质 总汞的测定 冷原子吸收分光光度法

GB/T 7469—1987 水质 总汞的测定 高锰酸钾—过硫酸钾消解法 双硫腙分光光度法

GB/T 7470—1987 水质 铅的测定 双硫腙分光光度法

GB/T 7471—1987 水质 镉的测定 双硫腙分光光度法

GB/T 7485—1987 水质 总砷的测定 二乙基二硫代氨基甲酸银分光光度法

GB/T 11893—1989 水质 总磷的测定 钼酸铵分光光度法

GB/T 11901—1989 水质 悬浮物的测定 重量法

GB/T 11903—1989 水质 色度的测定

GB/T 13486 便携式热催化甲烷检测报警仪

GB 14554 恶臭污染物排放标准

GB/T 14675—1993 空气质量 恶臭的测定 三点比较式臭袋法

GB/T 14678—1993 空气质量 硫化氢、甲硫醇、甲硫醚和二甲二硫的测定 气相色谱法

GB/T 14848 地下水质量标准

GB 15562.1 环境保护图形标志 排放口（源）

GB/T 50123 土工试验方法标准

HJ/T 38—1999 固定污染源排气中非甲烷总烃的测定 气相色谱法

HJ/T 86—2002 水质 生化需氧量的测定 微生物传感器快速测定法

HJ/T 195—2005 水质 氨氮的测定 气相分子吸收光谱法

HJ/T 199—2005 水质 总氮的测定 气相分子吸收光谱法

HJ/T 228 医疗废物化学消毒集中处理工程技术规范（试行）

HJ/T 229 医疗废物微波消毒集中处理工程技术规范（试行）

HJ/T 276 医疗废物高温蒸汽集中处理工程技术规范（试行）

HJ/T 300 固体废物 浸出毒性浸出方法 醋酸缓冲溶液法

HJ/T 341—2007 水质 汞的测定 冷原子荧光法（试行）

HJ/T 347—2007 水质 粪大肠菌群的测定 多管发酵法和滤膜法（试行）

HJ/T 399—2007 水质 化学需氧量的测定 快速消解分光光度法

CJ/T 234 垃圾填埋场用高密度聚乙烯土工膜

《医疗废物分类目录》（卫医发［2003］287号）

《排污口规范化整治技术要求》（环监字［1996］470号）

《污染源自动监控管理办法》（国家环境保护总局令 第28号）

《环境监测管理办法》（国家环境保护总局令 第39号）

3 术语和定义

下列术语和定义适用于本标准。

3.1 运行期

生活垃圾填埋场进行填埋作业的时期。

3.2 后期维护与管理期

生活垃圾填埋场终止填埋作业后，进行后续维护、污染控制和环境保护管理直至填埋场达到稳定化的时期。

3.3 防渗衬层

设置于生活垃圾填埋场底部及四周边坡的由天然材料和（或）人工合成材料组成的防止渗漏的垫层。

3.4 天然基础层

位于防渗衬层下部，由未经扰动的土壤等构成的基础层。

3.5 天然黏土防渗衬层

由经过处理的天然黏土机械压实形成的防渗衬层。

3.6 单层人工合成材料防渗衬层

由一层人工合成材料衬层与黏土（或具有同等以上隔水效力的其他材料）衬层组成的防渗衬层。

3.7 双层人工合成材料防渗衬层

由两层人工合成材料衬层与黏土（或具有同等以上隔水效力的其他材料）衬层组成的防渗衬层。

3.8 环境敏感点

指生活垃圾填埋场周围可能受污染物影响的住宅、学校、医院、行政办公区、商业区以及公共场所等地点。

3.9 场界

指法律文书（如土地使用证、房产证、租赁合同等）中确定的业主所拥有使用权（或所有权）的场地或建筑物边界。

3.10 现有生活垃圾填埋场

指本标准实施之日前，已建成投入使用或环境影响评价文件已通过审批的生活垃圾填埋场。

3.11 新建生活垃圾填埋场

指本标准实施之日起环境影响文件通过审批的新建、改建和扩建的生活垃圾填埋场。

4 选址要求

4.1 生活垃圾填埋场的选址应符合区域性环境规划、环境卫生设施建设规划和当地的城市规划。

4.2 生活垃圾填埋场场址不应选在城市工农业发展规划区、农业保护区、自然保护区、风景名胜区、文物（考古）保护区、生活饮用水水源保护区、供水远景规划区、矿产资源储备区、军事要地、国家保密地区和其他需要特别保护的区域内。

4.3 生活垃圾填埋场选址的标高应位于重现期不小于50年一遇的洪水位之上，并建设在长远规划中的水库等人工蓄水设施的淹没区和保护区之外。

拟建有可靠防洪设施的山谷型填埋场，并经过环境影响评价证明洪水对生活垃圾填埋场的环境风险在可接受范围内，前款规定的选址标准可以适当降低。

4.4 生活垃圾填埋场场址的选择应避开下列区域：破坏性地震及活动构造区；活动中的坍塌、滑坡和隆起地带；活动中的断裂带；石灰岩溶洞发育带；废弃矿区的活动塌陷区；活动沙丘区；海啸及涌浪影响区；湿地；尚未稳定的冲积扇及冲沟地区；泥炭以及其他可能危及填埋场安全的区域。

4.5 生活垃圾填埋场场址的位置及与周围人群的距离应依据环境影响评价结论确定，并经地方环境保护行政主管部门批准。

在对生活垃圾填埋场场址进行环境影响评价时，应考虑生活垃圾填埋场产生的渗滤液、大气污染物（含恶臭物质）、滋养动物（蚊、蝇、鸟类等）等因素，根据其所在地区的环境功能区类别，综合评价其对周围环境、居住人群的身体健康、日常生活和生产活动的影响，确定生活垃圾填埋场与常住居民居住场所、地表水域、高速公路、交通主干道（国道或省道）、铁路、飞机场、军事基地等敏感对象之间合理的位置关系以及合理的防护距离。环境影响评价的结论可作为规划控制的依据。

5 设计、施工与验收要求

5.1 生活垃圾填埋场应包括下列主要设施：防渗衬层系统、渗滤液导排系统、渗滤液处理设施、雨污分流系统、地下水导排系统、地下水监测设施、填埋气体导排系统、覆盖和封场系统。

5.2 生活垃圾填埋场应建设围墙或栅栏等隔离设施，并在填埋区边界周围设置防飞扬设施、安全防护设施及防火隔离带。

5.3 生活垃圾填埋场应根据填埋区天然基础层的地质情况以及环境影响评价的结论，并经当地地方环境保护行政主管部门批准，选择天然黏土防渗衬层、单层人工合成材料防渗衬层或双层人工合成材料防渗衬层作为生活垃圾填埋场填埋区和其他渗滤液流经或储留设施的防渗衬层。填埋场黏土防渗衬层饱和渗透系数按照GB/T 50123中13.3“变水头渗透试验”的规定进行测定。

5.4 如果天然基础层饱和渗透系数小于1.0×10^{-7} cm/s，且厚度不小于2m，可采用天然黏土防渗衬层。采用天然黏土防渗衬层应满足以下基本条件：

（1）压实后的黏土防渗衬层饱和渗透系数应小于1.0×10^{-7}cm/s；

（2）黏土防渗衬层的厚度应不小于2m。

5.5 如果天然基础层饱和渗透系数小于1.0×10^{-5} cm/s，且厚度不小于2m，可采用单层人工合成材料防渗衬层。人工合成材料衬层下应具有厚度不小于0.75m，且其被压实后的饱和渗透系数小于1.0×10^{-7}cm/s的天然黏土防渗衬层，或具有同等以上隔水效力的其他材料防渗衬层。

人工合成材料防渗衬层应采用满足CJ/T 234中规定技术要求的高密度聚乙烯或者其他具有同等效力的人工合成材料。

5.6 如果天然基础层饱和渗透系数不小于1.0×10^{-5}cm/s，或者天然基础层厚度小于2m，应采用双层人工合成材料防渗衬层。下层人工合成材料防渗衬层下应具有厚度不小于0.75m，且其被压实后的饱和渗透系数小于1.0×10^{-7}cm/s的天然黏土衬层，或具有同等以上隔水效力的其他材料衬层；两层人工合成材料衬层之间应布设导水层及渗漏检测层。

人工合成材料的性能要求同5.5。

5.7 生活垃圾填埋场应设置防渗衬层渗漏检测系统，以保证在防渗衬层发生渗滤液渗漏时能及时发现并采取必要的污染控制措施。

5.8 生活垃圾填埋场应建设渗滤液导排系统，该导排系统应确保在填埋场的运行期内防渗衬层上的渗滤液深度不大于30cm。

为检测渗滤液深度，生活垃圾填埋场内应设置渗滤液监测井。

5.9 生活垃圾填埋场应建设渗滤液处理设施，以在填埋场的运行期和后期维护与管理期内对渗滤液进行处理达标后排放。

5.10 生活垃圾填埋场渗滤液处理设施应设渗滤液调节池，并采取封闭等措施防止恶臭物质的排放。

5.11 生活垃圾填埋场应实行雨污分流并设置雨水集排水系统，以收集、排出汇水区内可能流向填埋区的雨水、上游雨水以及未填埋区域内未与生活垃圾接触的雨水。雨水集排水系统收集的雨水不得与渗滤液混排。

5.12 生活垃圾填埋场各个系统在设计时应保证能及时、有效地导排雨、污水。

5.13 生活垃圾填埋场填埋区基础层底部应与地下水年最高水位保持1m以上的距离。当生活垃圾填埋场填埋区基础层底部与地下水年最高水位距离不足1m时，应建设地下水导排系统。地下水导排系统应确保填埋场的运行期和后期维护与管理期内地下水水位维持在距离填埋场填埋区基础层底部1m以下。

5.14 生活垃圾填埋场应建设填埋气体导排系统，在填埋场的运行期和后期维护与管理期内将填埋层内的气体导出后利用、焚烧或达到9.2.2的要求后直接排放。

5.15 设计填埋量大于250万t且垃圾填埋厚度超过20m生活垃圾填埋场，应建设甲烷利用设施或火炬燃烧设施处理含甲烷填埋气体。小于上述规模的生活垃圾填埋场，应采用能够有效减少甲烷产生和排放的填埋工艺或采用火炬燃烧设施处理含甲烷填埋气体。

5.16 生活垃圾填埋场周围应设置绿化隔离带，其宽度不小于10m。

5.17 在生活垃圾填埋场施工前应编制施工质量保证书并作为环境监理和环境保护竣工验收的依据。施工过程中应严格按照施工质量保证书中的质量保证程序进行。

5.18 在进行天然黏土防渗衬层施工之前，应通过现场施工实验确定压实方法、压实设备、压实次数等因素，以确保可以达到设计要求。同时在施工过程中应进行现场施工检验，检验内容与频率应包括在施工设计书中。

5.19 在进行人工合成材料防渗衬层施工前，应对人工合成材料的各项性能指标进行质量测试；在需要进行焊接之前，应进行试验焊接。

5.20 在人工合成材料防渗衬层和渗滤液导排系统的铺设过程中与完成之后，应通过连续性和完整性检测检验施工效果，以确定人工合成材料防渗衬层没有破损、漏洞等。

5.21 填埋场人工合成材料防渗衬层铺设完成后，未填埋的部分应采取有效的工程措施防止人工合成材料防渗衬层在日光下直接暴露。

5.22 在生活垃圾填埋场的环境保护竣工验收中，应对已建成的防渗衬层系统的完整性、渗滤液导排系统、填埋气体导排系统和地下水导排系统等的有效性进行质量验收，同时验收场址选择、勘察、征地、设计、施工、运行管理制度、监测计划等全过程的技术和管理文件资料。

5.23 生活垃圾转运站应采取必要的封闭和负压措施防止恶臭污染的扩散。

5.24 生活垃圾转运站应设置具有恶臭污染控制功能及渗滤液收集、贮存设施。

6 填埋废物的入场要求

6.1 下列废物可以直接进入生活垃圾填埋场填埋处置：

（1）由环境卫生机构收集或者自行收集的混合生活垃圾，以及企事业单位产生的办公废物；

（2）生活垃圾焚烧炉渣（不包括焚烧飞灰）；

（3）生活垃圾堆肥处理产生的固态残余物；

（4）服装加工、食品加工以及其他城市生活服务行业产生的性质与生活垃圾相近的一般工业固体废物。

6.2 《医疗废物分类目录》中的感染性废物经过下列方式处理后，可以进入生活垃圾填埋场填埋处置。

（1）按照HJ/T 228要求进行破碎毁形和化学消毒处理，并满足消毒效果检验指标；

（2）按照HJ/T 229要求进行破碎毁形和微波消毒处理，并满足消毒效果检验指标；

（3）按照HJ/T 276要求进行破碎毁形和高温蒸汽处理，并满足处理效果检验指标；

（4）医疗废物焚烧处置后的残渣的入场标准按照6.3执行。

6.3 生活垃圾焚烧飞灰和医疗废物焚烧残渣（包括飞灰、底渣）经处理后满足下列条件，可以进入生活垃圾填埋场填埋处置。

（1）含水率小于30%；

（2）二噁英含量（或等效毒性量）低于3μg/kg；

（3）按照HJ/T 300制备的浸出液中危害成分质量浓度低于表1规定的限值。

表1 浸出液污染物质量浓度限值

序号	污染物项目	质量浓度限值/(mg/L)
1	汞	0.05
2	铜	40
3	锌	100

续表 1

序号	污染物项目	质量浓度限值/(mg/L)
4	铅	0.25
5	镉	0.15
6	铍	0.02
7	钡	25
8	镍	0.5
9	砷	0.3
10	总铬	4.5
11	六价铬	1.5
12	硒	0.1

6.4 一般工业固体废物经处理后，按照 HJ/T 300 制备的浸出液中危害成分质量浓度低于表 1 规定的限值，可以进入生活垃圾填埋场填埋处置。

6.5 经处理后满足 6.3 要求的生活垃圾焚烧飞灰、医疗废物焚烧残渣（包括飞灰、底渣）和满足 6.4 要求的一般工业固体废物在生活垃圾填埋场中应单独分区填埋。

6.6 厌氧产沼等生物处理后的固态残余物、粪便经处理后的固态残余物和生活污水处理厂污泥经处理后含水率小于 60%，可以进入生活垃圾填埋场填埋处置。

6.7 处理后分别满足 6.2、6.3、6.4 和 6.6 要求的废物应由地方环境保护行政主管部门认可的监测部门检测、经地方环境保护行政主管部门批准后，方可进入生活垃圾填埋场。

6.8 下列废物不得在生活垃圾填埋场中填埋处置。

（1）除符合 6.3 规定的生活垃圾焚烧飞灰以外的危险废物；

（2）未经处理的餐饮废物；

（3）未经处理的粪便；

（4）禽畜养殖废物；

（5）电子废物及其处理处置残余物；

（6）除本填埋场产生的渗滤液之外的任何液态废物和废水。

国家环境保护标准另有规定的除外。

7 运行要求

7.1 填埋作业应分区、分单元进行，不运行作业面应及时覆盖。不得同时进行多作业面填埋作业或者不分区全场敞开式作业。中间覆盖应形成一定的坡度。每天填埋作业结束后，应对作业面进行覆盖；特殊气象条件下应加强对作业面的覆盖。

7.2 填埋作业应采取雨污分流措施，减少渗滤液的产生量。

7.3 生活垃圾填埋场运行期内，应控制堆体的坡度，确保填埋堆体的稳定性。

7.4 生活垃圾填埋场运行期内，应定期检测防渗衬层系统的完整性。当发现防渗衬层系统发生渗漏时，应及时采取补救措施。

7.5 生活垃圾填埋场运行期内，应定期检测渗滤液导排系统的有效性，保证正常运行。当衬层上的渗滤液深度大于 30cm 时，应及时采取有效疏导措施排除积存在填埋场内的渗滤液。

7.6 生活垃圾填埋场运行期内，应定期检测地下水水质。当发现地下水水质有被污染的迹象时，应及时查找原因，发现渗漏位置并采取补救措施，防止污染扩散。

7.7 生活垃圾填埋场运行期内，应定期并根据场地和气象情况随时进行防蚊蝇、灭鼠和除臭工作。

7.8 生活垃圾填埋场运行期以及封场后期维护与管理期间，应建立运行情况记录制度，如实记载有关运行管理情况，主要包括生活垃圾处理、处置设备工艺控制参数，进入生活垃圾填埋场处置的非生活垃圾的来源、种类、数量、填埋位置，封场及后期维护与管理情况及环境监测数据等。运行情况记录簿应当按照国家有关档案管理的法律法规进行整理和保管。

8 封场及后期维护与管理要求

8.1 生活垃圾填埋场的封场系统应包括气体导排层、防渗层、雨水导排层、最终覆土层、植被层。

8.2 气体导排层应与导气竖管相连。导气竖管应高出最终覆土层上表面 100cm 以上。

8.3 封场系统应控制坡度，以保证填埋堆体稳定，防止雨水侵蚀。

8.4 封场系统的建设应与生态恢复相结合，并防止植物根系对封场土工膜的损害。

8.5 封场后进入后期维护与管理阶段的生活垃圾填埋场，应继续处理填埋场产生的渗滤液和填埋气，并定期进行监测，直到填埋场产生的渗滤液中水污染物质量浓度连续两年低于表 2、表 3 中的限值。

表 2 现有和新建生活垃圾填埋场水污染物排放质量浓度限值

序 号	控制污染物	排放质量浓度限值	污染物排放监控位置
1	色度(稀释倍数)	40	常规污水处理设施排放口
2	化学需氧量(COD_{Cr})/(mg/L)	100	常规污水处理设施排放口
3	生化需氧量(BOD_5)/(mg/L)	30	常规污水处理设施排放口

续表 2

序　号	控制污染物	排放质量浓度限值	污染物排放监控位置
4	悬浮物/(mg/L)	30	常规污水处理设施排放口
5	总氮/(mg/L)	40	常规污水处理设施排放口
6	氨氮/(mg/L)	25	常规污水处理设施排放口
7	总磷/(mg/L)	3	常规污水处理设施排放口
8	粪大肠菌群数/(个/L)	10000	常规污水处理设施排放口
9	总汞/(mg/L)	0.001	常规污水处理设施排放口
10	总镉/(mg/L)	0.01	常规污水处理设施排放口
11	总铬/(mg/L)	0.1	常规污水处理设施排放口
12	六价铬/(mg/L)	0.05	常规污水处理设施排放口
13	总砷/(mg/L)	0.1	常规污水处理设施排放口
14	总铅/(mg/L)	0.1	常规污水处理设施排放口

表 3　现有和新建生活垃圾填埋场水污染物特别排放限值

序号	控制污染物	排放质量浓度限值	污染物排放监控位置
1	色度(稀释倍数)	30	常规污水处理设施排放口
2	化学需氧量(COD_{Cr})/(mg/L)	60	常规污水处理设施排放口
3	生化需氧量(BOD_5)/(mg/L)	20	常规污水处理设施排放口
4	悬浮物/(mg/L)	30	常规污水处理设施排放口
5	总氮/(mg/L)	20	常规污水处理设施排放口
6	氨氮/(mg/L)	8	常规污水处理设施排放口
7	总磷/(mg/L)	1.5	常规污水处理设施排放口
8	粪大肠菌群数/(个/L)	10000	常规污水处理设施排放口
9	总汞/(mg/L)	0.001	常规污水处理设施排放口
10	总镉/(mg/L)	0.01	常规污水处理设施排放口
11	总铬/(mg/L)	0.1	常规污水处理设施排放口
12	六价铬/(mg/L)	0.05	常规污水处理设施排放口
13	总砷/(mg/L)	0.1	常规污水处理设施排放口
14	总铅/(mg/L)	0.1	常规污水处理设施排放口

9　污染物排放控制要求

9.1　水污染物排放控制要求

9.1.1　生活垃圾填埋场应设置污水处理装置，生活垃圾渗滤液（含调节池废水）等污水经处理并符合本标准规定的污染物排放控制要求后，可直接排放。

9.1.2　现有和新建生活垃圾填埋场自 2008 年 7 月 1 日起执行表 2 规定的水污染物排放质量浓度限值。

9.1.3　2011 年 7 月 1 日前，现有生活垃圾填埋场无法满足表 2 规定的水污染物排放质量浓度限值要求的，满足以下条件时可将生活垃圾渗滤液送往城市二级污水处理厂进行处理：

（1）生活垃圾渗滤液在填埋场经过处理后，总汞、总镉、总铬、六价铬、总砷、总铅等污染物质量浓度达到表 2 规定的质量浓度限值；

（2）城市二级污水处理厂每日处理生活垃圾渗滤液总量不超过污水处理量的 0.5%，并不超过城市二级污水处理厂额定的污水处理能力；

（3）生活垃圾渗滤液应均匀注入城市二级污水处理厂；

（4）不影响城市二级污水处理厂的污水处理效果。

2011 年 7 月 1 日起，现有全部生活垃圾填埋场应自行处理生活垃圾渗滤液并执行表2规定的水污染排放质量浓度限值。

9.1.4 根据环境保护工作的要求，在国土开发密度已经较高、环境承载能力开始减弱，或环境容量较小、生态环境脆弱，容易发生严重环境污染问题而需要采取特别保护措施的地区，应严格控制生活垃圾填埋场的污染物排放行为，在上述地区的现有和新建生活垃圾填埋场执行表3规定的水污染物特别排放限值。

9.2 甲烷排放控制要求

9.2.1 填埋工作面上2m以下高度范围内甲烷的体积分数应不大于0.1%。

9.2.2 生活垃圾填埋场应采取甲烷减排措施；当通过导气管道直接排放填埋气体时，导气管排放口的甲烷的体积分数不大于5%。

9.3 生活垃圾填埋场在运行中应采取必要的措施防止恶臭物质的扩散。在生活垃圾填埋场周围环境敏感点方位的场界的恶臭污染物质量浓度应符合GB 14554的规定。

9.4 生活垃圾转运站产生的渗滤液经收集后，可采用密闭运输送到城市污水处理厂处理、排入城市排水管道进入城市污水处理厂处理或者自行处理等方式。排入设置城市污水处理厂的排水管网的，应在转运站内对渗滤液进行处理，总汞、总镉、总铬、六价铬、总砷、总铅等污染物质量浓度达到表2规定的质量浓度限值，其他水污染物排放控制要求由企业与城镇污水处理厂根据其污水处理能力商定或执行相关标准。排入环境水体或排入未设置污水处理厂的排水管网的，应在转运站内对渗滤液进行处理并达到表2规定的质量浓度限值。

10 环境和污染物监测要求

10.1 水污染物排放监测基本要求

10.1.1 生活垃圾填埋场的水污染物排放口须按照《排污口规范化整治技术要求》（试行）建设，设置符合GB 15562.1要求的污水排放口标志。

10.1.2 新建生活垃圾填埋场应按照《污染源自动监控管理办法》的规定，安装污染物排放自动监控设备，与环保部门的监控中心联网，并保证设备正常运行。各地现有生活垃圾填埋场安装污染物排放自动监控设备的要求由省级环境保护行政主管部门规定。

10.1.3 地方环境保护行政主管部门对生活垃圾填埋场污染物排放情况进行监督性监测的频次、采样时间等要求，按国家有关污染源监测技术规范的规定执行。

10.2 地下水水质监测基本要求

10.2.1 地下水水质监测井的布置

应根据场地水文地质条件，以及时反映地下水水质变化为原则，布设地下水监测系统。

（1）本底井，一眼，设在填埋场地下水流向上游30～50m处；

（2）排水井，一眼，设在填埋场地下水主管出口处；

（3）污染扩散井，两眼，分别设在垂直填埋场地下水走向的两侧各30～50m处；

（4）污染监视井，两眼，分别设在填埋场地下水流向下游30m、50m处。

大型填埋场可以在上述要求基础上适当增加监测井的数量。

10.2.2 在生活垃圾填埋场投入使用之前应监测地下水本底水平；在生活垃圾填埋场投入使用之时即对地下水进行持续监测，直至封场后填埋场产生的渗滤液中水污染物质量浓度连续两年低于表2中的限值时为止。

10.2.3 地下水监测指标为pH、总硬度、溶解性总固体、高锰酸盐指数、氨氮、硝酸盐、亚硝酸盐、硫酸盐、氯化物、挥发性酚类、氰化物、砷、汞、六价铬、铅、氟、镉、铁、锰、铜、锌、粪大肠菌群，不同质量类型地下水的质量标准执行GB/T 14848中的规定。

10.2.4 生活垃圾填埋场管理机构对排水井的水质监测频率应不少于每周一次，对污染扩散井和污染监视井的水质监测频率应不少于每2周一次，对本底井的水质监测频率应不少于每个月一次。

10.2.5 地方环境保护行政主管部门应对地下水水质进行监督性监测，频率应不少于每3个月一次。

10.3 生活垃圾填埋场管理机构应每6个月进行一次防渗衬层完整性的监测。

10.4 甲烷监测基本要求

10.4.1 生活垃圾填埋场管理机构应每天进行一次填埋场区和填埋气体排放口的甲烷体积分数监测。

10.4.2 地方环境保护行政主管部门应每3个月对填埋区和填埋气体排放口的甲烷体积分数进行一次监督性监测。

10.4.3 对甲烷体积分数的每日监测可采用符合GB 13486要求或者具有相同效果的便携式甲烷测定器进行测定。对甲烷体积分数的监督性监测应按照HJ/T 38中甲烷的测定方法进行测定。

10.5 生活垃圾填埋场管理机构和地方环境保护行政主管部门均应对封场后的生活垃圾填埋场的污染物质量浓度进行测定。化学需氧量、生化需氧量、悬浮物、总氮、氨氮等指标每3个月测定一次，其他指标每年测定一次。

10.6 恶臭污染物监测基本要求

10.6.1 生活垃圾填埋场管理机构应根据具体情况适时进行场界恶臭污染物监测。

10.6.2 地方环境保护行政主管部门应每3个月对场界恶臭污染物进行一次监督性监测。

10.6.3 恶臭污染物监测应按照GB/T 14675和GB/

T 14678 规定的方法进行测定。

10.7 污染物质量浓度测定方法采用表4所列的方法标准，地下水质量检测方法采用 GB/T 5750—2006 中的检测方法。

表4 污染物质量浓度测定方法

序号	污染物项目	方法名称	标准编号
1	色度（稀释倍数）	水质 色度的测定	GB/T 11903—1989
2	化学需氧量（COD_{Cr}）	水质 化学需氧量的测定 快速消解分光光度法	HJ/T 399—2007
3	生化需氧量（BOD_5）	水质 生化需氧量的测定 微生物传感器快速测定法	HJ/T 86—2002
4	悬浮物	水质 悬浮物的测定 重量法	GB/T 11901—1989
5	总氮	水质 总氮的测定 气相分子吸收光谱法	HJ/T 199—2005
6	氨氮	水质 氨氮的测定 气相分子吸收光谱法	HJ/T 195—2005
7	总磷	水质 总磷的测定 钼酸铵分光光度法	GB/T 11893—1989
8	粪大肠菌群数	水质 粪大肠菌群的测定 多管发酵法和滤膜法（试行）	HJ/T 347—2007
9	总汞	水质 总汞的测定 冷原子吸收分光光度法	GB/T 7468—1987
		水质 总汞的测定 高锰酸钾—过硫酸钾消解法 双硫腙分光光度法	GB/T 7469—1987
		水质 汞的测定 冷原子荧光法（试行）	HJ/T 341—2007
10	总镉	水质 镉的测定 双硫腙分光光度法	GB/T 7471—1987
11	总铬	水质 总铬的测定	GB/T 7466—1987
12	六价铬	水质 六价铬的测定 二苯碳酰二肼分光光度法	GB/T 7467—1987
13	总砷	水质 总砷的测定 二乙基二硫代氨基甲酸银分光光度法	GB/T 7485—1987
14	总铅	水质 铅的测定 双硫腙分光光度法	GB/T 7470—1987
15	甲烷	固定污染源排气中非甲烷总烃的测定 气相色谱法	HJ/T 38—1999
16	恶臭	空气质量 恶臭的测定 三点比较式臭袋法	GB/T 14675—1993
17	硫化氢、甲硫醇、甲硫醚和二甲二硫	空气质量 硫化氢、甲硫醇、甲硫醚和二甲二硫的测定 气相色谱法	GB/T 14678—1993

10.8 生活垃圾填埋场应按照有关法律和《环境监测管理办法》的规定，对排污状况进行监测，并保存原始监测记录。

11 实施要求

11.1 本标准由县级以上人民政府环境保护行政主管部门负责监督实施。

11.2 在任何情况下，生活垃圾填埋场均应遵守本标准的污染物排放控制要求，采取必要措施保证污染防治设施正常运行。各级环保部门在对生活垃圾填埋场进行监督性检查时，可以现场即时采样，将监测的结果作为判定排污行为是否符合排放标准以及实施相关环境保护管理措施的依据。

11.3 对现有和新建生活垃圾填埋场执行水污染物特别排放限值的地域范围、时间，由国务院环境保护主管部门或省级人民政府确定。

中华人民共和国国家标准

生活垃圾焚烧污染控制标准

Standard for pollution control on the municipal solid waste incineration

GB 18485—2001

代替 HJ/T 18—1996，GWKB 3—2000

前　言

为贯彻《中华人民共和国固体废物污染环境防治法》，减少生活垃圾焚烧造成的二次污染，特制定本标准。

本标准内容（包括实施时间）等同于2000年2月29日国家环境保护总局发布的《生活垃圾焚烧污染控制标准》（GWKB 3—2000），自本标准实施之日起，代替GWKB 3—2000。

本标准的附录A是标准的附录。

本标准由国家环境保护总局负责解释。

1 范围

本标准规定了生活垃圾焚烧厂选址原则、生活垃圾入厂要求、焚烧炉基本技术性能指标、焚烧厂污染物排放限值等要求。

本标准适用于生活垃圾焚烧设施的设计、环境影响评价、竣工验收以及运行过程中污染控制及监督管理。

2 引用标准

以下标准所含条文，在本标准中被引用而构成本标准条文，与本标准同效。

GB 5085.3—1996 危险废物鉴别标准—浸出毒性鉴别

GB 5086.1～5086.2—1997 固体废物 浸出毒性浸出方法

GB 5468—1991 锅炉烟尘测试方法

GB 8978—1996 污水综合排放标准

GB 12348—1990 工业企业厂界噪声标准

GB 14554—1993 恶臭污染物排放标准

GB/T 15555.1～15555.11—1995 固体废物浸出毒性测定方法

GB/T 16157—1996 固定污染源排气中颗粒物测定与气态污染物采样方法

HJ/T 20—1998 工业固体废物采样制样技术规范

当上述标准被修订时，应使用其最新版本。

3 定义

3.1 危险废物

列入国家危险废物名录或者根据国家规定的危险废物鉴别标准和鉴别方法认定的具有危险性的废物。

3.2 焚 烧 炉

利用高温氧化作用处理生活垃圾的装置。

3.3 处 理 量

单位时间焚烧炉焚烧垃圾的质量。

3.4 烟气停留时间

燃烧气体从最后空气喷射口或燃烧器到换热面(如余热锅炉换热器等)或烟道冷风引射口之间的停留时间。

3.5 焚烧炉渣

生活垃圾焚烧后从炉床直接排出的残渣。

3.6 热灼减率

焚烧炉渣经灼热减少的质量占原焚烧炉渣质量的百分数，其计算方法如下：

$$P=\frac{A-B}{A}\times 100\%$$

式中：P——热灼减率，%；

A——干燥后的原始焚烧炉渣在室温下的质量，g；

B——焚烧炉渣经 600℃±25℃ 3h 灼热，然后冷却至室温后的质量，g。

3.7 二噁英类

多氯代二苯并-对-二噁英和多氯代二苯并呋喃的总称。

3.8 二噁英类毒性当量(TEQ)

二噁英类毒性当量因子(TEF)是二噁英类毒性同类物与2，3，7，8-四氯代二苯并-对-二噁英对Ah受体的亲和性能之比。二噁英类毒性当量可以通过下式计算：

$$TEQ=\Sigma(\text{二噁英毒性同类物浓度}\times TEF)$$

3.9 标准状态

烟气温度为 273.16K，压强为 101325Pa 时的状态。

4 生活垃圾焚烧厂选址原则

生活垃圾焚烧厂选址应符合当地城乡建设总体规划和环境保护规划的规定，并符合当地的大气污染防治、水资源保护、自然保护的要求。

5 生活垃圾入厂要求

危险废物不得进入生活垃圾焚烧厂处理。

6 生活垃圾贮存技术要求

进入生活垃圾焚烧厂的垃圾应贮存于垃圾贮存仓内。

垃圾贮存仓应具有良好的防渗性能。贮存仓内部应处于负压状态，焚烧炉所需的一次风应从垃圾贮存仓抽取。垃圾贮存仓还必须附设污水收集装置，收集沥滤液和其他污水。

7 焚烧炉技术要求

7.1 焚烧炉技术性能指标

焚烧炉技术性能要求见表1。

表1 焚烧炉技术性能指标

项目	烟气出口温度℃	烟气停留时间 s	焚烧炉渣热灼减率%	焚烧炉出口烟气中氧含量%
指标	≥850	≥2	≤5	6～12
	≥1000	≥1		

7.2 焚烧炉烟囱技术要求

7.2.1 焚烧炉烟囱高度要求

焚烧炉烟囱高度应按环境影响评价要求确定，但不能低于表2规定的高度。

表2 焚烧炉烟囱高度要求

处理量 t/d	烟囱最低允许高度 m
<100	25
100～300	40
>300	60

注：* 在同一厂区内如同时有多台垃圾焚烧炉，则以各焚烧炉处理量总和作为评判依据。

7.2.2 焚烧炉烟囱周围半径200m距离内有建筑物时，烟囱应高出最高建筑物3m以上，不能达到该要求的烟囱，其大气污染物排放限值应按表3规定的限值严格50%执行。

7.2.3 由多台焚烧炉组成的生活垃圾焚烧厂，烟气应集中到一个烟囱排放或采用多筒集合式排放。

7.2.4 焚烧炉的烟囱或烟道应按GB/T 16157的要求，设置永久采样孔，并安装采样监测用平台。

7.3 生活垃圾焚烧炉除尘装置必须采用袋式除尘器。

8 生活垃圾焚烧厂污染排放限值

8.1 焚烧炉大气污染物排放限值

焚烧炉大气污染物排放限值见表3。

表3 焚烧炉大气污染物排放限值1)

序号	项目	单位	数值含义	限值
1	烟尘	mg/m^3	测定均值	80
2	烟气黑度	林格曼黑度，级	测定值2)	1
3	一氧化碳	mg/m^3	小时均值	150
4	氮氧化物	mg/m^3	小时均值	400
5	二氧化硫	mg/m^3	小时均值	260
6	氯化氢	mg/m^3	小时均值	75
7	汞	mg/m^3	测定均值	0.2
8	镉	mg/m^3	测定均值	0.1
9	铅	mg/m^3	测定均值	1.6
10	二噁英类	$ngTEQ/m^3$	测定均值	1.0

1）本表规定的各项标准限值，均以标准状态下含11% O_2 的干烟气为参考值换算。

2）烟气最高黑度时间，在任何1h内累计不得超过5min。

8.2 生活垃圾焚烧厂恶臭厂界排放限值

氨、硫化氢、甲硫醇和臭气浓度厂界排放限值根据生活垃圾焚烧厂所在区域，分别按照GB 14554表1相应级别的指标值执行。

8.3 生活垃圾焚烧厂工艺废水排放限值

生活垃圾焚烧厂工艺废水必须经废水处理系统处理，处理后的水应优先考虑循环再利用，必须排放时，废水中污染物最高允许排放浓度按GB 8978执行。

9 其他要求

9.1 焚烧残余物的处置要求

9.1.1 焚烧炉渣与除尘设备收集的焚烧飞灰应分别收集、贮存和运输。

9.1.2 焚烧炉渣按一般固体废物处理，焚烧飞灰应按危险废物处理。其他尾气净化装置排放的固体废物按GB 5085.3危险废物鉴别标准判断是否属于危险废物，如属于危险废物，则按危险废物处理。

9.2 生活垃圾焚烧厂噪声控制限值

生活垃圾焚烧厂噪声控制限值按GB 12348执行。

10 检测方法

10.1 监测工况要求

在对焚烧炉进行日常监督性监测时，采样期间的工况应与正常运行工况相同，生活垃圾焚烧厂的人员和实施监测的人员都不应任意改变运行工况。

10.2 焚烧炉性能检验

10.2.1 烟气停留时间根据焚烧炉设计书检验。

10.2.2 出口温度用热电偶在燃烧室出口中心处测量。

10.2.3 焚烧炉渣热灼减率的测定

按HJ/T 20—1998采样制样技术规范采样，依据本标准3.7所列公式计算，取平均值作为判定值。

10.2.4 氧气浓度测定按GB/T 16157中的有关规定执行。

10.3 烟尘和烟气监测

10.3.1 烟尘和烟气的采样方法

10.3.1.1 烟尘和烟气的采样点和采样方法按GB/T 16157中的有关规定执行。

10.3.1.2 本标准规定的小时均值是指以连续1h的采样获取的平均值，或在1h内，以等时间间隔至少采取3个样品计算的平均值。

注：本标准规定测定均值是指以等时间间隔至少采取3个样品计算的平均值。

10.3.2 监测方法

焚烧炉大气污染物监测方法见表4。

表4 焚烧炉大气污染物监测方法

序号	项目	监测方法	方法来源
1	烟尘	重量法	GB/T 16157—1996
2	烟气黑度	林格曼烟度法	GB 5468—1991
3	一氧化碳	非色散红外吸收法	HJ/T 44—1999
4	氮氧化物	紫外分光光度法	HJ/T 42—1999
5	二氧化硫	甲醛吸收——副玫瑰苯胺分光光度法	1)
6	氯化氢	硫氰酸汞分光光度法	HJ/T 27—1999
7	汞	冷原子吸收法 分光光度法	1)

续表 4

序号	项目	监测方法	方法来源
8	镉	原子吸收分光光度法	1)
9	铅	原子吸收分光光度法	1)
10	二噁英类	色谱-质谱联用法	2)

1) 暂时采用《空气和废气监测分析方法》(中国环境科学出版社，北京，1990 年)，待国家环境保护总局发布相应标准后，按标准执行。

2) 暂时采用《固体废弃物试验分析评价手册》(中国环境科学出版社，北京，1992 年)，待国家环境保护总局发布相应标准后，按标准执行。

10.4 固体废物浸出毒性测定方法

其他尾气净化装置排放的固体废物按 GB 5086.1～GB 5086.2 做浸出试验，按 GB/T 15555.1～GB/T 15555.11 浸出毒性测定方法测定。

11 标准实施

11.1 自本标准实施之日起，二噁英污染物排放限值在北京市、上海市、广州市、深圳市试行。2003 年 6 月 1 日之日起在全国执行。

11.2 本标准由县级以上人民政府环境保护行政主管部门负责监督实施。

附 录 A
(标准的附录)
二噁英同类物毒性当量因子表

PCDDs	TEF	PCDFs	TEF
2,3,7,8-TCDD	1.0	2,3,7,8-TCDF	0.1
1,2,3,7,8-P_5CDD	0.5	1,2,3,7,8-P_5CDF	0.05
		2,3,4,7,8-P_5CDF	0.5
2,3,7,8-取代 H_6CDD	0.1	2,3,7,8-取代 H_6CDF	0.1
1,2,3,4,6,7,8-H_7CDD	0.01	2,3,7,8-取代 H_7CDF	0.01
OCDD	0.001	OCDF	0.001

注：PCDDs：多氯代二苯并-对-二噁(Polychlorinated dibenzo-*p*-dioxins)；
PCDFs：多氯代二苯并呋喃(Polychlorinated dibenzofurans)

中华人民共和国国家标准

生活垃圾焚烧炉及余热锅炉

Municipal solid waste incinerator and boiler

GB/T 18750—2008

代替 GB/T 18750—2002

前　言

本标准代替 GB/T 18750—2002《生活垃圾焚烧锅炉》。

本标准与 GB/T 18750—2002 的主要差异为：

——标准名称改为“生活垃圾焚烧炉及余热锅炉”；

——第 1 章删除了处理量的描述；

——第 2 章增加了 9 个规范性引用文件：GB 50185、GB 50264、GB J126、GB/T 3766、GB/T 10180、GB/T 16618、ZBFGH 15、ZBFGH 16、NFPA 85，删除了 1 个规范性引用文件：GB 5085.3；

——第 3 章增加了 4 个术语：3.3 余热锅炉、3.4 机械炉排式生活垃圾焚烧炉、3.5 流化床式生活垃圾焚烧炉、3.6 回转窑式生活垃圾焚烧炉，删除了 2 个术语：生活垃圾焚烧锅炉和漏渣；

——删除了 GB/T 18750—2002 的 4.1 中按大小分类的内容；

——表 1 的生活垃圾焚烧炉处理量增加了 550t/d～800t/d 的分档；

——GB/T 18750—2002 的 4.2.1～4.2.3 纳入术语描述，删除了 4.2.4 的描述；

——将 GB/T 18750—2002 的 6.1.2 纳入 6.2.10；

——删除了 GB/T 18750—2002 的 6.2.13“焚烧锅炉飞灰应进行毒性鉴别”的描述；

——增加了 6.3 机械炉排式生活垃圾焚烧炉。

本标准的附录 A 为规范性附录。

本标准由中华人民共和国住房和城乡建设部提出。

本标准由中华人民共和国住房和城乡建设部城镇环境卫生标准技术归口单位上海市市容环境卫生管理局归口。

本标准负责起草单位：重庆三峰卡万塔环境产业有限公司。

本标准参加起草单位：重庆同兴垃圾处理有限公司、重庆科技学院、上海浦城热电能源有限公司、上海市环境工程设计科学研究院、江西江联能源环保股份有限公司、江苏徐州燃烧控制研究院有限公司、宁波枫林绿色能源开发有限公司、无锡市宜刚耐火材料有限公司、宜兴市中电耐磨耐火工程有限公司、杭州锅炉集团股份有限公司、深圳市市政环卫综合处理厂。

本标准主要起草人：雷钦平、王定国、刘思明、熊绍武、舒成光、陈耀华、朱新才、郑奕强、卢忠、曹秋、秦峰、安森、雷明、裴万柱、崔德斌、陈天军、方阳升、蒋建民、蒋洪伟、曹学义、姜宗顺、林桂鹏。

本标准所代替标准的历次版本发布情况为：

——GB/T 18750—2002。

1 范围

本标准规定了生活垃圾焚烧炉及余热锅炉的分类、型号、要求、试验方法、检查和验收、标志、油漆、包装和随机文件。

本标准适用于以生活垃圾为燃料的生活垃圾焚烧炉及余热锅炉的设计、制造、调试、验收等。

掺烧非危险废物的生活垃圾焚烧炉及余热锅炉，掺烧常规燃料或用常规燃料助燃的生活垃圾焚烧炉及余热锅炉参照本标准执行。

2 规范性引用文件

下列文件中的条款通过本标准的引用而成为本标准的条款。凡是注日期的引用文件，其随后所有的修改单（不包括勘误的内容）或修订版均不适用于本标准，然而，鼓励根据本标准达成协议的各方研究是否可使用这些文件的最新版本。凡是不注日期的引用文件，其最新版本适用于本标准。

GB 1576 工业锅炉水质

GB/T 3766 液压系统通用技术条件（GB/T 3766—2001，eqv ISO 4413：1998）

GB/T 9222 水管锅炉受压元件强度计算

GB/T 10180 工业锅炉热工性能试验规程

GB/T 10184 电站锅炉性能试验规程

GB/T 12145 火力发电机组及蒸汽动力设备水汽质量（GB/T12145—1999，neq JIS B 8223：1989）

GB/T 16508 锅壳锅炉受压元件强度计算（GB/T 16508—1996，neq ISO 5370：1992）

GB/T 16618 工业炉窑保温技术通则

GB 50185 工业设备及管道绝热工程质量检验评定标准

GB 50264 工业设备及管道绝热工程设计规范

GB 50273 工业锅炉安装工程施工及验收规范

GBJ 126 工业设备及管道绝热工程施工及验收规范

CJ/T 20 城市环境卫生专用设备 垃圾焚烧、气化、热解

CJ/T 3039 城市生活垃圾采样和物理分析方法

DL/T 561 火力发电厂水汽化学监督导则

DL/T 5047 电力建设施工及验收技术规范 锅炉机组篇

JB/T 1609 锅炉锅筒制造技术条件

了 B/T 1610 锅炉集箱制造技术条件

了 B/T 1611 锅炉管子制造技术条件

JB/T 1612 锅炉水压试验技术条件

JB/T 1613 锅炉受压元件焊接技术条件

JB/T 1615 锅炉油漆和包装技术条件

JB/T 1616 管式空气预热器技术条件

JB/T 1620 锅炉钢结构技术条件

JB/T 3375 锅炉用材料入厂验收规则

JB/T 5255 焊制鳍片管（屏）技术条件

TJ 36 工业企业设计卫生标准

ZBFGH 15 蒸汽锅炉安全技术监察规程

ZBFGH 16 热水锅炉安全技术监察规程

NFPA 85 多燃烧器锅炉炉膛防内爆和外爆

3 术语和定义

下列术语和定义适用于本标准。

3.1

生活垃圾焚烧处理 municipal solid waste (MSW) incineration

生活垃圾通过焚烧达到垃圾处理规定要求，生活垃圾焚烧残渣和烟气排放达到规定，质量和能量传递达到设计要求的过程。

3.2

生活垃圾焚烧炉（简称焚烧炉）MSW incinerator（MSWI）

对生活垃圾进行焚烧处理的装置。

3.3

余热锅炉 boiler

对焚烧过程释放的能量进行有效转换的热力设备。

3.4

机械炉排式生活垃圾焚烧炉 MSW grate incinerator

采用层状燃烧方式的生活垃圾焚烧炉。

3.5

流化床式生活垃圾焚烧炉 MSW fluid bed furnace

采用沸腾燃烧方式的生活垃圾焚烧炉。

3.6

回转窑式生活垃圾焚烧炉 MSW rotary kiln furnace

采用卧式回转燃烧方式的生活垃圾焚烧炉。

3.7

生活垃圾焚烧处理量 MSW incineration capacity

单位时间内通过焚烧炉获得焚烧处理的生活垃圾质量，用 t/d（吨/天）表示。

3.8

生活垃圾焚烧残渣 MSW incineration residue

生活垃圾焚烧处理过程中产生的固态残余物的总称。

3.9

生活垃圾焚烧炉炉渣 MSW incineration slag

生活垃圾焚烧后从炉床直接排出的残渣。

3.10

生活垃圾焚烧飞灰 MSW incineration fly ash

余热锅炉灰斗排出的细灰、烟气净化系统捕集物、烟囱底部沉降的烟囱底灰。

3.11

辅助燃烧　auxiliary combustion

添加辅助燃料以确保生活垃圾稳定燃烧。

3.12

焚烧短路　short circuit in MSW incineration process

进入焚烧炉的生活垃圾未经焚烧处理而直接排出、漏出的现象。

4　分类

4.1　焚烧炉按处理量分档见表1。

表1　单台生活垃圾焚烧炉处理量分档

单位为吨每天

100，150，200，250，300，350，400，450，500，550，600，650，700，750，800
注：100t/d、150t/d的原则上不采用。

4.2　焚烧炉按燃烧方式的不同分为四类（见表2）。

表2　焚烧方式分类

焚烧方式	焚烧炉	代号
层状燃烧	机械炉排式生活垃圾焚烧炉	C
沸腾燃烧	流化床式生活垃圾焚烧炉	F
回转燃烧	回转窑式生活垃圾焚烧炉	H
其他燃烧	其他焚烧炉	Q

5　型号

5.1　生活垃圾焚烧炉及余热锅炉的产品型号由三部分组成，各部分之间用短横线相连，如图1所示。

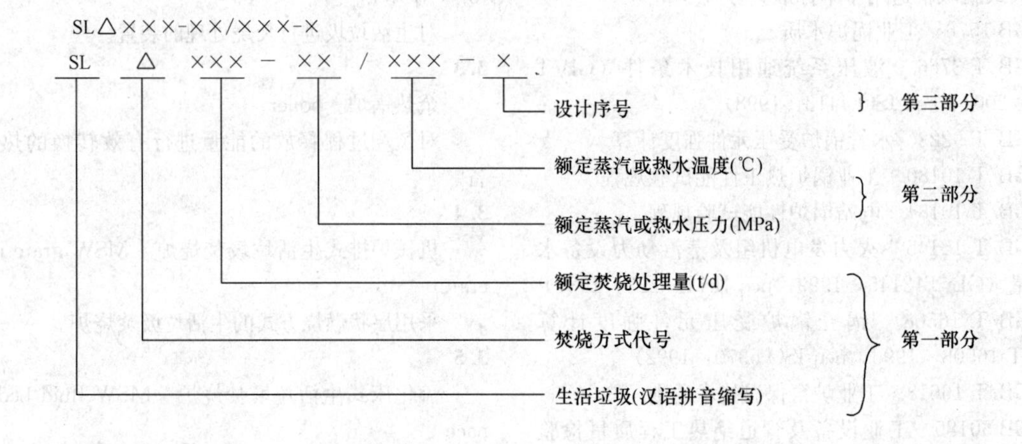

图1　生活垃圾焚烧炉及余热锅炉产品型号构成

5.2　生活垃圾焚烧炉及余热锅炉产品型号中的焚烧方式代号见表2。产品型号中的数值采用阿拉伯数字表示，型号中只写数字，不写计量单位。

5.3　设计序号用阿拉伯数字表示。原型设计产品的型号中无设计序号。

5.4　示例：生活垃圾额定焚烧处理量为600t/d的炉排式生活垃圾焚烧炉，余热锅炉额定蒸汽压力为3.9MPa，额定蒸汽温度为400℃的原型设计产品，其型号为SLC 600-3.9/400。

6　要求

6.1　入炉生活垃圾

6.1.1　水分含量不宜大于50%，灰分含量不宜大于25%，低位发热量不宜小于4.18MJ/kg。

6.1.2　生活垃圾焚烧炉给料系统宜附设生活垃圾渗滤液汇集、外引装置，该装置应有利于生活垃圾渗滤液的后续处理。

6.1.3　低位发热量设计上限不小于6.38MJ/kg时，生活垃圾进料槽宜设置冷却装置。

6.2　焚烧炉及余热锅炉工艺要求

6.2.1　入炉生活垃圾预热、干燥、燃烧、燃烬等焚烧各阶段应正常进行。

6.2.2　入炉生活垃圾焚烧过程中进料、分布、混合、移动、配风、排渣等应可靠、稳定。

6.2.3　焚烧助燃空气应由生活垃圾贮坑上方抽取，助燃空气的预热温度的确定应满足使用要求。

6.2.4　焚烧炉一次风和二次风的配置与调节应满足生活垃圾焚烧的要求。

6.2.5　焚烧炉及余热锅炉正常运行时，其内部应存在同时满足以下条件的气相空间高温燃烧区域：

a）烟气温度不应低于850℃；

b）烟气含氧量不应低于6%（湿基）；

c）有足够的湍流强度，确保均匀混合；

d）生活垃圾焚烧处理产生的烟气在该区域的停

留时间不低于2s。

6.2.6 满足6.2.5要求的气相高温燃烧区域应采用高温燃烧炉膛、二次高温燃烧室或其他方式。

6.2.7 高温燃烧炉膛和二次高温燃烧室沿烟气流程计算时，应以同时满足6.2.5的四点要求的最前和最后流通截面为起止，且起止截面之间不应存在未满足6.2.5的区域。

6.2.8 烟道布置应有利于生活垃圾焚烧飞灰的重力分离，烟道结构应避免结渣。

6.2.9 应有可靠的密封和保温性能。从进料溜槽入口至排烟出口，运行时应处于负压密闭状态，不应有气体和粉尘泄漏；停炉时焚烧炉及余热锅炉周边环境空气应达到TJ 36的要求。垃圾料斗与进料槽之间应设置机械挡板。

6.2.10 低位发热量不大于4.18MJ/kg时，允许采用辅助燃烧，宜采用天然气或轻柴油。但辅助燃烧的热量以使生活垃圾焚烧过程满足6.2.5为限。

6.2.11 当环境温度不高于25℃时，炉体外壁面温度不应超过50℃；环境温度高于25℃时，炉体外壁面温度不应超过环境温度25℃。

6.2.12 生活垃圾焚烧处理量允许在额定焚烧处理量的70%～110%范围内波动。

6.2.13 生活垃圾焚烧炉炉渣的热灼减率不应大于5%，额定处理量不小于200t/d的生活垃圾焚烧炉炉渣的热灼减率不应大于3%。

6.2.14 焚烧炉内应避免焚烧短路。

6.3 机械炉排式生活垃圾焚烧炉

机械炉排式生活垃圾焚烧炉包括进料斗、给料器、炉排、钢结构支撑、炉壳、灰斗及渗滤液斗、除渣机、液压站、燃烧器及炉内的耐火材料、保温材料和焚烧炉上的平台栏杆等。要求详见附录A的规定。

6.4 余热锅炉

6.4.1 设计、制造、安装、运行等应符合ZBFGH 15、ZBFGH 16规定及其他相关的安全技术规范、国家现行标准的规定。

6.4.2 蒸汽参数

6.4.2.1 设计蒸汽参数可由设计、制造单位和用户商定。

6.4.2.2 允许实际蒸发量在额定蒸发量的70%～110%范围内波动。

6.4.2.3 过热蒸汽温度允许偏差见表3。

表3 过热蒸汽温度允许偏差

单位为摄氏度

额定蒸汽温度	允许偏差
≤300	+30，−20
≤350	+20，−20
≤400	+10，−20
>400	+10，−15

6.4.2.4 饱和蒸汽湿度允许偏差：水管式锅炉不应大于3%；锅壳式锅炉不应大于4%。

6.4.2.5 在运行中，蒸汽压力变化在符合ZBFGH 15、ZBFGH 16规定的前提下，由设计图样及技术文件规定。

6.4.3 给水品质

6.4.3.1 额定蒸汽压力大于2.45MPa时，应符合GB/T 12145的规定。

6.4.3.2 额定蒸汽压力不大于2.45MPa时，应符合GB 1576的规定。

6.4.4 设计与制造

6.4.4.1 锅炉受压元件设计计算和重大设计更改计算应符合GB/T 9222或GB/T 16508的规定。

6.4.4.2 受压元件的材料应符合设计图样和技术文件的规定，材料代用应按规定程序审批。

6.4.4.3 受压元件所用钢材和焊接材料的质量应符合国家现行标准，应有材料质量证明书，并按JB/T 3375进行入厂检验，合格后方可使用。

6.4.4.4 主要零部件制造应符合JB/T 1609、JB/T 1610、JB/T 1611、JB/T 1612、JB/T 1616、JB/T 1620和JB/T 5255的规定。

6.4.4.5 焊接焊缝应符合JB/T 1613的技术要求。

6.4.4.6 水压试验应符合JB/T 1612的技术要求。

6.4.4.7 锅炉炉膛可采用膜式水冷壁结构或耐高温墙体结构，应能适应高温、磨损、腐蚀、热膨胀等复杂工作条件，膜式水冷壁炉膛下部可按垃圾设计热值设置卫燃带，以利稳定燃烧。

6.4.4.8 锅炉受热面设计应避免高温腐蚀、低温腐蚀、灰垢腐蚀和垢底腐蚀。应防止灰粒粘结、冲蚀及磨损，应配置清渣除灰装置。

6.4.4.9 锅炉安全装置和各表计的设置、选配应符合ZBFGH 15、ZBFGH 16的要求。

6.5 其他总体要求

6.5.1 生活垃圾焚烧炉及余热锅炉的结构和热力设计应紧凑、合理，能适应生活垃圾成分和发热量在较大范围内变化。

6.5.2 生活垃圾焚烧炉及余热锅炉排放的烟气应与后续烟气净化系统的要求相匹配。

6.5.3 应设置各类必要的监测表计、调节机构、试验装置、观测检查孔和门、阀门。

6.5.4 所有与生活垃圾、生活垃圾渗滤液、烟气、焚烧空气、生活垃圾焚烧残渣接触的组件、部件和零件，在选材时都应考虑耐腐性能要求。

6.5.5 生活垃圾焚烧炉及余热锅炉的热效率不应低于75%。

6.5.6 生活垃圾焚烧炉及余热锅炉的使用寿命不应小于1.6×10^5h。

6.5.7 生活垃圾焚烧炉及余热锅炉应易于现场安装，运行操作和巡检方便，维护和检修工作量小，受热面外部生活垃圾焚烧飞灰清理和内部污垢清洗方便。

6.5.8 安装工程应按安装图及有关技术文件的要求执行，额定蒸汽压力不大于2.45MPa时，应符合GB 50273的规定；额定蒸汽压力大于2.45MPa时，应符合DL/T 5047的规定。

7 试验方法

7.1 入炉生活垃圾的水分、灰分和发热量按CJ/T 3039的规定测定。

7.2 生活垃圾焚烧炉炉渣热灼减率的测定和计算应符合CJ/T 20的规定。

7.3 余热锅炉安装完毕后，应按JB/T 1612的规定进行水压试验。

7.4 生活垃圾焚烧炉及余热锅炉应按GB/T 10184或GB/T 10180的规定进行热工试验。

7.5 额定蒸汽压力不大于2.45MPa时，锅炉水质应按GB 1576的规定化验；额定蒸汽压力大于2.45MPa时，锅炉水质按DL/T 561的规定监督。

7.6 具有运动部件的生活垃圾焚烧炉的冷态试车和出厂

7.6.1 整装的生活垃圾焚烧炉及余热锅炉，应在出厂前进行总装冷态试车。

7.6.2 散装的生活垃圾焚烧炉及余热锅炉，若为第一次设计的产品，应在厂内至少抽一台总装并冷态试车；图样、工艺元件相同的产品，宜每年在厂内总装一台（套）并冷态试车。

7.6.3 生活垃圾焚烧炉及余热锅炉现场安装后应进行冷态试车。

7.6.4 制造单位内或现插的冷态试车连续运转时间应不少于48h，期间应动作平稳顺畅、转动灵活、无异响，不应出现跑偏、隆起、卡住、断片、偏心、刻蚀、局部摩擦过热、平面偏倾等缺陷，距任何活动件1m远的任何地方的噪声不应超过80dB（A），润滑油温和液压油温不得超过规定温度。

7.7 用户可按照本标准的规定，检查生活垃圾焚烧炉及余热锅炉的制造质量和考核产品性能指标。未达到本标准要求的生活垃圾焚烧炉及余热锅炉，设计、制造、建设、运行单位可在一年内进行不超过三次的全面消缺、改进和重新调试以达到本标准的规定要求。否则为不合格产品。

8 检查和验收

8.1 生活垃圾焚烧炉及余热锅炉应按本标准质检合格，并附质量证明书方可出厂，质量证明书应符合ZBFGH 15、ZBFGH 16的要求。

8.2 生活垃圾焚烧炉及余热锅炉安装工程施工验收应符合GB 50273或DL/T 5047的规定。

8.3 生活垃圾焚烧炉及余热锅炉应经调试达到设计工况并连续稳定运行72h+24h，同时按合同要求提供下列测试报告，方可验收。

a）热工测试报告；

b）烟气污染物排放测试报告；

c）生活垃圾焚烧飞灰成分毒性及环境污染指标测试报告；

d）生活垃圾焚烧锅炉噪音测试报告；

e）生活垃圾焚烧炉炉渣热灼减率测试报告。

9 标志、油漆、包装和随机文件

9.1 生活垃圾焚烧炉及余热锅炉应在明显位置装有固定的金属铭牌。铭牌内容至少应包括：

a）制造单位名称；

b）产品型号和名称；

c）额定焚烧处理量（t/d）；

d）额定蒸发量（t/h）或额定热功率（MW）；

e）额定蒸汽或热水压力（MPa）

f）额定蒸汽或热水温度（℃）；

g）制造单位产品编号；

h）制造日期；

i）制造单位余热锅炉制造许可证级别；

j）制造单位余热锅炉制造许可证编号；

k）监检单位名称和监检标记。

9.2 生活垃圾焚烧炉及余热锅炉的油漆、包装应符合JB/T1615的规定。

9.3 生活垃圾焚烧炉及余热锅炉产品应提供下列图样及技术文件：

a）产品总清单、供应用户图样及技术文件、包装清单、备件清单各两份；

b）总图、基础荷重图、主要承压部件图、筑炉图、安装图、热膨胀系统图、测点布置图、易损件清单及图、焚烧炉总图、焚烧炉主要组件图各两份；

c）受压元件强度计算书、受压部件重大设计更改资料、安全阀排放量计算书、安全阀质量合格证、热力计算书（或计算结果汇总表）、烟风阻力计算书（或计算结果汇总表）、汽水阻力计算书（或计算结果汇总表）各两份；

d）安装、使用说明书各两份；

e）产品质量证明书（出厂合格证、金属材料证明、焊接质量证明和水压试验证明）一份；

f）其他用户和制造单位商定的特别执行工序的有关资料和特别提供的图样和文件。

附 录 A
（规范性附录）
机械炉排式生活垃圾焚烧炉技术要求

A.1 进料斗及溜槽

A.1.1 溜槽内应有一定的料柱高度，确保垃圾燃烧所产生的烟气不外逸。同时，减少给料时对料斗和给料器的冲击。

A.1.2 在进料斗和溜槽之间设置液压驱动的机械挡板，避免启炉时热空气的外逸。同时在燃烧过程中避免垃圾架桥时火焰通过进料斗外窜。

A.1.3 溜槽下部和上部之间宜设置膨胀节。

A.1.4 进料斗宽度尺寸应大于垃圾抓斗展开的最大尺寸，保证垃圾能顺利进入进料斗。

A.1.5 溜槽应有足够的容量。

A.1.6 进料斗及溜槽应有合理的倾角，确保垃圾顺利下行，尽可能避免出现滑料和垃圾架桥两种情况的产生。

A.1.7 溜槽下部内层需设置耐火层，减少热量散失和结构的变形。

A.1.8 针对高热值垃圾，溜槽可设冷却装置。

A.2 给料器

A.2.1 给料器由给料平台、给料小车和中间隔墙组成，根据垃圾焚烧炉处理能力大小，确定小车的数量。

A.2.2 给料器采用液压或机械驱动，给料量的大小根据垃圾焚烧情况可调。

A.2.3 给料器能均匀给料并能有效预防滑料。

A.2.4 给料器应具备耐磨、耐腐蚀、耐高温的能力。

A.3 炉排

A.3.1 炉排为机械炉排，根据垃圾焚烧状况，炉排运动速度可调。

A.3.2 炉排的倾角应满足垃圾的燃烧和排渣。

A.3.3 炉排的分段设置应有利于垃圾的干燥、燃烧、燃尽和排渣。

A.3.4 炉排的铸件应耐高温、耐磨、耐腐蚀和抗冲击，使用寿命不小于3年，炉排片进风孔的设置应满足燃烧风量的要求，使用过程中不易堵塞。

A.3.5 炉排机械强度满足焚烧炉机械负荷的要求，传动机构合理可靠，炉排运行平稳。

A.3.6 炉排框架的防腐应满足高温、腐蚀性气体等恶劣工作环境。

A.3.7 炉排铸件与侧壁间应采用合适的密封结构，保证炉排运动自如和合理的炉排热膨胀量，“生料”不会从间隙漏到一次风室。

A.3.8 炉排运动机构的润滑应满足高温、高粉尘和腐蚀气体等恶劣的工作环境。

A.3.9 距焚烧炉任何活动部件1m处任何地方的噪音不应超过80dB（A)。

A.4 钢结构支撑

A.4.1 钢结构支撑应满足安全原则。

A.4.2 给料器和炉排的安装面应平整。

A.5 炉壳

A.5.1 炉壳的几何形状满足垃圾焚烧的需要，炉壳的强度和刚度应满足支撑耐火材料及其他附属设施。

A.5.2 炉壳上应设置二次风口、检测孔和观火孔。

A.5.3 与余热锅炉的联接应采用可合理吸收热膨胀的结构。

A.5.4 炉壳与给料器、溜槽和炉排之间应设置密封装置。

A.5.5 根据入炉垃圾的低位发热量设计值来选择合适的炉墙结构。

A.5.6 炉拱的设置应满足生活垃圾焚烧着火需热和烟风混合的要求。

A.5.7 炉拱材料应容易浇铸和修补，不易烧损，炉拱线型应便于施工。

A.5.8 可根据垃圾热值情况设置渗滤液回喷口。

A.6 灰斗及渗滤液斗

A.6.1 灰斗个数及大小的设置应与炉排燃烧分段相适应。

A.6.2 灰斗的倾角应有利于灰渣的排出。

A.6.3 灰斗出口应设置与卸灰装置联接的法兰。

A.6.4 渗滤液斗应满足给料器下部渗滤液的收集，并留与排液管相联接的法兰。

A.7 除渣机

A.7.1 应满足对生活垃圾焚烧炉炉渣的冷却和除渣要求，同时起到焚烧炉出渣口与外界的隔离作用。

A.7.2 除渣机的前后腔及推头体应设耐磨、耐蚀的衬板，并方便更换。

A.7.3 除渣机采用液压驱动。

A.7.4 除渣机应设水位控制器。

A.8 液压站

A.8.1 该液压站应控制整个焚烧炉的执行元件，即：进料斗与溜槽间的密封隔离门、给料器、炉排、料层厚度调节装置和除渣机。

A.8.2 一套焚烧炉宜设一个液压站，液压站提供整个焚烧炉的液压动力源及动作控制。

A.8.3 液压控制系统对于给料器和炉排宜采用比例阀调节系统。

A.8.4 液压系统除执行元件外，其余的站内的控制和保护采用PLC控制，应留有与中控室DCS的接口。

A.8.5 液压油为阻燃抗磨液压油，油的清洁度应达到NAS 1638 7级。

A.8.6 液压系统通用技术条件应满足GB/T 3766。

A.9 启动燃烧器和助燃燃烧器

A.9.1 启动燃烧器用于焚烧炉启炉时投入运行，助燃燃烧器是入炉垃圾热值达不到低位热值时，气相空间高温燃烧区域不能满足6.2.5要求时，需要投入运行，并用于焚烧炉启动时对垃圾进行点火。

A.9.2 燃烧器的控制和保护采用PLC控制。应留有与中控室DCS的接口。

A.9.3 燃烧器应具备自动点火、功率调节、熄火保护等功能。

A. 9. 4　燃烧器具有一定的调节比，燃烧过程要稳定，能向炉内连续供热。

A. 9. 5　燃烧器火焰的方向、外形、刚性和铺展性符合炉型及工艺的要求。

A. 9. 6　燃烧器的设计、控制应符合 NFPA 85 的规定。

A. 10　耐火保温材料

A. 10. 1　焚烧炉原则上应设计成重型绝热结构炉墙，在垃圾推进区、干燥区、气化熔融区、燃烬区、生活垃圾焚烧炉炉渣冷却区及排渣区、炉膛烟气出口区等均应合理布置耐火保温材料，以满足不同部位的工况要求。

A. 10. 2　焚烧炉匹配不同余热锅炉时，余热锅炉的第一通道、锅炉主灰斗、各类门孔及密封罩、烟气连通罩、省煤器等亦应相应合理设计耐火保温材料。

A. 10. 3　耐火材料、保温材料及其厚度的选择，应通过传热计算和稳定性计算确定。

A. 10. 4　与耐火保温材料密切相关的金属锚固支撑件应与耐火保温材料配套设计，以满足炉体结构稳定性的要求。

A. 10. 5　耐火保温材料应符合 GB/T 16618、GBJ 126、GB 50185、GB 50264 的要求。

A. 11　平台栏杆

A. 11. 1　平台栏杆的设置应满足人员通行和设备检修的需要和安全需要。

中华人民共和国国家标准

生活垃圾卫生填埋场环境监测技术要求

Technical requirement for environmental monitor on
sanitary landfill site of domestic refuse

GB/T 18772—2008
代替 GB/T 18772—2002

前 言

本标准代替 GB/T 18772—2002《生活垃圾填埋场环境监测技术要求》，本标准与 GB/T 18772—2002 相比主要变化如下：

——将标准名称修改为“生活垃圾卫生填埋场环境监测技术要求”；

——增加了“噪声监测”和“封场后的填埋场环境监测”内容；

——在大气监测中增加了“臭气浓度”和“甲硫醇”两项；删除“一氧化碳”和“二氧化硫”2 项；

——地下水监测中删除“硫化物”、“总磷”、“总悬浮物”、“化学需氧量”和“总氮”5 项；增加了“氯化物”“溶解性总固体”和“高锰酸钾指数”3 项；

——渗沥液监测中只保留了“悬浮物”、“化学需氧量”、“五日生化需氧量”、“氨氮”和“大肠菌值”5 项，余项删除；

——填埋场外排水中只保留了“悬浮物”、“化学需氧量”、“五日生化需氧量”、“氨氮”和“大肠菌值”5 项，余项删除。

——填埋物监测增加了“样品采集”、“含水率的测定”和“采样步骤”3 项内容，具体细化了“容重的测定”操作方法，更加明确了填埋场的监测过程。

本标准由中华人民共和国建设部提出。

本标准由建设部城镇环境卫生标准技术归口单位上海市容环境卫生管理局归口。

本标准起草单位：沈阳市环境卫生工程设计研究院、上海市环境卫生工程设计院。

本标准主要起草人：赵蔚蔚、李悦、王晓云、闫永强、满国红。

本标准于 2002 年 7 月首次发布。

1 范围

本标准规定了生活垃圾卫生填埋场大气污染物监测、填埋气体监测、渗沥液监测、填埋物外排水监测、地下水监测、噪声监测、填埋物监测、苍蝇密度监测、封场后的填埋场环境监测的内容和方法。

本标准适用于生活垃圾卫生填埋场。不适用于工业固体废弃物及危险废弃物填埋场。

2 规范性引用文件

下列文件中的条款通过本标准的引用而成为本标准的条款。凡是注日期的引用文件，其随后所有的修改单（不包括勘误的内容）或修订版均不适用于本标准，然而，鼓励根据本标准达成协议的各方研究是否可使用这些文件的最新版本。凡是不注日期的引用文件，其最新版本适用于本标准。

GB/T 5750.5 生活饮用水标准检验方法 无机非金属指标

GB/T 5750.12 生活饮用水标准检验方法 微生物指标

GB/T 6920 水质 pH 值的测定 玻璃电极法

GB/T 7467 水质 六价铬的测定 二苯碳酰二肼分光光度法

GB/T 7468 水质 总汞的测定 冷原子吸收分光光度法

GB/T 7470 水质 铅的测定 双硫腙分光光度法

GB/T 7471 水质 镉的测定 双硫腙分光光度法

GB/T 7475 水质 铜、锌、铅、镉的测定 原子吸收分光光谱法

GB/T 7477 水质 钙和镁总量的测定 EDTA 滴定法

GB/T 7478 水质 铵的测定 蒸馏和滴定法

GB/T 7479 水质 铵的测定 纳氏试剂比色法

GB/T 7480 水质 硝酸盐氮的测定 酚二磺酸分光光度法

GB/T 7485 水质 总砷的测定 二乙基二硫代氨基甲酸银分光光度法

GB/T 7488 水质 五日生化需氧量（BOD_5）的测定 稀释与接种法

GB/T 7490 水质 挥发酚的测定 蒸馏后 4-氨基安替比林分光光度法

GB/T 7493 水质 亚硝酸盐氮的测定 分光光度法

GB/T 11892 水质 高锰酸盐指数的测定

GB/T 11896 水质 氯化物的测定 硝酸银滴定法

GB/T 11899 水质 硫酸盐的测定 重量法

GB/T 11901 水质 悬浮物的测定 重量法

GB/T 11903 水质 色度的测定

GB/T 11914 水质 化学需氧量的测定 重铬酸盐法

GB/T 12349—1990 工业企业厂界噪声测量方法

GB/T 13196 水质 硫酸盐的测定 火焰原子吸收分光光度法

GB/T 13200 水质 浊度的测定

GB/T 14675 空气质量 恶臭的测定 三点比较式臭袋法

GB/T 14678 空气质量 硫化氢、甲硫醇、甲硫醚和二甲二硫的测定 气相色谱法

GB/T 14679 空气质量 氨的测定 次氯酸钠-水杨酸分光光度法

GB/T 14848—1993 地下水质量标准

GB/T 15432 环境空气 总悬浮颗粒物的测定 重量法

GB/T 15436 环境空气 氮氧化物的测定 Saltzman 法

GB 16297—1996 大气污染物综合排放标准

GB/T 18204.24 公共场所空气中二氧化碳测定方法

CJJ 17—2004 生活垃圾卫生填埋技术规范

CB/T 3039—1995 城市生活垃圾采样和物理分析方法

HJ/T 91—2002 地表水和污水监测技术规范

HJ/T 194—2005 环境空气质量手工监测技术规范

3 术语和定义

下列术语和定义适用于本标准。

3.1

环境监测 environmental monitor

运用化学、物理学、生物学、环境毒理学和环境流行病学等方法对环境中污染物的性质、浓度、影响范围及其后果进行的调查和测定。

3.2

渗沥液 leachate

填埋过程中垃圾分解产生的液体及渗入的地表水的混合液。

3.3

填埋场封场 closure of landfill

填埋作业至设计终场标高或填埋场停止使用后，用不同功能材料进行覆盖的过程。

3.4

填埋物 landfill waste

进入生活垃圾卫生填埋场的生活垃圾。

4 大气污染物监测

4.1 采样点的布设

应按 GB 16297—1996 标准要求布设。

4.2 采样频次

每年应监测 4 次，每季度 1 次。

4.3 采样方法

大气污染物监测采样方法，应按 HJ/T 194—2005 执行。

4.4 监测项目及分析方法

大气污染物监测项目及分析方法见表 1。

表 1　大气污染物监测项目及分析方法

序号	监测项目	分析方法	方法来源
1	臭气浓度	三点比较式臭袋法	GB/T 14675
2	甲烷	气相色谱分析法	a
3	总悬浮颗粒物	重量法	GB/T 15432
4	硫化氢	气相色谱法	GB/T 14678
5	氨	次氯酸钠-水杨酸分光光度法	GB/T 14679
6	甲硫醇	气相色谱法	GB/T 14678
7	氮氧化物	Saltzman 法	GB/T 15436

[a] 采用《气象和大气环境要素观测与分析》，中国标准出版社，北京，2002 年。

5 填埋气体监测

5.1 采样点的布设

在气体收集导排系统的排气口应设置采样点。

5.2 采样频次

每季度应至少监测 1 次，一年不少于 6 次；相邻两次不能在同一个月进行。

5.3 采样方法

按 HJ/T 194—2005 执行。

5.4 监测项目及分析方法

填埋气体监测项目及分析方法见表 2。

表 2　填埋气体监测项目及分析方法

序号	监测项目	分析方法	方法来源
1	甲烷	气相色谱分析法	a
2	二氧化碳	气相色谱分析法	GB/T 18204.24
3	氧气	气相色谱分析法	a
4	硫化氢	气相色谱法	GB/T 14678
5	氨	次氯酸钠-水杨酸分光光度法	GB/T 14679

[a] 采用《气象和大气环境要素观测与分析》，中国标准出版社，北京，2002 年。

6 渗沥液监测

6.1 采样点的布设

采样点应设在进入渗沥液处理设施入口和渗沥液处理设施的排放口。

6.2 采样频次

根据污水处理工艺设计的要求及降水情况，每月应监测 1 次。

6.3 采样方法

用采样器提取渗沥液，弃去前 3 次渗沥液样品，用第 4 次样品作为分析样品。采样量和固定方法应按 HJ/T 91—2002 执行。

6.4 监测项目及分析方法

渗沥液监测项目及分析方法见表 3。

表 3　渗沥液监测项目及分析方法

序号	监测项目	分析方法	方法来源
1	悬浮物	重量法	GB/T 11901
2	化学需氧量	重铬酸盐法	GB/T 11914
3	五日生化需氧量	稀释与接种法	GB/T 7488
4	氨氮	纳氏试剂比色法	GB/T 7479
		蒸馏和滴定法	GB/T 7478
5	大肠菌值	多管发酵法	GB/T 7959
			a

[a] 采用《水和废水监测分析方法》（第四版），中国环境科学出版社，2002 年。

7 填埋场外排水监测

7.1 采样点的布设

采样点应设在垃圾填埋场废水外排口。

7.2 采样频次

按 HJ/T 91—2002 中的处理方法确定污水采样次数。污水处理后连续外排时每日应监测一次，其他处理方式应每旬监测一次。

7.3 采样方法

用采样器提取外排水，弃去前 3 次水样，用第 4 次水样作为分析样品。通常采集瞬时水样，采样量和固定方法按监测项目要求确定。

7.4 监测项目及分析方法

监测项目及分析方法见表 4。

表 4　填埋场外排水监测项目及分析方法

序号	监测项目	分析方法	方法来源
1	pH	玻璃电极法	GB/T 6920
2	悬浮物	重量法	GB/T 11901
3	五日生化需氧量	稀释与接种法	GB/T 7488
4	化学需氧量	重铬酸盐法	GB/T 11914
5	氨氮	纳氏试剂比色法	GB/T 7479
		蒸馏和滴定法	GB/T 7478
6	粪大肠菌群	多管发酵法	a

[a] 采用《水和废水监测分析方法》（第四版），中国环境科学出版计，2002 年。

8 地下水监测

8.1 采样点的布设

填埋场地下水采样点应布设 5 点：

本底井一眼：设在填埋场地下水流向上游 30m～50m 处。

污染扩散井二眼：设在地面水流向两侧各 30m～50m 处。

污染监视井二眼：各设在填埋场地下水流向下游 30m 处、50m 处。

8.2 采样频次

在填埋场投入运行前应监测本底水平一次，运行期间每年按丰、平、枯水期各监测一次。

8.3 采样方法

用特制的小水桶提取水样，严禁用泵抽吸水样，弃去前 3 次水样，用第 4 次水样作为分析样品，每个样品采集 2000mL，特殊项目的采样量和固定方法按其所监测项目的分析方法要求进行。

8.4 监测项目及分析方法

本底水平监测项目，应按照 GB/T 14848—1993 的 4.2 表 1 中规定的项目。运行期间地下水的监测项目及分析方法按表 5 执行。

表 5 地下水监测项目及分析方法

序号	监测项目	分析方法	方法来源
1	pH	玻璃电极法	GB/T 6920
2	浊度	—	GB/T 13200
3	肉眼可见物		a
4	嗅、味	—	a
5	色度	—	GB/T 11903
6	高锰酸盐指数	酸性或碱性高锰酸钾氧化法	GB/T 11892
7	硫酸盐	重量法	GB/T 11899
		火焰原子吸收分光光度法	GB/T 13196
8	溶解性总固体		a
9	氯化物	硝酸银滴定法	GB/T 11896
10	钙和镁总量	EDTA 滴定法	GB/T 7477
11	挥发酚	蒸馏后 4-氨基安替比林分光光度法	GB/T 7490
12	氨氮	纳氏试剂比色法	GB/T 7479
		蒸馏和滴定法	GB/T 7478
13	硝酸盐氮	酚二磺酸分光光度法	GB/T 7480
		麝香草酚分光光度法	GB/T 5750.5
14	亚硝酸盐氮	分光光度法	GB/T 7493
15	总大肠菌群	多管发酵法	GB/T 5750.12
16	细菌总数	平皿计数法	GB/T 5750.12
17	铅	原子吸收分光光度法	GB/T 7475
		双硫腙分光光度法	GB/T 7470
18	铬（六价）	二苯碳酰二肼分光光度法	GB/T 7467
19	镉	原子吸收分光光度法	GB/T 7475
		双硫腙分光光度法	GB/T 7471
20	总汞	冷原子吸收分光光度法	GB/T 7468
21	总砷	二乙氨基二硫代甲酸银光度法	GB/T 7485
		氢化物发生原子吸收法	a

a 采用《水和废水监测分析方法》（第四版），中国环境科学出版社，2002 年。

9 噪声监测

噪声监测应按 GB 12349—1990 规定执行。

10 填埋物监测

10.1 监测点选择及采样方法

应采集当日收运到垃圾处理场的垃圾车中的垃圾，在间隔的每辆车内或在其卸下的垃圾堆中采用立体对角线法在 3 个等距点采等量垃圾共 20kg 以上，最少采 5 车，总共 100kg～200kg。

10.2 采样频次

每季度应监测 1 次，每次连续 3d。

10.3 样品制备

按照 CJ/T 3039—1995 中 3.4 规定执行。

10.4 垃圾容重的测定（在采样现场进行）

将 10.1 中 100kg～200kg 样品重复 2 次～4 次放满标准容器（容积 100L 的硬质塑料圆桶），稍加振动但不得压实。分别称量各次样品重量，结果的表示按照 CJ/T 3039—1995 中 4.1.3 规定执行。

10.5 垃圾物理成分分析

按照 CJ/T 3039—1995 中 4.2 规定执行。垃圾成分测定见表 6。

表 6　垃圾成分测定

类别	有机类					无机类				有毒有害类	其他类
	厨芥	草木竹	纸类	塑料橡胶	纺织物	玻璃	金属	砖瓦陶瓷	灰土	电池灯管等	

注：将粗分拣后剩余的样品充分过筛（孔径为10mm的网目），筛上物细分拣各成分，筛下物按其主要成分分类，确实分类困难的为其他类。

10.6　含水率的测定

测定方法按照 CJ/T 3039—1995 中 4.3 规定执行。

11　苍蝇密度监测

11.1　监测点的布设

依据填埋作业区面积及特征确定监测点数量和位置，宜每隔 30m～50m 设一点，每个监测点上放置诱蝇笼诱取苍蝇。

11.2　监测频次

根据气候特征，在苍蝇活跃季节每月应监测 2 次。

11.3　监测方法

苍蝇密度监测应在晴天时进行。采样方法是日出时将装好诱饵的诱蝇笼放在采样点上诱蝇，日落时收笼，用杀虫剂杀灭活蝇，一并计数。

11.4　苍蝇密度测定

将采集的苍蝇以每笼计数，单位：只/（笼·d）。

12　封场后的填埋场环境监测

在填埋场封场后对填埋气体、渗沥液、地下水进行持续监测。

12.1　填埋气体监测

12.1.1　采样点的布设

在气体收集导排系统的排气口应设置采样点。

12.1.2　采样频次

每季度应监测 1 次。

12.1.3　采样方法

采样方法按 5.3。

12.1.4　监测项目及分析方法

监测项目和分析方法按 5.3。

12.2　渗沥液监测

12.2.1　采样点的布设

采样点应设在渗沥液排放口。

12.2.2　采样频次

封场后 3 年内应每年 2 次。3 年后应根据出水水质确定采样频次。

12.2.3　采样方法

采样方法按 6.3。

12.2.4　监测项目及分析方法

监测项目及分析方法按 6.4。

12.3　地下水监测

12.3.1　采样点的布设

采样点布设按 8.1。

12.3.2　采样频次

封场后应每年监测一次。

12.3.3　采样方法

采样方法按 8.3。

12.3.4　监测项目及分析方法

监测项目及分析方法按 8.4。

中华人民共和国国家标准

医疗废物焚烧环境卫生标准

Environmental sanitation standard for incineration of medical treatment wastes

GB/T 18773—2008

代替 GB/T 18773—2002

前　言

本标准代替 GB/T 18773—2002《医疗废弃物焚烧环境卫生标准》，本标准与 GB/T 18773—2002 相比主要变化如下：

——更改了标准名称；

——增加了工作场所空气中有毒物质允许浓度限值；

——增加了水污染物排放限值；

——增加了工作场所噪声限值；

——增加了非噪声工作地点噪声限值；

——增加了恶臭污染物厂界限值；

——删除了医疗废弃物焚烧残渣排放标准，增加了固体废物污染控制要求。

本标准由中华人民共和国建设部提出。

本标准由建设部城镇环境卫生技术标准归口单位上海市市容环境卫生管理局归口。

本标准起草单位：沈阳市环境卫生工程设计研究院。

本标准主要起草人：梁文、李季、刘桐武、隋儒楠、蔺晓娟、陈军、王荣森、金志英、满国红。

本标准于 2002 年 7 月首次发布。

1 范围

本标准规定了医疗废物焚烧环境卫生标准值及监测方法。

本标准适用于医疗废物的焚烧。

2 规范性引用文件

下列文件中的条款通过本标准的引用而成为本标准的条款。凡是注日期的引用文件，其随后所有的修改单（不包括勘误的内容）或修订版均不适用于本标准，然而，鼓励根据本标准达成协议的各方研究是否可使用这些文件的最新版本。凡是不注日期的引用文件，其最新版本适用于本标准。

GB/T 6920 水质 pH值的测定 玻璃电极法

GB/T 6921 大气飘尘浓度测定方法

GB/T 7466 水质 总铬的测定

GB/T 7467 水质 六价铬的测定 二苯碳酰二肼分光光度法

GB/T 7468 水质 总汞的测定 冷原子吸收分光光度法

GB/T 7469 水质 总汞测定 高锰酸钾-过硫酸钾消解法 双硫腙分光光度法

GB/T 7470 水质 铅的测定 双硫腙分光光度法

GB/T 7471 水质 镉的测定 双硫腙分光光度法

GB/T 7475 水质 铜、锌、铅、镉测定 原子吸收分光光谱法

GB/T 7478 水质 铵的测定 蒸馏和滴定法

GB/T 7479 水质 铵的测定 纳氏试剂比色法

GB/T 7485 水质 总砷的测定 二乙基二硫代氨基甲酸银分光光度法

GB/T 7486 水质 氰化物的测定 第一部分：总氰化物的测定

GB/T 7488 水质 五日生化需氧量（BOD_5）的测定 稀释与接种法

GB/T 7490 水质 挥发酚的测定 蒸馏后4-氨基安替比林分光光度法

GB/T 7491 水质 挥发酚的测定 蒸馏后溴化容量法

GB/T 7494 水质 阴离子表面活性剂的测定 亚甲蓝分光光度法

GB/T 8970 空气质量 二氧化硫测定 四氯汞盐-盐酸副玫瑰苯胺比色法

GB/T 8971 空气质量 飘尘中苯并［a］芘的测定 乙酰化滤纸层析荧光分光光度法

GB/T 9801 空气质量 一氧化碳的测定 非分散红外法

GB/T 11897 水质 游离氯和总氯的测定 N，N-二乙基-1，4-苯二胺滴定法

GB/T 11898 水质 游离氯和总氯的测定 N，N-二乙基-1，4-苯二胺分光光度法

GB/T 11901 水质 悬浮物的测定 重量法

GB/T 11903 水质 色度测定

GB/T 11907 水质 银的测定 火焰原子吸收分光光度法

GB/T 11908 水质 银的测定 镉试剂2B分光光度法

GB/T 11914 水质 化学需氧量的测定 重铬酸盐法

GB 12348 工业企业厂界噪声标准

GB/T 12349 工业企业厂界噪声测量方法

GB/T 14675 空气质量 恶臭的测定 三点比较式臭袋法

GB/T 14676 空气质量 三甲胺的测定 气相色谱法

GB/T 14677 空气质量 甲苯、二甲苯、苯乙烯的测定 气相色谱法

GB/T 14678 空气质量 硫化氢、甲硫醇、甲硫醚和二甲二硫的测定 气相色谱法

GB/T 14679 空气质量 氨的测定 次氯酸钠-水杨酸分光光度法

GB/T 14680 空气质量 二硫化碳的测定 二乙胺分光光度法

GB/T 15262 环境空气 二氧化硫的测定 甲醛吸收-副玫瑰苯胺分光光度法

GB/T 15432 环境空气 总悬浮颗粒物的测定 重量法

GB/T 15435 环境空气 二氧化氮的测定 Saltzman法

GB/T 15439 环境空气 苯并［a］芘的测定 高效液相色谱法

GB/T 16157 固定污染源排气中颗粒物测定与气态污染物采样方法

GB/T 16488 水质 石油类和动植物油的测定 红外光度法

GB 18466 医疗机构水污染物排放标准

GB 18484 危险废物焚烧污染控制标准

GB 19218 医疗废物焚烧炉技术要求

GBZ 159 工作场所空气中有害物质监测的采样规范

GBZ/T 160.28 工作场所空气有毒物质测定 无机含碳化合物

GBZ/T 160.32 工作场所空气有毒物质测定 氧化物

GBZ/T 160.36 工作场所空气有毒物质测定 氟化物

GBZ/T 160.37 工作场所空气有毒物质测定

氯化物

HJ/T 20　工业固体废物采样制样技术规范

HJ/T 27　固定污染源排气中氯化氢的测定　硫氰酸汞分光光度法

HJ/T 43　固定污染源排气中氮氧化物的测定　盐酸萘乙二胺分光光度法

HJ/T 44　固定污染源排气中一氧化碳的测定　非分散红外吸收法

HJ/T 91　地表水和污水检测技术规范

HJ/T 194　环境空气质量手工监测技术规范

3　标准值

3.1　焚烧炉技术性能要求

按照 GB 19218 及 GB 18484 相关内容，医疗废物焚烧炉技术性能要求见表 1。

表 1　医疗废物焚烧炉技术性能要求

序号	项　　目	要 求 内 容
1	炉体表面温度/℃	≤50
2	焚烧炉的温度/℃	≥850
3	烟气停留时间/s	≥2.0
4	燃烧效率/%	≥99.9
5	焚烧去除率/%	≥99.99
6	焚烧残渣的热灼减率/%	<5
7	噪声限值/dB (A)	≤85
8	残留物含菌量限值	无
9	焚烧炉出口烟气中的氧气含量/%	6～10
10	排气筒高度/m	按照 GB 18484 规定执行

3.2　大气污染物排放限值

医疗废物焚烧排放气体污染物最高允许限值应符合表 2 的规定。

表 2　医疗废物焚烧排放气体污染物最高允许限值[a]

序号	污　染　物	不同焚烧炉容量时的最高允许排放浓度限值/(mg/m^3)		
		≤300kg/h	300kg/h～2500kg/h	≥2500kg/h
1	烟气黑度	林格曼 I 级		
2	烟尘	100	80	65
3	一氧化碳(CO)	100	80	80
4	二氧化硫(SO_2)	400	300	200
5	氟化氢(HF)	9.0	7.0	5.0
6	氯化氢(HCl)	100	70	60
7	氮氧化物(以 NO_2 计)	500		
8	汞及其化合物(以 Hg 计)	0.1		
9	镉及其化合物(以 Cd 计)	0.1		
10	砷、镍及其化合物(以 As+Ni 计)[b]	1.0		
11	铅及其化合物(以 Pb 计)	1.0		
12	铬、锡、锑、铜、锰及其化合物(以 Cr+Sn+Sb+Cu+Mn 计)[c]	4.0		
13	二噁英类	0.5TEQng/m^3		

[a] 在测试计算过程中，以 11%O_2(干气)作为换算基准。换算公式为：

$$c=\frac{10}{21-o_s}\times c_s$$

式中：

c——标准状态下被测污染物经换算后的浓度，单位为毫克每立方米(mg/m^3)；

o_s——排气中氧气的浓度，%；

c_s——标准状态下被测污染物的浓度，单位为毫克每立方米(mg/m^3)。

[b] 指砷和镍的总量。

[c] 指铬、锡、锑、铜、锰的总量。

3.3　医疗废物焚烧厂区空气污染物允许浓度限值

医疗废物焚烧厂区空气污染物最高允许浓度限值应符合表 3 的规定。

表 3　医疗废物焚烧厂区空气污染物最高允许浓度限值

序号	污染物名称	取值时间	浓度限值		浓度单位
			二级标准[a]	三级标准[b]	
1	二氧化硫 SO_2	日平均 1h 平均	0.15 0.50	0.25 0.70	mg/m^3 (标准状态)
2	总悬浮颗粒物 TSP	日平均	0.30	0.50	
3	可吸入颗粒物 PM_{10}	日平均	0.15	0.25	
4	二氧化氮 NO_2	日平均 1h 平均	0.08 0.12	0.12 0.24	
5	一氧化碳 CO	日平均 1h 平均	4.00 10.00	6.00 20.00	
6	苯并[a]芘 B[a]P	日平均	0.01		$\mu g/m^3$ (标准状态)

[a] 二类区执行二级标准，二类区为城镇规划中确定的居住区、高业交通居民混合区、文化区、一般工业区和农村地区。

[b] 三类区执行三级标准，三类区为特定工业区。

3.4　工作场所空气中有毒物质允许浓度限值

医疗废物焚烧工作场所空气中有毒物质允许浓度限值应符合表 4 的规定。

表 4　工作场所空气中有毒物质允许浓度

单位为毫克每立方米

序号	污染物名称	最高允许浓度	时间加权平均允许浓度	短时间接触允许浓度
1	氯化氢	7.5		
2	硫化氢	10		
3	二氧化硫		5	10
4	二氧化氮		2	10
5	氟化氢	2		
6	一氧化碳 非高原 高原 海拔 2000m～3000m 海拔大于 3000m	 20 15	20	30

3.5　水污染物排放限值

医疗废物焚烧厂水污染物排放限值应符合表 5 的规定。

表 5　医疗废物焚烧厂水污染物排放限值(日均值)

序号	污　染　物	排放标准
1	粪大肠菌群数/(MPN/L)	500
2	肠道致病菌	不得检出
3	肠道病毒	不得检出
4	pH	6～9

续表 5

序号	污　染　物	排放标准
5	化学需氧量(COD)浓度/(mg/L)	60
6	生化需氧量(BOD_5)浓度/(mg/L)	20
7	悬浮物(SS)浓度/(mg/L)	20
8	氨氮/(mg/L)	15
9	动植物油/(mg/L)	5
10	石油类	5
11	阴离子表面活性剂/(mg/L)	5
12	色度(稀释倍数)	30
13	挥发酚/(mg/L)	0.5
14	总氰化合物/(mg/L)	0.5
15	总汞/(mg/L)	0.05
16	总镉/(mg/L)	0.1
17	总铬/(mg/L)	1.5
18	六价铬/(mg/L)	0.5
19	总砷/(mg/L)	0.5
20	总铅/(mg/L)	1.0
21	总银/(mg/L)	0.5
22	总余氯/(mg/L)	0.5

3.6　固体废物污染控制要求

3.6.1　除尘设施产生的飞灰、吸附二噁英和其他有害成分的活性炭等残余物应按危险废物进行安全处置。

3.6.2 污水处理厂产生的污泥应按危险废物进行安全处置。

3.6.3 更换的滤袋、废弃的防护用品等应按危险废物进行安全处置。

3.6.4 焚烧产生的炉渣应送生活垃圾卫生填埋场处置。

3.7 厂界噪声限值

医疗废物焚烧厂界噪声限值应按 GB 12348 的有关规定执行。

3.8 工作场所噪声限值

医疗废物焚烧工作场所操作人员每天连续接触噪声为 8h，噪声声级卫生限值应小于 85dB（A）。对于操作人员每天接触噪声不足 8h 的场合，可根据实际接触噪声的时间，按接触时间减半，噪声声级卫生限值增加 3dB（A）的原则，确定其噪声声级限值（见表 6）。但最高限值不应超过 115dB（A）。

表 6 工作地点噪声声级的卫生限值

序号	日接触噪声时间/h	卫生限值/dB（A）
1	8	85
2	4	88
3	2	91
4	1	94
5	1/2	97
6	1/4	100
7	1/8	103
8	最高不应超过 115dB（A）	

3.9 非噪声工作地点噪声限值

医疗废物焚烧生产性噪声传播至非噪声作业地点的噪声声级卫生限值不应超过表 7 的规定。

表 7 非噪声工作地点的噪声声级卫生限值

序号	地点名称	卫生限值/dB（A）	工效限值/dB（A）
1	噪声车间办公室	75	不应超过 55
2	非噪声车间办公室	60	
3	会议室	60	
4	计算机室、精密加工室	70	

3.10 恶臭污染物厂界限值

医疗废物焚烧厂恶臭污染物厂界限值应符合表 8 的规定。

表 8 医疗废物焚烧厂恶臭污染物厂界限值

序号	控制项目	单位	二级标准[a]	三级标准[b]
1	氨	mg/m^3	1.5	4.0
2	三甲胺	mg/m^3	0.08	0.45
3	硫化氢	mg/m^3	0.06	0.32
4	甲硫醇	mg/m^3	0.007	0.020
5	甲硫醚	mg/m^3	0.07	0.55
6	二甲二硫	mg/m^3	0.06	0.42
7	二硫化碳	mg/m^3	3.0	8.0
8	苯乙烯	mg/m^3	5.0	14
9	臭气浓度	1	20	60

[a] 二类区执行二级标准，二类区为城镇规划中确定的居住区、商业交通居民混合区、文化区、一般工业区和农村地区。

[b] 三类区执行三级标准，三类区为特定工业区。

4 监测方法

4.1 焚烧炉使用条件的监测

4.1.1 炉体主体外壳温度的测定

在连续正常工作 2h～4h 之间，用精度为 1.5 级表面温度计测定炉体外壳温度。

4.1.2 炉内温度的测定

用热电偶法在火焰上方检测炉内温度。

4.1.3 焚烧炉烟气停留时间根据设计文件检查确定。

4.1.4 热灼减率的测定

按照 HJ/T 20 采取和制备样品，焚烧残渣经灼热减少的质量占原焚烧残渣质量的百分数，应按式（1）计算：

$$P = (A - B)/A \times 100 \quad (1)$$

式中：

P——热灼减率，%；

A——干燥后原始焚烧残渣在室温下的质量，单位为克（g）；

B——焚烧残渣经 600℃（±25℃）3h 灼热后冷却至室温的质量，单位为克（g）。

取 3 次平均值作为判定值。

4.1.5 氧气浓度测定按 GB/T 16157 的有关规定执行。

4.2 大气污染物的监测

4.2.1 焚烧炉排气筒中烟尘或气态污染物的采样点数目及采样点位置的设置，应按 GB/T 16157 的有关规定执行。

4.2.2 在焚烧炉正常状态下运行 1h 后，开始以 1 次/h 的频次采集气样，每次采样时间不应低于

45min，连续采样3次，分别测定，以平均值作为判定值。

4.2.3 焚烧炉排放污染物及分析方法应符合表9的规定。

表9 焚烧炉排放气体监测分析方法

序号	污染物	分析方法	方法来源
1	烟气黑度	林格曼黑度图法	空气和废气监测分析方法[a]
2	烟尘	重量法	GB/T 16157
3	一氧化碳（CO）	非分散红外吸收法	HJ/T 44
4	二氧化硫（SO_2）	甲醛吸收副玫瑰苯胺分光光度法	空气和废气监测分析方法[a]
5	氟化氢（HF）	滤膜·氟离子选择电极法	空气和废气监测分析方法[a]
6	氯化氢（HCl）	硫氰酸汞分光光度法 离子色谱法	HJ/T27 空气和废气监测分析方法[a]
7	氮氧化物	盐酸萘乙二胺分光光度法	HJ/T 43
8	汞	冷原子吸收分光光度法	空气和废气监测分析方法[a]
9	镉	原子吸收分光光度法	空气和废气监测分析方法[a]
10	铅	火焰原子吸收分光光度法	空气和废气监测分析方法[a]
11	砷	二乙基二硫代氨基甲酸银分光光度法	空气和废气监测分析方法[a]
12	铬	二苯碳酰二肼分光光度法	空气和废气监测分析方法[a]
13	锡	原子吸收分光光度法	空气和废气监测分析方法[a]
14	锑	5-Br-PADAP分光光度法	空气和废气监测分析方法[a]
15	铜	原子吸收分光光度法	空气和废气监测分析方法[a]
16	锰	原子吸收分光光度法	空气和废气监测分析方法[a]
17	镍	原子吸收分光光度法	空气和废气监测分析方法[a]
18	二噁英类	色谱-质谱联用法	固体废弃物试验分析评价手册[b]

[a] 《空气和废气监测分析方法》，中国环境科学出版社，北京，2003年

[b] 《固体废弃物试验分析评价手册》，中国环境科学出版社，北京，1992：332～359。

4.2.4 焚烧烟气中的黑度、氟化氢、氯化氢、重金属及其他化合物应每季度至少采样监测1次，二噁英采样监测频次每年至少监测1次。

4.2.5 厂区空气污染物采样应符合HJ/T 194环境空气质量手工监测技术规范，采用环境空气监测分析法，测定方法应符合表10的规定。

表10 厂区空气污染物测定方法

序号	污染物	分析方法	方法来源
1	总悬浮颗粒物	重量法	GB/T 15432
2	可吸入颗粒物	重量法	GB/T 6921
3	二氧化氮	Saltzman法	GB/T 15435
4	二氧化硫	四氯汞盐-盐酸副玫瑰苯胺比色法 甲醛吸收-副玫瑰苯胺分光光度法	GB/T 8970 GB/T 15262
5	一氧化碳	非分散红外法	GB/T 9801
6	苯并[a]芘	乙酰化滤纸层析荧光分光光度法 高效液相色谱法	GB/T 8971 GB/T 15439

4.2.6 工作场所空气中有毒物质采样应符合GBZ 159的有关规定，测定方法应符合表11的规定。

表11 工作场所空气中有毒物质测定方法

序号	污染物	分析方法
1	氯化氢	GBZ/T 160.37
2	硫化氢	空气和废气监测分析方法[a]
3	二氧化硫	GBZ/T 160.32
4	二氧化氮	GBZ/T 160.32
5	氟化氢	GBZ/T 160.36
6	一氧化碳	GBZ/T 160.28

[a] 《空气和废气监测方法》，中国环境科学出版社，北京，2003年。

4.3 厂区排放污水监测

4.3.1 污水取样与监测

厂区污水排放口应设置明显标志，污染物的取样点应设在排污单位的外排口。

4.3.2 监测频率

a）粪大肠菌群数每月监测不应少于1次。采用含氯消毒剂消毒时，接触池出口总余氯每日监测不应少于2次（采用间歇式消毒处理的，每次排放前监测）。

b）肠道致病菌主要监测沙门氏菌、志贺氏菌。沙门氏菌的监测，每季度不少于1次；志贺氏菌的监测，每年不少于2次。根据需要监测结核杆菌。

c）理化指标监测频率：pH每日监测不少于2次，COD和SS每周监测1次，其他污染物每季度监测不少于1次。

d）采样频率：每4h采样1次，一日至少采样3次，测定结果以日均值计。

4.3.3 监督性监测应按HJ/T 91执行。

4.3.4 场区排放污水监测分析方法应符合表12的规定。

表12 厂区排放污水分析方法

序号	污染物	分析方法	标准来源
1	粪大肠菌群数(MPN/L)	多管发酵法	GB/T 18466
2	沙门氏菌		GB 18466
3	志贺氏菌		GB 18466
4	结核杆菌		GB 18466
5	pH	玻璃电极法	GB/T 6920
6	化学需氧量(COD)	重铬酸盐法	GB/T 11914
7	五日生化需氧量(BOD_5)	稀释与接种法	GB/T 7488
8	悬浮物(SS)	重量法	GB/T 11901
9	氨氮	蒸馏和滴定法 纳氏试剂比色法	GB/T 7478 GB/T 7479
10	动植物油	红外光度法，	GB/T 16488
11	石油类	红外光度法	GB/T 16488
12	阴离子表面活性剂(LAS)	亚甲蓝分光光度法	GB/T 7494
13	色度	稀释倍数法	GB/T 11903
14	挥发酚/(mg/L)	蒸馏后4-氨基安替比林分光光度法 蒸馏后溴化容量法	GB/T 7490 GB/T 7491
15	总氰化合物/(mg/L)	硝酸银滴定法 异烟酸-吡唑啉酮比色法 吡啶-巴比妥酸比色法	GB/T 7486 GB/T 7486 GB/T 7486
16	总汞/(mg/L)	冷吸收分光光度法 双硫腙分光光度法	GB/T 7468 GB/T 7469
17	总镉/(mg/L)	原子吸收分光光度法(螯合萃取法) 双硫腙分光光度法	GB/T 7475 GB/T 7471
18	总铬/(mg/L)	高锰酸钾氧化-二苯碳酰二肼分光光度法	GB/T 7466
19	六价铬/(mg/L)	二苯碳酰二肼分光光度法	GB/T 7467
20	总砷/(mg/L)	二乙基二硫代氨基甲酸银分光光度法	GB/T 7485
21	总铅/(mg/L)	原子吸收分光光度法(螯合萃取法) 双硫腙分光光度法	GB/T 7475 GB/T 7470
22	总银/(mg/L)	火焰原子吸收分光光度法 镉试剂2B分光光度法	GB/T 11907 GB/T 11908
23	总余氯	N，N-二乙基-1，4-苯二胺分光光度法 N，N-二乙基-1，4-苯二胺滴定法	GB/T 11898 GB/T 11897

4.4 厂区内噪声监测

厂区内噪声监测应按 GB/T 12349 的有关规定执行。

4.5 恶臭污染物浓度测定

测定方法应符合表13的规定。

表13 恶臭污染物与臭气浓度测定方法

序号	控制项目	测定方法
1	氨	GB/T 14679
2	三甲胺	GB/T 14676
3	硫化氢	GB/T 14678
4	甲硫醇	GB/T 14678
5	甲硫醚	GB/T 14678
6	二甲二硫	GB/T 14678
7	二硫化碳	GB/T 14680
8	苯乙烯	GB/T 14677
9	臭气浓度	GB/T 14675

中华人民共和国国家标准

生活垃圾分类标志

The classification signs for municipal solid waste

GB/T 19095—2008

代替 GB/T 19095—2003

目　次

前言 ………………………………………… 2—9—3
1　范围 ……………………………………… 2—9—4
2　一般规定 ………………………………… 2—9—4
3　标志 ……………………………………… 2—9—4
附录A　(资料性附录)彩色标志示意图 ………………………… 2—9—5

前　言

本标准代替GB/T 19095—2003《城市生活垃圾分类标志》。与GB/T 19095—2003相比，主要差异如下：

——标准名称修改为《生活垃圾分类标志》，英文名称修改为the classification signs for municipal solid waste；

——增加表1，用以表示十四个标志符号的层次结构；

——修改了可回收物、可燃垃圾、可堆肥垃圾的英文对照词；

——修改了PANTONG色标号的后缀；

——修改了序号2“有害垃圾”、序号4“可燃垃圾”、序号5“可堆肥垃圾”、序号8“塑料”、序号10“玻璃”、序号12“瓶罐”的标志；

——序号2“有害垃圾”的说明列调整为“表示含有害物质，需要特殊安全处理的垃圾，包括对人体健康或自然环境造成直接或潜在危害的电池、灯管和日用化学品等。”；

——序号14“电池”的说明列调整为“表示废电池，包括柱形电池、扣形电池、板形电池和异形电池等。”；

——序号13“厨余垃圾”中文名称修改为“餐厨垃圾”，其英文对照词和说明做相应的修改；

——调整序号14“电池”和序号13“厨余垃圾”的次序；

——增加附录A，作为推荐使用的彩色标志。

本标准附录A为资料性附录。

本标准由中华人民共和国住房和城乡建设部提出。

本标准由住房和城乡建设部城镇环境卫生标准技术归口单位：上海市环境卫生管理局归口。

本标准负责起草单位：北京市环境卫生设计科学研究所。

本标准参加起草单位：北京无限绿景环球文化发展有限公司

深圳市环境卫生管理处

广州市市容环境卫生局

本标准主要起草人：吴文伟　吴其伟　王晓燕　刘竞　邓俊　王伟　王士利　姜建生　王鹏翔

本标准所代替标准的历次版本发布情况为：

——GB/T 19095—2003。

1 范围

本标准规定了生活垃圾分类标志。

本标准适用于生活垃圾分类工作，也适用于易于分类回收的有关商品的环保包装。

2 一般规定

2.1 本标准的标志由大类、小类共十四个垃圾类别标志组成，类别构成见表1。

表1 标志的类别构成

大类	可回收物	有害垃圾	大件垃圾	可燃垃圾	可堆肥垃圾	其他垃圾
小类	纸类	电池	—	—	餐厨垃圾	—
	塑料					
	金属					
	玻璃					
	织物					
	瓶罐					

2.2 两个层级的标志可根据实际情况组合使用，还可根据加贴标志的主体的颜色选用表2或附录A的标志。

2.3 标志应按规定的名称、图形符号和颜色使用，英文名称可根据需要取舍，但不应在标志内出现其他内容。

2.4 在使用时应根据识读距离和设施体积确定标志尺寸，但应保持其构成要素之间的比例。

2.5 使用过程中标志应保持清晰和完整。

2.6 标志的中文字体为大黑简体。英文字体为Arial粗体，字号比中文名称字号小一号。

3 标志

具体标志见表2。

表2 标志示意图

序号	标　　志	名称	说　　明
1	可回收物 Recyclable waste	可回收物	表示适宜回收和资源利用的垃圾，包括纸类、塑料、玻璃、金属、织物和瓶罐等。
2	有害垃圾 Harmful waste	有害垃圾	表示含有有害物质，需要特殊安全处理的垃圾，包括对人体健康或自然环境造成直接或潜在危害的电池、灯管和日用化学品等。
3	大件垃圾 Bulky waste	大件垃圾	表示体积大、整体性强，或者需要拆分再处理的废弃物品，包括家电和家具等。
4	可燃垃圾 Combustible waste	可燃垃圾	表示适宜焚烧处理的垃圾，包括落叶、木竹以及不宜回收和资源化利用的纸类、塑料和织物等。
5	可堆肥垃圾 Compostable waste	可堆肥垃圾	表示适宜进行堆肥发酵处理的垃圾，包括餐厨垃圾、落叶等。
6	其他垃圾 Other waste	其他垃圾	表示分类之外的垃圾。
7	纸类 Paper	纸类	表示废纸，包括书报纸、包装纸和纸版纸等。

续表 2

序号	标　志	名称	说　明
8	塑料 Plastic	塑料	表示塑料容器和塑料包装等废塑料。
9	金属 Metal	金属	表示废金属，包括各种类别的金属物品。
10	玻璃 Glass	玻璃	表示废玻璃，包括无色玻璃和有色玻璃。
11	织物 Textile	织物	表示废纺织物。
12	瓶罐 Bottle & Can	瓶罐	表示各种类别的废瓶罐。
13	电池 Battery	电池	表示废电池，包括柱形电池、扣形电池、板形电池和异形电池等。

续表 2

序号	标　志	名称	说　明
14	餐厨垃圾 Food scrap	餐厨垃圾	表示包括家庭、饭店、食堂等产生的易腐性厨余垃圾和餐饮垃圾，统称餐厨垃圾。可根据具体的场合使用该标志，中文分别为厨余垃圾、餐饮垃圾、餐厨垃圾，英文对照词分别为 kitchen waste、food residue、food scrap。

附录 A
（资料性附录）
彩色标志示意图

A.1　彩色标志颜色

标志的奶黄色色标为 y10（PANTONG 607C），浅绿色色标为 c40 y27（PANTONG 557C），红色色标为 m100 y100（PANTONG RED 032C），黑色色标为 k100（PANTONG BLACK 6C），白色色标为 k0。

A.2　垃圾容器设施宜使用的颜色

垃圾容器设施宜使用的颜色：可回收物类垃圾容器为蓝色，色标为 PANTONG 647C，有害类垃圾容器为红色，色标为 PANTONG 703C，其他类垃圾容器颜色为灰色，色标为 PANTONG 5477C。

A.3　参考颜色示例见表 A.1。

表 A.1　彩色标志示意图

序号	标　志	名称	说明
1	可回收物 Recyclable waste	可回收物	表示适宜回收和资源利用的垃圾，包括纸类、塑料、玻璃、金属、织物和瓶罐等。
2	有害垃圾 Harmful waste	有害垃圾	表示含有害物质，需要特殊安全处理的垃圾，包括对人体健康或自然环境造成直接或潜在危害的电池、灯管和日用化学品等。

续表 A.1

序号	标　志	名称	说明
3	大件垃圾 Bulky waste	大件垃圾	表示体积大、整体性强，或者需要拆分再处理的废弃物品，包括家电和家具等。
4	可燃垃圾 Combustible waste	可燃垃圾	表示适宜焚烧处理的垃圾，包括落叶、木竹以及不宜回收和资源化利用的纸类、塑料和织物等。
5	可堆肥垃圾 Compostable waste	可堆肥垃圾	表示适宜进行堆肥发酵处理的垃圾，包括餐厨垃圾、落叶等。
6	其他垃圾 Other waste	其他垃圾	表示分类之外的垃圾。
7	纸类 Paper	纸类	表示废纸，包括书报纸、包装纸和纸版纸等。

续表 A.1

序号	标　志	名称	说明
8	塑料 Plastic	塑料	表示塑料容器和塑料包装等废塑料。
9	金属 Metal	金属	表示废金属，包括各种类别的金属物品。
10	玻璃 Glass	玻璃	表示废玻璃，包括无色玻璃和有色玻璃。
11	织物 Textile	织物	表示废纺织物。
12	瓶罐 Bottle & Can	瓶罐	表示各种类别的废瓶罐。

续表 A.1

序号	标志	名称	说明
13	电池 Battery	电池	表示废电池，包括柱形电池、扣形电池、板形电池和异形电池等。

续表 A.1

序号	标志	名称	说明
14	餐厨垃圾 Food scrap	餐厨垃圾	表示包括家庭、饭店、食堂等产生的易腐性厨余垃圾和餐饮垃圾，统称餐厨垃圾。可根据具体的场合使用该标志，中文分别为厨余垃圾、餐饮垃圾、餐厨垃圾，英文对照词分别为 kitchen waste、food residue、food scrap。

中华人民共和国国家标准

城镇垃圾农用控制标准

Control standards for urban wastes for agricultural use

GB 8172—87

根据《中华人民共和国环境保护法（试行）》，为防止城镇垃圾农用对土壤、农作物、水体的污染，保护农业生态环境，保证农作物正常生长，特制定本标准。

本标准适用于供农田施用的各种腐熟的城镇生活垃圾和城镇垃圾堆肥工厂的产品，不准混入工业垃圾及其他废物。

1 标准值

1.1 农田施用城镇垃圾要符合下表规定。

城镇垃圾农用控制标准值

编号	项　　目		标准限值
1	杂物，%	≤	3
2	粒度，mm	≤	12
3	蛔虫卵死亡率，%		95～100
4	大肠菌值		10^{-1}～10^{-2}
5	总镉（以 Cd 计），mg/kg	≤	3
6	总汞（以 Hg 计），mg/kg	≤	5
7	总铅（以 Pb 计），mg/kg	≤	100
8	总铬（以 Cr 计），mg/kg	≤	300
9	总砷（以 As 计），mg/kg	≤	30
10	有机质（以 C 计），%	≥	10
11	总氮（以 N 计），%	≥	0.5
12	总磷（以 P_2O_5 计），%	≥	0.3
13	总钾（以 K_2O 计），%	≥	1.0
14	pH		6.5～8.5
15	水分，%		25～35

注：①表中除 2、3、4 项外，其余各项均以干基计算。
　　②杂物指塑料、玻璃、金属、橡胶等。

2 其他规定

2.1 上表中 1～9 项全部合格者方能施用于农田；在 10～15 项中，如有一项不合格，其他五项合格者，可适当放宽。但不合格项目的数值，不得低于我国垃圾的平均数值。即有机质不少于 8%，总氮不少于 0.4%，总磷不少于 0.2%，总钾不少于 0.8%，pH 值最高不超过 9，最低不低于 6，水分含量最高不超过 40%。

2.2 施用符合本标准的垃圾，每年每亩农田用量，粘性土壤不超过 4t，砂性土壤不超过 3t，提倡在花卉、草地、园林和新菜地、粘土地上施用。大于 1mm 粒径的渣砾含量超过 30%及粘粒含量低于 15%的渣砾化土壤、老菜地、水田不宜施用。

2.3 对于表中 1～9 项都接近本标准值的垃圾，施用时其用量应减半。

3 标准的监督实施

3.1 农业、环卫和环保部门，必须对城镇垃圾农用的土壤、作物进行长期定点监测，农业部门建立监测点，环卫部门提供合乎标准化的城镇垃圾，环保部门进行有效的监督。

3.2 发现因施用垃圾导致土壤污染、水源污染或影响农作物的生长、发育和农产品中有害物质超过食品卫生标准时，要停止施用垃圾，并向有关部门报告。

3.3 在分析方法国家标准颁布之前，暂时参照《城镇垃圾农用监测分析方法》进行监测。

附加说明：

本标准由中华人民共和国农牧渔业部提出。

本标准由中国农业科学院土壤肥料研究所负责起草。

本标准由国家环保局负责解释。

三、行 业 标 准

中华人民共和国行业标准

生活垃圾卫生填埋技术规范

Technical code for municipal solid
waste sanitary landfill

CJJ 17—2004
J 302—2004

批准部门：中华人民共和国建设部
实施日期：2004年6月1日

中华人民共和国建设部
公　　告

第212号

建设部关于发布行业标准《生活垃圾卫生填埋技术规范》的公告

现批准《生活垃圾卫生填埋技术规范》为行业标准，编号为CJJ17—2004，自2004年6月1日起实施。其中，第3.0.2、4.0.2、6.0.1、8.0.1、8.0.3、8.0.5、8.0.6、10.0.5、11.0.3条为强制性条文，必须严格执行。原行业标准《城市生活垃圾卫生填埋技术规范》CJJ 17—2001同时废止。

本规范由建设部标准定额研究所组织中国建筑工业出版社出版发行。

中华人民共和国建设部

2004年2月19日

前　　言

根据建设部建标［2003］104号文的要求，规范编制组在广泛调查研究，认真总结实践经验，参考有关国际标准和国外技术，并广泛征求意见的基础上，修订了《城市生活垃圾卫生填埋技术规范》（CJJ 17—2001）。

本规范的主要技术内容是：1　总则；2　术语；3　填埋物；4　填埋场选址；5　填埋场总体布置；6　填埋场地基与防渗；7　渗沥液收集与处理；8　填埋气体导排及防爆；9　填埋作业与管理；10　填埋场封场；11　环境保护与劳动卫生；12　填埋场工程施工及验收。

修订的主要内容是：1.对原规范术语一章删除了七条术语，补充了四条术语；2.对原规范卫生填埋场选址一章作了修改及补充；3.增加了第5章“填埋场总体布置”；4.将原规范第6章“填埋作业”修改补充后分解为本规范第7章至第10章的内容；5.增加了第11章“环境保护与劳动卫生”；6.将原规范第7章“填埋场工程验收”修改补充为本规范第12章“填埋场工程施工及验收”。

本规范由建设部负责管理和对强制性条文的解释，主编单位负责具体技术内容的解释。

本规范主编单位：华中科技大学（地址：武汉市武昌珞喻路1037号；邮政编码：430074）

本规范参加单位：

武汉市环境卫生科学研究设计院

中国市政工程中南设计研究院

深圳市下坪固体废弃物填埋场

建设部城市建设研究院

沈阳市环境卫生工程设计研究院

上海市环境工程设计科学研究院

杭州市天子岭废弃物处理总场

郑州市环境卫生科学研究所

宜昌市黄家湾垃圾卫生填埋场

本规范主要起草人员：陈朱蕾　冯其林　邓志光　徐文龙　孟繁柱　刘　勇　俞觊覦　冯向明　田　宇　潘四红　张　益　熊　辉　周敬宣　张诵祖　黄中林　秦　峰　熊尚凌　冯广德

目　次

1　总则 ………………………………… 3—1—4
2　术语 ………………………………… 3—1—4
3　填埋物 ……………………………… 3—1—4
4　填埋场选址 ………………………… 3—1—4
5　填埋场总体布置 …………………… 3—1—5
6　填埋场地基与防渗 ………………… 3—1—5
7　渗沥液收集与处理 ………………… 3—1—7
8　填埋气体导排与防爆 ……………… 3—1—7
9　填埋作业与管理 …………………… 3—1—7
10　填埋场封场 ……………………… 3—1—8
11　环境保护与劳动卫生 …………… 3—1—9
12　填埋场工程施工与验收 ………… 3—1—9
本规范用词说明 ………………………… 3—1—9
条文说明 ………………………………… 3—1—10

1 总　　则

1.0.1　依据《中华人民共和国固体废物污染环境防治法》，为贯彻国家有关城市生活垃圾处理的技术政策和法规，保证卫生填埋工程质量，做到技术可靠、经济合理、安全卫生、防止污染，填埋气体尽可能收集利用，制定本规范。

1.0.2　本规范适用于新建、改建、扩建的生活垃圾卫生填埋处理工程的选址、设计、施工、验收及作业管理。

1.0.3　生活垃圾卫生填埋处理工程应不断总结设计与运行经验，在汲取国内外先进技术及科研成果的基础上，经充分论证，可采用技术成熟、经济合理的新工艺、新技术、新材料和新设备，提高生活垃圾卫生填埋处理技术的水平。

1.0.4　生活垃圾卫生填埋处理工程除应符合本规范规定外，尚应符合国家现行有关强制性标准的规定。

2 术　　语

2.0.1　填埋库区　compartment

填埋场中用于填埋垃圾的区域。

2.0.2　垃圾坝　retaining wall

建在垃圾填埋库区汇水上下游或周边，由粘土、块石等建筑材料筑成，起到阻挡垃圾形成填埋场初始库容的堤坝。

2.0.3　人工合成衬里　artificial liners

利用人工合成材料铺设的防渗层衬里，如高密度聚乙烯土工膜等。采用一层人工合成衬里铺设的防渗系统为单层衬里；采用二层人工合成衬里铺设的防渗系统为双层衬里。

2.0.4　复合衬里　composite liners

采用两种或两种以上防渗材料复合铺设的防渗系统。

2.0.5　盲沟　leachate trench

位于填埋库区底部或填埋体中，采用高过滤性能材料导排渗沥液的暗渠（管）。

2.0.6　集液井（池）　leachate collection well

在填埋场修筑的用于汇集渗沥液，并可自流或用提升泵将渗沥液排出的构筑物。

2.0.7　调节池　equalization basin

在污水处理系统前设置的具有均化、调蓄功能或兼有污水预处理功能的构筑物。

2.0.8　填埋气体　landfill gas

填埋体中有机垃圾分解产生的气体，主要成分为甲烷和二氧化碳。

2.0.9　填埋单元　landfill cell

按单位时间或单位作业区域划分的垃圾和覆盖材料组成的填埋体。

2.0.10　覆盖　cover

采用不同的材料铺设于垃圾层上的实施过程，根据覆盖的要求和作用的不同分为日覆盖、中间覆盖、最终覆盖。

2.0.11　填埋场封场　closure of landfill

填埋作业至设计终场标高或填埋场停止使用后，用不同功能材料进行覆盖的过程。

3 填　埋　物

3.0.1　填埋物应是下列生活垃圾：

1　居民生活垃圾；

2　商业垃圾；

3　集市贸易市场垃圾；

4　街道清扫垃圾；

5　公共场所垃圾；

6　机关、学校、厂矿等单位的生活垃圾。

3.0.2　填埋物中严禁混入危险废物和放射性废物。

3.0.3　填埋物应按重量吨位进行计量、统计与校核。

3.0.4　填埋物含水量、有机成分、外形尺寸应符合具体填埋工艺设计的要求。

4 填埋场选址

4.0.1　填埋场选址应先进行下列基础资料的收集：

1　城市总体规划，区域环境规划，城市环境卫生专业规划及相关规划；

2　土地利用价值及征地费用，场址周围人群居住情况与公众反映，填埋气体利用的可能性；

3　地形、地貌及相关地形图，土石料条件；

4　工程地质与水文地质；

5　洪泛周期（年）、降水量、蒸发量、夏季主导风向及风速、基本风压值；

6　道路、交通运输、给排水及供电条件；

7　拟填埋处理的垃圾量和性质，服务范围和垃圾收集运输情况；

8　城市污水处理现状及规划资料；

9　城市电力和燃气现状及规划资料。

4.0.2　填埋场不应设在下列地区：

1　地下水集中供水水源地及补给区；

2　洪泛区和泄洪道；

3　填埋库区与污水处理区边界距居民居住区或人畜供水点500m以内的地区；

4　填埋库区与污水处理区边界距河流和湖泊50m以内的地区；

5　填埋库区与污水处理区边界距民用机场3km以内的地区；

6 活动的坍塌地带，尚未开采的地下蕴矿区、灰岩坑及溶岩洞区；

7 珍贵动植物保护区和国家、地方自然保护区；

8 公园，风景、游览区，文物古迹区，考古学、历史学、生物学研究考察区；

9 军事要地、基地，军工基地和国家保密地区。

4.0.3 填埋场选址应符合现行国家标准《生活垃圾填埋污染控制标准》（GB 16889）和相关标准的规定，并应符合下列要求：

1 当地城市总体规划、区域环境规划及城市环境卫生专业规划等专业规划要求；

2 与当地的大气防护、水土资源保护、大自然保护及生态平衡要求相一致；

3 库容应保证填埋场使用年限在10年以上，特殊情况下不应低于8年；

4 交通方便，运距合理；

5 人口密度、土地利用价值及征地费用均较低；

6 位于地下水贫乏地区、环境保护目标区域的地下水流向下游地区及夏季主导风向下风向；

7 选址应由建设项目所在地的建设、规划、环保、环卫、国土资源、水利、卫生监督等有关部门和专业设计单位的有关专业技术人员参加。

4.0.4 填埋场选址应按下列顺序进行：

1 场址候选

在全面调查与分析的基础上，初定3个或3个以上候选场址。

2 场址预选

通过对候选场址进行踏勘，对场地的地形、地貌、植被、地质、水文、气象、供电、给排水、覆盖土源、交通运输及场址周围人群居住情况等进行对比分析，推荐2个或2个以上预选场址。

3 场址确定

对预选场址方案进行技术、经济、社会及环境比较，推荐拟定场址。对拟定场址进行地形测量、初步勘察和初步工艺方案设计，完成选址报告或可行性研究报告，通过审查确定场址。

5 填埋场总体布置

5.0.1 填埋库区的占地面积宜为总面积的70%～90%，不得小于60%。填埋场宜根据填埋场处理规模和建设条件做出分期和分区建设的安排和规划。

5.0.2 填埋场类型应根据场址地形分为山谷型、平原型、坡地型。总体布置应按填埋场类型，结合工艺要求、气象和地质条件等因素经过技术经济比较确定。总平面应工艺合理，按功能分区布置，便于施工和作业；竖向设计应结合原有地形，便于雨污水导排，并使土石方尽量平衡，减少外运或外购土石方。

5.0.3 填埋场总图中的主体设施布置内容应包括：计量设施，基础处理与防渗系统，地表水及地下水导排系统，场区道路，垃圾坝，渗沥液导流系统，渗沥液处理系统，填埋气体导排及处理系统，封场工程及监测设施等。

5.0.4 填埋场配套工程及辅助设施和设备应包括：进场道路，备料场，供配电，给排水设施，生活和管理设施，设备维修、消防和安全卫生设施，车辆冲洗、通信、监控等附属设施或设备。填埋场宜设置环境监测室、停车场，并宜设置应急设施（包括垃圾临时存放、紧急照明等设施）。

5.0.5 生活和管理设施宜集中布置并处于夏季主导风向的上风向，与填埋库区之间宜设绿化隔离带。生活、管理及其他附属建（构）筑物的组成及其面积，应根据填埋场的规模、工艺等条件确定。

5.0.6 场内道路应根据其功能要求分为永久性道路和临时性道路进行布局。永久性道路应按现行国家标准《厂矿道路设计规范》（GBJ 22）露天矿山道路三级或三级以上标准设计；临时性道路及作业平台宜采用中级或低级路面，并宜有防滑、防陷设施。场内道路应满足全天候使用。

5.0.7 填埋场地表水导排系统应考虑填埋分区的未作业区和已封场区的汇水直接排放，截洪沟、溢洪道、排水沟、导流渠、导流坝、垃圾坝等工程应满足雨污分流要求。填埋场防洪应符合表5.0.7的规定，并不得低于当地的防洪标准。

表5.0.7 防洪要求

填埋场建设规模总容量（10^4m^3）	防洪标准（重现期：年）	
	设计	校核
>500	50	100
200～500	20	50

5.0.8 填埋场供电宜按三级负荷设计，建有独立污水处理厂时应采用二级负荷。填埋场应有供水设施。

5.0.9 垃圾坝及垃圾填埋体应进行安全稳定性分析。填埋库区周围应设安全防护设施及8m宽度的防火隔离带，填埋作业区宜设防飞散设施。

5.0.10 填埋场永久性道路、辅助生产及生活管理和防火隔离带外均宜设置绿化带。填埋场封场覆盖后应进行生态恢复。

6 填埋场地基与防渗

6.0.1 填埋场必须进行防渗处理，防止对地下水和地表水的污染，同时还应防止地下水进入填埋区。

6.0.2 天然粘土类衬里及改性粘土类衬里的渗透系数不应大于1.0×10^{-7}cm/s，且场底及四壁衬里厚度不应小于2m。

6.0.3 在填埋库区底部及四壁铺设高密度聚乙烯（HDPE）土工膜作为防渗衬里时，膜厚度不应小于1.5mm，并应符合填埋场防渗的材料性能和现行国家相关标准的要求。

6.0.4 人工防渗系统应符合下列要求：

1 人工合成衬里的防渗系统应采用复合衬里防渗系统，位于地下水贫乏地区的防渗系统也可采用单层衬里防渗系统，在特殊地质和环境要求非常高的地区，库区底部应采用双层衬里防渗系统。

2 复合衬里应按下列结构铺设：

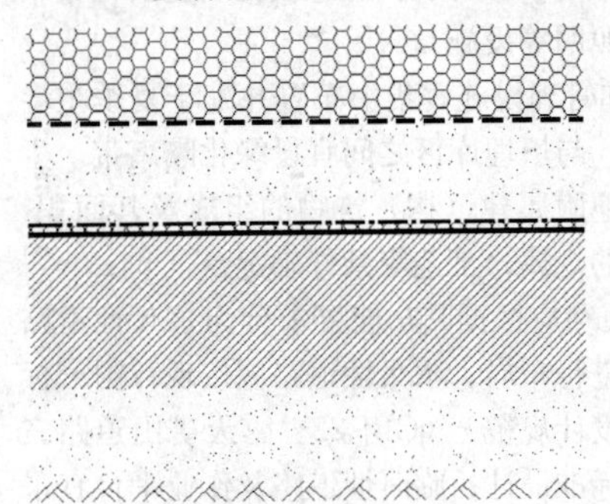

图 6.0.4-1 库区底部复合衬里结构示意图

1）库区底部复合衬里结构（图 6.0.4-1）。基础，地下水导流层，厚度应大于 30cm；膜下防渗保护层，粘土厚度应大于 100cm，渗透系数不应大于 1.0×10^{-7}cm/s；HDPE 土工膜；膜上保护层；渗沥液导流层，厚度应大于或等于 30cm；土工织物层。

2）库区边坡复合衬里结构（图 6.0.4-2）。基础，地下水导流层，厚度应大于 30cm；膜下防渗保护层，粘土厚度应大于 75cm，渗透系数不应大于 1.0×10^{-7}cm/s；HDPE 土工膜；膜上保护层；渗沥液导流与缓冲层。

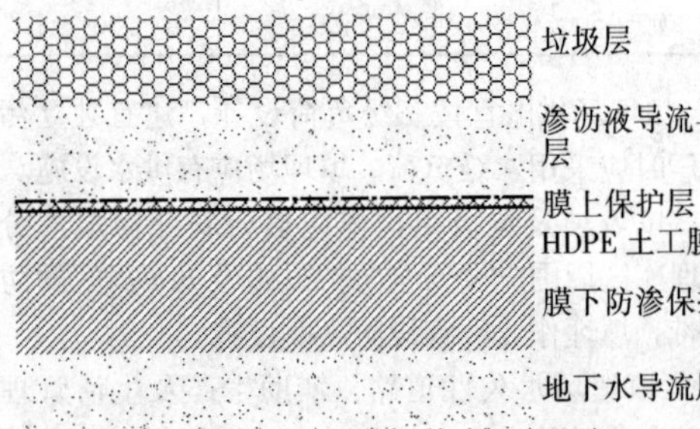

图 6.0.4-2 库区边坡复合衬里结构示意图

3 单层衬里应按下列结构铺设：

1）库区底部单层衬里结构（图 6.0.4-3）。基础，地下水导流层，厚度应大于 30cm；膜下保护层，粘土厚度应大于 100cm，渗透系数不应大于 1.0×10^{-5}cm/s；HDPE 土工膜；膜上保护层；渗沥液导流层，厚度应大于 30cm；土工织物层。

2）库区边坡单层衬里结构（图 6.0.4-4）。基础，

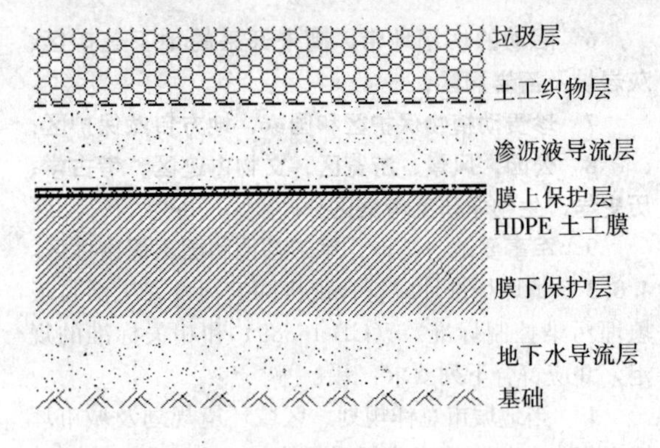

图 6.0.4-3 库区底部单层衬里结构示意图

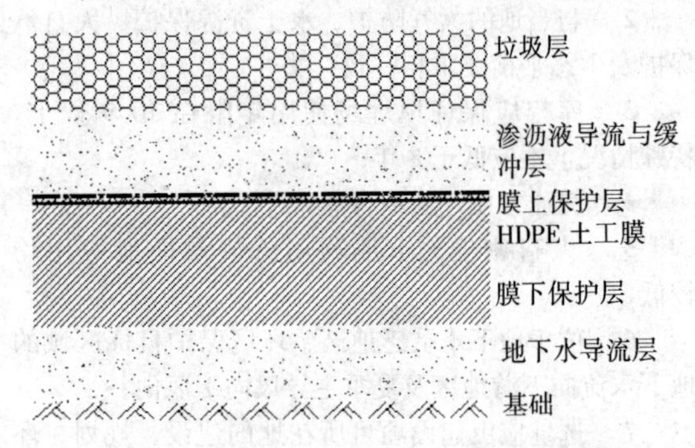

图 6.0.4-4 库区边坡单层衬里结构示意图

地下水导流层，厚度应大于 30cm；膜下保护层，粘土厚度应大于 75cm，渗透系数不应大于 1.0×10^{-5}cm/s；HDPE 土工膜；膜上保护层；渗沥液导流与缓冲层。

4 库区底部双层衬里应按下列结构铺设（图 6.0.4-5）。基础，地下水导流层，厚度应大于 30cm；膜下保护层，粘土厚度应大于 100cm，渗透系数不应大于 1.0×10^{-5}cm/s；HDPE 土工膜；膜上保护层；渗沥液导流（检测）层，厚度应大于 30cm；膜下保护层；HDPE 土工膜；膜上保护层；渗沥液导流层厚度应大于 30cm；土工织物层。

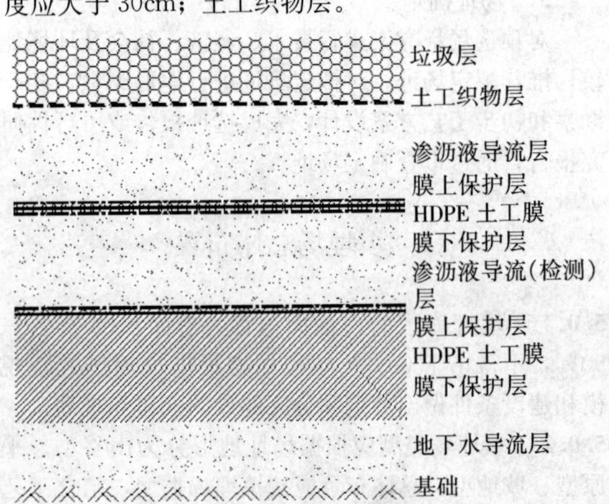

图 6.0.4-5 库区底部双层衬里结构示意图

5 特殊情况下可采用钠基膨润土垫替代膜下防渗保护层。

6.0.5 人工防渗材料施工应符合下列要求：

1 铺设HDPE土工膜应焊接牢固，达到强度和防渗漏要求，局部不应产生下沉拉断现象。土工膜的焊（粘）接处应通过试验检验。

2 在垂直高差较大的边坡铺设土工膜时，应设锚固平台，平台高差应结合实际地形确定，不宜大于10m。边坡坡度宜小于1：2。

3 防渗结构材料的基础处理应符合下列规定：

1）平整度应达到每平方米粘土层误差不得大于2cm；

2）HDPE土工膜的膜下保护层，垂直深度2.5cm内粘土层不应含有粒径大于5mm的尖锐物料；

3）位于库区底部的粘土层压实度不得小于93%；位于库区边坡的粘土层压实度不得小于90%。

6.0.6 填埋库区地基应是具有承载填埋体负荷的自然土层或经过地基处理的平稳层，不应因填埋垃圾的沉降而使基层失稳。填埋库区底部应有纵、横向坡度，纵、横向坡度均宜不小于2%。

7 渗沥液收集与处理

7.0.1 填埋库区防渗系统应铺设渗沥液收集系统，并宜设置疏通设施。

7.0.2 渗沥液产生量和处理量应按填埋场类型、填埋库区划分和雨污水分流系统情况、填埋物性质及气象条件等因素确定。

7.0.3 渗沥液收集系统及处理系统应包括导流层、盲沟、集液井（池）、调节池、泵房、污水处理设施等。

7.0.4 盲沟宜采用砾石、卵石、碴石（$CaCO_3$含量应不大于10%）、高密度聚乙烯（HDPE）管等材料铺设，结构应为石料盲沟、石料与HDPE管盲沟、石笼盲沟等。石料的渗透系数不应小于1.0×10^{-3}cm/s，厚度不宜小于40cm。HDPE管的直径干管不应小于250mm，支管不应小于200mm。HDPE管的开孔率应保证强度要求。HDPE管的布置宜呈直线，其转弯角度应小于或等于20°，其连接处不应密封。

7.0.5 集液井（池）宜按库区分区情况设置，并宜设在填埋库区外部。

7.0.6 调节池容积应与填埋工艺、停留时间、渗沥液产生量及配套污水处理设施规模等相匹配。

7.0.7 集液井（池）、调节池及污水流经或停留的其他设施均应采取防渗措施。

7.0.8 渗沥液应处理达标后排放。应优先选择排入城市污水处理厂处理方案，排放标准应达到《生活垃圾填埋污染控制标准》（GB 16899）中的三级指标。不具备排入城市污水处理厂条件时应建设配套完善的污水处理设施。

8 填埋气体导排与防爆

8.0.1 填埋场必须设置有效的填埋气体导排设施，填埋气体严禁自然聚集、迁移等，防止引起火灾和爆炸。填埋场不具备填埋气体利用条件时，应主动导出并采用火炬法集中燃烧处理。未达到安全稳定的旧填埋场应设置有效的填埋气体导排和处理设施。

8.0.2 填埋气体导排设施应符合下列规定：

1 填埋气体导排设施宜采用竖井（管），也可采用横管（沟）或横竖相连的导排设施。

2 竖井可采用穿孔管居中的石笼，穿孔管外宜用级配石料等粒状物填充。竖井宜按填埋作业层的升高分段设置和连接；竖井设置的水平间距不应大于50m；管口应高出场地1m以上。应考虑垃圾分解和沉降过程中堆体的变化对气体导排设施的影响，严禁设施阻塞、断裂而失去导排功能。

3 填埋深度大于20m采用主动导气时，宜设置横管。

4 有条件进行填埋气体回收利用时，宜设置填埋气体利用设施。

8.0.3 填埋库区除应按生产的火灾危险性分类中戊类防火区采取防火措施外，还应在填埋场设消防贮水池，配备洒水车，储备干粉灭火剂和灭火沙土。应配置填埋气体监测及安全报警仪器。

8.0.4 填埋库区防火隔离带应符合本规范5.0.9条的要求。

8.0.5 填埋场达到稳定安全期前的填埋库区及防火隔离带范围内严禁设置封闭式建（构）筑物，严禁堆放易燃、易爆物品，严禁将火种带入填埋库区。

8.0.6 填埋场上方甲烷气体含量必须小于5%；建（构）筑物内，甲烷气体含量严禁超过1.25%。

8.0.7 进入填埋作业区的车辆、设备应保持良好的机械性能，应避免产生火花。

8.0.8 填埋场应防止填埋气体在局部聚集。填埋库区底部及边坡的土层10m深范围内的裂隙、溶洞及其他腔型结构均应予以充填密实。填埋体中不均匀沉降造成的裂隙应及时予以充填密实。

8.0.9 对填埋物中的可能造成腔型结构的大件垃圾应进行破碎。

9 填埋作业与管理

9.1 填埋作业准备

9.1.1 填埋场作业人员应经过技术培训和安全教育，熟悉填埋作业要求及填埋气体安全知识。运行管理人员应熟悉填埋作业工艺、技术指标及填埋气体的安全管理。

9.1.2 填埋作业规程应制定完备，并应制定填埋气体引起火灾和爆炸等意外事件的应急预案。

9.1.3 应根据地形制定分区分单元填埋作业计划，分区应采取有利于雨污分流的措施。

9.1.4 填埋作业分区的工程设施和满足作业的其他主体工程、配套工程及辅助设施，应按设计要求完成施工。

9.1.5 填埋作业应保证全天候运行，宜在填埋作业区设置雨季卸车平台，并应准备充足的垫层材料。

9.1.6 装载、挖掘、运输、摊铺、压实、覆盖等作业设备，应按填埋日处理规模和作业工艺设计要求配置。在大件垃圾较多的情况下，宜设置破碎设备。

9.2 填埋作业

9.2.1 填埋物进入填埋场必须进行检查和计量。垃圾运输车辆离开填埋场前宜冲洗轮胎和底盘。

9.2.2 填埋应采用单元、分层作业，填埋单元作业工序应为卸车、分层摊铺、压实，达到规定高度后应进行覆盖、再压实。

9.2.3 每层垃圾摊铺厚度应根据填埋作业设备的压实性能、压实次数及垃圾的可压缩性确定，厚度不宜超过60cm，且宜从作业单元的边坡底部到顶部摊铺；垃圾压实密度应大于600kg/m^3。

9.2.4 每一单元的垃圾高度宜为2～4m，最高不得超过6m。单元作业宽度按填埋作业设备的宽度及高峰期同时进行作业的车辆数确定，最小宽度不宜小于6m。单元的坡度不宜大于1∶3。

9.2.5 每一单元作业完成后，应进行覆盖，覆盖层厚度宜根据覆盖材料确定，土覆盖层厚度宜为20～25cm；每一作业区完成阶段性高度后，暂时不在其上继续进行填埋时，应进行中间覆盖，覆盖层厚度宜根据覆盖材料确定，土覆盖层厚度宜大于30cm。

9.2.6 填埋场填埋作业达到设计标高后，应及时进行封场和生态环境恢复。

9.3 填埋场管理

9.3.1 填埋场应按建设、运行、封场、跟踪监测、场地再利用等程序进行管理。

9.3.2 填埋场建设的有关文件资料，应按《中华人民共和国档案法》的规定进行整理与保管。

9.3.3 在日常运行中应记录进场垃圾运输车辆数量、垃圾量、渗沥液产生量、材料消耗等，记录积累的技术资料应完整，统一归档保管，填埋作业管理宜采用计算机网络管理。填埋场的计量应达到国家三级计量认证。

9.3.4 填埋场封场和场地再利用管理应符合本规范第10章的有关规定。

9.3.5 填埋场跟踪监测管理应符合本规范第11章的有关规定。

10 填埋场封场

10.0.1 填埋场封场设计应考虑地表水径流、排水防渗、填埋气体的收集、植被类型、填埋场的稳定性及土地利用等因素。

10.0.2 填埋场最终覆盖系统应符合下列规定：

1 粘土覆盖结构（图10.0.2-1）：排气层应采用粗粒或多孔材料，厚度应大于或等于30cm；防渗粘土层的渗透系数不应大于1.0×10^{-7}cm/s，厚度应为20～30cm；排水层宜采用粗粒或多孔材料，厚度应为20～30cm，应与填埋库区四周的排水沟相连；植被层应采用营养土，厚度应根据种植植物的根系深浅确定，厚度不应小于15cm。

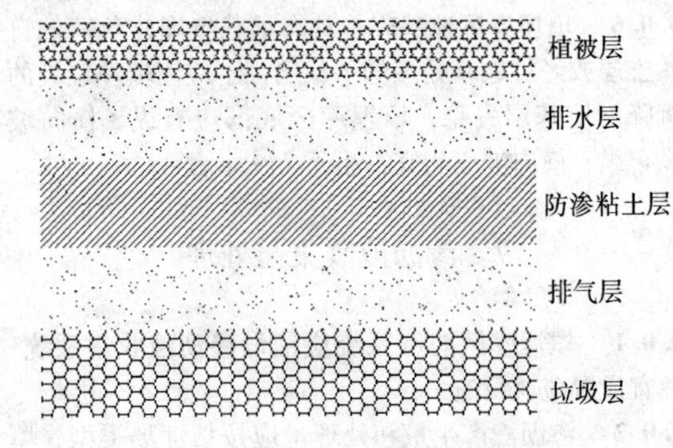

图10.0.2-1 粘土覆盖结构示意图

2 人工材料覆盖结构（图10.0.2-2）：排气层应采用粗粒或多孔材料，厚度大于30cm；膜下保护层的粘土厚度宜为20～30cm；HDPE土工膜，厚度不应小于1mm；膜上保护层、排水层宜采用粗粒或多孔材料，厚度宜为20～30cm；植被层应采用营养土，厚度应根据种植植物的根系深浅确定。

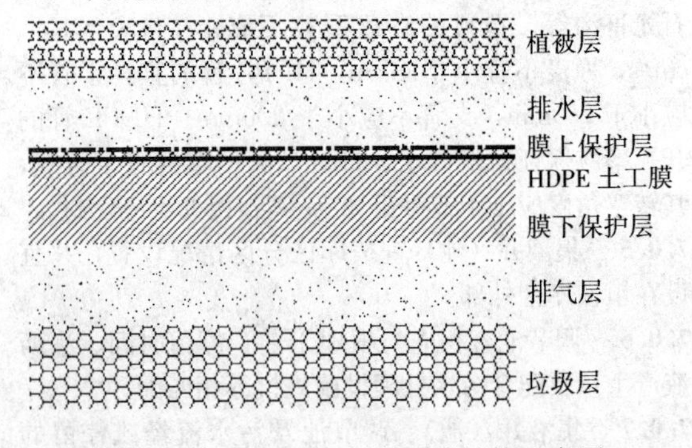

图10.0.2-2 人工材料覆盖结构示意图

10.0.3 填埋场封场顶面坡度不应小于5%。边坡大于10%时宜采用多级台阶进行封场，台阶间边坡坡度不宜大于1∶3，台阶宽度不宜小于2m。

10.0.4 填埋场封场后应继续进行填埋气体、渗沥液处理及环境与安全监测等运行管理，直至填埋堆体稳定。

10.0.5 填埋场封场后的土地使用必须符合下列

规定：

1 填埋作业达到设计封场条件要求时，确需关闭的，必须经所在地县级以上地方人民政府环境保护、环境卫生行政主管部门鉴定、核准；

2 填埋堆体达到稳定安全期后方可进行土地使用，使用前必须做出场地鉴定和使用规划；

3 未经环卫、岩土、环保专业技术鉴定之前，填埋场地严禁作为永久性建（构）筑物用地。

11 环境保护与劳动卫生

11.0.1 填埋场环境影响评价及环境污染防治应符合下列规定：

1 填埋场工程建设项目在进行可行性研究的同时，必须对建设项目的环境影响做出评价；

2 填埋场工程建设项目的环境污染防治设施，必须与主体工程同时设计、同时施工、同时投产使用。

11.0.2 填埋场应设置地下水本底监测井、污染扩散监测井、污染监测井。填埋场应进行水、气、土壤及噪声的本底监测及作业监测，封场后应进行跟踪监测直至填埋体稳定。监测井和采样点的布设、监测项目、频率及分析方法应按现行国家标准《生活垃圾填埋污染控制标准》（GB 16889）和《生活垃圾填埋场环境监测技术要求》（GB/T 18772）执行。

11.0.3 填埋场环境污染控制指标应符合现行国家标准《生活垃圾填埋污染控制标准》（GB 16889）的要求。

11.0.4 填埋场使用杀虫灭鼠药剂应避免二次污染。作业场所宜洒水降尘。

11.0.5 填埋场应设道路行车指示、安全标识、防火防爆及环境卫生设施设置标志。

11.0.6 填埋场的劳动卫生应按照《中华人民共和国职业病防治法》、《工业企业设计卫生标准》（GBZ 1）、《生产过程安全卫生要求总则》（GB 12801）的有关规定执行，并应结合填埋作业特点采取有利于职业病防治和保护作业人员健康的措施。填埋作业人员应每年体检一次，并建立健康登记卡。

12 填埋场工程施工与验收

12.0.1 填埋场施工前应根据设计文件或招标文件编制施工方案和准备施工设备及设施，并合理安排施工场地。

12.0.2 填埋场工程应根据工程设计文件和设备技术文件进行施工和安装。

12.0.3 填埋场工程施工变更应按设计单位的设计变更文件进行。

12.0.4 填埋场各项建筑、安装工程应按国家现行相关标准及设计要求进行施工。

12.0.5 施工安装使用的材料应符合国家现行相关标准及设计要求；对国外引进的专用填埋设备与材料，应按供货商提供的设备技术要求、合同规定及商检文件执行，并应符合国家现行标准的相应要求。

12.0.6 填埋场工程验收应按照国家规定和相应专业现行验收标准执行外，还应符合下列要求：

1 填埋场地基与防渗工程应符合本规范第6章的要求；

2 填埋场渗沥液收集与处理应符合本规范第7章的要求；

3 填埋场气体导排与防爆应符合本规范第8章的要求；

4 填埋场封场应符合本规范第10章的要求。

本规范用词说明

1 为便于在执行本规范条文时区别对待，对于要求严格程度不同的用词说明如下：

1）表示很严格，非这样做不可的：

正面词采用“必须”；反面词采用“严禁”。

2）表示严格，在正常情况下均应这样做的：

正面词采用“应”；反面词采用“不应”或“不得”。

3）表示允许稍有选择，在条件许可时首先应这样做的：

采用“宜”；表示有选择，在一定条件下可以这样做的，采用“可”。

2 条文中指明应按其他有关标准执行的写法为“应符合……的规定（或要求）”或“应按……执行”。

中华人民共和国行业标准

生活垃圾卫生填埋技术规范

CJJ 17—2004

条 文 说 明

前　言

《生活垃圾卫生填埋技术规范》CJJ 17—2004 经建设部 2004 年 2 月 19 日以建设部第 212 号公告批准、业已发布。

本规范第二版的主编单位是沈阳市环境卫生工程设计研究院，参加单位是杭州市天子岭废弃物处理总场、建设部城市建设研究院、上海市环境工程设计科学研究院。

为便于广大设计、施工、科研、学校等单位的有关人员在使用本标准时能正确理解和执行条文规定，《生活垃圾卫生填埋技术规范》编制组按章、节、条顺序编制了本标准的条文说明，供使用者参考。在使用中如发现本条文说明有不妥之处，请将意见函寄华中科技大学（地址：武汉市武昌珞喻路 1037 号，邮政编码 430074）。

目　次

1　总则 ………………………………………… 3—1—13
2　术语 ………………………………………… 3—1—13
3　填埋物 ……………………………………… 3—1—14
4　填埋场选址………………………………… 3—1—14
5　填埋场总体布置 ………………………… 3—1—15
6　填埋场地基与防渗 ……………………… 3—1—15
7　渗沥液收集与处理 ……………………… 3—1—17
8　填埋气体导排与防爆 …………………… 3—1—17
9　填埋作业与管理 ………………………… 3—1—18
10　填埋场封场 ……………………………… 3—1—18
11　环境保护与劳动卫生 ………………… 3—1—19
12　填埋场工程施工与验收 ……………… 3—1—19

1 总 则

1.0.1 原《城市生活垃圾卫生填埋技术标准》CJJ 17—88（以下简称原标准）制订于1988年，其发布实施十多年来，在防止因填埋不科学而造成环境污染方面发挥了重要作用。但随着时间的推移和工程技术的发展，原标准的部分内容已显陈旧，根据建设部建标［1995］175号文的要求，对其进行过一次较为全面的修订。修订的《城市生活垃圾卫生填埋技术规范》CJJ 17—2001主要内容是：(1) 对原标准的适用范围做了补充；(2) 增加了术语一章；(3) 对填埋物含水量、有机成分、外形尺寸做出定性要求；(4) 增加了环境影响评价及环境污染治理等内容；(5) 增加了复合衬层和帷幕灌浆等水平、垂直防渗及填埋场防火等内容；(6) 增加了填埋场工程验收。

由于我国目前城市生活垃圾卫生填埋场新建和改建较多，为更好地在实施城市生活垃圾卫生填埋的设计、施工及作业中贯彻执行国家的技术经济政策，根据建设部建标［2003］104号文的要求，对《城市生活垃圾卫生填埋技术规范》(CJJ 17—2001)（以下简称原规范）进行修订。修订的主要内容是：1. 原规范术语一章删除了七条术语，补充了四条术语；2. 对原规范卫生填埋场选址一章做了修改及补充；3. 增加了第5章“填埋场总体布置”，将原规范第6章中第6.5节“填埋场其他要求”的部分条文修改为本规范第5章的部分内容；4. 将原规范第5章“填埋场地基与防渗”修改补充后修改为本规范第6章“填埋场地基与防渗”；5. 将原规范第6章“填埋作业”修改补充后分解为本规范第7章至第10章的内容，其中对原规范6.4节“填埋气体导排及防爆”的内容做了较多修改和补充，将原6.4.1条修改为强制性条文并增加了一条有关防爆内容的强制性条文；6. 增加了第11章“环境保护与劳动卫生”，将原规范第6章中第6.5节“填埋场其他要求”的部分条文修改为本规范第11章的部分内容，增加了一条有关填埋场环境污染控制指标的强制性条文；7. 将原规范第7章“填埋场工程验收”修改补充为本规范第12章“填埋场工程施工与验收”。

本条主要规定了制定本规范的依据和目的。

本规范的主要依据《中华人民共和国固体废物污染环境防治法》(1996年4月1日实施）规定城市人民政府应建设城市生活垃圾处理处置设施，防止垃圾污染环境。《城市生活垃圾处理及污染防治技术政策》（建设部建城［2000］120号文）规定在具备卫生填埋场地资源和自然条件适宜的城市，以卫生填埋作为垃圾处理的基本方案，同时指出卫生填埋是垃圾处理必不可少的最终处理手段，也是现阶段我国垃圾处理的主要方式。

条文特别强调“填埋气体应尽可能收集利用”，其主要依据是国家计委、国家环保总局、国家经贸委、财政部、建设部、科技部等部门共同编写的《中国城市垃圾填埋气体收集利用国家行动方案》(2002年10月23日）规定到2010年和2015年中国将分别建成240到300个安装有气体回收装置的现代化垃圾填埋场，年收集利用垃圾填埋气体25亿m^3。为贯彻国家技术经济政策，提出此要求。

1.0.2 本条规定了本规范的适用范围。

条文中将适用范围界定为新建的生活垃圾卫生填埋工程，改建、扩建工程可参考。规范的不适用范围为“危险废物和放射性废物的填埋工程”。

条文中所指“改建、扩建工程”主要是指对旧填埋场的封场、填埋气体导排及渗沥液收集处理等工程。条件许可，扩建工程应按卫生填埋场要求进行全面建设。

1.0.3 本条规定生活垃圾卫生填埋工程采用新技术应遵循的原则。

生活垃圾卫生填埋场的建设在我国时间不长，国内外的有关技术均在发展之中，特别是改良型厌氧填埋、准好氧填埋、好氧填埋、生物反应器填埋等新工艺正在逐步开发甚至有的已达到实用化，新的防渗材料及渗沥液处理技术也在不断研发和推出。因此本条鼓励不断总结设计与运行经验，在汲取国内外先进技术及科研成果的基础上，经充分论证，可采用技术成熟、经济合理的新工艺、新技术、新材料和新设备，提高生活垃圾卫生填埋处理技术的水平。

1.0.4 本条规定生活垃圾卫生填埋工程除应执行本规范外，尚应执行现行国家和行业的标准。

作为本规范同其他标准、规范的衔接。本规范涉及的主要标准有：《环境卫生术语标准》(CJJ 65)、《城市垃圾产生源分类及垃圾排放》(CJ/T 3033)、《城镇垃圾农用控制标准》(GB 8172)、《地表水环境质量标准》(GB 3838)、《地下水质量标准》(GB/T 14848)、《污水综合排放标准》(GB 8978)、《城市生活垃圾卫生填埋处理工程项目建设标准》、《生活垃圾填埋污染控制标准》(GB 16889)、《生活垃圾填埋场环境监测技术要求》(GB/T 18772)、《非织造复合土工膜》(GB/T 17642)、《聚乙烯土工膜》(GB/T 17643)、《聚氯乙烯土工膜》(GB/T 17688)、《聚乙烯(PE)土工膜防渗工程技术规范》(SL/T 231)、《土工合成材料应用技术规范》(GB 50290)、《建筑设计防火规范》(GBJ 16)、《工业企业设计卫生标准》(GBZ 1）等。

2 术 语

2.0.1～2.0.11 本规范采用的术语及其涵义是国家现行标准《环境卫生术语标准》CJJ 65中尚未规定

的。本章修改内容为：

(1) 删除了原规范中与国家现行标准《环境卫生术语标准》(CJJ 65) 重复的“城市生活垃圾”、“卫生填埋”、“有害垃圾”、“渗透系数”、“截洪沟”、“渗沥液”、“粘土类衬里”七个术语；

(2) 增加了“填埋库区 (compartment)”、“填埋气体 (landfill gas)”、“填埋单元 (landfill cell)”、“覆盖 (cover)”四个术语；

(3) 将原规范术语中的“垃圾坝 (refuse dam)、集液池 (leaching pool)、调节池 (regulating reservoir)、盲沟 (underground ditch)、填埋场封场 (seal of landfill site) 中的英语修改成为国际上通行的说法，即垃圾坝 (retaining wall)、集液井 (池) (leachate collection well)、调节池 (equalization basin)、盲沟 (leachate ditch)、填埋场封场 (closure of landfill)；

(4) 对保留的原规范术语涵义均做了文字修改或重新进行了界定。

3 填 埋 物

3.0.1 本条根据《城市垃圾产生源分类及垃圾排放》(CJ/T 3033) 对城市垃圾的分类，规定填埋物的类别。

有专家建议增加“建筑垃圾”，因为我国生活垃圾卫生填埋场均接受施工和拆迁产生的建筑垃圾，而且大多数填埋场均将建筑垃圾作为临时道路和作业平台的垫层材料使用。但建筑垃圾是原标准中包括的内容，原规范在2001版修订时已将其删除。考虑到建筑垃圾不是限定进入填埋场的危险废物，也不是一般工业固体废弃物，类似的还有堆肥残渣、污水处理厂脱水污泥、化粪池粪渣等废弃物进入填埋场，因此本条文不对填埋场可接受的生活垃圾之外的废弃物作出具体规定。

3.0.2 本条将原规范的“有毒有害物”修改为“危险废物和放射性废物”。

3.0.3 关于填埋物重量单位的规定。目前大多数城市对生活垃圾的统计是采用垃圾车的车吨位进行的，由于垃圾密度不断降低，车吨位与实际吨位差别越来越大。如果不进行校核，会导致设计使用年限失真，填埋场处理规模不切实际。因此作出“填埋物应按重量吨位进行计量、统计与校核”的规定。

3.0.4 关于填埋物几个重要性状指标的原则规定。

在多数专家意见的基础上，对填埋物“含水量”、“有机成分”及“外形尺寸”等几个重要指标仅做了定性要求，没有给出具体的定量指标。

部分专家提出仅作出定性要求缺乏可操作性。也提出“填埋物含水量应满足或调整到符合具体填埋工艺设计的要求”的意见。但关于“含水量”的高低，对于规定的填埋物，一般不存在对填埋作业太大的影响，可以不做规定，但对于没有限定的城市污水处理厂脱水污泥、化粪池粪渣等高含水率的废弃物进入填埋场，单元作业时摊铺、压实有一定困难，必须采取降低含水量的调整措施。

关于“有机成分”的多少，对于规定的填埋物，一般也不存在对填埋作业太大的影响，但对于填埋场的稳定期及填埋气体产生量及产生率均有较大影响。在国外经济发达国家，减少原生垃圾填埋越来越受到人们的重视，尽可能减少进场垃圾的有机成分是发展方向，较多采用焚烧等。但我国在相当长时间内原生垃圾填埋仍将是垃圾处理主要方式。《中国城市垃圾填埋气体收集利用国家行动方案》(2002年10月23日) 指出填埋气体回收装置的现代化垃圾填埋场是今后十多年的发展方向。可见从填埋气体回收利用角度考虑，接受垃圾有机成分具有积极意义。因此，结合我国实际情况，本规范对填埋物的有机成分的多少不做定性和定量规定。

关于“外形尺寸”的大小和结构，涉及填埋气体的安全性和填埋作业的难易，本规范分别在第8章“填埋气体导排及防爆”中的8.0.9条规定“对填埋物中的可能造成腔型结构的大件物品（如桶、箱等）应进行破碎”和第9章“填埋作业与管理”中的9.1.6条规定“在大件垃圾较多的情况下，宜设置破碎设备”。因此本条不重复规定。

4 填埋场选址

4.0.1 本条在原规范4.0.3条的基础上进行了修改和补充，规定了卫生填埋场选址前基础资料收集工作的基本内容。补充了应收集“城市污水处理现状及规划资料、城市电力和燃气现状及规划资料”。

4.0.2 本条为强制性条文，规定了城市生活垃圾卫生填埋场不应设在的地区。主要修改内容为：

(1) 增加了第5款，即“填埋库区与污水处理区边界距民用机场3km以内的地区”，主要参考美国标准40CFR258.10的要求，距喷气式飞机机场10000英尺 (3048m)，距直升飞机机场5000英尺 (1524m) 范围内不得建设填埋场。

(2) 将原条文第4、5款关于距离规定中的“填埋区”改为“填埋库区与污水处理区边界”。

4.0.3 本条系原规范4.0.1条的部分内容，规定了城市生活垃圾卫生填埋场选址应符合的要求。

第3款的使用年限10年的要求主要是从选址应满足较大库容角度提出。

修改内容为：

(1) 增加了“填埋场选址应符合现行国家标准《生活垃圾填埋污染控制标准》(GB 16889) 的规定”；

(2) 将原规范第1款中的“城市建设总体规划”、

"城市环境卫生事业发展规划"改为"城市总体规划"、"城市环境卫生专业规划"，并简化了条款；

(3) 删除了原第2款；

(4) 增加了"专业设计单位的有关专业技术人员"应参加选址工作的要求。

4.0.4 本条系原规范的4.0.1条第6款，规定了场址确定步骤等基本要求。

修改内容为：

(1) 补充了和原规范4.0.1条衔接的要求，在有关候选场址现场踏勘内容中补充了地质、供电、给排水和覆盖土源等四项，将原"人口分布"修改为"场址周围人群居住情况"。在有关预选场址方案比较内容中对原规范要求的"完成选址报告"增加了"或可行性研究报告"，小标题"场址初选"、"候选场址现场踏勘"和"预选场址方案比较"分别改为"场址候选"、"场址预选"和"场址确定"，对原第6款文字做了修改；

(2) 场址确定中的方案比较增加了社会比较，包括民意。在国外民意调查是垃圾填埋场选址的重要过程，了解群众的看法和意见，征得大众的理解和支持对于填埋场今后的建设和运行十分重要。

原规范的4.0.4条是关于环境影响评价及环境污染防治的规定，写入本规范新增的第11章"环境保护与劳动卫生"有关节中。

5 填埋场总体布置

5.0.1 关于填埋场宜考虑分期和分区建设的规定，同时提出了填埋库区面积使用率的要求。

根据国际上填埋场投资的通行做法和填埋作业应进行分区作业的重要原则，填埋场投资应采用建立项目的专项基金进行分期和分区建设。采用分期和分区建设方式的优点：一是可以减少一次性投资；二是可以减少了渗沥液量，未填埋区的雨水径流容易和填埋作业区隔离；三是可以减少运土或买土的费用，前期填埋库区的开挖土可以在未填埋区域堆放，逐渐地用于前期填埋库区作业时的覆盖土；四是专项基金的利息或基金回报还可以补贴前期的作业运营费用。

调查中发现有些填埋场的库区使用面积小于场区总面积的60%，造成工程投资增加，但可以通过优化的总体布置提高使用率。根据国内外大多数填埋场的实例，合理的库区使用面积基本控制到70%～90%，故本规范用语为"宜为"，同时规定不得小于60%。

5.0.2 关于填埋场场地类型和总体布置的一般规定。条文从方案比较、平面布置、竖向设计等三个方面做了总体布置的基本要求。

条文中的"功能分区"一般包括：进场区（包括门卫及检查、地秤、停车场、洗车设施、油站、维修间等）、生活区（住宿或值班宿舍、食堂等）、管理区、填埋库区、污水处理区等，有的还可以设置填埋气体处理及利用区、分选区、再生利用区等。

5.0.3 关于填埋场总图中主体设施构成内容的规定。

5.0.4 关于填埋场配套工程及辅助设施和设备的规定。

本条是在原规范6.5.3条的基础上修改形成的，增加了消防、环境监测两项内容，并将原规定的"分析化验"设施的用语"应"，修改为"宜"。

5.0.5 规定填埋场总图中附属建筑物的布置、面积及其面积应考虑的主要原则。

条文中规定总体布置中"生活和管理设施宜集中布置并处于夏季主导风向的上风向，与填埋库区之间宜设绿化隔离带"的要求，目的是保证生产管理人员有良好的工作条件和环境。

具体生活、管理及其他附属建（构）筑物组成及其面积，应因地制宜考虑确定，本规范不做统一的规定，但指标要求应符合现行的有关标准。

5.0.6 关于填埋场内道路的规定。

因填埋工程要求道路能全天候使用，同时应满足填埋作业要求，故在总图布置中对场内道路设计的类别及等级做出了规定。

5.0.7 关于填埋场总图中洪、雨水导排系统的规定。

本条是原规范的6.5.7条和4.0.1条第7款合并修改而成。将原文中的"应做到清污分流"改为"应满足雨污分流的要求"，雨污分流是填埋场总体布置的重要原则。

5.0.8 关于填埋场总图中供电供水的原则要求。

5.0.9 关于填埋场垃圾坝、库区边坡及垃圾填埋体的安全稳定性要求及防飞散设施的规定。

本条是在原规范6.5.2条的基础上修改补充形成的。填埋场还宜设置铁丝防护网，防止拾荒者随意进入而发生危险。

5.0.10 绿化对垃圾填埋场非常重要。考虑填埋场的特点，封场后绿化面积应高于其他垃圾处理方式的绿化要求。

6 填埋场地基与防渗

6.0.1 本条为填埋场必须防渗的强制性条文，从防止填埋区对地下水、地表水的污染和防止地下水渗入填埋区两个方面提出了严格要求。

6.0.2 本条对填埋场的天然粘土类衬里及改良粘土类衬里防渗做出了具体规定。除条文规定该类衬里具有所要求的渗透性外，还应满足有关的土壤指标。

渗透系数（K）也称水力传导系数，是一个重要的水文地质参数，在国内外都比较重视。由Darcy（达西）定律：

$$V = Q/A = KJ \qquad (6.0.2\text{-}1)$$

式中 Q——渗流量；

J——水力梯度，$\frac{H_1-H_2}{L}$；

A——渗沥液通过的横截面积；

V——渗透速度。

当水力梯度 $J=1$ 时，渗透系数在数值上等于渗透速度。因为水力坡度无量纲，渗透系数具有速度的量纲。即渗透系数的单位和渗透速度的单位相同，需用cm/s或m/d表示。考虑到渗透液体性质的不同，Darcy定律有如下形式：

$$V=-k\rho g/\mu \cdot dH/dL \quad (6.0.2\text{-}2)$$

式中 ρ——液体的密度；

g——重力加速度；

μ——动力粘滞系数；

K——渗透率或内在渗透率。

K 仅仅取决于岩土的性质而与液体的性质无关。渗透系数和渗透率之间的关系为：$K=k\rho g/\mu=kg/\nu$。应该注意到渗沥液与水的 μ 不同，渗沥液与水的渗透系数具有差异。

6.0.3 本条对填埋场的人工合成材料防渗做出了规定。

根据我国生活垃圾卫生填埋工程实践和国外经验及有关标准，将高密度聚乙烯（HDPE）土工膜厚度定为1.5mm以上。对高密度聚乙烯土工膜等人工防渗材料的性能要求，国家已有相关标准，应参照执行。土工合成材料在应用过程中应符合现行国家标准《非织造复合土工膜》（GB/T 17642）、《聚乙烯土工膜》（GB/T 17643）、《聚乙烯（PE）土工膜防渗工程技术规范》（SL/T 231）、《土工合成材料应用技术规范》（GB 50290）中的有关规定。

原规范要求"高密度聚乙烯土工膜并应具有较大延伸率"，该土工膜作为填埋场防渗材料，除了延伸率外，对抗撕裂、抗刺戳、抗老化及耐抗紫外线等能力均应有要求，但此内容不属于本规范的规定的范围，因此本规范将原要求修改为"应满足填埋场防渗的材料性能和现行国家相关标准的要求"。

6.0.4 关于人工防渗系统的规定。

第1款对人工防渗的三种防渗系统的选择条件做了原则要求。

第2～4款对复合衬里防渗系统组成、单层衬里防渗系统组成及双层衬里防渗系统组成进行了规定，并附有示意图。

条文中的"膜下防渗保护层"一般采用粘土防渗层；"缓冲层"材料可以采用袋装土或旧轮胎等；在有些情况下土工膜上应增加砂土保护层。

关于膜下是否宜设置土工布，目前业内人士也有不同的看法。不提倡使用膜下土工布的认为一旦膜有破损，土工布将起到导流作用，增加了渗沥液扩散的范围及速度。因此本规范对膜下土工布的使用不做规定，在双层衬里中膜下为渗沥液导流（检测）层时，可采用土工布作为膜下保护层。

条文中"膜下保护层"和"膜下防渗保护层"的区别是：以粘土为例，粘土保护层的密实度、渗透系数分别为90%和1×10^{-5}cm/s，粘土防渗保护层密实度、渗透系数分别为93%和1×10^{-7}cm/s。

第5款为增加内容，提出了特殊情况下可采用钠基膨润土垫替代膜下防渗保护层的规定。近年来，国内外一些垃圾填埋场工程有使用钠基膨润土垫的做法，积累了一定的经验。综合各方面的使用情况，国外多将钠基膨润土垫作为膜下防渗保护层的替代品，国内则用钠基膨润土垫作为防渗膜及其下部粘土层的替代品，国外使用这一产品的出发点是增加整个防渗系统的可靠性并增加填埋场有效库容，特别是双复合衬里构造中有较多的采用；而国内的出发点则是减少防渗系统的造价为主要目的。由于钠基膨润土垫完全替代土工膜在防渗效果方面缺乏经验，本规范对其使用范围做了界定——即作为膜下防渗保护层的替代品。参照国内主要钠基膨润土垫生产企业的产品规格以及国内工程的使用经验，钠基膨润土垫的使用规格宜为4000～6000g/m^2。

美国等国标准中提出的防渗结构对地下水位的要求较高，一般规定防渗系统基础与天然地下水水位的间距不得小于2m。根据我国实际情况，本次规范修订暂不增加此项规定。

6.0.5 关于人工防渗材料施工的基本规定。

本条是在国内许多工程实践和参考国外标准的基础上对人工衬里铺接方法及其对填埋场基础处理要求等做出的具体规定。本条规定了填埋场地基处理应达到的要求。在原规范的基础上，增加了锚固平台的具体技术要求，并具体规定了粘土表面经碾压的技术参数。

关于填埋场基底粘土垫层中砾石形状和尺寸的要求，根据多年的填埋场现场调查情况分析结果，填埋场基底粘土垫层中砾石形状和尺寸大小对土工膜的安全使用至关重要，一般要求尽可能不含有尖锐砾石和粒径大于5mm的砾石，否则，需要增加膜下土工布规格（g/m^2）。

关于土工膜下防渗保护层的压实密度要求，主要是考虑到填埋场库底在垃圾的长期覆盖条件下其变形在允许范围，以减少土工膜的变形、避免渗沥液、地下水导流系统的破坏。

关于锚固平台的设置是参考国内外实际工程的经验，平台高差大于10m、边坡坡度大于45°，对于边坡粘土层施工和防渗层的敷设都十分困难。当边坡坡度大于45°时宜采用其他敷设和锚固方法。

6.0.6 本条规定了填埋场地基处理和填埋库区底部纵、横向坡度应达到的要求。

7 渗沥液收集与处理

7.0.1 本条规定应设置渗沥液的收集和处理系统的要求。

7.0.2 本条规定计算渗沥液产生量和处理量应考虑的因素。

7.0.3 本条规定了渗沥液导流系统及处理系统应包括的设施。

设施可根据实际综合考虑进行适当简化，如结合地形设置台阶型自流系统，可设置泵房。

根据国外实际工程的经验，填埋场渗沥液导流系统设计中在导流层管路系统的适当位置（如首、末端等）宜设置清冲洗口，以保证导流系统的长期正常运行。国内在此方面实际使用的事例不多，在部分中外合作项目中已有设计，但尚处于探索阶段。本次规范修订暂不涉及。

7.0.4 本条规定了盲沟设计的要求。

规定导渗管宜采用 HDPE 管是考虑该材料对渗沥液具有较好的抗腐蚀性。

修改内容为：

(1) 在原规范的基础上，增加了对渗沥液导流层砾石成分的规定。渗沥液对 $CaCO_3$ 有溶解性，从而可能导致导流层堵塞。对导渗层石料的 $CaCO_3$ 的含量，参考英国的垃圾填埋标准和美国几个州的垃圾填埋标准而提出。

对于石料，原则上宜采用砾石、卵石、碴石。由于各地情况不同，卵石和砾石量严重不足，可考虑采用碎石，但应增加对土工膜保护的设计。

(2) 补充了“石料的合理级配宜为三级，HDPE 管的直径干管不宜小于 250mm，支管不宜小于 200mm。”的建议。

德国的标准规定石料的粒径范围为 16～32mm。导渗管的最小管径要求主要考虑防止堵塞和今后疏通的可能。

关于导渗层的渗透系数，参考英国标准，渗透系数应不小于 1×10^{-5} cm/s。

关于导渗管的开孔率，规定应保证强度要求。英国标准规定开孔率应小于 0.01m²/m，主要是保证强度要求。

导渗管的布置尽可能呈直线，为保证疏通设备的运行，导渗管的转弯角度不应大于 22°，导渗管的连接不需要密封。

7.0.5 本条是关于集液池（井）设计原则规定。补充了宜按库区分区设置的要求。

7.0.6 本条是关于调节池容积的设计原则规定。

补充了容积“应与停留时间及配套污水处理设施规模相匹配”的要求。条文中“渗沥液产生量”应按多年（一般 20 年）逐月平均降雨量计算。

7.0.7 本条系新增要求，规定了对收集渗沥液的设施，也应采取防渗措施。

7.0.8 本条规定了渗沥液应处理达标后排放的原则要求，并对常见的渗沥液处理二种工艺方案进行了说明。强调根据排放去向采用相应处理措施。渗沥液处理应先考虑经适当预处理（应达到《生活垃圾填埋污染控制标准》（GB 16889）中的三级指标值）后送往城市污水处理厂统一处理，不具备排入城市污水处理厂条件时也可建设达标排放的配套污水处理设施，排放水质应根据受纳水体的要求确定。

在降雨量小、蒸发量较大的地区，经计算，渗沥液也可进行回喷处理，以减少处理量，降低处理负荷，加速填埋场稳定化和提高填埋气体产率。

8 填埋气体导排与防爆

8.0.1 本条在原规范的基础上修改补充，将填埋场必须设置有效的气体导排设施及严防火灾和爆炸作为强制性条文。

条文中的“主动导气”是指采用抽气设备连接气体导排管道进行导出气体的方式。

根据有关调查情况显示，许多中小城市的旧填埋场没有设置填埋气体导排设施。应结合封场工程采取竖井（管）等措施进行填埋气体导排和处理，避免填埋气体爆炸事故的发生。

8.0.2 本条对填埋气体导排设施的设计做了基本规定。修改补充内容为：

(1) 对不同的气体导排设施做了选择条件的规定；

(2) 将原规范中“在填埋深度较大时宜设置多层导流排气系统”具体改为“填埋深度大于 20m 采用主动导气时，宜设置横管”；

(3) 将原规范中“应考虑消化过程中的体积变化对气体导排系统的影响。”改为“应考虑垃圾分解和沉降过程中堆体的变化对气体导排设施的影响，防止设施阻塞、断裂而失去导排功能”；

(4) 新增加“有条件进行填埋气体回收利用时，宜设置填埋气体利用设施”的规定。填埋气体利用方式主要有发电和用作燃料。

8.0.3 本条提出了填埋场防火要求，按照现行国家标准《建筑设计防火规范》（GBJ 16）界定了填埋库区应为生产的火灾危险性分类中戊类防火区。取消了原规范的“易燃易爆部位为丙类作业区”的规定。

本规范在原条文的基础上增加了应在填埋场设消防贮水池，配备洒水车，储备干粉灭火剂和灭火沙土，应配置填埋气体监测及安全报警仪器的要求，同时删除了原规范要求在填埋区应设给水系统防火的规定。部分专家提出在填埋区设给水系统不适宜，因为按防火规范，填埋气体灭火主要是干粉剂灭火，而且给水系统防火的要求很严，增加了填埋场的投资。

8.0.4 规定填埋库区应设防火隔离带。

8.0.5 新增加的强制性条文，规定填埋场达到稳定安全期前严禁在填埋库区及防火隔离带范围内设置封闭式建（构）筑物，同时严禁堆放易燃、易爆物品，严禁将火种带入填埋区。

8.0.6 本条规定甲烷含量必须小于5%，该值参考了美国环保署的指标，其认定为空气中甲烷浓度5%为爆炸低限，当浓度大于5%～15%时就会发生爆炸，故场区规定甲烷浓度应低于5%，而建（构）筑物内甲烷气体含量应低于1.25%的具体要求。

8.0.7～8.0.9 本规范增加的条文。主要是关于填埋场的安全方面的规定。

填埋作业车辆、设备应有防火措施，避免产生火花。

山谷型填埋场应对裂隙、溶洞及其他腔型结构充填密实；对填埋物中如桶、箱等大件物品应破碎，避免填埋气体局部聚集。

9 填埋作业与管理

9.1 填埋作业准备

9.1.1 对作业人员和运行管理人员的基本要求。

9.1.2 对填埋作业规程制定和紧急应变计划的要求。

9.1.3 增加了关于分区填埋作业计划的规定、适用情况和雨污分流的要求。在国外，“分区填埋”是填埋场的主要填埋作业原则。分区填埋作业便于雨水径流的分流隔离，有利于减少垃圾渗沥液，降低运行成本。

9.1.4 新增的条文，关于填埋作业开始前的基本设施准备要求。条文中的“工程设施”主要指雨污分流、垃圾坝、地基与防渗、渗沥液导流、填埋气体导排等设施、临时作业道路及作业平台等作业分区的工程设施。

9.1.5 新增的条文，关于填埋作业应保证全天候运行的规定及推荐雨季采取的措施。

9.1.6 填埋作业开始前对设备配置准备的规定，补充了为防止大件垃圾形成腔性结构提出了设备配置要求。

9.2 填埋作业

9.2.1 对填埋场的入场垃圾计量和检测提出了要求，并做了垃圾车出填埋场前冲洗轮胎和底盘的规定。

9.2.2 规定填埋应采用单元、分层作业，提出了填埋单元作业工序。

9.2.3 原规范提出的“分层”规定未做出定量的要求。每层垃圾摊铺厚度国内填埋场的通常做法是40～60cm，取60cm较为合理、经济，因此本规范推荐“厚度不宜超过60cm”。

9.2.4 本条规定了单元每层垃圾厚度、单元作业宽度及单元坡度的技术要求，后二项指标系本规范的补充，并将原规范中的垃圾厚度2～3m的规定修订为2～4m。

9.2.5 关于日（单元）覆盖和中间（阶段）覆盖的技术规定。

日覆盖的主要作用是防臭，防轻质、飞扬物质，减少蚊蝇及改善不良视觉环境。由于对减少雨水侵入不是主要目的，对覆盖材料的渗透系数没有要求；另一方面，根据国内填埋场经验，采用粘土覆盖容易在压实设备上粘结大量土，对压实作业产生影响。建议采用沙性土、建筑垃圾或其他材料进行日（单元）覆盖。

中间（阶段）覆盖的主要目的是避免因较长时间垃圾暴露进入大量雨水，产生大量渗沥液，建议采用粘土、改良土或其他防渗材料进行中间（阶段）覆盖，粘土或改良土覆盖层厚度宜大于日（单元）覆盖。

9.2.6 条文对填埋场填埋作业达到设计标高后的封场和生态环境恢复提出了应尽快进行的要求。“尽快”的目的主要是减少雨水的渗入形成大量渗沥液，并应及时进行绿化。封场和生态环境恢复的技术要求在第10章做了具体规定。

9.3 填埋场管理

9.3.1 关于填埋场从建设至封场后场地再利用应进行全过程管理的基本要求。

9.3.2 关于填埋场建设有关文件科学管理的规定。条文中的“有关文件”包括场址选择、勘察、环评、征地、拨款、设计、施工直至验收等全过程所形成的一切文件资料。

9.3.3 关于填埋作业管理、计量等级的规定。Ⅱ级及Ⅱ级以上的填埋场宜采用计算机网络对填埋作业进行管理。条文中“填埋场的计量应达到国家三级计量合格单位”为补充内容。

9.3.4 关于填埋场封场和场地再利用管理的规定。

9.3.5 关于填埋场跟踪监测管理的规定。

10 填埋场封场

10.0.1 本章对原规范第6.6节（填埋场封场）中的条款顺序做了适当调整。原第6节6.6.1条主要是涉及填埋场全过程的管理程序，调整为本规范第9章第3节“填埋场管理”9.3.1条。

封场设计的最终目的是为了使封场后的维护工作减至最小，有效地保护公众健康与周边环境和封场后充分利用填埋场地的土地效益。

本条是在原规范 6.6.7 条基础上修改而成，说明封场设计应考虑的主要因素。将原规范中的“填埋气体的顶托力”改为可操作的“填埋气体的收集”，增加了“植被类型、填埋场的稳定性及土地利用等因素”。填埋场的稳定性包括填埋体、边坡封场覆盖结构和垃圾成分的稳定性。

10.0.2 本条将填埋场最终封场覆盖结构分为粘土覆盖结构与人工材料覆盖结构进行规定。

10.0.3 封场坡度包括顶面坡度与边坡坡度。边坡宜采用多级台阶进行封场，台阶高度宜按照填埋单元高度进行。

10.0.4 新增条文。填埋场封场不等于填埋场运行停止，应继续进行渗沥液处理系统运行管理和导排填埋气体，直至垃圾降解稳定。因垃圾成分的多样性与填埋工艺的不同，封场后渗沥液产生量和时间较难确定。填埋场建设投资计算时，填埋场封场后渗沥液处理系统运行费用可以不计入。

10.0.5 本条规定了填埋场封场后土地使用要求。封场后应做好填埋库区、道路的水土保持工作。

国内现有众多的旧填埋场未采用卫生填埋方法，它们对周边的水环境、大气环境存在严重的污染，并由于沼气的无规则迁移，使周围存在爆炸、火灾安全隐患。采用现代封场技术，可以减少渗沥液产生量，并有序引导沼气的排放和处理。旧填埋场的封场可参照本节条款执行。

11 环境保护与劳动卫生

11.0.1 本条为原规范 4.0.4 条。生活垃圾卫生填埋场作为城市建设基础设施，应该进行环境影响评价。

11.0.2 本条对场区环境污染控制指标规定了其应满足现行国家标准《生活垃圾填埋污染控制标准》（GB 16889）和《生活垃圾填埋场环境监测技术要求》（GB/T 18772）的要求。本规范做了文字修改和适当补充，调整了次序。

11.0.3 关于环境污染控制指标应执行现行国家有关标准和当地环境保护部门排放标准的规定，为强制性条文。

11.0.4 本条对场区使用消杀药物做出了原则规定。

11.0.5 本条对场区安全生产指示标识的设置提出了原则要求。

11.0.6 本条对填埋场作业的劳动卫生方面提出了基本规定。

12 填埋场工程施工与验收

12.0.1 本条是关于填埋场施工准备的基本事项的原则规定。

12.0.2 本条是关于填埋场工程施工和设备安装的基本规定。

12.0.3 本条是关于填埋场工程施工变更应遵守的规定。

12.0.4 本条是关于填埋场各单项建筑、安装工程施工的原则规定。

12.0.5 本条是关于施工安装使用的材料和国外引进的专用填埋设备与材料的原则规定。

12.0.6 本条是关于填埋场工程验收的一般规定和填埋主体工程验收的基本规定。

中华人民共和国行业标准

生活垃圾转运站技术规范

Technical code for transfer station of municipal solid waste

CJJ 47—2006

J 511—2006

批准部门：中华人民共和国建设部

施行日期：2 0 0 6 年 8 月 1 日

中华人民共和国建设部
公　　告

第 420 号

建设部关于发布行业标准《生活垃圾转运站技术规范》的公告

现批准《生活垃圾转运站技术规范》为行业标准，编号为 CJJ 47—2006，自 2006 年 8 月 1 日起实施。其中第 7.1.1、7.1.3、7.1.4、7.2.2、7.2.3、7.2.4 条为强制性条文，必须严格执行。原行业标准《城市垃圾转运站设计规范》CJJ 47—91 同时废止。

本标准由建设部标准定额研究所组织中国建筑工业出版社出版发行。

中华人民共和国建设部

2006 年 3 月 26 日

前　　言

根据建设部建标［2004］66 号文的要求，规范编制组经广泛调查研究，认真总结实践经验，参考有关国家标准和国外先进标准，并在广泛征求意见的基础上，对《城市垃圾转运站设计规范》CJJ 47—91 进行了修订。

本规范的主要技术内容是：1. 总则；2. 选址与规模；3. 总体布置；4. 工艺、设备及技术要求；5. 建筑与结构；6. 配套设施；7. 环境保护与劳动卫生；8. 工程施工及验收。

修订的主要内容是：增加和细化了选址条件；重新划分了规模类别；增加了不同规模转运站的用地指标；调整了转运站服务半径；明确了转运站总规模与转运单元的关系；增加、细化了转运站总体布置的内容；增加了转运站关于绿地率的指标；增加、细化了有关工艺技术的要求；新增了“环境保护与劳动卫生”和“工程施工及验收”两个章节。

本规范由建设部负责管理和对强制性条文的解释，由主编单位负责具体技术内容的解释。

本规范主编单位：华中科技大学（地址：武汉市武昌珞喻路 1037 号；邮政编码：430074）

本规范参编单位：城市建设研究院
北京市环境卫生科学研究所
中国市政西南设计研究院
广西壮族自治区南宁专用汽车厂
珠海经济特区联谊机电工程有限公司
上海中荷环保有限公司
长沙中联重工科技发展有限公司
武汉华曦科技发展有限公司
北京航天长峰股份有限公司长峰弘华环保设备分公司

本规范主要起草人员：陈海滨　吴文伟　徐文龙　谭树生　汪立飞　张来辉　周治平　王元刚　王敬民　莫许钚　刘臻树　汪俊时　沈　磊　朱建军　熊　萍　秦建宁　李俊卿　赵树青　魏剑锋　王丽莉

目　次

1　总则 ………………………… 3—2—4
2　选址与规模 ………………………… 3—2—4
2.1　选址 ………………………… 3—2—4
2.2　规模 ………………………… 3—2—4
3　总体布置 ………………………… 3—2—4
4　工艺、设备及技术要求 ………………………… 3—2—5
4.1　转运工艺 ………………………… 3—2—5
4.2　机械设备 ………………………… 3—2—5
4.3　其他设施设备 ………………………… 3—2—5
5　建筑与结构 ………………………… 3—2—6
6　配套设施 ………………………… 3—2—6
7　环境保护与劳动卫生 ………………………… 3—2—6
7.1　环境保护 ………………………… 3—2—6
7.2　安全与劳动卫生 ………………………… 3—2—6
8　工程施工及验收 ………………………… 3—2—7
8.1　工程施工 ………………………… 3—2—7
8.2　工程竣工验收 ………………………… 3—2—7
本规范用词说明 ………………………… 3—2—7
条文说明 ………………………… 3—2—8

1 总 则

1.0.1 为规范生活垃圾转运站（以下简称“转运站”）的规划、设计、施工和验收，制定本规范。

1.0.2 本规范适用于新建、改建和扩建转运站工程的规划、设计、施工及验收。

1.0.3 转运站的规划、设计和施工、验收除应执行本规范外，尚应符合国家现行有关标准的规定。

2 选址与规模

2.1 选 址

2.1.1 转运站选址应符合下列规定：

1 符合城市总体规划和环境卫生专业规划的要求。

2 综合考虑服务区域、转运能力、运输距离、污染控制、配套条件等因素的影响。

3 设在交通便利，易安排清运线路的地方。

4 满足供水、供电、污水排放的要求。

2.1.2 转运站不应设在下列地区：

1 立交桥或平交路口旁。

2 大型商场、影剧院出入口等繁华地段。若必须选址于此类地段时，应对转运站进出通道的结构与形式进行优化或完善。

3 邻近学校、餐饮店等群众日常生活聚集场所。

2.1.3 在运距较远，且具备铁路运输或水路运输条件时，宜设置铁路或水路运输转运站（码头）。

2.2 规 模

2.2.1 转运站的设计日转运垃圾能力，可按其规模划分为大、中、小型三大类，或Ⅰ、Ⅱ、Ⅲ、Ⅳ、Ⅴ五小类。

新建的不同规模转运站的用地指标应符合表2.2.1的规定。

表 2.2.1 转运站主要用地指标

类	型	设计转运量（t/d）	用地面积（m^2）	与相邻建筑间隔（m）	绿化隔离带宽度（m）
大型	Ⅰ类	1000～3000	≤20000	≥50	≥20
	Ⅱ类	450～1000	15000～20000	≥30	≥15
中型	Ⅲ类	150～450	4000～15000	≥15	≥8
小型	Ⅳ类	50～150	1000～4000	≥10	≥5
	Ⅴ类	≤50	≤1000	≥8	≥3

注：1 表内用地不含垃圾分类、资源回收等其他功能用地。

2 用地面积含转运站周边专门设置的绿化隔离带，但不含兼起绿化隔离作用的市政绿地和园林用地。

3 与相邻建筑间隔自转运站边界起计算。

4 对于邻近江河、湖泊、海洋和大型水面的城市生活垃圾转运码头，其陆上转运站用地指标可适当上浮。

5 以上规模类型Ⅱ、Ⅲ、Ⅳ含下限值不含上限值，Ⅰ类含上下限值。

2.2.2 转运站的设计规模和类型的确定应在一定的时间和一定的服务区域内，以转运站设计接受垃圾量为基础，并综合城市区域特征和社会经济发展中的各种变化因素来确定。

2.2.3 确定转运站的设计接受垃圾量（服务区内垃圾收集量），应考虑垃圾排放季节波动性。

2.2.4 转运站的设计规模可按下式计算：

$$Q_D = K_S \cdot Q_C \tag{2.2.4}$$

式中 Q_D——转运站设计规模（日转运量），t/d；

Q_C——服务区垃圾收集量（年平均值），t/d；

K_S——垃圾排放季节性波动系数，应按当地实测值选用；无实测值时，可取1.3～1.5。

2.2.5 无实测值时，服务区垃圾收集量可按下式计算：

$$Q_C = \{n \cdot q/1000\} \tag{2.2.5}$$

式中 n——服务区内实际服务人数；

q——服务区内，人均垃圾排放量［kg/（人·d）］，应按当地实测值选用；无实测值时，可取0.8～1.2。

2.2.6 当转运站由若干转运单元组成时，各单元的设计规模及配套设备应与总规模相匹配。转运站总规模可按下式计算：

$$Q_T = m \cdot Q_U \tag{2.2.6-1}$$

$$m = [Q_D/Q_U] \tag{2.2.6-2}$$

式中 Q_T——由若干转运单元组成的转运站的总设计规模（日转运量），t/d；

Q_U——单个转运单元的转运能力，t/d；

m——转运单元的数量；

［ ］——高斯取整函数符号；

Q_D——转运站设计规模（日转运量），t/d。

2.2.7 转运站服务半径与运距应符合下列规定：

1 采用人力方式进行垃圾收集时，收集服务半径宜为0.4km以内，最大不应超过1.0km。

2 采用小型机动车进行垃圾收集时，收集服务半径宜为3.0km以内，最大不应超过5.0km。

3 采用中型机动车进行垃圾收集运输时，可根据实际情况扩大服务半径。

4 当垃圾处理设施距垃圾收集服务区平均运距大于30km且垃圾收集量足够时，应设置大型转运站，必要时宜设置二级转运站（系统）。

3 总体布置

3.0.1 转运站的总体布局应依据其规模、类型，综合工艺要求及技术路线确定。总平面布置应流程合理、布置紧凑，便于转运作业，能有效抑制污染。

3.0.2 对于分期建设的大型转运站，总体布局及平面布置应为后续建设留有发展空间。

3.0.3 转运站应利用地形、地貌等自然条件进行工艺布置。竖向设计应结合原有地形进行雨污水导排。

3.0.4 转运站的主体设施布置应满足下列要求：

1 转运车间及卸、装料工位宜布置在场区内远离邻近的建筑物的一侧。

2 转运车间内卸、装料工位应满足车辆回车要求。

3.0.5 转运站配套工程及辅助设施应满足下列要求：

1 计量设施应设在转运站车辆进出口处，并有良好的通视条件，与进口厂界距离不应小于一辆最大运输车的长度。

2 按各功能区内通行的最大规格车型确定道路转弯半径与作业场地面积。

3 站内宜设置车辆循环通道或采用双车道及回车场。

4 站内垃圾收集车与转运车的行车路线应避免交叉。因条件限制必须交叉时，应有相应的交通管理安全措施。

5 大型转运站应按转运车辆数设计停车场地，停车场的形式与面积应与回车场地综合平衡；其他转运站可根据实际需求进行设计。

6 转运站绿地率应为20%～30%，中型以上（含中型）转运站可取大值；当地处绿化隔离带区域时，绿地率指标可取下限。

3.0.6 转运站行政办公与生活服务设施应满足下列要求：

1 用地面积宜为总用地面积的5%～8%。

2 中小型转运站可根据需要设置附属式公厕，公厕应与转运设施有效隔离，互不干扰。站内单独建造公厕的用地面积应符合现行行业标准《城镇环境卫生设施设置标准》CJJ 27中的有关规定。

4 工艺、设备及技术要求

4.1 转 运 工 艺

4.1.1 垃圾转运工艺应根据垃圾收集、运输、处理的要求及当地特点确定。

4.1.2 转运站的转运单元数不应小于2，以保持转运作业的连续性与事故状态下或出现突发事件时的转运能力。

4.1.3 转运站应采用机械填装垃圾的方式进料，并应符合下列要求：

1 有相应措施将装载容器填满垃圾并压实。压实程度应根据转运站后续环节（垃圾处理、处置）的要求和物料性状确定。

2 当转运站的后续环节是垃圾填埋场或转运混合垃圾时，应采用较大压实能力的填装/压实机械设备，装载容器内的垃圾密实度不应小于$0.6t/m^3$。

3 应有联动或限位装置，保持卸料与填装压实动作协调。

4 应有锁紧或限位装置，保持填装压实机与受料容器结合部密封良好。

4.1.4 转运站在工艺技术上应满足下列要求：

1 应设置垃圾称重计量装置；大型转运站必须在垃圾收集车进出站口设置计量设施。计量设备宜选用动态汽车衡。

2 在运输车辆进站处或计量设施处应设置车号自动识别系统，并进行垃圾来源、运输单位及车辆型号、规格登记。

3 应设置进站垃圾运输车抽样检查停车检查区。

4 垃圾卸料、转运作业区应配置通风、降尘、除臭系统，并保持该系统与车辆卸料动作联动。

5 垃圾卸料、转运作业区应设置车辆作业指示标牌和安全警示标志。

6 垃圾卸料工位应设置倒车限位装置及报警装置。

4.2 机 械 设 备

4.2.1 转运站应依据规模类型配置相应的压实设备。

4.2.2 多个同一工艺类型的转运单元的配套机械设备，应选用同一型号、规格。

4.2.3 转运站机械设备及配套车辆的工作能力应按日有效运行时间和高峰期垃圾量综合考虑，并应与转运站及转运单元的设计规模（t/d）相匹配，保证转运站可靠的转运能力并留有调整余地。

4.2.4 转运站配套运输车数应按下列公式计算：

$$n_V = \left[\frac{\eta \cdot Q}{n_T \cdot q_V}\right] \quad (4.2.4\text{-}1)$$

$$Q = m \cdot Q_U \quad (4.2.4\text{-}2)$$

式中 n_V——配备的运输车辆数量；

Q_U——单个转运单元的转运能力，t/d；

q_V——运输车实际载运能力，t；

m——转运单元数；

n_T——运输车日转运次数；

η——运输车备用系数，取$\eta=1.1\sim1.3$。若转运站配置了同型号规格的运输车辆时，η可取下限值。

4.2.5 对于装载容器与运输车辆可分离的转运单元，装载容器数量可按下式计算：

$$n_C = m + n_V - 1 \quad (4.2.5)$$

式中 n_C——转运容器数量；

m——转运单元数；

n_V——配备的运输车辆数量。

4.3 其他设施设备

4.3.1 大型转运站可设置专用加油站。专用加油站应符合现行国家标准《汽车加油加气站设计与施工规范》GB 50156 的有关规定。

4.3.2 大型转运站宜设置机修车间，其他规模转运站可根据具体情况和实际需求考虑设置机修室。

5 建筑与结构

5.0.1 转运站的建筑风格、色调应与周边建筑和环境协调。

5.0.2 转运站的建筑结构形式应满足垃圾转运工艺及配套设备的安装、拆换与维护的要求。

5.0.3 转运站的建筑结构应符合下列要求：

1 保证垃圾转运作业对污染实施有效控制或在相对密闭的状态下进行。

2 垃圾转运车间应安装便于启闭的卷帘闸门，设置非敞开式通风口。

5.0.4 转运站地面（楼面）的设计，除应满足工艺要求外，尚应符合现行国家标准《建筑地面设计规范》GB 50037 的有关规定。

5.0.5 转运站宜采用侧窗天然采光。采光设计应符合现行国家标准《建筑采光设计标准》GB 50033 的有关规定。

5.0.6 转运站消防设计应符合现行国家标准《建筑设计防火规范》GBJ 16 和《建筑灭火器配置设计规范》GB 50140 的有关规定。

5.0.7 转运站防雷设计应符合现行国家标准《建筑物防雷设计规范》GB 50057 的要求。

6 配 套 设 施

6.0.1 转运站站内道路的设计应符合下列要求：

1 应满足站内各功能区最大规格的垃圾运输车辆的荷载和通行要求。

2 站内主要通道宽度不应小于 4m，大型转运站站内主要通道宽度应适当加大。路面宜采用水泥混凝土或沥青混凝土，道路的荷载等级应符合现行国家标准《厂矿道路设计规范》GBJ 22 的有关规定。

3 进站道路的设计应与其相连的站外市政道路协调。

6.0.2 转运站可依据本站及服务区的具体情况和要求配置备用电源。大型转运站在条件许可时应设置双回路电源或配备发电机；中、小型转运站可配备发电机。

6.0.3 转运站应按生产、生活与消防用水的要求确定供水方式与供水量。

6.0.4 转运站排水及污水处理应符合下列要求：

1 应按雨污分流原则进行转运站排水设计。

2 站内场地应平整，不滞留渍水；并设置污水导排沟（管）。

3 转运车间应设置收集和处理转运作业过程产生的垃圾渗沥液和场地冲洗等生产污水的积污坑（沉沙井）。积污坑的结构和容量必须与污水处理方案及工艺路线相匹配。

4 应采取有效的污水处理措施。

6.0.5 转运站应配置必要的通信设施。

6.0.6 中型以上规模的转运站应设置相对独立的管理办公设施；小型转运站行政办公设施可与站内主体设施合并建设。

6.0.7 转运站应配备监控设备；大型转运站应配备闭路监视系统、交通信号系统及电话/对讲系统等现场控制系统；有条件的可设置计算机中央控制系统。

7 环境保护与劳动卫生

7.1 环 境 保 护

7.1.1 转运站的环境保护配套设施必须与转运站主体设施同时设计、同时建设、同时启用。

7.1.2 中型以上转运站应通过合理布局建（构）筑物、设置绿化隔离带、配备污染防治设施和设备等措施，对转运过程产生的污染进行有效防治。

7.1.3 转运站应结合垃圾转运单元的工艺设计，强化在卸装垃圾等关键位置的通风、降尘、除臭措施；大型转运站必须设置独立的抽排风/除臭系统。

7.1.4 配套的运输车辆必须有良好的整体密封性能。

7.1.5 转运作业过程产生的噪声控制应符合现行国家标准《城市区域噪声标准》GB 3096 的规定。

7.1.6 转运站应根据所在地区水环境质量要求和污水收集、处理系统等具体条件，确定污水排放、处理形式，并应符合国家现行有关标准及当地环境保护部门的要求。

7.1.7 转运站的绿化隔离带应强化其隔声、降噪等环保功能。

7.2 安全与劳动卫生

7.2.1 转运站安全与劳动卫生应符合现行国家标准《生产过程安全卫生要求总则》GB 12801 和《工业企业设计卫生标准》GBZ1 的规定。

7.2.2 转运站应在相应位置设置交通管制指示、烟火管制提示等安全标志。

7.2.3 机械设备的旋转件、启闭装置等零部件应设置防护罩或警示标志。

7.2.4 填装、起吊、倒车等工序的相关设施、设备上应设置警示标志、警报装置。

7.2.5 转运作业现场应留有作业人员通道。

7.2.6 装卸料工位应根据转运车辆或装载容器的规格尺寸设置导向定位装置或限位预警装置。

7.2.7 大型转运站应设置专用的卫生设施，中小型转运站可设置综合性卫生设施。

7.2.8 垃圾转运现场作业人员应穿戴必要的劳保用品。

7.2.9 在转运站内应设置消毒、杀虫设施及装置。

8 工程施工及验收

8.1 工 程 施 工

8.1.1 转运站的各项建筑、安装工程施工应符合国家现行有关标准的规定。

8.1.2 在转运站施工前，施工单位应按设计文件和招标文件编制并向业主提交施工方案。

8.1.3 施工单位应按施工方案和设计文件进行施工准备，并结合施工进度计划和场地条件合理安排施工场地。

8.1.4 工程施工应按照施工进度计划和经审核批准的工程设计文件的要求进行。

8.1.5 转运站工程施工变更应按经批准的设计变更文件进行。

8.1.6 工程施工使用的各类材料应符合国家现行有关标准和设计文件的要求。

8.1.7 从国外引进的转运、运输设备及零部件或材料，应符合下列要求：

1 应与设计文件及有关合同要求一致；

2 应与供货商提供的供货清单及技术参数一致；

3 应按商务、商检等部门的规定履行必要的程序与手续；

4 应符合我国现行政策、法规和技术标准的有关规定。

8.2 工程竣工验收

8.2.1 转运站工程竣工验收应按设计文件和相应的国家现行标准的规定进行。

8.2.2 转运站工程竣工验收除应符合现行国家标准《机械设备安装施工验收通用规范》GB 50231及现行有关标准的规定外，还应符合下列要求：

1 机械设备验收应符合本规范第4章的相关要求。

2 建筑工程验收应符合本规范第5章的相关要求。

3 配套设施验收应符合本规范第6章的相关要求。

4 环境保护工程验收应符合本规范第7.1节的相关要求。

5 安全与卫生工程验收应符合本规范第7.2节的相关要求。

8.2.3 转运站工程竣工验收前应准备下列文件、资料：

1 竣工验收工作计划；

2 开工报告、项目批复文件；

3 工程施工图等技术文件；

4 工程施工（重点是隐蔽工程、综合管线）记录和工程变更记录；

5 设备（重点是转运装置）安装、调试与试运行记录；

6 其他必要的文件、资料。

本规范用词说明

1 为便于在执行本规范条文时区别对待，对于要求严格程度不同的用词说明如下：

1）表示很严格，非这样做不可的：
正面词采用“必须”；反面词采用“严禁”；

2）表示严格，在正常情况下均应这样做的：
正面词采用“应”；反面词采用“不应”或“不得”；

3）表示允许稍有选择，在条件许可时首先应这样做的：
正面词采用“宜”；反面词采用“不宜”；

表示有选择，在一定条件下可以这样做的，采用“可”。

2 条文中指明应按其他有关标准执行的写法为：“应符合……的规定”或“应按……执行”。

中华人民共和国行业标准

生活垃圾转运站技术规范

CJJ 47—2006

条 文 说 明

前　言

《生活垃圾转运站技术规范》CJJ 47—2006 经建设部 2006 年 3 月 26 日以第 420 号公告批准，业已发布。

本规范第一版的主编单位是中国市政工程西南设计院。

为方便广大设计、施工、科研、学校等单位的有关人员在使用本规范时能正确理解和执行条文规定，《生活垃圾转运站技术规范》编制组按章、节、条顺序编制了本规范的条文说明，供使用者参考。在使用过程中如发现本条文说明有不妥之处，请将意见函寄华中科技大学（地址：武汉市武昌珞喻路 1037 号，邮政编码：430074）。

目　次

1　总则…………………………………… 3—2—11
2　选址与规模………………………………… 3—2—11
2.1　选址………………………………… 3—2—11
2.2　规模………………………………… 3—2—11
3　总体布置………………………………… 3—2—12
4　工艺、设备及技术要求………………… 3—2—12
4.1　转运工艺……………………………… 3—2—12
4.2　机械设备……………………………… 3—2—14
4.3　其他设施设备………………………… 3—2—14
5　建筑与结构………………………………… 3—2—14
6　配套设施………………………………… 3—2—14
7　环境保护与劳动卫生…………………… 3—2—15
7.1　环境保护……………………………… 3—2—15
7.2　安全与劳动卫生……………………… 3—2—15
8　工程施工及验收………………………… 3—2—15
8.1　工程施工……………………………… 3—2—15
8.2　工程竣工验收………………………… 3—2—15

1 总 则

1.0.1 本条明确了制定本规范的目的。编制本规范的目的在于加强和规范生活垃圾转运站（以下简称"转运站"）的规划、设计、建设全过程的规范化管理，以提高投资效率，进而实现城镇生活垃圾处理减量化、资源化、无害化的目标。

1.0.2 本条明确了本规范的适用范围。

1.0.3 本条规定转运站的规划、设计、建设除应执行本规范外，还应执行国家现行有关标准的规定。

2 选址与规模

2.1 选 址

2.1.1 本条明确转运站选址应符合城市总体规划和环境卫生专业规划的基本要求。若转运站所在区域的城市总体规划未对转运站选址提出要求或尚未编制环境卫生专业规划，则其选址应由建设主管部门会同规划、土地、环保、交通等有关部门进行，或及时征求有关部门的意见。

2.1.2 本条明确了不适合转运站选址的地方。

转运站选址应避开立交桥或平交路口旁，以及影剧院、大型商场出入口等繁华地段，主要是避免造成交通混乱或拥挤。若必须选址于此类地段时，应对转运站进出通道的结构与形式进行优化或完善。

转运站选址避开邻近商场、餐饮店、学校等群众日常生活聚集场所，主要是避免垃圾转运作业时的二次污染影响甚至危害，以及潜在的环境污染所造成的社会或心理上的负面影响。若必须选址于此类地段时，应从建筑结构或建筑形式上采取措施进行改进或完善。

2.1.3 铁路运输或水路运输均适用于运距远、运量大的场合。在这种情况下，宜设置铁路或水路运输转运站（码头），其规模类型应是大型的，其设计建造必须服从特定设施的有关行业标准的规定与要求。

2.2 规 模

2.2.1 关于转运站的用地指标，改、扩建转运站可参照执行。

2.2.2 转运站的设计需综合考虑街区类型、道路交通状况、环境质量要求等城市区域特征和社会经济发展中的各种变化因素来确定。

关于转运站的类型：

1 转运站可按其填装、转载垃圾动作方式分为卧式和立式；可按是否将垃圾压实划分为压缩式和非压缩式；压缩式又可按填装压实装置方式分为刮板式和活塞式（推板式）等；还可按垃圾压实过程在装载容器内或外完成分为直接压缩（压装）式和预压式等等。

转运站可根据其服务区域环境卫生专业规划或其从属的垃圾处理系统的需求，在进行垃圾转运作业的基础上增加储存、分选、回收等项功能，成为综合性转运站。

上述各类转运站的基本工艺技术路线相似，如图1所示。

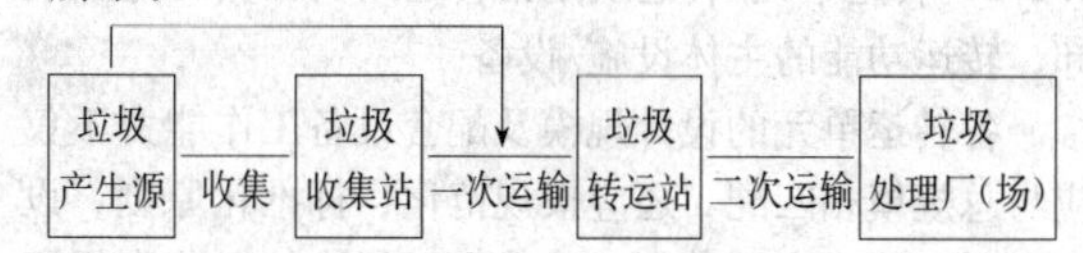

图1 常规（一级）垃圾转运系统工艺路线

通常把转运站之前的收集运输称为"一次运输"；而把转运站之后的转运输过程为"二次运输"。

2 转运站还可根据运距与运输量的需求，建成二级转运系统。在此系统中，垃圾经由两级功能、规模及主要技术经济指标不同的转运站的两次转运后，被运至较远（通常不小于30km）距离外的垃圾处理厂（场）。二级转运系统的基本工艺技术路线如图2所示。

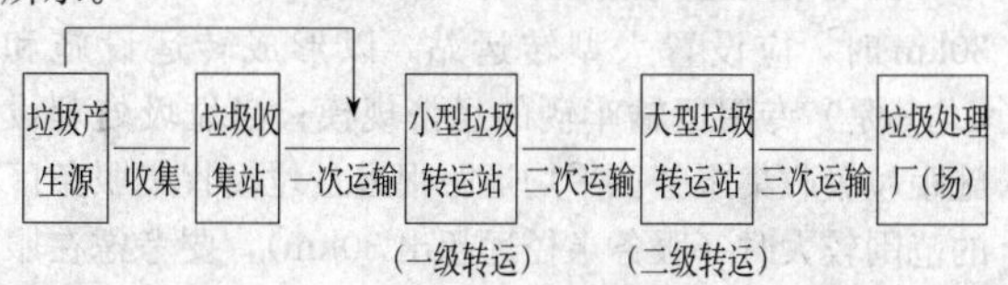

图2 二级垃圾转运系统工艺路线

通常，把一级转运之前的收集运输称为"一次运输"；把一级转运之后、二级转运之前即垃圾由中小型转运站运往大型转运站的运输过程称为"二次运输"；而把二级转运之后即垃圾由大型转运站运往垃圾处理厂（场）的运输过程称为"三次运输"。

3 一级或二级垃圾转运系统的确定

当垃圾收集服务区距垃圾处理（处置）设施较远（通常不小于30km），且垃圾收集服务区的垃圾量很大时，宜采用二级转运模式。

4 两种转运模式及转运设施、设备的主要特点和差别

常规（一级）的转运站的规模及有关指标可按表2.2.1选择，通常是Ⅱ、Ⅲ、Ⅳ类。其配套的二次运输车辆可以是中型、大型（有效载重从几吨到十几吨，箱体容积从几立方米到几十立方米）。但二级转运站必须是大型规模，与其配套的三次运输车辆通常是超大型集装箱式运输车（有效载重通常在15t以上，箱体容积大于$24m^3$）。

一般情况下，可按平均服务半径1～3km的垃圾收集量设定转运站规模类型。若转运站上游主要采用人力收集方式时，其服务半径宜取偏小值；若转运站上游主要采用机械收集方式时，其服务半径宜取偏

大值。

2.2.4 垃圾排放季节性波动系数即一年中垃圾最大月排放量与平均月排放量的比值，依据调研及实测数据取1.3～1.5。

2.2.5 人均垃圾排放量亦可参照周边地区或城镇取值。

服务区内实际服务人数包括流动人口。

2.2.6 转运单元/转运线是指转运站内，具备垃圾装卸、转运功能的主体设施/设备。

各转运单元的设计规模及配套设备工作能力不仅应与总规模相匹配，还应按规范化、标准化原则，设定在同一技术水平，便于建造和运行维护，节省投资和运行成本。

2.2.7 采用人力方式进行垃圾收集运输主要是指三轮车、两轮板车等。

采用小型机动车进行垃圾收集运输主要指1～3t的收集车。

采用中型机动车进行垃圾收集运输主要是指采用5～8t后装式压缩运输车将逐点收集的垃圾直接运往处理厂（场）。

当垃圾处理设施距垃圾收集服务区平均运距大于30km时，应设置大型转运站，以形成转运设施和（尤其是）专用运输车辆的经济规模；当垃圾处理设施距垃圾收集服务区平均运距很远且垃圾收集服务区的范围较大时（服务半径远超出30km），要考虑在服务区外围靠近垃圾处理设施的一侧设置二级转运站（系统）。

无论从优化城镇市容环境和防治二次污染，还是从改善生产作业条件、保护现场工作人员考虑，人力收集、清运垃圾的方式都应逐步淘汰。因此，转运站的设计应能满足随着城市建设及旧城改造的进行而逐步实现垃圾收集、清运机械化的需要。

3 总体布置

3.0.1 转运站的总体布局应依据其采用的转运工艺及技术路线确定，充分利用场地空间，保证转运作业，有效抑制二次污染并节约土地。

3.0.2 对于分期建设的大型转运站，总体布局及平面设计时应为后续建设内容留有足够的发展空间；分期建设预留场地必须能满足工艺布局的要求，应相对集中。

3.0.3 应充分利用站址地形、地貌等自然条件进行转运站的工艺布置。对于高位卸料、设置进站引桥的竖向工艺设计，充分利用地形和场地空间非常重要。

3.0.4 本条明确了平面布置中关于主体设施的要求。

将转运车间及卸、装料工位布置在场区内远离邻近建筑物的一侧，可增加中间过渡段及隔离粉尘、噪声的效果。

转运站内卸、装料工位的车辆回车场地应按照出现车辆集中抵达时的不利情况考虑。

3.0.5 本条明确了平面布置中关于配套工程与辅助设施的要求。

应按转运站内进出的最大规格车型（转运站下游的转弯半径最大的运输车中）的要求确定道路转弯半径与作业场地面积。

转运站内宜设置车辆循环通道或采用双车道及回车场解决站内车辆通行问题。

为保障进出的收集/运输车在站内畅通，转运站内应形成车辆循环通道；若条件限制不能设置循环行车线路或转运站规模较小、车辆较少时，可采用双向车道结合回车场的形式解决站内通行问题。

对中型及其以上规模的转运站提出较高的绿地率要求主要基于两点考虑：一是转运垃圾量较大，因而潜在的环境污染危害较大；二是其场地有效利用率较高，因而场地可用于绿化的比例更大。

3.0.6 本条明确了平面布置中关于行政办公与生活服务设施的要求。

小型（Ⅳ、Ⅴ类）转运站宜将行政办公或管理设施附属于主体设施一并建造。

根据需要在转运站内设置面向社会（或内外部共用）的附属式公厕，或者将公厕与转运站共建，可解决环境卫生设施征地困难，提高土地利用率。此类公厕应设置在转运站面路的一侧，并与站内的转运设施有效隔离，以免互相干扰（转运车辆通行可能导致交通事故、场地污染，等等）；站内单独建造公厕的用地面积可按现行行业标准《城镇环境卫生设施设置标准》CJJ 27的规定，另行计算。

大型转运站因转运繁忙及进出站车辆频繁，不宜建造面向社会的公共厕所。

4 工艺、设备及技术要求

4.1 转运工艺

4.1.1 自20世纪90年代以来，我国的城市垃圾转运技术及设施水平有了很大的提高，但由于地区经济发展不平衡和生活垃圾处理系统本身的差异，导致垃圾转运能力和技术水平参差不齐。现行主要的垃圾转运技术（模式）可划分为以下几类：

1 敞开式转运：这是最早的一代垃圾转运技术。城市生活垃圾主要是通过人力车或小型机动车辆直接倒在某一指定地点，然后由其他车辆将其转运到处理场所。作业过程中，转运场所是敞开或半敞开（有顶棚），有时甚至在临时选定的露天空地进行垃圾转运作业。这种情况下，与之配套的车辆通常也是敞开式的。

此种转运模式虽然一定程度上实现了垃圾的转移

和运输操作，但同时造成很大的二次污染。如垃圾散落、臭气散发、灰尘飞扬、污水泄漏等，尤其是在收集、转运场所的周围，污染现象十分严重。不仅转运现场作业环境十分恶劣，而且直接污染周边环境，危害居民的健康，严重影响城市的正常秩序。随着城市社会经济的发展和人民群众对环境质量要求的提高，这种原始转运模式的诸多缺陷和引发的矛盾日趋突出，因而大多数城市已经或正在将此淘汰，但在部分中小城市（城镇）及乡镇仍然使用。

2 封闭转运模式：为了克服敞开式转运的缺点，封闭式转运模式应运而生。其中“封闭”一词有两层含义及要求：一是指垃圾转移场所的封闭，二是指转运车上垃圾装载容器的封闭。转运场所的封闭减少了对周围环境的污染；转运容器的封闭减少了运输途中垃圾的散落、灰尘的飞扬和污水洒漏。

实践表明，封闭式转运站在很大程度上减少了其作业过程对外部环境的影响。但是，由于垃圾密度小，转运车辆不能满负荷运输，造成效率低下，转运成本高。这种弊端对于倾倒卸料直装式密封垃圾运输车更为突出。

3 机械填装/压缩转运模式（简称压缩转运）：此类转运模式在国内的规模化应用出现在20世纪90年代。近几年，随着垃圾成分的变化及中转技术的发展，机械填装/压缩转运技术开始应用并迅速普及。相对于前两种转运技术而言，压缩转运技术在有效防治二次污染的前提下，成功解决了运输车辆的载运能力亏损问题，提高了转运车的运输效率，体现了转运环节的经济性。

根据国内垃圾转运技术现状及发展趋势，转运技术及配套机械设备可按物料被装载、转运时的移动方向分为卧式或立式两大类；可按转运容器内的垃圾是否被压实及其压实程度，划分为填装式（兼压缩式）和压缩式两大类。

填装式：采用回转式刮板将物料送入装载容器。由于机械动作原理及作用力所限，其主要功能是将装载容器填满，兼有压实功能。此类填装设备过去通常与装载容器连为一体（如后装式垃圾收运车），现在为了提高单车运输效率，出现将填装/压缩装置与装载容器分离的趋势。填装式多用于中型及其以下转运站。

压缩式：采用往复式推板将物料压入装载容器。与刮板式填装作业相比，往复式推压技术对容器内的垃圾施加更大的挤压力。大中型转运站多采用压缩式。

还可进一步按垃圾被压实的不同工艺路线及机械动作程序，分为直接压缩（压装）式和预压式，等等。

（1）直接压缩工艺

工艺路线：接收垃圾→直接压装进入转运车厢→转运

作业过程为：首先连接转运容器（车厢）和压装设备，当受料器内接收垃圾达到一定数量后，启动压实设备，推压板将垃圾直接压入转运车厢。其间可根据需要调整压头压力大小或推压次数，车厢装满并压实后，与压装设备分离，由转运车辆运至目的地。

直接压缩式既有水平式也有垂直式的，相比较而言，国内转运站现以水平式较多。

（2）预先压缩工艺

工艺路线：接收垃圾→在受料器（或预压仓）内压实→推入转运车厢→转运

作业过程为：垃圾倾入受料容器，被压实成包；被推入转运容器（车厢）；由转运车辆运至目的地。车厢内可装入的垃圾包数量由其厢体容积和垃圾包体积等技术参数确定。

预压式多用于中型以上的转运站。

4.1.2 为了保证转运作业的连续性与事故状态下（如配套的填装机械发生故障）的转运能力，即使是小型转运站，其转运单元数不应小于2。当一个或一部分转运单元或其设备丧失工作能力时，剩余的转运单元或设备可以通过延长作业时间来完成转运站的全部转运任务。

4.1.3 本条明确提出转运站应采用机械填装垃圾并明确了相应要求。

机械填装垃圾不仅是提高转运效率，也是改善作业条件、保证安全文明生产的具体措施。因此，除了个别因经济条件限制或转运量很小或临时转运的情况之外，各类转运站均应采用机械填装垃圾的方式。

采取适当的填装措施可将装载容器填满垃圾并压实至必要的密实度，以提高转运作业及二次运输的效率。

应根据转运站下游（垃圾处理、处置环节的类型、工艺技术）的要求和转运物料（垃圾）的性状，确定装载容器中的物料是否需压实以及其被压实程度。

若转运站下游是垃圾焚烧、堆肥或分选设施或转运已分类垃圾时，过度压实会对后续设施及工艺环节造成负面影响，如将大块松散物压实不利于燃烧；含水量很大的易腐有机垃圾会挤压出水，且压实后不利于形成好氧发酵状态，等等。因此，类似场合不必强调垃圾填装机械的压实能力，只需将装载容器装满即可。

机械联动或限位装置是保持卸料和填装压实动作协调的简易又可靠的措施，从而避免进料垃圾洒落在推头或刮板上。

机械锁紧或限位装置是保持填装压实机与受料容器口密闭结合的可靠措施。

4.1.4 本条明确提出转运站在工艺技术方面的其他要求。

无论垃圾处理厂（场）等转运站的下游设施是否设置了计量设备，大型转运站都必须在垃圾收集/运输车进、出站口设置计量工位。

中型及其以下转运站可依照其从属的垃圾处理系统的总体规划或服务区环境卫生专业规划要求，确定配置计量设备的必要性和方式。若后续的垃圾处理厂（场）已配置了计量设备，则转运站可考虑省略计量程序；对于服务区范围较小，垃圾收集量变化不大的小型转运站，采用车吨位换算法也是经济可行的，但应通过实测确定换算系数。

配置必要的自动识别、登记装置是实现转运站科学化、规范化运营管理的保证措施。

进站车辆抽样检查停车区可以专设，也可以临时划定（对于小型转运站），但届时必须有相应的标示牌及调度管理。

垃圾卸料、转运作业区的各种指示标牌、警示标志，以及报警装置等不仅是安全环保的需要，对于规范化作业和提高生产效能也是非常重要的。

4.2 机械设备

4.2.1 目前我国转运机械压实设备主要可分为两类，一种是刮板式压实设备，一种是活塞式压实设备。前者的特点是整机体积小，操作简单，能够边装边压实。后者的特点是压缩效率高，物料的压实密度大。

4.2.2 同一工艺类型的转运单元的配套机械设备，应选用同一型号、规格，以提高站内机械设备的通用性和互换性，并便于转运站的建造和运行维护。如果可能，同一垃圾转运系统的多个转运站也应选用同一类型、规格的配套机械设备。这样做从局部看可能存在某单元的设备或零部件能力过大的资源浪费，但从系统或全局看，由于便于转运系统或转运站的建设、运行，提高了系统的整体可靠性与稳定性，因而综合效益更好。

4.2.3 虽然转运站服务范围内的垃圾收集作业时间可能全天候（从几小时到十几小时），但基于环境条件和交通条件的限制甚至制约（如垃圾转运与运输应避开上下班时间，也不宜安排在深夜），以及为了提高单位时间内的工作效率，转运站机械设备的转运工作量不能按常规的单班工作时间 6～8h 分摊，而应在较集中的时段内不大于 4h。因此，与转运站及转运单元的设计日转运能力（t/d）相匹配的是配套机械设备的时转运能力（t/h）。

按集中时段设计配套机械设备转运能力的另一个好处是使转运站具有应对转运任务变化（如转运量增加）或事故状态（如某台机械设备出现故障而失去转运能力时）的能力，这时可适当延长其余转运设备工作时间，以完成总的转运量并维持系统的平稳运行。

4.2.5 考虑到不同转运工艺的实际情况，容器数量可适当增加。

4.3 其他设施设备

4.3.1 大型转运站可根据服务区及运输线路上的社会加油站的布局情况，考虑是否设置专用加油站。

4.3.2 应尽量使机械设备的修理工作社会化，转运站只要做好日常的维护保养，并视具体情况和实际需求承担部分专用设备、装置的小修任务。

5 建筑与结构

5.0.1 转运站的建设应重在实用，其建筑形式、风格、色调必须与周边建筑和环境协调，不宜太华丽、铺张。

5.0.2 在满足垃圾转运工艺布置及配套设备安装、拆换与维护要求的前提下，转运站的结构形式应尽可能简单。

5.0.3 为了保证垃圾转运作业对污染实施有效控制或在相对密闭的状态下进行，从建筑结构方面可采取的主要措施包括：给垃圾转运车间安装便于启闭的卷帘闸门，设置非敞开式通风口等。

6 配套设施

6.0.1 转运站站内（包括作业场地、平台）道路的结构形式及建造质量应满足最大规格的垃圾运输车辆的荷载要求和车辆通行要求。

转运站进站道路的结构形式及建造质量不仅要满足收集/运输车辆通行量和承载能力的要求，还应与其相连的站外市政道路的结构形式协调。

6.0.2 各类转运站都应有必要措施保证临时停电时能继续其垃圾转运功能。

6.0.3 转运站的生产用水主要指设备或设施冲洗用水。

6.0.4 雨水和生活污水按接入市政管网考虑，垃圾渗沥液及设备冲洗污水则依据转运站服务区水环境质量要求考虑处理途径与方式。

转运站的室内外场地都应平整并保持必要的坡度，以避免滞留渍水；转运车间内应按垃圾填装设备布局要求设置垃圾渗沥液导排沟（管）以便及时疏排污水。

转运车间应设置积污坑（井），用于收集转运作业过程产生的垃圾渗沥液和场地冲洗等生产污水。积污坑的结构和容量必须与污水处理方案及工艺路线相匹配。如采用将污水用罐车运送至处理厂的方案时，积污坑的容积必须满足两次运送间隔期收集、储存污水的需求。

6.0.5 转运站的控制室、转运作业现场、门房/计量站等关键环节必须配置必要的通信设施，以便于收集、转运车辆调度等生产运营管理。

6.0.6 小型转运站可在转运站主体建筑内或依附其设置管理办公室，必须保证安全与卫生方面的基本要求。

6.0.7 大型转运站应配备集中控制管理仪器设备，并设置中央控制和现场控制两套系统。其他类型转运站宜根据实际情况配置。

7 环境保护与劳动卫生

7.1 环 境 保 护

7.1.1 与其他建设项目一样，转运站建设同样必须遵循“三同时”原则。

7.1.2 转运站内的建（构）筑物应按生产和管理两大类相对集中，中间设置绿化隔离带，转运站的四周应设置由多种树种、花木合理搭配形成的环保隔离与绿化带。各生产车间应配备相应污染防治设施和设备，对转运过程产生的二次污染进行有效防治。

7.1.3 转运站对周边环境影响最大的主要污染源是转运作业时产生的粉尘和臭气。因此，强化卸装垃圾等关键位置的通风、降尘、除臭措施更显重要。大型转运站仅靠洒水降尘或喷药除臭是不够的，必须设置独立的抽排风/除臭系统。

7.1.4 运输车辆的整体密封性能，必须满足避免渗液滴漏和防止尘屑撒落、臭气散逸两方面的要求。对于前者，不仅要在运输车底部设置积液容器，还必须依据载运车规模、垃圾性状以及通行道路坡度等具体条件核准、调整其容积。

7.1.5 减振降噪措施主要应用于转运站各种机械设备的基础；隔声措施包括转运站密闭式结构、设置绿化隔离带或专用隔声栅栏等。

7.1.6 转运站生活污水排放应按国家现行标准的规定排入邻近市政排水管网；也可与生产污水合并处理，达标排放。

转运作业过程产生的垃圾渗沥液及清洗车辆、设备的生产污水，在获得有关主管部门同意后可排入邻近市政排水管网集中处理；否则，应将其预处理至达到国家现行标准的要求后再排入邻近市政排水管网或用车辆、管道等将渗沥液等输送到污水处理厂。

条件许可时，应优先考虑将转运站各类污水排入邻近的市政排水管网后进行集中处理。

7.1.7 应采用乔灌木合理搭配的形式，以强化其隔声、降噪等环保功能；绿化隔离带设置的重点地段是转运站的下风向，转运站的临街面，站内生产区与管理区之间。

绿化隔离带的设置还应考虑其与周边环境的协调。

7.2 安全与劳动卫生

7.2.1 转运站安全与劳动卫生应符合国家现行的有关技术标准的规定和要求。

7.2.2 应按照现行国家标准《安全标志》GB 2894、《安全色》GB 2893 的规定，在转运站的相应位置设置醒目的安全标志。

7.2.5 转运车间内，如填装压缩装置、车厢厢体举升装置等设备或装置旁均应留有足够空间的现场作业人员通道。

7.2.6 为了避免转运作业过程出现运输车辆及装载容器定位不准甚至碰撞，转运车间（工位）应根据转运车辆或装载容器的规格尺寸设置导向定位装置或限位预警装置。

7.2.7 专用卫生设施是指供员工洗浴、更衣、休息的单独专用设施。

8 工程施工及验收

8.1 工 程 施 工

8.1.1～8.1.7 明确了施工阶段有关各方应注意并遵循的要点，同时也是业主对施工进度与质量进行有效监督、控制的依据。

8.2 工程竣工验收

8.2.1、8.2.2 转运站工程竣工验收除了应满足《建设项目(工程)竣工验收办法》、《建设工程质量管理条例》、《机械设备安装施工验收通用规范》GB 50231、设计文件和相应的国家现行标准的规定和要求，还应符合本标准有关章节的相应要求。

8.2.3 转运站工程竣工验收前应做好必要的文件、资料的准备工作。

中华人民共和国行业标准

城市生活垃圾好氧静态堆肥处理技术规程

CJJ/T 52—93

主编单位：同济大学环境工程学院
批准部门：中华人民共和国建设部
施行日期：1 9 9 3 年 8 月 1 日

关于发布行业标准《城市生活垃圾好氧静态堆肥处理技术规程》的通知

建标［1993］47号

根据原城乡建设环境保护部（88）城标字第141号文的要求，由同济大学环境工程学院主编的《城市生活垃圾好氧静态堆肥处理技术规程》，业经审查，现批准为推荐性行业标准，编号CJJ/T 52—93，自1993年8月1日起施行。

本标准由建设部城镇环境卫生标准技术归口单位上海市环境卫生管理局归口管理，其具体解释工作由同济大学环境工程学院负责。

本标准由建设部标准定额研究所组织出版。

中华人民共和国建设部

1993年1月28日

目　次

1　总则 ………………………………………… 3—3—4
2　术语 ………………………………………… 3—3—4
3　堆肥原料 …………………………………… 3—3—4
4　好氧静态堆肥工艺…………………………… 3—3—4
4.1　堆肥工艺类型和流程 ………………… 3—3—4
4.2　堆肥发酵周期和发酵条件 …………… 3—3—5
4.3　堆肥制品 ……………………………… 3—3—5
5　堆肥厂（场）的环境要求 ………………… 3—3—5
5.1　作业区环境 …………………………… 3—3—5
5.2　厂（场）内外环境 …………………… 3—3—5
5.3　环境监测 ……………………………… 3—3—5
6　生产工艺检测 ……………………………… 3—3—6
附录A　检测方法 …………………………… 3—3—6
附录B　本规程用词说明 …………………… 3—3—7
附加说明 ……………………………………… 3—3—7
附：条文说明………………………………… 3—3—8

1 总　　则

1.0.1 为提高城市生活垃圾堆肥处理的技术水平，使其科学化、规范化，制定本规程。

1.0.2 本规程适用于城市生活垃圾好氧静态堆肥处理。

1.0.3 城市生活垃圾好氧静态堆肥处理除应符合本规程外，尚应符合国家现行有关标准的规定。

2 术　　语

2.0.1 好氧静态堆肥

堆肥原料在有氧和处于静态条件下完成生物降解的全过程。

2.0.2 一次性发酵

堆肥原料在发酵设施中一次完成生物降解的全过程。

2.0.3 二次性发酵

堆肥原料先后在不同的发酵设施中完成生物降解的全过程。

2.0.4 初级发酵

二次性发酵中的第一阶段发酵。

2.0.5 次级发酵

二次性发酵中的第二阶段发酵。

2.0.6 堆层氧浓度

在堆肥设施中，堆肥物空隙内氧（O_2）含量的百分比。

2.0.7 耗氧速率

单位时间内发酵物对氧的消耗量。

2.0.8 发酵周期

堆肥原料腐熟并达到无害化卫生标准所需的时间。

2.0.9 初级堆肥

堆肥原料经初级发酵后，达到无害化卫生标准并初步稳定、腐熟的堆肥制品。

2.0.10 腐熟堆肥

堆肥原料经一次性发酵后或经二次性发酵后，达到无害化卫生标准，充分稳定、腐熟的堆肥制品。

2.0.11 专用堆肥

腐熟堆肥添加各种有机、无机的化肥，进一步加工成各种规格的堆肥制品。

3 堆 肥 原 料

3.0.1 堆肥原料应是城市生活垃圾和其它可作为堆肥原料的垃圾。

3.0.2 进仓原料应符合下列要求：

3.0.2.1 含水率宜为40%～60%。

3.0.2.2 有机物含量为20%～60%。

3.0.2.3 碳氮比（C/N）为20∶1～30∶1。

3.0.2.4 重金属含量指标应符合现行国家标准《城镇垃圾农用控制标准》的规定。

3.0.3 堆肥原料中严禁混入下列物质：

（1）有毒工业制品及其残弃物；

（2）有毒试剂和药品；

（3）有化学反应并产生有害物质的物品；

（4）有腐蚀性或放射性的物质；

（5）易燃、易爆等危险品；

（6）生物危险品和医院垃圾；

（7）其它严重污染环境的物质。

4 好氧静态堆肥工艺

4.1 堆肥工艺类型和流程

4.1.1 好氧堆肥工艺类型可分为一次性发酵和二次性发酵。

4.1.2 一次性发酵工艺应符合下列规定（工艺流程示意图见图4.1.2）：

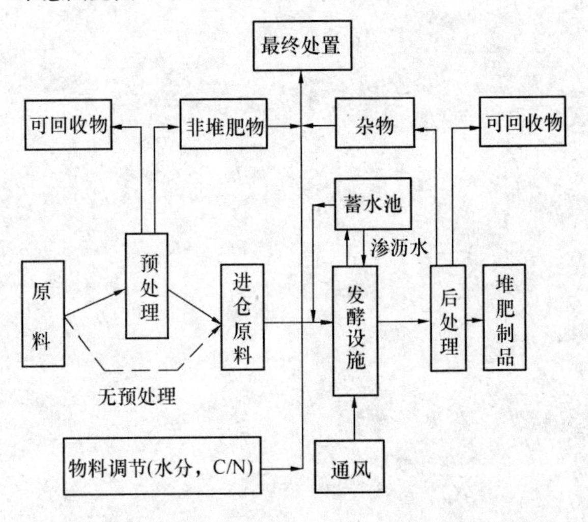

图4.1.2　一次性发酵工艺流程示意图

4.1.2.1 符合进仓原料要求的堆肥原料，可直接进入发酵设施发酵或经预处理去除粗大物和非堆肥物后进入发酵设施发酵。

4.1.2.2 进仓原料进入发酵设施发酵前，必须进行物料调节（水分、C/N）。

4.1.2.3 发酵完毕后的堆肥必须经后处理，达到合格的堆肥制品。

4.1.2.4 预处理和后处理过程中的分选物，其可回收物应作资源回收利用，其非堆肥物、杂物必须采用卫生填埋或其它无害化措施，进行最终处置。

4.1.3 二次性发酵工艺应符合下列规定（工艺流程示意图见图4.1.3）：

4.1.3.1 符合进仓原料要求的堆肥原料，可直接进

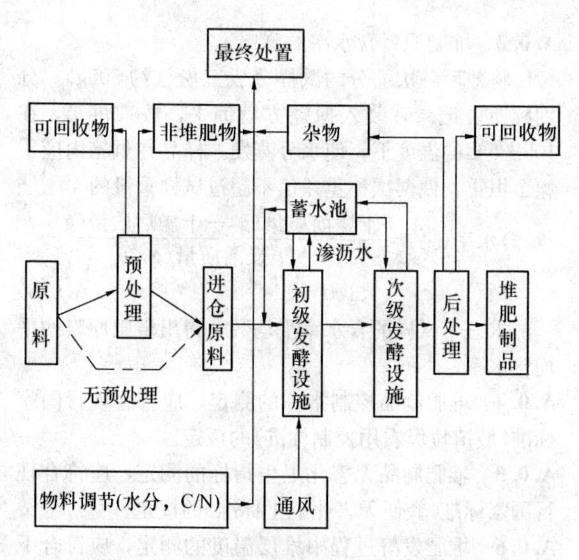

图 4.1.3　二次性发酵工艺流程示意图

入初级发酵设施发酵或经预处理去除粗大物和非堆肥物后进入初级发酵设施发酵。

4.1.3.2　进仓原料进入初级发酵设施发酵前，必须进行物料调节（水分、C/N)。

4.1.3.3　次级发酵完毕后的堆肥必须经后处理，达到合格的堆肥制品。

4.1.3.4　预处理和后处理过程中的分选物，其可回收物应作资源回收利用，其非堆肥物、杂物必须采用卫生填埋或其它无害化措施，进行最终处置。

4.2　堆肥发酵周期和发酵条件

4.2.1　一次性发酵工艺的发酵周期不宜少于 30d，二次性发酵工艺的初级发酵和次级发酵周期均不宜少于 10d。

4.2.2　发酵设施必须有保温、防雨、防渗的性能，必须配置通风、排水和其它测试工艺参数的装置。

4.2.3　发酵过程中，必须测定堆层温度的变化情况，检测方法应符合附录 A 的规定。堆层各测试点温度均应保持在 55℃以上，且持续时间不得少于 5d，发酵温度不宜大于 75℃。

4.2.4　发酵过程中，应进行氧浓度的测定，检测方法应符合附录 A 的规定。各测试点的氧浓度必须大于 10%。

4.2.5　发酵过程中，必须进行通风，对不同通风方式应符合下列要求：

4.2.5.1　自然通风时，堆层高度宜在 1.2～1.5m，并应采用必要的强化措施。

4.2.5.2　机械通风时，应对耗氧速率进行跟踪测试，及时调整通风量，标准状态的风量宜为每立方米垃圾 0.05～0.20m^3/min；风压可按堆层每升高 1m 增加 1000～1500Pa 选取。通风次数和时间应保证发酵在最适宜条件下进行。

4.2.6　发酵终止时，堆肥应符合下列要求：

4.2.6.1　含水率宜为 25%～35%。

4.2.6.2　碳氮比（C/N）不大于 20：1。

4.2.6.3　达到无害化卫生要求，必须符合现行国家标准《粪便无害化卫生标准》的规定。

4.2.6.4　耗氧速率趋于稳定。

4.3　堆 肥 制 品

4.3.1　堆肥制品必须符合现行国家标准《城镇垃圾农用控制标准》的规定。

4.3.2　堆肥制品可按用途分别制成初级堆肥、腐熟堆肥和专用堆肥等不同品级。

4.3.3　堆肥制品出厂前，应存放在有一定规模的、具有良好通风条件和防止淋雨的设施内。

5　堆肥厂（场）的环境要求

5.1　作业区环境

5.1.1　作业区噪声应不大于 85dB，超过标准时必须采取降噪声措施。

5.1.2　作业区粉尘、有害气体（H_2S、SO_2、NH_3 等）的允许浓度，应符合现行国家标准《工业企业设计卫生标准》的规定。对作业区产生粉尘的设施，应采取防尘、除尘措施。作业区必须有良好的通风条件。

5.2　厂（场）内外环境

5.2.1　厂（场）内外大气单项指标应符合现行国家标准《大气环境质量标准》中三级标准的规定。

5.2.2　生活垃圾不宜在厂（场）区内、外场地任意裸卸，进厂（场）垃圾卸料宜在进料仓内进行。厂（场）内场地散落垃圾必须每日清扫。

5.2.3　发酵设施应设有脱臭装置。厂（场）内、外大气臭级不得超过 3 级。

5.2.4　发酵设施必须有收集渗沥水的装置。渗沥水不应排放，而应在收集后和作业区冲洗污水一起进入补加水蓄水池，作为物料调节用水。

5.2.5　厂（场）区内应采取灭蝇措施，并应设置蝇类密度监测点。

5.3　环 境 监 测

5.3.1　作业区环境监测应符合下列要求：

5.3.1.1　作业区环境监测应每季度进行一次，内容应包括：噪声、粉尘、有害气体（H_2S、SO_2、NH_3)、细菌总数（空气）。

5.3.1.2　作业区噪声检测应符合现行国家标准《工业企业噪声测量规范》的规定。

5.3.1.3　作业区生产性粉尘浓度检测应符合现行国家标准《作业场所空气中粉尘测定方法》的规定。

5.3.2　堆肥厂（场）内、外环境质量监测应符合下列要求：

5.3.2.1 堆肥厂（场）内、外环境质量监测应每季度进行一次，内容包括：大气中单项指标（CO_2、NO_x、CO；飘尘、总悬浮微粒）、地面水水质、噪声、蝇类密度和臭级。

5.3.2.2 大气飘尘浓度检测应符合现行国家标准《大气飘尘浓度测定方法》的规定。

5.3.2.3 蝇类密度测定方法可采用捕蝇笼诱捕法，测定应在6～11月进行，每月2～3次。

5.3.2.4 臭级测定应符合现行国家标准《城市生活垃圾卫生填埋技术标准》的规定。测定应在6～11月进行，每月2～3次。

6 生产工艺检测

6.0.1 堆肥原料应至少每季度检测一次，检测方法应符合附录A的规定。检测内容应包括：垃圾来源、垃圾物质组成、含水率、总有机质、碳氮比（C/N）、重金属、pH值和质量密度等。

6.0.2 发酵过程中各工艺参数的检测应每季度进行一次。检测内容应包括：含水率的变化、碳氮比（C/N）的变化、堆层温度的变化、堆层氧浓度和耗氧速率变化。发酵全过程中各工艺参数的变化应以日为单位进行跟踪检测。

6.0.3 堆肥制品的质量检测应每季度抽样检测1～2次，检测内容应符合现行国家标准《城镇垃圾农用控制标准》的规定。

附录A 检 测 方 法

A.0.1 堆肥原料和堆肥制品的采样

采样应用多点采样，再用四分法，即将样品混合堆成圆锥。按“十”字形将圆锥切成四份，取对角线的两份，为一次缩分，再将两份样品混合堆成圆锥，按“十”字形切成四份，取对角线的两份，依此类推重复4～5次，缩分后的最终样品不得少于100kg。

A.0.2 堆肥原料组成的测定

将测定组成的试样称重、记录，然后将试样平摊在干净的平面上，用15mm网目的分选筛分类。按表A.0.2组成，分别称重、记录，求出每一组成的质量百分数，填入表内。

$$组成(\%)=\frac{组成的质量(kg)}{试样的质量(kg)}\times100\% \quad (A.0.2)$$

表 A.0.2 堆肥原料组成

日期	易腐垃圾(%)		灰渣(%)		废品(%)				
	动物性	植物性	渣砾 ≥15mm	灰土 <15mm	纸	布	塑料	金属	玻璃

A.0.3 堆肥原料含水率的测定

将最后一次缩分的试样分成三份（约500g），分别称重、记录，装入搪瓷方盘铺平，放入烘箱，在105±5℃的温度下，使水分蒸发。样品在烘箱内应干燥至恒重，使两次称重差值不超过试样重量的4‰。

$$含水率(\%)=\frac{干燥前质量(g)-干燥后质量(g)}{干燥前质量(g)}\times100\% \quad (A.0.3)$$

求三个试样的含水率平均数，得出堆肥原料的平均含水率。

A.0.4 堆肥制品控制指标的测定，应符合现行国家标准《城镇垃圾农用控制标准》的规定。

A.0.5 堆肥制品无害化卫生指标的测定，应符合现行国家标准《粪便无害化卫生标准》的规定。

A.0.6 堆肥发酵过程中堆层温度的测定，应符合下列要求：

A.0.6.1 测定仪器可用金属套筒温度计或其它类型测温传感装置。

A.0.6.2 测定点分布应均匀，有代表性。高度应分上、中、下三层，上层和下层测试点均应设在离堆层表面或底部0.6～1.0m处，每个层次水平面测试点布置按发酵设施的几何形状，可分中心部位和边缘部位设置，边缘部位距边缘宜为0.5m。

A.0.6.3 在发酵周期内，应每天2～3次测试堆层各测试点温度变化，记录并绘制温度曲线，直至发酵终止。

A.0.7 堆肥发酵过程中堆层氧浓度和耗氧速率的测定，应符合下列要求：

A.0.7.1 测定仪器可用气体氧测定仪。

A.0.7.2 测定点的位置和数目应与堆层温度测定点相一致。

A.0.7.3 可用金属空管插入需测定的位置，抽取堆层中的气体，直接输入气体氧测定仪，仪表上显示氧浓度百分值即代表堆层该位点的氧浓度。

A.0.7.4 耗氧速率可通过不同时间堆层氧浓度的下降来求得。具体步骤为：测定前应先向堆层通风，在堆层氧浓度达到最高值时（O_2 含量20%左右），记录该测定值。然后停止通风，间隔一定时间测氧浓度下降值，记录每次测试时间。以时间为横标，氧浓度为纵标，绘制曲线（同一测试点氧浓度的下降开始很快，呈直线下降，然后曲线趋平，渐近于稳定值）。取氧浓度下降呈直线状的两次测试值，按下式计算，得到工程上适用的耗氧速率。

$$d_o=\frac{c_o^i-c_o^e}{t} \quad (A.0.7)$$

式中 d_o——耗氧速率(1/min)；

c_o^i——起始氧浓度(%)；

c_o^e——最终氧浓度(%)；

t——两测试值相隔的时间(min)。

附录B 本规程用词说明

B.0.1 为便于在执行本规程条文时区别对待，对于要求严格程度不同的用词说明如下：

(1) 表示很严格，非这样做不可的：
正面词采用“必须”；
反面词采用“严禁”。

(2) 表示严格，在正常情况下均应这样做的：
正面词采用“应”；
反面词采用“不应”或“不得”。

(3) 表示允许稍有选择，在条件许可时，首先应这样做的：
正面词采用“宜”或“可”；
反面词采用“不宜”。

B.0.2 条文中指明必须按其它有关标准执行的写法为“应按……执行”或“应符合……的要求（或规定)”。非必须按所指定的标准执行的写法为“可参照……的要求（或规定)”。

附加说明

本规程主编单位、参加单位和主要起草人名单

主编单位：同济大学环境工程学院
参加单位：无锡环卫工程实验厂
主要起草人名单：陈世和　张人奇

中华人民共和国行业标准

城市生活垃圾好氧静态堆肥处理技术规程

CJJ/T 52—93

条 文 说 明

前　言

根据原城乡建设环境保护部（88）城标字第141号文的要求，由同济大学环境工程学院主编，无锡环卫工程实验厂参加共同编制的《城市生活垃圾好氧静态堆肥处理技术规程》（CJJ/T 52—93），经建设部1993年1月28日以建标［1993］47号文批准，业已发布。

为便于广大设计、施工、科研、学校等单位的有关人员在使用本规程时能正确理解和执行条文规定，《城市生活垃圾好氧静态堆肥处理技术规程》编制组按本规程章、节、条的顺序编制了条文说明，供国内使用者参考。在使用中如发现本条文说明有欠妥之处，请将意见函寄同济大学环境工程学院。

本条文说明由建设部标准定额研究所组织出版发行。

1993年1月

目　次

1　总则 ………………………………… 3—3—11
3　堆肥原料 ………………………………… 3—3—11
4　好氧静态堆肥工艺 ………………………… 3—3—11
4.1　堆肥工艺类型和流程 ………………… 3—3—11
4.2　堆肥发酵周期和发酵条件 …………… 3—3—11
4.3　堆肥制品 ……………………………… 3—3—12
5　堆肥厂（场）的环境要求 ………………… 3—3—12
5.1　作业区环境 …………………………… 3—3—12
5.2　厂（场）内外环境 …………………… 3—3—12
5.3　环境监测 ……………………………… 3—3—12
6　生产工艺检测 ………………………… 3—3—12

1　总　则

1.0.1　本条阐明制定本规程的目的。随着城市的发展，垃圾产生量也日益增多，城市生活垃圾的处理已成为突出的问题。目前各城市采用好氧静态堆肥处理工艺技术较为普遍，但因没有一个技术规程，也带来一些技术问题。制定本规程，对推广和发展我国城市生活垃圾好氧静态堆肥处理技术有重要意义。

1.0.2　本条阐明本规程的适用范围。

1.0.3　按本规程设计建设的堆肥处理厂，在实施过程中，其土建、机械设计以及环境影响等诸方面都必须符合国家现行有关标准、规范的要求。

3　堆肥原料

3.0.1　城市生活垃圾由于产生源的不同分成不同类型。这些不同类型的生活垃圾有些适合于作堆肥原料，有些则不适合于作堆肥原料，本条对适于和不适于作堆肥原料的生活垃圾类型作了明确规定。

3.0.2　本条对堆肥进仓原料的组成和主要物理、化学性质作了具体规定。

3.0.3　本条对严禁作为堆肥原料的含有毒、有害物质垃圾类型作了具体的规定。

4　好氧静态堆肥工艺

4.1　堆肥工艺类型和流程

4.1.1　本条阐明好氧堆肥工艺的两种类型。堆肥发酵全过程在一个反应设施中一次完成的称为一次性发酵工艺；堆肥发酵全过程分两个阶段分别在不同反应设施中完成的称为二次性发酵工艺。二次性发酵工艺中的第一阶段称为初级发酵，第二阶段称为次级发酵。

4.1.2　本条规定了一次性发酵的工艺流程。根据堆肥原料在发酵前有无预处理回收系统，又可分为有预处理回收系统的工艺流程和无预处理回收系统的工艺流程。

4.1.2.1　本款阐明符合进仓原料要求的堆肥原料可直接进入发酵设施或经预处理后进入发酵设施发酵的两种方式。

4.1.2.2　本款规定了进仓原料在发酵前必须对水分、C/N进行调节。

4.1.2.3　本款阐明后处理的目的，是保证发酵完毕后的堆肥经后处理后，成为合格的堆肥制品。

4.1.2.4　本款阐明了堆肥工艺中的二次固体废弃物，可作资源回收利用，余下的不可利用物，必须作最终处置。

4.1.3　本条规定了二次性发酵的工艺流程。根据堆肥原料在发酵前有无预处理回收系统，又可分为有预处理回收系统的工艺流程和无预处理回收系统的工艺流程。

4.1.3.1　本款阐明符合进仓原料要求的堆肥原料可直接进入初级发酵设施或经预处理后进入初级发酵设施发酵的两种方式。

4.1.3.2　本款规定了进仓原料在发酵前必须对水分、C/N进行调节。

4.1.3.3　本款阐明后处理的目的，是保证发酵完毕后的堆肥经后处理后，成为合格的堆肥制品。

4.1.3.4　本款阐明了堆肥工艺中的二次固体废弃物，可作资源回收利用，余下的不可利用物，必须作最终处置。

4.2　堆肥发酵周期和发酵条件

4.2.1　堆肥发酵周期的确定因素是无害化卫生标准和腐熟度。前者在堆温大于55℃并保持5d以上就能实现，但腐熟度目前国内尚无统一公认的标准。根据各城市试验情况的调查来看，一般认为一次性发酵工艺的周期在30d左右达到腐熟，二次性发酵工艺的初级发酵周期和次级发酵周期各为10d。

4.2.2　堆肥发酵反应的设施可以是钢筋混凝土或砖结构的发酵仓（池），也可以露天堆垛方式进行。前者密封性好，温度、通风等条件容易控制，后者简单，造价低，但必须采用覆盖保温、防雨措施，如塑料薄膜等，发酵条件不易控制，受季节和气候变化影响大。

4.2.3　本条对堆肥发酵过程温度控制的要求作了具体规定。

4.2.4　氧浓度与发酵反应速度呈线性关系，但当氧浓度低于10%以下时，氧浓度成为发酵反应速度的限制因素，势必延长发酵周期。因此，要求堆层氧浓度保持在10%以上，使发酵反应速度保持在较高的水平上，以保证发酵周期的稳定性。

4.2.5　本条确定了通风方式和要求。

4.2.5.1　自然通风不需消耗动力，氧的传递由大气经堆层表面向内层扩散供氧，形成浓度梯度。扩散速度和深度与原料粒度、堆层高度、水分、温度、孔隙率等因素有关。扩散深度所及范围在0.4～1.0m之间，因此，堆垛方式采用自然通风的堆肥，其堆垛高度和宽度都要考虑氧扩散深度因素，以维持堆肥发酵必须的氧浓度。如达不到，则需采用必要的强化措施，如在堆层中按一定间隔打孔或插入有孔的竹杆筒等，以利于氧的扩散，防止局部缺氧或厌氧。

4.2.5.2　机械通风中风量要求与堆肥原料中有机物含量、堆层大小等因素有关。有机物含量高、堆层厚，宜取较大值，反之取较小值。风压与堆层高度和堆肥原料粒度、孔隙率等因素有关，要根据试验结果来确定堆高限度和风机选型。堆肥过程中微生物的耗氧速率，随微生物生成量和活性的增加而上升，以后随着有机物的分解、减少，其耗氧速率也随之下降并达到稳定。因此，一般以日为单位测定堆肥过程中微生物的耗氧速率，以决定通风时间的长短。过量通风会造成能耗损失和热量散失。通风不足，会因缺氧或厌氧影响反应速率而延长发酵周期。

4.2.6 本条阐明堆肥发酵终止指标，它是检验堆肥是否腐熟的重要依据。堆肥腐熟度虽无统一公认的指标，但规定的四个方面可以作为腐熟度的综合指标。

4.2.6.1 含水率的限值是考虑有利于堆肥制品的贮存。

4.2.6.2 C/N 比值大的堆肥制品施入土壤后会因氮"饥饿"造成土壤氮损失。

4.2.6.3 发酵终止时的堆肥必须达到《粪便无害化卫生标准》GB 7959 的规定。

4.2.6.4 耗氧速率趋于稳定，是有机物稳定化的表现。

4.3 堆肥制品

4.3.1 《城镇垃圾农用控制标准》GB 8172 中对城镇垃圾农用提出了具体的各项控制标准，因此，堆肥制品必须符合该标准的规定。

4.3.2 堆肥制品可根据各地区的需要，分别制成不同类别的堆肥制品。

4.3.3 堆肥的使用时间，受季节影响很大，一般冬耕季节用量较大，其它季节用量较少。因此，必须考虑有一定规模的贮存场所。

5 堆肥厂（场）的环境要求

5.1 作业区环境

5.1.1 本条规定了作业区噪声标准应符合《工业企业噪声控制设计规范》GBJ 87—85 的规定。

5.1.2 本条规定了作业区粉尘和有害气体种类所允许的浓度应符合《工业企业设计卫生标准》TJ 36 的规定。

5.2 厂（场）内外环境

5.2.1 本条规定厂（场）内外大气单项指标应符合《大气环境质量标准》GB 3095 的规定。

5.2.2 进厂（场）的新鲜生活垃圾在堆肥厂（场）内外如任意裸卸，散落垃圾不及时清扫，会造成厂（场）周围地面水的污染。

5.2.3 臭级仍以大多数人的臭阈统计数值作为制定臭级标准的依据。厂（场）区大气臭级控制标准可参照《城市生活垃圾卫生填埋技术标准》CJJ 17—88 中的规定。

5.2.4 垃圾产生的渗沥水可作为调节垃圾堆肥发酵含水率的补加水，只要蓄水池的容量设计合理，一般不需设置污水处理设施。

5.2.5 堆肥厂（场）在堆肥处理过程中是不会孳生蝇类的。但新鲜垃圾进厂（场）时，车辆会带进许多蝇类，这些蝇类滞留在厂（场）内，故应设灭蝇点，定期喷洒灭蝇药剂，以消灭因运输新鲜垃圾进厂（场）而带来的蝇类。

5.3 环境监测

5.3.1 本条对作业区环境监测的项目、方法和频率作了规定。

5.3.1.1 必须及时对作业区的环境按要求进行监测，并将检测结果记录归档，以便改善和提高操作人员的劳动环境。

5.3.1.2 作业区噪声检测应符合《工业企业噪声测量规范》GBJ 122—88 的规定。

5.3.1.3 作业区生产性粉尘浓度检测应符合《作业场所空气中粉尘测定方法》GB 5748 的规定。

5.3.2 本条对堆肥厂（场）内外环境质量监测的项目、方法和频率作了规定。

5.3.2.1 必须按时对堆肥厂（场）内外环境质量进行监测，并将检测结果记录归档，以利于正确评价堆肥厂（场）对环境质量的影响，有效地防止对环境的二次污染。

5.3.2.2 大气飘尘浓度检测应符合《大气飘尘浓度测定方法》GB 6921 的规定。

5.3.2.3 蝇类的生长繁殖季节在夏、秋两季，因此蝇类密度的测定应在 6～11 月进行。

5.3.2.4 堆肥厂（场）区发生的恶臭，在夏、秋季节容易产生，因此应在 6～11 月进行测定。

6 生产工艺检测

6.0.1 本条规定了堆肥原料进行检测的八个内容，检测频率要求每季度一次，有条件地区可进行多次检测。

6.0.2 本条规定了发酵过程中各工艺参数检测的五个内容，要求每季度以 1～2 批原料为代表进行检测。

6.0.3 本条规定了堆肥制品的质量应按《城镇垃圾农用控制标准》GB 8172 中规定检测的 15 个项目，要求每季度作 1～2 次抽样检测。

中华人民共和国行业标准

城市生活垃圾堆肥处理厂运行、维护及其安全技术规程

Technical specification for operation, maintenance and safety of municipal solid waste composting plant

CJJ/T 86—2000

主编单位：武 汉 城 市 建 设 学 院
批准部门：中 华 人 民 共 和 国 建 设 部
施行日期：2 0 0 0 年 6 月 1 日

关于发布行业标准《城市生活垃圾堆肥处理厂运行、维护及其安全技术规程》的通知

建标［2000］47号

根据建设部《关于印发一九九五年城建、建工工程建设行业标准制订、修订项目计划（第一批）的通知》（建标［1995］175号）的要求，由武汉城市建设学院主编的《城市生活垃圾堆肥处理厂运行、维护及其安全技术规程》，经审查，批准为推荐性行业标准，编号CJJ/T 86—2000，自2000年6月1日起施行。

本标准由建设部城镇环境卫生标准技术归口单位上海市环境卫生管理局负责管理，武汉城市建设学院负责具体解释，建设部标准定额研究所组织中国建筑工业出版社出版。

建设部

2000年2月22日

前　言

根据建设部建标［1995］175号文的要求，标准编制组在广泛调查研究，认真总结实践经验，参考有关国内标准和国外先进标准，并广泛征求意见基础上，制定了本规程。

本规程的主要技术内容是：

1. 垃圾堆肥处理厂的运行要求；
2. 垃圾堆肥处理厂的维护要求；
3. 垃圾堆肥处理厂的安全生产要求。

本规程由建设部城镇环境卫生标准技术归口单位上海市环境卫生管理局归口管理，授权由主编单位负责具体解释。

本标准主编单位是：武汉城市建设学院（地址：武汉市武昌区；邮政编码：430074）。

本标准参加单位是：荆州市市容环境卫生管理局
牡丹江市环境卫生科研所

本标准主要起草人员是：陈海滨　杨伦全
张沛君　陈世桥
刘锦权　田　辉
孙盛杰　郭洪嘉

目　次

1　总则 ………………………………… 3—4—4
2　一般规定 ………………………… 3—4—4
2.1　运行管理 ………………………… 3—4—4
2.2　维护保养 ………………………… 3—4—4
2.3　安全操作 ………………………… 3—4—4
3　地磅 ……………………………… 3—4—5
3.1　运行管理 ………………………… 3—4—5
3.2　维护保养 ………………………… 3—4—5
3.3　安全操作 ………………………… 3—4—5
4　板式给料机 ………………………… 3—4—5
4.1　运行管理 ………………………… 3—4—5
4.2　维护保养 ………………………… 3—4—5
4.3　安全操作 ………………………… 3—4—5
5　皮带输送机 ………………………… 3—4—6
5.1　运行管理 ………………………… 3—4—6
5.2　维护保养 ………………………… 3—4—6
5.3　安全操作 ………………………… 3—4—6
6　振动筛选机 ………………………… 3—4—6
6.1　运行管理 ………………………… 3—4—6
6.2　维护保养 ………………………… 3—4—6
6.3　安全操作 ………………………… 3—4—6
7　滚筒筛选机 ………………………… 3—4—6
7.1　运行管理 ………………………… 3—4—6
7.2　维护保养 ………………………… 3—4—7
7.3　安全操作 ………………………… 3—4—7
8　一级发酵 ………………………… 3—4—7
8.1　运行管理 ………………………… 3—4—7
8.2　维护保养 ………………………… 3—4—7
8.3　安全操作 ………………………… 3—4—7
9　二级发酵 ………………………… 3—4—7
9.1　运行管理 ………………………… 3—4—7
9.2　维护保养 ………………………… 3—4—7
9.3　安全操作 ………………………… 3—4—7
10　风机 ……………………………… 3—4—8
10.1　运行管理 ……………………… 3—4—8
10.2　维护保养 ……………………… 3—4—8
10.3　安全操作 ……………………… 3—4—8
11　回流污水泵 ……………………… 3—4—8
11.1　运行管理 ……………………… 3—4—8
11.2　维护保养 ……………………… 3—4—8
12　控制监测 ………………………… 3—4—8
12.1　运行管理 ……………………… 3—4—8
12.2　维护保养 ……………………… 3—4—8
12.3　安全操作 ……………………… 3—4—8
13　化验（检验）室 ………………… 3—4—8
13.1　运行管理 ……………………… 3—4—8
13.2　维护保养 ……………………… 3—4—9
13.3　安全操作 ……………………… 3—4—9
14　变配电室 ………………………… 3—4—9
本规程用词说明 ……………………… 3—4—9

1 总　　则

1.0.1 为了加强和完善城市生活垃圾堆肥处理厂的科学管理，提高管理人员与操作人员的技术水平，保证安全运行，提高生产效率，实现城市生活垃圾无害化、减量化、资源化处理，化害为利、变废为宝和保护环境的目的，制定本规程。

1.0.2 本规程适用于以城市生活垃圾为主要原料的静态和间歇动态高温堆肥处理厂运行、维护及安全管理。

1.0.3 城市生活垃圾堆肥处理厂的运行、维护及安全管理除应执行本规程外，尚应符合国家现行有关强制性标准的规定。

2 一般规定

2.1 运行管理

2.1.1 城市生活垃圾堆肥处理厂各岗位操作人员必须了解有关处理工艺，熟悉本岗位设施、设备的技术性能和安全操作、维修规程。

2.1.2 城市生活垃圾堆肥处理厂运行管理人员必须熟悉处理工艺和设施、设备的运行要求和主要技术指标。

2.1.3 机械设备应按主工艺流程，从末端向始端逆方向开机；作业结束时，则应按主工艺流程，从始端向末端顺方向关机，并关闭总开关。

2.1.4 开机前，操作人员应按规程检查有关设备，必须点动试机正常后方可正式启动机械设备。

2.1.5 开机后，操作人员和管理人员应经常检查巡视所操作或管辖的设施、设备及仪器、仪表的运行状况，并及时准确做好设施、设备运转记录及其他必要的记录和报表。记录报表应准确及时，能真实地反映处理厂运行实际情况。

2.1.6 操作或管理人员发现运转异常时，应采取相应处理措施，并及时上报。

2.1.7 根据各工序设备工况，应分别挂出“合格证”或“停运行证”。

2.1.8 各种机械设备、仪器仪表应保持整洁。

2.1.9 根据各种机电设备的不同要求，应定期检查、维护，添加或更换润滑油（脂）。

2.1.10 电源电压超出额定电压±10%时，不得启动电机。

2.1.11 机械设备的运料、贮料装置应保证垃圾日进日清，不滞留过夜。

2.1.12 厂区内排水，应实行雨污分流，并保证分流管线通畅。

2.1.13 集（贮）料坑等场所，垃圾渗沥液应引入污水井内，并及时抽至污水池，不得溢出污水池。

2.1.14 城市生活垃圾堆肥处理厂有关技术要求应符合《城镇垃圾农用控制标准》（GB 8172）、《粪便无害化卫生标准》（GB 7959）、《工业企业设计卫生标准》（GB 11641）、《城市生活垃圾堆肥处理厂技术评价指标》（CJ/T 3059）等国家现行标准的有关规定。

2.1.15 城市生活垃圾堆肥处理厂年处理量不应低于设计能力的90%。

2.1.16 城市生活垃圾堆肥处理厂设施、设备、仪器完好率应达90%以上。

2.2 维护保养

2.2.1 城市生活垃圾堆肥处理厂的各种护栏、盖板、爬梯、照明设备等应定期进行检查、维护，并及时处理或更换损坏件。

2.2.2 电器控制柜应定期检查、维护。

2.2.3 各种闸阀、开关、联锁装置应定期检查、调整，并及时更换损坏件。

2.2.4 设备的连接件应经常检查和紧固，定期检查，更换联轴器的易损件。

2.2.5 各种机械设备除进行必要的日常维护保养外，还应按设计要求进行大、中、小修。

2.2.6 维护机械设备所更换的废零件、废油（脂）等不得混入堆肥处理设施、设备内。

2.2.7 维修机械设备时，不得随意搭接临时动力线。

2.2.8 建筑物、构筑物等的避雷、防爆装置的测试、检修周期应符合电业和消防部门的规定。

2.3 安全操作

2.3.1 城市生活垃圾堆肥处理厂生产过程安全卫生管理应符合现行国家标准《生产过程安全卫生要求总则》（GB 12801）的有关规定。各岗位应根据工艺特征和具体要求，制定本岗位安全操作规程。

2.3.2 各岗位操作人员和维修人员必须经过岗位培训，并经考核后持证上岗。

2.3.3 操作人员必须严格执行本岗位安全操作规程。

2.3.4 做好各项准备工作后，方可启动机械设备。

2.3.5 操作人员必须配戴必要的劳保用品，做好安全防范工作。

2.3.6 女性操作人员不得穿裙子、披长发、穿高跟鞋上岗操作机械设备。

2.3.7 控制室、化验室、变电房、发酵仓等工作间内严禁吸烟。

2.3.8 吊装机械应配专人操作，其操作人员须经专门培训，取得合格证后方可持证上岗操作，吊装机械运行时被吊物体下方不得有人。

2.3.9 严禁非本岗位操作管理人员擅自启、闭本岗位设备，管理人员不允许违章指挥。

2.3.10 操作人员启、闭电器开关时，应按电工操作规程进行。

2.3.11 必须断电维修的各种设备，断电后应在开关处悬挂维修标牌后，方可进行检修作业。

2.3.12 检修电器控制柜时，必须先通知变、配电站断掉该系统电源，并验明无电后，方可作业。

2.3.13 清理机电设备及周围环境卫生时，严禁擦拭设备转动部分，不得有冲洗水溅落在电缆接头或电机带电部位及润滑部位。

2.3.14 皮带传动、链传动、联轴器等传动部件必须有机罩，不得裸露运转。

2.3.15 一工序设备停机检修时，应首先关闭相关的前序设备，并将有关信息传至中央控制室，或后序工序。

2.3.16 垃圾堆肥处理厂消防措施应按中危险度和轻危险度考虑。其中化验室、回收废品贮存库应按中危险度考虑。

2.3.17 垃圾堆肥处理厂消防措施应按A、B、C三类火灾考虑。其中化验室、贮料坑等处主要是属C类火灾隐患，废品回收贮存库应属A类火灾隐患。

2.3.18 消防器材设置应符合现行国家标准《建筑灭火器配置设计规范》(GBJ 140)的有关规定，并定期检查、验核消防器材效用，及时更换。

2.3.19 具有粉尘、异味及有害、有毒气体的场所，必须有通风措施，并保持通风除尘、除臭设备、设施完好。

2.3.20 一级发酵之前，预处理分选设备的筛余物，必须采用卫生填埋或焚烧等无害化技术方法进行处置，不得作简易堆弃。

2.3.21 厂内及车间(或生产区)内运输管理，应符合《工业企业厂内运输安全规程》GB 4387的有关规定。

2.3.22 在指定的、有标志的明显位置应配备必要的防护救生用品及药品。

2.3.23 在容易发生事故地方应设置醒目标志，并符合国家现行标准《安全色》(GB 2893)、《安全标志》(GB 2894)的有关规定。

2.3.24 每月应按现行国家标准《工业企业设计卫生标准》(GB 11641)、《作业场所空气中粉尘测定方法》(GB 5748)、《工业企业厂界噪声测量方法》(GB 2349)、《恶臭污染物排放标准》(GB 14554)等的规定，至少一次检测厂区、生产作业区的粉尘与噪声情况，并采取相应的防治措施改善厂区及作业区工作环境。

2.3.25 堆肥处理厂应采取相应的避雷、防爆措施，并应符合现行国家标准《建筑防雷设计规范》(GB 50057)、《生产设备安全卫生设计总则》(GB 5083)等的有关规定。

3 地 磅

3.1 运行管理

3.1.1 应保持地磅及承重台上的清洁。

3.1.2 地磅应配置良好的防雨设施，并便于运输车辆通行。

3.1.3 定期检查地磅的计量误差，并挂合格证。

3.1.4 应做好秤重记录和统计工作。

3.2 维护保养

3.2.1 应及时清除地磅承重台周围的异物，以防被卡住。

3.2.2 防雨顶棚应定期检修维护。

3.2.3 应定期请专业人员校核调整计量误差。

3.3 安全操作

3.3.1 地磅前方应设置醒目标志、防止运输车辆撞击地磅及附属设施。

3.3.2 应设置低速装置，运输车辆上磅时车速不应大于5km/h。

4 板式给料机

4.1 运行管理

4.1.1 板式给料机作业前，应检查受料部位有无卡滞现象。

4.1.2 应监视、调整给料速度，以保证后序设备能均匀、连续、平稳受料。

4.1.3 板式给料机运行时，应连续监视受料部位及其机电设备运转情况，出现故障立即停车检修。

4.1.4 故障排除后(或确定无故障时)，应空转3～5min后，方可重新满负荷运行。

4.2 维护保养

4.2.1 对板式给料机应定期进行整机检修。

4.2.2 应每日检查电机和调速器运转情况。

4.2.3 链板等易损件应定期检修、更换。

4.3 安全操作

4.3.1 板式给料机启动前，应首先查看上班运行记录，并作下列检查：

1. 电机无异常；
2. 调速装置无异常；
3. 整机及传动部位无卡滞现象。

4.3.2 板式给料机发现下列情况时，应停机检修：

1. 出现异常噪声；

2. 零部件出现断裂等故障；

3. 电机或轴承温升过高；

4. 受料口或出料口出现异物卡滞现象。

4.3.3 未停机前，操作人员不得拉、拽被卡滞异物。

5 皮带输送机

5.1 运行管理

5.1.1 皮带输送机运转前，操作人员应检查其接头、拉紧装置、托辊情况，并作必要调整。

5.1.2 运转过程中，当出现皮带跑偏、物料散落等现象，应及时调整，以保持连续平稳运行。

5.1.3 运转过程中，当出现接头断裂，尖硬异物卡刺皮带等现象，应立即停机检修。故障排除后（或确定无故障时），应空转3～5min后，再恢复满负荷运行。

5.1.4 手选皮带输送机启动前，应检查手选操作人员是否到位。

5.1.5 与悬挂式磁选机配置的皮带输送机位置设定后，应注意调整两者之间有效空间。

5.1.6 手选皮带输送机带速不应大于0.5m/s。

5.2 维护保养

5.2.1 皮带输送机的机电设备应定期检修、保养。

5.2.2 电动滚筒、齿轮箱等部位应每日检查有无渗油、漏油等隐患。

5.2.3 运输带托辊位置应定期检查、调较。

5.2.4 转动零部件应定期加（换）润滑脂（油）。

5.2.5 张紧装置应定期检查调整。

5.3 安全操作

5.3.1 手选皮带输送机操作人员必须配置完备的劳动保护用品方可上岗。

5.3.2 各工序皮带输送机卸料口应有降尘装置或措施。

5.3.3 发酵仓或卸料仓仓底出料皮带运行时，操作人员不得靠近。

5.3.4 手选工作人员身体不得贴靠输送带。

5.3.5 未停机时，不得拉拽输送带上的卡滞异物。

5.3.6 应合理设置手选物料存贮容器位置，受料口不得低于手选人员膝部。

5.3.7 板式给料机等前序给料设备运转时，非紧急情况下，不得突然停止皮带输送机运行。

6 振动筛选机

6.1 运行管理

6.1.1 振动筛运转前，应检查下列内容，并作处理、调整：

1. 筛面应完好、整洁，无堵塞或损坏；

2. 各弹簧应完好，筛分机及筛面应平稳；

3. 机电设备及传动装置应完好。

6.1.2 振动筛运行中，应检查下列内容，并采取必要措施：

1. 筛面受料无过多或过少现象；

2. 筛面受料均匀；

3. 筛面无异物（如大块物、坚硬物、缠绕物等）；

4. 整机无不平稳的晃动；

5. 整机与相邻设备无碰撞、干涉；

6. 无异常噪声等等。

6.1.3 振动筛运行中出现异常情况应及时停机检修；故障排除后，应空转3～5min，再满负荷运行。

6.1.4 振动筛选机运行中，应保持其平稳连续受料。

6.1.5 结束筛选作业后，应及时清除筛面物料。

6.1.6 应保持振动筛选机连续平稳运行。

6.1.7 筛选处理量不得低于设计处理能力的95%。

6.2 维护保养

6.2.1 整机性能应定期检查调整。

6.2.2 弹簧、曲柄连杆、轴承等装置应定期调整或更换。

6.2.3 各连接件应经常检查、紧固。

6.2.4 卡滞在筛网等部件上的异物应及时清除。

6.3 安全操作

6.3.1 振动筛运转时，操作人员身体不得贴靠机体。

6.3.2 振动筛运行时发现下列情况，应立即停机，并将有关情况通知先行工序及中央控制室：

1. 整机出现共振现象；

2. 零部件脱落；

3. 突然出现异常噪声；

4. 振动筛出料口被异物卡住。

6.3.3 未停机前，严禁操作人员拉、拽卡滞的异物。

7 滚筒筛选机

7.1 运行管理

7.1.1 滚筒筛运行前，应检查以下内容，并作处理、调整：

1. 筛筒内无剩余物料；

2. 筛面无严重堵塞；

3. 电机及传动装置应完好。

4. 托辊无损坏、偏离或松动。

7.1.2 滚筒筛运行中，应检查以下内容：

1. 受料连续平稳；

2. 筛筒内无异物（棒状物、缠绕物）；

3. 电机或轴承无升温过高现象。

7.1.3 滚筒筛运行中出现以上异常情况，应及时停机检修；故障排除后，应空转3～5min，再满负荷运行。

7.1.4 结束筛分作业后，应及时清除筒筛内残留物料。

7.1.5 滚筒筛筛选能力应与各自先行工序设备能力协调匹配。

7.2 维护保养

7.2.1 滚筒筛整机性能应定期检查、调整。

7.2.2 筛筒传动部位（摩擦轮或齿轮）的残余物应及时清除。

7.2.3 滚筒筛面应定期清理、修补、更换。

7.3 安全操作

7.3.1 滚筒筛筛筒必须安装罩壳，罩壳开启或损坏时，滚筒筛不得启动运行。

7.3.2 滚筒筛筛筒内出现异物卡滞或出料口出现堵塞时，应立即停机排除故障。

7.3.3 严禁用火烧法清理筛面。

8 一级发酵

8.1 运行管理

8.1.1 根据工艺技术要求及发酵原料实际条件，应适时调整、控制一级发酵期各主要技术参数，并符合下列规定：

1. 一级发酵原料含水率宜为40%～60%，灰土含量大且环境温度低时取下限，反之取上限。当含水率超出此范围时，应采用污水回喷、或添加物料、或通风散热等措施调整水分。

2. 一级发酵原料碳氮比宜为20∶1～30∶1，当超出此范围时，应通过添加其他物料调整碳氮比。

3. 一级发酵原料易腐有机物比例宜大于30%。

4. 发酵仓进料应均匀，防止出现物料层厚不等，含水率不均，或物料挤压等不利于发酵升温的情况。

5. 静态发酵自然通风物料推置高度宜为1.2～1.5m，当在仓底设置风沟时，自然通风的物料堆置高度可为3m。灰土含量大时，取上限，反之取下限。间歇动态工艺的物料堆高可为5m。

6. 静态发酵强制通风时，每立方米垃圾风量宜取0.05～0.20Nm^3/min，通常进行非连续通风；间歇动态工艺可参照静态工艺并根据试运行情况确定通风量。

7. 一级发酵仓通风风压应按堆层每升高1m，风压增加1000～1500Pa计。灰土含量大，含水率小时取下限，反之取上限。

8.1.2 应定期测试一级发酵仓升温情况，测温点应根据升温变化规律分层、分区设置。

8.1.3 一级发酵阶段主要技术指标应符合现行行业标准《城市生活垃圾堆肥处理厂技术评价指标》（CJ/T 3059）的有关规定。

8.2 维护保养

8.2.1 一级发酵工序的各机械设备应定期检修、维护。

8.2.2 进出料设备运行完毕，应退出发酵仓，并清除残余垃圾。

8.2.3 仓底水沟及风沟应定期清理、疏通；定期疏通底沟盖板。

8.2.4 清扫、整理固定式传送设备及周围环境。

8.3 安全操作

8.3.1 发酵仓进出料时，仓内不得有人。

8.3.2 发酵仓的通风、除尘、去臭装置，应保持良好。操作维修人员进入发酵仓前，应首先开启通风设备，并清除仓内物料。

8.3.3 一级发酵工序配备的进出料装载机，必须配备全封闭式驾驶室。

8.3.4 立式发酵仓出料时，仓底出料口旁不得有人滞留。

8.3.5 操作人员必须配戴劳动保护用品方可上岗。

9 二级发酵

9.1 运行管理

9.1.1 根据工艺技术要求及一级发酵半成品情况应调整、控制通风及翻堆作业。

9.1.2 二次发酵仓（场）进、出料及传送、运输设备可视具体要求单独配备或与一级发酵仓共用。

9.1.3 综合性二次发酵场内各作业区应保证设备通道或人员通道的畅通。

9.1.4 二次发酵主要技术指标应符合现行行业标准《城市生活垃圾堆肥厂技术评价指标》（CJ/T 3059）的有关规定。

9.2 维护保养

9.2.1 二次发酵机械设备应定期检修、保养。

9.2.2 应定期检修、保养综合性二次发酵场内有关机械设备。

9.2.3 机械设备运行完毕时，应退出发酵仓或料堆，并清除残余物料。

9.3 安全操作

9.3.1 二次发酵仓（场）设置的通风、除臭装置应保持正常运行状态。

9.3.2 二次发酵仓进、出料时，仓内严禁人员进入。

9.3.3 装载机进行装卸料作业时，必须保证场内工作人员及设施的安全。

10 风 机

10.1 运行管理

10.1.1 风机及风机房应保持整洁、干燥。

10.1.2 应根据发酵工艺要求及升温情况，及时调节送风量。

10.1.3 风机运行时，应注意观察、记录风机风量、风压等主要运行参数。

10.1.4 备用风机应关闭其进、出气闸阀。

10.2 维护保养

10.2.1 风机及电机应定期检修、维护，并给轴承等旋转部件加润滑油（脂）。

10.2.2 应定期检修或更换滤罩、滤网、滤袋。

10.3 安全操作

10.3.1 风机工作时，操作人员不得贴近联轴器等旋转部件。

10.3.2 应定期清扫、整理除尘、除臭、通风系统的滤网、滤袋、廊道等。

10.3.3 风机工作中，出现异常现象时，应立即停机检修。

10.3.4 检修工作必须在停机状态下进行。

10.3.5 停电时，应关闭进、出气闸阀。

11 回流污水泵

11.1 运行管理

11.1.1 垃圾渗沥液回流沟应及时清理、疏通，使一级发酵仓和垃圾原料坑内的渗沥液能顺畅流至污水池。

11.1.2 污水池中的杂物应及时清捞。

11.1.3 必要时可向发酵仓回喷一定量的污水，调节含水率；剩余污水应送至污水处理设施集中处置。

11.1.4 污水泵不宜频繁启动。

11.2 维护保养

11.2.1 长期不使用的螺旋泵，应每周将泵体位置旋转180°，每月至少启动运行1次。

12 控制监测

12.1 运行管理

12.1.1 控制监测仪器设备操作人员必须经过岗位培训后，持证上岗。

12.1.2 工艺设施（设备）运行前，应先检查控制监测仪器设备是否完好。

12.1.3 控制室（或监测岗位）应保持良好视角，以便观察控制有关工序及设备运行状况。

12.1.4 由中央控制室控制的工序应同时具备各工序独立控制功能。

12.1.5 控制室应将事故工序有关情况及时通知其前后有关工序。

12.1.6 控制室宜采用微机处理主要技术参数并用微机进行自动化管理。

12.1.7 非中央控制室控制监测的工序也应提高微机管理水平。

12.2 维护保养

12.2.1 控制室仪器设备应定期维护和定期检验。

12.2.2 各工序控制监测仪器应定期维护和检验。

12.3 安全操作

12.3.1 非工作人员不得随意进入控制室内。

12.3.2 控制仪器仪表应在规定的电压、温度下工作。

12.3.3 应保持控制室与各工序联系畅通。

13 化验（检验）室

13.1 运行管理

13.1.1 堆肥原料检测项目应符合表13.1.1的规定。

表13.1.1 堆肥原料检测项目及检测频率

序号	项　目	频　率
1	密　度	每月1次
2	含水率	每月1次
3	碳氮比	每月1次
4	蛔虫卵	每月1次
5	大肠菌值	每月1次
6	细菌总数	每月1次
7	组　分	每月1次

13.1.2 堆肥产品检测项目应符合表13.1.2的规定。

表 13.1.2 堆肥产品检测项目及检测频率

序号	项目	频率
1	密度	每月1次
2	粒度	每月1次
3	含水率	每月1次
4	pH 值	每月1次
5	蛔虫卵	每月1次
6	大肠菌值	每月1次
7	细菌总数	每月1次
8	总氮	视需要
9	总磷	视需要
10	总钾	视需要
11	有机质	视需要
12	总镉	半年1次
13	总汞	半年1次
14	总铅	半年1次
15	总铬	半年1次
16	总砷	半年1次

13.1.3 发酵仓、垃圾原料坑等处渗沥液检测项目应符合表 13.1.3 的规定。

表 13.1.3 垃圾渗沥液检测项目及检测频率

序号	项目	频率
1	pH 值	每月1次
2	SS	每月1次
3	BOD_5	每月1次
4	COD_{Cr}	每月1次
5	细菌总数	每月1次
6	大肠菌值	每月1次
7	蛔虫卵	每月1次
8	总氮	每季1次
9	总有机碳	每季1次
10	总镉	半年1次
11	总汞	半年1次
12	总铅	半年1次
13	总铬	半年1次
14	总砷	半年1次

13.1.4 化验检测人员应对检测样品编号、登记。化验检测报表应按年、月、日逐一分类整理归档。

13.1.5 各种仪器、设备、药品及检测样品应分门别类摆放整齐，并设置明显标志。

13.1.6 化验检测数据宜采用微机处理及管理。

13.1.7 化验室应承担总检测项目 50%以上的任务。

13.1.8 化验检测应符合国家现行标准《水质分析方法标准》（GB 7466～7494）、《生活垃圾渗沥液理化分析和细菌学检验方法》（CJ/T 3018.1～15）、《城镇垃圾农用控制标准》（GB 8172）等的有关规定。

13.2 维护保养

13.2.1 应按照有关规章、条例对化验室仪器设备进行日常维护和定期检验。

13.2.2 仪器设备出现故障或损坏时，应及时检修并上报。

13.2.3 贵重、精密仪器设备应安装电子稳压器并由专人保管。

13.2.4 计量仪器的检修和检定应由技术监督部门负责，并挂合格证。

13.2.5 仪器的附属设备应妥善保管，并经常进行安全检查。

13.3 安全操作

13.3.1 化验室应建立专门安全防护管理条例。

13.3.2 易燃、易爆、有毒物品应由专门部门（或专人）保管，领用时须严格办理有关手续。

13.3.3 带刺激性气味的化验检测项目必须在通风橱内进行。

13.3.4 化验检测完毕，应关闭水、电、气、火源。

14 变配电室

14.0.1 变配电室的运行管理、维护保养及安全操作应符合国家现行标准《电业安全工作规程》（DL 408）的有关要求。

本规程用词说明

1. 为便于在执行本规程条文时区别对待，对于要求严格程度不同的用词说明如下：

1）表示很严格，非这样做不可的

正面词采用"必须"；反面词采用"严禁"；

2）表示严格，在正常情况下均应这样做的

正面词采用"应"；反面词采用"不应"或"不得"；

3）表示允许稍有选择，在条件许可时首先应这样做的

正面词采用"宜"，反面词采用"不宜"；

表示有选择，在一定条件下可以这样做的，采用"可"。

2. 条文中指明必须按其他有关标准执行的写法为"应按……执行"或"应符合……的规定（或要求）"。

中华人民共和国行业标准

城市生活垃圾堆肥处理厂运行、维护及其安全技术规程

CJJ /T 86—2000

条 文 说 明

前　言

根据建设部建标［1995］175号文的要求，由武汉城市建设学院主编，荆州市市容环境卫生管理局，牡丹江市环境卫生科学研究所等单位参加共同编制的《城市生活垃圾堆肥处理厂运行、维护及其安全技术规程》CJJ/T 86—2000，经建设部2000年2月22日以建标［2000］47号文批准，业已发布。

为便于广大设计、施工、科研、学校等单位的有关人员在使用本规程时能正确理解和执行条文规定，《城市生活垃圾堆肥处理厂运行、维护及其安全技术规程》编制组按章、节、条顺序编制了本规程的条文说明，供国内使用者参考。在使用中如发现本条文说明中有欠妥之处，请将意见函寄武汉城市建设学院（邮编430074）。

目　次

1　总则 ………………………………… 3—4—13
2　一般规定 …………………………… 3—4—13
2.1　运行管理 ………………………… 3—4—13
2.2　维护保养 ………………………… 3—4—14
2.3　安全操作 ………………………… 3—4—14
3　地磅 ………………………………… 3—4—15
3.1　运行管理 ………………………… 3—4—15
3.2　维护保养 ………………………… 3—4—15
3.3　安全操作 ………………………… 3—4—15
4　板式给料机 ………………………… 3—4—15
4.1　运行管理 ………………………… 3—4—15
4.2　维护保养 ………………………… 3—4—16
4.3　安全操作 ………………………… 3—4—16
5　皮带输送机 ………………………… 3—4—16
5.1　运行管理 ………………………… 3—4—16
5.2　维护保养 ………………………… 3—4—16
5.3　安全操作 ………………………… 3—4—16
6　振动筛选机 ………………………… 3—4—17
6.1　运行管理 ………………………… 3—4—17
6.2　维护保养 ………………………… 3—4—17
6.3　安全操作 ………………………… 3—4—17
7　滚筒筛选机 ………………………… 3—4—17
7.1　运行管理 ………………………… 3—4—17
7.2　维护保养 ………………………… 3—4—18
7.3　安全操作 ………………………… 3—4—18
8　一级发酵 …………………………… 3—4—18
8.1　运行管理 ………………………… 3—4—18
8.2　维护保养 ………………………… 3—4—19
8.3　安全操作 ………………………… 3—4—19
9　二级发酵 …………………………… 3—4—19
9.1　运行管理 ………………………… 3—4—19
9.2　维护保养 ………………………… 3—4—19
9.3　安全操作 ………………………… 3—4—19
10　风机 ………………………………… 3—4—20
10.1　运行管理 ………………………… 3—4—20
10.2　维护保养 ………………………… 3—4—20
10.3　安全操作 ………………………… 3—4—20
11　回流污水泵 ………………………… 3—4—20
11.1　运行管理 ………………………… 3—4—20
11.2　维护保养 ………………………… 3—4—20
12　控制监测 …………………………… 3—4—20
12.1　运行管理 ………………………… 3—4—20
12.2　维护保养 ………………………… 3—4—20
12.3　安全操作 ………………………… 3—4—21
13　化验（检验）室 …………………… 3—4—21
13.1　运行管理 ………………………… 3—4—21
13.2　维护保养 ………………………… 3—4—21
13.3　安全操作 ………………………… 3—4—22
14　变配电室 …………………………… 3—4—22

1 总　则

1.0.1 本条明确了制定本规程的目的。

编制本规程的目的在于加强和完善城市生活垃圾堆肥处理厂的科学管理，提高管理人员和操作人员的技术水平，保证安全运行，提高生产效率，进而实现城市生活垃圾的无害化、减量化、资源化处理，化害为利，变废为宝，保护环境。

1.0.2 本条规定了规程的适用范围。

本规程适用于以城市生活垃圾为主要原料的静态和间歇动态高温堆肥处理厂，即包括生活垃圾和污泥混合堆肥等类型的高温堆肥厂。

1.0.3 本条规定城市生活垃圾堆肥处理厂的运行维护除应执行本规程外，还应同时执行现行国家或行业的有关标准。

本规程引用的国家和行业标准主要有：

《城镇垃圾农用控制标准》(GB 8172)；

《粪便无害化卫生标准》(GB 7959)；

《城市污水处理厂运行、维护及其安全技术规程》(CJJ 60)；

《城市生活垃圾好氧静态堆肥处理技术规程》(CJJ/T 52)；

《城市生活垃圾堆肥处理厂技术评价指标》(CJ/T 3059)；

《污水综合排放标准》(GB 8978)；

《水质分析方法标准》(GB 7466～7494)；

《生活垃圾渗沥液理化分析和细菌学检验方法》(CJ/T 3018.1～15)；

《农用灌溉水质标准》(GB 50804)；

《大气环境质量标准》(GB 3095)；

《作业场所空气中粉尘测定方法》(GB 5478)；

《城市环境噪声测量方法》(GB 3222)；

《工业企业厂界噪声标准》(GB 12348)；

《工业企业厂界噪声测量方法》(GB 2349)；

《建筑物防雷设计规范》(GB 50057)；

《建筑设计防火规范》(GBJ 16)；

《建筑内部装修设计防火规范》(GB 50222)；

《建筑灭火器配置设计规范》(GBJ 140)；

《电业安全工作规程》(DL 408)；

《生产过程安全卫生要求总则》(GB 12801)；

《工业企业设计卫生标准》(TJ 36)；

《工业企业厂内运输安全规程》(GB 4387)；

《安全色》(GB 2893)；

《安全标志》(GB 2894)。

2 一般规定

2.1 运行管理

2.1.1 本条提出了对城市生活垃圾堆肥处理厂各岗位操作人员完成本职工作的基本要求。

2.1.2 本条提出了对城市生活垃圾堆肥处理厂运行管理人员完成本职工作的基本要求。

2.1.3 本条规定了所有机械设备的启闭基本程序，即所有机械设备应按主工艺流程逆方向开机；作业结束时，则应按主工艺流程方向关机，并闭合总开关。

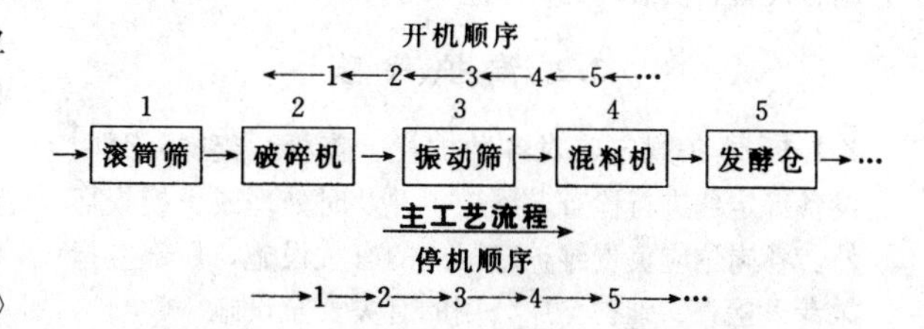

图 2-1 机械设备启闭基本程序示意

2.1.4 本条明确机械设备开启前，必须点动试机后方可正式启动运行。

2.1.5 本条规定操作人员和管理人员应经常检查巡视所操作或管辖的设施、设备及仪器、仪表的运行状况，并做好设施设备运转记录和其他必要的记录和报表。记录报表应准确及时，能真实地反映处理厂运行实际情况。

2.1.6 操作或管理人员发现运转异常时，应采取相应措施处理，并及时上报主管领导。上报内容应包括：设备故障表征与性质；已采取的处理措施和处理后设备情况；进一步的对策措施。

2.1.7 挂牌明确本岗位机械设备基本工况，是安全生产管理的简明警示措施。

2.1.8 本条规定各岗位应使机械设备、仪器仪表保持整洁。

2.1.9 本条规定各种类型机电设备都应定期检查、维护，添加或更换润滑油（脂）。

2.1.10 本条表明了电机工作电压、电源电压超出额定电压时，会降低设备寿命，甚至会烧毁电机。

2.1.11 本条规定机械设备的运料、贮料装置（如装载机、输送机、筛选机）应保证垃圾日进日清，不滞留过夜。不包括非设备类贮料装置——如料坑。

2.1.12 堆肥厂垃圾渗沥液量少而浓度高，雨水及场地冲洗水量大但浓度低，因此厂区内排水，应严格实行雨污分流，保证雨水沟（井）通畅，不让渗沥液混入雨水中。

2.1.13 本条规定了雨污分流和具体措施与途径，集

（贮）料坑等场所，垃圾渗沥液应引入污水井内，并及时抽至污水池，不得溢出污水池。

2.1.14 《城市生活垃圾堆肥处理厂技术评价指标》（CJ/T 3059）、《工业企业设计卫生标准》（TJ 36）等分别提出了有关的技术指标，城市生活垃圾堆肥处理厂应按照各有关条款的要求运行管理。

2.1.15 实践表明，有一部分垃圾堆肥处理厂的处理能力达到了设计要求，但由于运行费用偏高或堆肥产品市场不好等因素的制约，导致不能连续正常运行，无法发挥处理厂的应有功能。故本条明确规定城市生活垃圾堆肥处理厂的年生产能力不低于设计能力的90%。

2.1.16 为保持处理厂的正常运行，要求全厂的设施、设备、仪器、完好率应大于90%。

2.2 维护保养

2.2.1 本条规定应对各种护栏、盖板、爬梯、照明设备等定期进行检查、维护，并及时处理或更换损坏件。各岗位应负责维护辖区内的有关设施，厂部应指派专人检查、维护全厂公用的有关安全设施。

2.2.2 本条要求专业电器维修人员定期检查、清扫电器控制柜，紧固易松动件，并测试其各种技术性能。

2.2.3 维修人员应定期检查、调整各种闸阀、开关、连锁装置，并及时更换损坏件。

2.2.4 设备的连接件，应定期检查、调整、更换。

2.2.5 各种机械设备日常维护保养及部分小修由岗位操作人员进行，而大、中修则主要靠专职机修人员进行。

2.2.6 规定维护机械设备更换的废零件、废油（脂）等不得混入堆肥处理设施设备内，主要是防止损坏机械设备本身，以及影响堆肥过程工艺条件。

2.2.7 维修机械设备搭接临时动力线时，应接在临时配电柜上，否则，易造成线路混乱，损坏电气设备，甚至引起人身事故。

2.2.8 建筑物、构筑物等的避雷、防爆装置的测试、检修应符合《建筑防雷设计规范》（GB 50057）、《电业安全工作规程》（DL 408）、《建筑设计防火规范》（GBJ 16）等电业和消防部门的规定。

2.3 安全操作

2.3.1 为了实现全过程安全生产的系统管理，必须按照《生产过程安全卫生要求总则》（GB 12801）的基本要求，建立和完善全厂范围的安全生产管理机制；同时各生产岗位应根据其工艺特征与具体要求，建立有利于本岗位安全生产管理的岗位安全操作规程。

2.3.2 各岗位操作人员和维修人员必须经过岗位培训，并经考核合格后方可持证上岗。岗前培训的基本内容应包括：本岗位工艺及设备基本情况；机电设备操作一般常识；安全生产一般常识；本岗位设备操作与维修的特殊要求。

2.3.3 本条提示各岗位操作人员必须严格执行本岗位安全操作规程。

2.3.4 本条是运行操作的具体要求，做好各项准备工作后，方可启动机械设备。

2.3.5 本条是穿戴方面的具体要求，操作人员必须配戴必要的劳保用品，做好安全防范工作。避免与生活垃圾等污染物直接接触。

2.3.6 本条是对女职工的具体要求，即女性操作人员不得穿裙子、披长发、穿高跟鞋上岗操作机械设备。

2.3.7 本条规定了控制室、化验室、变配电房、发酵仓等工作间内禁止吸烟。

2.3.8 本条规定各类吊装机械应配专人操作，运行时下方不得有人。同理，在楼上或高工位搬运大件时，下方不应有人。

2.3.9 严禁非本岗位操作管理人员启闭本岗位设备。以免损坏设备甚至造成工伤事故。

2.3.10 操作人员启闭电器开关时，应按电工操作规程进行。

2.3.11 本条规定各种必须断电维修的设备，断电后应挂牌警示。

2.3.12 本条规定电器控制柜，必须断电检修，并严格遵守作业程序。

2.3.13 清理机电设备及周围环境卫生时，严禁擦拭设备转动部分，防止衣袖等物被卷入旋转机械之中；不得有冲洗水溅落在电缆接头或电机带电部位及润滑部位，以避免出现触电、短路事故或设备锈蚀。

2.3.14 皮带传动、链传动、联轴器等传动部件必须有机罩，不得裸露运转。以避免衣袖等被卷入，造成工伤。

2.3.15 为避免出现物料堵塞，设备超载等事故，一工序设备停机检修时，应首先闭合相关的先行设备，并将有关信息传至中央控制室。

2.3.16 依《建筑灭火器配置设计规范》（GBJ 140）第2.0.1条，工业建筑灭火器配置场所的危险等级分为：严重危险级，即火灾危险性大、可燃物多、起火后蔓延迅速或容易造成重大火灾损失的场所；中危险性，即火灾危险性较大，可燃物较多，起火后蔓延较迅速的场所；轻危险级，即火灾危险性较小，可燃物较少，起火的蔓延较缓慢的场所。对于城市生活垃圾堆肥处理厂而言，回收废品库（点）贮存大量废纸、塑料、橡胶；化验室因有化学药品；贮料坑可能产生一定量甲烷气，因而火灾危险较大。

2.3.17 依《建筑灭火器配置设计规范》第2.0.7条，火灾种类依其燃烧特性划分为：A类火灾，指含可燃物，如木材、棉、毛麻、纸张等燃烧的火灾，B

类火灾：指汽油、煤油、柴油、甲醇、乙醚、丙酮等燃烧的火灾；C类火灾：指可燃气体，如煤气、天然气、甲烷、丙烷、乙炔、氢气等燃烧的火灾；D类火灾，指可燃金属造成的火灾，带电火灾。如本规程(2.2.17) 所述，垃圾堆肥处理厂火灾主要隐患是A、B、C三类，即回收废品形成的A类火灾，生产用油、化学药品及少量甲烷气形成的B、C类火灾。

2.3.18 应按《建筑灭火器配置设计规范》第3.0.2条要求，选用磷酸铵盐干粉、卤代烷型灭火器，并定期检查、验核消防器材效用，及时更换。灭火器配置，可按《建筑灭火器配置设计规范》第四章有关要求配置。

2.3.19 具有粉尘、异味及有害、有毒气体的场所或工位，必须有相应通风及降尘、除尘措施。

2.3.20 一级发酵之前，预处理分选的筛余物，必须按《城市生活垃圾卫生填埋技术标准》(GJJ 17) 的要求，采用卫生填埋或焚烧等无害化技术方法进行处置，不得作简易堆弃。

2.3.21 《工业企业厂内运输安全规程》(GB 4387) 第三章就厂内道路、车辆装载、车辆行驶、装御等各方面安全操作作出了必要的规定。堆肥处理厂厂内(包括生产区或车间内) 的车辆、装载机运行，均应符合该规程的要求。

2.3.22 应在指定的、有标志的明显位置配备必要的防护救生用品及药品，以处理突发事故并进行必要的救助。

2.3.23 《安全色》(GB 2983) 规定了传递安全信息的颜色，堆肥处理厂宜用相应的颜色表示禁止、警告、指令、提示等。如在机械设备、仪器仪表的紧急停止手柄或按钮上用红色禁止人们随意触动；用黄色作为振动机械或料坑周边的警戒线，等等。

《安全标志》(GB 2894) 规定了由安全色、几何图形和图形符号均成，用以表达特定安全信息的安全标志。

安全标志虽然不能代替安全操作规程和必要的防护措施。但由于其简明、直观、醒目，可作为重要的安全辅助措施之一，广泛用于各种场合。

2.3.24 垃圾堆肥处理生产性粉尘主要源于物料装卸过程，依《工业企业设计卫生标准》(TJ 36) 之表4要求，属其他粉尘类，最高容许浓度不大于$10mg/m^3$，按《工作场所空气中粉尘测定方法》(GB 5748) 进行检测；生产性噪声主要源于振动筛分机、风机等设备。依《工业企业噪声卫生标准》、《工业企业厂界噪声标准》(GB 12348) 要求，堆肥处理厂车间噪声不大于85dB (A)，堆肥处理厂界噪声，昼间不大于60dB (A)，夜间不大于50dB (A)。按《工业企业厂界噪声测量方法》(GB 12349) 等标准的要求进行检测。

2.3.25 应按《建筑物防雷设计规范》(GB 50057—94) 第三章的要求，采取相应的防雷措施；应按《生产设备安全卫生总则》(GB 5083) 的要求，采取相应的防爆措施，以保证不至出现雷击、爆炸等事故。

3 地　　磅

3.1 运行管理

3.1.1 地磅及承重台上的清洁，既是为了保证计量精确性，也是为了保持良好的生产作业环境。

3.1.2 地磅应配置良好的防雨设施，以保护地磅并保持计量的科学性与准确性。注意防雨设施的设置不应妨碍运输车辆通行。

3.1.3 为了保证计量精确性，应定期检查地磅的计量误差，并挂合格证。

3.1.4 应做好称重记录和统计工作。包括按日、月计量的进厂原料量、车数、车型、地磅运行情况及其他有关事宜。

3.2 维护保养

3.2.1 地磅承重台周围如被异物卡住会影响计量工作的操作或计量精确性，应及时清除。

3.2.2 防雨顶棚应定期检修维护，通常在雨雪季前进行全面检修。

3.2.3 其他人不得随意调校地磅，定期请专业人员校核调整计量误差。

3.3 安全操作

3.3.1 地磅前方应设置醒目标志，防止运输车辆撞击地磅及附属设施。安全提示标志可以单独设置，也可与其他标志牌合并，其形式规格等技术参数参照《安全色》(GB 2893) 与《安全标志》(GB 2984) 的有关规定。

3.3.2 为避免撞击并减小冲击振动，应设置减速装置，使运输车辆上磅时，车速不大于5km/h。

4 板式给料机

板式给料机是将间歇受料转换为皮带输送机等后序设备的均匀连续受料的均载设备。

4.1 运行管理

4.1.1 板式给料机作业前，若板式给料机受料部位已被异物卡塞，则会进一步加大电机启动负荷，甚至导致电机烧毁。因此，首先应检查受料部位有无卡塞现象。

4.1.2 运行速度平稳与否是板式给料机输送带及其电机和传动装置正常运行与否的基本标志。因此要严格监视、调整给料速度，以保证后序设备能均匀、连续、平稳受料。

4.1.3 板式给料机运行时，若受料部位被异物卡塞，就会导致设备过载、电机烧毁或传动件、连接件破坏，因此应及时停机检修。

4.1.4 故障排除后（或确定无故障时），空转3～5min，是为了检验设备修复情况。

4.2 维护保养

4.2.1 应定期对板式给料机进行整机检修，定期检修应由专职机修人员与岗位操作人员配合进行。

4.2.2 应由本岗位操作人员每日检查电机和调速器运转情况。

4.2.3 根据设备运行工况及检查结果，定期检修、更换链板等易损件。

4.3 安全操作

4.3.1 板式给料机启动前，应首先查看上班运行记录，并作以下检查：

1. 电机无异常，如温升、异常振动或噪声等；
2. 调速装置无异常，如异常振动或噪声；
3. 整机及传动部位无卡滞现象。

4.3.2 板式给料机发现下列情况时，应停机检修：

1. 出现异常噪声，包括传动部位或输送带上卡塞异物而出现的噪声；
2. 零部件出现断裂等故障，如异物卡塞导致链板破坏或过载导致传动件和连接件的破坏等；
3. 过载或运动副损坏导致电机或轴承温升过高；
4. 垃圾堆肥处理厂的手选工序可能出现大块异物漏选的情况，这时就可能出现受料口或出料口卡塞现象。

4.3.3 为保证安全，规定在未停机前，操作人员不得拉、拽被卡塞异物。

5 皮带输送机

堆肥处理厂涉及的皮带输送机包括预处理工序的手选皮带输送机，发酵仓（场）的布料皮带输送机、出料皮带输送机，各工序之间的固定或移动式皮带输送机。

5.1 运行管理

5.1.1 皮带输送机运转前，操作人员应检查其接头、张紧装置、托辊情况，并作必要调整。

5.1.2 运转过程中，当出现皮带跑偏、物料散落等现象，应及时调整，正常运行中的皮带输送机出现跑偏的原因多是托辊（特别是首尾部分）张紧装置等受力不均匀所导致。

现有各类皮带输送机都是按砂石等工业原料理化特性设计制造并确定其运行速度等技术参数，将其用于密度不足$0.8t/m^3$的生活垃圾的输送，实际上是大马拉小车。因此，连续平稳运行，不出现抖动跑偏现象，是皮带运输机保持其送料功能，并最大限度提高输送能力的基本保证。

5.1.3 运转过程中除皮带接头可能断裂，垃圾中的尖硬异物也可能刺破皮带。出现上述情况，均应立即停机检修。故障排除后（或确定无故障时），空转3～5min，是为了检验设备修复情况。

5.1.4 手选皮带输送机启动时，手选操作人员不到位，会直接导致大块异物卡塞后序设备。

5.1.5 与悬挂式磁选机配置的皮带输送机，应注意两者之间有效空间的设定，有利于保证磁选效果，同时不出现异物卡塞现象。

5.1.6 为避免出现漏选及人员疲劳出现工伤，特限制手选皮带输送机带速。

5.2 维护保养

5.2.1 定期检修、保养皮带输送机的机电设备，包括减速装置、传动部件及机罩。

5.2.2 操作人员每日检查电动滚筒、齿轮箱等部位有无渗油、漏油等隐患。

5.2.3 定期检查、调校运输带托辊位置，托辊调校通常由专职机修人员进行，其他人员不宜进行此项工作。

5.2.4 各岗位操作人员应定期给转动零部件加（换）润滑脂（油）。

5.3 安全操作

5.3.1 手选皮带输送机操作人员必须配置完备的劳动保护用品方可上岗，即穿戴防护工作服、手套、口罩、眼镜等，避免人体与污染物直接接触。

5.3.2 各工序皮带输送机卸料口应有适当的降尘、除臭装置或措施，在堆肥仓受料口应采用水雾降尘与设置排风罩（除尘器）相结合的降尘措施；在皮带输送机卸料口、堆肥仓出料口等处宜采用设置排风罩（除臭器）的措施。

5.3.3 现有的仓式垃圾堆肥系统，多采用两种出料形式，其一是侧门出料，如大部分静态发酵仓，均采用单斗装载机从侧门出料；其二是底部出料，如间歇动态发酵仓，均在仓底或底侧开设出料槽，由皮带输送机出料。在这种出料场合，空气、光线等环境条件均较差。操作人员不宜靠近出料皮带输送机，避免出现事故。

5.3.4 手选工作人员身体不得贴靠输送带，避免被输送带上异物剐伤、撞伤。

5.3.5 未停机时，不得拉拽输送带上的卡塞异物，以免出现工伤事故。

5.3.6 合理设置手选物料存贮容器位置，受料口太低易出现物料抛出容器外的情况。

5.3.7 板式给料机等前序给料设备动转时，不得突然停止皮带输送机运行，否则会造成物料堆塞在皮带输送机上。

6 振动筛选机

振动筛选机包括不同筛选工作面（如格栅式和网眼式）和多种激振源的振动筛选设备。

6.1 运行管理

6.1.1 本条规定了振动筛运转前，操作人员应检查的基本内容，并要求做必要的处理、调整。

1. 筛面应完好、整洁，无堵塞或连接处焊缝开裂、螺栓断裂、脱落等现象；

2. 各弹簧应完好，无断裂、歪斜；筛选机及筛面应平稳；

3. 机电设备及传动装置应完好。

6.1.2 本条规定了振动筛运行中，操作人员应检查的基本内容，并要求采取必要措施。

振动筛选机械是一种利用机械振动特性强化筛选效果的低能耗高效率的分选机械，其振动特性及运行工况与振动体质量有直接关系，振动体的固有频率为$\omega_i=\sqrt{K/m}$，式中ω_i为固有频率，K为振动系统刚度，m为振动体质量，它由振动机本身质量m_i与筛面物料质量m'组成。若筛面物料质量变化（无论是质量大小变化还是分布变化）则导致振动体固有频率ω_i变化，在一定的工作频率ω时，频率比$Z=\frac{\omega}{\omega_i}$变化，导致振动特性变化。因此，必须严格控制筛面受料情况——筛面是否受料过多或过少；筛面受料是否不均匀（一边多一边少）；

从筛面结构形式看，主要有孔眼式（包括板孔和编织网孔）和格栅式两大类，垃圾振动筛中后者选用更多，但格栅筛面易被异物（如大块物、坚硬物、缠绕物等）阻塞。上述几种情况可能导致整机出现不平稳的晃动，或整机与相邻设备出现碰撞、干涉或出现异常噪声等等。

6.1.3 振动筛运行中出现异常情况应及时停机检修；故障排除后，也应空转3～5min，以检验设备修复情况。

6.1.4 如6.1.2简述理由，为保持振动筛稳定的运行工况，必须使振动筛选机运行中保持平稳连续受料。

6.1.5 结束筛选作业后，应及时清除筛面物料，以防止筛面堵塞和锈蚀。

6.1.6 连续平稳运行，是保持振动筛选机正常功能的基本条件。

6.1.7 本条规定振动筛分机处理量不低于设计处理能力的95%，以满足工艺最低要求。

6.2 维护保养

6.2.1 为保持振动筛选机正常功能，应由有经验的专门机修人员定期检查调整整机性能，包括激振装置及传动装置运行工况与筛体及筛面完好程度。

6.2.2 定期调整或更换弹簧装置，弹簧以成对更换为宜，弹簧调整更换应由有经验的专门机修人员进行。

6.2.3 操作人员应经常检查、紧固各连接件。

6.2.4 操作人员应及时清除卡塞在筛网等各部件上的异物，以保持其良好筛选效果。

6.3 安全操作

6.3.1 振动筛运转时，操作人员身体不得贴靠机体，以避出现碰撞、剐伤事故。

6.3.2 因受料不均或机械性破坏，振动筛可能整机出现共振、零部件脱落、突然出现刺耳噪声、振动筛出料口被异物卡住等现象。振动筛运行时发现这些情况，应立即停机，并将有关情况通知先行工序及中央控制室。

6.3.3 未停机前，严禁操作人员拉、拽卡塞的异物，以避免出现碰撞、剐伤等事故。

7 滚筒筛选机

滚筒筛是对物料（包括垃圾原料或堆肥产品）进行粒度分级的筛选设备。

7.1 运行管理

7.1.1 滚筒筛运行前，应做必要的班前检查。

若筛筒内存有剩余物料，应及时清理干净，并核查筛筒完好情况；

若筛面有严重堵塞，如异物堵塞筛孔，纤维物缠绕等，应及时清除；

若传动装置及相关部件有振动、损坏，应及时调整、更换；

若支撑托辊有严重磨损或偏移，应由专门机修人员检修调整。

7.1.2 滚筒筛运行中，应检查以下内容，并采取必要措施。

若受料不连续、不平稳，出现一会多一会少的现象，则表明前序给料设备（如皮带输送机）运行不平稳，应采取相应措施；

若筛筒内有棒状异物，必须及时停机清除，若有大量缠绕物，也应停机清除；

若电机或轴承升温过高，则应停机检查，更换损坏零件。

7.1.3 滚筒筛运行中出现以上异常情况，经及时停机检修，排除故障后，应空转3～5min，以检验设备修复情况。

7.1.4 结束筛分作业后，当班操作人员应及时清除筛筒内残留物料。

7.1.5 滚筒筛是目前垃圾堆肥处理工艺中选用最多的分选设备，有的处理厂同时在一条堆肥生产线的不同环节配置了滚筒筛，如：

$\xrightarrow{\text{皮带机}}$ 1号滚筒筛 $\xrightarrow{\text{皮带机}}$ 一级发酵仓 $\xrightarrow{\text{皮带机}}$

二级发酵仓 $\xrightarrow[\text{皮带机}]{\text{装载机}}$ 2号滚筒筛

各环节滚筒筛筛选能力应与各自先行工序设备能力协调匹配。在上述工艺流程中，1号滚筒筛能力应满足进场垃圾原料总量的要求，而2号滚筒筛则只满足二级发酵仓经装载机的出料量。很明显：1号滚筒筛筛选能力大于2号滚筒筛。

7.2 维 护 保 养

7.2.1 由有专门技能的机修人员定期检查、调整滚筒筛整机性能。

7.2.2 操作人员应清除筛筒传动部位（摩擦轮或齿轮）的残余物。

7.2.3 由机修人员协同操作人员定期清理、修补、更换筛筒筛面。

7.3 安 全 操 作

7.3.1 滚筒筛筛筒必须安装罩壳。一则保护操作人员安全，二则抑制粉尘、臭气、噪声外逸，污染车间环境。因此，罩壳开启或损坏时，应及时修理，不宜带病运行。

7.3.2 滚筒筛筛筒内出现异物卡滞或出料口出现堵塞时，都可能影响设备正常运行乃至引起过载，损坏电机及传动装置。因此，应立即停机排除故障。

7.3.3 实际生产过程中，有的操作维修人员向筛网上淋油，以烧掉缠绕的各种纤维物。这种做法既会污染环境也会严重损坏筛筒强度。因此，严禁用火烧法清理筛面。

8 一 级 发 酵

一级发酵是垃圾高温堆肥的关键环节，一级发酵过程中产生的50～70℃的高温使垃圾达到无害化要求。

8.1 运 行 管 理

8.1.1 原始垃圾的成分及堆肥过程条件必须符合《城市生活垃圾堆肥处理厂技术评价指标》（CJ/T 3059）的基本要求，生产运行过程中，应根据工艺技术要求及发酵原料实际条件，适时调整、控制一级发酵期各主要技术参数。

1.《城市生活垃圾堆肥处理厂技术评价指标》（CJ/T 3059）规定一级发酵原料含水率宜为40%～60%，灰土含量大即有机物含量低（微生物养分少）且环境温度低时取下限，反之取上限。当含水率超出此范围时，应采用污水（粪水）回喷、添加物料、通风散热等措施进行调整。

2.一级发酵原料碳氮比宜为20∶1～30∶1，当超出此范围时，应通过添加其他物料调整碳氮比。碳氮比偏高时可添加粪便污泥，偏低时可添加腐熟堆肥物。

3.一级发酵原料易腐有机物比例不得小于20%是进行一级发酵的最低要求，但实践表明，从有利于堆肥过程进行及提高堆肥产品质量考虑，易腐有机物含量大于30%更为有利。可通过添加污泥、粪水等措施提高有机物含量。

4.发酵仓进料应均匀，防止出现物料层厚不等，含水率不均，或物料挤压等不利于发酵升温的情况。实践表明，有预处理工序的堆肥工艺和配置了布料机械的堆肥工艺，通常不会出现上述情况，而无预处理工序，特别是用装载机（甚至是卡车）直接从发酵仓顶部倾倒装料的堆肥工艺，容易出现上述情况。

5.静态发酵自然通风条件下，物料堆置高度宜为1.2～1.5m，当在仓底设置风沟时，自然通风的物料堆高可达3m左右。垃圾中灰土含量大时取上限、反之取下限。如前所述，布料均匀时取上限，反之取下限；含水率低时取上限，反之取下限。目前实践表明，间歇动态工艺堆料高度可达5m左右。

6.静态发酵强制通风时，每立方米垃圾的通风量取0.05～0.20Nm^3/min，通常进行非连续通风。当易腐有机物含量低时，仓内发热量不大时，应注意避免通风过量导致温度下降，间歇动态工艺风量应根据试运行情况确定，通常取以上参数的下限。

7.一级发酵仓通风风压按堆肥每升高1m，风压增加1000～1500Pa计。灰土含量大，含水率小时取下限，反之取上限。当堆料高度超过3m时（如间歇动态工艺），仅靠底部通风不够时，可考虑侧面通风等措施。

8.1.2 应定期测试一级发酵仓升温情况，参照《城市生活垃圾好氧静态堆肥处理技术规程》要求，测温点应根据升温变化规律分层、分区设置。高度应分上、中、下三层，上下层测试点均应设在离堆层表面或底部0.5m左右处，每个层次水平面测试点按发酵设施的几何形状，可分中心部位和边缘部位设置，边缘部位距边缘宜为0.3m左右。

8.1.3 根据《城市生活垃圾堆肥处理厂技术评价指标》（CJ/T 3059）的要求以及现有垃圾堆肥厂实践经验，一级发酵应符合表8.1.3提出的各项主要技术指标。

表 8.1.3　一级发酵主要技术指标

序号	项　　目	指 标 参 数
1	发酵仓有效容积	＞70％
2	堆肥温度：静态工艺	＞55℃持续 5 天以上
	间歇动态工艺	＞55℃（至少 1 天 60℃）持续 3 天以上
3	蛔虫卵死亡率	95％～100％
4	粪大肠菌值	10^{-1}～10^{-2}
5	含水率	下降 10％以上
6	减容	20％以上

8.2　维 护 保 养

8.2.1　由专门机修人员配合操作人员定期检修、维护一级发酵有关机械设备。

8.2.2　进出料设备运行完毕，应退出发酵仓，并由设备操作人员清除残余垃圾。

8.2.3　及时检查仓底水沟、风沟淤塞情况，由发酵仓操作管理人员定期清理、疏通仓底水沟及风沟；定期疏通底沟盖板，更换破损的底沟盖板。

8.2.4　由操作人员及时清扫、整理固定式传送设备及周围环境卫生。

8.3　安 全 操 作

8.3.1　无论何时，不允许在发酵仓内有人的情况下进行进出料作业。

8.3.2　应经常检查、维修发酵仓的通风除尘装置，发酵仓的通风除尘、去臭装置应保持良好，操作维修人员进入发酵仓前，应首先清除仓内物料并开启通风设备。

8.3.3　一级发酵仓通常有较浓的臭气异味，有的还因存在好氧发酵死角而存在甲烷气。因此，一级发酵配备的进出料装载机，必须配备全封闭式驾驶室，如 ZL40B 型。其中 B 型即为全封闭驾驶室。

8.3.4　立式发酵仓出料时，可能出现物料塌落等事故，因此仓底出料口处不得有人滞留。

8.3.5　操作人员必须配戴劳动保护用品方可上岗，以避免人体直接接触污物。

9　二 级 发 酵

二级发酵使堆肥物进一步降解、熟化，形成化学性质趋于稳定的堆肥产品。

9.1　运 行 管 理

9.1.1　实践表明，经一级发酵仓处理后的半成品堆肥的理化特性差别很大，通常是优于有关技术指标要求。因此，可适当调整、控制通风及翻堆作业，如减小通风量和翻堆次数。

9.1.2　二级发酵仓（场）进、出料及传送、运输设备可视具体要求单独配备或与一级发酵仓共用。诸如单斗装载机、吊车抓斗、移动式皮带输送机等设备可与一级发酵仓或贮料场、成品库等多工序合用。

9.1.3　综合性发酵场系指集二级发酵场、精处理车间、成品库等多工序于一体的综合场地。尽管该场地综合了多种功能，但各作业区则是相对独立的。为了保持正常的生产作业秩序，必须保证通道设备和人员通道的畅通。

9.1.4　根据《城市垃圾农用控制标准》（GB 8172）、《城市生活垃圾堆肥处理厂技术评价指标》（GJ/T 3059）等标准要求及现行垃圾堆肥厂实践经验。经二级发酵后的最终堆肥产品应达到表 9.1.4 提出的有关指标。

二级发酵仓出料堆肥应符合表 9.1.4 中第 1 至 3 项指标要求；

二级发酵仓出料堆肥经进一步精处理（如筛分）后，应达到第 4～7 项指标要求。

表 9.1.4　二级发酵主要技术指标

序号	项　目	指标参数	备　注
1	发酵周期	不小于 10 天	
2	含水率	不大于 35％	
3	pH 值	6.5～8.0	
4	总氮（以 N 计）	不小于 0.5％	指精处理后
5	总磷（以 P_2O_5 计）	不小于 0.3％	指精处理后
6	总钾（以 K_2O 计）	不小于 1.0％	指精处理后
7	有机质（以 C 计）	不小于 10％	指精处理后

9.2　维 护 保 养

9.2.1　由专门的机修人员定期检修、保养二级发酵机械设备。

9.2.2　由专门机修人员配合操作人员定期检修、保养综合性二级发酵场内有关机械设备。

9.2.3　机械设备运行完毕时，操作人员应将其退出发酵仓或料堆，并清除残余物料。

9.3　安 全 操 作

9.3.1　应经常检查维修二级发酵仓（场）的通风、除尘装置，保持其正常功能。

9.3.2　若采用发酵仓进行二级发酵，同一级发酵作业要求，二级发酵仓进、出料时，仓内不得有人。

9.3.3 装载机进行装卸料作业时，特别是在狭窄场地上进行倒车作业时，应注意场内工作人员及设施的安全。

10 风 机

10.1 运 行 管 理

10.1.1 为保证风机正常运行并延长其使用寿命，风机及风机房应保持整洁、干燥。

10.1.2 一级和二级发酵工序的风量，均应视工艺参数的变化作适当调整。若环境温度高，仓内升温快、温度高且持续时间较长时，应加大通风量并延长通风时间，反之则减小通风量，缩短通风时间。

10.1.3 风机运行时，操作人员除每小时观察其噪声、振动、温升外，还应注意观察风机的风量、风压及电机的电压、电流等主要运行参数，发现异常情况应及时调整或停机检修，并做好记录。

10.1.4 备用风机应关闭其进、出气闸阀，防止由于管道的风压造成风机在没有良好润滑的状态下叶轮反向转动，损坏设备。

10.2 维 护 保 养

10.2.1 垃圾堆肥厂配置的风机是在多尘、高温、腐蚀气体等恶劣条件下工作。因此，应由专门机修人员定期检修、维护风机及电机，并给轴承等旋转部件加润滑油（脂）。

10.2.2 由于堆肥处理厂尘屑较多，加重了通风过滤装置的负荷。因此，操作人员应及时检修或更换滤罩、滤网、滤袋，否则，过滤装置会严重阻塞，减少风量。

10.3 安 全 操 作

10.3.1 风机工作时，机轴转速很快，若发生联轴器连接件损坏，可能将破损零件沿切线方向抛出，因此操作人员不得贴近联轴器等旋转件，以防产生工伤事故。

10.3.2 通风系统的滤网、滤袋、廊道等处尘埃量大，有害物质多，因此，应定期清扫、整理，除尘、除臭。操作维修人员对风机及通风系统进行维护时，必须穿工作服，戴口罩，戴眼罩，做好必要的防护措施。

10.3.3 风机工作中，电压、电流、风压、风量出现异常时，应立即停机检修。

10.3.4 检修工作必须在停机状态下由专门机修人员进行。

10.3.5 停电时，应关闭进、出气闸阀，避免重新通电时，风机自动开启，造成事故。

11 回流污水泵

11.1 运 行 管 理

11.1.1 及时清理、疏通垃圾渗沥液回流沟，使一级发酵仓和垃圾原料坑内的渗沥液能顺畅流至污水池。

11.1.2 垃圾渗沥液回流池中会有一定量的杂物，若不及时清除，可能随回流污液一起输送，并卡塞回流泵叶片，降低回流量，磨损叶轮，甚至损坏设备。因此，操作管理人员应及时清捞污水池中杂物。

11.1.3 根据一级发酵物料含水率及成分要求，回喷一定量的污水调节含水率及垃圾成分，堆肥原始垃圾含水率较低时，污水回流量较大，反之则小。因此，应适时进行调整回流量。用粪车或排水管道将剩余污液送至污水处理设施集中处理，是目前实际可行的技术措施。

11.1.4 无论采用哪种类型的污水泵提升垃圾渗沥液，均不得频繁启动。否则，会造成电机、泵体及传动机构的损坏。

11.2 维 护 保 养

11.2.1 螺旋泵长期停用后，应定期试车检查各部位性能是否完好，以发现问题，并及时调整、检修，长期不使用的螺旋泵，应每周将泵体位置旋转 180°，每月至少启动运行 1 次。

12 控 制 监 测

12.1 运 行 管 理

12.1.1 本条规定控制监测仪器设备操作人员必须经过岗位培训后，持证上岗。

12.1.2 工艺设施（设备）运行前，应先检查控制监测仪器设备是否完好，若发现控制监测仪器设备有故障，应及时通知有关工序，以确定能否开机运行。

12.1.3 生产运行中（尤其是进行更改或技改后），控制室（或监测岗位）仍应保持良好视角，以便观察控制有关工序及设备运行状况。

12.1.4～12.1.5 无说明。

12.1.6 控制室宜采用微机处理主要技术参数并用微机进行自动管理，采用计算机进行堆肥处理生产过程的监控是运行管理现代化程度的集中体现。应利用微机完成数据采集与处理运行技术参数的监控、调节，以及图像显示和图表打印等多项工作。

12.1.7 无说明。

12.2 维 护 保 养

12.2.1 控制室仪器设备应由专门维修人员定期维护

和定期检验，重要且贵重的仪器仪表出现故障，本厂维修人员无把握修复时，不得自行拆卸，应与专业（指定）维修点或厂家联系处理。

12.2.2 各工序控制监测仪器应由本厂维修人员和操作人员配合，进行定期维护和检验。

12.3 安全操作

12.3.1 非工作人员不得随意进入控制室内，确因需要，非进入控制室不可时，非工作人员应按控制室管理规程，穿戴必要的防护用品。进入控制室后，不得擅自触碰仪器设备。

12.3.2 为保持仪器仪表的可靠性与精确度，控制仪器仪表应在良好的环境下工作，包括规定的电压，合适的温度、湿度。

12.3.3 应有两种以上措施（如对讲机、电话、光电信号）保持控制室与各工序联系畅通，并每天与各有关工序进行试联系。

13 化验（检验）室

13.1 运行管理

13.1.1 依《城市生活垃圾堆肥处理厂技术评价指标》(CJ/T 3059)、《城市垃圾静态好氧堆肥技术规程》(CJJ/T 52)、《粪便无害化卫生标准》(GB 7959)等标准要求及现行堆肥处理厂运行实践经验，确定本规程表13.1.1所示堆肥原料检测项目及检测频率。

13.1.2 依《城镇垃圾农用控制标准》(GB 8172)、《城市生活垃圾堆肥处理厂技术评价指标》(CB/T 3059)等标准要求及现行堆肥处理厂运行实践经验，确定堆肥产品检测项目及检测步骤。

13.1.3 依《污水综合排放标准》(GB 8978)、《水质分析方法标准》(GB 7466～7494)、《粪便无害化卫生标准》(GB 79959)等标准要求及现行堆肥处理厂运行实践经验，确定发酵仓、垃圾原料坑等处渗沥液检测项目。

13.1.4 各种"固"、"液"样品均应具有真实性和代表性。应由化验室专门人员负责详细登记样品的名称、编号、采样人以及保持剂的名称、浓度、用量等，验收样品时，若发现样品标签缺损、字迹不清、规格不符、质量不足等不符合要求的情况，可拒收并建议补采样品。

化验室的原始检测数据统计应由质量保证员负责，并将整理和汇总的化验报表及时报送有关部门。日报、旬报和月报应及时报厂运行管理部门，以指导监督工艺运行工况；季报和年报应交资料室归档，保管期限一般为5年。其技术档案整理、立卷工作应按《科学技术档案工作条例》的规定执行。

13.1.5 为便于进行检测实验及保存样品，各种仪器、设备、药品及检测样品均应按其类型、特性、用途等条件分门别类摆放整齐，并设置明显标志。

13.1.6 为提高科学化、规范化管理水平和工作效率，化验室宜配置计算机和终端，对化验数据进行处理、分析、汇总，完成各种报表。

13.1.7 化验检测分析项目及测定的周期次数应符合本规程表13.1.1～表13.1.3中的规定。为充分和连续反映工艺运行情况及处理结果，化验室需提供足够数量的数据。因此，每月应完成检测项目应不少于检测总项目数的90%。

考虑到目前城市垃圾堆肥处理厂化验、检测技术力量在硬、软件方面配置的实际情况，允许一部分项目外送检测，要求本厂化验室应承担总检测项目50%以上的任务。

13.1.8 表13.1.1～表13.1.3中所例检测项目，可参照《水质分析方法标准》(GB 7466～7494)、《生活垃圾渗沥水理化分析和细菌学检验方法》、(CJ/T 3018.1～15) 等标准进行检测。

13.2 维护保养

13.2.1 在仪器使用期间，应按照验收时仪器所达到的指标（至少包括检测限及重复性）定期进行检验，并记录检验结果，按照使用说明书进行维护。

13.2.2 检测人员在使用仪器前应先检查仪器是否正常。若仪器出现故障，应立即查明原因，根据仪器类型（不含精密和贵重仪器）和有关情况，排除故障后才允许继续使用，仪器不得带病工作。出现上述情况应及时上报。

13.2.3 实行专人保管制有利于强化保管人员责任感，便于保管人员熟悉了解贵重和精密仪器的基本性能与保管要求。

13.2.4 分析天平和其他的精密计量仪器应由国家技术部门统一负责，并挂合格证，定期检修和检定。

紫外一可见光分光光度计、原子吸收分光光度计应进行以下的维护保养工作：仪器的校正（包括波长、吸光度、杂散光、比色皿的校正）；

仪器分析性能的检验；

仪器操作条件的选择（光源灯、火焰原子化条件的选择，谱线及狭缝的选择）；

仪器的维护（放置地点，使用前后的维护）。

一般分析仪器应做好以下维护保养工作：

分析天平应有专人保管，负责日常的维护与保养；

定期对离子选择电极的响应时间、选择性、重复性进行定量测定，电极要经常活化；

电器测量仪器注意防潮、防尘，保持绝缘性能良好，电极表面保持清洁；

色谱仪的进样系统、分离系统、检验器及气路系统应进行经常的维护。

13.3 安全操作

13.3.1 依据国家或行业有关法规、条例、标准，建立符合自身专业特点的安全防护管理条例是保证堆肥处理厂化验检测工作规范化的基本保证。

13.3.2 液、固、气等各种形态的易燃易爆物的使用保存都应注意控制火源及起火的另外两个条件——氧和起燃温度，应将易燃易爆物置于阴凉通风处，与其他可燃物和易产生火花的设备隔离放置。

剧毒物保存于密闭的容器内，并标有“剧毒”字样与提示标志，存于有锁的柜中，每次按需用量领取，并严格履行审批手续。

13.3.3 有些检测项目中会放出一些带刺激性气味的有害气体，影响人体健康，故这些检测项目应在通风橱中进行。

13.3.4 检测人员在完成检测实验项目后，应将仪器开关及水、电、气源关闭，下班前进行检查，防止由于疏忽而出现事故。化验室醒目位置应设置有关提示标志。

14 变配电室

14.0.1 变配电室的运行管理、维护保养及安全操作除应符合现行国家行业标准《电业安全工作规程》（DL 408）的有关要求之外，还可参照《城市污水处理厂运行、维护及安全技术规程》（CJJ 60）等标准中有关章节的内容。

中华人民共和国行业标准

生活垃圾焚烧处理工程技术规范

Technical code for projects of municipal solid waste incineration

CJJ 90—2009
J 184—2009

批准部门：中华人民共和国住房和城乡建设部
施行日期：2 0 0 9 年 7 月 1 日

中华人民共和国住房和城乡建设部
公　　告

第238号

关于发布行业标准《生活垃圾焚烧处理工程技术规范》的公告

现批准《生活垃圾焚烧处理工程技术规范》为行业标准，编号为CJJ 90—2009，自2009年7月1日起实施。其中，第3.1.1、4.2.1、5.2.6、5.3.2、5.3.4、6.2.2、6.2.5、6.5.2、7.3.2、7.6.6、10.2.5、10.3.4、10.4.5、10.5.1、12.3.9、16.2.10条为强制性条文，必须严格执行。原行业标准《生活垃圾焚烧处理工程技术规范》CJJ 90—2002同时废止。

本规范由我部标准定额研究所组织中国建筑工业出版社出版发行。

中华人民共和国住房和城乡建设部
2009年3月15日

前　　言

根据原建设部"关于印发《2006年工程建设标准规范制订、修订计划（第一批）》的通知"（建标[2006]77号）的要求，规范编制组在广泛调查研究，认真总结实践经验，参考有关国际标准和国内外先进标准，并在广泛征求意见的基础上，对《生活垃圾焚烧处理工程技术规范》CJJ 90—2002进行了修订。

本规范的主要技术内容是：1. 总则；2. 术语；3. 垃圾处理量与特性分析；4. 垃圾焚烧厂总体设计；5. 垃圾接收、储存与输送；6. 焚烧系统；7. 烟气净化与排烟系统；8. 垃圾热能利用系统；9. 电气系统；10. 仪表与自动化控制；11. 给水排水；12. 消防；13. 采暖通风与空调；14. 建筑与结构；15. 其他辅助设施；16. 环境保护与劳动卫生；17. 工程施工及验收。

修订的主要内容包括：

1. 对术语进行了充实和完善；

2. 增加了对厂区道路设计和绿地率的要求；

3. 对垃圾焚烧系统增加了节能减排和安全要求的内容；

4. 对烟气净化系统工艺增加了干法和湿法的内容，并对布袋除尘、活性炭喷射和在线监测等内容进行了规定；

5. 对飞灰的处理增加了可进入生活垃圾卫生填埋场处理的条件；

6. 对电气和仪表控制作了进一步的技术要求；

7. 对给排水和消防增加了技术内容。

本规范由住房和城乡建设部负责管理和对强制性条文的解释，由主编单位负责具体技术内容的解释。

本规范主编单位：城市建设研究院（地址：北京市朝阳区惠新里3号；邮政编码：100029）

五洲工程设计研究院（地址：北京市西便门内大街85号；邮政编码：100053）

本规范参编单位：上海日技环境技术咨询有限公司

深圳市环卫综合处理厂

上海市环境工程设计科学研究院

本规范主要起草人：徐文龙　孙振安　郭祥信　陈海英　白良成　梁立军　杨宏毅　云　松　陈恩富　朱先年　龙吉生　金福青　吕德彬　陈　峰　蒋旭东　卜亚明　闫　磊　张小慧　龚柏勋　蔡　辉　张　益　张国辉　翟力新　李万修　孙　彦　曹学义　岳优敏

姜宗顺　程义军　骞瑞欢
安　森　徐振新　杨承休
黄益民　王素英　唐志革

姜鹏运　郭　琦　高　霞
温穗卿　秦　峰　林桂鹏
朱　平

目　　次

1　总则 ………………………………… 3—5—6
2　术语 ………………………………… 3—5—6
3　垃圾处理量与特性分析 ………… 3—5—7
3.1　垃圾处理量 ……………………… 3—5—7
3.2　垃圾特性分析 …………………… 3—5—7
4　垃圾焚烧厂总体设计 …………… 3—5—7
4.1　垃圾焚烧厂规模 ………………… 3—5—7
4.2　厂址选择 ………………………… 3—5—7
4.3　全厂总图设计 …………………… 3—5—7
4.4　总平面布置 ……………………… 3—5—8
4.5　厂区道路 ………………………… 3—5—8
4.6　绿化 ……………………………… 3—5—8
5　垃圾接收、储存与输送 ………… 3—5—8
5.1　一般规定 ………………………… 3—5—8
5.2　垃圾接收 ………………………… 3—5—8
5.3　垃圾储存与输送 ………………… 3—5—8
6　焚烧系统 ……………………………… 3—5—9
6.1　一般规定 ………………………… 3—5—9
6.2　垃圾焚烧炉 ……………………… 3—5—9
6.3　余热锅炉 ………………………… 3—5—9
6.4　燃烧空气系统与装置 …………… 3—5—9
6.5　辅助燃烧系统 …………………… 3—5—9
6.6　炉渣输送处理装置……………… 3—5—10
7　烟气净化与排烟系统 …………… 3—5—10
7.1　一般规定………………………… 3—5—10
7.2　酸性污染物的去除……………… 3—5—10
7.3　除尘……………………………… 3—5—11
7.4　二噁英类和重金属的去除 ……… 3—5—11
7.5　氮氧化物的去除………………… 3—5—11
7.6　排烟系统设计…………………… 3—5—11
7.7　飞灰收集、输送与处理系统……… 3—5—11
8　垃圾热能利用系统 ……………… 3—5—11
8.1　一般规定………………………… 3—5—11
8.2　利用垃圾热能发电及热电联产…… 3—5—12
8.3　利用垃圾热能供热……………… 3—5—12
9　电气系统……………………………… 3—5—12
9.1　一般规定………………………… 3—5—12
9.2　电气主接线……………………… 3—5—12
9.3　厂用电系统……………………… 3—5—12
9.4　二次接线及电测量仪表装置……… 3—5—13
9.5　照明系统………………………… 3—5—13
9.6　电缆选择与敷设………………… 3—5—14
9.7　通信……………………………… 3—5—14
10　仪表与自动化控制 ……………… 3—5—14
10.1　一般规定 ……………………… 3—5—14
10.2　自动化水平 …………………… 3—5—14
10.3　分散控制系统 ………………… 3—5—14
10.4　检测与报警 …………………… 3—5—14
10.5　保护和连锁 …………………… 3—5—15
10.6　自动控制 ……………………… 3—5—15
10.7　电源、气源与防雷接地 ……… 3—5—15
10.8　中央控制室 …………………… 3—5—16
11　给水排水 ………………………… 3—5—16
11.1　给水 …………………………… 3—5—16
11.2　循环冷却水系统 ……………… 3—5—16
11.3　排水及废水处理 ……………… 3—5—16
12　消防 ……………………………… 3—5—16
12.1　一般规定 ……………………… 3—5—16
12.2　消防水炮 ……………………… 3—5—17
12.3　建筑防火 ……………………… 3—5—17
13　采暖通风与空调………………… 3—5—17
13.1　一般规定 ……………………… 3—5—17
13.2　采暖 …………………………… 3—5—17
13.3　通风 …………………………… 3—5—18
13.4　空调 …………………………… 3—5—18
14　建筑与结构 ……………………… 3—5—18
14.1　建筑 …………………………… 3—5—18
14.2　结构 …………………………… 3—5—18
15　其他辅助设施 …………………… 3—5—19
15.1　化验 …………………………… 3—5—19
15.2　维修及库房 …………………… 3—5—19
15.3　电气设备与自动化试验室 …… 3—5—19
16　环境保护与劳动卫生 …………… 3—5—19
16.1　一般规定 ……………………… 3—5—19
16.2　环境保护 ……………………… 3—5—19

16.3 职业卫生与劳动安全 …………… 3—5—20
17 工程施工及验收…………………… 3—5—20
17.1 一般规定 ……………………… 3—5—20
17.2 工程施工及验收 ……………… 3—5—20
17.3 竣工验收 ……………………… 3—5—21
本规范用词说明 …………………… 3—5—22
附：条文说明 ……………………… 3—5—23

1 总　　则

1.0.1 为规范生活垃圾（以下简称垃圾）焚烧处理工程建设的技术要求，做到焚烧工艺技术先进、运行可靠、控制污染、安全卫生、节约用地、维修方便、经济合理、管理科学，制定本规范。

1.0.2 本规范适用于以焚烧方法处理垃圾的新建和改扩建工程的规划、设计、施工及验收。

1.0.3 垃圾焚烧工程规模的确定和工艺技术路线的选择，应综合考虑城市社会经济发展、城市总体规划、环境卫生专业规划、垃圾产生量与特性、环境保护要求以及焚烧技术的适用性等方面合理确定。

1.0.4 垃圾焚烧工程建设，应采用先进、成熟、可靠的技术和设备，做到焚烧工艺技术先进、运行可靠、控制污染、安全卫生、节约用地、维修方便、经济合理、管理科学。垃圾焚烧产生的热能应充分加以利用。

1.0.5 垃圾焚烧处理工程的规划、设计、施工及验收，除应符合本规范外，尚应符合国家现行有关标准的规定。

2 术　　语

2.0.1 垃圾焚烧炉（焚烧炉）　waste incinerator

利用高温氧化方法处理垃圾的设备。

2.0.2 垃圾焚烧余热锅炉（余热锅炉）　waste incineration boiler

利用垃圾燃烧释放的热能，将水加热到一定温度和压力的换热设备。

2.0.3 垃圾低位热值（低位热值）　low heat value (LHV)

单位质量垃圾完全燃烧时，当燃烧产物回复到反应前垃圾所处温度、压力状态，并扣除其中水分汽化吸热后，放出的热量。

2.0.4 设计垃圾低位热值（设计低位热值）　low heat value for design

在设计时，为确定焚烧炉的额定处理能力所采用的垃圾低位热值。

2.0.5 最大连续蒸发量　maximum continuous rating (MCR)

余热锅炉在额定蒸汽压力、额定蒸汽温度、额定给水温度和使用设计燃料条件下长期连续运行时所能达到的最大蒸发量。

2.0.6 额定垃圾处理量　rated waste treatment capacity

在额定工况下，焚烧炉的垃圾焚烧量。

2.0.7 焚烧炉上限垃圾低位热值　upper limit LHV of waste for incinerator

能够使焚烧炉正常运行的最大垃圾低位热值。

2.0.8 焚烧炉下限垃圾低位热值　lower limit LHV of waste for incinerator

能够使焚烧炉正常运行的最小垃圾低位热值。

2.0.9 炉膛　combustion chamber

垃圾焚烧炉中的燃烧空间。

2.0.10 二次燃烧室　reburning chamber

使燃烧气体进一步燃烬而设置的燃烧空间。即垃圾焚烧炉内自二次空气供入点所在的断面至余热锅炉第一通道入口断面的空间。

2.0.11 炉排热负荷　grate heat release rate

单位炉排面积、单位时间内的垃圾焚烧释热量。

2.0.12 炉排机械负荷　mass load of grate

单位炉排面积、单位时间内的垃圾焚烧量。

2.0.13 炉膛容积热负荷　combustion chamber volume heat release rate

单位炉膛容积、单位时间内的垃圾焚烧释热量。

2.0.14 连续焚烧方式　continuous incineration

通过送料器连续运动，将垃圾不断投入垃圾焚烧炉内进行焚烧的作业方式。

2.0.15 焚烧线　incineration line

为完成对垃圾的焚烧处理而配置的焚烧、热交换、烟气净化、排渣出渣、飞灰收集输送、控制等全部设备和设施的总称。

2.0.16 炉渣　slag

垃圾焚烧过程中，从排渣口排出的残渣。

2.0.17 锅炉灰　boiler ash

从余热锅炉下部排出的固态物质。

2.0.18 飞灰　fly ash

从烟气净化系统排出的固态物质。

2.0.19 漏渣　fall slag

从焚烧炉炉排间隙漏下的固态物质。

2.0.20 灰渣　residua (ash and slag)

在垃圾焚烧过程中产生的炉渣、漏渣、锅炉灰和飞灰的总称。

2.0.21 飞灰稳定化　fly ash stabilify

使飞灰转化为非危险废物的处理过程。

2.0.22 余热锅炉热效率　thermal efficiency of waste incineration boiler

余热锅炉输出的热量与输入的总热量之比。

2.0.23 炉渣热灼减率　loss of ignition

焚烧垃圾产生的炉渣在（600±25）℃下保持3h，经冷却至室温后减少的质量占在室温条件下干燥后的原始炉渣质量的百分比。

2.0.24 烟气净化系统　flue gas cleaning system

对烟气进行净化处理所采用的各种处理设施组成的系统。

2.0.25 二噁英类　dioxins

多氯代二苯并-对-二噁英（$PCDD_S$）、多氯代二苯并呋喃（PCDFs）等化学物质的总称。

3 垃圾处理量与特性分析

3.1 垃圾处理量

3.1.1 垃圾处理量应按实际重量统计与核定。

3.1.2 垃圾处理量应按进厂量和入炉量分别进行计量和统计。

3.2 垃圾特性分析

3.2.1 垃圾特性分析应包括下列内容：

1 物理性质：物理组成、重度、尺寸；

2 工业分析：固定碳、灰分、挥发分、水分、灰熔点、低位热值；

3 元素分析和有害物质含量。

3.2.2 垃圾物理组成分析应由下列项目构成：

1 有机物：厨余、纸类、竹木、橡（胶）塑（料）、纺织物；

2 无机物：玻璃、金属、砖瓦渣土；

3 含水率；

4 其他。

3.2.3 垃圾采样应具有代表性，特性分析结果应具有真实性。

3.2.4 垃圾采样和特性分析，应符合现行行业标准《城市生活垃圾采样和物理分析方法》CJ/T 3039 中的有关规定。

3.2.5 垃圾元素分析与测定，应符合下列要求：

1 垃圾元素分析应包括：碳(C)、氢(H)、氧(O)、氮(N)、硫(S)、氯(Cl)。

2 垃圾元素测定的样品粒度应小于 0.2mm。

3.2.6 垃圾元素分析可采用经典法或仪器法测定。采用经典法测定垃圾元素成分值时，可按煤的元素分析方法进行；采用仪器法测定元素分析成分值时，应按各类仪器的使用要求确定样品量。

4 垃圾焚烧厂总体设计

4.1 垃圾焚烧厂规模

4.1.1 垃圾焚烧厂应包括：接收、储存与进料系统、焚烧系统、烟气净化系统、垃圾热能利用系统、灰渣处理系统、仪表及自动化控制系统、电气系统、消防、给排水及污水处理系统、采暖通风及空调系统、物流输送及计量系统，以及启停炉辅助燃烧系统、压缩空气系统和化验、维修等其他辅助系统。

4.1.2 垃圾焚烧厂的处理规模应根据环境卫生专业规划或垃圾处理设施规划、服务区范围的垃圾产生量现状及其预测、经济性、技术可行性和可靠性等因素确定。

4.1.3 焚烧线数量和单条焚烧线规模应根据焚烧厂处理规模、所选炉型的技术成熟度等因素确定，宜设置 2～4 条焚烧线。

4.1.4 垃圾焚烧厂的规模宜按下列规定分类：

1 特大类垃圾焚烧厂：全厂总焚烧能力 2000t/d 及以上；

2 Ⅰ类垃圾焚烧厂：全厂总焚烧能力 1200～2000t/d（含 1200t/d）；

3 Ⅱ类垃圾焚烧厂：全厂总焚烧能力 600～1200t/d（含 600t/d）；

4 Ⅲ类垃圾焚烧厂：全厂总焚烧能力 150～600t/d（含 150t/d）。

4.2 厂 址 选 择

4.2.1 垃圾焚烧厂的厂址选择应符合城乡总体规划和环境卫生专业规划要求，并应通过环境影响评价的认定。

4.2.2 厂址选择应综合考虑垃圾焚烧厂的服务区域、服务区的垃圾转运能力、运输距离、预留发展等因素。

4.2.3 厂址应选择在生态资源、地面水系、机场、文化遗址、风景区等敏感目标少的区域。

4.2.4 厂址条件应符合下列要求：

1 厂址应满足工程建设的工程地质条件和水文地质条件，不应选在发震断层、滑坡、泥石流、沼泽、流沙及采矿陷落区等地区；

2 厂址不应受洪水、潮水或内涝的威胁；必须建在该类地区时，应有可靠的防洪、排涝措施，其防洪标准应符合现行国家标准《防洪标准》GB 50201 的有关规定；

3 厂址与服务区之间应有良好的道路交通条件；

4 厂址选择时，应同时确定灰渣处理与处置的场所；

5 厂址应有满足生产、生活的供水水源和污水排放条件；

6 厂址附近应有必需的电力供应。对于利用垃圾焚烧热能发电的垃圾焚烧厂，其电能应易于接入地区电力网；

7 对于利用垃圾焚烧热能供热的垃圾焚烧厂，厂址的选择应考虑热用户分布、供热管网的技术可行性和经济性等因素。

4.3 全厂总图设计

4.3.1 垃圾焚烧厂的全厂总图设计，应根据厂址所在地区的自然条件，结合生产、运输、环境保护、职业卫生与劳动安全、职工生活，以及电力、通信、燃气、热力、给水、排水、污水处理、防洪、排涝等设施环境，特别是垃圾热能利用条件，经多方案综合比较后确定。

4.3.2 焚烧厂的各项用地指标应符合国家有关规定及当地土地、规划等行政主管部门的要求。

4.3.3 垃圾焚烧厂人流和物流的出、入口设置，应符合城市交通的有关要求，并应方便车辆的进出。人流、物流应分开，并应做到通畅。

4.3.4 垃圾焚烧厂宜设置必要的生活服务设施，具备社会化条件的生活服务设施应实行社会化服务。

4.4 总平面布置

4.4.1 垃圾焚烧厂应以垃圾焚烧厂房为主体进行布置，其他各项设施应按垃圾处理流程、功能分区，合理布置，并应做到整体效果协调、美观。

4.4.2 油库、油泵房的设置应符合现行国家标准《石油库设计规范》GB 50074 中的有关规定。

4.4.3 燃气系统应符合现行国家标准《城镇燃气设计规范》GB 50028 中的有关规定。

4.4.4 地磅房应设在垃圾焚烧厂内物流出入口处，并应有良好的通视条件，与出入口围墙的距离应大于一辆最长车的长度，且宜为直通式。

4.4.5 总平面布置应有利于减少垃圾运输和处理过程中的恶臭、粉尘、噪声、污水等对周围环境的影响，防止各设施间的交叉污染。

4.4.6 厂区各种管线应合理布置、统筹安排。

4.5 厂区道路

4.5.1 垃圾焚烧厂区道路的设置，应满足交通运输和消防的需求，并应与厂区竖向设计、绿化及管线敷设相协调。

4.5.2 垃圾焚烧厂区主要道路的行车路面宽度不宜小于 6m。垃圾焚烧厂房周围应设宽度不小于 4m 的环形消防车道，厂区主干道路面宜采用水泥混凝土或沥青混凝土，道路的荷载等级应符合现行国家标准《厂矿道路设计规范》GBJ 22 中的有关规定。

4.5.3 通向垃圾卸料平台的坡道应按国家现行标准《公路工程技术标准》JTG B01 的规定执行。为双向通行时，宽度不宜小于 7m；单向通行时，宽度不宜小于 4m。坡道中心圆曲线半径不宜小于 15m，纵坡不应大于 8%。圆曲线处道路的加宽应根据通行车型确定。

4.5.4 垃圾焚烧厂宜设置应急停车场，应急停车场可设在厂区物流出入口附近处。

4.6 绿　　化

4.6.1 垃圾焚烧厂的绿化布置，应符合全厂总图设计要求，合理安排绿化用地。

4.6.2 厂区的绿地率不宜大于 30%。

4.6.3 厂区绿化应结合当地的自然条件，厂区美化应选择适宜的植物。

5 垃圾接收、储存与输送

5.1 一 般 规 定

5.1.1 垃圾接收、储存与输送系统应包括：垃圾称量设施、垃圾卸料平台、垃圾卸料门、垃圾池、垃圾抓斗起重机、除臭设施和渗沥液导排等垃圾池内的其他必要设施。

5.1.2 大件可燃垃圾较多时，可考虑在场内设置大件垃圾破碎设施。

5.2 垃 圾 接 收

5.2.1 垃圾焚烧厂应设置汽车衡。设置汽车衡的数量应符合下列要求：

1 特大类垃圾焚烧厂设置 3 台或以上；

2 Ⅰ类、Ⅱ类垃圾焚烧厂设置 2～3 台；

3 Ⅲ类垃圾焚烧厂设置 1～2 台。

5.2.2 垃圾称量系统应具有称重、记录、打印与数据处理、传输功能。

5.2.3 汽车衡规格按垃圾车最大满载重量的 1.3～1.7 倍配置，称量精度不大于 20kg。

5.2.4 垃圾卸料平台的设置，应符合下列要求：

1 卸料平台垂直于卸料门方向的宽度应根据最大垃圾运输车的长度和车流密度确定，不宜小于 18m；

2 应有必要的安全防护设施；

3 应有充足的采光；

4 应有地面冲洗、废水导排设施和卫生防护措施；

5 应有交通指挥系统。

5.2.5 垃圾池卸料口处应设置垃圾卸料门。垃圾卸料门的设置应符合下列要求：

1 应满足耐腐蚀、强度高、寿命长、开关灵活的性能要求；

2 数量应以维持正常卸料作业和垃圾进厂高峰时段不堵车为原则，且不应少于 4 个；

3 宽度不应小于最大垃圾车宽加 1.2m，高度应满足顺利卸料作业的要求；

4 垃圾卸料门的开、闭应与垃圾抓斗起重机的作业相协调。

5.2.6 垃圾池卸料口处必须设置车挡和事故报警设施。

5.3 垃圾储存与输送

5.3.1 垃圾池有效容积宜按 5～7d 额定垃圾焚烧量确定。垃圾池净宽度不应小于抓斗最大张角直径的 2.5 倍。

5.3.2 垃圾池应处于负压封闭状态，并应设照明、消防、事故排烟及通风除臭装置。

5.3.3 与垃圾接触的垃圾池内壁和池底，应有防渗、防腐蚀措施，应平滑耐磨、抗冲击。垃圾池底宜有不小于1%的渗沥液导排坡度。

5.3.4 垃圾池应设置垃圾渗沥液导排收集设施。垃圾渗沥液收集和输送设施应采取防渗、防腐措施，并应配置检修人员防毒装备。

5.3.5 垃圾抓斗起重机设置应符合下列要求：

1 配置应满足作业要求，且不宜少于2台；

2 应有计量功能；

3 宜设置备用抓斗；

4 应有防止碰撞的措施。

5.3.6 垃圾抓斗起重机控制室应有换气措施，相对垃圾池的一面应有密闭、安全防护的观察窗，观察窗的设计应有防反光、防结露及清洁措施。

6 焚烧系统

6.1 一般规定

6.1.1 垃圾焚烧系统应包括垃圾进料装置、焚烧装置、出渣装置、燃烧空气装置、辅助燃烧装置及其他辅助装置。

6.1.2 采用垃圾连续焚烧方式，焚烧线年可利用时间不应小于8000h。

6.1.3 焚烧系统各主要设备，应采用单元制配置方式。

6.1.4 焚烧炉设计垃圾低位热值应在对生活垃圾成分和热值的合理预测基础上确定。

6.1.5 焚烧系统设计应提供物料平衡图，物料平衡图应分别标示出下限工况、额定工况和上限工况，焚烧线各组成系统输入、输出物质的量化关系。

6.1.6 焚烧系统设计应提供焚烧炉的燃烧图，燃烧图应能反映该炉正常工作区域、短期超负荷工作区域以及助燃工作区域，并标明各工作区域的参数。

6.1.7 垃圾焚烧系统设计服务期限不应低于20a。

6.2 垃圾焚烧炉

6.2.1 新建垃圾焚烧厂宜采用相同规格、相同型号的垃圾焚烧炉。

6.2.2 垃圾在焚烧炉内应得到充分燃烧，燃烧后的炉渣热灼减率应控制在5%以内，二次燃烧室内的烟气在不低于850℃的条件下滞留时间不应小于2s。

6.2.3 垃圾焚烧炉的选择，应符合下列要求：

1 在设计垃圾低位热值与下限低位热值范围内，应保证垃圾设计处理能力，并应适应全年内垃圾特性变化的要求；

2 应有超负荷处理能力，垃圾进料量应可调节；

3 正常运行期间，炉内应处于负压燃烧状态；

4 可设置垃圾渗沥液喷入装置。

6.2.4 垃圾焚烧炉的进料装置，应符合下列要求：

1 进料斗宜有不小于0.5～1h的垃圾储存量，进料口尺寸应按不小于垃圾抓斗最大张角的尺寸确定；

2 料斗应设有垃圾搭桥破解装置；

3 应设置垃圾料位监测或监视装置；

4 料槽下口尺寸应大于上口尺寸，高度应能维持炉内负压，料槽宜采取冷却措施。

6.2.5 垃圾焚烧炉进料斗平台沿垃圾池侧应设置防护设施。

6.3 余热锅炉

6.3.1 余热锅炉的额定出力应根据额定垃圾处理量、设计垃圾低位热值和余热锅炉设计热效率等因素确定。

6.3.2 余热锅炉热力参数应根据热能利用方式、利用设备要求及锅炉安全运行要求确定。

6.3.3 利用余热发电的焚烧厂，余热锅炉蒸汽参数不宜低于400℃、4MPa。

6.3.4 对于配置余热锅炉的热能利用方式，应选用自然循环余热锅炉，并应有防止烟气对余热锅炉高温和低温腐蚀的措施。

6.3.5 余热锅炉对流受热面应设置有效的清灰设施。

6.4 燃烧空气系统与装置

6.4.1 垃圾焚烧炉的燃烧空气系统应由一次空气和二次空气系统及其他辅助系统组成。

6.4.2 一次空气应从垃圾池上方抽取；进风口处应设置过滤装置。

6.4.3 当入炉垃圾低位热值小于8000kJ/kg时，应对一、二次空气进行加热，加热温度应根据入炉垃圾低位热值确定。

6.4.4 一、二次空气管道设计应选择合理的管内空气流速，管道及其连接设备的布置应有利于减小管路阻力，并应保证管道系统气密性，管材应耐腐蚀和耐老化。空气预热器后的热空气管道和管件应设热膨胀吸收装置，并应做保温。

6.4.5 一、二次风机和炉墙风机的台数应根据垃圾焚烧炉的设计要求确定。一、二次风机和焚烧炉其他所配风机不应设就地备用风机。

6.4.6 垃圾焚烧炉出口的烟气含氧量应控制在6%～10%（体积百分数）。

6.4.7 焚烧炉一、二次空气量调节宜采取连续方式。

6.4.8 一、二次风机的最大流量，应为最大计算流量的110%～120%，风压应有不小于20%的余量。

6.5 辅助燃烧系统

6.5.1 垃圾焚烧炉必须配置点火燃烧器和辅助燃烧器。配置的点火燃烧器和辅助燃烧器应能满足炉温控制的要求，且应有良好的负荷调节性能和较高的燃烧效率。燃烧器的数量和安装位置可由焚烧炉设计确定。

6.5.2 燃料的储存、供应设施应配有防爆、防雷、防静电和消防设施。

6.5.3 采用油燃料时，储油罐的数量不宜少于2台。储油罐总有效容积，应根据全厂使用情况和运输情况综合确定，但不应小于最大一台垃圾焚烧炉冷启动点火用油量的1.5～2.0倍。

6.5.4 供油泵的设置不应少于2台，且应有一台备用。

6.5.5 供油、回油管道应单独设置，并应在供、回油管道上设有计量装置和残油放尽装置。

6.5.6 采用气体燃料时，应有可靠的气源，燃气供应和燃烧系统的设计应满足《城镇燃气设计规范》GB 50028的有关要求。

6.6 炉渣输送处理装置

6.6.1 炉渣处理系统应包括除渣冷却、输送、储存、除铁等设施。

6.6.2 垃圾焚烧过程产生的炉渣与飞灰应分别收集、输送、储存和处理。

6.6.3 在炉渣处理系统的关键设备附近，应设必要的检修设施和场地。

6.6.4 炉渣储存、输送和处理工艺及设备的选择，应符合下列要求：

1 与垃圾焚烧炉衔接的除渣机，应有可靠的机械性能和保证炉内密封的措施；

2 炉渣输送设备的输送能力应有足够裕量；

3 炉渣储存设施的容量，宜按3～5d的储存量确定；

4 应对炉渣进行磁选；

5 炉渣宜进行综合利用。

6.6.5 漏渣应及时清理和处理。

7 烟气净化与排烟系统

7.1 一般规定

7.1.1 垃圾焚烧线必须配置烟气净化系统，并应采取单元制布置方式。

7.1.2 烟气排放指标限值应满足焚烧厂环境影响评价报告批复的要求。

7.1.3 烟气净化工艺流程的选择，应充分考虑垃圾特性和焚烧污染物产生量的变化及物理、化学性质的影响，并应注意组合工艺间的相互匹配。

7.1.4 烟气净化装置应有防止飞灰阻塞的措施，并有可靠的防腐蚀、防磨损性能。

7.2 酸性污染物的去除

7.2.1 氯化氢、氟化氢、硫氧化物、氮氧化物等酸性污染物，应选用适宜的处理工艺进行去除。

7.2.2 采用半干法工艺时，应符合下列要求：

1 逆流式和顺流式反应器内的烟气停留时间分别不宜少于10s和20s；

2 反应器出口的烟气温度应保证在后续管路和设备中的烟气不结露；

3 雾化器的雾化细度应保证反应器内中和剂的水分完全蒸发；

4 应配备可靠的中和剂浆液制备和供给系统。制浆用的粉料粒度和纯度应符合设计要求。浆液的浓度应根据烟气中酸性气体浓度和反应效率确定。

7.2.3 中和剂储罐的容量宜按4～7d的用量设计，并应满足下列要求：

1 储罐应设有中和剂的破拱装置和扬尘收集装置；

2 应有料位检测和计量装置。

7.2.4 中和剂浆液输送设施的设置，应符合下列要求：

1 中和剂浆液输送泵泵体应易拆卸清洗；泵入口端应设置过滤装置且该装置不得妨碍管路系统的正常工作；

2 中和剂浆液输送泵应设置2台，其中1台备用；

3 浆液输送管路中的阀门宜选择中和剂浆液不易沉积的直通式球阀、隔膜阀，不宜选择闸阀、截止阀；

4 管道应有坡敷设，并不得出现类似存水弯的管道段；

5 管道内，中和剂浆液流速不应低于1.0m/s；

6 中和剂浆液输送管道应设置便于定期清洗的管道和设备冲洗口；

7 采用半干法、湿法去除酸性污染物的反应器，应具有防止内壁积垢和清理积垢的装置或措施；

8 经常拆装和易堵的管段，应采用法兰连接；易堵、易磨的设备、部件宜设置旁通。

7.2.5 采用干法工艺时，应符合下列要求：

1 中和剂喷入口的上游，应设置烟气降温设施；

2 中和剂宜采用氢氧化钙，其品质和用量应满足系统安全稳定运行的要求；

3 应有准确的给料计量装置；

4 中和剂的喷嘴设计和喷入口位置确定，应保证中和剂与烟气的充分混合。

7.2.6 采用湿法工艺时，应符合下列要求：

1 湿法脱酸设备应与除尘设备相互匹配，保证除尘效果满足要求；

2 湿法脱酸设备的设计应使烟气与碱液有足够的接触面积和接触时间；

3 湿法脱酸设备应具有防腐蚀和防磨损性能；

4 应具有有效避免处理后烟气在后续管路和设备中结露的措施；

5 应配备可靠的废水处理处置设施。

7.3 除　　尘

7.3.1 除尘设备的选择，应根据下列因素确定：

1 烟气特性：温度、流量和飞灰粒度分布；

2 除尘器的适用范围和分级效率；

3 除尘器同其他净化设备的协同作用或反向作用的影响；

4 维持除尘器内的温度高于烟气露点温度 20～30℃。

7.3.2 烟气净化系统必须设置袋式除尘器。

7.3.3 袋式除尘器宜采用脉冲喷吹清灰方式，并宜设置专用的压缩空气供应系统。

7.3.4 袋式除尘器的灰斗，应设有伴热措施。

7.3.5 袋式除尘器及其附属设施的设计应能保证焚烧系统启动、运行和停炉期间除尘器的安全运行。

7.4 二噁英类和重金属的去除

7.4.1 垃圾焚烧过程应采取下列控制二噁英的措施：

1 垃圾应完全焚烧，并应严格控制二次燃烧室内焚烧烟气的温度、停留时间和气流扰动工况；

2 应减少烟气在 200～400℃温度区的滞留时间；

3 应设置吸附剂喷入装置。

7.4.2 采用活性炭粉作为吸附剂时，应配置活性炭粉输送、计量、防堵塞和喷入装置。活性炭储仓应有防爆措施。

7.5 氮氧化物的去除

7.5.1 应优先考虑通过垃圾焚烧过程的燃烧控制，抑制氮氧化物的产生。

7.5.2 宜设置选择性非催化还原法（SNCR）脱除氮氧化物。

7.6 排烟系统设计

7.6.1 引风机计算风量应包括下列内容：

1 在垃圾焚烧运行中，过剩空气条件下的湿烟气量；

2 控制烟温用的补充空气量；

3 烟气喷水降温时水蒸气增加量；

4 烟气净化系统投入药剂或增湿引起的烟气量的附加量；

5 引风机前漏入系统的空气量。

7.6.2 引风机风量宜按最大计算烟气量加 15%～30%的余量确定，引风机风压余量宜为 10%～20%。

7.6.3 引风机应设调速装置。

7.6.4 烟囱设置应符合现行国家标准《生活垃圾焚烧污染控制标准》GB 18485 的规定。

7.6.5 烟气管道应符合下列要求：

1 管道内的烟气流速宜按 10～20m/s 设计。

2 应采取吸收热膨胀及防腐、保温措施，并保持管道的气密性。

3 连接焚烧装置与烟气净化装置的烟气管道的低点，应有清除积灰的措施。

7.6.6 排放烟气应进行在线监测，每条焚烧生产线应设置独立的在线监测系统，在线监测点的布置、监测仪表和数据处理及传输应保证监测数据真实可靠。

7.6.7 在线监测设施应能监测以下指标：烟气的流量、温度、压力、湿度、氧浓度、烟尘、氯化氢(HCl)、二氧化硫(SO_2)、氮氧化物(NO_x)和一氧化碳(CO)，并宜监测氟化氢(HF)和二氧化碳(CO_2)。

7.6.8 烟气在线监测数据应传送至中央控制室，应根据在线监测结果对烟气净化系统进行控制，宜在焚烧厂显著位置设置排烟主要污染物浓度显示屏。

7.7 飞灰收集、输送与处理系统

7.7.1 飞灰收集、输送与处理系统应包括飞灰收集、输送、储存、排料、受料、处理等设施。

7.7.2 飞灰收集、储存与处理系统各装置应保持密闭状态。

7.7.3 飞灰的生成量，应根据垃圾物理成分、烟气净化系统物料投入量和焚烧垃圾量核定。

7.7.4 烟气净化系统采用干法或半干法方式脱除酸性污染物时，飞灰处理系统应采取机械除灰或气力除灰方式；采用湿法时，应将飞灰从污水中有效分离出来。

7.7.5 气力除灰系统应采取防止空气进入与防止灰分结块的措施。

7.7.6 收集飞灰用的储灰罐容量，以不少于 3d 飞灰额定产生量确定。储灰罐应设有料位指示、除尘、防止灰分板结的设施，并宜在排灰口附近设置增湿设施。

7.7.7 飞灰储存装置宜采取保温、加热措施。

7.7.8 飞灰应按危险废物处理，处理方式应选择下列两种方式之一：

1 危险废物处理厂处理；

2 在满足现行国家标准《生活垃圾填埋场污染控制标准》GB 16889 规定的条件下，进入生活垃圾卫生填埋场处理。

7.7.9 飞灰收集和输送系统宜采用中央控制室控制方式，飞灰储存、外运或厂内预处理系统宜采用现场控制方式。

8 垃圾热能利用系统

8.1 一 般 规 定

8.1.1 焚烧垃圾产生的热能应进行有效利用。

8.1.2 垃圾热能利用方式应根据焚烧厂的规模、垃圾焚烧特点、周边用热条件及经济性综合比较确定。

8.1.3 利用垃圾热能发电时，应符合可再生能源电力的并网要求。利用垃圾热能供热时，应符合供热热源和热力管网的有关要求。

8.2 利用垃圾热能发电及热电联产

8.2.1 汽轮发电机组型式的选用，应根据利用垃圾热能发电或热电联产的条件确定。汽轮发电机组的数量不宜大于2套；机组年运行时数应与垃圾焚烧炉相匹配。

8.2.2 当设置一套汽轮机组时，汽轮机旁路系统应按汽轮机组100%额定进汽量设置；当设置2套机组时，汽轮机旁路系统宜按较大一套汽轮机组120%额定进汽量设置。

8.2.3 垃圾焚烧余热锅炉给水温度不宜大于140℃。

8.2.4 当不设置高压加热器时，除氧器工作压力应根据余热锅炉给水温度确定。

8.2.5 汽轮发电机组的冷却方式，应结合当地水资源利用条件，并进行技术经济比较确定。对水资源贫乏的地区宜采取空冷冷却方式。

8.2.6 焚烧发电厂的热力系统中的设备与技术条件的选用，应符合下列条件：

1 主蒸汽管道宜采用单母管制系统或分段单母管制系统。

2 余热锅炉给水管道宜采用单母管制系统。

3 其他设备与技术条件，应符合现行国家标准《小型火力发电厂设计规范》GB 50049 中的有关规定。

8.3 利用垃圾热能供热

8.3.1 利用垃圾热能供热的垃圾焚烧厂，应有稳定、可靠的热用户。

8.3.2 利用垃圾热能供热的垃圾焚烧厂，其热力系统中的设备与技术条件应符合现行国家标准《锅炉房设计规范》GB 50041 中的有关规定。

9 电 气 系 统

9.1 一 般 规 定

9.1.1 垃圾焚烧处理工程中，电气系统的一、二次接线和运行方式应首先保证垃圾焚烧处理系统的正常运行。

9.1.2 当利用垃圾焚烧热能发电并网、并接入地区电力网时，接入系统应符合电力行业的规定。

9.1.3 垃圾焚烧厂生产的电力应接入地区电力网，其接入电压等级应根据垃圾焚烧厂的建设规模、汽轮发电机的单机容量及地区电力网的具体情况，经技术经济比较后确定。有发电机电压直配线时，发电机额定电压应根据地区电力网的需要，采用6.3kV或10.5kV。

9.1.4 需要由电力系统经主变压器倒送电且电压不满足厂用电条件时，经调压计算论证确有必要且技术经济合理情况下，主变压器可采用有载调压的方式。

9.1.5 发电机电压母线宜采用单母线或单母线分段接线方式。

9.1.6 利用垃圾热能发电时，发电机和励磁系统选型应分别符合现行国家标准《透平型同步电机技术要求》GB/T 7064 和《同步电机励磁系统》GB/T 7409.1～7409.3 中的有关规定。

9.1.7 高压配电装置、继电保护和安全自动装置、过电压保护、防雷和接地的技术要求，应分别符合现行国家标准《3～110kV高压配电装置设计规范》GB 50060、《电力装置的继电保护和自动装置设计规范》GB 50062、《交流电气装置的过电压保护和绝缘配合》DL/T 620、《建筑物防雷设计规范》GB 50057和《交流电气装置的接地》DL/T 621 中的有关规定。

9.1.8 垃圾焚烧厂的电气消防设计应符合现行国家标准《火力发电厂与变电所设计防火规范》GB 50229 和《建筑设计防火规范》GB 50016 中的有关规定。

9.1.9 在危险场所装设的电气设备（含现场仪表和控制装置），应符合现行国家标准《爆炸和火灾危险环境电力装置设计规范》GB 50058 的有关规定。

9.2 电气主接线

9.2.1 利用垃圾热能发电时，电气主接线的设计应符合现行国家标准《小型火力发电厂设计规范》GB 50049 的有关规定。

9.2.2 垃圾焚烧发电厂应至少有一条与电网连接的双向受、送电线路。当该线路发生故障时，应有能够保证安全停机和启动的内部电源或其他外部电源。

9.3 厂用电系统

9.3.1 垃圾焚烧厂厂用电接线设计应符合下列要求：

1 高压厂用电压可采用6kV或10kV。当利用余热发电时，高压厂用电压宜与发电机额定电压相同。

2 高压厂用母线宜采用单母线接线，接于每段高压母线的垃圾焚烧炉的台数不宜大于4台。

3 低压厂用母线应采用单母线接线。每条焚烧线宜由一段母线供电，并宜设置焚烧线公用段，每段母线宜由一台变压器供电。

4 当全厂有2个及以上相对独立的、可互为备用的高压厂用电源时，不宜设专用高压厂用备用电源。当无发电机母线时，应从高压配电装置母线中电源可靠的低一级电压母线引接，并应保证在全厂停电情况下，能从电力系统取得足够电力。当技术经济合理时，专用备用电源也可从外部电网引接。

5　按炉分段的低压厂用母线，其工作变压器应由对应的高压厂用母线段供电。

6　当有发电机电压母线时，与发电机电气上直接连接的6kV回路中的单相接地故障电流大于4A，或10kV回路中的单相接地故障电流大于3A，且要求发电机带内部单相接地故障继续运行时，宜在厂用变压器的中性点经消弧线圈接地，或可在发电机的中性点经消弧线圈接地。

7　发电机与主变压器为单元连接时，厂用分支上应装设断路器。

8　接有Ⅰ类负荷的高压和低压厂用母线，应设置备用电源。备用电源采用专用备用方式时应装设自动投入装置。备用电源采用互为备用方式时，宜手动切换。接有Ⅱ类负荷的高压和低压厂用母线，备用电源宜采用手动切换方式。Ⅲ类用电负荷可不设备用电源。

9　厂用变压器应符合下列规定：

1）厂用变压器接线组别的选择，应使厂用工作电源与备用电源之间相位一致，接线组别宜为D、yn11型，低压厂用变压器宜采用干式变压器；

2）厂区高压备用变压器的容量，应根据焚烧线的运行方式或要求确定。厂区低压备用变压器的容量，应与最大一台低压厂用工作变压器容量相同；

3）低压厂用工作变压器数量为8台及以上时，低压厂用备用变压器可设置2台；

4）当技术经济合理时，应优先采用设置专用厂用备用变压器的备用方式；

5）当采用互为备用的低压厂用变压器时，不应再设置专用的低压厂用备用变压器。

10　低压厂用电接地形式宜采用TN-C-S或TN-S系统，室外路灯配电系统的接地形式宜采用TT系统。

11　高低压厂用电源的正常切换宜采用手动并联切换。在确认切换的电源合上后，应尽快手动断开或自动连锁切除被解列的电源。在需要的情况下，高压厂用电源与备用电源的切换操作应设置同期闭锁。

12　锅炉和汽轮发电机用的电动机，应分别连接到与其相应的高压和低压厂用母线上。互为备用的重要负荷，也可采用交叉供电的方式。对于工艺上有连锁要求的Ⅰ类电动机，应接于同一电源通道上。Ⅰ类公用负荷不应接在同一母线段上。

13　发电厂应设置固定的交流低压检修供电网络，并应在各检修现场装设检修电源箱，检修电源箱应设置漏电保护。

9.3.2　直流系统设计应符合国家现行标准《电力工程直流系统设计技术规程》DL/T 5044中的有关规定。垃圾焚烧厂宜装设一组蓄电池。蓄电池组的电压宜采用220V，接线方式宜采用单母线或单母线分段。

9.4　二次接线及电测量仪表装置

9.4.1　二次接线及电测量仪表装置设计应符合国家现行标准《火力发电厂、变电所二次接线设计技术规程》DL/T 5136、《电力装置的继电保护和自动装置设计规范》GB 50062、《电测量及电能计量装置设计技术规程》DL/T 5137及《电力装置的电气测量仪表装置设计规范》GB 50063中的有关规定。

9.4.2　电气网络的电气元件控制宜采用计算机监控系统。控制室的电气元件控制，宜采用与工艺自动化控制相同的控制水平及方式。

9.4.3　6kV或10kV室内配电装置到各用户的线路和供辅助车间的厂用变压器，宜采用就地控制方式。

9.4.4　采用强电控制时，控制回路应设事故报警装置。断路器控制回路的监视，宜采用灯光或音响信号。

9.4.5　隔离开关与相应的断路器和接地刀闸应设连锁装置。

9.4.6　备用电源自动投入装置的接线原则应符合下列规定：

1　宜采用慢速自动切换，应保证工作电源断开后，方可投入备用电源。

2　厂用母线保护动作及工作分支断路器过电流保护动作发生时，工作电源断路器由手动分闸或DCS分闸时，应闭锁备用电源自动投入装置。

3　工作电源供电侧断路器跳闸时，应联动其负荷侧断路器跳闸。

4　装设专门的低电压保护，当厂用工作母线电压降低至25%额定电压以下，备用电源电压在70%额定电压以上时，应自动断开工作电源负荷侧断路器。

5　应设有切除备用电源自投功能的选择开关。

6　备用电源自动投入装置应保证只动作一次。

7　当高压厂用电系统由DCS控制时，事故切换应采用专门的自动切换装置来完成。

9.4.7　与电力网连接的双向受、送电线路的出口处应设置能满足电网要求的四相限关口电度表。

9.5　照明系统

9.5.1　照明设计应符合现行国家标准《建筑照明设计标准》GB 50034中的有关规定。

9.5.2　正常照明和事故照明应采用分开的供电系统，并宜采用下列供电方式：

1　当低压厂用电系统的中性点为直接接地系统时，正常照明电源应由动力和照明网络共用的低压厂用变压器供电。事故照明宜由蓄电池组或与直流系统共用蓄电池组的交流不停电电源供电。

2　垃圾焚烧厂房的主要出入口、通道、楼梯间以及远离垃圾焚烧主厂房的重要工作场所的事故照明，可采用自带蓄电池的应急灯。

3 生产工房内安装高度低于2.2m的照明灯具及热力管沟、电缆通道内的照明灯具，宜采用24V电压供电。当采用220V供电时，应有防止触电的措施。

4 手提灯电压不应大于24V，在狭窄地点和接触良好金属接地面上工作时，手提灯电压不应大于12V。

9.5.3 烟囱上应装设飞行标志障碍灯，并应符合焚烧厂所在地航管部门的要求。

9.5.4 锅炉钢平台应设置保证疏散用的应急照明，正常照明可采用装设在钢平台顶端的大功率气体放电灯。

9.5.5 照明灯具应采用发光效率较高的灯具，环境温度较高的场所宜采用耐高温的灯具。锅炉房、灰渣间的照明灯具，防护等级不应低于IP54。渗沥液集中的场所应采用防爆设计，防爆设计应符合现行国家标准《爆炸和火灾危险环境电力装置设计规范》GB 50058、《爆炸性气体环境用电气设备》GB 3836及《可燃性粉尘环境用电气设备》GB 12476中的有关规定。有化学腐蚀性物质的环境，应进行防腐设计。

9.6 电缆选择与敷设

9.6.1 电缆选择与敷设，应符合现行国家标准《电力工程电缆设计规范》GB 50217的有关规定。

9.6.2 垃圾焚烧厂房及辅助厂房电缆敷设，应采取有效的阻燃、防火封堵措施。易受外部着火影响区段的电缆，应采取防火阻燃措施，并宜采用阻燃电缆。

9.6.3 同一路径中，全厂公用重要负荷回路的电缆应采取耐火分隔，或采取分别敷设在互相独立的电缆通道中的措施。

9.6.4 电缆夹层不应有热水管道和蒸汽管道进入。电缆建（构）筑物中，严禁有可燃气、油管穿越。

9.7 通　信

9.7.1 厂区通信设备所需电源宜与系统通信装置合用电源。

9.7.2 利用垃圾热能发电并与地区电力网联网时，是否装设为电力调度服务的专用通信设施，应与当地供电部门协调。

10 仪表与自动化控制

10.1 一 般 规 定

10.1.1 垃圾焚烧厂的自动化控制，必须适用、可靠、先进，应根据垃圾焚烧设施特点进行设计。应满足设施安全、经济运行和防止对环境二次污染的要求。

10.1.2 垃圾焚烧厂的自动化控制系统，应采用成熟的控制技术和可靠性高、性能价格比适宜的设备和元件。设计中采用的新产品、新技术，应有在垃圾焚烧厂成功运行的经验。

10.1.3 现场布置的控制设备应根据需要采取必要的防护措施。

10.2 自动化水平

10.2.1 垃圾焚烧处理应有较高的自动化水平，应能在少量就地操作和巡回检查配合下，在中央控制室由分散控制系统实现对垃圾焚烧线、垃圾热能利用及辅助系统的集中监视、分散控制等。

10.2.2 垃圾焚烧厂的自动化控制系统，宜包括焚烧线控制系统、热力与汽轮发电机组控制系统、车辆管制系统、公用工程控制系统和其他必要的控制系统。

10.2.3 对不影响整体控制系统的辅助装置，可设就地控制柜，但重要信息应送至主控系统。

10.2.4 焚烧线的重要环节及焚烧厂的重要场合，应设置现场工业电视监视系统。

10.2.5 垃圾焚烧厂的自动化控制系统应设置独立于主控系统的紧急停车系统。

10.2.6 可建立管理信息系统（MIS）和厂级监控信息系统（SIS）系统。

10.3 分散控制系统

10.3.1 垃圾焚烧厂的热力系统、发电机-变压器组、厂用电源的监视及程序控制，应进行集中监视管理和分散控制。焚烧线的控制系统可由设备供货商提供独立控制系统，但应与中央控制室的分散控制系统通信，实现集中监控。

10.3.2 分散控制系统的功能，应包括数据采集和处理、模拟量控制、顺序控制及热工保护。

10.3.3 分散控制系统的中央处理器、通信总线、电源，应有冗余配置；监控级应具有互为热备的操作员站，控制级应有冗余配置的控制站。

10.3.4 垃圾焚烧厂的自动化控制系统应设置独立于分散控制系统的紧急停车系统。

10.3.5 分散控制系统的响应时间应能满足设施安全运行和事故处理的要求。

10.4 检测与报警

10.4.1 垃圾焚烧厂的检测，应包括下列内容：

1 主体设备和工艺系统在各种工况下安全、经济运行的参数；

2 辅机的运行状态；

3 电动、气动和液动阀门的启闭状态及调节阀的开度；

4 仪表和控制用电源、气源、液动源及其他必要条件件的供给状态和运行参数；

5 必要的环境参数。

10.4.2 渗沥液池、燃气调压间或液化气瓶组间，应设置可燃气体检测报警装置。

10.4.3 渗沥液池间可燃气体检测宜采用抽取法。

10.4.4 重要检测参数应选用双重化的输入接口。

10.4.5 测量油、水、蒸汽、可燃气体等的一次仪表不应引入控制室。

10.4.6 对于水分、灰尘较大的烟风介质，以接触式检测其参数（流量）的仪表宜设置吹扫装置。

10.4.7 垃圾焚烧厂的报警应包括下列内容：

1 工艺系统主要工况参数偏离正常运行范围；

2 保护和重要的连锁项目；

3 电源、气源发生故障；

4 监控系统故障；

5 主要电气设备故障；

6 辅助系统及主要辅助设备故障。

10.4.8 重要工艺参数报警的信号源，应直接引自一次仪表。

10.4.9 对重要参数的报警可设光字牌报警装置。当设置常规报警系统时，其输入信号不应取自分散控制系统的输出。报警器应具有闪光、音响、人工确认、试灯、试音功能。

10.4.10 分散控制系统功能范围内的全部报警项目应能在显示器上显示并打印输出，在机组启停过程中应抑制虚假报警信号。

10.5 保护和连锁

10.5.1 保护系统应有防误动、拒动措施，并应有必要的后备操作手段。保护系统输出的操作指令应优先于其他任何指令，保护回路中不应设置供运行人员切、投保护的任何操作设备。

10.5.2 主体设备和工艺系统的重要保护动作原因，应设事件顺序记录和事故追忆功能。

10.5.3 主体设备和工艺系统保护范围及内容，应按现行国家标准《小型火力发电厂设计规范》GB 50049 的有关规定确定。

10.5.4 各工艺系统、设备保护用的接点宜单独设置发讯元件，不宜与报警等其他功能合用。重要保护的一次元件应多重化，直接用于停炉、停机保护的信号，宜按“三取二”方式选取。

10.5.5 当采用继电器系统或分散控制系统执行保护功能时，保护动作响应时间应满足设备安全运行和事故处理的要求。保护系统应有独立的输入/输出（I/O）通道和电隔离措施，并宜冗余配置，冗余的 I/O 信号应通过不同的 I/O 模件引入；机组跳闸命令不应通过通信总线传送。

10.6 自动控制

10.6.1 开关量控制的功能应满足机组的启动、停止及正常运行工况的控制要求，并应能实现机组在事故和异常工况下的控制操作。

10.6.2 顺序控制方式应由工艺及运行要求决定，应满足工艺过程控制要求。

10.6.3 顺序控制系统应设有工作状态显示及故障报警信号。顺序控制在自动进行期间，发生任何故障或运行人员中断时，应使工艺系统处于安全状态。

10.6.4 经常运行并设有备用的水泵、油泵、风机，或根据参数控制的水泵、油泵、风机、电动门、电磁阀门，应设有连锁功能。

10.6.5 对于不具备顺序控制条件的设备，应由控制系统的软手操实现远程控制。

10.6.6 模拟量控制的主要内容应根据垃圾焚烧厂的规模、各工艺系统设置情况、自动化水平的要求、主、辅设备的控制特点及机组的可控性等确定。

10.6.7 模拟量控制系统应能满足机组正常运行的控制要求，并应考虑在机组事故及异常工况下与相关连锁保护协同控制的措施。

10.6.8 重要模拟量控制项目的变送器宜双重或三重化设置。

10.6.9 受控对象应设置手动、自动操作手段及相应的状态显示，并应为双向无扰动切换。

10.7 电源、气源与防雷接地

10.7.1 仪表和控制系统用电源应配置不间断电源（UPS）。其供电电源负荷不应超过 60%，电压等级不应大于 220V，不间断时间宜维持 30～60min，应引自互为备用的两路专用的独立电源并能互相自动切换；热力配电箱应设两路 380V/220V 电源进线。

10.7.2 就地控制盘应设盘外照明，有人值班时还应设盘外事故照明。柜式盘应设盘内检修照明。

10.7.3 采用气动仪表时，气源品质和压力应符合现行国家标准《工业自动化仪表用气源压力范围和质量》GB 4830 中的有关规定。

10.7.4 仪表气源应有专用储气罐。储气罐容量应能维持 10～15min 的耗气量。仪表气源的耗气量应按总仪表额定耗气量的 2 倍计算。

10.7.5 垃圾焚烧厂仪表与控制系统的防雷应符合现行国家标准《建筑物电子信息系统防雷技术规范》GB 50343 中的有关规定。

10.7.6 电气设备外壳、不要求浮空的盘台、金属桥架、铠装电缆的铠装层等应设保护接地，保护接地应牢固可靠，不应串联接地。

各计算机系统内不同性质的接地，应分别通过稳定可靠的总接地板（箱）接地，其接地网按计算机厂家的要求设计。

计算机信号电缆屏蔽层必须接地。

10.7.7 在危险场所装设的电气设备、现场仪表、控制装置，应符合现行国家标准《爆炸和火灾危险环境电力装置设计规范》GB 50058 的有关规定。

10.8 中央控制室

10.8.1 垃圾焚烧厂控制室的设计应符合现行国家标准《小型火力发电厂设计规范》GB 50049 的有关规定。

10.8.2 全厂宜设一个中央控制室及电子设备间，中央控制室和电子设备间下面可设电缆夹层，其与主厂房相邻部分应封闭；在主厂房内可设仪表检修间。控制室内的通风和空气调节应符合相关标准的要求。

11 给水排水

11.1 给 水

11.1.1 垃圾焚烧余热锅炉补给水的水质，可按现行国家有关锅炉给水标准中相应高一等级确定。

11.1.2 厂内给水工程设计应符合现行国家标准《室外给水设计规范》GB 50013 和《建筑给水排水设计规范》GB 50015 的规定。

11.1.3 生活用水宜采用独立的供水系统，生活饮用水应符合现行国家标准《生活饮用水卫生标准》GB 5749 的水质要求，用水标准及定额应符合现行国家标准《建筑给水排水设计规范》GB 50015 的规定。

11.2 循环冷却水系统

11.2.1 垃圾焚烧厂设备冷却水系统的设计应符合现行国家标准《工业循环冷却水设计规范》GB/T 50102 和《工业循环冷却水处理设计规范》GB 50050 的有关规定。

11.2.2 垃圾焚烧厂循环冷却水水源宜使用自然水体，条件许可的可使用市政再生水。

11.2.3 水源选择时应对水源地、水质、水量进行勘察。

11.2.4 当水源为地表水时，设计枯水量的保证率不应小于 95%。当采用地下水为水源时，应设备用水源井，备用井的数量宜为取水井数量的 20%；取用水量不应超过枯水年或连续枯水年允许的开采量。

11.2.5 原水处理系统的工艺流程选择应根据原水水质、工艺生产要求与浓缩倍数确定。

11.2.6 原水处理系统过滤部分的处理能力宜包含循环水系统的旁流水量。

11.2.7 原水处理系统出水宜消毒，消毒剂的投加量应满足循环冷却水水质的要求。

11.2.8 循环冷却水补充水水质应根据设备冷却水水质要求确定。循环冷却水水质应符合表 11.2.8 的要求。

表 11.2.8 循环冷却水水质标准

序号	项 目	标准值	备 注
1	pH	6.5～9.5	
2	SS(mg/L)	≤20	
3	Ca^{2+}(mg/L)	30～200	
4	Fe^{2+}(mg/L)	≤0.5	
5	铁和锰(总铁量)(mg/L)	0.2～0.5	
6	Cl^-(mg/L)	≤1000	
7	SO_4^{2-}(mg/L)	≤1500	$SO_4^{2-}+Cl^-$
8	硅酸(mg/L)	≤175	
	Mg^{2+}与 SiO_2的乘积(mg/L)	<15000	
9	石油类(mg/L)	≤5	
10	含盐量(μS/cm)	≤1500	
11	总硬度(以碳酸钙计)(mg/L)	≤450	
12	总碱度(以碳酸钙计)(mg/L)	≤500	
13	氨氮(mg/L)	<1	
14	S^{2-}	≤0.02	
15	溶解氧	<4	
16	游离余氧	0.5～1	

11.3 排水及废水处理

11.3.1 厂内排水工程设计应符合现行国家标准《室外排水设计规范》GB 50014 和《建筑给水排水设计规范》GB 50015 的规定。

11.3.2 生活垃圾焚烧厂室外排水系统应采用雨污分流制。在缺水或严重缺水地区，宜设置雨水利用系统。

11.3.3 雨水量设计重现期应符合现行国家标准《室外排水设计规范》GB 50014 的有关规定。

11.3.4 垃圾焚烧厂宜设置生产废水复用系统。

11.3.5 应设置渗沥液收集池储存来自垃圾池的渗沥液，渗沥液收集池在室内布置时应设强制排风系统，收集池内的电气设备应选防爆产品。

11.3.6 垃圾焚烧厂所产生的垃圾渗沥液在条件许可时可回喷至焚烧炉焚烧；当不能回喷焚烧时，焚烧厂应设渗沥液处理系统。

11.3.7 废水处理系统宜设置异味控制和处理系统。

12 消 防

12.1 一 般 规 定

12.1.1 垃圾焚烧厂应设置室内、室外消防系统，并应符合现行国家标准《建筑设计防火规范》GB 50016、《火力发电厂与变电站设计防火规范》GB 50229和《建筑灭火器配置设计规范》GB 50140的有关规定。

12.1.2 油库及油泵房消防设施应符合现行国家标准《石油库设计规范》GB 50074的有关规定。

12.1.3 焚烧炉进料口附近，宜设置水消防设施。

12.1.4 Ⅱ类及以上垃圾焚烧厂的消防给水系统宜采用独立的消防给水系统。

12.2 消防水炮

12.2.1 垃圾池间的消防设施宜采用固定式消防水炮灭火系统，其设置应符合现行国家标准《固定消防炮灭火系统设计规范》GB 50338的要求，消防水炮应能实现自动或远距离遥控操作。

12.2.2 垃圾池间固定消防水炮设计消防水量不应小于60L/s，延续时间不应小于1h。

12.2.3 消防水炮室内供水系统宜采用独立的供水管网，其管网应布置成环状。

12.2.4 消防水炮室内供水系统应有不少于2条进水管与室外环状管网连接。当管网的1条进水管发生事故时，其余的进水管应能供给全部的消防水量。

12.2.5 消防水炮给水系统室内配水管道宜采用内外壁热镀锌钢管，管道连接应采用沟槽式连接件或法兰。

12.2.6 消防水炮的布置要求系统动作时整个垃圾池间内的任意位置均应同时被水柱覆盖；消防水炮的设置不应妨碍垃圾给料装置的运行；消防水炮设置场所应有设施维修通道。

12.2.7 暴露于垃圾池间内的消防水炮及其他消防设施的电机应采用防爆型电机。

12.3 建筑防火

12.3.1 垃圾焚烧厂房的生产类别应为丁类，建筑耐火等级不应低于二级。

12.3.2 垃圾焚烧炉采用轻柴油燃料启动点火及辅助燃料时，日用油箱间、油泵间应为丙类生产厂房，建筑耐火等级不应低于二级。布置在厂房内的上述房间，应设置防火墙与其他房间隔开。

12.3.3 垃圾焚烧炉采用气体燃料作为点火及辅助燃料时，燃气调压间应为甲类生产厂房，其建筑耐火等级不应低于二级，并应符合现行国家标准《城镇燃气设计规范》GB 50028的有关规定。

12.3.4 垃圾焚烧厂房地上部分的防火分区的允许建筑面积不宜大于4条焚烧线的建筑面积，地下部分不应大于一条焚烧线的建筑面积。汽轮发电机组间与焚烧间合并建设时，应采用防火墙分隔。

12.3.5 设置在垃圾焚烧厂房的中央控制室、电缆夹层和长度大于7m的配电装置室，应设两个安全出口。

12.3.6 垃圾焚烧厂房的疏散楼梯梯段净宽不应小于1.1m，疏散走道净宽不应小于1.4m，疏散门的净宽不应小于0.9m。

12.3.7 疏散用的门及配电装置室和电缆夹层的门，应向疏散方向开启；当门外为公共走道或其他房间时，应采用丙级防火门。配电装置室的中间门，应采用双向弹簧门。

12.3.8 垃圾焚烧厂房内部的装修设计，应符合现行国家标准《建筑内部装修设计防火规范》GB 50222的有关规定。

12.3.9 中央控制室、电子设备间、各单元控制室及电缆夹层内，应设消防报警和消防设施，严禁汽水管道、热风道及油管道穿过。

13 采暖通风与空调

13.1 一般规定

13.1.1 垃圾焚烧厂各建筑物冬、夏季负荷计算的室外计算参数，应符合现行国家标准《采暖通风与空气调节设计规范》GB 50019的有关规定。

13.1.2 设置采暖的各建筑物冬季采暖室内计算温度，应按下列规定确定：

1 焚烧间、烟气净化间、垃圾卸料平台应为 5～10℃；

2 渗沥液泵间、灰浆泵间应为 5～10℃；

3 中央控制室、垃圾抓斗起重机控制室、化验室、试验室应为 18℃；

4 垃圾制样间、石灰浆制备间应为 16℃。

其他建筑物冬季采暖室内计算温度，应符合现行国家标准《小型火力发电厂设计规范》GB 50049的有关规定。

13.1.3 当工艺无特殊要求时，车间内经常有人工作地点的夏季空气温度应符合表13.1.3的规定。

表13.1.3 工作地点的夏季空气温度（℃）

夏季通风室外计算温度	≤22	23	24	25	26	27	28	29～32	≥33
允许温差	10	9	8	7	6	5	4	3	2
工作地点温度	≤32	32						33～35	35

注：当受条件限制，在采用通风降温措施后仍不能达到本表要求时，允许温差可加大1～2℃。

13.1.4 采暖热源采用单台汽轮机抽汽时，应设有备用热源。

13.2 采暖

13.2.1 垃圾焚烧厂房的采暖热负荷，宜按室内温度加5℃计算，但不应计算设备散热量。

13.2.2 建筑物的采暖设计应符合现行国家标准《采暖通风与空气调节设计规范》GB 50019的有关规定。

13.2.3 建筑物的采暖散热器宜选用易清扫并具有防腐性能的产品。

13.3 通　　风

13.3.1 建筑物的通风设计应符合现行国家标准《小型火力发电厂设计规范》GB 50049的有关规定。

13.3.2 垃圾焚烧厂房的通风换气量应按下列要求确定：

1 焚烧间应只计算排除余热量；

2 汽机间应同时计算排除余热量和余湿量；

3 确定焚烧厂房的通风余热，可不计算太阳辐射热。

13.4 空　　调

13.4.1 建筑物的空调设计应符合现行国家标准《采暖通风与空气调节设计规范》GB 50019的有关规定。

13.4.2 中央控制室、垃圾抓斗起重机控制室宜设置空调装置。

13.4.3 机械通风不能满足工艺对室内温度、湿度要求的房间，应设空调装置。

14 建筑与结构

14.1 建　　筑

14.1.1 垃圾焚烧厂的建筑风格、整体色调应与周围环境相协调。厂房的建筑造型应简洁大方，经济实用。厂房的平面布置和空间布局应满足工艺设备的安装与维修的要求。

14.1.2 厂房各作业区应合理分隔，应组织好人流和物流线路，避免交叉；操作人员巡视检查路线应组织合理；竖向交通路线顺畅、避免重复。

14.1.3 厂房的围护结构应满足基本热工性能和使用的要求。

14.1.4 建筑抗震设计应符合现行国家标准《建筑抗震设计规范》GB 50011的有关规定。垃圾焚烧厂房楼（地）面的设计，除满足工艺的使用要求外，应符合现行国家标准《建筑地面设计规范》GB 50037的有关规定。对腐蚀介质侵蚀的部位，应根据现行国家标准《工业建筑防腐蚀设计规范》GB 50046，采取相应的防腐蚀措施。

14.1.5 垃圾焚烧厂房宜采用包括屋顶采光和侧面采光在内的混合采光，其他建筑物宜利用侧窗天然采光。厂房采光设计应符合现行国家标准《建筑采光设计标准》GB 50033的有关规定。

14.1.6 垃圾焚烧厂房宜采用自然通风，窗户设置应避免排风短路，并有利于组织自然风。

14.1.7 严寒地区的建筑结构应采取防冻措施。

14.1.8 大面积屋盖系统宜采用钢结构，并应符合现行国家标准《屋面工程技术规范》GB 50345的有关规定。屋顶承重结构的结构层及保温（隔热）层应采用非燃烧体材料；设保温层的屋面，应有防止结露与水汽渗透的措施，并应符合现行国家标准《建筑设计防火规范》GB 50016的有关规定。

14.1.9 中央控制室和其他必需的控制室应设吊顶。

14.1.10 垃圾池内壁和池底的饰面材料应满足耐腐蚀、耐冲击荷载、防渗水等要求，外壁及池底应作防水处理。

14.1.11 垃圾池间与其他房间的连通口及屋顶维护结构，应采取密闭处理措施。

14.2 结　　构

14.2.1 垃圾焚烧厂的结构构件应根据承载能力极限状态及正常使用极限状态的要求，按国家现行有关标准规定的作用（荷载）对结构的整体进行作用（荷载）效应分析，结构或构件按使用工况分别进行承载能力及稳定、疲劳、变形、抗裂及裂缝宽度计算和验算；处于地震区的结构，尚应进行结构构件抗震的承载力计算。

14.2.2 垃圾焚烧厂房框排架柱的允许变形值，应符合下列规定：

1 吊车梁顶面标高处，由一台最大吊车水平荷载标准值产生的计算横向变形值，当按平面结构图形计算时，不应大于$H_t/1250$，当按空间结构图形计算时，不应大于$H_t/2000$。

2 无吊车厂房柱顶高度大于或等于30m时，风荷载作用下柱顶位移不宜大于$H/550$，地震作用下柱顶位移不宜大于$H/500$；柱顶高度小于30m时，风荷载作用下柱顶位移不宜大于$H/500$，地震作用下柱顶位移不宜大于$H/450$。

14.2.3 垃圾焚烧厂房和垃圾热能利用厂房的钢筋混凝土或预应力混凝土结构构件的裂缝控制等级，应根据现行国家标准《混凝土结构设计规范》GB 50009中规定的环境类别选用。

14.2.4 柱顶高度大于30m，且有重级工作制起重机厂房的钢筋混凝土框架结构，和框架-剪力墙结构中的框架部分，其抗震等级宜按照相应的抗震等级规定提高一级。

14.2.5 地基基础的设计，应按现行国家标准《建筑地基基础设计规范》GB 50007的有关规定进行地基承载力和变形计算，必要时尚应进行稳定性计算。

14.2.6 垃圾焚烧厂的烟囱设计，应符合现行国家标准《烟囱设计规范》GB 50051的规定。

14.2.7 垃圾抓斗起重机和飞灰抓斗起重机的吊车梁应按重级工作制设计。

14.2.8 垃圾池应采用钢筋混凝土结构，并应进行强度计算和抗裂度或裂缝宽度验算，在地下水位较高的地区应进行抗浮验算。

14.2.9 垃圾焚烧厂厂房应根据建筑物、构筑物的体形、长度、重量及地基的情况设置变形缝，变形缝的设置部位应避开垃圾池、渣池和垃圾焚烧炉体。垃圾池不宜设置变形缝，当平面长度大于相应规范的允许值时，应设置后浇带或采取其他有效措施以消除混凝土收缩变形的影响。

14.2.10 垃圾焚烧厂主厂房、垃圾焚烧锅炉基座、汽轮发电机组基座和烟囱，应设沉降观测点。

14.2.11 卸料平台的室外运输栈桥的主梁设计，应符合国家现行标准《公路钢筋混凝土及预应力混凝土桥涵设计规范》JTGD 62 的有关规定。

14.2.12 楼地面均布活荷载取值应根据设备、安装、检修、使用的工艺要求确定，同时应满足现行国家标准《建筑结构荷载规范》GB 50009 的有关规定。垃圾焚烧厂的一般性生产区域的活荷载也可按表14.2.12 采用。

表 14.2.12 一般性生产区域的均布活荷载标准值

序号	名 称	标准值 (kN/m^2)
1	烟气净化区平台	8～10
2	垃圾焚烧炉楼面	8～12
3	垃圾焚烧炉地面	10
4	除氧器层楼面	4
5	垃圾卸料平台	15～20
6	汽机间集中检修区域地面	15～20
7	汽机间其他地面	10
8	汽轮发电机检修区域楼板和汽机基础平台	10～15
9	汽轮发电机岛中间平台	4
10	中央控制室	4
11	10kV 及 10kV 以下开关室楼面	4～7
12	35kV 开关室楼面	8
13	110kV 开关室楼面	8～10
14	化验室	3

注：1 表中未列的其他活荷载应按现行国家标准《建筑结构荷载规范》GB 50009 的规定采用。

2 表中不包括设备的集中荷载。

3 当设备荷载按静荷载计算时，以安装和检修荷载为主的平台活荷载，对主梁、柱和基础可取折减系数 0.70～0.85，但折减后的活荷载标准值不应小于 $4kN/m^2$，地基沉降计算时，该活荷载的准永久值系数可取 0。

4 垃圾卸料平台的均布荷载值，只适用于初步设计估算。在施工图详细设计时，应根据实际的垃圾运输车辆的最大载荷，按照最不利分布和组合计算。

15 其他辅助设施

15.1 化 验

15.1.1 垃圾焚烧厂应设置化验室，并应定期对垃圾热值、各类油品、蒸汽、水以及污水进行化验和分析。

15.1.2 化验室所用仪器的规格、数量及化验室的面积，应根据焚烧厂的运行参数、规模等条件确定。

15.2 维修及库房

15.2.1 维修间应具有全厂设备日常维护、保养与小修任务及工厂设施突发性故障时作为应急措施的功能。

15.2.2 维修间应配备必须的金工设备、机械工具、搬运设备和备用品、消耗品。

15.2.3 金属、非金属材料库以及备品备件，应与油料、燃料库，化学品库房分开设置。危险品库房应有抗震、消防、换气等措施。

15.3 电气设备与自动化试验室

15.3.1 厂区不宜设变压器检修间，但应为变压器就地或附近检修提供必要条件。

15.3.2 电气试验室设计应满足电测量仪表、继电器、二次接线和继电保护回路的调试与电测量仪表、继电器等机件修理的要求。

15.3.3 自动化试验室的设备配置，应满足对工作仪表进行维修与调试的需要。

15.3.4 自动化试验室不应布置在振动大、多灰尘、高噪声、潮湿和强磁场干扰的地方。

16 环境保护与劳动卫生

16.1 一 般 规 定

16.1.1 垃圾焚烧过程中产生的烟气、灰渣、恶臭、废水、噪声及其他污染物的防治与排放，应符合国家现行的环境保护法规和标准的有关规定。

16.1.2 垃圾焚烧厂建设应贯彻执行《中华人民共和国职业病防治法》，焚烧厂工作环境和条件应符合《工业企业设计卫生标准》GBZ1 和《工作场所有害因素职业接触限值》GBZ2 的要求。

16.1.3 应根据污染源的特性和污染物产生量制定垃圾焚烧厂的污染物治理措施。

16.2 环 境 保 护

16.2.1 烟气污染物的种类应按表 16.2.1 分类。

表 16.2.1 烟气中污染物分类

类别	污染物名称	符　号
尘	颗粒物	PM
酸性气体	氯化氢	HCl
	硫氧化物	SO_x
	氮氧化物	NO_x
	氟化氢	HF
	一氧化碳	CO
重金属	汞及其化合物	Hg 和 Hg^{2+}
	铅及其化合物	Pb 和 Pb^{2+}
	镉及其化合物	Cd 和 Cd^{2+}
	其他重金属及其化合物	包括 Cu、Mg、Zn、Ca、Cr 等和非金属 As 及其化合物
有机类	二噁英	PCDDs(Dioxin)
	呋喃	PCDFs(Furan)
	多氯联苯	C_O-PCB_5
	多环芳香烃、氯苯和氯酚等其他有机碳	TOC

16.2.2 对焚烧工艺过程应进行严格控制，抑制烟气中各种污染物的产生。对烟气必须采取有效处理措施，并应符合现行国家标准《生活垃圾焚烧污染控制标准》GB 18485 的规定。

16.2.3 垃圾焚烧厂的生活废水应经过处理后回用。回用水质应符合国家现行标准《城市污水再生利用 城市杂用水水质》GB/T 18920 的有关规定。当废水需直接排入水体时，其水质应符合现行国家标准《污水综合排放标准》GB 8978 的要求。

16.2.4 垃圾渗沥液排入城市污水管网时，应按排入城市污水管网的标准要求，对垃圾渗沥液进行预处理。

16.2.5 灰渣处理必须采取有效的防止二次污染的措施。

16.2.6 当炉渣具备利用条件时，应采取有效的再利用措施。

16.2.7 垃圾焚烧厂的噪声治理应符合现行国家标准《声环境质量标准》GB 3096 和《工业企业厂界环境噪声排放标准》GB 12348 的有关规定。对建筑物的直达声源噪声控制，应符合现行国家标准《工业企业噪声控制设计规范》GBJ 87 的有关规定。

16.2.8 垃圾焚烧厂的噪声治理，首先应对噪声源采取必要的控制措施。厂区内各类地点的噪声宜采取以隔声为主，辅以消声、隔振、吸声综合治理措施。

16.2.9 垃圾焚烧厂恶臭污染物控制与防治，应符合现行国家标准《恶臭污染物排放标准》GB 14554 的有关规定。

16.2.10 焚烧线运行期间，应采取有效控制和治理恶臭物质的措施。焚烧线停止运行期间，应有防止恶臭扩散到周围环境中的措施。

16.3 职业卫生与劳动安全

16.3.1 垃圾焚烧厂的劳动卫生，应符合现行国家标准《工业企业设计卫生标准》GBZ 1 的有关规定。

16.3.2 垃圾焚烧厂建设应采用有利于职业病防治和保护劳动者健康的措施。应在有关的设备醒目位置设置警示标识，并应有可靠的防护措施。在垃圾卸料平台等场所，应采取换气、除臭、灭蚊蝇及必要的消毒等措施。

16.3.3 职业病防护设备、防护用品应确保处于正常工作状态，不得擅自拆除或停止使用。

16.3.4 垃圾焚烧厂建设应有职业病危害与控制效果可行性评价。

16.3.5 垃圾焚烧厂应采取劳动安全措施。

17 工程施工及验收

17.1 一 般 规 定

17.1.1 建筑、安装工程应符合施工图设计文件、设备技术文件的要求。

17.1.2 施工安装使用的材料、预制构件、器件应符合相关的国家现行标准及设计要求，并取得供货商的合格证明文件。严禁使用不合格产品。

17.1.3 余热锅炉的安装单位，必须持有省级技术质量监督机构颁发的与锅炉级别安装类型相符合的安装许可证。其他设备安装单位应有相应安装资质。

17.1.4 对工程的变更、修改应取得设计单位的设计变更文件后再进行施工。

17.1.5 在余热锅炉安装过程中发现受压部件存在影响安全使用的质量问题时，必须停止安装。

17.2 工程施工及验收

17.2.1 施工准备应符合下列要求：

1 应具有经审核批准的施工图设计文件和设备技术文件，并有施工图设计交底记录。

2 施工用临时建筑、交通运输、电源、水源、气（汽）源、照明、消防设施、主要材料、机具、器具等应准备充分。

3 施工单位应编制施工方案，并应通过审查。

4 应合理安排施工场地。

5 设备安装前，除必须交叉安装的设备外，土建工程墙体、屋面、门窗、内部粉刷应基本完工，设备基础地坪、沟道应完工，混凝土强度应达到不低于设计强度的75%。用建筑结构作起吊或搬运设备承力点时，应核算结构承载力，以满足最大起吊或搬运的要求。

6 应符合设备安装对环境条件的要求，否则应采取相应满足安装条件的措施。

17.2.2 设备材料的验收应包括下列内容：

1 到货设备、材料应在监理单位监督下开箱验收并作记录：

1）箱号、箱数、包装情况；

2）设备或材料名称、型号、规格、数量；

3）装箱清单、技术文件、专用工具；

4）设备、材料时效期限；

5）产品合格证书。

2 检查的设备或材料符合供货合同规定的技术要求，应无短缺、损伤、变形、锈蚀。

3 钢结构构件应有焊缝检查记录及预装检查记录。

17.2.3 设备、材料保管应根据其规格、性能、对环境要求、时效期限及其他要求分类存放。需要露天存放的物品应有防护措施。保管的物品不应使其变形、损坏、锈蚀、错乱和丢失。堆放物品的高度应以安全、方便调运为原则。

17.2.4 设备安装工程施工及验收应符合下列规定，对国外引进的专有设备，应按供货商提供的设备技术说明、合同规定及商检文件执行，并应符合国家现行有关标准的规定。

1 利用垃圾热能发电的垃圾焚烧炉、汽轮机机组设备，应符合国家现行电力建设施工验收标准的规定。其他生活垃圾焚烧厂的垃圾焚烧炉应符合现行国家标准《工业锅炉安装工程施工及验收规范》GB 50273的有关规定。

2 垃圾焚烧厂采用的输送、起重、破碎、泵类、风机、压缩机等通用设备应符合现行国家标准《机械设备安装工程施工及验收通用规范》GB 50231及相应各类设备安装工程施工及验收标准的有关规定。

3 袋式除尘器的安装与验收应符合国家现行标准《袋式除尘器安装技术要求与验收规范》JB/T 8471的有关规定。

4 采暖与卫生设备的安装与验收应符合现行国家标准《建筑给水排水及采暖工程施工质量验收规范》GB 50242的有关规定。

5 通风与空调设备的安装与验收应符合现行国家标准《通风与空调工程施工质量验收规范》GB 50243的有关规定。

6 管道工程、绝热工程应分别符合现行国家标准《工业金属管道工程施工及验收规范》GB 50235、《工业设备及管道绝热工程施工规范》GB 50126的有关规定。

7 仪表与自动化控制装置按供货商提供的安装、调试、验收规定执行，并应符合国家现行标准的有关规定。

8 电气装置应符合现行国家有关电气装置安装工程施工及验收标准的有关规定。

17.3 竣工验收

17.3.1 焚烧线及其全部辅助系统与设备、设施试运行合格，具备运行条件时，应及时组织工程验收。

17.3.2 工程竣工验收前，严禁焚烧线投入使用。

17.3.3 工程验收应依据：主管部门的批准文件，批准的设计文件及设计变更文件，设备供货合同及合同附件，设备技术说明书和技术文件，专项设备施工验收规范及其他文件。

17.3.4 竣工验收应具备下列条件：

1 生产性建设工程和辅助性公用设施、消防、环保工程、职业卫生与劳动安全、环境绿化工程已经按照批准的设计文件建设完成，具备运行、使用条件和验收条件。未按期完成，但不影响焚烧厂运行的少量土建工程、设备、仪器等，在落实具体解决方案和完成期限后，可办理竣工验收手续。

2 焚烧线、烟气净化及配套垃圾热能利用设施已经安装配套，带负荷试运行合格。垃圾处理量、炉渣热灼减率、炉膛温度、余热锅炉热效率、蒸汽参数、烟气污染物排放指标、设备噪声级、原料消耗指标均达到设计规定。

引进的设备、技术，按合同规定完成负荷调试、设备考核。

3 焚烧工艺装备、工器具、垃圾与原辅材料、配套件、协作条件及其他生产准备工作已适应焚烧运行要求。

4 具备独立运行和使用条件的单项工程，可进行单项工程验收。

17.3.5 重要结构部位、隐蔽工程、地下管线，应按工程设计标准与要求及验收标准，及时进行中间验收。未经中间验收，不得进行覆盖工程和后续工程。

17.3.6 初步验收前，施工单位应按国家有关规定整理好文件、技术资料，并向建设单位提出交工报告。建设单位收到报告后，应及时组织施工单位、调试单位、监理单位、设计单位、质量检验单位、主体设备供货商、环保单位、消防单位、劳动卫生单位和使用单位进行初步验收。

17.3.7 竣工验收前应完成下列准备工作：

1 制定竣工验收工作计划；

2 认真复查单项工程验收投入运行的文件；

3 全面评定工程质量和设备安装、运转情况，对遗留问题提出处理意见；

4 认真进行基本建设物资和财务清理工作，编制竣工决算，分析项目概预算执行情况，对遗留财务问题提出处理意见；

5 整理审查全部竣工验收资料，包括：

1）开工报告，项目批复文件；

2）各单项工程、隐蔽工程、综合管线工程的竣工图纸以及工程变更记录；

3）工程和设备技术文件及其他必需文件；

4）基础检查记录，各设备、部件安装记录，设备缺损件清单及修复记录；

5）仪表试验记录，安全阀调整试验记录；

6）水压试验记录；

7）烘炉、煮炉及严密性试验记录；

8）试运行记录。

6 妥善处理、移交厂外工程手续；

7 编制竣工验收报告，并于竣工验收前一个月报请上级部门批准。

本规范用词说明

1 为便于在执行本规范条文时区别对待，对要求严格程度不同的用词，说明如下：

1）表示很严格，非这样做不可的：
正面词采用“必须”，反面词采用“严禁”。

2）表示严格，在正常情况均应这样做的：
正面词采用“应”，反面词采用“不应”或“不得”。

3）表示允许稍有选择，在条件许可时首先应这样做的：
正面词采用“宜”，反面词采用“不宜”。
表示有选择，在一定条件下可以这样做的，采用“可”。

2 条文中指定应按其他有关标准执行的写法为“应符合……的规定（要求）”或“应按……执行”。

中华人民共和国行业标准

生活垃圾焚烧处理工程技术规范

CJJ 90—2009

条 文 说 明

前　言

《生活垃圾焚烧处理工程技术规范》CJJ 90—2009，经住房和城乡建设部2009年3月15日以238号公告批准，业已发布。

本规范第一版的主编单位是五洲工程设计研究院。参编单位是：中国石化集团上海医药工业设计院、上海市环境工程设计科学研究院、深圳市环卫综合处理厂、宏发垃圾处理工程技术开发中心、江苏省溧阳市建委。

为便于广大设计、施工、科研、学校等单位的有关人员在使用本规范时能正确理解和执行条文规定，《生活垃圾焚烧处理工程技术规范》编制组按章、节、条顺序编制了本规范的条文说明，供使用者参考。在使用中如发现本条文说明有不妥之处，请将意见函寄城市建设研究院（北京朝阳区惠新里3号，邮政编码100029）。

目　次

1　总则 …… 3—5—27
2　术语 …… 3—5—27
3　垃圾处理量与特性分析 …… 3—5—27
3.1　垃圾处理量 …… 3—5—27
3.2　垃圾特性分析 …… 3—5—27
4　垃圾焚烧厂总体设计 …… 3—5—28
4.1　垃圾焚烧厂规模 …… 3—5—28
4.2　厂址选择 …… 3—5—28
4.3　全厂总图设计 …… 3—5—29
4.4　总平面布置 …… 3—5—29
4.5　厂区道路 …… 3—5—29
4.6　绿化 …… 3—5—29
5　垃圾接收、储存与输送 …… 3—5—29
5.1　一般规定 …… 3—5—29
5.2　垃圾接收 …… 3—5—30
5.3　垃圾储存与输送 …… 3—5—30
6　焚烧系统 …… 3—5—31
6.1　一般规定 …… 3—5—31
6.2　垃圾焚烧炉 …… 3—5—31
6.3　余热锅炉 …… 3—5—32
6.4　燃烧空气系统与装置 …… 3—5—32
6.5　辅助燃烧系统 …… 3—5—32
6.6　炉渣输送处理装置 …… 3—5—33
7　烟气净化与排烟系统 …… 3—5—33
7.1　一般规定 …… 3—5—33
7.2　酸性污染物的去除 …… 3—5—33
7.3　除尘 …… 3—5—34
7.4　二噁英类和重金属的去除 …… 3—5—35
7.5　氮氧化物的去除 …… 3—5—35
7.6　排烟系统设计 …… 3—5—36
7.7　飞灰收集、输送与处理系统 …… 3—5—36
8　垃圾热能利用系统 …… 3—5—37
8.1　一般规定 …… 3—5—37
8.2　利用垃圾热能发电及热电联产 …… 3—5—37
8.3　利用垃圾热能供热 …… 3—5—37
9　电气系统 …… 3—5—37
9.1　一般规定 …… 3—5—37
9.3　厂用电系统 …… 3—5—37
9.4　二次接线及电测量仪表装置 …… 3—5—42
9.5　照明系统 …… 3—5—43
9.6　电缆选择与敷设 …… 3—5—43
9.7　通信 …… 3—5—43
10　仪表与自动化控制 …… 3—5—43
10.1　一般规定 …… 3—5—43
10.2　自动化水平 …… 3—5—43
10.3　分散控制系统 …… 3—5—44
10.4　检测与报警 …… 3—5—45
10.5　保护和连锁 …… 3—5—47
10.6　自动控制 …… 3—5—48
10.7　电源、气源与防雷接地 …… 3—5—48
10.8　中央控制室 …… 3—5—49
11　给水排水 …… 3—5—49
11.1　给水 …… 3—5—49
11.2　循环冷却水系统 …… 3—5—50
11.3　排水及废水处理 …… 3—5—50
12　消防 …… 3—5—50
12.1　一般规定 …… 3—5—50
12.2　消防水炮 …… 3—5—50
12.3　建筑防火 …… 3—5—50
13　采暖通风与空调 …… 3—5—52
13.1　一般规定 …… 3—5—52
13.2　采暖 …… 3—5—52
13.3　通风 …… 3—5—52
13.4　空调 …… 3—5—52
14　建筑与结构 …… 3—5—52
14.1　建筑 …… 3—5—52
14.2　结构 …… 3—5—53
15　其他辅助设施 …… 3—5—53
15.1　化验 …… 3—5—53
15.2　维修及库房 …… 3—5—54
15.3　电气设备与自动化试验室 …… 3—5—54
16　环境保护与劳动卫生 …… 3—5—55

16.1 一般规定 ………………………… 3—5—55
16.2 环境保护 ………………………… 3—5—55
16.3 职业卫生与劳动安全 ……………… 3—5—56
17 工程施工及验收 ……………………… 3—5—56
17.1 一般规定 ………………………… 3—5—56
17.2 工程施工及验收 …………………… 3—5—57
17.3 竣工验收 ………………………… 3—5—57

1 总 则

1.0.1 本条文阐述了编制和修订《生活垃圾焚烧处理工程技术规范》的目的。自原规范颁布实施以来，我国城市生活垃圾焚烧处理技术得到了快速发展。近些年，国内一些企业在引进消化国外技术的基础上，对大型垃圾焚烧炉及其成套技术进行了国产化开发应用。另外，经过十几年城市垃圾焚烧项目市场化的发展，城市垃圾焚烧处理产业化已初步形成。随着人们环保意识的提高，政府和公众对垃圾焚烧厂的技术和环保要求越来越高，原有技术规范的有些内容已不适应现在的技术发展和环保要求。在这种情况下，修订此技术规范是非常必要的。

1.0.2 本条文明确规定本规范适用范围。其中生活垃圾是指城市居民生活垃圾、行政事业单位垃圾、商业垃圾、集贸市场垃圾、公共场所垃圾以及街道清扫垃圾。本规范不适用于危险废物的处理，危险废物是指原国家环保局公布的《危险废物名录》中规定的物品。

一些城市中存在一批以私营企业为主的小型工厂，如制鞋厂、木器厂等，这些工厂产生的工业性废物具有较高热值且属于一般工业废物，废物产量又相对很低，不适合单独处理。对这种适合焚烧的普通工业垃圾经过当地环保部门认定，可允许与生活垃圾混烧。

不同行业产生的特殊垃圾的结构成分、理化指标、收运规律以及焚烧处理要求、二次污染防治等都有很大差异，这种垃圾在一般条件下不允许与生活垃圾混合处理。

1.0.3 垃圾焚烧工程的规模确定应考虑的因素很多，直接因素有：焚烧厂服务范围与人口、垃圾产生量及其变化趋势等；间接的因素有：城市规划、环卫规划、城市煤气化率、城市集中供热普及率、自然条件、垃圾收集转运情况等。焚烧技术路线的选择应考虑垃圾特性、环保要求、城市经济发展水平、技术适应性等因素。

1.0.4 本条文是对生活垃圾焚烧厂的基本规定。垃圾焚烧厂建设工程主要用于处理城市垃圾，因此焚烧工艺和设备的成熟性、可靠性和安全性是非常重要的，同时也要考虑经济性和环保等因素。另外在对城市生活垃圾进行焚烧处理的同时，有效利用垃圾热能，可以体现垃圾处理的无害化、减量化和资源化原则。

1.0.5 生活垃圾焚烧厂建设作为社会公益性事业，应适应国家技术经济总体要求，执行国家和当地有关的法规规定，如建筑物高度应符合航空器飞行和电信传播障碍的规定；建筑物与高压线之间安全距离的规定；军事设施及国家其他重要设施的要求等。应严格执行环境保护、环境卫生、消防、节能、劳动安全及职业卫生等方面法规和强制性标准。

2 术 语

由于近几年生活垃圾焚烧工程发展迅速，国内外技术交流增多，在技术术语方面出现“一词多义”或“多词同义”的现象，使技术人员产生混乱。本章对原规范的术语作了修改和补充，以便规范垃圾焚烧专业的技术术语，并增加一些在各章条款中出现的新名词和用语。

第2.0.2条的余热锅炉定义是针对目前垃圾焚烧所用的蒸气余热锅炉来描述的，用导热油作为传热介质的锅炉技术要求上与蒸汽锅炉不同，需要有些特殊规定。

3 垃圾处理量与特性分析

3.1 垃圾处理量

3.1.1 本条文为强制性条文。通过对一些城市调查，有些地方是按照垃圾运输车吨位统计的，5t集装箱垃圾运输车实际装载量大都不超过4t，造成统计的产量与实际产量的差别。因此需要确定其实际垃圾产生量，避免垃圾焚烧规模设计过大。

3.1.2 由于我国垃圾含水量普遍较大，特别是雨季，垃圾含水量可达60%。焚烧厂垃圾池一般可存5d以上的垃圾，在这几天时间里，垃圾中的水分要通过渗沥液收集沟渗出一部分。因此入焚烧炉的垃圾和入厂的垃圾在重量上就相差了一部分水分的重量，热值也不同了。为了管理方便和便于监督，本条文规定分别计量和统计入厂垃圾和入炉垃圾的重量。

3.2 垃圾特性分析

3.2.1 垃圾特性分析是生活垃圾焚烧厂建设及运行管理过程的重要基础资料。垃圾特性分析的重点是正确掌握生活垃圾的物理、化学性质及热值。特性分析结果的合理性主要取决于生活垃圾取样的代表性。

3.2.2 垃圾物理成分中：

厨余——主要指居民家庭厨房、单位食堂、餐馆、饭店、菜市场等处产生的高含水率、易腐烂的生活垃圾。由于厨余垃圾中含有大量水分，使生活垃圾的总含水率增加，热值下降。

纸类——主要指家庭、办公场所、流通领域等产生的纸类废物，属易燃有机物，热值高。一般说来，经济发展水平越高，垃圾中纸类成分的含量越高。

竹木类——主要指各种木材废物及树木落叶等，属纤维类有机物，易燃且热值较高。

橡塑——主要指垃圾中的塑料及皮革、橡胶等废物。橡塑垃圾也属于易燃有机物，热值高，生物降解困难。

纺织物——主要指纺织类废物，属易燃有机物，热值较高，中等可生物降解。

玻璃——主要指各种玻璃类废物，以废弃的玻璃瓶为多，有无色和有色之分。

金属——主要指各种饮料的金属包装壳及其他金属废物。

砖瓦渣土——主要指零星的碎砖瓦、陶瓷以及煤灰、土、碎石等，主要源于居民生活中废弃的物质及燃煤和街道清扫垃圾。这部分垃圾含量的多少，主要决定于生活能源结构。

其他——主要指上述各项目以外的垃圾，以及无法分类的垃圾。

3.2.6 采用经典法测定垃圾元素分析，可按照《煤的元素分析方法》GB/T 476及《煤中氯的测定方法》GB/T 3558、《煤的水分测定方法》GB/T 15334、《煤中碳和氢的测定方法》GB/T 15460、《煤中全硫的测定方法》GB/T 214等进行。

4 垃圾焚烧厂总体设计

4.1 垃圾焚烧厂规模

4.1.1 对采用连续焚烧方式的焚烧厂，条文规定的各系统都是应具备的，所适用的标准一般都要从严掌握。本次修订根据我国垃圾焚烧厂建设情况，对焚烧厂内的系统进行了细化。

4.1.2 对某一城市或区域，在建设垃圾焚烧厂前应制定该城市或区域的环卫专业规划或生活垃圾处理设施规划，规划应根据垃圾产量、城市区域及经济情况制定垃圾处理设施数量、规模和分布计划。垃圾焚烧厂应是该规划的一部分，因此焚烧厂规模应符合该规划要求。如该城市或区域无此规划，则应在焚烧厂立项时根据确定的服务范围内的垃圾产生量预测以及投融资水平、经济性测算、技术可行性和可靠性等因素确定处理规模。

4.1.3 垃圾焚烧厂建设和运行经验表明，在总处理规模确定的条件下，一般焚烧线越少、单台垃圾焚烧炉规模越大，焚烧厂建设和运行越经济。但焚烧线数量少，备用性差，全厂垃圾处理能力受影响。另外，单台垃圾焚烧炉规模过大，易受技术条件限制。因此焚烧线数量的确定既要考虑建设和运行费用，也要考虑备用性和设备成熟性。

4.1.4 由于目前我国城市化进程逐步加快，城市人口增加较快，城市生活垃圾产生量也增加较快，在一些特大城市，建设大型和特大型的垃圾焚烧厂的需求越来越大。另外国家提倡垃圾处理设施区域共享，因此将来区域化的垃圾焚烧厂将会增加，也需要建设大型和特大型垃圾焚烧厂。而小型垃圾焚烧厂被证明成本高、环保不易达标，国外一些发达国家也都逐步淘汰了小型垃圾焚烧厂。因此本条文删除了原规范的第Ⅳ类，增加了一类特大类（大于或等于2000t/d的），Ⅰ、Ⅱ、Ⅲ类的规模与原规范相同。

4.2 厂址选择

4.2.1 本条文为强制性条文。生活垃圾焚烧厂厂址一般位于城市规划范围之内，故厂址选择必须符合城市总体规划要求及城市环境卫生专业规划要求。

4.2.2 垃圾处理工程是一项涉及生活垃圾的收集、转运、压缩、运输等环节的系统工程，故厂址选择需要结合城市环境卫生规划综合考虑。应选择不少于1个备选厂址，结合垃圾产量分布，综合地形、工程地质与水文地质、地震、气象、环境保护、生态资源，以及城市交通、基础设施、动迁条件、群众参与等因素，经过多方案技术经济比较确定。

4.2.3 生活垃圾焚烧厂不同于一般意义上的工厂，也不同于火力发电厂，在选址时要考虑相关的社会文化背景，应避免生活垃圾焚烧厂对地面水系造成污染，避免对重点保护的文化遗址或风景区产生不良影响。

4.2.4 本条文对厂址提出了一些具体的要求：

1 厂址对工程地质条件和水文地质条件的基本要求。

2 生活垃圾焚烧厂投资相对较大，地下设施较多，厂址应考虑洪水、潮水或内涝的威胁。

由于Ⅲ类及Ⅲ类以上的生活垃圾焚烧厂多建在中等以上城市，中等城市的防洪标准为50～100年重现期；小型工业企业的防洪标准为10～20年重现期，中型工业企业的防洪标准为20～50年重现期，大型工业企业的防洪标准为50～100年重现期，兼顾两者，并考虑焚烧厂建设投资等因素，推荐生活垃圾焚烧厂的防洪标准如表1所示。

表1 推荐的防洪标准

焚烧厂规模	重现期（年）
特大类、Ⅰ类焚烧厂	50～100
Ⅱ类焚烧厂	30～50
Ⅲ类焚烧厂	20～30

3 生活垃圾焚烧厂，尤其是Ⅱ类以上焚烧厂，运输量大，来往车辆相对集中、频繁，若厂址与服务区之间没有良好的道路交通条件，不仅会影响垃圾的输送，还会对城市交通造成影响。

5 生活垃圾焚烧厂在运行过程中，无论是生产、生活还是消防，均需要可靠的水源。

6 无论是利用垃圾热能发电，还是其他垃圾热能利用形式的垃圾焚烧厂，在启动及停炉检修期间，都需要外部电力供应。此外，当利用垃圾热能发电时，电力需要上网，故应考虑高压电的上网方便。

7 由于供热管网越长，热损失越大，因此，利用垃圾热能供热的焚烧厂的选址应在技术可行的情况下尽可能靠近热用户。

4.3 全厂总图设计

4.3.1 本条文主要针对厂区各种基础设施，基础设施设置合理，不仅可以降低造价，还可以降低运营成本。利用垃圾热能发电的垃圾焚烧厂，不仅有市电的输入，还涉及电力的上网问题；利用垃圾热能供热的生活垃圾焚烧厂，涉及热能的外送问题，故强调要综合考虑。

4.3.2 《城市生活垃圾处理和给水与污水处理工程项目建设用地指标》规定了焚烧厂的各项用地指标。

4.3.3 垃圾焚烧厂运输量较大，特别是在垃圾没有压缩的情况下，再加之目前普遍存在垃圾运输车载重量小、装载率低、密闭性差、渗沥液滴漏等现象，因此在总体规划中，焚烧厂出入口应做到人流和物流分开。

4.3.4 为了避免环卫设施重复建设，造成人、财、物力浪费，如对垃圾物理成分，水质全分析，烟气污染物中的重金属、二噁英等项目分析不需要连续检测，但检测时又需要有齐全的设备，并且一些设备较为贵重，因此可通过社会化协作解决，厂内仅设置常规理化分析即可。对检修设施也是如此，厂区只要配备日常维护保养与小修的人员、设备即可，大、中修通过外协解决。

4.4 总平面布置

4.4.1 焚烧厂房在生活垃圾焚烧厂中起主导作用，并与周围的设施如室外运输栈桥、油泵房、冷却塔、废水处理站等联系密切，垃圾及原材料运入与残渣运出，又需要畅通的道路配合，故应以焚烧厂房为主体进行布置，结合焚烧工艺流程及焚烧厂的具体条件适当安排各项设施，确保相关设备稳定、可靠、高效运行。主厂房的位置还应考虑建成后的立面和整体效果，尽量使焚烧厂与周围城市环境相协调。

4.4.2 垃圾焚烧炉需要用辅助燃料实现启、停及运行中必要的辅助燃烧。采用燃料油时，需要在厂区设油库及油泵房，故应符合《石油库设计规范》GB 50074 的规定；采用重油燃料时，其供油系统比较复杂，运行操作也较复杂，因此要根据燃料来源慎重选择。

4.4.3 有的城市具备使用城镇燃气点火或辅助燃烧条件，可使用城镇燃气。燃气系统应符合现行国家标准《城镇燃气设计规范》GB 50028 的有关规定。

4.4.4 由于垃圾焚烧厂运输车辆出入频繁，为避免交通事故及交通拥堵，在出入口处除应有良好的通视条件外，地磅房与入口围墙间留出一辆最大车的车长作为缓冲，以改善出入口处的交通条件。

4.4.5 本条是要求在总平面布置时，各设施及建筑物的位置确定应考虑尽量使产生污染物的设施不影响到其他设施，还应考虑产生污染的设施之间不产生交叉污染。例如冷却塔要排放大量水蒸气，因此应尽量布置在其他设施的下风向。

4.4.6 由于焚烧厂室外专业管线多，各专业不能随意确定管线位置，应由总图专业人员对各种管线统一安排，使各管线布置既顺畅又符合各专业规范要求。

4.5 厂 区 道 路

4.5.1 本条文为厂区通道设置的一般规定，要求道路的设置应考虑多种因素。

4.5.2 本条文为厂区道路宽度的具体规定。对焚烧主厂房四周的消防道路，根据新的《建筑设计防火规范》要求，由 3.5m 改为 4.0m。而且以设环行道路为好，可以更加方便炉渣、飞灰以及原材料的运输。当不具备设置环行道路时，应设有回车场地。

4.5.3 按《公路工程技术标准》JTGB01—2003 规定，进入垃圾焚烧厂的车辆交通量低于每日 500 辆，车速不高于 20km/h，厂内坡道的等级低于四级公路，根据该标准表 3.0.2 车道宽度规定，双车道宽度 6m，单车道 3.5m。因此本次修改时，将双车道宽度的下限由 8m 改为 7m，其他维持不变，在符合国家标准保证安全前提下，节约投资。

4.5.4 设置应急停车场的目的在于，垃圾收运高峰期，车辆多且相对集中，为不堵塞厂区外交通，车辆可以在此作停留。

4.6 绿 化

4.6.1 在合理安排厂区绿化用地时，尽可能利用厂区边角空地、坡面地进行绿化。

4.6.2 本条相对于原规范作了较大修改，主要是目前国家对用地控制更加严格。国家发改委新颁布了《城市生活垃圾处理和给水与污水处理工程项目建设用地指标》，该指标明确规定垃圾处理项目绿地率不应大于 30%。

4.6.3 应根据当地自然条件和厂区不同区域特点，选择适宜的树种，如设有油罐区的焚烧厂，油罐区内不应栽种油性大的树种。

5 垃圾接收、储存与输送

5.1 一 般 规 定

5.1.1 本条文是垃圾接收、储存与输送系统构成的一般规定。恶臭已经被列入世界七大环境公害之一而受到各国广泛的重视。为在垃圾焚烧厂建设和运营过程中，避免恶臭对环境的影响，特增加对除臭设施，特别是垃圾池除臭设施的规定。

5.1.2 应根据垃圾焚烧炉对垃圾的尺寸要求与城市垃圾中大件垃圾的量，确定是否设置大件垃圾破碎设施。

5.2 垃圾接收

5.2.1 对现代化焚烧厂需要从垃圾进厂就实施必要的量化管理。通常做法是在物流进厂处设置汽车衡，并根据垃圾焚烧厂处理规模，高峰期车流量的情况确定汽车衡台数。通过对国内外大量焚烧厂调查研究，本条文对设置汽车衡台数作出明确规定。

5.2.2 本条文是对垃圾称量系统功能的一般规定。

5.2.3 本条是对汽车衡规格和称量精度选择的规定，大型车取小值，小型车取大值。

5.2.4 垃圾卸料平台大小应以垃圾车一次掉头即可到达指定的卸料口，顺畅作业为原则。

目前，对卸料平台的卫生防护措施主要有：在垃圾卸料时采取喷射水雾降尘措施；采用水冲洗地面措施等。采用水冲洗地面时，地面要有坡度和污水收集设施。

本次修订增加了交通指挥系统。

5.2.5 垃圾池的卸料口是池内污染物扩散的主要途径，需要设置垃圾卸料门。垃圾池卸料门的数量参见表2。

表2 垃圾池卸料门的参考数量

垃圾处理规模(t/d)	150以下	150～200	200～300	300～400	400～600	600以上
垃圾卸料门的数量	3	4	5	6	8	大于10

对国内一些城市调查结果表明，垃圾运输车吨位多以5t为主，使用8t及以上的垃圾运输车辆较少。若采用非压缩式的垃圾运输车，载重量多在额定载重量70%及以下，致使厂区车流密度较大，因此，在确定卸料门数量时，应留有足够余地。

当垃圾池卸料口水平布置时，条文中提出的卸料门相应调整为卸料盖，卸料门的高度相应调整为卸料盖的长度。由于在此卸料门与卸料盖没有功能方面的根本区别，为精练条文规定，故不在条文中加以区别论述。

条文中“垃圾卸料门的开闭应与垃圾抓斗起重机的作业相协调”的规定，是为避免垃圾车卸料与垃圾抓斗起重机在同一区域内作业，造成对垃圾抓斗起重机的干扰，甚至破坏性的影响。

5.2.6 垃圾运输车辆在卸料时，要在卸料门等处安装红绿灯等操作信号；设置防止车辆滑落进垃圾池的车挡及防止车辆撞到门侧墙、柱的安全岛等设施。由于国内发生过卸料车辆安全事故，因此本条作为强制性条文。

5.3 垃圾储存与输送

5.3.1 垃圾在储存过程中，会发生一系列物理、化学变化，并可能渗沥出部分垃圾水分。另外，由于垃圾来自不同行业和区域，应使垃圾在储存过程中尽量混合，使垃圾热值均匀，保证焚烧装置连续稳定运行等，特规定垃圾在垃圾池间的储存周期。新建厂的垃圾池有效容积一般采用上限值。垃圾池有效容积以卸料平台标高以下的池内容积为准，同时可考虑在不影响垃圾车卸料和垃圾抓斗起重机正常作业的条件下，采取如在远离卸料门或暂时关闭部分卸料门的区域，提高垃圾池储存高度，增加垃圾储存量的措施。在计算垃圾池存放垃圾的周期时，按实测垃圾重度确定。

考虑我国城市生活垃圾采取日产日清的情况，及保证垃圾焚烧炉连续运行的基本要求，取5d的储存量是比较经济可行的，但有条件的垃圾焚烧厂，适当增大垃圾池储存容积如达到7d的储存容积也是可以的，故本次修订适当放宽规定。

5.3.2 本条为强制性条文。垃圾池内储存的垃圾是焚烧厂主要恶臭污染源之一。防止恶臭扩散的对策是抽取垃圾池内的气体作为焚烧炉助燃空气，使恶臭物质在高温条件下分解，同时实现垃圾池内处于负压状态。

为防止垃圾焚烧炉内的火焰通过进料斗回燃到垃圾池内，以及垃圾池内意外着火，需要采取切实可行的防火措施。还需要加强对垃圾卸料过程的管理，严防火种进入垃圾池内；加强对垃圾池内垃圾的监视，一旦发现垃圾堆体自燃，应及时采取灭火措施。在垃圾池间设置必要的消防设施是很必要的。

停炉时焚烧炉一次风停止供给，这时垃圾池内不能保证负压状态，如垃圾池内有垃圾存在，则需要附加必要的通风除臭设施，故本条对此作出修订。

5.3.3 本条文规定是根据：

1 生活垃圾具有酸腐蚀性；

2 垃圾渗沥液成分复杂，一旦造成对地下水污染，则是永久性的；

3 因垃圾抓斗操作不当，可能发生撞击事故；

4 垃圾池底应有一定坡度，有利于渗沥液的导排和收集。

5.3.4 本条为强制性条文。我国生活垃圾含水量普遍偏高，特别是南方城市更明显，且垃圾含水量具有随季节变化而变化的特征。垃圾渗沥液具有较高的黏性，因此，要有可靠的渗沥液收集系统，在渗沥液收集系统的进口采取防堵塞措施。同时渗沥液具有腐蚀性，因此渗沥液收集、储存设施应采取防腐、防渗措施。

5.3.5 垃圾抓斗起重机是保证焚烧系统正常运行的关键设备之一，一般设置2台，同时设置备用抓斗。

目前，垃圾抓斗主要有液压和钢丝绳两种提升方式，两种方式均可采用。

对垃圾抓斗起重机采用何种控制方式，主要受设备价格因素的制约。在满足工艺要求的条件下，各地可根据自己的经济情况确定采取哪种控制方式。推荐采用的控制方式见表3。

表3 推荐采用的垃圾抓斗起重机控制方式

焚烧处理规模	≤150t/d	150～600t/d	>600t/d
推荐采用的控制方式	手动	手动或半自动	半自动或自动

本条文修订考虑国内实际运行情况，降低了设置备用抓斗的规定。

5.3.6 本条文是对垃圾抓斗起重机控制室的基本要求。垃圾抓斗起重机控制室内的观察窗，需要使操作人员直接观察到垃圾池内的垃圾。观察窗应是固定的密闭窗，避免垃圾池内的异味进入控制室，另外观察窗应有安全防护措施，还需考虑清洁观察窗的设施。

本条文修订根据国内实际运行的垃圾抓斗起重机控制室的观察窗情况，作出明确要求。

6 焚烧系统

6.1 一般规定

6.1.1 本条文是焚烧系统构成的一般规定。

6.1.2 本条文规定是根据国内外垃圾焚烧线的运行经验制定的。因焚烧装置每年需要进行维护、保养，还需要定期维修，故年运行时间应为累计运行时间。

国外焚烧经验表明，当垃圾焚烧炉启动或停炉期间，烟气中的污染物含量明显高于正常运行期间的含量，特别是二噁英含量明显增加，因此，为达到年运行8000h的要求，应优先采用连续运行方式的焚烧厂。这也是基于环境保护的基本要求。

6.1.3 本条文是关于焚烧线设备配置的基本规定。

6.1.4 本条是要求在垃圾焚烧炉设计时，应如何根据垃圾特点和产生量变化确定合理的焚烧炉设计参数。主要是焚烧炉设计低位热值。

6.1.5 物流量应包括垃圾输入量、炉渣、飞灰及废金属输出量、烟气量、烟气污染物产生量与排放量、供水量、排水量、垃圾渗沥液量、压缩空气输入量、燃料油或燃气、石灰、活性炭输入量及其他必须的物流量。

6.1.6 燃烧图是焚烧炉设计、制造和运行时的动态指导图，对焚烧厂设计、建造和运行有重要指导作用。因此本条要求在焚烧炉设计时应提供燃烧图。

6.1.7 垃圾焚烧炉服务期主要根据其主体设备的使用寿命确定。根据实际运行经验以及生活垃圾焚烧炉标准的有关规定，垃圾焚烧炉服务期应在20年以上，国外不少在运行的垃圾焚烧炉已经服务25年以上。

6.2 垃圾焚烧炉

6.2.1 采用同容量、同规格的焚烧炉便于运行管理、维修保养。焚烧厂设置的焚烧设备越多，系统管理越复杂，并且占地面积增加；污染源增多，污染治理费用增高。

6.2.2 “2，3，7，8—四氯二噁英”分解温度大于700℃，为此我国焚烧垃圾污染物排放标准规定850℃以上时的烟气滞留时间不低于2s。当垃圾低位热值为4200～5000kJ/kg，要达到此要求，必须添加辅助燃料；若不添加辅助燃料，计算结果表明，炉温为750℃左右。为确保达到我国焚烧垃圾污染物排放标准，确保二噁英高温分解，在规定燃烧室燃烧温度条件下，热灼减率应能够达到3%。因此新建垃圾焚烧厂的炉渣热灼减率宜采取不大于3%～5%的指标。

国内外研究结果表明，较为理想的完全燃烧温度是在850～1000℃。若燃烧室烟气温度过高，烟气中颗粒物被软化或融化而黏结在受热面上，不但降低传热效果，而且易形成受热面腐蚀，也会对炉墙产生破坏性影响。若烟气温度过低，挥发分燃烧不彻底，恶臭不能有效分解，烟气中一氧化碳含量可能增加，而且热灼减率也可能达不到规定要求。另外有机挥发分的完全燃烧还需要足够的时间，因此本条还规定了烟气的滞留时间。本条要求的内容是焚烧炉的设计和运行的关键，因此作为强制性条文。

6.2.3 关于垃圾焚烧炉设计和运行的其他要求，条文说明如下：

1 生活垃圾产生过程具有不稳定性，当炉渣热灼减率恒定时，影响垃圾处理量的主要因素是垃圾热值，在设计的垃圾低位热值下限与设计工况之间，应达到额定处理能力。

2 为避免焚烧过程中未分解的恶臭或异味从焚烧装置向外扩散，而又不造成大量空气渗入而破坏焚烧工况，焚烧装置应采用微负压焚烧形式。

3 垃圾渗沥液的COD、BOD等项指标高、处理费用大、处理技术难度高，采取喷入炉内高温分解的方式，不但可以较好地解决渗沥液处理问题，而且可用于调节炉内温度。但是，当前我国生活垃圾热值普遍偏低，还不具备将渗沥液喷入炉内的条件。另外，采用连续焚烧方式的垃圾焚烧炉运行时间不低于20年，因此，在垃圾焚烧炉炉墙上预留渗沥液喷入装置是必要的。

6.2.4 垃圾焚烧炉进料装置包括进料斗、进料管、挡板门及其附件。进料斗及进料管除满足进料要求，还起到垃圾焚烧炉内密封的重要作用。

进料斗进口纵、横向尺寸可按垃圾抓斗全开尺寸加不小于0.5m确定。料斗内应有必要的料位指示；进料管宜有散热装置。当垃圾进料斗和进料管内储存的垃圾起不到密封作用时，应关断挡板门；应保证料斗内的垃圾堆积形成一定压力，使设在垃圾焚烧炉底部的推料器将垃圾均匀推入炉内。为避免垃圾在进料管内搭桥堵塞，应使其下口截面积大于上口截面积。

6.2.5 本条文是对进料斗平台安全要求的规定，作为强制性条文。

6.3 余热锅炉

6.3.1 本条是对确定焚烧炉的额定热出力提出的基本要求。

6.3.2 本条文是对锅炉热力参数提出的一般规定。

6.3.3 对于蒸汽轮发电机来说，蒸汽温度和压力越高，发电效率越高。但是对于垃圾焚烧的余热锅炉，蒸汽温度和压力过高时易产生高温腐蚀而使锅炉过热器寿命减少。根据目前国内外多年的运行经验，采用4MPa/400℃的蒸汽参数是比较稳定、可靠的。

6.3.4 垃圾特性决定了垃圾焚烧热能变化范围较大，故本条文规定宜选择蓄热能力大的自然循环余热锅炉。同时应充分注意焚烧烟气的高温腐蚀和低温腐蚀问题。

6.3.5 本条为新增条款，是对余热锅炉对流受热面清灰的规定。目前清灰方式主要有机械振打、蒸汽吹灰、激波清灰等，应根据具体情况选择一种有效、安全、可靠的清灰方式。

6.4 燃烧空气系统与装置

6.4.1 二次空气系统是用于调节炉膛温度，实现垃圾完全燃烧的重要措施。其他辅助系统如炉墙冷却风机等辅助风机，应根据垃圾焚烧炉设备要求配置。

6.4.2 由于垃圾池内的垃圾一般要存放5～7d，垃圾中的易腐有机物发酵产生大量臭味，如不对垃圾池间抽气，则臭味容易逸出，影响焚烧厂房内的环境，焚烧用一次空气从垃圾池上方抽取既能控制垃圾池间的臭气外逸，又能使抽出的臭气在炉内高温分解。另外，垃圾池内气体中含尘量较多，池上方吸风口处需要安装过滤装置。

6.4.3 当垃圾含水量大、热值过低时，不易使焚烧炉的炉膛温度达到规定要求。因此需要对一、二次空气进行加热，以改善垃圾在燃烧前的干燥效果和焚烧炉燃烧工况。

空气加热温度是根据垃圾低位热值，并考虑炉排表面温度工况等因素而确定的。表4是国外有关规范的规定，供参考。

表4 一次空气加热温度与垃圾低位热值参考表

垃圾低位热值（kJ/kg）	≤5000	5000～8100	＞8100
一次空气加热温度（℃）	200～250	100～200	20～100

6.4.4 由于从垃圾池抽出的气体含有粉尘和一些酸性气体，有一定腐蚀性，应注意选择耐腐蚀材料和设备，并应采取必要的防护措施，防止管道和设备的磨损与腐蚀。另外，如气体管道及管件发生泄露，将使恶臭扩散到周围环境，造成环境污染，故应特别注意焊缝、检测孔、检查口等容易发生泄露部位的密封。

6.4.5 焚烧炉炉排下的一次风配风装置，多采用仓式配风形式，由1～2台一次风机供应一次燃烧空气。但也有的焚烧炉炉排下分段设置风机，每炉配多台一次风机分别送风。

6.4.6 焚烧炉出口烟气含氧量与过剩空气系数的关系可近似为$\alpha=21/(21-O_2)$，因此，一般是通过监测烟气中含氧量来控制燃烧空气供应量，即过剩空气系数。本条要求焚烧炉出口烟气中含氧量控制在6%～10%，即过剩空气系数控制在1.4～2.0，近些年的运行实践证明对于我国低热值垃圾是适宜的。

一般地，当垃圾热值较高时，过剩空气系数α较低，反之α较高。我国台湾对连续焚烧方式的炉排型垃圾焚烧炉，一般取α不大于1.7；欧洲一些公司对于高热值垃圾，多按炉膛烟气含氧量6%～8%进行运行控制，即炉膛过剩空气系数在1.4～1.6之间；针对我国低热值垃圾，国外一些公司提供的焚烧技术中确定在1.6～2.0之间。

6.4.7 由于垃圾成分在不同季节变化范围较大，对采用连续焚烧方式的焚烧线，采取变频调节或液力耦合器等方式更有利于燃烧控制，也是一项节能措施，如条件许可，以采用变频调节方式为好。

6.4.8 由于垃圾成分与特性随季节变化，在选择风机时，应针对不同季节垃圾成分进行核算并按超负荷10%时的最大计算风量确定。在垃圾焚烧过程控制中，需要调整和控制一次风量及不同燃烧段的配风，对炉排型焚烧炉，在自动调整炉排运动速度的同时，进行风量调整和控制，因此需要有较大余量。一般来讲，垃圾焚烧厂的规模越大，余量相对越小。对仅通过二次风调节炉温时，需要较大二次风余量。

6.5 辅助燃烧系统

6.5.1 燃烧器主要用于垃圾焚烧炉的冷、热态启动点火和垃圾热值低时的助燃，要保证垃圾焚烧炉正常运行工况，在加热的一、二次空气温度仍不能满足时，需要投入辅助燃烧系统。一般燃烧器的负荷应能够确保在没有任何垃圾输入的情况下维持炉温850℃以上15min。对于大型垃圾焚烧炉，由于炉膛体积较大，一般需设置多台燃烧器，包括垃圾焚烧炉启动运行与辅助燃烧用，以保证炉温满足要求和垃圾的完全燃烧。

6.5.2 本条是对燃料储存、供应系统安全方面的要求，作为强制性条文。

6.5.3 一般垃圾焚烧炉冷态启动用油量最大，使用时间相对较短；辅助燃烧时耗油量相对较少，使用时间需要根据垃圾热值确定。因此应以最大一台垃圾焚烧炉冷态启动耗油量为基本条件，以辅助燃烧耗油量核算，并综合全厂用油情况统一合理确定储油罐容量。为便于倒换清理储油罐中残余物和水分，油罐数量宜设置2台，对应用重油的油罐应不少于2台。

6.5.4 本条文是对供油泵设置的一般规定。

6.5.5 本条文是对供油管道系统的一般规定。

6.5.6 本条增加了用气体燃料时的一般要求。

6.6 炉渣输送处理装置

6.6.1 本条文是对炉渣处理系统构成的一般规定。

6.6.2 炉渣主要成分有氧化锰、二氧化硅、氧化钙、三氧化二铝、三氧化二铁、氧化钠、五氧化二磷等化合物，还有随垃圾进炉的废金属、未燃尽的有机物等。炉渣经过鉴定不属于危险废物的可以利用。飞灰主要成分由二氧化硅、氧化钙、三氧化二铝、三氧化二铁以及硫酸盐等反应物组成，还有汞、锰、镁、锌、镉、铅、铬等重金属元素和二噁英等有毒物质。飞灰属于危险废物，应单独处理。

6.6.3 炉渣处理系统的主要设备需要就地检修，特作本条规定。

6.6.4 一般采用连续机械排灰装置的垃圾焚烧炉，从排渣口排出的炉渣，呈现高热状态，必须要浸水冷却。

据调查，目前国内已建的垃圾焚烧厂常有因除渣机故障导致焚烧线不能正常运转的情况，因此本条文规定除渣机应有可靠的机械性能和可靠的水封。

炉渣输送设施通常采用带式或振动输送方式，为防止炉渣在输送过程中散落，输送机应有足够宽度。另外，炉渣中含有废铁等金属物质，为了使这些物质作为资源再次得到利用，应对炉渣进行磁选。

6.6.5 对于炉排式焚烧炉，有少量细小颗粒物和未完全燃烧物质从炉排缝隙掉落，称为漏渣。该漏渣需要定期清理，否则会影响一次空气的供给。

7 烟气净化与排烟系统

7.1 一般规定

7.1.1 烟气净化是垃圾焚烧厂二次污染控制的首要环节，所以必须配置。

7.1.2 目前国内垃圾焚烧厂执行的烟气排放标准是《生活垃圾焚烧污染控制标准》GB 18485—2001，但有的垃圾焚烧厂所在区域环境要求较高，公众对垃圾焚烧厂越来越敏感，因此，垃圾焚烧厂烟气排放指标限值不但要满足国家标准，还应满足所在区域的环境要求。

7.1.3 烟气中污染物种类和浓度以及烟气排放指标限值是确定烟气净化工艺和设备的主要考虑因素。对于城市生活垃圾，其焚烧烟气中的污染物包括烟尘、HCl、SO_2、CO、NO_x、HF、重金属、二噁英等有机物，各污染物浓度随垃圾成分的变化不断变化，因此，烟气净化工艺和设备需要对污染物浓度波动有较宽的适应性。

7.1.4 以往在烟气净化系统中常有因设备腐蚀和磨损被迫停止运行的情况发生；也有过在飞灰排出时，形成系统堵塞的情况，这些均需要在烟气净化系统设计时予以重视。

7.2 酸性污染物的去除

7.2.1 焚烧烟气中含有氯化氢、二氧化硫、氟化氢、氮氧化物等酸性气体，一般情况氯化氢的浓度最高，二氧化硫和氟化氢的浓度相对较低，其中氯化氢、二氧化硫、氟化氢的化学性质都较活泼，可以用同一种碱性药剂进行中和反应加以去除。

氮氧化物用简单的中和反应无法去除，必须另外处理。

酸性气体的去除最常见的是半干法和干法，半干法对HCl、HF、SO_2的去除率都较高，是采用较多的工艺。干法烟气净化技术对酸性气体中的HCl、HF有较高的去除率，相对来说，SO_x去除效率较低，但由于生活垃圾焚烧产生的SO_x浓度较低，针对现行的《生活垃圾焚烧污染控制标准》GB 18485—2001，干法工艺完全能够满足HCl、HF、SO_x等酸性气体的排放标准要求。由于干法烟气净化工艺简单，运行维护方便，初期投资和运行费用少，因此，该技术在现阶段是适宜的技术。湿法对酸性气体的去除率高，但由于产生大量污水，因此只用于对烟气排放标准要求非常高的工程。

7.2.2 半干法净化具有净化效率高且无需对反应产物进行二次处理的优点，可优先采用。停留时间是半干法设计中非常重要的参数，本规范根据运行经验并参考国外相应规范，确定逆流式和顺流式半干反应器的最小停留时间分别为不小于10s和20s。反应塔出口温度不宜低于130℃。

雾化器是半干式反应塔的关键设备，雾化器对中和剂的雾化细度直接影响中和反应效果和水分蒸发效果，因此本条对中和剂雾化细度作出要求。

我国尚未编制作为中和剂用的商品石灰的质量标准，而各地生产石灰的工艺普遍比较落后，石灰品质低且不稳定。石灰水化要求控制也不严，更影响了熟石灰（氢氧化钙）的品质，经常使设备和管道出现严重磨损和堵塞问题。因此应重视对石灰质量要求，设计中需要采取相应技术措施。宜在石灰水化后再增加一道过滤器，将杂质去除一部分以减少运行故障。

为了保证石灰水化的质量，可由焚烧厂运营方采购生石灰，自己进行水化。若直接采购氢氧化钙，更应注意确保该产品的质量。

7.2.3 要确保系统储罐中的中和剂连续稳定运行。因为常用的中和剂如粉状氢氧化钙等容易在储罐中“架桥”，故在储罐设计时应采取必要的破拱措施，如专用的破拱装置或空气炮等。另外，在运行时要加强石灰用量的控制和统计，因此，储罐给料系统应采用必要的计量措施如定量螺旋仪等。

7.2.4 条文中提出关于石灰浆输送设施的有关条款，系根据过去运行中经常碰到的问题总结归纳而制定的。石灰浆输送泵是石灰浆输送系统中的重要设备，其工作环境比较恶劣，叶轮磨损严重，且容易在泵内发生沉淀，经常需要拆开清洗和修理。因此，对泵的选型应提出耐磨性好、泵壳开拆方便的要求。此外备用泵也是必不可少的。

7.2.5 本条中的干法，主要是指将吸收剂如消石灰[$Ca(OH)_2$]等碱性粉末吹入袋式除尘器前的烟道内，完全是干粉在烟道内及袋式除尘器滤袋上与烟气的反应，并且将反应生成物在干燥状态下回收的方法。此方法一般需在喷入吸收剂前对烟气进行降温，以便获得较好的酸性气体去除效果，并调节袋式除尘器入口的烟气温度（通常设置烟气降温塔）以保护滤袋。另外，由于是干粉直接进行中和反应，采用$Ca(OH)_2$从经济性和效果两方面综合较优。$Ca(OH)_2$的品质没有硬性规定，主要是考虑到所建厂相对较近的原料供应方所能提供的性价比较高的原料。建议的原料品质如下：

$Ca(OH)_2$含量≥90%；

粒度：100目筛通过率≥95%。

喷入口的位置没有具体规定，主要是不同焚烧厂所具备的条件不同，且各技术提供方或成套设备供应商所采取的方案也不同，但必须确保吸收剂在进入袋式除尘器前与烟气充分混合，以得到较好的酸性气体去除效果。

7.2.6 本条文是对湿法脱酸工艺的要求。随着经济的发展和环保标准的提高，有些垃圾焚烧项目可能要执行干法和半干法均难以达到的烟气排放标准，因此湿法是一种可选方案。

7.3 除　　尘

7.3.1 各种粉尘粒径和常用除尘器的性能，参见图1。

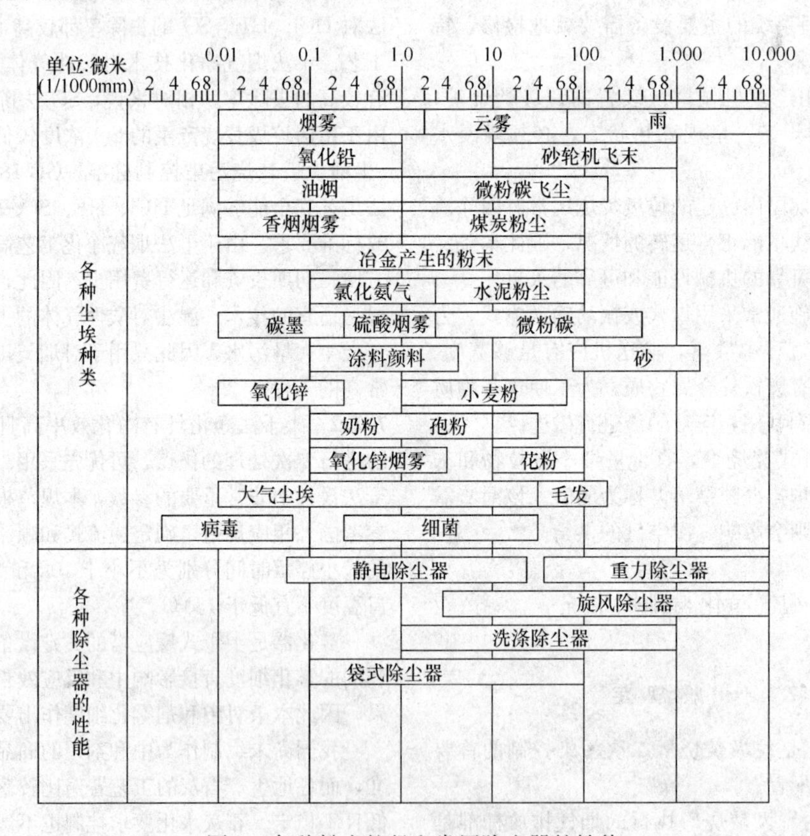

图1　各种粉尘粒径和常用除尘器的性能

由于厨余垃圾的比例较高，使垃圾水分较多，虽经挤压、堆酵，去除了一部分水分，但是入炉垃圾的水分还是很高，导致烟气的露点温度很高。烟气中有氯化钙、亚硫酸钙等易吸湿的盐类，极易吸收烟气中的水分而发黏，造成设备和管道的堵塞，严重的会使整个系统瘫痪。因此维持系统中烟气不结露是保证正常运行的重要条件。同样，除尘器收集下来的飞灰，在输送、储存的过程中也会发生类似的问题，需同等对待。

7.3.2 本条为强制性条文。烟气中的颗粒物控制，一般可分为静电分离、过滤、离心沉降及湿法洗涤等几种形式。常用的净化设备有静电除尘器和袋式除尘器等。由于飞灰粒径很小（$d<10\mu m$ 的颗粒物含量较高），必须采用高效除尘器才能有效控制颗粒物的排放。袋式除尘器可捕集粒径大于 0.1μm 的粒子。烟气中汞等重金属的气溶胶和二噁英类极易吸附在亚微米粒子上，这样，在捕集亚微米粒子的同时，可将重金属气溶胶和二噁英类也一同除去。另外，袋式除尘器中，滤袋迎风面上有一层初滤层，内含有尚未参加反应的氢氧化钙和尚未饱和的活性炭粉，通过初滤时，烟气中残余的氯化氢、硫氧化物、氟化氢、重金属和二噁英类再次得到净化。袋式除尘器在净化生活垃圾焚烧烟气方面有其独特的优越性，但是袋式除尘器对烟气的温度、水分、烟气的腐蚀性较为敏感。不同的滤料有不同的使用范围，应慎重选用，以保证袋式除尘器能正常工作。

国外一些公司对半干法分别与袋式除尘器、静电除尘器组合的烟气净化工艺进行对比试验表明：当进入除尘器的烟气温度为 140～160℃时，采用袋式除尘器工艺，对二噁英类的去除率达到 99%以上，汞的排放浓度检测不出，均明显优于采用静电除尘器的工艺。从运行情况看，同静电除尘器相比，袋式除尘器阻力较大，滤袋易破损，需要定期更换，造成运行费较高。

由于袋式除尘器对粒径大于 0.1μm 的颗粒有较佳的去除效果，因此，《生活垃圾焚烧污染控制标准》GB 18485—2001 中明确规定，生活垃圾焚烧炉的除尘设备必须采用袋式除尘器。

7.3.3 由于袋式除尘器的清灰压缩空气消耗量很大，若不设置单独的储气罐，会使其他压缩空气管路的压力产生较大波动。

7.3.4 本条文主要是为了防止飞灰结块而作出的要求。

7.3.5 本条是对袋式除尘器及其辅助设备成套设计作出的要求。例如在启炉时，由于烟气温度低，如果烟气经过袋式除尘器，则会给滤袋造成损害，因此设计时应考虑采取措施。

7.4 二噁英类和重金属的去除

7.4.1 二噁英类（Dioxins）是 $PCDD_S$ 和 $PSDF_S$ 二类化学构造上类似的化学物质总称，据新近研究结果认为，C_O-PCB_S 也是与上述化学结构类似的，它们分别有 75、135 和 209 个异构体，是在人类生存环境中较为普遍存在的超痕量的物质。其中毒性明显，并作为监测对象的分别有 7、10 和 12 种，毒性最大的是 2，3，7，8－TCDD。二噁英类有多种产生途径，均与人类生产活动密切相关，垃圾焚烧是来源之一。采用垃圾焚烧技术应重视对二噁英类的处理，以防治二噁英类的环境污染和对人体健康的影响。

在 250～400℃时，残碳和有机氯或无机氯在飞灰表面进行催化并通过有机前提物质（如多氯联苯）合成，而前提物质可能是气相中通过不完全燃烧和飞灰表面异相催化反应产生，特别以飞灰表面催化是二噁英类生成的主要机理。烟气中二噁英类以固态存在，大多吸附在微小颗粒物上。从垃圾焚烧炉和烟囱之间二噁英在飞灰颗粒物上形成过程发现，在 200℃二噁英类浓度没有变化，300℃时二噁英浓度增加 10 倍。在 600℃的条件下，二噁英降低到了可检测的水平之下，说明 300℃是二噁英形成的危险温度。从工业上考虑，一般这个温度定为 200～400℃。因此，为有效降低垃圾焚烧厂排出的二噁英浓度，应同时考虑以下措施：

1） 保证垃圾焚烧炉炉膛内的“3T”工况；

2） 避免或减少烟气在 200～400℃的时间段；

3） 采用有效的吸附剂对烟气中的二噁英进行吸附；

4） 采用高效除尘器对烟气中亚微米以上粒径的飞灰进行有效去除。

汞是低熔点金属，在烟气中大部分是气态，少部分是固态，也容易吸附在微小颗粒物上，因此只要用高效除尘器有效捕集亚微米飞灰，就能同时去除烟气中的汞金属。另外二噁英类和汞等重金属气溶胶能被多孔物质吸附，常用吸附剂为活性炭和氢氧化钙。烟气中的二噁英类和汞金属去除可用同一装置，采用共用技术，只是吸附剂的消耗量要考虑同时吸附的因素。

7.4.2 目前应用最广的吸附剂就是活性炭粉，它可以直接喷入烟道内，工艺简单、技术可靠。因活性炭粉属于爆炸性粉尘，因此在储存、输送时应考虑防爆。

7.5 氮氧化物的去除

7.5.1 氮氧化物的产生机理主要有以下几种：

1） 温度型 NO_x（$T-NO_x$），即在高温下空气中的 N_2 氧化成 NO，NO 再氧化成 NO_2；

2） 燃料型 NO_x（$F-NO_x$），即燃料中的 N 元素在燃烧过程中氧化成 NO，NO 再氧化成 NO_2；

3） 富氧型 NO_x（$P-NO_x$），即燃烧过程中富裕的氧与 N_2 或 N 元素反应产生的 NO_x。

对于垃圾焚烧过程中的生成机理，上述三种都有，但最主要的是第 1）和第 3）种，因此，控制焚烧炉炉膛的温度特别是局部高温和过剩空气系数是拟制氮氧化物产生的主要手段。

7.5.2 垃圾焚烧烟气中的氮氧化物以一氧化氮为主，采用添加各种化学药剂来去除氮氧化物的方法有湿式法和干式法二种。其中干式法又可分为无催化剂法和有催化剂法二种，即选择性非催化还原法（SNCR）、选择性催化还原法（SCR）；湿式法有氧化吸收法、吸收还原法等。

选择性非催化还原法（SNCR）是在烟气温度

800～1000℃，氨在与氧共存的条件下，与氮氧化物进行选择性的反应，以脱除烟气中的氮氧化物，喷入的药剂有氨水和尿素，其中尿素比氨水价格高，而且用尿素操作时危险性大。由于焚烧炉内各种药剂的脱氮率最多不超过60%，因而未反应的氨与氯化氢反应会生成白烟。

选择性催化还原法（SCR）是烟气温度在400℃以下时，将烟气通过催化剂层，与喷入的氨进行选择性的化学反应（同时需要氧），从而去除烟气中的氮氧化物。催化剂通常采用五氧化二矾（活性物）-氧化钛（载体），催化剂采用专为含尘烟气脱氮用的形状。在催化剂表面氨与氮氧化物基本上进行等摩尔数反应，在温度与催化剂量足够的情况下，基本上不残留未反应的氨，氮氧化物的去除率较高，该反应在700℃以上时无催化剂也可以进行化学反应，采用催化剂后400℃以下也能反应。

该方法存在问题有：① 催化剂长时间运行的情况不明，催化剂价格太高。② 为了维持良好的活性，五氧化二矾-氧化钛（V_2O_5-TiO_2）催化剂的温度必须在250℃以上，但是为了防止二噁英类的产生，要求烟气温度不断下调，但低温下氯化铵生成会对催化剂产生毒素。

湿式法是基于烟气中的氮氧化物基本上为一氧化氮，用氢氧化钠溶液进行洗烟处理不能去除一氧化氮，但如果将一氧化氮氧化成二氧化氮，则可以被碱溶液吸收，同时氯化氢和硫氧化物、汞也有很大的去除效果。氧化吸收法是在吸收剂溶液中加入如次氯酸钠强氧化剂，将一氧化氮转换成二氧化氮，再通过加入钠碱性溶液吸收，达到去除氮氧化物的目的。吸收还原法是在加入二价铁离子，使一氧化氮成为EDTA化合物，再与亚硫酸根或硫酸氢根反应，达到去除氮氧化物的目的。

其他去除氮氧化物的方法还有：①向烟气中注入臭氧。②电离辐射或使一氧化氮在气相条件下氧化。③强放电使一氧化氮酸化。

7.6 排烟系统设计

7.6.1 本条说明了计算引风机风量应包括的内容，其中过剩空气条件下的湿烟气量可根据垃圾的元素分析计算，其余部分是在焚烧线运行过程中增加的部分，需根据运行和设计经验由设计人员确定。

7.6.2 引风机余量确定依据：① 燃烧控制与炉温控制结果，即一、二次风量变化导致烟气量变化。②垃圾燃烧波动造成炉内温度变化，这种变化对喷水冷却的垃圾焚烧炉的烟气量影响较大，对采用余热锅炉冷却烟气的烟气排放量可认为没有影响。③单台垃圾焚烧炉规模越大，相对空气漏入比例越小，反之亦然。采用余热锅炉冷却烟气的漏入空气量小于喷水冷却烟气的漏入空气量。

7.6.3 引风机采用变频调速装置是为了便于对焚烧工况的调节，保证垃圾完全燃烧并节省能源的重要措施。

7.6.4 烟囱高度设置应符合现行国家标准《生活垃圾焚烧污染物控制标准》GB 18485中的有关规定。

7.6.5 本条文是对烟气管道设计的一般规定。

7.6.6 本条为强制性条文。由于垃圾焚烧厂烟气是污染控制的重点，烟气排放是否达标是环保部门和公众最关心的问题。设置烟气在线监测设施是保证焚烧生产线正常运行及监督烟气排放是否达标的重要措施。

7.6.7 本条要求的在线监测项目包括对焚烧工况控制有用的参数和能够实现在线监测的污染物。

7.6.8 烟气在线监测数据传送至总控制室，有利于焚烧生产线的运行控制和管理。在焚烧厂显著位置设置排烟主要污染物浓度显示装置，有利于厂内和外界人员监督烟气的达标排放。

7.7 飞灰收集、输送与处理系统

7.7.1 本条是对飞灰处理系统的一般规定。

7.7.2 由于飞灰粒度小，并含有有害物质，因此收集、储存与处理系统的密闭性非常重要。

7.7.3 飞灰由烟尘、烟气净化喷入的中和剂颗粒物和活性炭颗粒组成。烟尘的多少与垃圾的灰分以及焚烧炉型有关系，流化床炉远高于炉排炉。一般情况下炉排炉的飞灰量是垃圾量的2%～5%，流化床炉的飞灰量是垃圾量的8%～12%

7.7.4 干式飞灰输送方式主要有机械输送与气力输送等方式，一般不宜用湿法除灰方式。不同输送方式受到环境条件、技术条件、经济条件制约，需经过综合比较确定。

7.7.5 当采用气力除灰系统时，应注意采取防止飞灰结块的措施。

7.7.6 飞灰极易向环境扩散，造成环境污染，因此需要采取密闭收集、储存系统。飞灰储存装置的大小需要根据飞灰产量、运输条件等因素确定。

7.7.7 当飞灰遇冷，空隙中的气体易结露而使飞灰结块，为避免飞灰在储存装置中结块和“搭桥”，需要对飞灰储存装置采取保温、加热措施。

7.7.8 目前垃圾焚烧飞灰被认定为危险废物，现行国家标准《生活垃圾填埋场污染控制标准》GB 16889规定如果稳定或固化后的飞灰能满足浸出毒性要求，就可以进入生活垃圾填埋场处理。

7.7.9 本条文所指的飞灰输送系统，系指袋式除尘器及半干法反应塔等收集的飞灰、输送到飞灰储仓为止的输送系统。由于本系统的运行直接与焚烧线相关，系统的运行与焚烧线有连锁等要求，故宜采用中央控制室控制方式。从飞灰储仓开始，所采取的处理措施一般由现场人员操作，并直接与外部联络，故飞灰储存、外运与处理系统宜采用现场控制方式。

8 垃圾热能利用系统

8.1 一般规定

8.1.1 为提高垃圾焚烧厂的经济性，并防止对大气环境的热污染，应对焚烧过程产生的热能进行回收利用。利用垃圾热能时，应充分注意垃圾特性的不稳定性，特别是垃圾热值的变化。

8.1.2 本条文是垃圾热能利用方式选择的基本原则，考虑到节能减排，垃圾焚烧厂应优先采用利用效率高的方式，如热电联产、冷热电三联供等方式。

8.1.3 本条为根据《中华人民共和国可再生能源法》的新增条款。

8.2 利用垃圾热能发电及热电联产

8.2.1 纯发电的焚烧厂可选择纯凝汽机组，热电联产的焚烧厂可选择背压或抽凝机组。本条文根据近年工程建设的实际情况，要求汽轮发电机组年运行时数应与垃圾焚烧炉相匹配。

8.2.2 汽轮机组检修及故障期间，为保持焚烧线正常运转，应设置主蒸汽旁路系统。对设置二套汽轮发电机组，考虑热力系统故障时仍可维持焚烧线的运行，并避免旁路系统设施过于庞大，特作此规定。

8.2.3 为了防止余热锅炉的省煤器进水温度过高，简化热力系统并考虑小型汽轮发电机组抽汽能力，同时参考目前引进的焚烧技术中，垃圾焚烧余热锅炉给水温度的工况经验，给水温度的经济温度为130～140℃。

8.2.4 当垃圾焚烧余热锅炉给水温度为104℃时，应采用大气式热力除氧器；当给水温度为130～140℃时，则可采用该饱和温度对应工作压力的除氧器，而无需高压加热器。

8.2.5 我国汽轮发电机组的凝汽器绝大多数是采用循环水冷却方式，而目前国外多采用空气冷却方式，两种方式各有优势，应根据当地条件和技术经济比较确定。对水资源贫乏的地区，应提倡采用风冷方式，以节约水资源的利用，特增加对风冷方式的规定。

8.2.6 本条文是对利用垃圾焚烧发电热力系统的一般规定。根据实际建设和运行经验，本次修订中增加了相关系统方面的内容。

8.3 利用垃圾热能供热

8.3.1 鉴于垃圾焚烧余热锅炉的低温腐蚀问题，烟侧温度不应过低，相应利用垃圾热能生产蒸汽温度应控制在200℃以上。如需要生产热水，需通过换热器将蒸汽转换为热水。因此本次修订中取消热水的规定。

8.3.2 本条是针对利用垃圾热能供热的垃圾焚烧厂提出的一般要求。

9 电气系统

9.1 一般规定

9.1.1 垃圾焚烧处理工程中，经常利用垃圾焚烧余热发电或供热，项目设计中，不能以发电或供热作为首要目标，而应该以焚烧垃圾为主，一次电气系统的一、二次接线和运行方式可能与小型发电厂有所区别。

9.1.2 如果利用余热发电并网并纳入电力部门管理时，电力部门一般会要求按照电力行业的习惯进行设计，工厂管理和运行人员一般有电力行业的工作背景。目前电力行业标准和国家标准还不完全一致，因此选择符合电力主管部门和业主习惯的设计标准是必要的。

9.1.3 垃圾焚烧厂以何种电压等级接入地区电力网，涉及地区电力网具体情况、机组容量等因素。目前我国生活垃圾焚烧厂配置的汽轮发电机组单机容量多为25MW及以下，总装机容量不超过50MW。根据此种配置，接入电力网电压不宜大于110kV。

9.1.4 垃圾焚烧厂无内部电源时，焚烧线应能在外部电源支持下连续运行。但由于垃圾焚烧厂一般处于电力系统末端，电压水平相对不稳定，当经主变压器倒送电，且系统电压降落或波动不满足厂用电要求时，可采用有载调压装置。

9.1.5 根据汽轮发电机组数量少、单机容量小、出线回路较少的特点，采用单元制接线不经济，故本条文规定发电机电压母线采用单母线或单母线分段接线方式。

9.1.6 本条文是发电机和励磁系统选型的一般规定。

9.1.7 本条文是高压配电装置、继电保护和安全自动装置、过电压保护、防雷和接地工程技术的一般规定。

9.3 厂用电系统

9.3.1 垃圾焚烧厂的垃圾热能利用方式多为供热或发电，用电设备对供电的连续性及可靠性要求高。

1 由于高压电动机数量较少及容量较小，发电机及高压厂用母线不宜设置两种电压等级。发电机出口电压应根据发电机、厂用变压器、高压电动机及电力电缆等设备运行参数、价格、当地电网情况等多方面因素综合比较确定。

2 根据目前国内外运行和在建垃圾焚烧厂电气接线，多为单母线接线。对接入系统、主接线及厂用电系统综合考虑，当设有2台及2台以上发电机时，可采用单母线分段接线。为方便焚烧厂的运行管理，简化电气接线，不推荐双母线或双母线分段接线方式。

3 通过对国内现有垃圾焚烧厂负荷统计，当单台垃圾焚烧炉小于300t/d时，低压母线以焚烧线为单元分段或分组，厂用变压器容量配置合理，运行方式较灵活。当设有保安柴油发电机组时，可设保安公用段，向全厂0Ⅰ、0Ⅱ及部分重要Ⅰ类负荷供电。正常工作时，厂用变压器可分列运行，也可并列运行，由发电机经厂用变压器供电，当工作段电源均断电时，柴油发电机组启动，向保安公用段供电。

当单台垃圾焚烧炉容量大于300t/d，根据负荷统计，应按照焚烧线分段，为使接线及运行方式更为合理，还需单独设置焚烧公用段，每段应由一台变压器供电。

4 外部电网引接专用线路作为高压厂用电备用电源，系指焚烧厂中有一级升高电压，向电网送电，而焚烧厂附近有较低电压等级的电网，且在垃圾焚烧厂停电时，能提供可靠电源。此时，可从该网引接专用线路作为备用电源。

5 当厂区高压电源失去以后，焚烧线的运行方式与汽轮机旁路的容量设置相关，高压备用电源容量应满足此时的焚烧线运行要求。

6 对于25MW及以下的机组，当采用发电机变压器组接线方式时，由于与发电机直接联系的电路距离较短，其单相接地故障电流很小，不会超过规定的允许值，因此采用发电机变压器组接线的发电机中性点，应采用不接地方式。

当有发电机电压母线时，尤其是当有电缆引出线时，发电机电压回路中的单相接地故障电流有超过允许值的可能，为了保护发电机和运行回路的安全供电，应以消弧线圈进行补偿，消弧线圈一般接在发电机中性点。

7 发电机的厂用分支线上装设断路器，可以提高垃圾焚烧厂用电的独立性，从而提高其可靠性，当发电机退出运行，焚烧线可通过备用电源继续运行。

8 目前引进设备MCC供电的负荷，既包括有按照本规范规定的Ⅰ、Ⅱ类负荷，也有部分Ⅲ类负荷，由于国内外设计思想的差别，接有Ⅰ、Ⅱ类负荷的MCC的供电是否必须双电源双回路供电，成为一个值得探讨的问题。当电动机中心远离动力中心，应对引进MCC的设备配电、控制方式提出要求，区分Ⅰ、Ⅱ、Ⅲ类负荷电动机的配电形式。当电动机中心与动力中心相邻，可将Ⅰ类负荷与Ⅱ、Ⅲ类负荷分开供电，即接有Ⅰ类负荷的MCC不允许接有Ⅱ、Ⅲ类负荷。对仅接有Ⅰ类或Ⅱ、Ⅲ类电动机的MCC采用专用单电源回路供电，电源直接接自动力中心，MCC上安装进线隔离开关。这样，当接有Ⅱ、Ⅲ类负荷的MCC发生故障，并不影响Ⅰ类负荷的供电，对Ⅰ类负荷而言，由于低压备用变压器为自动投入，仍可保证其双电源供电，从而保证了Ⅰ类负荷供电的可靠性。当Ⅰ类负荷出现问题，无论是一回出线、还是多回出线，停炉都在所难免，并不因多一回电源进线而更可靠。

焚烧厂厂用电包括下述几部分用电内容：

1）焚烧线部分：包括垃圾焚烧炉、燃烧空气系统、烟气净化系统、除渣系统、除飞灰系统。

2）垃圾输送与储存部分：包括称量系统、垃圾破碎、垃圾抓斗起重机、卸料门等。

3）发电与热力系统部分：包括汽轮发电机及辅机系统、热力系统、二次线及继电保护、自动装置等。

4）公用工程部分：包括循环水系统、压缩空气系统、供油系统、化学水处理系统、污水处理系统、消防系统、采暖通风及空调系统、直流系统、UPS系统、自控系统、照明系统、化验与维修等。

焚烧厂用电负荷按生产过程中的重要性可分为：

Ⅰ类负荷：短时（手动切换恢复供电所需的时间）停电可能影响人身或设备安全，使生产停顿、垃圾处理量或发电量大量下降的负荷。

Ⅱ类负荷：允许短时停电，但停电时间过长，有可能损坏设备或影响正常生产的负荷。

Ⅲ类负荷：长时间停电不会直接影响生产的负荷。

0Ⅰ类负荷：在机组运行期间以及停运（包括事故停运）过程中，甚至停运以后的一段时间内，需要连续供电的负荷，也称为不停电负荷。

0Ⅱ类负荷：在机组失去交流厂用电后，为保证机炉安全停运，避免主要设备损坏，重要自动控制失灵或推迟恢复供电，需保证持续供电的负荷，由蓄电池组供电。

焚烧厂厂用负荷分类参考表5常用厂用负荷特性表。

表5 常用厂用负荷特性表

序号	名 称	供电类别	是否易于过负荷	控制地点	运行方式	同时系数
	一、交流不停电负荷					
1	计算机监控系统	0Ⅰ	不易		经常、连续	1
2	自动化控制系统保护	0Ⅰ	不易		不经常、短时	0.5

续表5

序号	名　称	供电类别	是否易于过负荷	控制地点	运行方式	同时系数
3	自动化控制系统检测和信号	0Ⅰ	不易		经常、断续	0.5
4	自动控制和调节装置	0Ⅰ	不易		经常、断续	0.5
5	电动执行机构	0Ⅰ	易		经常、断续	0.5
6	远程通信	0Ⅰ	不易		经常、连续	1
7	火灾自动报警系统	0Ⅰ	不易		经常、连续	1
	二、事故保安负荷					
1	汽机直流润滑油泵	0Ⅱ	不易	集中或就地	不经常、短时	1
2	火焰检测器直流冷却风机	0Ⅱ	不易		不经常、短时	1
	三、垃圾储存、输送与焚烧系统					
1	渗沥液泵	Ⅱ	不易	集中或就地	经常、连续	0.8
2	垃圾抓斗起重机	Ⅱ	不易	集中或就地	经常、短时	0.5
3	垃圾卸料门	Ⅱ	不易	集中或就地	经常、断续	0.1
4	大件垃圾破碎机	Ⅲ	易	就地	不经常、连续	0.1
5	水平旋转探测器	Ⅱ	不易	集中或就地	经常、连续	1
6	液压站	Ⅰ	不易	集中或就地	经常、连续	1
7	辅助燃烧器及调节系统	Ⅱ	不易	集中或就地	经常、短时	0.5
8	燃油泵	Ⅱ	不易	集中或就地	经常、短时	0.1
9	一次风机	Ⅰ	不易	集中或就地	经常、连续	1
10	二次风机	Ⅰ	不易	集中或就地	经常、连续	1
11	炉墙风机	Ⅱ	不易	集中或就地	经常、连续	1
12	渗沥液喷射泵	Ⅱ	不易	集中或就地	经常、断续	0.5
13	加药泵	Ⅱ	不易	集中或就地	经常、连续	0.8
14	搅拌器	Ⅱ	易	集中或就地	经常、连续	0.8
15	炉墙冷却风机	Ⅰ	不易	集中或就地	经常、连续	1
16	刮板输送机	Ⅱ	不易	集中或就地	经常、连续	0.8
17	炉渣抓斗起重机	Ⅱ	不易	就地	经常、短时	0.25
18	振打清灰装置	Ⅱ	不易	集中或就地	经常、断续	0.5
19	振动输送机	Ⅱ	不易	集中或就地	经常、连续	0.8
20	电磁除铁器	Ⅱ	不易	集中或就地	经常、连续	1
21	胶带输送机	Ⅱ	不易	集中或就地	经常、连续	0.8
22	金属打包机	Ⅲ	不易	就地	经常、断续	0.1

续表5

序号	名　　称	供电类别	是否易于过负荷	控制地点	运行方式	同时系数
23	除渣系统起重机	Ⅲ	不易	就地	不经常、短时	0.1
24	链式输送机	Ⅱ	不易	集中或就地	经常、连续	0.8
25	电加热装置	Ⅱ	不易	集中或就地	不经常、短时	0.1
26	飞灰储仓输送机	Ⅱ	不易	集中或就地	经常、短时	0.1
27	飞灰储仓螺旋输送机	Ⅱ	不易	集中或就地	经常、短时	0.1
	四、烟气净化系统					
1	引风机	Ⅰ	不易	集中或就地	经常、连续	1
2	预加热系统	Ⅱ	不易	集中或就地	不经常、短时	0.01
3	旋转雾化器	Ⅰ	不易	集中或就地	经常、连续	1
4	石灰浆泵	Ⅱ	不易	集中或就地	经常、连续	1
5	石灰浆加药计量泵	Ⅱ	不易	集中或就地	经常、连续	1
6	石灰浆配料槽搅拌器	Ⅱ	不易	集中或就地	经常、连续	1
7	石灰浆稀释槽搅拌器	Ⅱ	不易	集中或就地	经常、连续	1
8	袋式除尘器电气附件	Ⅱ	不易	集中或就地	经常、连续	1
9	袋式除尘器出灰输送机	Ⅱ	不易	集中或就地	经常、连续	1
10	活性炭储仓出料输送机	Ⅱ	不易	集中或就地	经常、连续	1
11	活性炭喷射风机	Ⅱ	不易	集中或就地	经常、连续	1
12	烟气在线监测装置	Ⅱ	不易	集中或就地	经常、连续	1
13	斗式提升机	Ⅱ	不易	集中或就地	经常、连续	1
14	双向螺旋输送机	Ⅱ	不易	集中或就地	经常、连续	1
15	储灰仓出料装置	Ⅱ	不易	集中或就地	经常、连续	1
16	增湿装置	Ⅱ	不易	集中或就地	经常、连续	1
17	埋刮板输送机	Ⅱ	不易	集中或就地	经常、连续	1
18	循环风机	Ⅱ	不易	集中或就地	不经常、短时	0.01
19	水泵	Ⅱ	不易	集中或就地	经常、连续	1
	五、热力系统					
1	给水泵	Ⅰ	不易	集中或就地	经常、连续	1
2	凝结水泵	Ⅰ	不易	集中或就地	经常、连续	0.8
3	射水泵	Ⅰ	不易	集中或就地	经常、连续	0.8
4	高压电动油泵	Ⅱ	不易	集中或就地	不经常、短时	0
5	低压润滑油泵	Ⅱ	不易	集中或就地	不经常、短时	0
6	调速电机	Ⅱ	不易	集中或就地	不经常、短时	0
7	盘车	Ⅱ	不易	集中或就地	不经常、短时	0
8	疏水泵	Ⅱ	不易	集中或就地	经常、连续	0.8
9	旁路凝结水泵	Ⅰ	不易	集中或就地	经常、连续	0.01
10	胶球清洗泵	Ⅲ	不易	就地	不经常、短时	0

续表5

序号	名　称	供电类别	是否易于过负荷	控制地点	运行方式	同时系数
	六、电气及辅助设施					
1	充电装置	Ⅱ	不易	集中或就地	不经常、连续	1
2	浮充电装置	Ⅱ	不易	集中或就地	经常、连续	1
3	变压器冷却风机	Ⅰ	不易	就地	经常、连续	0.8
4	变压器强油水冷电源	Ⅰ	不易	变压器控制箱	经常、连续	0.8
5	自控电源	Ⅰ	不易		不经常、短时	0.5
6	自动化电动阀门	Ⅰ	不易		经常、短时	0.5
7	交流励磁机备用电源	Ⅰ	不易	发电机控制屏	不经常、连续	1
8	硅整流装置通风机	Ⅰ	不易	整流装置控制	经常、连续	1
9	通信电源		不易		经常、连续	1
10	空气压缩机	Ⅱ	不易	集中或就地	经常、连续	0.8
11	压缩空气干燥机	Ⅱ	不易	集中或就地	经常、连续	0.8
	七、化学水处理					
1	清水泵	Ⅱ	不易	就地	经常、连续	0.8
2	中间水泵	Ⅱ	不易	就地	经常、连续	0.8
3	除盐水泵	Ⅱ	不易	就地	经常、连续	0.8
4	卸酸泵	Ⅱ	不易	就地	经常、连续	0.8
5	卸碱泵	Ⅱ	不易	就地	经常、连续	0.8
6	卸氨泵	Ⅱ	不易	就地	经常、连续	0.8
7	氨计量泵	Ⅱ	不易	就地	经常、连续	0.8
8	除二氧化碳风机	Ⅱ	不易	就地	经常、连续	0.8
	八、给、排水					
1	变频供水机组	Ⅱ	不易	就地	经常、连续	0.8
2	循环水泵	Ⅰ	不易	集中或就地	经常、连续	1
3	冷却塔风机	Ⅱ	不易	就地	经常、连续	0.8
4	生活水泵	Ⅱ	不易	就地	经常、连续	0.8
5	补给水泵	Ⅱ	不易	就地	经常、连续	0.8
6	冲洗泵	Ⅱ	不易	就地	经常、连续	0.8
7	预处理提升机	Ⅱ	不易	就地	经常、连续	0.8
8	鼓风机	Ⅱ	不易	就地	经常、连续	0.8
9	厌氧污水泵	Ⅱ	不易	就地	经常、短时	0.5
10	好氧污水泵	Ⅱ	不易	就地	经常、短时	0.5
11	罗茨风机	Ⅱ	不易	就地	经常、短时	0.5
12	过滤系统水泵	Ⅱ	不易	就地	经常、连续	0.8
13	过滤加压泵	Ⅱ	不易	就地	经常、连续	0.8
14	反洗泵	Ⅱ	不易	就地	经常、短时	0.5
15	加药系统	Ⅱ	不易	就地	经常、连续	0.8
16	加压泵	Ⅱ	不易	就地	经常、短时	0.5

续表5

序号	名　称	供电类别	是否易于过负荷	控制地点	运行方式	同时系数
17	搅拌机	Ⅱ	不易	就地	经常、短时	0.5
18	污泥脱水提升机	Ⅱ	不易	就地	经常、短时	0.5
19	压滤机	Ⅱ	不易	就地	经常、短时	0.5
	九、理化分析					
1	高温箱型电阻炉	Ⅲ	不易	就地	不经常、短时	
2	电热鼓风干燥箱	Ⅲ	不易	就地	不经常、短时	
3	远红外快速恒温干燥箱	Ⅲ	不易	就地	不经常、短时	
4	生化培养箱	Ⅲ	不易	就地	经常、短时	
5	普通电炉	Ⅲ	不易	就地	不经常、短时	
	十、其他					
1	电焊机	Ⅲ	不易	就地	不经常、断续	
2	其他机修设备	Ⅲ	不易	就地	不经常、连续	
3	电气实验室设备	Ⅲ	不易	就地	不经常、断续	
4	通风机	Ⅲ	不易	就地	经常、短时	0.5
5	事故通风机	Ⅱ	不易	就地	不经常、连续	0.8
6	起重设备	Ⅲ	不易	就地	不经常、断续	
7	排水泵	Ⅲ	不易	就地	不经常、断续	0.5
8	航空障碍灯	Ⅰ			经常、连续	1

注：连续——每次连续带负荷2h以上者。
短时——每次连续带负荷2h以内、10min以上者。
断续——每次使用从带负荷到空载或停止，反复周期地工作，每个工作周期不超过10min。
经常——系指与正常生产过程有关的，一般每天都要使用的电动机。
不经常——系指正常不用，只是在检修、事故或机炉启停期间使用的电动机。

9 本条规定是为了提高厂用备用变压器与工作变压器之间的独立性，防止高压母线发生故障时，使接于本段的工作和备用变压器同时失去电源，造成所带Ⅰ类负荷失电，影响焚烧炉正常运行。

厂用变压器接线组别应一致，以利工作电源与备用电源并联切换的要求。低压厂用变压器建议采用D、yn11接线组别，考虑其零序阻抗小，单相短路电流大，提高保护开关动作灵敏度及提高承受三相不平衡负荷的能力。

10 本条规定主要考虑目前电厂中，电机等设备的配电电缆不包含PE纤芯，设备的接地主要利用接地网络就地连接。因此将原条文改为推荐性条文。

11 并联切换在火力发电厂中被广泛应用，正常情况下，这种切换方式可以保证切换过程中不失去厂用电，对机炉的稳定运行是有益的。现在的高低压断路器的可靠性有了很大的提高，拒合的概率较低，因此产生不良后果的概率也较低。

12 本条规定目的是尽量保证各焚烧线的电源及辅机的独立性，一段电源断电时，不至于影响到其他焚烧线的正常运行。

9.3.2 设置蓄电池组向变配电设备或发电机的控制、信号、继电保护、自动装置以及保安动力负荷、事故照明负荷等供电。

根据调查，垃圾焚烧厂全厂事故时，厂用电停电时间按30min计算蓄电池容量，即可满足要求，为了留有余量，规定交流厂用电事故停电时间按1h计算，供交流不停电电源的直流负荷计算时间按0.5h计算。

9.4 二次接线及电测量仪表装置

9.4.2 本条文是对电气网络自动控制水平和控制方式的一般规定。

9.4.3 本条文为室内配电装置到各用户线路与厂用变压器控制方式的一般规定。

9.4.4 也可装设能重复动作并能延时自动解除音响的事故信号和预告信号装置。

9.4.5 本条文按《防止电气误操作装置管理规定》(试行)中的第十六条规定，高压开关柜及间隔式配电装置有网门时，应满足“五防”功能要求。

9.4.6 第2款本条规定是指在母线存在故障或人为分闸时，应保证备用电源不自动投入。

第7款通过切换装置可确保电气系统的可靠运行。

9.5 照明系统

9.5.1 本条文是垃圾焚烧厂的照明工程技术的一般规定。

9.5.2 第1、2款考虑低压厂用变压器采用中性点直接接地系统，正常照明由动力、照明共用的低压厂用变压器供给，国内工程大部分都是采用这种供电方式，多数运行单位认为是可行的，具有节省投资和维护量少的优点。全厂停电事故时，只有蓄电池可以继续对照明负荷供电，因此规定事故照明宜由蓄电池供电。工房的主要出入口、通道、楼梯间及远离主工房的重要场所等处也可以采用自带蓄电池的应急灯具。

第3款根据《安全电压》GB/T 3805的规定，当电气设备采用24V以上安全电压时，必须采取防止直接接触带电体的保护措施，因此本条规定安全电压采用24V。

9.5.3 应严格按航管部门设置障碍灯的要求，确保航空运输与焚烧厂的安全运行。

9.5.4 锅炉钢平台的正常照明，可在每层钢平台通道上装设小功率灯具，也可在钢平台顶端装设大功率气体放电灯。采用大功率气体放电灯简单可靠，易于维护，也可节省费用。

9.5.5 本条文为照明设计的一般规定。渗沥液集中处，含有一定量的甲烷气体和硫化氢气体，在通风情况不好的情况下，甲烷气体有可能积聚，从安全的角度出发，此处的灯具应选用防爆灯具，同时硫化氢气体具有腐蚀性，灯具应根据气体浓度确定防腐等级。

9.6 电缆选择与敷设

9.6.1 本条文是垃圾焚烧厂的电缆选择与敷设工程技术的一般规定。

9.6.2 本条规定考虑垃圾含有易燃物，防火、阻火十分重要，除采取防火的相应措施外，对电缆敷设应采取阻燃、防火封堵，目前普遍用的有防火包、防火堵料、涂料及隔火、阻火设施，已在电力部门、电厂、变电站广泛使用，效果良好。

9.7 通信

9.7.1 本条文是对厂区通信电源的一般规定。

9.7.2 利用垃圾热能发电时，需要与地区电力网联网，是否需要设置专用调度通信设施应与地方供电部门协商解决。

10 仪表与自动化控制

10.1 一般规定

10.1.1 自动化控制是垃圾焚烧厂运行控制的重要手段。基于垃圾焚烧特性和环境保护的要求，垃圾焚烧厂应有较高的自动化水平。

10.1.2 为确保垃圾焚烧厂稳定、经济运行并严格达到环境保护的要求，本条文规定自动化系统应采用成熟的控制技术和可靠性高、性能价格比适宜的设备和元件，包括对引进的自动化系统和软件的基本要求，对未有成功运行经验的技术，不应在垃圾焚烧厂使用。

10.2 自动化水平

10.2.1 垃圾焚烧厂的主体控制系统多由DCS或PLC构成自动化控制系统（本规范统称分散控制系统），其具有较为丰富的系统软件与应用软件，合理的网络结构，并有硬件的冗余配置，能实现对大量开关量的程序控制、安全连锁，以及对复杂生产过程的直接数字控制，具有比较高的可靠性，组态方便、有自诊断和自动跟踪等功能，能组成复杂的自动控制系统。

通过燃烧控制系统以实现垃圾全量焚烧和完全燃烧；实现在垃圾焚烧过程中对运行参数调节并达到环境保护标准；实现垃圾焚烧炉非正常停运时，维持给水循环，保证系统安全运行。

自动化控制系统可包括下列内容：

1 监控管理系统

上位计算机（操作站）对传来的数据进行采集、监视、打印、显示器显示运行状态，对事故进行处理，根据设施运行状态发出控制指令。为便于管理，上位计算机（操作站）应根据数据处理结果作出日报、月报和年报。

日报表内容包括：

1）垃圾接受量、残渣运出量日报（及它们的分车辆报表）；

2）垃圾焚烧炉与余热锅炉日报（垃圾焚烧量、垃圾热值的数据处理，余热锅炉蒸发量和相关数据处理）；

3）烟气净化日报（烟气数据、气象条件的数据整理）；

4）汽轮机日报（汽轮机有关数据处理的日报）；

5）电力日报（受变电，与电相关的数据处理）；

6）污水处理日报（与污水处理相关的数据处理）；

7）设备运行日报（各设备运转和故障情况）；

8）原材料消耗日报（各系统用水、用气、药品使用量的数据处理）。

2　主工艺过程控制系统

1）垃圾焚烧炉启动、关闭前必要的准备及准备完毕后，根据炉升温、降温曲线要求，自动控制垃圾焚烧炉的启动和关闭，并用CRT显示。

2）焚烧工艺系统控制：垃圾燃烧控制、烟气污染物控制、余热锅炉的汽包水位控制。

3）烟气净化设备运行：自动调节烟气污染物的含量，在线监测烟气有害气体排放。

4）汽轮发电机启动或停止：指令操作汽轮发电机启动或停止。

5）自动同步启动：指令操作自动同步投入。

6）自动功率控制：电功率控制在一定范围内。

7）汽轮发电机使用时的负荷选择：发电机的输出根据产汽量自动选择。

8）污水处理设备的运行：根据pH值与流量决定投药量。

3　垃圾抓斗起重机的运行系统：垃圾起重机的运行，并记录投料量。

4　炉渣抓斗起重机运行系统：炉渣起重机的运行，并记录炉渣产生量。

5　垃圾自动计量系统：自动进行垃圾计量及打印。在自动发生故障时，也可采用手动计量。

6　车辆管制系统：计量完成后，垃圾车被引导到投料门，投料门自动开启。小规模垃圾焚烧厂的进厂垃圾车数量少，所设垃圾池卸料门数量也少，可不设车辆引导设备，由员工直接指挥。但是大规模焚烧设备必须设指示灯指示投料门运作情况。

10.2.2　公用工程包括下列各系统：高低压电气系统、垃圾焚烧余热锅炉给水及热力系统、残渣处理系统、脱盐水系统、压缩空气系统、垃圾输送系统、垃圾计量系统、燃料油（气）系统、循环水系统、污水处理系统及渗沥液处理系统等。

10.2.3　就地操作盘可包括：燃烧器操作盘、吹灰器操作盘、气体分析操作盘、压缩空气站操作盘、垃圾抓斗起重机操作盘、磅站操作盘、除盐水操作盘等。

10.2.4　工业电视系统的设置应符合现行国家标准《工业电视系统工程设计规范》GBJ 115中的有关规定。

工业电视系统摄像头安装位置与画面监视器位置一览如下，供工程设计参考。

监视对象	摄像头安装位置	数　量	监视器位置	备注
出入车辆	车辆出入口（大门）	1～2个	中央控制室	
称重情况	地磅处	1～2个	中央控制室	
卸料车辆交通情况	卸料平台	2～3个	中央控制室/垃圾吊车控制室	
垃圾堆放情况	垃圾池	2～3个	垃圾吊车控制室	
垃圾料斗料位情况	焚烧炉料斗上方	1个/焚烧线	垃圾吊车控制室/中央控制室	
焚烧炉燃烧情况	焚烧炉炉膛火焰	1～2个/焚烧线	中央控制室	
汽包水位情况	锅炉汽包水位	1～2个/焚烧线	中央控制室	
灰渣堆放情况	除渣池	1～2个	灰渣吊车控制室/中央控制室	
排烟状况	烟囱排烟	1个	中央控制室	
汽机平台状况	汽机间	1个	中央控制室	
辅助车间运行总体情况	无人值守的辅助车间	1～2个/车间	中央控制室	

10.2.5　本条为强制性条文。一旦系统发生故障或需紧急停车时，紧急停车系统将确保设施和人员的安全。

10.2.6　焚烧厂厂级监控信息系统（SIS）是为厂级生产过程自动化服务的，一方面满足全厂生产过程综合自动化的需要和向厂内MIS系统提供实时数据，另一方面是厂内焚烧线、汽轮发电机组和公用辅助车间级自动化系统的上一级系统。SIS主要处理全厂实时数据，完成厂级生产过程的监控和管理、厂级事故诊断、厂级性能计算、经济调度等，与全厂自动化程度密切相关。焚烧厂管理信息系统（MIS）是为焚烧厂现代化服务的，主要任务是厂内管理和向上级部门发送管理和生产信息（包括设备检修管理、财务管理、经营管理等），MIS应由信息中心专人维护。

10.3　分散控制系统

10.3.1、10.3.2　分散控制系统可实现：

1　现场有效数据和测量值的采集；

2　连续动态模拟流程图显示装置各部分运行状态、报警和模拟量参数等；

3　数据的存储、复原和事故追忆；

4　报表编辑，历史和实时曲线记录；

5　报警编辑和实时信息编辑；

6　程序框图显示；

7　组和点的控制和设定值控制；

8　自动执行所有程序、管理功能和维护行为（操作指导，运行维护，操作步骤）；

9　发生重大故障时通过操作进行系统的调整和变更；

10　提供开放性的数据链接口。

对分散控制系统的性能规定与指标要求可参照《分散控制系统设计若干技术问题规定》与《火力发电厂电子计算机监视系统设计技术规定》NDGJ91中的相关内容。

10.3.3　控制系统的冗余配置应符合下列要求：

1　操作员站和工程师站的通信总线应为冗余配置；

2　I/O接口要有10%～15%的备用量，机柜内应留有10%的卡件安装空间并装有10%的备用接线端子；

3　控制器的冗余配备原则为：

1）重要控制回路1∶1；

2）次重要控制回路n∶1（n为实际回路数）；

3）控制回路和后备控制回路之间应有自动无扰动切换的功能。

4　控制系统内部应配置冗余电源单元，每个电源单元的容量应不小于实际最大负载的125%，二套电源应能自动切换，切换时间应满足控制系统的要求。

10.3.4　本条为强制性条文。一旦系统发生故障或需紧急停车时，紧急停车系统将确保设施和人员安全。

10.4　检测与报警

检测与报警项目见检测、报警一览表（表6），供参考。

表6　检测、报警一览表

垃圾焚烧炉							
检测参数	控制检测对象	就地指示	计算机监视系统功能				备注
			指示	记录	累计	报警	
温度	炉膛烟气		√	√			
	焚烧炉入口烟气	√	√	√		√	
	焚烧炉出口烟气	√	√	√		√	
	空预器热空气出口	√	√	√			
	除尘器入口烟气	√	√	√		√	冗余设置
	炉排下一次风	√	√	√		√	
	二次风		√	√			
	一次风机入口		√				
	引风机出口烟气	√	√	√			
压力	一次风机入口		√				
	一次风机出口		√				
	空气预热器出口		√				
	炉排下空气压力		√	√			
	炉膛烟气	√	√	√		√	
	除尘器入口烟气		√				
	除尘器出口烟气		√				
	引风机出口烟气		√				
流量	一次风	√	√	√			
	二次风	√	√	√			
	各炉排下一次空气		√				
	炉温冷却空气		√				
	排放的烟气		√	√			

续表 6

垃圾焚烧炉							
检测参数	控制检测对象	就地指示	计算机监视系统功能				备注
			指示	记录	累计	报警	
料位	垃圾料斗内垃圾料位		√			√	
速度	各炉排	√	√				
阀门开度	一次风机出口	√	√				
	各炉排下一次空气		√				
	引风机出口	√	√				
烟气成分	烟囱出口烟气 SO_2 浓度		√	√			按11%的 O_2 含量换算
	烟囱出口烟气 NO_x 浓度		√	√			
	烟囱出口烟气 HCl 浓度		√	√			
	烟囱出口烟气 CO 浓度		√	√			
	烟囱出口烟气 CO_2 浓度		√	√			
	烟囱出口烟气 O_2 浓度		√	√			
	烟囱出口烟气 HF 浓度		√	√			
	烟囱出口烟气灰尘浓度		√	√			
其他	主灰料斗阻塞报警					√	
	垃圾抓斗起重机重量		√	√			
	飞灰抓斗起重机重量		√	√			
	垃圾料斗阻塞报警					√	
	垃圾仓、渗沥液池 CH_4 监测报警		√			√	
余热锅炉蒸汽和给水							
检测参数	控制检测对象	就地指示	计算机监视系统功能				备注
			指示	记录	累计	报警	
温度	锅炉给水		√			√	
	过热器出口蒸汽	√	√	√		√	
	减温减压器进出口	√					
压力	除氧器	√	√	√		√	
	锅炉蒸汽						
	过热器蒸汽	√	√	√		√	
	供热蒸汽	√	√	√			
	锅炉相关泵出口						
	给水母管压力		√	√		√	
流量	除盐水设备给水						
	锅炉补给水		√	√			
	锅炉给水	√	√	√	√		
	过热器出口蒸汽		√	√	√		
	供热蒸汽		√	√			
	减温减压器减温水	√	√	√			

续表 6

余热锅炉蒸汽和给水							
检测参数	控制检测对象	就地指示	计算机监视系统功能				备注
			指示	记录	累计	报警	
液位	供水储罐					✓	
	冷却水箱					✓	
	除氧器	✓				✓	
	汽包	✓	✓	✓		✓	
	除氧器					✓	
	锅炉加药储槽	✓	✓			✓	
其他	锅炉水 pH 值					✓	
	锅炉水电导率					✓	
	除氧器给水含氧量		✓	✓			

注：1　垃圾焚烧炉的性能检验、烟气监测工况要求和烟尘、烟气监测采样及监测方法、大气污染物排放限值见《生活垃圾焚烧污染控制标准》。本表未列出焚烧线特殊配置的设备控制要求。

2　检测系统的设计应对主辅机厂配套的显示、调节仪表、报警、保护装置元件进行统一考虑，避免重复设置。

3　汽轮发电机部分及电气部分的热工检测参照《火力发电厂热工控制系统设计技术规定》DL/T 5175 和《火力发电厂热工自动化就地设备安装、管路、电缆设计技术规定》DL/T 5182 的有关规定。

4　辅助系统的热工检测与控制参照《火力发电厂辅助系统(车间)热工自动化设计技术规定》DL/T 5227 中的有关规定。

5　重要报警参数[包括全厂停车、汽轮机故障、发电机故障、电(气)源故障等]可设置光字牌报警装置；重要显示参数(包括余热锅炉汽包液位、汽轮机转速等)可设置数字显示仪。

6　对检测仪表的精度要求具体规定如下：

a) 运行中对额定值有严格要求的参数，其检测仪表的精度等级应优于 0.5 级；

b) 为计算效率或核收费用的经济考核参数，其检测仪表的精度等级应优于 0.5 级；

c) 一般参数仪表可选 1.5 级，就地指示仪表可选 1.5～2.5 级。

d) 分析仪表或特殊仪表的精度，可根据实际情况选择。

10.5　保护和连锁

10.5.1　本条为强制性条文。保护的目的在于消除异常工况或防止事故发生和扩大，保证工艺系统中有关设备及人员的安全。这就决定了保护要按照一定的规律和要求，自动地对个别或一部分设备，甚至一系列的设备进行操作。保护用接点信号的一次元件应选用可靠产品，保护信号源取自专用的无源一次仪表。接点可采用事故安全型触点（常闭触点）。保护的设计应稳妥可靠。按保护作用的程度和保护范围，设计可分下列三种保护：①停机保护；②改变机组运行方式的保护；③进行局部操作的保护。

10.5.2～10.5.4　机组停止运行的保护宜包括：垃圾焚烧炉及余热锅炉事故停炉保护；汽轮机事故停机保护；发电机主保护。垃圾焚烧炉及余热锅炉、汽轮机、发电机的保护项目内容主要根据主机设备要求、工艺系统的特点、安全运行要求、自动化设备的配置和技术性能确定。其中包括：垃圾焚烧炉炉膛应有负压保护，余热锅炉蒸汽系统应有主蒸汽压力超高保护；过热蒸汽压力超高保护；过热蒸汽温度过高喷水保护。

在运行中锅炉发生下列情况之一时，应发出总燃料跳闸指令，实现紧急停炉保护：

1）手动停炉指令；

2）全炉膛火焰丧失；

3）炉膛压力过高/过低；

4）汽包水位过高/过低；

5）全部送风机跳闸；

6）全部引风机跳闸；

7）燃烧器投运时，全部一次风机跳闸；

8）燃料全部中断；

9）总风量过低；

10）根据焚烧炉和余热锅炉特点要求的其他停炉保护条件。

在运行中汽轮发电机组发生下列情况之一时，应实现紧急停机保护：

1）汽轮机超速；

2）凝汽器真空过低；

3）润滑油压力过低；

4）轴承振动大；

5）轴向位移大；

6）发电机冷却系统故障；

7）手动停机；

8）汽轮机数字电液控制系统失电；

9）汽轮机、发电机等制造厂要求的其他保护项目。

汽轮机还应有下列保护：

1）甩负荷时的防超转速保护；

2）抽汽防逆流保护；

3）低压缸排汽防超温保护；

4）汽轮机防进水保护；

5）汽轮机真空低保护；

6）机组胀差大保护；

7）机组轴承温度高保护等。

10.5.5 焚烧炉炉膛负压保护、垃圾焚烧炉炉膛出口烟气温度连锁系统、烟气脱酸反应塔出口温度连锁系统、引风机出口烟气压力连锁系统等重要连锁回路，宜采用3选2安全逻辑判断。

10.6 自动控制

10.6.1 本条文规定了开关量控制（ON/OFF控制）的内容和范围。开关量控制应完成以下功能：

1 实现主/辅机、阀门、挡板的顺序控制、单个操作及试验操作；

2 大型辅机与其相关的冷却水系统、润滑系统、密封系统的连锁控制；

3 在发生局部设备故障跳闸时，连锁启动备用设备；

4 实现状态报警、联动及单台辅机的保护。

10.6.2 本条文系对顺序控制和连锁的要求。对袋式除尘器和吹灰器可采用矩阵控制，其控制的扫描周期应不大于100ms。

10.6.4 具体内容包括：

1 工作泵（风机）事故跳闸时，应自动投入备用泵（风机）；

2 相关工艺参数达到规定值时自动投入（切除）相应的泵（风机）；

3 相关工艺参数达到规定值时自动打开（关闭）相应的电动门、电磁阀门。

10.6.5 这些对象主要有：

1 运行中经常操作的辅机、阀门及挡板；

2 启动过程和事故处理需要及时操作的辅机、阀门及挡板；

3 改变运行方式时需要及时操作的辅机、阀门及挡板。

10.6.6 本条文是对垃圾焚烧厂主要模拟量控制回路的规定，主要控制宜包括：

1 炉排速度及垃圾给料速率控制；

2 自动燃烧控制（ACC）系统；

3 蒸汽-空气加热器出口温度和加热蒸汽凝结水出口温度控制；

4 烟气反应塔出口烟气温度控制；

5 袋式除尘器入口温度控制；

6 烟气HCl、SO_2污染物与烟尘的浓度控制；

7 辅助燃烧器燃烧控制；

8 其他控制；

9 一次风负荷分配系统；

10 二次风流量控制系统；

11 炉膛压力调节；

12 余热锅炉汽包水位三冲量调节；

13 过热器出口蒸汽温度调节；

14 除氧器压力、水位调节；

15 渗沥液池液位调节，pH值调节；

16 除盐水设备的中和池pH值调节；

17 减温减压装置的压力、温度调节；

18 其他必要的调节。

10.6.8 余热锅炉汽包水位、炉膛压力、汽机前蒸汽压力等重要模拟控制项目变送器宜作三重化设置。给水流量、蒸汽流量、过热蒸汽温度、减温器后温度、总送风量、烟气含氧量、汽包压力、除氧器压力与水位、旁路压力与温度等主要模拟控制项目变送器宜作双重化设置。

由于垃圾热值不稳定，为了锅炉的安全稳定运行，对于汽轮机的控制应采用前压控制模式（至少有一台），并能完成在不同工况下汽轮机的前压、转速、功率等控制模式的转换；采用氧量校正的送风控制系统的氧量定值应能跟随负荷（主蒸汽流量）变化进行校正。

10.7 电源、气源与防雷接地

10.7.1 仪表和控制系统应从厂用低压配电装置及直流网络，取得可靠的交流与直流电源，并构成独立的仪表配电回路，电源主进线宜采用双电源自动切换开关（A.T.S），切换时间应不会使控制系统或保护系统因为电源的瞬断而导致数据丢失或系统误动。仪表和控制系统用电容量应按照其耗电总容量的1.5倍以上计算。

普通电源质量指标如下，供工程设计中参考：

1 交流电源

电压：220V±10%，24V±10%；

频率：50±1Hz；

波形失真率：小于10%。

2 直流电源（直流电源屏或直流稳压电源提供）

电压：$24V^{+10}_{-5}\%$；

纹波电压：小于5%；

交流分值（有效值）：小于100mV。

3 电源瞬断时间应小于用电设备的允许电源瞬断时间。

4 电压瞬间跌落：小于20%。

不间断电源（UPS）的技术指标可参照《火力发

电厂、变电所二次接线设计技术规程》DL/T 5136 中的有关规定。不间断（UPS）电源质量指标如下，供工程设计中参考：

电压稳定度：稳态时不大于±2%，动态过程中不大于±10%。

频率稳定度：稳态时不大于±1%，动态过程中不大于±2%。

波形失真度：不大于 5%。

备用电源切换时间：不大于 5ms。

厂用交流电源中断的情况下，不间断（UPS）电源系统应能保持连续供电 30min。

配电箱两路电源分别引自厂用低压母线的不同段。在有事故保安电源的焚烧厂中，其中一路输入电源应引自厂用事故保安电源段。

10.7.3 本条是对仪表气源品质的规定，如有特殊要求，应与有关各方协调解决。

10.7.4 本条是对仪表气源消耗量等的具体规定。

10.8 中央控制室

10.8.1 控制室内可采用防静电活动地板，其下部空间高度不小于 150mm；控制室位于一层地面时，其基础地面应高于室外地面 300mm 以上；控制室宽度超过 6m 时，应两端有门；控制室应有适度的工作照明、事故照明和检修电源插座。

10.8.2 控制室的净空高度宜不小于 3.2m；电缆夹层的高度不小于 3m 且净高一般不小于 1.8m，且应有两个出口。

控制室的空调要求：控制室应由空调设施保证室内温度在 18～25℃范围，温度变化率应不大于 5℃/h；相对湿度应在45%～65%范围内，任何情况下不允许结露。当空调设备故障时，应维持室温在 24h 内不超过制造厂允许值。

11 给 水 排 水

11.1 给 水

11.1.1 本条文规定的垃圾焚烧余热锅炉补给水水质标准为《工业锅炉水质》GB/T 1576 和《火力发电机组及蒸汽动力设备水汽质量标准》GB/T 12145。对引进国外的垃圾焚烧余热锅炉所采用的给水水质，应按锅炉制造商规定的标准并不低于国家现行标准的有关规定执行。我国尚未制定垃圾焚烧余热锅炉给水相关标准，可借鉴的国内相关标准与引进技术设备国家规定的本行业规定又存在差距（部分对比项目见表 7）。考虑垃圾焚烧余热锅炉的特殊性，本规范规定按现行电站锅炉汽水标准提高一个等级确定。

表 7 水质标准对照表

项目名称	单 位	Von Roll 公司标准	德国标准 1988	欧洲标准 prEN 12952—12—1998	《火力发电机组及蒸汽动力设备水汽质量标准》GB/T 12145	
压力范围	MPa		≤6.8	total range	3.8～5.8	5.9～12.6
电导率（25℃）	μs/cm	<0.2	<0.25	<0.2		
溶解 O_2	mg/L	<0.1	0.05～0.25	<0.1	≤0.015	≤0.007
总硬度	mg/L（μmol/L）	—	Ca+Mg 0.003mol/l	Ca+Mg—	（≤2.0）	（≤2.0）
pH 值（25℃）		>9.0	7.0～9.0	>9.2	8.8～9.2	8.8～9.3
SiO_2	mg/ L	<0.02	<0.02	<0.02	应保证蒸汽二氧化硅符合标准	
Fe	mg/L	<0.02	<0.02	<0.02	<0.050	<0.03
Cu	mg/L	<0.003	<0.003	<0.003	<0.010	<0.005

11.1.2 本条文是对厂区给水设计的一般规定。

11.1.3 生活垃圾焚烧厂生活用水量较小且集中，当厂区内设置给水调节设施时，生活用水如果和生产用水联合供给，存在二次污染的可能性，如有可能宜采用市政给水系统直接供给。

11.2 循环冷却水系统

11.2.1 本条是对循环冷却水系统的一般规定。

11.2.2 由于焚烧发电厂循环水补水量较大，若用地下水或城市自来水，成本很大，因此本条要求水源宜采用自然水体或城市污水处理厂处理后的中水，以降低成本，节约水资源。

11.2.4 对于不同的地表水源，其枯水流量应按下列要求确定：

1 从河道取水时，应取取水点频率为95%的最小流量；

2 从受水库调节的河道取水时，取水库频率为95%的最小放流量减去沿途的用水量；

3 从水库取水时，应取频率为95%的枯水年水量。

11.2.8 根据《中小型热电联产工程设计手册》工业水的水质要求内容：pH值应不小于6.5，不宜大于9.5。在我国南方地区，当水源为地表水时，相当一部分地表水的pH值小于7.0，根据有关文献，国内外对直流冷却水pH值的下限一般定为6，故参照《中小型热电联产工程设计手册》。由于凝汽器的换热部分的材质一般为铜，氨氮与溶解氧的标准值宜根据《中小型热电联产工程设计手册》凝汽器对冷却水质的要求确定。

11.3 排水及废水处理

11.3.1 本条文是对厂区排水系统设计的基本规定。

11.3.2 室外排水采用雨水和污水分流是基本的要求，对于缺水地区，采用雨水回收利用对节约用水是很必要的。

11.3.4 生活垃圾焚烧厂各生产系统对工业用水的水质要求均不相同，焚烧炉除渣系统的灰渣冷却水对水质要求不高，一般生产性废水水质均能满足要求。宜将焚烧工房的地面冲洗水，除盐水制备系统的浓缩液等废水收集、回收，用于对灰渣的冷却。

11.3.5 目前我国生活垃圾的含水量普遍较高，垃圾在垃圾池内储存过程中有垃圾渗沥液产生，及时将垃圾池内的渗沥液导排出去，既可以增加入炉垃圾的热值，又能减少臭味散发，因此应特别重视对渗沥液的导排和收集。由于垃圾渗沥液是高浓度有机废水，收集池可能产生一些沼气，因此需要对收集池进行排风，防止沼气集聚，产生安全隐患，电气设备采用防爆产品可有效防止爆炸隐患。

11.3.6 生活垃圾焚烧厂所产生的垃圾渗沥液污染物浓度非常高，根据已建成运行的企业经验，其产生量高达进厂垃圾量的10%～20%，因此对渗沥液进行妥善处理是焚烧厂运行的一项重要内容。

12 消 防

12.1 一 般 规 定

12.1.1 本条文是对焚烧厂消防系统的一般规定。

12.1.3 生活垃圾焚烧厂垃圾储存间内除储存有大量的生活垃圾外，焚烧炉垃圾进料口处也存在有一定量的生活垃圾，在特定的状况下，存在焚烧炉回火的可能性，为保证焚烧炉的运行，垃圾进料处的防回火措施一般采用水雾隔绝。

12.1.4 Ⅱ类及以上焚烧厂一般情况下综合厂房体量和高度较大，消防用水流量比生产用水流量大，若采用消防和生产给水合并的供水方式，则给水管网要按消防的水流量计算管径，这就造成正常生产时给水管网的管内流速过小；另外由于消防水流量大而出现消防给水的使用影响生产给水的稳定。因此对于大型焚烧厂（Ⅱ类及以上）消防给水系统和生产给水系统宜分开设置。对于Ⅱ类以下的焚烧厂可采用消防给水系统和生产给水系统合用的方式。

12.2 消 防 水 炮

12.2.1 垃圾池间相对封闭，空气污染极其严重，且通道不畅，不适合人工消防，国内建成的生活垃圾焚烧厂，目前多采用远距离遥控操作固定消防水炮灭火系统。

12.2.2 本条是对设计消防水流量的要求。

12.2.3 由于消防水炮所需的水流量和压力较大，因此需要独立的环状管网来保证。

12.2.4 本条要求主要是为了保证消防水炮的可靠性。

12.2.6 本条是对消防水炮设计的规定。

12.2.7 由于生活垃圾的平均储存周期一般在5d左右，底部的垃圾储存时间更长，部分垃圾发酵难以避免。垃圾池间内有一定的发酵气体，发酵气体的主要成分为甲烷，在正常运行情况下，由于一次风机与二次风机从垃圾池间抽吸大量的空气，即使有微量的甲烷产生，会被及时地从垃圾池间排出，不会造成甲烷的富集，当停炉或部分停炉的情况下，由于储存间的排风量降低或不排风，不排除空气中有甲烷存在，故要求消防水炮装置的配套电机防爆。

12.3 建 筑 防 火

12.3.1 根据现行国家标准《建筑设计防火规范》GB 50016规定，焚烧厂房的生产火灾危险性属于丁类，但由于主厂房体量较大，所以建筑物的耐火等级不应低于二级。垃圾池间内储存有大量的可燃固体，以日处理规模为1000t的生活垃圾焚烧厂为例，平均储存量约为5000t，按《建筑设计防火规范》第3.1.1条，垃圾池间宜按丙类设防。

12.3.2 油箱间和油泵间一般采用轻柴油作为点火和辅助燃料，属于丙类生产厂房，其建筑物耐火等级不应低于二级。上述房间布置在焚烧厂房内时，应设置防火墙与其他房间隔开。

12.3.3 天然气主要成分是甲烷（CH_4），相对密度为0.415（－164℃），在空气中的爆炸极限浓度为5%～15%，按规定爆炸极限浓度下限小于10%的可燃气体的生产类别为甲类，故天然气调压间属甲类生产厂房。其设置应符合现行国家标准《城镇燃气设计规范》GB 50028中的有关要求。

12.3.4 本条为新增条文。

1 垃圾焚烧厂房功能的基本划分

工业厂房在工具书中的解释，亦称"厂房或厂房建筑"，是用于从事工业生产的各种房屋。故垃圾焚烧厂主体建筑应称为垃圾焚烧厂房。从主要使用功能看，垃圾焚烧厂房划分为：

1）垃圾卸料与储存间，其中垃圾卸料厅多采用单层或二层布置方式，其中一层功能根据设计，布置有污水处理、维修、储存、压缩空气、渗沥液收集与输送等不同设施；二层为卸料间，该部分多采用钢筋混凝土结构形式，屋面下弦标高多在15～20m之间。垃圾池为单层布置，主要设置有垃圾抓斗起重机、垃圾料斗等设施。该部分为钢筋混凝土结构，池底标高－5～－8m左右，屋面下弦标高根据垃圾进料斗高度确定，多在28～40m之间。

此功能区间与毗邻的垃圾焚烧间采用防火墙隔断且结构上互相独立。另考虑进料斗及溜管需要跨越此防火墙，应从工艺上考虑进料斗底部设置隔断挡板，正常运行期间，靠有足够高度的溜管及进料斗内的垃圾实现动态密封，同时在进料斗上部设置消防喷淋装置，以及在垃圾池处设置消防水炮措施解决防火墙两侧密封及消防问题。

2）垃圾焚烧间与烟气净化间，其中焚烧间以焚烧炉及余热锅炉为主体并布置液压站、燃烧空气、炉渣收运、锅炉清灰、启停与辅助燃烧及其他辅助设施；烟气净化间布置有烟气净化、引风机、石灰与活性炭储存、飞灰稳定化等设施。烟气净化间与焚烧间主体设施大多为单层布置，但焚烧间根据工艺过程需布置有局部2～4层建筑平台或2～3层隔间，其建筑面积一般不超过焚烧与烟气净化间建筑面积的20%。该部分建筑结构形式目前较多采用钢结构，建筑地面标高±0.000m，焚烧间下弦标高多在42～55m，烟气净化间下弦标高多在28～45m之间。考虑到有些焚烧厂的烟气净化间采用多层钢筋混凝土布置方式，此时的防火分区需要分层考虑。

3）辅助生产间与汽机间，其中辅助生产间主要包括中央控制室、电气设备间、高/低压电气、公用设施及生产办公等，为多层布置，建筑地面标高±0.000m，下弦标高多在24～32m；汽机间主要包括大量汽机辅助设施、热力系统设施、给水设施等，为二层布置且汽轮发电机组为孤岛布置，建筑地面标高±0.000m，下弦标高多为16～24m。辅助间与汽机间用防火墙及符合消防规定的防火门隔断。辅助间与汽机间和焚烧及烟气净化间相邻时，应用防火墙及符合消防规定的防火门隔断。

2 关于垃圾焚烧厂房的界定问题

综上所述，垃圾焚烧发电厂的特殊工艺决定其垃圾焚烧厂房不同于工业装配厂房等其他类别的高层厂房，且以单层为主，局部设有操作平台及隔间，楼层的概念不强烈，因此在以往设计中垃圾焚烧厂房多按单层局部多层界定。在《建筑设计防火规范》GB 50016第3.2.1条防火分区最大允许占地面积中按单层、多层与高层及厂房地下室和半地下室划分，但对这种特殊情况没有更加详细的规定。高层建筑在学术文献中定义为层数多、高度高的民用与工业建筑，1972年国际高层建筑会议规定出四类：第一类高层9～16层（最高到50m）、第二类高层17～25层（最高到75m）、第三类高层26～40层（最高到100m）、第四类高层40层以上（最高到100m以上）。世界各国对高层建筑的划分不一，如英国为22m，法国为50m，日本则以8层及31m两个指标界定。根据我国《高层建筑混凝土结构技术规程》JGJ 3规定，10层及10层以上或高度超过28m的建筑称为高层建筑。为此，按以往设计界定为单层局部多层建筑，在执行《建筑设计防火规范》时，显得不是十分严谨。但从垃圾焚烧厂基本功能考虑，按建筑高度界定焚烧厂房为高层厂房，因回避了层数问题，仍似有瑕疵。并且由于工艺要求，整个厂房被工艺管道联系为一个整体，对这种特殊情况，如执行《建筑设计防火规范》GB 50016第3.2.1条中的高层厂房规定，应按照4000m^2作分区划分，在实际工程中又不十分吻合；但如前所述，烟气净化间采用多层钢筋混凝土布置方式时不在此列。总之，按上述条款的基本规定不能完全涵盖垃圾焚烧工程的各种情况。

3 关于垃圾焚烧厂房防火分区的划分规定

根据《建筑设计防火规范》GB 50016—2006 第1.0.3条规定，并考虑垃圾焚烧厂的垃圾焚烧、烟气净化与发电功能，本规范参照《火力发电厂与变电站设计防火规范》GB 50229—2006 第 3.0.3 条规定，并根据新建垃圾焚烧厂宜设置 2～4 条焚烧线的规定，制定本条防火分区规定。

按照本规定并结合焚烧工艺特点，可划分防火分区为：卸料大厅与垃圾池间、焚烧与烟气净化间、汽机间、生产辅助间，以及其他处理间（如有），其中汽机间与生产辅助间可按多层考虑。若实际设计面积超过本条规定，设置防火墙有困难时，按《建筑设计防火规范》GB 50016—2006 第 3.0.1 条规定处理。

12.3.5 本条文根据现行国家标准《建筑设计防火规范》GB 50016—2006 第 3.5.4 条制定。

12.3.6 本条规定是考虑发生事故时，运行人员能迅速离开事故现场。

12.3.7 本条规定门的开启方向是当配电室发生事故时，值班人员能迅速通过房门，脱离危险场所。

12.3.8 厂房内部装修使用易燃材料进行装修，极易引起火灾事故发生，特作此规定。

12.3.9 由于中央控制室、电子设备间、各单元控制室及电缆夹层内是焚烧厂控制的关键部位，如这些地方引起火灾，将给全厂造成很大损失，因此这些部位应设消防报警和消防设施。汽水管道、热风道及油管均是具有火灾隐患的设施，因此不能穿过这些消防重点部位。

13 采暖通风与空调

13.1 一般规定

13.1.1 本条文是确定生活垃圾焚烧厂采暖通风和空气调节室外空气计算参数、计算方法和确定设计方案等的依据。

13.1.2 本条文列出的垃圾焚烧厂各建筑物冬季采暖室内计算温度数据，是根据现行国家标准《采暖通风与空气调节设计规范》GB 50019，并参照《小型火力发电厂设计规范》GB 50049 制定的。

13.1.3 本条文是根据现行国家标准《工业企业设计卫生标准》GBZ 1，并参照现行国家标准《小型火力发电厂设计规范》GB 50049 而制定的。

13.1.4 本条文规定主要是考虑当单台汽轮机组故障时，为满足设备维护、检修的采暖热负荷，应设置备用热源。

13.2 采暖

13.2.1 冬季计算采暖热负荷不考虑垃圾焚烧炉、汽轮发电机组、除氧器、管道等设备的散热量，即不按热平衡法而用“冷态”方法设计采暖。所谓“冷态”，是指在设备停运时保持室温为 5℃，以保护设备和冷水管不被冻坏。

13.2.2 本条文是垃圾焚烧厂建筑物采暖的基本规定。

13.2.3 因垃圾卸料平台等环境的粉尘浓度较高，造成采暖设备积尘，影响采暖效果，特作此规定。

13.3 通风

13.3.1 本条文是垃圾焚烧厂建筑物通风的基本规定。

13.3.2 本条文规定了焚烧厂房自然通风的计算原则。由于太阳辐射热的热量要比设备散热量少得多，故在计算焚烧厂房的通风量时可忽略不计。

13.4 空调

13.4.1 本条文是垃圾焚烧厂建筑物空气调节的基本规定。

13.4.2 中央控制室与垃圾抓斗起重机控制室分别是全厂与垃圾储运系统的控制中心。在调查的几个生活垃圾焚烧厂中，焚烧线、汽机及热力、给水系统等的控制均设在中央控制室内，为了满足室内温、湿度的要求，控制室里基本都安装了空气调节装置。为改善控制室的运行条件，本条文规定设置空气调节装置。由于垃圾抓斗起重机控制室周围空气污染较严重，保持室内正压可防止受污染空气侵入控制室。

13.4.3 据调查，通信室、不停电电源室等这些工作场所环境的温度、湿度，均需要满足工艺和卫生的要求，当机械通风装置不能满足要求时，应设空气调节装置。

14 建筑与结构

14.1 建筑

14.1.1 垃圾焚烧厂建筑物体量大，形状复杂，通常会成为一个地段的突出性建筑。因而，建筑风格和整体色调应该与周围环境协调统一。厂房在生产运行时，要进行经常性的维护保养，一些设备部件也需要维修更换。因此，在厂房的设计布置时，应该考虑到设备的安装、拆换与维护的要求。

14.1.2 垃圾的运输、堆放、焚烧、出渣及垃圾车进出路线都属于垃圾作业区，与垃圾地磅房及物流大门等处联系密切。汽轮发电机房及中央控制室属于清洁区，与厂部办公楼及人流大门联系密切。清洁区与垃圾作业区合理分隔，避免交叉，以改善操作人员的工作环境。

14.1.3 厂房围护结构的基本热工性能，应根据工艺生产的特征在不同的地区和不同的部位，选择适合的围护结构形式和材料，并应合理地组织开窗面积，满足生产和工作环境的需要。

14.1.4 楼（地）面的设计应根据生产特征和使用功能，并应符合现行国家标准《建筑地面设计规范》GB 50037的要求。根据工艺需要在地坪上适当部位设置排水坡度、地漏，以及开设各类地沟，所以要求分门别类接入不同的下水道以便于收集和处理。

14.1.5 由于焚烧厂房大多采用组合厂房，厂房面积和跨度大，单侧面采光不能满足天然采光要求，所以除采用侧面采光外，还需要增加屋顶采光，才能满足采光要求。

14.1.6 主厂房焚烧部分是热车间，设计时要组织好自然通风，可利用穿堂风将室内的余热带走，改善车间内的生产环境。

14.1.7 本条文是对严寒地区建筑结构的基本规定。

14.1.8 为适应焚烧工艺设备的布置要求，对大面积的屋盖系统宜采用钢结构。屋顶承重结构的结构层及保温（隔热）层，应采用非燃烧体材料。对保温（隔热）屋面，应经过热工计算确定其材料厚度，并应有防止水汽渗透和结露的措施。

14.1.9 中央控制室和其他控制室应设吊顶，便于管线的敷设和创造完整、舒适的操作环境。

14.1.10 垃圾池内壁因垃圾中含有大量水分及其他腐蚀性介质会腐蚀池壁，并且垃圾抓斗在运行过程中可能会撞击池壁，所以在垃圾池设计时，内壁应考虑耐腐蚀、耐冲击、防渗水的问题。

14.1.11 垃圾池是厂区的主要污染源，为保证其密闭，围护体系采用密实墙体比采用轻型墙体更能保证密封效果。垃圾间与其他房间的连通口，为防止气味逸出，通常采用双道门（气闸间）。

14.2 结　　构

14.2.1 本条规定是厂房结构必须满足的基本要求，结构构件必须满足承载力、变形、耐久性等要求。对稳定、抗震、裂缝宽度有要求的结构，尚应进行以上内容的复核验算。

14.2.2 H_t 为柱脚底面至吊车梁顶面的高度，H 为柱脚底面至柱顶的高度。

焚烧厂房内的抓斗起重机为重级工作制，应对其排架柱在吊车轨顶标高处的横向变形作出限制。对无起重机的厂房，当柱顶高于30m时，已经相当于高层建筑物。

14.2.3 焚烧和垃圾热能利用厂房都有垃圾的气相或液相介质腐蚀，其工作条件类似于露天或室内高湿度环境。

14.2.4 现行国家标准《建筑抗震设计规范》GB 50011只对高层框架结构和框架-剪力墙结构的抗震等级作了规定，对层高特殊的工业建筑则酌情调整。垃圾焚烧厂房等一般都采用排架、框排架或框架-剪力墙结构，当设有重级工作制起重机时，柱顶高度超过30m的特别高大的主厂房结构，当采用框架结构体系的结构和采用框架-剪力墙结构体系的框架部分，宜按照同类结构的抗震等级提高一级设计。但对框架-剪力墙结构体系中的剪力墙部分，则不要求提高抗震等级。

14.2.5 对不良地基、荷载差异大、建筑结构体形复杂、工艺要求高等情况，除进行地基承载力和变形计算外，必要时尚应进行稳定性计算。

14.2.6 通常，生活垃圾焚烧厂的烟囱形式是根据工艺专业的要求选择。目前，砖烟囱、单筒钢筋混凝土烟囱、套筒式和多管式烟囱等形式在实际工程中均有应用，鉴于现行国家标准《烟囱设计规范》GB 50051中已有详尽规定，按规范执行即可。

14.2.7 由于垃圾抓斗起重机和炉渣抓斗起重机的环境条件比较差，且开停次数频繁，所以要求按重级工作制设计。

14.2.8 在近些年的垃圾焚烧厂设计中，由于工艺专业的布局要求，垃圾池与主体结构经常是无法分开设计的，且考虑到生活垃圾的特点，重度较轻，安息角较大，在设计中已有一定的工程实践经验，故本条取消了原规范中要求分开设计的规定。

14.2.9 为了防止垃圾池内的垃圾渗沥液污染环境，应对垃圾池有较高的防渗要求，而变形缝的处理要做到这一点困难比较大，一般不宜设置变形缝，但如果有经实践证明确实可靠的处理方法，也可以设置变形缝。

14.2.10 焚烧厂房、烟囱、汽轮机基座与垃圾焚烧炉基座等建筑物或构筑物体形大，且荷载大，所以该建筑物或构筑物应设沉降观测点，以便校验设计荷载与实际荷载之间的差异对地基沉降的影响，以及根据沉降变形的速率，控制和调整工艺设备、管道及起重机轨顶标高的偏差值在允许范围以内，从而保证设备运行和土建结构使用的安全和可靠。

14.2.11 卸料平台的室外运输栈桥跨度一般较小，用途单一，不完全等同于公共交通桥梁，因此在结构选型时可以采用与建筑物类似的形式，有条件时也可以采用与普通桥梁类似的形式，但无论采用何种结构形式，主梁设计均应符合现行国家《公路钢筋混凝土及预应力混凝土桥涵设计规范》JTGD 62中的有关要求。

14.2.12 由于焚烧工艺路线和处理技术的不同，对活荷载的要求也不一样，应根据工艺、设备供货商所提的活荷载进行设计。如无明确规定时，对一般性生产区域的活荷载可按照本规定选用。

15 其他辅助设施

15.1 化　　验

15.1.1 化验室定期做以下化验、分析：

1 应定期对原水（自来水）、锅炉给水、锅水和蒸汽进行化验分析。分析的项目有悬浮物、硬度、碱度、pH值、溶氧、含油量、溶解固形物（或氯化物）、磷酸盐、亚硫酸盐等。

2 垃圾分析的项目有：垃圾物理成分（包括垃圾含水量）、垃圾热值等。飞灰分析的项目有：固定碳、重金属。煤和油的分析项目有：水分、挥发分、固定碳、灰分、发热量、黏度等。

3 污水分析项目有：BOD_5、COD_{cr}、HN_3-N、SS等。

15.1.2 常用的水汽、污水分析仪器参见表8。

表8 部分水汽、污水分析仪器表

序号	设备名称	单位	数量
1	分析天平	台	2
2	工业天平	台	1
3	普通电炉	台	1
4	酸度计	台	2
5	水浴锅	台	1
6	溶解氧测定仪	台	1
7	干燥计	台	1
8	比重计	支	5
9	钠度计	台	2
10	分光光度计	台	1
11	微量硅比色计	台	1
12	BOD分析仪	台	1
13	一氧化碳D分析仪	台	1
14	电子生物显微镜	台	1
15	台式离心机	台	1

垃圾、飞灰、烟气、燃油分析项目的主要设备和仪器参见表9。

表9 主要垃圾、飞灰、烟气、燃油分析设备和仪器

序号	设备名称	单位	数量
1	分析天平	台	1
2	高温炉	台	1
3	电热恒温干燥箱	台	1
4	气体分析仪	台	1
5	氧弹热量计	台	1
6	挥发分坩埚	个	2
7	白金蒸发皿和坩埚	克	60
8	标准筛	节	2
9	奥式气体分析仪	台	1
10	马沸炉	台	1
11	红外线吸收光谱仪	台	1
12	开口闪点测定仪	台	1
13	闭口闪点测定仪	台	1
14	紫外线吸收光谱仪	台	1
15	比重计	套	1
16	恩式黏度计	台	1
17	运动黏度计	台	1
18	凝固点测定仪	套	1
19	通风柜	台	1
20	原子吸光光度计	台	1

注：以上仪器设备项目可根据生活垃圾焚烧厂的规模进行选用。

15.2 维修及库房

15.2.1 垃圾焚烧厂的技术含量比较高，设备较多，设备运行环境差，因此发生故障的可能性高，这就要求有必需的日常维护、保养工作。

15.2.2 Ⅲ类及Ⅲ类以上垃圾焚烧厂的机修间一般设置钳工台、普通车床、铣床、普通钻床、砂轮机、手动试压泵及电焊机等基本设备。

15.2.3 本条文是对库房建设的一般规定。

15.3 电气设备与自动化试验室

15.3.1 一般情况下，厂区不设变压器检修间，原因是利用率低，增加投资及占地面积。变压器检修时可在汽机间或就地进行，若在汽机间检修时，应考虑变压器运输通道及进出大门方便。

15.3.2 该条规定实验室的功能、任务，即应配备相应的设备及仪器。如厂区已有相应设备满足各项实验要求时，可不另设电气试验室。

15.3.3 本条文是对自动化试验室功能、任务的规定。

15.3.4 本条文是对自动化试验室布置的基本规定。

16 环境保护与劳动卫生

16.1 一般规定

16.1.1 垃圾焚烧处理工程既是一项市政环卫工程，也是一项环保工程，因此必须严格执行国家和地方的各项环保法规，更不能在处理垃圾的同时，造成对环境的二次污染。

16.1.2 本条文是垃圾焚烧处理工程中的职业卫生与劳动安全方面的基本规定。

16.1.3 由于垃圾具有不稳定性，因此必须根据垃圾特性确定烟气、残渣、渗沥液等污染源的特性和产生量。

16.2 环境保护

16.2.1 本条文是烟气污染物分类的基本规定。

16.2.2 垃圾焚烧控制是抑制和减少烟气有害成分产生的重要措施之一，当垃圾在焚烧炉内助燃氧气满足燃烧工况要求并保持垃圾焚烧炉内烟气温度大于850℃，烟气在该温度条件下在炉膛内停留时间不少于2s，可使二噁英类和有机物充分进行分解，因而必须严格进行燃烧控制。

生活垃圾焚烧烟气中含有烟尘、氯化氢、氟化氢、硫氧化物、氮氧化物，汞、铬、铅、镉等金属，气溶胶以及二噁英类等多种有害成分。应依据现行国家标准《生活垃圾焚烧污染物控制标准》GB 18485进行治理。另外当地环保部门有相应规定的，一般都要严于国家标准，故应同时满足地方标准。对国外引进的技术设备，应同时满足我国和引进国家的标准。垃圾焚烧烟气污染物排放应符合现行国家标准《生活垃圾焚烧污染物控制标准》GB 18485的有关规定。

16.2.3 为节约水资源，并减少对环境的影响，特作本条规定。回用水可用于残渣处理用水、烟气净化、冲洗地面及绿化等用水。

16.2.4 由于渗沥液中有害物具有浓度高、不稳定的特点，如要达污水排放标准，其处理难度很大。由于垃圾渗沥液产生量与城市污水量相比很小，预处理达到城市污水管网的纳管标准后送入城市污水管网或城市污水厂是较为经济的方法。

16.2.5 由于垃圾成分具有不确定性，因此炉渣和飞灰的组成成分也具有不确定性的特点，其处理效果的稳定性可能会受到影响。飞灰由于含有一定量的重金属等有害物质，若未经有效处理直接排放，会污染土壤和地下水，因此要注意防止处理过程中的二次污染。

16.2.6 炉渣应尽可能因地制宜地加以利用。目前，国内已有如制造灰渣砖等成功的经验可以借鉴。

16.2.7 本条文是对噪声污染控制的基本规定。

16.2.8 噪声源控制应考虑如厂址与周围环境之间噪声影响的适应性；厂区工艺合理布置与高噪声设施相对集中的协调性；设备选择的低噪声与小振动的原则性等。

设备选择中对噪声的要求一般应不大于85dB(A)，确实不能达要求的设备，应以隔声为主并根据设备噪声特性与应达到的噪声控制标准，采取适宜的消声、隔振或吸声的综合噪声控制措施。噪声控制设备选择应以噪声级、噪声频率为基本条件，并注意混响声的影响。

16.2.9 本条文是对恶臭污染控制与防治的基本规定。

16.2.10 本条为强制性条文。控制、隔离恶臭的重要措施有：采用封闭式的垃圾运输车；在垃圾池上方抽气作为燃烧空气，使池内区域形成负压，以防恶臭外溢；设置自动卸料门，使垃圾池密闭等。

生活垃圾所产生的恶臭主要成分为硫化物、低级脂肪胺等。防治方法主要有：吸附、吸收、生物分解、化学氧化、燃烧等。按治理的方式分成物理、化学、生物三类。主要防治措施有：

1 药液吸收法处理

药液吸收法应针对不同恶臭物质成分采用不同的药液。恶臭中的碱性成分如氨、三甲胺可用pH值为2～4的硫酸、盐酸溶液来处理；酸性成分如硫化氢、甲基硫醇可用pH值为11的氢氧化钠来处理；中性成分如硫化甲基、二硫化甲基、乙醛可用次氯酸钠来氧化，次氯酸钠也可用于胺、硫化氢等气体的处理。

药物处理中，药物量随着吸收反应的进行而下降，需要不断更新或补充；脱臭效率还取决于气液接触效率、液气比、循环液的pH值及生成盐的浓度，同时要防止塔内结垢以及游离硫析出的堆积。

气液接触设备设计时必须考虑如下几点：处理量；气体温度；气体中水分量；粉尘浓度及其形状；气体中主要恶臭物质及其浓度；嗅觉测得臭气浓度；处理气体浓度；装置运行时间；当地环境保护有关法规及恶臭排放标准；工业用水的质量；排放废水的处理；了解处理装置排放量最高情况及对周围环境影响。

2 燃烧法处理

高温燃烧法适用于高浓度、小气量的挥发性有机物场合，且净化效率在99%以上。高温燃烧法要求焚烧设备设计必须遵守“3T”原则：焚烧温度应高于850℃，臭气在焚烧炉内的停留时间应大于0.5s、臭气和火焰必须充分混合，这三个因素决定了高温燃烧净化脱臭效率。

催化燃烧流程是将含有恶臭的气体加热至大约300℃，然后通过催化剂发生高温氧化还原反应而脱臭。由于利用了催化剂表面强烈的活性，恶臭的氧化分解降低到250～300℃就能反应，其燃料费用只有高温燃烧法的1/3，而且缩短反应时间，比高温燃烧快10倍。

3 生物法处理

填充式生物脱臭装置一般由填充式生物脱臭塔、水分分离器、脱臭风机、活性炭吸附塔构成。在填充塔内喷淋水可将填充层生成的硫酸洗净排除；也可将氨、三甲胺等氨系恶臭物质被硝化菌氧化分解生成的亚硝酸铵或者硝酸铵等排除，同时喷淋也补充由于臭气干燥填充层水分的损失。

目前国内在运行的垃圾焚烧厂在停运检修期间，垃圾池内的恶臭污染物对周围环境影响较大，应采取有效措施尽可能减小其影响。

16.3 职业卫生与劳动安全

16.3.1 本条文是对垃圾焚烧厂劳动卫生的基本规定。

16.3.2 垃圾焚烧厂的卫生设施主要有：可设置值班宿舍，厂区应设置浴室、更衣间、卫生间等。建筑物内应设置必要的洒水、排水、洗手盆、遮盖、通风等卫生设施。不应采用对劳动者健康有害的技术、设备，确需采用可能对劳动者健康有害的技术、设备时，应在有关设备的醒目位置设置警示标识，并应有可靠的防护措施。在垃圾卸料平台等场所，宜采取喷药消毒、灭蚊蝇等防疫措施。

16.3.3、**16.3.4** 本条文是根据《中华人民共和国职业病防治法》制定的。

16.3.5 生活垃圾焚烧厂劳动安全措施主要包括：

1 道路、通道、楼梯均应有足够的通行宽度、高度与适当的坡度；应有必要的护栏、扶手等。一般不应有障碍物，必须设置管线穿行时，应有保证通行安全的措施。

2 高空作业平台应有足够的操作空间，应设置可吊挂的安全带及防止坠落的安全设施。大型槽罐类的设备内应有安全梯等紧急安全措施。

3 机电设备周围留有足够的检修场地与通道。旋转设备裸露的运动部位应设置网、罩等防护设施。

4 堆放物品之处，应有明显标记。重要场所、危险场所应设置明显的警示牌等标记。

5 进入工作场所的所有人员应佩带安全帽。

6 高噪声、明显振动的设备采取隔声、隔振、消声、吸声等综合治理措施，以及人员防护措施。

7 对人员可以接触到的，表面温度高于50℃的设施，应采取保温或隔离措施。

8 需要进行内部人工维护修理的槽、罐类，应有固定或临时通风措施，并根据需要于出入口处设置供吊挂安全带的挂钩。垃圾焚烧炉检修时，应待炉内含氧量大于19%后，检修人员方可进入，且现场应有专门人员监护。

9 电气设备应尽可能设置在干燥场所，避免漏电。

10 对遥控设施，应设有紧急停车按钮。

11 人员疏散通道及其他重要通道处设置应急照明设施。

12 设备控制尽可能自动化，并设置设备故障或操作不当时的可靠安全装置。

13 设置电话、广播等通信设施，实现与各岗位迅速联系。

14 垃圾卸料平台外端设置护栏或护壁，以及操作人员安全工作地带。

15 为防止垃圾车辆坠落到垃圾池内，垃圾卸料门与垃圾池连接部位应设置车挡或其他安全措施。

16 吊车控制室位于垃圾池上方时，控制室的监视窗或窗前应设置金属框、护栏等安全防护设施。

17 应设置垃圾抓斗与钢缆绳维修场地，并不影响其他抓斗运行。

18 垃圾进料斗的进口处应高于楼板面，并可在其周围设置不影响抓斗运行的护栏。进料斗应有解除如"架桥"等故障的措施。进料斗下部溜管如受炉内热辐射影响产生高温，应采取水冷却措施。

19 各种管道、阀门应采取易于操作和识别的措施。烟囱检测口处设置采样平台与护栏。

20 飞灰排放、输送设施应采取防止飞灰扩散的密闭措施。

21 发生误操作时，系统可保证在安全范围运行与多余信息排除。异常信息及故障应准确传递给操作人员。

22 使用酸碱等化学品时，防止对人员伤害措施。

23 压力容器应严格按照《压力容器安全监察规程》的规定执行。

24 其他必要的安全措施。

17 工程施工及验收

17.1 一 般 规 定

17.1.1 本条文是工程施工及验收的基本规定。

17.1.2 本条文是保证设备安装质量的基本规定。

17.1.3 本条文是蒸汽锅炉安全技术监察规程及锅炉安装施工许可证制度的基本规定。

17.1.4 根据工程设计文件进行施工和安装是工程建设的基本原则，当设计单位按技术经济政策和现场实际情况进行设计变更时，应有设计变更通知，作为设计文件的组成部分。

17.1.5 本条文是根据我国锅炉安装工程施工及验收的基本要求制定的，是确保垃圾焚烧余热锅炉安装工程质量，防止继续施工造成更大损失，消除事故隐患的重要措施之一。当发生受压部件存在影响安全使用的质量问题，在停止安装的同时，应及时与有关部门研究解决和处理的办法。

17.2 工程施工及验收

17.2.4 根据目前国家关于生活垃圾焚烧厂建设的技术政策，以及国内工程建设经验和相应制定的技术规范、标准，制定本条规定。

17.3 竣工验收

本节条文是按《建设项目（工程）竣工验收办法》（计建设［1990］1215号）文件精神制定的。

中华人民共和国行业标准

城市生活垃圾卫生填埋场运行维护技术规程

Technical specification for operation and maintenance of municipal domestic refuse sanitary landfill

CJJ 93—2003

批准部门：中华人民共和国建设部
实施日期：2003年5月1日

中华人民共和国建设部
公　　告

第129号

建设部关于发布行业标准《城市生活垃圾卫生填埋场运行维护技术规程》的公告

现批准《城市生活垃圾卫生填埋场运行维护技术规程》为行业标准，编号为CJJ 93—2003，自2003年5月1日起实施。其中，第2.1.5、2.1.8、2.3.5、2.3.9、2.3.10、2.3.14、2.3.16、3.1.7、4.3.1、4.3.3、4.3.6、5.1.1、5.3.3、6.1.1、6.1.5、8.1.4、8.3.1、9.1.3条为强制性条文，必须严格执行。

本规程由建设部标准定额研究所组织中国建筑工业出版社出版发行。

中华人民共和国建设部

2003年3月17日

前　　言

根据建设部建标［2000］284号文的要求，规程编制组经深入调查研究，认真总结实践经验，参考有关国内外先进标准，并在广泛征求意见基础上，制定了本规程。

本规程的主要技术内容是：1总则；2一般规定；3垃圾计量；4填埋作业及封场；5填埋气体收集系统；6地表水和地下水收集系统；7填埋作业机械；8虫害控制；9填埋场监测。

本规程由建设部负责管理和对强制性条文的解释，由主编单位负责具体技术内容的解释。

本规程主编单位：华中科技大学环境科学与工程学院（地址：武汉市武昌珞喻路1037号；邮政编码：430074）

本规程参编单位：深圳市下坪固体废弃物填埋场、建设部城市建设研究院、ONYX环境技术服务有限公司、中山市环境卫生科技研究所、武汉华曦科技发展有限公司

本规程主要起草人员：陈海滨　冯向明　李　辉　王敬民　徐文龙　黎汝深　刘培哲　黎　军　黄中林　张彦敏　汪俊时　钟　辉　陈　石　刘晶昊　刘　涛

目　　次

1　总则 ………………………………… 3—6—4
2　一般规定 ……………………………… 3—6—4
2.1　运行管理 ………………………… 3—6—4
2.2　维护保养 ………………………… 3—6—4
2.3　安全操作 ………………………… 3—6—4
3　垃圾计量 ……………………………… 3—6—5
3.1　运行管理 ………………………… 3—6—5
3.2　维护保养 ………………………… 3—6—5
3.3　安全操作 ………………………… 3—6—5
4　填埋作业及封场 ……………………… 3—6—5
4.1　运行管理 ………………………… 3—6—5
4.2　维护保养 ………………………… 3—6—5
4.3　安全操作 ………………………… 3—6—5
5　填埋气体收集系统 …………………… 3—6—6
5.1　运行管理 ………………………… 3—6—6
5.2　维护保养 ………………………… 3—6—6
5.3　安全操作 ………………………… 3—6—6
6　地表水和地下水收集系统 …………… 3—6—6
6.1　运行管理 ………………………… 3—6—6
6.2　维护保养 ………………………… 3—6—6
6.3　安全操作 ………………………… 3—6—6
7　填埋作业机械 ………………………… 3—6—6
7.1　运行管理 ………………………… 3—6—6
7.2　维护保养 ………………………… 3—6—6
7.3　安全操作 ………………………… 3—6—6
8　虫害控制 ……………………………… 3—6—7
8.1　运行管理 ………………………… 3—6—7
8.2　维护保养 ………………………… 3—6—7
8.3　安全操作 ………………………… 3—6—7
9　填埋场监测 …………………………… 3—6—7
9.1　运行管理 ………………………… 3—6—7
9.2　维护保养 ………………………… 3—6—7
9.3　安全操作 ………………………… 3—6—8
本规程用词说明 ………………………… 3—6—8
条文说明 ………………………………… 3—6—9

1 总 则

1.0.1 为实现城市生活垃圾卫生填埋场科学管理、规范作业、安全运行，以提高效率、降低成本、有效防治二次污染，达到生活垃圾无害化处置的目的，制定本规程。

1.0.2 本规程适用于城市生活垃圾卫生填埋场的运行、维护及安全管理。

1.0.3 城市生活垃圾卫生填埋场的运行、维护及安全管理除应执行本规程外，尚应符合国家现行有关强制性标准的规定。

2 一 般 规 定

2.1 运 行 管 理

2.1.1 填埋场各岗位作业人员必须了解有关处理工艺，熟悉本岗位工作职责与工作质量要求；熟悉本岗位设施、设备的技术性能和运行维护、安全操作规程。

2.1.2 填埋场运行管理人员应掌握填埋场基本工艺技术要求和有关设施、设备的主要技术指标及运行管理要求。

2.1.3 填埋场操作人员应坚守岗位，认真做好运转记录；管理人员应定期检查管辖的设施、设备、仪器、仪表的运行状况；发现异常情况，应采取相应处理措施，并及时逐级上报。

2.1.4 填埋场操作人员对各种机械设备、仪器仪表应按要求进行操作使用。

2.1.5 电源电压超出额定电压正负10%时，不得启动电机设备。

2.1.6 填埋场场区道路应畅通，交通标志应规范清楚。

2.1.7 填埋场场区排水应实行雨污分流，排水设施应完好、畅通。

2.1.8 填埋场不得接收处理危险废物。

2.1.9 填埋场因填埋作业需要，可接收适量的建筑渣土，建筑渣土应与生活垃圾分开存放，作为建筑材料备用。

2.1.10 填埋场渗沥液处理系统运行管理应参照城市污水处理的有关标准。

2.1.11 填埋场应建立各种机械设备、仪器仪表使用、维护的技术档案，并应规范管理各种技术、运行记录等资料。

2.1.12 场区应保持干净整齐，绿化美化。

2.2 维 护 保 养

2.2.1 填埋场场区内道路、排水等设施应定期检查维护，发现异常及时修复。

场区内供电设施、电器、照明设备、通讯管线等应定期检查维护。

场区内各种机械设备应进行必要的日常维护保养，并应按有关规定进行大、中、小修。

2.2.2 场区内避雷、防爆等装置应由专业人员按有关标准进行检测维护。

2.2.3 场区内的各种交通、告示标志应定期检查、更换。

2.2.4 场区内的各种消防设施、设备应进行定期检查、更换。

2.3 安 全 操 作

2.3.1 填埋场作业过程安全卫生管理应符合现行国家标准《生产过程安全卫生要求总则》GB 12801 的有关规定。

2.3.2 填埋场各岗位操作人员和维护人员必须进行岗前培训，经考核合格后持证上岗。

2.3.3 填埋场应制订各岗位安全操作规程。操作人员和维护人员必须严格执行。

2.3.4 填埋场操作人员必须配戴必要的劳保用品，做好安全防范工作；填埋区夜间作业必须穿反光背心。

2.3.5 控制室、化验室、变电室、填埋区等生产作业区严禁吸烟，严禁酒后作业。

2.3.6 挖掘机、装载机、吊车等特种机械操作必须严格执行有关规定。

2.3.7 非本岗位人员严禁启、闭机械设备，管理人员不得违章指挥。

2.3.8 场区内电器操作、机电设备和电器控制柜检修必须严格执行电工安全有关规定。

2.3.9 维修机械设备时，不得随意搭接临时动力线。因确实需要，必须在确保安全前提下，可临时搭接动力线；使用过程中应有专职电工在现场管理，使用完毕应立即拆除。

2.3.10 皮带传动、链传动、联轴器等传动部件必须有机罩，不得裸露运转。机罩安装应牢固、可靠。

2.3.11 填埋场场区的消防设施应分别按中危险度和轻危险度设置，其中填埋区应按中危险度考虑。

2.3.12 填埋场场区的消防措施应按A、B、C三类火灾考虑，其中化验室应按C类火灾隐患、填埋区应按A类火灾隐患考虑。

2.3.13 填埋场消防器材设置应符合现行国家标准《建筑灭火器配置设计规范》GBJ 140的有关规定。

2.3.14 场区内封闭、半封闭场所，必须保持通风、除尘、除臭设施和设备完好。

2.3.15 进场车辆和人员均应进行登记。

2.3.16 严禁带火种车辆进入场区，填埋区严禁烟火，场区内应设置明显防火标志。

2.3.17 场区发生火灾时，应根据火情采取相应灭火对策。

2.3.18 场区内防火隔离带、防火墙应定期检查维护。

2.3.19 场区内运输管理应符合现行国家标准《工业企业厂内运输安全规程》GB 4387 的有关规定。

2.3.20 场区内应配备必要的防护救生用品和药品，存放位置应有明显标志。备用的防护用品及药品应定期检查、更换、补充。

2.3.21 在易发生事故地方应设置醒目标志，并应符合现行国家标准《安全色》GB 2893、《安全标志》GB 2894 的有关规定。

2.3.22 填埋场应制定防火、防爆、防洪、防风等应急预案和措施。

3 垃圾计量

3.1 运行管理

3.1.1 进场垃圾应登记垃圾运输车车牌号、运输单位、进场日期及时间、离场时间、垃圾来源、性质、重量等情况。

3.1.2 垃圾计量系统应保持完好，设施内各种设备应保持正常使用。

3.1.3 操作人员应定期检查地磅计量误差。

3.1.4 操作人员应做好每日进场垃圾资料备份和每月统计报表工作。

3.1.5 操作人员应做好当班工作记录和交换班记录。

3.1.6 电脑、地磅等设备出现故障时，应立即启动备用设备保证计量工作正常进行；当全部计量系统均发生故障时，应采用手工记录，系统修复后应及时将人工记录数据输入电脑，保持记录完整准确。

3.1.7 操作人员应随机抽查进场垃圾成分，发现生活垃圾中混有违禁物料时，严禁其进场。

3.2 维护保养

3.2.1 操作人员应定期检查维护计量设施，及时清除磅桥下面及周围的异物。

3.2.2 计量设施应由计量管理部门人员定期校核、调整计量误差。

3.2.3 计量设施内电脑、仪表、录像、道闸和备用电源等设备应定期检查维护。

3.3 安全操作

3.3.1 地磅前后方应设置醒目的提示标志。

3.3.2 地磅前方 10m 处应设置减速装置。

3.3.3 地磅防雷设施应保持完好。

4 填埋作业及封场

4.1 运行管理

4.1.1 填埋垃圾前应制订填埋作业计划和年、月、周填埋作业方案，应实行分区域单元逐层填埋作业。

4.1.2 垃圾作业平台应在每日作业前准备，修筑材料可用渣土、石料和特制钢板，应根据实际情况控制平台面积。

4.1.3 垃圾填埋区作业单元应控制在较小面积范围；雨季等季节应备应急作业单元。

4.1.4 填埋作业现场应有专人负责指挥调度车辆。

4.1.5 操作人员应及时摊铺垃圾，每层垃圾摊铺厚度应控制在 1m 以内；单元厚度宜为 2～3m；最厚不得超过 6m。

4.1.6 填埋场应采用专用垃圾压实机分层连续数遍碾压垃圾，压实后垃圾压实密度应大于 800kg/m^3。平面排水坡度应控制在 2%左右，边坡坡度应小于 1∶3。

4.1.7 填埋作业区应设置固定或移动式屏护网。

4.1.8 每日填埋作业完毕后应及时覆盖，覆盖材料应是低渗透性的。日覆盖层的厚度不应小于 15cm；中间覆盖层厚度不应小于 20cm，终场覆盖厚度按封场要求。覆盖层应压实平整。斜面日覆盖可用塑料防雨薄膜等材料临时覆盖，作业完成后如逢大雨，应在覆盖面上铺设防雨薄膜。

4.1.9 对于大型填埋场，根据填埋作业计划，对暂不填埋垃圾的覆盖面应及时进行植被恢复。

4.1.10 垃圾填埋场封场后应按设计要求对场区内排水、导气、交通、渗沥液处理等设施进行运行管理。

4.2 维护保养

4.2.1 填埋场应有专人负责填埋区内道路、截洪沟、排水渠、拦洪坝、垃圾坝、洗车槽等设施的维护、保洁、清淤、除杂草等工作。

4.2.2 对场区内边坡保护层、尚未填埋垃圾区域内防渗和排水等设施应定期进行检查、维护。

4.2.3 填埋场封场后，对填埋区各种设施应定期进行检查、维护。

4.3 安全操作

4.3.1 填埋场场区内严禁捡拾废品。

4.3.2 对操作和管理人员应定期进行防火、防爆安全教育和演习，并定期进行检查、考核。

4.3.3 填埋区必须按规定配备消防器材，并应保持完好。

4.3.4 场外人员应经许可并由管理人员陪同方可进入填埋区参观。

4.3.5 填埋区发现火情应及时扑灭；发生火灾的，应按场内安全应急预案，及时组织处理，事后应分析原因并采取有针对性预防措施。

4.3.6 填埋作业区内不得搭建封闭式建筑物、构筑物。

5　填埋气体收集系统

5.1　运行管理

5.1.1　填埋场应按照设计要求设置运行、保养气体收集系统。

5.1.2　在填埋气体收集井不断加高过程中，应保障井内管道连接顺畅，填埋作业过程应注意保护气体收集系统。

5.1.3　填埋气体的处理应立足于综合利用；不具备利用条件的，应集中燃烧处理后排放。

5.1.4　对填埋气体收集系统的气体压力、流量等基础数据应定期进行监测。对各个填埋分区及填埋气总管应分别监测。

5.1.5　所有填埋气体监测数据应录入计算机管理系统。

5.2　维护保养

5.2.1　填埋气体收集井、管、沟应定期进行检查、维护，清除积水、杂物，保持设施完好。

5.2.2　填埋气体收集系统上的仪表应定期进行校验和检查维护，并挂合格证。

5.3　安全操作

5.3.1　竖向收集管顶部应设顶罩；与填埋区临时道路交叉的表层水平气体收集管、沟应采取临时加固措施。

5.3.2　填埋气体收集井安装及钻井过程中应采用防爆施工设备。

5.3.3　场区内甲烷气体浓度大于1.25%时，应立即采取相应的安全措施。

6　地表水和地下水收集系统

6.1　运行管理

6.1.1　填埋区外地表水不得流入填埋区。

6.1.2　填埋区内地表水应及时通过排水系统排走，不得滞留填埋区。

6.1.3　覆盖区域雨水应通过填埋场区内排水沟收集，经沉淀截除泥沙、杂物后汇入地表水系统排走。排水沟应保持3%～5%的坡度，大小依据汇水面积和降雨量确定。

6.1.4　对地表水应定期进行监测，有污染的地表水不得排入自然水体，应经相应处理后排走。

6.1.5　填埋区地下水收集系统应保持完好，地下水应顺畅排出场外。

6.1.6　对地下水应定期进行监测。

6.2　维护保养

6.2.1　地表水、地下水系统设施应定期进行全面检查。

6.2.2　对场区内管、井、池等难以进入的狭窄场所，应定期进行检查、维护，应配备必要的维护器具。

6.2.3　大雨和暴雨期间，应有专人值班，巡查排水系统的排水情况，发现设施损坏或堵塞应及时组织人员处理。

6.3　安全操作

6.3.1　填埋场内贮水和排水设施竖坡陡坡高差超过1m的，应设置安全护栏。

6.3.2　在检查井的入口处应悬挂有关的警示及安全告示牌，并应备有安全带、踏步、扶手、救生绳、挂钩、吊带等安全用品。

6.3.3　对存在安全隐患的场所，应采取有效措施后方可进入。

7　填埋作业机械

7.1　运行管理

7.1.1　填埋作业前对作业机械应进行例行检查、保养。

7.1.2　填埋作业机械操作前应观察各仪表指示是否正常；运转过程发现异常，应立刻停机检查。

7.1.3　填埋作业机械斜面作业时应使用低速挡，应避免横向行驶。

7.1.4　填埋作业机械应实行定车、定人、定机管理，执行交接班制度。

7.1.5　填埋作业完毕，应及时清理填埋作业机械上垃圾杂物。

7.2　维护保养

7.2.1　填埋作业机械设备应按要求进行日常和定期检查、维护、保养。

7.2.2　在填埋场内机械停置时间超过一周时，应对履带、压实齿等易腐蚀部件进行防腐防锈处理。

7.2.3　压实齿、履带磨损后应按厂家要求及时更换。

7.3　安全操作

7.3.1　操作人员应严格遵守填埋作业机械安全操作规程，对违章指挥，有权拒绝操作。

7.3.2　失修、失保或有故障的填埋作业机械不得操作使用。

7.3.3　对填埋作业机械不宜拖、顶启动。

7.3.4　靠近边坡作业时，填埋作业机械周边距边坡距离应大于1m；场底填埋垃圾3m以上方可采用压实机压实作业。

7.3.5 两台填埋作业机械在同一作业单元作业时，前后距离应大于8m，左右距离应大于1m。

8 虫害控制

8.1 运行管理

8.1.1 填埋区作业单元应控制在较小面积，当天作业完毕应及时覆盖。

8.1.2 场区内应保持地面干净、平整，无积水、无招引蚊蝇躲藏和繁殖的容器。

8.1.3 场内的各种建筑物、构筑物，凡有可能积存雨水的应加盖板或及时疏干。

8.1.4 填埋区及其他蚊蝇密集区应定期进行消杀，每月应对全场的蚊蝇、鼠类等情况进行检查，并对其危险程度和消杀效率进行评估，发现问题及时调整消杀方案。

8.1.5 在鼠洞周围及鼠类必经之处应放捕鼠器或灭鼠药，24h之后应及时回收捕鼠器和清理死鼠。

8.1.6 灭蝇应使用低毒、高效、高针对性药物，应定期调整灭蝇药物和施药方法。

8.2 维护保养

8.2.1 场区内设施、路面及绿地应定期进行卫生检查。

8.2.2 消杀机械设备应定期进行维护保养。

8.3 安全操作

8.3.1 灭蝇、灭鼠消杀药物应安危险品规定管理。

8.3.2 消杀人员进行药物配备和喷洒作业必须穿戴安全防护用品。

8.3.3 消杀人员应严格按照药物喷洒作业规程作业。

9 填埋场监测

9.1 运行管理

9.1.1 填埋场运行及封场后应进行环境监测和评估。

9.1.2 填埋场开始运行前，应进行填埋场的本底环境监测。

9.1.3 填埋场环境监测项目应包括渗沥液、大气、臭气、填埋气体、地下水、地表水、噪声、苍蝇密度。

9.1.4 填埋场环境监测所采用的仪器设备及采样方法应符合现行国家标准的有关规定。

9.1.5 填埋场环境监测所采样品应标明取样点代号、样品名称、采样日期、时间、采样人员、天气情况及采样手段。

9.1.6 样品的贮存和分析应符合有关标准的规定。

9.1.7 环境监测报告应按年、月、日逐一分类整理归档。

9.1.8 填埋场大气监测每月一次，监测点不应少于4点，采样方法应按现行国家标准《生活垃圾填埋场环境监测技术要求》GB/T 18772 执行。监测项目应包括：总悬浮物、甲烷、硫化氢、氨、二氧化氮、一氧化碳和二氧化硫。

9.1.9 对填埋气体应随时采样监测，采样点应设置在气体收集输导系统的排气口和甲烷气易于积聚的地点。监测项目包括：二氧化碳、氧气、甲烷、硫化氢、氨、一氧化碳和二氧化硫。

9.1.10 根据各地情况，地下水监测按丰、平、枯水期每年不得少于3次，监测点不宜少于5个。监测项目应包括：pH值、肉眼可见物、浊度、嗅味、色度、总悬浮物、化学需氧量、硫酸盐、硫化物、总硬度、挥发酚、总磷、总氮、铵、硝酸盐氮、亚硝酸盐氮、大肠菌群、细菌总数、铅、铬、镉、汞和砷。

9.1.11 填埋场污水处理后应在排出场外边界排水口处设排水取样点，按污水处理方法确定监测次数。监测项目应包括：pH值、总悬浮物、色度、五日生化需氧量、化学需氧量、挥发酚、总氮、铵、硝酸盐氮、亚硝酸盐氮、大肠菌群和硫化物。

9.1.12 渗沥液应每月监测至少1次。监测项目应包括：pH值、色度、总悬浮物、总磷、总氮、铵、亚硝酸盐、硝酸盐、五日生化需氧量、化学需氧量、硬度、细菌总数、大肠菌群、铬、砷、汞、铅和镉。

9.1.13 进场垃圾应每月进行一次成分分析；发现异常，应加大分析频率。

9.1.14 根据气候特征，在苍蝇活跃的季节应每月监测苍蝇密度至少2次。

9.1.15 从填埋作业开始至封场期结束，对垃圾体应进行每季一次沉降监测。所用的沉降标志应用低碳钢钢桩埋入耐硫酸盐腐蚀的混凝土桩管内。

9.1.16 场区经常消杀区域应定期进行消杀药物残留物监测。

9.1.17 垃圾压实密度应每月进行一次监测。

9.2 维护保养

9.2.1 取样、化验及监测仪器设备应按规定进行日常维护和定期检查。

9.2.2 仪器设备出现故障或损坏时，应及时检修。

9.2.3 贵重、精密仪器设备应安装电子稳压器，并应由专人保管。

9.2.4 计量仪器的检修和核定应由技术监督部门负责，并挂合格证。

9.2.5 仪器的附属设备应妥善保管，并应经常进行检查。

9.2.6 取样器具及监测仪器用完后应清洗干净。

9.2.7 对场区监测井等设备应定期检查维护。

9.3 安 全 操 作

9.3.1 场区各监测点应有可靠的安全措施。

9.3.2 场区易燃、易爆物品应置于通风处，与其他可燃物和易产生火花的设备隔离放置。剧毒物品应保存在密闭的容器内，并标有“剧毒”标识。易燃、易爆、有毒物品应由专人保管，领用必须办理有关手续。

9.3.3 化验带刺激性气味的项目必须在通风橱内进行。

9.3.4 化验完毕，应关闭水、电、气、火源。

本规程用词说明

1 为便于在执行本规程条文时区别对待，对于要求严格程度不同的用词说明如下：

1）表示很严格，非这样做不可的：

正面词采用“必须”，反面词采用“严禁”；

2）表示严格，在正常情况下均应这样做的：

正面词采用“应”，反面词采用“不应”或“不得”；

3）表示允许稍有选择，在条件许可时，首先应这样做的：

正面词采用“宜”，反面词采用“不宜”；

表示有选择，在一定条件下可以这样做的，采用“可”。

2 规程中指明应按其他标准执行的写法为：“应按……执行”或“应符合……的规定（或要求）”。

中华人民共和国行业标准

城市生活垃圾卫生填埋场运行维护技术规程

CJJ 93—2003

条 文 说 明

前　言

《城市垃圾卫生填埋场运行维护技术规程》(CJJ 93—2003) 经建设部 2003 年 3 月 17 日以第 129 号公告批准，业已发布。

为方便广大设计、施工、科研、学校等单位的有关人员在使用本规程时能正确理解和执行条文规定，规程编制组按章、节、条的顺序编制了本规程的条文说明，供使用者参考。在使用过程中如发现本条文说明有不妥之处，请将意见函寄华中科技大学环境科学与工程学院。

目　次

1　总则 …… 3—6—12
2　一般规定 …… 3—6—12
2.1　运行管理 …… 3—6—12
2.2　维护保养 …… 3—6—12
2.3　安全操作 …… 3—6—13
3　垃圾计量 …… 3—6—14
3.1　运行管理 …… 3—6—14
3.2　维护保养 …… 3—6—14
3.3　安全操作 …… 3—6—14
4　填埋作业及封场 …… 3—6—14
4.1　运行管理 …… 3—6—14
4.2　维护保养 …… 3—6—15
4.3　安全操作 …… 3—6—15
5　填埋气体收集系统 …… 3—6—15
5.1　运行管理 …… 3—6—15
5.2　维护保养 …… 3—6—15
5.3　安全操作 …… 3—6—15
6　地表水和地下水收集系统 …… 3—6—15
6.1　运行管理 …… 3—6—15
6.2　维护保养 …… 3—6—15
6.3　安全操作 …… 3—6—15
7　填埋作业机械 …… 3—6—16
7.1　运行管理 …… 3—6—16
7.2　维护保养 …… 3—6—16
7.3　安全操作 …… 3—6—16
8　虫害控制 …… 3—6—16
8.1　运行管理 …… 3—6—16
8.2　维护保养 …… 3—6—16
8.3　安全操作 …… 3—6—16
9　填埋场监测 …… 3—6—16
9.1　运行管理 …… 3—6—16
9.2　维护保养 …… 3—6—17
9.3　安全操作 …… 3—6—17

1 总 则

1.0.1 本条明确了制订本规程的目的。编制本规程的目的在于加强和规范城市生活垃圾卫生填埋场运行管理，提高管理人员的业务水平和操作人员的工作技能，保障安全运行，规范作业，提高效率，实现城市生活垃圾无害化处理，实施可持续发展战略。

1.0.2 本条规定了规程的适用范围。本规程适用于处置城市生活垃圾的卫生填埋场。城市垃圾综合处理厂中的卫生填埋场也应严格执行；未达到卫生填埋场建设标准的垃圾填埋场和垃圾堆场应参照执行。

1.0.3 本条规定了城市生活垃圾卫生填埋场的运行、维护及安全管理除应执行本规程外，尚应执行现行国家和行业的有关标准。

本规程引用的国家和行业标准主要有：

1.《生活垃圾填埋污染控制标准》GB 16889；

2.《城市生活垃圾卫生填埋技术规范》CJJ 17；

3.《水质分析方法标准》GB 7466—7494；

4.《生活垃圾渗沥液理化分析和细菌学检验方法》CJ/T 3018.1～15；

5.《大气环境质量标准》GB 3095；

6.《作业场所空气中粉尘测定方法》GB 5478；

7.《城市环境噪声测量方法》GB 3222；

8.《生活垃圾填埋场环境监测技术要求》GB/T 18772—2002；

9.《地面水环境质量标准》GB 3838；

10.《工业企业厂界噪声标准》GB 12348；

11.《工业企业厂界噪声测量方法》GB 2349；

12.《建筑物防雷设计规范》GB 3005；

13.《建筑设计防火规范》GBJ 16；

14.《建筑内部装修设计防火规范》GB 50222；

15.《建筑灭火器配置设计规范》GBJ 140；

16.《电业安全工作规程》DL 408；

17.《生产过程安全卫生要求总则》GB 12801；

18.《工业企业设计卫生标准》GBZ.1；

19.《工业企业厂内运输安全规程》GB 4387；

20.《安全色》GB 2893；

21.《安全标志》GB 2894。

2 一般规定

2.1 运行管理

2.1.1 本条对各岗位操作人员完成本岗位工作提出了基本要求。

2.1.2 本条对管理人员完成本职工作提出了基本要求，管理人员包括场领导。

2.1.3 本条规定操作人员要坚守岗位，做好记录；记录报表应准确及时。管理人员应定期检查管辖的设施设备及仪器仪表的运行状况。

不论是管理人员还是操作人员发现异常，应及时采取相应处理措施，并及时逐级上报。上报内容主要包括运行异常具体情况与原因、已采取的处理措施及效果、进一步的对策及请示上级解决的问题等。特殊或紧急情况可同时向多级领导部门报告。

2.1.4 本条规定操作人员应按规定（如使用说明、操作规程、岗位责任制等）的要求操作使用各种机械设备、仪器仪表；应保持机械设备完好、整洁；仪器仪表和进口机械设备完好率应达75%以上。

2.1.5 本条规定电机工作电源电压波动范围为10%，电压过高会降低设备寿命，甚至会烧毁电机。

2.1.6 本条规定场区道路应畅通，交通标志应规范清楚，方便垃圾车辆快速方便进出。交通标志应符合现行国家标准《安全色》GB 2893和《安全标志》GB 2894的要求。

对于垃圾填埋场而言，控制进场运输车的车速非常重要。道路坡度大于6%或转弯半径小于30m时，车速不宜大于15km。

2.1.7 本条规定场区排水应雨污分流，并要求保持排水设施完好。填埋区渗沥液由收集系统收集后汇入调节池。填埋区覆盖面雨水由专门收集系统收集经沉沙后排入地表水系统。

2.1.8 有毒有害工业垃圾、医疗垃圾对城市生活垃圾填埋场安全运行有影响，本条规定不得接受危险废物。

2.1.9 填埋场不得处理渣土，因填埋区修筑工作平台、临时道路需要，允许接收适量的建筑渣土，但要与进场生活垃圾分开存放。

2.1.10 目前国内规模化处理达标的渗沥液处理厂极少，采用的工艺、设备、自动化程度差别较大，现尚难统一操作规程，本条要求参照城市污水运行规程运行管理。

2.1.11 本条规定填埋场应建各种机械设备、仪器仪表使用、维修、保养技术档案，规范管理各种技术、运行记录等资料，为运行管理决策提供可靠依据。

2.1.12 本条规定应保持场区干净整齐，绿化美化，消除蚊蝇孳生源，树立文明生产形象。

2.2 维护保养

2.2.1 本条规定所指的设备主要有各种路面、沟槽、护栏、爬梯、盖板、挡墙、挡坝、井管等。各岗位人员负责辖区设施日常维护，部门及场部定期组织人员抽查。

本条规定对各种供电设施、电器、照明设备、通讯管线等应由专业人员定期检查维护。

对各种机械设备日常维护保养及部分小修应由操作人员负责，中修及大修应由厂家或专职人员负责。

2.2.2　本条规定对避雷、防爆装置由专业人员定期按有关行业标准检测。

2.2.3　本条规定对场区内的各种交通、告示标志应定期进行检查，主要包括进场道路及填埋区内交通标志、场区内构筑物指示及场区内安全告示标志。

2.2.4　本条规定对场区内的各种消防设施、设备应由岗位人员做好日常管理和场部专职安全员定期检查。

2.3 安全操作

2.3.1　为达到实施全过程安全管理的目标，应严格按照现行国家标准《生产过程安全卫生要求总则》(GB 12801) 的基本要求，建立和完善全场范围内的安全监督机制。

2.3.2　本条规定岗前培训的基本内容：本岗位工艺和设备基本情况，机电设备操作或作业程序一般常识，安全作业一般常识，本岗位机械设备操作与维修的特殊要求。

2.3.3　填埋场应根据本场实际情况和各岗位特点，制订具体明确的操作人员和管理人员安全与卫生管理规定，保障人员的安全和身体健康，如消杀岗位人员应规定连续工作 2 年须换岗；消杀时不得对着人喷洒；不得在下风位置进行消杀作业；定期组织身体检查等。操作人员及维护人员必须严格执行本岗位安全操作规程，这是防止安全事故的关键。

2.3.4　本条规定操作人员的劳动保护措施主要有：穿工作服、戴安全帽、夜间作业必须穿反光背心；女性操作人员不得穿裙子、披长发、穿高跟鞋。

2.3.5　场区内控制室、化验室、变电室、填埋区等区域是安全防范重点区域，须严禁烟火和酒后上岗。

2.3.6　挖掘机、装载机、吊车等机械设备属特别机械，易发生安全事故，须按有关规定操作使用。操作人员须经专门培训，确认安全才能操作。

2.3.7　不熟悉本岗位机械设备性能和运行情况，易发生事故；管理人员违章指挥，也易损坏机械设备，甚至造成安全事故。

2.3.8　启、闭电器开关、检修电器控制柜及机电设备操作不当，易发生事故，本条规定应按电工安全规定操作。

2.3.9　本条规定维修机械设备时，不得随意搭接临时动力线，确实需要，必须在安全前提下临时搭接动力线，并在使用过程应有专职电工在现场管理，使用完毕立即拆除。

2.3.10　本条规定皮带传动、链传动、联轴器等传动部件须有机罩安全措施，防止工伤事故。机罩安装应牢固、可靠，以防震脱、碰落。

2.3.11　填埋场运行阶段，应执行现行国家标准《建筑灭火器配置设计规范》GBJ 140。根据其第 2.0.1 条，工业建筑灭火器配置场所的危险等级分为：严重危险级，即火灾危险性大，可燃物多，起火后蔓延迅速或容易造成重大火灾损失的场所；中危险性，即火灾危险性较大，可燃物较多，起火后蔓延较迅速的场所。轻危险级，即火灾危险性较小，可燃物较少，起火的蔓延较缓慢的场所。对于城市生活垃圾卫生填埋场而言，填埋区填埋气体中甲烷气大，化验室因有化学药品，火灾危险较大，两者均按中危险度考虑。

2.3.12　根据《建筑灭火器配置设计规范》GBJ 140 第 2.0.3 条，火灾种类依其燃烧特性划分为：A 类火灾：指含碳固体可燃物，如木材、棉、毛麻、纸张等燃烧的火灾；B 类火灾：指汽油、煤油、柴油、甲醇、乙醚、丙酮等液体燃烧的火灾；C 类火灾：指可燃气体，如煤气、天然气、甲烷、丙烷、乙炔氢气等燃烧的火灾；D 类火灾：指可燃金属造成的火灾，带电火灾。对填埋场而言，整个场区火灾隐患有 A、B、C 三类，填埋区有大量甲烷气易形成 A 类火灾，一些填埋场场区周围存在临时的可回收废品储存点也易形成 A 类火灾；化验室有化学药品易形成 B、C 类火灾。

2.3.13　本条规定消防器材应按现行国家标准《建筑灭火器配置设计规范》GBJ 140 第四章有关规定设置，并应由专职人员日常维修管理和定期检查，损坏的及时更换。

2.3.14　场区内易积聚甲烷气体，半封闭、封闭场所必须有通风措施，并保持通风、除尘、除臭设施和设备完好。

2.3.15　本条对进出场区车辆和人员管理要求。

2.3.16　带火种的垃圾进入场区，易造成填埋区火灾。

2.3.17　本条规定对场区发生火灾应根据火灾性质、类别与着火地点，采用相应灭火对策。

2.3.18　本条明确应有必要措施防止填埋场火灾对周边树林的危害，如设置并维护防火隔离带（特别是顺风方向）或防火墙。

2.3.19　现行国家标准《工业企业厂内运输安全规程》GB 4387 第三章就厂内道路、车辆装载、车辆行驶、装卸等各方面安全操作做出了具体规定，场区及填埋区内运输管理，应符合该规程的要求。

2.3.20　应在指定的、有明显标志的位置配备必要的防护用品及药品，以备突发事故或意外事故急用。备用的防护用品及药品应定期检查，必要时应更换、补充。

2.3.21　根据现行国家标准《安全色》GB 2893 规定，相应不同颜色可传递禁止、警告、指令、提示等信息，如在机械设备、仪器仪表的紧急停止手柄或按钮上用红色禁止人们随意触动。现行国家标准《安全标志》GB 2894 规定了由安全色、几何图形和图形符号构成，用以表达特定安全信息的安全标志。安全标志不能代替安全操作规程和必要的防护措施，但可作为安全辅助措施。

2.3.22 填埋场应根据实际情况制订防火、防爆、防风等方面应急方案和措施，如台风暴雨期间应有人员值班，应有应急抢险队员和器材。确保意外情况下将损失控制到最小。

3 垃圾计量

3.1 运行管理

3.1.1 本条规定应登记进场垃圾运输车车牌号、运输单位、进场日期及时间、离场时间、垃圾来源、性质、重量等基本资料，及时掌握垃圾处理量和便于运输单位运输量查询，并为垃圾处理收费以及安全管理提供切实可靠数据。

3.1.2 垃圾计量系统主要设备有仪表、传感器、电脑、录像、道闸监控等。

3.1.3 本条要求地磅操作人员应每日检查校验地磅的误差，保障称量准确。

3.1.4 本条要求应做好每日记录资料备份工作，包括每日资料打印和电脑数据备份，同时做好每月统计报表工作。

3.1.5 本条规定应有当班工作记录和交换班记录，主要记录当班异常情况及注意事项，交接班人员及时间。

3.1.6 本条规定地磅系统出现故障应立即采取应急措施，如启动备用第二套磅桥、计算机或不间断电源等设备，保障系统正常使用。

全部计量系统发生故障时，应采取人工记录，同时由专职人员马上维修，系统修复后及时将人工记录数据录入计算机，保持记录完整准确。

3.1.7 不允许混入生活垃圾的违禁物料主要指有毒有害工业垃圾、医疗垃圾及建筑渣土等废物。但因填埋区修筑工作平台、临时道路需要，允许有计划接收适量的建筑渣土作为填埋场的建筑材料使用。

3.2 维护保养

3.2.1 磅桥上面及周围有异物会影响计量准确度。

3.2.2 计量管理部门专职人员调校地磅，保障准确计量。

3.2.3 除对计算机、仪表、录像、道闸等设施、设备要日常维护外，还要对备用系统定期进行检修。

3.3 安全操作

3.3.1 地磅前后方设置过磅称量、出入通行、行车限速标志及车辆出入磅桥注意事项等标志说明，防止车辆碰撞地磅及附属设施。

3.3.2 地磅前方10m处设置减速装置，控制上磅车速不得大于15km/h，车速过快影响正常称重。

3.3.3 计量系统各种信号线路多，防雷设施损坏后雷雨季节易造成计量系统遭雷击，影响生产作业。

4 填埋作业及封场

4.1 运行管理

4.1.1 本条强调应有填埋作业计划和填埋作业方案。对大型以上填埋场应实行分区域填埋作业，利于减少渗沥液产生量，降低浓度，减少雨水汇积面积。作业计划主要包括作业平台、场内运输、工作面转换、边坡（HDPE膜）保护、排水沟修筑、填埋气井安装、渗沥液导渗、填埋容量、填埋时间、覆盖等内容。

4.1.2 垃圾作业平台的大小主要依垃圾运输车高峰期最大车流量和每日垃圾量确定，保障垃圾运输车及时卸料的前提下，尽可能控制较小作业平台，以节省费用。

4.1.3 尽可能控制较小作业单元面积，有利于减少渗沥液量，减少臭气产生，提高压实效率。作业单元的大小主要依据每日进场垃圾量、推土机推运距等条件确定；雨季填埋区作业单元易打滑、陷车，应有备用作业单元。

4.1.4 应有专人现场指挥垃圾定点倾倒工作，防止堵车和乱倒垃圾现象。

4.1.5 摊铺作业有由上往下、由下往上、平推三种，由下往上摊铺比由上往下难度大，但压实效果好，应依现场和设备情况选用，每层垃圾厚度为0.5～1m为宜，深圳市下坪场试验表明0.7m左右厚度最为合适。

4.1.6 专用垃圾压实机压实效果好，根据深圳市下坪场现场测试结果，摊铺厚度在0.7m时，辗压3遍，垃圾密实度可达900kg/m^{3}以上。

4.1.7 填埋作业区设置的固定或移动式屏护网，目的是防止纸张、塑料飘散。

4.1.8 每日填埋作业完毕后应及时覆盖，才能有效控制臭气扩散和蚊蝇孳生。覆盖材料可用软土、碎石或经选择的建筑渣土。覆盖层平整压实，才能达到阻隔臭气，防止大量雨水渗入的目的。雨天覆盖可用干土覆盖，或用非黏土替代材料覆盖，如塑料防雨薄膜等。如逢大雨，在泥土覆盖面上铺设防雨薄膜等防雨措施，能有效减少雨水冲刷，防止水土流失。

4.1.9 对于大型填埋场，由于存在不少面积覆盖面多年后再填埋情况，对暂不填埋垃圾的覆盖面及时进行植被恢复，既减少水土流失，又符合生态要求。植被恢复可采用植草皮、喷草等方式，尽可能选用根系发达，对水分要求低的植被。

4.1.10 封场后垃圾体仍在产生填埋气体和渗沥液，至少15年以上，须按设计要求运行管理，保障设施完好。

4.2 维护保养

4.2.1 本条要求应有专人负责填埋区各种设施日常维护保养工作，保持设施完好，干净整齐。

4.2.2 边坡 HDPE 膜保护层、尚未填垃圾区域防渗和排水设施易损坏，须进行日常检查、维护管理。

4.2.3 封场后各种设施设备应按设计要求定期进行检查、维护。

4.3 安全操作

4.3.1 填埋作业现场有人捡拾废品不仅影响填埋作业，而且还会损坏设施，甚至会产生人员安全事故。

4.3.2 对工作人员定期进行防火、防爆安全教育和演习，可有效防止安全事故发生。

4.3.3 填埋区应按规定配备消防器材，以备紧急情况下使用。

4.3.4 此条为保障参观人员安全的必要措施。

4.3.5 填埋区火情有填埋气体收集井着火、垃圾体表层着火、垃圾体深层着火等情况，应按场内制订的安全应急预案及时处理。

4.3.6 为避免填埋气体聚积并爆炸、着火，填埋作业区内不宜建造封闭式屋、棚等建筑物、构筑物。

5 填埋气体收集系统

5.1 运行管理

5.1.1 本条规定自填埋运作开始，应按设计设置填埋气体收集系统，主要是水平方向收集管和垂直方向收集井。

5.1.2 填埋气体收集井内管道连接顺畅，利于气体收集。

5.1.3 根据国外经验，填埋垃圾总量达 2000000t 以上和填埋厚度达 20m 以上，具备利用条件可考虑回收利用。利用形式有发电、民用或汽车燃料等形式，有一定经济效益。不能利用的，应燃烧处理，填埋气体中 50%～60%是甲烷气，30%～40%是二氧化碳，含有少量其他气体，是产生温室效应有害气体。

5.1.4 对填埋气体收集系统气压、流量等基础数据定期监测可找出产生气体的规律，为改进和完善气体收集系统提供依据。

5.1.5 所有气体监测数据录入计算机，方便管理。

5.2 维护保养

5.2.1 填埋气体收集井、管、沟易积杂物而堵塞，应定期检查维护，确保完好。

5.2.2 须按使用说明等有关技术文件的要求定期校验和维护保养仪表，主要包括气体成分分析仪、手提式监测仪、压力表、温度计、流量计等。

5.3 安全操作

5.3.1 为防止雷击或阳光直射，引起燃烧、爆炸等事故，应在竖向收集管顶部设顶罩；表层水平方向气体收集管有重型机械设备通过易造成损坏，应采取加套钢管或加铺钢板等临时加固措施。

5.3.2 为防止填埋气体收集井加高、延伸及钻井施工过程发生火灾或爆炸，填埋气体收集井安装及钻井过程中应采用防爆施工设备。

5.3.3 场区内甲烷气体浓度大于 1.25%时，应马上采取控制甲烷气体逸出或鼓风扩散等措施，预防发生爆炸事故。

6 地表水和地下水收集系统

6.1 运行管理

6.1.1 本条规定填埋区外地表水排走途径，即通过各层锚固 HDPE 膜平台外侧截洪沟和总截洪沟收集排走，控制不得进入填埋区。

6.1.2 填埋区内地表水也应通过各级台阶的排水沟和竖井排走。

6.1.3 本条规定覆盖区地表水收集方式、排走途径等具体措施。

6.1.4 本条规定应定期对地表水进行监测，有严重污染的地表水不得排入自然水体，应作为渗沥液处理；有较多泥沙、杂物的，要经沉砂处理。

6.1.5 地下水应通过场底收集系统排出场外，不得与渗沥液混流，以减少渗沥液处理量。

6.1.6 地下水监测结果对设施的设计、施工和运行管理意义重大。

6.2 维护保养

6.2.1 本条所指的地表水、地下水系统设施主要有总截洪沟、各层锚固 HDPE 膜平台截洪沟、排水渠、沉沙池、检查井、急流槽、涵洞、格栅等。

6.2.2 本条所要求配备的器具和设备主要包括铁铲、编织袋、疏通管道专用工具及绳梯、安全带、安全帽、防毒面具等。

6.2.3 大雨和暴雨期间，排水系统易出现问题，应安排专人值班，来回巡查，发现问题及时报告并组织人员处理，确保排水畅通。

6.3 安全操作

6.3.1 沉沙池、调节池、储水池等贮水设施和竖坡陡坡高差超过 1m 的，易发生安全事故，应设置安全护栏。

6.3.2 本条规定检查井入口处应有醒目的警示、告示牌和安全器具。

6.3.3 本条所指存在安全隐患的主要场合：自然通风不足的；可能有危险气体的；可能有爆炸气体的；进出通道可能受限制的；存在被洪水淹没危险的；存在失足落水危险的。

7 填埋作业机械

7.1 运行管理

7.1.1 本条规定压实机、推土机、挖掘机等作业机械作业前重点检查内容：各系统管路有无裂纹或泄漏；各部分螺栓连接件是否紧固；各操纵杆和制动踏板的行程、履带的松紧程度是否符合要求；压实机压实齿有无松动现象。

7.1.2 本条规定机械启动和运转过程中应注意的要求。

7.1.3 斜面作业有较大坡度，使用高速挡易损坏机械；摊铺和压实作业过程中，横向作业易发生翻车事故。应尽可能避免横向行驶。

7.1.4 填埋作业机械应实行定人、定机管理和执行交接班制度，有利于落实责任，减少故障。每班作业完毕应记录当班机械使用情况、异常情况、注意事项、作业时间、人员等基本情况。

7.1.5 填埋作业环境恶劣，作业完毕，应及时清理作业机械上杂物，保持干净，并做日常保养工作，如打黄油、检查部件有无松脱等。

7.2 维护保养

7.2.1 本条规定机械设备应按要求进行日常和定期检查、维护、保养。

7.2.2 填埋场内机械易锈蚀，停置时间超过1周的，应对履带、压实齿等易腐蚀部件进行防腐处理。

7.2.3 压实齿等磨损到一定程度，会影响压实效果。

7.3 安全操作

7.3.1 操作人员不按安全操作规程操作和管理人员违章指挥，易发生事故。

7.3.2 失修、失保、带故障的机械易发生机械和人身安全事故。

7.3.3 作业机械功率大，拖、顶启动易损坏机械。

7.3.4 机械靠近边坡和场底作业易造成防渗系统损坏，一旦HDPE膜损坏，通常很难发现，后果不堪设想。

7.3.5 本条规定多台机械在同一作业面作业时的安全距离。

8 虫害控制

8.1 运行管理

8.1.1 垃圾裸露会产生大量臭气，及时推平碾压垃圾，控制最小作业单元面积并当天及时覆盖，是减少空气污染，控制虫害的关键。

8.1.2 和 **8.1.3** 规定消除场区蚊蝇孳生地的具体措施。

8.1.4 根据经验，一般应在未成蝇前消杀，如在傍晚时分，在蚊蝇生长繁殖区域有针对性消杀，一周两至三次，就能达到较好消杀效果。各填埋场可根据自身要求及地理、气候等多方面条件，摸清蚊蝇繁衍规律并制定切实有效的消杀方案。

8.1.5 本条提出灭鼠具体措施，填埋场场区环境卫生较好时，可有效防止鼠害问题。

8.1.6 本条规定应采用低毒、高效、高针对性环保型药物灭蝇，减少对生态环境影响。由于存在抗药性问题，一般需半年左右调整药物，可取得较好消杀效果。

8.2 维护保养

8.2.1 从消除蚊蝇孳生地考虑，应定期对场区内设施、路面、绿地等范围进行环境卫生检查，消除积水。

8.2.2 消杀机械主要有台式和背式两种，各填埋场应根据情况选用。一般来说，小范围的用背式较好，大范围的用台式的可减轻劳动强度、提高效率。

8.3 安全操作

8.3.1 目前所采用灭蝇、灭鼠药物均对人体有不同程度影响，药物管理应符合远离办公、生活场所，单独房屋存放、专人保管等危险品管理规定。

8.3.2 本条规定了消杀人员在配药和消杀过程劳动保护的具体措施。

8.3.3 消杀作业应有明确规定，如喷洒药物过程应与现场填埋作业人员保持20m以上距离，药物不得喷洒到人体和动物身上等安全作业要求。

9 填埋场监测

9.1 运行管理

9.1.1 本条规定对填埋场全过程监测，包括填埋垃圾前监测和封场后监测；还要定期委托有资质的权威机构进行环境评价，指导管理。

9.1.2 在填埋场运行前完成的本底监测是运行后环境评价的主要依据。

9.1.3 本条规定监测主要项目。

9.1.4 本条规定所采用仪器设备及采样方法应符合本条文说明第1.0.3条所列有关技术标准的规定。

9.1.5 本条规定所采样品应标明具体内容。

9.1.6 样品的贮存和分析应符合本条文说明第1.0.3条所列有关标准要求。

9.1.7 校对环境监测报告，规范管理具体要求，年报应上交场部资料室，保存至封场。

9.1.8 填埋作业区上风向和下风向应各布一个监测点。

9.1.10 五个监测井包括本底井1个、污染扩散井2个、污染监视井2个。

9.1.11 水处理后连续外排时宜每日监测一次，其他处理方法宜每旬监测一次。

9.1.13 垃圾成分测定和容重测定方法参照现行国家标准《城市生活垃圾采样和物理分析方法》CJ/T 3039中规定执行。

9.1.14 苍蝇密度测定方法参照现行国家标准《生活垃圾填埋场环境监测技术要求》GB/T 18772—2002执行。

9.2 维护保养

9.2.1 应按有关要求对取样、分析化验及监测仪器设备进行日常维护保养和定期检查，确保正常使用和必要精确度。

9.2.2 仪器设备出现故障或损坏时，应及时查明原因，并进行维修，不得带故障使用。同时还应及时逐级上报，操作人员不能维修的应联系专业人员修理。

9.2.3 贵重、精密仪器设备安装电子稳压器确保正常使用。专人保管，有利于落实责任。

9.2.4 分析天平和其他的精密计量仪器应由技术监督部门统一负责，并挂合格证。

9.3 安全操作

9.3.1 各监测点的安全措施包括防止监测点被损坏，采样过程防火、防爆、防滑等措施。

9.3.2 各种易燃易爆物的使用保存都应注意控制火源及起火的另外两个条件——氧和起燃温度，应将易燃易爆物置于阴凉通风处，与其他可燃物和易产生火花的设备隔离放置。

剧毒物品应保存在密闭的容器内，并标有“剧毒”字样和贴有提示标志，存放于有锁的柜中，每次按需用量领取，并严格履行审批手续。

9.3.3 带有刺激性气味的有害气体，会影响人体健康，应在通风橱中进行分析化验。

中华人民共和国行业标准

城市生活垃圾分类及其评价标准

Classification and evaluation standard
of municipal solid waste

CJJ/T 102—2004

批准部门：中华人民共和国建设部
施行日期：2004年12月1日

中华人民共和国建设部
公　　告

第262号

建设部关于发布行业标准《城市生活垃圾分类及其评价标准》的公告

现批准《城市生活垃圾分类及其评价标准》为行业标准，编号为CJJ/T 102—2004，自2004年12月1日起实施。

本标准由建设部标准定额研究所组织中国建筑工业出版社出版发行。

中华人民共和国建设部
2004年8月18日

前　　言

根据建设部建标［2002］84号文的要求，标准编制组在广泛调查研究，认真总结各地实践经验，参考国外有关标准，并在广泛征求意见的基础上，制定了本标准。

本标准的主要技术内容是：1. 总则；2. 分类方法；3. 评价指标。

本标准由建设部负责管理，由主编单位负责具体技术内容的解释。

本标准主编单位：广州市市容环境卫生局（地址：广州市东风西路140号东方金融大厦8楼；邮政编码：510170）

本标准参编单位：深圳市环境卫生管理处
广州市环境卫生研究所
北京市市政管理委员会
上海市废弃物管理处

本标准主要起草人：郑曼英　张立民　吕志毅
梁培长　林少宏　姜建生
吴学龙　刘泽华　梁顺文
邓　俊　张志强

目　　次

1　总则 …………………………… 3—7—4
2　分类方法 …………………………… 3—7—4
2.1　分类类别 …………………………… 3—7—4
2.2　分类要求 …………………………… 3—7—4
2.3　分类操作 …………………………… 3—7—4
3　评价指标 …………………………… 3—7—4
附录A …………………………… 3—7—5
本标准用词说明 …………………………… 3—7—5
条文说明 …………………………… 3—7—7

1 总　　则

1.0.1 为了进一步促进城市生活垃圾的分类收集和资源化利用，使城市生活垃圾分类规范、收集有序、有利处理，制定本标准。

1.0.2 本标准适用于城市生活垃圾的分类、投放、收运和分类评价。

城市生活垃圾中的建筑垃圾不适用于本标准。

1.0.3 城市生活垃圾（以下称垃圾）的分类、投放、收运和分类评价除应符合本标准外，尚应符合国家现行有关强制性标准的规定。

2 分 类 方 法

2.1 分 类 类 别

2.1.1 城市生活垃圾分类应符合表 2.1.1 的规定：

表 2.1.1 城市生活垃圾分类

分类	分类类别	内　　容
一	可回收物	包括下列适宜回收循环使用和资源利用的废物。 1. 纸类　未严重玷污的文字用纸、包装用纸和其他纸制品等； 2. 塑料　废容器塑料、包装塑料等塑料制品； 3. 金属　各种类别的废金属物品； 4. 玻璃　有色和无色废玻璃制品； 5. 织物　旧纺织衣物和纺织制品
二	大件垃圾	体积较大、整体性强，需要拆分再处理的废弃物品。 包括废家用电器和家具等
三	可堆肥垃圾	垃圾中适宜于利用微生物发酵处理并制成肥料的物质。 包括剩余饭菜等易腐食物类厨余垃圾，树枝花草等可堆沤植物类垃圾等
四	可燃垃圾	可以燃烧的垃圾。 包括植物类垃圾，不适宜回收的废纸类、废塑料橡胶、旧织物用品、废木料等
五	有害垃圾	垃圾中对人体健康或自然环境造成直接或潜在危害的物质。 包括废日用小电子产品、废油漆、废灯管、废日用化学品和过期药品等
六	其他垃圾	在垃圾分类中，按要求进行分类以外的所有垃圾

2.2 分 类 要 求

2.2.1 垃圾分类应根据城市环境卫生专业规划要求，结合本地区垃圾的特性和处理方式选择垃圾分类方法。

1 采用焚烧处理垃圾的区域，宜按可回收物、可燃垃圾、有害垃圾、大件垃圾和其他垃圾进行分类。

2 采用卫生填埋处理垃圾的区域，宜按可回收物、有害垃圾、大件垃圾和其他垃圾进行分类。

3 采用堆肥处理垃圾的区域，宜按可回收物、可堆肥垃圾、有害垃圾、大件垃圾和其他垃圾进行分类。

2.2.2 应根据已确定的分类方法制定本地区的垃圾分类指南。

2.2.3 已分类的垃圾，应分类投放、分类收集、分类运输、分类处理。

2.3 分 类 操 作

2.3.1 垃圾分类应按本地区垃圾分类指南进行操作。

2.3.2 分类垃圾应按规定投放到指定的分类收集容器或地点，由垃圾收集部门定时收集，或交废品回收站回收。

2.3.3 垃圾分类应按国家现行标准《城市环境卫生设施设置标准》CJJ 27 的要求设置垃圾分类收集容器。

2.3.4 垃圾分类收集容器应美观适用，与周围环境协调；容器表面应有明显标志，标志应符合现行国家标准《城市生活垃圾分类标志》GB/T 19095 的规定。

2.3.5 分类垃圾收集作业应在本地区环卫作业规范要求的时间内完成。

2.3.6 分类垃圾的收集频率，宜根据分类垃圾的性质和排放量确定。

2.3.7 大件垃圾应按指定地点投放，定时清运，或预约收集清运。

2.3.8 有害垃圾的收集、清运和处理，应遵守城市环境保护主管部门的规定。

3 评 价 指 标

3.0.1 根据本地区城市环境卫生规划和垃圾特性，制定垃圾分类实施方案，明确垃圾分类收集进度和垃圾减量化目标。

3.0.2 垃圾分类收集应实行信息化管理。

3.0.3 垃圾分类评价指标，应包括知晓率、参与率、容器配置率、容器完好率、车辆配置率、分类收集率、资源回收率和末端处理率。

1 知晓率应按公式（3.0.3-1）计算：

$$\gamma_c = \frac{R_i}{R} \times 100\% \qquad (3.0.3\text{-}1)$$

式中 γ_c——知晓率（%）；

R_i——居民知晓垃圾分类收集的人口数（或户数）；

R——评价范围内居民总人口数（或总户数）。

2 参与率应按公式（3.0.3-2）计算：

$$\gamma_p = \frac{R_j}{R} \times 100\% \qquad (3.0.3\text{-}2)$$

式中 γ_p——参与率（%）；

R_j——居民参与垃圾分类的人口数（或户数）；

R——评价范围内居民总人口数（或总户数）。

3 容器配置率应按公式（3.0.3-3）计算：

$$\gamma_{ed} = \frac{N_i}{N} \times 100\% \qquad (3.0.3\text{-}3)$$

式中 γ_{ed}——容器配置率（%）；

N_i——实际容器数；

N——应配置容器数。

应配置容器数的计算宜符合附录A第A.0.1条的规定。

容器配置率应在100%±10%范围内。

4 容器完好率应按公式（3.0.3-4）计算：

$$\gamma_{id} = \frac{N_j}{N_i} \times 100\% \qquad (3.0.3\text{-}4)$$

式中 γ_{id}——容器完好率（%）；

N_j——容器完好数；

N_i——实际容器数。

容器完好率不应低于98%。

5 车辆配置率应按公式（3.0.3-5）计算：

$$\gamma_{ev} = \frac{P_i}{P} \times 100\% \qquad (3.0.3\text{-}5)$$

式中 γ_{ev}——车辆配置率（%）；

P_i——实际车辆数；

P——应配置车辆数。

应配置车辆数的计算宜符合附录A第A.0.2条的规定。

6 分类收集率应按公式（3.0.3-6）计算：

$$\gamma_s = \frac{w_s}{W} \times 100\% \qquad (3.0.3\text{-}6)$$

式中 γ_s——分类收集率（%）；

w_s——分类收集的垃圾质量（t）；

W——垃圾排放总质量（t）。

垃圾排放总质量的计算宜符合附录A第A.0.3条的规定。

7 资源回收率应按公式（3.0.3-7）计算：

$$\gamma_r = \frac{w_1}{W} \times 100\% \qquad (3.0.3\text{-}7)$$

式中 γ_r——资源回收率（%）；

w_1——已回收的可回收物的质量（t）；

W——垃圾排放总质量（t）。

8 末端处理率应按公式（3.0.3-8）计算：

$$\gamma_t = \frac{w_2}{W} \times 100\% \qquad (3.0.3\text{-}8)$$

式中 γ_t——末端处理率（%）；

w_2——填埋处理的垃圾质量（t）；

W——垃圾排放总质量（t）。

附 录 A

A.0.1 应配置容器数量应按下式计算：

$$N = \frac{RCA_1A_2}{DA_3} \times \frac{A_4}{EB} \qquad (A.0.1)$$

式中 N——应配置的垃圾容器数量；

R——收集范围内居住人口数量（人）；

C——人均日排出垃圾量（t/人·d）；

A_1——人均日排出垃圾量变动系数，$A_1=1.1\sim1.5$；

A_2——居住人口变动系数，$A_2=1.02\sim1.05$；

D——垃圾平均密度（t/m^3）；

A_3——垃圾平均密度变动系数，$A_3=0.7\sim0.9$；

A_4——垃圾清除周期（d/次）；当每天清除1次时，$A_4=1$；每日清除2次时，$A_4=0.5$；当每2日清除1次时，$A_4=2$，以此类推；

E——单只垃圾容器的容积（m^3/只）；

B——垃圾容器填充系数，$B=0.75\sim0.9$。

A.0.2 应配置车辆数量应按下式计算，根据各区垃圾产量的预测值以及每辆垃圾车的日均垃圾清运量，确定垃圾收集车的配置规划。

$$P = \frac{W_p}{Q \times F \times K \times T \times \delta} \qquad (A.0.2)$$

式中 P——应配置车辆数；

W_p——垃圾排放总质量预测值（t）；

Q——每辆车载重量（t）；

F——每辆车载重利用率；

K——每辆车每班运输次数；

T——每日班次；

δ——车辆使用率。

注：参数F、K、δ一般根据各地的实际采用经验值。

A.0.3 垃圾排放总质量应按下式计算：

$$W = w_1 + w_2 + w_3 \qquad (A.0.3)$$

式中 W——垃圾排放总质量（t）；

w_1——已回收的可回收物质量（t）；

w_2——填埋处理的垃圾质量（t）；

w_3——采用综合处理、堆肥或焚烧等方法处理的垃圾质量（t）。

本标准用词说明

1 为便于在执行本标准条文时区别对待，对于要求严格程度不同的用词说明如下：

1）表示很严格，非这样做不可的：

正面词采用“必须”；反面词采用“严禁”；

2）表示严格，在正常情况下均应这样做的：

正面词采用“应”；反面词采用“不应”或“不得”；

3）表示允许稍有选择，在条件许可时首先应这样做的：

正面词采用“宜”；反面词采用“不宜”；

表示有选择，在一定条件下可以这样做的，采用“可”。

2 条文中指明应按其他有关标准执行时的写法为：“应按……执行”或“应符合……的规定（或要求）”。

中华人民共和国行业标准

城市生活垃圾分类及其评价标准

CJJ/T 102—2004

条 文 说 明

前　言

《城市生活垃圾分类及其评价标准》CJJ/T 102—2004，经建设部2004年8月18日以第262号公告批准发布。

为便于广大设计、施工、科研、学校等单位的有关人员在使用本标准时能正确理解和执行条文规定，标准编制组按章、节、条的顺序编制了本标准的条文说明，供使用者参考。在使用过程中如发现本标准条文说明有不妥之处，请将意见函寄广州市市容环境卫生局。

目　次

1　总则 ………………………………… 3—7—10
2　分类方法 …………………………… 3—7—10
2.1　分类类别 ………………………… 3—7—10
2.2　分类要求 ………………………… 3—7—10
2.3　分类操作 ………………………… 3—7—11
3　评价指标 …………………………… 3—7—11

1 总　　则

1.0.1 本条明确了制定本标准的目的。城市生活垃圾分类收集是减少垃圾产出量最经济有效的手段之一，符合我国城市生活垃圾管理的基本策略。本标准给出了垃圾分类的要求，以及管理评价的指标，为促进城市生活垃圾（以下称垃圾）分类收集工作的开展，规范分类和收集的操作，加强监督管理提供了必要的依据。

1.0.2 本条规定了本标准的适用范围。本标准适用于指导城市开展垃圾分类收集。

城市建筑垃圾的收运处理，国家另有规定，不在本标准涵盖范围内。

城市居民装修垃圾属建筑类垃圾，因此也不适用于本标准。

1.0.3 本条规定了垃圾的分类、投放、收运和分类评价除应执行本标准外，尚应执行国家现行有关标准。

本标准引用的国家和行业相关规范、标准和法规主要有：

1.《城市生活垃圾分类标志》GB/T 19095；

2.《环境卫生术语标准》CJJ/T 65；

3.《城市环境卫生设施规划规范》GB 50337；

4.《城市环境卫生设施设置标准》CJJ 27；

5.《生活垃圾卫生填埋技术规范》CJJ 17。

2 分 类 方 法

2.1 分 类 类 别

2.1.1 生活垃圾依据现存状况和处理方式主要分为六大类，可回收物、大件垃圾、可堆肥垃圾、可燃垃圾、有害垃圾和其他垃圾。

一、可回收物：是指可直接进入废旧物资回收利用系统的生活废物，主要包括以下五类：1. 纸类；2. 塑料；3. 金属；4. 玻璃；5. 织物。在日常生活中又称为“可回收垃圾”。

1. 纸类指的是没有因包装物或其他原因造成发霉、发臭、变质、腐烂，以及被污染的废纸，包括饮料和食品的纸包装盒。

2～5. 不同类别的废金属、废塑料、废玻璃制品可根据废旧物资回收的指引细分。对于被严重污染，并且不能冲洗干净的废塑料、废玻璃制品和织物不在此范围内。

二、大件垃圾：所指的废弃物品是混合型的，既可以有塑料、金属，如废旧电冰箱、空调、洗衣机等，也可以有木料、织物，如大件家具；既有可回收物质，也有不可回收物质，有的甚至含有有害物质，如微波炉等。因此这类垃圾在分类操作中不能随意拆分和抛弃，须按要求整体投放，由不同类别的专业公司进行拆分处理。

三、可堆肥垃圾：指的是可以进行发酵生化处理的垃圾，与处理后是否做堆肥无关。

四、可燃垃圾：本条强调的是适宜焚烧处理的垃圾，而不仅仅是可以燃烧的垃圾。在焚烧处理垃圾的地区，进入焚烧处理系统的还会有部分厨余垃圾或其他垃圾等。

五、有害垃圾：指的是日常生活和活动中产生的有毒有害垃圾，它们包括国家环保总局发布的《危险废物污染防治技术政策》、《废电池污染防治技术政策》有关条款中规定的固体危险废物，如钮扣电池等，但目前日常使用的干电池不在此范围内；也包括废油漆（桶、罐），小收音机、计算器、日用杀虫剂等。根据国家有关法规，这些垃圾大多属城市环境保护部门管理。因此本标准中我们只对由居民产生的此类垃圾作分类界定。

六、其他垃圾：各地在开展垃圾分类收集过程中，由于受资源再生利用技术、市场，垃圾处理方法、处理设施等条件的限制，不可能将垃圾的每个类别都细分，也没有这个必要。因此除按分类要求，指定进行分类的垃圾外，剩余的垃圾一般可倒在一起，对于这部分可混装在一起的垃圾，我们统称为其他垃圾。

2.2 分 类 要 求

2.2.1 我国的垃圾处理主要有资源化综合处理、焚烧法、卫生填埋法和堆肥法。各地应根据本地区城市环境卫生设施专业规划的目标，结合垃圾处理和处置方式，选择适合的垃圾分类方法。

1 在垃圾焚烧厂服务区域，为了满足垃圾焚烧对热值的要求，可回收物宜以回收再生利用价值高的报纸、杂志、废塑料和不可燃的废金属、废玻璃为主，其余的废纸如包装纸、广告纸、贺卡等，废塑料袋、包装膜等可不必分出。

对于大件垃圾不论采用何种垃圾处理方式，都应将其分类，并分类投放，以便于后续的收运和拆分处理。

有害垃圾的分类收集应与城市环境保护部门取得一致，其投放、收运和处理按国家环境保护总局的《危险废物污染防治技术政策》、《废电池污染防治技术政策》中有关规定执行，并由环境保护部门给予监督管理和检查。

2 我国大多数城市采用“资源回收＋卫生填埋”方式处理垃圾，在分类时应尽量按可回收物、有害垃圾、大件垃圾和其他垃圾分拣干净，分类投放、分类收集、分类处理，以减少填埋场对环境产生的污染。

3 采用堆肥处理垃圾的区域，应将可堆肥垃圾单独分类投放和收集，不可与其他垃圾混装混收，否则会降低堆肥处理成效。

2.2.2 当确定了分类方法以后，应据此制定相应的实施方案和操作指南，使其一方面可用于指导垃圾源头分类，另一方面可指导企业参与分类收集运营。垃圾是人们在日常生活和活动中产生的，因此垃圾分类的行为人应是所有垃圾产生者。居民垃圾应由居民进行分类，商业垃圾、机关团体单位产生的垃圾应由商铺、机关团体单位进行分类。

2.2.3 在开展垃圾分类收集的时候，应同时建立一系列与之相适应的分类处理环节，这包括分类垃圾投放箱、投放点，分类垃圾收集点，分类运输工具、器具，以及不同类别垃圾的处理设施。这样才能保证垃圾分类收集行之有效地推行。

2.3 分类操作

2.3.1 开展分类收集的地区应按当地制定的分类细则进行分类。其中可回收物还应按照当地废旧物资回收部门的要求进行细分，提高这些废物的回收利用价值。

2.3.2 分类出来的可回收物可交废品回收站回收。对于废品回收站不回收的可回收物，应与其他分类垃圾一样，投到指定的分类收集容器或地点，由垃圾收集部门收集。

2.3.3 公共场所与道路两侧的分类收集容器的设置应与废物箱的设置相结合，做到合理设置，方便投放。

居住区、市场等产生垃圾量大的设施或垃圾收集点的分类收集容器可与垃圾容器的设置相结合，并考虑便于垃圾的投放和收集。

2.3.4 分类收集容器的设计一定要坚持实用为主的原则，容器上的分类标志应突出醒目，并应符合国家标准的规定，以方便公众投放垃圾。

2.3.5 本条是对收集作业的基本要求。垃圾运营单位应根据当地制定的分类收集实施细则的要求，结合分类垃圾收集的作业特点，制定具体明确的作业规范和管理规定，保证分类垃圾分类收集，收运作业不污染周围环境。

2.3.6 垃圾运营单位应根据不同类别垃圾的排放情况，制定不同的收集频率。

2.3.7 本条规定了大件垃圾的排放要求。

2.3.8 有害垃圾的收集、清运、处理，应按照国家有关危险废物的管理法规和标准执行。

3 评价指标

3.0.1 垃圾分类收集是实现垃圾减量化、资源化的重要手段之一，因此各城市在编制城市环境卫生规划时，应为推行垃圾分类收集提供充足的条件。

垃圾分类收集实施方案应结合本地区的实际情况，明确推行工作的进度和垃圾减量的目标，方案中还应包括垃圾分类收集的组织、管理、运营、监督和统计，实施的细则应包括分类、投放、收集等，使方案成为指导和确保本地区开展垃圾分类收集，逐步实现垃圾减量化的重要依据。

3.0.2 经济实力较强的大中城市，城市环境卫生部门可借助当地政府的信息网络，建立垃圾分类收集信息化管理系统，实现信息化管理的目标；经济实力较弱的城市可根据实际情况制定逐步实现计算机化管理的规划。

3.0.3 对垃圾分类的评价，可以有多种不同的评价标准。根据推行垃圾分类必须循序渐进的特点，为了促进该项工作的开展，本标准选用了可操作性较强的八个评价指标。

1 知晓率（cognition rate）：指评价范围内居民知晓垃圾分类的人数（或户数）占总人数（或总户数）的百分数。

公众知晓指的是居民对垃圾分类收集的意义是否了解，对本地分类收集的方法和要求是否熟悉。通过本项调查也可考核统计区域宣传教育的效果。

知晓率的统计范围由调查的目的决定，可以是开展垃圾分类收集的地区，也可以是一个生活小区。统计对象可以户为单位，也可以人为单位。

2 参与率（participation rate）：指评价范围内参加垃圾分类的人数（或户数）占总人数（或总户数）的百分数。

参与率统计的是开展垃圾分类收集的区域，按要求将垃圾分类投放的个体数。如居住区对象可以是居民户数，商业区可以是商铺数等。

3 容器配置率（dustbin equipment rate）：指垃圾分类收集实际配置容器数占应配置容器数的百分数。

容器指公共场所及居住区供市民投放分类垃圾的容器。

4 容器完好率（dustbin intact rate）：指标志清晰、外观无缺损的容器数占实际容器数的百分数。

本条是对分类收集容器的基本要求。

5 车辆配置率（vehicle equipment rate）：指分类收集实际车辆数占应配置车辆数量的百分数。

车辆指进行分类垃圾收集清运的车辆。

6 分类收集率（sorted refuse collected）：指垃圾分类投放后，分类收集的垃圾质量占垃圾排放总质量的百分数。

分类收集率指垃圾分类收集地区分类收集的垃圾量与垃圾排放总量的比，它主要是评价垃圾运营部门是否按要求分类收集清运。

当要评价居民分类操作和投放的情况或垃圾分类处理的状况时，也可用本公式计算分类投放率和分类处理率。

计算分类投放率时，分子表示居民分类投放的垃圾质量：

$$\gamma_s = \frac{w_s}{W} \times 100\%$$

式中 γ_s——分类投放率（%）；

w_s——分类投放的垃圾质量（t）；

W——垃圾排放总质量（t）。

计算分类处理率时，分子表示按分类结果分别处理的垃圾质量：

$$\gamma_s = \frac{w_s}{W} \times 100\%$$

式中 γ_s——分类处理率（%）；

w_s——分类处理的垃圾质量（t）；

W——垃圾排放总质量（t）。

7 资源回收率（resource recovery rate）：指已回收的可回收物的质量占垃圾排放总质量的百分数。

回收垃圾中可回收物，把垃圾直接转化为资源是垃圾分类收集的重要目标之一。本指标主要用于评价由城市环境卫生部门管理的垃圾中可回收物回收的情况。

应用本公式时应注意，由于居民直接卖给废旧物资回收部门的可回收物的量，不在城市环境卫生部门统计的垃圾总量中，所以本公式的分子中也不应包括这部分可回收物。

8 末端处理率（end-treatment rate）：指进入卫生填埋处理系统的垃圾质量占垃圾排放总质量的百分数。

本指标主要用于评价垃圾终处理的状况，它间接地反映了垃圾减量的效果。

应用分类收集率（公式 3.0.3-6）、资源回收率（公式 3.0.3-7）、末端处理率（公式 3.0.3-8）等公式时应注意分子分母取值的一致性。以分类收集率（公式 3.0.3-6）为例，评价时间段为一年，则分子表示一年分类收集的垃圾质量，分母表示一年垃圾排放的总质量；评价时间段为一个季度，则分子表示一季度的分类收集的垃圾质量，分母表示一季度垃圾排放的总质量。余类推。

中华人民共和国行业标准

生活垃圾填埋场无害化评价标准

Standard of assessment on municipal solid waste landfill

CJJ/T 107—2005
J 477—2005

批准部门：中华人民共和国建设部
实施日期：2005年12月1日

中华人民共和国建设部
公　　告

第368号

建设部关于发布行业标准《生活垃圾填埋场无害化评价标准》的公告

现批准《生活垃圾填埋场无害化评价标准》为行业标准，编号为CJJ/T 107—2005，自2005年12月1日起实施。

本标准由建设部标准定额研究所组织中国建筑工业出版社出版发行。

中华人民共和国建设部

2005年9月16日

前　　言

根据建设部建标［2004］66号文的要求，标准编制组在深入调查研究，认真总结国内外生活垃圾填埋场科研、设计和建设实践经验，并在广泛征求意见的基础上，制定了本标准。

本标准的主要内容是：1. 评价内容；2. 评价方法；3. 评价等级。

本标准由建设部负责管理，由主编单位负责具体技术内容的解释。

本标准主编单位：中国城市环境卫生协会（地址：北京市海淀区三里河路9号，邮政编码：100835）

本标准参编单位：城市建设研究院
深圳市环境卫生管理处
华中科技大学

本标准主要起草人：郭祥信　刘京媛　徐文龙
王敬民　卢英方　吴学龙
徐海云　廖　利　李　力

目　次

1　总则 …………………………………… 3—8—4
2　评价内容 ………………………………… 3—8—4
3　评价方法 ………………………………… 3—8—4
4　评价等级 ………………………………… 3—8—4
附录A　垃圾填埋场评价内容及评分表 ………………………………… 3—8—4
本标准用词说明 …………………………… 3—8—6
条文说明 …………………………………… 3—8—7

1 总　　则

1.0.1 为规范生活垃圾填埋场（以下简称垃圾填埋场）的工程建设和运行管理的评价，考核垃圾填埋场的实际建设和运行状况，提高我国生活垃圾（简称垃圾）无害化处理的水平并为今后发展决策提供依据，制定本评价标准。

1.0.2 本标准适用于对垃圾填埋场进行无害化评价。

1.0.3 对垃圾填埋场无害化评价时，除应执行本标准的规定外，尚应符合国家现行有关标准的规定。

2 评 价 内 容

2.0.1 垃圾填埋场无害化评价内容应包括垃圾填埋场工程建设和垃圾填埋场运行管理评价。

2.0.2 垃圾填埋场工程建设评价内容应包括垃圾填埋场设计使用年限、选址、防渗系统、渗沥液导排及处理系统、雨污分流、填埋气体收集及处理、监测井、设备配置等。

2.0.3 垃圾填埋场运行评价内容应包括垃圾填埋场进场垃圾检验、称重计量、分单元填埋、垃圾摊铺压实、每日覆盖、垃圾堆体、场区消杀、飘扬物污染控制、运行管理、渗沥液处理、环境监测、环境影响、安全管理、资料等。

3 评 价 方 法

3.0.1 垃圾填埋场无害化评价应采用资料评价与现场评价相结合的评价方法。

3.0.2 被评价的垃圾填埋场应提供下列文件：

1 项目建议书及其批复；

2 可行性研究报告及其批复；

3 环境影响评价报告及其批复；

4 工程地质和水文地质详细勘察报告；

5 设计文件、图纸及设计变更资料；

6 施工记录及竣工验收资料；

7 运行管理资料（如垃圾量、覆土、消杀、管理手册等）；

8 环境监测资料；

9 特许经营协议或委托经营合同；

10 其他需要提供的资料。

3.0.3 垃圾填埋场无害化的评分标准应符合本标准附录A的规定。

3.0.4 评价分值计算方法应按下式计算：

$$M=\Sigma[(100-X_{子})\times f_{子}] \qquad (3.0.4)$$

式中　M——垃圾填埋场评价总分值，为各子项得分加权值之和；

$X_{子}$——子项实际扣分值；

$f_{子}$——子项权重，见附录A。

3.0.5 垃圾填埋场评价应符合下列规定：

1 各子项的实际扣分不应高于规定的最高扣分。

2 若提供的资料或现场考察无法判断某项的水平，则该子项分值为0分。

4 评 价 等 级

4.0.1 垃圾填埋场评价等级应按评价总分值划分，并应符合表4.0.1的规定。

表 4.0.1　垃圾填埋场评价等级划分

填埋场等级	Ⅰ 级	Ⅱ 级	Ⅲ 级	Ⅳ 级
评价总分值 M	$M\geqslant85$	$70\leqslant M<85$	$60\leqslant M<70$	$M<60$

4.0.2 垃圾填埋场等级对应的无害化水平应符合下列规定：

Ⅰ级：达到了无害化处理要求；

Ⅱ级：基本达到了无害化处理的要求；

Ⅲ级：未达到无害化处理要求，但对部分污染施行了集中有控处理；

Ⅳ级：简易堆填，污染环境。

4.0.3 进行垃圾无害化处理量的统计时，Ⅰ、Ⅱ级垃圾填埋场的垃圾填埋量计入无害化处理量；Ⅲ、Ⅳ级垃圾填埋场的垃圾填埋量不应计入无害化处理量。

4.0.4 垃圾填埋无害化处理率应按下列公式计算：

$$a=\frac{m_1+m_2}{m_{总}} \qquad (4.0.4)$$

式中　a——垃圾填埋无害化处理率（%）；

m_1——Ⅰ级垃圾填埋场的垃圾填埋量；

m_2——Ⅱ级垃圾填埋场的垃圾填埋量；

$m_{总}$——垃圾总产生量。

附录A　垃圾填埋场评价内容及评分表

表 A.0.1　垃圾填埋场评价内容及评分

评价分项及得分	评价子项	子项权重	子项评价内容	最高扣分	子项实际扣分	子项满分分值	子项实际得分
A 工程建设	设计使用年限	0.01	10年以上	0		100	
			8～10年	40			
			8年以下	100			
	选址	0.05	符合选址标准要求	0		100	
			不符合选址标准要求	100			

续表 A.0.1

评价分项及得分	评价子项	子项权重	子项评价内容	最高扣分	子项实际扣分	子项满分值	子项实际得分
A 工程建设	防渗系统	0.30	采用厚度不小于1.5mm的HDPE膜作为主防渗层，并按有关标准和工程需要铺设地下水导流层、膜上膜下保护层等辅助层	0		100	
			采用天然黏土或改良土衬里防渗，渗透系数满足不大于1.0×10^{-7} cm/s的要求，场底及四壁衬里厚度不小于2m	0			
			只采用垂直防渗措施	60			
			无防渗措施或采取的防渗措施不能满足标准要求	100			
	渗沥液导排及处理系统	0.08	场底铺设有连续的渗沥液导流层并具有完善的渗沥液收集系统	0		100	
			场底无连续的渗沥液导流层只有导流盲沟	30			
			无任何渗沥液导排、收集设施	100			
	雨污分流	0.02	具有雨污分流设施和功能	0		100	
			无雨污分流设施和功能	100			
	填埋气体收集及处理	0.05	按规范要求设置了气体导排设施，填埋气体导出后集中燃烧或利用	0		100	
			设置了气体导排设施，填埋气体导出后直接排空	60			
			未采取措施控制填埋气体	100			
	监测井	0.01	布设五点监测井，地下水流向上游30～50m处设本底井一眼；填埋场两旁各30～50m处设污染扩散井两眼；填埋场地下水流向下游30m处、50m处各设一眼污染监视井	0		100	
			布设了监测井，但数量或设置方位不满足上述要求	70			
			未设置监测井	100			
	设备配置	0.03	机械设备按标准要求配套齐全，并有垃圾压实机	0		100	
			其他机械设备配套齐全，但无垃圾压实机	50			
			其他机械设备配套不齐全，无垃圾压实机	100			
B 运行管理	进场垃圾检验	0.01	有垃圾检验措施且能有效控制有害垃圾进场	0		100	
			无检验措施或未能有效控制有害垃圾进场	100			

续表 A.0.1

评价分项及得分	评价子项	子项权重	子项评价内容	最高扣分	子项实际扣分	子项满分值	子项实际得分
B 运行管理	称重计量	0.02	有称重计量设施，统计记录资料完整	0		100	
			有称重计量设施，统计记录资料不全	50			
			无称重计量	100			
	分单元填埋	0.03	场内分区、分单元作业，未填埋区和作业单元雨水进行单独导排	0		100	
			未分作业区，雨水、污水混合	100			
	垃圾摊铺压实	0.03	使用专用压实机械，按标准分层摊铺、压实	0		100	
			用专用压实机械，但未分层压实	30			
			未用压实机械对垃圾进行压实	90			
	每日覆盖	0.02	做到每日覆盖	0		100	
			未做到每日覆盖	100			
	垃圾堆体	0.02	堆体边坡不大于1:3，终场边坡及时覆盖	0		100	
			堆体边坡大于1:3，终场边坡未及时覆盖	100			
	场区消杀	0.01	有消杀（蚊、蝇、鼠等）措施且效果良好	0		100	
			无消杀（蚊、蝇、鼠等）措施或有措施但效果不好	100			
	飘扬物污染控制	0.03	有防飞散设施及措施，并管理良好，周围无飘扬物	0		100	
			无防飞散设施及措施或防飞散效果不好，周围存在飘扬物	100			
	运行管理	0.02	有运行作业手册及设备操作维护保养手册，规章制度、岗位职责健全；场内标识齐全、规范	0		100	
			规章制度、岗位职责不健全；标识不齐全、不规范	100			

续表 A.0.1

评价分项及得分	评价子项	子项权重	子项评价内容	最高扣分	子项实际扣分	子项满分值	子项实际得分
B 运行管理	渗沥液处理	0.10	渗沥液处理后出水监测数据全部达标或进入城市污水厂处理	0		100	
			渗沥液处理后出水监测不达标次数占总监测次数的比例小于20%	40			
			处理后出水监测不达标次数占20%以上，或简易处理，出水基本不能达标	80			
			渗沥液未经处理，直接排入水体	100			
	环境监测	0.02	配备较完善的环境监测设备，能定期对大气、渗沥液、地下水、地表水及噪声等项目的主要指标进行监测，能提供连续、完整、准确的监测资料和报告	0		100	
			能监测主要污染指标，但不能按标准定期进行	50			
			未采取任何监测措施	100			
	环境影响	0.06	所有排放指标监测数据均达标（包括自测和权威部门监测）	0		100	
			排放指标监测数据达标率大于50%小于100%	50			
			排放指标监测数据达标率小于50%	100			
	安全管理	0.03	安全设施配备齐全，安全制度健全，从未发生过安全事故	0		100	
			安全设施配备不齐全，安全制度不健全，未发生过安全事故	50			
			曾发生过安全事故或存在安全事故隐患	100			

续表 A.0.1

评价分项及得分	评价子项	子项权重	子项评价内容	最高扣分	子项实际扣分	子项满分值	子项实际得分
B 运行管理	资料	0.05	资料齐全、正规	0		100	
			资料不齐全、不正规	100			

注：雨污分流——阻止填埋区汇水面积内的雨水进入填埋垃圾体的方法和措施。
场区消杀——垃圾填埋场内进行的杀灭老鼠、苍蝇、蚊虫等有害动物和昆虫的过程和措施。
飘扬物——指从垃圾填埋场中被风刮起、飘扬在场区或周围空中的塑料袋、废纸等轻物质。

本标准用词说明

1 为了便于在执行本标准条文时区别对待，对要求严格程度不同的用词说明如下：

1) 表示很严格，非这样做不可的：
正面词采用“必须”，反面词采用“严禁”；

2) 表示严格，在正常情况下均应这样做的：
正面词采用“应”，反面词采用“不应”或“不得”；

3) 表示允许稍有选择，在条件许可时首先应这样做的：
正面词采用“宜”，反面词采用“不宜”；
表示有选择，在一定条件下可以这样做的，采用“可”。

2 条文中指明应按其他有关标准执行的写法为“应符合......的规定”或“应按......执行”。

中华人民共和国行业标准

生活垃圾填埋场无害化评价标准

Standard of assessment on municipal solid waste landfill

CJJ/T 107—2005

条　文　说　明

前　言

《生活垃圾填埋场无害化评价标准》CJJ/T 107—2005经建设部2005年9月16日以368号公告批准发布。

为便于广大设计、施工、管理等单位的有关人员在使用本标准时能正确理解和执行条文规定，《生活垃圾填埋场无害化评价标准》编制组按章、节、条顺序编制了本标准的条文说明，供使用者参考。在使用中如发现本条文说明有不妥之处，请将意见函寄中国城市环境卫生协会。

目　　次

1　总则 ………………………………… 3—8—10
2　评价内容 ……………………………… 3—8—10
3　评价方法 ……………………………… 3—8—10
4　评价等级 ……………………………… 3—8—10
附录 A　垃圾填埋场评价
　　　　内容及评分表 ………………… 3—8—10

1 总 则

1.0.1 生活垃圾填埋场（以下简称垃圾填埋场）的无害化水平是衡量垃圾填埋场建设及运行成功与否的关键。本标准制定的主要目的就是对已建成运行的垃圾填埋场进行评价，以检验其是否在建设和运行方面均达到了无害化标准，为我国生活垃圾无害化处理率的统计和垃圾处理行业发展提供决策依据。

1.0.2 本标准适用于所有规模的生活垃圾填埋场。

1.0.3 本条是说明垃圾填埋场在选址、设计、建设及运行管理过程中除应执行本标准的规定外，还应遵守国家有关法律法规、国家及行业标准。本标准是检验所建垃圾填埋场是否符合有关法规和标准以及填埋场实际运行效果。

本标准引用的国家法规、标准主要有：

1 《城市生活垃圾处理及污染防治技术政策》（建城［2000］120号）；

2 《生活垃圾填埋污染控制标准》GB 16889；

3 《生活垃圾卫生填埋技术规范》CJJ 17；

4 《城市生活垃圾卫生填埋处理工程项目建设标准》（建标［2001］101号）；

5 《城市生活垃圾卫生填埋场运行维护技术规程》CJJ 93；

6 《垃圾填埋场环境监测技术要求》GB 18772。

2 评 价 内 容

2.0.1 本条规定了垃圾填埋场无害化评价的内容。评价内容的设置是考虑到填埋场选址、设计、建设、运营等各个方面，以便评价填埋场的综合无害化水平。

2.0.2 本条说明了填埋场设计和建设应包括的内容。主要是对无害化水平影响较大的工程和设施：包括填埋场防渗、渗沥液导排与处理、雨水导排与雨污分流、设备配置、环境监测设施、气体导排处理设施等。

2.0.3 本条规定了填埋场运行管理的评价内容。主要是考虑这些内容对垃圾填埋场的无害化运行影响较大。

3 评 价 方 法

3.0.1 本条说明填埋场无害化评价既要进行资料评价，也要进行现场评价，以便使评价结果真实、可靠、公正。

3.0.2 本条要求被评价的填埋场应提供填埋场从立项到运行管理的所有技术资料，以便评价人员进行资料评价。

3.0.3 本条说明填埋场无害化评价应按照附录A所列的内容和打分方法进行评分。

3.0.4 本条说明了填埋场评价的分值计算方法。

4 评 价 等 级

4.0.1 本条说明了填埋场无害化评价每个级别对应的分值。

4.0.2 本条是对各级别垃圾填埋场的无害化程度进行的概念性定义。

4.0.3 本条规定对垃圾填埋进行无害化处理量统计时，Ⅰ、Ⅱ级填埋场的填埋量总和计入无害化处理量，Ⅲ、Ⅳ级填埋场的填埋量不应计入无害化处理量。即认为Ⅰ、Ⅱ级填埋场达到了无害化处理标准，Ⅲ、Ⅳ级填埋场未达到无害化处理标准。

4.0.4 本条列出了垃圾填埋无害化处理率的计算公式。

附录A 垃圾填埋场评价内容及评分表

表A.0.1《垃圾填埋场评价内容及评分》列出了填埋场评价的内容及其指标以及具体扣分分值。评分时实际扣分可以根据该项的实际达到水平掌握，可以等于或低于表中所列的最高扣分。有关子项的评分说明如下：

选址：如果选址严重违反标准规定，该项目可取消评价资格或列为Ⅳ级填埋场。

防渗系统：如有以下情况，本子项可以适当扣分：①应铺设地下水导流层而未铺；②虽然采用了不小于1.5mm厚的HDPE膜，但辅助保护层不完善。

渗沥液导排：如山谷型填埋场，其山坡坡度较大，谷底宽度较小，场底铺一条导流盲沟即可满足要求，则不铺连续的渗沥液导流层也不扣分。

雨污分流：场底具有雨污分流设施和功能是指场底未填垃圾单元的雨水能够单独导排，避免与已填垃圾单元的渗沥液混合。

垃圾摊铺压实：分层摊铺压实是指将厚度不大于500mm的垃圾摊铺在操作斜面上（斜面坡度小于压实机械的爬坡坡度），然后进行压实，该层压实完成后再进行上一层的摊铺压实。若采用平推法使操作面前部形成陡峭的垃圾断面，则此项分数应全扣。

场区消杀：此项可以根据现场效果适当扣分。

飘扬物污染控制：此项可根据现场效果适当扣分。

渗沥液处理：可以根据不达标次数比例在最高扣分值以下进行扣分。

环境影响：可以根据排放指标监测数据达标率在最高扣分值以下进行扣分。

中华人民共和国行业标准

城市道路除雪作业技术规程

Technical specification of snow remove operation for city road

CJJ/T 108—2006
J 495—2006

批准部门：中华人民共和国建设部
施行日期：2 0 0 6 年 6 月 1 日

中华人民共和国建设部
公　　告

第405号

建设部关于发布行业标准《城市道路除雪作业技术规程》的公告

现批准《城市道路除雪作业技术规程》为行业标准，编号为CJJ/T 108—2006，自2006年6月1日起实施。

本规程由建设部标准定额研究所组织中国建筑工业出版社出版发行。

中华人民共和国建设部

2006年1月11日

前　　言

根据建设部建标［2003］104号文的要求，规程编制组经广泛调查研究，认真总结实践经验，参考有关国际标准、国外先进标准和国内城市的地方法规，并在广泛征求意见的基础上，制定了本规程。

本规程的主要技术内容：1. 总则；2. 一般规定；3. 除雪机具；4. 融雪剂；5. 除雪作业。

本规程由建设部负责管理，由主编单位负责具体技术内容的解释。

本规程主编单位：北京市环境卫生设计科学研究所（地址：北京市朝阳区尚家楼甲48号；邮政编码：100028）

本规程参加单位：北京市市政管理委员会
北京市北清机扫集团有限责任公司
沈阳市环境卫生工程设计研究院
乌鲁木齐市环卫特种车辆车队
哈尔滨市环境卫生管理处

本规程主要起草人员：吴文伟　舒广仁　吴其伟　刘　竞　崔　宣　仲维昆　吕志平　陈　军　刘　伟　孙明磊

目　次

1　总则 ………………………………… 3—9—4
2　一般规定 …………………………… 3—9—4
3　除雪机具 …………………………… 3—9—4
3.1　手工除雪工具 ……………………… 3—9—4
3.2　专用除雪设备 ……………………… 3—9—4
4　融雪剂 ……………………………… 3—9—5
5　除雪作业 …………………………… 3—9—5
5.1　除雪作业要求 ……………………… 3—9—5
5.2　除雪方法 …………………………… 3—9—5
5.3　除雪作业技术指标 ………………… 3—9—5
本规程用词说明 ………………………… 3—9—5
条文说明 ………………………………… 3—9—7

1 总 则

1.0.1 为规范城市道路除雪作业程序，提高除雪速度和质量，保证除雪作业安全和城市道路畅通，并促进雪资源的利用，制定本规程。

1.0.2 本规程适用于城市道路的除雪。

1.0.3 城市道路除雪作业应以机械除雪为主、人工除雪为辅，合理使用融雪剂，保护环境。

1.0.4 城市道路除雪作业，除应执行本规程外，尚应符合国家现行有关标准的规定。

2 一 般 规 定

2.0.1 入冬前应根据我国有关法规的规定，做好除雪的技术准备工作和应急预案。

2.0.2 入冬前应建立除雪作业指挥调度、网络系统，实行信息化管理。

2.0.3 入冬前应做好除雪机械设备的维修、保养和调试，除雪机械设备的完好率应大于85%。

2.0.4 入冬前应做好立交桥除雪系统设备的调试和运行，设备完好率应为100%。

2.0.5 除雪作业应根据道路的重要程度、交通流量、地理位置编排设计作业程序。

2.0.6 除雪作业应做好行人、车辆的疏导和安全工作。

2.0.7 除雪作业人员应穿交通警示防护服。

2.0.8 除雪机具在作业时不得损坏路面。

2.0.9 临时占路进行除雪作业时，应在作业路段设置警示标志，警示标志应符合国家现行有关标准和交管部门的规定。

2.0.10 不含融雪剂的积雪，宜因地制宜就地处理。

2.0.11 含有高浓度融雪剂的积雪，应单独收集、运输和处理。

3 除 雪 机 具

3.1 手工除雪工具

3.1.1 手工除雪工具应包括推雪板、铲雪锹、人力融雪剂播撒器等。

3.1.2 手工除雪工具宜在人行道、非机动车道中使用。

3.1.3 手工除雪工具应方便操作并应具有可靠的安全性能。

3.2 专用除雪设备

3.2.1 专用除雪设备应包括推雪铲、扫雪机、抛雪机、融雪剂撒布机、破冰机、冰雪消融机等。

3.2.2 除雪作业应根据降雪量、环境温度和路面条件选择专用除雪设备。

3.2.3 除雪设备上应有作业警示标志和夜间照明设备。

3.2.4 除雪设备必须有明显示宽标志和示宽灯。

3.2.5 装挂在其他车辆或机械作业的除雪设备应与配装车辆连接牢固；配装车辆的操纵、转向、制动系统等均应符合国家现行有关标准的规定。

3.2.6 推雪铲应有防撞保护装置。

3.2.7 除雪设备噪声和废气排放应符合国家现行有关标准的规定。

3.2.8 除雪设备需要量应根据除雪作业的总面积、除雪设备的作业能力、限定的完成时间、有效作业时间等因素确定。各种除雪设备需要量应按下列公式计算：

1 推雪铲的需要量：

$$T_x=\frac{F}{B_c\cdot V_t\cdot \delta_c\cdot t_s\cdot K\cdot 1000} \tag{3.2.8-1}$$

式中 T_x——推雪铲的需要量（台）；

F——推雪作业总面积（m^2）；

B_c——推雪铲推雪作业宽度（m）；

V_t——推进速度（km/h）；

δ_c——铲幅宽度利用系数（取0.4～0.7）；

t_s——规定的完成时间（h）；

K——工作时间的利用系数（取0.5）。

2 固体融雪剂撒布机的需要量：

$$P_x=\frac{F}{H_s\cdot V_s\cdot \psi\cdot t_s\cdot K\cdot 1000} \tag{3.2.8-2}$$

式中 P_x——固体融雪剂撒布机的需要量（台）；

F——播撒作业总面积（m^2）；

H_s——播撒作业宽度（m）；

V_s——行驶速度（km/h）；

ψ——播撒的有效宽度系数（取0.8）；

t_s——规定的完成时间（h）；

K——工作时间的利用系数（取0.6）。

3 液体融雪剂喷洒车的需要量：

$$C_x=\frac{F}{H_c\cdot V_c\cdot \psi\cdot t_s\cdot K\cdot 1000} \tag{3.2.8-3}$$

式中 C_x——液体融雪剂喷洒车的需要量（台）；

F——喷洒作业总面积（m^2）；

H_c——喷洒作业宽度（m）；

V_c——行驶速度（km/h）；

ψ——喷洒的有效宽度系数（0.85）；

t_s——规定的完成时间（h）；

K——工作时间的利用系数（取0.5）。

4 扫雪机的需要量：

$$S_x = \frac{F}{f \cdot t_s \cdot K} \quad (3.2.8\text{-}4)$$

式中 S_x——扫雪机的需要量（台）；

F——扫雪作业总面积（m^2）；

f——扫雪机的清扫能力（m^2/h）；

t_s——规定的完成时间（h）；

K——工作时间的利用系数（0.75）。

5 运输车辆的需要量：

$$N = \frac{F \cdot h \cdot \rho_x}{G \cdot n} \quad (3.2.8\text{-}5)$$

式中 N——运输车辆的需要量（台）；

F——运输积雪的总面积（m^2）；

h——积雪厚度（m）；

ρ_x——积雪的密度（t/m^2）；

G——运输车辆的装载能力（t/台）；

n——单台车一个工作日内的运输次数。

4 融 雪 剂

4.0.1 融雪剂应符合除雪作业的技术要求，应具有降低水的冰点，促使冰雪融化的化学性能。

4.0.2 融雪剂的质量应符合国家现行有关标准的规定。

4.0.3 融雪剂产品出厂时应有产品合格证、使用说明书。

4.0.4 融雪剂的使用应符合下列要求：

1 应根据环境温度、积雪量选择融雪剂的种类，并应严格控制融雪剂的施撒（洒）量。

2 城市中的重要交通枢纽（含立交桥和坡道）应根据雪情预报，可在降雪前、初播撒（洒）少量融雪剂。

3 降雪量不大于1cm/次时，施撒（洒）量不得大于10g/m^2。

4 中雪、大雪应先进行积雪清除，再根据路面上剩余雪量，按规定的使用量进行融雪剂的施撒（洒）。

5 零星小雪和路面薄冰，可采取直接施撒（洒）融雪剂的作业方式。

4.0.5 播撒固体融雪剂颗粒应均匀，颗粒应符合产品说明书的要求，融雪剂结块应及时破碎。

4.0.6 兑制融雪剂溶液时应严格按产品说明书操作，并应符合规定的浓度。

5 除 雪 作 业

5.1 除雪作业要求

5.1.1 除雪作业应做到路面积雪清除干净。

5.1.2 立交桥除雪作业可采用融雪或推雪、扫雪的方法将积雪清除干净。

5.1.3 除雪设备清除机动车主干道及次干道的积雪宜采用下列方法：

1 将路面积雪推向一侧，供机动车辆通行。

2 对路边积雪逐步清理。

5.1.4 非机动车道、人行道上的积雪，应清出部分路面供非机动车和行人通行。

5.1.5 过街路桥的积雪应及时清除，不得堆积。

5.1.6 居民小区道路、沿街门前道路积雪应就地清除，不得向非机动车道和机动车道推扫。

5.2 除 雪 方 法

5.2.1 除雪作业应根据降雪量采取以下除雪方法：

1 雨加雪，应采用直接清扫的方法，将路面积雪、积水清扫干净，避免路面结冰。

2 积雪厚度小于5cm，环境温度偏高（0～－5℃），雪层疏松，可直接清扫，并将雪撒向路边的绿化带中；环境温度偏低（－5℃以下），可先播撒融雪剂，再清扫或排入污水管线。

3 积雪厚度大于5cm，可用推雪铲铲推，并可外运。

4 路面上被压实、厚度大于1cm的冰雪层，宜采用破冰机进行清除。

5.2.2 除雪作业时间应符合下列规定：

1 交通流量小的道路可利用白天光照强、环境温度高的时段进行除雪作业。

2 交通流量大的道路可夜间作业。

5.3 除雪作业技术指标

5.3.1 除雪作业技术指标应按下式计算：

$$W = \frac{H-h}{H} \times 100\% \quad (5.3.1)$$

式中 W——除雪率（在规定的试验条件下所测得的被清除的路面积雪质量与作业前路面积雪质量之比）；

H——作业前路面积雪质量（g/m^2）；

h——作业后路面残存积雪质量（g/m^2）。

5.3.2 推雪铲作业后，除雪率应大于70%。

5.3.3 扫雪机作业后，除雪率应大于90%。

5.3.4 施撒融雪剂后，路面积雪应达到疏松或消融状态。

本规程用词说明

1 为便于在执行本规程条文时区别对待，对要求严格程度不同的用词说明如下：

1）表示很严格，非这样做不可的：

正面词采用“必须”；反面词采用“严禁”。

2）表示严格，在正常情况下均应这样做的：

正面词采用“应”；反面词采用“不应”或“不得”。

3）表示允许稍有选择，在条件许可时首先应这样做的：

正面词采用“宜”；反面词采用“不宜”。

表示有选择，在一定条件下可以这样做的，采用“可”。

2 条文中指明应按其他有关标准、规范执行的写法为：“应符合……的规定”或“应按……执行”。

中华人民共和国行业标准

城市道路除雪作业技术规程

CJJ/T 108—2006

条 文 说 明

前　言

《城市道路除雪作业技术规程》（CJJ/T 108—2006）经建设部2006年1月11日以第405号公告批准发布。

为便于除雪作业的管理部门、作业部门、有关人员在使用本规程时能正确理解和执行条文规定，《城市道路除雪作业技术规程》编制组按章、节、条的顺序编制了本规程的条文说明，供使用者参考。在使用中如发现本条文说明有不妥之处，请将意见函寄北京市环境卫生设计科学研究所。

目　次

1　总则 ………………………………… 3—9—10

2　一般规定 …………………………… 3—9—10

3　除雪机具 …………………………… 3—9—10

　3.1　手工除雪工具 ………………… 3—9—10

　3.2　专业除雪设备 ………………… 3—9—10

4　融雪剂 ……………………………… 3—9—11

5　除雪作业 …………………………… 3—9—11

　5.1　除雪作业要求 ………………… 3—9—11

　5.2　除雪方法 ……………………… 3—9—11

　5.3　除雪作业技术指标 …………… 3—9—11

1 总 则

1.0.1 本条规定了制定本规程的目的。随着城市交通的发展，汽车的增加，道路上车辆的通过能力和安全问题愈显突出，路面积雪不仅会使汽车的行驶速度下降，严重时还会造成交通瘫痪，因此，及时清除积雪尤为重要。本技术规程结合我国国情及北方城市的雪情特点制定的除雪方法，可以达到快速、高效除雪的目的。

1.0.2 本条规定了本规程的适用范围。本规程适用于城市的机动车道、非机动车道、立交桥、人行道、过街路桥和广场等。

1.0.3 本条规定了城市道路除雪作业应遵循以机械除雪为主的原则。采用除雪机械作业速度快、质量高，能够快速清除路面积雪，保证道路畅通。然而，清除小街小巷、人行道和过街路桥的积雪，除雪机械很难发挥作用，只能依靠人工作业。使用融雪剂要尽量降低使用量，以降低除雪成本，达到环保要求。

1.0.4 本条规定了城市道路除雪作业除应执行本规程规定外，尚应执行国家现行有关强制性标准的规定。

2 一 般 规 定

2.0.1 入冬前，应做好除雪准备和应急预案。应急预案包括以下内容：

1 建立除雪指挥部与当地气象部门的每日联系制度，通报雪情和异常气象。

2 除雪专业部门做好人员、除雪机具、除雪物资的准备，确定作业路线和重点路段。

3 利用各种新闻媒体，对驾驶员进行雪天安全行车的常识宣传，动员机关单位及个人的车辆减少雪天出行。

4 交管部门做好雪天的交通指挥和车辆疏导方案。

5 工程抢险、医疗救护部门做好人员、设备的准备，及时抢修工程和人员救治。

6 公交、地铁部门准备足够的运力，保证雪天客流运输。

2.0.2 网络系统是信息交流最快捷的方式，有网络信息系统便于除雪作业的调度与指挥，以及紧急情况的处理。

2.0.3 入冬前应对平时闲置的除雪机械设备进行检查、维修，使设备完好率达到85%以上的要求。

2.0.4 立交桥除雪系统作为市政设施长期安装在桥体上，无雪季节该设备处于闲置状态。因此，进入初冬应该进行设备的调试和加注融雪剂，避免使用中出现故障。

2.0.5 城市中各种道路所处位置的不同，体现的功能和重要程度也不一样。例如：立交桥、交叉路口是交通枢纽，关系到各条道路的畅通和车辆的疏散；市中心的道路或机动车主路车辆集中、流量大，为了减轻交通压力应优先进行除雪作业。然而，一个城市的除雪设备能力是有限的，分先后顺序除雪是有必要的。

2.0.6 除雪机械在作业时，对正常行驶的车辆会产生干扰，甚至还会造成交通事故和交通堵塞。因此，在进行除雪作业前应与交管部门共同制定除雪方案、安排作业顺序，得到交管部门的配合。

2.0.7 作业人员穿交通警示服，可提高作业人员的安全性。

2.0.8 除雪作业时有的除雪设备的作业部件硬度很高、很锋利，容易损坏路面。为此，提出作业时应注意保护路面的要求。

2.0.9 除雪机械在道路上装雪运雪时会影响过往车辆，为了避免发生事故，必须在作业路段设置警示标志。这些标志应符合国家标准，使大家能明了标志的含义。

2.0.10 不含融雪剂的雪可以运往农田、河道、公园绿地和就近处理。

2.0.11 要求对含融雪剂的雪单独运输和处理，避免融雪剂对环境造成影响。

3 除 雪 机 具

3.1 手工除雪工具

3.1.1 列举手工除雪工具的种类。

3.1.2 从操作人员的安全角度出发，规定手工除雪设备的适用范围。

3.1.3 对各种手工除雪工具提出要求。

3.2 专业除雪设备

3.2.1 列举专业除雪设备的种类。

3.2.2 除雪机械有：扫雪机、抛雪机、推雪铲、融雪剂撒布机、破冰机、冰雪消融机等。这些机械都是针对雪的某种形态而设计的，例如：清除厚层雪用抛雪机；薄层雪用推雪铲或扫雪机；清除冰层用破冰机等等。只有正确选用除雪机械，才能很好地发挥其功能。

3.2.3 除雪机械上设置警示标志和照明设备以保证安全。

3.2.4 为了提高作业效率，许多除雪机械的作业部件尺寸宽于机身。在作业中为了让驾驶员能清楚地观察到作业部分的最宽位置，必须安装“标杆”和“示宽灯”。在夜间会车时示宽灯还能告示对面车辆该机械的最宽位置，确保会车安全。

3.2.5 配装车辆安装上除雪装置，使原车辆的重心发生变化，对车辆的转向、制动、悬挂系统等性能产生影响。从安全角度出发，应该对安装上除雪装置的车辆进行相关方面的检验，考察其指标是否符合要求。

3.2.6 作业时推雪铲的铲刃是沿着地面推进的，地面上的任何凸起都会与推雪铲撞击，推雪铲设有"防撞保护"装置才能保证作业安全。

3.2.7 从环保角度对除雪机械的噪声和废气排放提出要求。

3.2.8 计算各种除雪设备的需要量，应该合理使用本规程给出的计算公式，公式中有两个"利用系数"，应根据具体情况选择确定。

作业时间利用系数——每种除雪设备在安装调试方面难易程度差别很大，直接影响除雪机械的有效作业时间。

各种设备利用系数——考虑到除雪作业面的衔接因素，保证除雪的有效性。

4 融 雪 剂

4.0.1 融雪剂是一种化学物质，可以降低水的冰点，提高除雪机械清除能力。

4.0.2 在除雪作业中不要超量使用融雪剂，否则会增加除雪成本、影响环境。为了指导作业人员正确使用融雪剂，各地相继制定了标准，在作业时应严格执行。

4.0.3 要求厂方提供融雪剂的产品合格证和使用说明书是为了确保融雪剂的质量，指导用户正确使用融雪剂。

4.0.4 融雪剂的种类很多，各种融雪剂的冰点不一样，各地区根据当地的最低环境温度选择融雪剂种类和施撒（洒）量。

4.0.5 要求融雪剂的颗粒均匀，保证融雪剂能与雪充分融合，达到较好的融雪效果。固体融雪剂在存放时容易吸水结块，使用前可用机械方法进行破碎。

4.0.6 融雪剂可以是固体形式也可以兑制成溶液，溶液的浓度直接影响到除雪效果。在兑制融雪剂溶液时，应严格按照使用说明书规定的方法操作，保证溶液达到规定的浓度。

5 除 雪 作 业

5.1 除雪作业要求

5.1.1 路面积雪清除干净才能保证行人和车辆正常通行，这是除雪作业的基本要求。

5.1.2 立交桥及匝道桥车辆多，路面狭窄，是交通的瓶颈区域，用除雪机械快速将雪清出桥区，保证车辆通行。

5.1.3 城市道路中的主干道、次干道是机动车的主要通道，交通流量大，稍不通畅都会造成城市交通拥堵。因此，主、次干道是除雪作业的重点区域，用除雪机械快速将路面积雪清向一侧，保证车辆通行，然后逐步清理雪堆。

5.1.4 自行车在我国是百姓出行的一种交通工具，保证自行车行车安全也是十分必要的。然而自行车专用道（非机动车道）面积很大，短时间内将雪全部清除确有困难，清出部分车道供自行车通行是切实可行的办法。

5.1.5 过街路桥桥面窄、台阶多、行人极易滑倒摔伤，必须彻底清除积雪。

5.1.6 居民小区道路、沿街人行道上的积雪不得扫向机动车道，否则更增加机动车道和非机动车道除雪作业负担。

5.2 除 雪 方 法

5.2.1 降雪量、环境温度、雪层的密实程度是影响除雪工艺的三大因素，涉及到除雪机械的种类、作业的程序及融雪剂的用量。

1 雨加雪天气一般都出现在初冬，环境温度较高，地面积雪呈雪泥状态，采用直接清扫的方法可清除。

2 雪层的硬度与环境温度有着直接关系，同时也影响到作业方法，5cm自然状态的雪层，经过人踏车压雪层厚度为1cm左右。雪铲铲刃与地面的安全间隙是0.8～1cm，雪铲无法使用，只有采用扫雪机清除。环境温度偏低时，可先播撒融雪剂待雪层疏松后再使用扫雪机清除。

3 大量积雪堆在路侧占路太多，不但影响交通也影响市容，应及时清运处理。

4 路面积雪经反复车压密度很大，低温形成的冰雪层硬度也很大，必须使用破冰机进行作业。

5.2.2 白天光照强，环境温度高，雪层相对疏松，除雪效率高；夜间车辆很少的地区，可以采取分段断路的办法进行作业，更能保证作业安全。

5.3 除雪作业技术指标

5.3.1 除雪率是评价除雪机械清除路面积雪能力和效果的量化指标。

5.3.2、5.3.3 是正确使用除雪机械应达到的除雪效果。

5.3.4 融雪剂使用后应达到的效果。

中华人民共和国行业标准

生活垃圾转运站运行维护技术规程

Technical specification for operation and maintenance of municipal solid waste transfer station

CJJ 109—2006

J 512—2006

批准部门：中华人民共和国建设部

施行日期：2 0 0 6 年 8 月 1 日

中华人民共和国建设部
公　　告

第 421 号

建设部关于发布行业标准《生活垃圾转运站运行维护技术规程》的公告

现批准《生活垃圾转运站运行维护技术规程》为行业标准，编号为 CJJ 109—2006，自 2006 年 8 月 1 日起实施。其中第 2.1.3、2.1.6、2.1.12、2.3.1、2.3.3、2.3.4、4.1.6、4.1.8、4.1.9、4.1.13 条为强制性条文，必须严格执行。

本标准由建设部标准定额研究所组织中国建筑工业出版社出版发行。

中华人民共和国建设部
2006 年 3 月 26 日

前　　言

根据建设部建标［2002］84 号文的要求，编制组经广泛调查研究，认真总结实践经验，参考有关标准，并在广泛征求意见的基础上，制定了本规程。

本规程的主要内容是：1. 总则；2. 运行管理；3. 维护保养；4. 安全操作；5. 环境监测。

本规程由建设部负责管理和对强制性条文的解释，由主编单位负责具体技术内容的解释。

主 编 单 位：城市建设研究院（地址：北京市朝阳区惠新南里 2 号院，邮政编码：100029）

参 编 单 位：深圳市宝安区城市管理办公室环卫处
青岛市环境卫生科学研究所
华中科技大学
上海中荷环保有限公司
北京航天长峰股份有限公司长峰弘华环保设备分公司

主要起草人：徐文龙　王敬民　戴有斌　谢瑞强　孟宝峰　林　泉　卓照明　李美蓉　陈海滨　郭祥信　徐海云　王丽莉　赵树青　张来辉　江燕航　王泽其　胡佳玥

目　次

1　总则 ………………………………… 3—10—4
2　运行管理 ……………………………… 3—10—4
2.1　一般规定 ……………………………… 3—10—4
2.2　计量 …………………………………… 3—10—4
2.3　卸料 …………………………………… 3—10—4
2.4　填装与压缩 …………………………… 3—10—4
2.5　转运容器装卸 ………………………… 3—10—4
2.6　污水收集 ……………………………… 3—10—4
3　维护保养 ……………………………… 3—10—5
4　安全操作 ……………………………… 3—10—5
4.1　一般规定 ……………………………… 3—10—5
4.2　计量 …………………………………… 3—10—5
4.3　卸料 …………………………………… 3—10—5
4.4　填装与压缩 …………………………… 3—10—5
4.5　转运容器装卸 ………………………… 3—10—5
4.6　污水收集 ……………………………… 3—10—5
4.7　消杀作业 ……………………………… 3—10—6
5　环境监测 ……………………………… 3—10—6
本规程用词说明 …………………………… 3—10—6
条文说明 ………………………………… 3—10—7

1 总 则

1.0.1 为规范生活垃圾转运站（以下简称转运站）的运行维护及安全管理，加强其控制及环境保护与监测，提高管理人员和操作人员的技术水平，充分发挥其功能，达到使生活垃圾安全、高效转运的目的，制定本规程。
1.0.2 本规程适用于转运站的运行、维护、安全管理、控制及环境保护与监测。
1.0.3 转运站的运行、维护、安全管理、控制及环境保护与监测除应符合本规程外，尚应符合国家现行有关标准的规定。

2 运 行 管 理

2.1 一 般 规 定

2.1.1 转运站运行管理人员应掌握转运站的工艺流程、技术要求和有关设施、设备的主要技术指标及运行管理要求。
2.1.2 转运站运行操作人员应具有相关工艺技能，熟悉本岗位工作职责与质量要求；熟悉本岗位设施、设备的技术性能和运行、维护、安全操作规程。
2.1.3 转运站运行管理人员和操作人员必须进行上岗前的培训，经考核合格后持证上岗。
2.1.4 转运站运行操作人员应坚守岗位，认真做好运行记录；管理人员应定期检查设施、设备、仪器、仪表的运行情况；发现异常情况，应及时采取相应处理措施，并按照分级管理的原则及时上报。操作人员应做好当班工作记录和交接班记录。
2.1.5 转运站运行操作人员应按规定要求操作使用各种机械设备、仪器、仪表。
2.1.6 现场电压超出电气设备额定电压±10%时，不得启动电气设备。
2.1.7 转运站应保持通风、除尘、除臭设施设备完好。
2.1.8 转运站应建立各种机械设备、仪器仪表使用、维护技术档案，并应规范管理各种运行、维护、监测记录等技术资料。
2.1.9 站内交通标志应规范清楚，通道应保持畅通。
2.1.10 车辆的使用、维修应规范管理，并应做好记录。
2.1.11 外来车辆和人员进站均应登记。
2.1.12 操作人员应随机检查进站垃圾成分，严禁危险废物、违禁废物进站。
2.1.13 转运站应保持文明整洁的站容、站貌。

2.2 计 量

2.2.1 垃圾计量系统应保持完好，各种设备应保持正常使用。
2.2.2 应按有关规定定期检验地磅计量误差，并挂合格证。
2.2.3 进站垃圾应登记其来源、性质、重量、运输单位和车号。
2.2.4 操作人员应做好每日进站垃圾资料备份和每月统计报表工作。
2.2.5 计量系统出现故障时，应采取应急手工记录，当系统修复后应将有关数据输入计量系统，保持记录完整准确。

2.3 卸 料

2.3.1 设备保护装置失灵或工作状态不正常时，严禁操作设备，以避免人员伤亡和设备损坏。
2.3.2 倾倒垃圾前必须检查卸料区域和设备运转区域，确保无异常情况。
2.3.3 垃圾收集运输车辆必须按指定路线到达卸料平台，并应在工作人员的调度下，将垃圾卸入指定区域内。
2.3.4 卸料时，必须同时启动通风、除尘、除臭系统。
2.3.5 发现大件垃圾，应及时清除处理；发现违禁废物，应及时报告，妥善处理。
2.3.6 垃圾收集运输车卸料完毕后，应及时退出作业区。
2.3.7 卸料平台应保持清洁。
2.3.8 站区内应防止蚊蝇、鼠类等滋生，并应定期消杀。

2.4 填 装 与 压 缩

2.4.1 垃圾压缩设备应保持正常工作状态。
2.4.2 操作人员应按填装与压缩工艺技术要求操作，并保证工艺流程的稳定性和各工艺步骤的协调性。
2.4.3 转运站内垃圾渗沥液收集设施应做好日常维护工作。

2.5 转运容器装卸

2.5.1 转运站应做好垃圾转运车的指挥调度工作。
2.5.2 转运车到达垃圾接受场所后，应按规定倾倒垃圾。倒空的容器应运回转运站备用。车体及容器必须清理干净。
2.5.3 垃圾推（压）入垃圾转运容器前，应将转运容器与压缩机对接好。转运容器装满后，应将容器封板关好。
2.5.4 操作完毕后应及时清理作业区。

2.6 污 水 收 集

2.6.1 转运站污水收集系统应保持完好，并应加强雨污分流管理。

2.6.2 转运站生活污水、洗车污水、地坪冲洗污水和垃圾填装、压缩及转运过程中产生的渗沥液的收集、贮存、运输、处理，必须符合国家有关规定。

2.6.3 转运站污水的排放应按国家与地方标准的有关要求预处理后排入城市污水管网或单独处理达标后排放。

3 维护保养

3.0.1 转运站供电设施、设备，电气、照明设备，通信管线等应定期检查维护。

3.0.2 转运站内通道、给水、排水、除尘、脱臭等设施应定期检查维护，发现异常及时修复。

3.0.3 转运站内各种机械设备应进行日常维护保养，并应按照有关规定进行大、中、小修。

3.0.4 转运站避雷、防爆等装置应按有关规定进行检测维护。

3.0.5 转运站消防设施、设备应按有关消防规定进行检查、更换。

3.0.6 转运站内各种交通、警示标志应定期检查、更换。

3.0.7 贵重、精密仪器设备应由专人管理。

3.0.8 计量仪器的检修和核定应定期进行，并挂合格证。

3.0.9 监测仪器及取样器具应保持清洁。

4 安全操作

4.1 一般规定

4.1.1 转运站应制定操作和管理人员安全与卫生管理规定；并应严格执行各岗位安全操作规程。

4.1.2 生产作业过程安全卫生管理应符合现行国家标准《生产过程安全卫生要求总则》GB 12801 的有关规定。

4.1.3 运输管理应符合现行国家标准《工业企业厂内运输安全规程》GB 4387 的有关规定，转运车辆应保持完好。

4.1.4 转运站操作人员必须穿戴必要的劳保用品，做好安全防范工作；夜间作业现场应穿反光背心。

4.1.5 生产作业区严禁吸烟，严禁酒后作业。

4.1.6 皮带传动、链传动、联轴器等传动部件必须有机罩，不得裸露运转。

4.1.7 电气设备的操作与检修应严格执行电工安全的有关规定。

4.1.8 维修机械设备时，不得随意搭接临时动力线。

4.1.9 机械设备的使用、维修必须由受过专业训练的人员进行，严禁非专业人员操作、使用相关设备。

4.1.10 操作人员应严格遵守机械设备安全操作规程，对违章指挥，有权拒绝操作。

4.1.11 作业区必须按照现行国家标准《建筑设计防火规范》GBJ 16、《建筑灭火器配置设计规范》GB 50140 的规定配备消防器材，并应保持完好。

4.1.12 转运站应制订防火、防爆、防洪、防风、防滑、防疫等方面的应急预案和措施。

4.1.13 严禁带火种车辆进入作业区，站区内应设置明显防火标志。

4.1.14 在事故易发地点应设置醒目标志，并应符合国家现行标准的有关规定。

4.1.15 转运站内应配备必要的防护救生用品和药品，存放位置应有明显标志。

4.2 计　量

4.2.1 地磅前后方应设置醒目具有反光效果的提示标志，并应保持完好。

4.2.2 在地磅前方设置的减速装置应保持完好。

4.2.3 地磅照明设施应保持完好。

4.3 卸　料

4.3.1 卸料平台道路入口处必须设置减速标志。

4.3.2 卸料时，无特殊情况，卸料平台上不得有无关人员停留。

4.3.3 当卸料槽或专用容器辅助装置损坏时，不得进行卸料作业。

4.3.4 卸料槽或专用容器入口堆满垃圾时，不得继续卸料。待垃圾被推入压缩箱或专用容器，入口处有空间后方可卸料。

4.3.5 卸料槽或专用容器中发现大件垃圾及危险废物时，应及时清理。

4.4 填装与压缩

4.4.1 采用直接进料工艺的压缩机，在压缩垃圾时不得往压缩机料斗口进料。

4.4.2 卸料时，压缩机对接与锁紧机构应保持完好。

4.4.3 在填装作业时压缩机的推头或压头和滑动支架必须缩回到最末端时，才能进料。在填装或压缩作业时，工作人员不得靠近转运容器。

4.5 转运容器装卸

4.5.1 转运容器在开启、装料和关闭过程中，容器后面严禁站人。

4.5.2 转运容器出站时，应密闭完好。

4.6 污水收集

4.6.1 渗沥液收集、贮存、运输过程中不得泄漏。

4.6.2 污水池检查入口处应锁定并悬挂有关的警示及安全告示牌，并应备有安全带、踏步、扶手、救生绳、挂钩、吊带等附件。

4.6.3 对存在安全隐患的场所，应在采取有效防护措施后方可进入。

4.7 消 杀 作 业

4.7.1 灭蝇、灭鼠药物应按危险品规定管理。

4.7.2 消杀人员必须穿戴安全防护用品后方可进行药物配制和喷洒作业。

4.7.3 消杀人员应严格按照药物喷洒操作规程作业。

5 环 境 监 测

5.0.1 转运站运行中应定期进行环境监测和环境影响分析。

5.0.2 转运站运行前应进行转运站的本底环境质量监测。

5.0.3 取样监测人员应按有关规定采取个人保护措施。

5.0.4 环境监测采用的仪器设备和取样方法，样品的贮存及分析应符合国家现行标准《城市生活垃圾采样和物理分析》CJ/T 3035、《生活垃圾填埋场环境监测技术要求》GB/T 18772 的有关规定。

5.0.5 易燃、易爆、有毒物品应由专人保管，领用时应办理有关手续。

5.0.6 带刺激性气体和有毒气体的化验、检测应在通风橱内进行。

5.0.7 化验、检测完毕后应关闭化验室水、电、气、火源。

5.0.8 环境监测分析记录和报告应分类整理、归档管理。

5.0.9 大气监测频率每季度不应少于一次，监测点不应少于4个；大气监测采样方法应符合国家现行标准《生活垃圾填埋场环境监测技术要求》GB/T 18772 的有关要求。监测项目应包括飘尘量、臭气、总悬浮物和硫化氢。

5.0.10 转运站应在站内污水处理排水口处设排水取样点，监测频率每季度不应少于一次，监测项目应包括 pH、总悬浮物、五日生化需氧量、化学需氧量和氨氮。

5.0.11 渗沥液水质监测频率每季度不应少于1次。监测项目应包括 pH、总悬浮物、氨氮、五日生化需氧量和化学需氧量。

5.0.12 应根据当地气候特征，在苍蝇活跃期每月监测苍蝇密度不应少于2次。

本规程用词说明

1 为便于在执行本规程条文时区别对待，对于要求严格程度不同的用词说明如下：

1) 表示很严格，非这样做不可的：

正面词采用"必须"；反面词采用"严禁"。

2) 表示严格，在正常情况下均应这样做的：

正面词采用"应"；反面词采用"不应"或"不得"。

3) 表示允许稍有选择，在条件许可时首先应这样做的：

正面词采用"宜"；反面词采用"不宜"。

表示有选择，在一定条件下可以这样做的，采用"可"。

2 条文中指明应按其他有关标准、规范执行的，写法为："应符合……的规定"或"应按……执行"。

中华人民共和国行业标准

生活垃圾转运站运行维护技术规程

CJJ 109—2006

条 文 说 明

前　言

《生活垃圾转运站运行维护技术规程》CJJ 109—2006经建设部2006年3月26日以第421号公告批准发布。

为便于广大设计、施工、科研、学校等单位有关人员在使用本规程时能正确理解和执行条文规定，《生活垃圾转运站运行维护技术规程》编制组按章、节、条顺序编制了本规程的条文说明，供使用者参考。在使用中如发现本条文说明有不妥之处，请将意见函寄城市建设研究院（地址：北京市朝阳区慧新南里2号院，邮政编码：100029）。

目　次

1　总则 …………………………………… 3—10—10
2　运行管理 ……………………………… 3—10—10
　2.1　一般规定 …………………………… 3—10—10
　2.2　计量 ………………………………… 3—10—10
　2.3　卸料 ………………………………… 3—10—11
　2.4　填装与压缩 ………………………… 3—10—11
　2.5　转运容器装卸 ……………………… 3—10—11
　2.6　污水收集 …………………………… 3—10—11
3　维护保养 ……………………………… 3—10—12
4　安全操作 ……………………………… 3—10—12
　4.1　一般规定 …………………………… 3—10—12
　4.2　计量 ………………………………… 3—10—13
　4.3　卸料 ………………………………… 3—10—13
　4.4　填装与压缩 ………………………… 3—10—13
　4.5　转运容器装卸 ……………………… 3—10—13
　4.6　污水收集 …………………………… 3—10—13
　4.7　消杀作业 …………………………… 3—10—13
5　环境监测 ……………………………… 3—10—13

1 总 则

1.0.1 说明制定本规程的宗旨目的。

生活垃圾转运站（以下简称转运站）的运行维护管理直接关系到城市人民身体健康与生活环境质量。本规程是在国家有关基本建设方针、政策和法令的指导下，借鉴发达国家的先进经验，总结我国近年来转运站的运行维护管理经验与教训，并考虑今后我国转运站工程建设发展、运行维护管理的需要和方向而制定的。本规程编制目的在于推动科学管理与技术进步，提高转运站的工作效率，为转运站的安全运行维护管理提供科学依据。

1.0.2 说明本规程的适用范围。

1.0.3 说明本规程与国家现行有关标准、规范和规定的关系。

转运站的运行、维护、安全管理、控制及环境保护与监测除应执行本规程外，尚应同时执行国家现行的有关强制性标准、规范和规定。

2 运行管理

2.1 一般规定

2.1.1 为提高转运站管理的效率，防止乱指挥、瞎指挥，加强科学管理，管理人员应掌握转运站的主体工艺流程、主要技术指标以及运行管理的基本要求。

2.1.2 为提高转运站的生产效率，保障安全生产，防止错误操作，操作人员应掌握有关工艺技能、本岗位的设施、设备技术性能及操作规程。

2.1.3 转运站必须实行岗前培训和持证上岗，对各岗位操作人员和运行管理人员进行岗前培训可使员工了解本职工作的任务与职责，熟悉各种设施、设备的安全操作规程，掌握各种设施、设备的使用技术，是保障安全生产的重要手段。持证上岗可明确划分各员工的任务与责任，有利于提高劳动生产效率。

2.1.4 管理人员对设施、设备、仪器、仪表的运行情况进行定期检查的时间间隔可根据各转运站的自动化程度、设备质量、投入使用时间长短而定。操作人员日常工作中应做好运行记录、当班工作记录和交接班记录，一方面是对操作人员工作情况的监督；另一方面以便收集运行管理的基础数据，为提高劳动生产效率和管理效率提供依据。

2.1.5 为保障安全生产，应根据各设备、仪器、仪表的使用说明按要求启闭、使用和停车。

2.1.6 当现场电压超出电气设备额定电压±10%时，严禁启动电气设备，一方面避免损坏设备或仪器、仪表，另一方面保证员工人身安全。

2.1.7 通风、除尘、除臭设施设备作为转运站的重要环境保护措施，为防止对周围环境产生不良影响，在运行管理过程中应保持这些设施设备完好。

2.1.8 对各种机械设备、仪器、仪表的使用、维护技术资料归档管理，有利于提高工作效率，做到有案可查，有理可据。

2.1.9 转运站内交通标志设置应规范清楚，按现行有关标准、规范执行。通道包括双车道、单车道、人行道、扶梯和人行天桥。由于转运站车流量较大，为保证转运工作的顺利进行，应保持通道畅通。

2.1.10 转运站车辆维护、维修、保养应根据“专业化与社会化”相结合的原则，可移动的机械设备及汽车等的大修、维护保养应尽量由专业维修机构进行，一般机械设备则可考虑在站内配置必要的维修技术力量、专用维修设备及相应的配套设施。转运站应具备各类设备的小修和日常维护保养的能力，同时应做好每辆车辆的修理与维护保养记录。

2.1.11 对外来出入人员及车辆进行登记管理有利于控制人流、物流，有利于收集相关的基础资料，为站内调度工作的改进提供依据。

2.1.12 危险废物不得进入生活垃圾收运系统。现场管理及操作人员应随机检查进站垃圾的成分，一旦发现危险垃圾，请原运输单位负责外运、处置。

2.1.13 文明整洁的站容、站貌不仅涉及转运站自身的形象问题，也涉及到转运站在周围居民心目中的形象问题。宜配备专职保洁人员，每天应定时洒水，定时清扫路面，定期杀虫灭鼠，进行站内的美化、绿化。

2.2 计 量

2.2.1 计量系统主要作用是自动读取垃圾运输车辆的相关资料，并记录过磅垃圾的重量与时间。计量系统记录的数据是转运量统计及转运收费计算的主要依据，日常运行中应保持其处于正常状态，出现问题时应按本章第2.2.5条要求处理。

2.2.2 操作人员应定期检查地磅，确定其计量误差范围，并对地磅进行调整，也可对比每天的进站垃圾量确定是否要检查地磅。另外，应按有关规定要求定期向当地计量监督部门提出申请，请有关权威部门对地磅进行调校，出据合格证明材料。

2.2.3 此条所述登记进站垃圾的来源和性质主要是对进站垃圾进行定性评价，比如居民生活区垃圾、商业区垃圾、路面清扫垃圾等；进站垃圾的重量、运输单位和车号主要由计量系统自动记录。这就要求计量系统在设计时就应考虑收集这些信息，转运车辆上也应配备自动读取这些信息的设备。

2.2.4 为防止资料丢失，操作人员应做好每日进站垃圾资料的备份工作，每月填写统计分析报表，上报有关领导审阅并存档管理。

2.2.5 当计量系统出现故障，不能实现自动记录时，应采取手工方式记录有关数据。为防突发故障，应在日常工作中备有记录相关数据的表格。为保持基础数据的完整性与准确性，当系统修复后应及时将手工记录的数据输入计量系统。

2.3 卸　　料

2.3.1 由于卸料时存在安全防护问题，卸料前应检查各保护装置，当保护装置失灵或工作状态不正常时，不能进行卸料操作，以防出现安全事故。

2.3.2 为保证每次卸料作业的正常进行与安全操作，每次卸料前应检查卸料区域和设备运转区域，确保无异常情况后才能进行卸料作业。

2.3.3 垃圾运输车应在现场工作人员的指挥下按序进入卸料区域，并沿指定路线行进，以免造成拥堵，保证高效卸料与安全卸料。

2.3.4 为保持卸料区域良好的工作环境，减轻卸料作业对现场工作人员的身体影响，在卸料时必须同时启动通风、除尘、除臭系统。目前有些转运站为了节省运行费用，在卸料作业时并不启动通风、除尘、除臭系统，现场工作环境恶劣，粉尘量大、臭气浓度高、空气质量差，既对现场工作人员的身体健康产生严重影响，也对转运站在周围民众心目中的形象产生不良影响。为此，此条被定为强制性条文。

2.3.5 由于大件垃圾会影响转运效率，另外某些大件垃圾在转运过程中会损坏转运设备，因此发现大件垃圾时应及时清除处理。违禁物料是不允许进入生活垃圾转运系统的废物，比如医疗垃圾、有毒垃圾等；对相关设施设备存在潜在危害的物料，如未熄灭的煤球、煤气罐等。发现违禁物料时，现场工作人员应及时汇报，并妥善处理，以防事故发生。

2.3.6 垃圾运输车卸料完后，应在现场工作人员的指挥下沿指定路线行进，以便尽快腾出卸料空位，同时顺畅驶出转运站。

2.3.7 卸料时应保持平台干净、平整、无积水，以防蚊蝇等滋生，也为现场工作人员提供较好的工作环境。

2.3.8 对蚊蝇应定期进行消杀，在蚊蝇活跃期或密集区还需适当加大消杀频率，每月应对全站的蚊蝇、鼠类等进行监测，发现数量较多时应及时消杀。若发现蚊蝇和鼠类产生耐药性时，应及时更换消杀药物。

2.4 填 装 与 压 缩

2.4.1 对于压缩转运工艺，压缩机的性能及工作状态直接关系到转运站的运行费用、生产效率与正常生产。压缩设备的各线路应连接正确，压缩机工作区域应无其他物体妨碍设备运转，以保证压缩转运设备的正常运行。

2.4.2 由于转运站有压缩式转运与非压缩式转运，而压缩式转运站又有垂直压缩与水平压缩两种类型，因此转运站在进行垃圾埋装与压缩时，应根据各转运方式的工艺技术要求进行操作，并保证工艺流程的稳定性和各种工艺步骤的协调性。此处稳定性主要是讲面对冲击负荷时流程运行的稳定性，协调性主要是讲流程前后工段处理能力及运行状态的协调性。

2.4.3 关于填装与压缩垃圾时防止渗沥液二次污染的要求。由于各地区气候及垃圾成分的不同，在填装与压缩垃圾时有可能产生垃圾渗沥液，为防止渗沥液产生二次污染，必须设置渗沥液收集和导排设施，日常中应做好垃圾渗沥液收集设施的维护工作，以保证其能正常发挥作用。

2.5 转运容器装卸

2.5.1 为了保证转运站正常高效地运行，避免出现拥堵现象，应有完善的转运车辆调度计划，在每天转运高峰时段尤其应注意转运车辆的调度问题。

2.5.2 转运车辆及容器在完成转运工作后，轮空的容器应运回转运站备用，存放在转运站的车辆及容器应清理干净，清理的主要部位为轮胎、车辆外壳、容器内表面等处。

2.5.3 在压缩转运工艺中，将垃圾推（压）入转运容器时，压缩机与转运容器的配合至关重要，若两者对接不好，可能会出现漏料、机械碰撞等情况。因此在将垃圾推（压）入垃圾转运容器前，应将两者对接好，以保证正常工作。

2.5.4 由于目前国内转运车辆以及转运容器的多样性，在实际操作中较难保证完全避免垃圾洒落的情况发生，在转运操作完毕后应及时清理干净，既保持较好的工作环境，也防止蚊蝇等滋生。

2.6 污 水 收 集

2.6.1～2.6.3 转运站的污水来源较多，来源不同，性质不同，收集与处理方式也不同。按照各自的来源，转运站污水包括生活污水、洗车污水、地坪冲洗污水和垃圾渗沥液。其中生活污水为转运站工作人员在日常生活、工作中产生的污水；洗车污水为转运车辆及容器清洗过程中产生的污水；地坪冲洗污水为工作面冲洗时产生的污水；垃圾渗沥液为垃圾填装、压缩及转运过程中从垃圾中渗出的液体。

转运站污水是转运站产生二次污染的主要原因之一，保持污水收集系统正常工作，及时顺畅地将转运站污水导排至收集点，对于防止污水产生二次污染是必须的。另外，由于垃圾渗沥液处理的高难度，加强雨污分流，尽量减少渗沥液的产生量，对于降低转运站污水管理的难度是有益的。

由于转运站位置及规模的不同，各地对污水处理的要求也不同，转运站污水处理方式应根据各转运站的具体情况而定。可以依据国家与地方标准进行预处理后排入城市污水管网，也可单独处理达标后排放。

某些城市的地方标准比国家标准更为严格，在选择排放或者预处理标准时应加注意。

国家目前关于污水管理的各个环节均有较完善的规定，制定了一系列的标准和规范，转运站污水的收集、贮存、运输、处理、排放等环节必须符合有关规定的要求。与此相关的现有主要标准和规范有《污水综合排放标准》GB 8978、《污水排入城市下水道水质标准》CJ 3082、《地表水环境质量标准》GB 3838等。

3 维护保养

3.0.1、3.0.2 关于站内辅助生产设施、设备等维护保养的要求。对于站内的通道、给水、排水、除尘、脱臭、供电等辅助生产设施，以及站内电气、照明设备、通信管线等辅助生产设备应定期检查维护，这些设施设备的正常工作直接关系到转运工作的正常运行以及对二次污染的有效防治。此处的定期所指的时间间隔应根据各设施设备的特点确定，检查维护的方法也应根据各设施设备的特点确定。发现异常时应及时修复，做到任务明晰、责任明确。

3.0.3 对于各种生产机械设备，应进行日常维护保养，并按照有关规定进行大、中、小修。此处的有关规定除了国家关于机械设备维护保养的标准、规范外，还包括设备提供厂家针对转运设备维护保养的特殊规定。

3.0.4 避雷、防爆等装置是避免转运站发生事故的重要保护设备，国家关于这些装置、设备检测、维护保养有着非常严格的标准和规范。除了日常维护保养外，定期应请国家相关检测机构对装置的有效性进行检测，并按检测结果作出适当调整。与此相关的现有主要标准和规范有《建筑物防雷设计规范》GB 50057、《爆炸和火灾危险环境电力装置设计规范》GB 50058、《火灾自动报警系统设计规范》GB 50116、《电气装置安装工程 接地装置施工验收规范》GB 50169和《电气装置安装工程 电缆线路施工及验收规范》GB 50168等。

3.0.5 本条规定应根据《消防法》及有关规范的要求对各种消防设施、设备进行定期检查，对超过使用有效期的灭火器和消防水带，以及压力达不到要求的灭火器要及时更换。

3.0.6 各种交通、警示标志发挥着引导交通、警示安全的作用，应定期检查，发现破损及时更换。

3.0.7 为防止贵重、精密仪器的丢失或损坏，应该设专人进行保管和保养。

3.0.8 转运站计量仪器收集的数据是转运量、转运收费、转运效率、运行成本计算的主要依据，为保证数据的准确性，计量仪器的检修和核定应由质量技术监督部门负责，并挂合格证。

3.0.9 保持监测仪器及取样器具清洁主要是从延长其使用寿命和保证其准确性方面考虑的，在使用后应按相关操作规程对其进行清洗，以保持清洁。

4 安全操作

4.1 一般规定

4.1.1 本条规定了生产作业过程与国家现行标准《生产过程安全卫生要求总则》GB 12801的关系。为了保证安全卫生生产，应制定操作和管理人员安全与卫生管理规定；各岗位应根据其工作的任务、设备的运行特点制定相应的安全操作规程，并严格执行，操作规程应具体、详尽，具有可操作性和针对性。

4.1.2 国家现行标准《生产过程安全卫生要求总则》GB 12801是所有生产过程关于安全卫生要求的总规定，任何生产过程均应满足其要求，转运站生产作业过程也应满足其要求。

4.1.3 本条规定了转运站运输管理与国家现行标准《工业企业厂内运输安全规程》GB 4387的关系。

国家现行标准《工业企业厂内运输安全规程》GB 4387是关于所有工业企业厂内运输管理的总规定，任何工业企业均应满足其要求，转运站内运输管理也应满足其要求。

4.1.4 本条是关于操作人员在日常工作中安全卫生保障的基本要求。

操作人员作为一线工作人员，为了保障其安全与健康，工作时必须穿戴必要的劳保用品，比如手套、口罩等；由于转运站内车辆较多，夜间作业现场应穿反光背心。

4.1.5 由于转运站工作作业区内情况复杂，垃圾物料成分多种多样，有些员工吸烟后将燃烧的烟头扔入卸料槽或转运容器中，易造成安全隐患，从保证员工身体健康与安全生产的角度出发，严禁在生产作业区内吸烟；酒后作业一直是造成安全生产事故的重要原因，必须严禁酒后作业。

4.1.6 各种传动部件在运行时存在潜在危险，必须设有机罩，以防杂物或工作人员头发、衣服、肢体等卷入其中而发生事故。

4.1.7 国家关于电气设备操作与检修有非常严格的安全操作规定，相关标准、规范齐全，对带电设备的检修必须严格执行现行有关规定，以防安全事故发生。与此相关的标准、规范主要有《电力系统安全稳定控制技术导则》DL/T 723等。

4.1.8 维修机械设备需要搭接动力线时，切不能随意搭接，由于随意搭接动力线引发的事故时有发生，因此制订此条文。临时动力线的搭接必须严格按本章第4.1.7的要求执行。

4.1.9 转运站机械设备多为重型设备，使用、维修必须是专业人员进行，以防安全事故发生。

4.1.10 操作人员日常工作中应严格按操作规程执行，对于他人的违章指挥，应拒绝操作，以杜绝违章操作。

4.1.11 为保证站内消防安全，须按现行国家标准《建筑设计防火规范》GBJ 16 和《建筑灭火器配置设计规范》GB 50140 配备消防器材，并保持完好。

4.1.12 在不同的地理位置，要根据当地气候、气象特点制定防火、防爆、防洪、防风、防滑、防疫等方面的应急预案和措施。防火、防爆、防洪、防风意思明确；防滑主要是考虑北方地区冬季降水后，站内通道表面可能会结冰，因此应考虑防滑方面的应急预案和措施；防疫主要是考虑可能发生类似非典的突发疫情，因此应考虑防疫方面的应急预案和措施。

4.1.13 若有带火种车辆进入作业区，会对转运站安全生产造成很大的安全隐患，尤其像煤气罐、燃烧的煤球等。

4.1.14 为保证安全生产，在存在安全隐患的地方、在事故易发地点应设置标志，标志的设置须符合国家现行有关标准的规定，并定期维护，发现破损及时修复。与此相关的国家标准主要有《安全色》GB 2893、《安全标志》GB 2894 等。

4.1.15 为了处理日常工作的一些小伤、小病，以及发生危险的紧急救护，须配备必要的防护救生用品和药品。

4.2 计　　量

4.2.1 地磅前应设置醒目的提示标志，并有反光效果，以提示过磅车辆及时减速，安全通过地磅。

4.2.2 在地磅前方应设减速标志、限速标志和减速装置，并维护保持完好，以保证车辆安全通过地磅以及地磅准确计量。

4.2.3 转运站有可能会在夜间运行，由于地磅的重要性，其周围应具备良好的照明设施，并维护保持完好。

4.3 卸　　料

4.3.1 在卸料平台道路入口前方应设减速标志，并维护保持完好，以提示车辆及时减速，安全平稳进入卸料平台。

4.3.2 由于卸料时，卸料平台上车辆行驶频繁，无特殊情况时，不得有无关人员停留，以免发生事故。

4.3.3 当卸料槽或专用容器辅助装置损坏时，一方面可能影响卸料作业的正常运行，另一方面可能存在安全隐患，因此应暂停卸料作业。

4.3.4 为防止漏料，当卸料槽或专用容器入口堆满垃圾时，不可继续卸料；待垃圾被推入压缩箱或专用容器，入口处有空间后方可卸料。

4.3.5 卸料槽或专用容器中如发现大件垃圾时，须及时清理；发现危险废物，应及时上报管理部门，并作出相应处理。

4.4 填装与压缩

4.4.1 对于直接进料工艺，当压缩机工作时，不得往压缩机料斗口进料。制订此条的目的一方面是为了防止漏料，另一方面是为了防止垃圾被带入压缩机头而损坏压缩机。

4.4.2 卸料时，为防止漏料并保证安全生产，对接与锁紧机构应保持完好。

4.4.3 制订此条主要目的是防止漏料并保证人员、设备安全。

4.5 转运容器装卸

4.5.1 由于转运站容器尺寸较大，其后面容易产生视角死角，因此在转运容器开启、装料和关闭过程中，容器后面严禁站人，以免出现事故。

4.5.2 为防止垃圾或渗沥液从转运容器中漏出，转运容器出站时，应密闭完好。

4.6 污水收集

4.6.1 在渗沥液收集、贮存、运输过程中要采取密封措施，以防渗沥液泄漏产生二次污染。

4.6.2 由于以前出现过工作人员进入污水池而发生事故的事件，为防类似事件发生，特制订此条文。

4.6.3 此条文是对前条条文的补充，转运站内除污水池存在安全隐患外，某些场所，比如卸料槽、集水池、污水管道等也存在一定的安全隐患，当需要进入这些场所时，必须采取有效的防护措施。

4.7 消杀作业

4.7.1 各种消杀药物的使用管理应执行现行有关标准，按危险品规定管理。

4.7.2、4.7.3 为了保护消杀人员的身体健康，保证药物喷洒作业的效果，消杀人员应穿戴安全防护用品，严格按照药物喷洒操作规程作业。

5 环境监测

5.0.1 对转运站的各个运行环节应定期进行环境监测与环境影响分析，一方面做到对潜在二次污染心里有数，另一方面可针对潜在的二次污染采取相应的预防或处理措施，防患于未然。

5.0.2 对转运站进行本底环境质量监测的目的是对转运站的原始环境质量进行全面了解，为以后运行管理过程的污染控制提供对比数据。

5.0.3 取样监测人员应根据所监测分析项目的有关规定采取相应个人保护措施。比如进入污水池取样时应该事先对池中的空气质量进行分析，确定是否穿戴氧气面罩等。

5.0.4 在监测分析各单项指标时，所用监测方法及监测仪器设备均应按现行有关标准执行。样品的贮存和分析也应按有关标准的要求和规定执行。与此相关的标准主要有《城市生活垃圾采样和物理分析》CJ/T 3039、《生活垃圾填埋场环境监测技术标准》CJ/T 3037 等。

5.0.5 易燃、易爆、有毒物品应由专人保管，保管办法应按现行有关标准执行，领用须办理相关手续。

5.0.6 为了保证分析化验人员的身体健康，在对刺激性气体和有毒气体化验、检测时应在通风橱内进行。

5.0.7 为了保证化验室安全，在化验、检测完毕后应关闭化验室水、电、气、火源。

5.0.8 为了规范管理环境监测分析记录和报告，方便查阅，应对环境监测分析记录和报告分类整理、归档管理。

5.0.9 大气监测是转运站环境监测的重要部分，监测频率不低于每季度一次。监测项目有 4 项，包括飘尘量、臭气、总悬浮物和硫化氢。

5.0.10 污水处理出水监测是转运站环境监测的重要部分，主要看出水水质是否达到排放标准的要求。监测频率不低于每季度一次，取样点应设在污水处理排水口。监测项目有 5 项，包括 pH、总悬浮物、五日生化需氧量、化学需氧量和氨氮。

5.0.11 渗沥液监测是转运站环境监测的重要部分，主要对水质进行分析，监测频率不低于每季度一次。监测项目有 5 项，包括 pH、总悬浮物、五日生化需氧量、化学需氧量和氨氮。

5.0.12 关于苍蝇密度的监测也是转运站环境监测的重要部分，一方面是对苍蝇密度进行监测，另一方面是若发现苍蝇密度有所增加时，应及时采取消杀措施。当现场成蝇达到 4～6 只/m^2，或幼虫达到 2～3 只/m^2 时，应进行喷药消杀，当成蝇和幼虫密度低于 2 只/m^2 时，可采用定时、定点施放苍蝇毒饵来控制作业现场苍蝇的密度。

中华人民共和国行业标准

机动车清洗站工程技术规程

Technical specification of
automotive rinsing station engineering

CJJ 71—2000

主编单位：天津市环境卫生工程设计院
批准部门：中华人民共和国建设部
施行日期：2000年8月1日

关于发布行业标准《机动车清洗站工程技术规程》的通知

建标［2000］104号

根据建设部《关于印发一九九五年城建、建工工程建设行业标准制订、修订项目计划（第二批）的通知》（建标［1995］661号）的要求，由天津市环境卫生工程设计院主编的《机动车清洗站工程技术规程》，经审查，批准为强制性行业标准，编号CJJ 71—2000，自2000年8月1日起施行。

本标准由建设部城镇环境卫生标准技术归口单位上海市环境卫生管理局负责管理，天津市环境卫生工程设计院负责具体解释，建设部标准定额研究所组织中国建筑工业出版社出版。

中华人民共和国建设部

二〇〇〇年五月十日

前　言

根据建设部建标［1995］661号文的要求，规程编制组在广泛调查研究，认真总结实践经验，参考有关国外标准并广泛征求意见的基础上，制定了本规程。

本规程的主要技术内容是：1. 机动车清洗站工程的选址原则，总平面布局及建筑设计技术原则；2. 机动车清洗站工程的设备、供电、供水及污水处理系统的技术原则；3. 机动车清洗站的施工、验收、及清洗设备的运行、维护和安全。

本规程由建设部城镇环境卫生标准技术归口单位上海市环境卫生管理局归口管理，授权由主编单位负责具体解释。

本规程主编单位是：天津市环境卫生工程设计院。

（地址：天津市和平区南京路233号；邮编：300052）。

本规程参加单位是：武汉市环境卫生科学研究所。

本规程主要起草人员是：刘伯群　吴健平
张德盛　冯其林
鲁正铠　牟惠传

目　次

1　总则 ……………………………… 3—11—4
2　站型与站址……………………………… 3—11—4
3　总平面设计……………………………… 3—11—4
4　建筑设计 ……………………………… 3—11—4
4.1　一般规定……………………………… 3—11—4
4.2　清洗间、洗车台的建筑设计……… 3—11—4
4.3　水处理系统的建筑设计……………… 3—11—4
4.4　控制室的建筑设计………………… 3—11—5
5　清洗设备和供配电系统 …………… 3—11—5
5.1　一般规定……………………………… 3—11—5
5.2　清洗设备 ……………………………… 3—11—5
5.3　供水管道……………………………… 3—11—5
5.4　供配电系统…………………………… 3—11—5
6　给水排水及污水处理系统………… 3—11—5
6.1　给水系统…………………………… 3—11—5
6.2　排水系统及污水处理系统………… 3—11—6
7　施工及验收……………………………… 3—11—6
7.1　施工…………………………………… 3—11—6
7.2　验收…………………………………… 3—11—6
8　运行、维护、安全 …………………… 3—11—7
附录A　机动车清洗站洗车污水水质
　　　的检测项目、检测方法 …… 3—11—7
本规程用词说明 ……………………… 3—11—7
条文说明 ………………………………… 3—11—8

1 总　　则

1.0.1 为使机动车清洗站工程的建设、施工、运行、维护、管理做到实用、经济、安全、可靠，制定本规程。

1.0.2 本规程适用于城镇机动车清洗站新建工程。

1.0.3 机动车清洗站的工程建设除应符合本规程外，尚应符合国家现行有关强制性标准的规定。

2 站型与站址

2.0.1 机动车清洗站按日洗车能力分为小型和大型两种：

1. 日洗车量小于及等于 500 辆者为小型。
2. 日洗车量大于 500 辆者为大型。

2.0.2 机动车清洗站选择站址应符合下列规定：

1. 必须符合城市建设总体规划的要求。
2. 必须符合城市市容环境卫生行业规划的要求。
3. 必须具有必要的电源、水源。
4. 交通便利，车辆进、出应方便。
5. 应远近期结合，具有近期建设的足够场地，并留有发展余地。
6. 城市新建或改建停车场、车站、港口、机场时，机动车清洗站应作为市容环境卫生配套设施统一规划与实施。
7. 小型机动车清洗站在满足本规程的前提下可附设在垃圾中转站、停车场、加油站等设施内。
8. 大型机动车清洗站宜建在城郊结合的进城方向一侧。

3 总平面设计

3.0.1 机动车清洗站总平面设计应符合下列规定：

1. 总平面布局紧凑，合理利用地形，节约土地，节约投资。
2. 布局合理，分区明确，流程便捷，使用方便，满足清洗站的使用功能。
3. 给排水及水处理系统应布局合理。
4. 机动车清洗站应有污泥和废油处置场地和设施。

3.0.2 机动车清洗站车辆进、出口应符合下列规定：

1. 应符合城市规划、交通管理的要求。
2. 应设置一定长度的引道。
3. 进、出口引道与干道不宜正交。
4. 机动车清洗站进出口应满足驾驶员视线要求，并应设立醒目的标志。
5. 大型机动车清洗站进口处，应按进城机动车高峰流量与洗车能力之差，设置候洗车辆泊位。

3.0.3 大型机动车清洗站内应设置宽度不小于 4m，贯通全站的车行道和宽度不小于 1.5m 的人行道。

3.0.4 机动车清洗站的建（构）筑物的布置应符合下列规定：

1. 水处理系统建（构）筑物应按节省投资，减少占地，使用方便，缩短管线的原则布置。
2. 泥砂干燥床、废油（渣）存放场应布置在与外界交通方便的地方。
3. 办公和辅助用房应与洗车工作区分开，避免互相干扰。

4 建筑设计

4.1 一 般 规 定

4.1.1 机动车清洗站应由清洗间、洗车台、水处理系统和控制室等建（构）筑物组成。各类建（构）筑物应根据清洗站的不同规模和使用要求增减或合并。

4.2 清洗间、洗车台的建筑设计

4.2.1 小型机动车清洗站的清洗间设计应符合下列规定：

1. 清洗设备宜设在室内。
2. 清洗间内净高不得低于 4m。
3. 清洗间进出大型车辆的门，其宽度不应小于 4m；进出小型车辆的门，其宽度不应小于 3m。
4. 清洗间内应设置内墙裙，其高度不得小于 1.5m，应选用防水、易清洗材料。
5. 清洗间内的人行通道宽度应大于 0.8m。

4.2.2 大型机动车清洗站的清洗设备设置在室内有困难时，可设置在室外，室外洗车必须建洗车台和挡水墙。

4.2.3 洗车台和挡水墙应符合下列规定：

1. 洗车台的高度不得小于 0.15m。
2. 挡水墙的高度不得小于 2.1m。

4.2.4 清洗间地面和洗车台的设计荷载应按被洗车型确定，且不得小于汽—15 级。

4.3 水处理系统的建筑设计

4.3.1 水处理系统宜由隔油池、沉砂池、澄清池、清水池、加药间和供水泵房等建（构）筑物组成，应根据清洗站规模、清洗工艺和实际需要选择设置。

4.3.2 隔油池应建油、渣分离栅栏。

4.3.3 沉砂池宜优先采用水力旋流沉淀；采用水力旋流沉淀时，应设置气水分离井和排砂井，沉淀时间不宜小于 10min，池内水流上升速度应小于 6mm/s。

4.3.4 澄清池应设有清除泥砂设施。

4.3.5 采用污水循环使用工艺时，必须建清水池，其容积必须大于 2h 最大用水量。

4.3.6 机动车清洗站必须建混凝土结构的污泥干燥床，其应有良好的排水和污水收集设施，严禁对地下水和周边环境造成污染。

4.3.7 钢筋混凝土结构的混凝土强度等级应大于或等于C20，抗渗等级应大于或等于P6，钢筋保护层厚度应大于或等于50mm。

4.3.8 沉淀池、清水池必须安装安全防护设施。

4.4 控制室的建筑设计

4.4.1 控制系统可设计为分区、分段控制，大型机动车清洗站应设计为集中控制。

4.4.2 大型机动车清洗站的控制室应符合下列规定：

1. 控制室内净高不得低于2.5m。
2. 应能观察工作区域。
3. 应通风、采光良好、振动小。

5 清洗设备和供配电系统

5.1 一般规定

5.1.1 清洗设备应包括冲洗装置、刷洗装置和烘（吹）干装置。上述装置根据清洗工艺确定，可单一设置，也可组合设置。

5.2 清洗设备

5.2.1 清洗设备及各工作部件的起动、工作、停止应采用自动化控制。

5.2.2 车辆到位后自动控制装置起动或关闭的时间允许偏差应为±2s。

5.2.3 清洗设备应具有对车辆各部位的清洗功能。

5.2.4 刷洗装置的刷毛应采用柔软、耐磨的材料，防止将车辆划伤。

5.2.5 清洗车辆底盘和车轮宜采用0.8～1.0MPa水压，清洗车厢宜采用0.6～0.8MPa的水压，刷洗车厢宜采用0.2～0.3MPa的水压。

5.2.6 清洗设备的零件、紧固件应采用防锈材料或进行防锈处理。

5.3 供水管道

5.3.1 供水管道应采用碳素钢管，其承压能力必须达到工作压力的1.3倍。

5.3.2 供水管道除主干管应装有总阀门外，每条分管道也应装有分阀门。

5.3.3 供水管道中必须装有调压泄荷阀门。

5.3.4 供水管道中应在最低位置装有排空阀门。

5.3.5 铺设水平管道应有2‰～5‰的坡度倾向排空阀门。

5.3.6 埋设在地下的管道，除安装阀门处采用法兰连接外，其它接口处，应采用焊接。

5.3.7 管道的阀门、接口法兰均应安装在阀门井内。

5.3.8 埋设在地下管道的深度，必须在当地冻土线0.3m以下。

5.4 供配电系统

5.4.1 机动车清洗站的用电负荷应为三类负荷。

5.4.2 机动车清洗站的电器设备，应采用三相电器设备；当采用单相或二相电器设备时，用电负荷应均匀分配在三相线路中。

5.4.3 机动车清洗站的洗车工作区，处于潮湿场所，其低压配电线路必须安装漏电保护装置，并做好漏电保护装置的上下级配合。

5.4.4 机动车清洗站洗车工作区的电器设备宜采用安全电压，向该工作区供电的线路必须采用绝缘等级为500V加强绝缘的铜芯电缆。移动式电器设备可采用12V电压，非移动式电器设备可采用24V电压，并采用外壳防护等级不低于IP55的电器设备。非安全电压的电器设备应置于洗车工作区之外。

5.4.5 机动车清洗站的洗车工作区，其安全电压回路的带电部分严禁与大地连接，严禁与其它回路的带电部分或保护线连接。用电设备非带电部分的金属外壳应作等电位连接。

5.4.6 大型机动车清洗站的防火用电线路必须与清洗用电和生活用电线路分开设置；防火用电设备应采用专用供电线路，该线路应穿金属管保护并暗敷在非燃烧体结构内。

5.4.7 非燃烧体保护层厚度不应小于30mm，当必须明敷时，应在金属管上采取防火保护措施。

5.4.8 机动车清洗站洗车工作区和生活区室内外照明的照度应符合下列规定：

1. 室内一般照明不宜低于50lx。
2. 室外工作区照明不宜低于20lx。
3. 室外生活区照明不宜低于0.5lx。

6 给水排水及污水处理系统

6.1 给水系统

6.1.1 机动车清洗站的水源宜选用城镇自来水或地下水。

6.1.2 机动车清洗站的生活用水的水压和水量应符合现行国家标准《建筑给水排水设计规范》（GBJ 15）的有关规定。

6.1.3 生活用水的水质应符合现行国家标准《生活饮用水卫生标准》（GB 5749）的规定。

6.1.4 机动车清洗站的消防用水的水压和水量应符合现行国家标准《建筑设计防火规范》（GBJ 16）的有关规定。

6.1.5 机动车清洗站的洗车用水应符合下列规定：

1. 洗车的用水量应根据洗车的用水定额及每日洗车数量计算确定。

洗车用水的定额应根据清洗设备、道路路面等级和污染程度，按下列规定确定：

小轿车：　　250～400L/辆

大轿车：　　400～600L/辆

2. 洗车用水的压力应符合本规程第5.2.5条的规定。

6.1.6 洗车用水的水质应符合表6.1.6的规定。

表 6.1.6 洗车用水的水质

项目	色	混浊度	嗅味	pH值	悬浮物(SS)	生化需氧量 BOD_5
标准	<40度	<10度	无不快	6.5～9	<10mg/L	<10mg/L

项目	化学需氧量(COD_{cr})	总大肠菌群	溶解氧(DO)	游离 Cl^-	石油类
标准	<25mg/L	<10000个/L	>3mg/L	>0.2mg/L	<0.5mg/L

6.1.7 在大型机动车清洗站内，洗车用水必须循环使用。

6.1.8 循环用水系统中应敷设一条补水管，补水量不应小于循环用水总容量的25%。

6.1.9 水泵的泵房不宜与办公用房毗邻，泵房内应设置消声和减振装置。

6.2 排水系统及污水处理系统

6.2.1 机动车清洗站的生活污水不得排入洗车循环用水系统中，生活污水可直接排入城市污水管道。

6.2.2 机动车清洗站的洗车污水宜采用明沟收集，沟上应加盖板，沟底坡度应为2‰～5‰。

6.2.3 循环使用的洗车污水应根据污水的水质、水量，采用除油、沉淀、过滤、消毒等工艺进行处理，水质应达到表6.1.6的要求。

6.2.4 循环使用的洗车污水水质检测项目、检测方法应符合附录A的要求。

6.2.5 小型机动车清洗站的洗车污水应经过沉淀、除油等处理，达到现行国家标准《污水综合排放标准》(GB 8978)的有关规定后方可排入城市下水管道。

7 施工及验收

7.1 施　　工

7.1.1 建（构）筑物的施工应符合国家现行有关标准的规定。

7.1.2 清洗设备的电器装置必须做防水处理，出线口和入线口必须用密封件或密封胶密封。

7.1.3 清洗设备的易锈蚀金属表面应涂刷二层防锈漆，二层面漆。

7.1.4 供水管道的防锈操作应符合下列规定：

1. 易锈蚀明装管道应涂刷二层防锈漆，二层面漆。

2. 埋设在地下的管道应作防锈处理。

7.1.5 在埋设地下管道的回填土工程中，管道上部0.5m的回填土中不得含有直径大于0.1m的石块、混凝土块，0.5m以上的回填土中石块、混凝土块不得集中。

7.1.6 在埋设地下管道回填土夯实工程中，管道上部0.3m内应人工夯实，0.3m以上可机械夯实。

7.1.7 在回填土工程完成以前，任何车辆、设备不得在管沟上行走。

7.1.8 供配电系统的施工应符合下列现行国家标准的规定：

1.《电气装置安装工程低压电器施工及验收规范》(GB 50254)。

2.《电气装置安装工程1kV及以下配线工程施工及验收规范》(GB 50258)。

3.《电气装置安装工程旋转电机施工及验收规范》(GB 50170)。

4.《电气装置安装工程接地装置施工及验收规范》(GB 50169)。

7.2 验　　收

7.2.1 机动车清洗站建（构）筑物的验收应符合国家现行有关标准的规定。

7.2.2 清洗设备的试验和验收应符合本规程第5.2节的规定。

7.2.3 供水管道必须做压力试验，压力试验应符合下列规定：

1. 埋设在地下的管道，在回填土厚度不得小于0.5m时，方可做压力试验。

2. 管道的试验段长度不宜大于10m。

3. 管道试验压力应为系统工作压力的1.25～1.30倍。

4. 试验时，先将压力缓慢升至试验压力，保压观察10min，当压力下降不大于0.05MPa，管道、阀门和法兰等处未出现漏裂，可将压力降至工作压力，无泄漏即为合格。

7.2.4 供水管道的隐蔽工程必须在施工期间进行验收，合格后方可进行下一道工程，验收合格后应有签证和验收报告。

7.2.5 供配电系统的验收应符合本规程第7.1.8条的规定。

7.2.6 大型机动车清洗站循环用水的水质按第6.1.6条的要求进行验收。

7.2.7 小型机动车清洗站排放的污水水质按现行国家标准《污水综合排放标准》(GB 8978)的规定进行验收。

7.2.8 排水系统及污水处理系统的工程验收应符合

现行国家标准《采暖与卫生工程验收规范》（GBJ 242）的规定。

8 运行、维护、安全

8.0.1 清洗设备在长期停用前应将易锈蚀部位，涂刷防锈漆和面漆。

8.0.2 供水管道在初次使用和长期停用再次使用前，应将阀门、喷嘴拆卸开，放水将管道中的杂物冲净。

8.0.3 供水管道在长期停用前应打开排空阀门，将管道中剩余的水排净。

8.0.4 供水管道在长期停用前，应将阀门、喷嘴等易锈蚀部位擦拭干净、涂敷油脂。

8.0.5 供水管道在长期停用再次使用前，必须检查调压泄荷阀门，该阀门应灵敏有效。

8.0.6 供配电系统的运行、维护、安全应符合现行国家标准《建设工程施工现场供用电安全规范》（GB 50194）的规定。

附录 A 机动车清洗站洗车污水水质的检测项目、检测方法

项　目	测定方法	检测方法标准编号
色	铂钴标准比色法	GB11903
浊　度	分光光度法	GB13200
嗅	文字描述法	—
pH 值	玻璃电极法	GB6920
生化需氧量（BOD_5）	稀释与接种法	GB7488

续表

项　目	测定方法	检测方法标准编号
化学需氧量（COD_{cr}）	重铬酸盐法	GB11914
悬浮物	重量法	GB11901
总大肠菌数	多管发酵法	GB5750
游离 Cl^-	硝酸汞容量法	GB5750
溶解氧	碘量法	GB7489
石油类	紫外分光光度法	—

本规程用词说明

1. 为便于在执行本规程条文时区别对待，对于要求严格程度不同的用词说明如下：

1）表示很严格，非这样做不可的：

正面词采用“必须”；

反面词采用“严禁”。

2）表示严格，在正常情况下均应这样做的：

正面词采用“应”；

反面词采用“不应”或“不得”。

3）表示允许稍有选择，在条件许可时首先应这样做的：

正面词采用“宜”；

反面词采用“不宜”。

表示有选择，在一定条件下可以这样做的，采用“可”。

2. 条文中指明应按其它有关标准执行的，写法为“应按……执行”或“应符合……规定或要求。

中华人民共和国行业标准

机动车清洗站工程技术规程

CJJ 71—2000

条 文 说 明

前　言

《机动车清洗站工程技术规程》（CJJ 71—2000），经建设部 2000 年 5 月 10 日以建标［2000］104 号文批准，业已发布。

为便于广大设计、施工、科研和学校等单位有关人员在使用本规程时能正确理解和执行条文规定，《机动车清洗站工程技术规程》编制组按章、节、条的顺序编制了本规程的条文说明，供国内使用者参考。在使用中如发现本条文说明有不妥之处，请将意见函寄天津市环境卫生工程设计院（天津市和平区南京路 233 号，邮编：300052）。

目　次

1　总则 …………………………… 3—11—11
2　站型与站址 ………………………… 3—11—11
3　总平面设计 ………………………… 3—11—11
4　建筑设计 …………………………… 3—11—11
4.1　一般规定 ………………………… 3—11—11
4.2　清洗间、洗车台的建筑设计 …… 3—11—11
4.3　水处理系统的建筑设计 ………… 3—11—11
4.4　控制室的建筑设计 ……………… 3—11—11
5　清洗设备和供配电系统 ………… 3—11—11
5.1　一般规定 ………………………… 3—11—11
5.2　清洗设备 ………………………… 3—11—12
5.3　供水管道 ………………………… 3—11—12
5.4　供配电系统 ……………………… 3—11—12
6　给水排水及污水处理系统 ……… 3—11—12
6.1　给水系统 ………………………… 3—11—12
6.2　排水系统及污水处理系统 ……… 3—11—12
7　施工及验收 ………………………… 3—11—12
7.1　施工 ……………………………… 3—11—12
7.2　验收 ……………………………… 3—11—12
8　运行、维护、安全 ………………… 3—11—13

1 总　则

1.0.1 该条说明了制订机动车清洗站工程技术规程的目的，文中提及的机动车清洗站是指城郊结合处、公路两侧、市内等处建的大、小型机动车清洗站。

1.0.2 该条规定了本规程的适用范围。

1.0.3 该条强调在机动车清洗站的工程建设中除了应符合本规程的规定外，还应符合国家有关标准的规定。

2 站型与站址

2.0.1 该条将机动车清洗站按日洗车能力分为大、小两种类型：

大型清洗站指日洗车量在500辆以上，其特点是清洗车型复杂，耗水量大，占地面积较大，宜建在城郊结合地段。小型清洗站指日洗车量在500辆以下，其特点是规模小、分布广，被洗车型单一，主要清洗在市内行驶的车辆。

2.0.2 该条规定了机动车清洗站的选址原则。

该条1～2款规定了清洗站的选址必须符合城市规划的要求，3～4款规定了清洗站选址的必备条件，5款规定了清洗站的建设应具有发展的余地，6款是与《公路汽车客运站建筑设计规范》（JGJ 60）、《城市公共交通站、场、厂设计规范》（CJJ 17）和《铁路车站及枢纽设计规范》（GBJ 91）等规范中的规定相统一，7款建议小型清洗站选址的选择范围，8款建议大型清洗站选址的范围。

3 总平面设计

3.0.1 该条对总平面设计作出了规定，操作时应按工艺要求、地理、气象、水文和社会等条件作具体分析和选择。

3.0.2 该条是为交通安全而规定，防止车辆堵塞或碰撞。

3.0.3 该条规定是在清洗设备、被清洗车辆发生故障或其它事故时，给车辆和人员提供安全疏散通道。

3.0.4 该条规定是在建（构）筑物的布置满足生产工艺要求的前提下，应符合的规定。

4 建 筑 设 计

4.1 一 般 规 定

4.1.1 该条所提的建（构）筑物是机动车清洗站所具有的基本设施，实际建设中可根据清洗站的规模和当地条件适当地设置或增减，如寒冷地区可增加供暖设备的建（构）筑物。

4.2 清洗间、洗车台的建筑设计

4.2.1 小型清洗站清洗的车型单一，质量要求高，一般需要对车身外观整理、打蜡、抛光等，这些工作在室内进行质量会更好。

4.2.2 大型清洗站清洗工作可在室外进行，为方便泥砂和污水的收集，防止水流四溅，维护周围的容貌，必须建洗车台和挡水墙。

4.2.3 该条为洗车台和挡水墙的技术规定。

4.2.4 该条对清洗车间和洗车台规定了一个最小设计荷载值，主要目的是防止地面和洗车台强度过低产生断裂渗漏，造成塌陷和污染地下水源。

4.3 水处理系统的建筑设计

4.3.1 该条所提及的建（构）筑物是清洗站所具有的基本设施，实际建设中应根据清洗工艺要求有所取舍。

4.3.2 隔油池是油、渣分离设施，其主要功能是将污水中的固体和液体悬浮物分离开。

4.3.3 该条规定水流上升速度应小于泥砂沉降速度6.12mm/s，使粒径大于0.1mm的泥砂全部沉淀。

4.3.4 该条中的澄清池的泥砂粒径虽小于上一级污水处理设施的粒径，但必须设有清除泥砂的设施。

4.3.5 该条规定了清水池的最小容量，主要是保证水泵正常运转，防止空负荷出现。

4.3.6 该条是为保护环境，方便泥砂的外运处理而规定。

4.3.7 该条为保证污水处理建（构）筑物的安全运行，对其强度作最低要求。

4.3.8 该条规定主要是为人员和车辆的安全而规定，防止溺水事故的发生。沉淀池、清水池若不设盖板，其池壁必须高出地面0.5m以上，或安装防护栏杆。

4.4 控制室的建筑设计

4.4.1 控制系统大多为自动控制，小型清洗站可采用人工控制，控制室应按其控制方式而设计。

4.4.2 大型清洗站应采用自动控制，应有控制室，控制室的位置要适宜，使清洗工作区在工作人员的视野之内。

5 清洗设备和供配电系统

5.1 一 般 规 定

5.1.1 该条说明清洗设备的含义，其中包括清洗装置，即从各方向用高压水束对车辆进行水洗的设施，还包括刷洗装置，即用电动滚刷结合低压水束对车辆进行刷洗的设备及哄（吹）干装置。

5.2 清 洗 设 备

5.2.1 该条对新建机动车清洗站提出自动化控制的要求。

5.2.2 该条对自动化设备的灵敏度作出规定。

5.2.3 为使机动车清洗设备的功能更加全面作出此规定。

5.2.4 为防止刷洗装置的刷毛将车辆划伤，特作出此规定。目前，刷洗装置的刷毛一般采用聚乙烯。

5.2.5 该条对水压的规定是根据国内外清洗设备常用水压而制订。

5.2.6 该条为防止清洗设备锈蚀所规定。

5.3 供 水 管 道

5.3.1 为使供水管道在制造、安装工作中便于焊接并有一定的负荷余度而规定。

5.3.2 该条为清洗线中某一条生产线检修方便而规定。

5.3.3 为防止在水泵正常运转而清洗设备并没有工作时管道压力过大而规定。

5.3.4 为能将管道中的水排出而制订此规定。

5.3.5 该条为能将管道中的水全部排净所规定。

5.3.6 该条为减少管道的维修而规定。

5.3.7 该条为管道、阀类和法兰的检修而规定。

5.3.8 该条为寒冷地区防止管道被冻坏而规定。

5.4 供配电系统

5.4.1 该条规定了机动车清洗站的用电类型。

5.4.2 为使单相、二相负荷设备在接入三相负荷线路时，使总的三项负荷用电量平衡而制订。

5.4.3 洗车工作区指距清洗设备 2～3m 的范围。

5.4.4 洗车工作区处于潮湿环境故采用安全电压，电器外壳保护等级应能防止水进入电器设备内部使绝缘电阻降低而发生人员触电事故。

5.4.5 该条为确保在洗车工作区操作的人员安全而规定。

5.4.6 为使清洗站内有安全、有效的消防电路而规定。

5.4.7 该条为确保消防用电线路在火灾发生时不会被毁坏而规定。

5.4.8 该条为清洗站工作区和生活区室内外的照明规定了照度。

6 给水排水及污水处理系统

6.1 给 水 系 统

6.1.1 该条规定了清洗站的取水原则。

6.1.2 该条规定清洗站生活用水的水压和水量应符合国家的有关规定。

6.1.3 该条规定了清洗站生活用水的水质应符合国家的有关规定。

6.1.4 该条规定了清洗站消防用水的水压和水量应符合国家的有关规定。

6.1.5 该条规定的洗车用水量是参考国内现有清洗设备用水量而制订。

6.1.6 该条中的水质标准是参考了《农田灌溉水质标准》（GB 12941），根据大量的洗车实验和实际使用过程中积累的经验而制订。

6.1.7 该条的循环给水系统是指清洗车辆中反复使用的水。

6.1.8 该条中的补充水量是补充洗车过程中所损失的水量。

6.1.9 为使办公用房不受到清洗站工作的干扰而制订本条规定。

6.2 排水系统及污水处理系统

6.2.1 该条规定了清洗站的生活用水排放原则。

6.2.2 该条规定了清洗站洗车污水的收集方法。

6.2.3 该条规定了循环使用的洗车污水的处理工艺和水质标准。

6.2.4 该条规定了循环使用的洗车污水水质的检测项目和检测方法。

6.2.5 该条规定为小型机动车清洗站的洗车污水经处理并达到《污水综合排放标准》（GB 8978）的要求后可以排入城市下水管道。

7 施工及验收

7.1 施 工

7.1.1 该条重申了建（构）筑物的施工应符合国家的有关标准和规范的规定。

7.1.2 该条为清洗设备的电器防水而规定。

7.1.3 该条为清洗设备的防锈而规定。

7.1.4 该条为供水管道的防锈而规定。

7.1.5 该条为防止回填土中坚硬的石块、混凝土块将管道压坏所规定。

7.1.6、7.1.7 该条是防止施工中对管道造成人为损坏而规定。

7.1.8 该条规定了供配电系统施工应符合的国家规定。

7.2 验 收

7.2.1 该条重申清洗站建（构）筑物的验收应符合国家的有关标准和规范的要求。

7.2.2 该条规定了清洗设备的试验和验收所应符合的规定。

7.2.3 该条规定供水管道必须做压力试验并规定试验的要求。

1. 该款为确保压力试验符合真实工作状况所规定。

2. 该款为避免试验误差过大，且便于查找泄漏部位所规定。

3. 该款规定了试验的压力。

4. 该款为试验方法。

7.2.4 该条为确保工程质量并避免返工而规定。

7.2.5 该条规定了供配电系统的验收所应符合的规定。

7.2.6 该条规定了清洗站循环用水的水质所应符合的规定。

7.2.7 该条重申小型清洗站排放的污水所应符合的国家标准。

7.2.8 该条规定排水系统及污水处理系统的工程验收所应符合的国家标准。

8 运行、维护、安全

8.0.1 该条为清洗设备的维护条款。

8.0.2 该条为防止阀门、喷嘴等部件堵塞、损害而规定。

8.0.3 该条为防止管道内部锈蚀，且防止寒冷地区冰冻而对管道和阀门等部件造成损坏所规定。

8.0.4 该条为清洗设备的维护条款。

8.0.5 为确保设备的安全使用而制订此条。

8.0.6 该条是引用《建设工程施工现场用电安全规范》（GB 50194）作为清洗站供配电系统的运行、维护、安全所应符合的依据。

中华人民共和国行业标准

生活垃圾卫生填埋场封场技术规程

Technical code for municipal solid waste sanitary landfill closure

CJJ 112—2007

J 657—2007

批准部门：中华人民共和国建设部

施行日期：2 0 0 7 年 6 月 1 日

中华人民共和国建设部
公　告

第550号

建设部关于发布行业标准《生活垃圾卫生填埋场封场技术规程》的公告

现批准《生活垃圾卫生填埋场封场技术规程》为行业标准，编号为CJJ 112-2007，自2007年6月1日起实施。其中第2.0.1、2.0.7、3.0.1、4.0.1、4.0.5、4.0.8、5.0.1、6.0.6、6.0.7、7.0.1、7.0.4、8.0.6、8.0.17、8.0.18、9.0.3条为强制性条文，必须严格执行。

本规程由建设部标准定额研究所组织中国建筑工业出版社出版发行。

中华人民共和国建设部

2007年1月17日

前　言

根据建设部建标［2004］66号文的要求，规程编制组经广泛调查研究，认真总结实践经验，参考有关国际标准和国外先进标准，并在广泛征求意见基础上，制定了本规程。

本规程的主要技术内容是：1. 总则；2. 一般规定；3. 堆体整形与处理；4. 填埋气体收集与处理；5. 封场覆盖系统；6. 地表水控制；7. 渗沥液收集处理系统；8. 封场工程施工及验收；9. 封场工程后续管理。

本规程由建设部负责管理和对强制性条文的解释，由主编单位负责具体技术内容解释。

本规程主编单位：深圳市环境卫生管理处（地址：深圳市新园路33号；邮政编码518101）

本规程参编单位：华中科技大学
深圳市玉龙坑固体废弃物综合利用中心
武汉市环境卫生研究设计院
中国城市建设研究院

本规程主要起草人员：吴学龙　刘泽华　梁顺文　姜建生　廖　利　王松林　王　辉　郭祥信　冯其林　田学根　王芙蓉　黄建东　郑　尧　张斯奇　陈　亮

目　次

1　总则 …………………………………… 3—12—4
2　一般规定 ……………………………… 3—12—4
3　堆体整形与处理 ……………………… 3—12—4
4　填埋气体收集与处理 ………………… 3—12—4
5　封场覆盖系统 ………………………… 3—12—4
6　地表水控制 …………………………… 3—12—5
7　渗沥液收集处理系统 ………………… 3—12—6
8　封场工程施工及验收 ………………… 3—12—6
9　封场工程后续管理 …………………… 3—12—7
本规程用词说明 ………………………… 3—12—7
附：条文说明 …………………………… 3—12—8

1 总 则

1.0.1 为规范生活垃圾卫生填埋场封场工程的设计、施工、验收、运行维护，实现科学管理，达到封场工程及封场后的填埋场安全稳定、生态恢复、土地利用、保护环境的目标，做到技术可靠、经济合理，制定本规程。

1.0.2 本规程适用于生活垃圾卫生填埋场。简易垃圾填埋场可参照执行。

1.0.3 填埋场封场工程的规划、设计、施工、管理除应符合本规程外，尚应符合国家现行有关标准的规定。

2 一般规定

2.0.1 填埋场填埋作业至设计终场标高或不再受纳垃圾而停止使用时，必须实施封场工程。

2.0.2 填埋场封场工程必须报请有关部门审核批准后方可实施。

2.0.3 填埋场封场工程应包括地表水径流、排水、防渗、渗沥液收集处理、填埋气体收集处理、堆体稳定、植被类型及覆盖等内容。

2.0.4 填埋场封场工程应选择技术先进、经济合理，并满足安全、环保要求的方案。

2.0.5 填埋场封场工程设计应收集下列资料：

1 城市总体规划、区域环境规划、城市环境卫生专业规划、土地利用规划；

2 填埋场设计及竣工验收图纸、资料；

3 填埋场及附近地区的地表水、地下水、大气、降水等水文气象资料，地形、地貌、地质资料以及周边公共设施、建筑物、构筑物等资料；

4 填埋场已填埋的生活垃圾的种类、数量及特性；

5 填埋场及附近地区的土石料条件；

6 填埋气体收集处理系统、渗沥液收集处理系统现状；

7 填埋场环境监测资料；

8 填埋场垃圾堆体裂隙、沟坎、鼠害等情况；

9 其他相关资料。

2.0.6 填埋场封场工程的劳动卫生应按照有关规定执行，并应采取有利于职业病防治和保护作业人员健康的措施。

2.0.7 填埋场环境污染控制指标应符合现行国家标准《生活垃圾填埋污染控制标准》GB 16889 的要求。

3 堆体整形与处理

3.0.1 填埋场整形与处理前，应勘察分析场内发生火灾、爆炸、垃圾堆体崩塌等填埋场安全隐患。

3.0.2 施工前，应制定消除陡坡、裂隙、沟缝等缺陷的处理方案、技术措施和作业工艺，并宜实行分区域作业。

3.0.3 挖方作业时，应采用斜面分层作业法。

3.0.4 整形时应分层压实垃圾，压实密度应大于 800kg/m^3。

3.0.5 整形与处理过程中，应采用低渗透性的覆盖材料临时覆盖。

3.0.6 在垃圾堆体整形作业过程中，挖出的垃圾应及时回填。垃圾堆体不均匀沉降造成的裂缝、沟坎、空洞等应充填密实。

3.0.7 堆体整形与处理过程中，应保持场区内排水、交通、填埋气体收集处理、渗沥液收集处理等设施正常运行。

3.0.8 整形与处理后，垃圾堆体顶面坡度不应小于5%；当边坡坡度大于10%时宜采用台阶式收坡，台阶间边坡坡度不宜大于1∶3，台阶宽度不宜小于2m，高差不宜大于5m。

4 填埋气体收集与处理

4.0.1 填埋场封场工程应设置填埋气体收集和处理系统，并应保持设施完好和有效运行。

4.0.2 填埋场封场工程应采取防止填埋气体向场外迁移的措施。

4.0.3 填埋场封场时应增设填埋气体收集系统，安装导气装置导排填埋气体。

4.0.4 应对垃圾堆体表面和填埋场周边建（构）筑物内的填埋气体进行监测。

4.0.5 填埋场建（构）筑物内空气中的甲烷气体含量超过5%时，应立即采取安全措施。

4.0.6 对填埋气体收集系统的气体压力、流量等基础数据应定期进行监测，并应对收集系统内填埋气体的氧含量设置在线监测和报警装置。

4.0.7 填埋气体收集井、管、沟以及闸阀、接头等附件应定期进行检查、维护，清除积水、杂物，保持设施完好。系统上的仪表应定期进行校验和检查维护。

4.0.8 在填埋气体收集系统的钻井、井安装、管道铺设及维护等作业中应采取防爆措施。

5 封场覆盖系统

5.0.1 填埋场封场必须建立完整的封场覆盖系统。

5.0.2 封场覆盖系统结构由垃圾堆体表面至顶表面顺序应为：排气层、防渗层、排水层、植被层，如图5.0.2所示。

5.0.3 封场覆盖系统各层应从以下形式中选择：

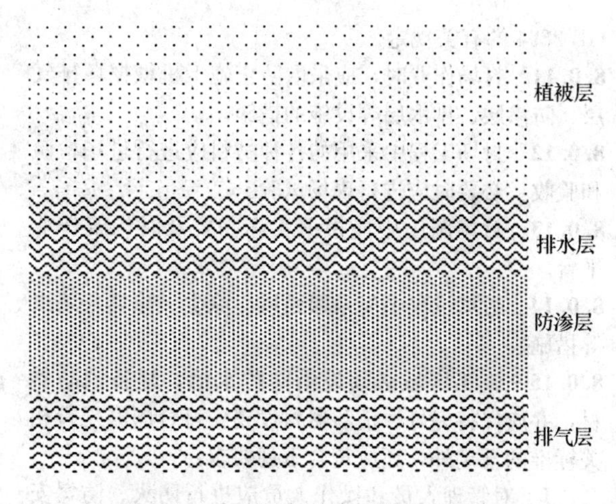

图 5.0.2 封场覆盖系统结构示意图

1 排气层

1）填埋场封场覆盖系统应设置排气层，施加于防渗层的气体压强不应大于 0.75kPa。

2）排气层应采用粒径为 25～50mm、导排性能好、抗腐蚀的粗粒多孔材料，渗透系数应大于 1×10^{-2} cm/s，厚度不应小于 30cm。气体导排层宜用与导排性能等效的土工复合排水网。

2 防渗层

1）防渗层可由土工膜和压实黏性土或土工聚合黏土衬垫（GCL）组成复合防渗层，也可单独使用压实黏性土层。

2）复合防渗层的压实黏性土层厚度应为 20～30cm，渗透系数应小于 1×10^{-5} cm/s。单独使用压实黏性土作为防渗层，厚度应大于 30cm，渗透系数应小于 1×10^{-7} cm/s。

3）土工膜选择厚度不应小于 1mm 的高密度聚乙烯（HDPE）或线性低密度聚乙烯土工膜（LLDPE），渗透系数应小于 1×10^{-7} cm/s。土工膜上下表面应设置土工布。

4）土工聚合黏土衬垫（GCL）厚度应大于 5mm，渗透系数应小于 1×10^{-7}cm/s。

3 排水层顶坡应采用粗粒或土工排水材料，边坡应采用土工复合排水网，粗粒材料厚度不应小于 30cm，渗透系数应大于 1×10^{-2} m/s。材料应有足够的导水性能，保证施加于下层衬垫的水头小于排水层厚度。排水层应与填埋库区四周的排水沟相连。

4 植被层应由营养植被层和覆盖支持土层组成。

营养植被层的土质材料应利于植被生长，厚度应大于 15cm。营养植被层应压实。

覆盖支持土层由压实土层构成，渗透系数应大于 1×10^{-4}cm/s，厚度应大于 450cm。

5.0.4 采用黏土作为防渗材料时，黏土层在投入使用前应进行平整压实。黏土层压实度不得小于 90%。黏土层基础处理平整度应达到每平方米黏土层误差不得大于 2cm。

5.0.5 采用土工膜作为防渗材料时，土工膜应符合现行国家标准《非织造复合土工膜》GB/T 17642、《聚乙烯土工膜》GB/T 17643、《聚乙烯（PE）土工膜防渗工程技术规范》SL/T 231、《土工合成材料应用技术规范》GB 50290 的相关规定。

土工膜膜下黏土层，基础处理平整度应达到每平方米黏土层误差不得大于 2cm。

5.0.6 铺设土工膜应焊接牢固，达到规定的强度和防渗漏要求，符合相应的质量验收规范。

5.0.7 土工膜分段施工时，铺设后应及时完成上层覆盖，裸露在空气中的时间不应超过 30d。

5.0.8 在垂直高差较大的边坡铺设土工膜时，应设置锚固平台，平台高差不宜大于 10m。

5.0.9 在同一平面的防渗层应使用同一种防渗材料，并应保证焊接技术的统一性。

5.0.10 封场覆盖系统必须进行滑动稳定性分析，典型无渗压流和极限覆盖土层饱和情况下的安全系数设计中应采取工程措施，防止因不均匀沉降而造成防渗结构的破坏。

5.0.11 封场防渗层应与场底防渗层紧密连接。

5.0.12 填埋气体的收集导排管道穿过覆盖系统防渗层处应进行密封处理。

5.0.13 封场覆盖保护层、营养植被层的封场绿化应与周围景观相协调，并应根据土层厚度、土壤性质、气候条件等进行植物配置。封场绿化不应使用根系穿透力强的树种。

6 地表水控制

6.0.1 垃圾堆体外的地表水不得流入垃圾堆体和垃圾渗沥液处理系统。

6.0.2 封场区域雨水应通过场区内排水沟收集，排入场区雨水收集系统。排水沟断面和坡度应依据汇水面积和暴雨强度确定。

6.0.3 地表水、地下水系统设施应定期进行全面检查。对地表水和地下水应定期进行监测。

6.0.4 对场区内管、井、池等难以进入的狭窄场所，应配备必要的维护器具，并应定期进行检查、维护。

6.0.5 大雨和暴雨期间，应有专人巡查排水系统的排水情况，发现设施损坏或堵塞应及时组织人员处理。

6.0.6 填埋场内贮水和排水设施竖坡、陡坡高差超过 1m 时，应设置安全护栏。

6.0.7 在检查井的入口处应设置安全警示标识。进入检查井的人员应配备相应的安全用品。

6.0.8 对存在安全隐患的场所，应采取有效措施后方可进入。

7 渗沥液收集处理系统

7.0.1 封场工程应保持渗沥液收集处理系统的设施完好和有效运行。

7.0.2 封场后应定期监测渗沥液水质和水量，并应调整渗沥液处理系统的工艺和规模。

7.0.3 在渗沥液收集处理设施发生堵塞、损坏时，应及时采取措施排除故障。

7.0.4 渗沥液收集管道施工中应采取防爆施工措施。

8 封场工程施工及验收

8.0.1 封场工程前应根据设计文件或招标文件编制施工方案，准备施工设备和设施，合理安排施工场地。

8.0.2 应制定封场工程施工组织设计，并应制定封场过程中发生滑坡、火灾、爆炸等意外事件的应急预案和措施。

8.0.3 施工人员应熟悉封场工程的技术要求、作业工艺、主要技术指标及填埋气体的安全管理。

8.0.4 施工中应对各种机械设备、电气设备和仪器仪表进行日常维护保养，应严格执行安全操作规程。

8.0.5 场区内施工应采用防爆型电气设备。

8.0.6 场区内运输管理应符合现行国家标准《工业企业厂内运输安全规程》GB 4387 的有关规定，应有专人负责指挥调度车辆。

8.0.7 封场作业道路应能全天候通行，道路的宽度和载荷能力应能保证运输设备的要求。场区内道路、排水等设施应定期检查维护，发现异常应及时修复。场区内供电设施、电器、照明设备、通信管线等应定期检查维护。

8.0.8 场区内的各种交通告示标志、消防设施，设备等应定期检查。

8.0.9 场区内避雷、防爆等装置应由专业人员按有关标准进行检测维护。

8.0.10 封场作业过程的安全卫生管理应符合现行国家标准《生产过程安全卫生要求总则》GB 12801 的规定外，还应符合下列要求：

1 操作人员必须配戴必要的劳保用品，做好安全防范工作；场区夜间作业必须穿反光背心。

2 封场作业区、控制室、化验室、变电室等区域严禁吸烟，严禁酒后作业。

3 场区内应配备必要的防护救生用品和药品，存放位置应有明显标志。备用的防护用品及药品应定期检查、更换、补充。

4 在易发生事故地方应设置醒目标志，并应符合现行国家标准《安全色》GB 2893、《安全标志》GB 2894 的有关规定。

8.0.11 封场作业时，应采取防止施工机械损坏排气层、防渗层、排水层等设施的措施。

8.0.12 封场工程中采用的各种材料应进行进场检验和验收，必要时应进行现场试验。

8.0.13 封场施工中应根据实际需要及时构筑作业平台。

8.0.14 封场过程中应采取通风、除尘、除臭与杀虫等措施。

8.0.15 施工区域必须设消防贮水池，配备消防器材，并应保持完好。消防器材设置应符合国家现行相关标准的规定外，还应符合下列要求：

1 对管理人员和操作人员应进行防火、防爆安全教育和演习，并应定期进行检查、考核。

2 严禁带火种车辆进入场区，作业区严禁烟火，场区内应设置明显防火标志。

3 应配置填埋气体监测及安全报警仪器。

4 封场作业区周围设置不应小于 8m 宽的防火隔离带，并应定期检查维护。

5 施工中发现火情应及时扑灭；发生火灾的，应按场内安全应急预案及时组织处理，事后应分析原因并采取有针对性预防措施。

8.0.16 封场作业区周围应设置防飘散物设施，并定期检查维修。

8.0.17 封场作业区严禁捡拾废品，严禁设置封闭式建（构）筑物。

8.0.18 封场工程施工和安装应按照以下要求进行：

1 应根据工程设计文件和设备技术文件进行施工和安装。

2 封场工程各单项建筑、安装工程应按国家现行相关标准及设计要求进行施工。

3 施工安装使用的材料应符合国家现行相关标准及设计要求；对国外引进的设备和材料应按供货商提供的设备技术要求、合同规定及商检文件执行，并应符合国家现行标准的相应要求。

8.0.19 封场工程完成后，应编制完整的竣工图纸、资料，并应按国家现行相关标准与设计要求做好工程竣工验收和归档工作。

8.0.20 填埋场封场工程验收应按照国家规定和相关专业现行验收标准执行外，还应符合下列要求：

1 垃圾堆体整形工程应符合本规程第 3 章的要求；

2 填埋气体收集与处理系统工程应符合本规程第 4 章的要求；

3 封场覆盖系统工程应符合本规程第 5 章的要求；

4 地表水控制系统工程应符合本规程第 6 章的要求；

5 渗沥液收集处理系统工程应符合本规程第 7

章的要求。

9 封场工程后续管理

9.0.1 填埋场封场工程竣工验收后，必须做好后续维护管理工作。

9.0.2 后续管理期间应进行封闭式管理。后续管理工作应包括下列内容：

1 建立检查维护制度，定期检查维护设施。

2 对地下水、渗沥液、填埋气体、大气、垃圾堆体沉降及噪声进行跟踪监测。

3 保持渗沥液收集处理和填埋气体收集处理的正常运行。

4 绿化带和堆体植被养护。

5 对文件资料进行整理和归档。

9.0.3 未经环卫、岩土、环保专业技术鉴定之前，填埋场地禁止作为永久性建（构）筑物的建筑用地。

本规程用词说明

1 为便于在执行本规程条文时区别对待，对要求严格程度不同的用词说明如下：

1）表示很严格，非这样做不可的
正面词采用"必须"；反面词采用"严禁"；

2）表示严格，在正常情况下应这样做的
正面词采用"应"；反面词采用"不应"或"不得"；

3）表示允许稍有选择，在条件许可时首先应这样做的
正面词采用"宜"，反面词采用"不宜"；
表示有选择，在一定条件下可以这样做的，采用"可"。

2 条文中指明应按其他有关标准执行的写法为"应按……执行"或"应符合……的规定（或要求）"。

中华人民共和国行业标准

生活垃圾卫生填埋场封场技术规程

CJJ 112—2007

条 文 说 明

前　言

《生活垃圾卫生填埋场封场技术规程》CJJ 112-2007经建设部2007年1月17日以第550号公告批准发布。

为便于广大设计、施工、管理等单位有关人员在使用本规程时能正确理解和执行条文规定，《生活垃圾卫生填埋场封场技术规程》编制组按章、节、条顺序编制了本规程的条文说明，供使用者参考。在使用中如发现条文说明有不妥之处，请将意见函寄深圳市环境卫生管理处（地址：深圳市新园路33号；邮政编码：518101）。

目　次

1　总则 …………………………… 3—12—11
2　一般规定 ………………………… 3—12—11
3　堆体整形与处理………………… 3—12—12
4　填埋气体收集与处理 …………… 3—12—12
5　封场覆盖系统 …………………… 3—12—12
6　地表水控制 ……………………… 3—12—13
7　渗沥液收集处理系统 …………… 3—12—13
8　封场工程施工及验收 …………… 3—12—14
9　封场工程后续管理……………… 3—12—14

1 总 则

1.0.1 本条明确了制定本规程的目的。

随着我国经济水平的提高，我国各个城市的日产垃圾量已经大大超过原有垃圾填埋场的承受能力，使得很多城市的生活垃圾卫生填埋场、简易填埋场达到了设计库容，或者由于城市新建垃圾填埋场、堆肥场、焚烧厂使得原有垃圾填埋场被废弃，按照《城市生活垃圾卫生填埋技术规范》CJJ 17 的要求，需要进行封场处理和处置。为了更好地贯彻执行国家相关的技术经济政策，根据建设部建标［2004］号 66 文的要求，制定《生活垃圾卫生填埋场封场技术规程》CJJ 112—2007。编制本规程的目的在于为城市生活垃圾填埋场能够科学规范地通过封场工程实现安全稳定、生态恢复、土地利用、保护环境提供方法，统一封场工程技术规程，防止因封场工程的设计、施工不科学，运行管理不规范而造成环境污染、安全事故和土地资源浪费。

1.0.2 本条规定了规程的适用范围。

本规程定义为适用于生活垃圾卫生填埋场。但是目前我国简易垃圾填埋场和垃圾堆放场大量存在，这是一个不争的事实。所以在这里规定简易垃圾填埋场的封场工程可参照执行。简易填埋场是指在建设初期未按卫生填埋场的标准进行设计及建设，没有严格的工程防渗措施，渗沥液不收集处理，沼气不疏导或疏导程度不够，垃圾表面也不作全面的覆盖处理。垃圾堆放场是指利用自然形成或人工挖掘而成的坑穴、河道等可能利用的场地把垃圾集中堆放起来，一般不采用任何措施防止堆放污染的扩散与迁移，填埋气体及其他污染物无序排放，垃圾表面也不作覆盖处理。由于我国目前存在大量的简易垃圾填埋场和垃圾堆放场，其中相当一部分已经满容或废弃，必须封场处置，在封场设计和施工中参照本规程实施。

1.0.3 本条规定城市生活垃圾卫生填埋场封场工程的规划、设计、施工、管理除应执行本规程外，还应执行国家现行有关强制性标准的规定。

作为本标准和其他标准、规范的衔接，本规程引用的国家和行业标准主要有：

1.《市容环境卫生术语标准》CJJ 65；

2.《生活垃圾填埋场环境监测技术要求》GB/T 18772；

3.《生活垃圾填埋污染控制标准》GB 16889；

4.《生活垃圾卫生填埋技术规范》CJJ 17；

5.《城市生活垃圾卫生填埋场运行维护技术规程》CJJ/T 93；

6.《工业企业厂内运输安全规程》GB 4387；

7.《工业企业厂界噪声标准》GB 12348；

8.《大气环境质量标准》GB 3095；

9.《作业场所空气中粉尘测定方法》GB 5478；

10.《恶臭污染物排放标准》GB 14554；

11.《污水综合排放标准》GB 8978；

12.《生产过程安全卫生要求总则》GB 12801；

13.《安全色》GB 2893；

14.《安全标志》GB 2894。

15.《地表水环境质量标准》GB 3838；

16.《地下水质量标准》GB/T 14848；

17.《城市生活垃圾卫生填埋工程项目建设标准》；

18.《聚乙烯土工膜》GB/T 17643；

19.《聚乙烯土工膜防渗工程技术规范》SL/T 231；

20.《土工合成材料应用技术规范》GB 50290；

21.《建筑设计防火规范》GB 50016；

22.《工业企业设计卫生标准》GBZ 1 等。

2 一般规定

2.0.1 本条规定了填埋场实施封场工程的时间和原因。如果填埋作业至设计标高、填埋场服务期满、废弃或其他原因不再承担新的填埋任务时，应及时进行封场作业，促进生态恢复，减少渗沥液产生量，保障填埋场的稳定性，以利于进行土地开发利用。封场应该分为两个部分，一是填埋场在营运过程中的封场，如边坡、分区填埋等，不在填埋场表层再堆垃圾的部位均应随时封场，二是填埋场终场的封顶。

2.0.2 本条规定了卫生填埋场封场工程的建设和管理必须按照相关部门的建设管理程序进行。

2.0.3 本条规定了填埋场封场设计、施工时应该主要考虑的因素。地表水径流、排水防渗、填埋气体的收集、植被类型、填埋场的稳定性及土地利用等因素主要影响封场工程实施后的填埋场污染和生态恢复。

2.0.4 本条规定了封场工程设计、施工时，应充分掌握填埋场施工和运行过程中的各项技术资料。了解目前填埋场的场址状况、垃圾成分产量、填埋时间、封场原因等因素，掌握各方面的资料，准确把握实际状况，有利于进行技术经济比较，选择最佳方案，满足技术、经济、安全、环保各方面的要求。

2.0.5 本条规定了封场工程设计和施工时应先进行收集的各项资料。简易填埋场或垃圾堆放场基础资料难收集齐全时，设计人员应到现场观察，调查垃圾堆放之前的原始地形和垃圾堆放的年限，估算已填埋的垃圾数量；根据当地的降雨量，计算渗沥液产生量；勘查现场污染状况和垃圾堆体安全状况；根据填埋场对环境的污染程度采取必要的措施。

2.0.6 本条规定了封场工程施工运行中劳动卫生工作的基本要求和应采取的保护措施。

2.0.7 本条规定了环境污染控制指标应执行现行国

家有关标准的规定。

3 堆体整形与处理

3.0.1 本条规定了在封场之前应现场考察的工作。卫生填埋场可能在长时间沉降，简易垃圾填埋场和垃圾堆放场的填埋过程中施工不规范、压实程度不够、作业面设置不合理，容易出现陡坡、裂隙、沟缝，导致封场施工过程中发生火灾、爆炸、崩塌等安全事故，所以在封场设计和施工中必须仔细考察现场，及时采取措施消除隐患。

3.0.2 本条规定了在垃圾堆体整形过程之前应制定处理方案、技术措施和作业工艺，应实行分区域作业，以提高施工效率。

3.0.3 垃圾堆体的开挖有很多方法，在封场施工中，采用斜面分层作业，不易形成甲烷气体聚集的封闭或半封闭空间，防止填埋气体突然膨胀引发爆燃。

3.0.4 本条规定了垃圾堆放和压实工艺及压实强度的要求。垃圾层作为整个封场覆盖系统的基础，主要功能是尽量减少不均匀沉降，防止覆盖层物料进入垃圾堆体表面，为封场覆盖系统提供稳定的工作面积和支撑面。

3.0.5 垃圾堆体整形作业过程中，会产生污染大气的物质，所以应及时采用日覆盖处理。

3.0.6 对垃圾堆体整形作业过程中翻出的垃圾的回填作出的规定。

3.0.7 垃圾堆体整形作业过程中，场区内排水、导气、交通、渗沥液处理等设施必须正常运行，并定期进行检查、维护，防止发生环境污染、填埋气体导排不畅等事故。

3.0.8 本条规定了垃圾堆体整形后垃圾场顶面的坡度要求，保证及时排出降水。当边坡过大时应采用多级台阶收坡的措施，保证边坡的稳定性。

4 填埋气体收集与处理

4.0.1 封场之后垃圾顶部被植被覆盖，大部分简易填埋场和堆放场没有气体导排设施，使得填埋气体出现向四周水平迁移，发生事故，所以对于简易填埋场和堆放场的封场工程，应在封场覆盖之前设置填埋气体的收集系统。填埋场封场过程中以及封场之后，直至垃圾填埋场达到稳定状态期间必须保持有效的填埋气体导排设施。在垃圾堆体整形过程中，由于存在机械设备在填埋区作业，很有可能碰撞到填埋气体的收集管道或者导气石笼，导致折断，影响填埋气体的收集，所以要在施工时注意对填埋气体收集系统的保护。

4.0.2 填埋气体向场外迁移会影响周边大气环境和安全，影响周边土壤质量等。

4.0.3 本条规定了填埋气体收集系统设置时的要求。

4.0.4 本条对垃圾堆体表面和填埋场周边建（构）筑物内的填埋气体进行监测作出了规定。

4.0.5 根据《生活垃圾卫生填埋技术规范》CJJ 17规定，本条规定填埋场在封场设计施工中，应设计相应安全措施，一旦超过规定值，应及时处理。

4.0.6 针对封场工程施工过程中填埋气体的收集与导排作出了明确的规定。由于填埋气体收集系统中的气体压力、流量等数据是基本资料数据，影响到观测填埋场稳定性和气体的利用价值，所以应定期监测。

4.0.7 对于填埋气体收集系统中的收集井、管沟、系统上的闸阀、接头等附件的检查、维护的规定。

4.0.8 本条为强制性条文。由于填埋气体易燃易爆，所以在施工中应使用防爆设备，防止发生事故。

5 封场覆盖系统

5.0.1 本条规定了填埋场封场必须进行封场覆盖系统的铺设，防止地表水进入填埋区。其中防渗层通常被看作封场覆盖系统中最重要的组成部分，使渗过封场覆盖系统的水分最少，同时控制填埋气体向上的迁移，收集填埋气体，以防止填埋气体无组织释放。

5.0.2 本条规定了填埋场封场覆盖系统的一般基本结构组成，在实际工程中可以根据实际情况进行增加，各层有着各层不同的功能。

5.0.3 本条规定了填埋场封场覆盖系统的各层结构组成形式。

条文中的排气层一般要求采用多孔的、高透水性的土层或土工合成材料，厚度不应小于30cm，通常采用含有土壤或土工布滤层的砂石或砂砾，也可以采用土工布排水结构以及包含土工布排水滤层的土工网排水结构，使用材料应能抵抗垃圾堆体散发的填埋气体的侵蚀，防止填埋气体中的杂质在排气层的沉积造成硬壳而影响排气性能。排气层给不透水层的铺设和安装提供了稳定的工作面和支撑面，施工质量好坏，与排水防渗的效果密切相关。在施工时，应严格按规范选择材料，除了其压实度应满足要求外，应彻底清理瓦砾、碎石、树根等坚硬、尖锐物，要保证良好的颗粒级配，防止由于填埋气体中的滤出物导致的积淀结成硬壳。

防渗层采用压实黏土是使用历史最悠久、最多的防渗材料，压实黏土作为不透水层，成本低，施工难度小，有成熟的规范和使用经验，被石子穿透的可能性小，也不易被植被层的根系刺穿，但渗透系数偏大，防渗性能较差，需要的土方量多，施工量大，施工速度慢，施工压实程度难以一致，容易干燥、冻融收缩产生裂缝，抗拉性能差。现代化的填埋场封场工程中，土工膜已经得到广泛应用。土工膜的优点是防渗性能好，具有流体（液体或气体）阻隔层的功能，而且施工工程量小，有一定的抗拉性能和对不均匀沉降的敏感性，但容易被尖锐的石子刺穿，本身存在老化的问题，焊接处易出现张口，抗剪切性能差，所以通常需要设置膜下保护层和膜上保护层。土工膜的选择标准通常包括结构耐久性、在填埋场产生沉降时仍能保持完整的能力、覆盖边坡时的稳定性以及所需费用等。除此以外，还应考虑铺设方便、施工质量容易得到保证、能防止动植物侵害、在极端冷热气候条件下也能铺设、耐老化以及为焊接、卫生、安全或环境的需要能随时将衬垫打开等。HDPE土工膜具有厚度薄，不抗穿刺、剪切的缺点，因此在施工过程中，为了有效地控制质量，应选择焊接经验丰富的人员施工，在每次焊接（相隔时间为2～4 h）之前进行试焊，同时必须对焊缝作破坏性检测和非破坏性检验。在施工其他的相关层时，必须注意对膜的保护，避免造成损坏。

排水层厚度直接铺在复合覆盖衬垫之上，它可以使降水离开填埋场顶部向两侧排出，减少寒流对压实土层的侵入，并保护柔性薄膜衬垫不受植物根系、紫外线及其他有害因素的损害。对这一层并无压实要求。在近代封场设计中，常将土工织物和土工网或土工复合材料置于土工膜和保护层之间以增加侧向排水能力。高透水的排水层应能防止渗入表面覆盖层的水分在不透水层上积累起来，防止在土工膜上产生超孔隙水应力并使表面覆盖层和边坡脱开。边坡的排水层常将水排至排水能力比较大的排水管渠中。

植被土层通常采用不小于30cm厚的土料组成，它能维持天然植被和保护封场覆盖系统不受风、霜、雨、雪和动物的侵害，虽然通常无需压实，但为避免填筑过松，土料要用施工机械至少压上两遍。为防止水在完工后的覆盖系统表面积聚，覆盖系统表面的梯级边界应能有效防止由于不均匀沉降产生的局部坑洼有所发展。对采用的表土应进行饱和密度、颗粒级配以及透水性等土工试验，颗粒级配主要用以设计表土和排水层之间的反滤层。封场绿化可采用草皮和具有一定经济价值的灌木，不得使用根系穿透力强的树种，应根据所种植的植被类型的不同而决定最终覆土层的厚度和土壤的改良。土层厚度的选择应根据当地土壤条件、气候降水条件、植物生长状况进行合理选择。

5.0.4 本条规定了黏土防渗时的平整压实要求。

5.0.5 本条对填埋场封场使用的土工膜作为防渗材料时做出了规定。应符合的现行国家标准包括《非织造复合土工膜》GB/T 17642、《聚乙烯土工膜》GB/T 17643、《聚乙烯（PE）土工膜防渗工程技术规范》SL/T 231、《土工合成材料应用技术规范》GB 50290等。

5.0.6、5.0.7 对铺设土工膜的施工作出的基本规定。

5.0.8 在垂直高差较大时，铺膜必须采取一定的固定措施，而且边坡的坡度也要控制。

5.0.9 本条规定了在同一平面上应使用同一种防渗材料，并保证焊接技术的统一性，防止出现张口、裂缝等损伤。

5.0.10 封场覆盖系统的稳定性一直是封场工程设计施工中的一个关键问题，需要进行滑动稳定分析，需要分析典型无渗压流和极限的覆盖土层饱和情况下的安全系数，采取整体设计措施防止发生封场覆盖系统的破坏。

5.0.11、5.0.12 针对填埋场封场覆盖系统中局部接缝处的处理作出了规定。

5.0.13 规定了封场覆盖保护层、营养植被层与封场绿化的设计、植物选择、绿化带等的基本原则。

6 地表水控制

6.0.1 本条规定了垃圾堆体外地表水不得流入垃圾堆体。在填埋场封场后的管理和运行中，对渗沥液的处理投入相对较大，所以应采取截洪沟、排水沟等措施，防止垃圾区外的地表水进入场内，造成对封场覆盖系统的冲击或压力。

6.0.2 本条规定了封场区域内部的降水的收集。

6.0.3 对地表水和地下水的收集系统的检查、监测作出了基本规定。

6.0.4 本条规定了场区内存在的管、井、池等难以进入的狭窄场所，应配备必要的维护器具，并定期进行检查、维护，防止由于堵塞等问题造成事故隐患。

6.0.5 本条规定了在每年雨季，应有专人对排水系统的设施、运行情况进行检查和处理。

7 渗沥液收集处理系统

7.0.1 规定了填埋场封场工程应对已经建有的垃圾渗沥液导排系统和处理系统设施进行维护和完善，维护正常运行；对没有渗沥液导排系统和处理系统的简易垃圾填埋场，应采取措施和增加工程来保证渗沥液的导排和处理，简易垃圾场通常建在低洼地带，随着垃圾的填埋，常常会在最低的地方形成渗沥液的溪沟，施工时可以在此处进行收集。

7.0.2 本条规定了封场后应定期监测渗沥液水质和水量，并调整渗沥液处理系统的工艺和规模。由于封场后，随着垃圾的降解和封场覆盖系统的施工，垃圾渗沥液的水质会发生很大变化，水量也会减少，所以在封场后应该根据实际情况调整渗沥液处理系统的规模和工艺，以保证达标排放，减少运行费用。

7.0.3 本条规定了在渗沥液收集处理设施发生堵塞、损坏时，应及时采取措施排除故障，保证渗滤液收集和处理系统设施设备正常运行。

7.0.4 本条对收集管道施工中应采取防爆施工措施进行了规定，防止施工中发生填埋气体的安全事故。

8 封场工程施工及验收

8.0.1 本条规定了垃圾填埋场封场前应该做的步骤和程序，保证施工过程和工程监理的有序进行。

8.0.2 由于填埋场封场施工的特殊性，要求在施工方案设计中要制定封场过程中发生滑坡、火灾、爆炸等意外事件的应急预案。

8.0.3 本条规定了施工人员在上岗培训、运行操作、管理和检查维护过程中的职责和任务。

8.0.4、8.0.5 关于封场工程施工管理中的各类机械设备、电力电器设备使用、管理、操作、调度、防爆等的规定。

8.0.6～8.0.9 规定了场区内运输管理，车辆调度，作业道路、排水供电设施、电器照明设备、通信管线和交通标志、告示标志、消防设施、避雷防爆等设施的检查维护。

8.0.10 本条规定了封场作业过程的安全卫生管理工作。

8.0.11 本条规定了施工过程中应及时做好已竣工设施的保护，特别是排气层、防渗层、排水层的保护。

8.0.12 本条规定了工程采用的各种材料的检验和验收的要求，保证施工质量。

8.0.13 本条规定了在工程施工中应根据需要及时构建作业平台，防止发生工程事故。

8.0.14 本条规定了封场过程中应采取通风、除尘、除臭与杀虫等措施。

8.0.15 本条规定了在施工中消防方面的要求，包括消防器材设置，管理人员和操作人员的防火、防爆安全教育和演习，填埋气体监测及安全报警仪器、消防贮水池，储备干粉灭火剂和灭火砂土等消防器材、防火隔离带及安全应急预案。

8.0.16 本条规定了封场作业区周围应设置防飘散物设施，包括钢丝网、围墙等，防止塑料袋等轻质物对周边环境的污染。

8.0.17 本条规定了填埋场封场作业区严禁捡拾废品，设置封闭式建（构）筑物，防止人身事故发生。

8.0.18 本条规定了封场工程施工和安装的要求。

8.0.19 本条规定了封场工程完成后，应按国家相关标准与设计要求做好工程竣工验收和归档工作。

8.0.20 填埋场封场工程验收应按照国家规定和相关专业现行验收标准执行外，还应符合本规程的要求。

9 封场工程后续管理

9.0.1 本条规定了封场工程施工后必须继续维护管理，防止封场后填埋场无人管理，造成污染和安全事故。

9.0.2 本条规定了后续管理期间应进行封闭式管理和后续管理工作的主要内容。

9.0.3 规定了垃圾填埋场土地使用的原则以及使用前必须要经过各方面的专业技术人员进行技术鉴定。

中华人民共和国行业标准

生活垃圾卫生填埋场防渗系统工程技术规范

Technical code for liner system of municipal solid waste landfill

CJJ 113—2007
J 658—2007

批准部门：中华人民共和国建设部
施行日期：2 0 0 7 年 6 月 1 日

中华人民共和国建设部
公　　告

第549号

建设部关于发布行业标准《生活垃圾卫生填埋场防渗系统工程技术规范》的公告

现批准《生活垃圾卫生填埋场防渗系统工程技术规范》为行业标准，编号为CJJ 113-2007，自2007年6月1日起实施。其中第3.1.4、3.1.5、3.1.9、3.4.1（1、3、4、5）、3.5.2（1、2、3）、3.6.1、5.3.8条（款）为强制性条文，必须严格执行。

本规范由建设部标准定额研究所组织中国建筑工业出版社出版发行。

中华人民共和国建设部

2007年1月17日

前　　言

根据建设部建标［2003］104号文的要求，规范编制组经广泛调查研究，认真总结实践经验，参考有关国际标准和国外先进标准，并在广泛征求意见的基础上，编制了本规范。

本规范的主要技术内容是：1. 总则；2. 术语；3. 防渗系统工程设计；4. 防渗系统工程材料；5. 防渗系统工程施工；6. 防渗系统工程验收及维护。

本规范由建设部负责管理和对强制性条文的解释，由主编单位负责具体技术内容的解释。

本规范主编单位：城市建设研究院（地址：北京市朝阳区惠新南里2号院；邮政编码：100029）

本规范参加单位：深圳市胜义环保有限公司
北京高能垫衬工程有限公司
北京博克建筑化学材料有限公司
深圳市环境卫生管理处

本规范主要起草人员：徐文龙　王敬民　周晓晖　刘晶昊　刘仲元　甄胜利　樋口壮太郎　颜廷山　刘继武　刘泽军　杨　辉　翟力新　刘　涛　王　凯　吴学龙　童　琳

目　次

1　总则 …………………………………… 3—13—4
2　术语 …………………………………… 3—13—4
3　防渗系统工程设计 ………………… 3—13—4
3.1　一般规定………………………………… 3—13—4
3.2　防渗系统………………………………… 3—13—4
3.3　基础层…………………………………… 3—13—5
3.4　防渗层…………………………………… 3—13—5
3.5　渗沥液收集导排系统………………… 3—13—6
3.6　地下水收集导排系统………………… 3—13—6
3.7　防渗系统工程材料连接……………… 3—13—6
4　防渗系统工程材料 ………………… 3—13—7
4.1　一般规定………………………………… 3—13—7
4.2　高密度聚乙烯（HDPE）膜 ……… 3—13—7
4.3　土工布…………………………………… 3—13—7
4.4　钠基膨润土防水毯（GCL） ……… 3—13—7
4.5　土工复合排水网……………………… 3—13—8
5　防渗系统工程施工 ………………… 3—13—8
5.1　一般规定………………………………… 3—13—8
5.2　土壤层…………………………………… 3—13—8
5.3　高密度聚乙烯（HDPE）膜 ……… 3—13—8
5.4　土工布…………………………………… 3—13—8
5.5　钠基膨润土防水毯（GCL） ……… 3—13—8
5.6　土工复合排水网……………………… 3—13—9
6　防渗系统工程验收及维护………… 3—13—9
6.1　防渗系统工程验收…………………… 3—13—9
6.2　防渗系统工程维护 ………………… 3—13—10
附录 A　HDPE 膜铺设施工记录 … 3—13—10
附录 B　HDPE 膜试样焊接记录 … 3—13—11
附录 C　气压、真空和破坏性检测及电火花测试方法 ………… 3—13—12
附录 D　HDPE 膜施工工序质量检查评定 ……………………… 3—13—12
本规范用词说明 …………………… 3—13—13
附：条文说明………………………… 3—13—14

1 总 则

1.0.1 为保证生活垃圾卫生填埋场（以下简称"垃圾填埋场"）防渗系统工程的建设水平、可靠性和安全性，防止垃圾渗沥液渗漏对周围环境造成污染和损害，制定本规范。

1.0.2 本规范适用于垃圾填埋场防渗系统工程的设计、施工、验收及维护。

1.0.3 防渗系统工程的设计、施工、验收及维护除应符合本规范外，尚应符合国家现行有关标准的规定。

2 术 语

2.0.1 防渗系统 liner system

在垃圾填埋场场底和四周边坡上为构筑渗沥液防渗屏障所选用的各种材料组成的体系。

2.0.2 防渗结构 liner structure

在垃圾填埋场场底和四周边坡上为构筑渗沥液防渗屏障所选用的各种材料的空间层次结构。

2.0.3 基础层 liner foundation

防渗材料的基础，分为场底基础层和四周边坡基础层。

2.0.4 防渗层 infiltration proof layer

在防渗系统中，为构筑渗沥液防渗屏障所选用的各种材料的组合。

2.0.5 渗沥液收集导排系统 leachate collection and removal system

在防渗系统上部，用于收集和导排渗沥液的设施。

2.0.6 地下水收集导排系统 groundwater collection and removal system

在防渗系统基础层下方，用于收集和导排地下水的设施。

2.0.7 渗漏检测层 leakage detection liner

用于检测垃圾填埋场防渗系统可靠性的材料层。

2.0.8 防渗系统工程材料 liner system engineering material

用于防渗系统工程的各种土工合成材料的总称，包括高密度聚乙烯（HDPE）膜、钠基膨润土防水毯（GCL）、土工布、土工复合排水网等。

3 防渗系统工程设计

3.1 一 般 规 定

3.1.1 防渗系统工程应在垃圾填埋场的使用期限和封场后的稳定期限内有效地发挥其功能。

3.1.2 防渗系统工程设计应符合垃圾填埋场工程设计要求。

3.1.3 垃圾填埋场基础必须具有足够的承载能力，应采取有效措施防止基础层失稳。

3.1.4 垃圾填埋场的场底和四周边坡必须满足整体及局部稳定性的要求。

3.1.5 垃圾填埋场场底必须设置纵、横向坡度，保证渗沥液顺利导排，降低防渗层上的渗沥液水头。

3.1.6 防渗系统工程设计中场底的纵、横坡度不宜小于2%。

3.1.7 防渗系统工程应依据垃圾填埋场分区进行设计。

3.1.8 防渗系统工程应整体设计，可分期实施。

3.1.9 垃圾填埋场渗沥液处理设施必须进行防渗处理。

3.2 防 渗 系 统

3.2.1 防渗系统的设计应符合下列要求：

1 选用可靠的防渗材料及相应的保护层；

2 设置渗沥液收集导排系统；

3 垃圾填埋场工程应根据水文地质条件的情况，设置地下水收集导排系统，以防止地下水对防渗系统造成危害和破坏；地下水收集导排系统应具有长期的导排性能。

3.2.2 防渗结构的类型应分为单层防渗结构和双层防渗结构。

1 单层防渗结构的层次从上至下为：渗沥液收集导排系统、防渗层（含防渗材料及保护材料）、基础层、地下水收集导排系统。单层防渗结构的设计应从图3.2.2-1a～图3.2.2-1d的形式中选择。

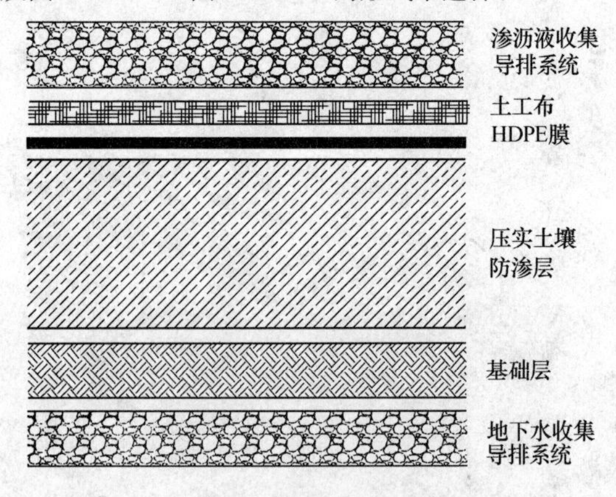

图3.2.2-1a HDPE膜＋压实土壤复合防渗结构示意图

2 双层防渗结构的层次从上至下为：渗沥液收集导排系统、主防渗层（含防渗材料及保护材料）、渗漏检测层、次防渗层（含防渗材料及保护材料）、基础层、地下水收集导排系统。双层防渗结构应按图3.2.2-2形式设计。

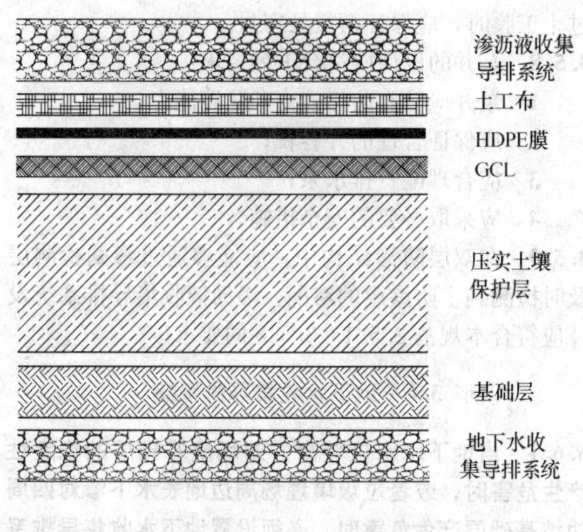

图 3.2.2-1b　HDPE 膜+GCL 复合防渗结构示意图

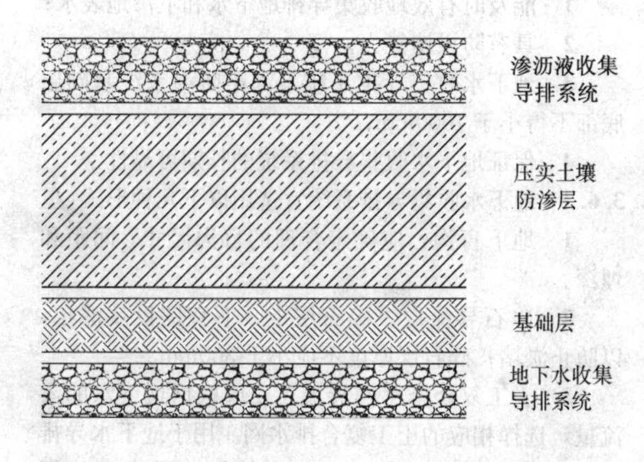

图 3.2.2-1c　压实土壤单层防渗结构示意图

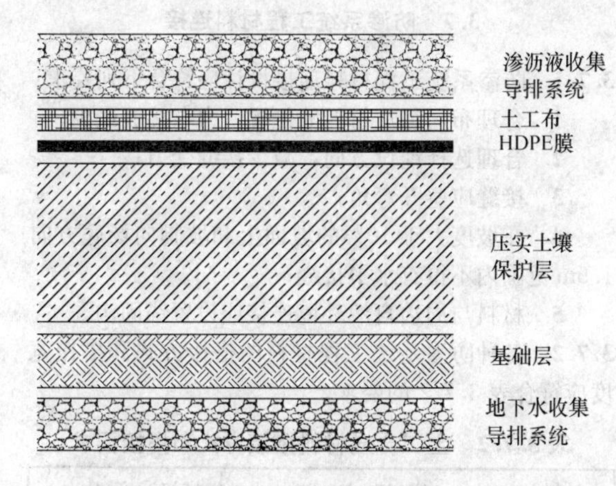

图 3.2.2-1d　HDPE 膜单层防渗结构示意图

3.3　基　础　层

3.3.1　基础层应平整、压实、无裂缝、无松土，表面应无积水、石块、树根及尖锐杂物。

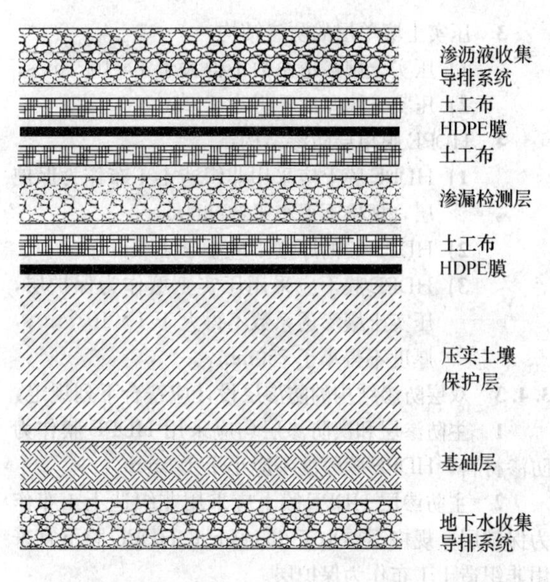

图 3.2.2-2　双层防渗结构示意图

3.3.2　防渗系统的场底基础层应根据渗沥液收集导排要求设计纵、横坡度，且向边坡基础层过渡平缓，压实度不得小于 93%。

3.3.3　防渗系统的四周边坡基础层应结构稳定，压实度不得小于 90%。边坡坡度陡于 1∶2 时，应作出边坡稳定性分析。

3.4　防　渗　层

3.4.1　防渗层设计应符合下列要求：

1　能有效地阻止渗沥液透过，以保护地下水不受污染；

2　具有相应的物理力学性能；

3　具有相应的抗化学腐蚀能力；

4　具有相应的抗老化能力；

5　应覆盖垃圾填埋场场底和四周边坡，形成完整的、有效的防水屏障。

3.4.2　单层防渗结构的防渗层设计应符合下列规定：

1　HDPE 膜和压实土壤的复合防渗结构：

1）HDPE 膜上应采用非织造土工布作为保护层，规格不得小于 $600g/m^2$；

2）HDPE 膜的厚度不应小于 1.5mm；

3）压实土壤渗透系数不得大于 $1\times10^{-9}m/s$，厚度不得小于 750mm。

2　HDPE 膜和 GCL 的复合防渗结构：

1）HDPE 膜上应采用非织造土工布作为保护层，规格不得小于 $600g/m^2$；

2）HDPE 膜的厚度不应小于 1.5mm；

3）GCL 渗透系数不得大于 $5\times10^{-11}m/s$，规格不得小于 $4800g/m^2$；

4）GCL 下应采用一定厚度的压实土壤作为保护层，压实土壤渗透系数不得大于 $1\times10^{-7}m/s$。

3　压实土壤单层的防渗结构：

1）压实土壤渗透系数不得大于 1×10^{-9}m/s；

2）压实土壤厚度不得小于 2m。

4　HDPE 膜单层防渗结构：

1）HDPE 膜上应采用非织造土工布作为保护层，规格不得小于 600g/m²；

2）HDPE 膜的厚度不应小于 1.5mm；

3）HDPE 膜下应采用压实土壤作为保护层，压实土壤渗透系数不得大于 1×10^{-7}m/s，厚度不得小于 750mm。

3.4.3　双层防渗结构的防渗层设计应符合下列规定：

1　主防渗层和次防渗层均应采用 HDPE 膜作为防渗材料，HDPE 膜厚度不应小于 1.5mm。

2　主防渗层 HDPE 膜上应采用非织造土工布作为保护层，规格不得小于 600g/m²；HDPE 膜下宜采用非织造土工布作为保护层。

3　次防渗层 HDPE 膜上宜采用非织造土工布作为保护层，HDPE 膜下应采用压实土壤作为保护层，压实土壤渗透系数不得大于 1×10^{-7}m/s，厚度不宜小于 750mm。

4　主防渗层和次防渗层之间的排水层宜采用复合土工排水网。

3.5　渗沥液收集导排系统

3.5.1　渗沥液收集导排系统应包括导流层、盲沟和渗沥液排出系统。

3.5.2　渗沥液收集导排系统设计应符合下列要求：

1　能及时有效地收集和导排汇集于垃圾填埋场场底和边坡防渗层以上的垃圾渗沥液；

2　具有防淤堵能力；

3　不对防渗层造成破坏；

4　保证收集导排系统的可靠性。

3.5.3　渗沥液收集导排系统中的所有材料应具有足够的强度，以承受垃圾、覆盖材料等荷载及操作设备的压力。

3.5.4　导流层应选用卵石或碎石等材料，材料的碳酸钙含量不应大于 10%，铺设厚度不应小于 300mm，渗透系数不应小于 1×10^{-3}m/s；在四周边坡上宜采用土工复合排水网等土工合成材料作为排水材料。

3.5.5　盲沟的设计应符合下列要求：

1　盲沟内的排水材料宜选用卵石或碎石等材料；

2　盲沟内宜铺设排水管材，宜采用 HDPE 穿孔管；

3　盲沟应由土工布包裹，土工布规格不得小于 150g/m²。

3.5.6　渗沥液收集导排系统的上部宜铺设反滤材料，防止淤堵。

3.5.7　渗沥液排出系统宜采用重力流排出；不能利用重力流排出时，应设置泵井。渗沥液排出管需要穿过土工膜时，应保证衔接处密封。

3.5.8　泵井的设计应符合下列要求：

1　泵井应具有防渗能力和防腐能力；

2　应保证合理的井容积；

3　应合理配置排水泵；

4　应采取必要的安全措施。

3.5.9　在双层防渗结构中，应能够通过渗漏检测层及时检测到主防渗层的渗漏。渗沥液收集导排系统设计应符合本规范 3.5.1～3.5.8 的要求。

3.6　地下水收集导排系统

3.6.1　当地下水水位较高并对场底基础层的稳定性产生危害时，或者垃圾填埋场周边地表水下渗对四周边坡基础层产生危害时，必须设置地下水收集导排系统。

3.6.2　地下水收集导排系统的设计应符合下列要求：

1　能及时有效地收集导排地下水和下渗地表水；

2　具有防淤堵能力；

3　地下水收集导排系统顶部距防渗系统基础层底部不得小于 1000mm；

4　保证地下水收集导排系统的长期可靠性。

3.6.3　地下水收集导排系统宜选用以下几种形式：

1　地下盲沟：应确定合理的盲沟尺寸、间距和埋深。

2　碎石导流层：碎石层上、下宜铺设反滤层，以防止淤堵；碎石层厚度不应小于 300mm。

3　土工复合排水网导流层：应根据地下水的渗流量，选择相应的土工复合排水网。用于地下水导排的土工复合排水网应具有相当的抗拉强度和抗压强度。

3.7　防渗系统工程材料连接

3.7.1　防渗系统工程材料连接设计应符合下列要求：

1　合理布局每片材料的位置，力求接缝最少；

2　合理选择铺设方向，减少接缝受力；

3　接缝应避开弯角；

4　在坡度大于 10%的坡面上和坡脚向场底方向 1.5m 范围内不得有水平接缝；

5　材料与周边自然环境连接应设置锚固沟。

3.7.2　各种防渗系统工程材料的搭接方式和搭接宽度应符合表 3.7.2 的要求。

表 3.7.2　土工合成材料搭接方式和搭接要求

材料	搭接方式	搭接宽度（mm）
织造土工布	缝合连接	75±15
非织造土工布	缝合连接	75±15
	热粘连接	200±25

续表 3.7.2

材料	搭接方式	搭接宽度（mm）
HDPE土工膜	热熔焊接	100±20
	挤出焊接	75±20
GCL	自然搭接	250±50
土工复合排水网	土工网要求捆扎； 下层土工布要求搭接； 上层土工布要求缝合	75±15

3.7.3 垃圾填埋场锚固沟的设置应符合下列要求：

1 符合实际地形状况；

2 垃圾填埋场四周边坡的坡高与坡长不宜超过表 3.7.3 的限制要求。

表 3.7.3 垃圾填埋场边坡坡高与坡长限制值

边坡坡度	>1∶2	1∶2～1∶3	1∶3～1∶4	1∶4～1∶5	<1∶5
限制坡高(m)	10	15	15	15	12
限制坡长(m)	22.5	40	50	55	60

3.7.4 锚固沟的设计应符合下列要求：

1 锚固沟距离边坡边缘不宜小于 800mm；

2 防渗系统工程材料转折处不得存在直角的刚性结构，均应做成弧形结构；

3 锚固沟断面应根据锚固形式，结合实际情况加以计算，不宜小于 800mm×800mm。典型锚固沟结构形式见图 3.7.4-1 和图 3.7.4-2。

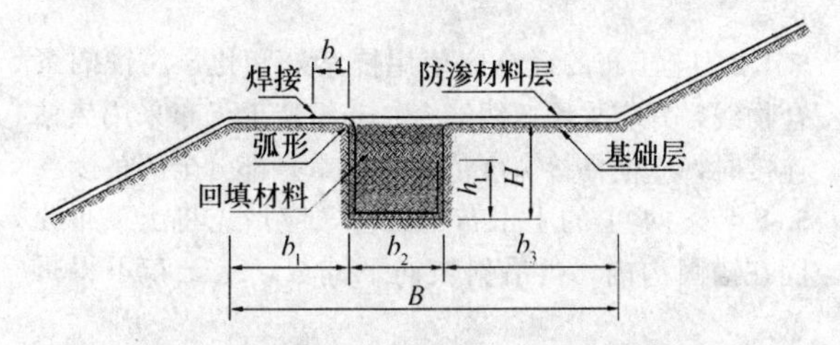

图 3.7.4-1 边坡锚固平台典型结构图

$b_1 \geqslant 800$mm；$b_2 \geqslant 800$mm；$b_3 \geqslant 1000$mm；$b_4 \geqslant 250$mm；$B \geqslant 3000$mm；$H \geqslant 800$mm；$h_1 \geqslant H/3$

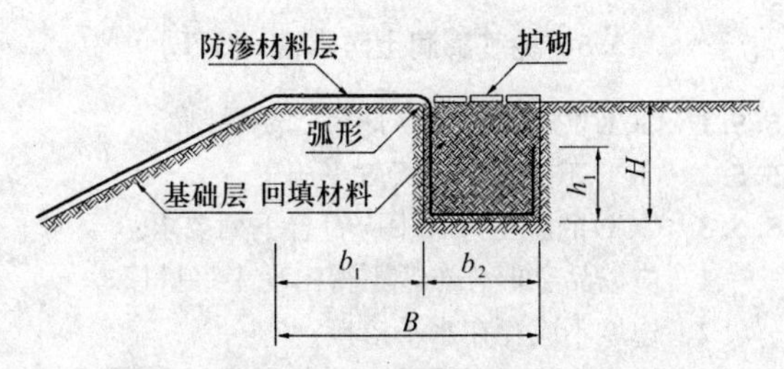

图 3.7.4-2 终场锚固沟典型结构图

$b_1 \geqslant 800$mm；$b_2 \geqslant 800$mm；$B \geqslant 2000$mm；$H \geqslant 800$mm；$h_1 \geqslant H/3$

4 防渗系统工程材料

4.1 一般规定

4.1.1 垃圾填埋场防渗系统工程中应使用的土工合成材料：高密度聚乙烯（HDPE）膜、土工布、GCL、土工复合排水网等。

4.2 高密度聚乙烯（HDPE）膜

4.2.1 用于垃圾填埋场防渗系统工程的土工膜除应符合国家现行标准《填埋场用高密度聚乙烯土工膜》CJ/T 234 的有关规定外，还应符合下列要求：

1 厚度不应小于 1.5mm；

2 膜的幅宽不宜小于 6.5m。

4.2.2 HDPE 膜的外观要求应符合表 4.2.2 的规定。

表 4.2.2 HDPE 膜外观要求

项目	要求
切口	平直，无明显锯齿现象
穿孔修复点	不允许
机械（加工）划痕	无或不明显
僵块	每平方米限于 10 个以内
气泡和杂质	不允许
裂纹、分层、接头和断	不允许
糙面膜外观	均匀，不应有结块、缺损等现象

4.3 土工布

4.3.1 垃圾填埋场防渗系统工程中使用的土工布应符合下列要求：

1 应结合防渗系统工程的特点，并应适应垃圾填埋场的使用环境；

2 土工布用作 HDPE 膜保护材料时，应采用非织造土工布，规格不应小于 600g/m^2；

3 土工布用于盲沟和渗沥液收集导排层的反滤材料时，规格不宜小于 150g/m^2；

4 土工布应具有良好的耐久性能。

4.3.2 土工布各项性能指标应符合国家现行相关标准的要求。

4.4 钠基膨润土防水毯（GCL）

4.4.1 垃圾填埋防渗系统工程中钠基膨润土防水毯（GCL）的性能指标应符合国家现行相关标准的要求。并应符合下列规定：

1 垃圾填埋场防渗系统工程中的 GCL 应表面平整，厚度均匀，无破洞、破边现象。针刺类产品的针刺均匀密实，应无残留断针；

2 单位面积总质量不应小于 4800g/m²，其中单位面积膨润土质量不应小于 4500g/m²；

3 膨润土体积膨胀度不应小于 24mL/2g；

4 抗拉强度不应小于 800N/10cm；

5 抗剥强度不应小于 65N/10cm；

6 渗透系数应小于 5×10^{-11}m/s；

7 抗静水压力 0.6MPa/1h，无渗漏。

4.5 土工复合排水网

4.5.1 用于防渗系统工程的土工复合排水网应符合下列要求：

1 土工复合排水网中土工网和土工布应预先粘合，且粘合强度应大于 0.17kN/m；

2 土工复合排水网的土工网宜使用 HDPE 材质，纵向抗拉强度应大于 8kN/m，横向抗拉强度应大于 3kN/m；

3 土工复合排水网的土工布应符合本规范第 4.3 节的要求；

4 土工复合排水网的导水率选取应考虑蠕变折减因素、土工布嵌入折减因素、生物淤堵折减因素、化学淤堵折减因素和化学沉淀折减因素。

4.5.2 土工复合排水网性能指标应符合国家现行相关标准的要求。

5 防渗系统工程施工

5.1 一般规定

5.1.1 垃圾填埋场的防渗系统工程施工应包括土壤层施工和各种防渗系统工程材料的施工。

5.1.2 防渗系统工程施工完成后应采取有效的保护措施。

5.2 土壤层

5.2.1 土壤层应采用黏土。当黏土资源缺乏时，可使用其他类型的土，并应保证渗透系数不大于 1×10^{-9}m/s 的要求。

5.2.2 在土壤层施工之前，应对每种不同的土壤在实验室测定其最优含水率、压实度和渗透系数之间的关系。

5.2.3 土壤层施工应分层压实，每层压实土层的厚度宜为 150～250mm，各层之间应紧密结合。

5.2.4 土壤层施工时，各层压实土壤应每 500m² 取 3～5 个样品进行压实度测试。

5.3 高密度聚乙烯（HDPE）膜

5.3.1 HDPE膜材料在进填埋场交接前，应进行相关的性能检查。

5.3.2 在安装前，HDPE 膜材料应正确地贮存，并应标明其在总平面图中的安装位置。

5.3.3 HDPE 膜的铺设量不应超过一个工作日能完成的焊接量。

5.3.4 在安装 HDPE 膜之前，应检查其膜下保护层，每平方米的平整度误差不宜超过 20mm。

5.3.5 HDPE 膜铺设时应符合下列要求：

1 铺设应一次展开到位，不宜展开后再拖动；

2 应为材料热胀冷缩导致的尺寸变化留出伸缩量；

3 应对膜下保护层采取适当的防水、排水措施；

4 应采取措施防止 HDPE 膜受风力影响而破坏。

5.3.6 HDPE 膜展开完成后，应及时焊接，HDPE 膜的搭接宽度应符合本规范表 3.7.2 的规定。

5.3.7 HDPE 膜铺设展开过程应按照附录 A 表 A.0.1 的要求填写有关记录，焊接施工应按附录 B 表 B.0.1、表 B.0.2 和表 B.0.3 的要求填写有关记录。

5.3.8 HDPE 膜铺设过程中必须进行搭接宽度和焊缝质量控制。监理必须全过程监督膜的焊接和检验。

5.3.9 施工中应注意保护 HDPE 膜不受破坏，车辆不得直接在 HDPE 膜上碾压。

5.4 土工布

5.4.1 土工布应铺设平整，不得有石块、土块、水和过多的灰尘进入土工布。

5.4.2 土工布搭接宽度应符合本规范表 3.7.2 的规定。

5.4.3 土工布的缝合应使用抗紫外和化学腐蚀的聚合物线，并应采用双线缝合。非织造土工布采用热粘连接时，应使搭接宽度范围内的重叠部分全部粘接。

5.4.4 边坡上的土工布施工时，应预先将土工布锚固在锚固沟内，再沿斜坡向下铺放，土工布不得折叠。

5.4.5 土工布在边坡上的铺设方向应与坡面一致，在坡面上宜整卷铺设，不宜有水平接缝。

5.4.6 土工布上如果有裂缝和孔洞，应使用相同规格材料进行修补，修补范围应大于破损处周边 300mm。

5.5 钠基膨润土防水毯（GCL）

5.5.1 GCL 贮存应防水、防潮、防暴晒。

5.5.2 GCL 不应在雨雪天气下施工。

5.5.3 GCL 的施工过程中应符合下列要求：

1 应以品字形分布，不得出现十字搭接；

2 边坡不应存在水平搭接；

3 搭接宽度应符合本规范表 3.7.2 的要求，局部可用膨润土粉密封；

4 应自然松弛与基础层贴实，不应褶皱、悬空；

5 应随时检查外观有无破损、孔洞等缺陷，发现缺陷时，应及时采取修补措施，修补范围宜大于破损范围 200mm；

6 在管道或构筑立柱等特殊部位施工时，应加强处理。

5.5.4 GCL 施工完成后，应采取有效的保护措施，任何人员不得穿钉鞋等在 GCL 上踩踏，车辆不得直接在 GCL 上碾压。

5.6 土工复合排水网

5.6.1 土工复合排水网的排水方向应与水流方向一致。

5.6.2 边坡上的土工复合排水网不宜存在水平接缝。

5.6.3 在管道或构筑立柱等特殊部位施工时，应进行特殊处理，并保证排水畅通。

5.6.4 土工复合排水网的施工中，土工布和排水网都应和同类材料连接。相邻的部位应使用塑料扣件或聚合物编织带连接，底层土工布应搭接，上层土工布应缝合连接，连接部分应重叠。沿材料卷的长度方向，最小连接间距不宜大于 1.5m。

5.6.5 排水网芯复合的土工布应全面覆盖网芯。

5.6.6 土工复合排水网中的破损均应使用相同材料修补，修补范围应大于破损范围周边 300mm。

5.6.7 在施工过程中，不得损坏已铺设好的 HDPE 膜。施工机械不得直接在复合土工排水材料上碾压。

6 防渗系统工程验收及维护

6.1 防渗系统工程验收

6.1.1 防渗系统工程验收前应提交下列资料：

1 设计文件、设计修改及变更文件和竣工图纸；

2 制造商的材料质量合格证书、施工单位的第三方材料检验合格报告；

3 监理单位的相关资料和记录；

4 预制构件质量合格证书；

5 隐蔽工程验收合格文件；

6 施工焊接自检记录。

6.1.2 防渗系统工程的验收应包括下列内容：

1 场底及边坡基础层；

2 地下水收集导排设施；

3 场底及边坡膜下保护层（土壤层或 GCL）；

4 锚固沟槽及回填材料；

5 场底及边坡 HDPE 膜层；

6 场底及边坡膜上土工布保护层；

7 渗沥液收集导排设施（导流层或复合土工排水网）；

8 其他。

6.1.3 防渗系统工程质量验收应进行观感检验和抽样检验。

6.1.4 防渗系统工程材料质量验收观感检验应符合下列要求：

1 HDPE 膜、GCL 每卷卷材标识清楚，表面无折痕、损伤，厂家、产地、卷材性能检测报告、产品质量合格证、海运提单等资料齐全；

2 土工布、土工复合排水网包装完好，表面无破损，产地、厂家、合格证、运输单等资料齐全。

6.1.5 防渗系统工程材料质量抽样检验应符合下列要求：

1 应由供货单位和建设单位双方在现场抽样检查。

2 应由建设单位送到国家认证的专业机构检测。

3 防渗系统工程材料每 10000m^2 为一批，不足 10000m^2 按一批计。在每批产品中随机抽取 3 卷进行尺寸偏差和外观检查。

4 在尺寸偏差和外观检查合格的样品中任取一卷，在距外层端部 500mm 处裁取 5m^2 进行主要物理性能指标检验。当有一项指标不符合要求，应加倍取样检测，仍有一项指标不合格，应认定整批材料不合格。

6.1.6 防渗系统工程施工质量观感检验应符合下列要求：

1 场底、边坡基础层、锚固平台及回填材料要平整、密实，无裂缝、无松土、无积水、无裸露泉眼，无明显凹凸不平、无石头砖块，无树根、杂草、淤泥、腐殖土，场底、边坡及锚固平台之间过渡平缓。

2 土工布无破损、无折皱、无跳针、无漏接现象，应铺设平顺，连接良好，搭接宽度应符合本规范表 3.7.2 的规定。

3 HDPE 膜铺设规划合理，边坡上的接缝须与坡面的坡向平行，场底横向接缝距坡脚应大于 1.5m。焊接、检测和修补记录标识应明显、清楚，焊缝表面应整齐、美观，不得有裂纹、气孔、漏焊和虚焊现象。HDPE 膜无明显损伤、无折皱、无隆起、无悬空现象。搭接良好，搭接宽度应符合本规范表 3.7.2 的规定。

4 土工布、GCL、土工复合排水网等材料的搭接应符合本规范表 3.7.2 的规定。坡面上的接缝应与坡面的坡向平行。场底水平接缝距坡脚应大于 1.5m。

5 防渗系统工程整体无渗漏。

6.1.7 防渗系统工程施工质量抽样检测应符合下列要求：

1 场底和边坡基础层按 500m^2 取一个点检测密实度，合格率应为 100%；锚固沟回填土按 50m 取一个点检测密实度，合格率应为 100%。

2 土工布按 200m 接缝取一个样检测搭接效果，合格率应为 90%。

3 HDPE膜焊接质量检测应符合下列要求：

1) 对热熔焊接每条焊缝应进行气压检测，合格率应为100%；

2) 对挤压焊接每条焊缝应进行真空检测，合格率应为100%；

3) 焊缝破坏性检测，按每1000m焊缝取一个1000mm×350mm样品做强度测试，合格率应为100%；

4) 气压、真空和破坏性检测及电火花测试方法应符合附录C的规定。

4 HDPE膜施工工序质量检测评定，应按附录D表D.0.1的要求填写有关记录。

5 GCL铺设质量检测应符合下列要求：

1) GCL铺设完成后，应及时对施工质量进行检验；

2) 基础层应符合本规范第3.3节的要求；

3) 搭接宽度应符合本规范表3.7.2的要求；

4) GCL及其搭接部位应与基础层贴实且无褶皱和悬空；

5) GCL不得遇水而发生前期水化；

6) 修补的破损部位应符合本规范5.5.3条第5款的要求。

6.1.8 防渗系统工程施工质量检验应与施工同步进行，质检合格并报监理验收合格后，方可进行下道工序。

6.1.9 防渗系统工程施工完成后，在填埋垃圾之前，应对防渗系统进行全面的渗漏检测，并确认合格。

6.2 防渗系统工程维护

6.2.1 使用单位应及时制定防渗系统工程安全保障措施及管理办法。

6.2.2 防渗系统工程的正常维护应符合下列要求：

1 防渗系统工程区域内不允许未经使用单位同意的人员进入；

2 维护人员进入场区，应妥善携带和使用维护用具；

3 正常情况下应每月不少于一次巡查尚未使用的防渗系统工程区域；如遇暴雨、台风等特殊情况，应及时巡查。

6.2.3 防渗系统工程维修应符合下列要求：

1 防渗系统损坏时，应及时制定安全可靠的修复措施，并组织修复；

2 HDPE膜、GCL、土工布、复合土工排水网等主要防渗系统工程材料损坏时，应及时修补；

3 土壤层损坏时，应及时修复；

4 渗沥液收集系统堵塞时，应及时疏通。

6.2.4 分步施工边坡保护层时，应制定严格的施工组织计划。

6.2.5 防渗系统工程维修所采用的焊机、检验设备等机具设备应妥善保管，并定期维护、保养，确保正常使用。

附录A HDPE膜铺设施工记录

表A.0.1 HDPE膜铺设施工记录表

工程名称：						第 页共 页	
铺设位置编号	日期 年 月 日	时间	卷材编号	长度(m)	宽度(m)	面积(m^2)	备注
					本页小计		
					累 计		

施工单位：　　　　　　　　　　　　现场监理（签章）：
检测单位：　　　　　　　　　　　　技术负责人（签章）：
填表日期：　年　月　日　　　　　　记　　录（签章）：

附录B　HDPE膜试样焊接记录

表 B.0.1　HDPE膜试样焊接记录表

工程名称：　　　　　　　　　　　　　　　　　　　　　　　　第　页共　页

试样焊接单位：　　　　　　　　检测单位：

试件编号	日　期 年　月　日	时间	设备编号	技工编号	环境温度（℃）	焊接温度（℃）	预热温度（℃）	时间	检测结果			
									撕　裂		剪　切	
									断裂	是否通过	断裂	是否通过

现场监理（签章）：　　　　技术负责人（签章）：　　　　记录（签章）：

填报日期：　　年　　月　　日

表 B.0.2　HDPE膜热熔焊接检测记录表

工程名称：　　　　　　　　　　　　　　　　　　　　　　　　第　页共　页

焊缝编号	日　期 年　月　日	时间	设备编号	技工编号	长度（m）	环境温度（℃）	焊接温度（℃）	焊接速度（m/min）	气　压　检　测				
									日期	时间	开始压强（kPa）	结束压强（kPa）	是否通过

施工单位：　　　　　　　　检测单位：

现场监理（签章）：　　　　技术负责人（签章）：　　　　记录（签章）：

填报日期：　　年　　月　　日

表 B.0.3 HDPE 膜挤压焊接检测记录表

项目名称：													第 页共 页
焊缝编号	日期	时间	设备编号	技工编号	长度(m)	环境温度(℃)	预热温度(℃)	焊接温度(℃)	焊接速度(m/min)	真空检测			
										日期	时间	压强(kPa)	是否通过
施工单位：					检测单位：								
现场监理（签章）：					技术负责人（签章）：				记录（签章）：				
									填报日期： 年 月 日				

附录 C 气压、真空和破坏性检测及电火花测试方法

C.0.1 HDPE 膜热熔焊接的气压检测：针对热熔焊接形成双轨焊缝，焊缝中间预留气腔的特点，应采用气压检测设备检测焊缝的强度和气密性。一条焊缝施工完毕后，将焊缝气腔两端封堵，用气压检测设备对焊缝气腔加压至 250kPa，维持 3～5min，气压不应低于 240kPa，然后在焊缝的另一端开孔放气，气压表指针能够迅速归零方视为合格。

C.0.2 HDPE 膜挤压焊接的真空检测：挤压焊接所形成的单轨焊缝，应采用真空检测方法检测。用真空检测设备直接对焊缝待检部位施加负压，当真空罩内气压达到 25～35kPa 时，焊缝无任何泄漏方视为合格。

C.0.3 HDPE 膜挤压焊缝的电火花测试：等效于真空检测，适应地形复杂的地段，应预先在挤压焊缝中埋设一条 ϕ0.3～0.5mm 的细铜线，利用 35kV 的高压脉冲电源探头在距离焊缝 10～30mm 的高度探扫，无火花出现视为合格，出现火花的部位说明有漏洞。

C.0.4 HDPE 膜焊缝强度的破坏性取样检测：针对每台焊接设备焊接一定长度，取一个破坏性试样进行室内实验分析（取样位置应立即修补），定量地检测焊缝强度质量，热熔及挤出焊缝强度合格的判定标准应符合表 C.0.4 的规定。

每个试样裁取 10 个 25.4mm 宽的标准试件，分别做 5 个剪切实验和 5 个剥离实验。每种实验 5 个试样的测试结果中应有 4 个符合上表中的要求，且平均值应达到上表标准、最低值不得低于标准值的 80% 方视为通过强度测试。

如不能通过强度测试，须在测试失败的位置沿焊缝两端各 6m 范围内重新取样测试，重复以上过程直至合格为止。对排查出有怀疑的部位用挤出焊接方式加以补强。

表 C.0.4 热熔及挤出焊缝强度判定标准值

厚度(mm)	剪切		剥离	
	热熔焊(N/mm)	挤出焊(N/mm)	热熔焊(N/mm)	挤出焊(N/mm)
1.5	21.2	21.2	15.7	13.7
2.0	28.2	28.2	20.9	18.3

注：测试条件：25℃，50mm/min。

附录 D HDPE 膜施工工序质量检查评定

表 D.0.1 HDPE 膜施工工序质量检查评定表

工程名称：	承包单位：		检测单位：		共 页第 页
部位名称		工序名称		主要工程数量	桩号、位置
序号	质量要求				质量情况
1	土工膜和焊条的材料规格和质量符合设计要求和有关标准的规定				
2	基础层应平整、压实、无裂缝、无松土，表面无积水、石块、树根及其他任何尖锐杂物				
3	铺设平整，无破损和褶皱现象				

续表 D.0.1

工程名称：		承包单位：		检测单位：		共　页第　页	
部位名称		工序名称		主要工程数量		桩号、位置	

序号	质量要求	质量情况
4	HDPE 膜在坡面上的焊缝应尽可能地减少，焊缝与坡度纵线的夹角不大于45°，力求平行	
5	在坡度大于10%的坡面上和坡脚1.5m范围内不得有横向焊缝	
6	焊缝表面应整齐、美观，不得有裂纹、气孔、漏焊或跳焊现象	
7	焊缝的焊接质量符合规范要求的检漏测试和拉力测试	
质量保证资料	质量保证资料必须满足相关管理法规和质量标准的要求	

序号	实测项目	规定值或允许偏差（mm）	实测值或实测偏差值 1	2	3	4	5	6	7	8	9	10	11	12	13	14	15	应检点数	合格点数	合格率（%）
1	热熔焊搭接宽度	100±20																		
2	挤出焊搭接宽度	75±20																		
3																				
4																				
5																				

承包单位自评意见	项目负责人（签章）：　年　月　日	监理意见	监理工程师（签章）： 年　月　日	平均合格率（%）	
				评定等级	

现场监理（签章）：	技术负责人（签章）：	记录人（签章）：　年　月　日

本规范用词说明

1 为便于在执行本规范条文时区别对待，对于要求严格程度不同的用词说明如下：

1） 表示很严格，非这样做不可的：
正面词采用“必须”；反面词采用“严禁”。

2） 表示严格，在正常情况下均应这样做的：
正面词采用“应”；反面词采用“不应”或“不得”。

3） 表示允许稍有选择，在条件许可时首先应这样做的：
正面词采用“宜”；反面词采用“不宜”。
表示有选择，在一定条件下可以这样做的用词采用“可”。

2 规范中指定应按其他有关标准执行时，写法为“应符合……的规定或要求”或“应按……执行”。

中华人民共和国行业标准

生活垃圾卫生填埋场防渗系统工程技术规范

CJJ 113—2007

条 文 说 明

前　言

《生活垃圾卫生填埋场防渗系统工程技术规范》CJJ 113—2007经建设部2007年1月17日以549号公告批准发布。

本规范的主编单位是城市建设研究院，参加单位是深圳市胜义环保有限公司、北京高能垫衬工程有限公司、北京博克建筑化学材料有限公司、深圳市环境卫生管理处。

为便于广大设计、施工、科研、学校等单位的有关人员在使用本规范时能正确理解和执行条文规定，《生活垃圾卫生填埋场防渗系统工程技术规范》编制组按章、节、条顺序编制了本规范的条文说明，供使用者参考。在使用中如发现本条文说明有不妥之处，请将意见函寄城市建设研究院（地址：北京市朝阳区惠新南里2号院，邮政编码：100029）。

目　次

1　总则 …………………………… 3—13—17
2　术语 …………………………… 3—13—17
3　防渗系统工程设计……………… 3—13—17
3.1　一般规定 …………………… 3—13—17
3.2　防渗系统 …………………… 3—13—17
3.3　基础层 ……………………… 3—13—18
3.4　防渗层 ……………………… 3—13—18
3.5　渗沥液收集导排系统 ……… 3—13—18
3.6　地下水收集导排系统 ……… 3—13—19
3.7　防渗系统工程材料连接 …… 3—13—19
4　防渗系统工程材料……………… 3—13—19
4.1　一般规定 …………………… 3—13—19
4.2　高密度聚乙烯（HDPE）膜 …… 3—13—19
4.3　土工布 ……………………… 3—13—19
4.4　钠基膨润土防水毯（GCL） …… 3—13—19
4.5　土工复合排水网 …………… 3—13—19
5　防渗系统工程施工……………… 3—13—19
5.1　一般规定 …………………… 3—13—19
5.2　土壤层 ……………………… 3—13—19
5.3　高密度聚乙烯（HDPE）膜 …… 3—13—19
5.4　土工布 ……………………… 3—13—20
5.5　钠基膨润土防水毯（GCL） …… 3—13—20
5.6　土工复合排水网 …………… 3—13—20
6　防渗系统工程验收及维护 ……… 3—13—20
6.1　防渗系统工程验收 ………… 3—13—20

1 总 则

1.0.1 本条明确了制定本规范的目的。

1.0.2 本条规定了本规范的适用范围。

1.0.3 垃圾填埋场防渗系统工程是垃圾填埋场工程中的一个重要组成部分，其设计、施工、验收、维护除执行本规范的规定外，还应当符合国家现行相关标准和规范的有关规定。

2 术 语

2.0.1～2.0.7 对垃圾填埋场防渗系统中的名词加以规范。

2.0.8 本规范中的土工合成材料方面的材料术语和材料性能术语定义参照了《土工合成材料应用技术规范》GB 50290的定义。

3 防渗系统工程设计

3.1 一 般 规 定

3.1.1 垃圾填埋场在使用期间和垃圾填满封场后，由于降雨、垃圾自身含水及其他因素，会产生垃圾渗沥液和填埋气体，填埋垃圾达到稳定化需要一个较长的时期，在稳定期限内仍有垃圾渗沥液和填埋气体产生，防渗系统都应有效地发挥其功能。

由于我国的卫生填埋场建设起步较晚，目前还没有封场后稳定化的卫生填埋场。参考国外卫生填埋场运营经验，卫生填埋场的稳定期限通常为封场后的20～30年。

3.1.2 防渗系统是垃圾填埋场的一个重要组成部分，防渗系统工程设计应符合垃圾填埋场总体设计的要求。

3.1.3 为充分利用填埋库容，垃圾填埋场堆填垃圾的高度通常应尽可能高，从而对场底形成较大强度的荷载，应保证垃圾填埋场基础具有足够的承载能力，在垃圾堆填后不会产生不均匀沉降。在进行防渗系统工程设计之前，应进行防渗系统工程的稳定性计算。

3.1.4 防渗系统工程涉及大面积的土石方工程，不仅要保证垃圾填埋场基础整体结构稳定，还应保证垃圾填埋场不会出现滑坡、垮塌、倾覆等影响局部稳定性的情况。

3.1.5、3.1.6 垃圾填埋场场底的坡度对及时导排渗沥液有重要意义。经验证明，垃圾填埋场场底纵、横坡度大于2%时，能够较好的实现渗沥液导排；但是另一方面，实践工程经验也表明，在一些利用天然沟壑或平原地区建设垃圾填埋场时，纵向坡度和横向坡度同时大于2%的条件难以满足，会造成大量不必要的挖方和填方。因此，防渗系统工程设计中场底的纵、横坡度不宜小于2%，各地可因地制宜，但必须保证渗沥液能够顺利导排。

在美国等国家将防渗层上的渗沥液水头作为垃圾填埋场设计的基本要求。考虑到由于产品质量和施工质量等因素，绝对不渗漏的垃圾填埋场是很难实现的，而控制膜上渗沥液水头有助于显著减少渗沥液的渗漏，对于防渗工程有重要意义。如美国要求防渗层的最大渗沥液水头不得超过1英尺（0.3m），最大渗沥液水头$h_{\max}$可参考下式计算（见图1）

$$h_{\max}=\frac{L\sqrt{c}}{2}\left[\frac{\tan^2\alpha}{c}+1-\frac{\tan\alpha}{c}\sqrt{\tan^2\alpha+c}\right]$$

式中 c——q/k；

q——渗沥液流入通量；

k——渗透系数；

α——坡度。

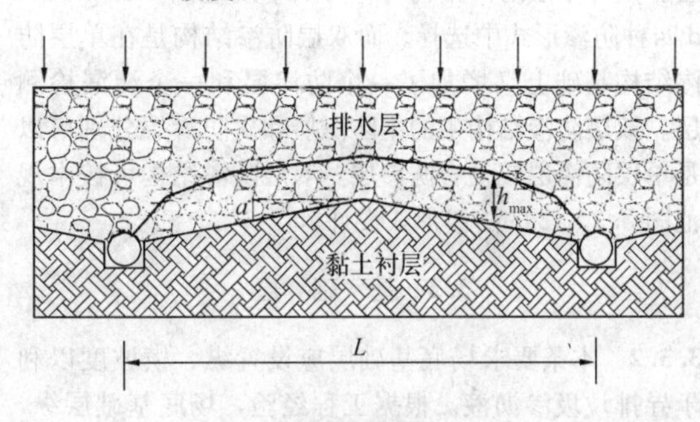

图1 最大渗沥液水头示意图

3.1.7 垃圾填埋场的占地面积通常较大，有较大的汇水面积，为了有效地减少渗沥液产生，以及便于操作管理，应对垃圾填埋场进行合理分区。防渗系统工程设计应根据垃圾填埋场总体分区要求进行。

3.1.8 垃圾填埋场的使用期限通常较长，如果一次性建成全部垃圾填埋场防渗系统，防渗系统工程材料受到日光照射、冷热冻融等自然条件影响，材料的性能会逐渐降低甚至丧失。因此，防渗系统工程应整体设计，宜分期实施。

3.1.9 垃圾渗沥液处理设施是渗沥液集中贮存和处理的构筑物，一旦发生渗漏，对环境的污染会十分严重，应进行防渗处理。

3.2 防 渗 系 统

3.2.1 本条规定了防渗系统工程设计的基本要求。

1 人工合成的防渗材料渗透系数小，防渗性能好，垃圾渗沥液渗透量很小；但是一旦破损，会造成渗漏量的显著增加，因此防渗材料上、下保护层的设置都非常重要。

2 渗沥液收集导排系统是防渗系统的重要组成部分。渗沥液积累在土工膜上，会加快渗沥液的渗漏，因此应及时导排。渗沥液收集导排系统设计中应考虑物理作用、化学作用、生物作用等因素，使系统具有长期的导排性能。

3 在垃圾填埋场场区地下水水位较高的情况下，应设计地下水收集导排系统，防止地下水对防渗系统造成不利影响和破坏。在垃圾填埋场场区地下水水位较低，但是地表水下渗较快，会从侧面影响边坡防渗材料层时，也应该设计地下水收集导排系统。当没有地下水对防渗系统产生危害时，可不设置地下水收集导排系统。

3.2.2 本规范将各种防渗结构概括为两大类，即单层防渗结构和双层防渗结构。就起防渗作用的材料层而言，防渗材料可以是一层防渗材料形成的单层防渗层，或者几层紧密接触的防渗材料形成复合防渗层。无论采用单层防渗层还是复合防渗层，其防渗结构并无显著差异，只是防渗的性能有所差异。单层防渗结构中的防渗层可以是单层防渗层，也可以是复合防渗层。设计单层防渗结构时，可从本规范图 3.2.2-1a～d 四种防渗形式中选择。而双层防渗结构是在单层防渗结构基础上又增加了一个防渗层和一个渗漏检测层。双层防渗结构中的主防渗层和次防渗层分别可以是单层防渗层或复合防渗层。双层防渗结构可按本规范图 3.2.2-2 的防渗形式设计。

3.3 基 础 层

3.3.2 本条要求场底基础层应设置纵、横坡度以利于导排垃圾渗沥液。根据工程经验，场底基础层纵、横坡度宜大于2%，但在特殊地形条件下，可在满足渗沥液收集导排要求的情况下适当调整。

3.3.3 根据实践经验，当边坡缓于1∶2时其稳定性通常较好，但在地质情况不佳时，应作出稳定性分析；当边坡坡度陡于1∶2，其稳定可靠性通常较差，应作出边坡稳定性分析。

3.4 防 渗 层

3.4.1 防渗层设计应对防渗系统工程材料的物理性质、化学性质以及抗老化性质加以要求，并且保证防渗层在防渗区域覆盖完整。

3.4.2 垃圾填埋场场底和边坡可采用不同的防渗结构和防渗形式。HDPE膜是世界通用的垃圾填埋场防渗材料，具有施工方便、节省库容、防渗性能好等优点，但是容易破损，应在上下设置保护层，通常膜上采用非织造土工布作为保护材料，膜下采用压实土壤等材料加以保护。

1 HDPE膜和压实土壤复合防渗能充分发挥HDPE膜和压实土壤的优点，在HDPE膜破损时，仍能有效地阻止渗漏，国内外已广泛采用。

2 GCL作为一种土工合成材料，施工较压实土壤容易，且节省填埋库容，由于具有遇水膨胀的特性和一定的防水性能，在HDPE膜破损后，也能起到辅助的防渗作用。GCL属于片状材料，其下应有压实土壤作为保护层，该种防渗结构很有应用前景。参考欧盟的标准，当地质屏障的自然条件不能满足防渗要求时，可以采用人工改造和增强地质屏障来形成同等保护，人工建设的地质屏障厚度不得低于0.5m。

3 采用压实土壤防渗是传统的防渗形式，防渗性能好，但施工难度较大，对天然地质条件和土源的要求较高。

4 HDPE膜单层防渗相对于前三种防渗形式，防渗可靠性相对较差，主要依靠HDPE防止渗沥液渗漏，膜下的压实土壤防渗性能较弱，但是施工较容易，在我国有一定的实际应用。

本规范不限制新的防渗技术和防渗材料的应用，新技术的应用应慎重，在得到有效证明后，方可应用到实际工程中。本规范提出的垃圾填埋场防渗层设计的典型防渗形式，并不涵盖所有防渗形式，实际工程设计中可参照本规范防渗形式予以改进。

3.4.3 双层防渗结构防渗等级高，造价也相对较高，在我国实际工程中使用很少，在对环境保护要求很高的地区可选择使用。

3.5 渗沥液收集导排系统

3.5.3 渗沥液收集导排系统上部需要承受多种压力和荷载，为使系统能够长久有效地发挥作用，故本条强调了系统内设施的强度要求。

3.5.4 若采用卵石或碎石等材料时，其粒径分布宜在15～40mm范围内。由于垃圾渗沥液含有腐殖酸，通常呈酸性，故不得选用易被渗沥液腐蚀的石料。土工复合排水网可以应用于垃圾填埋场底部和边坡的渗沥液收集系统，使用在垃圾填埋场的边坡上优势更为明显。

3.5.5 由于垃圾渗沥液含有腐殖酸，故盲沟内的排水材料不得选用易被渗沥液腐蚀的石料。设计中宜对排水管材的抗压能力和变形程度进行计算。

3.5.6 本条明确了防渗系统设计应考虑防淤堵的因素。反滤材料要求具有相当的孔隙和垂直渗透系数，宜采用土工布作为反滤材料，具体要求可参照现行国家标准《土工合成材料应用技术规范》GB 50290 执行。

3.5.7 渗沥液排出管需要穿过土工膜时，应采取有效的强化密封措施，确保管道和土工膜紧密结合，防止穿膜处破损，产生渗沥液渗漏。穿膜管道应使用HDPE管材。设计和施工中应为穿膜处的非破坏性质量控制测试留出空间。

3.5.8 渗沥液泵井的设计应注意以下要求：

1 渗沥液具有腐蚀性，应采取措施保护泵井。

2 泵井容积过小，会导致泵井经常被抽干，泵频繁启动和停止，增加泵出现故障的几率。

3 泵用于将渗沥液从泵井排出，其规格应该能保证在渗沥液最大产生率时能够及时将渗沥液排出。

泵应该具有足够的扬程，保证能将渗沥液提升到足够的高度，从出口排出。泵井宜设计为具有液位控制功能，且应配备备用泵。泵井应安装故障警示装置。

4 泵井内易聚集沼气，产生安全隐患，应采取必要的安全措施。

3.6 地下水收集导排系统

3.6.1 本条明确了地下水收集导排系统的设置条件。在地下水水位较低、降雨少的地区，地下水对防渗系统不造成危害时，可不设地下水收集导排系统。

3.7 防渗系统工程材料连接

3.7.3 表3.7.3中的限制坡高和限制坡长均是推荐的最大坡高和最大坡长。

4 防渗系统工程材料

4.1 一般规定

4.1.1 本条规定了防渗系统工程中常用的土工合成材料名称。

4.2 高密度聚乙烯（HDPE）膜

4.2.1、4.2.2 规定了HDPE膜应符合国家现行标准《填埋场用高密度聚乙烯土工膜》CJ/T 234中关于HDPE膜的外观要求、光面HDPE膜和糙面HDPE膜的性能指标要求。

4.3 土工布

4.3.1 土工布不能尽快被填充物遮盖而需要长久暴露时，应充分考虑其抗老化性能。土工布作为反滤材料时，应充分考虑其防淤堵性能。

4.3.2 应参照的有关土工布的国家相关标准主要包括：

1 《短纤针刺非织造土工布》GB/T 17638；

2 《长丝纺粘针刺非织造土工布》GB/T 17639；

3 《长丝机织土工布》GB/T 17640；

4 《裂膜丝机织土工布》GB/T 17641；

5 《塑料扁丝编织土工布》GB/T 17690等。

4.4 钠基膨润土防水毯（GCL）

4.4.1 本条对GCL的性能指标提出了要求，垃圾填埋场防渗系统工程中的GCL主要应用于HDPE膜下作为防渗层或保护层。

4.5 土工复合排水网

4.5.1 本条对土工复合排水网的性能提出了要求，土工复合排水网主要用于渗沥液收集导排系统，渗沥液检测系统，地下水收集导排系统。

5 防渗系统工程施工

5.1 一般规定

5.1.2 边坡保护层主要是维护边坡材料层不被填埋机具作业时损坏，可用袋装土、废旧轮胎等加以保护。

5.2 土壤层

5.2.1 经验证明，黏土是最合适的土壤层防渗材料，应作为优先使用的土源，当黏土资源缺乏时，也可使用其他类型的土，但是应保证能达到渗透系数不大于1.0×10^{-9}m/s的要求。

5.2.2 应使压实度达到最小渗透系数。能否达到最小渗透系数取决于衬层施工中的土壤类型、土壤含水率、土壤密度、压实度、压实方法等。一般地，当压实土壤的含水率略高于最优含水率时（通常高出1%～7%），可达到最小渗透系数。

5.2.3 本条规定了土壤层应该由一系列压实的土层组成，即分层压实，各土层之间应该紧密衔接。每层压实土层的厚度宜为150～250mm。

5.2.4 本条规定了各层压实土壤层测试应每500m²取一组样品进行压实度测试，每组样品宜为3～5个样。

5.3 高密度聚乙烯（HDPE）膜

5.3.1 HDPE膜的产品质量是防渗系统工程质量的基本保证，故在材料进场时就应该检查外观和有关的性能指标，从而保证产品质量。HDPE膜的检测频率宜保证每一批次HDPE膜至少取一个样，同一批次HDPE膜宜按每50000m²增加一个取样。

5.3.2 防渗系统工程施工期间，HDPE膜应该按照产品说明书的要求进行贮存。HDPE膜对紫外光比较敏感，在铺设前应避免阳光直射，防止因为自然或人为条件影响产品的质量和性能。用于连接HDPE膜的粘合剂或焊接材料也应该以适当的方式加以贮存。

5.3.3 每日HDPE膜铺设完成应当日焊接，以免被风吹起或被其他外力破坏。

5.3.5 HDPE膜铺设的要求如下：

1 HDPE膜铺设时应一次展开到位，不宜展开后再拖动HDPE膜。

2 HDPE膜的热胀冷缩会影响其安装和使用性能，故在施工中应为材料的热胀冷缩留出一定余地。HDPE膜不宜拉得过紧，否则会因局部应力过大而造成HDPE膜破坏。

3 HDPE膜下保护层被雨淋、水冲刷后，会破坏表层的平坦度，可将HDPE膜下保护层的施工期安排在比 HDPE 膜铺设稍前一点的时间。

5.3.6 焊接方法包括热熔焊接和挤压焊接。焊接之前应先检查铺设是否完好，搭接宽度是否符合要求，并且每台焊机均须试焊合格后方可焊接。应对焊接过程进行质量控制和进行相关的质量保证检测，以便及时发现不合格焊接。

5.3.7 本条要求 HDPE 膜铺设和焊接施工中应按附录 A 表 A.0.1 和附录 B 表 B.0.1～表 B.0.3 规定的内容进行记录，以保证施工质量。

5.3.8 HDPE 膜的搭接和焊接对防渗系统工程质量非常重要。施工过程中，监理必须全程监督 HDPE 膜的焊接和检验工作。

焊接质量测试应该在现场环境下模拟进行，并且对所有焊缝均需要进行气密性检测。

现场焊接质量的稳定性对于防渗系统的性能非常关键。在施工中，应该监测和控制可能影响焊接质量的各种条件。为了符合施工质量保证计划，应对施工过程进行检查，并完整的记录现场焊接情况。影响焊接过程的主要因素包括以下内容：

1 焊接面的清洁程度；

2 焊接处周围的温度；

3 焊接处周围的湿度；

4 焊缝处的基础层条件，如含水率；

5 天气情况，如风力影响。

5.3.9 HPDE 膜铺设后工作人员穿钉鞋、高跟鞋在 HDPE 膜上踩踏和车辆在 HDPE 膜上行驶易造成膜破坏；当需要车辆作业时，应在 HDPE 膜上铺设保护材料。

5.4 土 工 布

5.4.1 有石头、土块、水和过多的灰尘和进入土工布时，容易破坏土工膜或堵塞土工布。

5.4.5 土工布在边坡上的铺设方向应与坡面一致，以减少接缝的受力。坡面上的水平接缝易造成土工布的脱落。

5.5 钠基膨润土防水毯（GCL）

5.5.1 GCL 贮存时地面应采取架空方法垫起，以免受潮或被地表水浸泡，影响其性能。

5.5.2 由于 GCL 具有遇水膨胀的特性，故 GCL 施工时应考虑天气因素。

5.5.3 GCL 宜按照以下要求铺设：

1 应按规定顺序和方向，分区分块铺设 GCL。GCL 应以品字形分布，尽量避免十字搭接。宽幅、大捆 GCL 的铺设宜采用机械施工；条件不具备及窄幅、小捆 GCL，也可采用人工铺设。

2 GCL 不应在坡面水平搭接，而应在坡顶开挖锚固沟进行锚固。

3 搭接 GCL 时，应在搭接底层 GCL 的边缘 150mm 处撒上膨润土粉状密封剂，其宽度宜为 50mm、重量宜为 0.5kg/m^2。在大风天气施工时，可将粉状密封剂用等量清水调成膏状，再按上述要求涂抹于 GCL 上。

4 坡面铺设完成后，应在底面留下不少于 2m 的 GCL，并在边缘用塑料薄膜进行临时保护。遇有大风天气时，可将膨润土粉用适量清水调成膏状连接。

5 可施用膨润土粉或用 GCL 进行局部覆盖修补。

6 在圆形管道等特殊部位施工时，可首先裁切以管道直径加 500mm 为边长的方块 GCL；再在其中心裁剪直径与管道直径等同的孔洞，修理边缘后使之紧密套在管道上；然后在管道周围与 GCL 的接合处均匀撒布或涂抹膨润土粉。方形构筑物处的施工可参照上述方法执行。

5.5.4 对已施工的 GCL 应妥善保护，不得有任何人为损坏。

5.6 土工复合排水网

5.6.3 在铺设土工复合排水网的过程中遇到障碍物，如排出管或测视井时，应裁开土工复合排水网，在障碍物周围铺设，保证障碍物和材料之间没有缝隙，且下层土工布和土工网芯应接触到障碍物。上层土工布要有足够的长度，折回到土工复合排水网下面，保护露出的土工网芯，防止小土粒进入土工网芯。

5.6.4 覆盖连接排水网芯的土工布应密封，可以防止回填料或其他可能造成堵塞的物质进入土工网芯。

6 防渗系统工程验收及维护

6.1 防渗系统工程验收

6.1.1 本条规定了防渗系统工程验收的相关资料清单。

6.1.2 HDPE 膜施工工序是防渗系统工程中最重要的工程之一。验收资料中须包括 HDPE 膜的铺设、焊接和检测方面的施工记录。真实地记载每片 HDPE 膜材料的卷材信息，每条焊缝的施工人员、设备和焊接参数信息，每条焊缝的检测人员、设备、检测结果和不合格处理意见。

6.1.6 本条规定了防渗系统工程施工质量观感检验的要求。

6.1.7 本条规定了防渗系统工程施工质量抽样检测及焊接质量检测方法的要求。

中华人民共和国行业标准

生活垃圾焚烧厂运行维护与安全技术规程

Technical specification for operation maintenance and safety of municipal solid waste incineration plant

CJJ 128—2009

J 854—2009

批准部门：中华人民共和国住房和城乡建设部

施行日期：2 0 0 9 年 7 月 1 日

中华人民共和国住房和城乡建设部
公　　告

第239号

关于发布行业标准《生活垃圾焚烧厂运行维护与安全技术规程》的公告

现批准《生活垃圾焚烧厂运行维护与安全技术规程》为行业标准，编号为CJJ 128－2009，自2009年7月1日起实施。其中，第2.1.4、2.3.3、3.1.3、3.1.4、3.3.2、3.3.3、4.1.1、4.1.3、11.3.2、11.3.3条，为强制性条文，必须严格执行。

本标准由我部标准定额研究所组织中国建筑工业出版社出版发行。

中华人民共和国住房和城乡建设部

2009年3月15日

前　　言

根据原建设部《关于印发〈二〇〇四年度工程建设城建、建工行业标准制订、修订计划〉的通知》（建标［2004］66号）的要求，规程编写组经过广泛调研，认真总结实践经验，参考国内外相关标准，并在广泛征求意见的基础上，制定本规程。

本规程的主要技术内容是：1. 总则；2. 一般规定；3. 垃圾接收系统；4. 垃圾焚烧锅炉系统；5. 余热利用系统；6. 电气系统；7. 热工仪表与自动化系统；8. 烟气净化系统；9. 残渣收运系统；10. 污水处理系统；11. 化学监督；12. 公用系统；13. 劳动安全卫生防疫与消防。

本规程中以黑体字标志的条文为强制性条文，必须严格执行。

本规程由住房和城乡建设部负责管理和对强制性条文的解释，由主编单位负责具体技术内容的解释。

本规程主编单位：深圳市市政环卫综合处理厂（地址：深圳市红岗路1233号；邮政编码：518029）。

本规程参编单位：上海浦城热电能源有限公司
宁波枫林绿色能源开发有限公司
深圳市宏发垃圾处理工程技术开发中心
杭州绿能环保发电有限公司
重庆三峰卡万塔环境产业有限公司
城市建设研究院

本规程主要起草人：龚佰勋　曹学义　姜宗顺　崔德斌　郑奕强　雷钦平　沈文泽　徐文龙　吴　立　李兆球　陈红忠　杨海根　潘绍文　汪世伟　沈金健　林桂鹏　任庆玖　易　伟　卢　忠　朱履庆　陈天军　周大伦　王定国　陈跃华　郭祥信

目　次

1　总则 …………………… 3—14—4
2　一般规定 …………………… 3—14—4
2.1　运行管理 …………………… 3—14—4
2.2　维护保养 …………………… 3—14—4
2.3　安全 …………………… 3—14—4
3　垃圾接收系统 …………………… 3—14—4
3.1　运行管理 …………………… 3—14—4
3.2　维护保养 …………………… 3—14—5
3.3　安全 …………………… 3—14—5
4　垃圾焚烧锅炉系统 …………………… 3—14—5
4.1　运行管理 …………………… 3—14—5
4.2　维护保养 …………………… 3—14—6
4.3　安全 …………………… 3—14—6
5　余热利用系统 …………………… 3—14—6
5.1　运行管理 …………………… 3—14—6
5.2　维护保养 …………………… 3—14—6
5.3　安全 …………………… 3—14—6
6　电气系统 …………………… 3—14—6
6.1　运行管理 …………………… 3—14—6
6.2　维护保养 …………………… 3—14—7
6.3　安全 …………………… 3—14—7
7　热工仪表与自动化系统 …………………… 3—14—7
7.1　运行管理 …………………… 3—14—7
7.2　维护保养 …………………… 3—14—7
7.3　安全 …………………… 3—14—7
8　烟气净化系统 …………………… 3—14—7
8.1　运行管理 …………………… 3—14—7
8.2　维护保养 …………………… 3—14—8
8.3　安全 …………………… 3—14—8
9　残渣收运系统 …………………… 3—14—8
9.1　运行管理 …………………… 3—14—8
9.2　维护保养 …………………… 3—14—8
9.3　安全 …………………… 3—14—8
10　污水处理系统 …………………… 3—14—8
10.1　运行管理 …………………… 3—14—8
10.2　维护保养 …………………… 3—14—8
10.3　安全 …………………… 3—14—8
11　化学监督 …………………… 3—14—8
11.1　运行管理 …………………… 3—14—8
11.2　维护保养 …………………… 3—14—9
11.3　安全 …………………… 3—14—9
12　公用系统 …………………… 3—14—9
12.1　运行管理 …………………… 3—14—9
12.2　维护保养 …………………… 3—14—9
12.3　安全 …………………… 3—14—10
13　劳动安全卫生防疫与消防 …… 3—14—10
本规程用词说明 …………………… 3—14—10
附：条文说明 …………………… 3—14—11

1 总 则

1.0.1 为加强生活垃圾（以下简称垃圾）焚烧厂的科学管理，保障垃圾焚烧处理设施的安全、正常、稳定运行，达到节约能源、减少污染、科学管理的目的，制定本规程。

1.0.2 本规程适用于采用炉排式垃圾焚烧锅炉作为焚烧设备的垃圾焚烧厂的运行维护与安全。

1.0.3 垃圾焚烧厂的运行、维护与安全除应符合本规程外，尚应符合国家现行有关标准的规定。

2 一般规定

2.1 运行管理

2.1.1 垃圾焚烧厂应按本规程和设备技术要求编制本单位运行维护与安全的操作规程。

2.1.2 运行管理人员应掌握垃圾焚烧处理工艺设备的运行管理要求、技术指标和安全操作规程。

2.1.3 运行人员应熟悉本单位垃圾焚烧处理工艺设备的运行要求，掌握本岗位运行维护技术要求，遵守安全操作规程。

2.1.4 **运行人员必须进行上岗前培训，并持证上岗。**

2.1.5 工艺设备系统启、停前应充分做好检查和准备工作，启、停过程应严格执行操作票制度。

2.1.6 运行人员应定时巡视，做好运行记录，认真履行交接班制度。

2.1.7 运行人员应及时报告、记录工艺系统和设备运行中出现的故障、问题和异常现象，采取相应措施处理；运行管理人员应及时分析、报告、通知相关人员进一步处理。涉及安全的紧急情况应果断采取紧急措施，并应及时向上级部门汇报。

2.1.8 垃圾焚烧厂各项环保指标应符合现行国家标准《生活垃圾焚烧污染控制标准》GB 18485 等的要求。

2.1.9 工艺系统和设备的大修、小修作业安排应征求运行管理人员和运行人员的意见。

2.1.10 特种设备的使用和运行管理应按国家和行业对特种设备的相关要求执行。

2.1.11 稳定运行三年期内应通过质量、环境和职业健康安全等相关管理体系的认证。

2.1.12 垃圾焚烧厂生产设施、设备完好率应达到95%以上。

2.1.13 垃圾焚烧厂年垃圾焚烧处理量应达到设计处理能力。

2.2 维护保养

2.2.1 特种设备的维护保养应按国家和行业的有关规定执行，并应建立操作规程。

2.2.2 垃圾焚烧厂各类设施、设备应保持清洁、完好。

2.3 安 全

2.3.1 运行人员作业时应遵守安全作业和劳动保护规定，并应采取卫生防疫措施，穿戴劳保用品，做好安全、卫生防疫工作。

2.3.2 作业场所应设置安全警示标志。

2.3.3 **严禁接触正在运行设备的运动部位。**

2.3.4 作业场所应按规定配置和检验消防器材，并保持完好。

2.3.5 应急系统设备应保证完好。

2.3.6 应制定防火、防爆、防洪、防风、防汛、防疫等方面的应急预案。

2.3.7 作业场所应保持通风良好。

3 垃圾接收系统

3.1 运行管理

3.1.1 垃圾接收系统运行管理应符合下列要求：

1 垃圾接收系统的通道应保持整洁、畅通，交通标志应符合现行国家标准《安全色》GB 2893、《安全标志及其使用导则》GB 2894 的要求。

2 垃圾接收过程中，应防止垃圾污水、臭气、粉尘污染周边环境。

3 应监督垃圾运输车车容车貌，并及时对其进行清洗。

4 垃圾焚烧厂处理特殊垃圾时应采取确保特殊垃圾的安全隔离和焚毁的特殊措施。

3.1.2 称重运行管理应符合下列要求：

1 进厂垃圾应称重。进厂垃圾量、运输车辆信息等应统计、存档。

2 垃圾运输车在称重过程中应低于限定速度，匀速通过汽车衡。

3.1.3 **危险垃圾严禁进入垃圾贮坑，大件垃圾应破碎后进入焚烧炉。**

3.1.4 **卸料区严禁堆放垃圾和其他杂物，并应保持清洁。**

3.1.5 卸料运行管理应符合下列要求：

1 垃圾运输车在卸料区内卸料时应服从指示信号或运行人员的现场指挥。

2 垃圾卸料门在卸料后应及时关闭。

3 卸料区应有相关卫生防疫措施。

4 检修期间卸料区进出口应常关隔臭。

3.1.6 垃圾贮坑运行管理应符合下列要求：

1 应监控垃圾贮存量和渗沥液积聚状况。

2 垃圾贮坑新老垃圾应分开堆放，并应形成进料、堆酵、投料的动态过程。

3 应采取措施避免垃圾渗沥液排泄口堵塞。

3.1.7 垃圾抓斗起重机运行管理应符合下列要求：

1 运行人员应按操作规程操作垃圾抓斗起重机，并应防止碰撞、惯冲、切换过快、泡水、侧翻等。

2 运行人员应按垃圾接收设备要求及时清门、堆垛、排水、均匀供料，不得将未拆散的捆包垃圾投送入炉。

3 配备两台以上垃圾抓斗起重机的应合理分配工作量。

4 自动计量与记录装置应保持完好。

3.2 维护保养

3.2.1 称重设备应定期检查、维护，应按计量管理部门要求进行校验。

3.2.2 卸料区设施维护保养应符合下列要求：

1 破损的地面、墙面或损坏的设施应及时修复。

2 损坏、堵塞的排水设施应及时修复、清理。

3.2.3 垃圾贮坑维护保养应符合下列规定：

1 设备大修时应清空垃圾贮坑内垃圾，并检查垃圾贮坑构筑物磨损、裂纹、渗沥液排液口堵塞、车挡损坏和卸料门损坏等情况，并应及时保养与修复。

2 临时停炉期间应密闭卸料门，并应在贮坑内垃圾表面撒石灰控制蚊虫孳生。

3.2.4 垃圾抓斗起重机维护保养应符合下列要求：

1 应例行检查、保养。

2 发生运行状况异常时，应停机检查。

3 配备两台以上起重机时，应合理安排运行和维护保养时间，应保证至少有一台起重机保持良好的运行工况，且单台起重机运行状态仅限于短期。

3.3 安全

3.3.1 汽车衡安全应符合下列要求：

1 汽车衡前方限速标志应清晰，减速带完好。

2 汽车衡防雷接地应完好，接地电阻应达标。

3.3.2 垃圾运输车卸料时严禁越过限位装置卸料。

3.3.3 严禁将带有火种的垃圾卸入垃圾贮坑。

3.3.4 卸料区应做好地面、坡道安全防滑措施。

3.3.5 垃圾贮坑安全应符合下列要求：

1 渗沥液汇集区应通风防爆。

2 运行人员进入垃圾贮坑和附属构筑物作业前，应进行有毒有害气体检测，检测超标时，不得进入垃圾贮坑。

3 运行人员进入垃圾贮坑作业时，应采取安全措施，并应佩戴防护用具。

3.3.6 运行人员在操作垃圾抓斗起重机时应严格按操作规程执行，不得违规作业。

4 垃圾焚烧锅炉系统

4.1 运行管理

4.1.1 余热锅炉投入运行前必须取得有效使用登记证。

4.1.2 垃圾焚烧锅炉系统运行管理应符合下列要求：

1 投入运行前应对汽、水、油、风、电磁、液压、垃圾进料、吹灰、出渣、排灰、保温、密封、点火、热力表计、膨胀指示、视官监督、消声等各子系统进行检查、核定，阀、门、孔、口、挡板调节等应密闭完好。

2 垃圾焚烧锅炉及安全附件应按要求实施检验。

3 余热锅炉的给水、蒸汽质量应符合现行国家标准《生活垃圾焚烧锅炉及余热锅炉》GB/T 18750的要求。

4.1.3 余热锅炉受压元件经重大修理或改造后，必须进行水压试验，并应在合格后投入运行。

4.1.4 垃圾焚烧锅炉点火启炉应符合下列要求：

1 点火前应进行全面检查。

2 点火升温过程应符合升温曲线的要求。

4.1.5 垃圾焚烧锅炉运行应符合下列要求：

1 垃圾料斗应保持料位正常。

2 应保持炉膛微负压运行工况。

3 应根据垃圾特性、燃烧状况调整燃烧空气温度及风室风压、风量。

4 应根据垃圾特性、燃烧状况调整一、二次风量配比。

5 应根据垃圾特性、燃烧状况调整给料行程和炉排速度。

6 观察垃圾焚烧床层火焰状况，调整垃圾焚烧工况，防止垃圾焚烧床层前段黑区过长、横向火焰不均、后段火焰距落渣口过近等现象发生。

7 当垃圾燃烧工况不稳定、垃圾焚烧锅炉炉膛温度无法保持在850℃以上时，应投入助燃器助燃。

8 应避免发生料斗架空、落渣井堵塞等运行故障。

9 炉渣热灼减率应达标。

10 垃圾焚烧锅炉运行应与烟气净化系统、余热利用系统协调配合，调整优化工况。

11 应巡查汽、水、油、风等系统及相关工艺设备运行工况。

12 对余热锅炉，应进行连续排污与定时排污。

13 垃圾焚烧锅炉应定时吹灰、清灰、除焦。

14 垃圾焚烧锅炉的运行参数应符合设备技术要求。

15 余热锅炉出口蒸汽参数应达到额定值，汽水品质经化验合格后应对其他系统供汽。

4.1.6 垃圾焚烧锅炉正常停炉应符合下列要求：

1 停炉前应进行吹灰。

2 应按照降温曲线停炉。

3 应关闭垃圾焚烧炉料斗挡板。

4 余热锅炉采用湿法保养时，停炉前一天，调节炉水 pH 值应至上限。

4.2 维护保养

4.2.1 余热锅炉的维护保养应按相关标准和规定的要求执行。

4.2.2 日常维护保养应符合下列要求：

1 应定时巡视，发现问题应及时处理、报告。

2 应定期检查各运行设备的动作部件，并应按设备技术要求维护。

3 应保证炉墙和各类管道、阀门保温状况良好。

4 应检查炉墙门孔、视镜，保证状况良好。

4.2.3 停炉后应及时清灰、除焦、清渣、消缺、保养。

4.3 安全

4.3.1 垃圾焚烧锅炉系统的安全附件应按国家有关规定进行检查。

4.3.2 在生产区域内进行作业，当通过观测孔检查炉内燃烧工况时应注意安全。

4.3.3 垃圾焚烧锅炉系统发生运行事故时，应及时采取防止事故扩大的措施。

5 余热利用系统

5.1 运行管理

5.1.1 垃圾焚烧厂产生的余热用于热力发电时，应结合焚烧厂实际情况，并应按国家电力行业规定，编制本单位管理规程。

5.1.2 汽轮机组启动前，旁路冷凝器系统应调整到备用状态。

5.1.3 汽轮机正常运转和停机过程中，旁路冷凝系统均应处于热备用状态。

5.1.4 汽轮机组完成停机程序后应调整旁路冷凝器，撤出热备用状态。

5.1.5 运行人员应定时巡视旁路冷凝器热备用工况，全面检查每天不得少于一次。

5.1.6 汽机停机时，应确认进入主冷凝器的电动常闭阀关闭严密。

5.1.7 主蒸汽由旁路进入主冷凝器时，应及时投入自动盘车装置。

5.1.8 垃圾焚烧厂产生的余热用于供热时，供热系统运行管理应按国家现行标准《城镇供热系统安全运行技术规程》CJJ/T 88 的有关规定执行。

5.2 维护保养

5.2.1 应严格执行发电设备运行维护保养和事故处理等有关标准的规定。

5.2.2 应按要求做好辅助设备的保养和定期切换工作。

5.2.3 垃圾焚烧厂产生的余热用于供热时，供热系统的设备维护保养应按行业相关标准和设备技术要求执行。

5.3 安全

5.3.1 汽轮发电机组启动前所有保护和主要指示仪表应正常。

5.3.2 应按要求做好透平机油、振动、金属等各项监督工作。

6 电气系统

6.1 运行管理

6.1.1 电气系统的运行管理应按国家现行标准的相关规定执行，并应制定本单位电气设备运行管理规程。

6.1.2 电气设备启动前应确保绝缘合格，对备用的电气设备，应定期测量。

6.1.3 运行人员进行倒闸操作时应严格执行操作票制度，每张操作票应仅填写一个操作任务。

6.1.4 应定期检测接地电阻值，接地应良好，接地电阻值应合格。

6.1.5 应按规定的周期和项目对电气设备进行外部检查。

6.1.6 备用的设备应按要求检查、试验或轮换运行。应能保证及时启动。应急备用发电机应定期运行，间隔周期不应超过 10d。

6.1.7 应定期检验备用电源或备用设备的自动投入装置。

6.1.8 备用电源不得在工作电源被切断前自动投入。

6.1.9 电气设备发生事故、故障或不能正常运行时，应根据现场运行规程的要求采取相应的处理措施。

6.1.10 运行中应密切观察发电机铁芯温度、线圈温度、轴承温度、冷却系统风温、电流、电压及其他电气设备的运行参数，当发现运行参数不正常时，应根据运行规程的规定进行相应操作并及时查明原因。

6.1.11 发电机水灭火装置水压应保持在规定范围内。

6.1.12 对采用空气冷却的发电机，其通风系统应保持严密，空气室和空气道内应清洁无杂物。

6.1.13 室内安装的变压器应有足够的通风。

6.1.14 油浸式变压器储油池排水设施应保持完好状

态。

6.1.15 不得将三芯电缆中的一芯接地运行。

6.1.16 对继电保护动作时的掉牌信号、灯光信号，运行人员应准确记录清楚。

6.1.17 未经批准，运行人员不得更改保护装置的整定值，定值通知单应妥善保管。

6.1.18 发现保护装置误动作时，应及时报告，并应及时查明原因。

6.1.19 对应急照明系统应定期进行检查、试验，应保持完好。

6.1.20 电气设备交接、大修或更换线圈后的试验，应按交接和预防性试验的操作规程要求进行。

6.1.21 垃圾焚烧厂余热利用发电，应符合国家的有关规定。

6.2 维 护 保 养

6.2.1 电气系统的维护保养应按国家现行标准的相关规定执行，并应制定和执行本单位电气设备维护操作规程。

6.3 安　　全

6.3.1 发电机开始转动后，应防止触电。

6.3.2 当发电机着火时，应使用水灭火装置或其他灭火装置扑灭火灾，不得使用泡沫式灭火器或砂子灭火。

6.3.3 变压器着火时应立即切断电源灭火，变压器上部顶盖着火，应先打开下部事故放油门放油至蓄油坑中，变压器油位应低于着火处；变压器内部着火时不得放油。

6.3.4 电动机着火时应先切断电源，进行灭火处理，不得将大股水注入电动机内。

6.3.5 遇有其他电气设备着火时，应立即切断电源，进行灭火。对带电设备应使用干式灭火器、二氧化碳灭火器等灭火，不得使用泡沫灭火器或砂子灭火。

6.3.6 在电气设备上工作时，应有保证安全的措施，应执行操作票制度、工作许可制度、工作监护制度、工作间断、转移和终结制度。

6.3.7 在全部停电或部分停电的电气设备上工作，应完成停电、验电、装设接地线、悬挂标示牌和装设遮栏措施后，方可进行工作。

6.3.8 进入垃圾焚烧炉、烟气脱酸塔、袋式除尘器、渗沥液收集器内部工作时，应使用安全电压照明。

7 热工仪表与自动化系统

7.1 运 行 管 理

7.1.1 应根据焚烧厂实际情况和设备技术要求制定本单位热工仪表与自动化系统的运行维护操作规程。

7.1.2 现场仪表应建立标准操作规程，定时巡检。对于重要参数仪表，应建立巡检、维护记录。

7.1.3 需要定时清洗内部的就地仪表，应按操作规程执行。

7.1.4 对于设置在外界温度可能达冰点以下的仪表或传感器，应有保温防范措施。

7.1.5 热工测量及自动调节、控制、保护系统中的电气仪表与继电器的运行维护，应按照电气仪表及继电保护规程的有关规定进行。

7.2 维 护 保 养

7.2.1 主要热工仪表与自动化装置，应定期进行现场运行质量检查。

7.2.2 应定期维护计算机、网络通信，备份数据库。

7.2.3 仪表及其附件应保持清洁。

7.2.4 应检查管路及阀门接头，保证无腐蚀、裂缝及渗漏等现象。

7.2.5 仪表应定期校准。

7.2.6 应检查和消除仪表的记录故障，保持记录清晰正确。

7.2.7 应定期检查信号报警情况。

7.2.8 应定期进行热工信号与安全保护系统试验。

7.2.9 应每天了解自动调节系统的运行情况，并应定期进行定值扰动试验。

7.3 安　　全

7.3.1 应按设备技术要求定期检测、标定、校验计量和指示表计，确保热工仪表与自动化系统运行安全。

7.3.2 应保障不间断电源备量符合检测仪表和控制系统的供电要求，并应定期进行充放电试验。

8 烟气净化系统

8.1 运 行 管 理

8.1.1 烟气净化系统运行管理应符合下列要求：

1 应根据烟气净化系统工艺和设备的技术要求，编制本单位运行操作规程。

2 运行工况应与垃圾焚烧锅炉运行工况相匹配，并调整优化。

8.1.2 烟气脱酸系统运行管理应符合下列要求：

1 石灰品质应符合设备技术要求，充装时应避免扬撒。

2 石灰浆配制用水应满足设备水质性能要求。

3 应防止石灰堵管和喷嘴堵塞。

4 应保证中和剂当量用量，根据烟气排放在线检测结果调整中和剂流量或（和）浓度。

8.1.3 袋式除尘器运行管理应符合下列要求：

1 投运前应按滤袋技术要求进行预喷涂。

2 检查风室差压，根据运行工况调整、优化反吹频率。

3 保持排灰正常，防止灰搭桥、挂壁、粘袋。

4 停止运行前去除滤袋表面的飞灰。

8.1.4 活性炭喷入系统运行管理应符合下列要求：

1 应严格控制活性炭品质及当量用量。

2 应防止活性炭仓高温。

8.1.5 应定期检查烟囱和烟囱管，防止腐蚀和泄漏。

8.2 维护保养

8.2.1 烟气净化系统停止运行，应清洗石灰浆贮罐、管路及喷入设备。

8.2.2 反应塔内结垢应及时清理。

8.2.3 临时停运期间，袋式除尘器外壳及灰斗应保持加热状态，内部滤袋应保持与外界隔绝，防止飞灰吸湿受潮。

8.2.4 停运检修时应检查滤袋破损情况，并应及时更换破损滤袋。

8.2.5 应定期检查活性炭喷入系统管道磨损和堵塞情况，并应及时处理。

8.2.6 定期检查、维护在线监测系统，并应保证其正常运行。

8.3 安全

8.3.1 应保持消石灰浆配置区的清洁。

8.3.2 活性炭贮存及输送过程中应采取防爆措施，活性炭输送管线应考虑设置静电消除设备。

9 残渣收运系统

9.1 运行管理

9.1.1 炉渣、飞灰应分开，并应及时收集与清运。

9.1.2 炉灰、炉渣收集与清运场区，应保持卫生、畅通，交通标志规范清晰。

9.1.3 应巡视、检查炉渣收运设备和飞灰收集与贮存设备，确保运行正常。

9.1.4 飞灰输送管道和容器应保持密闭，防止飞灰吸潮堵管。

9.1.5 应做好出厂炉渣量、车辆信息的记录、存档工作。

9.1.6 炉渣运输车辆应密闭带盖，不得沿途撒漏。

9.1.7 自备炉渣填埋场，炉渣填埋作业的运行管理应符合国家现行标准《城市生活垃圾卫生填埋场运行维护技术规程》CJJ 93 规定。

9.1.8 以炉渣为主辅料制作建筑材料，应符合国家现行标准的相关要求。

9.2 维护保养

9.2.1 残渣收集、贮存设施应进行日常维护保养，易磨易损零件应防磨并定期更换。

9.2.2 应定期检查残渣收运设施设备的易结垢部位，并应及时清除。

9.3 安全

9.3.1 运行人员不得直接与飞灰接触，并应有安全防护措施。

9.3.2 飞灰应作安全处理，防止污染。

10 污水处理系统

10.1 运行管理

10.1.1 垃圾渗沥液及其产生的有害气体应及时收集、处理。

10.1.2 污水收集、处理过程中应采取防止泄漏和恶臭污染措施。

10.1.3 生化处理污水应按城市污水处理运行管理的相关规定执行。

10.1.4 出水排放应符合现行国家标准的要求，并应优先循环利用。

10.1.5 污水处理系统的处理量应满足污水量波动的要求。

10.2 维护保养

10.2.1 应定期检查污水处理系统设施设备的易结垢部位，并应及时清除结垢。

10.2.2 应及时更换腐蚀部件，并应定期作防腐处理。

10.3 安全

10.3.1 应定期巡视垃圾渗沥液处理区域的有害气体监测仪，对潮湿环境应做好防范措施，对有害气体的工作环境应采取有效的安全保障措施。

10.3.2 垃圾渗沥液处理区域应有通风防爆措施。

10.3.3 污水处理系统压力管道、容器的安全运行维护应符合有关规定，污水处理设施的安全运行维护应符合国家现行标准《城市污水处理厂运行、维护及其安全技术规程》CJJ 60 的规定。

11 化学监督

11.1 运行管理

11.1.1 化验室运行管理应符合下列要求：

1 应建立化验室管理规程，并应按规程要求监督、检测。

2 应建立健全各类分析质量保证体系。

3 检测数据应准确。

4 各种仪器、设备、标准试剂及检测样品应按产品的特性及使用要求固定摆放整齐，并应有明显的标志。

5 化验报表应按日、周、月、年整理、报送和存档。

11.1.2 化学水处理系统运行管理应符合下列要求：

1 根据化学水水质、蒸汽品质检测及锅炉用水量对系统工况进行调节处理。

2 当补给水水质不合格时，应立即切换备用设备，并应对失效设施及时进行处理。

3 热力设备在停(备)用期间，应采取有效的防腐蚀措施。

11.1.3 分析仪器应经过国家法定计量部门认证，并应在有效期内使用。

11.2 维护保养

11.2.1 化验室维护保养应符合下列要求：

1 垃圾热值分析仪、物料成分分析仪、汽水油分析仪器、环保检测设备等应定期由国家法定计量部门作技术检查、校核合格。

2 化验室仪器设备应进行维护和检验，保持实验室卫生清洁。化验室仪器的附属设备应妥善保管。

3 精密仪器的电源应安装电子稳压器。不应随意搬动大型检测分析仪器，必须搬动时应做好记录；搬动后应经过国家法定计量部门签定合格后方能使用。

11.2.2 化学水处理系统维护保养应符合下列要求：

1 检查泵的运转情况和出入口阀门的开闭状况。

2 检查过滤器运行情况。

3 检查各类水处理介质的工作状况，无法恢复的应及时更换。

11.3 安 全

11.3.1 化验室安全应符合下列要求：

1 化验室应配置各种安全防护用具，并应对运行人员进行安全防护教育。

2 各种精密仪器应专人专管，使用前应认真填写使用登记表，应按规定认真操作。

3 化验检测完毕，应对仪器开关、水、电、气源等进行关闭检查。

11.3.2 化验过程中的烘干、消解、使用有机溶剂和挥发性强的试剂的操作必须在通风橱内进行。严禁使用明火直接加热有机试剂。

11.3.3 对于易燃、易爆、剧毒试剂应有明显的标志，并应分类专门妥善保管。

11.3.4 化学水处理系统安全应符合下列要求：

1 危险化学品的贮存、使用和相关操作，应符合国家有关规定。

2 危险化学品罐应与其他设施应有明显的安全界线，四周应加挂危险化学品标志牌。

3 运行人员进行危险化学品操作时，应穿戴橡胶手套、防护眼镜和水鞋等，严密谨慎操作。

4 化学水处理区域应设置防滑地面，运行人员在现场工作时，应注意防滑。

5 失效设施设备的处理应严格按工艺要求操作。

12 公用系统

12.1 运行管理

12.1.1 压缩空气系统运行管理应按现行国家标准《固定的空气压缩机 安全规则和操作规程》GB 10892的相关规定执行。

12.1.2 空调与通风系统的运行管理应按现行国家标准《采暖通风与空气调节设计规范》GB 50019的相关规定执行。并应制订本单位设备运行管理规程。

12.1.3 循环水冷却系统运行管理应符合下列要求：

1 冷却水泵的运行管理应符合设备操作规程的要求，备用冷却水泵应进行试验和切换。

2 应根据具体情况建立冷却水塔运行管理规程，并应严格执行。

3 循环水水质、水温、水量应符合运行要求，各种设备应及时检查。

12.1.4 应定时巡视给水系统设备，确保压力和水位正常。

12.1.5 应建立辅助燃料供应系统运行管理规定，辅助燃料品质、储量应满足运行的要求。

12.1.6 无线通信系统的建立应符合国家的有关规定，确保通信畅通。

12.2 维护保养

12.2.1 空压机系统应制定维护保养规程，并应进行日常维护保养。

12.2.2 空调暖通系统的维护保养应符合现行国家标准的相关要求。

12.2.3 循环水冷却系统维护保养应符合下列要求：

1 应进行日常维护保养。

2 应经常检查机械冷却水塔的运转情况，检查淋水填料、过滤填料和通流情况。

3 应定期清理，保持清洁。

4 应定期对管道、阀门进行检查，并应活动阀门门杆。

12.2.4 给水系统维护保养应符合下列要求：

1 给水泵、工业水泵、除氧水泵应进行日常维护保养。

2　对工业水池、工业水塔应经常检查和卫生清理。

3　应定期检查通往锅炉汽包、减温器的给水管道上的阀门组和给水泵再循环的管道阀门。

12.2.5　辅助燃料系统维护保养应符合下列要求：

1　应定期检查、维护辅助燃料储存设施。

2　应定期检查、维护管道阀门。

3　应定期检查、维护和试验连锁安全装置。

12.2.6　应定期检查维护通信系统，确保通信畅通。

12.3　安　　全

12.3.1　压缩空气系统安全应符合下列要求：

1　不得使用易燃液体清洗阀门、过滤器、冷却器的气道、气腔、空气管道以及正常条件下与压缩空气接触的其他零件。

2　不得使用四氯化碳、氯化烃类作为清洗剂。

12.3.2　空调暖通系统投入使用前应进行试压、检漏。

12.3.3　循环水冷却系统安全应符合下列要求：

1　循环水冷却系统运行时运行人员不得进入冷却水塔内部。

2　冷却水泵切换运行时，应在该切换泵运转正常后，才能停止原运转泵。

3　冷却系统应设有备用电源。

4　停用较长时间的水泵投入运转前，应进行试运行。

5　循环水泵因故障检修时，应关闭出口阀门，并停掉电源，挂上明示警告牌。

12.3.4　给水系统安全应符合下列要求：

1　工业水泵、除氧器给水泵、锅炉给水泵切换运行时，应在切换泵运转正常后，停止原运转泵。

2　工业水泵、除氧器给水泵、锅炉给水泵因故障停运检修时，应关闭出入口阀门，并切断电源，挂上明示警告牌。

12.3.5　辅助燃料系统安全应符合现行国家标准的相关要求和国家有关规定。

13　劳动安全卫生防疫与消防

13.0.1　劳动安全卫生防疫运行、维护与安全管理应符合下列要求：

1　应定期安排运行人员体检，建立运行人员健康档案。

2　应建立定期灭虫消杀制度。

3　停炉检修期间应对垃圾贮坑消杀灭虫。

4　应建立公共卫生事件防疫制度，并应严格执行。

5　应定期检查和维护卫生防疫设施、消杀机械设备，并应保持完好。

13.0.2　消防运行、维护与安全管理应符合下列要求：

1　消防运行、维护与安全管理应符合国家现行有关标准的规定。

2　厂区内重点防火部位和场所应建立岗位防火责任制。

3　应建立动火票制度。

4　应建立消防设施设备运行维护管理制度，划分责任区域，专人负责，定期检查维护。

本规程用词说明

1　为便于在执行本规程条文时区别对待，对要求严格程度不同的用词说明如下：

1）表示很严格，非这样做不可的：
正面词采用“必须”，反面词采用“严禁”；

2）表示严格，在正常情况下均应这样做的：
正面词采用“应”，反面词采用“不应”或“不得”；

3）表示允许稍有选择，在条件许可时首先应这样做的：
正面词采用“宜”，反面词采用“不宜”；
表示有选择，在一定条件下可以这样做的，采用“可”。

2　条文中指明应按其他有关标准、规范执行的写法为“应符合……的规定”或“应按……执行”。

中华人民共和国行业标准

生活垃圾焚烧厂运行维护与安全技术规程

CJJ 128－2009

条 文 说 明

前　言

《生活垃圾焚烧厂运行维护与安全技术规程》CJJ 128-2009经住房和城乡建设部2009年3月15日以第239号公告批准、发布。

为便于广大设计、施工、科研、学校等单位有关人员在使用本规程时能正确理解和执行条文规定，《生活垃圾焚烧厂运行维护与安全技术规程》编制组按章、节、条顺序编排了本规程的条文说明，供使用者参考。在使用中如发现本条文说明有不妥之处，请将意见函寄深圳市市政环卫综合处理厂（地址：深圳市红岗路1233；邮政编码：518029）。

目　次

1　总则 …………………………… 3—14—14
2　一般规定 ……………………… 3—14—14
2.1　运行管理 ………………… 3—14—14
2.2　维护保养 ………………… 3—14—14
2.3　安全 ……………………… 3—14—14
3　垃圾接收系统 ………………… 3—14—15
3.1　运行管理 ………………… 3—14—15
3.2　维护保养 ………………… 3—14—15
3.3　安全 ……………………… 3—14—16
4　垃圾焚烧锅炉系统 …………… 3—14—16
4.1　运行管理 ………………… 3—14—16
4.2　维护保养 ………………… 3—14—18
4.3　安全 ……………………… 3—14—18
5　余热利用系统 ………………… 3—14—18
5.1　运行管理 ………………… 3—14—18
5.2　维护保养 ………………… 3—14—19
5.3　安全 ……………………… 3—14—19
6　电气系统 ……………………… 3—14—19
6.1　运行管理 ………………… 3—14—19
6.2　维护保养 ………………… 3—14—19
6.3　安全 ……………………… 3—14—19
7　热工仪表与自动化系统 ……… 3—14—19
7.1　运行管理 ………………… 3—14—19
7.2　维护保养 ………………… 3—14—19
7.3　安全 ……………………… 3—14—20
8　烟气净化系统 ………………… 3—14—20
8.1　运行管理 ………………… 3—14—20
8.2　维护保养 ………………… 3—14—20
8.3　安全 ……………………… 3—14—20
9　残渣收运系统 ………………… 3—14—20
9.1　运行管理 ………………… 3—14—20
9.2　维护保养 ………………… 3—14—21
9.3　安全 ……………………… 3—14—21
10　污水处理系统 ……………… 3—14—21
10.1　运行管理 ……………… 3—14—21
10.2　维护保养 ……………… 3—14—21
10.3　安全 …………………… 3—14—21
11　化学监督 …………………… 3—14—21
11.1　运行管理 ……………… 3—14—21
11.2　维护保养 ……………… 3—14—24
11.3　安全 …………………… 3—14—24
12　公用系统 …………………… 3—14—25
12.1　运行管理 ……………… 3—14—25
12.2　维护保养 ……………… 3—14—25
12.3　安全 …………………… 3—14—25
13　劳动安全卫生防疫与消防 …… 3—14—25

1 总 则

1.0.1 本条文明确了制订本规程的目的。生活垃圾（以下简称垃圾）焚烧行业近年来在国内取得迅猛发展，各地已建成、在建和计划兴建的垃圾焚烧厂不断涌现。有关部门针对垃圾焚烧技术制订了一系列标准和规范，包括《生活垃圾焚烧炉及余热锅炉》GB/T 18750、《生活垃圾焚烧污染控制标准》GB 18485、《城市生活垃圾焚烧处理工程项目建设标准》（中华人民共和国建设部、中华人民共和国国家发展计划委员会 2001 年颁发）和《生活垃圾焚烧处理工程技术规范》CJJ 90 等，这些标准和规范只涉及垃圾焚烧厂的设备选择、设计、建设和污染控制等内容，垃圾焚烧厂的运行维护与安全管理参考有关水利（火力）发电厂的运行维护规程，显然不利于垃圾焚烧技术的健康发展。本规程编制目的在于推动科学管理与科技进步，提高垃圾焚烧厂的工作效率，为垃圾焚烧厂的运行、维护、安全管理提供科学依据。

1.0.2 本条文规定了本规程的适用范围。

1.0.3 本条文规定了垃圾焚烧厂的运行、维护、安全管理除应执行本条文规定外，还应执行环境保护、环境卫生、消防、节能、劳动安全及职业卫生防疫等方面的国家现行有关标准的规定。

2 一般规定

2.1 运行管理

2.1.1 本条文规定垃圾焚烧厂应制定符合自身要求的设备运行维护与安全技术规程，规程的制定应符合本规程的规定，应满足设备使用说明书的技术要求，使垃圾焚烧厂运行、维护、安全管理有章可循。

2.1.2 本条文规定运行管理人员应具备一定的管理知识和基本技术知识，提高垃圾焚烧厂管理效率，加强科学管理。

2.1.3 本条文规定运行人员应具备基本技术知识和操作技能，提高垃圾焚烧厂生产效率，保障安全生产，防止错误操作。

2.1.4 本条文规定垃圾焚烧厂必须实行岗前培训和持证上岗，对各岗位运行人员进行岗前培训可使员工了解本职工作的任务与职责，熟悉各种设施设备的安全要求，掌握各种设施设备的使用技术，是保障安全生产的重要手段。持证上岗可明确划分各员工的任务与责任，有利于提高劳动生产率。

2.1.5 本条文规定运行人员在工艺设备系统启、停前应对设备进行检查，做好必要的准备工作，并按操作票制度的规定操作，是安全生产的基本保障。

操作票是指需要运行人员在运行方式、操作调整上采取保障人身、设备运行安全措施的制度。垃圾焚烧厂可根据具体条件制定出需要执行操作票的工作项目一览表（如：启、停炉操作票，电气操作票等），对应制定操作票，并严格执行。

2.1.6 按时巡视、抄表，记录设备运行数据、掌握设备状况、提供统计和分析数据，交接班过程中认真说明使接班人员明了设备的运行状况，指导接班后的运行工作，避免系统运行不稳定和发生事故。

2.1.7 运行人员发现设备运行异常应及时采取相应措施处理并报告、通知有关人员，以便及时进一步处理。涉及安全的紧急情况应果断采取紧急措施并及时向上级部门汇报。

2.1.8 本条文规定垃圾焚烧厂运行中各项排放指标应符合《生活垃圾焚烧污染控制标准》GB 18485 和国家及行业有关标准的规定，避免造成二次污染。

2.1.9 本条文规定设备检修应征求运行管理人员和运行人员的意见，是为设备的检修提供在运行中积累的信息和建议，有利于提高设备检修质量，进一步保障设备的稳定运行。

2.1.10 本条文规定垃圾焚烧厂特种设备的运行管理应符合《特种设备安全监察条例》（国务院第 549 号令）的要求。

2.1.11 本条文规定垃圾焚烧厂应规范管理，在运行的三年时间内通过 ISO 9001《质量管理体系》、ISO 14001《环境管理体系》和 OHSAS 18001《职业健康安全管理体系》等质量、环境、职业健康方面的认证。

2.1.12 垃圾焚烧厂应根据各自情况制定设备日常和年度检修计划，对设施、设备完好率应达到 95%以上的要求是设备正常运行的重要保证。

2.1.13 垃圾焚烧厂应按照设备设计要求组织生产，垃圾焚烧处理量按照设备设计处理能力的要求严格管理。

2.2 维护保养

2.2.1 本条文规定垃圾焚烧厂特种设备的维护保养应按《特种设备安全监察条例》（国务院第 549 号令）的要求执行。

2.2.2 垃圾焚烧厂保持整洁的环境卫生，有利于营造良好的工作环境，树立环卫行业的良好形象。

2.3 安 全

2.3.1 本条文规定运行人员作业时应遵守《中华人民共和国安全生产法》（中华人民共和国 2002 年第 70 号主席令）相关规定，穿戴必要的劳动用品，为确保人身安全、健康。

2.3.2 本条文规定作业场所应设置安全警示牌，保障安全生产。

2.3.3 本条文规定垃圾焚烧厂进行卫生清洁工作时，应遵守安全管理制度，杜绝事故发生。

2.3.4 本条文规定垃圾焚烧厂作业场所应按规定配置消防器材，要检查保持完好，以便发生火情时，各器材设备能正常运行。

2.3.5 本条文规定保持厂房、车间生产运行现场应急系统设备特别是应急照明系统的完好有效，提供良好的运行条件，保障安全生产。

2.3.6 本条文规定了垃圾焚烧厂应制定在厂区发生异常紧急情况时的安全紧急预案，以便在发生突然停水、停电、设备重大故障、事故、火灾、特大暴雨、雷击、疫情、突发性群体事件等异常紧急情况时能够按预定程序紧急采取相应措施，把损失控制到最小。与此相关的法规、标准有：《中华人民共和国安全生产法》（中华人民共和国第70号主席令）、《特种设备安全监察条例》（国务院第549号令）、《国家电网公司电力安全工作规程（火电厂动力部分）》、《中华人民共和国消防法》（中华人民共和国1998年第4号主席令）、《中华人民共和国防洪法》（中华人民共和国1997年第88号主席令）、《防雷减灾管理办法》（中国气象局令第8号）、《中华人民共和国传染病防治法实施办法》（卫生部令第17号）等。

2.3.7 本条文规定垃圾焚烧厂厂房、生产现场应保持通风、整洁，为创造和保持健康良好的工作条件，形成良好的安全生产环境。

3 垃圾接收系统

3.1 运行管理

3.1.1 本条文对垃圾接收系统运行管理提出了下列要求：

1 垃圾接收系统的道路应畅通，交通标志应规范清楚，方便垃圾车辆进出，交通标志应清晰、明了，符合《安全色》GB 2893和《安全标志及其使用导则》GB 2894的要求。

2 从环保角度出发，要求在垃圾接收过程中，避免垃圾或污水影响环境，避免臭气扩散影响空气质量。要求垃圾接收系统的通道保持整洁，垃圾车所经之处均应经常冲洗，冲洗水必须全部收集排入污水收集井中，不得外排。

3 避免垃圾运输车辆因垃圾水、车辆垃圾外挂在运输过程中洒在路面影响市容和污染市政路面。

4 特殊垃圾的接收和处理，垃圾焚烧厂应根据提供特殊垃圾的政府相关部门的特定要求采取措施，制定相应的处理方法，保证特殊垃圾的安全消除，防止外流丢失。

3.1.2 称重管理系统应储存所有进厂垃圾运输车辆的相关资料，包括所属单位、车牌号、统一编号等，以便垃圾运输车辆称重时直接调用或有其他需要时查询，并为安全管理提供确切资料。

3.1.3 危险垃圾指有毒有害的工业垃圾、医疗垃圾、建筑垃圾等废物。大件垃圾主要是指外形完整的大件废旧家具，包括桌、椅、衣柜、书橱、沙发、席梦思床垫等。大件垃圾不破碎，进入焚烧炉有困难，还会有堵塞垃圾溜槽的危险；突发公共卫生事件中产生的垃圾必须由政府相关部门统一协调，严格控制，办理相关手续才能进厂，并作特殊处理，其处理过程必须符合《医疗废物管理条例》（国务院第380号令）要求。

3.1.4 要求卸料区不应堆放垃圾，掉落在垃圾卸料区的垃圾应及时清理，以保持卸料区的畅通、清洁。

3.1.5 卸料区应有指挥垃圾运输车驾驶员进行卸料的指引电子信号或运行人员指挥协调垃圾车有序卸料；室内布置的应安装紫外线杀菌设施；关闭卸料门和进出口门是为了避免臭气外溢和扩散，影响空气质量。

3.1.6 本条文对垃圾贮坑运行管理提出了下列要求：

1 监控垃圾储量和渗沥液积聚状况。垃圾量多，影响进料，垃圾量少，影响堆酵效果；渗沥液积聚状态直接影响入炉垃圾品质。

2 垃圾贮坑新老垃圾应分开堆放，并形成良性的动态循环，保障最先进仓的垃圾脱水率最高，并作为投料，保证焚烧的稳定。

动态循环示例：

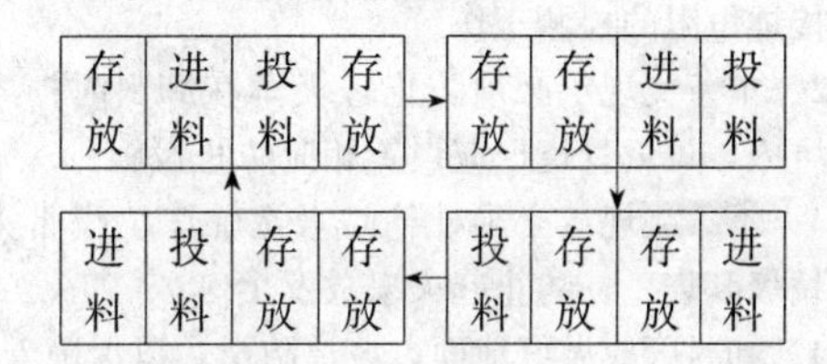

3 应避免在垃圾渗沥液排水口上方长时间堆放垃圾，而因垃圾压实影响排水。如出现堵塞可采用潜水式污水泵临时排水。

3.1.7 本条文对垃圾抓斗起重机运行管理提出了下列要求：

1 根据配合设备规模、生产状况选择合适的运行速度，尽量保持定速、稳定运行，以降低起重机的故障率。

2～4 垃圾抓斗起重机的合理、规范、稳定运行可以避免单台起重机负荷过重；及时计量是为了避免统计数据不完整或缺失。

3.2 维护保养

3.2.1 本条文规定称重设施应定期检查，及时清理磅桥下或周围的异物，应由计量管理部门专职人员进行调校，保障准确计量。

3.2.2 本条文对卸料区设施维护保养提出了下列要

求：

1　卸料区的路面及承重结构应定期检查，避免影响通行和发生坍塌事故。

2　排水设施应畅通，防止污水外溢。

3.2.3　本条文规定设备大修时应清空垃圾贮坑，维护检查垃圾贮坑的破损状况，因垃圾贮坑是垃圾焚烧厂恶臭污染源，在停炉检修期间，极易造成对周围环境的污染，垃圾贮坑破漏会影响垃圾贮坑负压的维持，同时导致臭气外逸。

3.2.4　本条文对垃圾抓斗起重机维护保养提出了下列要求：

1　垃圾抓斗重点检查部位：抓斗液压管路、抓斗钢丝绳接头部位，抓斗电缆接头部位，抓瓣活动插销，升降电机，行走电机，刹车装置等。

2　操作过程中发现异常，应立即停车检查，以免事故扩大或设备损坏。

3　在生产运行中确保一台起重机保持良好工况以保证垃圾焚烧厂的正常生产。

3.3　安　全

3.3.1　本条文对汽车衡安全提出了下列要求：

1　汽车衡前方10m应设置减速装置，以控制上磅车速不得大于5km/h，以匀速通行，车速过快会影响正常称重。

2　计量系统各种信号线路多，防雷设施损坏后，雷雨季节易造成计量系统遭雷击，影响生产作业。应做好接地电阻的检测工作。

3.3.2　本条文规定必须防止垃圾车在卸料时掉入垃圾贮坑内，垃圾焚烧厂应设置相应防止设施。

3.3.3　本条文规定必须杜绝垃圾运输车辆携带火种进入垃圾焚烧厂，防止起火事故发生。

3.3.4　卸料区应做好地面、坡道防滑，以保障安全，避免发生事故。

3.3.5　本条文对垃圾贮坑安全提出了下列要求：

1　堆放垃圾的贮坑内容易产生（如甲烷、H_2S等）有毒有害气体，应通风以防止爆炸。

2、3　保障运行人员身体健康和生命安全的措施。

3.3.6　本条文规定运行人员在操作垃圾抓斗起重机时应遵守《国家电网公司电力安全工作规程（火电厂动力部分）》和《特种设备安全监察条例》（国务院第549号令）的相关规定，避免事故发生。

4　垃圾焚烧锅炉系统

4.1　运 行 管 理

4.1.1　根据《特种设备安全监察条例》（国务院第549号令）的规定，垃圾焚烧厂在垃圾焚烧锅炉使用前必须向当地锅炉压力容器安全监察机构申报登记，取得使用证，才能投入运行。

4.1.2　本条文对垃圾焚烧锅炉系统的运行管理提出了下列要求：

1　按设备操作规程在垃圾焚烧锅炉投入运行前进行全面、系统的检查，保证系统和各项设备状况良好。

2　垃圾焚烧锅炉出厂时，对设备使用寿命有明确说明，垃圾焚烧厂在设备正常运行寿命期内的检验应按《蒸汽锅炉安全技术监察规程》（劳部发［1996］276号）第十章要求执行。

3　本款是余热锅炉给水、蒸汽质量要求的一般规定。

4.1.3　根据《蒸汽锅炉安全技术监察规程》（劳部发［1996］276号）第十章第206条的规定，锅炉除一般六年进行一次水压试验外，锅炉受压元件经重大修理或改造后，也需要进行水压试验。超压试验的压力选择应按《蒸汽锅炉安全技术监察规程》（劳部发［1996］276号）第十章第207条的规定执行。

4.1.4　本条文对点火起炉提出了下列要求：

1　垃圾焚烧锅炉点火前应进行严格的检查和充分的准备工作，以确保点火后垃圾焚烧锅炉的正常稳定运行。主要包括下列内容：

1）炉膛内无焦渣和杂物，炉墙完整，二次风口完好无堵塞。

2）水冷壁管、过热器管、省煤器管、空气预热器管表面清洁，各烟道及除尘器灰斗内无积灰。

3）炉膛、过热器、省煤器、空气预热器等各处检查门及各人孔门经检查确认内部无人后关闭。

4）清灰装置内加水至正常水位，确认无泄漏。

5）垃圾料斗水冷套加水至正常水位。

6）各风门、挡板开关灵活，无卡涩现象，开度指示正确，就地控制、遥控传动装置良好。

7）汽包、过热器、再热器各安全门完整良好，无杂物卡住，压缩空气系统严密完整可用。

8）燃烧辅助系统状况良好，可投用。

9）吹灰器作冷态试转，应动作灵活，工作位置正确，程序操作正常。

10）水位计清晰，正常水位线与高低水位线标志正确。

11）汽、水、油等各管道的支吊架完整，锅炉本体刚性良好。

12）汽包、联箱、管道、阀门、烟风道保温完整良好，高温高压设备保温不全时不得启动。

13）露天各电动机的防雨罩壳齐全。

14）操作平台上、楼梯上、设备上无杂物和垃圾，脚手架已拆除，各通道畅通无阻，现场整齐清洁，照明（包括事故照明）良好。

15）除尘系统完整良好。

16）各阀门、风门、挡板位置正确，各仪表和报警保护装置投入运行。

17）炉内确已无人停留。

18）在锅炉点火前的检查工作完毕后，应立即进水至点火水位（一般在正常水位线下100mm)。进水过程中应检查管道阀门处是否发生泄漏。

19）锅炉点火前应先将燃油装置（包括燃油点火装置）及燃油附属蒸汽系统启动。检查油压稳定正常，波动范围不大于98kPa，检查各点火装置完整良好。

20）投入空气预热器和压缩空气系统。

2 每一种垃圾焚烧锅炉出厂时都随机配备各自的操作规程，其中都对各自的升温曲线有明确规定，点火升温过程中必须遵守这些规定，严格控制升温过程。

4.1.5 本条文对垃圾焚烧锅炉运行提出了下列要求：

1 保持垃圾料斗的料位正常，避免烟气泄漏。

2 根据《生活垃圾焚烧锅炉及余热锅炉》GB/T 18750的规定，垃圾焚烧锅炉应有可靠的密封和保温性能，从垃圾料斗入口至排烟出口，运行时应处于负压密闭状态，不应有气体和粉尘泄漏。

3 按焚烧设备要求建立风室风压。由于入炉垃圾组分变化较大，垃圾低位热值波动也较大，对于垃圾低位热值较高的垃圾，可适当降低燃烧空气温度以防止炉内温度过高导致发生结焦，对于垃圾低位热值较低的垃圾，可适当提高燃烧空气温度以保证炉内燃烧工况的稳定。

4 根据《生活垃圾焚烧锅炉及余热锅炉》GB/T 18750的规定，一次风的配置与调节应满足垃圾焚烧处理的需要，宜设置二次风。

5 垃圾的组成复杂，结构多变，特别是含水量和灰分含量变化幅度较大，对于性状各异的垃圾应当灵活调节垃圾焚烧锅炉的运动机构以保证垃圾在炉内稳定燃烧。对于含水量高的垃圾，需要酌情减少给料行程以降低给料速度，并保证湿度大的垃圾在炉内有充分的干燥时间，从而保证垃圾焚烧锅炉内燃烧工况的稳定。

6 按焚烧设备要求确保燃料正常燃烧工况。

7 本款根据《生活垃圾焚烧锅炉及余热锅炉》GB/T 18750的规定，低位发热量不大于4.18MJ/kg时，可用其他燃料助燃，助燃热量应满足垃圾焚烧锅炉炉膛烟气温度大于850℃等要求。

8 料斗架空和落渣井堵塞都会严重影响垃圾焚烧锅炉的稳定运行，严重的还会导致被迫封炉、停炉等事故，应严禁此类事故的发生。

9 炉渣热灼减率是垃圾焚烧锅炉的重要环保参数之一，《生活垃圾焚烧锅炉及余热锅炉》GB/T 18750的规定，垃圾焚烧灰渣的热灼减率不应大于5%；额定垃圾焚烧处理量不小于200t/d的垃圾焚烧炉不应大于3%。实践证明炉渣的热灼减率与垃圾焚烧锅炉内料层厚度有直接关系，料层过厚会导致垃圾无法燃尽，炉渣热灼减率偏高；料层太薄则垃圾越易燃尽，但料层过薄会造成炉内热负荷不足，影响垃圾焚烧锅炉的稳定运行。

10 锅炉的运行应与烟气净化系统、余热利用系统互相匹配，信息及时传递。

11 垃圾焚烧厂应建立锅炉运行巡查制度，检查和记录各运行参数。

12 对锅炉进行连续排污与定时排污，保障锅炉正常运行。

13 为防止积灰影响锅炉热交换效率，对锅炉受热面定期清灰，主要包括下列内容：

1）每一运行班应进行一次清灰操作。

2）清灰方式为蒸汽吹灰时，必须使用过热蒸汽，在保证锅炉运行正常、燃烧稳定时方可进行清灰操作。清灰前应适当增加炉膛负压。

3）蒸汽吹灰时会对入汽机蒸汽量造成一定冲击，应适当降低汽机负荷。焚烧炉炉膛中心温度一般可达1000℃以上，燃料中的灰分大多呈熔融状态，而四周水冷壁附近烟温较低，如果烟气中携带的灰粒在接触壁面时仍呈熔融或黏性状态，则会逐渐粘附在管壁上形成紧密的灰渣层。焚烧锅炉结焦由许多复杂的因素引起，如炉内空气动力场、炉型、燃烧器布置方式及结构特性、垃圾的尺寸等都将影响炉内结焦状况。保证空气和燃料的良好混合，避免在水冷壁附近形成还原性气氛，合理而良好的炉内空气动力工况可防止锅炉内结焦，如果焚烧炉结焦严重应及时清除，确保焚烧炉正常运行。

14 垃圾焚烧锅炉运行时必须确保在炉内存在同时满足以下条件的气相空间高温燃烧区域：

a）烟气温度不应低于850℃；

b）烟气停留时间不应短于2s；

c）烟气含氧量不应低于6%；

d）有足够的湍流强度，确保均匀混合。

垃圾焚烧锅炉运行控制项目和要求见表1。

表1 垃圾焚烧锅炉运行控制项目和要求

序号	项　目	单位	控　制　要　求
1	垃圾处理量	t/h	控制在额定处理量70%～110%的范围内
2	炉膛温度	℃	≥850
3	蒸发量	t/h	控制在额定处理量70%～110%的范围内
4	汽包压力	MPa	不得超过垃圾焚烧锅炉操作手册的相关规定
5	汽包水位	mm	±75
6	过热器出口蒸汽压力	MPa	执行垃圾焚烧锅炉操作手册的相关规定
7	过热器出口蒸汽温度	℃	执行垃圾焚烧锅炉操作手册的相关规定
8	炉膛压力	Pa	保持微负压状态
9	炉渣热灼减率	%	额定处理量200t/d以上（含200t/d）的应控制在3%以内；额定处理量200t/d以下的垃圾焚烧炉应控制在5%以内

15 根据《蒸汽锅炉安全技术监察规程》（劳部发［1996］276号）第199条的规定，额定蒸汽压力小于或等于2.5MPa的锅炉的水质，应符合《工业锅炉水质》GB/T 1576的规定。额定蒸汽压力大于或等于3.8MPa的锅炉的水质，应符合《火力发电机组及蒸汽动力设备水汽质量》GB/T 12145的规定。没有可靠的水处理措施，不得投入运行。

4.1.6 本条文对正常停炉提出了下列要求：

1 保证垃圾焚烧锅炉在停炉过程中和停炉期间免遭腐蚀。

2 垃圾焚烧锅炉停炉后，其锅炉受热面上的积灰易吸收空气中的水分形成难以清除的结垢，因此在停炉前必须进行吹灰。

3 停炉过程中由于炉水温度降低，其中的无机盐溶解度下降后会析出形成结垢，需通过多次排污将这些结垢排出炉外。

4 垃圾焚烧锅炉停炉过程时若降温过快，酸性物质如HCl等易在受热面上结露析出，对受热面造成低温腐蚀，因此每一种垃圾焚烧锅炉都对各自的降温过程有明确规定，停炉过程中必须遵守这些规定，严格控制降温过程。

4.2 维护保养

4.2.1 余热锅炉设备有很多保养方法，热法、干法、湿法、充气法等。但保养的原则都是避免和减少锅炉水中的空气和防止外界漏入氧气，减少氧气与焚烧锅炉等受压元件接触，避免或减少受压元件的腐蚀（受热面外部高温区结渣、结焦、腐蚀，受热面外部低温区积灰、腐蚀。受热面内部结垢、腐蚀）。炉墙是锅炉的外壳，它起着保温、密封、引导烟气气流等作用。如果不完好，对垃圾在炉膛里的着火、稳定燃烧、燃料燃尽等都是不利的，不仅会影响锅炉的经济性、安全性，严重的会导致锅炉停炉等事故发生。尾部烟道积灰会使烟道的通流能力下降，积灰严重形成堵塞的，还会破坏炉内负压状态，进而影响炉内垃圾焚烧工况的稳定，须及时清理尾部烟道积灰。

4.2.2 本条文对垃圾焚烧锅炉维护保养提出了下列要求：

1 维护人员应每日定时巡视焚烧锅炉车间，确保设备完好，正常运行。

2 确保易损部件的正常工作。

3 维护管道阀门，保证炉墙和各类管道、阀门保温状况良好，发现保温层被破坏的应及时恢复。

4 检查炉墙门孔、视镜的完好状况。

4.2.3 本条文是垃圾焚烧锅炉停炉时维护保养的一般规定。

4.3 安　全

4.3.1 垃圾焚烧锅炉安全附件安全阀、压力表、水位表、排污和放水装置、温度计、保护装置等的安全要求按《蒸汽锅炉安全技术监察规程》(劳部发［1996］276号)第七章的相关规定执行。

4.3.2 垃圾焚烧锅炉运行时虽然内部基本保持微负压状态，但因垃圾投入波动或其他原因会导致出现瞬间正压，此时若运行人员正通过观测孔检查炉内燃烧工况，炉膛内的高温烟气和灰尘就会从观测孔喷出，对人身安全造成危害。因此在通过观测孔检查炉内燃烧工况时应侧身斜视，防止炉内发生正压造成烟气外逸造成人身伤害。

4.3.3 垃圾焚烧锅炉运行中的安全要求按《蒸汽锅炉安全技术监察规程》（劳部发［1996］276号）第九章第194条的规定执行。

5 余热利用系统

5.1 运行管理

5.1.1 垃圾焚烧厂余热利用是指热能直接利用或热电联供。热能直接利用是指将垃圾焚烧产生的烟气通过余热锅炉或其他热交换设备将热量转换为低压蒸汽或高压蒸汽、热水或热空气直接供给自身系统或外界热用户。热电联供是指在热能直接利用系统的基础上增加一套发电系统，其保留了原有的热利用功能，并将余下的蒸汽全部送入汽轮发电机发电。

汽轮机组运行规程依照现行行业标准《汽轮机组

运行规程（试行）（全国地方小型火力发电厂）》SD 251－1988的规定执行。汽轮机组的设备监督、维护、保养应按《电力工业技术管理法规》的规定执行。

5.1.2～5.1.7 汽轮机是垃圾焚烧厂的重要设备之一，它是把蒸汽的热能转变为机械能的回转式原动机，具有功率大、转速高、运转平稳、尺寸小、重量轻以及效率高等优点，因此在动力、交通运输及国防工业等部门获得了广泛的应用。由于汽轮机的可靠性和可用性均高于焚烧炉，因此，一般垃圾电站是两台或三台焚烧炉配置一台汽轮发电机组。汽轮机组的设备运行根据生产厂家的使用说明以及相关规定编制操作规程，并严格执行。

5.1.8 本条文规定垃圾焚烧厂余热用于供热时运行管理按国家现行标准《城镇供热系统安全运行技术规程》CJJ/T 88第六章的相关规定执行。

5.2 维护保养

5.2.1、5.2.2 严格执行本单位制定的汽轮机组维护保养操作规程。

5.2.3 汽轮机运行人员应熟练掌握汽轮机组运行规程中制定的参数标准，认真检查、巡视，运行参数应每小时记录一次。对汽轮机运行中出现的故障应及时进行处理。根据汽轮机设备的运行情况合理安排大修、小修工作。

5.3 安全

5.3.1、5.3.2 余热利用系统安全条文是根据《国家电网公司电力安全工作规程（火电厂动力部分）》第七章、《城镇供热系统安全运行技术规程》CJJ/T 88第六章的相关规定制定。对生产事故处理是根据《电力生产事故调查暂行规定》（电监会4号令）制定的。

6 电气系统

6.1 运行管理

6.1.1～6.1.21 垃圾焚烧厂电气设备主要包括汽轮发电机、变压器、电动机、直流电源装置、应急备用发电机、继电保护装置及配电装置。电气系统的运行管理是根据《国家电网公司电力安全工作规程（火电厂动力部分）》、《汽轮发电机运行规程》（国电发[1999]579号）、《电力变压器运行规程》DL/T 572－1995、《民用建筑电气设计规范》JGJ 16－2008、《电力系统用蓄电池直流电源装置运行与维护技术规程》DL/T 724－2000、《微机继电保护装置运行管理规程》DL/T 587－2007、《高压断路器运行规程》（电供[1991]30号）等相关规定制定。

应急备用发电机应遵照设备技术要求进行维护保养，并制定相应的试运行操作规程，进行试运行，其周期不超过10d。

6.2 维护保养

6.2.1 本条文是根据《国家电网公司电力安全工作规程（火电厂动力部分）》、《汽轮发电机运行规程》（国电发［1999］579号）、《电力变压器运行规程》DL/T 572－1995的相关规定制定。

6.3 安全

6.3.1～6.3.8 电气系统安全是根据《国家电网公司电力安全工作规程（火电厂动力部分）》第三、四、十三章的相关规定制定。

7 热工仪表与自动化系统

7.1 运行管理

7.1.1 本条文要求垃圾焚烧厂应在遵守本规程规定的原则下，根据各自实际情况，制定热工仪表与自动化系统的检修调校和运行维护规程的实施细则。

7.1.2 现场仪表应建立标准操作规程，定时巡检。对于重要参数仪表，应建立巡检、维护记录。

7.1.3 本条文是就地仪表运行管理的一般要求。

7.1.4 对于外界温度可能达冰点以下的仪表或传感器，应有应变措施。

7.1.5 热工测量及自动调节、控制、保护系统中的电气仪表与继电器的检修调校和运行维护，应按照电气仪表及继电保护检修运行规程中的有关规定进行。

7.2 维护保养

7.2.1 主要热工仪表与自动化系统，应进行现场运行质量检查，其检查周期一般为三个月，最长周期不应超过半年。

7.2.2 应定期维护计算机，备份数据库，检查网络通信良好。

7.2.3 应经常保持仪表及其附件清洁。

7.2.4 应经常检查管路及阀门接头处有无腐蚀、裂缝，防止渗漏等现象。

7.2.5 应现场校准仪表的指示值，自检仪表准确度，使仪表保持正常工况。

7.2.6 应经常检查和消除仪表的记录故障，保持仪表记录清晰正确。

7.2.7 应检查信号报警情况，保持报警动作正确。

7.2.8 应进行热工信号与安全保护系统试验，保持正常工况。

7.2.9 运行管理人员每天应向运行人员了解自动调节系统的运行情况，如发现问题应及时消除；并定期进行定值扰动试验。

7.3 安 全

7.3.1 本条文规定热工仪表与自动化系统安全运行应按设备技术要求定期检测、标定、校验计量和指示表针，保证安全。

7.3.2 本条文是对不间断电源安全的一般规定。

8 烟气净化系统

8.1 运行管理

8.1.1 本条文是对烟气净化系统运行管理的要求：

1 根据设备、仪器、仪表的使用说明和操作规程编制系统的操作规程，建立巡视和维护保养制度，并严格执行。制定日常巡检路线、记录表和故障解决预案，重点设备包括除尘器，在线监测仪表等，定时查看记录，发现设备隐患及时处理。

2 按去除有害成分区分，烟气净化系统包括以下几个系统的设备、仪器、仪表：酸气（HCl、SO_x）去除系统、NO_x 去除系统、粉尘去除系统及重金属和Dioxin去除设备、烟气在线监测装置等。根据这些系统的设备、仪器、仪表出厂说明书以及已有的操作规程，编制成一套系统的烟气净化系统的操作规程，包含正常启停程序、紧急停止程序等，并严格执行。国内垃圾焚烧厂采用酸气去除系统主要有半干式洗烟塔及干式洗烟塔，使用化学药品多为消石灰(Hydrated Lime)，使用湿式洗烟塔并不常见；粉尘去除系统多为滤袋集尘器，使用静电集尘器及文氏洗尘器并不常见；重金属和Dioxin去除设备多使用活性炭喷入方式；NO_x 去除系统有选择性非触媒还原法（SNCR）及选择性触媒还原法（SCR）两大类别，多以排放标准选定，以国内目前排放标准，尚无需设置SNCR或SCR。根据以上要求，应做好烟气系统和焚烧系统的工况优化调整。

8.1.2 本条文是对酸性气体净化系统运行管理的要求：

1 石灰的购置，其品质应满足设备技术要求，石灰运输和装卸应尽量密闭，防止扬撒造成环境污染。

2 确定石灰浆浓度，运行时可调整石灰浆的喷入量去除酸性气体。配置石灰浆用水水质应满足要求，水中杂质中若含有 SO_4^{2-} 离子，会产生 $CaSO_4$ 堵塞管线，所以须对水进行预处理，除去杂质和离子。

3 干法工艺在运行中，因石灰粉在管道中会出现搭桥现象，堵塞管道应及时疏通；半干法工艺中，其石灰浆喷入设备（雾化装置或喷嘴）若操作不当，特别是紧急停机时，易堵塞。故要求严格执行操作规程，防止石灰浆喷入装置造成堵塞。

4 一般采用SNCR、SCR工艺去除 NO_x。中和剂的喷入量应根据烟气分析仪的 NO_x 进行控制。中和剂的浓度应每天检测并做好统计。

8.1.3 本条文是对袋式除尘器运行管理的要求：

1 袋式除尘器投运前按设备要求进行预喷涂，保证布袋表面对灰尘的吸附作用。

2 运行人员根据压差调整反吹频率，既要确保在滤袋表面形成适当厚度的灰层，保证除尘效果，同时提高消石灰的利用效率；又要防止风阻过大。

3 灰斗积灰发生搭桥报警时，应立即处理，防止飞灰累积过高直接接触滤袋，造成损坏。

4 及时清理布袋表面集灰。

8.1.4 本条文是对活性炭喷入系统运行管理的要求：

采用喷入活性炭粉末吸附重金属及二噁英时，活性炭宜使用比表面积大及碘吸附值高的产品，其中含有挥发有机物的成分不可过高。

8.1.5 本条文是垃圾焚烧厂烟囱的一般规定。

8.2 维护保养

8.2.1 石灰浆贮存槽、管路及喷入设备应清洗积垢，检查管路转弯及阀体的磨损情况。

8.2.2 中和剂配置槽至少每一年清洗一次，并检查反应塔箱体的腐蚀情况，清除反应塔内结垢。

8.2.3 在停炉期间，袋式除尘器外壳及灰斗应保持加热状态，而且袋式除尘器内部滤袋应随时保持与外界隔绝，防止飞灰吸湿受潮。

8.2.4 在锅炉检修时，可根据烟气连续监测仪烟尘含量的指针检查袋式除尘器的破损情况和滤袋破损情况，并及时更换破损滤袋。

8.2.5 应检查活性炭喷入系统管道磨损情况，并及时更换磨损管道；应检查活性炭喷入系统是否有堵塞现象，如有堵塞应及时疏通。

8.2.6 按照烟气在线检测系统的设备技术要求定期检查、维护。

8.3 安 全

8.3.1 保持消石灰浆配置区的清洁，避免其他杂物混入石灰浆。

8.3.2 活性炭贮存及输送设备（包含区域内电灯、开关、消防侦测器报警等）应考虑防爆，活性炭输送管线应考虑设有静电消除装置等。

9 残渣收运系统

9.1 运行管理

9.1.1 根据《生活垃圾焚烧污染控制标准》GB 18485的规定，焚烧炉与除尘设备收集的焚烧飞灰应分别收集、储存和运输；焚烧炉渣按一般固体废物处理，焚烧飞灰应按危险废物处理。本条对炉渣和飞灰的处理要求分别收集、储存、运输和处理。在储存、运输和处理中为防止对环境的二次污染，对相应的设备应有密封措施。

9.1.2 本条文规定了灰、渣处理场区的道路应畅通，交通标志应规范清楚，方便运送灰、渣车快速、安全进出。交通安全标志应符合国家标准《安全色》GB 2893 和《安全标志及其使用导则》GB 2894 的要求。灰渣处理的场区应干净、畅通，绿化美化，树立文明生产的形象。

9.1.3 本条文是炉渣收运和飞灰收集的一般规定。

9.1.4 应防止飞灰吸潮堵管，飞灰输送管道和容器应保持密闭。

9.1.5 垃圾焚烧厂运行管理的重要数据，应妥善管理。炉渣运输车辆的管理好坏直接影响运输途中的环境卫生。

9.1.6 本条文是对炉渣运输车辆运行管理的一般规定。

9.1.7 炉渣填埋场的运行管理是根据《城市生活垃圾卫生填埋场运行维护技术规程》CJJ 93 制定。

9.1.8 以炉渣为主辅料制作建筑材料，应符合《建筑材料放射性核素限量》GB 6566、《中华人民共和国固体废物污染环境防治法》（中华人民共和国 2004 年第 58 号主席令）等国家、行业标准及法规的规定。

9.2 维护保养

9.2.1、**9.2.2** 残渣处理设备要做好日常保养，转动设备和冲洗设施要有防堵和防卡涩的措施，特别是一些易磨、易损件应防磨并定期更换，易结垢部位应及时清除。

9.3 安　全

9.3.1 飞灰属于危险废物，应采取有效措施防止运行人员直接接触，避免人员伤害。

9.3.2 飞灰安全是根据《危险废物填埋污染控制标准》GB 18598的要求制定。

10 污水处理系统

10.1 运行管理

10.1.1～10.1.4 国内垃圾渗沥液的处理因各地、各厂的具体情况不同，采用的方法各不相同，按原理来分大致可分为物理、化学以及生化处理为主的三种模式。渗沥夜处理系统采取的处理模式不同，其工艺流程、设施设备有很大的区别，各厂应根据各自工艺上的设计要求，以及设施、设备、仪器、仪表的设计参数、使用说明和操作规程编制系统的操作规程，严格执行。依照《生活垃圾焚烧污染控制标准》GB 18485，垃圾焚烧厂所产生垃圾渗沥液浓度高、成分复杂、变化大，可根据垃圾焚烧厂实际情况直接喷入炉内焚烧处理，或采用其他工艺处理，达标排放。

10.1.5 污水处理系统的处理量应符合设计要求，根据污水量的变化及时调整以达到相关环保指标要求。

10.2 维护保养

10.2.1、**10.2.2** 污水处理系统的设施设备要定期检查，及时清除结垢。由于垃圾渗沥液的高腐蚀性，相关部件应及时更换，做好设备定期检查，做好防腐处理。保证现场环境卫生。

10.3 安　全

10.3.1～10.3.3 按照《城市污水处理厂运行、维护及其安全技术规程》CJJ 60 的要求做好垃圾渗沥液处理设施的安全运行维护，做好潮湿环境的防范措施，做好有害气体工作环境的安全保障措施。

11 化学监督

11.1 运行管理

11.1.1 本条文对化验室运行管理提出了下列要求：

1 垃圾焚烧厂正常运转检测涉及的项目、内容、周期：

1）进厂垃圾和进炉垃圾按《城市生活垃圾采样和物理分析方法》CJ/T 3039 采样，参照《煤中全水分的测定方法》GB/T 211、《煤的工业分析方法》GB/T 212、《煤的发热量测定方法》GB/T 213 进行工业分析和热值测定，进厂垃圾和进炉垃圾的工业分析、热值检测周期见表 2。

表 2 进厂垃圾和进炉垃圾的工业分析、热值检测周期

序号	项目	内容	检测周期
1	进厂垃圾	工业分析 热值分析	每月一次
2	进炉垃圾		每月一次

2）垃圾焚烧炉技术性能指标测定周期见表 3。

表 3 垃圾焚烧炉技术性能指标测定周期

序号	项目	检测周期
1	炉渣热灼减率	每 8 小时一次
2	焚烧炉出口烟气氧含量	每 4 小时一次

3）垃圾焚烧炉大气污染物检测周期见表4。

表4　垃圾焚烧炉大气污染物检测周期

序　号	项　目	检测周期
1	烟尘	每季度一次
2	烟气黑度	每季度一次
3	一氧化碳	每季度一次
4	氮氧化物	每季度一次
5	二氧化硫	每季度一次
6	氯化氢	每季度一次
7	汞	每季度一次
8	镉	每季度一次
9	铅	每季度一次
10	二噁英类	每年一次

4）垃圾焚烧厂恶臭厂界检测周期见表5。

表5　垃圾焚烧厂恶臭厂界检测周期

序　号	项　目	检测周期
1	氨	每季度一次
2	硫化氢	每季度一次
3	甲硫醇	每季度一次
4	臭气浓度	每季度一次

5）垃圾焚烧厂工艺废水检测周期见表6。

表6　垃圾焚烧厂工艺废水检测周期

序　号	项　目	检测周期
1	按《污水综合排放标准》GB 8978规定执行	每季度一次

6）垃圾焚烧厂噪声按《生活垃圾焚烧污染控制标准》GB 18485进行采样和检测，垃圾焚烧厂噪声检测周期见表7。

表7　垃圾焚烧厂噪声检测周期

序号	项　目	检测周期
1	按《工业企业厂界环境噪声排放标准》GB 12348规定执行	每月一次

7）运行中变压器油的质量按《电力用油（变压器油、汽轮机油）取样方法》GB/T 7597进行取样，按《运行中变压器油质量》GB/T 7595进行检测，运行中变压器油检验项目和周期见表8。

表8　运行中变压器油检验项目和周期

设备等级分类		检测项目										检测周期
		水溶性酸	酸值	闪点	机械杂质	游离碳	水分	界面张力	介质损耗因数	击穿电压	含气量	体积电阻率	
互感器	≥220kV	√				√	√			√		√	每年一次
	35～110kV												3年一次
油开关	≥110kV	√			√					√		√	每年一次
	＜110kV												3年一次
	少油开关												3年一次或换油
套管	110kV及以上	√				√	√			√		√	3年一次
电力变压器	220～500kV	√	√	√	√	√	√	√	√	√	√	√	半年一次
	≤110kV或＞630kV·A												每年一次
配电变压器	≤630kV·A	√	√	√		√				√			3年一次
厂所用变压器	≥35kV或1000kV·A及以上	√	√	√	√	√	√			√		√	每年一次

8）运行中汽轮机油的质量按《电力用油（变压器油、汽轮机油）取样方法》GB/T 7597进行取样，按《电厂运行中汽轮机油质量》GB/T 7596进行检测，运行中汽轮机油检验项目和周期见表9。

表9　运行中汽轮机油检验项目和周期

检测项目								检测周期
外状	运动黏度	闪点	机械杂质	酸值	液相锈蚀	破乳化度	水分	
√			√				√	每周一次①
√	√	√	√	√	√	√	√	半年一次

注：①机组运行正常，可以适当延长检验周期，但发现汽轮机油中混入水分时，应增加检验次数，并及时采取措施。

9）化学水水质、蒸汽质量按《火力发电机组及蒸汽动力设备水汽质量》GB/T 12145进行检测。化学水水质、蒸汽质量检验项目和周期见表10。

表10　化学水水质、蒸汽质量检验项目和周期

过热蒸汽饱和蒸汽		锅炉水水质			给水水质			凝结水水质				检测周期
钠	二氧化硅	pH	磷酸根	总碱度	硬度	溶解氧	pH	硬度	溶解氧	电导率	钠	—
			√		√		√	√	√	√	√	每4小时一次
√	√	√		√		√						每8小时一次

2～5 化验室内部应建立健全各类分析质量保证制度，包括“化验室基本规程”、“仪器、仪表操作维护规程”、“化学试剂存储和使用规程”、“检测样品保存和处理规程”等。

11.1.2 本条文对化学水处理系统运行管理提出了下列要求：

1 本款规定化学水处理系统运行中应根据化学水水质、蒸汽质量检测情况及锅炉用水量对系统工况进行调节。当锅炉及其热力系统中某种水、汽样品的监测结果表明其水质或汽质不良时，应首先检查其取样和测定操作是否正确，必要时应再次取样测定，进行核对。当确证水质、汽质劣化时，应研究原因，并采取措施，使其恢复正常。水质、汽质与锅炉及其热力系统的设备结构和运行工况等有关，各种情况下造成劣化的原因不一，常见的原因及处理方法见表11～表15。

1）蒸汽汽质劣化的原因及其处理方法见表11。

表11 蒸汽汽质劣化的原因及处理方法

劣化现象	一般原因	处理方法	备注
含钠量或含硅量不合格	锅炉水的含钠量或含硅量超过极限值	见表12中与“劣化现象”栏2相对应的“处理方法”	
	锅炉的负荷太大，水位太高，蒸汽压力变化过快	根据热化学试验结果，严格控制锅炉的运行方式	
	喷水式蒸汽减温器的减温水质不良	见表14	
	锅炉加药浓度过大或加药速度太快	降低锅炉加药的浓度或速度	
	汽水分离器效率低或各分离元件的结合不严密	消除汽水分离器的缺陷	
	洗汽装置不水平或有短路现象	消除洗汽装置的缺陷	

2）锅炉水水质劣化的原因及处理方法见表12。

表12 锅炉水水质劣化的原因及处理方法

劣化现象	一般原因	处理方法	备注
外状浑浊	给水浑浊或硬度太大	见表13中与“劣化现象”栏1相对应的“处理方法”	
	锅炉长期没有排污或排污量不够	严格执行锅炉的排污制度	
	新炉或检修后锅炉在启动的初期	增加锅炉排污量直至水质合格为止	
含硅量、含钠量（或电导率）不合格	给水水质不良	见表13中与“劣化现象”栏3相对应的“处理方法”	
	锅炉排污不正常	增加锅炉排污量或消除排污装置的缺陷	
磷酸根不合格	磷酸盐的加药量过多或不足	调整磷酸盐的加药量	锅炉水磷酸根过高时，应注意加强蒸汽汽质监督并加大排污，直至锅炉水磷酸根合格
	加药设备存在缺陷或管道被堵塞	检修加药设备或疏通堵塞的管道	如因锅炉给水硬度过高，引起锅炉水磷酸根不足时，应首先降低给水硬度
炉水pH值低于标准	给水夹带酸性物质进入锅内	增加磷酸盐的加药量，必要时投加化学纯NaOH溶液	查明凝汽器是否泄漏，再生系统酸液是否漏入除盐水中，除盐水是否夹带树脂等，杜绝酸性物质的来源
	磷酸盐的加药量过低或药品错用	调整磷酸盐的加药量或药品配比，检查药品是否错用	
	锅炉排污量太大	调整锅炉排污	

3）给水水质劣化的原因及处理方法见表13。

表13 给水水质劣化的原因及处理方法

劣化现象	一般原因	处理方法	备 注
硬度不合格或外状浑浊	组成给水的凝结水、补给水、疏水或生产返回水的硬度太大或浑浊	查明硬度高或浑浊的水源，并将此水源进行处理或减少其使用量	应加强锅炉水和蒸汽汽质的监督
	生水渗入给水系统	消除生水渗入给水系统的可能性	
溶解氧不合格	除氧器运行不正常	调整除氧器的运行	
	除氧器内部装置存在缺陷	检查除氧器	

续表 13

劣化现象	一般原因	处理方法	备　注
含钠量（或电导率）、含硅量不合格	组成给水的凝结水、补给水、疏水或生产返回水的含钠量或电导率、含硅量不合格	查明不合格的水源，并采取措施使此水源水质合格或减少其使用量	应加强锅炉水质和蒸汽汽质的监督

4）喷水式减温器减温水水质劣化的原因及处理方法见表14。

表 14　喷水式减温器减温水水质劣化的原因及处理方法

劣化现象	一般原因	处理方法	备　注
含钠量、含硅量不合格	作减温水用的凝结水水质不良	见表15中与“劣化现象”相对应的“处理方法”	如因给水系统运行方式不当而造成减温水质量劣化时，应调整给水系统的运行方式
	生水或不合格水漏入减温水系统	查明漏入原因，并采取措施消除	

5）凝结水水质劣化的原因及处理方法见表15。

表 15　凝结水水质劣化的原因及处理方法

劣化现象	一般原因	处理方法	备　注
硬度或电导率不合格	凝汽器铜管泄漏	查漏和堵漏	
溶解氧不合格	凝汽器真空部分漏气	查漏和堵漏	
	凝汽器的过冷却度太大	调整凝汽器的过冷却度	
	凝结水泵运行中有空气漏入（如盘根漏气时）	换用另一台凝结水泵，并检修有缺陷的凝结水泵	

2　本款是补给水系统运行管理的一般规定，焚烧锅炉化学补给水系统包括水的预处理和除盐处理，可选择的工艺较多，各焚烧厂应根据实际情况确定具体的运行规程。

3　在锅炉停用时期，不采取保护措施，锅炉水汽系统的金属内表面会遭到溶解氧的腐蚀。停用腐蚀的危害性不仅是它在短期内会使大面积的金属发生严重损伤，而且会在锅炉投入运行后延续。

在锅炉停用期间，必须对其水汽系统采取保护措施，防止锅炉水汽系统发生停用腐蚀的方法较多，其基本原则有以下几点：

1）不让空气进入停用锅炉的水汽系统内；

2）保持停用锅炉水汽系统金属内表面干燥。实际证明，当停用设备内部相对湿度小于20%时，就能避免腐蚀；

3）使金属表面浸泡在含有除氧剂或其他保护剂的水溶液中；

4）在金属表面形成具有防腐蚀作用的薄膜（即钝化膜）。

停用保护的方法大体上可分成：满水保护和干燥保护两类。满水保护有联氨法和保持压力法；干燥保护有烘干法和干燥剂法。各焚烧厂应根据实际情况确定具体的运行规程。

11.1.3　本条文规定对各类分析仪表仪器应经过国家法定部门计量检测合格、认证，确保各类分析仪器计量、分析可靠、准确。

11.2　维 护 保 养

11.2.1　本条文对化验室维护保养提出了下列要求：

1　垃圾热值分析仪、物料成分分析仪、汽水油分析仪器、环保检测设备等应由技术监督部门技术检测、校核，并应保持卫生清洁。

2、3　化验室仪器的附属设备应妥善保管，并应经常安全检查。贵重精密的仪器使用的电源应安装电子稳压器。不应随意搬动大型检测分析仪器，必须搬动时应做好记录，搬动后必须经过国家法定计量部门检定后方能使用。

11.2.2　本条文是化学水处理系统维护保养的一般规定。

11.3　安　　全

11.3.1　本条文对化验室安全提出了下列要求：

1、2　各种精密仪器由专人专管，可以责任到人。运行人员在使用精密仪器之前应填写使用登记表，应仔细阅读操作说明书，熟悉该仪器各部分的性能，按仪器说明书的规定操作。对仪器性能和使用方法还不熟悉的人员不能操作仪器。

3　本款规定化验检测完毕，应对仪器开关、水、电、气源等进行关闭检查，确定全部处于关闭状态，才能离开。

11.3.2　本条文规定化验过程中的烘干、消解以及带刺激气味的化验操作必须在通风橱内进行。严禁使用明火直接加热有机试剂，以确保人员安全。

11.3.3　本条文规定对于易燃、易爆、剧毒试剂应有明显的标志，分类专门妥善保管。易爆试剂应存放在阴凉通风的地方；剧毒试剂应加锁存放，有专人保管，并须经化学监督负责人批准，方可使用，使用时两人共同称量，登记用量。

11.3.4 本条文对化学水处理系统安全提出了下列要求：

1 本款规定危险化学品的贮存、使用和相关操作要满足《中华人民共和国安全生产法》（中华人民共和国2002年第70号主席令）、《危险化学品安全管理条例》（国务院第344号令）等国家相关规定的要求。

2 本款规定危险化学品罐应与其他设施有明显的安全界线，其四周应加危险化学品标志牌，危险化学品标志牌应符合现行国家标准《常用危险化学品的分类及标志》GB 13690的规定。

3 本款规定运行人员进行危险化学品操作时，应穿戴必要的橡胶手套、防护眼镜和水鞋等，操作必须严密谨慎，保证人身安全。

4 由于化学药品和水的关系，化学水处理系统的现场比较湿滑，必须注意防滑，防止意外事故的发生。

5 本款规定垃圾焚烧厂失效设备的再生处理必须严格按工艺要求进行操作，否则将危及设备的安全，浪费资源。

12 公用系统

12.1 运行管理

12.1.1 本条文是压缩空气系统运行管理的一般规定。

12.1.2 本条文是空调与通风系统运行管理的一般规定。

12.1.3 本条文规定垃圾焚烧厂应建立循环水冷却系统运行规程，冷却水泵的运行应按设备操作规程进行管理，并检查各种设备的运行状况，使水质、水温、水量符合系统要求。

12.1.4 本条文规定运行人员应定时巡视工业水系统、除氧水系统、锅炉给水系统等系统各种设备，严格按设备运行操作规程和电业安全工作规程的规定进行操作，进行试验和切换。应定时检查、严格控制水压力和水位及除氧器参数，及时调整和处理除氧器参数的变化，防止事故发生，保证安全运行。

12.1.5 辅助燃料从目前情况来讲，国内各垃圾焚烧厂所使用的各不相同（如：柴油、燃气等），各垃圾焚烧厂应根据自身的助燃燃料建立相应的运行管理规定，并遵照执行。

12.1.6 本条文是通信系统运行管理的一般规定。

12.2 维护保养

12.2.1 空压机的日常维护保养要保证电流、电压、声音、振动、温度、出口压力等运行指标正常。空压机内部的油过滤器、空气过滤器应及时清理或更换。

12.2.2 本条文是空调暖通系统维护保养的一般规定。

12.2.3、12.2.4 条文对循环水冷却系统的维护保养提出下列要求：

1 循环水冷却系统、给水系统设施设备及部件应进行日常维护保养，保持正常运行。

2 循环水冷却系统的冷却塔、给水系统的工业水池、工业水塔等设施应及时检查清理，保持水质清洁卫生。

12.2.5 本条文是辅助燃料系统维护保养的一般规定。

12.2.6 本条文是通信系统维护保养的一般规定。

12.3 安 全

12.3.1 空气压缩机的设备清洗要求使用安全可靠的清洗剂。压力表定期校准，确保安全阀和压力调节器动作可靠。

12.3.2 本条文是空调暖通系统安全的一般规定。

12.3.3 本条文对循环水冷却系统安全作了规定，在清理冷却水塔、冷却水池等设施前应在设备停止运转才能进行，并挂上警告牌，防止人身或设备事故。循环水泵切换运行时，必须在该切换泵一切正常后，才能停止运转泵，保证设备和系统的正常安全运行。

12.3.4 本条文对给水系统安全作了规定，应按操作规程进行操作，防止设备、系统故障或运行事故。工业水泵、除氧器给水泵、锅炉给水泵切换运行时，应在切换泵运转正常后，才能停止运转泵，保证设备和系统正常的安全运行；故障停用检修时，应关闭出入口阀门，并切断电源，挂上警告牌，防止出现人身或设备事故。应对除氧器的振动和排汽带水严格监控，避免发生故障。

12.3.5 本条文是辅助燃料系统安全的一般规定。

13 劳动安全卫生防疫与消防

13.0.1 本条文对劳动安全卫生防疫运行、维护与安全管理提出了下列要求：

1 应定期安排运行人员体检，宜一年一次，根据体检统计资料建立健康档案，专人管理，制定劳动卫生健康防护措施。

2 应定期清理厂区内蚊虫孳生场地，消除蚊虫的孳生条件。合理采用环境、化学、生物、遗传等各种防治手段相结合的方法，提高防治效果，可采用紫外线、化学药剂、强制通风、用水清洗结合的方式对垃圾卸料区等病菌孳生场所进行消毒。

3 停炉检修期间，垃圾贮坑极易孳生蚊虫，应采取灭虫杀蚊措施，一般采取喷洒石灰的方法进行消杀。

4 有效预防、及时控制和消除突发公共卫生事件及其危害，认真做好各类突发性公共卫生事件的应急处理工作，最大限度地减少突发公共卫生事件对职工健康造成的危害，保障人员身心健康与生命安全。

5 本条款是对卫生防疫设施设备检查维护的一般要求。

13.0.2 本条文对消防运行、维护与安全管理提出了下列要求：

1 贯彻执行国家、地方消防管理的相关法律、法规、标准以及规程，包括《中华人民共和国消防法》（中华人民共和国2008年第6号主席令）、《建筑灭火器配置设计规范》GB 50140、《机关、团体、企业、事业单位消防安全管理规定》（公安部第61号令）、《消防监督检查规定》（公安部第73号令）等。

2 确定厂区内重点防火区域。防火重点部位一般指燃料油罐区、控制室、通信机房、档案室、锅炉燃油系统、汽轮机油系统、变压器、电缆层及隧道、继保室、蓄电池室、易燃易爆物品存放场所及单位安全责任人认定的其他部位和场所。防火重点部位或场所应建立岗位防火责任制、消防管理制度和落实消防措施，并制定本部位或场所的灭火方案，做到定点、定人、定任务。防火重点部位或场所应有明显标志，并在指定的地方悬挂特定的标牌，其主要内容是：防火重点部位或场所的名称及防火责任人。建立防火重点部位或场所检查制度。防火检查制度应规定检查形式、内容、项目、周期和检查人。防火检查应有组织、有计划，对检查结果应有记录，对发现的火险隐患应限期整改。

3 建立健全动火工作票制度，动火工作时，应根据火灾“四大”原则划分动火级别执行动火工作票制度。在划分动火级别管理的垃圾焚烧厂动火审批应根据动火级别不同而由相关责任人签发。应按动火级别严格责任人的培训和管理。一、二级动火在首次动火时，各级审批人和动火工作票签发人均应到现场检查防火安全措施是否正确完备，测定可燃气体含量或粉尘浓度是否合格，并在监护下做明火试验，确认无误方可动火作业。动火工作在次日动火前必须重新检查防火安全措施并检测可燃气体含量或粉尘浓度，合格后方可重新动火。一级动火工作的过程中，应每隔2～4h测定现场可燃性气体含量或粉尘浓度是否合格，当发现不合格或异常时应立即停止动火，在未查明原因或排除险情前不得重新动火。

4 现场消防系统及消防设施、器材宜实行责任区域划分，专人负责，定期检查维护的管理原则。消防设施不得挪作他用、任意拆除，不得任意开启和关闭消防阀门，非火警不准动用消防报警按钮。因检修工作需要拆卸消防设施、关闭消防阀门等，必须事先提出书面申请，经批准后方可进行。消防自动报警系统应有经过培训的人员负责操作、管理和维护，消防自动报警系统应保持连续正常运行，不得随意中断。消防自动报警系统必须经当地消防监督机构验收，方可使用，不得擅自使用。相关人员应熟悉掌握该系统的工作原理及操作要求，应清楚了解本单位报警区域和探测区域，消防自动报警系统的报警部位号。为保证消防自动报警系统应保持连续正常运行和可靠性，使用单位应根据本单位具体情况，制定出定期检查试验规定，并依照规定对系统进行检查和试验。固定式消防设施的检查和试验由安监（保卫、消防）部门负责组织，专人检查，并填写检查试验记录。消防泵半月试验并切换，其系统管线及其附件，应专人巡检，半月填写一次记录。维修部门负责维护、检修。常用移动灭火器的日常管理应由安全员或义务消防员进行日常检查、管理。灭火器检修及再充装应委托专业单位进行。灭火器经检修后，其性能应符合有关标准的规定，并在灭火器的明显部位贴上不易脱落的标志。水枪使用后要将水渍擦净晾干，存放于阴凉处，不要长期置于日晒和高温的环境中。

中华人民共和国城镇建设行业标准

城市环境卫生专用设备
清扫、收集、运输

Specific equipments for municipal environmental sanitation—Cleaning，collecting and transporting

CJ/T 16—1999

说　明

根据国家质量技术监督局《关于废止专业标准和清理整顿后应转化的国家标准的通知》［质技监督局标函（1998）216 号］要求，建设部对 1992 年国家技术监督局批复建设部归口的国家标准转化为行业标准项目及 1992 年以前建设部批准发布的产品标准项目进行了清理、整顿和审核。建设部以建标（1999）154 号文《关于公布建设部产品标准清理整顿结果的通知》对 CJ/T 29.1—1991《城市环境卫生专用设备 清扫、收集、运输》标准予以确认、发布，新编号为 CJ/T 16—1999。

为便于标准的实施，现仅对原标准的封面、首页、书眉线上方表述进行相应修改，并增加本说明后重新印刷，原标准版本同时废止。

1 主题内容与适用范围

本标准规定了清扫、收集、运输设备的术语、通用技术要求和主要技术参数。

本标准适用于清扫、收集、运输设备的设计、制造、使用和管理等部门。

2 引用标准

GB 1589 汽车外廓尺寸界限

ZB/T 50001 专用汽车定型试验规程

ZB/T 50002 专用汽车产品质量定期检查试验规程

ZB/T 50003 专用汽车道路试验方法

GB 7258 机动车运行安全技术条件

3 术语

3.1 扫路机

用作清扫、收集和运输分散在路面上的垃圾尘土等污物的机械。

3.2 垃圾车

用于收集和转运垃圾的专用车辆。

3.3 真空吸粪车

利用发动机动力驱动抽气真空装置，使罐体内产生一定真空，通过吸粪管将粪井内总含水量92%以上粪液吸入罐体内随车转运，并利用气压或自流进行排放的车辆。

3.4 洗路牙车

用盘刷刷扫并用水冲洗路牙的专用车辆。

3.5 水面清洁船

用于收集和清除水面飘浮污物的专用船舶。

3.6 除雪机

用于清除路面积雪的专用机械。

3.7 盐粉撒布机

利用机械装置把盐粉撒在路面上以溶化积雪的机械。

3.8 吸泥渣车

利用气力吸取化粪池中沉渣的车辆。

3.9 洒水车

装有水罐、水泵和喷嘴，能使水流具有一定的压力，沿管网经喷嘴喷洒在路面上，起除尘和降温作用的车辆。

4 清扫、收集、运输车辆的通用技术要求

4.1 清扫、收集、运输车辆应按规定程序批准的图样和技术文件制造。产品质量应符合相同类型车辆的技术要求。

4.2 外购件必须是通过国家有关部门鉴定的定型产品，并应有制造厂的合格证。

4.3 整车的外廓尺寸，应符合 GB 1589 的规定。

4.4 凡属用定型汽车底盘改装的车辆，应满足原汽车行驶稳定性和通过性的基本要求。

4.5 改装后车辆的动力性能、滑行性能、制动性能应基本保持所选用汽车的基本性能。如果某项性能变动，必须通过试验验证，并应符合国家有关规定。

4.6 清扫、收集、运输车辆的定型试验及质量检查试验的道路试验，应按 ZB/T 50001、ZB/T 50002、ZB/T 50003 进行。

4.7 车辆的专用装置，如取力装置、装载机构、清扫刷、水泵、真空泵、液压系统、电气系统等应符合设计要求，应按相应技术规范检测合格。

4.8 清扫、收集、运输等专用车辆加速行驶时的噪声和发动机废气排放应符合 GB 7258 的规定。

4.9 新改装的清扫、收集、运输等专用车辆的定型考核试验里程，按相应标准执行。

5 主要技术参数

5.1 扫路机

a. 清扫宽度＜6m

b. 清扫速度＞3km/h

c. 清扫效率＞80%

d. 垃圾箱有效容积

e. 发动机功率

5.2 垃圾车

a. 装载机构提升质量 150～10000kg

b. 车箱容积＞$1m^3$

c. 车箱倾卸角度 45°～55°

d. 满载总质量

e. 发动机功率

f. 防止垃圾渗出液流出措施

g. 防止垃圾散落措施

5.3 洒水车

a. 罐体有效容积 $2～20m^3$

b. 水压力≥300kPa

c. 洒水量 0.2～2.0L/m^2

d. 洒水宽度

e. 洒水行车速度

f. 满载总质量

g. 发动机功率

5.4 洗路牙车

a. 水箱有效容积＞$2m^3$

b. 洗路车速＞10km/h

c. 满载总质量

d. 发动机功率

5.5 水面清洁船

a. 排水量

b. 垃圾仓容积

c. 工作航速

d. 续航力

e. 发动机功率

5.6 除雪机

a. 除雪车速＞0.5km/h

b. 除净率＞75％

c. 除雪宽度

d. 除雪量

e. 除雪机总质量

f. 发动机功率

5.7 吸泥渣车

a. 罐体有效容积＞2m^3

b. 吸泥渣深度＞4m

c. 满载总质量

d. 发动机功率

e. 吸泥渣管口空气流速

5.8 盐粉撒布机

a. 撒布宽度＞6m

b. 作业速度＞10km/h

c. 箱体容积

d. 盐粉撒落密度

5.9 真空吸粪车

a. 罐体容积＞0.5m^3

b. 系统最大真空度（压力值）＜30kPa（额定装载质量＞1t）

c. 吸粪深度＞4m

d. 满载总质量

e. 发动机功率

f. 防止粪便滴漏措施

附加说明

本标准由建设部标准定额研究所提出。

本标准由建设部城镇环境卫生标准技术归口单位上海市环境卫生管理局归口。

本标准由北京市环境卫生科学研究所、贵阳市环境卫生科学研究所负责起草。

本标准主要起草人：于殿卿、马淑萍。

本标准委托北京市环境卫生科学研究所负责解释。

中华人民共和国城镇建设行业标准

城市环境卫生专用设备　垃圾转运

Specific equipments for municipal environmental sanitation—Transferring of refuse

CJ/T 17—1999

说　明

根据国家质量技术监督局《关于废止专业标准和清理整顿后应转化的国家标准的通知》［质技监督局标函（1998）216号］要求，建设部对1992年国家技术监督局批复建设部归口的国家标准转化为行业标准项目及1992年以前建设部批准发布的产品标准项目进行厂清理、整顿和审核。建设部以建标（1999）154号文《关于公布建设部产品标准清理整顿结果的通知》对CJ/T 29.2—1991《城市环境卫生专用设备　垃圾转运》标准予以确认、发布，新编号为CJ/T 17—1999。

为便于标准的实施，现仅对原标准的封面、首页、书眉线上方表述进行相应修改，并增加本说明后重新印刷，原标准版本同时废止。

1 主题内容与适用范围

本标准规定了垃圾转运站主要设备的术语和主要技术要求。本标准适用于垃圾转运站设备的设计、制造、使用和管理等部门。

2 引用标准

GB 783 起重机械起重系列
GB 790 3～250t 电动桥式起重机跨度系列
GB 791 3～250t 电动桥式起重机起升高度系列
GB 3766 液压系统通用技术条件

3 术语

3.1 压缩装置

将垃圾压缩推送并装入集装箱中的装置。

4 通用技术要求

4.1 桥式起重机和臂架旋转式起重机

4.1.1 起重机应按规定程序批准的图样和技术文件制造，产品质量和技术性能应符合设计要求。

4.1.2 外购件必须是通过国家有关部门鉴定的定型产品，并应有制造厂的合格证。

4.1.3 起重机司机室宜设置空调设备。

4.1.4 起重机的起升重量应符合 GB 783 的规定。

4.1.5 桥式起重机的跨度应符合 GB 790 的规定。在特殊情况下，也可采用本标准以外的跨度值。

4.1.6 桥式起重机的起升高度应符合 GB 791 的规定。在特殊情况下，也可采用本标准以外的起升高度值。

4.1.7 主要技术参数

a. 额定起重量
b. 起升高度
c. 跨度
d. 额定起升速度

4.2 压缩装置

4.2.1 压缩装置应包括压缩机、支架、锁紧装置及挡料闸门机构等部分。

4.2.2 压缩装置与箱体应有对接锁紧机构。

4.2.3 箱体应有定位装置，以保证压缩机与箱体的准确对接。

4.2.4 液压系统应符合 GB 3766 的规定。

4.2.5 主要技术参数

a. 压缩力
b. 压块表面尺寸
c. 压缩作业循环时间
d. 油压系统压力

附加说明

本标准由建设部标准定额研究所提出。

本标准由建设部城镇环境卫生标准技术归口单位上海市环境卫生管理局归口。

本标准由北京市环境卫生科学研究所、天津市环境卫生工程设计研究所负责起草。

本标准主要起草人：邢汝明、王慧元。

本标准委托北京市环境卫生科学研究所负责解释。

中华人民共和国城镇建设行业标准

城市环境卫生专用设备
垃圾卫生填埋

Specific equipments for municipal environmental sanitation—Sanitary land fill of refuse

CJ/T 18—1999

说　明

根据国家质量技术监督局《关于废止专业标准和清理整顿后应转化的国家标准的通知》[质技监督局标函（1998）216号]要求，建设部对1992年国家技术监督局批复建设部归口的国家标准转化为行业标准项目及1992年以前建设部批准发布的产品标准项目进行了清理、整顿和审核。建设部以建标（1999）154号文《关于公布建设部产品标准清理整顿结果的通知》对CJ/T 29.3—1991《城市环境卫生专用设备　垃圾卫生填埋》标准予以确认、发布。新编号为CJ/T 18—1999。

为便于标准的实施，现仅对原标准的封面、首页、书眉线上方表述进行相应修改，并增加本说明后重新印刷，原标准版本同时废止。

1　主题内容与适用范围

本标准规定了垃圾卫生填埋专用设备术语、通用技术要求和主要技术参数。

本标准适用于垃圾卫生填埋专用设备的设计、制造、使用和管理等部门。

2　引用标准

CJJ 17　城市生活垃圾卫生填埋技术标准

3　术语

3.1　垃圾卫生填埋

是在土地处置场内，按工程技术规范和卫生要求处置固体废弃物，即经过充填、推平、压实、覆盖和再压实等操作过程，使废弃物得到最终处置，同时使废弃物对环境的危害降至最低限度。

3.2　压实机

具有推平和压实垃圾功能的专用机械。

3.3　塑胶垫衬焊接机

通过加热、加压等方法，用焊条将两条塑胶衬层焊接成一体的设备。

4　垃圾卫生填埋专用设备通用技术要求

4.1　垃圾卫生填埋专用设备，应按规定程序批准的图样和技术文件制造。产品质量和主要技术性能应符合设计要求。

4.2　产品定型考核，必须按相应标准执行。

5　主要技术参数

5.1　压实机

a. 压实宽度＞1.5m

b. 压实密度＞1.0t/m^3

c. 接地线压力＞1962N/cm

d. 整机总质量

e. 发动机功率

5.2　塑胶垫衬焊接机

a. 焊接速度 0.5～8m/min

b. 焊接环境温度＞－5℃

c. 焊接压力＞1000kPa

附加说明

本标准由建设部标准定额研究所提出。

本标准由建设部城镇环境卫生标准技术归口单位上海市环境卫生管理局归口。

本标准由北京市环境卫生科学研究所、沈阳市环境卫生科学研究所起草。

本标准主要起草人：于殿卿、王荣森。

本标准委托北京市环境卫生科学研究所负责解释。

中华人民共和国城镇建设行业标准

城市环境卫生专用设备　垃圾堆肥

Specific equipments for municipal environmental sanitation—Compost of refuse

CJ/T 19—1999

说　明

根据国家质量技术监督局《关于废止专业标准和清理整顿后应转化的国家标准的通知》［质技监督局标函（1998）216 号］要求，建设部对 1992 年国家技术监督局批复建设部归口的国家标准转化为行业标准项目及 1992 年以前建设部批准发布的产品标准项目进行了清理、整顿和审核。建设部以建标（1999）154 号文《关于公布建设部产品标准清理整顿结果的通知》对 CJ/T 29.4—1991《城市环境卫生专用设备 垃圾堆肥》标准予以确认、发布，新编号为 CJ/T 19—1999。

为便于标准的实施，现仅对原标准的封面、首页、书眉线上方表述进行相应修改，并增加本说明后重新印刷，原标准版本同时废止。

1 主题内容与适用范围

本标准规定了垃圾堆肥专用设备的术语、通用技术条件和主要技术参数。

本标准适用于垃圾堆肥专用设备的设计、制造、使用和管理等部门。

2 引用标准

GB 3096 城市区域环境噪声标准

GB 10439 车间空气中萤石混合性粉尘卫生标准

3 术语

3.1 垃圾堆肥

是在有控制条件下，利用微生物使垃圾中有机物降解为稳定的腐植质的生物过程。

3.2 滚筒筛

是以筒形筛面绕其中心轴线作旋转运动而完成堆肥物料粒度分级的机械。

3.3 弛张筛

利用弹性筛网的弛张运动，完成物料粒度分级的专用机械。

3.4 垃圾破碎机

利用剪切、挤压、冲击等方式，使垃圾粒度减小的机械。

3.5 桨叶式翻堆机

利用旋转桨叶，对堆肥物料进行翻动作业的机械。

3.6 斗轮式翻堆机

利用旋转斗轮完成翻动堆肥物料的专用机械。

3.7 滚轮式翻堆机

利用滚轮旋转完成翻动堆肥物料的机械。

3.8 链板式翻堆机

利用插入堆肥物料中链板的转动而完成翻动堆肥物料的机械。

3.9 发酵滚筒

利用滚筒绕其中心线旋转，翻动筒中堆肥物料，使之发酵的机械。

3.10 发酵塔

利用搅拌装置，翻动塔中各层的堆肥物料，完成堆肥物料的发酵和落料的专用设备。

3.11 悬挂式永磁胶带磁选机

利用永久磁铁和胶带运动而分选磁性金属的机械。

3.12 锯齿形风选机

利用风力分离通过锯齿形通道中的轻重物料的机械。

3.13 带式弹跳分选机

利用硬物料在倾斜的运动带上的弹跳，分选出堆肥中硬物料的机械。

3.14 滚筒磁选机

用具有永磁铁的滚筒，作为胶带运输机的带轮，以分离出堆肥物料中的磁性金属的机械。

3.15 沸腾床分选机

利用气流吹动和床面振动而分离出堆肥中硬物料的机械。

3.16 多功能破碎分选机

利用心轴、筛筒的不同步转动和物料的不同湿度，完成对垃圾中的有机物、废纸和其他成分进行破碎和分选的机械。

3.17 惯性抛射分选机

利用旋转叶轮的抛射作用而分离出不同比重物料的机械。

3.18 混合滚筒

利用滚筒绕其中心线旋转，完成滚筒中的堆肥物料的混合作业的机械。

3.19 布料机

利用带双滚筒和犁式卸料机构的天车，完成把堆肥物料撒布在场地上的机械。

4 垃圾堆肥专用设备的通用技术要求

4.1 垃圾堆肥专用设备应按规定程序批准的图样和技术文件制造，产品质量和技术性能应符合设计要求。

4.2 外购件必须是通过国家有关部门鉴定的定型产品，并应有制造厂的合格证。

4.3 堆肥专用机械新产品定型时，必须用工艺规定的物料，经过不少于 200h 的满负荷试验，并应符合下列要求：

a. 主要技术参数应符合设计任务书要求。

b. 机械运行的噪声应符合 GB 3096 和国家有关规定。

c. 机械运行中产生的粉尘应符合 GB 10439 的规定。

5 主要技术参数

5.1 滚筒筛

a. 滚筒直径（或角柱外接圆直径）＞1m

b. 生产能力＞5t/h

c. 筛分效率＞80％（物料含水率 30％）

d. 设备总质量

e. 电机功率

5.2 弛张筛

a. 进料粒度＜150mm

b. 生产能力＞10t/h

c. 筛分效率＞85％

d. 设备总质量

e. 电机功率

5.3 垃圾破碎机

a. 进料粒度＜500mm

b. 出料粒度＜50mm
c. 生产能力＞5t/h
d. 设备总质量
e. 电机功率

5.4 桨叶式翻堆机
a. 生产能力≥50t/h
b. 工作宽度＞10m
c. 工作深度（堆高）≥2m
d. 设备总质量
e. 电机功率

5.5 斗轮式翻堆机
a. 生产能力≥50t/h
b. 工作宽度＞2m
c. 翻堆堆高＞2m
d. 设备总质量
e. 电机功率

5.6 滚轮式翻堆机
a. 生产能力≥10t/h
b. 工作速度 20～50cm/min
c. 设备总质量
d. 电机功率

5.7 链板式翻堆机
a. 生产能力≥10t/h
b. 工作宽度＞2m
c. 翻堆堆高＞2m
d. 设备总质量
e. 电机功率

5.8 发酵滚筒
a. 生产能力≥25t/d
b. 滚筒直径
c. 滚筒长度
d. 设备总质量
e. 电机功率

5.9 发酵塔
a. 生产能力≥25t/d
b. 发酵塔直径
c. 摇臂转速
d. 设备总质量
e. 电机功率

5.10 悬挂式永磁胶带磁选机
a. 可分选铁块质量＜1.0kg
b. 磁铁距物料表面高度＞80mm
c. 设备总质量
d. 电机功率

5.11 滚筒磁选机
a. 可分选铁块质量＜1.0kg
b. 滚筒直径 500mm
c. 设备总质量
d. 电机功率

5.12 锯齿形风选机
a. 生产能力＞10t/h
b. 分选效率＞80％
c. 设备总质量
d. 电机功率

5.13 带式弹跳分选机
a. 生产能力＞10t/h
b. 弹跳胶带宽度 1600mm
c. 设备总质量
d. 电机功率

5.14 沸腾床分选机
a. 生产能力＞4 t/h
b. 分选效率＞80％
c. 设备总质量
d. 电机功率

5.15 惯性抛射分选机
a. 生产能力　t/h
b. 分选效率　％
c. 设备总质量　t
d. 电机功率　kW

5.16 多功能破碎分选机
a. 生产能力＞5t/h
b. 分选效率＞80％
c. 设备总质量
d. 电机功率

5.17 布料机
a. 生产能力≥8t/h
b. 布料宽度 10～30m
c. 天车跨度
d. 布料小车行走速度
e. 设备总质量

5.18 混合滚筒
a. 生产能力≥8t/h
b. 混合均匀度＞80％
c. 设备总质量
d. 电机功率

5.19 液压抓斗
a. 抓斗容积＞0.5m³
b. 工作周期　平均 1.5min

5.20 鳞板式输送机
a. 生产能力＞10t/h（35°倾角）
b. 安装角度＜35°
c. 设备总质量
d. 电机功率

附加说明

本标准由建设部标准定额研究所提出。

本标准由建设部城镇环境卫生标准技术归口单位

上海市环境卫生管理局归口。

本标准由北京市环境卫生科学研究所、上海市环境卫生设计科学研究所起草。

本标准主要起草人：于殿卿、陈方瑾、盛　扬、姚君石。

本标准委托北京市环境卫生科学研究所负责解释。

中华人民共和国城镇建设行业标准

城市环境卫生专用设备
垃圾焚烧、气化、热解

Specific equipments for municipal environmental sanitation—Incineration，gasification，pyrolysis of refuse

CJ/T 20—1999

说　明

根据国家质量技术监督局《关于废止专业标准和清理整顿后应转化的国家标准的通知》[质技监督局标函（1998）216 号] 要求，建设部对 1992 年国家技术监督局批复建设部归口的国家标准转化为行业标准项目及 1992 年以前建设部批准发布的产品标准项目进行了清理、整顿和审核。建设部以建标（1999）154 号文《关于公布建设部产品标准清理整顿结果的通知》对 CJ/T 29.5—1991《城市环境卫生专用设备　垃圾焚烧、气化、热解》标准予以确认、发布，新编号为 CJ/T 20—1999。

为便于标准的实施，现仅对原标准的封面、首页、书眉线上方表述进行相应修改，并增加本说明后重新印刷，原标准版本同时废止。

1　主题内容与适用范围

本标准规定了城市生活垃圾焚烧厂、气化厂、热解厂专用设备的术语及通用技术要求。

本标准适用于城市生活垃圾焚烧厂、气化厂、热解厂专用设备的设计、制造、使用和管理等部门。

2　引用标准

GB 3095　环境空气质量标准

GB 3096　城市区域环境噪声标准

GB 8978　污水综合排放标准

3　术语

3.1　城市生活垃圾焚烧厂

对城市生活垃圾中的可燃物质进行焚烧处理的工厂。

3.2　城市生活垃圾气化厂

对城市生活垃圾中的有机物质进行高温加气分解产生可用气体的工厂。

3.3　城市生活垃圾热解厂

对城市生活垃圾中的有机物质进行高温缺氧（或无氧）热分解，从而制取各种有用成分的工厂。

3.4　生产能力

指焚烧炉、气化炉、热解炉 24 h 连续工作所能处理的垃圾量。

3.5　垃圾的低位发热量

单位重量的垃圾完全燃烧所能放出的热量（扣除垃圾中水分蒸发消耗的热量）。

3.6　灰渣的热灼减量

焚烧炉排出的灰渣在 600℃经 3h 烘烤后，重量减少的百分比。

3.7　产气量

指单位重量的垃圾经过气化或热解产生的可用气体在标准状态下的体积。

3.8　焚烧炉

是垃圾焚烧、能量交换的设备。

3.9　气化炉

对垃圾进行高温加气分解产生可用气体的设备。

3.10　热解炉

对垃圾在缺氧（或无氧）条件下进行加热分解的设备。

3.11　运转效率

炉体正常运转时间占炉体正常运转时间与定期和不定期保养时间之和的百分比。

$$运转效率=\frac{炉体正常运转时间}{炉体正常运转时间+定期保养时间+不定期保养时间}\times100\%$$

3.12　能量转换效率

3.12.1　焚烧炉的能量转换效率

焚烧炉能回收到的热能与垃圾焚烧时所应释放出的热能之比。

3.12.2　气化炉的能量转换效率

气化炉分解垃圾得到的可用气体所具有的热能和垃圾所应释放的热能之比。

3.12.3　热解炉的能量转换效率

垃圾经热解炉热解所能得到的可用物质具有的热能与垃圾所应释放出的热能之比。

4　通用技术要求

4.1　焚烧炉

a. 垃圾的低位发热量＞3500kJ/kg

b. 灰渣的热灼减量＜5％

c. 炉膛温度应保持在 800～1000℃

d. 运转效率＞75％

e. 能量转换效率＞30％

f. 生产能力 t/d

4.2　气化炉

a. 垃圾的低位发热量＞4200kJ/kg

b. 炉膛温度＞1000℃

c. 运转效率＞75％

d. 能量转换效率＞60％

e. 产气量＞0.1 m^3/kg

f. 生产能力 t/d

4.3　热解炉

a. 运转效率＞70％

b. 能量转换效率＞60％

c. 生产能力 t/d

d. 炉膛温度 500～850℃

4.4　污染控制装置

经各种污染控制装置处理的气体、液体的排放浓度应符合 GB 3095、GB 8978 的规定。

4.5　噪声

厂区环境噪声应符合 GB 3096 的规定，生产车间的噪声应符合国家有关的规定。

附加说明

本标准由建设部标准定额研究所提出。

本标准由建设部城镇环境卫生标准技术归口单位上海市环境卫生管理局归口。

本标准由上海市环境卫生管理局、北京市环境卫生科学研究所负责起草。

本标准主要起草人：朱青山、陆榆萍。

本标准委托北京市环境卫生科学研究所负责解释。

中华人民共和国城镇建设行业标准

城市环境卫生专用设备 粪便处理

Specific equipments for municipal environmental sanitation—Treatment of night soil

CJ/T 21—1999

说　明

根据国家质量技术监督局《关于废止专业标准和清理整顿后应转化的国家标准的通知》［质技监督局标函（1998）216号］要求，建设部对1992年国家技术监督局批复建设部归口的国家标准转化为行业标准项目及1992年以前建设部批准发布的产品标准项目进行了清理、整顿和审核。建设部以建标（1999）154号文《关于公布建设部产品标准清理整顿结果的通知》对CJ/T 29.6—1991《城市环境卫生专用设备 粪便处理》标准予以确认、发布，新编号为CJ/T 21—1999。

为便于标准的实施，现仅对原标准的封面、首页、书眉线上方表述进行相应修改，并增加本说明后重新印刷，原标准版本同时废止。

1 主题内容和适用范围

本标准规定了粪便处理设备的种类、术语和主要技术要求。

本标准适用于粪便处理设备的设计、制造、使用和管理等部门。

2 术语

2.1 格栅

用以拦截并清除粪便中大块物质的装置。

2.2 粪便破碎设备

用机械的方法将粪便和其中大块物质破碎的设备。

2.3 消化池搅拌设备

用机械、气体和液体，对消化池中粪便进行搅拌的设备。

2.4 排泥设备

将沉淀池中污泥排出池外的设备。

2.5 曝气设备

增加液体中含氧量的设备。

2.6 生物转盘和生物转筒

利用带有生物膜的旋转圆盘或转筒，周期性地与污水接触并充氧，以净化粪便中有机物的设备。

2.7 生物滤池

利用滤料上生物膜，在有氧情况下使粪便净化的设备。

2.8 脱水机

使污泥中水分与污泥脱离的机械。

3 技术要求

3.1 格栅

3.1.1 格栅主要技术参数

a. 格栅栅条间距 15～25mm

b. 格栅安装倾角 45°～75°

3.2 粪便破碎设备

3.2.1 粪便破碎设备应按规定程序批准的图样和技术文件制造，产品质量和主要技术性能应符合设计要求。

3.2.2 产品定型必须经过不小于200h的连续满负荷试验。

3.2.3 主要技术参数

a. 生产效率＞0.6 kL/min

b. 破碎后最大粒度＜10mm

3.3 消化池搅拌设备

3.3.1 消化池搅拌设备应按规定程序批准的图样和技术文件制造，产品质量和主要技术性能应符合设计要求。

3.3.2 消化池搅拌设备应采用防爆电机。

3.3.3 搅拌设备安装后必须经过用水作介质的试运转和搅拌工作介质的带负载试运转，两种试运转都必须在容器装满三分之二以上容积的条件下。试运转中设备应运行平稳，无异常振动和噪声。

3.3.4 以水作介质的试运转时间不得小于2h，负载试运转时间不得小于4h。

3.3.5 主要技术参数见表1。

表1

技术参数 \ 设备种类	机械搅拌	气体搅拌	液体搅拌
每立方米粪便日耗电量（kW·h）	＜0.2	＜0.6	＜1.5
搅拌半径（m）	＜8	—	＜8

3.4 排泥设备

3.4.1 行车式吸泥机

3.4.1.1 池中粪水悬浮物含量应小于5000mg/L。

3.4.1.2 吸泥机应停驻在沉淀池末端作为吸泥的起始位置。

3.4.1.3 池内积泥不得超过两天。

3.4.1.4 池内表面冻冰时应有破冰措施。

3.4.1.5 主要技术参数见表2。

表2

技术参数 \ 设备种类	行车式泵吸吸泥机	行车式虹吸吸泥机
车速（m/min）	0.5～2	0.5～2
吸泥管数量（根）	4～20	4～24

3.4.2 行车式提板刮泥机

3.4.2.1 行车式提板刮泥机适用于矩形沉淀池，池底坡度应为1∶100至1∶500。

3.4.2.2 升降刮板的钢索应用不锈钢钢丝绳。

3.4.2.3 主要技术参数

a. 刮泥板高度100～800mm

b. 刮泥机行走速度0.5～2m/min

3.4.3 链板式刮泥机

3.4.3.1 链板式刮泥机的双侧链条应同步牵引。

3.4.3.2 链条必须有张紧装置，张紧装置宜设在水面上。

3.4.3.3 水下轴承必须密封可靠。

3.4.3.4 主要技术参数

a. 刮泥机最大工作宽度6m

b. 刮泥速度0.3～3m/min

c. 刮泥板间隔1.5～2.5m

3.4.4 螺旋输送式刮泥机

3.4.4.1 用螺旋输送式刮泥机排泥的沉淀池中不得有较大或带状悬浮物。

3.4.4.2 螺旋输送式刮泥机的中间支撑不得阻碍污泥输送。

3.4.4.3 在沉淀池中沉淀时间不得超过8h。

3.4.4.4 主要技术参数

a. 刮泥转速 10～40r/min

b. 输送污泥最远距离

水平布置 20m

倾斜布置 10m

c. 最大安装倾角 30°

3.4.5 辐流式沉淀池排泥设备

3.4.5.1 辐流式沉淀池排泥设备应按规定程序批准的图样和技术文件制造，产品质量和技术性能应符合设计要求。

3.4.5.2 外购件必须是通过国家有关部门鉴定的定型产品，并应有制造厂的产品合格证。

3.4.5.3 排泥设备的水下轴承必须密封可靠。

3.4.5.4 周边传动式排泥设备的周边滚轮不得有打滑现象。

3.4.5.5 主要技术参数见表3。

表3

设备种类	刮泥板外缘线速度(m/min)	周边滚轮线速度(m/min)
悬挂式中心传动刮泥机	1～3	—
垂架式中心传动刮泥机	1～3	—
周边传动吸泥机	—	1.7～2.4
周边传动刮泥机	—	1～3

3.5 曝气设备

3.5.1 鼓风曝气设备

3.5.1.1 主要技术参数

a. 动力效率

多孔性扩散设备 1.8～2.5kg/（kW·h）

非多孔性扩散设备 0.8～3.5kg/（kW·h）

b. 氧吸效率 5%～15%

3.5.2 机械曝气设备

3.5.2.1 机械曝气设备应按规定程序批准的图样和技术文件制造，产品质量和主要技术性能应符合设计要求。

3.5.2.2 外购件必须是通过国家有关部门鉴定的定型产品，并应有制造厂的产品合格证。

3.5.2.3 机械曝气设备在运转时不得有堵塞现象。

3.5.2.4 主要技术参数

a. 叶轮转速 20～100r/min

b. 外缘线速度 3～6m/s

c. 动力效率 2～3kg/（kW·h）

3.6 生物转盘和生物转筒

3.6.1 转盘或转筒应用质轻、坚固、抗蚀和无毒材料制作。

3.6.2 每平方米盘面或筒面每日的 BOD_5 负荷值应为10～20g。

3.6.3 生物转盘主要技术参数

a. 转盘直径 1～4m

b. 盘片厚度 0.5～20mm

c. 盘片净距 10～70mm

d. 转盘转速 0.8～3r/min

e. 最大线速度 20m/min

3.6.4 生物转筒主要技术参数

a. 转筒直径<4m

b. 筒片厚度

c. 最大线速度 20m/min

3.7 生物滤池

3.7.1 生物滤池应有滤料、池壁、池底和布水器等装置。

3.7.2 在选择滤料形状时，应使单位体积滤料面积尽可能大、孔隙率高。

3.7.3 滤料材质要轻、强度要高、物理化学性质稳定，对微生物繁殖无危害作用。

3.7.4 滤料表面应粗糙，利于挂膜。

3.7.5 采用塑料滤料时，表面积应达到 100～200m²/m³，孔隙率应达到80%～95%。

3.7.6 生物滤池顶部应高出滤料表面 0.5～0.9m。

3.7.7 池底应有渗水支承结构，底部空间、排水系统、排水和排风口。

3.7.8 主要技术参数见表4。

表4

技术参数 \ 设备种类	普通生物滤池	高负荷生物滤池	塔式生物滤池
滤料总厚(m)	1.5～2	2～4	8～12
工作层滤料厚(m)	1.3～1.8	1.8～3.8	<2.5
承托层滤料厚(m)	0.1～0.3	0.1～0.3	<2.5
工作层滤料粒径(mm)	25～40	40～70	40～100
承托层滤料粒径(mm)	70～100	70～100	40～100
每日容积负荷值(g BOD_5/m³)	150～300	<1200	100～3000
每日水力负荷值(m³/m²)	1～3	10～30	80～200

3.8 脱水机

3.8.1 带式脱水机

3.8.1.1 带式脱水机应按规定程序批准的图样和技术文件制造，产品质量和技术性能应符合设计要求。

3.8.1.2 外购件必须是通过国家有关部门鉴定的定型产品，并有制造厂的产品合格证。

3.8.1.3 带式脱水机必须设有用水或药品清洁滤布的装置。

3.8.1.4 主要技术参数

a. 脱水后污泥含水量<80%

b. 生产能力 120～500kg 干污泥/（m²·h）

附录 A
粪便处理设备种类
（补充件）

A1 粪便处理设备的种类

A1.1 格栅

A1.2 粪便破碎设备

A1.3 消化池搅拌设备

A1.3.1 机械搅拌设备

A1.3.2 气体搅拌设备

A1.3.3 液体搅拌设备

A1.4 沉淀池排泥设备

A1.4.1 平流式沉淀池排泥设备

a. 行车式吸泥机

b. 行车式提板刮泥机

c. 链板式刮泥机

d. 螺旋式刮泥机

A1.4.2 辐流式沉淀池排泥设备

a. 悬挂式中心传动刮泥机

b. 垂架式中心传动刮泥机

c. 周边传动排泥机

A1.5 曝气设备

A1.5.1 鼓风曝气设备

A1.5.2 机械曝气设备

A1.6 生物转盘

A1.6.1 单轴单级生物转盘

A1.6.2 单轴多级生物转盘

A1.6.3 多轴多级生物转盘

A1.7 生物转筒

A1.8 生物滤池

A1.8.1 普通生物滤池

A1.8.2 高负荷生物滤池

A1.8.3 塔式生物滤池

A1.9 脱水机

A1.9.1 带式脱水机

附加说明

本标准由建设部标准定额研究所提出。

本标准由建设部城镇环境卫生标准技术归口单位上海市环境卫生管理局归口。

本标准由北京市环境卫生科学研究所负责起草。

本标准主要起草人：邢汝明。

本标准委托北京市环境卫生科学研究所负责解释。

中华人民共和国城镇建设行业标准

城市生活垃圾　有机质的测定　灼烧法

Municipal domestic refuse—Determination of organic matter—Ignition method

CJ/T 96—1999

前　　言

我国环卫事业起步较晚，城市生活垃圾有机质的监测方法在国内是个空白，普遍借鉴土壤的监测方法，但土壤和生活垃圾的特性不同。为使城市生活垃圾有机质的测定方法规范化、标准化，特制定本标准。

本标准由建设部标准定额研究所提出。

本标准由建设部城镇环境卫生标准技术归口单位上海市环境卫生管理局归口。

本标准由天津市环境卫生工程设计研究所负责起草。

本标准主要起草人姚庆军、张　范。

本标准委托天津市环境卫生工程设计研究所负责解释。

1 范围

本标准对用灼烧法测定有机质含量的原理、主要步骤进行了规定。

本标准适用于城市生活垃圾中有机质的测定。

2 引用标准

下列标准所包含的条文，通过在本标准中引用而构成为本标准的条文。本标准出版时，所示版本均为有效。所有标准都会被修订，使用本标准的各方应探讨使用下列标准最新版本的可能性。

CJ/T 3039—1995 城市生活垃圾采样和物理分析方法

3 样品的采集与制备

样品的采集、含水率的测定以及试样的保存均按CJ/T 3039规定进行。在制备有机质分析试样时，应剔除塑料等不活性物质。

4 原理

垃圾中的有机质可视为600℃高温灼烧失重。

5 仪器

a）马弗炉；

b）25mL瓷坩埚；

c）分析天平；

d）干燥器。

6 操作步骤

称取2.0g试样，精确至0.0001g，置于已恒重的瓷坩埚中（坩埚空烧2h）。将坩埚放入马弗炉中升温至600℃，恒温6～8h后取出坩埚移入干燥器中，冷却后称重，再将坩埚重新放入马弗炉中同样温度下灼烧10min，同样冷却称重，直到恒重。

7 分析结果的表述

有机质的含量c（%）按下式计算：

$$c=\frac{m_1-m_2}{m_{样}(1+c_i)}\times 100$$

式中：c——试样中有机质的含量，%；

m_1——坩埚和烘干试样重，g；

m_2——坩埚和灼烧后试样重，g；

c_i——塑料在垃圾干基中的百分比，%；

$m_{样}$——称样量，g。

所得结果应表示至四位小数。

中华人民共和国城镇建设行业标准

城市生活垃圾　总铬的测定
二苯碳酰二肼比色法

Municipal domestic refuse—Determination of total chromium—Diphenyl carbazide color method

CJ/T 97—1999

前　言

我国环卫事业起步较晚，城市生活垃圾总铬的监测方法在国内是个空白，普通借鉴土壤的监测方法，但土壤和生活垃圾的特性不同。为使城市生活垃圾总铬的测定方法规范化、标准化，特制定本标准。

本标准由建设部标准定额研究所提出。

本标准由建设部城镇环境卫生标准技术归口单位上海市环境卫生管理局归口。

本标准由天津市环境卫生工程设计研究所负责起草。

本标准主要起草人：姚庆军、张　范。

本标准委托天津市环境卫生工程设计研究所负责解释。

1 范围

本标准规定了用二苯碳酰二肼比色法测定总铬含量的原理、主要仪器、试剂及操作步骤。

本标准适用于城市生活垃圾中总铬的测定。

2 引用标准

下列标准所包含的条文，通过在本标准中引用而构成为本标准的条文。本标准出版时，所示版本均为有效。所有标准都会被修订，使用本标准的各方应探讨使用下列标准最新版本的可能性。

CJ/T 3039—1995 城市生活垃圾采样和物理分析方法

3 样品采集与制备

城市生活垃圾样品的采集与制备、含水率的测定以及试样的保存，均按 JC/T 3039 规定进行。

4 原理

试样经过硫酸、硝酸消解后，含铬化合物变成可溶性，用高锰酸钾溶液将三价铬氧化成为六价铬，用叠氮化钠溶液分解消化液中过量的高锰酸钾。在酸性条件下六价铬与二苯碳酰二肼反应生成紫红色化合物，于波长 540nm 处测定吸光度。

5 试剂

本标准所用试剂除另有说明外，均使用符合国家标准的分析纯试剂和蒸馏水。

5.1 浓硫酸（H_2SO_4），ρ=1.84g/mL。

5.2 浓磷酸（H_3PO_4），ρ=1.69g/mL。

5.3 浓硝酸（HNO_3），ρ=1.40g/mL。

5.4 0.5%高锰酸钾（$KMnO_4$）溶液（*m*/*V*）。

5.5 0.5%叠氮化钠（NaN_3）溶液（*m*/*V*）。

5.6 0.25%二苯碳酰二肼丙酮溶液：称取 0.25g 二苯碳酰二肼（$C_{13}H_{14}N_4O$）溶于丙酮（CH_3COCH_3）中，并用丙酮稀释至 100mL。使用时配制。

5.7 磷酸溶液，1+1（*V*/*V*）：把配成溶液加热至沸，并趁热滴加稀高锰酸钾溶液至微红色。

5.8 5%硫酸-磷酸混合液：取浓硫酸、浓磷酸各 5mL，慢慢倒入水中，并稀释至 100mL，把混合液加热至沸后迅速滴加稀高锰酸钾溶液至微红色。

5.9 铬标准储备液：准确称取 0.2829g 重铬酸钾（$K_2Cr_2O_7$，优级纯，并于 105～110℃烘 2h）溶于水中，然后转移到 1000mL 容量瓶中，并稀释至标线。此溶液铬的浓度为 100μg/mL。

5.10 铬标准使用液：准确吸取铬标准储备液（5.9）1.00mL 于 100mL 容量瓶中并稀释至标线。此溶液铬的浓度为 1.0μg/mL。

6 仪器

a）分光光度计；

b）电热板；

c）分析天平；

d）25mL 具塞比色管。

7 操作步骤

7.1 标准曲线的绘制

7.1.1 配制标准工作溶液

吸取铬标准使用液（5.10）0.00，0.50，1.00，2.00，3.00，4.00，5.00，8.00，10.00mL 分别于 25mL 比色管中，加入硫酸-磷酸混合液（5.8）2.5mL，再加入磷酸溶液（5.7）2mL，摇匀，用水稀释至标线。配制成标准为 0.00，0.50，1.00，2.00，3.00，4.00，5.00，8.00，10.00μg 铬的系列。

7.1.2 显色与测定

向（7.1.1）各比色管中加入二苯碳酰二肼丙酮溶液（5.6）2mL 迅速摇匀，放置 10min。按仪器使用说明书调节仪器至最佳工作条件，用 3cm 比色皿，以试剂空白（零浓度）为参比，于波长 540nm 处测定吸光度。

7.1.3 绘制标准曲线

以标准溶液的吸光度为纵坐标，对应的标准溶液的铬含量为横坐标，绘制标准曲线。

7.2 试样的测定

7.2.1 试样预处理

称取试样约 0.5g，精确至 0.0001g，放于 150mL 的锥形瓶中，用少许水湿润试样后，分别加硫酸（5.1）、磷酸（5.2）、硝酸（5.3）各 3.0mL 摇匀，盖上小漏斗浸泡过夜，然后置于电热板上加热消解（温度控制在 200℃以下）至冒白烟，试样若仍未变白，取下锥形瓶稍冷却后，重要加入硝酸（5.3）溶液 1.0～1.5mL，再加热至冒大量白烟，试样变白，消解液呈淡黄绿色为止。

取下锥形瓶，用水冲洗小漏斗和瓶壁，将消解液和残渣全部移入 100mL，容量瓶中，加水至标线摇匀、静置，保留上清液 A，用于（7.2.2）的测定。

7.2.2 测定

吸取由（7.2.1）得到的上清液 A10.00mL 于 25mL 比色管中，加入磷酸溶液（5.7）2.0mL，滴加 1～2 滴高锰酸钾溶液（5.4）至待测液呈紫红色，将比色管置于水浴上加热煮沸 15min，若紫红色褪去可再补加一滴高锰酸钾溶液（5.4），趁热滴加叠氮化钠溶液（5.5）并不断振荡，使紫红色恰好褪去，立即放入冷水中，冷却后加水至标线，摇匀。以下步骤同（7.1.2）。

7.3 空白实验

与试样测定同步进行空白实验，除不加试样外，所用试剂及其用量均与试样测定相同。

8 分析结果的表述

铬的含量 c（mg/kg）按下式计算：

$$c=\frac{mV_{样}}{Vm_{样}}$$

式中：c——试样的浓度，mg/kg；

m——标准曲线上查得试样中铬量，μg；

$V_{样}$——试样定容体积，mL；

V——测定时取试样溶液体积，mL；

$m_{样}$——称样质量，g。

所得结果应表示至四位小数。

9 精密度与准确度

实验室测得两个试样，每个试样分别做四个平行样，共进行四批实验，其总铬含量为 34.2～61.8mg/kg，所得相对标准偏差为 1.5%～5.7%。在 0.5g 试样中加入标准铬量为 10～20μg 时，回收率为 92.5%～98.2%。

中华人民共和国城镇建设行业标准

城市生活垃圾　汞的测定
冷原子吸收分光光度法

Municipal domestic refuse—Determination of mercury
—Cold atomic absorption spectrophotometric method

CJ/T 98—1999

前　言

我国的环卫事业起步较晚，城市生活垃圾汞的监测方法是个空白。目前全国各地生活垃圾的监测方法不统一，为适应我国环境卫生工作的需要，为使城市生活垃圾汞的监测方法规范化、标准化，制定了本标准。

本标准由建设部标准定额研究所提出。

本标准由建设部城镇环境卫生标准技术归口单位上海市环境卫生管理局归口。

本标准由天津市环境卫生工程设计研究所负责起草。

本标准主要起草人：郑　雯、张　范。

本标准委托天津市环境卫生工程设计研究所负责解释。

1 范围

本标准规定了用冷原子吸收分光光度法测定汞的原理、仪器、试剂及操作步骤。

本标准适用于城市生活垃圾中汞的测定。

2 引用标准

下列标准所包含的条文，通过在本标准中引用而构成为本标准的条文。本标准出版时，所示版本均为有效。所有标准都会被修订，使用本标准的各方应探讨使用下列标准最新版本的可能性。

CJ/T 3039—1995 城市生活垃圾采样和物理分析方法

3 样品的采集与制备

城市生活垃圾样品的采集与制备、含水率的测定以及试样的保存按 CJ/T 3039 规定进行。

4 原理

汞蒸气对波长 253.7nm 的紫外光具有强烈的吸收作用。试样通过消化/氧化将其中所有有机和无机态的汞转变为汞离子，再用氯化亚锡将汞离子还原成元素汞，用载气将汞原子载入测汞仪的吸收池进行测定。在一定条件下，汞浓度与吸收值成正比。

5 试剂

本标准所用试剂除另有说明外，均为分析纯试剂，所用水均为蒸馏水。

5.1 浓硝酸（HNO_3），ρ=1.40g/mL。

5.2 浓硫酸（H_2SO_4），ρ=1.84g/mL。

5.3 浓盐酸（HCl），ρ=1.19g/mL。

5.4 1mol/L 硝酸。

5.5 6%高锰酸钾（$KMnO_4$）溶液（m/V）。

5.6 10%盐酸羟胺（$HONH_3Cl$）溶液（m/V）。

5.7 5%过硫酸钾（$K_2S_2O_8$）溶液（m/V）。

5.8 5%硝酸-0.05%重铬酸钾溶液：称取 0.5g 重铬酸钾（$K_2Cr_2O_7$）溶于蒸馏水中，加入 50mL 浓硝酸，稀释至 1000mL。

5.9 40%氯化亚锡溶液：称取 40g 氯化亚锡（$SnCl_2 \cdot 2H_2O$），溶于 40mL 浓盐酸中，微热溶解，澄清后用水稀释至 100mL。

5.10 汞标准储备液：准确称取 0.13544g 氯化汞（$HgCl_2$）于烧杯中，用 5%硝酸-0.05%重铬酸钾溶液溶解后，转移入 1000mL 容量瓶中，用 5%硝酸-0.05%重铬酸钾溶液稀释至刻度，摇匀。此溶液汞浓度为 100μg/mL。

5.11 汞标准中间液：准确吸取汞标准储备液 1.00mL 置于 100mL 容量瓶中，用 5%硝酸-0.05%重铬酸钾溶液稀释至标线，摇匀。此溶液汞浓度为 1.0μg/mL。

5.12 汞标准使用液：准确吸取汞标准中间液 1.00mL 置于 100mL 容量瓶中，用 5%硝酸-0.05%重铬酸钾溶液稀释至标线，摇匀。此溶液汞浓度为 0.01μg/mL。该溶液在使用时配制。

玻璃对汞有吸附作用，锥形瓶、容量瓶、反应瓶等玻璃器皿每次使用后都需用 10%硝酸溶液浸泡，随后用水洗净备用。

6 仪器

a) 测汞仪；

b) 电热恒温水浴；

c) 分析天平。

7 操作步骤

7.1 标准曲线的绘制

按仪器使用说明书调节好仪器后，准确吸取汞标准使用液 0.00，1.00，2.00，3.00，4.00，5.00，7.00，8.00，10.00mL 分别置于反应瓶中，用 1mol/L 硝酸稀释至 10mL，加 40%氯化亚锡 1mL 立即进行测定，以减去零浓度的各测量值为纵坐标，相应汞含量为横坐标绘制曲线。

7.2 试样的测定

7.2.1 试样的消化

称取约 1g 的试样（精确至 0.0001g）于 150mL 锥形瓶中，加入 10mL 浓硝酸，瓶口放一小漏斗静置过夜。然后加入 10mL 浓硫酸，冷却后再加 2mL 浓盐酸且盖好小漏斗，置锥形瓶于 65～75℃（高温可导致汞的挥发）的恒温水浴中，消化至悬浊液澄清为止（通常需 4～5h）。从水浴中取出锥形瓶，将其放置到冷水浴中，冷却后慢慢加入 10mL 6%高锰酸钾溶液，同时缓慢搅拌，静置 15min。紧接着慢慢滴加 6%高锰酸钾溶液，并缓慢搅拌，直至高锰酸盐离子的紫色至少维持 15min，然后加入 5mL 5%过硫酸钾溶液，以保证有机汞化合物完全氧化，该混合物静置 4h 或放置过夜。滴加 10%盐酸羟胺溶液，边滴边摇，直至紫红色和棕色退尽，然后转移到 100mL 容量瓶中，用水定容，保留上清液 A 用于（7.2.2）的测定。

7.2.2 试样的测定

吸取 10.00mL 由（7.2.1）得到的上清液 A 于反应瓶中，加入 1mL 40%氯化亚锡溶液，立即进行测定，并减去空白实验（7.3）的测定值。

7.3 空白实验

与试样测定同步进行空白实验，除不加试样外，所用试剂及用量与试样测定相同。

注：在整个实验过程中，须在通风橱中或通风良好的地方进行。

8 分析结果的表述

汞含量 c (mg/kg) 按下式计算：

$$c=\frac{mV_{样}}{Vm_{样}}$$

式中：m——曲线上查得试样中汞的含量，μg；

$V_{样}$——试样定容体积，mL；

V——吸取消化液的体积，mL；

$m_{样}$——称样量，g。

结果以四位小数表示。

9 精密度和准确度

测定两个试样，每个试样分别做了四个平行样，共进行了三批实验，其含量为 0.04～0.45mg/kg，所得相对标准偏差为 2.2%～5.6%。在 1g 试样中加入标准汞 0.04～0.2μg 时，回收率为 82.3%～99.8%。

中华人民共和国城镇建设行业标准

城市生活垃圾 pH的测定 玻璃电极法

Municipal domestic refuse—Determination of pH
—Glass electrode method

CJ/T 99—1999

前　言

目前，城市生活垃圾 pH 的测定方法在我国环卫行业尚无统一的标准，由于利用堆肥法对城市生活垃圾进行无害化处理时，pH 是一个必测参数，因此有必要制定适合城市生活垃圾特点的 pH 测定方法。本标准结合环境监测、土壤理化检测中现行的分析方法，针对生活垃圾成分的复杂性和不稳定性，在实验室内进行对比实验和验证实验，对分析方法进一步修改与完善，编写了城市生活垃圾 pH 的测定方法。

本标准由建设部标准定额研究所提出。

本标准由建设部城镇环境卫生标准技术归口单位上海市环境卫生管理局归口。

本标准由天津市环境卫生工程设计研究所负责起草。

本标准主要起草人：韩志梅、张　范。

本标准委托天津市环境卫生工程设计研究所负责解释。

1 范围

本标准规定了用 kcl 溶液浸提样品后，对浸提液用玻璃电极法测定其 pH 的方法。

本标准适用于城市生活垃圾样品的测定。

2 引用标准

下列标准所包含的条文，通过在本标准中引用而构成为本标准的条文。本标准出版时，所示版本均为有效。所有标准都会被修订，使用本标准的各方应探讨使用下列标准最新版本的可能性。

CJ/T 3039—1995 城市生活垃圾采样和物理分析方法

3 样品的采集与制备

3.1 样品的采集与制备应按 CJ/T 3039 规定进行，使其达到所规定的 4-（1）b 烘干试样标准，处理过程不应超过 24h。

3.2 城市生活垃圾含水率的测定应按 CJ/T 3039 规定进行，以备将试样测定结果进行换算。

3.3 试样的保存应按 CJ/T 3039 规定进行。

4 原理

以玻璃电极为指示电极，饱和甘汞电极为参比电极组成电池，当电极插入样品浸提液时，两者之间产生一电位差，由于参比电极的电位是固定的，因而该电位差的大小取决于试样中氢离子活度，氢离子活度的负对数即为 pH 值。pH 计用于样品检测一般可准确至 0.1pH 单位，精密仪器可准确至 0.01pH 单位，为了提高测定的准确度，需用 pH 标准缓冲溶液对仪器进行校准。

5 试剂

5.1 pH 标准溶液（pH＝4.008、25℃）

准确称取 105～130℃干燥 2～3h 并恒重的邻苯二甲酸氢钾（$KHC_8H_4O_4$）10.21g（精确至 0.001g），溶于适量水中，定容至 1000mL。

5.2 pH 标准溶液（pH＝6.865、25℃）

准确称取在 105～130℃干燥 2h 并恒重的磷酸二氢钾（KH_2PO_4）3.388g 和磷酸氢二钠（Na_2HPO_4）3.531g（精确至 0.001g），一并溶于适量水中，定容至 100mL。

5.3 pH 标准溶液（pH＝9.18、25℃）

准确称取在 105～130℃干燥 2～3h 并恒重的硼酸钠（$Na_2B_4O_7 \cdot 10H_2O$）3.81g（精确至 0.001g），溶于适量水中，定容至 1000mL。

以上三种标准溶液 pH 值随温度变化情况，见表 1。

5.4 袋装标准物质：须经国家计量部门检定合格的产品，按说明书使用。

注：配好的标准溶液应贮于聚乙烯瓶或硬质玻璃瓶中密封保存，在室温下保存 1 个月，温度为 4℃时可延长使用期限。

表 1

温度℃	苯二甲酸氢钾 pH 标准溶液	磷酸盐 pH 标准溶液	硼酸钠 pH 标准溶液
0	4.00	6.98	9.46
5	4.00	6.95	9.40
10	4.00	6.92	9.33
15	4.00	6.90	9.28
20	4.00	6.88	9.22
25	4.01	6.86	9.18
30	4.02	6.85	9.14
35	4.02	6.84	9.10
40	4.04	6.84	9.07

5.5 0.1mol/L kcl 溶液

称取经 100～130℃干燥 2～3h 并恒重的kcl 7.45g 溶于适量水中，定容至 1000mL。

5.6 试验用水：本标准所用蒸馏水均需在使用前煮沸数分钟，排除二氧化碳冷却后使用。

6 仪器

a) 酸度计（pH 计）；

b) 玻璃电极；

c) 饱和甘汞电极或银-氯化银电极；

d) 50mL 烧杯（聚乙烯或聚四氟乙烯烧杯）。

7 操作步骤

7.1 按照仪器使用说明书准备、检查仪器的电极、标准缓冲溶液是否正常。玻璃电极使用前应放在蒸馏水中浸泡 24h，甘汞电极内要有适量的氯化钾晶体存在，以保证氯化钾溶液的饱和。

7.2 测定前需先用 pH＝6.865 标准溶液（5.2）和 pH＝9.18 标准溶液（5.3）或 pH＝4.008 标准溶液（5.1）校正仪器。

7.3 称取生活垃圾试样 5g 于 50mL 烧杯中，加入氯化钾溶液(5.5)25mL，用玻璃棒搅拌 1～2min 后放置 30min，期间每 5min 搅拌 0.5min，然后按 pH 计使用说明书的要求操作，1min 后直接从仪器上读取 pH 值。

测量 pH 时，溶液应适度搅拌，以使溶液均匀并达到电化学平衡，读取数据时应静止片刻，以使读数稳定。更换标准溶液或样品时，应以水充分淋洗电极，用滤纸吸去电极上的水滴，再用待测溶液淋洗，以消除相互影响。

中华人民共和国城镇建设行业标准

城市生活垃圾 镉的测定 原子吸收分光光度法

Municipal domestic refuse—Determination of cadmium —Atomic absorption spectrophotometric method

CJ/T 100—1999

前　言

我国的环卫事业起步较晚，城市生活垃圾镉的监测方法在国内是个空白，普遍借鉴土壤的监测方法，但土壤和城市生活垃圾的组成和特性不同。为使城市生活垃圾镉的测定方法规范化、标准化，特制定本标准。

本标准是参照 GB 15618—1995《土壤环境质量标准》中镉的测定方法制定的。

本标准由建设部标准定额研究所提出。

本标准由建设部城镇环境卫生标准技术归口单位上海市环境卫生管理局归口。

本标准由天津市环境卫生工程设计研究所负责起草。

本标准主要起草人：陈小平、张　范。

本标准委托天津市环境卫生工程设计研究所负责解释。

1 范围

本标准规定了用原子吸收分光光度法测定镉含量的原理、仪器、试剂和操作步骤。

本标准适用于城市生活垃圾中镉的测定。

2 引用标准

下列标准所包含的条文，通过在本标准中引用而构成为本标准的条文。本标准出版时，所示版本均为有效。所有标准都会被修订，使用本标准的各方应探讨使用下列标准最新版本的可能性。

CJ/T 3039—1995 城市生活垃圾采样和物理分析方法

3 样品采集与制备

城市生活垃圾样品的采集与制备、含水率的测定以及试样的保存，均按 CJ/T 3039 规定进行。

4 原理

试样经硝酸、高氯酸消解后，采用盐酸-碘化钾-甲基异丁基甲酮体系萃取富集消解液中的镉，用空气-乙炔火焰原子吸收法测定镉吸光度，用标准曲线法定量。

5 试剂

本标准所用试剂除另有说明外，均使用符合国家标准的分析纯试剂，实验用水均为去离子水。

5.1 硝酸（HNO_3），$\rho=1.40$g/mL。

5.2 高氯酸（$HClO_3$），$\rho=1.68$g/mL。

5.3 硝酸溶液，1+1（*V/V*）。

5.4 盐酸溶液，1+1（*V/V*）。

5.5 2%硝酸溶液（*V/V*）。

5.6 1%盐酸溶液（*V/V*）。

5.7 10%抗坏血酸（*m/V*）。

5.8 16.6%碘化钾水溶液（*m/V*）。

5.9 镉标准储备液：准确称取 0.1000g 光谱纯镉试剂，用 5mL 硝酸溶液（5.3）稍加热至完全溶解，转移到 1000mL 容量瓶中，用水稀释至标线。此溶液镉的浓度为 100μg/mL。

5.10 镉标准使用溶液 A：吸取 5.00mL 镉标准储备液（5.9）于 100mL 容量瓶中，用 2%硝酸溶液定容。此溶液镉的浓度为 5μg/mL。

5.11 镉标准使用溶液 B：吸取镉标准使用溶液 A（5.10）5.00mL 于 100 mL 容量瓶中，用 1%盐酸溶液定容至标线。此溶液镉的浓度为 0.25μg/mL。使用时配制。

5.12 甲基异丁基甲酮（MIBK）。

6 仪器

a）原子吸收分光光度计（具背景校正装置及附件）。

b）镉元素灯。

工作参数：火焰种类　空气-乙炔气（贫焰、蓝色）；
波长　228.8 nm；
提升量　2～3mL/min；
气体流量　空气：3.25 L/min；乙炔气：0.70L/min。

7 操作步骤

7.1 标准曲线的绘制

分别吸取镉标准使用溶液 B（5.11）0.00，2.00，4.00，6.00，8.00mL 于 50mL 比色管中用 1%盐酸溶液定容到 25mL。此溶液含镉量分别为 0.00，0.50，1.00，1.50，3.20μg/mL，然后加入 5mL 碘化钾溶液（5.8）、2mL 抗坏血酸溶液（5.7），准确加入 2.00mL 甲基异丁基甲酮（5.12），萃取 2min 并静置分层。吸取上层有机相用原子吸收分光光度火焰法进行镉测定。

7.2 试样的测定

称取试样 2.0g，精确至 0.0001g，于 250mL 三角瓶中，加少许蒸馏水湿润试样，加浓硝酸 10mL，盖上小漏斗在电热板上低温（120℃）消解近干，取下冷却后再加 5mL 高氯酸（视试样中有机质的量而定），继续消化至白烟几乎赶尽残渣变成灰白色近干为止。取下三角瓶冷却后加入 1mL（1+1）盐酸（5.4），溶解后将溶液转移到 50mL 容量瓶中定容。同时制作两个空白试样。溶液澄清后吸取上清液 25.00mL 于 50mL 容量瓶中，以下步骤同（7.1）。

8 分析结果的表述

镉的含量 *c*（mg/kg）按下式计算：

$$c=\frac{m\times 2}{m_{样}}$$

式中：c——试样的浓度，mg/kg；

m——标准曲线上查得试样中镉量，μg；

2——分取倍数；

$m_{样}$——称样量，g。

所得结果应保留至四位小数。

9 精密度和准确度

实验室测得五批试样，镉的相对标准偏差为 7.6%，加标回收率为 90%～97%。

中华人民共和国城镇建设行业标准

城市生活垃圾 铅的测定
原子吸收分光光度法

Municipal domestic refuse—Determination of lead
—Atomic absorption spectrophotometric method

CJ/T 101—1999

前　言

我国的环卫事业起步较晚，城市生活垃圾铅的监测方法在国内是个空白，普遍是借鉴土壤的监测方法，但土壤和生活垃圾的组成和特性不同，为使城市生活垃圾铅的监测方法规范化、标准化，特制定本标准。

本标准是参照 GB 15618—1995《土壤环境质量标准》中总铅的测定方法制定的。

本标准由建设部标准定额研究所提出。

本标准由建设部城镇环境卫生标准技术归口单位上海市环境卫生管理局归口。

本标准由天津市环境卫生工程设计研究所负责起草。

本标准主要起草人：陈小平、张　范。

本标准委托天津市环境卫生工程设计研究所负责解释。

1 范围

本标准规定了用原子吸收分光光度法测定铅含量的原理、仪器、试剂和操作步骤。

本标准适用于城市生活垃圾中铅的测定。

2 引用标准

下列标准所包含的条文，通过在本标准中引用而构成为本标准的条文。本标准出版时，所示版本均为有效。所有标准都会被修订，使用本标准的各方应探讨使用下列标准最新版本的可能性。

CJ/T 3039—1995 城市生活垃圾采样和物理分析方法

3 样品的采集与制备

城市生活垃圾样品的采集与制备、含水率的测定以及试样的保存，均按 CJ/T 3039 规定进行。

4 原理

试样经硝酸、高氯酸消解后，采用盐酸-碘化钾-甲基异丁基甲酮体系萃取富集消解液中的铅，用空气-乙炔火焰原子吸收法测定铅吸光度，用标准曲线法定量。

5 试剂

本标准所用试剂除另有说明外，均使用符合国家标准的分析纯试剂，所用水为去离子水。

5.1 硝酸（HNO_3），ρ=1.40g/mL。

5.2 高氯酸（$HClO_4$），ρ=1.68g/mL。

5.3 硝酸溶液，1+1（V/V）。

5.4 盐酸溶液，1+1（V/V）。

5.5 2%硝酸溶液（V/V）。

5.6 1%盐酸溶液（V/V）。

5.7 10%抗坏血酸（m/V）。

5.8 16.6%碘化钾水溶液（m/V）。

5.9 铅标准储备液：准确称取 0.1000g 光谱纯铅试剂，用 5mL 硝酸溶液（5.3）稍加热至完全溶解，转移到 1000mL 容量瓶中，用水稀释至标线。此溶液含铅的浓度为 100μg/mL。

5.10 铅标准使用溶液：吸取 5.00mL 铅标准储备液（5.9）于 100mL 容量瓶中，用 1%盐酸溶液定容。此溶液含铅的浓度为 5μg/mL。

5.11 甲基异丁基甲酮（MIBK）。

6 仪器

a）原子吸收分光光度计（具背景校正装置及附件）。

b）铅元素灯。

工作参数：火焰种类 空气-乙炔气（贫焰、蓝色）；
波长 283.3nm；
提升量 2～3L/min；
气体流量 空气：3.25 L/min；乙炔气：0.70L/min。

7 操作步骤

7.1 标准曲线的绘制

分别吸取铅标准使用溶液（5.10）0.00，2.00，4.00，6.00，8.00mL 于 50mL 比色管中用 1%盐酸溶液定容到 25mL。此溶液含铅的浓度分别为 0.00，10.00，20.00，30.00，40.00μg，然后加入 5mL 碘化钾溶液（5.8）、2mL 抗坏血酸溶液（5.7），准确加入 5.00mL 甲基异丁基甲酮溶液（5.11），萃取 2min 并静置分层。吸取上层有机相用原子吸收分光光度火焰法进行铅的测定。

7.2 试样的测定

称取试样 2.0g，精确至 0.0001g，于 250mL 三角瓶中，加少许蒸馏水湿润试样，加浓硝酸 10mL，盖上小漏斗在电热板上低温（120℃）消解近干，取下冷却后再加 5mL 高氯酸（视试样中有机质的量而定），继续消化至白烟几乎赶尽残渣变成灰白色近干为止。取下三角瓶冷却后加入 1mL（1+1）盐酸，溶解后将溶液转移到 50mL 容量瓶中定容。同时制作两个空白样品。溶液澄清后吸取上清液 25.00mL 于 50mL 容量瓶中，以下步骤同（7.1）。

8 分析结果的表述

铅的含量 c（mg/kg）按下式计算：

$$c=\frac{m\times 2}{m_{样}}$$

式中：m——标准曲线上查得试样中铅量，μg；
2——分取倍数；
$m_{样}$——称样量，g。

所得结果应表示至四位小数。

9 精密度和准确度

实验室测得五批试样铅的相对标准偏差为 2.9%，加标回收率为 95%～102%。

中华人民共和国城镇建设行业标准

城市生活垃圾　砷的测定
二乙基二硫代氨基甲酸银分光光度法

Municipal domestic refuse—Determination of arsenic
—Spectrophotometric method with silver diethyldithiocarbamate

CJ/T 102—1999

前 言

我国的环卫事业起步较晚．城市生活垃圾砷的监测方法是个空白。目前全国各地生活垃圾砷的监测方法不统一，为适应我国环境卫生工作的需要，为使城市生活垃圾砷的监测方法规范化、标准化，制定了本标准。

本标准由建设部标准定额研究所提出。

本标准由建设部城镇环境卫生标准技术归口单位上海市环境卫生管理局归口。

本标准由天津市环境卫生工程设计研究所负责起草。

本标准主要起草人：郑　雯、张　范。

本标准委托天津市环境卫生工程设计研究所负责解释。

1 范围

本标准规定了用二乙基二硫代氨基甲酸银法测定砷的原理、仪器、试剂及操作步骤。

本标准适用于城市生活垃圾中砷的测定。

2 引用标准

下列标准所包含的条文，通过在本标准中引用而构成为本标准的条文。本标准出版时，所示版本均为有效。所有标准都会被修订，使用本标准的各方应探讨使用下列标准最新版本的可能性。

CJ/T 3039—1995 城市生活垃圾采样和物理分析方法

3 样品的采集与制备

城市生活垃圾样品的采集与制备、含水率的测定以及试样的保存按 CJ/T 3039 规定进行。

4 原理

在硫酸介质中，锌粒与酸作用产生新生态氢。在碘化钾和氯化亚锡存在下，可使五价砷还原为三价砷，三价砷与新生态氢作用生成砷化氢气体，通过用乙酸铅处理的脱脂棉除去硫化物后，吸收于二乙基二硫代氨基甲酸银-三乙醇胺-三氯甲烷溶液中，并生成红色络合物，在波长 510nm 处测定吸收液的吸光度。吸收液中存在有机碱三乙醇胺，可促使还原反应的进行，并且能增加红色胶体银在溶剂中的稳定性。

5 试剂

本标准所用试剂除另有说明外，均为分析纯试剂，所用水均为蒸馏水。

5.1 无砷锌粒（Zn）。

5.2 高氯酸（$HClO_4$），ρ=1.68g/mL。

5.3 浓硫酸（H_2SO_4），ρ=1.84g/mL。

5.4 1mol/L 硫酸。

5.5 硫酸溶液，1+1（$V+V$）。

5.6 20%氢氧化钠（NaOH）溶液。

5.7 10%乙酸铅［$Pb(C_2H_3O_2)_2$］溶液。

5.8 15%碘化钾溶液（m/V）：15g 碘化钾（KI）溶于蒸馏水中，并稀释至 100mL，贮于棕色瓶内（变黄不能用）。

5.9 40%氯化亚锡溶液（m/V）：40g 氯化亚锡（$SnCl_2 \cdot 2H_2O$）溶于浓盐酸（HCl）中，并用浓盐酸稀释至 100mL，加数粒金属锡（Sn）保存。

5.10 乙酸铅棉球：将 10g 脱脂棉浸入 100mL 10%乙酸铅溶液中，浸透后取出晾干。

5.11 0.25%二乙基二硫代氨基甲酸银-三乙醇胺-三氯甲烷溶液：称取 0.25g 二乙基二硫代氨基甲酸银［$(C_2H_5)_2NCS_2Ag$］，分别加入 50mL 三氯甲烷（$CHCl_3$）和 2mL 三乙醇胺［$(HOCH_2CH_2)_3N$］，摇匀。再用三氯甲烷稀释至 100mL，待溶解后静置 24h，然后用慢速滤纸过滤于棕色瓶中，避光保存。

5.12 砷标准储备液：准确称取 110℃烘干 2h 的三氧化二砷（As_2O_3）0.1320g，置于 100mL 烧杯中，加 5mL20%氢氧化钠溶液，低温加热至三氧化二砷全部溶解后，以酚酞为指示剂，用 1mol/L 硫酸中和至溶液无色，然后再加入 10mL 1mol/L 硫酸，转入 1000mL 容量瓶中，用水稀释至标线。此溶液砷的浓度为 100μg/mL。

5.13 砷标准使用液：准确吸取 10.00mL 砷标准储备液，置于 1000mL 容量瓶中，用水稀释至标线。此溶液砷的浓度为 1.00μg/mL。

6 仪器

a）可见光分光光度计；

b）砷化氢发生器；

c）分析天平。

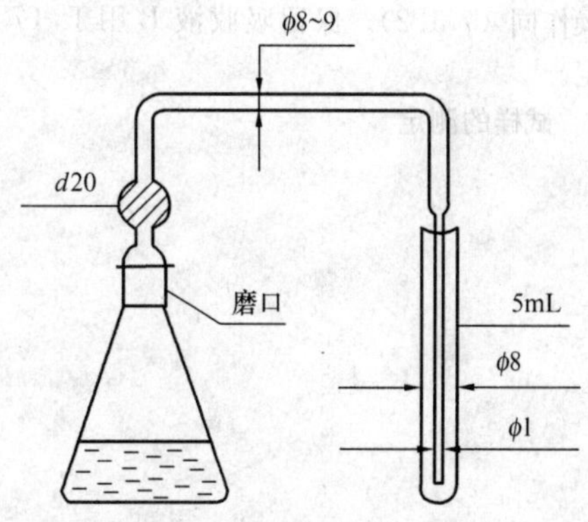

砷化氢发生与吸收装置图

7 操作步骤

7.1 标准曲线的绘制

7.1.1 配制标准工作溶液

分别吸取 0.00，1.00，3.00，5.00，7.00，10.00，15.00mL 砷标准使用液于砷化氢发生器的锥形瓶中，配制成标准溶液系列为 0.00，1.00，3.00，5.00，7.00，10.00，15.00μg 砷。

7.1.2 砷化氢的发生与吸收

将上述工作溶液加 8mL 硫酸溶液（5.5），加水至 50mL。再加入 5mL15%碘化钾溶液、2mL 40%氯化亚锡溶液，混匀（每加一种试剂均需摇匀）放置 15min。于各吸收管分别加入 5mL 吸收液（5.11），插入装有乙酸铅棉球的导气管（每次用完后用三氯甲烷洗涤，并保持干燥备用），迅速向各发生瓶中倾入预先称好的 4g 无砷锌粒塞紧瓶塞，在室温下反应 1h。待反应完毕后，用三氯甲烷将吸收液体积补足至 5mL，摇匀。保留吸收液 A 用于（7.1.3）的测定。

注：砷化氢为剧毒物质，全部反应过程应在通风橱内或

通风良好的地方进行。

7.1.3 测定

用 1cm 比色皿，于波长 510nm 处，以试剂空白（零浓度）为参比测定由（7.1.2）得到的吸收液 A 的吸光度。

7.1.4 绘制标准曲线

以砷标准含量为横坐标，吸光度为纵坐标，绘制标准曲线。

7.2 试样的测定

7.2.1 试样的预处理

称取约 0.5g 的试样（精确至 0.0001g）于砷化氢发生器的锥形瓶中，用少量水湿润样品，加 3mL 浓硫酸，8～10 滴高氯酸，瓶口放一小漏斗，于电热板上低温加热，逐渐升高温度至冒大量白烟（约 200℃），保持在此温度下，继续消化样品至完全变白，试液呈白色或淡黄色。取下锥形瓶，冷却至室温。

7.2.2 试样的反应

操作同（7.1.2）。保留吸收液 B 用于（7.2.3）的测定。

7.2.3 试样的测定

用 1cm 比色皿，于波长 510nm 处，以空白实验（7.3）为参比测定由（7.2.2）得到的吸收液 B 的吸光度。

7.3 空白实验

与试样测定同步进行空白实验，除不加试样外，所用试剂及用量与试样测定相同。

8 分析结果的表述

砷含量 c（mg/kg）按下式计算：

$$c=\frac{m}{m_{样}}$$

式中：m——从标准曲线上查得砷的含量，μg；

$m_{样}$——称样量，g。

结果以四位小数表示。

9 精密度和准确度

测定两个试样，每个试样分别做了四个平行样，共进行了三批实验，其含量为 2.0～12.5mg/kg，所得相对标准偏差为 1.5%～5.2%。在 0.5g 试样中加入标准砷 2.0～10.0μg 时，回收率为 83.0%～98.5%。

中华人民共和国城镇建设行业标准

城市生活垃圾　全氮的测定
半微量开氏法

Municipal domestic refuse—Determination of total nitrogen —Semi-micro Kjeldahl method

CJ/T 103—1999

前　言

城市生活垃圾中全氮的测定方法在我国环卫行业尚属空白，各省市在监测分析时只是借鉴土壤或水质的分析方法，由于生活垃圾的综合利用、无害化处理研究工作需要了解生活垃圾特性及组分的有关内容，因此本标准结合环境监测、土壤理化检测中现行的分析方法，针对生活垃圾成分的复杂性和不稳定性，在实验室内进行对比实验和验证实验，对分析方法进一步修改与完善，编写了城市生活垃圾全氮的测定方法。

本标准由建设部标准定额研究所提出。

本标准由建设部城镇环境卫生标准技术归口单位上海市环境卫生管理局归口。

本标准由天津市环境卫生工程设计研究所负责起草。

本标准主要起草人：韩志梅、张　范。

本标准委托天津市环境卫生工程设计研究所负责解释。

1 范围

本标准规定了用半微量开氏法测定全氮的方法。

本标准适用于城市生活垃圾样品的测定。

2 引用标准

下列标准所包含的条文，通过在本标准中引用而构成为本标准的条文。本标准出版时，所示版本均为有效。所有标准都会被修订，使用本标准的各方应探讨使用下列标准最新版本的可能性。

CJ/T 3039—1995 城市生活垃圾采样和物理分析方法

3 样品的采集与制备

3.1 样品的采集与制备应按 CJ/T 3039 规定进行，使其达到所规定的 4-（1）b 烘干试样标准，处理过程不应超过 24h。

3.2 城市生活垃圾含水率的测定应按 CJ/T 3039 规定进行，以备将试样测定结果进行换算。

3.3 试样的保存应按 CJ/T 3039 规定进行。

4 原理

试样在催化剂（即硫酸钾、无水合硫酸铜与硒粉的混合物）的参与下，用浓硫酸消煮时，各种含氮有机化合物经过复杂的高温分解反应，转化为铵态氮，碱化蒸馏出来的氨用硼酸吸收后，以酸标准溶液滴定，计算出生活垃圾全氮含量（不包括全部硝态氮）。用还原法和非还原法测定生活垃圾的氮含量，其结果很接近，因此对生活垃圾试样全氮的测定用开氏法是科学有效的。

5 试剂

本实验所用蒸馏水均为无氨水，所用试剂凡没有指明规格者均为分析纯。

5.1 浓硫酸，ρ=1.84g/mL。

5.2 浓盐酸，ρ=1.19g/mL。

5.3 无水碳酸钠（Na_2CO_3）基准试剂，使用前须经180℃干燥 2h，并恒重。

5.4 2%硼酸吸收液（m/V）。

5.5 40%氢氧化钠溶液（m/V）。

5.6 0.02mol/L 盐酸标准溶液。

吸取 16.7mL 盐酸于 100mL 容量瓶中，并用蒸馏水稀释至刻度后摇匀，此溶液为 2.0mol/L 盐酸溶液，吸取该溶液 10.0mL 于 1000mL 容量瓶中，用蒸馏水稀释至刻度后摇匀，然后用无水碳酸钠（5.3）标定。

标定：准确称取已干燥过的无水碳酸钠 0.0200g（精确至 0.0001g），于锥形瓶中，加入 25mL 新煮沸并冷却的蒸馏水和 2 滴指示剂（5.7），用 0.02mol/L 盐酸标准溶液滴定至溶液由绿色变为淡紫色，记录消耗盐酸标准溶液的体积，按式（1）计算盐酸标准溶液的浓度，标定结果需用双份试料取其平均值，同时做空白实验。

$$c_0=\frac{m\times1000\times2}{106\times(V-V_0)}=\frac{m}{0.053\times(V-V_0)} \quad (1)$$

式中：c_0——盐酸标准溶液的浓度，mol/L；

m——称取无水碳酸钠的质量，g；

V——试样所消耗盐酸标准溶液的体积，mL；

V_0——空白试样所消耗盐酸标准溶液的体积，mL；

2——中和 1mol 无水碳酸钠所需盐酸的摩尔数；

106——无水碳酸钠的摩尔质量，g/mol。

所得结果应表示至四位小数。

5.7 甲基红-溴甲酚绿指示剂

分别称取 0.3g 溴甲酚绿和 0.2g 甲基红（精确至 0.01g）于研钵中，加入少量 95%乙醇研磨至指示剂全部溶解，用 95%乙醇稀释至 100mL，可保存一个月。

5.8 催化剂：分别称取 100g 硫酸钾、10g 五水合硫酸铜（$CuSO_4\cdot5H_2O$）和 1g 硒粉于研钵中研细并充分混合均匀，贮存于磨口瓶中。

6 仪器

a）分析天平，感量为 0.0001g；

b）瓷研钵；

c）硬质开氏烧瓶，容积 500mL；

d）半微量定氮蒸馏装置；

e）半微量滴定管，容积 5mL；

f）锥形瓶，容积 150mL；

g）四联可调电炉。

7 操作步骤

7.1 试样的消解

7.1.1 称取约 0.5g 试样（精确至 0.0001g），送入干燥的 500mL 开氏瓶底部，加入少量的蒸馏水湿润样品，加 2g 催化剂（5.8）和 5mL 浓硫酸，摇匀，瓶口盖一小漏斗，置调温电炉上低温加热，待瓶内反应缓和时（约 30min），适当调高温度，使溶液保持微沸，温度不宜过高，以硫酸蒸气在瓶颈上部 1/3 处冷凝回流为宜，待消解液全部变为灰白稍带绿色后，再继续消解 1h，停止加热使其冷却。

7.1.2 将上述冷却后的消解液全部转移到 50mL 容量瓶中，并用少量蒸馏水洗涤开氏瓶 4～5 次一并转移至容量瓶中，定容、摇匀，静置得到上清液 A。

7.2 氨的蒸馏

7.2.1 安装好蒸馏装置，见装置图，圆底烧瓶内加数粒玻璃珠，并检查其是否漏气后，用蒸馏水代替样品进行空白蒸馏，并通过水的馏出液将管道洗净（约30min）。

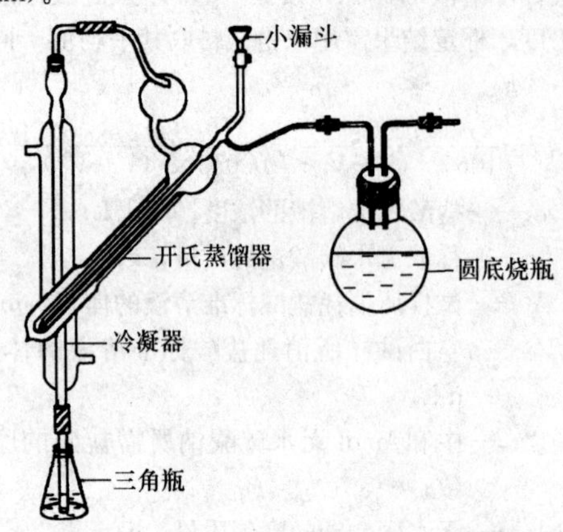

半微量开氏定氮装置图

7.2.2 于 150mL 锥形瓶中加入 20mL 硼酸吸收液（5.4），并滴加 2 滴指示剂（5.7），将蒸馏装置的冷凝管末端深入到吸收液面以下 1cm 处，然后吸取 25mL 上清液 A 于蒸馏室内，缓缓加入 10mL 氢氧化钠溶液，启动蒸汽发生器，进行水蒸气蒸馏，馏出液体积约 50mL 时，用 pH 试纸测馏出液为中性时，蒸馏结束，用少量硼酸吸收液洗涤冷凝管末端。

7.2.3 用已标定好的盐酸标准溶液（5.6）滴定馏出液，溶液由绿色变为淡紫色，记录所用盐酸标准溶液体积。

7.3 空白实验

空白实验与样品测定同步进行，除不加样品外，其余操作步骤均同样品的测定，空白所消耗盐酸标准溶液体积一般不应超过 0.1mL。

8 分析结果的表述

全氮浓度 c（%）按式（2）计算：

$$c=\frac{(V-V_0)c_0\times 14.01\times 2}{1000\times m_{样}}\times 100 \qquad (2)$$

式中：V——滴定试样所用盐酸标准溶液体积，mL；

V_0——滴定空白时所用盐酸标准溶液的体积，mL；

c_0——盐酸标准溶液的浓度，mol/L；

2——分取倍数；

$m_{样}$——试样质量，g；

14.01——氮原子的摩尔质量，g/moL。

所得结果应表示至四位小数。

9 精密度与准确度

实验室内连续测定三批样品，每批做三个平行试样，测得其含氮量为 0.3324%～0.3333%，相对标准偏差＜2.1%，用乙二胺四乙酸二钠（$C_{10}H_{14}N_2O_8Na_2\cdot 2H_2O$，简称 EDTA）做标准物质，在 0.5g 试样中加入 0.05g 标准物质，测得加标回收率为 94.5%～99.3%。

中华人民共和国城镇建设行业标准

城市生活垃圾　全磷的测定
偏钼酸铵分光光度法

Municipal domestic refuse—Determination of total phosphorus—
Ammonium metamolybdate spectrophotometric method

CJ/T 104—1999

前　言

城市生活垃圾，是指在城市日常生活中或者为城市生活提供服务的活动中产生的固体废物以及法律、行政法规规定视为城市生活垃圾的固体废物。我国的环卫事业起步较晚，城市生活垃圾磷的检测方法是个空白。本标准的检测方法是参照 GB 8172—1987《城镇垃圾农用控制标准》中 3.3 的测定方法制定，但由于土壤和城市生活垃圾的组成和特性不同，为使城市生活垃圾磷的检测方法规范化、标准化、制定了本标准。

本标准由建设部标准定额研究所提出。

本标准由建设部城镇环境卫生标准技术规口单位上海市环境卫生管理局归口。

本标准由天津市环境卫生工程设计研究所负责起草。

本标准主要起草人：赵藏闪、张　范。

本标准委托天津市环境卫生工程设计研究所负责解释。

1 范围

本标准规定对垃圾全磷用钒钼黄比色法测定的原理、仪器、试剂及操作步骤进行了说明和规定。

本标准适用于测定生活垃圾全磷的含量。测定浓度范围0.8～20μg/g。

2 引用标准

下列标准所包含的条文，通过在本标准中引用而构成为本标准的条文。本标准出版时，所示版本均为有效。所有标准都会被修订，使用本标准的各方应探讨使用下列标准最新版本的可能性。

CJ/T 3039—1995 城市生活垃圾采样和物理分析方法

3 样品采集与制备

城市生活垃圾样品采集与制备、含水率的测定及试样的保存均按CJ/T 3039规定进行。

4 原理

垃圾样品经硫酸-高氯酸消煮，其中难溶盐和含磷有机物分解形成正磷酸盐进入溶液，在酸性条件下，磷与钒钼酸铵反应生成黄色的三元杂多酸，于420nm波长处进行比色测定。磷浓度在一定的范围内服从比尔定律。

5 试剂

本标准所用试剂除另有说明外，均应使用符合国家标准或专业标准的分析试剂和蒸馏水或同等纯度的水。

5.1 浓硫酸（H_2SO_4），ρ=1.84g/mL。

5.2 高氯酸（$HClO_4$），ρ=1.68g/mL。

5.3 10%（m/V）无水碳酸钠（Na_2CO_3）溶液。

5.4 2，6-二硝基酚（$C_6H_4N_2O_5$）指示剂：称取0.2g2，6-二硝基酚溶于100mL水中。

5.5 偏钒钼酸铵溶液：

钼酸铵[$(NH_4)_6MO_7O_{24}\cdot 4H_2O$]溶液：将25g钼酸铵溶于400mL水中。

偏钒酸铵(NH_4VO_3)溶液：将1.25g偏钒酸铵溶于300mL沸水中，冷却后，加入250mL浓硝酸，冷却至室温。

将钼酸铵溶液慢慢加入偏钒酸铵溶液中稀释至1000mL，若有沉淀应过滤。

5.6 磷标准储备液：准确称取经105～110℃烘干1h在干燥器中冷却至室温的磷酸二氢钾（KH_2PO_4）2.1970g，溶于水中，定容至500mL。此标准溶液磷浓度为1mg/mL。本溶液在玻璃瓶中可贮存6个月。

5.7 磷标准使用液：吸取磷标准储备液（5.6）10mL于500mL容量瓶中定容，此溶液磷含量为20μg/mL。

6 仪器

a）可见光分光光度计；

b）分析天平；

c）可调温电炉。

注：所有玻璃器皿均应用稀酸或稀硝酸浸泡。

7 操作步骤

7.1 标准曲线的绘制

分别吸取磷标准使用液（5.7）0.00，1.00，2.00，4.00，5.00，6.00，8.00mL加入7个50mL容量瓶中，滴加2，6-二硝基酚指示剂（5.4）2滴，用10%无水碳酸钠溶液（5.3）调至黄色，再加入10mL偏钒钼酸铵混合溶液（5.5）后定容。即得0.00，0.40，0.80，1.60，2.00，2.40，3.20μg/mL磷标准系列溶液，放置30min，在波长420nm处用3cm比色皿进行比色，读取吸收值。以吸收值为纵坐标，磷浓度（μg/mL）为横坐标，绘制标准曲线。

7.2 试样消解

称取约0.5g的试样，精确至0.0001g，于锥形瓶中用水润湿样品，加入3mL浓硫酸（5.1），滴加7～10滴高氯酸（5.2），瓶口盖一小漏斗，将锥形瓶置于电炉上加热消煮，开始温度不宜过高，炉丝微红，勿使硫酸冒白烟，消化5～8min如样品呈灰白色，继续消煮，使硫酸发烟回流，全部消煮时间40～60min。取下锥形瓶冷却至室温，将瓶内消煮液全部转移到100mL容量瓶中，加水至刻度，摇匀，静置，得到上清液A用于（7.3）测定。

注 1 应使用可调温电炉，开始消煮时温度不宜过高，电炉丝微红即可，当消煮至高氯酸烟雾消失，提高温度使硫酸发烟回流，但要防止溶液溅出。

2 在消解过程中，若样品呈黑色或棕色，则表示高氯酸用量不足，此时可移下锥形瓶稍冷后，补加高氯酸再放到电炉上加热，直至样品呈灰白色。

7.3 试样的测定

7.3.1 显色

吸取5mL（7.2）得到的上清液A于50mL容量瓶中，用水稀释至总体积约3/5处。滴加2，6-二硝基酚指示剂（5.4）2滴，用10%无水碳酸钠溶液（5.3）调至黄色，以下操作同标准曲线。

7.3.2 比色

室温下放置30min，在波长420nm处，用3cm比色皿进行比色，以空白试验为参比液调节仪器零点，进行比色测定，读取吸光值。从校准曲线上查得相应的含磷量。

8 分析结果的表述

垃圾中全磷c的百分含量用下式表示：

$$c=\frac{m \cdot V_1 \cdot V_3}{m_{样} \cdot V_2 \times 10^6} \times 100$$

式中：m——从标准曲线上查得待测液中磷的浓度，mg/L；

$m_{样}$——称样量，g；

V_1——消解液定容体积，mL；

V_2——消解液吸取量，mL；

V_3——待测液定容体积，mL。

9 精密度和准确度

测定两个试样，每个试样分别做了四个平行样，共进行了三批实验，其含量为 0.449%～0.502%，所得相对标准偏差为 1.90%～5.0%。在 0.5g 试样中加入标准磷 2～5mg 时，加标回收率范围 96.1%～104.7%。

中华人民共和国城镇建设行业标准

城市生活垃圾　全钾的测定
火焰光度法

Municipal domestic refuse—Determination of total potassium—Flame spectrophotometric method

CJ/T 105—1999

前　言

城市生活垃圾，是指在城市日常生活中或者为城市生活提供服务的活动中产生的固体废物以及法律、行政法规规定视为城市生活垃圾的固体废物。我国的环卫事业起步较晚，城市生活垃圾钾的检测方法是个空白。本标准的检测方法是参照 GB 9836—1988《土壤全钾测定法》，由于土壤和城市生活垃圾的组成及特性不同，为使城市生活垃圾钾的检测方法规范化、标准化，制定了本标准。

本标准由建设部标准定额研究所提出。

本标准由建设部城镇环境卫生标准技术规口单位上海市环境卫生管理局归口。

本标准由天津市环境卫生工程设计研究所负责起草。

本标准主要起草人：赵藏闪、张范。

本标准委托天津市环境卫生工程设计研究所负责解释。

1 范围

本标准对城市生活垃圾中全钾测定的原理、仪器设备、测定步骤等作了说明和规定。

本标准适用于测定城市生活垃圾中全钾的含量。测定浓度范围在0.5%～1.5%。

2 引用标准

下列标准所包含的条文，通过在本标准中引用而构成为本标准的条文。本标准出版时，所示版本均为有效。所有标准都会被修订，使用本标准的各方应探讨使用下列标准最新版本的可能性。

CJ/T 3039—1995 城市生活垃圾采样和物理分析方法

3 样品的采集与制备

城市生活垃圾样品的采集与制备、含水率测定及试样的保存均按CJ/T 3039规定进行。

4 原理

垃圾中的有机物和各种矿物，在高温（720℃）及熔融氢氧化钠熔剂的作用下被氧化和分解。用酸溶解灼烧产物，使钾转化为钾离子，经适当稀释，可直接用火焰光度计测定。

5 试剂

本标准所用试剂除另有说明外，均应使用符合国家标准或专业标准的分析试剂和蒸馏水或同等纯度的水。

5.1 无水乙醇（CH_3CH_2OH）。

5.2 氢氧化钠（NaOH），优级纯。

5.3 盐酸（HCl），1+1（V/V）。

5.4 0.2mol/L硫酸（H_2SO_4）溶液。

5.5 硫酸（H_2SO_4）溶液，1+3（V/V）。

5.6 钾标准储备液：准确称取在110℃烘2h的氯化钾（KCl）0.1907g，用水溶解后定容至1L，摇匀储存于塑料瓶中，此溶液1L含钾为100mg。

6 仪器

a）30mL银坩埚或镍坩埚；

b）马弗炉；

c）火焰光度计。

7 操作步骤

7.1 钾标准曲线的绘制

取5只50mL容量瓶，分别加入钾标准储备溶液（5.6）0.00，0.50，1.00，2.00，4.00mL，加入与待测液中等量的其他离子成分，使标准液中的离子成分和待测液相近［则在配制标准系列溶液时应分别加入氢氧化钠0.2g（5.2），再加入（1＋3）硫酸（5.5）0.5mL］，用水定容至50mL。此系列溶液分别为0.00，1.00，2.00，4.00，8.00mg/L。用钾浓度为零的溶液调节仪器零点，并按照仪器操作程序进行测定，绘制标准曲线。

7.2 待测液制备

称取约0.25g的试样（精确至0.0001g）于镍坩埚底部，加少量的无水乙醇（5.1）使样品湿润，然后加2g固体氢氧化钠（5.2），平铺于样品表面，将坩埚置于高温电炉中，开始加热升温，当炉温升至400℃时，关闭电源15min。以防坩埚内容物溢出，再继续升温至720℃，保持15min，关闭电炉待炉温降至400℃以下后，取出坩埚使其冷却，加入10mL水，并加热至80℃左右，用小玻璃棒轻轻搅拌，防止溶液外溅，再煮沸5min，冷却后转入50mL容量瓶中，用少量0.2mol/L硫酸溶液（5.4）清洗坩埚数次，一并倾入容量瓶内，使总体积约40mL，再加（1＋1）盐酸（5.3）5滴和（1＋3）硫酸（5.5）5mL，用水定容，放置澄清待测，同时进行空白实验。

7.3 测定

吸取待测液5.00mL（或适量）于50mL容量瓶中，用水稀释至刻度，并摇匀用火焰光度计测定。从标准曲线上查出待测液钾的浓度。

8 分析结果的表述

垃圾中全钾c的百分含量用下式表示

$$c = m \times \frac{V_1}{V_2} \times \frac{V_3}{m_{样} \times 10^6} \times 100\%$$

式中：m——从标准曲线中查得待测液中钾的浓度，mg/L；

V_1——消解液定容体积，mL；

V_2——消解液吸取量，mL；

V_3——待测液定容体积，mL；

$m_{样}$——称样量，g；

9 精密度和准确度

测定两个试样，每个试样分别做了四个平行样，共进行了三批实验，其含量为1.324%～1.248%，所得相对标准偏差为0.64%～1.08%。在0.25g试样中加入标准钾2.0～2.5mg时，加标回收率范围90.0%～105.0%。

中华人民共和国城镇建设行业标准

城市生活垃圾产量计算及预测方法

The method of calculate and forecast
about municipal domestic refuse output

CJ/T 106—1999

前　言

科学地预测垃圾产量，可为垃圾处理工作的规划，处理方法的研究提供最主要的参数。几年来有关省市的环境卫生科研部门对垃圾产量及垃圾预测的计算方法作了不同程度的研究。为了适应我国环境卫生工作的需要，汇集了有关的研究结论，并在分析统计的基础上制定了本标准，本标准为各省市对垃圾产量的计算和预测提供了统一的技术依据。

本标准由建设部标准定额研究所提出。

本标准由建设部城镇环境卫生标准技术归口单位上海环境卫生管理局归口。

本标准由天津市环境卫生工程设计研究所负责起草。

本标准起草人：常小萍、陈洁、张彦明。

本标准委托天津市环境卫生工程设计研究所负责解释。

1 范围

本标准规定了城市生活垃圾产量的计算方法和预测方法。

本标准适用于不同规模城镇，居民集中居住地区的生活垃圾的计算及预测。

2 引用标准

下列标准所包含的条文，通过在本标准中引用而构成为本标准的条文。本标准出版时，所示版本均为有效。所有标准都会被修订，使用本标准的各方应探讨使用下列标准最新版本的可能性。

CJ/T 3039—1995 城市生活垃圾采样和物理分析方法

CJJ 17—1988 城市生活垃圾卫生填埋技术标准

3 定义

3.1 车载容积 垃圾车实际可载容积（m^3）。

3.2 车辆吨位 垃圾车额定载质量（t）。

3.3 采样容重 垃圾单位体积的质量（t/m^3）。

3.4 装载容重 垃圾车实际装载质量和装载容积比值（t/m^3）。

3.5 垃圾产量 垃圾产生量。

4 影响城市生活垃圾产量计算及预测的因素

计算和预测垃圾产量应考虑以下主要影响因素：人口、生活水平、燃料结构、人口密度、流动人口、气候以及收集方式等。

5 垃圾产量计算方法

5.1 垃圾产量计算的要求

取连续几年的实际垃圾产量进行推算，预测未来年度的垃圾产量，使用式（2）计算时，应注意垃圾容重测试方法的正确性和清运量的准确性；在使用式（3）计算时，应注意居住人数的准确性。

5.2 垃圾容重的测定，按 CJ/T 3039 规定执行。

5.3 垃圾样品的采集方法，按 CJ/T 3039 规定执行。

5.4 城镇居民生活区划分参照 CJJ 17 规定执行。

5.5 垃圾人均日产量的计算方法：

在日产日清的情况下，计算居民区一天（24h）产出垃圾量与该区域人口数的比值，即人均日产量计算公式如下：

$$R=\frac{P\cdot W}{S}\times 10^3 \tag{1}$$

式中：R——人均日产量，kg/人；

P——产出地区垃圾的容重，kg/L；

W——日产出垃圾容积，L；

S——居住人数，人。

5.6 垃圾产量计算方法

5.6.1 按采样法计算垃圾日产量

5.6.1.1 分布特征见表 1。

在计算垃圾日产量时，应根据各地区经济发展状况，居民生活水平和季节变化情况调整分布比例 $Q1$、$Q2$ 的数值。

表 1 垃圾日产量的分布比例

区别	居民区	事业区	商业区	清扫区	特殊区	混合区
特征	燃 煤 半燃煤 无燃煤	办公 文教	商店饭店 娱乐场所 交通站	街道 园林 广场	医 院 使领馆	垃圾堆放 处理场
分布比例	$Q1$	$Q2$				

注

1 $Q1$ 推荐使用 65%±5%。

2 分布比例根据各地区实际情况决定

5.6.1.2 城镇居民生活区人口数量的计算：

城镇居民区人口数＝常住人口数＋临时居住人口数＋流动人口数×K，其中 K=0.4～0.6。

5.6.1.3 垃圾日产量的计算公式：

$$Y=(R_1\cdot S_1+R_2\cdot S_2+R_3\cdot S_3+R_4\cdot S_4)/Q1 \tag{2}$$

式中：Y——按人均日产量计算出的垃圾日产量，kg；

R_1,R_2,R_3,R_4——垃圾的人均日产量（见表 2），kg/人；

S_1,S_2,S_3,S_4——不同特征区的人数（见表 2），人；

$Q1$——垃圾日产量的分布比例数，见表 1 所示。

5.6.2 按容重法计算垃圾日产量

$$Y=w_1\cdot p_1+w_2\cdot p_2+w_3\cdot p_3+w_4\cdot p_4=W\times P \tag{3}$$

式中：Y——按容重法计算出的垃圾日产量，t；

$w_1、w_2、w_3、w_4$——不同产出地区、不同季节日产出垃圾容积均值（见表 2），m^3；

W——产出地区四季产出垃圾容积均值，m^3；

$p_1、p_2、p_3、p_4$——不同产出地区、不同季节装载容重均值（见表 1），t/m^3；

P——产出地区四季垃圾装载容重均值，t/m^3。

表 2　垃圾参数表

垃圾参数 \ 生活区特征	无燃煤区	半燃煤区	燃煤区	混合区
日清运量，m^3	ω_1	ω_2	ω_3	ω_4
容重，t/m^3	p_1	p_2	p_3	p_4
人均日产量，t/人	r_1	r_2	r_3	r_4
居住人数，人	s_1	s_2	s_3	s_4
注：混合区指两种或两种以上生活区特征的区域				

6　垃圾产量预测方法

6.1　基数的选取与计算

6.1.1　基数的选取

垃圾产量的预测，在计算出近几年垃圾产量的基础上预测以后年度的垃圾产量，必须以预测年相邻年度开始连续上朔 6～8 年的垃圾产量为基数。

6.1.2　基数的计算

按式（2）或式（3）计算。垃圾日产量乘以计算年度的日历天数，为该年度垃圾产量。

6.2　预测回归分析

根据垃圾年产量（基数）计算对应于给定变量 X（预测年度）的 Y 值（预测垃圾产量），使用逼近垃圾年产量的最小二乘法计算，Y 在 X 上的回归曲线。该回归曲线的方程式为：

线性回归方程　　$Y = a + bX$　　(4)

指数回归方程　　$Y = dc^X$　　(5)

式中：Y——预测年的垃圾产量，t；

X——预测的年度。

6.3　线性回归

求解　$$a = \frac{\sum_{i=1}^{n} y_i - b\sum_{i=1}^{n} x_i}{n} \tag{6}$$

$$b = \frac{n\sum_{i=1}^{n} x_i y_i - \sum_{i=1}^{n} x_i \sum_{i=1}^{n} y_i}{n\sum_{i=1}^{n} x_i^2 - \left(\sum_{i=1}^{n} x_i\right)^2} \tag{7}$$

式中：x_i——计算垃圾产量基数的年度；

y_i——各年度的垃圾产量基数。

将求出的 a，b 值代入式（4）。

6.4　求相关系数及均方差

6.4.1　相关系数：

$$r = \frac{n\sum_{i=1}^{n} x_i y_i - \left(\sum_{i=1}^{n} x_i\right)\left(\sum_{i=1}^{n} y_i\right)}{\sqrt{\left(n\sum_{i=1}^{n} x_i^2 - \left(\sum_{i=1}^{n} x_i\right)^2\right)\left(n\sum_{i=1}^{n} y_i^2 - \left(\sum_{i=1}^{n} y_i\right)^2\right)}} \tag{8}$$

在实际问题中，有时两个变量之间的关系不是线性的，计算时一般采用非线性回归方法。不过在很多情况下，非线性的回归问题，可以通过变量替换转化为线性回归的问题。

6.2 中指数回归方程提供的非线性回归方程为指数函数

$$y = dc^X$$

两边取对数 $\ln y = \ln d + X\ln c$

令 $y^* = \ln y$　$a = \ln d$　$b = \ln c$

则有　　$y^* = a + bx$（线性方程）　　(9)

这样可以把非线性回归转变为线性回归。

在预测时可首先求出相关系数，确定垃圾的变化是线性回归还是曲线回归，然后取相关系数高的值计算。

6.4.2　均方差计算公式：

$$\delta = \sqrt{\frac{\sum_{i=1}^{n}(y_i - y_i^*)^2}{n-2}} \tag{10}$$

可求出垃圾预测的误差值。

由此垃圾产量　$Y = y^* \pm \delta$　　(11)

中华人民共和国城镇建设行业标准

垃圾生化处理机

Bio-chemical processor for organic waste

CJ/T 227—2006

目　次

前言 …………………………………………… 1—32—3

1　范围 ………………………………………… 1—32—4

2　规范性引用文件 …………………………… 1—32—4

3　术语 ………………………………………… 1—32—4

4　分类 ………………………………………… 1—32—4

5　型号 ………………………………………… 1—32—4

6　技术要求 …………………………………… 1—32—5

7　试验方法 …………………………………… 1—32—6

8　检验规则 …………………………………… 1—32—6

9　标志、包装、运输和储存………………… 1—32—6

前　言

本标准由建设部标准定额研究所提出。

本标准由建设部城镇环境卫生标准技术归口单位上海市市容环境卫生管理局归口。

本标准起草单位：上海市环境工程设计科学研究院、北京嘉博文生物科技有限公司、上海复旦浦发环保科技有限公司。

本标准主要起草人：吴树春、王志国、杨建平、陈志刚、吴文伟、冯幼平、王敏、李晓勇、黎永明。

1 范围

本标准规定了垃圾生化处理设备的术语、分类、型号、技术要求、试验方法、检验规则、标志、包装、运输、储存等。

本标准适用于使用微生物菌剂对可堆肥处理的生活垃圾进行生化处理的设备。

2 规范性引用文件

下列文件中的条款通过 GB/T 1 的本部分的引用而成为本部分的条款。凡是注日期的引用文件，其随后所有的修改单（不包括勘误的内容）或修订版均不适用于本部分，然而，鼓励根据本部分达成协议的各方研究是否可使用这些文件的最新版本。凡是不注日期的引用文件，其最新版本适用于本部分。

GB 191 包装储运图示标志

GB 4706.1 家用和类似用途电器的安全 第一部分：通用要求

GB 4706.17 家用和类似用途电器的安全 电动机-压缩机的特殊要求

GB 9969.1 工业产品使用说明书 总则

GB/T 5226.1 机械安全 机械电气设备 第一部分：通用技术条件

GB/T 7345 控制微电机基本技术要求

GB 12325 电能质量 供电电压允许偏差

GB 12348 工业企业厂界噪声标准

CJ 3082 污水排入城市下水道水质标准

GB/T 13306 标牌

GB/T 13384 机电产品包装通用技术条件

GB 14554 恶臭污染物排放标准

CJ/T 3059 城市生活垃圾堆肥处理厂技术评价指标

3 术语

3.1 生化处理机

使用微生物菌剂对可堆肥处理的生活垃圾进行生化处理的设备。

3.2 机仓

容纳生活垃圾和微生物菌剂并进行生物降解转化的腔体。

3.3 微生物菌剂

由一种或多种微生物菌组成的胶团、群落、种群。包括固态/液态/附着/混合。

3.4 微生物菌剂安全性评价

对城市生活垃圾微生物处理使用的微生物菌剂实行安全性管理的措施。

3.5 自动感应停机装置

为操作安全而设置的自动控制装置。

3.6 加热装置

对机仓内物料进行加温的装置。

3.7 消毒杀菌系统

出料前对物料中有害细菌进行杀灭和自动出料的控制系统。

3.8 搅拌叶

对机仓内物料进行搅拌的装置。

3.9 脱臭降尘装置

对排放的气体消除臭味和进行降尘的装置。

3.10 排湿装置

处理过程中进行湿度调节的装置。

3.11 处理效率

对生化处理机处理效果的评价。

3.12 减重率

减量型垃圾生化处理机处理效果的评价指标。

3.13 利用率

资源型垃圾生化处理机处理效果的评价指标。

3.14 产出物

经垃圾生化处理机处理后的产物。

4 分类

4.1 减量型：以减量化为目的生化处理机。

4.2 资源型：以资源化为目的生化处理机。

5 型号

5.1 有机垃圾生化处理机型号命名应有生产厂家、资源型或减量型、垃圾额定日处理量等，型号命名规则如下：

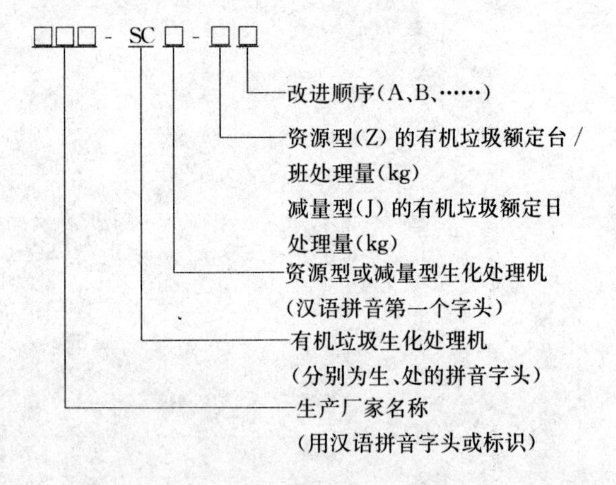

示例：①FP-SCJ-100A 表示为有机垃圾生化处理机：减量型，额定日处理能力 100kg，第一代产品，由 FP 公司生产。

②BGB-SCZ-280A 表示为有机垃圾生化处理机：资源型，额定台/班处理能力为 280kg，第一代产品，由 BGB 公司生产。

5.2 生化处理机的基本参数

5.2.1 减量型生化处理机的基本参数见表 1。

表 1　减量型生化处理机的基本参数

序号＼内容	名称			参数		
1	额定日处理量(kg/d)			≤100	≤200	≤300
2	机仓容量(L)			≥1000	≥2000	≥3000
3	减重率(%)			≥90		
4	电气	搅拌主电机	功率(kW)	5～8	7～10	9～12
			搅拌叶转速(r/min)	4～8		
			电压(V)	380		
		排气风机	功率(kW)	0.15～0.3		
			电压(V)	220/380		
			风量(m^3/h)	6～16		
			风压(kPa)	0.5～0.9		
		加热	功率(kW)	3～5	4～7	6～10
		排水	功率(kW)	0.8～1.2		
		日能耗	kWh/d	≤40	≤60	≤70
5	控制显示	机仓温度(℃)		15～100		
6	环境温度范围(℃)			−10～40		
7	外型尺寸(mm)			—	—	—
8	本机质量(kg)			—	—	—
9	使用寿命(h)			≥90000		

5.2.2　资源型生化处理机的基本参数见表 2。

表 2　资源型生化处理机的基本参数

序号＼内容	名称		参数		
1	额定日处理量(kg/d)		≤800[a]	≤1200	≤2200
2	每台班最大投放量(kg)		≤280	≤560	≤1000
3	利用率(%)		≥95		
4	机仓容量(L)		≥680	≥1500	≥3000
5	搅拌主电机	功率(kW)	1.1～1.3	3.5～4.0	7～9
		搅拌叶转速(r/min)	5～9		
		电压(V)	380		
	排气风机	功率(kW)	0.5	2～3	3.5～5
		电压(V)	220/380		
		风量(m^3/h)	400～9000		
		风压(kPa)	1.7～5.5		
	循环风机	功率(kW)	0.3～0.5	0.7～1.3	1.7～2.2
		电压(V)	220/380		
		风量(m^3/h)	500～5000		
		风压(kPa)	1.3～3.5		

续表 2

序号＼内容	名称		参数		
6	控制显示	物料控制温度(℃)	0～80		
7	环境温度范围(℃)		−10～40		
8	外型尺寸(mm)		—	—	—
9	本机质量(kg)		—	—	—
10	使用寿命(h)		≥90000		

[a] 800 型每台班按 8h，每日按三班计。

6　技术要求

6.1　性能

6.1.1　减量型生化处理机 24h 物料平均减重率 90%以上；资源型生化处理机经 8h 以上的不间断工作，资源化利用率应达到有机垃圾投放量（扣除水分）的 95%以上。

6.1.2　生化处理机应具备自动感应停机装置。

6.1.3　废气的排放

处理设备产生的废气排放应按 GB 14554 规定的恶臭排放指标执行。

6.1.4　废水排放

处理设备产生的废水应按 CJ 3082 规定的污水排入城市下水道水质标准执行。

6.1.5　产出物

生化处理机产出物根据其使用要求应符合其相应标准。

6.1.6　生化处理机运转时，在自由声场中，在距处理设备 1m 处，整机噪声应小于等于 75dB (A)。

6.1.7　减量型每处理 1kg 物料的耗电量应小于等于 0.25kWh；资源型每处理 1kg 物料的耗电量应小于等于 0.1kWh。

6.2　设计

6.2.1　机仓加热系统的温度范围应可按需要调节设定，并具有过热保护装置。

6.2.2　机仓的搅拌系统的转停时间可按需要调节设定，搅拌主电机应有过载保护装置，并设有手动控制装置。

6.2.3　整机电气系统

1）电器线路排列整齐、规范，接头应标明编号；

2）控制、信号、电机及电路绝缘电阻不应小于 10MΩ；

3）接地良好，有明显接地标志，接地电阻值不应超过 0.1Ω。

6.3　制造

6.3.1　机仓及与物料接触的零部件应采用耐腐蚀材料或进行防腐工艺处理，机仓不应出现渗漏现象。

6.3.2　外观质量

整机表面应平整，无尖锐棱角等。

6.4 使用的微生物菌剂应符合有关安全管理规定。

7 试验方法

7.1 试验条件

7.1.1 生化处理机出厂前应按表1或表2规定的转速进行空负荷试运转。

7.1.2 生化处理机投入使用前应进行试生产运转，检测各项指标合格后，方可投入运行。

7.1.3 投料持续时间不应大于10min。

7.1.4 试验时电网输入电压允许偏差为额定电压的±7%。

7.1.5 试验时环境温度应为5℃～40℃。

7.2 试验项目

7.2.1 产出物检测

根据生化处理机产出物使用要求，按相应标准检测方法要求检测。

7.2.2 机仓渗漏检测

机仓内注满水不应有渗漏。

7.2.3 噪声检测

生化处理机按GB 12348检测方法执行。

7.2.4 恶臭气体排放检测

按GB 14554检测方法执行。

7.2.5 污水排放检测

按CJ 3082检测方法执行。

7.2.6 减重率测算

在稳定运行条件下，减量型生化处理机一个处理周期内垃圾的减重率按公式

(1) 计算：

$$E_{jn}=\left[1-\frac{M_f-M_o}{W}\right]\times 100\% \tag{1}$$

式中：E_{jn}——n日平均减重率；

M_f——产出物质量（kg）；

M_o——基质质量（kg）；

W——投放的垃圾质量（kg）。

7.2.7 利用率测算

在稳定运行条件下，资源型生化处理机一个处理周期内垃圾处理产出物（干基）质量占投入垃圾（干基）质量的百分比，按公式（2）计算：

$$E_{zn}=\frac{M_f-M_o}{W}\times 100\% \tag{2}$$

式中：E_{zn}——n个工作周期（或台/班）平均利用率；

M_f——产出物总质量（kg）；

M_o——基质质量（kg）；

W——投入的垃圾质量（去除水分）（kg）。

7.2.8 单位耗电量检测

在稳定运行条件下，记录每日耗电量，按公式（3）计算单位耗电量并应符合6.1.7的规定：

$$C=\frac{\sum_{i=1}^{n}U_i}{\sum_{i=1}^{n}W_i} \tag{3}$$

式中：C——n日单位耗电量（kWh/kg）；

U——每日耗电量（kWh）；

W——每日投放垃圾量（kg）。

7.2.9 过载保护试验

按GB 4706.17检测方法执行。

7.2.10 接地电阻检测

按GB 4706.1检测方法执行。

8 检验规则

8.1 生化处理机空负荷试运转应符合下列要求：

8.1.1 无异常噪声；

8.1.2 开启电箱门和投料门盖，断电装置应符合技术规范的规定；

8.1.3 按下急停开关按钮，电机、风机和搅拌轴应停止运转；

8.1.4 按表1或表2规定的控制仪表的各项参数进行设置，用秒表测量电机、风机的转、停时间及目测检查控制仪表显示的温度。

8.2 生化处理机运转应满足下列要求：投入额定日处理量和超载20%有机垃圾，分别连续运转一个工作周期。

8.2.1 搅拌轴运转应平稳，设备无明显跳动和卡滞现象。

8.2.2 搅拌叶转动无刮箱内壁的现象。

8.2.3 搅拌轴轴承温升不应大于55℃，最高温度不应大于70℃。

8.3 超温保护和过载保护

8.3.1 处理设备应有加热系统超温保护和电气过载保护装置。

8.3.2 保护装置应安全可靠。

9 标志、包装、运输和储存

9.1 标志

在明显的位置上应固定产品标牌，其尺寸及技术要求应符合GB/T 13306标牌的规定，标牌内容应包括：

a) 产品的名称和型号；

b) 外形尺寸；

c) 本机质量；

d) 主要技术参数；

e) 产品出厂编号和制造日期；

f) 制造厂名称和商标。

9.2 包装

9.2.1 生化处理机的包装应有符合GB/T 13384、GB 191的规定。

9.2.2 随同生化处理机装箱的技术文件应封存在防水袋内，内容包括：

a）装箱单；

b）产品合格证；

c）使用说明书：应按 GB 9969.1 的规定进行编写；

d）质量保证书（或保修卡）；

e）电器原理简图；

f）安装地基图。

9.3 运输

设备运输过程中，应避免剧烈震动及雨淋。

9.4 储存

生化处理机在安装使用前应存放在干燥、通风、有遮蔽的场所。

中华人民共和国城镇建设行业标准

垃圾填埋场用高密度聚乙烯土工膜

High density polyethylene geomembrane for landfills

CJ/T 234—2006

目　次

前言 …………………………………… 3—33—3
1 范围 ………………………………… 3—33—4
2 规范性引用文件 …………………… 3—33—4
3 术语和定义………………………… 3—33—4
4 分类 ………………………………… 3—33—4
5 要求 ………………………………… 3—33—5
6 试验方法…………………………… 3—33—7
7 测试频率…………………………… 3—33—8
8 标志、标签………………………… 3—33—8
9 包装、运输、贮存 ………………… 3—33—8
附录 A（资料性附录） 糙面土工膜核心厚度的测定 ………………… 3—33—8
附录 B（资料性附录） 土工布、土工膜和相关产品的指示性抗穿刺强度的标准试验方法……………………………… 3—33—10
附录 C（资料性附录） 用切口恒载拉伸试验评价聚烯烃土工膜抗应力开裂强度的标准试验方法……………………………… 3—33—11
附录 D（资料性附录） 用显微镜判定聚烯烃土工合成材料中碳黑分散度的标准试验方法 … 3—33—14
附录 E（资料性附录） 用高压差示扫描量热法测定　聚烯烃土工合成材料的氧化诱导时间的试验方法………… 3—33—15
附录 F（资料性附录） 用深度计测量毛面土工膜粗糙度的标准试验方法 ………………… 3—33—16
附录 G（资料性附录） 国内外检测方法对照 ………………… 3—33—17

前 言

本标准指标参考了国外相关标准，参考并引用了部分美国测试与材料协会（ASTM）测试方法和国际土工合成材料研究协会（GRI）测试方法。

本标准的附录 A、附录 B、附录 C、附录 D、附录 E、附录 F、附录 G 为资料性附录。

本标准由建设部标准定额研究所提出。

本标准由建设部城镇环卫标准技术归口单位上海市市容环境卫生管理局归口。

本标准主编单位：武汉市环境卫生科学研究设计院；本标准参编单位：华中科技大学、GSE（吉事益）衬垫技术有限公司、深圳市中兰实业有限公司、Easen Internetional Inc（宜生国际有限公司）和北京高能垫衬工程有限公司协作起草。

本标准的主要起草人：冯其林、陈朱蕾、尤官林、罗毅、葛芳、刘泽军、庄平、刘勇、谭晓明、甄胜利、刘婷、刘阳、孔熊君、孙蔚旻。

本标准为首次发布。

1 范围

本标准规定了垃圾填埋场用高密度聚乙烯土工膜的分类、要求、试验方法、测试频率、标志、标签、包装、运输和贮存等。

本标准适用于垃圾填埋场防渗、封场等工程中所使用，以中（高）密度聚乙烯树脂为主要原料，添加各类助剂所生产的高密度聚乙烯土工膜。

2 规范性引用文件

下列文件中的条款通过本标准的引用而成为本标准的条款。凡是注日期的引用文件，其随后所有的修改单（不包括勘误的内容）或修订版均不适用于本标准，然而，鼓励根据本标准达成协议的各方研究是否可使用这些文件的最新版本。凡是不注日期的引用文件，其最新版本适用于本标准。

GB/T 1033　塑料密度和相对密度试验方法

GB/T 1037　塑料薄膜和片材透水蒸气性试验方法杯试法

GB/T 1040　塑料拉伸性能试验方法

GB/T 2918　塑料试样状态调节和试验的标准环境

GB/T 5470　塑料冲击脆化温度试验方法

GB/T 6672　塑料薄膜和薄片厚度测定　机械测量法

GB/T 6673　塑料薄膜和薄片长度和宽度的测定

GB/T 7141　塑料热空气暴露试验方法

GB/T 9352　热塑性塑料压塑试样的制备

GB/T 11116　高密度聚乙烯树脂

GB/T 12027　塑料　薄膜和薄片　加热尺寸变化率试验方法

GB/T 13021　聚乙烯管材和管件碳黑含量的测定　热失重法

GB/T 15182　线性低密度聚乙烯树脂

GB/T 16422.3　塑料实验室光源暴露实验方法　第3部分：荧光紫外灯

GB/T 17391　聚乙烯管材与管件热稳定性试验方法

QB/T 1130　塑料直角撕裂性能试验方法

3 术语和定义

3.1

土工膜　geomembrane

一种以聚合物为基本原料的防水阻隔型材料，如聚乙烯（PE）土工膜，聚氯乙烯（PVC）土工膜，氯化聚乙烯（CPE）土工膜及各种复合土工膜等。

3.2

高密度聚乙烯（HDPE）土工膜　high density polyethylene geomembrane

是以中（高）密度聚乙烯树脂为原料生产的，密度为 0.94g/cm^3 或以上的土工膜。

3.3

光面土工膜　smooth geomembrane

膜的两面均具有光洁、平整外观的土工膜。

3.4

糙面土工膜　textured geomembrane

经特定的工艺手段生产的单面或双面具有均匀的毛糙外观的土工膜。

3.5

拉伸强度　tensile strength

在拉伸试验中，试样直至断裂为止，单位宽度所承受的最大拉伸应力（kN/m）。

3.6

拉伸断裂应力　tensile break stress

在试验试样断裂时的拉伸应力。

3.7

拉伸屈服应力　tensile yield stress

在拉伸应力-应变屈服点处的应力。

3.8

偏置屈服应力　offset yield stress

应力-应变曲线偏离直线性达规定应变百分数（偏置）时的应力。

3.9

断裂伸长率　elongation at break

在拉力作用下，试样断裂时标线间距离的增加量与初始标距之比，以百分数表示。

3.10

拉伸应力-应变曲线　tensile stress-strain curve

由应力-应变的相应值彼此对应绘成的曲线图。通常以应力值作为纵坐标，应变值作为横坐标。

4 分类

4.1 分类

4.1.1 光面高密度聚乙烯土工膜，代号为 HDPE1。

4.1.2 糙面高密度聚乙烯土工膜，代号为 HDPE2，其中单糙面高密度聚乙烯土工膜，代号为 HDPE2-1；双糙面高密度聚乙烯土工膜，代号为 HDPE2-2。

4.2 型号

型号表示见下图：

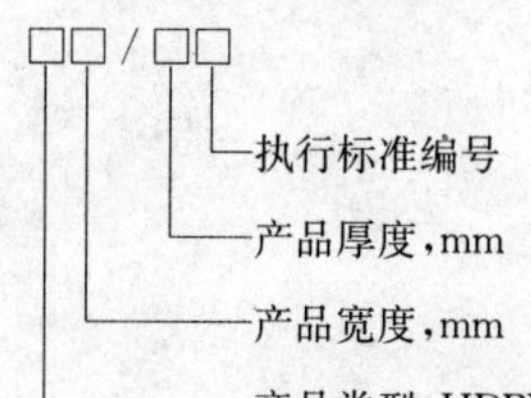

HDPE2-1　单糙面 HDPE 土工膜

HDPE2-2　双糙面 HDPE 土工膜

型号示例：6000mm 宽，1.5mm 厚的光面 HDPE 土工膜，表示为：HDPE16000/1.5CJ/T234—2006

5 要求

5.1 规格尺寸及偏差

5.1.1 产品单卷的长度不应少于50m，长度偏差应控制在±2%。

5.1.2 宽度尺寸应大于3000mm，偏差应控制在±1%。表1列举了整数宽度的规格尺寸及偏差值，非整数宽度产品可参考执行。填埋场底部防渗应选用5000mm以上，覆盖可选用3000mm以上产品。

5.1.3 产品的厚度及偏差应符合表2的要求。其中，光面土工膜的极限偏差应控制在±10%，糙面土工膜的极限偏差应控制在±15%。底部防渗应选用厚度大于1.5mm的土工膜，临时覆盖可选用厚度大于0.5mm的土工膜，终场覆盖可选用厚度大于1.0mm的土工膜。

表1 土工膜宽度及偏差

项目		指标						
宽度/mm		3000	4000	5000	6000	7000	8000	9000
偏差/%	光面	±30	±40	±50	±60	±70	±80	±90
	糙面	±30	±40	±50	±60	±70	±80	±90

表2 土工膜厚度及偏差

项目		指标							
光面	厚度mm	0.5	0.75	1.00	1.25	1.50	2.00	2.50	3.00
	极限偏差mm	±0.05	±0.08	±0.10	±0.13	±0.15	±0.20	±0.25	±0.30
	平均偏差%	≥0							

续表2

项目		指标					
糙面	厚度mm	1.00	1.25	1.50	2.00	2.50	3.00
	极限偏差mm	±0.15	±0.19	±0.23	±0.30	±0.38	±0.45
	平均偏差%	≥-5.0					

5.2 外观质量

土工膜外观质量应符合表3的要求。

表3 土工膜外观质量

序号	项目	要求
1	切口	平直，无明显锯齿现象
2	穿孔修复点	不允许
3	机械（加工）划痕	无或不明显
4	僵块	每平方米限于10个以内。直径小于或等于2.0mm，截面上不允许有贯穿膜厚度的僵块
5	气泡和杂质	不允许
6	裂纹、分层、接头和断头	不允许
7	糙面膜外观	均匀，不应有结块、缺损等现象

5.3 技术性能指标

产品的技术性能指标应符合以下要求。

5.3.1 技术性能应符合表4的要求。

表4 光面HDPE土工膜技术性能指标

序号	指标	测试值						
		0.75mm	1.00mm	1.25mm	1.50mm	2.00mm	2.50mm	3.00mm
1	最小密度/（g/cm³）	0.939						
2	拉伸性能							
	屈服强度（应力）/（N/mm）	11	15	18	22	29	37	44
	断裂强度（应力）/（N/mm）	20	27	33	40	53	67	80
	屈服伸长率/%	12						
	断裂伸长率/%	700						
3	直角撕裂强度/N	93	125	156	187	249	311	374
4	穿刺强度/N	240	320	400	480	640	800	960
5	耐环境应力开裂（单点切口恒载拉伸法）/h	300						
6	碳黑							
	碳黑含量（范围）/%	2.0～3.0						
	碳黑分散度	10个观察区域中的9次应属于第1级或第2级，属于第3级的不应多于1次。						
7	氧化诱导时间（OIT）							
	标准OIT/min；或	100						
	高压OIT/min	400						

续表 4

序号	指标	测试值						
		0.75mm	1.00mm	1.25mm	1.50mm	2.00mm	2.50mm	3.00mm
8	85℃烘箱老化（最小平均值）							
	烘烤 90d 后，标准 OIT 的保留/%；或	55						
	烘烤 90d 后，高压 OIT 的保留/%	80						
9	抗紫外线强度							
	紫外线照射 1600h 后，标准 OIT 的保留/% 或	50						
	紫外线照射 1600h 后，高压 OIT 的保留/%	50						
10	−70℃低温冲击脆化性能	通过						
11	水蒸汽渗透系数 g·cm/（cm²·s·Pa）	≤1.0×10^{-13}						
12	尺寸稳定性/%	±2						

5.3.2 糙面 HDPE 土工膜的技术性能应符合表 5 的要求。

表 5 糙面 HDPE 土工膜技术性能指标

序号	指标	测试值					
		1.00mm	1.25mm	1.50mm	2.00mm	2.50mm	3.00mm
1	毛糙高度/mm	0.25					
2	最小密度/（g/cm³）	0.939					
3	拉伸性能						
	屈服强度（应力）/（N/mm）	15	18	22	29	37	44
	断裂强度（应力）/（N/mm）	10	13	16	21	26	32
	屈服伸长率/%	12					
	断裂伸长率/%	100					
4	直角撕裂强度/N	125	156	187	249	311	374
5	穿刺强度/N	267	333	400	534	667	800
6	耐环境应力开裂（单点切口恒载拉伸法）/hr	300					
7	碳黑						
	碳黑含量（范围）/%	2.0～3.0					
	碳黑分散度	10 次观察中的 9 次应属于第 1 级或第 2 级，属于第 3 级的不应多于 1 次。					
8	氧化诱导时间（OIT）						
	标准 OIT/min 或	100					
	高压 OIT/min	400					
9	85℃烘箱老化（最小平均值）						
	烘烤 90d 后，标准 OIT 的保留/% 或	55					
	烘烤 90d 后，高压 OIT 的保留/%	80					
10	抗紫外线强度						
	紫外线照射 1600hr 后，标准 OIT 的保留/% 或	50					
	紫外线照射 1600hr 后，高压 OIT 的保留/%	50					
11	−70℃低温冲击脆化性能	通过					
12	水蒸汽渗透系数 g·cm/（cm²·s·Pa）	≤1.0×10^{-13}					
13	尺寸稳定性/%	±2					

5.4 生产原料与配方

5.4.1 制造 HDPE 土工膜的聚乙烯树脂的密度应大于或等于 $0.932g/cm^3$。

5.4.2 树脂熔体流动速率应小于 1.0g/10min（190℃/2.16kg）。生产使用回用料时，回用料不应超过10%。回用料应是与原料相同的，在内部生产过程中同一或同类生产线产生的符合标准要求、清洁的再循环树脂。生产中不应加入任何其他类型的回收利用树脂。

6 试验方法

6.1 试样状态调节和试验的标准环境

按 GB/T 2918 的规定。试验条件：温度 23℃±2℃；相对湿度 50%±5%；状态调节周期不少于88h。

6.2 厚度

光面 HDPE 按 GB/T 6672 中规定的方法在加压 20kPa，保留 5s 的条件下进行测试；糙面 HDPE 土工膜按本标准附录 A 的规定测试。均以测得数据的最大值和最小值作为极限厚度值，以测得数据的算术平均值作为产品的平均厚度值，精确到 0.01mm，计算厚度极限偏差和平均偏差。

结果计算见式（1）、式（2）：

$$\Delta t = t_{max}(\text{或}\ t_{min}) - t_0 \tag{1}$$

$$\overline{\Delta t} = \frac{\bar{t} - t_0}{t_0} \times 100 \tag{2}$$

式中：Δt——厚度极限偏差，单位为毫米（mm）；

t_{max}——实测最大厚度，单位为毫米（mm）；

$\overline{\Delta t}$——厚度平均偏差百分数，（%）；

$\bar{t}$——平均厚度，单位为毫米（mm）；

t_0——公称厚度，单位为毫米（mm）。

6.3 宽度与长度

按 GB/T 6673 的规定测试，记录每次测量的宽度，计算其算术平均值，作为卷材或样品的平均宽度。

6.4 外观

在自然光线下用肉眼观测，按本标准第 5.2 条的规定测试。

6.5 密度

按 GB/T 1033 的规定测试，测试和计算应当选用D法。

6.6 拉伸性能

6.6.1 测试

按 GB/T 1040 的规定测试，测试应当用Ⅱ型试样，试验速度选择 F=50mm/min±10%。

6.6.2 结果的计算和表示

拉伸性能测试结果按 GB/T 1040 第 8 节的规定计算和表示。

6.7 直角撕裂强度

6.7.1 相关定义

以试样撕裂过程中的最大负荷值作为直角撕裂负荷。

6.7.2 测试

按 QB/T 1130 的规定测试，试验速度应为 50mm/min±10%。

6.7.3 计算

直角撕裂强度按式（3）计算：

$$\sigma_{tr} = \frac{P}{d} \tag{3}$$

式中：σ_{tr}——直角撕裂强度，单位为千牛顿每米（kN/m）；

P——撕裂负荷，单位为牛顿（N）；

d——试样厚度，单位为毫米（mm）。

试样结果以所有直角撕裂负荷或直角强度的算术平均值表示。试验结果的有效数字取二位或按产品标准规定。

6.8 穿刺强度

按本标准附录 B 的规定测试。

6.9 耐环境应力开裂（单点切口恒载拉伸法）

按本标准附录 C 的规定测试，糙面土工膜应在其光边上或按 GB/T 9352 制备相同厚度的光面试样测试。

6.10 碳黑含量

按 GB/T 13021 的规定测试。

6.11 碳黑分散度

按本标准附录 D 的规定测试。

6.12 氧化诱导时间（OIT）

可选择标准 OIT 或者高压 OIT 二者之一来检查土工膜的抗氧化性能。标准 OIT 按 GB/T 17391 的规定测试；高压 OIT 按本标准附录 E 的规定测试。

6.13 85℃烘箱老化

按 GB/T 7141 的规定，在 85℃温度下，将样品悬挂在烘箱中，测试 90d，每周应检查试样的变化和均匀受热情况。标准 OIT 按 GB/T 17391 的规定测试；高压 OIT 按本标准附录 E 的规定测试。宜测试 30d 和 60d 后的 OIT，以便比较。

6.14 抗紫外线强度

按 GB/T 16422.3，但测试条件应为在 75℃温度下紫外线照射 20h，再在 60℃温度下冷凝暴露 4h，重复共计 1600h。高压 OIT 按本标准附录 E 的规定测试，应取暴露面测试。

6.15 毛糙高度

按本标准附录 F 的规定。在 10 次测试中，其中 8 次的结果应大于 0.18mm，最小值应大于 0.13mm。对双糙面土工膜，应交替在两面进行测量。

6.16 水蒸气渗透系数

按 GB/T 1037 的规定测试，按条件 A 的要求进行。

6.17 低温冲击脆化性能

按GB/T 5470的规定测试，在－70℃下进行试验，30个试样中的25个以上不破坏为通过。

6.18 尺寸稳定性

按GB/T 12027的规定测试，试验温度为100℃，时间1h。

7 测试频率

生产测试频率应符合表6规定。

表6 最小生产测试频率

序号	测试指标	测试频率
1	厚度/mm	每卷
2	密度/（g/c）	每90000kg
3	拉伸性能	每9000kg
	屈服强度/（N/mm） 断裂强度/（N/mm） 屈服伸长率/% 断裂伸长率/%	
4	直角撕裂强度/N	每20000kg
5	穿刺强度/N	每20000kg
6	耐环境应力开裂（单点切口恒载拉伸法）/h	每90000kg
7	碳黑	
	碳黑含量（范围）/% 碳黑分散体	每9000kg 每20000kg
8	氧化诱导时间（OIT）	每90000kg
	标准OIT/min或 高压OIT/min	
9	85℃烘箱老化（最小平均值）	每配方
	烘烤90d后，标准OIT的保留/%或 烘烤90d后，高压OIT的保留/%	
10	抗紫外线强度	每配方
	紫外线照射1600h后，标准OIT的保留/% 或 紫外线照射1600h后，高压OIT的保留/%；	
11	－70℃低温冲击脆化性能	每配方
12	水蒸汽渗透系数 g·cm/（cm^2·s·Pa）	每配方
13	尺寸稳定性/%	每配方
14	毛糙高度/mm	每两卷

8 标志、标签

8.1 标志

产品出厂时每卷包装应附有合格证，并标明：

a）产品名称、代号、产品标准号、商标；

b）生产企业名称、地址；

c）生产日期、批号、净质量；

d）质检章、检验员章或其他形式的质检标志。

8.2 标签

8.2.1 设置

沿长度方向和两端设置，应贴紧膜的边缘，与膜边线平齐，宽度不宜大于100mm。

8.2.2 内容

可标注商标、企业名称、地址、联系方式、产品名称及规格等。

9 包装、运输、贮存

9.1 包装

产品每卷为一个包装单位，应捆扎牢固，便于装卸。特殊要求可由供需双方商定。

9.2 运输

产品在运输过程中应避免沾污、重压、强烈碰撞和割（刮）伤等。吊装时，宜采用尼龙绳等柔性绳带，不得使用钢丝绳等直接吊装。

9.3 贮存

产品应存放在干燥、阴凉、清洁的场所，远离热源并与其他物品分开存放。贮存时间超过二年以上的，使用前应进行重新检验。

附录A
（资料性附录）
糙面土工膜核心厚度的测定

A.1 原理

糙面土工膜的核心厚度是计算样品中所有相同试样的测量结果的平均值得到的。每一个试样的厚度值是在试样上一定的地点用固定的几何形状和特定的压力0.56N±0.05N条件，测量垂直于膜面，膜两侧测量器点之间的距离。

A.2 仪器

A.2.1 厚度测量器

静荷载型厚度测量器，其精度需要达到至少±0.01mm。测量器的制造应能允许施加一个特定的力0.56N±0.05N。测量器应该有一个基点（或者基准点）和一个同轴排列并且可以上下移动的压力点。

A.2.2 厚度测量器点

测量器点系用高硬度的钢材制成。其底（顶）端点的半径为0.8mm±0.1mm，与水平面成60°±2°的倒角。如图A.1所示。

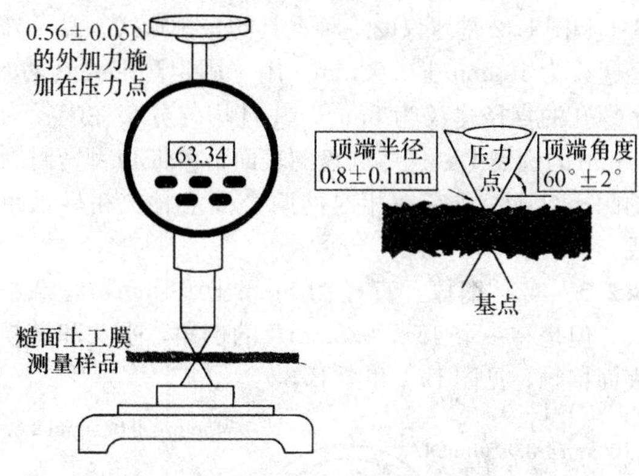

图 A.1 糙面土工膜的静载厚度测量设备

说明 1：被测量的土工膜试样应该与两个相对的测量器点的轴线保持垂直。为了支持较大的试样，可能在其下面需要有一个支撑系统。

说明 2：可以通过标准厚度板来校准测量器和测量器点。频繁地和粗暴地使用测量器会使测量器点变钝并且导致它们排列错位，这些都会导致错误的读数。经常地校准可以发现这些问题。

A.3 试验条件

保持试样在 23℃±2℃的温度和 55%±10%的相对湿度下达到平衡。

A.4 取样

A.4.1 样品

对于样品，应是一个有足够长度的整个卷宽的样品，以满足从 A.4.2 到 A.4.4 节的要求。样品应排除在卷材的内外包装层或者其他不能作为样品代表的材料。

A.4.2 沿着宽度在样品上以随机的方式取样。且必须是土工膜卷材两边 15cm 以内的部分的测量值。

A.4.3 试样

从每个样品中取样，应保证试样的边缘在各个方向上都在测量器点的边缘以外 10mm。推荐用直径大约为 75mm 的圆形试样。

A.4.4 试样的数量

A.4.4.1 应按本标准第 7 章的要求。

A.4.4.2 为了能得到 95%的可信度，应在每个样品中取很多的试样，使测量结果的平均值与样品的真实平均值的误差不超过 5%。以下式计算每个样品的试样数量：

$$n=(tv/A)^2 \quad (A.1)$$

式中：n——试样的数量（取整数）；

t——t 值是单边限制的，有 95%的可信度，并与 v 的估值的自由度相关。t 值可按表 A1 取值；

v——在单一操作精度条件下，在用户实验室对类似材料进行独自观察的变化系数的可靠估计。当实验室没有可靠的 v 值估计时，上面的等式就不能直接使用。可按 10 个试样先行测试，得到初步估计值；

A——平均值的 5%，允许的误差值。

表 A.1 每批产品抽样数量的确定

每批卷数	抽样卷数
1～2	1
3～8	2
9～27	3
28～64	4
65～125	5
126～216	6
217～343	7
344～512	8
513～729	9
730～1000	10
≥1001	11

A.5 试验步骤

A.5.1 在 A.3 中指定的标准的实验室环境条件下对状态调节好的试样进行试验；

A.5.2 通过对基点上的压力点施加特定的力（没有放置试样），对测量尺进行清零或者记录初始的非零读数；

A.5.3 升起压力点并插入试样。当将压力点慢慢地与试样接触时，调整试样的位置以便测量器点位于糙面的突起之间的凹陷处的“低点”或“低谷”，获得局部最小厚度读数。重复以上步骤，每个试样一共获得 3 个测量读数。取 3 个读数中的最小值作为该试样的厚度，结果要求精确到 0.025mm。

A.5.4 测量时测量器需要在满额静载压强条件下，静置 5s，然后按照测量器的精度记录厚度值。

A.5.5 对每个待测试样重复以上方法。

A.6 计算

用所有试样的结果计算样品的平均厚度，记录时精确到 0.025mm。

A.7 试验报告

报告平均厚度的如下信息：

a）工程项目，测试的土工膜的类型，抽样方法。

b）用来测试厚度的设备名称或相关描述。

c）测量器点的尺寸（如果与这个标准不同的话）。

d）样品和试样的尺寸（如果与这个标准不同的话）。

e）加载间隔时间。

f）试样的数量。

g）报告每一个试样的厚度测量结果，精确到 0.025mm。

h）报告所有测量结果的平均值，精确到0.025mm。

i）可用百分数形式表示样品的单个测量结果的变化系数。

j）在测量过程中出现的任何异常的或者超出标准的情况。

k）在测量过程开始和结束的实验室环境条件。

附 录 B
（资料性附录）
土工布、土工膜和相关产品的指示性抗穿刺强度的标准试验方法

B.1 试验原理

试样在不受拉伸的情况下夹在两个圆板之间，并且环形的夹具要牢固固定在拉伸测试仪上。与荷载指示器相连的一根实心金属棒对试样没有被支撑部分的中心施加一个力，直到试样被刺穿。记录下来所施加的最大的力就是试样的抗穿刺强度。

B.2 试验装置

B.2.1 拉伸/压缩测试机，恒速伸展型（CRE），有自动记录器，如图B.1所示。

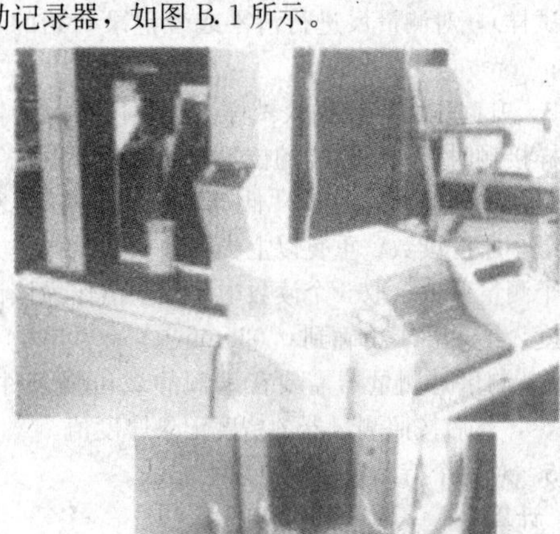

图B.1 试验装置安装与固定的照片

B.2.2 环形夹具配件，由内径45.00mm±0.03mm的同心圆盘所组成，能够夹住试样使之不能滑动。图B.1和图B.2是建议的一种夹具的安排形式。盘子外径建议为100mm±0.03mm。用于固定环形夹具的6个螺孔的直径建议为8mm，并且均匀分布在半径为37mm的圆周上。这些圆盘的表面可由带O型密封圈的凹槽组成，或者在相对的两个面上粘上粗砂纸组成。

B.2.3 实心钢棒，直径为8mm±0.1mm，底端平头，但是有一个45°（0.8mm）的倒角，平头和试样表面接触，见图B.1和图B.3。

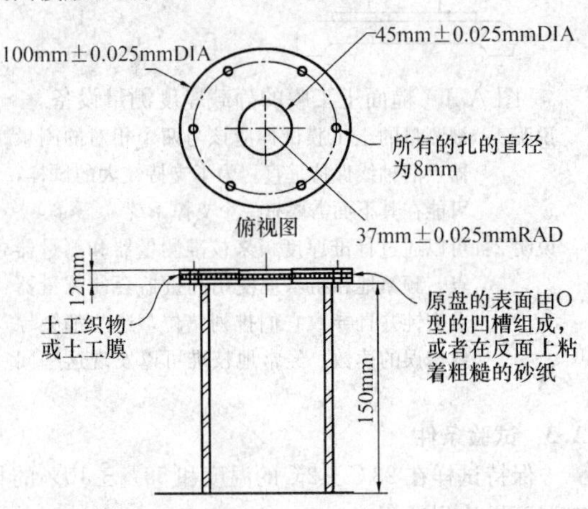

图B.2 试验安装细节（未按比例）

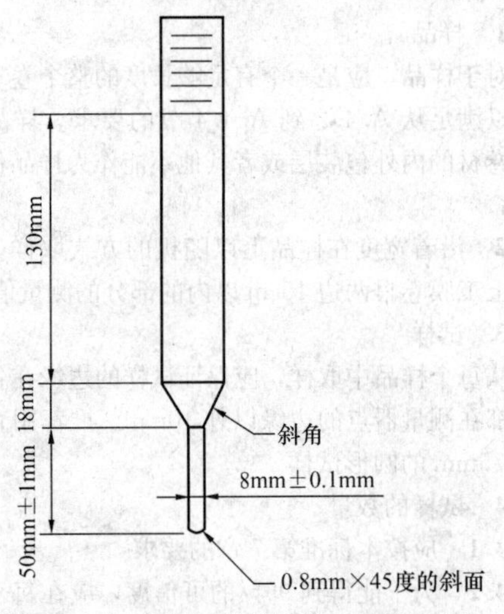

图B.3 试验穿刺针细节（未按比例）

B.3 取样

B.3.1 样品抽样

从产品中取样时，应从被抽检整个卷材的膜片宽度方向上距离两端大于200mm处均匀裁取，并沿着切割边有足够的长度，从而可以满足测试要求。

B.3.2 样品制备

为了易于固定膜片，试样的最小直径应该为100mm。在实验室样品上沿着一条对角线均匀取下试样。试样到土工膜样品的切割边或边缘的距离不能小于土工膜样品宽度的1/10。

B.4 试样的数量

B.4.1 对 v 的可靠估计

当用户能基于在其实验室按照本方法的指导对类似材料进行测试的大量样品记录，获得可靠的 v 值估计时，可以通过公式（B.1）计算所需要的试样数量：

$$n=\left(\frac{tv}{a}\right)^2=\frac{(tv)^2}{36} \quad (B.1)$$

式中：n——试样的数量（取整数）；

v——基于用户实验室个人操作精度水平对类似材料进行独自观察的变化系数的可靠估计；

t——检验的取值是双边限制的（见表 B.1），95%的可信度，其自由度与 v 的估计值有关；

a——平均值的 6%，允许的误差值。

表 B.1 双边 95%可信度的 t 值

自由度	t（0.025）
1	12.760
2	4.303
3	3.182
4	2.776
5	2.571
6	2.447
7	2.365
8	2.306
9	2.262
10	2.228
11	2.201
12	2.179
13	2.160
14	2.145
15	2.131
16	2.120
17	2.110
18	2.101
19	2.093
20	2.086
21	2.080
22	2.074
23	2.069
24	2.064
25	2.060
26	2.056
27	2.052
28	2.048
29	2.045
无穷大	1.960

B.4.2 没有对 v 的可靠估计

当实验室没有可靠的 v 值估计时，每个实验室样品取 15 个试样。这个数量是通过 v 为平均值的 10%来计算的，一般比实际的要高。当实验室有可靠的 v 的估计值时，按公式（B.1）计算的试样数会少于 15 个。

B.5 状态调节

使试样在空气相对湿度 50%±10%和温度 23℃±2℃（70℉±4℉）的环境里达到湿度平衡状态。当在不少于两个小时的时间间隔中，试样质量的改变值不超过试样质量的 0.1%时，就认为试样达到了平衡。

B.6 试验步骤

B.6.1 选择拉伸/压缩测试机的负荷量程使得刺穿发生在满量程负荷的 10%～90%之间。

B.6.2 将试样牢固安装在圆盘中间并且保证试样延伸到夹盘的外缘上或之外。

B.6.3 以（300±10）mm/min 的测试速度进行试验直到金属棒完全刺穿试样。

B.6.4 读取实验中记录的最大力作为抗穿刺强度。复合土工膜材料，记录可能会有两个峰值。在这种情况下，即使第二个峰值高于第一个，也要采用初始峰值。

B.7 计算

计算直接从记录装置上读取的所有实验结果的平均抗穿刺强度及其标准偏差。

B.8 试验报告

B.8.1 陈述试样是按照本附录 R.3 试验方法的规定处理的。

B.8.2 报告应该包括以下内容：

a）在夹盘设备中固定试样的方法；

b）试样的平均抗穿刺强度；

c）每组数据的变异系数（如果已知）和标准偏差；

d）与所描述的试验方法的任何差异；

e）状态调节记录。

附 录 C
（资料性附录）
用切口恒载拉伸试验评价聚烯烃土工膜抗应力开裂强度的标准试验方法

C.1 原理

该试验方法是将从聚烯烃薄片上取下的哑铃状的带切口的试样在恒载拉伸下置于高温表面活性剂中，测试并记录到试样断裂的时间。在不同应力水平下的一系列测试结果可以在对数坐标轴上建立一个应力水平及其断裂时间的关系图。

C.2 试验装置

C.2.1 落料压印模

将试样切成如图C.1所示的尺寸（mm）和精度为0.02mm的模具。试样长度可以改变，以适应设备的口径，但是颈状部分应是固定的，其长度至少为13mm，宽度应为3.2mm。

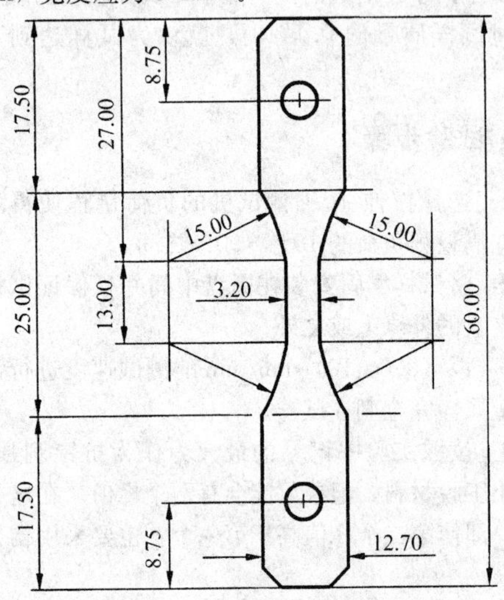

图C.1 L型试样的尺寸图

C.2.2 切口设备

能切出精度一致的切口深度的设备。

C.2.3 应力开裂设备

能给试样施加高达13.8MPa拉伸应力的设备。试样应完全浸入恒温50℃±1℃的表面活性剂中，并经常搅拌溶液使其浓度保持一致。图C.2中的设备是常用设备中的一种，能同时测试20个试样。该设备应用杠杆原理将荷载加到每个试样上，杠杆省力系数为3。浸泡试样的表面活性剂放在开口的不锈钢槽中。内置的加热器和控制器用来保持试验温度，水泵用来保持液体的恒速搅拌。每个试样带有一个计时器用来自动记录试样断裂时间，精度为0.1hr。如果使用“开/关”按钮来控制计时器，那么按钮的灵敏度必须达到在200g力的作用下关掉。

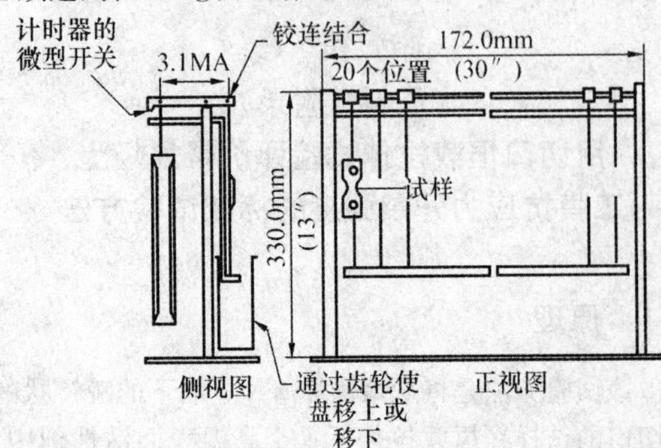

图C.2 有20个试样测试位置的恒载施加装置

C.3 试剂

C.3.1 试剂由10%的表面活性剂和90%的水（蒸馏水或去离子水）混合而成。表面活性剂IgepalCO-630是含苯氧壬基的聚乙烯。试剂必须保存在密封容器中。实验槽中的试剂每两个星期更换一次以保证稳定的浓度。

C.4 取样

C.4.1 样品抽样

从产品中取样时，宜从被抽检整个卷材的膜片宽度方向上距离两端大于200mm处均匀裁取，并沿着切割边有足够的长度（不少于1m），从而可以满足测试要求。如果可以确定没有受损或者与其他部分没有不同，也可以从卷的末端部分取样。

C.4.2 样品制备

从抽取的样品中制备30个试样为一组。对于同一组测试，所有的试样都必须从同一方向上取下。

C.4.3 应对薄片材料最弱的方位进行测试。既材料的横断方向。因此切口是垂直在长度方向，以使试样在所希望的横方向上受力。

C.4.4 在试样两端的孔里放入护孔环，有利于减少脱钩或者在试样颈部以外发生的断裂的次数。

C.5 试验步骤

C.5.1 在每个试样最薄的部位测量厚度，精确到0.013mm。与土工膜公称厚度相比，厚度变化不应超过±0.026mm。

C.5.2 如图C.3所示，在试样的一面切开一个控制

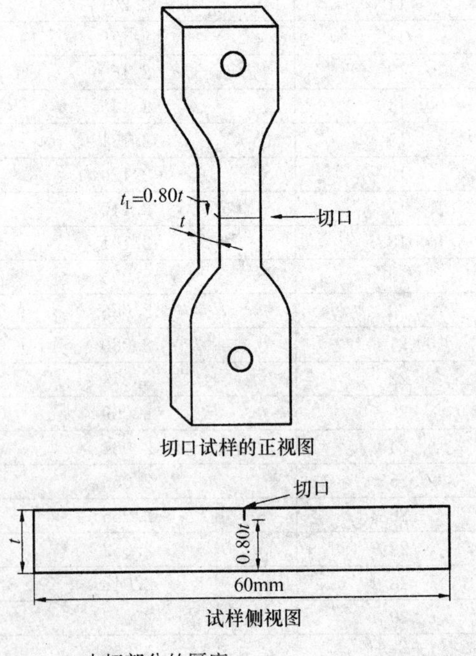

t_L——未切部分的厚度；

t——膜的公称厚度。

图C.3 带有切口试样的正视图和侧视图

切口。切口的深度应该使试样未切部分的厚度为其公称厚度的80%。

C.5.3 在切割之前要检查刀刃有无划伤，每个刀片最多只能切20个试样。

C.5.4 试样按其室温下的屈服应力的百分比施加荷载。施加的应力水平应在20%到65%之间，最大增幅为5%。每个应力水平测试三个试样，以便得到有效的结果。

C.5.5 试验的持续时间应试验按预先设定好的时间运行。也可将试验继续，直到所有试样都断裂为止。计算这些试样的断裂时间的算术平均值和变化系数。

C.5.6 按上述推荐的数值得到一个方向的完整曲线图，就有10个测点，每点三个试样，共计30个测试。假如两个方向都要测试，则需要进行60个测试。

C.5.7 对每一组测试，应加载同样的应力水平，材料的屈服应力应根据相应的拉伸试验方法进行测量。测量五个试样，用其平均值计算应施加的力。拉伸试验的试样必须和本附录第C.4章的试样取自同一样品的同一方向。

C.5.8 按下式计算给每个试样施加的拉力。

$$F=(A)(\sigma_y)(w)(t_L)(1/M_A) \tag{C.1}$$

式中：F——施加的力，达到给定的屈服应力的百分比时需要施加的力，单位为牛（N）；

A——要达到的屈服应力的百分比；

σ_y——室温下材料的屈服应力，单位为牛每米（N/m^2）；

w——试样颈部的宽度（3.20mm）；

t_L——试样的切口处未切部分的厚度，推荐为试样公称厚度的80%，单位为毫米（mm）；

M_A——试验设备的杠杆省力系数，如图C.2的设备其值为3.0。

C.5.9 将试剂装满试验槽，将温度调到50℃±1℃，可用自动进水器来维持试剂液的液面高度。

C.5.10 将试样挂在试验设备的挂钩上。

C.5.11 将杠杆臂与开关间的距离调到20mm。

C.5.12 把试样浸入试剂中并使其达到温度平衡，最少30min。

C.5.13 根据C.5.6节的计算结果为每个试样准备相应的铅丸（或其他材料）重量。

C.5.14 为每个试样装载各自的重量，并记录直到试样断裂为止的时间，精确到0.1hr。

C.5.15 为防止水分挥发和试剂液的氧化，可在试剂液的表面放一层聚苯乙烯或其他隔离材料。

C.5.16 在每个施加的应力水平，计算3次断裂时间的算术平均值作为该应力水平的试验结果报告。

C.5.17 用以下公式计算变化系数，保留两位有效数字：

$$V=\frac{S}{\overline{F}}\times 100\% \tag{C.2}$$

式中：V——变化系数；

S——施加应力的标准偏差；

$\overline{F}$——施加应力的平均值，单位为牛（N）。

C.5.18 在平均断裂时间大于10hr的情况下，V值应该低于15%。如果该值不低于15%，应在该应力水平下重新测试3个新的试样。

C.6 试验结果

C.6.1 用图形来表达试验数据，以屈服应力百分比及其对应的平均断裂时间在对数坐标上绘图，可能得到如图C.4的三种类型的曲线图。

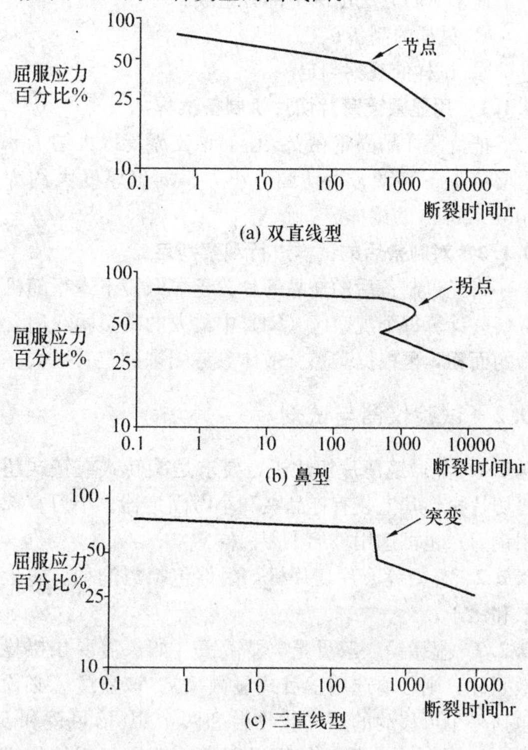

图C.4 一个完整的NCLT试验的可能的结果曲线

C.7 试验报告

报告如下内容：

a）被测材料的完整记录，包括测试方向。

b）在试验中用到的屈服应力。包括室温下的屈服应力与试验用的屈服应力的百分比或其他应力/荷载。

c）使用的状态调节方法。

d）报告每个应力水平下的平均断裂时间和变化系数。

e）在对数轴上绘制屈服应力百分比和平均断裂时间关系图。

f）如果试验是在预定的时间下进行，应阐述下述内容：

1）各方同意的试验时间；

2）如果试样在规定的时间之前断裂，应报告试样的断裂时间，否则应记录为“未断裂”。

g）报告与本标准不同的任何变化。

附 录 D
（资料性附录）
用显微镜判定聚烯烃土工合成材料中碳黑分散度的标准试验方法

D.1 原理

这个试验方法由两个部分组成：

a）试样的制备；

b）试样的观察判定。

D.1.1 用显微镜薄片切片机制备试样

把待测样品固定在支架上，该支架能以大约1μm的增量上下移动。手动调节小刀，划出厚度大约为8μm～20μm的试样。

D.1.2 对制备后的试样进行观察判定

将经过制备后的样品薄片置于显微镜下进行随机观察．计算每个观察区（Rf）中最大的碳黑团或内含物的面积，再根据碳黑分散体参考图来判定其级数。

D.2 试验仪器与试剂

D.2.1 显微镜薄片切片机，要求是旋转式或铲式超薄切片机，其上装有样品夹和小刀固定器。小刀宜选用钢刀；也可选用玻璃小刀。

D.2.2 显微镜薄片切片机，附件包括滑润剂、防尘罩和镊子。

D.2.3 显微镜，双目光学显微镜（如果需要拍摄显微照片，则必须选用三目式显微镜）。该显微镜必须包括一个可移动的试样载物台和两个10倍目镜和5倍～20倍放大物镜。使用过程中，选择相应的物镜使得总的放大倍数可以达到50倍～200倍。

D.2.4 显微镜附件，校准十字线（目镜千分尺），装在目镜里．位于目镜镜头和物镜镜头之间。

D.2.5 光源，强度可变的外部白色光源。

D.2.6 显微镜盖玻片和载玻片。

D.2.7 香液粘合剂或其他适用的透明的替代品（如透明的指甲油）。

注：该透明粘剂不得溶解薄片或与其发生化学反应。

D.2.8 显微镜盖玻片的制作：能获得随机观察区。其制作方法为：从盖玻片的中心分别向两边隔5mm处做记号。用玻璃蚀刻法和小刀在做记号的位置沿着长边刻出两条平行线。在每条刻线分别向外3.2mm处做记号．对原始线刻蚀平行线。最后完成的盖玻片如图D.1所示。

D.2.9 显微镜盖玻片：尺寸必须与放置试样的载玻片尺寸一样大。平行线应能允许看见所有放置的试样。

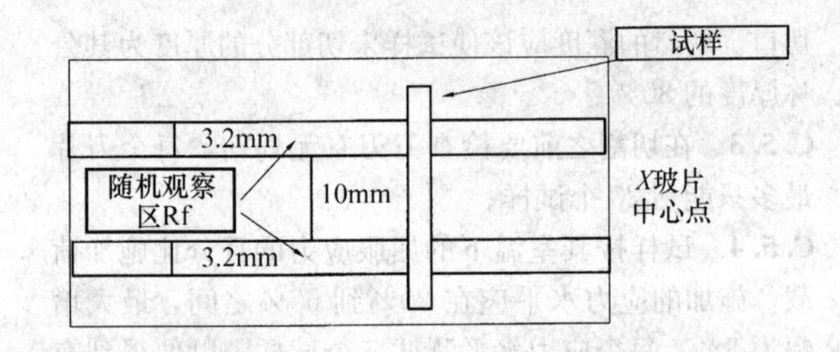

图D.1 显微镜盖玻片轮廓图

D.3 试验步骤

D.3.1 取样，从产品中取样时，沿土工膜整个卷宽方向随机选取5个样品。土工膜样品的大小约为2.54cm²。

D.3.2 试样准备，利用显微镜薄片切片机在每个土工膜试样的横机器方向取一个微切片，用显微镜薄片切片机对大多数材料切片时，采用四氯乙烷硬化喷雾可以防止碳黑或其他组分的拖尾效应。四氯乙烷硬化喷雾的作用是使试样在切片前温度降至－15℃并硬化。

D.3.3 薄切片和载玻片

D.3.3.1 每个薄切片应该：

a）厚度为8μm～20μm，允许足够的光通过以便于用显微镜观测到碳黑团；

b）没有大的缺陷，包括因刻痕或是钝口刀引起的缺口，或因重压或粗糙的处理导致切片局部撕裂和扭曲。

注：当薄切片的厚度20μm时，由于太厚而不能使足够的光线穿透薄片。薄切片最适宜的厚度为10μm～15μm，但这些薄切片容易卷曲，难于操作。实际中，我们可以将一轻淡的珩磨油涂于小刀上，这样有利于试样粘附在刀刃上，并使它更容易从刀刃上滑落到载玻片上。

D.3.3.2 每个载玻片上安装5个试样，并将显微镜盖玻片盖在5个试样上。处于盖玻片两条3.2mm宽的观察区区域中的那部分试样即为随机观察区。

D.3.4 显微镜调整，通过校准位于目镜和物镜之间的十字线调整显微镜透光强弱。

D.3.5 把显微镜盖玻片（如图C.1所示）盖在安装好的薄切片上面。

D.3.6 随机观察区的选择，在对薄切片进行任何仔细的显微镜分析前，把安装好的薄切片放在光源与物镜之间的显微镜载物台上。把盖玻片放在安装好的薄切片上时应使每个观察区完全重叠于切片之上。薄切片位于盖玻片的两个平行区域内的部分就是两个随机观察区，即Rf。

D.3.7 显微评估，用显微镜检查每一个随机观察区（Rf），并锁定最大的碳黑团或内含物。如果显微镜放大倍数不是100，选择物镜使放大倍数为100倍。计算碳黑团或内含物的面积。非球形的碳黑团的面积通过选取合适的直径计算。图D.2可作为参考。

D.3.8 重复上面的D.3.5和D.3.6节的步骤直到记录10组读数为止。从每个切片试样中选取的随机观察区不得多于2个，并且薄切片试样不得少于5个。

D.3.9 记录所获得的10组读数（计算结果），按本附录的附加说明进行评级，并近似到整数。

D.4 试验报告

D.4.1 被测材料或产品的样品信息，包括样品类型、来源、制造商编码或批号。

D.4.2 试样的准备方法（例如：显微镜用薄片切片法、冰冻试样和加热试样等）。

D.4.3 报告所得到的10个随机观察区的计算结果并近似到整数。

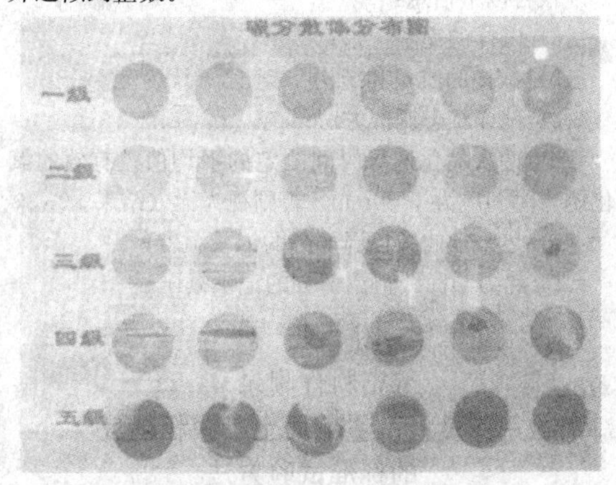

图D.2 碳分散体参考图

附 录 E
（资料性附录）
用高压差示扫描量热法测定聚烯烃土工合成材料的氧化诱导时间的试验方法

E.1 试验原理

E.1.1 将试样和相应的参比材料放在不排气的高压氧环境中，从室温开始以恒定速率加热。当达到特定的温度，试样保持在该温度下直到氧化反应发生并显示在热量曲线上。氧化诱导时间是从开始加热到完成氧化反应的时间间隔。

E.1.2 在这个实验中，高压氧是用来加速反应和缩短分析时间。

E.1.3 除非另外说明，这个试验中使用的温度应为150℃，同时在恒容条件下反应室压强应维持在3.4MPa。

E.2 试验设备

E.2.1 差示扫描量热，热分析设备的加热速率能够达到20℃±1℃/min，还能自动记录试样和参比样品之间的热流差。这个设备必须能够以±1℃的精度测量试样温度，以±0.5℃的精度维持设定的温度。

E.2.2 数据输出设备，打印机，绘图仪，记录机或其他记录输出设备，将从差示扫描量热计输出的信号以Y轴为热流和X轴为时间显示出来。

E.2.3 高压差示扫描量热室能够维持压强在（3.4±2%）MPa的范围。这个系统应配备一个压强计来监测室内的压强，并允许手动释放压强来维持需要的压强水平。

E.2.4 高压氧气瓶调节器能够调节压强到5.5MPa的调节器。氧气瓶的输出口用干净的不锈钢管和高压室连接。

E.2.5 分析天平，0.1mg的灵敏度。

E.2.6 试样支架。脱脂铝盘，直径5.0mm～7.0mm。

E.2.7 钻孔器、木塞穿孔器或拱形穿孔机，用来制备直径为6.3mm的圆盘试样。

E.3 试剂和材料

E.3.1 除非另有说明，在这个试验方法中所有的化学试剂为化学纯。

E.3.2 正己烷或丙酮，用来清洗试样盘和不锈钢管. 见E.4.2和E.4.3。

E.3.3 铟（99.999%纯度），用于校准温度，见E.5.1。

E.3.4 氧，试验气，纯度大于99.5%。

E.4 预防措施

E.4.1 氧是强氧化剂，是活泼的助燃剂。必须让油类和脂类远离正在使用或装有氧的设备。

E.4.2 连接高压室和氧气瓶的不锈钢管在使用前必须用正己烷（或丙酮）彻底清洗和干燥。

E.4.3 在试验前，所有的试样支架应该用正己烷（或丙酮）清洗干净并干燥。

E.4.4 要求使用加压氧时必须正确而小心地操作。操作者还必须熟悉实验室安全操作要求。

E.5 取样

E.5.1 用钻孔刀、木塞穿孔器或打孔机从土工膜样品中切取几个直径为6.3mm的圆形试样。

E.5.2 将这些试样压模成厚度为0.25mm的均匀薄片。压模成型应在低于本试验温度的条件下和尽可能快速地进行，以减小测量值的负偏差。

E.5.3 用一个直径为6.3mm的钻孔刀或穿孔机从薄片上切取试样。

E.6 试验步骤

E.6.1 准备一个质量为5mg±1mg的试样。

E.6.2 把已称量的试样放到干净的试样盘。

E.6.3 把试样盘和参比盘放到反应室中。

E.6.4 关好试验室顶板和密封反应室。

E.6.5 根据下面的步骤在恒容条件下进行操作和试验：

E.6.5.1 关闭压强释放阀和反应室的进口阀，仅打开出口阀。

E.6.5.2 调整气瓶的调节器使其输送3.4MPa的试验压强。观察试样的温度并调整加压速率以使温度升高不超过5℃/m。

E.6.5.3 慢慢打开反应室的进口阀，用氧气清洗反应室2mm。

E.6.5.4 2min后，关闭出口阀，使反应室内达到全压，然后关闭进口阀。同时关闭氧气瓶的输出阀。

E.6.6 启动试样的加热程序，以20℃/min的速率从室温加热到150℃。加热程序的开始为计时起点。然后保持150℃恒温直至观察到氧化放热峰值为止，同时记录整个试验的热力学曲线（见图E.1）。

E.6.7 达到恒温条件150℃±0.5℃后5min，记录试验温度。试验开始时压强会稍微增加。可微微打开排气阀使压强降到3.4MPa。

E.6.8 记录试验温度值必须是150℃±0.5℃，试验才视为有效。

E.6.9 当氧化放热峰值越过它的最高值时，终止试验。

E.6.10 试验从氧化发生到氧化峰值所需的时间可能大于900min，因此第一个试样恒温时间宜为1000min。

E.6.11 试验完成后，逐渐打开压强释放阀慢慢释放压强。通常需要用30s～60s来完成压强释放。

E.6.12 每三到四次试验后可通过热解析（400℃的空气或氧气中保持3min）清洁反应室装置，去除积累的有机物，以确保安全操作。

E.7 分析结果

E.7.1 以热流信号为Y轴、时间为X轴绘制试验结果图。

E.7.2 按下面的方式确定氧化诱导时间值。

E.7.2.1 试验结果图的Y轴分度值宜采用5W/g。

E.7.2.2 一般情况下将水平基线定为氧化发生点。如果氧化放热曲线在氧化反应开始时有一个小的伴随峰，S型的基线会比直线型的基线更合适。

E.7.2.3 在放热峰拐点画切线并且延长使其交于基线。

E.7.2.4 从在室温下开始计时到交叉点的时间即是氧化降解发生时间，以此作为氧化诱导时间值。

E.7.2.5 测量氧化诱导时间，如图E.1所示。

E.7.3 报告每个试验值，并以两次试验的平均值作为氧化诱导时间。

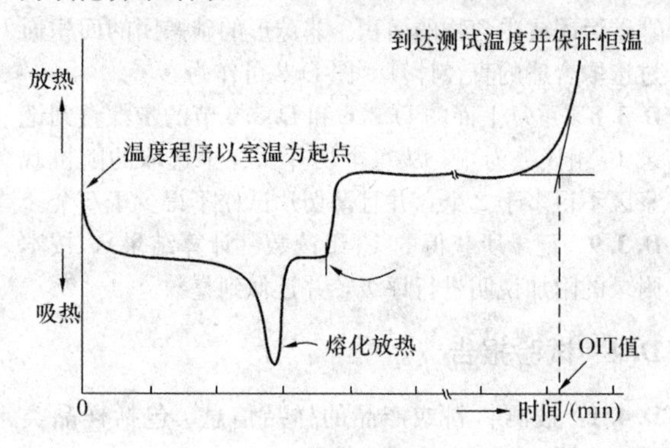

图E.1 试验温度曲线图

E.8 试验报告

报告以下信息：

a）试样的完整记录；

b）试样的质量和结构；

c）试样状态调节方法；

d）两次氧化诱导时间测定的平均值；有效的氧化诱导时间应大于30min，否则视为无效结果。

e）热力学曲线恒温部分的记录温度；

f）热力学曲线恒温部分的记录氧压。

附 录 F
（资料性附录）
用深度计测量毛面土工膜粗糙度的标准试验方法

F.1 试验原理

F.1.1 毛面土工膜粗糙度是用深度计在凹陷处（谷）测量得到的，这些凹陷是在凸出处（峰）和薄片中心表面之间产生的。

F.1.2 对试验样品在一卷宽度上的十个测量值取平均值，得到毛面土工膜的粗糙度。

F.2 设备

试验装置由三个部分组成：刻度盘指示器、扩充架指示器和一个深度计。这两部分的结构在图1中给出。

a）刻度盘指示器至少有2.5mm的量程和±0.025mm的精确度。

b）深度计，如图F.1所示，深度计包括三个不同的组成部分。它们分别为测定样品尺寸的块规见粗糙度高度试验装置结构图F.1、扩充架指示器图F.2和接触点图F.3。接触点上下移动的范围不会超过块规。块规的底部尺寸为50mm×20mm，高度为15mm。接触点直径为1.3mm，见图F.3。

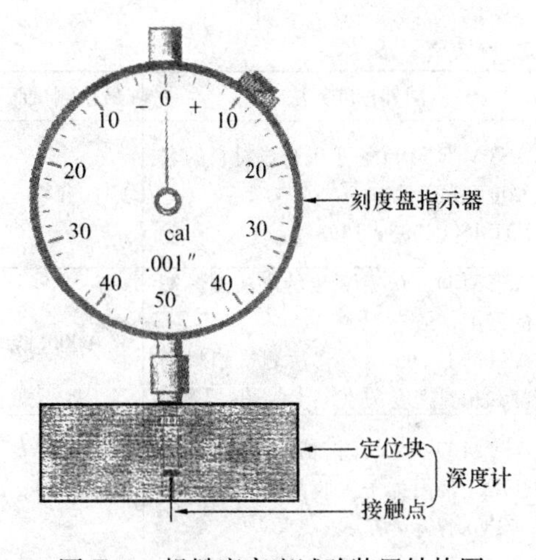

图 F.1　粗糙度高度试验装置结构图

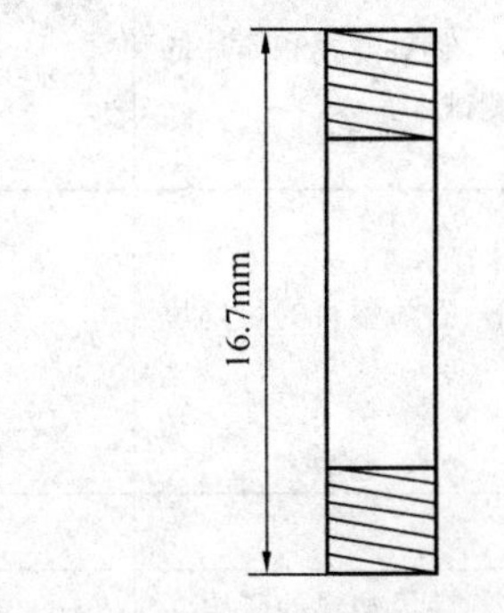

图 F.2　扩充架指示器

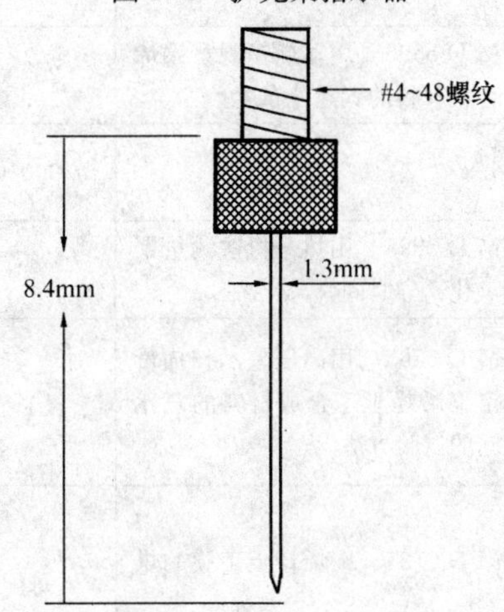

图 F.3　接触点尺寸

F.3　取样及条件

F.3.1　样品抽样应考虑土工膜的完整卷筒宽度和长度。当测量样品宽度时，卷筒应平摊在支撑面上以正确测量。

F.3.2　样品应保持温度为 23℃±2℃，相对湿度为 50%±10%。

F.4　程序

F.4.1　测量前将块规的指示器度盘归零。

F.4.2　将深度计接触点置于糙面土工膜样品的表面最低点并保持稳定。

F.4.3　在刻度盘指示器上读数和记录，精确到 0.025mm。

F.4.4　将深度计放置在下一个位置，重复测量过程。

F.4.5　按等分试样的长度方法以确定测量厚度的位置点，方法如下：

a) 试样长度小于等于 300mm 时，测 10 点；

b) 试样长度为 300mm～1500mm 时，测 20 点；

c) 试样长度大于等于 3000mm 时，至少测 30 点；

d) 对未裁边的样品，应在距边 50mm 处开始测量。

F.5　计算

对刻度盘指示器上直接读出的所有数据计算平均粗糙度值。

F.6　报告

平均粗糙度值的报告应包含以下信息：

a) 毛面土工膜试验的设计、类型和取样方法；

b) 用于试验的计量器仪器的名称或描述；

c) 计量点尺寸；

d) 试验样品尺寸；

e) 测量数据数量；

f) 单个测量值的粗糙度平均值；

g) 样品测量值的偏差，%。

附　录　G

（资料性附录）

国内外检测方法对照

表 G.1　国内外检测方法对照

序号	指　标	国内标准	国外标准方法	最小测试频率
	长度和宽度	GB/T 6673—2001　塑料　薄膜和片材　长度和宽度的测定	IDT ISO 4592：1992	

续表 G.1

序号	指标	国内标准	国外标准方法	最小测试频率
1	厚度最小值误差，%	GB/T 6672—2001 塑料薄膜和薄片厚度的测定 机械测量法，测试应在加压 20kPa，保留 5s 的条件下进行的	ASTM D 5199 土工合成材料的名义厚度测试 IDT ISO 4593：1992	每卷
2	密度，g/cm^3	GB/T 1033—1986 塑料密度和相对密度试验方法，测试应当用 D 法	ASTM D 1505 用密度梯度法测量塑料的密度，或 ASTM D 792 用位移法测量塑料的密度和相对密度	90000kg
3	拉伸性能	GB/T 1040—1992 塑料拉伸性能试验方法，测试应当用Ⅱ型试样，试验速度 $F=50mm/min\pm10\%$	ASTM D 6693 非加筋聚乙烯和非加筋柔软聚丙烯土工膜的拉伸性能测试（TypeⅣ）	9000kg
4	直角撕裂强度，N	QB/T 1130—1991 塑料直角撕裂性能试验方法，但试验速度应为 50mm/min	ASTM D 1004 塑料薄膜和薄片的抗直角撕裂强度测试	20000kg
5	耐环境应力开裂，hr	GB/T 1842—1999 聚乙烯环境应力开裂试验方法 （说明：GB/T 1842 等效于 ASTM D 1693。提议用先进的 ASTM D 5397 方法。）	ASTM D 1693 乙烯塑料的耐环境应力开裂测试	90000kg
6	碳黑			
	碳黑含量（范围），%	GB/T 13021 聚乙烯管材和管件碳黑含量的测定（热失重法）	ASTM D 1603 烯烃塑料的碳黑含量的测试	9000kg
	碳黑分散体	本标准附录 D	ASTM D 5596 用显微镜观察聚烯烃土工合成材料的碳黑分布度	20000kg
7	氧化诱导时间（OIT）			90000kg
	标准 OIT，min	GB/T 17391—1998 聚乙烯管材与管件热稳定性试验方法	ASTM D 3895 用热分析法测量聚烯烃的氧化诱导时间	
	高压 OIT，min	本标准附录 E	ASTM D 5885 用高压差示扫描量热法测定聚烯烃土工合成材料的氧化诱导时间的试验方法	
8	85℃烘箱老化（最小平均值）	GB/T 7141—1992 塑料热空气暴露试验方法，测试是在 85℃温度下进行 90d，每周应检查试样的变化和均匀受热情况	ASTM D 5721 聚烯烃土工膜的烘箱老化测试	每配方
	（a）标准 OIT-90 d 后的保留；或者 （b）高压 OIT-90d 后的保留	GB/T 17391—1998 聚乙烯管材与管件热稳定性试验方法 本标准附录 E	ASTM D 3895（同上） ASTM D 5885（同上）	
9	抗紫外线强度（高压 OIT-1600hr 后的保留）	GB/T 16422.3—1997 塑料实验室光源暴露试验方法，第三部分：荧光紫外线，但测试条件为在 75℃温度下紫外线照射 20hr，再在 60℃温度下冷凝暴露 4hr	GM11 用荧光 UVA-缩合作用装置进行土工膜的加速老化测试	每配方

续表 G.1

序号	指标	国内标准	国外标准方法	最小测试频率
10	−70℃低温冲击脆化性能	GB/T 5470—85 塑料冲击脆化温度试验方法	ASTM D 746 塑料和橡胶冲击脆化温度测试（TypcⅢ）	
11	水蒸气系数 g·cm/(cm^2·s·Pa)	GB/T 1037—88 塑料薄膜和片材透水蒸气性试验方法 杯式法	ASTM E 96 材料水蒸气透过量测试（干燥剂法）	
12	尺寸稳定性，%	GB/T 12027 塑料薄膜尺寸变化率试验方法，测试条件为在100℃温度下1hr	ASTM D 1204 热塑料薄片和薄膜在高温下的线性尺寸变化测试	
13	毛糙高度，mm	本标准附录 F	GM12 用深度计测量糙面土工膜的毛糙高度	
	糙面土工膜的核心厚度	本标准附录 A	ASTM D 5994 糙面土工膜的核心厚度测试	每卷
	穿刺强度，N	本标准附录 B	ASTM D 4833 土工布和土工膜及其相关产品的指示性抗穿刺强度测试	20000kg
	耐环境应力开裂，hr	本标准附录 C	ASTM D 5397 土工膜的抗应力开裂强度测试 附录（SP-NCTL）	90000kg
	碳黑分布度	本标准附录 D	ASTM D 5596 用显微镜观察聚烯烃土工合成材料的碳黑分布度	
	高压 OIT，hr	本标准附录 E	ASTM D 5885 用高压差份扫描热量计测量聚烯烃土工合成材料的氧化诱导时间	

注：ASTM：美国测试与材料协会；GRI：国际土工合成材料研究协会。

中华人民共和国城镇建设行业标准

垃圾填埋场用线性低密度聚乙烯土工膜

Linear low density polyethylene geomembrane for landfills

CJ/T 276—2008

前　言

本标准指标参考了国外相关标准，参考并引用了部分美国测试与材料协会（ASTM）测试方法。

本标准的附录 A 为资料性附录。

本标准由住房和城乡建设部标准定额研究所提出。

本标准由住房和城乡建设部城镇环卫标准技术归口单位上海市市容环境卫生管理局归口。

本标准主编单位：武汉市环境卫生科学研究设计院。

本标准参编单位：华中科技大学、北京高能垫衬工程有限公司、吉事益衬垫技术有限公司、深圳市中兰实业有限公司、宜生国际有限公司协作起草。

本标准的主要起草人：冯其林、陈朱蕾、甄胜利、谭晓明、罗毅、葛芳、庄平、刘婷、刘泽军、刘勇、尤官林、张文伟、黄和文、孔熊君、曾越祥、吕志中、曹丽。

本标准为首次发布。

1 范围

本标准规定了垃圾填埋场用线性低密度聚乙烯（LLDPE）土工膜的分类、要求、试验方法、测试频率、标志、标签、包装、运输和贮存等。

本标准适用于垃圾填埋场在终场覆盖、临时覆盖、中间覆盖等工程中所使用的线性低密度聚乙烯（LLDPE）土工膜。覆盖用的低密度聚乙烯（LDPE）土工膜可参照本标准。

2 规范性引用文件

下列文件中的条款通过本标准的引用而成为本标准的条款。凡是注日期的引用文件，其随后所有的修改单（不包括勘误的内容）或修订版均不适用于本标准，然而，鼓励根据本标准达成协议的各方研究是否可使用这些文件的最新版本。凡是不注日期的引用文件，其最新版本适用于本标准。

GB/T 1033 塑料密度和相对密度试验方法

GB/T 1037 塑料薄膜和片材透水蒸气性试验方法 杯试法

GB/T 1040.1 塑料 拉伸性能的测定 第1部分：总则

GB/T 1040.2 塑料 拉伸性能的测定 第2部分：模塑和挤塑塑料的试验条件

GB/T 1040.3 塑料 拉伸性能的测定 第3部分：薄膜和薄片的试验条件

GB/T 1842 聚乙烯环境应力开裂试验方法

GB/T 2918 塑料试样状态调节和试验的标准环境

GB/T 5470 塑料冲击脆化温度试验方法

GB/T 6672 塑料薄膜和薄片厚度的测定 机械测量法

GB/T 6673 塑料薄膜和薄片长度和宽度的测定

GB/T 7141—1992 塑料热空气暴露试验方法

GB/T 9352 热塑性塑料压塑试样的制备

GB/T 12027 塑料 薄膜和薄片 加热尺寸变化率试验方法

GB/T 13021 聚乙烯管材和管件炭黑含量的测定 热失重法

GB/T 15182 线性低密度聚乙烯树脂

GB/T 16422.3 塑料实验室光源暴露试验方法 第3部分：荧光紫外灯

GB/T 17391 聚乙烯管材与管件热稳定性试验方法

CJ/T 234 垃圾填埋场用高密度聚乙烯土工膜

QB/T 1130 塑料直角撕裂性能试验方法

3 术语和定义

下列术语和定义适用于本标准。

3.1 土工膜 geomembrane

以聚合物为基本原料的防水阻隔型材料，如高密度聚乙烯土工膜（HDPE）、线性低密度聚乙烯土工膜（LLDPE）、低密度聚乙烯土工膜（LDPE），聚氯乙烯（PVC）土工膜，氯化聚乙烯（CPE）土工膜及各种复合土工膜等。

3.2 线性低密度聚乙烯（LLDPE）土工膜 linear low density polyethylene geomembrane

是以一种具有线性分子结构的乙烯/α-烯烃共聚物为主要原料，添加各类助剂所制造的，密度为小于或等于 0.939g/cm^3 的土工膜。

3.3 光面土工膜 smooth geomembrane

膜的两面均具有光洁、平整外观的土工膜。

3.4 糙面土工膜 textured geomembrane

采用特定的工艺手段制造的单面或双面具有均匀的毛糙表面的土工膜。如果是具有单面毛糙表面的土工膜就叫单糙面土工膜；若是具有双面毛糙表面的土工膜就称作双糙面土工膜。

3.5 2%正割模量 2% modulus

在 2%低应变的条件下，单位面积目标值 σ_2 和应力初始值 σ_1 的差值 σ 与对应的应变目标值 E_2 和初始值 E_1 的差值（E_2-E_1，$E_2=0.025$；$E_1=0.005$）E之比。$M=\sigma/E$ 以 MPa 为单位。

3.6 多轴拉伸试验 multi-axial tension test

试样（球形或椭圆形的弧形）受垂直方向的压力，直到样本破裂（即压力突然消失）或达到某一预定的极限点，得到的应力—应变的相应值关系的试验。

4 分类

4.1 分类

4.1.1 光面土工膜

光面线性低密度土工膜的代号为 LLDPEl。

4.1.2 糙面土工膜

糙面线性低密度土工膜的代号为 LLDPE2，其中单糙面线性低密度土工膜代号为 LLDPE2-1；双糙面线性低密度土工膜代号为 LLDPE2-2。

4.2 型号

型号表示见下图：

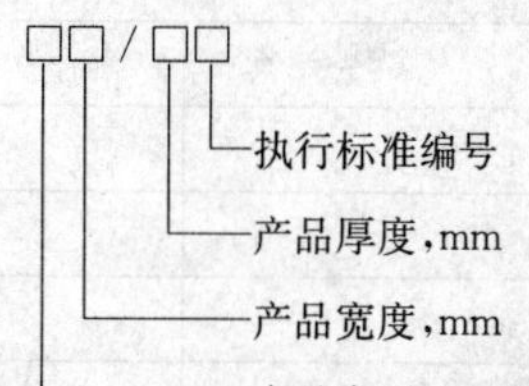

型号示例：6000mm 宽、1.5mm 厚的光面线性低密度土工膜，表示为：LLDPE1 6000/1.5 CJ/T 276—2008

5 技术要求

5.1 规格尺寸及偏差

5.1.1 产品单卷的长度不少于50m，长度偏差应控制在±2%。

5.1.2 规格尺寸宜大于3000mm，偏差应控制在±1%以内。整数宽度的规格尺寸及偏差值应符合表1的要求，非整数宽度产品可参考执行。

表1 土工膜宽度及偏差

项目		指标						
宽度/mm		3000	4000	5000	6000	7000	8000	≥9000
偏差/%	光面	±30	±40	±50	±60	±70	±80	±90
	糙面	±30	±40	±50	±60	±70	±80	±90

5.1.3 产品的厚度规格及偏差应符合表2的要求。其中，光面土工膜的偏差应控制在±10%。糙面土工膜的偏差应控制在±15%。临时覆盖可选用厚度大于等于0.5mm的土工膜，终场覆盖可选用厚度大于等于1.0mm的土工膜。

表2 土工膜厚度及偏差

项目		指标							
厚度		0.50	0.75	1.00	1.25	1.50	2.00	2.50	3.00
极限偏差/mm	光面	±0.05	±0.07	±0.10	±0.13	±0.15	±0.20	±0.25	±0.30
	糙面	±0.08	±0.11	±0.15	±0.19	±0.23	±0.30	±0.38	±0.45
平均偏差/%	光面	≥0							
	糙面	≥-5							

5.2 外观质量

5.2.1 光面土工膜外观质量应符合表3的要求。

5.2.2 糙面膜外观应均匀，不应有直径大于5mm的结块（块状糙面膜除外）或面积大于100cm² 缺损等现象。

表3 土工膜外观质量

序号	项目	要求
1	切口	平直，无明显锯齿现象
2	穿孔修复点	不允许
3	机械（加工）划痕	不明显
4	僵块	膜表面每平方米限于10个以内。单个直径应小于2.0mm，截面上不允许有贯穿膜厚度的僵块
5	气泡和杂质	不允许
6	裂纹、分层、接头和断头	不允许

5.3 技术性能指标

产品的技术性能指标应符合以下要求。

1）光面LLDPE土工膜技术性能指标应符合表4的要求。

2）单糙面、双糙面的LLDPE土工膜的技术性能指标应符合表5的要求。

表4 光面LLDPE土工膜技术性能指标

序号	项目	指标							
		0.50mm	0.75mm	1.00mm	1.25mm	1.50mm	2.00mm	2.50mm	3.00mm
1	密度/（g/cm³）	≤0.939							
2	拉伸性能								
	断裂强度（应力）/（N/mm）	13	20	27	33	40	53	66	80
	断裂标称应变/%	800							
	2%正割模量/（N/mm）	210	370	420	520	630	840	1050	1260
3	抗直角撕裂强度/N	50	70	100	120	150	200	250	300
4	抗穿刺强度/N	120	190	250	310	370	500	620	750
5	多轴拉伸断裂应变/%	30							
6	耐环境应力开裂/h	1500							
7	碳黑								
	碳黑含量（范围）/%	2.0～3.0							
	碳黑分布度	10个观察区域中的9次应属于1级或2级，属于第3级的不应多于1次							
8	氧化诱导时间（OIT）								
	标准OIT/min；或	100							
	高压OIT/min	400							
9	85℃烘箱老化（最小平均值）								

续表 4

序号	项 目	指 标							
		0.50mm	0.75mm	1.00mm	1.25mm	1.50mm	2.00mm	2.50mm	3.00mm
	烘烤 90d 后，标准 OIT 的保留/%或	35							
	烘烤 90d 后，高压 OIT 的保留/%	60							
10	抗紫外线强度								
	紫外线照射 1600h 后，高压 OIT 的保留/%	35							
11	−70℃低温冲击脆化性能	通过							
12	水蒸气渗透系数 g·cm/（cm²·s·Pa）	$\leqslant 1.0\times10^{-13}$							
13	尺寸稳定性/%	±2							

表 5 糙面 LLDPE 土工膜技术性能指标

序号	项 目	指 标							
		0.50mm	0.75mm	1.00mm	1.25mm	1.50mm	2.00mm	2.50mm	3.00mm
1	毛糙高度/（mm）	0.25							
2	密度/（g/cm³）	≤0.939							
3	拉伸性能								
	断裂强度（应力）/（N/mm）	5	9	11	13	16	21	26	31
	断裂标称应变/%	250							
	2%正割模量/（N/mm）	210	370	420	520	630	840	1050	1260
4	抗直角撕裂强度/N	50	70	100	1120	150	200	250	300
5	多轴拉伸断裂应变/%	30							
6	抗穿刺强度/N	100	150	200	250	300	400	500	600
7	耐环境应力开裂/h	1500							
8	碳黑								
	碳黑含量（范围）/%	2.0～3.0							
	碳黑分布度	10 个观察区域中的 9 次应属于 1 级或 2 级，属于第 3 级的不应多于 1 次							
9	氧化诱导时间（OIT）								
	标准 OIT/min 或	100							
	高压 OIT/min	400							
10	抗紫外线强度								
	紫外线照射 1600h 后，高压 OIT 的保留/%	35							
11	85℃烘箱老化（最小平匀值）								
	烘烤 90d 后，标准 OIT 的保留/%或	35							
	烘烤 90d 后，高压 OIT 的保留/%	60							
12	−70℃低温冲击脆化性能	通过							
13	水蒸气渗透系数 g·cm/（cm²·s·Pa）	$\leqslant 1.0\times10^{-13}$							
14	尺寸稳定性/%	±2							

5.4 生产原料与配方

5.4.1 用来制造线性低密度土工膜的聚乙烯树脂的原料应符合 GB/T 15182 的要求。

5.4.2 树脂熔体流动速率应小于 1.0g/10min（190℃/2.16kg）。生产使用回用料时，回用料不得超过 10%，回用料应是与原料相同的，在内部生产过程中同一或同类生产线产生的符合标准要求、清洁的再循环树脂。生产中不应加入任何其他类型的回收利用树脂。

5.4.3 产品一般为黑色，可根据环境需要可加入着色剂制成绿色或其他颜色。

6 试验方法

6.1 试样状态调节和试验的标准环境

按 GB/T 2918 的规定。试验条件：温度 23℃±2℃；相对湿度 50%±5%；状态调节周期为 24h～96h。

6.2 厚度

光面土工膜按 GB/T 6672 中规定的方法在加压 20kPa，保留 5s 的条件下进行测试；糙面土工膜按 CJ/T 234 中附录 A 的规定测试。均以测得数据的最大值和最小值作为极限厚度值，以测得数据的算术平均值作为产品的平均厚度值，精确到 0.01mm，计算厚度极限偏差和平均偏差。

结果计算见公式（1）、（2）：

$$\Delta t = t_{max}(或\ t_{min}) - t_0 \tag{1}$$

$$\Delta \bar{t} = \frac{\bar{t} - t_0}{t_0} \times 100 \tag{2}$$

式中：Δt——厚度极限偏差，单位为毫米（mm）；

t_{max}——实测最大厚度，单位为毫米（mm）；

t_{min}——实测最小厚度，单位为毫米（mm）；

$\Delta \bar{t}$——厚度平均偏差百分数，（%）；

$\bar{t}$——平均厚度，单位为毫米（mm）；

t_0——公称厚度，单位为毫米（mm）。

6.3 宽度与长度

按 GB/T 6673 的规定测试，记录每次测量的宽度，计算其算术平均值，作为卷材或样品的平均宽度。

6.4 外观

在自然光线下用肉眼观测，按 5.2 的规定测试。

6.5 密度

按 GB 1033 的规定测试，测试和计算应选用密度梯度管法。

6.6 拉伸性能

6.6.1 测试

按 GB/T 1040.3 的规定测试，测试应选用 5 型试样，试验速度选择 F=50±10%mm/min。

6.6.2 2%正割模量

按 GB/T 1040.3 的规定测试，试验设备应符合 GB/T 1040.1—2006 中第 5 章的要求。模量计算应符合 GB/T 1040.1—2006 中 10.3 的要求。

注：样品长度为 33mm。对于 2%应变，标称 33mm 的应变计量长度要求在 0.66mm。

6.6.3 结果的计算和表示

拉伸性能测试结果按 GB/T 1040.1—2006 第 10 条的规定计算和表示。

6.7 多轴拉伸断裂应变

按附录 A 的规定测试。

6.8 抗直角撕裂强度

6.8.1 相关定义

以试样撕裂过程中的最大负荷值作为直角撕裂强度。

6.8.2 测试

按 QB/T 1130 的规定测试，试验速度应为 50±10%mm/min。

6.8.3 计算结果

试样测试结果以被检的同一批次样品所有抗直角撕裂强度的算术平均值表示。试验测试结果的有效数字取三位。

6.9 抗穿刺强度

按 CJ/T 234—2006 附录 B 的规定测试。

6.10 耐环境应力开裂

按 GB/T 1842 的规定测试，糙面土工膜应在其光边上或按 GB/T 9352 制备相同厚度的光面试样测试。

6.11 碳黑含量

按 GB/T 13021 的规定测试。

6.12 碳黑分散度

按 CJ/T 234—2006 附录 D 的规定测试。

6.13 氧化诱导时间（OIT）

可以选择标准 OIT 或者高压 OIT 二者之一来检查土工膜的抗氧化性能。标准 OIT 按 GB/T 17391 的规定测试；高压 OIT 按 CJ/T 234—2006 附录 E 的规定测试。测试温度为 200℃。

6.14 85℃烘箱老化

按 GB/T 7141 的规定，在 85℃温度下，将样品悬挂在烘箱中，测试 90d，每周应检查试样的变化和均匀受热情况。标准 OIT 按 GB/T 17391 的规定测试；高压 OIT 按 CJ/T 234—2006 附录 E 的规定测试。分别测试 30d、60d、90d 完成后的 OIT，以便比较。

6.15 抗紫外线强度

按 GB/T 16422.3 的规定，测试条件应在 75℃温度下紫外线照射 20h，再在 60℃温度下冷凝暴露 4h，重复共计 1600h。高压 OIT 按 CJ/T 234—2006 附录 E 的规定测试，应取暴露面测试。

6.16 毛糙高度

按 CJ/T 234—2006 附录 F 的规定。在 10 次测试

中，其中8次的结果应大于0.18mm，最小值必须大于0.13mm，平均0.25mm。对双糙面土工膜，应交替在两面进行测量。

6.17 水蒸气渗透系数

按GB/T 1037的规定测试，按条件A的要求进行。

6.18 低温冲击脆化性能

按GB/T 5470的规定测试，在−70℃下进行试验，30个试样中的25个以上不被破坏为通过。

6.19 尺寸稳定性

按GB/T 12027的规定测试，试验温度为100℃，时间1h。

7 测试频率

生产测试频率应符合表6规定。

表6 最小生产测试频率

序号	测 试 指 标	测试频率
1	厚度	每卷
2	密度	每90000kg
3	拉伸性能	每9000kg
4	多轴拉伸断裂应变	每配方
5	2%正割模量	每配方
6	抗直角撕裂强度	每20000kg
7	抗穿刺强度	每20000kg
8	耐环境应力开裂	每配方
9	碳黑	
	碳黑含量（范围）	每20000kg
	碳黑分散体	每20000kg
10	氧化诱导时间（OIT）	每90000kg
11	85℃烘箱老化	每配方
12	抗紫外线强度	每配方
13	−70℃低温冲击脆化性能	每配方
14	水蒸气渗透系数	每配方
15	尺寸稳定性	每配方
16	毛糙高度	每卷

8 标志、标签

8.1 标志

产品出厂时每卷包装应附有合格证，并标明：

a）产品名称、代号、产品标准号、商标；

b）生产企业名称、地址；

c）生产日期、批号、净质量；

d）质检章、检验员章或其他形式的质检标志。

8.2 标签

8.2.1 设置

沿长度方向和两端设置，应贴紧膜的边缘，与膜边线平齐，宽度不宜大于100mm。

8.2.2 内容

可标注商标、企业名称、地址、联系方式、产品名称及规格等。

9 包装、运输、贮存

9.1 包装

产品每卷为一个包装单位，应捆扎牢固，便于装卸。特殊要求可由供需双方商定。

9.2 运输

产品在运输过程中应避免沾污、重压、强烈碰撞和割（刮）伤等。吊装时，宜采用尼龙绳等柔性绳带，不得使用钢丝绳等直接吊装。

9.3 贮存

产品应存放在干燥、阴凉、清洁的场所，远离热源并与其他物品分开存放。贮存时间超过两年以上的，使用前应进行重新检验。

附录A
（资料性附录）
多轴拉伸试验方法

本方法引自美国测试与材料协会（ASTM），D5617-99（Standard Test Method for Multi-Axial Tension Test for Geosyntheticsl）标准。

A.1 试验原理

通过对固定在特定压力容器边缘的制好样品施压，并导致其外层变形和破坏，得到压力和变形的相关数据。

A.2 适用范围

这个试验方法能测量土工合成织物外层对垂直外力的响应。但更多的是被用于测试土工膜。有渗透性的材料也可以和无渗透性的材料同时测试。

A.3 设备

A.3.1 多轴压力仪

多轴压力仪，图1显示的是该设备的一个示意图，该设备可以用于本试验方法的操作。

A.3.2 标准压力容器

该容器是与多轴压力仪配套的，其压力最小额定

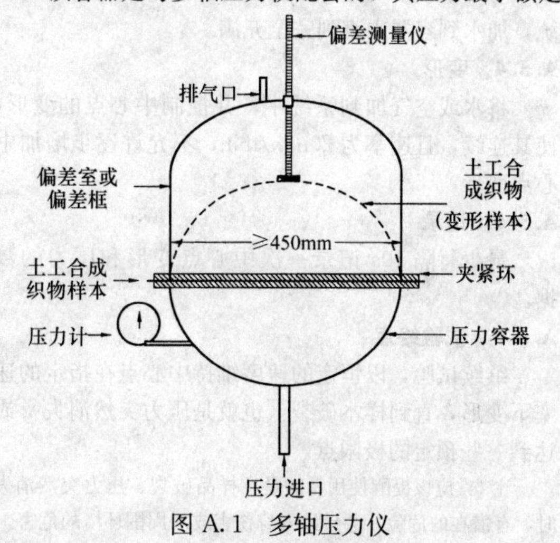

图A.1 多轴压力仪

值为690kPa；直径为600mm。

其他大小的容器也可以使用，但须先建立与标准容器的相关关系。

选用带偏差室的标准压力容器时，偏差室在试验过程中不应该抑制土工合成织物的自由变形。偏差室应设有排气口。

试验材料在拉伸后直径大于压力容器的直径，但不得接触到偏差室的边缘。

材料在拉伸后直径大于压力容器的直径，且变形的受试材料接触到偏差室的边缘时要改用不带偏差室的压力容器。

A.4 试验条件

测量应变应精确到5mm。

测量应力应精确到3.5kPa。

试验应在标准实验室温度（23±2)℃下进行。

A.5 试验方法

A.5.1 样品制备

根据试验容器的要求切割试验样本以保证密封良好。

要求试样样品一般没有缺点或其他任何异常性。当需要对样品的缺点或其异常性进行检测时，样品可以为带缺点的或有异常性的。

试验样品要切得比容器的主要密封面积大。

测试样品为渗透性的土工纺织品时，需用非渗透性的材料如土工膜或薄塑料片覆盖有渗透性的材料来维持容器的压力。其中非渗透性的材料应比有渗透性的材料更有弹性（除非两种材料的结合是想要得到的试验参数)，会影响有渗透性的材料的试验结果。

一般每种样品测试3个样本。

A.5.2 样品的铺放

样本平放在容器的开口，并确保样本没有下陷；当样本的边缘被安全地夹进位置时，要确保样本的其他部分保持平直。

A.5.3 密封

可用水或空气进行增压密封。如果采用水密封系统，加水到容器中直到完全充满。

A.5.4 变形

将水或空气加到系统中，并控制中心点的变形，使其连续，且速率为20mm/min，不允许逐步增加中心点变形。

A.5.5 记录

最少每隔10s记录一次中心点变形和压力的数据。

A.5.6 试验终点

继续试验，以恒定的速度维持中心点在指定的速率下变形，直到样本破裂（也就是压力突然消失）或达到一些预定的极限点。

注1：应该提醒使用者的是在样品破裂、压力突然消失时，有潜在的危险，会导致人身伤害或对周围环境的危害。

A.5.7 平行试验

对同一种样品的另外两个样本重复以上的试验。

注2：如果样本已经变形，样本的表面近似于圆球形或椭圆形，在形状上是残缺的，压力应变的计算见附录。

A.6 报告

A.6.1 报告包括以下内容：

1）样品鉴定。

2）所使用容器的大小（内径)。

3）对于渗透性膜，确定在试验中用到的非渗透性材料包括厚度。

注3：当评论压力应变结果时，必须考虑到非渗透性材料可能对数据有重要的影响。

4）描述破裂以及样本破裂后的形状。

5）对所有的样本绘制出完整的压力变形或压力应变曲线。

6）给出样本破裂时的压力和中心点偏差的平均测量值和单个测量值。如果要进行计算，需报告破裂时的压力和应变。

A.6.2 样品破裂的描述

材料将通常以一种特定的方式破裂，用以下的条目来描述：

①破裂位置：

边缘撕破（ET）——在邻近夹环处破裂。

非边缘撕破（N-EF）——假设设备不导致破裂，一个远离设备边缘处的充分破裂。

②破裂形状：

机械方向撕裂（MD-T）——在机械方向的一个撕裂。

横向撕裂（TD-T）——在横向的一个撕裂。

多向撕裂（XD-T）——一个撕裂，撕裂发生在不止一个方向。

破裂口——在试验样本上圆形或椭圆形的破裂口。材料可能或不可能在主要区域变薄。

猫眼形破裂口（H-Cat）——在材料有显著收缩和变薄的区域有圆形或椭圆形的破裂口。大的变薄的区域像一个猫眼的瞳孔。

A.6.3 规定形状的压力应变计算（球形或椭圆形的弧段)

1）应变计算

当$\delta<L/2$时，假设土工膜试验样本变形成为如下所示的圆弧形：

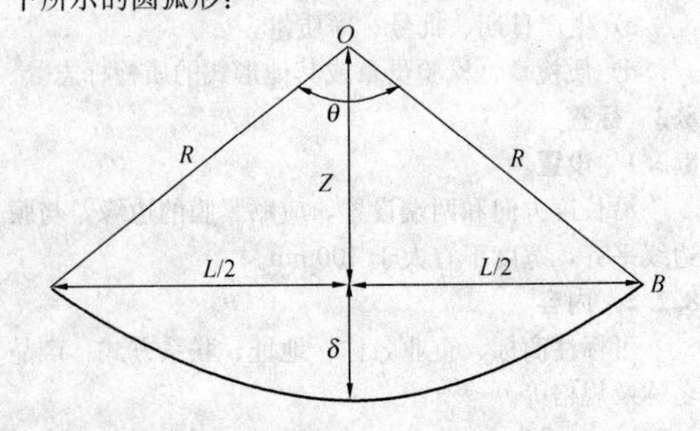

$$R = Z^2 + (L/2)^2 \quad (A.5.1)$$

$$R = Z + \delta \quad (A.5.2)$$

将式 A.5.2 取平方后，代入式 A.5.1，得：

$$Z = \frac{(L/2)^2 - \delta^2}{2\delta} \quad (A.5.3)$$

$$Z = \frac{L^2 - 4\delta^2}{8\delta}$$

现：

$$R = Z + \delta = \frac{L^2 - 4\delta^2}{8\delta} + \delta \quad (A.5.4)$$

$$R = \frac{L^2 + 4\delta^2}{8\delta}$$

2）计算出中心角“θ”和式 A.5.3

$$\tan(\theta/2) = \frac{L/2}{Z} = \left(\frac{L}{2}\right)\left(\frac{8\delta}{L^2 - 4\delta^2}\right) = \frac{4L\delta}{L^2 - 4\delta^2} \quad (A.5.5)$$

$$\theta = 2\tan^{-1}\frac{4(L)\delta}{L^2 - 4\delta^2}$$

同样：

$$\widehat{AB} = R\theta(\theta \text{是弧度}) \quad (A.5.6)$$

$$\widehat{AB} = \frac{\theta}{360}\cdot 2\pi R = \frac{\theta}{180}\pi R(\theta \text{是角度})$$

$$\text{应变} \in (\%) = \frac{\widehat{AB} - L}{L} \times 100 \quad (A.5.7)$$

3）根据公式 A.5.4，可以进行下一步的应变计算：

因为：

$$R = \frac{L^2 + 4\delta^2}{8\delta} \quad (A.5.8)$$

$$\theta = 2\tan^{-1}\frac{4L\theta}{L^2 - 4\delta^2}(\theta \text{用弧度表示}) \quad (A.5.9)$$

而

$$\widehat{AB} = R\cdot\theta(\text{式中}\ \theta\ \text{是弧度值}) \quad (A.5.10)$$

则所求的应变值为：

$$\in (\%) = \frac{\widehat{AB} - L}{L} \times 100 \quad (A.5.11)$$

注意：当 $\delta = 0, R = \infty, \theta = 0°$ 且 $\widehat{AB} = L$ 时是理想状态。

当 $\delta \geqslant L/2$ 时，假设土工膜试验样本变形为如下所示的椭圆形。

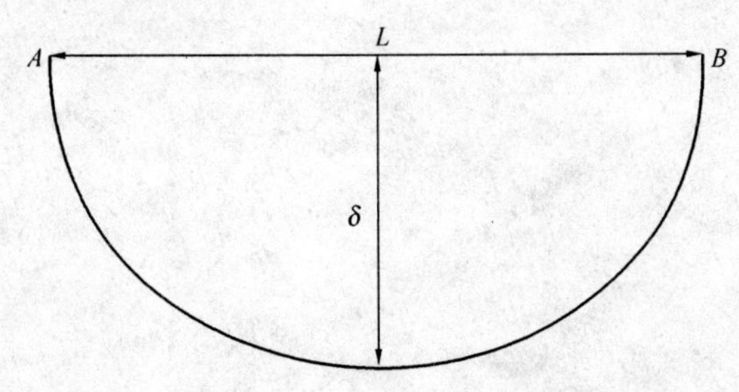

由于：

$$\widehat{AB} = \pi\sqrt{\frac{(L/2)^2 + \delta^2}{2}} \quad (A.5.12)$$

即

$$\widehat{AB} = \pi\sqrt{\frac{L^2 + 4\delta^2}{8}}$$

所求的应变值为

$$\in (\%) = \frac{\widehat{AB} - L}{L} \times 100 \quad (A.5.13)$$

4）压力计算：

当 $\delta \geqslant L/2$ 时，作用在最初设计面积上的压力，土工膜的最初面积：

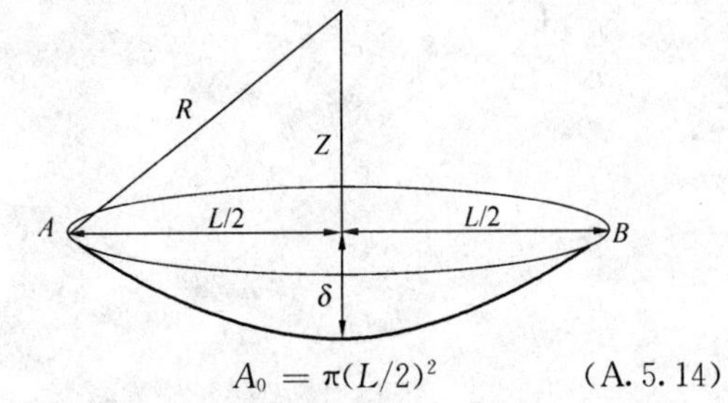

$$A_0 = \pi(L/2)^2 \quad (A.5.14)$$

在垂直方向获得的压力总和：

$$A_0 p = C\sigma' t \quad (A.5.15)$$

在此：

A_0——土工膜的最初面积；

p——受到的压力；

C——圆周；

σ'——土工膜压力的垂直组成；

t——土工膜厚度。

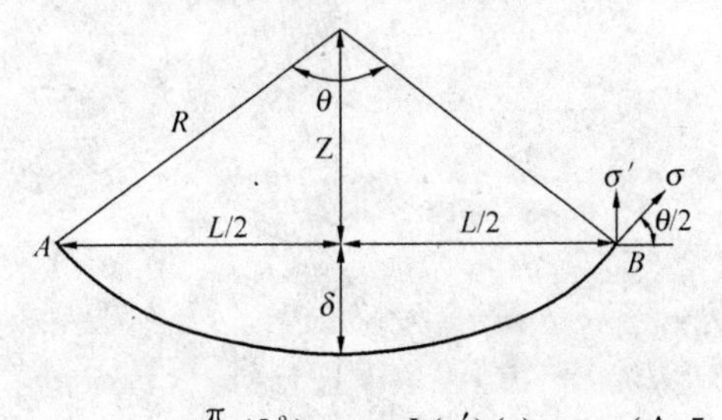

$$\frac{\pi}{4}(L^2)p = \pi L(\sigma')(t) \quad (A.5.16)$$

$$\sigma' = \frac{p(L^2)}{4(L)t} = \frac{pL}{4t}$$

但是：

$$\sigma' = \sigma\sin(\theta/2) \quad (A.5.17)$$

$$\sigma = \frac{Lp}{4t\sin(\theta/2)}$$

当 $\delta \geqslant L/2$ 时，假设 $\sigma' = \sigma$，从而

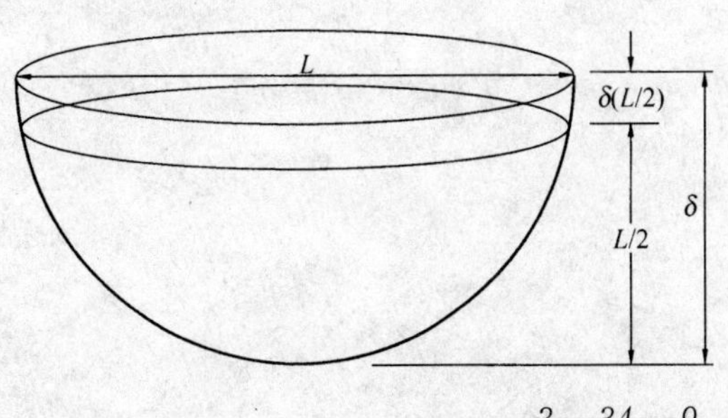

$$A_0 p = C(\sigma)t \qquad (A.5.18)$$

$$\sigma = \frac{[\pi L^2/4]p}{\pi(L)t}$$

$$\sigma = \frac{Lp}{4t}$$

注：土工膜材料在进行压力和应变计算时，若 $\delta > L/2$，必须先用式 A.5.4～A.5.7 和 A.5.12 进行计算，直到 $\delta = L/2$；然后从 $\delta > L/2$ 直到土工膜破裂，用式 A.5.7、A.5.9 和 A.5.13 进行计算。

5）对于非规定的几何形状不必计算。

中华人民共和国城镇建设行业标准

生活垃圾渗滤液碟管式反渗透处理设备

Disk-Tube reverse osmosis equipment for domestic waste leachate treatment

CJ/T 279—2008

前　言

本标准的附录A为资料性附录。

本标准是根据碟管式反渗透渗滤液处理设备的设计和调试需要，参考GB/T 19249—2003《反渗透水处理设备》，根据碟管式反渗透渗滤液处理设备的特点而编写。

本标准由住房和城乡建设部标准定额研究所提出。

本标准由住房和城乡建设部城镇环境卫生标准技术归口单位上海市市容环境卫生管理局归口。

本标准负责起草单位：沈阳市环境卫生工程设计研究院。

本标准参加起草单位：北京天地人环保科技有限公司、瓦房店垃圾处理厂、沈阳市大辛生活垃圾处理场。

本标准主要起草人：吉崇喆、王如顺、郑晓宁、齐小力、金志英、隋儒楠、贾晓辉、李悦。

本标准为首次发布。

1 范围

本标准规定了生活垃圾渗滤液碟管式反渗透处理设备（以下简称设备）的产品分类与型号、要求、试验方法、检验规则、标志、包装、运输及贮存。

本标准适用于采用碟管式反渗透技术处理生活垃圾渗滤液的水处理设备。

2 规范性引用文件

下列文件中的条款通过本标准的引用而成为本标准的条款。凡是注日期的引用文件，其随后所用的修改单（不包括勘误的内容）或修订版均不适用于本标准，然而，鼓励根据本标准达成协议的各方研究是否可使用这些文件的最新版本。凡是不注日期的引用文件，其最新版本适用于本标准。

GB 150 钢制压力容器

GB/T 191 包装储运图示标志

GB 7251 低压成套开关设备和控制设备

GB 9969.1 工业产品使用说明书 总则

GB/T 19249 反渗透水处理设备

GB 50205 钢结构工程施工质量验收规范

GB 50235 工业金属管道工程施工及验收规范

HJ/T 91 地表水和污水监测技术规范

HG 20520 玻璃钢/聚氯乙烯（FRP/PVC）复合管道设计规定

3 术语和定义

GB/T 19249 确立的以及下列术语和定义适用于本标准。

3.1

碟管式反渗透膜组件 disk tube reverse osmosis membrane module

由碟管式膜片、水力导流盘、O 型橡胶圈、唇形密封圈、中心拉杆和耐压套筒所组成，是专门用来处理高浓度污水的膜组件。

3.2

去除率 cleaning efficiency

表明设备对废水某一项指标的去除效率。

3.3

石英砂式过滤器 silica sand filter

滤料为石英砂，用来除去原水中悬浮物、胶体、泥砂、铁锈等的石英砂式过滤器。

3.4

芯式过滤器 cartridge filter

由过滤精度小于或等于 10μm 的微滤滤芯构成的过滤器，装在膜柱前，对膜起保护作用。

3.5

淤塞指数（SDI_{15}） blockage index

淤塞指数是表示反渗透进水中悬浮物、胶体物质的浓度和过滤特性，是反渗透进水检测指标之一。

4 产品分类与型号

4.1 产品分类

产品分两类：

a）常压反渗透渗滤液处理设备；

b）高压反渗透渗滤液处理设备。

4.2 产品型号

4.2.1 产品型号以碟管式反渗透的英文字头 DTRO 和设备的类别代号、规格代号、控制方式代号和反渗透的级数代号组合而成：

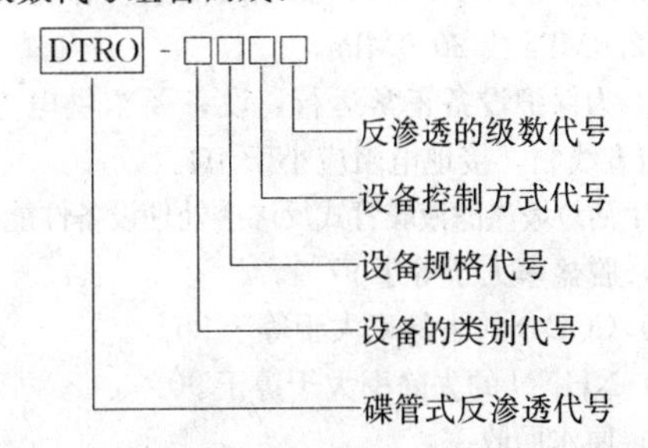

4.2.2 设备类别代号（用汉语拼音字头表示）：

C——常压反渗透渗滤液处理设备；G——高压反渗透渗滤液处理设备。

4.2.3 设备的规格代号按设备的日额定处理量[m^3/d（24h、25℃水温计，以下同）]的不同分为以下八类（以阿拉伯数字表示）：

1——≤1.0m^3/h（24m^3/d）；

2——≤2.0m^3/h（48m^3/d）；

3——≤4.0m^3/h（96m^3/d）；

4——≤6.0m^3/h（144m^3/d）；

5——≤13.0m^3/h（312m^3/d）；

6——≤30.0m^3/h（720m^3/d）；

7——≤40.0m^3/h（960m^3/d）；

8 —≤83.0m^3/h（2000m^3/d）。

4.2.4 设备控制方式代号（以阿拉伯数字表示）：

1——连续半自动系统；2——批次全自动系统；3——批次半自动系统；4——连续全自动系统。

4.2.5 反渗透的级数代号（以阿拉伯数字表示）：

1——一级反渗透；2——二级反渗透；3——三级反渗透。

4.2.6 型号示例：

DTRO-C111 表示：用碟管式反渗透膜构成的常压一级连续半自动反渗透渗滤液处理设备，额定处理量为 24m^3/d。

5 要求

5.1 设备的使用条件

5.1.1 为确保设备正常运行，设备的进水应满足如下要求：

a）淤塞指数 SDI_{15}＜20；

b）游离余氯：<0.1mg/L；

c）悬浮物 SS<1500mg/L；

d）化学需氧量 CODcr<35000mg/L；

e）氨氮 NH_3-N<2500mg/L；

f）总溶解性固体 TDS<40000mg/L。

5.1.2 操作温度、操作压力：

a）操作温度：运行温度范围 5℃～45℃；当超过 45℃时应增加冷却装置，低于 5℃时应要预热装置。

b）操作压力：根据工艺要求，常压级反渗透操作压力不应大于 7.5MPa；高压反渗透操作压力不应大于 12.0MPa 或 20.0MPa。

5.1.3 为保护设备正常运行，设备要求供电方式应为三相五线制，接地电阻应小于 4Ω。

5.2 生活垃圾渗滤液蝶管式反渗透处理设备性能指标

a）脱盐率大于等于 97%。

b）CODcr 的去除率大于等于 96%。

c）NH_3-N 的去除率大于等于 90%。

d）原水回收率：

——原水电导率小于等于 1000μS/cm，原水回收率大于等于 90%；

——原水电导率小于等于 5000μS/cm，原水回收率大于等于 85%；

——原水电导率小于等于 15000μS/cm，原水回收率大于等于 80%；

——原水电导率小于等于 20000μS/cm，原水回收率大于等于 75%。

原水含盐量更高时，原水回收率按具体设计。

e）根据工艺进出水质具体要求，可采取一级碟管式反渗透设备、二级碟管式反渗透设备或三级碟管式反渗透设备。为提高原水回收率可增加高压级碟管式反渗透设备。

5.3 原材料要求

5.3.1 反渗透膜组件、泵、各种管道、仪表等设备构件，均应符合相应的标准和规范要求；

5.3.2 凡与渗滤液接触的部件的材质不应与渗滤液产生任何有害物理化学反应，必要时采取适当的防腐及有效保护措施，不应污染水质，应符合有关安全标准的要求。

高压部分采用 316L 材质公称压力 PN100 的不锈钢管件和阀门；低压部分采用 PN10 的 UPVC 管件和阀门。

低压管路设计压力：PN10；

高压管路设计压力：常压反渗透为 PN100；高压反渗透为 PN160 或 PN200。

5.4 外观

5.4.1 设备应设计合理，外观结构紧凑、美观，占地面积及占用空间小。

5.4.2 设备主机架安装牢固，焊缝平整，水平及垂直方向公差应符合国家标准的要求，涂层均匀、美观、牢固、无擦伤、无划痕，符合 GB 50205 标准。

5.5 组装技术要求

5.5.1 设备组装按系统组装工艺规定进行；各部件连接处均应结构光滑平整、严密、不渗漏。

5.5.2 管道安装平直，走向合理，符合工艺要求，接缝紧密不渗漏，塑料管道、阀门的连接应符合 HG 20520 规定，金属管道安装与焊接应符合 GB 50235 的要求。设备与外界接口尽量集中布置，并标明接口流向，名称和管径。

5.6 仪器仪表、自动控制、电气安全

5.6.1 设备配备的仪器、仪表的量程和精度应满足设备性能的需要，符合有关规定，接口不应有任何泄漏，显示部分集中布置。

5.6.2 自动化控制灵敏，遇故障应立即止动，具有自动安全保护功能。

5.6.3 电气控制柜应符合国家现行标准的规定，安装应便于操作，符合 GB 7251 要求。

5.6.4 各类电器接插件的安装应接触良好，操作盘、柜、机、泵及相关设备均应有安全保护措施，保证电气安全。

5.7 设备安装

设备安装见附录 A。

5.8 设备清洗

设备应设有化学清洗系统或接口，采用碱性清洗剂、酸性清洗剂定期进行清洗。

6 试验方法

6.1 目测检验

6.1.1 目测外观结构是否合理，各构件联接应符合设计图纸的要求。

6.1.2 目测涂层是否均匀，是否存在皱纹、是否粘附颗粒杂质和明显刷痕等缺陷。

6.1.3 用水平仪测量主机框架，容器、泵及相应管线，其水平方向和垂直方向均应符合设计图样和相关标准要求。

6.2 设备性能测试

6.2.1 脱盐率的测定

根据需要，设备脱盐率，可采用下列两种方法之一种进行测定。

a）重量法（仲裁法）

按 HJ/T 91 规定的溶解性总固体检测方法测量原水和渗透水含盐量，然后采用式（1）计算，保留三位有效数字：

$$R=\frac{C_f-C_p}{C_f}\times100\% \quad (1)$$

式中：R——脱盐率，%；

C_f——原水含盐量，mg/L；

C_p——渗透水含盐量，mg/L。

b）电导率测定法

电导率测定是用电导率仪测定原水电导和渗透水电导率，然后采用式（2）计算，保留三位有效数字：

$$R=\frac{C_1-C_2}{C_1}\times 100\% \tag{2}$$

式中：R——脱盐率，%；

C_1——原水电导率，μS/cm；

C_2——渗透水电导率，μS/cm。

6.2.2 原水回收率的测定

原水回收率可用渗透水流量、原水流量、浓缩水流量按式（3）或式（4）进行计算，保留三位有效数字：

$$Y=\frac{Q_p}{Q_f}\times 100\% \tag{3}$$

或

$$Y=\frac{Q_p}{Q_p+Q_r}\times 100\% \tag{4}$$

式中：Y——原水回收率，%；

Q_p——渗透水流量，m^3/h；

Q_f——原水流量，m^3/h；

Q——浓缩水流量，m^3/h。

6.2.3 化学需氧量CODcr去除率的测定

$$E=\frac{E_f-E_p}{E_f}\times 100\% \tag{5}$$

式中：E——去除率，%；

E_f——原水化学需氧量，mg/L；

E_p——渗透水化学需氧量，mg/L。

6.2.4 氨氮NH_3-N的去除率

氨氮NH_3-N的去除率计算方法与6.2.3相同。

6.3 液压试验

按GB 150的规定使系统试验压力为设计压力的2.5倍，但不应小于0.6MPa；保压30min；检验系统焊缝及各连接处有无渗漏和异常变形。试验用压力表的精度为1.5级。

6.4 自动保护功能检测

调节供水泵控制阀、浓水阀，当高压泵调到最低进水压力、出水压力、最高设计压力时，检查自动保护止动的效果。必要时检查防止水锤冲击的保护措施是否有效。

6.5 运行试验

6.5.1 试运行

本运行试验适用于碟管式膜。

按照设备安装图、工艺图、电器原理图、接线图，对设备系统进行全面检查，确认其安装正确无误，在微滤滤芯未放入保安滤器内，打开电源开关，启动供水泵，对反渗透系统进行循环冲洗，检查系统渗漏情况，压力表及其他仪表工作情况和电气安全及接地保护是否有效，冲洗直至清洁为止。将石英砂按设计高度装入砂滤器，手动启动供水泵将石英砂冲洗干净；将微滤滤芯放入保安过滤器的外壳内冲洗干净。

6.5.2 运行试验

设备经试运行之后，开启总电源开关，将运行开关旋钮置于开启位置。反渗透装置开始运行，根据运行情况，供水泵开始运转，高压泵按控制时间启动，系统开始升压产水，调整系统调节阀，达到设计参数，设备运行试验不宜少于72h，运行期间检查供水泵、高压泵运转是否平稳，产水与排浓缩水情况是否正常，自动控制是否灵敏，电气是否安全，自动保护是否可靠。按6.2的规定检查渗透水的电导率，确定设备脱盐率、原水回收率、CODcr去除率、NH_3-N去除率是否达到要求。

6.6 液压试验和设备脱盐率测定

液压试验和设备脱盐率测定可在厂内进行；为保证运行试验的准确性，原水回收率、CODcr去除率、NH_3-N、SS去除率试验应在安装现场进行。

7 检验规则

7.1 设备应逐台检验。

7.2 检验分类：出厂检验。

7.3 出厂检验

7.3.1 每台出厂的设备均应按表1的规定进行目测检验、液压试验和运行试验。

表1 出厂检验

序号	检验项目	对应的要求条款号	试验方法条款号	检验方式
1	目测检验	5.3；5.4	6.1	逐台检验
2	液压试验	5.2；5.4	6.3	逐台检验
3	运行试验	5.1；5.4～5.7	6.2；6.5	逐台检验

7.3.2 判定规则：试验结果符合本标准的规定判为合格。

8 标志、包装、运输、贮存

8.1 标志

设备上面必须有标志牌，其内容包括：

a）设备名称及型号；

b）处理规模；

c）最大操作压力，单位：MPa；

d）设备编号；

e）出厂日期；

f）生产厂名称；

g）设备总质量，单位：kg；

h）设备尺寸（长×宽×高）；单位：mm；

i）设备功率，单位：kW；

j）电源电压。

8.2 包装

8.2.1 设备出厂包装时，应擦干水分，所有接头、管口、法兰面全部封住。

8.2.2 装箱前，所有仪器、仪表应加以保护。

8.2.3 设备应采用适当材料包装，适合长途转运，包装的结构和性能应符合有关规定。

8.2.4 设备包装箱内应有随机文件，包括：

a）设备主要零部件清单；

b）设备使用说明书，使用说明书按 GB 9969.1 规定编写；

c）设备检验合格证。

8.2.5 包装箱外应标明：品名、生产厂名称、通讯地址、电话，按 GB/T 191 规定标明“易碎物品”、“向上”、“怕晒”、“怕雨”、“禁止翻滚”、“重心”等图示标志。

8.3 贮存

8.3.1 设备中已装入湿态膜的，应注满保护液贮存于干燥防冻的仓库内，并定期更换保护液，避免日晒和雨淋。

8.3.2 反渗透膜、泵等主要零部件应贮存在清洁干燥的仓库内，防止受潮变质，环境温度低于 4℃时应采取防冻措施。

8.4 运输

设备的运输应轻装轻卸，途中不应拖拉、摔碰。

附 录 A
（资料性附录）
设 备 安 装

A.1 泵的安装

泵安装平稳。高压泵进、出口分别设有低压保护和高压保护。检查进出口的流向与实际是否一致。对于大功率泵，注意做好减震措施。

A.2 UPVC 管路的安装

UPVC 管路宜采用承差粘接形式连接。对于粘接部分用 PVC 清洗剂擦拭后涂胶，待部分溶剂挥发而胶着性增强后，插入保持；要求胶水充满承差间隙，无针孔等缺陷。

A.3 不锈钢管路的安装

A.3.1 不锈钢管路的工程施工及验收规范符合 GB 50235。

A.3.2 焊接方式按设计要求的焊接工艺卡，焊缝表面不得出现咬边、裂纹、气孔等缺陷。

A.3.3 管路需试压，试验压力按设计要求；焊后酸洗钝化。

A.4 反渗透膜的保护系统

反渗透膜的保护系统安全可靠，必要时应有防止水锤冲击的保护措施；膜元件渗透水侧压力不得高于 0.3MPa；设备关机时，应将膜内的浓缩水冲洗干净；停机时间超过一个月时，应注入保护液进行保护。

A.5 设备安装要求

设备应安装于室内或集装箱内。设备安装于室内时，设备四周应留有不小于膜元件长度 1.2 倍距离的空间，以满足检修的要求。设备不能安置在多尘、高温、振动的地方，避免阳光直射，环境温度低于 4℃时，应采取防冻措施。

中华人民共和国城镇建设行业标准

垃圾填埋场压实机技术要求

Technical requirements of compactor for landfill

CJ/T 301—2008

目　次

前言 …………………………………… 3—36—3
1　范围 ……………………………… 3—36—4
2　规范性引用文件 ………………… 3—36—4
3　分类 ……………………………… 3—36—4
4　要求 ……………………………… 3—36—4
5　试验方法 ………………………… 3—36—6
6　检验规则 ………………………… 3—36—10
7　标志、包装、运输和贮存 ……… 3—36—11
附录 A（资料性附录）　压实机测试记录表 ………………………… 3—36—11
附录 B（资料性附录）　垃圾压实机可靠性试验记录 ……………… 3—36—15
附录 C（规范性附录）　垃圾压实机可靠性试验故障分类 ……… 3—36—16

前　言

本标准的附录A和附录B为资料性附录，附录C为规范性附录。

本标准由住房和城乡建设部标准定额研究所提出。

本标准由住房和城乡建设部城镇环境卫生标准技术归口单位上海市市容环境卫生管理局归口。

本标准负责起草单位：武汉市环境卫生科学研究设计院。

本标准参加起草单位：华中科技大学、厦工集团三明重型机器有限公司、卡特彼勒（中国）投资有限公司、广西华蓝设计（集团）有限公司。

本标准主要起草人；冯其林、陈朱蕾、麦家熙、余金松、梁林峰、苏元艺、林海、邱金表、刘婷、刘勇、欧文兴、黄宇、梁有千、郑利、龚龙飞、李元元、黄丽娟。

本标准为首次发布。

1 范围

本标准规定了垃圾填埋场用压实机的分类、要求、试验方法、检验规则以及标志、包装、运输和贮存。

本标准适用于生活垃圾填埋场使用的压实机。

2 规范性引用文件

下列文件中的条款通过本标准的引用而成为本标准的条款。凡是注日期的引用文件，其随后所有的修改单（不包括勘误的内容）或修订版均不适用于本标准，然而，鼓励根据本标准达成协议的各方研究是否可使用这些文件的最新版本。凡是不注日期的引用文件，其最新版本适用于本标准。

GB/T 3766 液压系统通用技术条件（GB/T 3766—2001，eqv ISO 4413：1998）

GB/T 7920.5 土方机械 压路机和回填压实机术语和商业规格（GB/T 7920.5—2003，ISO 8811：2000，MOD）

GB/T 8419 土方机械 司机座椅振动的试验室评价（GB/T 8419—2007，ISO 7096：2000，IDT）

GB 9969.1 工业产品使用说明书 总则

GB/T 13306 标牌

GB 16710.1 工程机械 噪声限值

GB/T 16710.2 工程机械 定置试验条件下机外辐射噪声的测定（GB/T 16710.2—1996，ISO/DIS 6393：1995，MOD）

GB/T 16710.3 工程机械 定置试验条件下司机位置处噪声的测定（GB/T 16710.2—1996，ISO/DIS 6394：1995，MOD）

GB/T 16710.4 工程机械 动态试验条件下机外辐射噪声的测定（GB/T 16710.4—1996，eqv ISO 6395：1988）

GB/T 16710.5 工程机械 动态试验条件下司机位置处噪声的测定（GB/T 16710.5—1996，eqv ISO 6396：1996）

GB/T 16937.1 土方机械 司机视野准则（GB/T 16937.1—1997，eqv ISO 5006-3：1993）

GB/T 16937.2 土方机械 司机视野评定方法（GB/T 16937.2—1997，eqv ISO 5006—2：1993）

GB/T 19933 土方机械 司机室环境

GB 20891 非道路移动机械用柴油机排气污染物排放限值及测量方法（中国Ⅰ、Ⅱ阶段）

JG/T 69 液压油箱液样抽取法

JG/T 70 油液中固体颗粒污染物的显微镜计数法

JG/T 81 土方机械 舒适的操作区域和操纵装置的可及范围

JG/T 5035 建筑机械与设备用油液固体污染清洁度分级

JG/T 5066 油液中固体颗粒污染物的重量分析法

3 分类

垃圾填埋场压实机按其工作质量进行分类。

a）轻型

工作质量小于等于 20t。

b）中型

工作质量介于轻型和重型之间。

c）重型

工作质量大于等于 28t。

4 要求

4.1 基本要求

4.1.1 压实机专用压实轮应满足以下要求：

a）压实轮外圈应具有碾压羊角。每个压实轮羊角不应少于三列，应在外圈错开布置，连接牢固；

b）压实轮外圈鼓膜钢板强度应满足设计要求，不应发生变形、凹陷、裂纹等现象；

c）压实轮外圈鼓膜钢板和碾压羊角应选用耐腐耐磨材料；

d）压实轮的内缘应装有防缠绕的切割装置；

e）应具备全时四轮驱动。

4.1.2 压实机的结构布置应维护、保养及调整方便。

4.1.3 压实机应配有以下装置：

a）防护措施（见第 4.1.11 条）；

b）前、后照明装置；

c）前、后牵引装置；

d）起吊装置；

e）操纵机构工作位置和重要保养部位的指示标牌；

f）转向指示装置；

g）出厂配件。

4.1.4 压实机的液压系统应符合 GB/T 3766 的规定。

4.1.5 各操纵机构应能轻便灵活操作、工作可靠，并应符合 JG/T 81 的要求。

4.1.6 所有需要润滑的零部件均应装有作用可靠、易于维护的润滑装置。

4.1.7 压实机的发动机的额定功率应符合表 1 的要求，并能在不同气候条件下正常启动。

表 1 基本参数

项　目	基本参数						
	轻型		中型		重型		
工作质量/t	18	20	23	26	28	32	36 以上
发动机功率/kW	≥130	≥140	≥160	≥180	≥200	≥230	≥250

续表 1

项目		基本参数		
		轻型	中型	重型
推铲宽度/mm		≥2200	≥3000	≥3600
有效压实宽度/mm		≥1600	≥1800	≥2200
最高行驶速度 v/（km/h）	工作挡	$3\leqslant v<5$	$3\leqslant v<5$	$3\leqslant v<5$
	高速挡	$8\leqslant v<15$	$8\leqslant v<12$	$8\leqslant v<12$
最小离地间隙/mm		400	430	550
爬坡能力/%		≥70	≥70	≥70
推铲提升高度/mm		≥700	≥900	≥1200
扩铲下降深度/mm		≥180	≥200	≥200

4.1.8 压实机车架底部应封闭。底部护板（包括驾驶室底部护板，前后车架护板，铰接销轴护板及发动机和传动系统护板等）可靠。

4.1.9 压实机应整体布置合理，造型美观大方，其外观表面质量应符合下列要求：

a）机身罩壳应平整，其边缘不应有明显皱折，罩壳安装应牢固、可靠，定位准确、无歪斜、便于开启；

b）焊缝均匀，无裂纹、焊瘤、弧坑及飞溅等缺陷；

c）外露铸件表面应平整，棱角清楚，分型痕迹及浇冒口应铲磨平整，无飞刺、疤痕、气孔等缺陷；

d）外观油漆涂层应均匀、细致、光亮，漆膜应粘附牢固，并应具有一定的硬度和弹性。主体漆色应鲜艳明亮、配色线条清晰、界线分明、不应有流痕和露底现象。

4.1.10 仪表、标牌指示内容应准确、清晰。标牌位置应便于观察；

4.1.11 压实机应设置以下防护措施：

a）高位空气进口；

b）推铲上挡栅；

c）发动机侧面围栏，安全扶梯、扶手及栏杆；

d）后轮轴应设有非旋转或限滑动差速器；

e）每个压实轮均应配置刮泥装置及挡渣板；

f）易清洗的散热器装置和保护网；

g）内置式燃料油箱；

h）窗前玻璃保护挡及前后窗雨刮器；

i）具备冷、暖风，内、外循环及空气杀菌消毒净化（除臭）功能的空调器；

j）轮轴密封及其保护装置；

k）安全带及驾驶室防下落物体及其翻车的保护结构；

l）驾驶室隔音降噪措施；

m）门窗应采用高强度安全玻璃，满足安全要求。玻璃的安装应能防止气味的渗透；

n）驾驶室结构牢固，应能在发生倾覆意外时不产生较大变形，有效保护驾驶人员安全。

4.2 性能要求

4.2.1 工作质量（包括燃油、润滑油、液压油、冷却水、随机工具和一名司机）应符合表 1 的规定，不应小于标称值的 97%。

4.2.2 有效压实宽度和推铲宽度应符合表 1 的要求。

4.2.3 最小离地间隙应符合表 1 的要求。

4.2.4 各挡速度应符合表 1 的要求。

4.2.5 最小转弯直径应符合设计要求。

4.2.6 操纵机构应采用液压助力，手柄的操作力不应大于 200N，脚踏板的操作力不应大于 300N。

4.2.7 行驶速度应符合表 1 的要求，爬坡性能应符合下列要求之一：

a）以低速前进、后退时，能爬坡度为 70% 的坡道；

b）当用压实机最大牵引力来代替爬坡试验时，则压实机最大牵引力应符合表 2 的要求。

表 2 最大牵引力

工作质量/t	最大牵引力/kN
18	126
20	140
23	161
26	182
28	196
32	224
36	252

4.2.8 推铲提升速度

推铲提升速度不应低于 0.12m/s。

4.2.9 推铲自然沉降量

推铲 30min 内自然沉降量不应大于 10mm。

4.2.10 驾驶室应具有良好的舒适性，座椅的振动限值应符合 GB/T 8419 的规定。

4.2.11 驾驶室应符合 GB/T 19933 的规定，包括空气过滤、太阳光热效应、玻璃除霜、空调、采暖和（或）换气、驾驶室增压、空气过滤等。

4.2.12 司机视野应符合 GB/T 16937.1 的规定。

4.2.13 所用的零件、装配件、外购件应具有合格证。

4.2.14 总装应在各零件检验合格后进行。总装应符合图样和技术文件要求，转动部分要灵活。

4.2.15 压实机分别以各挡速度前进、后退共行驶 1.5h，其传动系统润滑油的固体污染清洁度不应大于 JG/T 5035 中 C 分级制的 108 级（每 100mL 润滑油中的固体污染物少于 4mg），升温不应超过 80℃。

4.2.16 液压系统中的液压油应符合下列规定：

a）加入的液压油的固体污染清洁度等级不应超过JG/T 5035中的18/15；

b）压实机在性能试验及抽检时，待整机以各挡速度共行驶1.5h后，液压油的固体污染清洁度等级不应超过JG/T 5035中的20/16，有柱塞泵的液压系统不应超过19/16。

4.2.17 分别以各挡速度前进、后退共行驶1.5h，压实机不应有漏油、漏水现象，其渗油、渗水处数应符合以下要求：

a）渗油不超过3处；

b）渗水不超过4处。

4.2.18 电气系统线路应连接良好，各仪表、开关、按钮布置应合理，便于操作、观察。

4.3 环境和安全要求

4.3.1 应安装警示装置，包括驻车制动及报警器。发声警报装置（喇叭）的音量在7m距离的声强应为102dB（A）。

4.3.2 应具有停车和行车制动功能，并能满足：

a）在坡度为20%的坡道上停车制动，停稳后在非操纵状态下，其驱动轮在10rain内不应有滑动现象。

b）以最高速度在平坦的路面上进行行车制动，其制动距离应符合表3的要求。

表3 制动距离

工作质量/t	制动初速度/（km/h）	最大制动距离/m
18、20	⩽12	5
23、26	⩽12	5.5
28、32、36	⩽12	7.0

4.3.3 排气烟度应符合GB 20891的规定。

4.3.4 驾驶室内司机位置处噪声限值和机外辐射噪声限值应符合GB 16710.1的规定。

4.3.5 电气设备及其他设备应有防火花产生装置或措施。

4.3.6 额定功率应满足垃圾填埋场的特殊环境作业要求。

4.3.7 压实机应具有抗倾覆能力，确保压实机作业时的稳定性。

4.4 可靠性要求

4.4.1 在400h的可靠性试验中，首次故障前工作时间不应小于180h，平均无故障工作时间不应小于160h，可靠度不应小于90%。

4.4.2 新压实机鉴定，可用400h工业性试验代替可靠性试验，其指标应符合4.4.1的规定。

5 试验方法

5.1 试验准备

5.1.1 技术资料的准备：

a）试验中应执行的标准；

b）按附录A中表A.1准备压实机主要技术性能参数表格；

c）压实机使用说明书；

d）试验记录表格；

e）需要用的图样。

5.1.2 压实机的准备

总装后的压实机经清洗、检验、运转和调试，进入正常工作状态。

5.1.3 主要仪器、量具的准备

5.1.3.1 试验仪器、器具应经计量主管部门检查和校准，且在有效期内方能使用。

5.1.3.2 对于下列参数的测量，其仪器、量具精度应符合所列精度的要求：

a）尺寸：测量值的：±0.2%或1mm（取大值）；

b）质量：测量值的±0.2%；

c）操作力：测量值的±2%；

d）角度：±1°；

e）时间：±0.1s。

5.1.3.3 允许采用精度高于5.1.3.2中规定的仪器、器具。

5.1.4 试验场地的准备

5.1.4.1 静态参数测定场地应为清洁、坚实的水平地面。

5.1.4.2 行驶速度、平地制动性能及牵引力试验场地应为平坦、附着性能好的地面，其纵向坡度不应大于0.5%，横向坡度不应大于1%。

5.1.4.3 最小转弯直径的试验场地应为平坦、清洁、坚实的地面。

5.1.4.4 爬坡和坡道制动试验场地应经压实的干燥坡道，坡度为20%，坡道的测量距离不少于10m，前后辅助距离各为压实机轴距的1.5倍以上，坡道长度为压实机轴距的3倍以上。

5.1.4.5 噪声试验场地应经压实而平坦的空旷场地，在以压实机为中心，25m为半径的范围内，不得有大的反射物，如建筑物、围墙等，背景噪声应比压实机噪声低10dB（A）。

5.1.4.6 司机视野测定场地为平坦、坚实的地面，长宽均应大于20m。

5.1.4.7 可靠性试验地点可选在专用试验场地或垃圾填埋场。

5.2 操作性能试验

5.2.1 主要尺寸测定

将压实机静止停放在测量场地上并处于工作质量状态，按所规定的内容进行测量，将测量结果按附录A中表A.2填写。

5.2.2 工作质量的测定

5.2.2.1 测试条件

a）压实机处在工作质量状态；

b）推铲停在最大提升高度；

c）发动机熄火。

5.2.2.2 测试方法

测出压实机处于工作质量状态时的总质量以及前、后轮的分配质量，将测量结果按附录A中表A.3填写。

5.2.3 操纵机构操作力的测定

5.2.3.1 测试条件

a）发动机油门置于最大供油位置；

b）压实机处于不行驶状态。

5.2.3.2 主要仪器

拉力计或拉力传感器。

5.2.3.3 测定方法

a）方向盘操纵力的测定：用拉力计钩住方向盘的辐条（距方向盘中心最大半径处），沿切线方向平稳的拉动转向盘，向左（或右）转至最大转向角，测出力的读数，并量出方向盘从中间位置转至极限位置的角度。左转、右转各测量三次，取平均值。

b）各操纵手柄操作力的测定：用拉力计钩住被测手柄，使拉力方向与手柄垂直，将手柄从起始位置均匀地拉向终点，各测量三次，取平均值。

c）将踏板测力计固定在脚踏板上测定压实机制动时踏板力。测量三次，取平均值。

d）将测试结果按附录A中表A.4填写。

5.2.4 方向盘转动圈数

5.2.4.1 测试条件：同5.2.3.1。

5.2.4.2 测定方法

转动方向盘，测定转向轮从一侧极限位置转至另一侧极限位置的方向盘转动圈数。

5.3 行驶性能试验

5.3.1 各挡最高行驶速度的测定

5.3.1.1 测试条件

a）压实机处于工作质量状态，推铲保持在最高提升位置；

b）天气：无雨，风速不大于3m/s；

c）发动机油门置于最大供油位置；

d）在规定的道路上，选定20m测试路段两端各设辅助路段，其长度应保证压实机进入测试路段前速度稳定。

5.3.1.2 测试方法

a）测定发动机的转速。测定结果按附录A中表A.5填写。

b）待压实机行驶速度平稳后，进入测试路段，分别测定各挡速度，往返各两次。试验结果记入附录A中表A.5。

5.3.2 制动性能试验

5.3.2.1 测试条件

a）压实机处于工作质量状态，推铲保持在最高提升位置；

b）天气：无雨，风速不大于3m/s；

c）发动机油门置于最大供油位置；

d）规定初速度为压实机前进最高速度。

5.3.2.2 平地制动测试方法

a）测出实际制动初速度，然后根据试验信号，进行紧急制动，测量出从发出信号到完全停车所行驶的距离，测定结果按附录A中表A.6填写。制动距离需往返各测两次，取平均值。

b）测出的制动初速度应限制在规定值的±10%范围内。制动距离按公式（1）进行修正。

$$L_s = L'_s\left(\frac{v_0}{v'_0}\right)^2 \tag{1}$$

式中：L_s——修正后的制动距离，m；

L'_s——实测制动距离，m；

v_0——规定初速度，km/h；

v'_0——实测初速度，km/h。

c）按公式（2）、（3）计算负加速度及制动效率，记入附录A中表A.6。

$$b = \frac{v_0^2}{25.9L_s} \tag{2}$$

$$e = \frac{b}{g} \approx \frac{b}{9.8} \times 100\% \tag{3}$$

式中：e——制动效率；

b——制动时的负加速度，m/s^2。

5.3.2.3 坡道停车制动测试方法

压实机在坡度为20%的坡道上，分别进行上坡和下坡停车制动。制动停稳后，发动机熄火，驾驶员不接触制动器的操纵杆及制动器踏板，对制动轮与地面接触点做上标记，连续观察10min，测定制动轮转动角度，测定结果按附录A中表A.7填写。

5.3.3 最小转弯直径试验

5.3.3.1 测试条件

a）压实机处于工作质量状态，推铲保持在最高提升位置；

b）无雨天气。

5.3.3.2 测试方法

将转向轮转至极限位置保持不动，以低速稳定行驶，待压实机的轮子在地面上形成一封闭的圆形轨迹后停住不动，在均布的三个位置测量轨迹的最大直径，取平均值，为压实机的最小转弯直径ϕ_2，量取压实机最外侧一点的水平投影轨迹圆周直径作为压实机水平通过直径ϕ_1（见图1）。测定结果按附录A中表A.8填写。

5.3.4 爬坡性能试验

5.3.4.1 测试条件

a）压实机处于工作质量状态，推铲保持在最高提升位置；

b）天气：无雨，风速不大于3m/s；

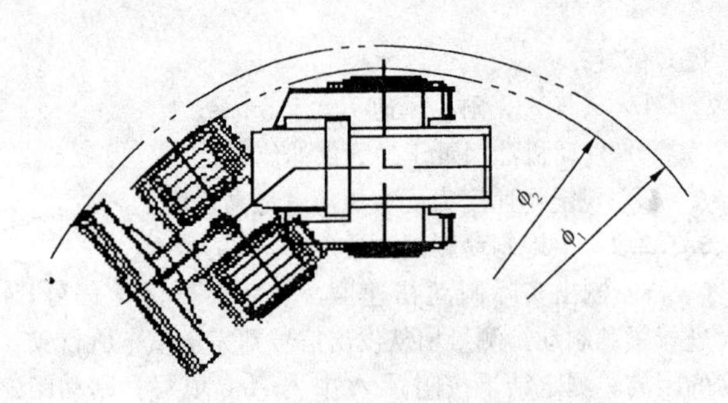

图1　压实机转弯直径测量示意

c）发动机油门置于最大供油位置；

d）爬坡过程中不准换挡。

5.3.4.2　测试方法

a）压实机在试验坡道的坡底平直段起步行驶，待运转平稳后以最低挡速度开始爬坡，测定压实机通过测试路段的时间和距离，按式（4）和式（5）计算爬坡功率和爬坡速度，测定结果按附录A中表A.9填写；

$$P_b=\frac{M\cdot g\cdot L_b\cdot \sin\alpha}{t_b} \tag{4}$$

$$v_b=\frac{3.6L_b}{t_b} \tag{5}$$

式中：P_b——爬坡功率，W；

M——压实机的工作质量，kg；

L_b——实际爬坡距离，m；

t_b——通过距离 L_b 所需时间，s；

α——坡道角度，(°)；

v_b——爬坡最高速度，km/h。

b）如中途爬不上坡时，应把原因填入备注栏内；若输出功率有富裕及轮子不打滑时，采用较高挡速度爬坡，直至爬不上为止，测定爬坡最高速度。

5.3.5　最大牵引力试验

5.3.5.1　测试条件

a）压实机处于工作质量状态，推铲保持在最高提升位置；

b）天气：无雨，风速不大于3m/s；

c）发动机油门置于最大供油位置。

5.3.5.2　测试用仪器设备

负荷车、拉力传感器、示波仪、钢丝绳等。

5.3.5.3　测试方法

如图2所示，压实机以最低挡速度拖动负荷车，待速度稳定后，负荷车开始逐渐增加牵引载荷，直到压实机不能行走，此时测取3s内牵引力的平均值作为最大牵引力。试验应往返各进行一次，将测定结果按附录A中表A.10填写。

5.3.6　推铲性能试验

5.3.6.1　推铲提升速度 V_c

a）测试用仪器、卷尺、秒表等器具。

b）测试方法。

发动机低速运转，工作油温50℃±5℃，测定推铲最大提升高度 H_1、最大下降深度 H_2 及提升时间 t（推铲自地面至最大提升高度的时间）。如图3，将测定结果按附录A中表A.11填写。

5.3.6.2　推铲提升速度按式（6）计算。

$$V_c=\frac{H_1-H_2}{1000t} \tag{6}$$

式中：V_c——推铲提升速度，m/s；

H_1——推铲最大提升高度，mm；

H_2——推铲最大下降深度，mm；

t——推铲提升时间，s。

5.3.6.3　推铲自然沉降量

a）测量条件：推铲提升至接近最高位置，发动机停止工作，工作油温50℃±5℃。

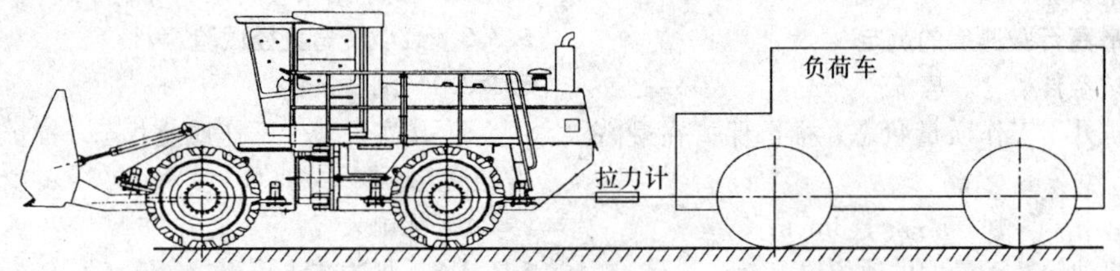

图2　牵引力试验示意

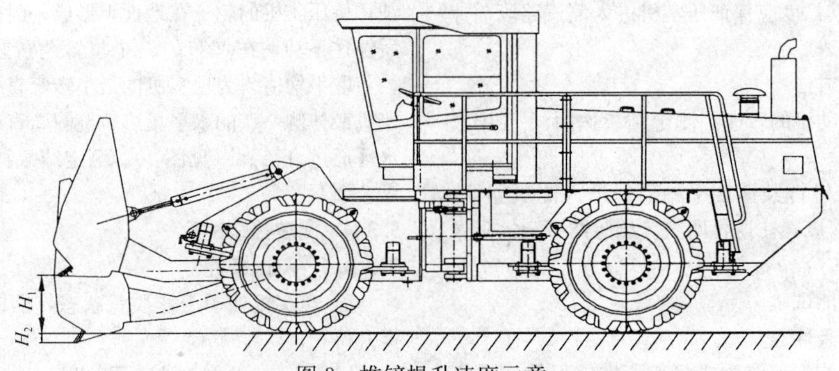

图3　推铲提升速度示意

b）测试方法：推铲提升至接近最高位置，发动机停止工作，30min后，测量推铲的下降量。将测定结果按附录A中表A.11填写。

5.4 作业环境试验

5.4.1 噪声测试

5.4.1.1 测试条件

a）在声级计的传声器和压实机之间不应有人或其他障碍物，传声器附近不应有影响声场的障碍物，试验人员应在不影响声级计读数的地方观察。

b）压实机不行驶，发动机怠速状态。

c）压实机处于工作质量状态，发动机油门处于最大供油位置。

d）天气：无雨，风速不大于3m/s。

5.4.1.2 司机位置处的噪声测试

a）驾驶室司机耳边的位置；

b）定置试验条件下司机位置处噪声的测定应按GB/T 16710.3的规定；

c）动态试验条件下司机位置处噪声的测定应按GB/T 16710.5的规定。

5.4.1.3 机外辐射噪声的测定

a）距压实机中心7.5m的两侧，离地面高1.5m处；

b）定置试验条件下机外辐射噪声的测定应按GB/T 16710.2的规定；

c）动态试验条件下机外辐射噪声的测定应按GB/T 16710.4的规定；

d）分别测定背景噪声，测定压实机不行驶和以最高速度通过测试区和推铺作业时各测点的噪声，每个测点各测三次，将测定结果按A中表A.12格式填写；

e）若测点的实测噪声级与背景噪声级之差为6dB（A）～10dB（A）时，测量值应按表4进行修正。

当差值小于6dB（A）时，测量无效。

表4　背景噪声修正值

实测噪声级与背景噪声级差级/dB（A）	6	7	8	9	10	＞10
修正值/dB（A）	1.3	1.0	0.8	0.6	0.4	0
注：测点噪声等于该点实测噪声减去修正值。						

5.4.2 司机座椅振动测定

按GB/T 8419的规定进行，将测定结果按附录A中表A.14填写。

5.5 渗漏检测

5.5.1 测试条件

a）压实机的燃油箱、洒水箱均装至箱体容积的三分之二；

b）液压油箱、冷却水箱装入规定的容量；

c）压实机上可能出现渗漏的部位在试验前应擦拭干净。并在该部位的下方垫上白纸。

5.5.2 测试方法

压实机连续工作1.5h后停机并立即按下列方法检验：

a）在停机后10min内有油滴或有大于200cm^{2}渗出的油迹则判定为漏油，渗出的油迹面积小于200cm^{2}则判定为渗油。

b）在停机后5min内检有水滴滴下或水浸湿面积大于200cm^2，则判为漏水，渗出的水浸湿面积小于200cm^{2}则判为渗水。

c）将检测结果按附录A中表A.15填写。

5.6 液压油与润滑油的固体污染清洁度试验及油温测定

在压实机以各挡速度连续工作1.5h（每挡不少于15min）后立即进行：

5.6.1 润滑油的固体污染清洁度试验采用重量法，按JG/T 5066进行；

5.6.2 液压油的固体污染清洁度试验的油样按JG/T 69标准抽取；试验按JG/T 70进行；

5.6.3 按JG/T 5035的规定确定液压油与润滑油的固体污染清洁度等级；

5.6.4 用温度计或其他仪器测量液压油与润滑油的温度；

5.6.5 将测定结果按附录A中表A.16和表A.17填写。

5.7 司机视野测定

按GB/T 16937.2进行视野测定。测定遮影方位及弦长涂填于附录A中表A.19的坐标上。X轴上方为前视野，下方为后视野；Y轴的左侧为左视野，右侧为右视野。以遮影的弦长作为判断能见度的依据。

5.8 外观检查

5.8.1 机身外壳、焊缝、铸件及油漆外观质量用目测检验。

5.8.2 漆膜检验按下列方法进行

a）硬度：用指甲在漆膜上划一下应无凹陷划痕；

b）粘附牢固性：用利刀在漆膜上纵横各划五条刀痕，刀痕间隔1mm，呈井字状，深度达金属层，其漆层不应脱落；

c）弹性：用利刃刮下漆膜，刮屑应为有弹性地卷曲；

d）将检查结果按附录A中表A.18填写。

5.9 电气系统检验

在压实机正常运行时检查指示仪表、开关、电气控制系统和照明系统工作正常、可靠。将检查结果按附录A中表A.20填写。

5.10 可靠性试验

5.10.1 试验条件

5.10.1.1 总试验时间：循环往复行驶作业状态的总时间为400h。

5.10.1.2 可靠性试验地点可选在专用试验场地或垃圾填埋场。

5.10.1.3 试验应在无雨天气进行，若对人、机系统影响不大时，小雨天气也可进行试验。

5.10.1.4 驾驶员及维修保养人员

a）参加试验的压实机操作人员应是经培训考试合格并取得操作许可证的技术工人；

b）压实机驾驶员在试验循环作业中应严格执行操作规程；

c）参加试验的维修保养人员应熟悉压实机构造，并且有熟练的维修技术。

5.10.2 试验的步骤和方法

5.10.2.1 试验前，按本标准的规定编写试验大纲，制定试验计划，对试验日期、场地、设备及人员作出详细的安排。

5.10.2.2 循环作业及试验记录

a）可靠性试验采取连续循环作业的方式进行，平均每日不应少于一个工作班，每工作班累计作业时间不应少于4h；

b）压实机每连续工作2h后，允许停机15min，每工作班累计作业4h后，允许停机30min，在此停机时间内，允许给压实机加油、加水或按说明书的规定进行维护保养；

c）在进行可靠性试验的过程中，试验人员应注意观察压实机各部位是否有异常现象或故障，并将其试验、故障、维修等情况详细记入附录B中表B.1。

5.10.2.3 维护保养与修理

a）维护保养工作应按压实机使用说明书规定的内容和时间进行，所用时间记入累计维护保养时间；

b）在规定的作业时间内，当需进行维护保养，造成停机时间不足30min时，作维护保养处理，所用时间记入维护保养时间，超过30min时，作故障修理处理，30min记入维护保养时间，超过部分的时间记入故障修理时间；

c）参加维护保养及维修人员均按两名技术熟练工人计算，即当有三人参加，每用去1h，折算为1.5h，当有四人参加，每用去1h，折算为2h；

d）压实机在作业时发生故障，应及时停机检查与修理，不得带故障运行，检查修理时间应按实际用去的人时数记入附录B中。

5.10.3 故障次数的判定

5.10.3.1 当量故障次数

根据故障的性质和危害程度，将故障划分为致命故障、严重故障、一般故障和轻微故障四类，见附录C，并用当量故障次数作为总故障次数，当量故障次数按式（7）计算。

$$r_b = \sum_{i=1}^{4} k_i \varepsilon_i \tag{7}$$

式中：r_b——当量故障次数；

k_i——第i类故障次数；

ε_i——第i类故障危害系数（见附录C）。

5.10.3.2 轻度故障不记入首次故障，但应做记录。

5.10.3.3 一次故障应判定为一个故障次数，且只能判定为故障类别中的一样。

5.10.3.4 压实机在可靠性试验中出现致命故障，则该压实机可靠性判定为不合格。

5.10.3.5 按例行维护保养更换到期的易损件不计入故障次数。

5.10.3.6 同时发生有因果关系的故障只作一次故障计算，其危害系数按大者计；但同时发生的故障项目应作详细记录。若同时发生无因果关系的故障，则分别计算。

5.10.3.7 由于意外事故（不是压实机本身的原因），不作为故障次数，其维修时间也不计入维修时间，但应作记录。

5.10.3.8 由于意外事故造成可靠性试验中断，允许重新抽样和试验。

5.10.4 可靠性指标计算

5.10.4.1 首次故障前工作时间是指压实机在规定的试验条件下，第一次出现故障前的工作时间（t）的数值，单位为h。

5.10.4.2 平均无故障工作时间是指压实机在可靠性试验期间，累计实际工作时间与总当量故障次数之比，按式（8）计算。

$$Tm = \frac{t_0}{r_b} \tag{8}$$

式中：Tm——平均无故障工作时间，h/n；

t_0——压实机累计工作时间，h；

r_b——压实机出现的当量故障次数，n。当$n<1$时，按1计算。

5.10.4.3 可靠度是压实机在可靠性试验中累计作业时间与总时间之比，按式（9）计算。

$$R = \frac{t_0}{t_0 + t_1} \times 100\% \tag{9}$$

式中：R——可靠度，%；

t_1——修复故障的时间总和，h。

注：t_0、t_1均不含规定的保养时间。

6 检验规则

6.1 出厂检验

6.1.1 制造厂必须对每台压实机进行出厂检验，经检验合格后方可出厂。

6.1.2 压实机出厂检验项目见表5。

6.2 型式试验

6.2.1 压实机型式试验包括性能试验和可靠性试验。

有下列情况之一时，应作型式试验：

a）新压实机或老压实机转厂生产的试制定型鉴定；

b）正式生产后，如结构、材料、工艺有较大改变，可能影响压实机性能时；

c）国家质量监督机构提出进行型式试验的要求时。

6.2.2 压实机型式检验项目见表5。

表5 压实机的出厂检验和型式检验

项目	出厂检验	型式检验
检验项目	行驶检验 制动检验 爬坡检验 传动、液压、水路等系统的渗漏检验 电器系统检验 外观质量检验	性能试验 可靠性试验
合格要求	行驶检验符合4.1.5、4.2.4的要求 制动检验符合4.3.1的要求 爬坡检验符合4.2.8的要求 渗漏检验符合4.2.17的要求 电器系统检验符合4.2.18的要求 外观质量检验符合4.1.9的要求	工作质量符合4.2.1的要求 制动检验符合4.3.1的要求 爬坡检验符合4.2.8的要求 推铲自然沉降量检验符合4.2.10的要求 润滑油清洁度检验符合4.2.15的要求 液压油清洁度检验符合4.2.16的要求 渗漏检验符合4.2.17的要求 排烟度检验符合4.3.3的要求 噪声检验符合4.3.4的要求 可靠性检验符合4.4的要求
判定规则	出厂检验项目全部达到合格要求，判定为合格，否则判定为不合格	上栏项目中，任何一条未达到合格要求，则判定为不合格。 上栏项目全部达到合格要求，且在第4章的其余各条款有4条或4条以上未达到要求的，亦判定为不合格品

6.3 抽样

进行型式试验的压实机采取随机抽样法抽取1台至2台，经抽样确定的压实机应做好标记并封存。

6.4 判定规则

6.4.1 压实机出厂检验和型式检验按表5进行合格判定。

6.4.2 当压实机被判定为不合格品时，允许在同批压实机中再次抽样检验，如仍不合格；即最终判定该批压实机为不合格品。

7 标志、包装、运输和贮存

7.1 标志

7.1.1 压实机出厂时，应在其显著位置喷涂或粘贴有关标志。标志应有以下内容：

a）注册商标；

b）起吊标志；

c）安全标志；

d）润滑指示；

e）操作及工作位置指示标志；

f）压实机标牌。标牌的制作应符合GB/T 13306的规定。

7.1.2 压实机标牌应有以下内容：

a）制造厂名称；

b）压实机的型号及名称；

c）压实机的主要技术参数；

d）制造日期、出厂编号及生产批号。

7.2 包装

7.2.1 压实机一般采用裸装（特殊要求除外）。需要防护的部位，应有局部保护措施，其随机工具、备件和技术文件用备件箱包装，且有防雨防潮措施，备件箱应与整机放置在一起。

7.2.2 压实机出厂时，应备齐下列技术文件：

a）压实机合格证书；

b）压实机使用说明书；

c）主要配套件使用说明书；

d）主要零部件及易损件目录；

e）随机主要备件和工具清单；

f）装箱单。

7.2.3 压实机使用说明书的要求和编制方法应按照GB 9969.1的规定。其中规格的描述应符合GB/T 7920.5—2003第11章的规定。

7.3 运输

7.3.1 压实机进行整机装运时应将车架锁住，用三角木塞住压实轮，固定可靠。

7.3.2 压实机可采用分拆运输，到达目的地后再组装。

7.3.3 压实机不允许自行运输。

7.4 贮存

压实机长期存放时，应放在通风、干燥，不受日晒雨淋的场所，并将随机工具、备件及需防锈的表面和润滑点清理干净，分别涂以防锈油和注入润滑脂。存放前应将燃油和水放净，并有明显标志。

附 录 A
（资料性附录）
压实机测试记录表

A.1 压实机主要技术性能参数记录见表A.1。

表 A.1 压实机主要技术性能参数表

压实机型号：　　　　　　　　　　制造厂名称：

项目			单位	设计值
工作质量			kg	
分配质量	前轮			
	后轮			
行驶速度	前进	一挡	km/h	
		二挡		
		三挡		
	后退	一挡		
		二挡		
		三挡		
最小转弯直径（钢轮最外缘轨迹）			m	
爬坡能力			%	
最小离地间隙			mm	
推铲宽度			mm	
推铲装置	最大提升高度		mm	
	最大下降深度			
发动机	型号			
	额定功率		kW	
	额定转速		r/min	
压实轮	前轮	数量－直径×宽度	mm×mm	
		凸块数量		
	后轮	数量－直径×宽度	mm×mm	
		凸块数量		
外形尺寸	长		mm	
	宽			
	高			

A.2 压实机尺寸测定参数记录见表 A.2。

表 A.2 主要尺寸测定记录表

压实机型号　　　　　　　　试验日期

出厂编号　　　　　　　　　试验地点

试验人员　　　　　　　　　记录人员

单位为毫米

项目		代号	测定值	备注
外形尺寸	长			
	宽			
	高			
压实轮尺寸	前轮直径×宽度			
	后轮直径×宽度			
最小离地间隙				
轴距				
推铲宽度				

A.3 压实机质量参数测定记录见表 A.3。

表 A.3 质量测定记录表

压实机型号　　　　　　　　试验日期

出厂编号　　　　　　　　　试验地点

试验人员　　　　　　　　　记录人员

单位为千克

项目		测定值			备注
		1	2	平均值	
工作质量					
分配质量	前轮				
	后轮				

A.4 压实机操作力量参数测定记录见表 A.4。

表 A.4 操作力测定记录表

压实机型号　　　　　　　　试验日期

出厂编号　　　　　　　　　试验地点

试验人员　　　　　　　　　记录人员

项目	操纵力/N				备注
	1	2	3	平均	

A.5 压实机行驶速度参数测定记录见表 A.5。

表 A.5 行驶速度测定记录表

压实机型号　　　　　　　　试验日期

出厂编号　　　　　　　　　试验地点

天气、气温（℃）　　　　　路面状况

风向、风速（m/s）　　　　记录人员

试验人员

行驶方向	挡位	发动机转速/（r/min）	行驶速度/（km/h）			备注
			去向	回向	平均	
前进						
后退						

A.6 压实机平地制动性能参数测定记录见表 A.6。

表 A.6　平地制动性能测定记录表

压实机型号　　　　　　　试验日期
出厂编号　　　　　　　　试验地点
天气、气温（℃）　　　　路面状况
风向、风速（m/s）　　　记录人员
试验人员

行驶方向	规定初速度/(km/h)	实测值		修正后的制动距离/m	负加速度/(m/s²)	制动效率	备注
		制动初速度/(km/h)	制动距离/m				
去向							
回向							

A.7　压实机坡道停车制动参数测定记录见表 A.7。

表 A.7　坡道停车制动测定记录表

压实机型号　　　　　　　试验日期
出厂编号　　　　　　　　试验地点
天气、气温（℃）　　　　路面状况
记录人员　　　　　　　　试验人员

停车状态	坡度/%	持续制动 10min 钢轮转动角度/(°)	备注
上坡			
下坡			

A.8　压实机最小转弯直径参数测定记录见表 A.8。

表 A.8　最小转弯直径测定记录表

压实机型号　　　　　　　试验日期
出厂编号　　　　　　　　试验地点
天气、气温（℃）　　　　路面状况
记录人员　　　　　　　　试验人员

行驶方向	转弯方向	最小转弯直径/m				最小水平通过直径/m				备注
		1	2	3	平均值	1	2	3	平均值	
前进	左转									
	右转									
后退	左转									
	右转									

A.9　压实机爬坡性能参数测定记录见表 A.9。

表 A.9　爬坡性参测定记录表

压实机型号　　　　　　　试验日期
出厂编号　　　　　　　　试验地点
天气、气温（℃）　　　　路面状况
记录人员　　　　　　　　试验人员

行驶方向	序号	坡度/%	测试距离/m	时间/s	爬坡速度/(km/h)	爬坡功率/kW	备注
前进	1						
	2						
	3						
后退	1						
	2						
	3						

A.10　压实机最大牵引力参数测定记录见表 A.10。

表 A.10　最大牵引力测定记录表

压实机型号　　　　　　　试验日期
出厂编号　　　　　　　　试验地点
天气、气温（℃）　　　　路面状况
记录人员　　　　　　　　试验人员

试验序号	试验方向	最大牵引力/N	附着系数	备注

A.11　压实机推铲性能参数测定记录见表 A.11。

表 A.11　推铲性能测定记录表

压实机型号　　　　　　　试验日期
出厂编号　　　　　　　　试验地点
天气、气温（℃）　　　　路面状况
记录人员　　　　　　　　试验人员

试验序号	推铲最大提升高度/mm	提升时间/s	推铲提升速度/(m/s)	推铲最大下降深度/mm	备注
1					
2					
3					
平均值					
推铲自然沉降量 mm					

A.12　压实机噪声测定记录见表 A.12。

表 A.12　噪声测定记录表

压实机型号　　　　　　　试验日期

出厂编号　　　　　　　　试验地点

天气、气温（℃）　　　　路面状况

风向、风速 m/s　　　　　背景噪声 dB（A）

记录人员　　　　　　　　试验人员

压实机状况		声级计位置	噪声/dB（A）				备注
			1	2	3	平均值	
怠速不行驶		司机耳朵位置					
		左侧 7.5m					
		右侧 7.5m					
高速行驶	高速	司机耳朵位置					
		左侧 15m					
		右侧 15m					

A.13　压实机司机座椅的振动参数测定记录见表 A.13。

表 A.13　司机座椅的振动测试记录表

压实机型号　　　　　　　试验日期

出厂编号　　　　　　　　试验地点

试验人员　　　　　　　　记录人员

测量工况	振动加速度/（m/s^2）		备注
	地板	座椅面	
发动机最高空转转速，压实机制动静止			
发动机怠速，压实机制动静止			
发动机最高转速，压实机以最低挡行驶			
发动机最高转速，压实机以最高挡行驶			

A.14　压实机密封性能参数测定记录见表 A.14。

表 A.14　密封性能测定记录表

压实机型号　　　　　　　试验日期

出厂编号　　　　　　　　试验地点

试验人员　　　　　　　　记录人员

检测项目		检测结果	渗漏位置	备注
渗漏油	渗油处数			
	漏油处数			
渗漏水	渗水处数			
	漏水处数			

A.15　压实机润滑油的固体污染清洁度及油温测定记录见表 A.15。

表 A.15　润滑油的固体污染清洁度及油温测定记录表

压实机型号　　　　　　　试验日期

出厂编号　　　　　　　　试验地点

试验人员　　　　　　　　实取油样（mL）

取样位置	检验项目			
	滤网质量/mg	滤网与污染物总质量/mg	清洁度/（mg/L）	润滑油油温/℃

A.16　压实机液压油的固体污染清洁度及油温测定记录见表 A.16。

表 A.16　液压油的固体污染清洁度及油温测定记录表

压实机型号　　　　　　　试验日期

出厂编号　　　　　　　　试验地点

试验人员　　　　　　　　实取油样（mL）

取样位置	液样号	试样中的颗粒度		每 100mL 的颗粒度		清洁度等级	液压油油温/℃
		>5μm	>15μm	>5μm	>15μm		
备注							

A.17　压实机视野测定记录见表 A.17。

表 A.17　视野测定记录表

压实机型号　　　　　　　试验日期

出厂编号　　　　　　　　试验地点

试验人员　　　　　　　　眼睛距地面的距离

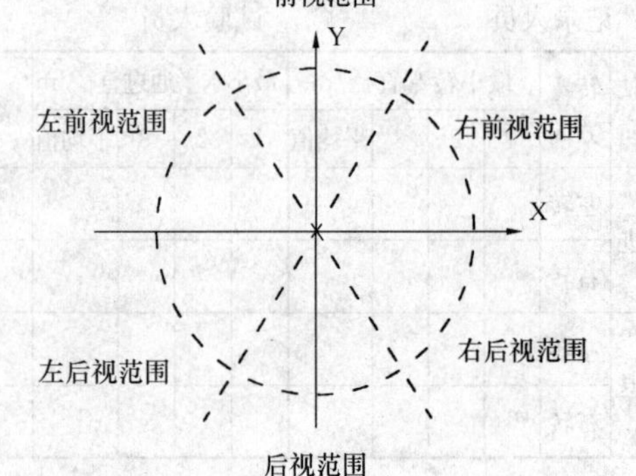

A.18　压实机外观质量检验参数记录见表 A.18。

表 A.18 外观质量检验记录表

压实机型号　　　　　　试验日期

出厂编号　　　　　　　试验地点

试验人员　　　　　　　记录人员

检测项目		检测结果	备注
机身罩壳			
焊　　缝			
外露铸件			
油漆	油漆表面质量		
	漆膜粘附牢固性		
	漆膜硬度		
	漆膜弹性		

A.19 压实机电气系统检验主录见表 A.19。

表 A.19 电气系统检验记录表

样机型号　　　　　　试验日期

出厂编号　　　　　　试验地点

试验人员　　　　　　记录人员

检测项目	检测结果	备　注
仪表		
开关		
照明及指示灯光		
其他电气控制系统		

注：表中每项均包含若干内容，可在每项中根据安装的内容列子项。如仪表，1. 水温；2. 燃油箱油量；3. …，等等

附 录 B

（资料性附录）

垃圾压实机可靠性试验记录

B.1 压实机可靠性试验参数记录见表 B.1。

表 B.1 垃圾压实机可靠性试验记录表

压实机型号　　　　　　驾驶员

出厂编号　　　　　　　试验地点

试验人员　　　　　　　路面状况

试验日期			气候、气温	作业内容	作业时间/h	累计作业时间/h	维护保养			故障			故障初步分析	备注
月	日	上午下午					内容	时间/h	人数	内容及修理情况	修理时间/h	参加修理人数		

附 录 C

（规范性附录）

垃圾压实机可靠性试验故障分类

C.1 压实机可靠性试验故障分类见表 C.1。

表 C.1 垃圾压实机可靠性试验故障分类表

故障类别	故障名称	故障特征	故障示例	危害度系数 ε
1	致命故障	严重危及或导致人身伤亡，重要总成报废或主要部件严重损坏，造成重大经济损失	1. 发动机严重损坏； 2. 车架臂架断裂； 3. 变速箱、转向机构损坏	∞
2	严重故障	严重影响压实机的功能，必须较长时间停机修理，维修费用较高	1. 制动系统丧失制动能力； 2. 主要液压元件损坏； 3. 各传动齿轮、传动轴承等主要零部件损坏	3
3	一般故障	使压实机功能下降或导致停机，但只需要换或修理外部零、部件，用随机工具在 2h 内可以排除，维修费用中等	1. 当气温在 5℃以上时发动机连续三次不能启动； 2. 变速箱及液压系统发生异常响声； 3. 发动机突然熄火造成停机； 4. 漏水、漏油及漏气较严重； 5. 液压系统中管道、接头密封件损坏； 6. 重要焊接部件焊缝开裂长度大于所在部位焊缝长度的 5%； 7. 键、销损坏，但未造成严重后果； 8. 各仪表、仪器失灵或损坏； 9. 噪声增大 3dB（A）及以上； 10. 爬坡性能达不到标准要求； 11. 液压油与润滑油的固体污染清洁度达不到标准要求； 12. 发动机排烟度达不到标准要求； 13. 重要部位紧固件松动	1
4	轻微故障	对压实机的使用性能有轻微影响，但用更换易损备件和用随机工具在 20min 内可以排除	1. 渗油、渗水； 2. 照明灯、指示灯不亮； 3. 一般焊接部位焊缝开裂长度小于所在部位焊缝长度的 5%； 4. 非重要部件紧固件松脱； 5. 其他轻度故障	0.2

中华人民共和国城镇建设行业标准

生活垃圾渗沥水　术语

Leachate—Terminology

CJ/T 3018.1—93

1 主题内容与适用范围

本标准规定了生活垃圾渗沥水理化分析和细菌学检验方法中所用的专用术语。

本标准适用于 CJ/T 3018 生活垃圾渗沥水理化分析和细菌学检验方法中所用的专用术语和符号。

2 引用标准

GB 1.4 标准化工作导则 化学分析方法标准编写规定。

GB 3358 统计学名词及符号。

3 生活垃圾渗沥水 leachate（简称渗沥水）

渗沥水是指与生活垃圾（refuse）接触过或从中渗出来的液体。

4 采样 sampling

从总体中随机取出一些个体的过程，且在此过程中所采取的个体样品应对所测定的总体对象具有代表性。

5 样品 sample

5.1 实验室样品 laboratory sample

为送往实验室供检验或测试而制备的样品。

5.2 试样 test sample

由实验室样品制得的样品，并从它取得试料。

5.3 试料 test portion

用以进行检验或观测所称取的一定量的试样（如试样与实验室样品两者相同，则称取实验室样品）。

6 溶液 solution

6.1 标准滴定溶液 standard volumetric solution

确定了准确浓度的、用于滴定分析的溶液。

6.2 基准溶液 standard reference solution

由基准物质制备或用多种方法标定过的溶液，用于标定其它溶液。

6.3 标准溶液 standard solution

由准确知道某种元素、离子、化合物或基团浓度的物质而制备的溶液。

7 物质的量 amount of substance

7.1 摩尔 mole

摩尔是一系统的物质的量，在该系统中所包含的基本单元数与 0.012kg 碳－12 的原子数目相等。

摩尔是物质的量的国际单位制基本单位，符号为 mol。在使用摩尔时，基本单元应予指明，可以是原子、分子、离子、电子及其他粒子，或是这些粒子的特定组合。

7.2 物质的量浓度 concentration for amount of substance

物质的量浓度是物质的量除以混合物的体积，单位为摩尔每立方米（mol/m^3）或摩尔每升（mol/L）。

计算物质的量浓度公式为：

$$c_B = \frac{n_B}{V}$$

式中 c_B——物质 B 的物质的量浓度，mol/m^3 或 mol/L；

n_B——物质 B 的物质的量，mol，$n_B = \frac{m}{M_B}$；

V——混合物的体积，m^3 与 L；

m——物质 B 的质量，g；

M_B——物质 B 的摩尔质量，g/mol。

在使用物质的量浓度时必须指明其基本单元。

例如：

$c(NaOH) = 1mol/L$，它相当于迄今所说的 1N，即每升含有氢氧化钠 40g。基本单元是氢氧化钠分子。

$c(1/2H_2SO_4) = 1mol/L$，它相当于迄今所说的 1N，即每升含 49gH_2SO_4，其基本单元是 1/2 硫酸分子。

$c(1/6K_2Cr_2O_7) = 0.1mol/L$，它是在酸性介质中反应的情况下相当于迄今所说的 0.1N，即每升含 4.9g$K_2Cr_2O_7$，其基本单元是 1/6 重铬酸钾分子。

8 试验 test

8.1 空白试验 blank test

除用纯水代替试料外，须与样品测定采用完全相同的分析步骤、试剂和用量所进行的平行操作。

8.2 校正试验 check test

为了检验试剂纯度、稀释剂品质和实验技术，用基准溶液或标准溶液按样品测定的完全相同分析步骤进行操作。

9 测定 determination

9.1 平行双样测定 parallel determination

对同一个样品同时取两份试料进行平行操作，并取测定的平均值报告样品的分析结果。

9.2 校准曲线 calibration graph

9.2.1 标准曲线 standard curve

以纯溶剂作参比，用一系列标准溶液直接测得信号值后所绘制的曲线。然后在相同的操作条件下测定样品的信号值，并从标准曲线上查得该样品信号值的含量或浓度。

9.2.2 工作曲线 working curve

当样品的前处理会对被测组份产生干扰达到不可忽略时，不能用一系列标准溶液直接测定信号值，而需和样品进行完全相同的前处理后再测定信号值所绘制成的曲线。从工作曲线上可查得在相同操作条件下被测样品信号值的含量或浓度。

10 准确度 accuracy

10.1 标准分析 standard sample analysis

用一个已知被测物质含量的标准样品（一般都是人工合成的）进行分析，从测得结果与已知含量（当作为真值）之间的差，计算出相对误差作为方法的准确度：

$$准确度（相对误差）=\frac{测定值-标样含量}{标样含量}\times 100\%$$

计算结果必须用正负号表示。

10.2 加标回收 recovery of known addition standard

在分取样品的同时，另分取一份加入适量的标准物质同时进行测定，由测定结果计算加入标准物质的回收率作为方法的准确度：

$$准确度（加标回收率）=\frac{加标样品-原始样品}{加标量}\times 100\%$$

11 精密度 precision

对确定条件下，将实验步骤实施多次所得结果之间的一致程度。影响实验结果的随机误差越小，实验结果的精密度就越高。

11.1 相对标准偏差 ralative standard deviation

相对标准偏差又称变异系数（coefficient of variation)，它是标准偏差与算术平均的绝对值之比的百分数。常用它评价一个测定方法的精密度：

$$测定方法的精密度（相对标准偏差）=\frac{标准偏差}{均值的绝对值}\times 100\%$$

在有限个样品测定时（小于10个），标准偏差 S 的计算式为：

$$S=\sqrt{\frac{\Sigma(X_i-\overline{X})^2}{n-1}}$$

式中 X_i——各单次测定值；

$\overline{X}$——多次测定结果的算术平均值；

n——测定次数。

计算结果只能取正号。

11.2 相对偏差 relative deviation

取平行双样测定中的任何一个值的偏差绝对值与二个测定值的算术平均值之比的百分数，依此对测定结果的精密度作出可否允许的检查：

$$平行双样测定的精密度(相对偏差)=\frac{|X-\overline{X}|}{\overline{X}}\times 100\%$$

式中 X——二个测定值中的任何一个数据；

$\overline{X}$——二个测定值的算术平均值。

附加说明：

本标准由建设部标准定额研究所提出。

本标准由建设部城镇环境卫生技术标准归口单位上海市环境卫生管理局归口。

本标准由上海市环境卫生设计科研所负责起草。

本标准主要起草人庄启化。

本标准委托上海市环境卫生设计科研所负责解释。

中华人民共和国城镇建设行业标准

生活垃圾渗沥水
色度的测定稀释倍数法

Leachate—Determination of colority
—Multiple dilution method

CJ/T 3018.2—93

1 主题内容与适用范围

本标准规定了渗沥水色度测定的稀释倍数法，操作时的倒分稀释法和色度的表述方式。

本标准适用于从生活垃圾中渗出来的液体。

2 引用标准

GB 11903　水质　色度的测定

3 术语

渗沥水的色度，是指经过澄清或离心后渗沥水的颜色。

4 原理

经过澄清或离心后的渗沥水试样，用蒸馏水稀释，直至用肉眼观察与蒸馏水相比较刚好看不出颜色时为止的稀释倍数。

5 仪器、设备

5.1　离心机：5000rpm。

5.2　标准比色管：50mL，具塞（例如：Nessler 比色管）。

5.3　瓷板：白色。

5.4　烧杯：200mL。

5.5　酸度计。

6 样品

供色度测定的渗沥水实验室样品量约需 300mL，采样后应尽快测定，否则用聚乙烯或玻璃瓶贮存在温度 2～5℃于暗处，最长保存时间为 24h。

通过将它放置 24h 或经 3000rpm 离心 20min 以去除悬浮物作为试样，并从它取得试料。

7 步骤

7.1　将洗净晾干的比色管（5.2）置于试管架上列成两排，移取试样溶液于左端前排的第 1 支比色管至 50mL 刻度处，与盛相同高度蒸馏水的比色管相比较。在进行比较时，比色管底部衬上白包瓷板（5.3），一手持瓷板，另一手持 2 支比较的比色管，二手要协调配合，比色管和白瓷板可稍作倾斜，使光线反射入液柱底部向上透过。分析者对着比色管液面，自上而下观察比较，然后把 2 支比较的比色管相互交换位置再观察比较一次。如颜色有差异时，可倒出一半（至 25mL 刻度处）到后排第 1 支比色管内，然后加蒸馏水稀释至 50mL 刻度处，密合上磨口塞，颠倒 3 次混匀后，再与盛蒸馏水的比色管相比较。如此重复稀释直至与蒸馏水相比较刚好看不出颜色时为止。上述这样稀释操作为倒分稀释操作法。记下此时后排被倒分出来的比色管支数 n（称为倒分稀释次数）。

7.2　取 100～150mL 试样溶液，置于烧杯（5.4）中，以白色瓷板作背景，与同体积的蒸馏水比较，用文字描述呈现的颜色色调，同时测定 pH 值。

8 结果的表述

用稀释倍数值和文字描述相结合表达结果。

8.1　表达式

$$稀释倍数值=2^n$$

式中　n——倒分稀释次数。

8.2　颜色描述

可用深黑、灰黑、深绿、浅绿、蓝绿、黄绿、暗灰、浅灰、土黄、橙黄等。

8.3　同时报告 pH 值。

9 本标准未作规定的按 GB 11903 执行

附加说明：

本标准由建设部标准定额研究所提出。

本标准由建设部城镇环境卫生技术标准归口单位上海市环境卫生管理局归口。

本标准由上海市环境卫生设计科研所负责起草。

本标准主要起草人庄启化、黄庆玲。

本标准委托上海市环境卫生设计科研所负责解释。

中华人民共和国城镇建设行业标准

生活垃圾渗沥水
总固体的测定

Leachate—Determination of
total solids

CJ/T 3018. 3—93

1 主题内容与适用范围

本标准规定了渗沥水总固体测定中蒸发、干燥和称重的方法。

本标准适用于从生活垃圾中渗出来的液体。

2 术语

渗沥水总固体是指经103～105℃蒸发烘干后留下的全部残余物，是总溶解性固体与总悬浮性固体之和。

3 原理

用已知质量的具盖蒸发皿盛放确定体积的渗沥水试样，先置于水浴锅上蒸发至于，后移入干燥箱内在103～105℃烘至恒重，蒸发皿增加的质量即为总固体。

4 仪器、设备

4.1 分析天平：分度值0.1mg，最大称量200g。

4.2 干燥箱：最高工作温度300℃。

4.3 水浴锅。

4.4 干燥器。

4.5 移液管：50.0mL。

4.6 具盖蒸发皿：100mL。

4.7 称量蒸发皿用手套：白色细纱手套。

5 样品

供总固体测定的渗沥水实验室样品量应包括总溶解性固体与总悬浮性固体测定时的用量，总计约需500mL，采样后应尽快测定，否则用聚乙烯或玻璃瓶贮存在温度为2～5℃处，最长保存时间为24h。

6 步骤

6.1 将洗净、编号的蒸发皿（4.6）置于干燥箱内，在103～105℃烘约1h，放入干燥器内冷却30min，称重。再烘30min，冷却，称重，直至恒重（至两次称重相差小于0.4mg）。

6.2 用移液管（4.5）吸取50.0mL摇荡均匀的样品溶液，放入已恒重的蒸发皿中，置于水浴锅（4.3）上蒸发至于后移入干燥箱内，于103～105℃烘1h，在干燥器内冷却30min，称重。重复烘干、冷却、称重，直至恒重（至两次称重相差小于0.4mg）。

6.3 如采取的样品在保存期内发现有悬浮物因凝聚而沉降，要用校量过的50mL量筒量取经充分摇匀的试样入已恒重的蒸发皿中。以下操作同6.2。

7 结果的表述

$$总固体（mg/L）=\frac{(W_2-W_1)\times 10^6}{V}$$

式中 W_1——空蒸发皿质量，g；

W_2——空蒸发皿及总固体质量，g；

V——渗沥水试样体积，mL。

8 精密度

8.1 对总固体含量为1000～2400mg/L的渗沥水样品，经5批平行双样测定的相对偏差小于0.5%。

8.2 分析总固体含量为2358.7mg/L和1069.8mg/L的渗沥水试样，分别分成两批，每批测定5次的相对标准偏差分别为0.37%、0.59%和0.67%、0.87%。

附加说明：

本标准由建设部标准定额研究所提出。

本标准由建设部城镇环境卫生技术标准归口单位上海市环境卫生管理局归口。

本标准由上海市环境卫生设计科研所负责起草。

本标准主要起草人庄启化、黄庆玲。

本标准委托上海市环境卫生设计科研所负责解释。

中华人民共和国城镇建设行业标准

生活垃圾渗沥水　总溶解性固体与总悬浮性固体的测定

Leachate—Determination of total dissolved solids and total suspended solids

CJ/T 3018.4—93

1　主题内容与适用范围

本标准规定了测定渗沥水的总溶解性固体与总悬浮性固体用的滤器规格和测定步骤。

本标准适用于从生活垃圾中渗出来的液体。

2　术语

总溶解性固体是指通过指定规格滤器的滤液于103～105℃蒸发烘干后留下的全部残渣。

总悬浮性固体则是被滤器截留并于103～105℃烘干后的全部固体；或总固体减去总溶解性固体之差可作为总悬浮性固体的计算值。

3　原理

将渗沥水样品通过指定规格的滤纸，定量吸取滤过的滤液，置于已知质量具盖的蒸发皿中，先在水浴锅上蒸干，再在103～105℃干燥箱内烘至恒重，蒸发皿增加的质量即为总溶解性固体。

由总固体减去总溶解性固体即得总悬浮性固体。

4　仪器、设备

实验室常用分析仪器及：

4.1　锥形烧瓶：250mL。

4.2　长颈玻璃漏斗：直径75mm。

4.3　定量滤纸：中速，直径125mm。

4.4　水浴锅。

4.5　干燥器。

4.6　移液管：50.0mL。

4.7　具盖蒸发皿：100mL。

5　样品

供总溶解性固体与总悬浮性固体测定的渗沥水实验室样品量应包括总固体测定时的用量，总计约500mL，采样后应尽快测定。否则用聚乙烯或玻璃瓶贮存在温度为2～5℃处，最长保存时间为24h。

6　步骤

6.1　倾泻渗沥水实验室样品溶液通过中速定量滤纸（4.3）入锥形烧瓶（4.1）而得滤液。

6.2　将洗净、编号的蒸发皿（4.7）置于干燥箱内，在103～105℃烘约1h，放入干燥器内冷却30min，称重，再烘30min，冷却，称重，直至恒重（至两次称重相差小于0.4mg）。

6.3　用移液管吸取50.0mL滤液入已恒重的蒸发皿中，置于水浴上蒸发至干后移入干燥箱内于103～105℃烘1h，在干燥器内冷却30min，称重。重复烘干，冷却，称重，直至恒重（两次称量之差小于0.4mg）。

7　结果的表述

$$总溶解性固体（mg/L）=\frac{(W_2-W_1)\times10^6}{V}$$

式中　W_1——空蒸发皿质量，g；

W_2——空蒸发皿及总溶解性固体质量，g；

V——吸取滤液的体积，mL。

总悬浮性固体（mg/L）＝总固体（mg/L）

－总溶解性固体（mg/L）

8　精密度

8.1　对总溶解性固体含量为1000～2300mg/L的渗沥水样品，经6批平行双样测定的相对偏差小于0.8％。

8.2　分析总溶解性固体含量为2278.9mg/L的渗沥水试样，分三批，每批测定5次的相对标准偏差分别为0.30％、0.57％和0.60％。

附加说明：

本标准由建设部标准定额研究所提出。

本标准由建设部城镇环境卫生技术标准归口单位上海市环境卫生管理局归口。

本标准由上海市环境卫生设计科研所负责起草。

本标准主要起草人庄启化、黄庆玲。

本标准委托上海市环境卫生设计科研所负责解释。

中华人民共和国城镇建设行业标准

生活垃圾渗沥水 硫酸盐的测定 重量法

Leachate—Determination of sulfate—Gravimetric method

CJ/T 3018.5—93

1 主题内容与适用范围

本标准规定了测定渗沥水中硫酸盐的硫酸钡重量法。

本标准适用于从生活垃圾中渗出来的液体。

本标准测定试料硫酸盐浓度的适用范围为10～5000mg/L（以SO_4^{2-}）计。

悬浮物、二氧化硅、硝酸盐和亚硫酸盐、沉淀剂氯化钡等可造成结果的正误差；包藏在沉淀中的碱金属硫酸盐、特别是碱金属硫酸氢盐可造成负误差。铬和铁等的存在，由于形成铬和铁的硫酸盐而影响硫酸钡的完全沉淀也使结果偏低。

2 引用标准

GB 11899　水质　硫酸盐的测定重量法

3 术语

渗沥水中的硫酸盐，系指以可溶性无机盐状态存在的硫酸根离子。

4 原理

硫酸盐在用盐酸酸化的溶液中，在加热近沸的温度下，滴加温热的氯化钡溶液而沉淀出硫酸钡晶体，再经陈化后过滤，用温水洗涤沉淀到无氯离子为止，然后烘干，并在800℃灼烧后称重，从称得的$BaSO_4$质量计算SO_4^{2-}。

5 试剂

本标准所用试剂，除另有说明外，均为符合国家标准或行业标准的分析纯试剂，均使用去离子水或全玻璃蒸馏器制得的重蒸馏水。

5.1 盐酸（HCl），1+1溶液

将盐酸（HCl，ρ=1.18g/mL）与水等体积混合。

5.2 氯化钡（$BaCl_2 \cdot 2H_2O$），50g/L溶液

将50g二水合氯化钡（$BaCl_2 \cdot 2H_2O$）溶于水并稀释至1000mL，此溶液每毫升相当于20mgSO_4^{2-}。

5.3 硝酸银-硝酸（$AgNO_3$-HNO_3）溶液

将1.7g硝酸银（$AgNO_3$）溶于100mL水中，再加0.1mL硝酸（HNO_3，ρ=1.40g/mL），贮于棕色试剂瓶内避光保存。

5.4 甲基红指示剂，1g/L溶液

将50mg水溶性甲基红钠盐溶于50mL水中，pH4.4（红）～6.2（黄）。

5.5 滤纸浆

将定量滤纸撕碎放入水中，充分搅动呈糊状后，用中速定量滤纸过滤，经水洗3次后加水使成悬浮液备用。

6 仪器、设备

实验室常用分析仪器及：

6.1 马弗炉。

6.2 坩埚钳。

6.3 烧杯：400mL。

6.4 表面皿：直径100mm。

6.5 长颈漏斗：直径75mm。

6.6 瓷坩埚：25mL。

6.7 定量滤纸：慢速，直径125mm。

6.8 称量坩埚用手套：白色细纱手套。

7 样品

供硫酸盐测定的渗沥水实验室样品量约需600mL。采样后若不能及时测定，则用聚乙烯或玻璃瓶贮存在温度为2～5℃处，最长保存时间为7d。

8 步骤

8.1 将洗净的瓷坩埚置于105℃干燥箱内烘干后，编号（可用少许结晶三氯化铁加入数毫升蓝墨水配制的溶液编号），放入马弗炉中于800℃灼烧30min，取出稍冷片刻随即用坩埚钳入干燥器内冷却30min，戴上称量手套称重，然后再入同一温度的马弗炉中灼烧15min，以同样操作进行冷却，称重，直至恒重（前后两次称量相差不超过0.2mg）。

8.2 用移液管吸取渗沥水试样，使总体积为250mL溶液中含大约50mgSO_4^{2-}为宜，入400mL烧杯中，用水稀释至总体积约为250mL。加2～3滴甲基红指示剂（5.4），用盐酸（5.1）调节到溶液呈微红色后，再加入2mL盐酸（5.1），盖上表面皿，置于石棉网上加热近沸（此时若溶液内还含有不溶物，应过滤后，再取滤液进行下一步操作）：另用小烧杯取氯化钡溶液（5.2）加热，在轻轻的搅动下，分批逐滴地滴加温热的氯化钡溶液于试样溶液中，每批5mL，待沉淀下沉后，在上层清液中再滴加几滴，仔细观察沉淀是否完全。当证实沉淀完全后，再多加大约2mL氯化钡溶液，将溶液稍加搅拌，盖上表面皿，在室温下放置过夜。

8.3 将慢速定量滤纸（6.7）按漏斗角度大小折好，紧贴于漏斗（6.5）内壁，用水润湿，并使漏斗颈内形成水柱，轻轻地置漏斗于漏斗架上，下放受液的清洁烧杯（6.3），并在其口部置一表面皿，然后小心地把沉淀的上层清液沿玻璃棒倾注在漏斗内，再以温热的水倾泻洗涤沉淀3～4次，每次约用10mL。最后取少量滤纸浆（5.5）和沉淀相混，定量地将沉淀和滤纸浆一起转移入漏斗内的滤纸上，并用一小片滤纸擦净杯壁，也放在漏斗内的滤纸上，再用温水洗涤沉淀至无氯离子（Cl^-）为止（用10mL离心试管收集滤液约2mL，加2滴$AgNO_3$-HNO_3溶液，直到不出现浑浊为止）。

8.4 将盛有沉淀的滤纸折成小包，放入已恒重的坩埚中，经干燥箱内干燥和马弗炉口炭化和灰化后，推

入炉膛内，在800℃下灼烧1h，取出稍冷片刻，移入干燥器内冷却，称量；第2次灼烧15min，冷却，再称量，直至恒重（前后两次称量相差小于0.3mg）。

9 结果的表述

硫酸盐含量，以SO_4^{2-}计，计算公式如下：

$$SO_4^{2-}(mg/L)=\frac{(W_2-W_1)\times 0.4116\times 10^6}{V}$$

式中 W_1——空坩埚质量，g；

W_2——空坩埚及$BaSO_4$质量，g；

V——渗沥水试样体积，mL；

0.4116——$BaSO_4$转换成SO_4^{2-}的换算因数。

10 精密度与准确度

10.1 对硫酸盐含量为800～2500mg/L的渗沥水样品，经5批平行双样测定的相对偏差小于2.5%。

10.2 用含硫酸盐浓度为10099mg/L的硫酸钠标准溶液，分两批，每批测定5次的相对标准偏差分别为0.28%和0.34%，回收率为98.4%～100.2%。

10.3 分析含1557.20mg/L和2467.95mg/L硫酸盐的渗沥水加标样品，分别经5次测定，相对标准偏差分别为0.83%和1.10%，加标回收率为95.8%～99.3%。

11 本标准未作规定的按GB 11899执行

附加说明：

本标准由建设部标准定额研究所提出。

本标准由建设部城镇环境卫生技术标准归口单位上海市环境卫生管理局归口。

本标准由上海市环境卫生设计科研所负责起草。

本标准主要起草人庄启化、黄庆玲。

本标准委托上海市环境卫生设计科研所负责解释。

中华人民共和国城镇建设行业标准

生活垃圾渗沥水　氨态氮的测定
蒸馏和滴定法

Leachate—Determination of ammoniacal nitrogen—Distillation and titration method

CJ/T 3018.6—93

1 主题内容与适用范围

本标准规定了用蒸馏和酸碱滴定的方法测定渗沥水中的氨态氮。

本标准适用于从生活垃圾中渗出来的液体。

本标准测定试料氨态氮浓度的适用范围为30～7000mg/L（以*N*计）。

挥发性碱性化合物，如肼和胺类等，会同氨一起馏出，并在滴定时与酸反应而使测定结果偏高。

2 引用标准

GB 7478 水质 铵的测定 蒸馏和滴定法

3 术语

渗沥水中的氨态氮是指既以游离氨形式也以铵离子形式存在的氮。

4 原理

用pH为7.4的磷酸盐缓冲溶液，使试料处于微碱性状态，经加热蒸馏，将随水汽逸出的氨被硼酸溶液吸收，以甲基红-亚甲蓝混合液作指示剂，用标准酸滴定馏出液中的铵。

5 试剂

本标准所用试剂，除另有说明外，均为符合国家标准或行业标准的分析纯试剂，均使用按5.1所述制备的无氨水。

5.1 无氨水

在1000mL蒸馏水中，加0.1mL硫酸（H_2SO_4，ρ=1.84g/mL）在全玻璃蒸馏器中重蒸馏，弃去前50mL馏出液，然后收集余下的馏出液约800mL于带有磨口塞的玻璃瓶内，密塞保存。

5.2 无水碳酸钠（Na_2CO_3），基准试剂。

5.3 磷酸盐缓冲溶液

将14.3g无水磷酸二氢钾（KH_2PO_4）和90.2g三水合磷酸氢二钾（$K_2HPO_4 \cdot 3H_2O$）溶于水中，稀释至1000mL。并用pH计测定其pH值，必要时加KH_2PO_4或$K_2HPO_4 \cdot 3H_2O$调至pH7.4。

5.4 甲基红-亚甲蓝混合指示剂

将200mg甲基红（Methyl Red）和100mg亚甲蓝（Methylene Blue）分别溶于100mL和50mL的95%（*V/V*）乙醇中，再把两者混在一起即成，有效期一个月。

也可用甲基红-溴甲酚绿混合指示剂（见附录A）。

5.5 硼酸-指示剂溶液

将20g硼酸（H_3BO_3）溶于温水，冷至室温，加入4mL甲基红-亚甲蓝混合指示剂（5.4），并稀释至1000mL，一个月内有效。

5.6 盐酸溶液 *c*（HCl）=0.2mol/L

吸取16.7mL盐酸（HCl，ρ=1.18g/mL）于水中，稀释至1000mL。

5.7 盐酸标准滴定溶液，*c*（HCl）=0.02mol/L

吸取100mL0.2mol/L盐酸（5.6）于水中，并稀释至1000mL。然后用无水碳酸钠标定。

标定：称取无水碳酸钠（5.2）约30mg（须在250℃烘干4h；或在285℃干燥1h）于500mL锥形烧瓶中，加200mL冷却的煮沸蒸馏水，溶解后加入50mL硼酸-指示剂溶液（5.5），用盐酸标准滴定溶液（5.7）滴定至溶液颜色由绿色转变到紫色为终点。计算盐酸标准滴定溶液的浓度（须用双份试料取平均值，其相对偏差应小于1%）：

$$c=\frac{W\times 2\times 1000}{106\times V}=\frac{W}{0.053\times V}$$

式中 *c*——盐酸标准滴定溶液浓度，mol/L；

W——称取的无水碳酸钠质量，g；

V——盐酸标准滴定溶液所消耗的体积，mL；

2——中和1molNa_2CO_3所需HCl的摩尔数；

106——碳酸钠（Na_2CO_3）的摩尔质量，g/mol。

也可用硫酸（HSO_4）标准滴定溶液（见附录A）。

6 仪器、设备

实验室常用分析仪器及：

6.1 蒸馏装置

由500～800mL凯氏烧瓶、定氮球和垂直放置的长为300～400mm蛇形冷凝管组装而成。冷凝管末端要连接一适当长度的导管，使导管出口尖端浸入吸收液液面以下。

6.2 锥形烧瓶：500mL。

6.3 酸式滴定管：50mL，分度至0.1mL。

6.4 酸度计。

7 样品

供氨态氮测定的渗沥水实验室样品量约需100mL，收集在具塞聚乙烯或玻璃瓶内。采样后要尽快测定，否则滴加硫酸（H_2SO_4，ρ=1.84g/mL）酸化，使其pH<2，并在温度为2～5℃贮存，最长保存时间为24h，还应注意防止酸化样品吸收空气中的氨而被污染。

8 步骤

8.1 蒸馏器清洗

向凯氏烧瓶中加入350mL水，10mL磷酸盐缓冲溶液，再加几粒玻璃珠。装好仪器，加热蒸馏，用20mL硼酸-指示剂溶液吸收，直蒸馏到馏出液中不含氨为止，冷却，将馏出液及瓶内残留液弃去，留下玻璃珠。

8.2 测定

8.2.1 量取 50mL 硼酸-指示剂溶液（5.5）于锥形烧瓶（6.2）内，置于冷凝管出口下，并确保蒸馏液导管出口尖端深入硼酸吸收液液面以下 2cm。

8.2.2 用移液管吸取渗沥水实验室样品（其吸取量应使试料滴定所消耗的盐酸标准滴定溶液体积约为 25mL）于凯氏烧瓶中，用水稀释至总体积约为 350mL，再加入 10mL 磷酸盐缓冲溶液，并立即将烧瓶与冷凝管连接好。

8.2.3 加热凯氏烧瓶，使蒸馏速度控制在 6～8mL/min，当馏出液收集到总体积约 300mL 时，要准备停止蒸馏。在蒸馏停止前 1～2min，把锥形接收烧瓶放低，使蒸馏液导管尖端脱离硼酸吸收液液面，并再蒸馏 1min 后停止加热。

8.2.4 用盐酸标准滴定溶液（5.7）滴定馏出液，溶液由绿色转变到紫色为终点。记录酸用量。

8.3 空白试验

按 8.2 操作步骤进行空白试验，但用水代替试料。

9 结果的表述

氨态氮含量按式（2）计算：

$$NH_3-N\ (N,\ mg/L)=\frac{V_1-V_2}{V_0}\times c\times 14.01\times 1000$$

式中 V_1——试料滴定时所消耗的盐酸标准滴定溶液体积，mL；

V_2——空白试验滴定时所消耗的盐酸标准滴定溶液体积，mL；

V_0——渗沥水试料的体积，mL；

c——盐酸标准滴定溶液实际浓度，mol/L；

14.01——氮（N）的摩尔质量，g/mol。

10 精密度与准确度

10.1 对氨态氮含量为 40～600mg/L 的渗沥水样品，经 5 批平行双样测定的相对偏差小于 3.6%。

10.2 用氯化铵配成氨态氮浓度为 1000.8mg/L 的标准溶液，经 5 次测定，相对标准偏差为 2.3%，回收率 93.9%～99.8%。

10.3 分析含 262mg/L 氨态氮的渗沥水加标样品，经 4 次测定，相对标准偏差为 3.5%，加标回收率为 95%～103%。

11 本标准未作规定的按 GB 7478 执行

附录 A
硫酸标准滴定溶液及
甲基红-溴甲酚绿混合指示剂
（参考件）

A1 硫酸标准滴定溶液

A1.1 硫酸溶液，$c\ (1/2H_2SO_4)=0.1mol/L$

取 3.0mL 硫酸（H_2SO_4，$\rho=1.84g/mL$）加入到 400mL 水中，并稀释到 1000mL。

A1.2 硫酸标准滴定溶液，$c\ (1/2H_2SO_4)=0.02mol/L$

取 200mL0.1mol/L 硫酸（A1.1），用水稀释至 1000mL。再用无水碳酸钠（Na_2CO_3）基准试剂标定。

A2 甲基红-溴甲酚绿混合指示剂

称取 100mg 甲基红（Methyl Red）和 500mg 溴甲酚绿（Bromocresol Green），放在小研钵中，加几滴乙醇润湿，研磨混匀，然后溶解在 100mL95%（V/V）乙醇中。

在用标准酸滴定硼滴-指示剂溶液吸收的馏出液时，溶液颜色由蓝绿色转变成粉红色即为终点。

附加说明：

本标准由建设部标准定额研究所提出。

本标准由建设部城镇环境卫生技术标准归口单位上海市环境卫生管理局归口。

本标准由上海市环境卫生设计科研所负责起草。

本标准主要起草人庄启化、黄庆玲。

本标准委托上海市环境卫生设计科研所负责解释。

中华人民共和国城镇建设行业标准

生活垃圾渗沥水　凯氏氮的测定
硫酸汞催化消解法

Leachate—Determination of
Kjeldahl nitrogen—Method
after mineralization with
mercuric sulfate catalyst

CJ/T 3018.7—93

1 主题内容与适用范围

本标准规定了用硫酸汞催化消解、蒸馏和滴定的方法测定渗沥水中的凯氏氮。

本标准适用于从生活垃圾中渗出来的液体。

本标准测定试料凯氏氮浓度的适用范围为300～7000mg/L（以N计）。

2 引用标准

GB 11891 水质 凯氏氮的测定

3 术语

凯氏氮是指可被消解转化成铵离子的有机氮以及所含的氨态氮两者之和。它不包括硝酸盐氮和亚硝酸盐氮，也不一定包括全部有机形式结合的氮。

4 原理

渗沥水试料中的有机氮，在催化剂硫酸汞的存在下，用硫酸消解，为提高消解液沸点，还加一定量的硫酸钾。在这样的消解条件下，使有机氮转化成硫酸铵，游离氨和氨离子也转变成硫酸铵。但与此同时，有部分铵离子形成汞铵络合物。

通过加碱蒸馏，使氨从硫酸铵中释放出来，在碱液中加入硫代硫酸钠，可将汞铵络合物分解，并使分解出来的铵离子转化成氨，也一起随水蒸气蒸馏出来。

随水蒸气馏出来的氨，经硼酸吸收，用甲基红-亚甲蓝混合指示剂，以标准酸滴定馏出液中的铵。

5 试剂

本标准所用试剂，除另有说明外，均为符合国家标准或行业标准的分析纯试剂，均使用按5.1所述制备的无氨水。

5.1 无氨水

在1000mL蒸馏水中，加0.1mL硫酸（H_2SO_4，$\rho=1.84g/mL$）在全玻璃蒸馏器中重蒸馏，弃去前50mL馏出液，然后收集余下的馏出液约800mL于带有磨口塞的玻璃瓶内，密塞保存。

5.2 无水碳酸钠（Na_2CO_3），基准试剂。

5.3 消解剂

溶解134g硫酸钾（K_2SO_4）于650mL水中，加200mL硫酸（H_2SO_4，$\rho=1.84g/mL$），一边搅拌一边加入2.8g硫酸汞（$HgSO_4$）粉末，然后用水将此混合液稀释至1000mL。

也可用氧化汞（HgO）代替硫酸汞（$HgSO_4$），此时在搅拌下加入25mL3mol/L硫酸（H_2SO_4）中溶有2g氧化汞（HgO）的溶液于K_2SO_4-H_2SO_4溶液中。

5.4 氢氧化钠-硫代硫酸钠（NaOH-$Na_2S_2O_3$）溶液

将500g氢氧化钠（NaOH）和25g五水合硫代硫酸钠（$Na_2S_2O_3 \cdot 5H_2O$）溶解于水，并稀释至1000mL。

5.5 甲基红-亚甲蓝混合指示剂

将200mg甲基红（Methyl Red）和100mg亚甲蓝（Methylene Blue）分别溶于100mL和50mL的95%（V/V）乙醇中，再把两者混在一起，有效期为一个月。

也可用甲基红-溴甲酚绿混合指示剂（见附录A）。

5.6 硼酸-指示剂溶液

将20g硼酸（H_3BO_3）溶于温水，冷至室温，加入4mL甲基红-亚甲蓝混合指示剂（5.5），并稀释至1000mL。有效期为一个月。

5.7 盐酸溶液，c（HCl）＝0.2mol/L

吸取16.7mL盐酸（HCl，$\rho=1.18g/mL$）于水中，稀释至1000mL。

5.8 盐酸标准滴定溶液，c（HCl）＝0.02mol/L

吸取100mL0.2mol/L盐酸溶液（5.7）于水中，并稀释至1000mL，然后用无水碳酸钠标定。

标定：称取无水碳酸钠（5.2）约30mg（须在250℃下烘干4h，或在285℃干燥1h）于500mL锥形烧瓶中，加200mL冷却的煮沸蒸馏水，溶解后加入50mL硼酸-指示剂溶液（5.6），用盐酸标准滴定溶液（5.8）滴定至溶液颜色由绿色转变到紫色为终点，计算盐酸标准滴定溶液的浓度（须用双份试料取平均值，其相对偏差应小于1%）：

$$c=\frac{W\times 2\times 1000}{106\times V}=\frac{W}{0.053\times V}$$

式中 c——盐酸标准滴定溶液浓度，mol/L；

W——称取的无水碳酸钠质量，g；

V——盐酸标准滴定溶液所消耗的体积，mL；

2——中和1mol Na_2CO_3 所需HCl的摩尔数；

106——碳酸钠（Na_2CO_3）的摩尔数质量，g/mol。

也可用硫酸标准滴定溶液（见附录A）。

5.9 酚钛指示剂

溶解0.5g酚钛（Phenolphthalein）于60mL95%（V/V）乙醇中，再加40mL水。

6 仪器、设备

实验室常用分析仪器及：

6.1 蒸馏装置

由500～800mL凯氏烧瓶、定氮球和垂直放置的长为300～400mm蛇形冷凝管组装而成。冷凝管末端要连接一适当长度的导管，使导管出口尖端浸入吸收液液面以下。

6.2 弯颈小漏斗：直径40mm。

6.3 锥形烧瓶：500mL。

6.4 酸式滴定管：50mL，分度至0.1mL。

7 样品

供凯氏氮测定的渗沥水实验室样品品量约需

100mL，可收集在聚乙烯或玻璃瓶内，采样后要尽快分析，否则滴加硫酸（H_2SO_4，$\rho=1.84g/mL$）酸化，使其pH<2，并在温度为2～5℃贮存，最长保存时间为24h。应注意防止酸化样品吸收空气中的氨而被污染。

8 步骤

8.1 蒸馏器清洗

向凯氏烧瓶中加入350mL水，几粒玻璃珠，接好装置，加热蒸馏到至少收集100mL水。将馏出液及瓶内残留液弃去，收集好玻璃珠。

8.2 消解

用移液管吸取渗沥水实验室样品（其吸取量应使试料滴定所消耗的盐酸标准滴定溶液体积约为25mL）于凯氏烧瓶中，用水稀释至25mL。然后缓缓加入50mL消解剂（5.3），混匀后，在烧瓶口上加一弯颈小漏斗（6.2），置通风柜内加热，直至溶液颜色变清并不冒白烟时，再消解30min。

8.3 蒸馏

8.3.1 量取50mL硼酸-指示剂溶液（5.6）于锥形烧瓶（6.3）内，置于蒸馏装置的冷凝管出口下，并确保蒸馏液导管出口尖端深入硼酸吸收液液面以下2cm。

8.3.2 待消解液冷却后，用水稀释到300mL，加入0.5mL酚钛指示剂（5.9），并加几粒玻璃珠混匀，然后把烧瓶倾斜，慢慢加入50mL氢氧化钠-硫代硫酸钠溶液（5.4），使成上下两层（此时上层应呈紫红色，否则需增加碱液量）。把这个烧瓶和用蒸汽清洗过的蒸馏装置连接起来，换下原来清洗过的烧瓶。

8.3.3 加热凯氏烧瓶，使蒸馏速度控制在6～8mL/min。当馏出液收集到总体积约300mL时，要准备停止蒸馏。在蒸馏停止前1～2min，把锥形吸收烧瓶放低，使蒸馏液导管尖端脱离硼酸液面并再蒸馏1min后停止加热。

8.4 滴定

用盐酸标准滴定溶液（5.8）滴定馏出液，溶液由绿色变到紫色为终点。记录酸用量。

8.5 空白试验

按8.2～8.4操作步进行空白试验，但用水代替试料。

9 结果的表述

凯氏氮含量按式（2）计算：

$$凯氏氮(N,mg/L)=\frac{V_1-V_2}{V_0}\times c\times 14.01\times 1000$$

式中 V_1——试料滴定时所消耗的盐酸标准滴定溶液体积，mL；

V_2——空白试验滴定时所消耗的盐酸标准滴定溶液体积，mL；

V_0——渗沥水试料的体积，mL；

c——盐酸标准滴定溶液实际浓度，mol/L；

14.01——氮（N）的摩尔质量，g/mol。

10 精密度与准确度

10.1 对凯氏氮含量为1500～2000mg/L的渗沥水样品，经5批平行双样测定的相对偏差小于1.6%。

10.2 用含凯氏氮浓度为275.87mg/L的EDTA二钠盐标准溶液，经6次测定的相对标准偏差为3.3%，回收率为94.2%～102.4%。

10.3 分析含2152.5mg/L凯氏氮的渗沥水加标样品，经6次测定，相对标准偏差为1.7%，加标回收率为94.8%～98.6%。

11 本标准未作规定的按GB 11891执行

附录A 硫酸标准滴定溶液及甲基红-溴甲酚混合指示剂（参考件）

A1 硫酸标准滴定溶液

A1.1 硫酸溶液，$c(1/2H_2SO_4)=0.1mol/L$

取3.0mL硫酸（H_2SO_4），$\rho=1.84g/mL$）加入到400mL水中，并稀释到1000mL。

A1.2 硫酸标准滴定溶液，$c(1/2H_2SO_4)=0.02mol/L$

取200mL0.1mol/L硫酸（A1.1），用水稀释至1000mL，再用无水碳酸钠（Na_2CO_3）基准试剂标定。

A2 甲基红-溴甲酚绿混合指示剂

称取100mg甲基红（Methyl Red）和500mg溴甲酚绿（Bromocresol Green），放在小研钵中，加几滴乙醇润湿，研磨混匀，然后溶解在100mL 95%（V/V）乙醇中。

在用标准酸滴定硼酸-指示剂溶液吸收的馏出液时，溶液颜色由蓝绿色转变成粉红色、即为终点。

附加说明：

本标准由建设部标准定额研究所提出。

本标准由建设部城镇环境卫生技术标准归口单位上海市环境卫生管理局归口。

本标准由上海市环境卫生设计科研所负责起草。

本标准主要起草人庄启化、李向群。

本标准委托上海市环境卫生设计科研所负责解释。

中华人民共和国城镇建设行业标准

生活垃圾渗沥水
氯化物的测定　硝酸银滴定法

Leachate—Determination of chlorides
—Silver nitrate titration method

CJ/T 3018.8—93

1 主题内容与适用范围

本标准规定了以铬酸钾作指示剂，用硝酸银进行定量滴定，分析渗沥水中氯离子的沉淀滴定法。

本标准适用于从生活垃圾中渗出来的液体。

本标准测定试料氯化物浓度的适用范围为10～500mg/L（以Cl^-）计。

溴化物、碘化物和氰化物均能引起与氯化物相同的反应而在结果中均以氯化物计入，硫化物、亚硫酸盐和硫代硫酸盐干扰测定，正磷酸盐含量超过25mg/L时因生成磷酸盐沉淀而发生干扰，铁含量超过10mg/L时会使终点模糊；当色度大而难以辨别滴定终点时，一般采用氢氧化铝悬浮液进行沉降过滤来消除。

2 引用标准

GB 11896　水质　氯化物的测定　硝酸银滴定法

3 术语

渗沥水中的氯化物是指以离子状态存在的无机氯离子。

4 原理

在中性或弱碱性（pH6.5～10.5）溶液中，以铬酸钾作指示剂，用硝酸银标准溶液进行滴定。由于氯化银沉淀的溶解度比铬酸银小，因此溶液中首先析出氯化银沉淀，待白色的氯化银沉淀完全以后，稍过量的硝酸银即与铬酸钾生成砖红色的铬酸银沉淀，从而指示到达终点。

5 试剂

本标准所用试剂，除另有说明外，均为符合国家标准或行业标准的分析纯试剂，均使用去离子水或全玻璃蒸馏器制得的重蒸馏水。

5.1 氯化钠（NaCl），基准试剂

5.2 氯化钠基准溶液，c（NaCl）＝0.01mol/L

取几克氯化钠（4.1）于500～600℃灼烧1h后，称取0.5844g溶解于水，稀释至1000mL。

5.3 硝酸银标准滴定溶液，c（$AgNO_3$）＝0.01mol/L

称取1.699g硝酸银（$AgNO_3$，在105℃干燥1h）溶于水，稀释至1000mL。贮于棕色试剂瓶内，用氯化钠基准溶液（5.2）标定。

标定：吸取氯化钠基准溶液（5.2）10.0mL 250mL锥形烧瓶内，加入20mL水和1.0mL铬酸钾溶液（5.4），用待标定的硝酸银溶液滴定至呈砖红色为终点。同时作试剂空白滴定。计算硝酸银标准滴定溶液的浓度：

$$c=\frac{c_0\times 10}{V_1-V_2}$$

式中　c——硝酸银标准滴定溶液的浓度，mol/L；

c_0——氯化钠基准溶液的实际浓度，mol/L；

V_1——滴定氯化钠基准溶液时硝酸银溶液的耗用量，mL，

V_2——滴定试剂空白时硝酸银溶液的耗用量，mL。

标定结果要用双份试料取平均值，其相对偏差应小于1%。

5.4 铬酸钾（K_2CrO_4），50g/L溶液

将50g铬酸钾（K_2CrO_4）溶于少量水中，滴加硝酸银（$AgNO_3$）标准滴定溶液（5.3）至生成明显的橙红色沉淀为止，搅匀后放置过夜，过滤，将滤液用水稀释至1000mL。

6 仪器、设备

实验室常用分析仪器及：

6.1 移液管。

6.2 酸式滴定管：25mL，分度至0.1mL，棕色。

6.3 锥形烧瓶：250mL。

7 样品

供氯化物测定的渗沥水实验室样品量约需100mL，可收集在聚乙烯或玻璃瓶内，能在室温下至少保存三个月。

用滤纸过滤渗沥水实验室样品，取其滤液即为试样。

8 步骤

8.1 用移液管吸取渗沥水试样（其吸取量应使试料滴定所消耗的硝酸银标准滴定溶液体积约为10～15mL）于锥形烧瓶（6.3）中，用水稀释至100mL，加1.0mL铬酸钾溶液（5.4），在强烈摇动下，以硝酸银标准滴定溶液（5.3）滴定至带砖红的黄色为终点。辨别终点时要保持色调一致。

渗沥水的pH值一般落入在6.5～10.5范围内，因此不必调节酸度，倘若遇到的试料不在此范围内，则先要用1mol/L硫酸（$1/2H_2SO_4$）或1mol/L氢氧化钠（NaOH）调节试料溶液的pH值，然后再加入1.0mL铬酸钾溶液进行硝酸银滴定。

8.2 取100mL水于锥形烧瓶（6.3）中，按8.1操作进行滴定，以确定一个试剂空白值。

9 结果的表述

氯化物含量，以Cl^-计，按式（2）计算：

$$Cl^-(mg/L)=\frac{V_1-V_2}{V_0}\times c\times 35.45\times 1000$$

式中　V_0——渗沥水试样的体积，mL；

V_1——试料滴定时所消耗的硝酸银标准滴定溶液体积，mL；

V_2——滴定试剂空白时所消耗的硝酸银标准滴定溶液体积，mL；

c——硝酸银标准滴定溶液实际浓度，mol/L；

35.45——氯（Cl）的摩尔质量，g/mol。

10 精密度与准确度

10.1 对氯化物含量为 700～1600mg/L 的渗沥水样品，经 5 批平行双样测定的相对偏差小于 0.7%。

10.2 用含氯化物浓度为 83.08mg/L 的氯化钾标准溶液，测定 7 次的相对标准偏差为 0.94%，回收率为 100.6%～103.1%。

10.3 分析含 1375mg/L 氯化物的渗沥水加标样品，测定 7 次，相对标准偏差为 2.0%，加标回收率为 97.3%～102.6%。

11 本标准未作规定的按 GB 11896 执行

附加说明：

本标准由建设部标准定额研究所提出。

本标准由建设部城镇环境卫生技术标准归口单位上海市环境卫生管理局归口。

本标准由上海市环境卫生设计科研所负责起草。

本标准主要起草人庄启化、李向群。

本标准委托上海市环境卫生设计科研所负责解释。

中华人民共和国城镇建设行业标准

生活垃圾渗沥水
总磷的测定　钒钼磷酸盐分光光度法

Leachate—Determination of total phosphorus—Specfrophotometric molybdovanadophosphate method

CJ/T 3018.9—93

1 主题内容与适用范围

本标准规定了硝酸-硫酸消解法和钒钼磷酸盐分光光度法测定渗沥水中的全磷。

本标准适用于从生活垃圾中渗出来的液体。

本标准测定试料总磷浓度的适用范围为 2～10mg/L（以 P 计）。

硅、砷酸盐、硫化物和过量的钼酸盐等都会引起干扰，二价铁的浓度小于 100mg/L 不影响测定结果，而氯化物浓度达 75mg/L 时就有干扰。

2 术语

渗沥水中的总磷是指以各种形式存在的磷，包括以正磷酸盐形式存在的无机磷、聚合磷酸盐和有机磷。

3 原理

试料中的有机磷，在硝酸-硫酸的联合氧化作用下，被转化成正磷酸盐，聚合磷酸盐也转变成正磷酸盐。

在酸性条件下，正磷酸盐与钼酸铵反应，生成钼磷酸铵的杂多酸盐，当有钒酸盐时，便形成一种稳定的黄色钒钼磷酸盐，黄色的深度与正磷酸盐的浓度成正比，因此可用分光光度计进行比色测定。

4 试剂

本标准所用试剂，除另有说明外，均为符合国家标准或行业标准的分析纯试剂，均使用全玻璃蒸馏器制得的重蒸馏水。

4.1 硫酸（H_2SO_4），ρ=1.84g/mL。

4.2 硝酸（HNO_3），ρ=1.40g/mL。

4.3 氢氧化钠溶液，c（NaOH）=6mol/L

将 240g 氢氧化钠（NaOH）溶于水中，冷却，稀释至 1000mL，贮于聚乙烯瓶内。

4.4 盐酸（HCl），1+1 溶液。

4.5 钒酸盐-钼酸盐溶液

4.5.1 溶液 A

溶解 25g 四水钼酸铵[$(NH_4)_6Mo_2O_{24}\cdot 4H_2O$]于 300mL 水中。

4.5.2 溶液 B

溶解 1.25g 偏钒酸铵(NH_4VO_3)于 300mL 沸水中，冷却后加入 330mL 盐酸(HCl，ρ=1.12g/mL)。

将溶液 A 倾入到溶液 B 中，混匀，并稀释至 1000mL。

4.6 正磷酸盐标准溶液

取几克磷酸二氢钾（KH_2PO_4）在 105℃干燥至恒重，溶解 0.2197gKH_2PO_4 于大约 800mL 水中，加（1+1）硫酸 5mL 后，再用水稀释至 1000mL。此溶液每毫升含 50μg 磷（以 P 计）。贮于玻璃瓶内在温度为 2～5℃处贮存，至少可保存一星期。

4.7 酚酞指示剂溶液

溶解 0.5g 酚酞（Phenolphthalein）于 60mL 95%（V/V）乙醇中，再加 40mL 水。

5 仪器、设备

实验室常用分析仪器及：

5.1 分光光度计。

5.2 微型凯氏烧瓶：100mL。

6 样品

供总磷测定的渗沥水实验室样品量约需 100mL，收集在聚乙烯、聚氯乙烯瓶内，但最好收集在玻璃或硼硅玻璃瓶内。一般需在采样后 24h 内分析，否则滴加硫酸（4.1）酸化到 pH＜2，贮于阴凉处，则至少可保存三个月之久。

7 步骤

7.1 消解

消解操作必须在高效的通风柜内进行。

用移液管吸取渗沥水实验室样品（最大为 40mL）入微型凯氏烧瓶（5.2），小心地加 2mL 硫酸（4.1），回荡混合。加几粒玻璃珠，缓缓地加热到产生白烟。冷却后小心地加入 0.5mL 硝酸（4.2），要一边回荡一边一滴一滴地加入，并加热到棕色烟雾停止产生为止。冷却后还必须用硝酸继续处理，一边回荡一边一滴一滴地加入，直到溶液变清无色。冷却，并在不断回荡下小心地加入 10mL 水，然后加热到出现白色烟雾为止。

冷却后，在不断回荡下小心地加入 20mL 水，1 滴酚酞指示剂溶液。在继续回荡下小心地滴加氢氧化钠溶液（4.3），使消解液变为淡粉红色。冷却后，将溶液转移到 100mL 容量瓶中，用少量水洗涤凯氏烧瓶，将洗涤液也加入到同一容量瓶内，并用水稀释到刻度。

7.2 空白试验

按 7.1 操作步骤进行，但用同体积的水代替试料，以检测试剂和水中含磷量的空白值。

7.3 标准曲线

7.3.1 标准溶液的制备

用移液管分别吸取正磷酸盐标准溶液（4.6）：5.0；10.0；15.0；20.0；25.0 和 30.0mL 于 100mL 容量瓶中，用水稀释到刻度。

7.3.2 显色

用移液管分别吸取 25.0mL 标准溶液（7.3.1）入 50mL 容量瓶内，加入 10mL 钒酸盐-钼酸盐溶液（4.5），并用水稀释至刻度。

另用 25mL 水代替标准溶液，配成一个空白溶液。

7.3.3 测吸光度

待每只显色溶液放置10min以后，在420nm波长处，用10mm比色皿，以空白溶液为参比，测定每只标准溶液的吸光度。

7.3.4 绘制标准曲线

以吸光度（A）为纵坐标，磷含量（mg/L）为横坐标，绘制吸光度对磷含量的标准曲线，吸光度和浓度之间应呈线性关系，并确定曲线斜率的倒数。

按7.3.1标准溶液通过显色配制的显色溶液所测的吸光度，其对应的磷含量为1.25、2.50、3.75、5.00、6.25和7.50mg/L，是50mL最终体积中的磷浓度。

7.4 试料测定

7.4.1 显色

用消解后的定容试料消解液（7.1），按7.3.2操作进行显色。

7.4.2 测吸光度

以空白溶液作参比，按7.3.3操作进行吸光度测定。

8 结果的表述

总磷含量按式（1）或（2）计算：

$$\text{总磷}(\mathrm{P,mg/L}) = \frac{(A - A_0) f \times 50}{V}$$

式中 A——渗沥水试料显色溶液的吸光度；

A_0——空白试验显色溶液的吸光度；

f——校准曲线斜率的倒数；

V——渗沥水消解试料的体积，mL。

或者

$$\text{总磷}(\mathrm{P,mg/L}) = \frac{(C_x - C_0) \times 50}{V}$$

式中 C_x——从绘制的校准曲线上查得试料中磷的浓度，以P计，mg/L

C_0——从绘制的校准曲线上查得空白试验溶液中磷的浓度，以P计，mg/L；

V——渗沥水消解试料的体积，mL。

9 精密度与准确度

9.1 对总磷含量为0.3～6.1mg/L的渗沥水样品，经4批平行双样测定的相对偏差小于1.3%。

9.2 用β-甘油磷酸钠（Sodium-β-glycerophosphate）配成总磷浓度为49.7mg/L的标准溶液，经6次测定，相对标准偏差为0.39%，回收率为100.0%～100.6%。

9.3 分析含120.3mg/L总磷的渗沥水加标样品，经5次测定，相对标准偏差为3.3%，加标回收率为94%～102%。

附加说明：

本标准由建设部标准定额研究所提出。

本标准由建设部城镇环境卫生技术标准归口单位上海市环境卫生管理局归口。

本标准由上海市环境卫生设计科研所负责起草。

本标准主要起草人庄启化、黄庆玲。

本标准委托上海市环境卫生设计科研所负责解释。

中华人民共和国城镇建设行业标准

生活垃圾渗沥水 pH 值的测定 玻璃电极法

Leachate—Determination of pH value—Glass electrode method

CJ/T 3018.10—93

1 主题内容与适用范围

本标准规定了渗沥水 pH 值测定的玻璃电极法。

本标准适用于从生活垃圾中渗出来的液体。

本标准测定样品 pH 值的适用范围为 pH4～9。

当 pH>10 时，因有大量钠离子存在而使读数偏低，常称钠差。

2 引用标准

GB 6920 水质 pH 的测定　玻璃电极法

3 术语

pH 是从操作上定义的。对于溶液 X，测出伽伐尼电池；

参比电极｜KCl 浓溶液‖溶液 X｜H_2｜Pt

的电动势 E_X。将未知 pH（X）的溶液 X 换成标准 pH 溶液 S，同样测出电池的电动势 E_S，

则：

$$pH(X)=pH(S)+(E_S-E_X)F/(RT\ln 10)$$

因此，所定义的 pH 是无量纲的量。

4 原理

pH 值由测量电池的电动势而得。该电池通常由饱和甘汞电极作参比电极，玻璃电极为指示电极所组成。溶液的 pH 值受其温度影响，在溶液温度为 2.5℃时，其 pH 值每变化一个单位时，电池的电动势将改变 59.16mV，这在仪器上可直接转换成以 pH 的读数表示，而溶液的温度差异可通过仪器上的温度补偿装置进行校正。

采用国际上通用的已知 pH 值的标准缓冲溶液进行 pH 值标度。

5 试剂

本标准所用试剂，除另有说明外，均为符合国家标准或行业标准的分析纯或优级纯试剂，均使用全玻璃蒸馏器制得的重蒸馏水。

5.1 重蒸馏水，电导率小于 2×10^6 s/cm，pH6.7～7.3（煮沸数分钟后，冷却测定）。

5.2 标准缓冲溶液（简称标准溶液）

5.2.1 pH 标准溶液 A（pH 4.008，25℃）

称取预先在 110～130℃干燥 2～3h 的邻苯二甲酸氢钾（$KHC_8H_4O_4$）10.12g，溶于水（5.1），转移到 1000ml 容量瓶中，稀释至刻度。

5.2.2 pH 标准溶液 B（pH 6.865，25℃）

分别称取预先在 110～130℃干燥 2～3h 的磷酸二氢钾（KH_2PO_4）3.388g 和磷酸氢二钠（Na_2HPO_4）3.533g，溶于水(5.1)，转移到 1000mL，容量瓶中，稀释至刻度。

5.2.3 pH 标准溶液 c（pH 9.180，25℃）

为了使晶体具有一定的组成，应称取与饱和溴化钠（NaBr）[或氯化钠（NaCl）加蔗糖（$C_{12}H_{22}O_{11}$）]溶液在室温下共同在干燥器中放置两昼夜平衡时间的硼砂（$Na_2B_4O_7$，$10H_2O$）3.80g，溶于水（5.1），转移入 1000mL 容量瓶中，稀释至刻度。

5.3 袋装 pH 标准物质（又称袋装 pH 缓冲剂）

须经国家计量部门检定合格的产品，可参照说明书使用。

注（1）配好的标准溶液应贮于聚乙烯瓶或硬质玻璃瓶内，密闭保存。在室温条件下，有效期为一个月；置于温度为 4℃内，可延长使用期限。

（2）标准溶液的 pH 随温度变化值列于附录 A。

6 仪器、设备

常用实验室分析仪器及：

6.1 酸度计或离子活度计。

6.2 玻璃电极与甘汞电极。

6.3 磁力搅拌器及包有聚四氟乙烯层的磁力搅拌棒。

6.4 水银温度计：0～100℃。

7 样品

供 pH 值测定的渗沥水实验室样品量约需 100mL，可收集在聚乙烯或玻璃瓶内密闭。采样后要尽快分析，最好在现场测定，否则应在低于样品温度的条件下运送到实验室，置于温度 2～5℃内，并在采样后 6h 之内进行测定。

8 步骤

8.1 仪器标准

8.1.1 按仪器使用说明书操作程序，先打开电源，预热 30min。

8.1.2 将试样与标准溶液置于相同条件以达同一温度，记录温度计（6.4）读数，并将仪器温度补偿旋钮调到该温度上。

8.1.3 用标准溶液校正仪器：先用与试样 pH 相差不超过二个 pH 单位的标准溶液校正。校正前先用水冲洗电极，并用滤纸吸干，然后将电极的玻璃泡浸入溶液中，再把甘汞电极底部盐桥口的橡皮塞拔掉，也插入溶液内，小心摇动或搅拌 0.5min，调整仪器指针，使其位于该标准溶液的 pH 值处，以后就按同样的操作，再将电极浸入第 2 个标准溶液中，而其 pH 值大约与第 1 个标准溶液相差 3 个 pH 单位。如果仪器响应的示值与第 2 个标准溶液的 pH 值相差超过 0.1pH 单位，就要检查仪器、电极或标准溶液是否存在问题。当三者均正常时，方可用于测定样品。

8.2 试样测定

8.2.1 测定试样时，先用水冲洗电极 3～5 次，再用被测试样冲洗 3～5 次，然后将电极浸入试样中，小心摇动或搅拌 0.5min，读取 pH 值。

8.2.2 按 8.2.1 重复操作一次，比较两次结果，两

次结果以小于0.02pH单位为宜。

注：(1) 新的玻璃电极在使用前，先放入水中浸泡24h以上，平时用后就要浸在水里。

(2) 甘汞电极中的饱和氯化钾（KCl）溶液的液面必须高出汞体，在室温下应有少许氯化钾晶体存在，以保证处于饱和状态，但须注意氯化钾晶体又不可过多，以防堵塞与被测溶液的通路。

(3) 玻璃电极表面受到污染时，需进行处理。如果是无机盐结垢，可用温的稀盐酸溶解；对钙、镁等难溶性结垢，可用EDTA二钠盐溶液溶解；沾有油污时，可用丙酮清洗。电极经上述处理后，应在水中浸泡24h以上后再使用。忌用无水乙醇、洗涤剂处理电极！

9 结果的表述

pH值应取一位小数。

10 精密度

pH值范围在6～9之间，允许差为±0.05pH单位。

11 本标准未作规定的按GB 6920执行

附录A 标准溶液的pH随温度变化值 （补充件）

表A1 标准溶液的pH随温度变化值

温 度	标准溶液的pH值		
℃	*A*	*B*	*C*
0	4.003	6.984	9.464
5	3.999	6.951	9.395
10	3.998	6.923	9.332
15	3.999	6.900	9.276
20	4.002	6.881	9.225
25	4.008	6.865	9.180
30	4.015	6.853	9.139
35	4.021	6.844	9.102
38	4.030	6.840	9.081
40	4.035	6.838	9.068
45	4.047	6.834	9.038
50	4.060	6.833	9.011

附加说明：

本标准由建设部标准定额研究所提出。

本标准由建设部城镇环境卫生技术标准归口单位上海市环境卫生管理局归口。

本标准由上海市环境卫生设计科研所负责起草。

本标准主要起草人庄启化、黄庆玲。

本标准委托上海市环境卫生设计科研所负责解释。

中华人民共和国城镇建设行业标准

生活垃圾渗沥水
五日生化需氧量
（BOD_5）的测定　稀释与培养法

Leachate—Determination of biochemical oxygen demand after 5 days（BOD_5）—Dilution and incubation method

CJ/T 3018.11—93

1 主题内容与适用范围

本标准规定了通过稀释和培养（或接种培养）测定渗沥水五日生化需氧量的经验性常规方法，其中包括测定溶解氧的碘量滴定法。

本标准适用于从生活垃圾中渗出来的液体。

本标准测定试料 BOD_5 浓度的适用范围为 2～6000mg/L（以 O_2 计）。

2 引用标准

GB 7488 水质 五日生化需氧量（BOD_5）的测定 稀释与接种法

GB 7489 水质 溶解氧的测定 碘量法

CJ/T 3018.12 生活垃圾渗沥水 化学需氧量（COD）的测定 重铬酸钾法

3 术语

渗沥水的五日生化需氧量是指水中有机物和无机物在规定条件下生物氧化所消耗的溶解氧的质量浓度。

4 原理

将试样装满在密封良好（水封）的瓶中，在20℃下培养5d时间，在培养开始前和培养结束后分别测定溶解氧（DO），由开始和结束的溶解氧之差计算20℃5d生化耗氧量，即 BOD_5。

由于渗沥水中含有较多的需氧物质，其需氧量往往超过空气饱和水中可能有的溶解氧量，因此在培养前必须稀释样品，以使需氧和供氧达到适当的平衡，稀释时细菌生成所需的营养物和合适的pH范围都需满足。

在测定 BOD_5 的同时，需用葡萄糖—谷氨酸标准溶液进行校正试验。

5 试剂

本标准所用试剂，除另有说明外，均为符合国家标准或行业标准的分析纯试剂，均使用全玻璃蒸馏器制得的重蒸馏水和去离子水，水中含铜量不应超过0.01mg/L。

5.1 接种水

渗沥水自身就是一种合适的接种水。如果试样本身不含有足够量的可适应微生物，就可利用生活污水于20℃放置24～36h培养后的上清液作为接种水。

5.2 盐溶液

下述溶液至少可稳定一个月，贮存在玻璃瓶内置于暗处。一旦发现有生物滋长迹象，则应弃去不用。

5.2.1 磷酸盐缓冲溶液

将0.50g磷酸二氢钾（KH_2PO_4）、21.75g磷酸氢二钾（K_2HPO_4）、33.40g七水合磷酸氢二钠（$Na_2HPO_4 \cdot 7H_2O$）和1.70g氯化铵（NH_4Cl）溶于约500mL水中，稀释至1000mL，混匀。

此缓冲溶液的pH应为7.2。

5.2.2 硫酸镁（$MgSO_4 \cdot 7H_2O$），22.5g/L溶液

将22.5g七合水硫酸镁（$MgSO_4 \cdot 7H_2O$）溶于水中，稀释至1000mL，混匀。

5.2.3 氯化钙（$CaCl_2$），27.5g/L溶液

将27.5g无水氯化钙（$CaCl_2$）（若用水合氯化钙，取量应相当溶于水，稀释至1000mL，混匀。

5.2.4 氯化铁（$FeCl_6 \cdot 6H_2O$），0.25g/L溶液

将0.25g六水合氯化铁（Ⅲ）（$FeCl_3 \cdot 6H_2O$）溶于水，稀释至1000mL，混匀。

5.3 稀释水

分别取磷酸盐缓冲溶液（5.2.1）、硫酸镁溶液（5.2.2）、氯化钙溶液（5.2.3）和氯化铁溶液（5.2.4）各1mL于约500mL水中，稀释至1000mL，混匀。然后用清洁空气鼓泡（用无油空气压缩机或薄膜泵，将吸入的空气先后经活性炭吸附管及水洗涤管后导入稀释水内，5～20L需鼓泡2～8h），瓶口上盖两层经洗涤晾干的纱布，置于20℃培养箱中放置4h，以确保溶解氧浓度不低于8mg/L（20℃）。

此溶液的五日生化需氧量不应超过0.2mg/L，否则应进一步提高水质纯度。

此溶液的pH值为7.2，应在8h内使用。

5.4 接种稀释水

向每升稀释水（5.3）中加入1～3mL接种水（5.1），混匀。接种稀释水应在配制后立即使用。

接种稀释水的五日生化需氧量应控制在0.6～1.0mg/L。

5.5 葡萄糖—谷氨酸标准溶液

将无水葡萄糖（$C_6H_{18}O_6$）和谷氨酸（$HOOC—CH_2—CH_2—CHNH_2—COOH$）在103℃干燥1h；各取150±1mg溶于水，稀释至1000mL，混匀。

此溶液于临用前制备。

5.6 测定溶解氧试剂见附录A。

6 仪器、设备

使用的玻璃器皿要认真清洗，不能附有生物毒性物质或生物可降解的化合物，并防止受到污染。

实验室常用分析仪器及：

6.1 培养瓶：容积在250～300mL之间的具磨口塞玻璃细颈瓶或带有磨口塞并具有供水封用的钟形口玻璃瓶。

6.2 培养箱：温度能控制在20±1℃。

6.3 稀释容器：1000mL量筒。

6.4 活塞型搅棒：要与1000mL量筒相配，自制一根粗玻璃棒，底端套上一个比量筒口径略小，厚约2mm的多孔橡皮圆片。

6.5 测定溶解氧仪器见附录A。

7 样品

供测定 BOD_5 的渗沥水实验室样品量约需100mL，可收集在聚乙烯或玻璃瓶内充满密封。采样后于温度为2～5℃置于暗处，应尽快测定，最长保存时间为24h。

样品也可深度冷藏（－20℃）最长保存时间为一个月。

8 步骤

8.1 试样稀释

8.1.1 通过测定试样的化学需氧量，以谋取与BOD之间的相关性而求得稀释倍数。一般取3个稀释倍数，如从测得的COD值除以5、6、7，再取小于商值的3个整数作为稀释倍数；或者取2个稀释倍数，如从测得的COD值除以5和7的整数作为稀释倍数。

化学需氧量(重铬酸钾法)的测定见CJ/T 3018.12。

8.1.2 按选定的稀释倍数，将已知体积的试样，用移液管移入到稀释容器（6.3）内，再用虹吸法把所需量的稀释水（5.3）或接种稀释水（5.4）沿器壁小心地引入，用活塞型搅棒（6.4）在液面下作很小心的混匀，以避免雾沫状空气泡的产生。

稀释时，水温要控制在20℃左右，为此稀释水在冬季低于20℃应预热，夏季高于20℃应冷却。

8.2 灌装培养瓶

8.2.1 将稀释好的试样虹吸到2只预先编号的培养瓶（6.1）中，直到充满后溢出少许。如果瓶壁有气泡，要轻击瓶口使之逸出。小心地盖紧瓶塞，勿使插入的瓶塞存有气泡。

8.2.2 用同样方法灌装另外2个稀释好的试样。

8.3 空白试验

另取2只有编号的培养瓶（6.1），用虹吸法装满稀释水（5.3）或接种稀释水（5.4）作空白。

8.4 测定

8.4.1 将培养瓶分成甲、乙两组，每组都有不同稀释比的试样各1瓶和空白各1瓶。

8.4.2 将甲组培养瓶倒置在水盘内，使瓶口被水封住，置培养箱（6.2）中于暗处。具有供水封用的钟形口培养瓶则可直接置于培养箱内。

8.4.3 自甲组培养瓶放入培养箱后，即刻测定乙组培养瓶培养前的溶解氧，测定方法见附录A。

8.4.4 在甲组培养瓶培养期间，要每天检查培养箱温度和水封情况。

8.4.5 从开始放入培养箱算起，经过5d后，取出甲组培养瓶，立即测定培养后的溶解氧，测定方法见附录A。

8.5 校正试验

为了检验接种水、稀释水和分析人员的操作技术，需同时进行校正试验。

将20mL葡萄糖—谷氨酸标准溶液（5.5）用接种稀释水（5.4）稀释至1000mL，并按8.4的操作步骤进行测定。

得到的 BOD_5，应在180～230mg/L之间，否则应检查接种水，必要时检查分析人员的操作技术。

9 结果的表述

9.1 计算

$$BOD_5(O_2,mg/L)=\left[(C_1-C_2)-\frac{V_t-V_e}{V_t}(C_3-C_4)\right]\frac{V_t}{V_e}$$

式中 C_1——培养液在培养前的溶解氧，mg/L；

C_2——培养液在培养5d后的溶解氧，mg/L；

C_3——稀释水（或接种稀释水）在培养前的溶解氧，mg/L；

C_4——稀释水（或接种稀释水）在培养5d后的溶解氧，mg/L；

V_e——制备培养液时所用去的试样体积，mL；

V_t——所制培养液的总体积，mL。

9.2 凡培养液在培养5d后，测得的溶解氧若满足以下条件，则能获得可靠的测定结果：

剩余溶解氧≥1mg/L

消耗溶解氧≥2mg/L。

若不能满足以上条件，则应调整稀释倍数，舍弃重做。

9.3 若有几种稀释倍数的培养液所得数据皆满足9.2所述的条件，则该试样的几种稀释倍数所得结果均有效，取其平均值为 BOD_5 的测定结果。

10 精密度

用300mg/L葡萄糖—谷氨酸标准溶液经6次测定获得的 BOD_5 值范围为195～211mg/L，相对标准偏差为2.7%。

11 本标准未作规定的按GB 7488和GB 7489执行

附录A
溶解氧的测定—碘量法
（补充件）

A1 原理

碘量法是测定溶解氧（DO）的一种间接氧化还原滴定法。此法是基于溶解氧的氧化性，当溶解氧处于含有二价锰的强碱溶液中时，它就会迅速地把等当量的二价锰的氢氧化物沉淀氧化成高价的氢氧化物，这时，如果溶液中含有碘离子，并通过酸化，这种被氧化的高价锰又被碘离子还原成二价锰，同时释放出相当于样品中溶解氧的碘。然后以淀粉作指示剂，用硫代硫酸钠标准滴定溶液滴定碘，由此就可计算出溶解氧的质量浓度。

A2 试剂

A2.1 硫酸（H_2SO_4），1+5溶液。

A2.2 碱性碘化物溶液

将500g氢氧化钠（NaOH）溶于300～400mL水中，另取150g碘化钾（KI）或135g碘化钠（NaI）溶于200mL水中，待氢氧化钠溶解液冷却后，将两种溶液合并混合，用于稀释至1000mL。如有沉淀发生，则放置过夜，倾出上层清液，贮于棕色试剂瓶中，用橡皮塞塞紧，避光保存。

此溶液经酸化后，在有淀粉指示剂（A2.6）存在下，应无色。

A2.3 硫酸锰（$MnSO_4 \cdot 4H_2O$），480g/L溶液

将480g四水合硫酸锰（$MnSO_4 \cdot 4H_2O$）溶于水中，过滤后稀释至1000mL。也可用400g$MnSO_4 \cdot 2H_2O$或364g$MnSO_4 \cdot H_2O$。

此溶液酸化后，加入碘化钾和淀粉指示剂（A2.6）应无色。

A2.4 重铬酸钾标准溶液，$c(1/6K_2Cr_2O_7)=0.025$mol/L

称取1.2260g重铬酸钾（$K_2Cr_2O_7$）基准试剂（于105～110℃干燥2h）溶于水中，移入1000mL容量瓶，用水稀释至刻度，摇匀。

A2.5 硫代硫酸钠标准滴定溶液，c（$Na_2S_2O_3$）= 0.025mol/L

将6.205g五水合硫代硫酸钠($Na_2S_2O_3 \cdot 5H_2O$)溶解于新煮沸并冷却的水中，加入0.4g氢氧化钠（NaOH），并稀释到1000mL。贮于棕色瓶中。每天使用前，用重铬酸钾标准溶液（A2.4）标定。

标定：于250mL碘量瓶中，加100mL水和1g碘化钾（KI）或碘化钠（NaI），吸取10.0mL重铬酸钾标准溶液（A2.4），加入5mL1+5硫酸（A2.1），摇匀，于暗处静止5min，用待标定的硫代硫酸钠溶液滴定释放出的碘，当溶液呈浅黄色时，加入1mL淀粉指示剂（A2.6），继续滴定至蓝色刚退为止。记录用量，计算硫代硫酸钠标准滴定溶液浓度：

$$C_0=\frac{10\times0.025}{V_0}$$

式中 C_0——硫代硫酸钠（$Na_2S_2O_3$）标准滴定溶液浓度，mol/L；

V_0——硫代硫酸钠标准滴定溶液耗用量，mL。

A2.6 淀粉指示剂，10g/L溶液

称1g可溶性淀粉，用少量水调成糊状，再用刚煮沸的水冲成100mL，冷却后加入0.1g水杨酸作防腐剂。

A3 仪器、设备

A3.1 碘量瓶：250mL。

A3.2 酸式滴定管：棕色，25mL，分度至0.1mL。

A4 步骤

A4.1 溶解氧的固定

将移液管出液管嘴插入培养瓶内的培养液（稀释水或接种稀释水）液面下约50mm，加入1mL硫酸锰溶液（A2.3），2mL碱性碘化物溶液（A2.2），小心盖好瓶塞，避免把空气泡带入，颠倒混合4～5次后，静置至少5min，待棕色絮状沉淀物下沉到瓶内一半时，再颠倒混合1次，以保证混匀。避光静置(最长可达24h)。

A4.2 游离碘的释出

待絮状沉淀下降到瓶底约占瓶体积的三分之一，在上层占瓶体积三分之一全是清液时，轻轻打开瓶塞，立即用移液管在瓶颈下面以慢速加入2.0mL硫酸(H_2SO_4，ρ=1.84g/mL)，再小心盖紧瓶盖，然后颠倒摇动，直至沉淀全部溶解，且使释出的碘分布均匀。

A4.3 滴定

吸取培养瓶内100mL溶液移入250mL的碘量瓶中，用硫代硫酸钠标准滴定溶液（A2.5）滴定，在接近滴定终点溶液呈浅黄色时，加1mL淀粉指示剂（A2.6），再滴定到蓝色刚好消失为止，而不顾蓝色再现。记录标准滴定溶液的用量。

A5 结果的表述

A5.1 计算：

$$DO(O2,mg/L)=\frac{C_0\times V\times8\times1000}{100}$$

式中 C_0——硫代硫酸钠标准滴定溶液的实际浓度，mol/L；

V——滴定时所消耗的硫代硫酸钠标准滴定溶液体积，mL；

8——$1/4O_2$的摩尔质量，g/mol；

100——滴定时取样体积，mL。

附录B
不同温度下水中溶解氧的饱和值
（参考件）

表B1 在101.3kPa大气压力下淡水中饱和溶解氧随温度的变化值

温度 ℃	氧的溶解度 mg/L	温度 ℃	氧的溶解度 mg/L
0.0	14.621	9.0	11.559
1.0	14.216	10.0	11.288
2.0	13.829	11.0	11.027
3.0	13.460	12.0	10.777
4.0	13.107	13.0	10.537
5.0	12.770	14.0	10.306
6.0	12.447	15.0	10.084
7.0	12.139	16.0	9.870
8.0	11.843	17.0	9.665

续表 B1

温度 ℃	氧的溶解度 mg/L	温度 ℃	氧的溶解度 mg/L
18.0	9.467	30.0	7.559
19.0	9.276	31.0	7.430
20.0	9.092	32.0	7.305
21.0	8.915	33.0	7.183
22.0	8.743	34.0	7.065
23.0	8.578	35.0	6.950
24.0	8.418	36.0	6.837
25.0	8.263	37.0	6.727
26.0	8.113	38.0	6.620
27.0	7.968	39.0	6.515
28.0	7.827	40.0	6.412
29.0	7.691		

附加说明：

本标准由建设部标准定额研究所提出。

本标准由建设部城镇环境卫生技术标准归口单位上海市环境卫生管理局归口。

本标准由上海市环境卫生设计科研所负责起草。

本标准主要起草人庄启化、黄庆玲。

本标准委托上海市环境卫生设计科研所负责解释。

中华人民共和国城镇建设行业标准

生活垃圾渗沥水　化学需氧量（COD）的测定　重铬酸钾法

Leachate—Determination of the chemical oxygen demand（COD）—Potassium dichromate method

CJ/T 3018.12—93

1 主题内容与适用范围

本标准规定了用重铬酸钾法测定渗沥水中的化学需氧量（COD）。

本标准适用于从生活垃圾中渗出来的液体。

本标准测定试料COD浓度的适用范围为30～700mg/L（以O_2计）。

2 引用标准

GB 11914　水质化学需氧量的测定　重铬酸盐法

3 术语

渗沥水的化学需氧量（COD）是指当水样在规定的条件下，用重铬酸盐氧化剂处理时，被水中溶解的和悬浮的物质所消耗的重铬酸盐量相当的氧的质量浓度。

4 原理

试料在硫酸溶液中，与已知过量的重铬酸钾在以硫酸银作催化剂和硫酸汞作消除氯离子干涉的掩蔽剂存在下，进行固定时间的加热回流。在回流时间内，有部分重铬酸盐被所存在的可被氧化的物质所还原。以试亚铁灵作指示剂，用硫酸亚铁铵滴定剩余重铬酸盐，由消耗的重铬酸盐量计算COD值。

当氯离子含量高于2000mg/L时会影响测定结果。

1mol重铬酸盐（$Cr_2O_7^{2-}$）相当于1.5mol氧（O_2）。

5 试剂

本标准所用试剂，除另有说明外，均为符合国家标准或行业标准的分析纯试剂，均使用全玻璃蒸馏器制得的重蒸馏水，不能使用去离子水。

5.1　硫酸，c（H_2SO_4）＝4mol/L

小心地将220mL硫酸（H_2SO_4，ρ＝1.84g/mL）加入到约500mL水中，待冷却后稀释至1000mL。

5.2　硫酸银—硫酸溶液

将10g硫酸银（Ag_2SO_4）于35mL水中，再加965mL硫酸（H_2SO_4，ρ＝1.84g/mL）。需要1～2d溶解，并不时摇动以利溶解。

5.3　硫酸亚铁铵标准滴定溶液，c[$(NH_4)_2Fe(SO_4)_2 \cdot 6H_2O$]＝0.25mol/L。

将98.0g六水合硫酸亚铁铵[$(NH_4)_2Fe(SO_4)_2 \cdot 6H_2O$]溶于水，加入20mL硫酸（$H_2SO_4$，$\rho$＝1.84g/mL）。冷却，并用水稀释到1000mL。

每天临用前，用重铬酸钾基准溶液标定1次。

标定：用4mol/L硫酸（5.1）将10.0mL重铬酸钾基准溶液（5.4）稀释到100mL，加2滴或3滴试亚铁灵指示剂（5.6），用待标定的硫酸亚铁铵溶液滴定到溶液由黄色经蓝绿刚变成红棕色即为终点。记录用量，计算硫酸亚铁铵标准滴定溶液的浓度：

$$c=\frac{10\times 0.250}{V}$$

式中　c——硫酸亚铁铵[$(NH_4)_2Fe(SO_4)_2 \cdot 6H_2O$]标准滴定溶液浓度，mol/L；

V——硫酸亚铁铵标准滴定溶液耗用量，mL；

0.250——重铬酸钾基准溶液浓度，mol/L；

10——吸取重铬酸钾基准溶液体积，mL。

5.4　含汞盐的重铬酸钾基准溶液，c（$1/6K_2Cr_2O_7$）＝0.250mol/L

将80g硫酸汞（Ⅱ）（$HgSO_4$）溶于800mL水中，小心地加入100mL硫酸（H_2SO_4，ρ＝1.84g/mL），冷却后溶解12.258g重铬酸钾（$K_2Cr_2O_7$，基准试剂，于105℃干燥2h）于溶液中，并将此溶液定量地转入1000mL容量瓶中，用水稀释到刻度。

此溶液至少可保存一个月。

5.5　邻苯二甲酸氢钾基准溶液，c（$KHC_6H_4O_4$）＝2.0824mmol/L。

将0.4251g邻苯二甲酸氢钾（$KHC_6H_4O_4$，基准试剂，于105℃干燥1h）溶于水，并稀释至1000mL。

此溶液的理论COD值为500mg/L。

将此溶液置于4℃下，至少可保存一星期。

5.6　试亚铁灵指示剂溶液

将0.7g七水合硫酸亚铁（$FeSO_4 \cdot 7H_2O$）溶于水中，加1.50g一水合邻菲啰啉（$C_{12}H_8N_2 \cdot H_2O$，1，10-phenanthroline monohydrate），摇动溶解，稀释到100mL。贮于棕色瓶中。

6 仪器、设备

常用实验室分析仪器及：

6.1　回流装置：由500mL或250mL锥形烧瓶与400mm长的球形冷凝管通过标准磨口相连。

6.2　加热装置：电热板或变阻电炉，能使溶液在10min之内沸腾，并保证不会引起加热溶液的局部过热现象发生。

6.3　酸式滴定管：50mL，分度至0.1mL。

7 样品

供测定COD的渗沥水实验室样品量约需100mL，可收集在聚乙烯或玻璃瓶内，采样后置于温度2～5℃处，应尽快分析，否则用硫酸酸化，每升样品加10mL 4mol/L硫酸（5.1），最长保存时间为2d。当吸取分析试料时，要充分摇动贮瓶，以保证内容物完全均匀。

8 步骤

8.1　清洗回流装置

用10mL重铬酸钾基准溶液（5.4）、30mL硫酸银—硫酸溶液（5.2）和20mL水的混合液回流2h。

8.2 测定

8.2.1 用移液管吸取均匀试样入磨口锥形烧瓶（6.1），用水稀释到50mL（或吸取适量试样入容量瓶，用水稀释到刻度后，摇匀，再从中吸取50.0mL，使其中COD值为350～700mg/L），加25.0mL含汞盐的重铬酸钾基准溶液（5.4）和几粒玻璃珠，混匀。

8.2.2 慢慢地加入75mL硫酸银—硫酸溶液（5.2），接上冷凝管，轻轻摇动锥形烧瓶以使溶液混匀。加热回流2h（自玻璃珠开始跳动时计算）。

8.2.3 冷却后，用少量水冲洗冷凝管内壁入烧瓶，然后卸下烧瓶，再用水稀释至350mL。

8.2.4 待溶液冷却至室温后，加2滴或3滴试亚铁灵指示剂（5.6），用硫酸亚铁铵标准滴定溶液（5.3）滴定过量的重铬酸盐到溶液由黄色经蓝绿刚变成红棕色为终点。记录标准滴定溶液的用量。

8.3 空白试验

按8.2操作步骤进行空白试验，但用50.0mL水代替试料。

8.4 校正试验

为了检验试剂纯度和实验技术，需同时进行校正试验。将10.0mL邻苯二甲酸氢钾基准溶液（5.5）按8.2和8.3测定试样时同样的操作步骤进行分析。该溶液的理论需氧量为500mg/L。假如校正试验结果为此值的96%以上，则此实验操作是令人满意的。

8.5 采用250mL锥形烧瓶回流装置，样品体积和试剂用量要按表1作相应调整。

9 结果的表述

$$\mathrm{COD}(O_2,\mathrm{mg/L})=\frac{(V_1-V_2)\times c\times 8\times 1000}{V_0}$$

式中 V_1——空白滴定时所消耗的硫酸亚铁铵标准滴定溶液的体积，mL；

V_2——试料滴定时所消耗的硫酸亚铁铵标准滴定溶液的体积，mL；

V_0——稀释前，渗沥水试样的体积，mL；

c——硫酸亚铁铵标准滴定溶液的实际浓度，mol/L；

8——$1/4O_2$的摩尔质量，g/mol。

若COD值低于30mg/L时，则以“<30mg/L”报告结果。

表1 不同样品量采用的试剂量和浓度

锥形烧瓶体积 mL	样品体积 mL	含汞盐的重铬酸钾基准溶液 mL	硫酸银-硫酸溶液 mL	硫酸亚铁铵浓度 mol/L	滴定前总体积 mL
250	20	10	30	0.10	140
500	50	25	75	0.25	350

10 精密度与准确度

10.1 对COD值为500～800mg/L的渗沥水样品，经5批平行双样测定的相对偏差小于3.3%。

10.2 COD值为500mg/L的邻苯二甲酸氢钾标准溶液，经5次测定，相对标准偏差为1.8%，氧化率为95.8%～100.0%。

10.3 分析COD为103.16mg/L的渗沥水加标样品，经5次测定，相对标准偏差为0.4%，加标回收率为106.8%～108.5%。

11 本标准未作规定的按GB 11914执行

附加说明：

本标准由建设部标准定额研究所提出。

本标准由建设部城镇环境卫生技术标准归口单位上海市环境卫生管理局归口。

本标准由上海市环境卫生设计科研所负责起草。

本标准主要起草人庄启化、章莉娜。

本标准委托上海市环境卫生设计科研所负责解释。

中华人民共和国城镇建设行业标准

生活垃圾渗沥水
钾和钠的测定　火焰光度法

Leachate—Determination of potassium and sodium—Flame photometric method

CJ/T 3018.13—93

1 主题内容与适用范围

本标准规定了用硝酸—硫酸消解法和火焰光度法测定渗沥水中的钾和钠。

本标准适用于从生活垃圾中渗出来的液体。

本标准测定试料钾浓度的适用范围为0.1～25mg/L（以K计），钠浓度范围为样品中与钾相应比例含量的钠浓度。

碱金属之间能相互增强激发，如钙、锶的存在使钾、钠的发射强度增大；一些常见的阴离子，如硝酸根、硫酸根、重碳酸根、氯离子和磷酸根都会使结果偏低，尤以氯离子和磷酸根影响严重。

2 术语

渗沥水中的钾和钠是指以各种形式存在的钾和钠，包括无机结合的和有机结合的、可溶的和悬浮的钾与钠的化合物。

3 原理

将试料中与有机物结合的以及与悬浮颗粒相结合的钾与钠，在硝酸—硫酸的联合氧化作用下被转化成盐溶液。将消解液中的全部钾、钠盐溶液，以雾滴状引入火焰中，靠火焰的热能进行激发，并辐射出它们的特征谱线（钾766.5nm，钠589.0nm），其强度与钾、钠原子的浓度有着定量关系，再利用光电检测系统进行测定。

4 试剂

本标准所用试剂，除另有说明外，均为符合国家标准或行业标准的分析纯试剂，均使用去离子水。

4.1 硫酸（H_2SO_4），ρ=1.84g/mL。

4.2 硝酸（HNO_3），ρ=1.40g/mL。

4.3 钾标准贮备溶液

将1.9067g氯化钾（KCl，基准试剂，于110℃干燥2h）溶于去离子水中，并稀释至1000mL。此溶液每毫升含1000μg钾（K）。

4.4 钠标准贮备溶液

将2.5421g氯化钠（NaCl，基准试剂，于500～600℃灼烧1h）溶于去离子水中，并稀释至1000mL。此溶液每毫升含1000μg钠（Na）。

4.5 钾、钠混合标准溶液

用移液管先吸取100.0mL钾标准贮备溶液（4.3）于1000mL容量瓶中，再按实际样品中钾与钠的近似比例，吸取相应量的钠标准贮备溶液（4.4）于同一容量瓶内，用水稀释到刻度。

此溶液每毫升含100μg钾（K）及相应比例含量的钠（Na）。

5 仪器、设备

实验室常用分析仪器及：

5.1 单光束火焰光度计。

5.2 微型凯氏烧瓶：100mL。

5.3 聚乙烯瓶。

6 样品

供钾、钠测定的渗沥水实验室样品量约需100mL，可收集在聚乙烯瓶内，采样后可保存7d，若酸化到pH＜2，则至少可保存三个月。

7 步骤

7.1 消解

消解操作必须在高效的通风柜内进行。

用移液管吸取渗沥水实验室样品（最大容量为40mL）入微型凯氏烧瓶（5.2），小心地加2mL硫酸（4.1），回荡混合，加几粒玻璃珠，缓缓地加热到产生白烟，冷却后，小心地加入0.5mL硝酸（4.2），要一边回荡一边一滴一滴地加入，并加热到棕色烟雾停止产生为止。冷却后还必须用硝酸继续处理，一边回荡一边一滴一滴地加入，直到溶液变清无色。冷却，并在不断回荡下小心地加入10mL水，然后加热到出现白色烟雾为止。

冷却后，在不断回荡下小心地加入约50mL水，并加热到近沸，使可溶性盐缓慢溶解，然后冷却，并将溶液转移到100mL容量瓶中，用少量水洗涤凯氏烧瓶，将洗液也加入到同一容量瓶内，用水稀释到刻度。

7.2 工作曲线

7.2.1 标准溶液的消解

用移液管分别吸取钾、钠混合标准溶液(4.5)0；5.0；10.0；15.0；20.0和25.0mL于微型凯氏烧瓶中，按7.1操作步骤进行消解、定容。

7.2.2 测定

按火焰光度计使用说明书，将仪器调节到最佳状态，用水作空白溶液调整读数标尺为零点，最大浓度的标准溶液调整读数标尺到80%处为满刻度，如此反复调节，至少2次以上。并在此操作条件下，继续测定其它浓度标准溶液的发射强度读数。要不时校验零点和满度。

7.2.3 绘制工作曲线

以发射强度（E）为纵坐标，钾（或钠）含量（mg/L）为横坐标，绘制发射强度对钾（或钠）浓度关系的工作曲线。

钾、钠混合标准溶液（4.5），按7.2.1操作，由7.2.2测定所得的发射强度，其对应的钾浓度为0、5、10、15、20和25mg/L，以及相应比例含量的钠浓度。

7.3 试样测定

用消解后的定容试样（7.1），按7.2.2操作步骤进行测定。仪器应调节到与测定标准溶液时的相同条件，并不时用水作空白溶液和最大浓度的标准溶液校验零点和满度。

8 结果的表述

钾含量按式（1）或（3），钠含量按式（2）或（4）计算：

$$K(mg/L) = \frac{E_K \times f_K \times 100}{V}$$

$$Na(mg/L) = \frac{E_{Na} \times f_{Na} \times 100}{V}$$

式中 E_K 和 E_{Na}——渗沥水试料消解液中钾和钠的发射强度读数；

f_K 和 f_{Na}——钾和钠工作曲线斜率的倒数；

V——渗沥水消解试料的体积，mL。

或

$$K\ (mg/L) = \frac{C_K \times 100}{V}$$

$$Na\ (mg/L) = \frac{C_{Na} \times 100}{V}$$

式中 C_K 和 C_{Na}——从绘制的工作曲线上查得试料中钾和钠的浓度，mg/L；

V——渗沥水消解试料的体积，mL。

9 精密度与准确度

9.1 对钾含量为1500～2800mg/L和相应的钠含量为600～1300mg/L的渗沥水样品，经5批平行双样测定的相对偏差分别小于1.4%和2.2%。

9.2 用邻苯二甲酸氢钾和EDTA二钠盐分别配成浓度都为100mg/L的钾和钠标准溶液，分别经5次测定，相对标准偏差都为2.4%，回收率100%～105%。

9.3 分析含钾26.5mg/L和钠48.0mg/L的渗沥水加标样品，经5次测定，钾相对标准偏差为3.1%，加标回收率为95.3%～103.5%；钠相对标准偏差为3.0%，加标回收率为104.7%～106.3%。

附加说明：

本标准由建设部标准定额研究所提出。

本标准由建设部城镇环境卫生技术标准归口单位上海市环境卫生管理局归口。

本标准由上海市环境卫生设计科研所负责起草。

本标准主要起草人庄启化、章莉娜。

本标准委托上海市环境卫生设计科研所负责解释。

中华人民共和国城镇建设行业标准

生活垃圾渗沥水
细菌总数的检测　平板菌落计数法

Leachate—Detecton of total
bacterial number—plate count for bacterial colonies

CJ/T 3018.14—93

1　主题内容与适用范围

本标准规定了用平板菌落计数法测定渗沥水的细菌总数。

本标准适用于从生活垃圾中渗出来的液体。

2　引用标准

GB 5750　生活饮用水标准检验法　细菌总数

GB 4789.2　食品卫生微生物学检验　菌数总数测定

3　术语

细菌总数是指 1mL 渗沥水试样在一定条件下培养后所生长的细菌菌落的总数。

4　原理

每种细菌都有其一定的生理特性，应用不同的营养物质及其它生理条件（如温度、培养时间、pH、需氧性质等）去满足它，才能分别地将各种细菌培养出来。在实际工作中，一般都只用一种方法（即在营养琼脂培养基中，于 37℃经 24h 培养）进行细菌总数的测定，因此，所得结果只包括一群能在营养琼脂上发育的嗜中温性需氧及兼性厌氧的细菌菌落总数。

5　培养基和试剂

本标准所用试剂，除另有说明外，均为符合国家标准或行业标准的化学纯试剂和生化试剂，均为蒸馏水或去离子水。

5.1　无水乙醇（C_2H_5OH）。

5.2　氢氧化钠（NaOH），15%（m/m）溶液

将 15g 氢氧化钠（NaOH），溶于 100mL 水中。

5.3　营养琼脂

5.3.1　成份：

蛋白胨	10g
牛肉膏	3g
氯化钠	5g
琼　脂	10～20g
蒸馏水	1000mL

5.3.2　制法

将上述成份混合后，加热溶解，滴加氢氧化钠溶液（5.2）调整 pH 为 7.4～7.6，用漏斗分装约 15mL 干玻璃试管（6.8），在 121℃高压灭菌 20min。冷却后贮存在冷暗干燥处备用。

5.4　生理盐火

将 8.50～9.50g 氯化钠（NaCl）溶于水中，稀释成 1000ml，摇匀。pH 值应为 4.5～7.0。

6　仪器、设备

6.1　高压蒸汽灭菌器。

6.2　干燥箱：最高工作温度 300℃。

6.3　恒温培养箱：36±1℃。

6.4　冰箱。

6.5　恒温水浴：46±1℃。

6.6　放大镜。

6.7　稀释瓶：125mL 小口玻璃方瓶。

6.8　玻璃试管：18×180mm，平口。

6.9　平皿：直径 90mm。

6.10　刻度吸管：1mL，10mL，分度至 0.1mL。

6.11　酒精灯。

7　样品

供细菌总数检测的渗沥水实验室样品量约需 100mL，用经灭菌处理过的玻璃瓶采集。采样后应尽快检测，在 2h 内不能处理时，应置于温度为 2～5℃处，最长保存时间为 6h。

8　步骤

8.1　准备工作

8.1.1　工作室及操作台经清扫后，用紫外线灭菌 10min。

8.1.2　玻璃器皿置于干燥箱中于 160℃灭菌 2h。

8.1.3　将装有 90mL 生理盐水的稀释瓶和 9mL 生理盐水的试管，前者瓶口橡皮塞衬上滤纸条，后者管口塞上棉花球，置高压蒸汽灭菌器（6.1）内，于 121℃灭菌 20min，冷却待用。

8.1.4　将营养琼脂培养基（5.3.2）置于沸水锅内，融化后随即转入 46±1℃恒温水浴，保温待用。

8.2　试样稀释

8.2.1　以无菌操作，吸取经充分混匀的试样 10mL 于盛有 90mL 灭菌生理盐水的稀释瓶（8.1.3）中，充分混匀后就成 1∶10 的稀释液。

8.2.2　吸取 1∶10 稀释液 1mL，沿管壁徐徐注入盛有 9mL 灭菌生理盐水的试管（8.1.3）中，混匀而成 1∶100 的稀释液。

8.2.3　按上述操作进行 10 倍递增稀释，每递增稀释 1 次，随即换用 1 支 1mL 灭菌刻度吸管。

8.3　倾注平皿

8.3.1　根据试样污染程度大小，选择合适的三个连续释度试样进行倾注平皿。在分别作 10 倍递增稀释的同时，随即用该稀释度的吸管移取 1mL 稀释液于灭菌平皿内，每个稀释度的试样液用 2 个平皿。

8.3.2　将保温在 46℃水浴锅内的营养琼脂培养基倾注于平皿内，并立即转动或倾斜平皿，使稀释液与培养基充分混合。

同时，将营养琼脂培养基倾入加有 1mL 空白灭菌生理盐水的另外 2 个灭菌平皿作空白对照。

8.4　平板培养

待琼脂凝固后，翻转平板，使底面向上，置于 36±1℃恒温培养箱内培养 24±2h。

8.5 菌落计数

8.5.1 培养后，应立即计数每个平板上的菌落数。如果遇上不能立即计数，应将平皿存放于5～10℃，但不得超过24h。

8.5.2 作平板菌落计数时，用肉眼观察计数，必要时用放大镜检查，以防遗漏。按30～300个菌落计数规则计算平板的菌落数。

8.6 菌落计数规则

8.6.1 首先选择平均菌落数在30～300之间的稀释度，乘以稀释倍数报告之（见表1中例1）。

8.6.2 若有2个稀释度，其平均菌落数均在30～300之间，则视两者之比来决定。若其比值小于2，应报告其平均数；若大于2，则报告其中较小的菌落总数（见表1中例2或例3）。

8.6.3 若所有稀释度的平均菌落数均大于300，则应按稀释度最高的平均菌落数乘以稀释倍数报告之（见表1中例4）。

8.6.4 若所有稀释度的平均菌落数均小于30，则应按稀释度最低的平均菌落数乘以稀释倍数报告之（见表1中例5）。

8.6.5 若所有稀释度的平均菌落数均不在30～300之间，其中一部分大于300或小于30时，则以最接近30或300的平均菌落数乘以稀释倍数报告之(见表1中例6)。

8.6.6 蔓延生长菌落

在求一个稀释度的平均菌落数时，若其中一个平板有较大片状蔓延菌落生长时，则不宜采用，而应以无片状菌落生长的平板作为该稀释度的菌落数；若片状菌落不到平板的一半，而其余一半中菌落分布又很均匀，则可计数半个平板后乘2以代表全皿菌落数，然后再求该稀释度的平均菌落数。

9 报告方式

根据菌落计数，凡菌落数在100以内时，按其实际计数表示，大于100时，取二位有效数字；也可用10的指数形式表示，并以每毫升样品中平板菌落个数报告。

10 本标准未作规定的按GB 5750和GB 4789.2执行

表1 稀释度选择及平板菌落数报告方式

例次	不同稀释度的平均菌落数			两个稀释度的菌落数之比	菌落总数 个/mL	报告方式 个/mL
	10^1	10^2	10^3			
1	多到无法计数	164	20	—	16400	16000 或 1.6×10^4
2	多到无法计数	295	46	1.6	37750	38000 或 3.8×10^4
3	多到无法计数	271	60	2.2	27100	27000 或 2.7×10^4
4	多到无法计数	650	313	—	313000	310000 或 3.1×10^5
5	27	11	5	—	270	270 或 2.7×10^2
6	多到无法计数	306	12	—	30600	31000 或 3.1×10^4

附加说明：

本标准由建设部标准定额研究所提出。

本标准由建设部城镇环境卫生技术标准归口单位上海市环境卫生管理局归口。

本标准由上海市环境卫生设计科研所负责起草。

本标准主要起草人庄启化、章莉娜。

本标准委托上海市环境卫生设计科研所负责解释。

中华人民共和国城镇建设行业标准

生活垃圾渗沥水 总大肠菌群的检测 多管发酵法

Leachate—Detection for members of the coliform group—Multiple—tube fermentation method

CJ/T 3018.15—93

1 主题内容与适用范围

本标准规定了用多管发酵法检测渗沥水中总大肠菌群的方法。

本标准适用于从生活垃圾中渗出来的液体。

2 引用标准

GB 5750 生活饮用水标准检验法　总大肠菌群

GB 4789.3 食品卫生微生物学检验　大肠菌群测定

3 术语

总大肠菌群系指一群需氧及兼性厌氧的，在37℃生长时能使乳糖发酵，在24h内产酸、产气的革兰氏阴性无芽孢杆菌。

总大肠菌群数系以每升渗沥水样品内，总大肠菌群的最可能数（MPN）表示。

4 原理

根据总大肠菌群具有的生物特征，如革兰氏阴性无芽孢杆菌，在37℃于乳糖内培养能发酵，并在24h内产酸、产气的特点，将不同稀释度的试样接种到具有选择性的乳糖培养基中，经培养后根据阳性反应结果，测出原试样中总大肠菌群的MPN值。

5 培养基和试剂

本标准所用试剂，除另有说明外，均为符合国家标准或行业标准的化学纯试剂和生化试剂，均用蒸馏水或去离子水。

5.1 乳糖蛋白胨培养液

5.1.1 成份：

蛋白胨	10g
牛肉膏	3g
乳　糖	5g
氯化钠	5g
1.6%溴甲酚紫乙醇溶液	1mL
蒸馏水	1000mL

5.1.2 制法

将蛋白胨、牛肉膏、乳糖及氯化钠置于1000mL蒸馏水中加热溶解，调整pH为7.2～7.4，再加入1mL1.6%溴甲酚紫乙醇溶液，充分混匀，分装于装有倒管的试管中，置高压蒸汽灭菌器中，以115℃灭菌20min，贮存于冷暗处备用。

5.2 三倍浓缩乳糖蛋白胨培养液

按上述乳糖蛋白胨培养液（5.1）浓缩三倍配制。

5.3 品红亚硫酸钠培养基

5.3.1 成份：

蛋白胨	10g
乳　糖	10g
磷酸氢二钾	3.5g
琼　脂	15～30g
蒸馏水	1000mL
无水亚硫酸钠	～5g
5%碱性品红乙醇溶液	20mL

5.3.2 储备培养基的制备

先将琼脂加至900mL蒸馏水，加热溶解，然后加入磷酸氢二钾及蛋白胨，混匀使其溶解。再用蒸馏水补足到1000mL，调整pH为7.2～7.4，趁热用脱脂棉或绒布过滤，再加入乳糖，混匀后定量分装于烧瓶内，置高压蒸汽灭菌器中以115℃灭菌20min，贮存于冷暗处备用。

5.3.3 平板培养基的配制

将上法制备的储备培养基（5.3.2）加热融化，根据烧瓶内培养基的容量，用灭菌吸管按比例吸取一定量的5%碱性品红乙醇溶液，置于灭菌空试管中，再按比例称取所需的无水亚硫酸钠置于另一个灭菌空试管内，加灭菌水少许使其溶解后，置于沸水浴中煮沸10min以灭菌。

用灭菌吸管吸取已灭菌的亚硫酸钠溶液，滴加于碱性品红乙醇溶液内至深红色褪成淡粉红色为止。将此亚硫酸钠与碱性品红的混合液全部加入已融化的储备培养基内，并充分混匀（防止产生气泡），立即将此种培养基适量倾入于已灭菌的空平皿内，待其冷却凝固后，倒置冰箱内备用。此种已制成的培养基于冰箱内保存应小于两星期，如培养基已由淡红色变成深红色，则不能再用。

5.4 伊红美蓝培养基

5.4.1 成份：

蛋白胨	10g
乳　糖	10g
磷酸氢二钾	2g
琼　脂	20～30g
蒸馏水	1000mL
2%伊红水溶液	20mL
0.5%美蓝水溶液	13mL

5.4.2 储备培养基的制备

先将琼脂加至900mL蒸馏水，加热溶解，然后加入磷酸氢二钾及蛋白胨，混匀使之溶解，再用蒸馏水补足到1000mL，调整pH为7.2～7.4，趁热用脱脂棉或绒布过滤，再加入乳糖，混匀后定量分装于烧瓶内，置高压蒸汽灭菌器中以115℃灭菌20min，贮存于冷暗处备用。

5.4.3 平板培养基的配制

将上法制备的储备培养基（5.4.2）加热融化，根据烧瓶内培养基的容量，用灭菌吸管按比例分别吸取一定量已灭菌的2%伊红水溶液及一定量已灭菌的0.5%美蓝水溶液，加入已融化的储备琼脂内，并充分混匀（防止产生气泡），立即将此种培养基适量倾入于已灭菌的空平皿内，待其冷却凝固后，倒置冰箱内备用。

5.5 生理盐水

将 8.50～9.50g 氯化钠（NaCl）溶于水中，稀释成 1000mL，摇匀。pH 值应为 4.5～7.0。

6 仪器、设备

6.1 高压蒸汽灭菌器。

6.2 干燥箱：最高工作温度 300℃。

6.3 恒温培养箱：36±1℃。

6.4 冰箱。

6.5 恒温水浴：46±1℃。

6.6 生物显微镜。

6.7 稀释瓶：125mL 小口玻璃方瓶。

6.8 玻璃试管：18×180mm。

6.9 玻璃倒管：3×30mm

6.10 刻度吸管：1mL，10mL，分度至 0.1mL。

6.11 载玻片。

6.12 平皿：直径 90mm。

6.13 接种环：直径 3mm。

6.14 酒精灯。

7 样品

供总大肠菌群检测的渗沥水实验室样品量约需 100mL，用经灭菌处理过的玻璃瓶采集。采样后应尽快检测，在 2h 内不能处理时，应置于 2～5℃冷藏，最长保存时间为 6h。

8 步骤

8.1 准备工作

8.1.1 工作室及操作台经清扫后，用紫外线灭菌 10min。

8.1.2 玻璃器皿置于干燥箱中于 160℃灭菌 2h。

8.1.3 将装有 90mL 生理盐水的稀释瓶和 9mL 生理盐水的试管，前者瓶口橡皮塞衬上滤纸条，后者管口塞上棉花球，置高压蒸汽灭菌器（6.1）内，于 121℃灭菌 20min，冷却待用。

8.2 试样稀释

8.2.1 以无菌操作，吸取经充分混匀的试样 10mL 于盛有 90mL 灭菌生理盐水的稀释瓶（8.1.3）中，充分混匀后就成 1∶10 的稀释液。

8.2.2 吸取 1∶10 稀释液 1mL，沿管壁徐徐注入盛有 9mL 灭菌生理盐水的试管中，混匀成 1∶100 的稀释液。

8.2.3 按上述操作进行 10 倍递增稀释，每递增稀释 1 次，随即换用 1 支 1mL 灭菌刻度吸管。

8.3 发酵试验

以无菌操作，选择适宜的四个连续稀释试样 1mL，接种到各装有 10mL 乳糖蛋白胨培养液（5.1）的试管（内有倒管）中，若其中取 10mL 原试样，则需注入装有 5mL 三倍浓缩乳糖蛋白胨培养液（5.2）的试管（内有倒管）中，混匀后置于 36±1℃的恒温培养箱内培养 24±2h。

8.4 平板分离培养

取出经培养 24h 后的发酵试管，将产酸产气及只产酸的发酵管，分别接种于品红亚硫酸钠平板培养基（5.3.3）或伊红美蓝平板培养基（5.4.3）上，再置于 36±1℃恒温培养箱内培养 18～24h。挑选符合下列特征的菌落，取菌落的一半进行涂片。革兰氏染色、镜检（见附录 A）。

品红亚硫酸钠培养基上的菌落：

紫红色，具有金属光泽的菌落。

深红色，不带或略带金属光泽的菌落。

淡红色，中心色较深的菌落。

伊红美蓝培养基上的菌落：

深紫黑色，具有金属光泽的菌落。

紫黑色，不带或略带金属光泽的菌落。

淡紫红色，中心色较深的菌落。

8.5 证实试验

上述涂片、镜检的菌落，如为革兰氏阴性无芽孢杆菌，则挑取该菌落的另一半再接种于装有 10mL 普通浓度乳糖蛋白胨培养液（5.1）的试管（内有倒管）中，然后置于 36±1℃恒温培养箱中培养 24±2h。有产酸产气者，即证实有总大肠菌群存在。

9 报告方式

根据证实试验有总大肠菌群存在的阳性管数，查 MPN 检索表（表 1），MPN 值在 100 以内时，按其实际取值表示，大于 100 时，用 10 的指数形式表示，并以每升渗沥水样品中的总大肠菌群的 MPN 值报告。

10 本标准未作规定的按 GB 5750 和 GB 4789.3 执行

表 1 大肠菌群最可能数（MPN）检索表

接种量,mL					MPN/1000mL		
$\times 10^{n}$ … $\times 10^{1}$ $\times 1$ $\times 10^{-1}$ … $\times 10^{-n}$ ↓	10 1 0.1	1 0.1 0.01	0.1 0.01 0.001	0.01 0.001 0.0001	$\times 10^{-n}$…$\times 10^{-1}$	$\times 1$	$\times 10^{1}$…$\times 10^{n}$ →
	－	－	－	－	9×10	$<9\times 10^{2}$	$<9\times 10^{3}$
	－	－	－	＋	9×10	9×10^{2}	9×10^{3}
	－	－	＋	－	9×10	9×10^{2}	9×10^{5}
	－	＋	－	－	9.5×10	9.5×10^{2}	9.5×10^{3}
	－	－	＋	＋	1.8×10^{2}	1.8×10^{3}	1.8×10^{4}
	－	＋	－	＋	1.9×10^{2}	1.9×10^{3}	1.9×10^{4}
	－	＋	＋	－	2.2×10^{2}	2.2×10^{3}	2.2×10^{4}
	＋	－	－	－	2.3×10^{2}	2.3×10^{3}	2.3×10^{4}
	－	＋	＋	＋	2.8×10^{2}	2.8×10^{3}	2.8×10^{4}
	＋	－	－	＋	9.2×10^{2}	9.2×10^{3}	9.2×10^{4}
	＋	－	＋	－	9.4×10^{2}	9.4×10^{3}	9.2×10^{4}
	＋	－	＋	＋	1.8×10^{3}	1.8×10^{4}	1.8×10^{5}
	＋	＋	－	－	2.3×10^{3}	2.3×10^{4}	2.3×10^{5}
	＋	＋	－	＋	9.6×10^{3}	9.6×10^{4}	9.6×10^{5}
	＋	＋	＋	－	2.38×10^{4}	2.38×10^{5}	2.38×10^{4}
	＋	＋	＋	＋	$>2.38\times 10^{4}$	$>2.38\times 10^{5}$	$>2.38\times 10^{6}$

附录A
革兰氏染色和镜检
（补充件）

A1 革兰氏染色

A1.1 染色液配制

A1.1.1 结晶紫染色液

结晶紫	1.0g
95%乙醇	20.0mL
1%草酸铵水溶液	80.0mL

将结晶紫完全溶解于乙醇中，然后与草酸铵溶液混合。

结晶紫溶液放置过久产生沉淀，不能再用。

A1.1.2 碘助染液

碘	1.0g
碘化钾	2.0g
蒸馏水	300.0mL

将碘和碘化钾先行混合，加少许蒸馏水充分振摇，待完全溶解后，再用蒸馏水稀释至300mL。

此溶液二星期内有效。当溶液由棕黄色变成淡黄色时，即应弃去。

A1.1.3 乙醇脱色液，95%（V/V）乙醇。

A1.1.4 沙黄复染液

沙黄	0.25g
95%乙醇	10.0mL
蒸馏水	90.0mL

将沙黄溶于乙醇中，待完全溶解后，加入90mL蒸馏水。

A1.2 染色黄步骤

A1.2.1 涂片

用灼烧冷却后的接种环挑一环2%生理盐水于清洁无脂的载玻片上，再用接种环从培养18～24h符合菌落特征的平板中取菌落的一半沾于盐水滴的上端，烧去接种环上多余的菌落。然后用接种环将菌种在盐水中均匀涂开，要涂得薄些（形成可见的薄层），然后将标本向上，在火焰上方加温固定，干燥、冷却。

A1.2.2 染色

滴加结晶紫染色液，染色1min，倾去染色液，水洗。

滴加碘助染液，作用1min后倾去，水洗。

滴加乙醇脱色液，摇动载玻片，直至无紫色脱落为止（约30s），水洗。

滴加沙黄复染液，染色1min后倾去，水洗。

晾干，镜检。

A2 镜检

滴香柏油，在高倍油镜下观察，呈深紫色为革兰氏阳性菌，呈淡红色为革兰氏阴性菌。

附加说明：

本标准由建设部标准定额研究所提出。

本标准由建设部城镇环境卫生技术标准归口单位上海市环境卫生管理局归口。

本标准由上海市环境卫生设计科研所负责起草。

本标准主要起草人庄启化、章莉娜。

本标准委托上海市环境卫生设计科研所负责解释。

中华人民共和国城镇建设行业标准

城市垃圾产生源分类及垃圾排放

Classification of urban refuse generation
source and refuse removal

CJ/T 3033—1996

目　次

1　主题内容与适用范围 ………… 3—52—3
2　引用标准 ……………………… 3—52—3
3　定义 …………………………… 3—52—3
4　城市垃圾产生源分类 ……… 3—52—3
5　城市垃圾排放 ……………… 3—52—3
附录A　城市垃圾源分类及其产生源（补充件） …………… 3—52—4
附录B　有害废物的定义与鉴别（参考件） ……………… 3—52—15
附录C　本标准用词说明（参考件） ……………… 3—52—16

1 主题内容与适用范围

1.1 为了加强城市垃圾产生源和排放过程的管理，建设优美、清洁文明的现代化城市环境，制定本标准。

1.2 本标准适用于城镇，非建制镇可参照执行。

2 引用标准

下列标准包含的条文，通过在本标准中引用而构成为本标准的条文。在标准出版时，所示版本均为有效。所有标准都会被修订，使用本标准的各方应探讨使用下列标准最新版本的可能性。

GB/T 4754 国民经济行业分类和代码

CJ 16 城市容貌标准

CJJ 17 城市生活垃圾卫生填埋技术标准

CJJ 27 城市环境卫生设施设置标准

3 定义

3.1 城市垃圾产生源：在城市区划内产生垃圾的各场所。

3.2 居民生活垃圾：居民生活活动中，在居住场所产生的垃圾。

3.3 清扫垃圾：城市道路、桥梁、隧道、广场、公园及其他向社会开放的露天公共场所产生的垃圾。

3.4 商业垃圾：城市中各种类型商业企业及城市中其他行业经办的商业性或专业性服务网点（如邮政所、粮店、菜市场、饮食店、煤炭店等）所产生的垃圾。

3.5 工业单位垃圾：城市中各种类型工业企业在非生产和非动力供应过程中产生的垃圾。

3.6 事业单位垃圾：城市中各级政府，事业行政部门，社会团体，金融保险，科研设计，学校，外地驻市机构以及广播、电视等单位产生的垃圾。

3.7 交通运输垃圾：城市公共交通，客货运输，与交通运输有关的场（站）点以及邮政、通讯等行业停放交通工具，中转运输和进行车辆维修管理所设的场所产生的垃圾。

3.8 建筑垃圾：城市中新建、扩建、改建及维修建、构筑物的施工现场产生的垃圾。

3.9 医疗卫生垃圾：城市中各类医院，卫生防疫，病员休养，禽兽防治，医学研究及生物制品等单位产生的垃圾。

3.10 其他垃圾：除以上各类垃圾以外的其他场所（如殡葬）或自然现象（如冰雪）产生或形成的垃圾。

4 城市垃圾产生源分类

4.1 分类原则

城市垃圾产生源分类以本标准的城市垃圾定义为基础，垃圾产生源的范围以GB/T 4754国民经济行业分类与代码为依据确定，详见附录A。

4.2 城市垃圾产生源分类

根据分类原则，城市垃圾产生源可分为下列9类：

a. 居民垃圾产生场所；

b. 清扫垃圾产生场所；

c. 商业单位；

d. 行政事业单位；

e. 医疗卫生单位；

f. 交通运输垃圾产生场所；

g. 建筑装修场所；

h. 工业企业单位；

i. 其他垃圾产生场所。

5 城市垃圾排放

5.1 一般城市垃圾排放

一般城市垃圾系指人类在正常社会生活和消费活动中产生的垃圾，即各种产生源产生的生活或办公垃圾。

5.1.1 城市垃圾的排放必须由城市环境卫生部门统一监督管理。

5.1.2 垃圾排放单位（居民垃圾，清扫垃圾除外）应向当地环境卫生管理部门申报登记。

5.1.3 承担垃圾收集的单位和个人，应具备相应的能力和专业技术条件，并经城市环境卫生管理部门核准后才能进行作业。

5.1.4 各产生源排放垃圾方式，必须由城市环境卫生管理部门确定。

5.2 特种垃圾排放

5.2.1 特种垃圾

特种垃圾系指城市中产生源特殊或垃圾成分特别的垃圾，包括：

a. 建筑垃圾；

b. 医疗卫生垃圾；

c. 涉外单位垃圾；

d. 受化学和物理性有害物质（见附录B）污染的城市垃圾。

5.2.2 特种垃圾的排放必须严格管理。

5.2.3 排放特种垃圾的单位必须提前向所在地城市环境卫生管理部门申报。

5.2.4 特种垃圾必须采取专门方式，单独收集，送往指定的专门垃圾处理处置场进行处理处置。

5.2.5 排放特种垃圾的容器要根据垃圾的特性选用，严禁将污染性质不同或理化性质不同，混合会发生理化反应的垃圾置于同一容器。

5.2.6 排放容器外观应有明显标志（参照我国有关规定），应有效避免在贮存和运输过程中漏撒，污染周围环境。

5.2.7 特种垃圾的排放时间和线路应遵守城市环境卫生主管部门根据垃圾的种类、数量等作出的统一安排和规定，并由指定的具备条件的单位从事收集运输作业。

5.2.8 特种垃圾从收集到处理处置的过程，必须由经专门培训的人员操作或由专业人员指导进行，严禁在专门处理处置设施外随意混合、焚烧或处置。

附录 A 城市垃圾源分类及其产生源（补充件）

城市垃圾源分类及其产生源见表 A1。

表 A1

分类号			垃圾源分类	国民经济行业分类与代码		产生源说明
门类	大类	中类		代码	行业	
A			居民生活垃圾			
A	1				城市居民家庭	
A	1	1			北方家庭住户	包括双气户、煤气户、暖气户、全煤户、
A	1	2			南方家庭住户	包括燃气户、非燃气户；
A	2			L87	社会福利保障	
A	2	1		L871	社会福利业	包括干部休养所、社会福利院、光荣院、敬老院、收容院、康复中心、老年人公寓、残疾儿童托儿所等非盈利性的社会福利活动场所
B			清扫垃圾			
B	1			K75	社会服务业	
B	1	1		K752	园林绿化业	包括城市园林绿化活动场所、公园、动物园、植物园、街区公共绿地及露天场所
B	1	2		K754	环境卫生业	包括城市市政交通、桥涵的道路；各类开放性广场及停车场等场所
C			商业单位垃圾			
C	1			H61-H63	批发业	
C	1	1		H611	食品、饮料、烟草批发业	包括经营粮食及其制品、食用油的批发商业；经营糕点、糖、糖果、罐头、酒等饮料的批发商业；经营猪、牛、羊肉、家禽、蛋及其制品、盐调味品等各类食品的批发商业；经营各种海水、淡水产品的批发商业；经营蔬菜、各种干、鲜果品、茶叶的批发商业；经营烟草的各类批发商业；其他经营食品、饮料、烟草的批发商业（如食品供应处，食品配送中心既经营食品，又经营烟草商品的批发业）
C	1	2		H612	棉、麻、土畜产品批发业	包括经营棉花、麻类、蚕茧、畜产品等的批发商业
C	1	3		H613	纺织品、服装和鞋帽批发业	包括经营纱、棉布、化纤布、丝、绸、呢绒、抽纱等纺织品，混纺织品和针织品以及服装、鞋帽的批发商业
C	1	4		H614	日用百货批发业	包括经营日用百货、钟表眼镜、文化体育用品等的批发商业

续表 A1

分类号			垃圾源分类	国民经济行业分类与代码		产生源说明
门类	大类	中类		代码	行业	
C	1	5		H615	日用杂品批发业	包括经营日用陶瓷器皿，炊事用具，取暖用具、竹藤、棕、草、荆编制品和其他生活用品批发商业
C	1	6		H616	五金、交电、化工批发业	包括经营五金工具，五金杂品，自行车及零配件、电工器材，家用电器，化工原料，油漆颜料染料的批发商业
C	1	7		H617	药品及医疗器械批发业	包括经营各种西药、中草药材、中成药、医疗器械等的批发商业
C	1	8		H621	能源批发业	包括经营石油及制品、煤炭及制品的批发商业，具体包括汽油、煤油、柴油、润滑油脂等批发，煤块、粉煤、煤球、蜂窝煤、木炭、薪柴的批发等
C	1	9		H622	化工材料批发业	包括经营无机酸、无机碱、氢氧化合物、无机盐氧化物、过氧化物、稀土氧化物及化合物、单质、工业气体等无机化学品，有机化学品及涂料、颜料、染料、催化剂、助剂、添加剂、粘合剂、高分子聚合物、化学试剂等化学产品的批发商业
C	1	10		H623	木材批发业	包括经营原木、竹材、锯材、木片、人造板等产品的批发商业
C	1	11		H624	建筑材料批发业	包括经营水泥及制品、砖、瓦、石、砂、石灰、轻质建筑材料、建筑防水材料、建筑保温材料、建筑用琉璃制品、玻璃及制品、玻璃纤维及制品、建筑用陶瓷制品、玻璃窑炉专用耐火材料，石墨及炭素制品、石墨热交换器、石棉制品、卫生搪瓷制品等建筑材料的批发商业
C	1	12		H625	矿产品批发业	包括经营黑色金属、有色金属矿等的原矿石及其矿产品以及土砂石矿产品的批发商业
C	1	13		H626	金属材料批发业	包括经营钢材及其他黑色金属压延产品、有色金属及有色金属压延加工产品等金属材料批发商业
C	1	14		H627	机械、电子设备批发业	包括经营锅炉及原动机、金属加工机械、通用设备、铸锻件及通用零部件，工业专用设备、建筑工程机械和钻探机械等机械设备；交通运输设备，电器机械及器材、电子产品及通信设备，仪器仪表、计量标准器具等产品的批发业
C	1	15		H628	汽车、摩托及零配件批发业	包括经营汽车、摩托车及零配件的批发商业；
C	1	16		H629	再生物资回收批发业	包括经营再生物资回收的批发商业
C	1	17		H631	工艺美术品批发业	包括经营工艺美术品的批发商业
C	1	18		H632	图书报刊批发业	包括经营图书报刊的批发商业

续表 A1

分类号			垃圾源分类	国民经济行业分类与代码		产生源说明
门类	大类	中类		代码	行业	
C	1	19		H633	农业生产资料批发业	包括经营农、林、牧、渔业机械、农药机械、中小农具，化学肥料、化学农药、种子及饲料等农业生产资料的批发业
C	1	20		H639	其他类未包括的批发业	以上各类未包括的批发业
C	2			H64	零售业	包括非商业性的网点
C	2	1		H641	食品、饮料和烟草零售业	包括经营粮食、食油、猪、牛、羊、家禽、蛋、水产品、蔬菜、盐、调味品、糕点、糖、糖果、罐头、干、鲜果品、烟、酒、茶叶等的零售商业，也包括以经营各种食品、饮料、烟草为主又兼营其他商品的零售商业
C	2	3		H643	纺织品、服装和鞋帽零售业	包括经营棉布、化纤布、丝、绸、呢绒等纺织品混纺织品、针织品，服装和鞋帽的零售商业
C	2	4		H644	日用杂品零售业	包括经营日用陶瓷器皿，炊事用具，取暖用具、竹、藤、棕、荨、荆编制品和其他生活用品的零售商业
C	2	5		H645	五金、交电、化工零售业	包括主要经营五金工具，五金杂品，室内装饰材料，自行车及零件，民用电工，电讯器材，家用电器，化工原料，油漆颜料，染料等的零售商业
C	2	6		H647	药品及医疗器械零售业	包括经营各种西药、中药材、中成药、医疗器材等零售商业
C	2	7		H648	图书报刊零售	包括经营中文、外文图书杂志及报刊的零售商业
C	2	8		H649	其他零售业	包括经营各种家具，经营煤块，粉煤，煤球，蜂窝煤木炭，薪柴，经营汽油，煤油，柴油，润滑油脂等的零售商业（单独从事罐装液化石油气供应的煤气站也包括在内），也包括经营汽车，摩托车及汽车，摩托车的零配件，经营电子计算机及软件，打字机，复印机，文字处理机等办公设备，经营代购，代销，代运商品业务的信托活动，以及各种首饰店，珠宝店，花店，集邮商店等零售商业
C	2	9		G601	邮政业	此处仅包括经营各种信函，包裹，汇兑，邮票发行的营业所，不包括邮件运输业部门
C	2	10		G602	电信业	此处仅包括经营电话，电报，移动通信，无线寻呼，数据传输，图文传真，卫星通信等电讯业务的营业所，不包括电信传输活动（如线务，微波）总站单位
C	2	11		G603	邮电业	此处仅包括邮政与电信合营的营业所
C	3			H67	餐饮业	包括专门从事饭馆，菜馆，饭铺，冷饮馆，酒馆，茶馆等的行业，也包括其他部门所属的对外营业的食堂

续表 A1

分类号			垃圾源分类	国民经济行业分类与代码		产生源说明
门类	大类	中类		代码	行业	
C	3	1		H671	正餐	包括中式和西式正餐
C	3	2		H672	快餐	包括各式快餐
C	3	3		H679	其他餐饮业	包括小吃、冷饮、茶馆、早点、包子等各式店（铺），各种商店附设的冷饮柜随其商店的性质划分
C	4			K76-K81	社会服务行业	
C	4	1		K761	理发及美容化妆业	包括理发、美容、化妆活动
C	4	2		K762	沐浴业	包括浴池、沐浴室、桑那浴等的活动
C	4	3		K763	洗染业	包括洗染店（部）、干洗店、洗衣房等的活动
C	4	4		K764	摄影及扩印业	包括从事摄影和彩色扩印活动
C	4	5		K765	托儿所	
C	4	6		K766	日用品修理业	包括修理工厂以外的各类修理店（铺）进行的日用品修理活动，如照相机，钟表，自行车，缝纫机，收音电视机，黑白铁及其他杂品修理等
C	4	7		K767	家务服务业	包括各种直接受家庭雇佣人员进行的活动，如：保姆，厨师，洗衣工，园丁，门卫，司机，看护，教师，私人秘书等活动，也包括各种物业公司（队）
C	4	8		H768	殡葬业	包括埋葬火化及与此有关的葬礼服务，墓地出租或陵地保护和维护，烈士陵园的管理等活动
C	4	9		K769	其他居民服务业	包括刻字，印名片，收费停（存）车场，机械描图，晒图，复印，誊印，劳务介绍所，婚姻介绍所等的活动
C	4	10		K780	旅馆业	包括宾馆、旅馆及招待所、大车店等
C	4	11		K790	租赁服务业	包括提供机械电子设备，交通工具，办公用品，家庭生活用品、文化体育用品等租赁活动
C	4	12		K800	旅游业	包括经营旅游业务的各类旅行社和旅游公司等的活动，不包括接待旅游活动的饭店，公园等的活动
C	4	13		K810	娱乐服务业	包括卡拉 OK 歌舞厅、电子游戏厅（室）、游乐园（场）夜总会等活动
C	4	14		K840	其他社会服务	包括市场管理服务活动，保安活动等
C	5			K82-K83	信息咨询服务	
C	5	1		K821	广告业	指专门为客户的商品，业务和其他委托的事项进行文字，图案，模型，影片等的设计，绘制，装置等宣传广告活动，广告代理活动也包括在内

续表 A1

分类号			垃圾源分类	国民经济行业分类与代码		产生源说明
门类	大类	中类		代码	行业	
C	5	2		K822	咨询服务业	包括各种咨询服务活动，如公证，法律、会计、审计统计咨询和社会调查咨询活动及以上未包括的信息咨询服务活动
C	5	3		K830	计算机应用服务业	包括各种计算机软件的开发及其咨询活动，各种数据的处理及制表活动，数据库开发，数据存储，数据库维护，网络服务；计算机主设备，外围设备的维护，简单修理以及对硬件的类型与配置和与之有关的软件提供咨询等活动
C	6			M90-M91	文化、艺术、体育场馆服务	
C	6	1		M901	艺术	包括剧场、音乐厅、美术馆等演出、展出活动
C	6	2		M906	群众文化	包括群众艺术馆，文化馆（站），文化宫，少年宫等
C	6	3		M912	电影	包括电影院以放映影片为主的俱乐部、礼堂等
C	6	4		L860	体育	包括组织和举办的各种室内、外体育活动以及对进行这些活动的场所和设施
D			行业事业单位垃圾			
D	1			094-099	党政机关	
D	1	1		0940	国家机关	包括各级国家权力机关和各级行政机关，即各级人大常委会及其所属办事机构，各级人民政府及其所属各工作部门，各级法院和检察院，以及区、乡、镇、街道人民政府的权力机构和行政办事机构，人民解放军，武警部队也包括在此类
D	1	2		0950	政党机关	包括中国共产党各级机关和所属办事机构，各民主党派各级机关办事机构和各级政治协商会议
D	1	3		0960	社会团体	包括各级工会，共青团，妇联，文联，残联，工商联及各类协会，中国红十字会，中国福利会，中国保护儿童委员会，各类学术团体和宗教团体等
D	1	4		0971	居民委员会	包括各类居民委员会
D	1	5		P991	企业管理机构	包括主要行使行政管理职能，执行行政事业单位会计制度的行政性公司（单位）
D	2			M89	教育	
D	2	1		M891	高等教育	包括各类高等教育院校和成人高等教育院校（单位）
D	2	2		M892	中等教育	包括各类中等专业学校，普通初、高中学，职业学校技工学校，成人中等学校和工读学校
D	2	3		M893	初等教育	包括各种小学校和业余初等学校
D	2	4		M894	学前教育	包括幼儿园

续表 A1

分类号			垃圾源分类	国民经济行业分类与代码		产生源说明
门类	大类	中类		代码	行业	
D	2	5		M895	特殊教育	包括各种为残疾儿童提供的教育，如盲人学校，聋学校等
D	2	6		M899	其他教育	包括少年体校，团体、党校及各种培训活动场所
D	3			M90	文化艺术业	
D	3	1		M901	艺术	包括戏剧，舞蹈，音乐，美术等各种艺术团体及艺术家活动场所
D	3	2		M902	出版	包括书，报，杂志，音像制品的出版活动，如报社，杂志社，音像出版社，图书出版社，对外翻译出版公司的版本图书馆（库）等
D	3	3		M903	文物保护	包括各类博物馆，文物单位及烈士纪念馆，堂，祠，碑等的管理
D	3	4		M904	图书馆	包括由图书馆进行的各种资料管理活动
D	3	5		M905	档案馆	包括由档案馆进行的各种档案文件的管理活动
D	3	6		M907	新闻	包括通讯社的活动
D	3	7		M908	文化艺术经纪与代理	
D	3	8		M909	其他文化艺术	包括史料征集活动，各类展览馆及宗教寺院活动等
D	4			M91	广播电影电视	
D	4	1		M911	广播	包括各类广播电台（站）的活动
D	4	2		M912	电影	包括各种影片的制作，发行和放映活动，既包括电影制版厂，影片发行公司，电影放映队
D	4	3		M913	电视	包括电视台（站）及转播台（站）的活动
D	5			N92	科学研究	
D	5	1		N921	自然科学研究	包括数学，物理，化学，生物学，农学，医学，地学，天文学等自然科学的研究活动
D	5	2		N922	社会科学研究	包括人口，政治，经济，哲学，法学，历史，美学，文化艺术，语言，民族，文化，考古等社会科学研究活动
D	5	3		N923	其他科学研究	包括管理科学，技术经济学，未来学，科学技术史，情报科学，图书馆学，档案学，环境科学等边缘学科的研究活动
D	6			N93	综合技术服务	
D	6	1		N931	气象	包括气象观测，预报和服务活动，如气象台，站，天气雷达站，大气化学观测站，人工影响天气机场
D	6	2		N932	地震	包括地震观测预报活动
D	6	3		N933	测绘	包括从事各类测绘业务活动（如大地测量，地形测量，海洋测量，地籍测绘，地图制图与印刷等）

续表 A1

分类号			垃圾源分类	国民经济行业分类与代码		产生源说明
门类	大类	中类		代码	行业	
D	6	4		N934	技术监督	包括技术监测，检定，质量监督，标准制定以及计量活动等
D	6	5		N935	海洋环境	包括海洋调查、监测等活动
D	6	6		N936	环境保护	包括环境保护、监测等活动
D	6	7		N937	技术推广和科技交流服务业	
D	6	8		N938	工程设计业	包括各行业的工程设计活动
D	6	9		N939	其他综合技术服务业	包括专利审批活动，产品设计等活动
D	7			I68-I70	金融，保险	
D	7	1		I681	中央银行	包括中国人民银行总行和各级分，支行等
D	7	2		I682	商业银行	包括各种商业银行
D	7	3		I683	其他银行	包括政策性银行等
D	7	4		I684	信用合作社	包括城市和农村信用社
D	7	5		I685	信托投资业	包括国际国内信托投资活动
D	7	6		I686	证券经纪与交易业	包括证券经纪和交易活动，如证券公司等
D	7	7		I687	其他非银行金融业	包括财务公司，融资租赁公司、贷款典当活动证券交易所、期货交易市场等
D	7	8		I700	保险业	包括各类保险公司及保险活动场所
D	8			J72-J74 H65	房地产	
D	8	1		J720	房地产开发与经营业	包括各类房地产经营、房地产交易、房地产租赁等活动
D	8	2		J730	房地产管理业	包括对住宅发展管理，土地批租经营管理和其他房屋的管理活动等，也包括兼营房屋零星维修的各类房管所（站），物业管理单位的活动，不包括房管部门所属独立核算的维修公司（队）的活动，独立的房屋维修公司（队）的活动列入土木工程建筑业中
D	8	3		J740	房地产经纪与代理业	包括房地产经纪与代理中介活动，如房地产交易所，房地产估价所等
D	9			H650	商业经纪与代理业	包括代办商，商品经纪商，拍卖商以及所有为别人服务的批发商，他们的业务通常是使买卖双方见面或代表委托人进行商品交易活动
E			医疗卫生垃圾			
E	1			L85A05	卫生	
E	1	1		L851	医院	包括综合医院，专科医院，中医医院，门诊部（所），按摩和针灸门诊、精神病院及农村、街道卫生院（站）
E	1	2		L852	疗养院	包括各类疗养院

续表 A1

分类号			垃圾源分类	国民经济行业分类与代码		产生源说明
门类	大类	中类		代码	行业	
E	1	3		L853	专科防治所	包括肺结核，血吸虫以及各种地方病的防治所等
E	1	4		L854	卫生防疫站	包括各类卫生防疫活动
E	1	5		L855	妇幼保健所	包括各种妇幼保健活动
E	1	6		L856	药品检验所	包括从事各种医用药品的检验活动，也包括从事兽用药品检验活动
E	1	9		L859	其他卫生	上述未包括的卫生活动
E	1	10		A053	畜牧兽医服务	包括各种畜牧兽医活动
F			交通运输垃圾			
F	1			G52-G56	运输业	
F	1	1		G520	铁路运输业	包括铁路货运、客运活动
F	1	2		G530	公路运输业	包括通过汽车、兽力车、人力车等运输工具进行的公路客货运输活动
F	1	3		G540	管道运输业	包括通过管道进行的气体、液体、浆体等运输活动也包括泵站的运行和管道的维护
F	1	4		G550	水上运输业	包括远洋、沿海、内河、内湖及其他水上运输
F	1	5		G560	航空运输业	包括航空客运和货运活动以及通用航空业务活动
F	2			G57-G59	交通运输辅助	
F	2	1		G571	公路管理及养护业	包括公路管理及养护活动，如养路段、工区
F	2	2		G572	港口业	包括从事港口装卸，货物贮存，港口管理和船舶所需物资供应等活动
F	2	3		G573	水运辅助业	包括从事航道疏浚，救助打捞，灯塔，航标设置与管理，客、货运代理，理货等活动，也包括内河，湖航道养护
F	2	4		G574	机场及航空运输辅助业	包括航空机场，空中交通管制，通信导航及航空客货运输代理，航油供应，售票及旅客服务等活动
F	2	5		G575	装卸搬运业	包括运输货物的装卸搬运活动，不包括港口装卸活动
F	2	6		G579	其他类未包括交通运输辅助	上述交通运输辅助活动以外的交通运输辅助活动
F	2	7		G580	其他交通运输	包括索道等运输活动
F	2	8		G590	仓储业	包括专门从事为货物储存和中转运输业务等提供服务的活动
F	3			G60	邮电通信业	
F	3	1		G601	邮政业	包括邮件运输等邮政业务活动
F	3	2		G602	电信业	包括经营电话，电报，移动通信，无线电寻呼，数据传输，图文传真，卫星通信等电讯业务和电信传输活动（如线务，微波总站系统单位等）

续表 A1

分类号			垃圾源分类	国民经济行业分类与代码		产 生 源 说 明
门类	大类	中类		代码	行 业	
F	3	3		G603	邮电业	包括邮政与电信合营的邮电单位及省（区，市）邮电管理局的活动，不包括邮电部门所属的工业，建筑业等活动，这些活动应分别属于工业，建筑业等有关行业
F	4			K75	城市公共交通设施	
F	4	1		K751	市内公共交通业	包括市内公共汽车，电车，出租汽车，地铁，索道，轨道，缆车，轮渡等的经营管理活动和其他运输工具如摩托车，三轮车等从事城市客运经营管理活动
G			建筑装修垃圾			
G	1			E47	工程建筑业	
G	1	1		E470	土木工程建筑业	包括从事矿山，铁路，公路，隧道，桥梁，堤坝，电站，码头，飞机场，运动场，房屋（如厂房，剧院，旅馆，商店，学校和住宅）等建筑活动，也包括专门从事土木建筑物的修缮和爆破等活动
G	2			E48	安装工程业	
G	2	1		E480	线路，管道和设备安装业	包括专门从事电力，通信线路，石油，燃气，给水，排水，供热等管道系统和各类机械设备，装置的安装活动
G	3			E49	装饰工程业	
G	3	1		E490	装修装饰业	包括从事对建筑物的内，外装修和装饰的施工和安装活动，车，船，飞机等的装饰和装潢活动包括在内
G	4			J73	房地产维修业	
G	4	1		J730	房地产维修管理业	包括房屋零星维修的各类房管所（站）和各种物业的维修队
G	5			K75	市政工程业	
G	5	1		K755	市政工程管理业	包括对城市道路，桥涵，隧道，广场，排水及污水处理设施，路灯等的养护和管理活动
H			工业企业垃圾			
H	1			C13-C30	制造业	
H	1	1		C130	食品加工业	包括粮食及饲料加工业，植物油加工业，制糖业，屠宰及肉类，蛋类加工业，水产品加工业，盐加工业及其他食品加工业
H	2	1		C140	食品制造业	包括糕点糖果制造业，乳制品制造业，罐头食品制造业，发酵制品制造业，调味品制造业及其他食品制造业
H	3	1		C150	饮料制造业	包括酒精及饮料制造业，软饮料制造业，制茶业及其他饮料制造业

续表 A1

分类号			垃圾源分类	国民经济行业分类与代码		产生源说明
门类	大类	中类		代码	行业	
H	4	1		C160	烟草加工业	包括烟草复烤，各种卷烟，雪茄烟的生产，烟用滤嘴棒生产以及斗烟，鼻烟，烟丝等烟草制品的生产
H	5	1		C170	纺织业	包括纤维原料加工业，棉纺织业，毛纺织业，麻纺织业，丝绢纺织业，针织品业和其他纺织业
H	6	1		C180	服装及其他纤维制品制造业	包括服装制造业，制帽业，制鞋业及其他纤维品制造业
H	7	1		C190	皮革，毛皮，羽绒及其制品业	包括制革业，皮革制品制造业，毛皮鞣制及制品业，羽毛（绒）加工及制品业
H	8	1		C200	木材加工及竹藤棕草制品业	包括锯材，木片加工业，人造板制造业，木制品业和竹、藤、棕、草制品业
H	9	1		C210	家具制造业	包括木制家俱制造业，竹藤家具制造业，金属家具制造业，塑料家具制造业和其他家具制造业
H	10	1		C220	造纸及纸制品	包括纸浆制造业，造纸业和纸制品业
H	11	1		C230	印刷业和记录媒介的复制	包括印刷业和记录媒介的复制，如声像带，胶片等
H	12	1		C240	文教体育用品制造业	包括文化用品制造业，体育用品制造业，乐器及其他文娱用品制造业，玩具制造业，游艺器材制造业等
H	13	1		C250	石油加工业及炼焦业	包括人造原油生产业，原油加工业和石油制品业
H	14	1		C260	化学原料及化学制品制造业	包括基本化学原料制造业，化学肥料制造业，化学农药制造业，有机化学产品制造业，合成材料制造业，专用化学品制造业和日用化工产品制造业
H	15	1		C270	医药制造业	包括化学药品原料制造业，化学药品制剂制造业，中药材及中成药加工业，动物药品制造业，生物制品业
H	16	1		C280	化学纤维制造	包括纤维素纤维制造业，合成纤维制造业，渔具材料制造业
H	17	1		C290	橡胶制品业	包括轮胎制造业，橡胶板，管，带制造业，橡胶零件制品业，再生橡胶制造业，橡胶靴鞋制造业，日用橡胶制品业，橡胶制品翻修业和其他橡胶制品业
H	18	1		C300	塑料制品业	包括塑料薄膜制造业，塑料板，管，棒材制造业，塑料丝、绳及编织品制造业，泡沫塑料及人造革，合成革制造业，塑料包装箱及容器制造业，塑料鞋制造业日用塑料杂品制造业，塑料零件制造业及其他塑料制品业

续表 A1

分类号			垃圾源分类	国民经济行业分类与代码		产生源说明
门类	大类	中类		代码	行业	
H	19	1		C310	非金属矿物制品业	包括水泥制品业，砖瓦，石灰和轻质建筑材料制造业，玻璃及玻璃制品业，陶瓷制品业，耐火材料制品业，石墨及碳素制品业，矿物纤维及其制品业及其他未包括的非金属矿物制工业
H	20	1		C320	黑色金属冶炼及压延加工业	包括炼铁业，炼钢业，钢压延加工业，铁合金冶炼业
H	21	1		C330	有色金属冶炼及压延加工业	包括重有色金属冶炼业，轻有色金属冶炼业，贵金属冶炼业，稀有稀土金属冶炼业，有色金属合金业及有色金属压延加工业
H	22	1		C340	金属制品业	包括金属结构制造业，铸铁管制造业，工具制造业，集装箱和金属包装物品制造业，金属丝绳及其制品业，建筑用金属制品业，金属表面处理及热处理业，日用金属制品业及其他金属制品业
H	23	1		C350	普通机械制造业	包括锅炉及原动机制造业，金属加工机械制造业，通用设备制造业，轴承，阀门制造业，其他通用零部件制造业，铸锻件制造业，普通机械修理业及其他普通机械制造业
H	24	1		C360	专用设备制造	包括冶金，矿山，机电工业专用设备制造业，石化及其工业专用设备制造业，轻纺工业专用设备制造业农，林，牧，渔，水利业机械制造业，医疗器械制造业及其他专用设备制造业和专用机械设备修理业
H	25	1		C370	交通运输设备制造业	包括铁路运输设备制造业，汽车制造业，摩托车制造业，自行车制造业，电车制造业，船舶制造业，航空航天器制造业，交通运输设备修理业和其他交通运输设备制造业
H	26	1		C390	武器弹药制造	
H	27	1		C400	电气机械及器材制造业	包括电机制造业，输配电及控制设备制造业，电工器材制造业，日用电器制造业，照明器具制造业，电气机械修理及其他电气机械制造业
H	28	1		C410	电子及通信设备制造业	包括通信设备制造业，雷达制造业，广播电视设备制造业，电子计算机制造业，电子器件制造业，电子元件制造业，日用电子器具制造业，电子设备及通信设备修理业及其他电子设备制造业
H	29	1		C420	仪器仪表及文化办公用机械制造业	包括通用仪器仪表制造业，专用仪器仪表制造业，电子测量仪器制造业，计量器具制造业，文化办公用机械制造业，钟表制造业，仪器仪表及文化办公用机械修理业及其他仪器仪表制造业
H	30	1		C430	其他制造业	包括工艺美术品制造业，日用杂品制造业及其他生产，生活用品制造业

续表 A1

分类号			垃圾源分类	国民经济行业分类与代码		产生源说明
门类	大类	中类		代码	行业	
H	31			D44-D46	电力，煤气及水的生产和供应业	
H	31	1		D440	电力，蒸汽，热水的生产和供应业	包括电力生产业，电力供应业，蒸汽、热水生产和供应业
H	31	2		D450	煤气生产和供应业	包括煤气的生产，不包括天然气的开采，包括煤气，液化石油气的储存，输配，销售，维修和管理，不包括专门从事罐装煤气零售业务的煤气站，它们归入石油制品零售业（C28）
H	31	3		D460	自来水的生产和供应业	包括自来水生产和自来水供应业
I			其他垃圾			包括以上 8 类所列以外的其他产生源

注：表中国民经济行业分类与代码引自 GB/T 4754 标准，代码中从左到右排列第一位的英文字母为国民经济行业分类中的门类号；第二、三位数字为大类号；第四位数字为中类号；小类号及文字未引入。

附录 B
有害废物的定义与鉴别
（参考件）

在固体废物中，凡对人体健康或者环境造成危害的就称为有害固体废物，为了便于管理，一般是按其是否有急性毒性、腐蚀性、反应性、放射性和浸出毒性来进行判定，凡具有其中一种或者一种以上特性者即可判为有害固体废物，我们国家对有害特性的定义如下：

B1 急性毒性：能引起小鼠（大鼠）在 48h 死亡半数以上者，并参照制定有害物质卫生标准的实验方法，进行半数致死剂量（LD50）试验，评定毒性大小。

B2 易燃性：着火点低于 60℃，经磨擦或吸湿和自发的变化具有着火倾向，着火时燃烧剧烈而持续，以致在管理期间会引起危险。

B3 腐蚀性：含水废物，或不含水但加入定量水后的浸出液的 pH<2，或 pH>12.5 的废弃物；或最低度为 55℃，对钢制品的腐蚀浓度大于 0.64cm/a 的废弃物。

B4 反应性：当具有以下特性之一者：

a. 不稳定性，在无爆震时就很容易发生剧烈变化；

b. 和水剧烈反应；

c. 能和水形成爆炸性混合物；

d. 和水混合产生毒性气体、蒸汽或烟雾；

e. 在有引发源或加热时能爆震或爆炸；

f. 在常温、常压下易发生爆炸或爆炸反应；

g. 根据有关法规所定义的爆炸品。

B5 放射性：含有天然放射性元素的废物，比放射性大于 1×10^{-7} 居里/公斤者；含有人工放射性元素的废物，比放射性（居里/公斤）大于露天水源限制浓度的 100 倍（半衰期≤60d）或 10 倍（半衰期≥60d）者。

B6 浸出毒性：取 100g（干基）试样，置于带盖广品聚乙烯瓶中，加蒸馏水或去离子水 1L（先用 NaOH 或 HCl 调 pH 到 5.8～6.3），将瓶子垂直固定在振荡器上，调节振荡器频率为 100±10 次/min，振幅 40mm，在室温下振荡 8h，通过 0.45UM 滤膜过滤，滤液按分析工作要求进行保护，贮存备用。

当浸出液中有一种或者一种以上的有害成分的浓度超过下表所列的鉴别标准者。

表 B1 有色金属工业固体废物浸出毒性鉴别标准

序号	项目	浸出液的最高容许浓度，mg/L
1	汞及其无机化合物	0.05（按 Hg 计）
2	镉及其化合物	0.3（按 Cd 计）
3	砷及其无机化合物	1.5（按 As 计）
4	六价铬化合物	1.5（按 Cr^{+6} 计）
5	铅及其无机化合物	3.0（按 Pb 计）
6	铜及其化合物	50（按 Cu 计）
7	锌及其化合物	50（按 Zn 计）
8	镍及其化合物	25（按 Ni 计）
9	铍及其化合物	—0.1（按 Be 计）
10	氟化物	50（按 F 计）

注：1）我国目前尚没有统一的有害废物鉴别标准，只是在《有色金属固体废物污染控制标准》中对浸出毒性等作出了初步的规定。

2）本参考件引自《工业固体废物有害特性监测分析方法（试行）》。

附录C
本标准用词说明
（参考件）

C1 为便于在执行标准条文时区别对待，对于要求严格不同的用词说明如下：

C1.1 表示很严格，非这样作不可的用词：

正面词采用“必须”

反面词采用“严禁”.

C1.2 表示严格，在正常情况下均应这样做的用词：

正面词采用“应”

反面词采用“不应”或“不得”

C1.3 表示允许稍有选择，在条件许可时首先应这样做的用词：

正面词采用“宜”或“可”

反面词采用“不宜”

C2 条文中指明必须按其他有关标准执行的写法为“应按……执行”或“应符合……的要求或规定”。

附加说明：

本标准由建设部标准定额研究所提出。

本标准由建设部城镇环境卫生技术标准归口单位上海市环境卫生管理局归口。

本标准由武汉市环境卫生科学研究所负责起草。

本标准主要起草人冯其林、陈朱蕾、何增惠、舒强。

本标准委托武汉市环境卫生研究所负责解释。

中华人民共和国城镇建设行业标准

城市生活垃圾采样和物理分析方法

Sampling and physical analysis methods
for municipal domestic refuse

CJ/T 3039—95

1 主题内容与适用范围

本标准规定了城市生活垃圾样品的采集、制备和物理成分、物理性质的分析方法。

本标准适用于城市生活垃圾的常规调查。

未设镇建制的城市型工矿居民区，可以参照本方法执行。

2 引用标准

GB 213 煤的发热量测定方法

3 垃圾样品的采集

3.1 采样点的选择

3.1.1 环境调查

对垃圾产地的自然环境和社会环境进行调查建档。

3.1.2 采样点选择的原则是：该点垃圾具有代表性和稳定性。

3.1.3 根据市区人口、主要功能区类和调查目的，按表1和表2确定点位及点数。

表1

序号	1			2		3			4			5		6
区别	居民区			事业区		商业区			清扫区			特殊区		混和区
类别	燃煤	半燃煤	无燃煤	办公	文教	商店（场）饭店	娱乐场所	交通站（场）	街道	园林	广场	医院	使、领馆	垃圾堆放处理场

表2

市区人口，万人	50以下	50～100	100～200	200以上
最少采样点数，个	8	16	20	30

3.2 采样频率和时间

3.2.1 采样频率宜每月2次，在因环境而引起垃圾变化的时期，可调整部分月份的采样频率或增加采样频率。

3.2.2 采样间隔时间应大于10d。

3.2.3 采样应在无大风、雨、雪的条件下进行。

3.2.4 在同一市区每次各点的采样宜尽可能同时进行。

3.3 采样方法

3.3.1 设备和工具

采样车　　1T双排座货车

密闭容器

磅　秤

工　具　　锹、耙、锯、锤子、剪刀等

3.3.2 各类垃圾收集点的采样应在收集点收运垃圾前进行。

a. 在大于$3m^3$的设施（箱、坑）中采用立体对角线布点法（见图1）在等距点（不少于3个）采等量垃圾，共100至200kg。

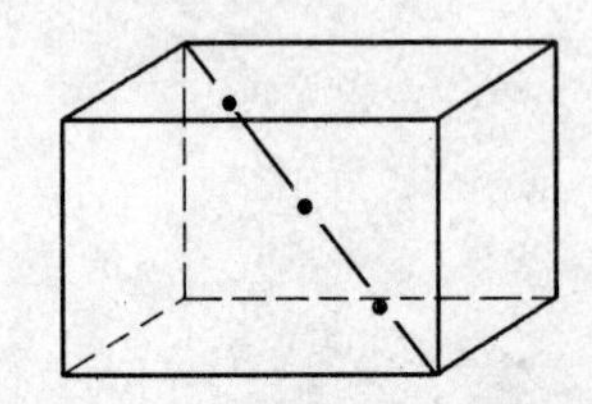

图1 立体对角线布点采样法

b. 在小于$3m^3$的设施（箱、桶）中，每个设施采20kg以上，最少采5个，共100至200kg。

3.3.3 混和垃圾点的采样

应采集当日收运到堆放处理场的垃圾车中的垃圾，在间隔的每辆车内或在其卸下的垃圾堆中采用立体对角线法在3个等距点采等量垃圾共20kg以上；最少采5车，总共100至200kg。

3.3.4 采样的全过程要有详实记录。

3.4 样品制备

测定垃圾容重后将大块垃圾破碎至粒径小于50mm的小块，摊铺在水泥地面充分混和搅拌，再用四分法（见图2）缩分2（或3）次至25～50kg样品，置于密闭容器运到分析场地。确实难全部破碎的可预先剔除，在其余部分破碎缩分后，按缩分比例，将剔除垃圾部分破碎加入样品中。

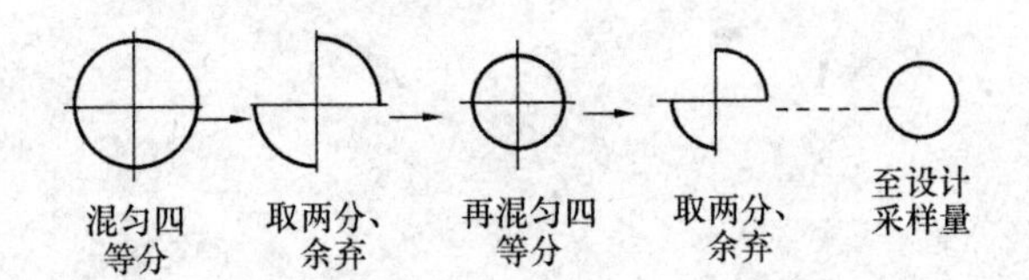

图2 四分法缩分

3.5 样品保存

采样后应立即分析，否则必须将样品摊铺在室内避风阴凉干净的铺有防渗塑胶布的水泥地面，厚度不超过50mm，并防止样品损失和其他物质的混入，保存期不超过24h。

4 垃圾物理成分和物理性质的分析

4.1 垃圾容重的测定（在采样现场进行）

4.1.1 设备

磅秤

标准容器　有效高度100cm，容积100L的硬质塑料圆桶。

4.1.2　步骤

a. 将 3.3 中 100 至 200kg 样品重复 2 至 4 次放满标准容器，稍加振动但不得压实。

b. 分别称量各次样品重量。

4.1.3　结果的表示

按式（1）计算容重：

$$d = \frac{1000}{m} \sum_{j=1}^{m} \frac{M_j}{V} \tag{1}$$

式中：d——容重，kg/m^3；

m——重复测定次数；

j——重复测定序次；

M_j——每次样品重量，kg；

V——样品体积，L。

结果以 4 位有效数字表示。

4.2　垃圾物理成分的分析

4.2.1　设备

分选筛　孔径为 10mm 的网目

磅秤

台秤

4.2.2　步骤

a. 称量样品总重。

b. 按表 3 粗分检按 3.4 条的 25 至 50kg 样品中各成分。

表 3

类别	有机物		无机物		可回收物						其他	混和
	动物	植物	灰土	砖瓦、陶瓷	纸类	塑料、橡胶	纺织物	玻璃	金属	木竹		

c. 将粗分检后剩余的样品充分过筛，筛上物细分检各成分，筛下物按其主要成分分类，确实分类困难的为混和类。

d. 分别称量各成分重量。

4.2.3　结果的表示

按式（2）、（3）计算各成分含量：

$$c_{i(湿)} = \frac{M_i}{M} \times 100 \tag{2}$$

$$c_{i(干)} = c_{i(湿)} \times \frac{100 - c_{i水}}{100 - c_{水}} \tag{3}$$

式中：$c_{i(湿)}$——湿基某成分含量，%；

M_i——某成分重量，kg；

M——样品总重量，kg；

$c_{i(干)}$——干基某成分含量，%；

$c_{i水}$——某成分含水率，%；

$c_{水}$——样品含水率，%。

结果以 4 位有效数字表示。

4.3　垃圾含水率的测定

4.3.1　设备

电热鼓风恒温干燥箱

天平　　感量为 0.1g

干燥器　　干燥剂为变色硅胶

4.3.2　步骤

a. 将 4.2.2.d 各成分样品破碎至粒径小于 15mm 的细块，分别充分混和搅拌，用四分法缩分三次。确实难全部破碎的可预先剔除，在其余部分破碎缩分后，按缩分比例，将剔除成分部分破碎加入样品中。

b. 分别称取 4.2.2.d 中各成分的十分之一的重量，分成重复 2～3 次测定的试样。

c. 将试样置于干燥的搪瓷盘内，放于干燥箱，在 105±5℃的条件下烘 4～8h，取出放到干燥器中冷却 0.5h 后称重。

d. 重复烘 1～2h，冷却 0.5h 后再称重，直至恒重，使两次称量之差不超过试样量的千分之四。

4.3.3　结果的表示

按式（4）、（5）计算含水率：

$$c_{i水} = \frac{1}{m} \sum_{j=1}^{m} \frac{M_{j湿} - M_{j干}}{M_{j湿}} \times 100 \tag{4}$$

$$c_{水} = \sum_{i=1}^{m} c_{i水} \times \frac{C_{i(湿)}}{100} \tag{5}$$

式中：$c_{i水}$——某成分含水率，%；

$c_{水}$——样品含水率，%；

$M_{j湿}$——每次某成分湿重，g；

$M_{j干}$——每次某成分干重，g；

n——各成分数；

i——各成分序数。

结果以 4 位有效数字表示。

4.4　垃圾可燃物的测定

4.4.1　设备

马福炉

小型万能粉碎机

标准筛　　有孔径为 0.5mm 的网目

天平　　感量为 0.0001g

干燥器　　干燥剂为变色硅胶

坩埚及坩埚钳

耐热石棉板

4.4.2　步骤

a. 将 4.3.2.b 中各成分的十分之一重量的干样集中充分混和搅拌，用四分法缩分 5 次。

b. 将缩分后的样品粉碎至粒径小于 0.5mm 的微粒，再次在 105±5℃的条件下烘干至恒重。

c. 每次称取试样 5±0.1g（称准至 0.0002g），共 2～3 个重复试样分别摊平于预先烘干至恒重的坩埚中。

d. 将坩埚放入马福炉中，在 30min 内将炉温缓慢升到 500℃，保持 30min；再将炉温升到 815±10℃，在此温度下灼烧 1h。

e. 停止灼烧后，将坩埚取出放在石棉板上，盖上盖，在空气中冷却5min，然后将坩埚放入干燥器，冷却至室温即可称重。

f. 重复灼烧20min，冷却至室温后称至恒重。

4.4.3 结果的表示

a. 按式（6）、（7）计算可燃物及灰分含量：

$$c_{灰(干)} = \frac{1}{m}\sum_{j=1}^{m}\frac{M_{j灰}}{M_j} \times 100 \quad (6)$$

$$c_{可燃(干)} = 100 - c_{灰(干)} \quad (7)$$

式中：$c_{灰(干)}$——干基灰分含量，%；

$c_{可燃(干)}$——干基可燃物含量，%；

$M_{j灰}$——每次灰分重量，g；

M_j——每次试样重量，g。

结果以四位有效数字表示。

b. 按式（8）、（9）换算三成分（可燃、灰、水）含量：

$$c_{可燃} = c_{可燃(干)} \times \frac{100 - c_{水}}{100} \quad (8)$$

$$c_{灰} = 100 - c_{可燃} - c_{水} \quad (9)$$

式中：$c_{可燃}$——三成分法的可燃物含量，%；

$c_{灰}$——三成分法的灰分含量，%。

结果以4位有效数字表示。

4.5 垃圾发热量的测定

4.5.1 仪器

氧弹式热量计

天平　　　　感量为0.0001g

4.5.2 试样的制备

根据情况选择下面一种方法。

a. 各成分样：将第4.3.2条a中缩分三次后的一半各成分样品烘干，（另一半做含水率和可燃物的测定）用四分法缩分2至5次后分别粉碎至粒径小于0.5mm的微粒，并在105±5℃的条件下烘干至恒重。

b. 混和样：取4.4.2.b烘干试样约10g。

4.5.3 试样的保存

试样应尽快测定，否则必须放在干燥器里的试样瓶中保存；试样保存期为3个月。保存期内试样如吸水，则要再次在105±5℃的条件下烘干至恒重，才能测定。

4.5.4 步骤

按照GB 213和热量计有关的规程操作，各成分样分别测或只测混和样品；每个样重复测定2～3次取平均值。

4.5.5 结果的表示

a. 将各成分样的测定值按式（10）计算出（混和）样品发热量：

$$Q_{高(干)} = \sum_{i=1}^{n}\left[Q_{i高(干)} \times \frac{c_{i(干)}}{100}\right] \quad (10)$$

式中：$Q_{高(干)}$——样品干基高位发热量，kJ/kg；

$Q_{i高(干)}$——某成分干基高位发热量，kJ/kg。

b. 氧弹热量计直接测定并经式（10）计算出的发热量可近似作为干基高位发热量并按式（11）、（12）换算成湿基低位发热量：

$$Q_{高(湿)} = Q_{高(干)} \times \frac{100 - c_{水}}{100} \quad (11)$$

$$Q_{低(湿)} = Q_{高(湿)} - 24.4\left[c_{水} + 9H_{(干)} \times \frac{100 - c_{水}}{100}\right] \quad (12)$$

式中：$Q_{高(湿)}$——湿基高位发热量，kJ/kg；

$Q_{低(湿)}$——湿基低位发热量，kJ/kg；

24.4——水的汽化热常数，kJ/kg；

$H_{(干)}$——干基氢元素含量，%。

结果以5位有效数字表示。

注：在无法测定氢含量时，可查附录A表A1由各成分氢含量计算出试样氢含量后参与计算。

附录A 垃圾发热量的计算（参考件）

A1 在无热量计的条件下可选用式（A1）进行近似计算。

$$Q_{高(湿)} = \sum_{i=1}^{n}\left[Q_{i高} \times \frac{c_{i(干)}}{100} \times \frac{100 - c_{i水}}{100}\right] \quad (A1)$$

式中：$Q_{i高(干)}$——垃圾中某成分的干基高位发热量，查表A1，kJ/kg。

表A1

城市垃圾成分	干基高位发热量，kJ/kg	干基氢含量，%
塑料	32570	7.2
橡胶	23260	10.0
木、竹	18610	6.0
纺织物	17450	6.6
纸类	16600	6.0
灰土、砖陶	6980	3.0
厨房有机物	4650	6.4
铁金属	700	
玻璃	140	

附加说明：

本标准由建设部标准定额研究所提出。

本标准由建设部城镇环境卫生标准技术归口单位上海市环境卫生管理局归口。

本标准由北京市环境卫生科学研究所、杭州市环境卫生科学研究所、贵阳市环境卫生科学研究所和西安市环境卫生科学研究所负责起草。

本标准主要起草人王赵玮、俞锡弟、苏昭辉。

本标准委托北京市环境卫生科学研究所负责解释。

中华人民共和国城镇建设行业标准

城市生活垃圾堆肥处理厂技术评价指标

Technical evaluating targets on municipal
solid waste composting plant

CJ/T 3059—1996

目　次

前言 ……………………………………… 3—54—3
1　范围 …………………………………… 3—54—4
2　引用标准 ……………………………… 3—54—4
3　技术性指标 …………………………… 3—54—4
3.1　综合技术指标 ……………………… 3—54—4
3.2　专项技术指标 ……………………… 3—54—4
附录 A（提示的附录）　本标准所用法定计量单位与习用的非法定计量单位的对照和换算 ……… 3—54—5
附录 B（提示的附录）　本标准用词说明 ………………………………… 3—54—5

前　言

本标准为首次制订的行业标准。

本标准从 1996 年 7 月 1 日起实施。

本标准的附录 A、附录 B 都是提示的附录。

本标准由建设部标准定额研究所提出。

本标准由建设部城镇环境卫生标准技术归口单位上海市环境卫生管理局归口。

本标准由武汉城市建设学院负责起草。

本标准主要起草人：陈海滨、陈锦章、李宽富、苏继贵、高志相、王广玉、张振华、毛小平等。

本标准委托武汉城市建设学院负责解释。

1 范围

1.1 本标准规定了城市生活垃圾好氧堆肥处理厂技术性指标。

1.2 本标准适用于城市生活垃圾好氧堆肥处理厂的设计、建设和运行管理，其他类型堆肥厂也可按照执行。

1.3 城市生活垃圾好氧堆肥处理厂技术评价涉及的量化指标和计算方法，执行本标准要求和规定；本标准暂未作规定的，按照国家或行业有关现行标准执行。

1.4 城市生活垃圾好氧堆肥处理厂的竣工验收，必须用本标准的技术性指标进行评价。

2 引用标准

下列标准包含的条文，通过在本标准中引用而构成为本标准的条文。本标准出版时，所示版本均为有效。所有标准都会被修订，使用本标准的各方应探讨使用下列标准最新版本的可能性。

GB 3095—82 大气环境质量标准

GB 3096—82 城市区域环境噪声标准

GB 5084—92 农田灌溉水质标准

GB 7959—87 粪便无害化卫生标准

GB 8172—87 城镇垃圾农用控制标准

TG 36—79 工业企业设计卫生标准

CJJ 27—89 城市环境卫生设施设置标准

CJJ 52—93 城市垃圾好氧静态堆肥处理技术规程

3 技术性指标

3.1 综合技术指标

3.1.1 垃圾处理能力：即堆肥厂处理垃圾的日平均量（x_1），计算式为：

$$x_1(\mathrm{t/d})=\frac{\text{全年实际处理量}}{\text{全年实际运行天数}} \tag{1}$$

3.1.2 堆肥生产能力：即处理厂生产堆肥产品的日平均量（x_2），计算式为

$$x_2(\mathrm{t/d})=\text{垃圾处理量}\times\text{堆肥得出率} \tag{2}$$

其中堆肥得出率见 3.2.7h)

3.1.3 运行日：一年中处理厂实际运行天数，要求：

$$\text{南方地区}\geqslant 300(\mathrm{d/a})$$
$$\text{北方地区}\geqslant 200(\mathrm{d/a}) \tag{3}$$

3.1.4 运行班制：即堆肥厂是一班运行或是多班运行，以及每天的实际运行时间，要求

$$\geqslant 6(\mathrm{h/d}) \tag{4}$$

3.2 专项技术指标

3.2.1 人员投入

a) 职工总数：即全部人员总和，对于处理能力为 50～300t/d 的堆肥厂，职工总数可按 0.15～0.25 人/d·t 配备。处理量大，机械化程度高时取下限，反之取上限，其中季工按实际天数折算，折算人数为：

$$\frac{\text{全部季工工作日}}{\text{职工人均工作日}}(\text{人}) \tag{5}$$

b) 生产人员数：包括直接生产人员（含季工）、辅助生产人员等，生产人员数不少于职工总数的 75%。

3.2.2 厂区面积

静态工艺：占地面积≥（260～330）×处理能力（m^2）

动态工艺：占地面积≥（180～250）×处理能力（m^2）

若建设附属填埋场或焚烧厂，则占地面积另计。

3.2.3 生产区面积（m^2）：包括处理设施、辅助设施、公用设施，以及其间道路、过渡段面积之和，一般不少于厂区总面积的 40%。

3.2.4 建筑面积

a) 建筑总面积（m^2）

b) 生产区建筑面积（m^2）

各类建筑面积按实际数统计填报。

3.2.5 原料特性

a) 密度：适用于堆肥的垃圾密度一般为 350～650kg/m^3。

b) 组成成分（湿重）%：堆肥原料必须按表 1 分类统计各组成成分，其中有机物含量不少于 20%。

表 1 垃圾组成成分（湿重）分类

成分	易腐物		灰渣，mm		废品				
	动物性	植物性	渣砾≥15	灰土<15	纸类	布类	塑料	金属	玻璃
含量%									

c) 含水率：适合堆肥的垃圾含水率为 40%～60%。

d) 碳氮比（C/N）：适合堆肥的垃圾碳氮比为 20∶1～30∶1。

3.2.6 机械设备

a) 设备处理能力（t/h）：包括设备总处理能力和各工序设备处理能力，各工序设备能力应与工艺设施处理能力相匹配。

b) 设备总功率（kW）：所有机械设备（不含备用）额定功率之和。

c) 设备数量。

d) 设备完好率：即

$$\frac{\text{完好设备数}}{\text{设备总数}}\geqslant 70(\%) \tag{6}$$

3.2.7 工艺参数

a) 单仓容积（m^3）：根据工艺要求确定。

b）总仓容积（m^3）：等于各单仓容积之和。

c）单仓有效容积（m^3）：发酵仓实际装填垃圾容积，以不小于发酵仓总容积的70％为宜。

d）物料堆高（m）：静态堆肥自然通风时高度宜为1.2～1.5m，原料中有机物和水分较高取下限，反之取上限。

e）强制通风量（m^3）：静态堆肥取0.05～0.2Nm^3/min·m^3垃圾，动态堆肥则依生产试验确定。

f）风压（Pa）：静态堆肥堆层每升高1m，风压增加1000～1500Pa。

g）发酵周期（d）：静态堆肥一次性工艺发酵周期不少于30d，二次性发酵工艺的初级和次级发酵工艺均不少于10d。动态堆肥的初级发酵周期依生产试验确实，次级发酵周期同静态工艺。

h）堆肥得出率：即每处理1t垃圾所得到的堆肥产品，计为

$$\frac{\text{全年堆肥产品总量}}{\text{全年处理垃圾总量}}(\%) \tag{7}$$

3.2.8 环境保护

a）污水处理：垃圾渗液必须与雨水及清洗水分流，渗液可返回堆肥仓回用或进行专门处理，堆肥厂排放水主要指标须达要求，即：

生物需氧量BOD_5≤80mg/L；

化学需氧量COD_{cr}≤150mg/L（灌溉用）或COD_{cr}≤200mg/L（直接排向一般水域）。

b）空气中总悬浮微粒（日平均）：≤0.50mg/m^3；

厂区粉尘浓度：≤10mg/m^3。

c）噪声：车间≤85dB（A）。

d）绿化覆盖率：≥30％。

3.2.9 堆肥产品质量（以干基计）

a）粒度：农用堆肥产品粒度不大于12mm，山林果园用堆肥产品粒度不大于50mm。

b）含水率：≤35％。

c）pH值：6.5～8.5。

d）全氮（以N计）：≥0.5％。

e）全磷（以P_2O_5计）：≥0.3％。

f）全钾（以K_2O计）：≥1.0％。

g）有机质（以C计）：≥10％。

h）重金属含量：

总镉　（以Cd计）≤3mg/kg

总汞　（以Hg计）≤5mg/kg

总铅　（以Pb计）≤100mg/kg

总铬　（以Cr计）≤300mg/kg

总砷　（以As计）≤30mg/kg

3.2.10 无害化卫生要求

a）堆肥温度（静态堆肥工艺）：＞55℃持续5天以上。

b）蛔虫卵死亡率：95％～100％。

c）粪大肠菌值：10^{-1}～10^{-2}。

附录A
（提示的附录）
本标准所用法定计量单位与习用的非法定计量单位的对照和换算

序号	量的名称	法定计量单位		习用的非法定计量单位		单位量值的换算
		名称	符号	名称	符号	
1	面积	公顷	hm^2	亩		1公顷＝15亩
	面积	平方米	m^2	亩		666.7m^2＝1亩
2	压力	帕	Pa	毫米水柱	mmH_2O	9.8Pa≈1mmH_2O

附录B
（提示的附录）
本标准用词说明

B1 为便于执行本标准条文时区别对待，对于要求严格程度不同的用词说明如下：

B1.1 表示很严格，非这样作不可的用词：

正面词采用“必须”；

反面词采用“严禁”。

B1.2 表示严格，在正常情况下这样作的用词：

正面词采用“应”；

反面词采用“不应”或“不得”。

B1.3 表示允许稍有选择，在条件许可时应首先这样作的用词：

正面词采用“宜”或“可”；

反面词采用“不宜”。

B2 条文中指明必须按其他有关标准执行的写法为“应按……执行”或“应符合……的要求（或规定）”，非必须按所指的标准执行的写法为“可参照……的要求（或规定）”。

中华人民共和国城镇建设行业标准

医疗废弃物焚烧设备技术要求

Equipment specification for the incineration of medical wastes

CJ/T 3083—1999

前　言

本标准为首次编写的建设部城镇建设行业标准。

本标准由建设部标准定额研究所提出。

本标准由建设部城镇环境卫生标准技术归口单位上海市环境卫生管理局归口。

本标准由沈阳市环境卫生科学研究院、大连市环境卫生科学技术研究所负责起草。

本标准主要起草人：王荣森、刘桐武、孟繁柱、阎文岐、夏爱萍、毛传德、白砚鹏、吉崇哲、葛佩莲、周中人、于孝增、张树田、陈勇。

本标准委托沈阳市环境卫生科学研究院负责解释。

1 范围

本标准规定了医疗废弃物焚烧设备的技术要求和产品检验。

本标准适用于城市、乡镇各类医院、医学研究及生物制品等单位的医疗废弃物焚烧设备。

2 引用标准

下列标准所包含的条文，通过在本标准中引用而构成为本标准的条文。本标准出版时，所示版本均为有效。所有标准都会被修订，使用本标准的各方应探讨使用下列标准最新版本的可能性。

GB 8978—1996 污水综合排放标准

GB 9079—1988 工业炉窑大气污染物测试方法

GB 12348—1990 工业企业厂界噪声标准

GB 16297—1996 大气污染物综合排放标准

GB 50309—1977 工业炉砌筑工程质量检验评定标准

CJ 3036—1995 医疗垃圾焚烧环境卫生标准

JB 8—1982 产品标牌

JB 1615—1975 锅炉油漆和包装技术条件

TJ 36—1979 工业企业设计卫生标准

3 定义

3.1 医疗废弃物 medical wastes

医疗废弃物指城市、乡镇中各类医院、卫生防疫、病员休养、医学研究及生物制品等单位产生的废弃物。

3.2 焚烧装置 furnace

焚烧装置是医疗废弃物焚烧、能量交换的装置，由焚烧炉和附属设备组成。

3.3 安装与运行空间 space for the assembly and operation

设备安装与运行空间是指安装与运行焚烧设备的空间。

3.4 燃烧室 combustion chamber

燃烧室是由初燃烧室和复燃烧室组成，用于医疗废弃物干燥和焚烧。

3.5 炉床 grate

炉床是燃烧室的组成部分，其作用是支撑医疗废弃物在其上进行焚烧。

3.6 焚烧量 production ability

焚烧量指焚烧装置稳定、连续运行 1h 所能处理的医疗废弃物的数量。单位为 t/h 或 kg/h。

3.7 运转效率 operating efficiency

运转效率指焚烧炉正常运转时间占正常运转时间与保养时间之和的百分比。

$$运转效率=\frac{焚烧炉正常运转时间}{焚烧炉正常运转时间+定期保养时间+不定期保养时间}\times 100\%$$

4 技术要求

4.1 装料炉

4.1.1 装料装置应与焚烧炉的结构、容积相匹配。

4.1.2 装料装置应密闭化、半机械或机械化。

4.2 焚烧炉

4.2.1 医疗废弃物的可燃物减量比应大于 95%。

4.2.2 焚烧炉内衬的砌筑应符合 GB 50309 的要求。

4.2.3 焚烧炉的外表面温度应不超过 60℃。

4.2.4 炉床

4.2.4.1 炉床的材质应符合热工、机械性能等技术要求。

4.2.4.2 炉床应保证未充分燃烧的医疗废弃物不得通过炉床遗落入残渣中。

4.3 燃烧室

4.3.1 初燃烧室温度应大于 700℃。

4.3.2 复燃烧室温度应大于 900℃。

4.3.3 复燃烧室烟气的滞留时间应大于 0.5s。

4.4 焚烧炉的运转效率应大于 90%。

4.5 污染物排放

4.5.1 带有余热利用装置的焚烧炉烟气在进入烟囱时的温度应小于 200℃。

4.5.2 烟气的净化与排放应符合 GB 16297 和 CJ 3036 的有关规定。

4.5.3 医疗废弃物焚烧的残渣排放应满足 CJ 3036 的有关规定。

4.5.4 医疗废弃物焚烧厂（站）的污水排放应采取措施符合 GB 8978 的有关规定。

4.5.5 医疗废弃物焚烧厂（站）的噪声应符合 GB 12348 的有关规定。

4.6 监控装置

4.6.1 显示和记录焚烧过程燃烧室温度和炉压等相关的技术参数。

4.6.2 调节与控制焚烧设备的技术参数。

4.7 设备安装与运行空间

4.7.1 设备安装与运行空间应满足操作、维修等要求。

4.7.2 设备安装与运行空间的有效通风口应满足 TJ 36 要求。

4.8 安全要求

焚烧设备应符合相关的劳动安全与消防等技术要求。

5 产品检验

5.1 出厂检验

焚烧设备应按本标准的技术要求和相关标准检验合格后方能出厂。

5.2 稳定检验

焚烧设备安装后，移交给用户之前，对其进行的可靠性检验，按 GB 9079、CJ 3036 等标准检验。

6 油漆、包装、标志、运输及随机文件

6.1 焚烧设备的油漆、包装应符合 JB 1615 技术要求。

6.2 焚烧设备应有固定标牌，应符合 JB 8 的要求。

标牌中标志内容：

a) 产品名称；

b) 产品型号；

c) 产品的主要技术参数；

d) 制造的日期和生产编号；

e) 制造厂名。

6.3 产品运输可以整体或分件散装运输，运输中应包装妥善。

6.4 随机文件

a) 产品合格证；

b) 产品说明书；

c) 装箱单；

d) 零备件清单；

e) 安装图；

f) 其他有关的技术资料。

四、定　　额

市政工程投资估算指标
第十册　垃圾处理工程

HGZ 47-110-2008

主编部门：中华人民共和国住房和城乡建设部
批准部门：中华人民共和国住房和城乡建设部
　　　　　中华人民共和国国家发展和改革委员会
执行日期：2008年10月1日

住房和城乡建设部

关于印发《市政工程投资估算指标》（第十册“垃圾处理工程”）的通知

建标函［2008］158号

为合理确定和控制市政工程投资，满足市政建设项目编制项目建议书和可行性研究报告投资估算的需要，我部制定了《市政工程投资估算指标》（《第十册 垃圾处理工程》），编号为HGZ47-110-2008，现印发给你们。自2008年10月1日起施行。

《市政工程投资估算指标》由我部标准定额研究所组织中国计划出版社出版发行。

请你们认真贯彻执行，并将工作中的问题和建议及时反馈我部。

中华人民共和国住房和城乡建设部

二〇〇八年六月三日

前　言

根据建设部“关于印发《二〇〇三年工程项目建设标准、投资估算指标、建设项目评价方法与参数编制项目计划》的通知要求”，我部制定了《市政工程投资估算指标》（以下简称《指标》），并于2008年6月3日批准第十册（第一至第九册已于2007年6月、2007年10月批准）。《指标》的制定发布将对合理确定和控制市政工程投资，满足市政建设项目编制项目建议书和可行性研究报告投资估算的需要起到积极的作用。

本《指标》由住房和城乡建设部标准定额研究所负责管理和解释，请各单位在执行过程中，注意积累资料，认真总结经验，将有关意见及时反馈标准定额研究所。

本《指标》的主编单位、参编单位：

主编单位：住房和城乡建设部标准定额研究所

参编单位：北京市建设工程造价管理处
北京城建设计研究总院有限责任公司
天津市建设工程定额管理研究站
天津市市政工程经济技术定额研究站
上海市建设工程标准定额管理总站
上海市市政工程定额管理站
上海市政工程设计研究总院
上海市隧道工程轨道交通设计研究院
重庆市建设工程造价管理总站
河北省工程建设造价管理总站
辽宁省建设工程造价管理总站
安徽省建设工程造价管理总站

总　说　明

为了合理确定和控制市政工程投资，满足建设项目编制项目建议书和投资估算的需要，提高建设工程投资效果，制定《市政工程投资估算指标》（以下简称本指标）。

一、本指标依据建设部“关于印发《二〇〇三年工程项目建设标准、投资估算指标、建设项目评价方法与参数编制项目计划》的通知”下达的编制计划，以现行全国市政工程设计标准、质量验收规范和建设部、财政部“关于印发《建筑安装工程费用项目组成》的通知”（建标［2003］206号）、《建设项目总投资及其他费用项目组成规定》（送审稿），以及预算定额、工期定额为依据，在《全国市政工程投资估算指标》（1996年）的基础上，结合近年有代表性的已竣工典型工程项目的相关资料进行编制。

二、本指标适用于新建、改建、扩建的市政工程项目。

三、本指标是建设项目建议书、可行性研究报告阶段编制投资估算的依据；是多方案比选、优化设计、合理确定投资的基础；是开展项目评价、控制初步设计概算、推行限额设计的参考。

四、本指标共十册。包括《第一册　道路工程》、《第二册　桥梁工程》、《第三册　给水工程》、《第四册　排水工程》、《第五册　防洪堤防工程》、《第六册　隧道工程》、《第七册　燃气工程》、《第八册　集中供热热力网工程》、《第九册　路灯工程》、《第十册　垃圾处理工程》。

五、本指标分综合指标和分项指标。综合指标包括建筑安装工程费、设备购置费、工程建设其他费用、基本预备费；分项指标包括建筑安装工程费、设备购置费。

（一）建筑安装工程费由直接费和综合费用组成。直接费由人工费、材料费、机械费组成。将《建筑安装工程费用项目组成》中的措施费（环境保护、文明施工、安全施工、临时设施、夜间施工的内容）按比例（见费率取定表）分别摊入人工费、材料费和机械费。二次搬运、大型机械设备进出场及安装拆除、混凝土和钢筋混凝土模板及支架、脚手架编入直接工程费。综合费用由间接费、利润和税金组成。

（二）设备购置费依据设计文件规定，其价格由设备原价＋设备运杂费组成，设备运杂费指除设备原价之外的设备采购、运输、包装及仓库保管等方面支出费用的总和。

（三）工程建设其他费用包括：建设管理费、可行性研究费、研究试验费、勘察设计费、环境影响评价费、场地准备及临时设施费、工程保险费、联合试运转费、生产准备及开办费。按国家现行有关统一规定程序计算。

（四）预备费包括基本预备费和价差预备费。基本预备费系指在投资估算阶段不可预见的工程费用。

六、本指标的编制期价格、费率取定：

（一）价格取定。人工工资综合单价按北京地区2004年31.03元/工日；材料价格、机械台班单价按北京地区2004年价格。

（二）费率取定。

1. 将措施费分别摊入人工费、材料费和机械费。措施费费率见下表。

项目	道路	桥梁	给水	排水	防洪堤防
费率（%）	4.10	4.40	6.00	6.00	4.00

项目	隧道		燃气	热力	路灯
	岩石	软土			
费率（%）	5.08	5.08	6.00	4.00	4.00

计费基数：人工费＋材料费＋机械费。

分摊比例：其中人工费8%，材料费87%，机械费5%，分别按比例计算。

2. 综合费用费率见下表。

项目	道路	桥梁	给水	排水	防洪堤防
费率（%）	22.78	22.90	21.30	21.30	21.00

项目	隧道		燃气	热力	路灯
	岩石	软土			
费率（%）	27.68	27.68	21.30	21.30	21.00

计费基数：估算指标直接费。

3. 工程建设其他费用费率。工程建设其他费用费率按10%～15%确定。具体数值由各册根据专业以及国家规定的收费标准测算确定，并在册说明中说明。

计费基数：建筑安装工程费＋设备购置费。

4. 基本预备费费率按8%确定。

计费基数：建筑安装工程费＋设备购置费＋工程建设其他费用。

5.《第十册　垃圾处理工程》的费率见分册说明。

七、本指标计算程序见下表。

综合指标计算程序

序号	项目	取费基数及计算式
	指标基价	一＋二＋三＋四
一	建筑安装工程费	4+5
1	人工费小计	—
2	材料费小计	—
3	机械费小计	—
4	直接费小计	1+2+3
5	综合费用	4×综合费用费率
二	设备购置费	原价＋设备运杂费
三	工程建设其他费用	（一＋二）×工程建设其他费用费率
四	基本预备费	（一＋二＋三）×8%

分项指标计算程序

序号	项目	取费基数及计算式
	指标基价	一＋二
一	建筑安装工程费	（四）＋（五）
1	人工费	—
2	措施费分摊	（1+3+5）×措施费费率×8%

续表

序号	项　目	取费基数及计算式
	指标基价	一＋二
(一)	人工费小计	1＋2
3	材料费	—
4	措施费分摊	(1＋3＋5) ×措施费费率×87%
(二)	材料费小计	3＋4
5	机械费	—
6	措施费分摊	(1＋3＋5) ×措施费费率×5%
(三)	机械费小计	5＋6
(四)	直接费小计	(一) ＋ (二) ＋ (三)
(五)	综合费用	(四) ×综合费用费率
二	设备购置费	原价＋设备运杂费

八、本指标的使用。本指标中的人工、材料、机械费的消耗量原则上不作调整。使用本指标时可按指标消耗量及工程所在地当时当地市场价格并按照规定的计算程序和方法调整指标，费率可参照指标确定，也可按各级建设行政主管部门发布的费率调整。

具体调整办法如下：

(一) 建筑安装工程费的调整。

1. 人工费：以指标人工工日数乘以当时当地造价管理部门发布的人工单价确定。

2. 材料费：以指标主要材料消耗量乘以当时当地造价管理部门发布的相应材料价格确定。

$$其他材料费＝指标其他材料费×\frac{调整后的主要材料费}{指标（材料费小计－其他材料费－材料费中措施费分摊）}$$

3. 机械费：列出主要机械台班消耗量的调整方式：以指标主要机械台班消耗量乘以当时当地造价管理部门发布的相应机械台班价格确定。

$$其他机械费＝指标其他机械费×\frac{调整后的主要机械费}{指标（机械费小计－其他机械费－机械费中措施费分摊）}$$

未列出主要机械台班消耗量的调整方式：

$$机械费＝指标机械费×\frac{调整后的（人工费＋材料费）}{指标（人工费＋材料费）}$$

4. 直接费：调整后的直接费为调整后的人工费、材料费、机械费之和。

5. 综合费用：综合费用的调整应按当时当地不同工程类别的综合费率计算。计算公式如下：

综合费用＝调整后的直接费×当时当地的综合费率

6. 建筑安装工程费：

建筑安装工程费＝调整后的（直接费＋综合费用）

(二) 设备购置费的调整。指标中列有设备购置费的，按主要设备清单，采用当时当地的设备价格或上涨幅度进行调整。

(三) 工程建设其他费用的调整。工程建设其他费用的调整，按国家规定的不同工程类别的工程建设其他费用费率计算。计算公式如下：

工程建设其他费用＝调整后的（建筑安装工程费＋设备购置费）×国家规定的工程建设其他费用费率

(四) 基本预备费的调整。

基本预备费＝调整后的（建筑安装工程费＋设备购置费＋工程建设其他费用）×基本预备费费率

(五) 指标基价的调整。

指标基价＝调整后的（建筑安装工程费＋设备购置费＋工程建设其他费用＋基本预备费）

九、建设项目投资估算编制。编制建设项目投资估算，应按上述办法调整。指标中未列费用可根据有关规定调整。

十、本指标中指标编号为“×Z-×××”或“×F-×××”，除注明用英文字母表示外，均用阿拉伯数字表示。

其中：“-”线前部分×表示分册，Z表示综合指标，F表示分项指标；

“-”线后部分×××表示划分序号，同一部分顺序编号。

十一、本指标中注明“××以内”或“××以下”者，均包括××本身；而注明“××以外”或“××以上”者，均不包括××本身。

册　说　明

一、《市政工程投资估算指标》第十册“垃圾处理工程”（以下简称本指标），是根据现行城市生活垃圾处理设计规范、建设标准、施工验收规范以及相关产品标准、质量评定标准、安全操作规程，并参照相关行业、地方标准，结合全国主要城市和部分地区近年来垃圾处理工程有代表性的工程施工图和施工组织设计、工程项目的概预算资料等有关数据，经分析测算后进行编制的，是项目建议书、可行性研究报告阶段编制投资估算的依据，是多方案比较、优化设计、合理确定投资的基础；是开展项目评价、控制初步设计概算、推行限额设计的参考。

二、本指标适用于城市生活垃圾处理工程，包括城市生活垃圾转运、城市生活垃圾卫生填埋和城市生活垃圾焚烧工程，但不包括生活垃圾收集部分。

三、本指标编制主要依据及参考资料：

1. 建设部、国家环境保护总局、科技部关于发布《城市生活垃圾处理及污染防治技术政策》的通知（建城［2002］20号）。

2. 建设部关于批准发布《城市生活垃圾卫生填埋处理工程项目建设标准》的通知（建标［2001］101号）。

3. 建设部、国家计委关于批准发布《城市生活垃圾焚烧处理工程项目建设标准》的通知（建标［2001］213号）。

4.《城市生活垃圾卫生填埋技术规范》（CJJ 17—2004）。

5.《生活垃圾卫生填埋场防渗系统工程技术规范》(CJJ 113—2007)。

6.《城市生活垃圾卫生填埋场运行维护技术规程》(CJJ 93—2003)。

7.《生活垃圾卫生填埋场封场技术规程》(CJJ 112—2007)。

8.《生活垃圾填埋场环境监测技术标准》(CJ/T 3037—1995)。

9.《生活垃圾转运站技术规范》(CJJ 47—2006)。

10.《城镇环境卫生设施设置标准》(CJJ 27—2005)。

11.《生活垃圾焚烧处理工程技术规范》(CJ 190—2002)。

12.《生活垃圾焚烧污染控制标准》(GB 18485—2001)。

13.《生活垃圾焚烧炉》(GB/T 18750—2002)。

14.《小型火力发电厂设计规范》(GB 50049—94)。

15.《建筑设计防火规范》(GB 50016—2006)。

16.《污水综合排放标准》(GB 8978—1996)。

17.《恶臭污染物排放标准》(GB 14554—1993)。

18.《工业企业厂界噪声标准》（GB 12348—1990)。

19. 部分省市建设工程概（预）算定额。

20. 近期内各地建设和设计的有代表性的工程项目及相关概预算、结算资料。

四、费率取定：

1. 措施费分别摊入人工费、材料费和机械费。措施费费率见下表：

项目	建筑工程	装饰工程	安装工程	市政工程
费率（%）	2.90	1.95	2.16	5.60

计费基数：人工费＋材料费＋机械费。

分摊比例：其中人工费8%，材料费87%，机械费5%，分别按比例计算。

2. 综合费用费率见下表：

项目	建筑工程	装饰工程	安装工程	市政工程
费率（%）	22.50	19.85	19.03	22.78

计费基数：估算指标直接费。

五、本指标分为填埋工程指标、焚烧工程指标和中转站工程指标及附录四部分。除附录外，每部分包括综合指标、分项指标。

综合指标是以垃圾处理典型工程为依据。填埋工程指标按填埋总库容设置项目，焚烧工程指标按额定日处理能力设置项目，中转站工程指标按垃圾日处理量设置项目。反映计量单位垃圾处理投资估算价格。

综合指标分为两部分：第一部分为指标基价，反映每计量单位指标单价及人工、材料、机械分析及建筑安装工程费、设备购置费、工程建设其他费用、基本预备费等；第二部分为分项工程费用，反映各分项工程每计量单位的费用。包括建筑安装工程费和设备购置费。

分项指标是以垃圾处理工程各主要结构部分和垃圾处理工艺为依据设置项目。反映建筑物单方投资估算价格及处理垃圾各工艺部分投资估算价格。包括建筑安装工程费、设备购置费等。

六、附录是以选定的典型工程为依据编制的垃圾处理工程投资估算实例及主要材料机械台班设备单价取定表。

1. 编制生活垃圾处理工程估算应用实例。

（1）填埋处理工程应用实例。

（2）焚烧处理工程应用实例。

（3）中转站工程应用实例。

2. 主要材料机械台班设备单价取定表。

七、相关说明：

1. 本指标填埋工程、中转站工程未考虑地震设防、地质复杂等特殊情况。指标中设备均按国产设备考虑。

2. 由于本指标是根据典型工程编制，因此指标中包含的分项内容未作统一要求。使用时应注意项目基本情况的描述及库容大小，并进行调整。

目　录

1　填埋工程指标 …………………… 4—1—8
说明……………………………………… 4—1—8
1.1　综合指标 ………………………… 4—1—9
1.2　分项指标……………………………4—1—24
1.2.1　填埋区分项指标……………… 4—1—24
1.2.1.1　土石方……………………… 4—1—24
1.2.1.2　垃圾坝……………………… 4—1—25
1.2.1.3　防渗系统…………………… 4—1—26
1.2.1.4　渗沥液收集、排出系统………………………… 4—1—27
1.2.1.5　填埋气体导排……………… 4—1—29
1.2.1.6　场区道路、马道…………… 4—1—30
1.2.1.7　截洪沟、排洪沟…………… 4—1—31
1.2.1.8　地下水导排………………… 4—1—31
1.2.1.9　挡墙护坡…………………… 4—1—33
1.2.2　管理区分项指标……………… 4—1—34
1.2.2.1　地磅房……………………… 4—1—34
1.2.2.2　车库及维修车间…………… 4—1—36
1.2.2.3　办公及辅助用房…………… 4—1—36
1.2.2.4　道路………………………… 4—1—37
1.2.2.5　挡土墙……………………… 4—1—38
1.2.2.6　围墙………………………… 4—1—39
1.2.2.7　绿化………………………… 4—1—39
1.2.2.8　电气工程…………………… 4—1—40
1.2.2.9　给水工程…………………… 4—1—40
1.2.2.10　排水工程………………… 4—1—41
2　焚烧工程指标 …………………… 4—1—42
说明 …………………………………… 4—1—42
2.1　综合指标 ………………………… 4—1—43
2.2　分项指标 ………………………… 4—1—46
2.2.1　建筑分项指标 ……………… 4—1—46
2.2.1.1　主厂房 …………………… 4—1—46
2.2.1.2　汽机厂房 ………………… 4—1—48
2.2.1.3　主控楼 …………………… 4—1—50
2.2.1.4　升压站 …………………… 4—1—51
2.2.1.5　综合楼 …………………… 4—1—52
2.2.1.6　职工宿舍及食堂 ………… 4—1—54
2.2.1.7　煤库 ……………………… 4—1—54
2.2.1.8　输煤栈桥 ………………… 4—1—55
2.2.1.9　渣廊渣库 ………………… 4—1—55
2.2.1.10　飞灰固化厂房 ………… 4—1—56
2.2.1.11　循环水泵房及冷却塔 ………………………… 4—1—56
2.2.1.12　加压泵房及蓄水池 …… 4—1—58
2.2.1.13　综合泵房及水池 ……… 4—1—58
2.2.1.14　综合泵房 ……………… 4—1—59
2.2.1.15　取水泵房 ……………… 4—1—59
2.2.1.16　油泵房 ………………… 4—1—60
2.2.1.17　油泵房及油罐区 ……… 4—1—61
2.2.1.18　空压站及污水处理间 ………………………… 4—1—61
2.2.1.19　垃圾渗沥液处理厂房及污水调节池 ………………… 4—1—62
2.2.1.20　污水处理站 …………… 4—1—62
2.2.1.21　地磅房 ………………… 4—1—63
2.2.1.22　门房 …………………… 4—1—64
2.2.1.23　垃圾运输坡道 ………… 4—1—65
2.2.1.24　烟囱 …………………… 4—1—66
2.2.2　工艺设备及安装工程分项指标 ……………………………… 4—1—67
2.2.2.1　额定日处理能力 750t ………………… 4—1—67
2.2.2.2　额定日处理能力 1050t ………………… 4—1—73
2.2.2.3　额定日处理能力 1200t ………………… 4—1—80
3　中转站工程指标 ………………… 4—1—86
说明 …………………………………… 4—1—86
3.1　综合指标 ………………………… 4—1—87
3.2　分项指标 ………………………… 4—1—90
3.2.1　转运车间 …………………… 4—1—90
3.2.2　机修车间 …………………… 4—1—92
3.2.3　业务用房 …………………… 4—1—92
3.2.4　传达室、地磅房 …………… 4—1—93
3.2.5　引桥 ………………………… 4—1—93
3.2.6　场区供热 …………………… 4—1—94
3.2.7　场区给排水 ………………… 4—1—94
3.2.8　地下油库 …………………… 4—1—95
3.2.9　场区电气 …………………… 4—1—95
3.2.10　沉淀池 …………………… 4—1—96

3.2.11 污水池 ………………………… 4—1—96
3.2.12 喷水池 ………………………… 4—1—97
3.2.13 场区围墙 ……………………… 4—1—97
4 附录 ……………………………… 4—1—98
4.1 案例 ……………………………… 4—1—98
4.1.1 填埋处理工程应用实例 …… 4—1—98
4.1.2 焚烧处理工程应用实例 …… 4—1—99
4.1.3 中转站工程应用实例 ……… 4—1—103
4.2 主要材料机械台班设备单价取定表 ……………………………… 4—1—104

1 填埋工程指标

说 明

一、适用范围

本指标是依据近期各地设计和建设的有代表性的生活垃圾填埋工程项目的经济技术资料编制而成，本指标所涉及的生活垃圾填埋工程投资估算指标适用于以填埋方式处理生活垃圾的新建、扩建工程，不适用于维修和技术改造工程以及有毒、有害废物和危险废物的垃圾处理工程和技术改造工程。

二、指标项目划分及编制说明

依据《城市生活垃圾卫生填埋处理工程项目建设标准》和已建垃圾处理工程实际情况，本指标项目划分如下：

1. 综合指标：由于城市生活垃圾卫生填埋处理工程的工程造价受工程地形的影响比较大。按目前掌握的城市生活垃圾卫生填埋处理工程的项目资料分析，尚不能确定此类项目的工程造价同建设规模存在一定的比例关系。为了更准确地反映和确定该类工程项目的准确造价以及为今后该部分投资估算指标的不断完善，按照《城市生活垃圾卫生填埋处理工程项目建设标准》。对项目划分为四大类。即总容量为100万～200万立方米为Ⅰ类，总容量为200万～500万立方米为Ⅱ类，总容量为500万～1200万立方米为Ⅲ类，总容量为1200万立方米以上为Ⅳ类，每一类再按库容划分不同档次。

2. 分项指标：分项指标分为填埋区和管理区两部分。按各单项工程的规模、结构特征和工艺标准，选择具有代表性的单项工程编制而成。

3. 设备购置费指标中包括了与填埋工艺有关的地磅、加油机、洗车设备、附属机修设备及泵类安装工程。填埋设备、污水处理的设备购置费包括在分项工程费中。给排水工艺管道及阀门、电力电缆、控制电缆、滑触线、暖气片等费用均计入建筑安装工程费中。

4. 对于有温度要求的单项工程的分项指标，考虑了采暖和空调工程，使用时应根据地域差别注意调整。

5. 分项指标列有工程特征说明，介绍了单项工程的结构特征、工艺标准、主要做法等内容，以便使用时参考比较。当条件相差较大、设计标准不同时，应按工程实际情况进行调整。

6. 本指标未包括地基处理等费用。

7. 指标基价不含厂区室外土方工程和厂外工程。在编制估算时，可根据项目选址的实际情况估算厂区室外土方工程及厂外工程费用。

三、工程量计算规则

1. 城市生活垃圾卫生填埋处理工程的综合指标按填埋库容以“$10000m^3$”计算。

2. 土石方、垃圾坝、挡墙护坡按实际体积以“m^3”计算。

3. 库底防渗系统、边坡防渗系统按防渗面积以“m^2”计算。

4. 渗沥液收集系统、渗沥液排出系统、地下水导排按管道长度以“m”计算。

5. 填埋区马道按面积以“m^2”计算。

6. 填埋气体导排按长度以“m”计算。

7. 截洪沟及排洪沟按长度以“m”计算。

8. 建筑分项指标按不同结构形式以建筑面积以“m^2”计算。

9. 道路按面积以“m^2”计算。

10. 围墙按面积以“m^2”计算。

11. 绿化按面积以“m^2”计算。

12. 电气工程变配电系统按设备总装机容量以“kW”计算。

13. 给水工程、排水工程按管理区面积以“m^2”计算。

1.1 综合指标

工程特征：1. 填埋场总库容：100万立方米以内；2. 填埋场类型：山谷型；3. 日处理规模：200t；4. 服务年限：15年；5. 填埋场防渗结构及面积：HDPE毛面防渗膜+GCL膨润土垫复合防渗的结构；6. 地下水情况：地下水较低，故不设地下水导排系统；7. 垃圾坝长度：为碾压土石坝，长度为525.62m，高度为18m；8. 管理区总建筑面积：992.4m^2；9. 渗沥液处理规模、出水标准：100m^3/d，达到一级排放标准。

单位：10000m^3

指标编号				10Z-001	
项目			单位	Ⅰ类 填埋区总库容	
				100以内	占指标基价(%)
指标基价			元	383757	100.00
一、建筑安装工程费			元	214150	55.80
二、设备购置费			元	94677	24.67
三、工程建设其他费用			元	46504	12.12
四、基本预备费			元	28426	7.41
建筑安装工程费					
直接费	人工费	人工	工日	721	—
		措施费分摊	元	455	—
		人工费小计	元	22828	5.95
	材料费	HDPE毛面防渗膜(1.5mm)	m^2	825.79	—
		无纺土工布(200g/m^2)	m^2	597.52	—
		无纺土工布(400g/m^2)	m^2	1590.89	—
		膨润土垫(5000g/m^2)	m^2	825.79	—
		HDPE管(DN250)	m	6.26	—
		HDPE管(DN350)	m	4.48	—
		水泥 综合	kg	10243.61	—
		钢材 综合	kg	205.96	—
		标准砖	千块	1.63	—
		粗砂	t	32.16	—
		砾石	t	347.06	—
		沥青混凝土	m^3	2.63	—
		其他材料费	元	78089	—
		措施费分摊	元	4952	—
		材料费小计	元	125577	32.72
	机械费	机械费	元	28178	—
		措施费分摊	元	285	—
		机械费小计	元	28462	7.42
	直接费小计		元	176867	46.09
综合费用			元	37284	9.72
合计			元	214150	—

分项工程费用

单位：10000m^3

序号	指标编号		10Z-001	
	名称	单位	数量	费用(元)
一	填埋区			
1	库区土石方	m^3	2080	37285
2	水平防渗系统	m^2	795	113728
3	渗沥液导排系统	项	—	13357
4	气体导排系统	项	—	294
5	垃圾坝	m^3	79	7960
6	截洪、排洪系统	m	10	6160
7	调节池	m^3	56	5659
8	填埋设备	项	—	33097
9	地下水监测井	座	0.06	373
10	其他项目	项	—	2638
	合计		—	220552
二	管理区			
1	管理区	项	—	6766
三	总图			
1	场区土石方	m^3	45	1085
2	场区道路	m^2	52	7594
3	场区给排水	项	—	2027
4	场区电气	项	—	3060
5	围墙、大门	项	—	266
6	绿化	项	—	1113
7	其他项目	项	—	4785
	合计		—	19930
四	渗沥液处理			
1	渗沥液处理	项	—	61580

工程特征：1. 填埋场总库容：150 万 m^3 以内；2. 填埋场类型：山谷型；3. 日处理规模：250t；4. 服务年限：17 年；5. 填埋场防渗结构及面积：2.0mmHDPE 毛面防渗膜＋GCL 膨润土垫复合防渗的结构，防渗面积为 75000m^2；6. 地下水情况：采用盲沟与速排笼结合的方式进行导排；7. 垃圾坝长度：为单向格栅加筋反包土石坝，长度为 185.5m，高度为 150m；8. 管理区总建筑面积：403m^2；9. 渗沥液处理规模、出水标准：渗沥液排至污水处理厂。

单位：10000m^3

指标编号				10Z-002	
项目			单位	Ⅰ类 填埋区总库容	
				150 以内	占指标基价（%）
指标基价			元	316657	100.00
一、建筑安装工程费			元	220344	69.58
二、设备购置费			元	35497	11.21
三、工程建设其他费用			元	37360	11.80
四、基本预备费			元	23456	7.41
建筑安装工程费					
直接费	人工费	人工	工日	572	—
		措施费分摊	元	457	—
		人工费小计	元	18193	5.75
	材料费	HDPE 毛面防渗膜（2.0mm）	m^2	646.19	—
		无纺土工布(200g/m^2)	m^2	218.76	—
		无纺土工布(600g/m^2)	m^2	631.05	—
		膨润土垫(5000g/m^2)	m^2	631.05	—
		HDPE 管(*DN*100)	m	10.52	—
		HDPE 管(*DN*200)	m	0.32	—
		HDPE 管(*DN*350)	m	23.14	—
		水泥　综合	kg	8044.67	—
		钢材　综合	kg	2480.26	—
		标准砖	千块	1.45	—
		粗砂	t	27.97	—
		砾石	t	116.24	—
		沥青混凝土	m^3	0.35	—
		其他材料费	元	13358	—
		措施费分摊	元	4965	—
		材料费小计	元	118367	37.38
	机械费	机械费	元	45122	—
		措施费分摊	元	285	—
		机械费小计	元	45408	14.34
	直接费小计		元	181967	57.56
综合费用			元	38377	12.12
合　计			元	220344	—

分项工程费用

单位：10000m^3

序号	指标编号		10Z-002	
	名称	单位	数量	费用(元)
一	填埋区			
1	库区土石方	m^3	1342	25755
2	水平防渗系统	m^2	631	86400
3	渗沥液导排系统	项	—	4382
4	气体导排系统	项	—	524
5	地下水导排系统	项	—	10558
6	垃圾坝	m^3	351	9659
7	截洪、排洪系统	m	11	9363
8	调节池	m^3	46	22438
9	填埋设备	项	—	34119
10	环境监测设备	项	—	2666
11	其他项目	项	—	7466
	合计		—	213328
二	管理区			
1	管理区	项	—	8850
三	总图			
1	场区土石方	m^3	463	11577
2	场区道路	m^2	46	7778
3	场区给排水	项	—	2443
4	场区电气	项	—	6967
5	场区热力管道	项	—	140
6	围墙、大门	项	—	1984
7	绿化	项	—	673
8	其他项目	项	—	2101
	合计		—	33663

工程特征：1. 填埋场总库容：200 万立方米以内；2. 填埋场类型：山谷型；3. 日处理规模：300t；4. 服务年限：14 年；5. 填埋场防渗结构及面积：人工防渗，防渗膜面积 10.704 万平方米；6. 地下水情况：地下水为潜水；7. 垃圾坝：黏土型，长 50m，宽 7m，高 12m，内坡 1∶1.5，外坡 1∶2，浆砌片石护坡；8. 管理区总建筑面积：1138.70m^2；9. 渗沥液处理规模、出水标准：污水排至污水处理厂。

单位：10000m^3

指标编号				10Z-003	
项目			单位	Ⅰ类 填埋区总库容	
				200 以内	占指标基价（%）
指标基价			元	254553	100.00
一、建筑安装工程费			元	171542	67.39
二、设备购置费			元	35997	14.14
三、工程建设其他费用			元	28157	11.06
四、基本预备费			元	18856	7.41
建筑安装工程费					
直接费	人工费	人工	工日	508	—
		措施费分摊	元	320	—
		人工费小计	元	16083	6.32
	材料费	HDPE 毛面防渗膜（2.0mm）	m^2	597.38	—
		无纺土工布(300g/m^2)	m^2	404.48	—
		无纺土工布(600g/m^2)	m^2	869.97	—
		HDPE 管(*DN*400)	m	5.65	—
		水泥　综合	kg	2794.23	—
		钢材　综合	kg	457.11	—
		标准砖	千块	4.10	—
		粗砂	t	21.33	—
		砾石	t	213.57	—
		预拌混凝土 C25	m^3	6.01	—
		其他材料费	元	38445	—
		措施费分摊	元	3475	—
		材料费小计	元	103659	40.72
	机械费	机械费	元	21667	—
		措施费分摊	元	280	—
		机械费小计	元	21947	8.62
	直接费小计		元	141689	55.66
综合费用			元	29854	11.73
合　计			元	171542	—

分项工程费用

单位：10000m^3

序号	指标编号		10Z-003	
	名　称	单位	数量	费用(元)
一	填　埋　区			
1	库区土石方(不买土)	m^3	2838.43	34637
2	水平防渗系统	m^2	584.28	65501
3	渗沥液导排系统	项	—	6776
4	气体导排系统	项	—	326
5	地下水导排系统	项	—	6817
6	垃圾坝	m^3	38.21	2216
7	截洪、排洪系统	m	10.52	3854
8	雨水导排系统	项	—	1778
9	调节池	m^3	27.29	2988
10	填埋设备	项	—	29083
11	环境监测设备	项	—	348
12	地下水监测井	座	0.03	409
13	其他项目	项	—	9091
	合计		—	163824
二	管　理　区			
1	管理区	项	—	8846
三	总　图			
1	场区土石方(不买土)	m^3	12.43	127
2	场区道路及广场	m^2	65.50	7860
3	场区给排水	项	—	4338
4	场区电气	项	—	3209
5	围墙	项	—	8068
6	绿化	项	—	6303
7	运输设备	项	—	3439
8	其他项目	项	—	1527
	合计		—	34871

工程特征：1. 填埋场总库容：250万立方米以内；2. 填埋场类型：山谷型；3. 日处理规模：600t；4. 服务年限：13年；5. 填埋场防渗结构及面积：2.0mmHDPE毛面防渗膜，防渗面积为214600m²；6. 地下水情况：采用主次盲沟方式进行导排；7. 垃圾坝长度：为碾压土坝，长度为199.00m，最大坝高为10m；8. 管理区总建筑面积：2350m²；9. 渗沥液处理规模、出水标准：300t/d，三级排放标准。

单位：10000m³

指标编号			10Z-004	
项　目		单位	Ⅱ类　填埋区总库容	
			250以内	占指标基价（%）
指标基价		元	280212	100.00
一、建筑安装工程费		元	179414	64.03
二、设备购置费		元	47150	16.83
三、工程建设其他费用		元	32891	11.74
四、基本预备费		元	20756	7.41
建筑安装工程费				
直接费	人工费	人工	工日	652	—
		措施费分摊	元	377	—
		人工费小计	元	20608	7.35
	材料费	HDPE毛面防渗膜（2.0mm）	m²	864.94	—
		无纺土工布（400g/m²）	m²	846.94	—
		无纺土工布（1000g/m²）	m²	864.94	—
		HDPE管（*DN*200）	m	8.98	—
		HDPE管（*DN*250）	m	4.92	—
		HDPE管（*DN*300）	m	3.71	—
		水泥　综合	kg	12468.25	—
		钢材　综合	kg	1203.29	—
		标准砖	千块	2.81	—
		粗砂	m³	37.00	—
		砾石	m³	477.81	—
		沥青混凝土	m³	2.31	—
		其他材料费	元	14315	—
		措施费分摊	元	4098	—
		材料费小计	元	89598	31.98
	机械费	机械费	元	37748	—
		措施费分摊	元	236	—
		机械费小计	元	37984	13.56
	直接费小计		元	148190	52.89
综合费用			元	31224	11.14
合　计			元	179414	—

分项工程费用

单位：10000m³

序号	指　标　编　号	10Z-004		
	名　称	单位	数量	费用（元）
一	填　埋　区			
1	库区土石方	m³	1894	35990
2	防渗系统	m²	516	56947
3	渗沥液导排系统	项	—	8202
4	气体导排系统	项	—	390
5	地下水导排系统	项	—	6244
6	垃圾坝（黏土坝）	m³	146	5272
7	截污坝（堤）	m	15	3929
8	截洪、排洪系统	m	9	6243
9	调节池	m³	8	4312
10	填埋设备	项	—	29697
11	环境监测设备	项	—	2426
12	地下水监测井	项	—	312
13	其他项目	项	—	7716
	合计		—	167683
二	管　理　区			
1	管理区总建筑面积	项	—	14730
三	总　图			
1	场区土石方	m³	184	254
2	场区道路	m²	34	7871
3	场区给排水	项	—	3761
4	场区电气	项	—	3067
5	场区热力管道	项	—	—
6	围墙、大门	项	—	1023
7	绿化	项	—	1065
8	其他项目	项	—	7767
	合计		—	24807
四	渗沥液处理			
1	渗沥液处理	项	—	19345

工程特征：1. 填埋场总库容：300万立方米以内；2. 填埋场类型：平原型；3. 日处理规模：700t；4. 服务年限：10年；5. 填埋场防渗结构及面积：人工防渗，防渗膜面积19.77万平方米；6. 地下水情况：地下水为潜水位承压水；7. 管理区总建筑面积：1443.75m²；8. 渗沥液处理规模、出水标准：200m³/d，二级排放标准。

单位：10000m³

指标编号				10Z-005	
项目			单位	Ⅱ类 填埋区总库容	
				300以内	占指标基价(%)
指标基价			元	268949	100.00
一、建筑安装工程费			元	189294	70.38
二、设备购置费			元	29936	11.13
三、工程建设其他费用			元	29798	11.08
四、基本预备费			元	19922	7.41
建筑安装工程费					
直接费	人工费	人工	工日	452	—
		措施费分摊	元	483	—
		人工费小计	元	14509	5.39
	材料费	HDPE毛面防渗膜(1.5mm)	m²	696.13	—
		无纺土工布(200g/m²)	m²	1392.61	—
		HDPE管(*DN*300)	m	6.15	—
		HDPE管(*DN*400)	m	0.26	—
		水泥 综合	kg	1061.52	—
		钢材 综合	kg	689.62	—
		标准砖	千块	3.21	—
		粗砂	t	5.93	—
		砾石	t	474.16	—
		预拌混凝土 C25	m³	6.15	—
		其他材料费	元	63037	—
		措施费分摊	元	5253	—
		材料费小计	元	132214	49.16
	机械费	机械费	元	9300	—
		措施费分摊	元	302	—
		机械费小计	元	9602	3.57
	直接费小计		元	156325	58.12
综合费用			元	32969	12.26
合计			元	189294	—

分项工程费用

单位：10000m³

序号	指标编号		10Z-005	
	名称	单位	数量	费用(元)
一	填埋区			
1	库区土石方	m³	1557.326	64439
2	水平防渗系统	m²	696.127	65892
3	渗沥液导排系统	项	—	26459
4	气体导排系统	项	—	—
5	地下水导排系统	项	—	—
6	垃圾坝	m³	—	—
7	截洪、排洪系统	m	—	—
8	调节池	m³	7.732	2747
9	填埋设备	项	—	16919
10	环境监测设备	项	—	1095
11	地下水监测井	座	0.014	211
12	其他项目	项	—	9309
	合计		—	187072
二	管理区			
1	管理区	项	—	7551
三	总图			
1	场区土石方	m³	10.167	292
2	场区道路及广场	m²	46.947	5634
3	场区给排水	项	—	2903
4	场区电气	项	—	1605
5	场区热力管道	项	—	148
6	围墙、大门	项	—	2898
7	绿化	项	—	3665
8	其他项目	项	—	2223
	合计		—	19368
四	渗沥液处理			
1	渗沥液处理	项	—	5238

工程特征：1. 填埋场总库容：350 万立方米以内；2. 填埋场类型：山谷型；3. 日处理规模：400t；4. 服务年限：24 年；5. 填埋场防渗结构及面积：2.0mmHDPE 毛面防渗膜，防渗面积为 247960m^2；6. 地下水情况：采用主次盲沟方式进行导排；7. 垃圾坝长度：为碾压土坝，长度为 524.2m，最大坝高为 6.5m；8. 管理区总建筑面积：1564m^2；9. 渗沥液处理规模、出水标准：150t/d，三级排放标准。

单位：10000m^3

指标编号				10Z-006	
项目			单位	Ⅱ类 填埋区总库容	
				350 以内	占指标基价（%）
指标基价			元	234485	100.00
一、建筑安装工程费			元	156615	66.79
二、设备购置费			元	32874	14.02
三、工程建设其他费用			元	27626	11.78
四、基本预备费			元	17369	7.41
建筑安装工程费					
直接费	人工费	人工	工日	563	—
		措施费分摊	元	360	—
		人工费小计	元	17829	7.60
	材料费	HDPE 毛面防渗膜（2.0mm）	m^2	1161.70	—
		无纺土工布（500g/m^2）	m^2	871.93	—
		无纺土工布（1000g/m^2）	m^2	0.00	—
		膨润土垫（5000g/m^2）	m^2	0.00	—
		HDPE 管（DN100）	m	0.00	—
		HDPE 管（DN200）	m	9.59	—
		HDPE 管（DN250）	m	7.24	—
		HDPE 管（DN300）	m	7.22	—
		水泥 综合	kg	10978.40	—
		钢材 综合	kg	1059.54	—
		标准砖	千块	2.80	—
		粗砂	m^3	32.52	—
		砾石	m^3	420.01	—
		沥青混凝土	m^3	2.03	—
		其他材料费	元	12570	—
		措施费分摊	元	3910	—
		材料费小计	元	78112	33.31
	机械费	机械费	元	33182	—
		措施费分摊	元	225	—
		机械费小计	元	33406	14.25
	直接费小计		元	129348	55.16
综合费用			元	27267	11.63
合计			元	156615	—

分项工程费用

单位：10000m^3

序号	指标编号	10Z-006		
	名称	单位	数量	费用（元）
一	填埋区			
1	库区土石方	m^3	2034	20837
2	防渗系统	m^2	1137	57824
3	渗沥液导排系统	项	—	4989
4	气体导排系统	项	—	66
5	地下水导排系统	项	—	5043
6	垃圾坝（黏土坝）	m^3	86	2159
7	调节池	m^3	128	2380
8	填埋设备	项	—	30901
9	地下水监测井	项	—	590
10	其他项目	项	—	7949
	合计		—	132736
二	管理区			
1	管理区总建筑面积	项	—	9201
三	总图			
1	场区土石方	m^3	—	4103
2	场区道路	m^2	—	5743
3	场区给排水	项	—	1233
4	场区电气	项	—	2743
5	场区热力管道	项	—	—
6	围墙、大门	项	—	1061
7	绿化	项	—	2004
8	其他项目	项	—	10605
	合计		—	27492
四	渗沥液处理			
1	渗沥液处理	项	—	20059

工程特征：1. 填埋场总库容：400万立方米以内；2. 填埋场类型：山谷型；3. 日处理规模：360t；4. 服务年限：20年；5. 填埋场防渗结构及面积：2.0mmHDPE毛面防渗膜，防渗面积为：260400m²；6. 地下水情况：采用盲沟进行导排；7. 垃圾坝：土坝、长度为78m、高度为11m；8. 管理区总建筑面积：1999m²；9. 渗沥液处理规模、出水标准：三级标准。

单位：10000m³

指标编号				10Z-007	
项目			单位	Ⅱ类 填埋区总库容	
				400以内	占指标基价(%)
指标基价			元	197245	100.00
一、建筑安装工程费			元	139288	70.62
二、设备购置费			元	19552	9.91
三、工程建设其他费用			元	23794	12.06
四、基本预备费			元	14611	7.41
建筑安装工程费					
直接费	人工费	人工	工日	578	—
		措施费分摊	元	353	—
		人工费小计	元	18288	9.27
	材料费	HDPE毛面防渗膜(2.0mm)	m²	703.78	—
		无纺土工布(200g/m²)	m²	13.51	—
		无纺土工布(300g/m²)	m²	279.73	—
		无纺土工布(600g/m²)	m²	1132.43	—
		HDPE管(*DN*200)	m	7.30	—
		HDPE管(*DN*300)	m	5.68	—
		水泥 综合	kg	7412.71	—
		钢材 综合	kg	243.85	—
		标准砖	千块	0.97	—
		粗砂	t	6.36	—
		砾石	m³	34.36	—
		沥青混凝土	m³	5.40	—
		其他材料费	元	7879.13	—
		措施费分摊	元	3835	—
		材料费小计	元	76257	38.66
	机械费	机械费	元	20254	—
		措施费分摊	元	220	—
		机械费小计	元	20475	10.38
	直接费小计		元	115019	58.31
综合费用			元	24269	12.30
合计			元	139288	—

分项工程费用

单位：10000m³

序号	指标编号	10Z-007		
	名称	单位	数量	费用(元)
一	填埋区			
1	库区土石方	m³	1443.34	18328
2	水平防渗系统	m²	703.78	62893
3	渗沥液导排系统	项	—	5601
4	气体导排系统	项	—	4059
5	地下水导排系统	项	—	3232
6	垃圾坝	m³	41.89	775
7	截污坝(堤)	m³	27.03	1021
8	截洪、排洪系统	m	5.55	4443
9	调节池	m³	—	2098
10	填埋设备	项	—	7514
11	其他项目	项	—	5335
	合计		—	115299
二	管理区			
1	管理区	项	—	5446
三	总图			
1	场区土石方	m³	481.11	6109
2	场区道路	m²	50.54	8838
3	场区给排水	项	—	1873
4	场区电气	项	—	345
5	场区热力管道	项	—	575
6	围墙、大门	项	—	108
7	绿化	项	—	1622
8	其他项目	项	—	5494
	合计		—	24964
四	渗沥液处理			
1	渗沥液处理	项	—	13131

工程特征：1. 填埋场总库容：450万立方米以内；2. 填埋场类型：平原型；3. 日处理规模：500t；4. 服务年限：15年；5. 填埋场防渗结构及面积：224600m²；6. 地下水情况：地下水较低，故不设地下水导排系统；7. 管理区总建筑面积：6678m²；8. 渗沥液处理规模、出水标准：渗沥液回灌处理。

单位：10000m³

指标编号				10Z-008	
项目			单位	Ⅱ类 填埋区总库容	
				450以内	占指标基价(%)
指标基价			元	273984	100.00
一、建筑安装工程费			元	181027	66.07
二、设备购置费			元	40421	14.75
三、工程建设其他费用			元	32241	11.77
四、基本预备费			元	20295	7.41
建筑安装工程费					
直接费	人工费	人工	工日	661	—
		措施费分摊	元	380	—
		人工费小计	元	20891	7.62
	材料费	HDPE毛面防渗膜(1.5mm)	m²	582.05	—
		无纺土工布(150g/m²)	m²	542.38	—
		无纺土工布(500g/m²)	m²	579.26	—
		5000g/m² 膨润土垫	m²	579.26	—
		HDPE管(*DN*200)	m	5.44	—
		HDPE管(*DN*355)	m	1.79	—
		水泥 综合	kg	1044.81	—
		钢材 综合	kg	946.02	—
		标准砖	千块	3.84	—
		粗砂	t	54.51	—
		砾石	t	584.46	—
		沥青混凝土	m³	2.34	—
		其他材料费	元	8941.97	—
		措施费分摊	元	4155	—
		材料费小计	元	90095	32.88
	机械费	机械费	元	38273	—
		措施费分摊	元	239	—
		机械费小计	元	38512	14.06
		直接费小计	元	149498	54.56
综合费用			元	31529	11.51
合 计			元	181027	—

分项工程费用

单位：10000m³

序号	指标编号		10Z-008	
	名称	单位	数量	费用(元)
一	填埋区			
1	库区土石方	m³	1338	41384
2	水平防渗系统	m²	579	86557
3	渗沥液导排系统	项	—	4827
4	气体导排系统	项	—	4679
5	截洪、排洪系统	m	4	2988
6	渗沥液回喷(灌)系统	项	—	—
7	调节池	m³	9	1415
8	填埋设备	项	—	25187
9	环境监测设备	项	—	694
10	地下水监测井	座	0.013	577
11	其他项目	项	—	12091
	合计		—	180400
二	管理区			
1	管理区	项	—	24279
三	总图			
1	场区土石方	m³	47	2890
2	场区道路	m²	41	7077
3	场区给排水	项	—	994
4	场区电气	项	—	2129
5	场区热力管道	项	—	580
6	围墙、大门	项	—	442
7	绿化	项	—	2579
8	其他项目	项	—	77
	合计		—	16768

工程特征：1. 填埋场总库容：500万立方米以内；2. 填埋场类型：山谷型；3. 日处理规模：350t；4. 服务年限：42年；5. 填埋场防渗结构及面积：2.0mmHDPE毛面防渗膜＋500g/m^2GCL膨润土垫复合防渗的结构，防渗面积为214600m^2；6. 地下水情况：采用盲沟与*DN*250HDPE花管结合的方式进行导排；7. 垃圾坝长度：为碾压土坝，长度为295.78m，最大坝高为10.98m；8. 管理区总建筑面积：243m^2；9. 渗沥液处理规模、出水标准：渗沥液送污水处理厂处理。

单位：10000m^3

指标编号				10Z-009	
项目			单位	Ⅱ类 填埋区总库容	
				500以内	占指标基价(%)
指标基价			元	216702	100.00
一、建筑安装工程费			元	158056	72.94
二、设备购置费			元	17306	7.99
三、工程建设其他费用			元	25287	11.67
四、基本预备费			元	16052	7.41
建筑安装工程费					
直接费	人工费	人工	工日	753	—
		措施费分摊	元	401	—
		人工费小计	元	18182	8.39
	材料费	HDPE毛面防渗膜(2.0mm)	m^2	506.41	—
		无纺土工布(400g/m^2)	m^2	469.24	—
		无纺土工布(1000g/m^2)	m^2	469.24	—
		膨润土垫(5000g/m^2)	m^2	469.24	—
		HDPE管(*DN*100)	m	14.21	—
		HDPE管(*DN*150)	m	0.92	—
		HDPE管(*DN*250)	m	3.22	—
		HDPE管(*DN*800)	m	0.50	—
		水泥 综合	kg	11018.37	—
		钢材 综合	kg	1063.46	—
		标准砖	千块	2.47	—
		粗砂	m^3	32.52	—
		砾石	m^3	419.94	—
		沥青混凝土	m^3	2.03	—
		其他材料费	元	12539	—
		措施费分摊	元	4366	—
		材料费小计	元	78898	36.41
	机械费	机械费	元	33176	—
		措施费分摊	元	251	—
		机械费小计	元	33427	15.43
	直接费小计		元	130506	60.22
综合费用			元	27550	12.71
合计			元	158056	—

分项工程费用

单位：10000m^3

序号	指标编号		10Z-009	
	名称	单位	数量	费用(元)
一	填埋区			
1	防渗系统	m^2	469	89127
2	渗沥液导排系统	m^2	—	2917
3	气体导排系统	项	—	190
4	地下水导排系统	项	—	2062
5	垃圾坝(黏土坝)	m^3	164	3064
6	截污坝(堤)	m^3	50	1344
7	截洪、排洪系统	m	4	8393
8	调节池	m^3	124	16060
9	填埋设备	项	—	22256
10	地下水监测井	项	—	96
11	其他项目	项	—	16944
	合计		—	162454
二	管理区			
1	管理区总建筑面积	项	—	2267
三	总图			
1	场区土石方	m^3	109	2106
2	场区道路	m^2	20	2645.93
3	场区给排水	项	—	—
4	场区电气	项	—	1634
5	场区热力管道	项	—	—
6	绿化	项	—	—
7	其他项目	项	—	4254
	合计		—	10640

工程特征：1. 填埋场总库容：600 万立方米以内；2. 填埋场类型：山谷型；3. 日处理规模：700t；4. 服务年限：20 年；5. 填埋场防渗结构及面积：2.0mmHDPE 毛面防渗膜，防渗面积 459000m²；6. 地下水情况：采用盲沟进行导排；7. 垃圾坝：土坝、长度为 82m、高度为 13m；8. 管理区总建筑面积：2001m²；9. 渗沥液处理规模、出水标准：三级标准。

单位：10000m³

指标编号				10Z-010	
项目			单位	Ⅲ类 填埋区总库容	
				600 以内	占指标基价（%）
指标基价			元	170640	100.00
一、建筑安装工程费			元	123368	72.30
二、设备购置费			元	15044	8.82
三、工程建设其他费用			元	19589	11.48
四、基本预备费			元	12640	7.41
建筑安装工程费					
直接费	人工费	人工	工日	399	—
		措施费分摊	元	313	—
		人工费小计	元	12694	7.44
	材料费	HDPE 毛面防渗膜(2.0mm)	m²	842.20	—
		无纺土工布(600g/m²)	m²	1420.18	—
		无纺土工布(200g/m²)	m²	0.35	—
		HDPE 管(*DN*400)	m	1.81	—
		HDPE 管(*DN*300)	m	1.14	—
		HDPE 管(*DN*250)	m	0.80	—
		HDPE 管(*DN*200)	m	1.29	—
		水泥 综合	kg	5021.47	—
		钢材 综合	kg	152.28	—
		标准砖	千块	3.47	—
		粗砂	t	6.76	—
		砾石	m³	22.01	—
		沥青混凝土	m³	3.49	—
		其他材料费	元	5814	—
		措施费分摊	元	3408	—
		材料费小计	元	77177	45.23
	机械费	机械费	元	11806	—
		措施费分摊	元	196	—
		机械费小计	元	12002	7.03
	直接费小计		元	101873	59.70
综合费用			元	21495	12.60
合计			元	123368	—

分项工程费用

单位：10000m³

序号	指标编号	10Z-010		
	名称	单位	数量	费用(元)
一	填埋区			
1	库区土石方	m³	523.95	9703
2	水平防渗系统	m²	842.20	64790
3	渗沥液导排系统	项	—	2794
4	气体导排系统	项	—	276
5	地下水导排系统	项	—	842
6	垃圾坝	m³	69.72	5020
7	截污坝(堤)	m³	36.70	1912
8	截洪、排洪系统	m	10.33	9120
9	调节池	m³	—	1322
10	填埋设备	项	—	9615
11	环境监测设备	项	—	248
12	地下水监测井	座	0.01	2917
13	其他项目	项	—	9419
	合计		—	115977
二	管理区			
1	管理区	项	—	6366
三	总图			
1	场区土石方	m³	203.76	3773
2	场区道路	m²	28.77	2356
3	场区给排水	项	—	684
4	场区电气	项	—	547
5	场区热力管道	项	—	101
6	围墙、大门	项	—	1495
8	绿化	项	—	963
7	其他项目	项	—	3285
	合计		—	13205
四	渗沥液处理			
1	渗沥液处理	项	—	2864

工程特征：1. 填埋场总库容：700 万立方米以内；2. 填埋场类型：山谷型；3. 日处理规模：450t；4. 服务年限：32 年；5. 填埋场防渗结构及面积：1.5mmHDPE 毛面防渗膜＋5000g/m² 膨润土垫，防渗面积为 208310m²；6. 地下水情况：采用主次盲沟方式进行导排；7. 垃圾坝长度：为碾压土坝，长度为 296.44m，最大坝高为 16m；8. 管理区总建筑面积：1537m²；9. 渗沥液处理规模、出水标准：100t/d，一级排放标准。

单位：10000m³

指标编号				10Z-011	
项　目			单位	Ⅲ类　填埋区总库容	
				700 以内	占指标基价(%)
指标基价			元	185810	100.00
一、建筑安装工程费			元	121745	65.52
二、设备购置费			元	28529	15.35
三、工程建设其他费用			元	21772	11.72
四、基本预备费			元	13764	7.41
建 筑 安 装 工 程 费					
直接费	人工费	人工	工日	442	—
		措施费分摊	元	310	—
		人工费小计	元	14025	7.55
	材料费	HDPE 毛面防渗膜(1.5mm)	m²	606.93	—
		无纺土工布(500g/m²)	m²	1213.85	—
		无纺土工布(150g/m²)	m²	136.50	—
		5000g/m² 膨润土垫	m²	606.93	—
		HDPE 管(*DN*150)	m	0.14	—
		HDPE 管(*DN*200)	m	4.15	—
		HDPE 管(*DN*250)	m	0.00	—
		HDPE 管(*DN*300)	m	3.90	—
		水泥　综合	kg	8580.32	—
		钢材　综合	kg	828.28	—
		标准砖	千块	1.90	—
		粗砂	m³	25.07	—
		砾石	m³	323.73	—
		沥青混凝土	m³	1.57	—
		其他材料费	元	9606	—
		措施费分摊	元	3367	—
		材料费小计	元	60748	32.69
	机械费	机械费	元	25575	—
		措施费分摊	元	194	—
		机械费小计	元	25769	13.87
	直接费小计		元	100541	54.11
综合费用			元	21204	11.41
合　　计			元	121745	—

分项工程费用

单位：10000m³

序号	指 标 编 号		10Z-011	
	名　称	单位	数量	费用(元)
一	填　埋　区			
1	库区土石方	m³	1133	14620
2	防渗系统	m²	607	52250
3	渗沥液导排系统	项	—	2511
4	气体导排系统	项	—	39
5	地下水导排系统	项	—	796
6	垃圾坝(黏土坝)	m³	139	2068
7	截洪、排洪系统	m	9	2987
8	调节池	m³	58	1898
9	填埋设备	项	—	2347
10	地下水监测井	项	—	375
11	其他项目	项	—	21361
	合计		—	101252
二	管　理　区			
1	管理区总建筑面积	项	—	6961
三	总　　图			
1	场区土石方	m³	28	482
2	场区道路	m²	34	3814.55
3	场区给排水	项	—	2179
4	场区电气	项	—	2188
5	场区热力管道	项	—	—
6	围墙、大门	项	—	721
7	绿化	项	—	660
8	其他项目	项	—	8133
	合计		—	18178
四	渗沥液处理			
1	渗沥液处理	项	—	23884

工程特征：1. 填埋场总库容：800 万立方米以内；2. 填埋场类型：平原型；3. 日处理规模：1100t；4. 服务年限：15 年；5. 填埋场防渗结构及面积：2.0mmHDPE 毛面防渗膜，防渗面积为：271400m²；6. 地下水情况：采用盲沟进行导排；7. 垃圾坝：无；8. 管理区总建筑面积：1900m²；9. 渗沥液处理规模、出水标准：污水排至污水处理厂。

单位：10000m³

指标编号				10Z-012	
项目			单位	Ⅲ类 填埋场总库容	
				800 以内	占指标基价（%）
指标基价			元	174141	100.00
一、建筑安装工程费			元	121332	69.67
二、设备购置费			元	19505	11.20
三、工程建设其他费用			元	20404	11.72
四、基本预备费			元	12899	7.41
建筑安装工程费					
直接费	人工费	人工	工日	405	—
		措施费分摊	元	308	—
		人工费小计	元	12875	7.39
	材料费	HDPE 毛面防渗膜（2.0mm）	m²	373.83	—
		无纺土工布(600g/m²)	m²	155.65	—
		无纺土工布(300g/m²)	m²	592.29	—
		无纺土工布(200g/m²)	m²	9.09	—
		HDPE 管(DN300)	m	2.05	—
		HDPE 管(DN200)	m	0.15	—
		HDPE 管(DN100)	m	0.44	—
		水泥 综合	kg	2611.27	—
		钢材 综合	kg	54.41	—
		标准砖	千块	0.67	—
		粗砂	t	8.81	—
		砾石	m³	219.36	—
		沥青混凝土	m³	2.89	—
		双向土工格栅	m²	123.97	—
		其他材料费	元	9791	—
		措施费分摊	元	3350	—
		材料费小计	元	71847	41.26
	机械费	机械费	元	15269	—
		措施费分摊	元	193	—
		机械费小计	元	15461	8.88
	直接费小计		元	100184	57.53
综合费用			元	21149	12.14
合计			元	121332	—

分项工程费用

单位：10000m³

序号	指标编号		10Z-012	
	名称	单位	数量	费用(元)
一	填埋区			
1	库区土石方	m³	2509.09	26818
2	水平防渗系统	m²	373.83	34344
3	渗沥液导排系统	项	—	15482
4	气体导排系统	项	—	2414
5	地下水导排系统	项	—	11216
6	截洪、排洪系统	m	—	435
7	调节池	m³	—	2015
8	填埋设备	项	—	8219
9	环境监测设备	项	—	954
10	其他项目	项	—	16469
	合计		—	118365
二	管理区			
1	管理区	项	—	3302
三	总图			
1	场区土石方	m³	1127.27	12049
2	场区道路	m²	23.88	2932
3	场区给排水	项	—	714
4	场区电气	项	—	603
5	场区热力管道	项	—	111
6	围墙、大门	项	—	110
7	绿化	项	—	737
8	其他项目	项	—	1910
	合计		—	19167

工程特征：1. 填埋场总库容：1000 万立方米以内；2. 填埋场类型：平原型；3. 日处理规模：1800t；4. 服务年限：12 年；5. 填埋场防渗结构及面积：人工防渗，防渗面积 23.236 万平方米；6. 地下水情况：潜水位承压水；7. 管理区总建筑面积：2792.56m²；8. 渗沥液处理规模、出水标准：150m³/d，二级排放标准。

单位：10000m³

<table>
<tr><td colspan="3">指标编号</td><td>单位</td><td colspan="2">10Z-013</td></tr>
<tr><td colspan="3" rowspan="2">项　　目</td><td rowspan="2">单位</td><td colspan="2">Ⅲ类　填埋场总库容</td></tr>
<tr><td>100 以内</td><td>占指标基价（%）</td></tr>
<tr><td colspan="3">指标基价</td><td>元</td><td>191204</td><td>100.00</td></tr>
<tr><td colspan="3">一、建筑安装工程费</td><td>元</td><td>140979</td><td>73.73</td></tr>
<tr><td colspan="3">二、设备购置费</td><td>元</td><td>15769</td><td>8.25</td></tr>
<tr><td colspan="3">三、工程建设其他费用</td><td>元</td><td>20293</td><td>10.61</td></tr>
<tr><td colspan="3">四、基本预备费</td><td>元</td><td>14163</td><td>7.41</td></tr>
<tr><td colspan="6">建筑安装工程费</td></tr>
<tr><td rowspan="19">直接费</td><td rowspan="3">人工费</td><td>人工</td><td>工日</td><td>347</td><td>—</td></tr>
<tr><td>措施费分摊</td><td>元</td><td>359</td><td>—</td></tr>
<tr><td>人工费小计</td><td>元</td><td>11126</td><td>5.82</td></tr>
<tr><td rowspan="12">材料费</td><td>HDPE 毛面防渗膜（1.5mm）</td><td>m²</td><td>529.05</td><td>—</td></tr>
<tr><td>无纺土工布(300g/m²)</td><td>m²</td><td>1058.10</td><td>—</td></tr>
<tr><td>无纺土工布(200g/m²)</td><td>m²</td><td>467.69</td><td>—</td></tr>
<tr><td>HDPE 管(DN400)</td><td>m</td><td>3.94</td><td>—</td></tr>
<tr><td>水泥　综合</td><td>kg</td><td>566.88</td><td>—</td></tr>
<tr><td>钢材　综合</td><td>kg</td><td>400.63</td><td>—</td></tr>
<tr><td>标准砖</td><td>千块</td><td>1.43</td><td>—</td></tr>
<tr><td>粗砂</td><td>t</td><td>4.46</td><td>—</td></tr>
<tr><td>砾石</td><td>t</td><td>356.23</td><td>—</td></tr>
<tr><td>预拌混凝土 C25</td><td>m³</td><td>4.49</td><td>—</td></tr>
<tr><td>其他材料费</td><td>元</td><td>39626</td><td>—</td></tr>
<tr><td>措施费分摊</td><td>元</td><td>3902</td><td>—</td></tr>
<tr><td></td><td>材料费小计</td><td>元</td><td>95896</td><td>50.15</td></tr>
<tr><td rowspan="3">机械费</td><td>机械费</td><td>元</td><td>9169</td><td>—</td></tr>
<tr><td>措施费分摊</td><td>元</td><td>224</td><td>—</td></tr>
<tr><td>机械费小计</td><td>元</td><td>9393</td><td>4.91</td></tr>
<tr><td colspan="2">直接费小计</td><td>元</td><td>116415</td><td>60.89</td></tr>
<tr><td colspan="3">综合费用</td><td>元</td><td>24564</td><td>12.85</td></tr>
<tr><td colspan="3">合　　计</td><td>元</td><td>140979</td><td>—</td></tr>
</table>

分项工程费用

单位：10000m³

<table>
<tr><td rowspan="2">序号</td><td colspan="2">指标编号</td><td colspan="2">10Z-013</td></tr>
<tr><td>名　称</td><td>单位</td><td>数量</td><td>费用(元)</td></tr>
<tr><td>一</td><td colspan="4">填　埋　区</td></tr>
<tr><td>1</td><td>库区土石方</td><td>m³</td><td>633.67</td><td>31307</td></tr>
<tr><td>2</td><td>水平防渗系统</td><td>m²</td><td>523.79</td><td>56408</td></tr>
<tr><td>3</td><td>渗沥液导排系统</td><td>项</td><td>—</td><td>21971</td></tr>
<tr><td>4</td><td>气体导排系统</td><td>项</td><td>—</td><td>508</td></tr>
<tr><td>5</td><td>地下水导排系统</td><td>项</td><td>—</td><td>1821</td></tr>
<tr><td>6</td><td>调节池</td><td>m³</td><td>6.43</td><td>2702</td></tr>
<tr><td>7</td><td>填埋设备</td><td>项</td><td>—</td><td>10108</td></tr>
<tr><td>8</td><td>环境监测设备</td><td>项</td><td>—</td><td>1225</td></tr>
<tr><td>9</td><td>地下水监测井</td><td>座</td><td>0.01</td><td>77</td></tr>
<tr><td>10</td><td>提升井</td><td>项</td><td>—</td><td>408</td></tr>
<tr><td>11</td><td>其他项目</td><td>项</td><td>—</td><td>7126</td></tr>
<tr><td></td><td>合计</td><td></td><td>—</td><td>133661</td></tr>
<tr><td>二</td><td colspan="4">管　理　区</td></tr>
<tr><td>1</td><td>管理区</td><td>项</td><td>—</td><td>4074</td></tr>
<tr><td>三</td><td colspan="4">总　　图</td></tr>
<tr><td>1</td><td>场区土石方</td><td>m³</td><td>2.85</td><td>112</td></tr>
<tr><td>2</td><td>场区道路及广场</td><td>m²</td><td>30.61</td><td>3673</td></tr>
<tr><td>3</td><td>场区给排水</td><td>项</td><td>—</td><td>1420</td></tr>
<tr><td>4</td><td>场区电气</td><td>项</td><td>—</td><td>2628</td></tr>
<tr><td>5</td><td>场区热力管道</td><td>项</td><td>—</td><td>733</td></tr>
<tr><td>6</td><td>围墙、大门</td><td>项</td><td>—</td><td>2348</td></tr>
<tr><td>7</td><td>绿化</td><td>项</td><td>—</td><td>5020</td></tr>
<tr><td>8</td><td>其他项目</td><td>项</td><td>—</td><td>980</td></tr>
<tr><td></td><td>合计</td><td></td><td>—</td><td>16914</td></tr>
<tr><td>四</td><td colspan="4">渗沥液处理</td></tr>
<tr><td>1</td><td>渗沥液处理</td><td>项</td><td>—</td><td>2098</td></tr>
</table>

工程特征：1. 填埋场总库容：1200 万立方米以内；2. 填埋场类型：山谷型；3. 日处理规模：1500t；4. 服务年限：17 年；5. 填埋场防渗结构及面积：2.0mmHDPE 毛面防渗膜＋GCL 膨润土垫复合防渗结构，防渗面积 437700m²；6. 地下水情况：采用盲沟进行导排；7. 垃圾坝：土坝、长度为 240m、高度为 25m；8. 管理区总建筑面积：3107m²；9. 渗沥液处理规模、出水标准：一级排放标准。

单位：10000m³

指标编号				10Z-014	
项目			单位	Ⅲ类 填埋场总库容	
				1200 以内	占指标基价（%）
指标基价			元	219497	100.00
一、建筑安装工程费			元	166585	75.89
二、设备购置费			元	11707	5.33
三、工程建设其他费用			元	24946	11.36
四、基本预备费			元	16259	7.41
建筑安装工程费					
直接费	人工费	人工	工日	518	—
		措施费分摊	元	418	—
		人工费小计	元	16491	7.51
	材料费	HDPE 毛面防渗膜（2.0mm）	m²	364.78	—
		无纺土工布（600g/m²）	m²	591.38	—
		无纺土工布（300g/m²）	m²	258.48	—
		无纺土工布（200g/m²）	m²	50.83	—
		5000g/m² 膨润土垫	m²	383.05	—
		HDPE 管（*DN*350）	m	2.63	—
		HDPE 管（*DN*300）	m	3.27	—
		HDPE 管（*DN*250）	m	0.20	—
		HDPE 管（*DN*200）	m	15.65	—
		HDPE 管（*DN*100）	m	1.08	—
		水泥 综合	kg	8083.75	—
		钢材 综合	kg	456.84	—
		标准砖	千块	1.47	—
		粗砂	t	12.74	—
		砾石	m³	25.76	—
		沥青混凝土	m³	2.12	—
		双向 HDPE 土工格栅	m²	4.71	—
		其他材料费	元	12481	—
		措施费分摊	元	4544	—
		材料费小计	元	99628	45.39
	机械费	机械费	元	21179	—
		措施费分摊	元	261	—
		机械费小计	元	21440	9.77
	直接费小计		元	137560	62.67
综合费用			元	29025	13.22
合计			元	166585	—

分项工程费用

单位：10000m³

序号	指标编号			10Z-014
	名称	单位	数量	费用（元）
一	填埋区			
1	库区土石方	m³	824.78	9107
2	水平防渗系统	m²	364.75	51497
3	渗沥液导排系统	项	—	9542
4	气体导排系统	项	—	4253
5	地下水导排系统	项	—	9340
6	垃圾坝	m³	279.17	10602
7	拦洪坝	m³	394.17	23853
8	截污坝（堤）	m³	4.53	500
9	截洪、排洪系统	m	4.61	16671
10	渗沥液回喷（灌）系统	项	—	131
11	调节池	m³	—	1055
12	填埋设备	项	—	16429
13	环境监测设备	项	—	151
14	地下水监测井	座	—	2500
15	其他项目	项	—	2168
	合计		—	157798
二	管理区			
1	管理区	项	—	2554
三	总图			
1	场区土石方	m³	388.13	4799
2	场区道路	m²	17.50	2150
3	场区给排水	项	—	1012
4	场区电气	项	—	101
5	场区热力管道	项	—	125
6	围墙、大门	项	—	472
7	绿化	项	—	450
8	其他项目	项	—	2085
	合计		—	11194
四	渗沥液处理			
1	渗沥液处理	项	—	6746

工程特征：1. 填埋场总库容：1200万立方米以内；2. 填埋场类型：山谷型；3. 日处理规模：2300t；4. 服务年限：27年；5. 填埋场防渗结构及面积：2.0mmHDPE毛面防渗膜，防渗面积为42290m²；6. 地下水情况：采用主次盲沟方式进行导排；7. 垃圾坝长度：为碾压土石坝，长度为895.45m，最大坝高为21m；8. 管理区总建筑面积：1537m²；9. 渗沥液处理规模、出水标准：300t/d，二级排放标准。

单位：10000m³

指标编号				10Z-015	
项目			单位	Ⅳ类 填埋区总库容	
				1200以外	占指标基价（%）
指标基价			元	125386	100.00
一、建筑安装工程费			元	71873	57.32
二、设备购置费			元	29579	23.59
三、工程建设其他费用			元	14647	11.68
四、基本预备费			元	9288	7.41
建筑安装工程费					
直接费	人工费	人工	工日	278	—
		措施费分摊	元	183	—
		人工费小计	元	8809	7.03
	材料费	HDPE毛面防渗膜（2.0mm）	m²	419.28	—
		无纺土工布(500g/m²)	m²	419.28	—
		无纺土工布(150g/m²)	m²	213.28	—
		HDPE管(*DN*200)	m	2.16	—
		HDPE管(*DN*300)	m	2.41	—
		水泥 综合	kg	5011.25	—
		钢材 综合	kg	483.75	—
		标准砖	千块	1.11	—
		粗砂	m³	14.63	—
		砾石	m³	188.95	—
		沥青混凝土	m³	0.91	—
		其他材料费	元	5603	—
		措施费分摊	元	1986	—
		材料费小计	元	35499	28.31
	机械费	机械费	元	14927	—
		措施费分摊	元	114	—
		机械费小计	元	15042	12.00
	直接费小计		元	59350	47.33
综合费用			元	12523	9.99
合 计			元	71873	—

分项工程费用

单位：10000m³

序号	指标编号		10Z-015	
	名称	单位	数量	费用(元)
一	填埋区			
1	库区土石方	m³	1126	13671
2	防渗系统	m²	405	27226
3	渗沥液导排系统	项	—	8976
4	气体导排系统	项	—	33
5	地下水导排系统	项	—	1012
6	垃圾坝(黏土坝)	m³	164	2575
7	截污坝(堤)	m³	59	984
8	截洪、排洪系统	m	4	1764
9	调节池	m³	37	1120
10	填埋设备	项	—	16284
11	地下水监测井	座	—	98
12	其他项目	项	—	5983
	合计		—	79727
二	管理区			
1	管理区总建筑面积	项	—	3299
三	总图			
1	场区土石方	m³	10	495
2	场区道路	m²	2	948
3	场区给排水	项	—	79
4	场区电气	项	—	1533
5	场区热力管道	项	—	—
6	围墙、大门	项	—	129
7	绿化	项	—	665
8	其他项目	项	—	7261
	合计		—	11110
四	渗沥液处理			
1	渗沥液处理	项	—	7315

1.2 分项指标

1.2.1 填埋区分项指标

1.2.1.1 土石方

工程内容：机挖土石方、1km运输。

单位：m^3

指标编号			10F-001		
项目			单位	机挖土石方	占指标基价（%）
指标基价			元	9.43	100.00
一、建筑安装工程费			元	9.43	100.00
二、设备购置费			元	—	—
建筑安装工程费					
直接费	人工费	人工	工日	0.02	—
		措施费分摊	元	0.04	—
		人工费小计	元	0.78	8.27
	材料费	其他材料费	元	—	—
		措施费分摊	元	0.38	—
		材料费小计	元	0.38	4.06
	机械费	机械费	元	6.59	—
		措施费分摊	元	0.02	—
		机械费小计	元	6.61	70.11
		直接费小计	元	7.77	82.44
综合费用			元	1.66	17.56
合计			元	9.43	100.00

工程内容：运土方每增1km。

单位：m^3

指标编号			10F-002		
项目			单位	运土方每增1km	占指标基价（%）
指标基价			元	1.13	100.00
一、建筑安装工程费			元	1.13	100.00
二、设备购置费			元	—	—
建筑安装工程费					
直接费	人工费	人工	工日	—	—
		措施费分摊	元	—	—
		人工费小计	元	—	—
	材料费	其他材料费	元	—	—
		措施费分摊	元	0.05	—
		材料费小计	元	0.05	4.06
	机械费	机械费	元	0.88	—
		措施费分摊	元	—	—
		机械费小计	元	0.88	78.01
		直接费小计	元	0.93	82.07
综合费用			元	0.20	17.56
合计			元	1.13	100.00

工程内容：爆破石方。

单位：m^3

指标编号			10F-003		
项目			单位	爆破石方	占指标基价（%）
指标基价			元	29.55	100.00
一、建筑安装工程费			元	29.55	100.00
二、设备购置费			元	—	—
建筑安装工程费					
直接费	人工费	人工	工日	0.19	—
		措施费分摊	元	0.11	—
		人工费小计	元	6.10	20.64
	材料费	其他材料费	元	—	—
		措施费分摊	元	1.20	—
		材料费小计	元	6.13	20.75
	机械费	机械费	元	12.06	—
		措施费分摊	元	0.07	—
		机械费小计	元	12.13	41.05
		直接费小计	元	24.36	82.44
综合费用			元	5.19	17.56
合计			元	29.55	100.00

工程内容：挖松碎石方、5km运输。

单位：m^3

指标编号			10F-004		
项目			单位	挖松碎石方	占指标基价（%）
指标基价			元	30.45	100.00
一、建筑安装工程费			元	30.45	100.00
二、设备购置费			元	—	—
建筑安装工程费					
直接费	人工费	人工	工日	0.06	—
		措施费分摊	元	0.11	—
		人工费小计	元	2.10	6.89
	材料费	其他材料费	元	—	—
		措施费分摊	元	1.24	—
		材料费小计	元	1.24	4.06
	机械费	机械费	元	21.70	—
		措施费分摊	元	0.07	—
		机械费小计	元	21.77	71.49
		直接费小计	元	25.11	82.44
综合费用			元	5.35	17.56
合计			元	30.45	100.00

工程内容：土方回填。

单位：m^3

指标编号			10F-005	
项目		单位	土方回填	占指标基价（%）
指标基价		元	11.34	100.00
一、建筑安装工程费		元	11.34	100.00
二、设备购置费		元	—	—
建筑安装工程费				
直接费	人工费 人工	工日	0.26	—
	人工费 措施费分摊	元	0.04	—
	人工费小计	元	8.11	71.53
	材料费 其他材料费	元	—	—
	材料费 措施费分摊	元	0.46	—
	材料费小计	元	0.46	4.06
	机械费 机械费	元	0.75	—
	机械费 措施费分摊	元	0.03	—
	机械费小计	元	0.78	6.85
	直接费小计	元	9.35	82.44
综合费用		元	1.99	17.56
合计		元	11.34	100.00

1.2.1.2 垃圾坝

工程内容：挖土方、运输10km，土坝堆砌。

单位：m^3

指标编号			10F-006	
项目		单位	土坝	占指标基价（%）
指标基价		元	36.17	100.00
一、建筑安装工程费		元	36.17	100.00
二、设备购置费		元	—	—
建筑安装工程费				
直接费	人工费 人工	工日	0.31	—
	人工费 措施费分摊	元	0.14	—
	人工费小计	元	9.88	27.31
	材料费 其他材料费	元	—	—
	材料费 措施费分摊	元	1.47	—
	材料费小计	元	1.47	4.06
	机械费 机械费	元	18.39	—
	机械费 措施费分摊	元	0.08	—
	机械费小计	元	18.47	51.07
	直接费小计	元	29.82	82.44
综合费用		元	6.35	17.56
合计		元	36.17	100.00

工程内容：浆砌块石坝。

单位：m^3

指标编号			10F-007	
项目		单位	浆砌块石坝	占指标基价（%）
指标基价		元	278.64	100.00
一、建筑安装工程费		元	278.64	100.00
二、设备购置费		元	—	—
建筑安装工程费				
直接费	人工费 人工	工日	1.39	—
	人工费 措施费分摊	元	1.04	—
	人工费小计	元	44.10	15.83
	材料费 块石	m^3	1.34	—
	材料费 其他材料费	元	—	—
	材料费 措施费分摊	元	11.31	—
	材料费小计	元	141.75	50.87
	机械费 机械费	元	43.21	—
	机械费 措施费分摊	元	0.65	—
	机械费小计	元	43.86	15.74
	直接费小计	元	229.71	82.44
综合费用		元	48.93	17.56
合计		元	278.64	100.00

工程内容：干砌块石坝。

单位：m^3

指标编号			10F-008	
项目		单位	干砌块石坝	占指标基价（%）
指标基价		元	193.12	100.00
一、建筑安装工程费		元	193.12	100.00
二、设备购置费		元	—	—
建筑安装工程费				
直接费	人工费 人工	工日	1.34	—
	人工费 措施费分摊	元	0.72	—
	人工费小计	元	42.30	21.90
	材料费 块石	m^3	1.33	—
	材料费 其他材料费	元	—	—
	材料费 措施费分摊	元	7.84	—
	材料费小计	元	73.46	38.04
	机械费 机械费	元	43.00	—
	机械费 措施费分摊	元	0.45	—
	机械费小计	元	43.45	22.50
	直接费小计	元	159.21	82.44
综合费用		元	33.91	17.56
合计		元	193.12	100.00

工程内容：混凝土浇筑。

单位：m^3

指标编号				10F-009	
项目			单位	混凝土坝	占指标基价(%)
指标基价			元	397.27	100.00
一、建筑安装工程费			元	397.27	100.00
二、设备购置费			元	—	—
建筑安装工程费					
直接费	人工费	人工	工日	0.49	—
		措施费分摊	元	1.48	—
		人工费小计	元	16.58	4.17
	材料费	C20普通混凝土	m^3	0.95	—
		其他材料费	元	—	—
		措施费分摊	元	16.13	—
		材料费小计	元	305.26	76.84
	机械费	机械费	元	4.74	—
		措施费分摊	元	0.93	—
		机械费小计	元	5.67	1.43
	直接费小计		元	327.51	82.44
综合费用			元	69.76	17.56
合计			元	397.27	100.00

1.2.1.3 防渗系统

工程内容：铺设卵(碎)石；摊铺土工布、HDPE膜、GCL防水毯；铺设压实土保护层。

单位：m^2

指标编号				10F-010	
项目			单位	库底防渗(复合衬层结构)	占指标基价(%)
指标基价			元	250.83	100.00
一、建筑安装工程费			元	250.83	100.00
二、设备购置费			元	—	—
建筑安装工程费					
直接费	人工费	人工	工日	0.60	—
		措施费分摊	元	0.94	—
		人工费小计	元	19.49	7.77
	材料费	无纺土工布(500g/m^2)	m^2	1.10	—
		HDPE毛面防渗膜2.0	m^2	1.15	—
		4800g/m^2 膨润土垫	m^2	1.15	—
		无纺土工布(300g/m^2)	m^2	1.10	—
		300mm厚碎石	m^2	2.10	—
		其他材料费	元	—	—
		措施费分摊	元	10.18	—
		材料费小计	元	176.98	70.56
	机械费	机械费	元	9.73	—
		措施费分摊	元	0.59	—
		机械费小计	元	10.31	4.11
	直接费小计		元	206.78	82.44
综合费用			元	44.04	17.56
合计			元	250.83	100.00

工程内容：铺设卵(碎)石；摊铺土工布、HDPE膜；铺设压实土保护层。

单位：m^2

指标编号				10F-011	
项目			单位	库底防渗(单衬层结构)	占指标基价(%)
指标基价			元	208.09	100.0
一、建筑安装工程费			元	208.09	100.0
二、设备购置费			元	—	—
建筑安装工程费					
直接费	人工费	人工	工日	0.52	—
		措施费分摊	元	0.78	—
		人工费小计	元	17.00	8.17
	材料费	无纺土工布(500g/m^2)	m^2	1.10	—
		HDPE毛面防渗膜2.0	m^2	1.15	—
		无纺土工布(300g/m^2)	m^2	1.10	—
		300mm厚碎石	m^2	2.10	—
		其他材料费	元	—	—
		措施费分摊	元	8.45	—
		材料费小计	元	146.49	70.40
	机械费	机械费	元	7.57	—
		措施费分摊	元	0.49	—
		机械费小计	元	8.06	3.87
	直接费小计		元	171.55	82.44
综合费用			元	36.54	17.56
合计			元	208.09	100.00

工程内容：铺设卵(碎)石；摊铺土工布、HDPE膜、摊铺土工布；铺设卵石或碎石。

单位：m^2

指标编号				10F-012	
项目			单位	库底防渗(双衬层结构)	占指标基价(%)
指标基价			元	359.47	100.00
一、建筑安装工程费			元	359.47	100.00
二、设备购置费			元	—	—
建筑安装工程费					
直接费	人工费	人工	工日	0.87	—
		措施费分摊	元	1.34	—
		人工费小计	元	28.32	7.88
	材料费	无纺土工布(500g/m^2)	m^2	3.30	—
		HDPE毛面防渗膜2.0	m^2	1.15	—
		HDPE毛面防渗膜1.5	m^2	1.15	—
		无纺土工布(300g/m^2)	m^2	1.10	—
		300mm厚碎石	m^2	3.15	—
		其他材料费	元	—	—
		措施费分摊	元	14.59	—
		材料费小计	元	252.70	70.30
	机械费	机械费	元	14.49	—
		措施费分摊	元	0.84	—
		机械费小计	元	15.33	4.26
	直接费小计		元	296.35	82.44
综合费用			元	63.12	17.56
合计			元	359.47	100.00

工程内容：袋装土保护层；摊铺土工布、HDPE膜、GCL防水毯。

单位：m^2

指标编号				10F-013	
项目			单位	边坡防渗（复合衬层结构）	占指标基价（%）
指标基价			元	243.09	100.00
一、建筑安装工程费			元	243.09	100.00
二、设备购置费			元	—	—
建筑安装工程费					
直接费	人工费	人工	工日	0.98	—
		措施费分摊	元	0.91	—
		人工费小计	元	31.43	12.93
	材料费	无纺土工布(500g/m^2)	m^2	1.10	—
		HDPE毛面防渗膜2.0	m^2	1.15	—
		4800g/m^2 膨润土垫	m^2	1.15	—
		无纺土工布(600g/m^2)	m^2	1.10	—
		其他材料费	元	14.30	—
		措施费分摊	元	9.87	—
		材料费小计	元	137.92	56.74
	机械费	机械费	元	30.48	—
		措施费分摊	元	0.57	—
		机械费小计	元	31.05	12.77
	直接费小计		元	200.41	82.44
综合费用			元	42.69	17.56
合计			元	243.09	100.00

工程内容：袋装土保护层；摊铺土工布、HDPE膜。

单位：m^2

指标编号				10F-014	
项目			单位	边坡防渗（单衬层结构）	占指标基价（%）
指标基价			元	198.20	100.00
一、建筑安装工程费			元	198.20	100.00
二、设备购置费			元	—	—
建筑安装工程费					
直接费	人工费	人工	工日	0.86	—
		措施费分摊	元	0.74	—
		人工费小计	元	27.41	13.83
	材料费	无纺土工布(500g/m^2)	m^2	1.10	—
		HDPE毛面防渗膜2.0	m^2	1.15	—
		无纺土工布(600g/m^2)	m^2	1.10	—
		其他材料费	元	14.30	—
		措施费分摊	元	8.05	—
		材料费小计	元	107.35	54.16
	机械费	机械费	元	28.17	—
		措施费分摊	元	0.46	—
		机械费小计	元	28.63	14.45
	直接费小计		元	163.40	82.44
综合费用			元	34.80	17.56
合计			元	198.20	100.00

1.2.1.4 渗沥液收集、排出系统

工程内容：HDPE盲沟花管安装，花管周围碎石摊铺及土工布包裹。

单位：m

指标编号				10F-015	
项目			单位	*DN*200HDPE盲沟花管	占指标基价（%）
指标基价			元	244.46	100.00
一、建筑安装工程费			元	244.46	100.00
二、设备购置费			元	—	—
建筑安装工程费					
直接费	人工费	人工	工日	0.50	—
		措施费分摊	元	0.91	—
		人工费小计	元	16.55	6.77
	材料费	*DN*200HDPE花管	m	1.02	—
		无纺土工布(250g/m^2)	m^2	1.24	—
		碎石	m^3	0.11	—
		其他材料费	元	—	—
		措施费分摊	元	9.92	—
		材料费小计	元	175.33	71.72
	机械费	机械费	元	9.08	—
		措施费分摊	元	0.57	—
		机械费小计	元	9.65	3.95
	直接费小计		元	201.53	82.44
综合费用			元	42.93	17.56
合计			元	244.46	100.00

工程内容：HDPE盲沟花管安装，花管周围碎石摊铺及土工布包裹。

单位：m

指标编号				10F-016	
项目			单位	*DN*250HDPE盲沟花管	占指标基价（%）
指标基价			元	350.48	100.00
一、建筑安装工程费			元	350.48	100.00
二、设备购置费			元	—	—
建筑安装工程费					
直接费	人工费	人工	工日	0.60	—
		措施费分摊	元	1.31	—
		人工费小计	元	19.82	5.65
	材料费	*DN*250HDPE花管	m	1.02	—
		无纺土工布(250g/m^2)	m^2	1.41	—
		碎石	m^3	0.13	—
		其他材料费	元	—	—
		措施费分摊	元	14.23	—
		材料费小计	元	258.87	73.86
	机械费	机械费	元	9.44	—
		措施费分摊	元	0.82	—
		机械费小计	元	10.25	2.93
	直接费小计		元	288.94	82.44
综合费用			元	61.54	17.56
合计			元	350.48	100.00

工程内容：HDPE盲沟花管安装，花管周围碎石摊铺及土工布包裹。

单位：m

指标编号			10F-017	
项目		单位	*DN*315HDPE盲沟花管	占指标基价（%）
指标基价		元	521.72	100.00
一、建筑安装工程费		元	521.72	100.00
二、设备购置费		元	—	—
建筑安装工程费				
直接费	人工费	人工	工日	0.69	—
		措施费分摊	元	1.95	—
		人工费小计	元	23.47	4.50
	材料费	*DN*315HDPE花管	m	1.02	—
		无纺土工布(250g/m²)	m²	1.64	—
		碎石	m³	0.16	—
		其他材料费	元	—	—
		措施费分摊	元	21.18	—
		材料费小计	元	395.57	75.82
	机械费	机械费	元	9.85	—
		措施费分摊	元	1.22	—
		机械费小计	元	11.06	2.12
	直接费小计		元	430.11	82.44
综合费用			元	91.61	17.56
合计			元	521.72	100.00

工程内容：盲沟花管安装，花管周围碎石摊铺及土工布包裹。

单位：m

指标编号			10F-018	
项目		单位	*DN*355HDPE盲沟花管	占指标基价（%）
指标基价		元	655.87	100.00
一、建筑安装工程费		元	655.87	100.00
二、设备购置费		元	—	—
建筑安装工程费				
直接费	人工费	人工	工日	0.79	—
		措施费分摊	元	2.45	—
		人工费小计	元	27.02	4.12
	材料费	*DN*355HDPE花管	m	1.02	—
		无纺土工布(250g/m²)	m²	1.78	—
		碎石	m³	0.18	—
		其他材料费	元	—	—
		措施费分摊	元	26.63	—
		材料费小计	元	495.56	75.56
	机械费	机械费	元	16.60	—
		措施费分摊	元	1.53	—
		机械费小计	元	18.13	2.76
	直接费小计		元	540.70	82.44
综合费用			元	115.17	17.56
合计			元	655.87	100.00

工程内容：HDPE管道安装，管道周围碎石摊铺。

单位：m

指标编号			10F-019	
项目		单位	*DN*200HDPE无孔管	占指标基价（%）
指标基价		元	218.90	100.00
一、建筑安装工程费		元	218.90	100.00
二、设备购置费		元	—	—
建筑安装工程费				
直接费	人工费	人工	工日	0.16	—
		措施费分摊	元	0.82	—
		人工费小计	元	5.66	2.58
	材料费	*DN*200HDPE管	m	1.02	—
		碎石	m³	0.11	—
		其他材料费	元	—	—
		措施费分摊	元	8.89	—
		材料费小计	元	157.70	72.04
	机械费	机械费	元	16.59	—
		措施费分摊	元	0.51	—
		机械费小计	元	17.10	7.81
	直接费小计		元	180.46	82.44
综合费用			元	38.44	17.56
合计			元	218.90	100.00

工程内容：HDPE管道安装，管道周围碎石摊铺。

单位：m

指标编号			10F-020	
项目		单位	*DN*250HDPE无孔管	占指标基价（%）
指标基价		元	326.46	100.00
一、建筑安装工程费		元	326.46	100.00
二、设备购置费		元	—	—
建筑安装工程费				
直接费	人工费	人工	工日	0.15	—
		措施费分摊	元	1.22	—
		人工费小计	元	5.80	1.78
	材料费	*DN*250HDPE管	m	1.02	—
		碎石	m³	0.13	—
		其他材料费	元	—	—
		措施费分摊	元	13.25	—
		材料费小计	元	241.52	73.98
	机械费	机械费	元	21.05	—
		措施费分摊	元	0.76	—
		机械费小计	元	21.81	6.68
	直接费小计		元	269.13	82.44
综合费用			元	57.33	17.56
合计			元	326.46	100.00

工程内容：HDPE管道安装，管道周围碎石摊铺。

单位：m

指标编号				10F-021	
项目			单位	*DN*315HDPE无孔管	占指标基价(%)
指标基价			元	499.84	100.00
一、建筑安装工程费			元	499.84	100.00
二、设备购置费			元	—	—
建筑安装工程费					
直接费	人工费	人工	工日	0.14	—
		措施费分摊	元	1.87	—
		人工费小计	元	6.26	1.25
	材料费	*DN*300HDPE管	m	1.02	—
		碎石	m^3	0.16	—
		其他材料费	元	—	—
		措施费分摊	元	20.29	—
		材料费小计	元	379.14	75.85
	机械费	机械费	元	25.50	—
		措施费分摊	元	1.17	—
		机械费小计	元	26.67	5.33
	直接费小计		元	412.07	82.44
综合费用			元	87.77	17.56
合计			元	499.84	100.00

工程内容：HDPE管道安装，管道周围碎石摊铺。

单位：m

指标编号				10F-022	
项目			单位	*DN*355HDPE无孔管	占指标基价(%)
指标基价			元	632.91	100.00
一、建筑安装工程费			元	632.91	100.00
二、设备购置费			元	—	—
建筑安装工程费					
直接费	人工费	人工	工日	0.16	—
		措施费分摊	元	2.36	—
		人工费小计	元	7.38	1.17
	材料费	*DN*350HDPE管	m	1.02	—
		碎石	m^3	0.18	—
		其他材料费	元	—	—
		措施费分摊	元	25.69	—
		材料费小计	元	479.88	75.82
	机械费	机械费	元	33.03	—
		措施费分摊	元	1.48	—
		机械费小计	元	34.51	5.45
	直接费小计		元	521.77	82.44
综合费用			元	111.14	17.56
合计			元	632.91	100.00

1.2.1.5 填埋气体导排

工程内容：花管安装、花管缠绕土工布、直径1m导气钢筋笼制作安装、导气石笼内摊铺石料。

单位：m

指标编号				10F-023	
项目			单位	ϕ150HDPE竖井管	占指标基价(%)
指标基价			元	856.33	100.00
一、建筑安装工程费			元	856.33	100.00
二、设备购置费			元	—	—
建筑安装工程费					
直接费	人工费	人工	工日	2.17	—
		措施费分摊	元	3.20	—
		人工费小计	元	70.44	8.23
	材料费	钢筋笼	t	0.11	—
		*DN*150HDPE花管	m	1.02	—
		无纺土工布(150g/m^2)	m^2	0.52	—
		碎石	m^3	0.77	—
		其他材料费	元	—	—
		措施费分摊	元	34.77	—
		材料费小计	元	575.08	67.16
	机械费	机械费	元	58.44	—
		措施费分摊	元	2.00	—
		机械费小计	元	60.44	7.06
	直接费小计		元	705.96	82.44
综合费用			元	150.37	17.56
合计			元	856.33	100.00

工程内容：花管安装、花管缠绕土工布、直径1m导气钢筋笼制作安装、导气石笼内摊铺石料。

单位：m

指标编号				10F-024	
项目			单位	ϕ200HDPE竖井管	占指标基价(%)
指标基价			元	908.59	100.00
一、建筑安装工程费			元	82344.00	100.00
二、设备购置费			元	—	—
建筑安装工程费					
直接费	人工费	人工	工日	2.17	—
		措施费分摊	元	3.39	—
		人工费小计	元	70.60	7.77
	材料费	钢筋笼	t	0.11	—
		*DN*200HDPE花管	m	1.02	—
		无纺土工布(150g/m^2)	m^2	0.69	—
		碎石	m^3	0.75	—
		其他材料费	元	—	—
		措施费分摊	元	36.89	—
		材料费小计	元	617.73	67.99
	机械费	机械费	元	58.44	—
		措施费分摊	元	2.12	—
		机械费小计	元	60.72	6.68
	直接费小计		元	749.04	82.44
综合费用			元	159.55	17.56
合计			元	908.59	100.00

工程内容：花管安装、花管缠绕土工布、直径1m导气钢筋笼制作安装、导气石笼内摊铺石料。

单位：m

指标编号				10F-025	
项目			单位	ϕ250HDPE竖井管	占指标基价（%）
指标基价			元	991.36	100.00
一、建筑安装工程费			元	991.36	100.00
二、设备购置费			元	—	—
建筑安装工程费					
直接费	人工费	人工	工日	2.24	—
		措施费分摊	元	3.70	—
		人工费小计	元	73.23	7.39
	材料费	钢筋笼	t	0.11	—
		*DN*250HDPE花管	m	1.02	—
		无纺土工布(150g/m²)	m²	0.86	—
		碎石	m³	0.74	—
		其他材料费	元	—	—
		措施费分摊	元	40.25	—
		材料费小计	元	682.80	68.88
	机械费	机械费	元	58.44	—
		措施费分摊	元	2.31	—
		机械费小计	元	61.25	6.18
		直接费小计	元	817.28	82.44
综合费用			元	174.08	17.56
合计			元	991.36	100.00

1.2.1.6 场区道路、马道

工程内容：场地平整、挖运土、垫层、面层、路基碾压。

单位：m²

指标编号				10F-026	
项目			单位	泥结碎石路面	占指标基价（%）
指标基价			元	69.06	100.00
一、建筑安装工程费			元	69.06	100.00
二、设备购置费			元	—	—
建筑安装工程费					
直接费	人工费	人工	工日	0.25	—
		措施费分摊	元	0.26	—
		人工费小计	元	8.01	11.59
	材料费	碎石	m³	0.22	—
		其他材料费	元	9.18	—
		措施费分摊	元	2.83	—
		材料费小计	元	41.61	60.26
	机械费	机械费	元	7.15	—
		措施费分摊	元	0.16	—
		机械费小计	元	7.31	10.59
		直接费小计	元	56.93	82.44
综合费用			元	12.13	17.56
合计			元	69.06	100.00

工程内容：场地平整、挖运土、垫层、模板、面层、路基碾压。

单位：m²

指标编号				10F-027	
项目			单位	混凝土结构路面(12cm)	占指标基价（%）
指标基价			元	89.37	100.00
一、建筑安装工程费			元	89.37	100.00
二、设备购置费			元	—	—
建筑安装工程费					
直接费	人工费	人工	工日	0.27	—
		措施费分摊	元	0.33	—
		人工费小计	元	8.65	9.68
	材料费	C25普通混凝土	m³	0.12	—
		碎石	m³	0.33	—
		其他材料费	元	1.38	—
		措施费分摊	元	3.63	—
		材料费小计	元	53.68	60.06
	机械费	机械费	元	11.14	—
		措施费分摊	元	0.21	—
		机械费小计	元	11.35	12.70
		直接费小计	元	73.68	82.44
综合费用			元	15.69	17.56
合计			元	89.37	100.00

工程内容：场地平整、挖运土、垫层、面层、路基碾压。

单位：m²

指标编号				10F-028	
项目			单位	马道	占指标基价（%）
指标基价			元	63.20	100.00
一、建筑安装工程费			元	63.20	100.00
二、设备购置费			元	—	—
建筑安装工程费					
直接费	人工费	人工	工日	0.25	—
		措施费分摊	元	0.24	—
		人工费小计	元	7.98	12.63
	材料费	厂拌沥青石屑	t	0.07	—
		碎石	m³	0.22	—
		其他材料费	元	6.05	—
		措施费分摊	元	2.61	—
		材料费小计	元	36.82	58.26
	机械费	机械费	元	7.15	—
		措施费分摊	元	0.15	—
		机械费小计	元	7.30	11.55
		直接费小计	元	52.10	82.44
综合费用			元	11.10	17.56
合计			元	63.20	100.00

1.2.1.7 截洪沟、排洪沟

工程内容：挖运土、石料砌筑。

单位：m

指标编号				10F-029	
项目			单位	截洪沟 过水断面 1m（宽）×1.5m（高）	占指标基价（%）
指标基价			元	567.67	100.00
一、建筑安装工程费			元	567.67	100.00
二、设备购置费			元	—	—
建筑安装工程费					
直接费	人工费	人工	工日	2.55	—
		措施费分摊	元	2.12	—
		人工费小计	元	81.17	14.30
	材料费	块石、片石	m^3	1.85	—
		C20普通混凝土	m^3	0.51	—
		其他材料费	元	—	—
		措施费分摊	元	23.05	—
		材料费小计	元	291.08	51.28
	机械费	机械费	元	94.41	—
		措施费分摊	元	1.32	—
		机械费小计	元	95.73	16.86
	直接费小计		元	467.99	82.44
综合费用			元	99.68	17.56
合计			元	567.67	100.00

工程内容：挖运土、石料砌筑。

单位：m

指标编号				10F-030	
项目			单位	排洪沟 过水断面 2m（宽）×1.5m（高）	占指标基价（%）
指标基价			元	702.15	100.00
一、建筑安装工程费			元	702.15	100.00
二、设备购置费			元	—	—
建筑安装工程费					
直接费	人工费	人工	工日	3.13	—
		措施费分摊	元	2.62	—
		人工费小计	元	99.73	14.20
	材料费	块石、片石	m^3	2.25	—
		C20普通混凝土	m^3	0.62	—
		其他材料费	元	—	—
		措施费分摊	元	28.51	—
		材料费小计	元	354.81	50.53
	机械费	机械费	元	122.67	—
		措施费分摊	元	1.64	—
		机械费小计	元	124.31	17.70
	直接费小计		元	578.85	82.44
综合费用			元	123.30	17.56
合计			元	702.15	100.00

1.2.1.8 地下水导排

工程内容：铺设花管、包裹土工布、沟内铺碎石。

单位：m

指标编号				10F-T031	
项目			单位	*DN*300HDPE穿孔花管	占指标基价（%）
指标基价			元	509.16	100.00
一、建筑安装工程费			元	509.16	100.00
二、设备购置费			元	—	—
建筑安装工程费					
直接费	人工费	人工	工日	0.66	—
		措施费分摊	元	1.90	—
		人工费小计	元	22.45	4.41
	材料费	*DN*300HDPE花管	m	1.02	—
		无纺土工布（$250g/m^2$）	m^2	1.24	—
		碎石	m^3	0.08	—
		其他材料费	元	—	—
		措施费分摊	元	20.67	—
		材料费小计	元	386.52	75.91
	机械费	机械费	元	9.60	—
		措施费分摊	元	1.19	—
		机械费小计	元	10.79	2.12
	直接费小计		元	419.75	82.44
综合费用			元	89.41	17.56
合计			元	509.16	100.00

工程内容：铺设花管、包裹土工布、沟内铺碎石。

单位：m

指标编号				10F-032	
项目			单位	*DN*400HDPE穿孔花管	占指标基价（%）
指标基价			元	821.86	100.00
一、建筑安装工程费			元	821.86	100.00
二、设备购置费			元	—	—
建筑安装工程费					
直接费	人工费	人工	工日	0.86	—
		措施费分摊	元	3.07	—
		人工费小计	元	29.83	3.63
	材料费	*DN*400HDPE花管	m	1.02	—
		无纺土工布（$250g/m^2$）	m^2	1.59	—
		碎石	m^3	0.12	—
		其他材料费	元	—	—
		措施费分摊	元	33.37	—
		材料费小计	元	627.19	76.31
	机械费	机械费	元	18.61	—
		措施费分摊	元	1.92	—
		机械费小计	元	20.53	2.50
	直接费小计		元	677.54	82.44
综合费用			元	144.32	17.56
合计			元	821.86	100.00

工程内容：铺设花管、包裹土工布、沟内铺碎石。

单位：m

指标编号				10F-033	
项目			单位	*DN*600HDPE穿孔花管	占指标基价(%)
指标基价			元	1946.12	100.00
一、建筑安装工程费			元	1946.12	100.00
二、设备购置费			元	—	—
建筑安装工程费					
直接费	人工费	人工	工日	1.30	—
		措施费分摊	元	7.27	—
		人工费小计	元	47.59	2.45
	材料费	*DN*600HDPE花管	m	1.02	—
		无纺土工布(250g/m^2)	m^2	2.28	—
		碎石	m^3	0.22	—
		其他材料费	元	—	—
		措施费分摊	元	79.01	—
		材料费小计	元	1524.43	78.33
	机械费	机械费	元	27.82	—
		措施费分摊	元	4.54	—
		机械费小计	元	32.36	1.66
	直接费小计		元	1604.38	82.44
综合费用			元	341.73	17.56
合计			元	1946.12	100.00

工程内容：铺设花管、包裹土工布、沟内铺碎石。

单位：m

指标编号				10F-034	
项目			单位	*DN*800HDPE穿孔花管	占指标基价(%)
指标基价			元	3105.09	100.00
一、建筑安装工程费			元	3105.09	100.00
二、设备购置费			元	—	—
建筑安装工程费					
直接费	人工费	人工	工日	1.74	—
		措施费分摊	元	11.59	—
		人工费小计	元	65.72	2.12
	材料费	*DN*800HDPE花管	m	1.02	—
		无纺土工布(250g/m^2)	m^2	2.97	—
		碎石	m^3	0.35	—
		其他材料费	元	—	—
		措施费分摊	元	126.06	—
		材料费小计	元	2449.83	78.90
	机械费	机械费	元	37.04	—
		措施费分摊	元	7.24	—
		机械费小计	元	44.29	1.43
	直接费小计		元	2559.84	82.44
综合费用			元	545.25	17.56
合计			元	3105.09	100.00

工程内容：HDPE无孔管铺设、沟内铺碎石。

单位：m

指标编号				10F-035	
项目			单位	*DN*300HDPE无孔管	占指标基价(%)
指标基价			元	489.23	100.00
一、建筑安装工程费			元	489.23	100.00
二、设备购置费			元	—	—
建筑安装工程费					
直接费	人工费	人工	工日	0.12	—
		措施费分摊	元	1.83	—
		人工费小计	元	5.54	1.13
	材料费	*DN*300HDPE管	m	1.02	—
		碎石	m^3	0.08	—
		其他材料费	元	—	—
		措施费分摊	元	19.86	—
		材料费小计	元	371.17	75.87
	机械费	机械费	元	25.48	—
		措施费分摊	元	1.14	—
		机械费小计	元	26.62	5.44
	直接费小计		元	403.33	82.44
综合费用			元	85.91	17.56
合计			元	489.23	100.00

工程内容：HDPE无孔管铺设、沟内铺碎石。

单位：m

指标编号				10F-036	
项目			单位	*DN*400HDPE无孔管	占指标基价(%)
指标基价			元	780.32	100.00
一、建筑安装工程费			元	780.32	100.00
二、设备购置费			元	—	—
建筑安装工程费					
直接费	人工费	人工	工日	0.16	—
		措施费分摊	元	2.91	—
		人工费小计	元	7.86	1.01
	材料费	*DN*400HDPE管	m	1.02	—
		碎石	m^3	0.12	—
		其他材料费	元	—	—
		措施费分摊	元	31.68	—
		材料费小计	元	596.41	76.43
	机械费	机械费	元	37.20	—
		措施费分摊	元	1.82	—
		机械费小计	元	39.02	5.00
	直接费小计		元	643.30	82.44
综合费用			元	137.02	17.56
合计			元	780.32	100.00

工程内容：HDPE 无孔管铺设、沟内铺碎石。

单位：m

指标编号				10F-037	
项目			单位	DN600HDPE无孔管	占指标基价（%）
指标基价			元	1851.27	100.00
一、建筑安装工程费			元	1851.27	100.00
二、设备购置费			元	—	—
建筑安装工程费					
直接费	人工费	人工	工日	0.25	—
		措施费分摊	元	6.91	—
		人工费小计	元	14.69	0.79
	材料费	DN600HDPE 管	m	1.02	—
		碎石	m^3	0.22	—
		其他材料费	元	—	—
		措施费分摊	元	75.16	—
		材料费小计	元	1451.37	78.40
	机械费	机械费	元	55.82	—
		措施费分摊	元	4.32	—
		机械费小计	元	60.13	3.25
	直接费小计		元	1526.19	82.44
综合费用			元	325.08	17.56
合计			元	1851.27	100.00

工程内容：HDPE 无孔管铺设、沟内铺碎石。

单位：m

指标编号				10F-038	
项目			单位	DN800HDPE无孔管	占指标基价（%）
指标基价			元	2958.24	100.00
一、建筑安装工程费			元	2958.24	100.00
二、设备购置费			元	—	—
建筑安装工程费					
直接费	人工费	人工	工日	0.35	—
		措施费分摊	元	11.04	—
		人工费小计	元	21.89	0.74
	材料费	DN800HDPE 管	m	1.02	—
		碎石	m^3	0.35	—
		其他材料费	元	—	—
		措施费分摊	元	120.10	—
		材料费小计	元	2335.56	78.95
	机械费	机械费	元	74.43	—
		措施费分摊	元	6.90	—
		机械费小计	元	81.33	2.75
	直接费小计		元	2438.78	82.44
综合费用			元	519.46	17.56
合计			元	2958.24	100.00

1.2.1.9 挡墙护坡

工程内容：挖运土、石料砌筑、料石压顶。

单位：m^3

指标编号				10F-039	
项目			单位	浆砌块、片石挡墙	占指标基价（%）
指标基价			元	419.60	100.00
一、建筑安装工程费			元	419.60	100.00
二、设备购置费			元	—	—
建筑安装工程费					
直接费	人工费	人工	工日	1.72	—
		措施费分摊	元	1.57	—
		人工费小计	元	54.98	13.10
	材料费	块石、片石	m^3	1.34	—
		压顶料石	m^3	0.08	—
		其他材料费	元	80.00	—
		措施费分摊	元	17.03	—
		材料费小计	元	242.05	57.69
	机械费	机械费	元	47.91	—
		措施费分摊	元	0.98	—
		机械费小计	元	48.89	11.65
	直接费小计		元	345.92	82.44
综合费用			元	73.68	17.56
合计			元	419.60	100.00

工程内容：挖运土、砌空心混凝土块、混凝土压顶。

单位：m^3

指标编号				10F-040	
项目			单位	混凝土空心砌块	占指标基价（%）
指标基价			元	676.64	100.00
一、建筑安装工程费			元	676.64	100.00
二、设备购置费			元	—	—
建筑安装工程费					
直接费	人工费	人工	工日	2.91	—
		措施费分摊	元	2.53	—
		人工费小计	元	92.70	13.70
	材料费	混凝土空心砌块	m^3	1.01	—
		小型构件	m^3	0.08	—
		其他材料费	元	119.64	—
		措施费分摊	元	27.47	—
		材料费小计	元	451.30	66.70
	机械费	机械费	元	12.25	—
		措施费分摊	元	1.58	—
		机械费小计	元	13.83	2.04
	直接费小计		元	557.83	82.44
综合费用			元	118.82	17.56
合计			元	676.64	100.00

工程内容：挖运土、砌实心混凝土块、混凝土压顶。

单位：m³

指标编号			10F-041	
项目		单位	混凝土实心砌块	占指标基价（%）
指标基价		元	1339.84	100.00
一、建筑安装工程费		元	1339.84	100.00
二、设备购置费		元	—	—
建筑安装工程费				
直接费	人工费	人工	工日	2.81	—
		措施费分摊	元	5.00	—
		人工费小计	元	92.35	6.89
	材料费	混凝土实心砌块	m³	0.92	—
		小型构件	m³	0.08	—
		其他材料费	元	33.49	—
		措施费分摊	元	54.39	—
		材料费小计	元	988.63	73.79
	机械费	机械费	元	20.46	—
		措施费分摊	元	3.13	—
		机械费小计	元	23.59	1.76
		直接费小计	元	1104.57	82.44
		综合费用	元	235.27	17.56
		合计	元	1339.84	100.00

1.2.2 管理区分项指标

1.2.2.1 地磅房

工程特征：矩形地磅房，建筑面积60m²，檐高3.6m，现浇钢筋混凝土框架结构，钢筋混凝土带基，外墙玻璃幕，内墙石膏板轻质隔墙，钢屋架、彩色复合压型钢板屋面，水磨石地面，内墙乳胶漆，轻钢龙骨石膏板吊顶，铝合金门窗，室外86m² 阳光板防雨篷。安装工程：焊接钢管综合供暖，铸铁柱式散热器；分体空调；BV铜芯线，荧光灯。

单位：m²

指标编号				10F-042	
项目			单位	现浇钢筋混凝土框架结构	占指标基价（%）
指标基价			元	7018	100.00
一、建筑安装工程费			元	2846	40.56
二、设备购置费			元	4172	59.44
建筑安装工程费					
直接费	人工费	人工	工日	7	—
		措施费分摊	元	5	—
		人工费小计	元	222	3.16
	材料费	钢筋 ϕ10 以内	t	0.01	—
		钢筋 ϕ10 以外	t	0.05	—
		型钢	t	0.04	—
		水泥 综合	t	0.35	—
		标准砖	千块	0.25	—
		带铝合金隐框中空玻璃	m²	0.46	—
		彩色复合压型钢板（100mm厚保温）	m³	1.56	—
		阳光板	m²	1.58	—
		钢管 综合	t	0.01	—
		其他材料费	元	647.72	—
		措施费分摊	元	50	—
		材料费小计	元	2051	29.23
	机械费	机械费	元	74	—
		措施费分摊	元	3	—
		机械费小计	元	77	1.10
		直接费小计	元	2350	33.49
		综合费用	元	496	7.07
		合计	元	2846	—

设备购置费

序号	设备名称	单位	数量	单价（元）	合价（元）
1	分体壁挂空调机	台	1	3000	3000
2	照明配电箱	台	1	1500	1500
3	地磅	台	2	122900	245800
	合计	元	—	—	250300
	设备单位建筑面积指标	元/m²	—	—	4172

工程特征：矩形地磅房，建筑面积 61m²，檐高 4.9m，现浇钢筋混凝土框架结构，钢筋混凝土带基，外墙涂料，内墙轻质隔墙，钢筋混凝土屋面，SBS 防水卷材，地面铺地砖，内墙、天棚乳胶漆，铝合金门窗，室外雨篷面积为 60m²，现浇钢筋混凝土框架结构，聚氨酯涂膜防水。安装工程：分体空调；BV 铜芯线，荧光灯。

单位：m²

指标编号			10F-043	
项目		单位	现浇钢筋混凝土框架结构	占指标基价（%）
指标基价		元	4146	100.00
一、建筑安装工程费		元	1738	41.92
二、设备购置费		元	2408	58.08
建筑安装工程费				
直接费 人工费	人工	工日	7	—
	措施费分摊	元	3	—
	人工费小计	元	220	5.31
材料费	钢筋 ϕ10 以内	t	0.02	—
	钢筋 ϕ10 以外	t	0.08	—
	型钢	t	0.04	—
	水泥 综合	t	0.33	—
	标准砖	千块	0.26	—
	钢管 综合	t	0.01	—
	其他材料费	元	78.36	—
	措施费分摊	元	30	—
	材料费小计	元	1133	27.33
机械费	机械费	元	80	—
	措施费分摊	元	2	—
	机械费小计	元	82	1.98
	直接费小计	元	1435	34.61
综合费用		元	303	7.30
合计		元	1738	—

设备购置费

序号	设备名称	单位	数量	单价（元）	合价（元）
1	分体壁挂空调机	台	1	3000	3000
2	照明配电箱	台	1	1500	1500
3	地磅	台	1	140000	140000
	合计	元	—	—	144500
	设备单位建筑面积指标	元/m²	—	—	2408

工程特征：矩形地磅房，建筑面积 81m²，檐高 3.6m，钢结构，外墙玻璃幕，内墙石膏板轻质隔墙，钢屋架、彩色复合压型钢板屋面，水磨石地面，内墙乳胶漆，轻钢龙骨石膏板吊顶，铝合金门窗，室外 125m² 阳光板防雨篷。安装工程：分体空调；BV 铜芯线，荧光灯。

单位：m²

指标编号			10F-044	
项目		单位	钢结构	占指标基价（%）
指标基价		元	4179	100.00
一、建筑安装工程费		元	1654	39.58
二、设备购置费		元	2525	60.42
建筑安装工程费				
直接费 人工费	人工	工日	7	—
	措施费分摊	元	3	—
	人工费小计	元	220	5.26
材料费	钢筋 ϕ10 以外	t	0.01	—
	型钢	t	0.04	—
	水泥 综合	t	0.24	—
	标准砖	千块	0.25	—
	带铝合金隐框中空玻璃	m²	0.19	—
	彩色复合压型钢板（100mm 厚保温）	m³	0.83	—
	阳光板	m²	0.96	—
	钢管 综合	t	0.01	—
	其他材料费	元	45.28	—
	措施费分摊	元	29	—
	材料费小计	元	1070	25.60
机械费	机械费	元	74	—
	措施费分摊	元	2	—
	机械费小计	元	76	1.82
	直接费小计	元	1366	32.69
综合费用		元	288	6.90
合计		元	1654	—

设备购置费

序号	设备名称	单位	数量	单价（元）	合价（元）
1	分体壁挂空调机	台	1	3000	3000
2	照明配电箱	台	1	1500	1500
3	地磅	台	1	200000	200000
	合计	元	—	—	204500
	设备单位建筑面积指标	元/m²	—	—	2525

1.2.2.2 车库及维修车间

工程特征：矩形4车位车库及维修车间，建筑面积342m²，檐高5.1m，现浇钢筋混凝土框架结构，钢筋混凝土带基，外墙涂料，内墙轻质隔墙，钢屋架、彩色复合压型钢板屋面，水泥综合地面，内墙乳胶漆，大门电动卷帘门，其他为塑钢门窗。安装工程：镀锌钢管综合给水管，焊接钢管综合供暖，铸铁柱式散热器；分体空调；BV铜芯线，荧光灯。

单位：m²

指标编号				10F-045	
项目			单位	现浇钢筋混凝土框架结构	占指标基价（%）
指标基价			元	1747	100.00
一、建筑安装工程费			元	1308	74.85
二、设备购置费			元	439	25.15
建筑安装工程费					
直接费	人工费	人工	工日	7	—
		措施费分摊	元	2	—
		人工费小计	元	219	12.55
	材料费	钢筋 ϕ10以内	t	0.01	—
		钢筋 ϕ10以外	t	0.05	—
		型钢	t	0.04	—
		水泥 综合	t	0.35	—
		标准砖	千块	0.25	—
		彩色复合压型钢板（100mm厚保温）	m²	1.27	—
		钢管 综合	t	0.01	—
		其他材料费	元	32.54	—
		措施费分摊	元	23	—
		材料费小计	元	786	44.96
	机械费	机械费	元	74	—
		措施费分摊	元	1	—
		机械费小计	元	75	4.29
	直接费小计		元	1080	61.81
综合费用			元	228	13.04
合计			元	1308	—

设备购置费

序号	设备名称	单位	数量	单价（元）	合价（元）
1	轻型台钻 ZQ4113D	台	1	3000	3000
2	空压机 FS-2030	台	1	2500	2500
3	电焊机 WSME315	台	1	8500	8500
4	卸轮机 SYB-1型	台	1	3000	3000
5	电动葫芦2t，起升高度12m	台	1	9200	9200
6	千斤顶 JRC2514	台	1	4000	4000
7	千斤顶 FCD100	台	1	6000	6000
8	套装螺文工具 SHR-086-9990K	台	1	2500	2500
9	车床 C6132A	台	1	32000	32000
10	刨床 BC6063B	台	1	40000	40000
11	弓钜床 G7025	台	1	10000	10000
12	照明配电箱	台	1	1500	1500
13	分体壁挂空调机	台	3	3000	9000
14	其他设备费	元	—	—	19100
合计		元	—	—	150300
设备单位建筑面积指标		元/m²	—	—	439

1.2.2.3 办公及辅助用房

工程特征：办公及辅助用房，外形尺寸36m×24.9m×9.9m，建筑面积1715m²，檐高9.9m，三层，现浇钢筋混凝土框架结构，钢筋混凝土带基，外墙涂料，内墙轻质隔墙，现浇钢筋混凝土屋面板，SBS防水卷材防水，地砖地面，内墙乳胶漆，木门塑钢窗。安装工程：镀锌钢管综合给水管，焊接钢管综合供暖，铸铁柱式散热器；分体空调；BV铜芯线，荧光灯。

单位：m²

指标编号				10F-046	
项目			单位	现浇钢筋混凝土框架结构	占指标基价（%）
指标基价			元	1726	100.00
一、建筑安装工程费			元	1305	75.63
二、设备购置费			元	421	24.37
建筑安装工程费					
直接费	人工费	人工	工日	7	—
		措施费分摊	元	2	—
		人工费小计	元	220	12.72
	材料费	钢筋 ϕ10以内	t	0.02	—
		钢筋 ϕ10以外	t	0.06	—
		型钢	t	0.00	—
		水泥 综合	t	0.23	—
		标准砖	千块	0.02	—
		塑钢窗	m²	0.10	—
		木门	m²	0.06	—
		钢管 综合	t	0.01	—
		其他材料费	元	287.77	—
		措施费分摊	元	25	—
		材料费小计	元	783	45.38
	机械费	机械费	元	74	—
		措施费分摊	元	1	—
		机械费小计	元	75	4.35
	直接费小计		元	1077	62.45
综合费用			元	227	13.18
合计			元	1305	—

设备购置费

序号	设备名称	单位	数量	单价（元）	合价（元）
1	生化培养箱	台	1	8400	8400
2	原子吸收分光光度计	台	1	67900	67900
3	显微镜	台	1	3600	3600
4	高温箱式电阻炉	台	1	4500	4500
5	光电分析天平	台	1	8000	8000
6	分光光度计	台	1	11550	11550
7	大气采样机	台	3	19500	58500
8	电热蒸馏水器	台	1	6800	6800
9	离子交换纯水器	台	1	18000	18000
10	溶解氧测定仪	台	1	9100	9100
11	电热干燥箱	台	1	1100	1100
12	真空泵	台	2	2000	4000
13	电磁搅拌器	台	1	400	400
14	酸度计	台	1	1960	1960
15	恒温水浴锅	台	1	1720	1720
16	噪声测量仪	台	1	11000	11000
17	污水采样器	台	1	12000	12000
18	多参数水质分析仪	台	1	37000	37000
19	便携式甲烷监测仪 EP200-1	台	3	3000	9000
20	H2S 检测仪 ES2000T-H2S	台	1	10000	10000
21	NH3 检测仪 ES2000T-NH3	台	1	8000	8000
22	COD 在线监测装置	台	1	230000	230000
23	LMSXI 便携式垃圾填埋场气体检测仪	台	1	80000	80000
24	动力配电箱 XL-21	台	3	4000	12000
25	照明配电箱 GSXM	台	6	1800	10800
26	分体壁挂空调机	台	27	3000	81000
27	其他设备费	元	—	—	15000
合　计		元	—	—	721330
设备单位建筑面积指标		元/m²	—	—	421

1.2.2.4　道路

工程特征：现浇钢筋混凝土整体面层道路，面层220mm厚，基层为300mm厚级配砂石碾实，预制混凝土道牙。

工程内容：场地平整、挖运土、垫层、模板、面层、路基碾压、道牙铺砌。

单位：m²

指标编号			10F-047	
项目		单位	级配砂石基层	占指标基价（%）
指标基价		元	155	100.00
一、建筑安装工程费		元	155	100.00
二、设备购置费		元	—	—
建筑安装工程费				
直接费	人工费：人工	工日	0.33	—
	人工费：措施费分摊	元	0.56	—
	人工费小计	元	11	7.10
	材料费：水泥　综合	kg	1.60	—
	材料费：混凝土块道牙	m	0.34	—
	材料费：砂子	kg	6.37	—
	材料费：碎石	m³	0.33	—
	材料费：石灰	kg	6.40	—
	材料费：C25 预拌混凝土	m³	0.22	—
	材料费：其他材料费	元	69.24	—
	材料费：措施费分摊	元	6.09	—
	材料费小计	元	105	67.74
	机械费：机械费	元	10	—
	机械费：措施费分摊	元	0.35	—
	机械费小计	元	10	6.45
	直接费小计	元	126	81.29
综合费用		元	29	18.71
合　计		元	155	—

工程特征：50mm厚中粒式沥青混凝土面层，20mm厚碎石基层，150mm厚9%石灰土垫层，预制混凝土道牙。

工程内容：场地平整、挖运土、垫层、模板、面层、路基碾压、道牙铺砌。

单位：m^2

指标编号				10F-048	
项目			单位	碎石、灰土基层	占指标基价（%）
指标基价			元	130	100.00
一、建筑安装工程费			元	130	100.00
二、设备购置费			元	—	—
建筑安装工程费					
直接费	人工费	人工	工日	0.51	—
		措施费分摊	元	0.48	—
		人工费小计	元	16	12.31
	材料费	水泥　综合	kg	1.60	—
		混凝土块道牙	m	0.34	—
		砂子	kg	6.37	—
		碎石	m^3	0.43	—
		石灰	kg	75.00	—
		厂拌中粒式混凝土	t	0.12	—
		其他材料费	元	34.81	—
		措施费分摊	元	5	—
		材料费小计	元	76	58.46
	机械费	机械费	元	14	—
		措施费分摊	元	0.30	—
		机械费小计	元	14	10.77
	直接费小计		元	106	81.53
综合费用			元	24	18.47
合　计			元	130	—

工程特征：30mm厚沥青石屑面层，100mm厚碎石基层，150mm厚12%石灰土垫层，预制混凝土道牙。

工程内容：场地平整、挖运土、垫层、模板、面层、路基碾压、道牙铺砌。

单位：m^2

指标编号				10F-049	
项目			单位	碎石、灰土基层	占指标基价（%）
指标基价			元	81	100.00
一、建筑安装工程费			元	81	100.00
二、设备购置费			元	—	—
建筑安装工程费					
直接费	人工费	人工	工日	0.31	—
		措施费分摊	元	0.28	—
		人工费小计	元	10	12.35
	材料费	水泥　综合	kg	1.60	—
		混凝土块道牙	m	0.34	—
		砂子	kg	6.37	—
		碎石	m^3	0.43	—
		其他材料费	元	8.79	—
		措施费分摊	元	3	—
		材料费小计	元	49	60.49
	机械费	机械费	元	7	—
		措施费分摊	元	0.13	—
		机械费小计	元	7	8.64
	直接费小计		元	66	81.48
综合费用			元	15	18.52
合　计			元	81	—

1.2.2.5　挡土墙

工程特征：浆砌块石挡土墙。

工程内容：挖土、回填土、垫层、基础、砌体、沟缝、脚手架、运输。

单位：m^3

指标编号				10F-050	
项目			单位	浆砌块石挡土墙	占指标基价（%）
指标基价			元	332	100.00
一、建筑安装工程费			元	332	100.00
二、设备购置费			元	—	—
建筑安装工程费					
直接费	人工费	人工	工日	4	—
		措施费分摊	元	1	—
		人工费小计	元	125	37.65
	材料费	水泥　综合	kg	86.58	—
		砂子	kg	672.14	—
		毛石	kg	1813.00	—
		其他材料费	元	2.44	—
		措施费分摊	元	14	—
		材料费小计	元	136	40.96
	机械费	机械费	元	8	—
		措施费分摊	元	1	—
		机械费小计	元	9	2.71
	直接费小计		元	270	81.33
综合费用			元	62	18.67
合　计			元	332	—

工程特征：现浇钢筋混凝土挡土墙。

工程内容：挖土、回填土、垫层、基础、混凝土、钢筋、模板、脚手架、运输。

单位：m^3

指标编号				10F-051	
项目			单位	现浇钢筋混凝土挡土墙	占指标基价（%）
指标基价			元	981	100.00
一、建筑安装工程费			元	981	100.00
二、设备购置费			元	—	—
建筑安装工程费					
直接费	人工费	人工	工日	4	—
		措施费分摊	元	3	—
		人工费小计	元	137	13.98
	材料费	钢筋 ϕ10以内	kg	51.25	—
		钢筋 ϕ10以外	kg	37.93	—
		水泥　综合	kg	440.06	—
		砂子	kg	676.64	—
		石子　综合	kg	1154.97	—
		其他材料费	元	38.21	—
		措施费分摊	元	37	—
		材料费小计	元	633	64.53
	机械费	机械费	元	27	—
		措施费分摊	元	2	—
		机械费小计	元	29	2.96
	直接费小计		元	799	81.46
综合费用			元	182	18.54
合　计			元	981	—

1.2.2.6 围墙

工程特征：混凝土空心砌块围墙。

工程内容：挖土、回填土、垫层、基础、砌体、抹灰、脚手架、运输。

单位：m^2

指标编号				10F-052	
项目			单位	混凝土垫层、混凝土空心砌块围墙	占指标基价（%）
指标基价			元	182	100.00
一、建筑安装工程费			元	182	100.00
二、设备购置费			元	—	—
建筑安装工程费					
直接费	人工费	人工	工日	1	—
		措施费分摊	元	1	—
		人工费小计	元	32	17.58
	材料费	水泥 综合	kg	26.52	—
		砂子	kg	101.06	—
		混凝土小型空心砌块 90mm 厚	m^3	0.27	—
		混凝土小型空心砌块 190mm 厚	m^3	0.04	—
		石灰	kg	1.42	—
		C10 预拌混凝土	m^3	0.07	—
		其他材料费	元	4.44	—
		措施费分摊	元	7	—
		材料费小计	元	113	62.09
	机械费	机械费	元	3	—
		措施费分摊	元	0.40	—
		机械费小计	元	3	1.65
	直接费小计		元	148	81.32
综合费用			元	34	18.68
合计			元	182	—

工程特征：钢栏杆砖跺围墙。

工程内容：挖土、回填土、垫层、基础、砌体、抹灰、脚手架、油漆、运输。

单位：m^2

指标编号				10F-053	
项目			单位	混凝土垫层、钢栏杆砖跺围墙	占指标基价（%）
指标基价			元	273	100.00
一、建筑安装工程费			元	273	100.00
二、设备购置费			元	—	—
建筑安装工程费					
直接费	人工费	人工	工日	1	—
		措施费分摊	元	1	—
		人工费小计	元	32	11.72
	材料费	水泥 综合	kg	7.80	—
		标准砖	块	17.13	—
		砂子	kg	34.14	—
		陶粒混凝土空心砌块	m^3	0.02	—
		石灰	kg	0.23	—
		防锈漆	kg	0.18	—
		耐酸漆	kg	0.41	—
		钢栏杆	t	0.02	—
		其他材料费	元	31.34	—
		措施费分摊	元	10	—
		材料费小计	元	187	68.50
	机械费	机械费	元	2	—
		措施费分摊	元	1	—
		机械费小计	元	3	1.10
	直接费小计		元	222	81.32
综合费用			元	51	18.68
合计			元	273	—

1.2.2.7 绿化

工程特征：原土过筛，铺暖草坪草卷，镀锌钢管综合做绿地喷灌。

工程内容：人工整理绿化用地，原土过筛，铺暖草坪草卷，钢管综合做绿地喷灌。

单位：m²

指标编号				10F-054	
项目			单位	暖草坪带喷灌	占指标基价（%）
指标基价			元	48	100.00
一、建筑安装工程费			元	48	100.00
二、设备购置费			元	—	—
建筑安装工程费					
直接费	人工费	人工	工日	0.22	—
		措施费分摊	元	0.18	—
		人工费小计	元	7	14.58
	材料费	草卷	m²	1.04	—
		镀锌钢管　综合	m	0.20	—
		阀门	个	0.09	—
		其他材料费	元	3.66	—
		措施费分摊	元	2	—
		材料费小计	元	26	54.17
	机械费	机械费	元	6	—
		措施费分摊	元	0.10	—
		机械费小计	元	6	12.50
	直接费小计		元	39	81.25
综合费用			元	9	18.75
合　计			元	48	—

工程特征：原土过筛，铺暖草坪草卷。

工程内容：人工整理绿化用地，原土过筛，铺暖草坪草卷。

单位：m²

指标编号				10F-055	
项目			单位	暖草坪不带喷灌	占指标基价（%）
指标基价			元	22	100.00
一、建筑安装工程费			元	22	100.00
二、设备购置费			元	—	—
建筑安装工程费					
直接费	人工费	人工	工日	0.13	—
		措施费分摊	元	0.07	—
		人工费小计	元	4	18.18
	材料费	草卷	m²	1.04	—
		其他材料费	元	0.50	—
		措施费分摊	元	0.78	—
		材料费小计	元	10	45.45
	机械费	机械费	元	4	—
		措施费分摊	元	0.05	—
		机械费小计	元	4	18.19
	直接费小计		元	18	81.82
综合费用			元	4	18.18
合　计			元	22	—

1.2.2.8　电气工程

工程特征：厂区设箱式变电站两座，10kV电源经变压器降压后放射式配给各车间和辅助设施，室外电缆采用金属铠装电缆，敷设以直埋为主，总装机容量486kW。

单位：kW

指标编号				10F-056	
项目			单位	电气工程	占指标基价（%）
指标基价			元	1627	100.00
一、安装工程费			元	802	49.29
二、设备购置费			元	825	50.71
安装工程费					
直接费	人工费	人工	工日	4	—
		措施费分摊	元	1	—
		人工费小计	元	125	7.68
	材料费	电缆 YJV22-1kV	m	11.18	—
		导线	m	17.38	—
		其他材料费	元	103	—
		措施费分摊	元	12	—
		材料费小计	元	502	30.85
	机械费	机械费	元	46	—
		措施费分摊	元	1	—
		机械费小计	元	47	2.89
	直接费小计		元	674	41.42
综合费用			元	128	7.87
合　计			元	802	—

设备购置费

序号	名　称	单位	数量	设备购置费（元）	
				单价	合价
1	10kV 高压开关柜	台	4	40000	160000
2	电力变压器 SC9-63/10	台	1	43000	43000
3	电力变压器 SC9-500/10	台	1	110000	110000
4	低压开关柜 GGD 型	台	4	20000	80000
5	低压无功功率补偿柜	台	2	4000	8000
	合　计	元	—	—	401000
设备单位装机容量指标		元/kW	—	—	825

1.2.2.9　给水工程

工程特征：管理区给水管网埋设，材质为镀锌钢管综合，主要供生活用水、道路喷洒、绿化用水、汽车冲洗用水及消防用水，管理区面积11000m²。

单位：100m²

指标编号			10F-057	
项目		单位	给水工程	占指标基价（%）
指标基价		元	2479	100.00
一、建筑安装工程费		元	1740	70.19
二、设备购置费		元	739	29.81
建筑安装工程费				
直接费	人工费 人工	工日	3	—
	措施费分摊	元	6	—
	人工费小计	元	99	4.00
	材料费 镀锌钢管 综合 *DN*100	kg	35.15	—
	镀锌钢管 综合 *DN*150	kg	200.54	—
	其他材料费	元	150	—
	措施费分摊	元	65	—
	材料费小计	元	1205	48.61
	机械费 机械费	元	109	—
	措施费分摊	元	4	—
	机械费小计	元	113	4.56
	直接费小计	元	1417	57.17
综合费用		元	323	13.02
合计		元	1740	—

设备购置费

序号	名称	单位	数量	设置购置费(元)	
				单价	合价
1	生活给水泵 AL25/125-0.75/2	台	2	6000	12000
2	消防给水泵 AL80/200(I)A-18.5-2	台	2	35000	70000
合计		元	—	—	82000
设备百平方米管理区面积指标		元/100m²	—	—	739

1.2.2.10 排水工程

工程特征：管理区的污水管网、化粪池，管理区的污水经化粪池消化后排出区外。

单位：100m²

指标编号			10F-058	
项目		单位	排水工程	占指标基价（%）
指标基价		元	469	100.00
一、建筑安装工程费		元	469	100.00
二、设备购置费		元	—	—
建筑安装工程费				
直接费	人工费 人工	工日	2	—
	措施费分摊	元	2	—
	人工费小计	元	64	13.65
	材料费 混凝土管 ϕ200	m	4.50	—
	混凝土管 ϕ300	m	2.10	—
	其他材料费	元	82	—
	措施费分摊	元	18	—
	材料费小计	元	289	61.62
	机械费 机械费	元	28	—
	措施费分摊	元	1	—
	机械费小计	元	29	6.18
	直接费小计	元	382	81.45
综合费用		元	87	18.55
合计		元	469	—

2 焚烧工程指标

说 明

一、适用范围

本指标是依据近期各地设计和建设的有代表性的生活垃圾焚烧工程项目的经济技术资料编制而成。本指标所涉及的生活垃圾焚烧工程投资估算指标适用于以焚烧方式处理生活垃圾的新建、扩建工程。不适用于维修和技术改造工程以及有毒、有害废物和危险废物的垃圾处理工程和技术改造工程。考虑到焚烧垃圾热能应充分利用，根据国内实际建设情况，本章指标按生活垃圾焚烧带发电编制。

二、指标项目划分及编制说明

依据《城市生活垃圾焚烧处理工程项目建设标准》和已建垃圾焚烧处理工程实际情况本指标项目划分如下：

1. 综合指标：按焚烧厂建设规模额定日处理能力和炉排炉、循环流化床炉两种炉型划分项目。根据焚烧厂建设规模和生活垃圾产量、成分特点以及变化趋势等因素，确定生产线数量和单台炉处理能力为：额定日处理能力为750t，按3台250t/d炉排炉，配2台7.5MW汽轮发电机组编制；额定日处理能力为1050t，按3台350t/d炉排炉，配2台7.5MW汽轮发电机组编制；额定日处理能力为1200t，按3台400t/d循环流化床炉，配3台12MW汽轮发电机组编制。

2. 分项指标：反映不同规模、不同工艺条件下生活垃圾焚烧厂单项建筑物及构筑物造价指标和各工艺系统中设备及安装工程造价指标。分项指标项目划分根据生活垃圾焚烧厂的特点，按项目构成分为建筑工程和工艺设备及安装工程两部分。建筑工程考虑厂房整体性按单项工程编制指标；工艺设备及安装工程考虑工艺的系统性按工艺系统编制指标。

分项指标列有工程特征说明，介绍了单项工程的工艺标准、结构特征、主要做法等内容，以便选择时参考比较，当条件相差较大，设计标准不同时，应按工程实际情况进行调整。

3. 工艺设备及安装工程系统划分：

(1)热力系统：包括垃圾焚烧系统、余热利用系统、烟气净化系统、热力系统汽水管道、热力系统保温油漆。

其中垃圾焚烧系统包括垃圾进料、焚烧、燃烧空气、余热锅炉、空气预热器、启动点火及辅助燃烧等设施。

余热利用系统包括汽轮发电机组及其辅助设施、供热设施等。

烟气净化系统包括有害气体去除、烟尘去除及排放等设施。

热力系统汽水管道包括热力系统高、中、低压及室内、室外各种热力系统汽水管道。

热力系统保温油漆包括锅炉炉墙砌筑、热力系统设备、管道保温油漆。

(2)燃料供应系统：包括垃圾受料及供料系统、燃油供应系统或燃气供应系统。

其中垃圾受料及供料系统包括垃圾计量设施、垃圾卸料平台、垃圾卸料门、垃圾池、垃圾抓斗起重机、粗大垃圾破碎和垃圾池内的其他必要设施。

燃油供应系统包括卸油、供油、储油设备，燃油供应系统管道、保温油漆。

燃气供应系统包括调压站系统、燃气供应系统管道、保温油漆。

(3)灰渣处理系统：包括炉渣处理系统、飞灰处理系统。

其中炉渣处理系统包括除渣、冷却、碎渣、输送、储存、除铁等设施。

飞灰处理系统包括飞灰收集、输送、储存等设施。

(4)水处理系统：包括预处理设施、锅炉补充水除盐设施、循环水处理设施、给水炉水校正处理等设施。

(5)供水系统：包括取水泵房设备、循环水泵房设备、机力冷却塔设备、综合泵房生产给水设备、供水系统室内外管道及防腐。

(6)电气系统：包括发电机电气引出线、主变压器、配电装置、主控及直流系统、厂用电系统、全厂电缆及接地、通信系统。

(7)热工控制系统：机、炉、电机组控制系统(DCS或其他装置)、单项自动控制装置、现场仪表及执行机构、电动门配电箱、电缆及辅助设施。

(8)附属生产系统：机修设备、实验室设备、环保工程设备及管道。

三、其他需说明问题

1. 工艺设备及安装工程分项指标中设备及安装工程都是与垃圾焚烧厂工艺有关的设备及安装工程，如工艺管道及阀门、各种电缆、滑触线等，其本身的材料费和安装费均已计入相应的安装工程费中。

2. 建筑分项指标中所列设备是生活及附属于厂房的建筑设备(如通风空调设备等)，其设备购置费已计入相应专业建筑设备费中，其安装费均已计入相应专业的建筑工程费中。

3. 本指标基价不包括粗大垃圾破碎及筛选系统投资。

4. 本指标基价不含厂外工程(除取水泵房外)。由于不同的厂址其相应厂外工程费用相差较大。为了准确计算总投资，在编制估算时，可根据项目选址的实际情况及具体项目估算厂外工程费用。

5. 本指标未包括电力接入系统，如果发生根据项目实际情况估算。

四、工程量计算规则

生活垃圾焚烧处理工程综合指标以额定日处理能力“t”为计量单位，分项建筑指标以建筑面积“m²”为计量单位，垃圾坡道以水平投影面积“m²”为计量单位，烟囱以烟囱高度“m”为计量单位，设备及安装工程分项指标以额定日处理能力“t”计算。

2.1 综合指标

工程特征：建设规模为日处理垃圾 750t，选用 3 台 250t/d 往复推动炉排垃圾焚烧炉和 2 台 7.5MW 凝汽式汽轮发电机组及配套设施。总建筑面积 14776m²。地震烈度 7 度。主厂房特征：现浇钢筋混凝土框架结构、跨度 24.5＋9＋6(m)、柱距 6＋7＋8＋9(m)、檐高 21/35.5(m)，垃圾焚烧炉为室内布置。主要系统简况：主蒸汽系统采用单母管分段制系统。尾气净化系统采用半干法循环流化床反应塔＋布袋除尘器＋活性炭吸附。水处理系统采用一级除盐加混床的处理方式。除渣系统采用输送机经料斗卸至汽车运出厂外。除灰采用干式气力输送除灰方式。本厂通过三条 10kV 架空线路与市政 110kV 变电站并网。10kV 接线方式为单母线分段式。热工控制系统以 DCS 为核心，通过以太网与全厂各控制系统连接，机炉电在中央控制室一体化集中控制。渗沥液处理采用预处理＋MBR 生化处理＋二级纳滤处理工艺，处理后水回用，实现污水的零排放。

单位：t/d

指标编号		10Z-016	
项目	单位	炉排焚烧炉额定日处理能力	
		750t/d 以内	占指标基价(%)
指标基价	元	333515	100.00
一、建筑安装工程费	元	123583	37.05
其中：建筑工程费(含通风空调等建筑设备)	元	77783	23.32
安装工程费(含工艺管道、电缆等)	元	45800	13.73
二、设备购置费	元	144947	43.46
三、工程建设其他费用	元	40280	12.08
四、基本预备费	元	24705	7.41

续表

建筑安装工程费					
直接费	人工费	人工	工日	433.03	—
		措施费分摊	元	260	—
		人工费小计	元	13697	4.11
	材料费	钢筋 ϕ10 以内	kg	710.00	—
		钢筋 ϕ10 以外	kg	2941.41	—
		钢材　综合	kg	1049.77	—
		水泥　综合	kg	12229.21	—
		钢结构薄型防火涂料	t	0.04	—
		APP 改性沥青油毡防水卷材 3＋4mm 厚	m²	9.76	—
		1.5mm 厚绿色 PVC 防水卷材	m²	10.47	—
		铝合金活动地板	m²	0.58	—
		镀铝锌彩色压型钢板 0.8mm	m²	9.54	—
		垃圾池防腐	m²	4.29	—
		PK1 砖	块	660.00	—
		砂子	t	25.55	—
		钢管　综合	t	448.33	—
		电缆	m	133.00	—
		其他材料费	元	33718	—
		措施费分摊	元	2282	—
		材料费小计	元	76494	22.94
	机械费	机械费	元	10086	—
		措施费分摊	元	126	—
		机械费小计	元	10212	3.06
	直接费小计		元	100403	30.10
综合费用			元	23180	6.95
合　计			元	123583	—

建筑工程分项费用

单位：元/t

序号	指标编号	10Z-016	
	名称	费用(元)	占合计(%)
1	主厂房	39634	50.95
2	汽机厂房	7494	9.63
3	主控及附件楼	4546	5.84
4	循环水泵房及冷却塔	1851	2.38
5	加压泵房及水池	1985	2.55
6	综合楼	3019	3.88
7	地磅房(带棚)	301	0.39
8	门房	131	0.17
9	油泵房	160	0.21

续表

序号	指 标 编 号	10Z-016	
	名 称	费用（元）	占合计（%）
10	空压站及污水处理站	234	0.30
11	渗沥液处理	2346	3.02
12	灰库及飞灰固化	596	0.77
13	职工宿舍及食堂	3160	4.06
14	垃圾运输坡道	1997	2.57
15	烟囱	1346	1.73
16	厂区室外工程	8983	11.55
	合 计	77783	100.00

工艺设备及安装工程分项费用

单位：元/t

序号	指标编号	10Z-016			
	名 称	费用(元)			占合计（%）
		设备购置费	安装工程费	小计	
1	一、热力系统	104684	25418	130102	68.21
2	垃圾焚烧系统	68624	14164	82788	43.41
3	余热利用系统	14061	1053	15114	7.92
4	烟气净化系统	21999	—	21999	11.53
5	热力系统汽水管道	—	2501	2501	1.31
6	热力系统砌筑保温油漆	—	7700	7700	4.04
7	二、燃料供应系统	4160	409	4569	2.40
8	三、灰渣处理系统	3070	692	3762	1.97
9	四、水处理系统	949	353	1302	0.68
10	五、供水系统	3520	3050	6570	3.44
11	六、电气系统	13523	12582	26105	13.69
12	七、热工控制系统	9184	3164	12348	6.47
13	八、附属生产工程	5857	132	5989	3.14
	合 计	144947	45800	190747	100.00

工程特征：建设规模为日处理垃圾1050t，选用3台350t/d炉排垃圾焚烧炉和2台7.5MW凝汽式汽轮发电机组及配套设施。总建筑面积17934m^2。地震烈度6度。主厂房特征：现浇钢筋混凝土框排架结构、跨度24.5+9+6(m)、柱距6+7+8+9(m)、檐高21/35.5(m)，垃圾焚烧炉为室内布置。主要系统简况：主蒸汽系统采用分段母管制系统。尾气净化系统采用循环悬浮式半干法烟气净化+布袋除尘器+活性炭吸附。水处理系统采用预处理+RO+EDI方式。供水系统水源采用经预处理后河水，机械通风冷却塔循环供水。除渣系统采用输送机经料斗卸至汽车运出厂外。除灰采用干式气力输送除灰方式。电气系统汽轮发电机出口设发电机断路器，经2台S10－10000/35电力变压器，接入厂内35kV单母线配电装置。热工控制系统以DCS为核心，通过以太网与全厂各控制系统连接，机炉电在中央控制室一体化集中控制。渗沥液处理采用预处理＋MBR生化处理＋二级纳滤处理工艺，处理后水回用，实现污水的零排放。

单位：t/d

指 标 编 号		10Z-017	
项 目	单位	炉排焚烧炉	额定日处理能力
		1050t/d以内	占指标基价（%）
指 标 基 价	元	319597	100.00
一、建筑安装工程费	元	110255	34.50
其中：建筑工程费（含通风空调等建筑设备）	元	65651	20.54
安装工程费（含工艺管道、电缆等）	元	44604	13.96
二、设备购置费	元	147069	46.01
三、工程建设其他费用	元	38599	12.08
四、基本预备费	元	23674	7.41

建筑安装工程费

		项 目	单位	数量	占指标基价（%）
直接费	人工费	人工	工日	399.82	—
		措施费分摊	元	192	—
		人工费小计	元	12598	3.94
	材料费	钢筋 φ10以内	kg	757.00	—
		钢筋 φ10以外	kg	2043.00	—
		钢材 综合	kg	952.00	—
		水泥 综合	kg	11778.00	—
		钢结构薄型防火涂料	t	0.03	—
		SBS改性沥青油毡防水卷材3+4mm厚	m^2	12.11	—
		铝合金中空玻璃窗	m^2	1.38	—
		镀铝锌夹心钢板（内填玻璃棉保温层）	m^2	5.05	—
		垃圾池防腐	m^2	4.98	—
		加气混凝土砌块	m^3	3.21	—
		PK1砖	块	1353.00	—
		砂子	t	22.62	—
		钢管 综合	kg	412.00	—
		电缆	m	170.05	—
		其他材料费	元	30349	—
		措施费分摊	元	2069	—
		材料费小计	元	69279	21.68
	机械费	机械费	元	7465	—
		措施费分摊	元	119	—
		机械费小计	元	7584	2.37
		直接费小计	元	89461	27.99
		综合费用	元	20794	6.51
		合 计	元	110255	—

建筑工程分项费用

单位：元/t

序号	指 标 编 号	10Z-017	
	名 称	费用（元）	占合计（%）
1	主厂房	35793	54.52
2	汽机厂房	5995	9.13
3	主控厂房	4221	6.43
4	综合楼	3525	5.37
5	35kV升压站	420	0.64
6	循环泵房及冷却塔	1402	2.14
7	综合泵房及水池	1015	1.55
8	飞灰固化厂房	474	0.72
9	垃圾渗沥液处理厂房及污水调节池	1717	2.62
10	油泵房	280	0.43
11	门房	75	0.11
12	地磅房（带棚）	233	0.35
13	污水处理站	177	0.27
14	垃圾运输坡道	1361	2.07
15	取水泵房	244	0.37
16	烟囱	1615	2.46
17	厂区室外工程	7104	10.82
合 计		65651	100.00

工艺设备及安装工程分项费用

单位：元/t

序号	指标编号	10Z-017			
	名 称	费用（元）			占合计（%）
		设备购置费	安装工程费	小计	
1	一、热力系统	106090	24643	130733	68.21
2	垃圾焚烧系统	75557	13721	89278	46.58
3	余热利用系统	10103	721	10824	5.65
4	烟气净化系统	20430	—	20430	10.66
5	热力系统汽水管道	—	2146	2146	1.12
6	热力系统砌筑保温油漆	—	8055	8055	4.20
7	二、燃料供应系统	4270	301	4571	2.38
8	三、灰渣处理系统	3957	644	4601	2.40

续表

序号	指标编号	10Z-017			
	名 称	费用（元）			占合计（%）
		设备购置费	安装工程费	小计	
9	四、水处理系统	2384	223	2607	1.36
10	五、供水系统	2356	1768	4124	2.15
11	六、电气系统	15631	12343	27974	14.59
12	七、热工控制系统	6892	4575	11467	5.99
13	八、附属生产工程	5489	107	5596	2.92
合 计		147069	44604	191673	100.00

工程特征：建设规模为日处理垃圾1200t，选用3台400t/d循环流化床垃圾焚烧炉和3台12MW凝汽式汽轮发电机组及配套设施。总建筑面积30637m²。地震烈度6度。主厂房特征：现浇钢筋混凝土框排架结构、跨度24＋19.5＋8(m)、柱距6＋7(m)、檐高17.7/31.5(m)，烧炉间为半露天布置，除尘间为室外露天布置。主要系统简况：主蒸汽系统采用切换母管制系统。尾气净化系统采用半干法循环流化床反应塔＋布袋除尘器＋活性炭吸附。水处理系统采用预处理＋RO＋EDI方式。除渣系统采用输送机经料斗卸至汽车运出厂外。除灰采用干式气力输送除灰方式。电气系统以发电机—变压器单元接线方式接入厂内110kV配电装置母线，110kV主接线采用单母线接线。热工控制系统以DCS为核心，通过以太网与全厂各控制系统连接，机炉电在中央控制室一体化集中控制。控制室内设置智能模拟屏。渗沥液处理是将渗沥液收集到储液池内，用泵将渗沥液提升后，用喷嘴将其喷入炉膛高温段，进行焚烧去毒除臭。

单位：t/d

指 标 编 号		10Z-018	
		循环流化床焚烧炉额定日处理能力	
项 目	单位	1200t/d以内	占指标基价（%）
指 标 基 价	元	281208	100.00
一、建筑安装工程费	元	112851	40.13
其中：建筑工程费（含通风空调等建筑设备）	元	75251	26.76
安装工程费（含工艺管道、电缆等）	元	37600	13.37
二、设备购置费	元	113565	40.38
三、工程建设其他费用	元	33962	12.08
四、基本预备费	元	20830	7.41

续表

建筑安装工程费					
直接费	人工费	人工	工日	400.16	—
		措施费分摊	元	231	—
		人工费小计	元	12648	4.50
	材料费	钢筋 ϕ10 以内	kg	944.64	—
		钢筋 ϕ10 以外	kg	2808.56	—
		钢材　综合	kg	656.60	—
		水泥　综合	kg	13752.57	—
		APP 改性沥青油毡防水卷材 3+4mm	m^2	10.62	—
		镀铝锌彩色压型钢板 0.8mm	m^2	17.70	—
		铝合金隐框中空玻璃幕墙	m^2	0.55	—
		垃圾池防腐	m^2	4.10	—
		KP1 砖	块	796.44	—
		加气混凝土砌块	m^3	1.86	—
		砂子	t	26.30	—
		钢管　综合	t	481.40	—
		电缆	m	118.81	—
		其他材料费	元	31956	—
		措施费分摊	元	2050	—
		材料费小计	元	72737	25.87
	机械费	机械费	元	6301	—
		措施费分摊	元	118	—
		机械费小计	元	6419	2.28
		直接费小计	元	91804	32.65
		综合费用	元	21047	7.48
		合　计	元	112851	—

建筑工程分项费用

单位：元/t

序号	指　标　编　号	10Z-018	
	名　称	费用（元）	占合计（%）
1	主厂房	30947	41.13
2	汽机厂房	8443	11.22
3	主控楼	4983	6.63
4	升压站	1658	2.20
5	煤库	4447	5.91
6	输煤栈桥	1644	2.18
7	综合泵房	1902	2.53
8	冷却塔及水池	1077	1.43
9	蓄水池（800m³2 个）	897	1.19
10	综合楼	5209	6.92
11	地磅房（带棚）	251	0.33
12	门房	185	0.25
13	洗车房	339	0.45
14	渣廊渣库	1598	2.12
15	油泵房	111	0.15
16	飞灰固化厂房	423	0.56
17	坡道	901	1.20
18	取水泵房	626	0.83
19	烟囱	1132	1.50
20	厂区室外工程	8478	11.27
	合　计	75251	100.00

工艺设备及安装工程分项费用

单位：元/t

序号	指标编号	10Z-018			
	名　称	费用（元）			占合计（%）
		设备购置费	安装工程费	小计	
1	一、热力系统	64118	16877	80995	53.59
2	垃圾焚烧系统	27105	7547	34652	22.93
3	余热利用系统	18512	1142	19654	13.00
4	烟气净化系统	18501	—	18501	12.24
5	热力系统汽水管道	—	2518	2518	1.67
6	热力系统砌筑保温油漆	—	5670	5670	3.75
7	二、燃料供应系统	10547	1264	11811	7.81
8	三、灰渣处理系统	5465	814	6279	4.15
9	四、水处理系统	1597	140	1737	1.15
10	五、供水系统	3697	2277	5974	3.95
11	六、电气系统	18755	11633	30388	20.10
12	七、热工控制系统	7899	4502	12401	8.20
13	八、附属生产工程	1487	93	1580	1.05
	合　计	113565	37600	151165	100.00

2.2 分 项 指 标

2.2.1 建筑分项指标

2.2.1.1 主厂房

工程特征：炉排焚烧炉建筑面积 7943m²，现浇钢筋混凝土框排架结构、跨度 36+23+25+18(m)、柱距 7m×7m、檐高 39m，人工挖土灌注桩，独立桩承台。KP1 砖墙。外墙涂料，内墙涂料、玻璃钢树脂墙面。主厂房球接点钢网架，镀铝锌彩色压型钢板，挤塑板保温 δ 50mm，1.5mm 厚绿色 PVC 防水卷材（机械固定），混凝土楼地面，钢吊车梁。垃圾池宽 16.4m，长 45.7m，池底标高 −6m，C30 现浇抗渗混凝土，4mm 厚环氧稀胶泥，环氧树脂四布六涂一次贴成玻璃钢面层，环氧面漆两道。UPVC 给排冰管，一般卫生洁具、消火栓系统。铸铁散热器，机械通风，分体空调。双管荧光灯，金卤灯，防爆灯。

单位：m²

指标编号			10F-059		
项目			单位	额定日处理能力750t	占指标基价(%)
指标基价			元	3743	100.00
一、建筑安装工程费			元	3681	98.34
二、设备购置费			元	62	1.66
建筑安装工程费					
直接费	人工费	人工	工日	11	—
		措施费分摊	元	7	—
		人工费小计	元	331	8.84
	材料费	钢筋 ϕ10 以内	kg	32.08	—
		钢筋 ϕ10 以外	kg	162.10	—
		钢材　综合	kg	55.88	—
		水泥　综合	kg	550.35	—
		垃圾池防腐	m²	0.40	—
		镀铝锌彩色压型钢板 0.8mm	m²	0.85	—
		1.5mm 厚绿色 PVC 防水卷材(机械固定)	m²	0.99	—
		KP1 砖	块	20.13	—
		钢管　综合	kg	7.10	—
		其他材料费	元	835	—
		措施费分摊	元	72	—
		材料费小计	元	2384	63.69
	机械费	机械费	元	240	—
		措施费分摊	元	4	—
		机械费小计	元	244	6.52
	直接费小计		元	2959	79.05
综合费用			元	722	19.29
合计			元	3681	—

设备购置费

序号	名称及规格	单位	数量	单价(元)	合价(元)
1	消防水泵 37kW 2 台及水箱 V=12m³ 1 台	台	3	22000	66000
2	斜流、轴流通风 5 台空调机 KFR-71LW 1 台	台	6	3627	21762
3	旋转式自然通风器 RZT-880	台	56	6650	372400
4	照明配电箱	台	12	2500	30000
合计		元	—	—	490162
设备单位建筑面积指标		元/m²	—	—	62

工程特征：炉排焚烧炉建筑面积 10505m²，现浇钢筋混凝土框架结构、跨度 24.5+9+6(m)、柱距 6+7+8+9(m)、檐高 21/35.5(m)，独立柱基。页岩实心砖、加气混凝土砌块墙。中空断桥铝合金窗，局部玻璃幕墙。外墙面转，内墙涂料。主厂房球接点钢网架，镀铝锌夹心钢板屋面板，非金属骨料耐磨地面，钢吊车梁。垃圾池宽 21m，长 57m，池底标高－5m，C30 现浇抗渗混凝土，环氧砂浆面层，水泥综合基渗透型防水涂料，局部 SBS 改性沥青油毡防水卷材。PPR 给水管，UPVC 排水管，一般卫生洁具、消火栓系统、局部水喷淋系统。铸铁散热器。机械通风，局部 VRV 空调、分体空调。双管荧光灯，金卤灯。

单位：m²

指标编号			10F-060		
项目			单位	额定日处理能力 1050t	占指标基价(%)
指标基价			元	3579	100.00
一、建筑安装工程费			元	3529	98.60
二、设备购置费			元	50	1.40
建筑安装工程费					
直接费	人工费	人工	工日	10	—
		措施费分摊	元	7	—
		人工费小计	元	326	9.11
	材料费	钢筋 ϕ10 以内	kg	33.84	—
		钢筋 ϕ10 以外	kg	122.74	—
		钢材　综合	kg	39.75	—
		水泥　综合	kg	576.49	—
		镀铝锌夹心钢板(内填玻璃棉)	m²	0.50	—
		铝合金中空玻璃窗	m²	0.06	—
		垃圾池防腐	m²	0.50	—
		加气混凝土砌块	m³	0.21	—
		钢管　综合	kg	6.19	—
		防沙防雨进风百叶窗	m²	0.01	—
		其他材料费	元	940	—
		措施费分摊	元	69	—
		材料费小计	元	2380	66.50
	机械费	机械费	元	131	—
		措施费分摊	元	4	—
		机械费小计	元	135	3.77
	直接费小计		元	2841	79.38
综合费用			元	688	19.22
合计			元	3529	—

设备购置费

序号	名称及规格	单位	数量	单价(元)	合价(元)
1	玻璃钢消防水箱 V=15m³	台	1	35700	35700
2	通风机　空气幕通风柜　多联及分体空调机	台	31	6976	216256
3	照明配电箱	台	10	2500	25000
4	客梯(五层五站)	台	1	250000	250000
合计		元	—	—	526956
设备单位建筑面积指标		元/m²	—	—	50

工程特征：循环流化床焚烧炉建筑面积13792m²，现浇钢筋混凝土框排架结构、跨度24+19.5+8(m)、柱距6+7(m)、檐高17.7/31.5(m)。垃圾焚烧炉为半露天布置，人工挖土灌注桩，独立桩承台。页岩实心砖、加气混凝土砌块墙。内墙乳胶漆，外墙涂料、花岗岩干挂、压型钢板、玻璃幕墙。主厂房球接点钢网架，玻璃棉毡保温，镀铝锌彩色压型钢板。非金属骨料耐磨楼地面，预制混凝土吊车梁。垃圾池宽19.5m，长63m，池底标高-5m，C35抗渗混凝土，环氧涂料面层2道，环氧玻璃钢四布六涂底层，4mm厚环氧胶泥基层。PPR给水管，UPVC排水管，一般卫生洁具、消火栓系统。铸铁散热器。荧光灯，金卤灯，工厂灯。

单位：m²

指标编号				10F-061	
项目			单位	额定日处理能力1200t	占建筑工程费(%)
指标基价			元	2693	100.00
一、建筑安装工程费			元	2674	99.30
二、设备购置费			元	19	0.70
建筑安装工程费					
直接费	人工费	人工	工日	8	—
		措施费分摊	元	5	—
		人工费小计	元	235	8.73
	材料费	钢筋 ϕ10以内	kg	42.07	—
		钢筋 ϕ10以外	kg	119.59	—
		型材 综合	kg	15.59	—
		水泥 综合	kg	492.65	—
		垃圾池防腐	m²	0.36	—
		镀铝锌彩色压型钢板0.8mm	m²	1.01	—
		APP改性沥青油毡防水卷材3+4mm	m²	0.26	—
		KP1砖	块	34.65	—
		其他材料费	元	702	—
		措施费分摊	元	51	—
		材料费小计	元	1817	67.47
	机械费	机械费	元	98	—
		措施费分摊	元	3	—
		机械费小计	元	101	3.75
	直接费小计		元	2153	79.95
综合费用			元	521	19.35
合计			元	2674	—

设备购置费

序号	名称及规格	单位	数量	单价(元)	合价(元)
1	消防水泵37kW 2台及水箱V=12m³ 1台	台	3	22000	66000
2	空调机KFR120LW 6台新风换气机YH-D1600 1台	台	7	10373	72611
3	风机14台、排气扇3台、通风柜1台、空气幕3台	台	21	3157	66297
4	照明配电箱	台	22	2500	55000
合计		元	—	—	259908
设备单位建筑面积指标		元/m²	—	—	19

2.2.1.2 汽机厂房

工程特征：建筑面积2243m²，现浇钢筋混凝土框架结构、跨度6+15(m)、柱距8m×6m、檐高17.85m。人工挖孔灌注桩、独立桩承台。模数多孔砖墙，铝合金门窗、防火门、隔声门窗。内外墙涂料。厂房实腹钢梁，镀铝锌压型钢板屋面板，PVC防水卷材，水泥综合、水磨石地面，钢吊车梁。附楼钢筋混凝土屋面板，憎水珍珠岩保温，APP改性沥青油毡3+4(mm)防水卷材，水泥综合、地砖楼地面。汽机间离心玻璃棉、彩色穿孔板吸声做法。UPVC给排水管，洗涤盆，消火栓系统。铸铁散热器，机械排风，分体空调器。荧光灯，金卤灯。

单位：m²

指标编号				10F-062	
项目			单位	额定日处理能力750t	占指标基价(%)
指标基价			元	2506	100.00
一、建筑安装工程费			元	2478	98.88
二、设备购置费			元	28	1.12
建筑安装工程费					
直接费	人工费	人工	工日	8	—
		措施费分摊	元	4	—
		人工费小计	元	257	10.26
	材料费	钢筋 ϕ10以内	kg	30.18	—
		钢筋 ϕ10以外	kg	120.21	—
		钢材 综合	kg	15.31	—
		水泥 综合	kg	467.63	—
		APP改性沥青油毡防水卷材3+4mm	m²	0.46	—
		聚氨酯防水涂料	kg	2.86	—
		镀铝锌彩色压型钢板0.8mm	m²	0.18	—
		彩色穿孔钢板	m²	0.60	—
		铝合金隔声固定窗	m²	0.09	—
		模数砖190×140×90	块	40.35	—
		其他材料费	元	595	—
		措施费分摊	元	50	—
		材料费小计	元	1633	65.16
	机械费	机械费	元	131	—
		措施费分摊	元	3	—
		机械费小计	元	134	5.35
	直接费小计		元	2024	80.77
综合费用			元	454	18.11
合计			元	2478	—

设备购置费

序号	名称及规格	单位	数量	单价(元)	合价(元)
1	洗浴换热器(含水泵)FGLV1200-2	台	1	44520	44520
2	斜流管道通风机SJG-A，No4.5S	台	1	5210	5210
3	分体壁挂空调机KF-36GW	台	2	4500	9000
4	照明配电箱	台	2	2500	5000
合计		元	—	—	63730
设备单位建筑面积指标		元/m²	—	—	28

工程特征：建筑面积2500m²，现浇钢筋混凝土框架结构、跨度15＋7(m)、柱距5＋6＋5.5(m)、檐高17.8/20(m)，独立柱基，局部地下室。页岩实心砖墙，中空断桥铝合金窗，局部玻璃幕墙。外墙面砖，内墙涂料。厂房实腹钢梁，镀铝锌压型钢板屋面板，PVC防水卷材，非金属骨料耐磨地面，钢吊车梁。附楼钢筋混凝土屋面板，SBS(3＋4)mm防水卷材，挤塑聚苯板保温，聚氨酯隔汽层。地砖楼地面。镀锌给水管，UPVC排水管，洗涤盆，消火栓系统。铸铁散热器。防沙防雨进风百叶窗。荧光灯，金卤灯，防爆灯。

单位：m²

指标编号				10F-063	
项目			单位	额定日处理能力1050t	占指标基价(%)
指标基价			元	2518	100.00
一、建筑安装工程费			元	2462	97.78
二、设备购置费			元	56	2.22
建筑安装工程费					
直接费	人工费	人工	工日	8	—
		措施费分摊	元	4	—
		人工费小计	元	250	9.93
	材料费	钢筋ϕ10以内	kg	29.60	—
		钢筋ϕ10以外	kg	87.84	—
		钢材　综合	kg	29.17	—
		水泥　综合	kg	464.83	—
		镀铝锌彩色压型钢板0.8mm	m²	0.34	—
		SBS改性沥青油毡防水卷材3＋4mm	m²	0.71	—
		挤塑板50mm厚	m³	0.02	—
		明框玻璃幕墙中空玻璃	m²	0.05	—
		铝合金中空玻璃平开窗	m²	0.14	—
		KP1砖	块	113.88	—
		钢管　综合	kg	6.00	—
		防沙防雨进风百叶窗	m²	0.01	—
		其他材料费	元	589	—
		措施费分摊	元	49	—
		材料费小计	元	1699	67.47
	机械费	机械费	元	63	—
		措施费分摊	元	3	—
		机械费小计	元	66	2.62
		直接费小计	元	2015	80.02
综合费用			元	447	17.76
合　计			元	2462	—

设备购置费

序号	名称及规格	单位	数量	单价(元)	合价(元)
1	洗浴换热器(含泵)BLL-400S=10.5m²	套	1	53200	53200
2	屋顶轴流风机WT No12	台	8	9500	76000
3	照明配电箱	台	4	2500	10000
合　计		元	—	—	139200
设备单位建筑面积指标		元/m²	—	—	56

工程特征：建筑面积3901m²，现浇钢筋混凝土框架结构、跨度24＋12(m)、柱距6m、檐高17.8/20(m)。人工挖孔灌注桩、独立桩承台。页岩实心砖墙，铝合金中空玻璃窗。内外墙涂料。厂房球接点钢网架，玻璃棉毡保温，镀铝锌彩色压型钢板。预制混凝土吊车梁。附楼钢筋混凝土屋面板，憎水珍珠岩保温，APP改性沥青油毡3＋4(mm)防水卷材。水泥综合、地砖楼地面。PPR给水管，UPVC排水管，洗涤盆，消火栓系统。铸铁散热器。荧光灯，金卤灯，工厂灯。

单位：m²

指标编号				10F-064	
项目			单位	额定日处理能力1200t	占指标基价(%)
指标基价			元	2598	100.00
一、建筑安装工程费			元	2536	97.61
二、设备购置费			元	62	2.39
建筑安装工程费					
直接费	人工费	人工	工日	7	—
		措施费分摊	元	4	—
		人工费小计	元	221	8.51
	材料费	钢筋ϕ10以内	kg	26.27	—
		钢筋ϕ10以外	kg	112.38	—
		钢材　综合	kg	14.67	—
		水泥　综合	kg	461.89	—
		APP改性沥青油毡防水卷材3＋4mm	m²	0.14	—
		镀铝锌彩色压型钢板0.8mm	m²	1.05	—
		铝合金隔声固定窗	m²	0.07	—
		铝合金隐框中空玻璃幕墙	m²	0.06	—
		KP1砖	块	58.95	—
		其他材料费	元	746	—
		措施费分摊	元	49	—
		材料费小计	元	1764	67.90
	机械费	机械费	元	88	—
		措施费分摊	元	3	—
		机械费小计	元	91	3.50
		直接费小计	元	2076	79.91
综合费用			元	460	17.70
合　计			元	2536	—

设备购置费

序号	名称及规格	单位	数量	单价(元)	合价(元)
1	潜污泵 50QW-10-10-1.1	台	2	6000	12000
2	屋顶风机WT NO12.5 7台，轴流风机3台	台	10	19000	190000
3	分体式空调器KFR-120LW/D	台	2	13800	27600
4	照明配电箱	台	4	2500	10000
合　计		元	—	—	239600
设备单位建筑面积指标		元/m²	—	—	62

2.2.1.3 主控楼

工程特征：建筑面积1362m²，现浇钢筋混凝土框架结构、跨度6+8(m)、柱距5+7+6(m)、檐高12.85m。人工挖孔桩、独立桩承台。页岩实心砖、加气混凝土砌块墙。木门、铝合金门窗、防火门。外墙、内墙涂料。钢筋混凝土屋面板，憎水珍珠岩保温、APP改性沥青防水卷材3+4(mm)，屋面广场砖面层。水泥综合、地砖楼地面、防静电地板。镀锌给水管，消火栓系统。铸铁散热器，机械排风，VRV空调器系统。荧光灯，筒灯。

单位：m²

指标编号			10F-065		
项目			单位	额定日处理能力750t	占指标基价(%)
指标基价			元	2513	100.00
一、建筑安装工程费			元	2131	84.80
二、设备购置费			元	382	15.20
建筑安装工程费					
直接费	人工费	人工	工日	7	—
		措施费分摊	元	4	—
		人工费小计	元	206	8.20
	材料费	钢筋 ϕ10以内	kg	19.13	—
		钢筋 ϕ10以外	kg	89.15	—
		水泥　综合	kg	342.34	—
		APP改性沥青油毡防水卷材3+4mm厚	m²	0.63	—
		矿棉吸声板	m²	0.58	—
		铝合金活动地板	m²	0.32	—
		铝合金方板	m²	0.28	—
		组合型广场砖	m²	0.43	—
		铝合金单玻推拉门	m²	0.13	—
		KP1砖	块	17.45	—
		钢管　综合	kg	7.34	—
		其他材料费	元	558	—
		措施费分摊	元	42	—
		材料费小计	元	1428	56.82
	机械费	机械费	元	91	—
		措施费分摊	元	2	—
		机械费小计	元	93	3.70
		直接费小计	元	1727	68.72
综合费用			元	404	16.08
合　计			元	2131	—

设备购置费

序号	名称及规格	单位	数量	单价(元)	合价(元)
1	电开水器 N=9kW	台	1	4500	4500
2	变频多联空调机(外机4台内机41台)	套	1	487550	487550
3	排气扇、轴流式通风机	台	10	1329	13290
4	照明配电箱	台	6	2500	15000
	合　计	元	—	—	520340
	设备单位建筑面积指标	元/m²	—	—	382

工程特征：建筑面积1753m²，现浇钢筋混凝土框架结构、跨度6+7+7.5(m)、柱距7+7.8+7.2(m)、檐高12m。独立柱基。页岩实心砖、加气混凝土砌块墙。中空断桥铝合金窗，局部玻璃幕墙。外墙面砖，内墙涂料。钢筋混凝土屋面板，SBS3+4(mm)防水卷材，挤塑聚苯板保温，聚氨酯隔汽层。地砖、花岗岩楼地面。镀锌给水管，消火栓系统。铸铁散热器。机械通风，VRV空调系统、分体空调。荧光灯，筒灯。

单位：m²

指标编号			10F-066		
项目			单位	额定日处理能力1050t	占指标基价(%)
指标基价			元	2514	100.00
一、建筑安装工程费			元	2195	87.31
二、设备购置费			元	319	12.69
建筑安装工程费					
直接费	人工费	人工	工日	9	—
		措施费分摊	元	4	—
		人工费小计	元	279	11.10
	材料费	钢筋 ϕ10以内	kg	40.05	—
		钢筋 ϕ10以外	kg	52.95	—
		钢材　综合	kg	1.72	—
		水泥　综合	kg	416.73	—
		SBS改性沥青油毡防水卷材3+4mm	m²	0.85	—
		挤塑板50mm厚	m³	0.03	—
		花岗岩楼地面	m²	0.67	—
		明框玻璃幕墙中空玻璃	m²	0.04	—
		铝合金中空玻璃窗	m²	0.09	—
		加气混凝土砌块	m³	0.16	—
		其他材料费	元	571	—
		措施费分摊	元	44	—
		材料费小计	元	1458	58.00
	机械费	机械费	元	45	—
		措施费分摊	元	3	—
		机械费小计	元	47	1.87
		直接费小计	元	1784	70.97
综合费用			元	411	16.34
合　计			元	2195	—

设备购置费

序号	名称及规格	单位	数量	单价(元)	合价(元)
1	变频多联空调机(外机2台内机32台)	套	1	518000	518000
2	轴流式通风机，排气扇，壁挂空调机	台	14	2371	33194
3	照明配电箱	台	3	2500	7500
	合　计	元	—	—	558694
	设备单位建筑面积指标	元/m²	—	—	319

工程特征：建筑面积3369m²，现浇钢筋混凝土框架结构、跨度6+7(m)、柱距6m、檐高13.4m。人工挖孔桩、独立桩承台。页岩实心砖、加气混凝土砌块墙。钢门、木门、防火门、铝合金中空玻璃窗。内墙乳胶漆、外墙涂料、花岗岩干挂、玻璃幕墙、压型钢板。钢筋混凝土屋面板，APP改性沥青防水卷材3+4(mm)，憎水珍珠岩保温、种植屋面。花岗岩、地砖楼地面。镀锌给水管，消火栓系统。铸铁散热器。分体式空调器，机械排风。荧光灯，筒灯。

单位：m²

指标编号			10F-067	
项目		单位	额定日处理能力1200t	占指标基价(%)
指标基价		元	1775	100.00
一、建筑安装工程费		元	1744	98.25
二、设备购置费		元	31	1.75
建筑安装工程费				
直接费	人工费	人工	工日	6	—
		措施费分摊	元	4	—
		人工费小计	元	186	10.48
	材料费	钢筋 ϕ10以内	kg	22.35	—
		钢筋 ϕ10以外	kg	81.22	—
		钢材　综合	kg	3.33	—
		水泥　综合	kg	337.51	—
		APP改性沥青油毡防水卷材3+4mm	m²	0.71	—
		榉木贴面装饰门带门框	m²	0.02	—
		磨光花岗石	m²	0.06	—
		地面砖	m²	0.74	—
		加气混凝土砌块	m³	0.12	—
		其他材料费	元	493	—
		措施费分摊	元	35	—
		材料费小计	元	1165	65.63
	机械费	机械费	元	71	—
		措施费分摊	元	2	—
		机械费小计	元	73	4.11
	直接费小计		元	1424	80.22
综合费用			元	320	18.03
合　计			元	1744	—

设备购置费

序号	名称及规格	单位	数量	单价(元)	合价(元)
1	吊顶式新风换气机YH-D1600	台	1	15000	15000
2	分体式空调器KFR-250LW～36GW	台	17	3231	54927
3	斜流负机NO7.0S 2台，轴流风机1台	台	3	7554	22662
4	照明配电箱	台	4	2500	10000
合　计		元	—	—	102589
设备单位建筑面积指标		元/m²	—	—	31

2.2.1.4　升压站

35kV

工程特征：建筑面积150m²，现浇钢筋混凝土框架结构、跨度6m、柱距7.5m、檐高7.3m，独立柱基。页岩实心砖、加气混凝土砌块墙。铝合金窗，防火门。外墙涂料，内墙涂料。钢筋混凝土屋面板，SBS3+4(mm)防水卷材，挤塑聚苯板保温，聚氨酯隔汽层。水泥综合砂浆地面。手提干粉灭火器。防沙防雨进风百叶窗。工厂灯。

单位：m²

指标编号			10F-068	
项目		单位	额定日处理能力1050t	占指标基价(%)
指标基价		元	2946	100.00
一、建筑安装工程费		元	2883	97.86
二、设备购置费		元	63	2.14
建筑安装工程费				
直接费	人工费	人工	工日	8	—
		措施费分摊	元	4	—
		人工费小计	元	265	9.00
	材料费	钢筋 ϕ10以内	kg	41.00	—
		钢筋 ϕ10以外	kg	54.60	—
		钢材　综合	kg	8.47	—
		水泥　综合	kg	423.93	—
		防火门	m²	0.05	—
		铝合金中空玻璃窗	m²	0.11	—
		SBS改性沥青油毡防水卷材3+4mm	m²	1.33	—
		挤塑板50mm厚	m³	0.05	—
		加气混凝土砌块	m³	0.48	—
		防沙防雨进风百叶窗	m²	0.23	—
		其他材料费	元	589	—
		措施费分摊	元	44	—
		材料费小计	元	2129	72.26
	机械费	机械费	元	24	—
		措施费分摊	元	3	—
		机械费小计	元	27	0.92
	直接费小计		元	2421	82.18
综合费用			元	462	15.68
合　计			元	2883	—

设备购置费

序号	名称及规格	单位	数量	单价(元)	合价(元)
1	轴流式通风机NO4	台	3	1500	4500
2	照明配电箱	台	2	2500	5000
合　计		元	—	—	9500
设备单位建筑面积指标		元/m²	—	—	63

110kV

工程特征：建筑面积1053m²，现浇钢筋混凝土框架结构、跨度6m、柱距3.6m、6.5m、檐高15.3m。人工挖孔桩、独立桩承台。加气混凝土砌块墙。断桥铝合金中空玻璃窗，防火门。外墙涂料，内墙乳胶漆。钢筋混凝土屋面板，APP改性沥青防水卷材3+4(mm)，憎水珍珠岩保温、聚氨酯隔汽层。水泥综合砂浆地面。手提干粉灭火器。防沙防雨进风百叶窗，机械排风。工厂灯。

单位：m²

指标编号				10F-069	
项目			单位	额定日处理能力1200t/d	占指标基价(%)
指标基价			元	1890	100.00
一、建筑安装工程费			元	1866	98.73
二、设备购置费			元	24	1.27
建筑安装工程费					
直接费	人工费	人工	工日	6	—
		措施费分摊	元	3	—
		人工费小计	元	194	10.26
	材料费	钢筋ϕ10以内	kg	24.16	—
		钢筋ϕ10以外	kg	90.48	—
		钢材　综合	kg	3.12	—
		水泥　综合	kg	368.01	—
		APP改性沥青油毡防水卷材3+4mm	m²	0.73	—
		铝合金全玻平开门	m²	0.09	—
		加气混凝土砌块	m²	0.40	—
		其他材料费	元	520	—
		措施费分摊	元	36	—
		材料费小计	元	1262	66.78
	机械费	机械费	元	70	—
		措施费分摊	元	2	—
		机械费小计	元	72	3.81
	直接费小计		元	1528	80.85
综合费用			元	338	17.88
合　计			元	1866	—

设备购置费

序号	名称及规格	单位	数量	单价(元)	合价(元)
1	轴流式通风机NO6.3 NO3.55各6台	台	12	1500	1800
2	照明配电箱	台	3	2500	7500
合　计		元	—	—	25500
设备单位建筑面积指标		元/m²	—	—	24

2.2.1.5　综合楼

工程特征：建筑面积745m²，现浇钢筋混凝土框架结构、跨度7.2+6.9+3+9(m)、柱距5.7+6.3+3.3(m)、檐高9.9m，独立柱基。黏土空心砖墙，外墙挂贴铝塑板局部玻璃幕墙，内墙涂料、贴瓷砖，铝合金门窗。钢筋混凝土屋面板，憎水膨胀珍珠岩保温，APP改性沥青油毡防水卷材，预制混凝土板架空层屋面。地砖、大理石地面。CPVC给水管，UPVC排水管，一般洁具，消火栓系统，铸铁散热器，VRV中央空调系统。荧光灯，筒灯。

单位：m²

指标编号				10F-070	
项目			单位	额定日处理能力750t	占指标基价(%)
指标基价			元	3049	100.00
一、建筑安装工程费			元	2593	85.04
二、设备购置费			元	456	14.96
建筑安装工程费					
直接费	人工费	人工	工日	6	—
		措施费分摊	元	5	—
		人工费小计	元	202	6.63
	材料费	钢筋ϕ10以内	kg	21.14	—
		钢筋ϕ10以外	kg	74.04	—
		钢材　综合	kg	3.18	—
		水泥　综合	kg	332.75	—
		铝合金双玻推拉窗	m²	0.23	—
		带铝合金隐框中空玻璃	m²	0.12	—
		铝合金龙骨	m²	1.09	—
		APP改性沥青油毡防水卷材3+4mm	m²	0.56	—
		铝塑板	m²	0.79	—
		大理石板0.25m²以外	m²	0.46	—
		KP1砖	块	57.06	—
		其他材料费	元	703	—
		措施费分摊	元	53	—
		材料费小计	元	1789	58.67
	机械费	机械费	元	113	—
		措施费分摊	元	3	—
		机械费小计	元	116	3.80
	直接费小计		元	2107	69.10
综合费用			元	486	15.94
合　计			元	2593	—

设备购置费

序号	名称及规格	单位	数量	单价(元)	合价(元)
1	电开水器9kW	台	1	4500	4500
2	排气扇BPT18-44A	台	4	896	3584
3	变频多联空调机(外机3台内机27台)	套	1	324450	324450
4	照明配电箱	台	3	2500	7500
合　计		元	—	—	340034
设备单位建筑面积指标		元/m²	—	—	456

工程特征：建筑面积1659m²，现浇钢筋混凝土框架结构、跨度8m、柱距7.2+8(m)、檐高9.3m，独立柱基。加气混凝土砌块墙。中空断桥铝合金窗。木门、铝合金门。外墙面砖，内墙涂料。钢筋混凝土屋面板，SBS3+4(mm)防水卷材，挤塑聚苯板保温，聚氨酯隔汽层。地砖、花岗岩楼地面。PPR给水管，UPVC排水管，一般洁具，消火栓系统，铸铁散热器，机械排风，分体空调，荧光灯，筒灯。

单位：m²

指标编号					10F-071
项目			单位	额定日处理能力1050t	占指标基价(%)
指标基价			元	2231	100.00
一、建筑安装工程费			元	2080	93.23
二、设备购置费			元	151	6.77
建筑安装工程费					
直接费	人工费	人工	工日	7	—
		措施费分摊	元	4	—
		人工费小计	元	222	9.95
	材料费	钢筋 ϕ10以内	kg	43.03	—
		钢筋 ϕ10以外	kg	86.05	—
		钢材 综合	kg	2.16	—
		水泥 综合	kg	300.49	—
		铝合金中空玻璃门	m²	0.05	—
		铝合金中空玻璃窗	m²	0.15	—
		石膏板	m²	0.83	—
		SBS改性沥青油毡防水卷材3+4mm	m²	0.88	—
		挤塑板50mm厚	m³	0.03	—
		花岗岩楼地面	m²	0.68	—
		加气混凝土砌块	m³	0.34	—
		阀门	个	0.03	—
		其他材料费	元	419	—
		措施费分摊	元	42	—
		材料费小计	元	1436	64.36
	机械费	机械费	元	35	—
		措施费分摊	元	2	—
		机械费小计	元	37	1.66
	直接费小计		元	1695	75.97
综合费用			元	385	17.26
合计			元	2080	—

设备购置费

序号	名称及规格	单位	数量	单价(元)	合价(元)
1	太阳能热水器SPQB-20/150 2kW	台	2	5000	10000
2	通风空调设备(含9kW开水器2个)	台	45	5192	233640
3	照明配电箱	台	3	2500	7500
合计		元	—	—	251140
设备单位建筑面积指标		元/m²	—	—	151

工程特征：建筑面积3091m²，现浇钢筋混凝土框架结构、跨度6.6+15(m)、柱距6m、檐高15.9m，人工挖孔桩、独立桩承台。加气混凝土砌块外墙。外墙涂料、部分挂贴铝塑板局部玻璃幕墙，内墙高级乳胶漆、铝合金中空玻璃门窗。钢筋混凝土屋面板，APP改性沥青油毡防水卷材4+3(mm)厚，憎水珍珠岩保温板100mm厚，聚氨酯隔汽层，种植屋面。花岗岩地面。CPVC给水管，UPVC排水管，一般洁具，消火栓系统，铸铁散热器，分体式空调器，荧光灯，筒灯。

单位：m²

指标编号					10F-072
项目			单位	额定日处理能力1200t	占指标基价(%)
指标基价			元	2029	100.00
一、建筑安装工程费			元	1911	94.18
二、设备购置费			元	118	5.82
建筑安装工程费					
直接费	人工费	人工	工日	6	—
		措施费分摊	元	3	—
		人工费小计	元	175	8.62
	材料费	钢筋 ϕ10以内	kg	14.25	—
		钢筋 ϕ10以外	kg	46.72	—
		钢材 综合	kg	0.00	—
		水泥 综合	kg	220.43	—
		APP改性沥青油毡防水卷材3+4mm	m²	0.42	—
		加气混凝土块	m²	0.15	—
		花岗石板0.25m²以外	m²	1.00	—
		铝单板	m²	0.09	—
		铝合金隐框中空玻璃幕墙	m²	0.11	—
		铝合金中空玻璃平开窗	m²	0.11	—
		钢管 综合	kg	5.15	—
		其他材料费	元	536	—
		措施费分摊	元	37	—
		材料费小计	元	1310	64.56
	机械费	机械费	元	71	—
		措施费分摊	元	2	—
		机械费小计	元	73	3.60
	直接费小计		元	1558	76.78
综合费用			元	353	17.40
合计			元	1911	—

设备购置费

序号	名称及规格	单位	数量	单价(元)	合价(元)
1	电开水器9kW	台	4	4500	18000
2	排气扇BPT15-23C	台	8	300	2400
3	分体式空调器KFR-71LW/D	套	39	8500	331500
4	照明配电箱	台	5	2500	12500
合计		元	—	—	364400
设备单位建筑面积指标		元/m²	—	—	118

2.2.1.6 职工宿舍及食堂

工程特征：建筑面积 1236m²，现浇钢筋混凝土框架结构、跨度 7.2＋3＋5.7(m)、柱距 5.7＋2.1＋7.2(m)、檐高 9.9m，独立柱基。黏土空心砖墙，内墙涂料、贴瓷砖，外墙涂料，木门、铝合金门窗。钢筋混凝土屋面板，憎水膨胀珍珠岩保温，APP 改性沥青油毡防水卷材，预制混凝土板架空层屋面。地砖楼地面。CPVC 给水管，UPVC 排水管，一般洁具，消火栓系统。铸铁散热器，机械通风、分体壁挂空调器，荧光灯，筒灯。

单位：m²

指标编号				10F-073	
项目			单位	额定日处理能力 750t	占指标基价(%)
指标基价			元	1918	100.00
一、建筑安装工程费			元	1841	95.99
二、设备购置费			元	77	4.01
建筑安装工程费					
直接费	人工费	人工	工日	6	—
		措施费分摊	元	4	—
		人工费小计	元	181	9.44
	材料费	钢筋 ϕ10 以内	kg	16.75	—
		钢筋 ϕ10 以外	kg	54.30	—
		钢材　综合	kg	1.62	—
		水泥　综合	kg	278.30	—
		铝合金单玻推拉窗	m²	0.14	—
		铝合金半玻平开门	m²	0.09	—
		实木装饰门带门框	m	0.08	—
		APP 改性沥青油毡防水卷材 3＋4mm	m²	0.45	—
		地面砖 0.16m² 以内	m²	0.77	—
		KP1 砖	块	92.93	—
		钢管　综合	kg	6.47	—
		其他材料费	元	574	—
		措施费分摊	元	36	—
		材料费小计	元	1218	63.51
	机械费	机械费	元	103	—
		措施费分摊	元	2	—
		机械费小计	元	105	5.47
	直接费小计		元	1504	78.42
综合费用			元	337	17.57
合计			元	1841	—

设备购置费

序号	名称及规格	单位	数量	单价(元)	合价(元)
1	电开水器 9kW	台	1	4500	4500
2	斜流、轴流风机各1台，排气扇 18 台	台	20	1133	22660
3	分体壁挂空调器	台	14	3777	52878
4	照明配电箱	台	6	2500	15000
合计		元	—	—	95038
设备单位建筑面积指标		元/m²	—	—	77

2.2.1.7 煤库

工程特征：建筑面积 2843m²，现浇钢筋混凝土排架结构，跨度 30m、柱距 6m、檐高 15m。独立柱基。球接点钢网架屋面，镀铝锌钢板 0.8mm 厚。预制混凝土吊车梁。细石混凝土地面。铝合金玻璃窗。内墙涂料，外墙涂料、压型钢板。铸铁散热器。荧光灯，金卤灯。

单位：m²

指标编号				10F-074	
项目			单位	额定日处理能力 1200t	占指标基价(%)
指标基价			元	1877	100.00
一、建筑安装工程费			元	1875	99.89
二、设备购置费			元	2	0.11
建筑安装工程费					
直接费	人工费	人工	工日	3	—
		措施费分摊	元	3	—
		人工费小计	元	91	4.85
	材料费	钢筋 ϕ10 以内	kg	31.98	—
		钢筋 ϕ10 以外	kg	35.31	—
		钢材　综合	kg	37.76	—
		水泥　综合	kg	226.79	—
		银灰色镀铝锌压型钢板	m²	1.12	—
		钢结构薄型防火涂料	m²	0.01	—
		铝合金单玻平开门	m²	0.03	—
		其他材料费	元	483	—
		措施费分摊	元	36	—
		材料费小计	元	1343	71.55
	机械费	机械费	元	98	—
		措施费分摊	元	2	—
		机械费小计	元	100	5.33
	直接费小计		元	1534	81.73
综合费用			元	341	18.16
合计			元	1875	—

设备购置费

序号	名称及规格	单位	数量	单价(元)	合价(元)
1	潜水泵 50QW-7-1200-0.75	台	1	2500	2500
2	照明配电箱	台	1	2500	2500
合计		元	—	—	5000
设备单位建筑面积指标		元/m²	—	—	2

2.2.1.8 输煤栈桥

工程特征：建筑面积633m²，现浇钢筋混凝土框架结构，跨度2.9＋7（m）、柱距9.5m、檐高16.9m。独立柱基。页岩实心砖墙。钢筋混凝土屋面板，APP改性沥青防水卷材3＋4（mm），憎水珍珠岩保温、聚氨酯隔汽层。水泥　综合砂浆地面。铝合金玻璃窗。内墙外墙涂料。荧光灯，金卤灯。

单位：m²

指标编号				10F-075	
项目			单位	额定日处理能力1200t	占指标基价（%）
指标基价			元	3115	100.00
一、建筑安装工程费			元	3111	99.87
二、设备购置费			元	4	0.13
建筑安装工程费					
直接费	人工费	人工	工日	10	—
		措施费分摊	元	6	—
		人工费小计	元	327	10.50
	材料费	钢筋 ϕ10以内	kg	50.27	—
		钢筋 ϕ10以外	kg	164.04	—
		钢材　综合	kg	3.82	—
		水泥　综合	kg	812.26	—
		KP1砖	块	112.05	—
		APP改性沥青防水卷材3＋4mm	m²	0.86	—
		其他材料费	元	850	—
		措施费分摊	元	61	—
		材料费小计	元	2110	67.74
	机械费	机械费	元	102	—
		措施费分摊	元	3	—
		机械费小计	元	105	3.37
	直接费小计		元	2542	81.61
综合费用			元	569	18.26
合　计			元	3111	—

设备购置费

序号	名称及规格	单位	数量	单价（元）	合价（元）
1	照明配电箱	台	1	2500	2500
合　计		元	—	—	2500
设备单位建筑面积指标		元/m²	—	—	4

2.2.1.9 渣廊渣库

工程特征：建筑面积647m²，现浇钢筋混凝土框架结构，跨度5＋4＋2.4（m）、柱距8m、檐高12m。独立柱基。页岩实心砖、加气混凝土砌块墙。钢筋混凝土屋面板，APP改性沥青防水卷材3＋4（mm），憎水珍珠岩保温、聚氨酯隔汽层。水泥　综合砂浆地面，外墙涂料，钢制吊车梁。铸铁散热器。荧光灯，金卤灯。

单位：m²

指标编号				10F-076	
项目			单位	额定日处理能力1200t（合计）	占指标基价（%）
指标基价			元	2963	100.00
一、建筑安装工程费			元	2959	99.87
二、设备购置费			元	4	0.13
建筑安装工程费					
直接费	人工费	人工	工日	8	—
		措施费分摊	元	6	—
		人工费小计	元	266	8.98
	材料费	钢筋 ϕ10以内	kg	59.07	—
		钢筋 ϕ10以外	kg	199.97	—
		钢材　综合	kg	12.46	—
		水泥　综合	kg	701.19	—
		KP1砖	块	67.67	—
		APP改性沥青油毡防水卷材3＋4mm	m²	0.59	—
		其他材料费	元	703	—
		措施费分摊	元	58	—
		材料费小计	元	2057	69.42
	机械费	机械费	元	96	—
		措施费分摊	元	3	—
		机械费小计	元	99	3.34
	直接费小计		元	2422	81.74
综合费用			元	537	18.13
合　计			元	2959	—

设备购置费

序号	名称及规格	单位	数量	单价（元）	合价（元）
1	照明配电箱	台	1	2500	2500
合　计		元	—	—	2500
设备单位建筑面积指标		元/m²	—	—	4

2.2.1.10 飞灰固化厂房

工程特征：建筑面积153m²，现浇钢筋混凝土框架结构、跨度12m、柱距6+9(m)、檐高14m，独立柱基，满堂基础。钢筋混凝土屋面板，SBS 3+4(mm)防水卷材。水泥　综合砂浆地面。无墙有设备基础。ϕ6000钢制灰仓200m³及ϕ3000钢制水泥　综合储仓V=30m³基础及钢筋混凝土框架各1个。镀锌给水管，UPVC排水管，地漏。配照型防尘工厂灯，配电箱。

单位：m²

指标编号				10F-077	
项目			单位	额定日处理能力1050t	占指标基价(%)
指标基价			元	3245	100.00
一、建筑安装工程费			元	3229	99.51
二、设备购置费			元	16	0.49
建筑安装工程费					
直接费	人工费	人工	工日	15	—
		措施费分摊	元	6	—
		人工费小计	元	474	14.61
	材料费	钢筋ϕ10以内	kg	65.42	—
		钢筋ϕ10以外	kg	83.99	—
		钢材　综合	kg	23.40	—
		水泥　综合	kg	1328.56	—
		SBS改性沥青油毡防水卷材3+4mm厚	m²	2.95	—
		其他材料费	元	722	—
		措施费分摊	元	66	—
		材料费小计	元	2096	64.59
	机械费	机械费	元	77	—
		措施费分摊	元	4	—
		机械费小计	元	81	2.50
	直接费小计		元	2651	81.70
综合费用			元	578	17.81
合　计			元	3229	—

设备购置费

序号	名称及规格	单位	数量	单价(元)	合价(元)
1	照明配电箱	台	1	2500	2500
合　计		元	—	—	2500
设备单位建筑面积指标		元/m²	—	—	16

工程特征：建筑面积128m²，现浇钢筋混凝土框架结构、跨度12m、柱距6m、檐高14m，独立柱基。钢筋混凝土屋面板，SBS 3+4(mm)防水卷材。细石混凝土地面。无墙有设备基础。ϕ6000钢制灰仓200m³及ϕ3000钢制水泥　综合储仓V=50m³基础及钢筋混凝土框架各1个。镀锌给水管，UPVC排水管，地漏。配照型防尘工厂灯，配电箱。

单位：m²

指标编号				10F-078	
项目			单位	额定日处理能力1200t	占指标基价(%)
指标基价			元	3972	100.00
一、建筑安装工程费			元	3952	99.50
二、设备购置费			元	20	0.50
建筑安装工程费					
直接费	人工费	人工	工日	11	—
		措施费分摊	元	8	—
		人工费小计	元	334	8.41
	材料费	钢筋ϕ10以内	kg	70.70	—
		钢筋ϕ10以外	kg	311.02	—
		钢材　综合	kg	7.42	—
		水泥　综合	kg	971.17	—
		APP改性沥青油毡防水卷材3+4mm	m²	1.35	—
		其他材料费	元	891	—
		措施费分摊	元	78	—
		材料费小计	元	2792	70.29
	机械费	机械费	元	104	—
		措施费分摊	元	4	—
		机械费小计	元	108	2.72
	直接费小计		元	3234	81.42
综合费用			元	718	18.08
合　计			元	3952	—

设备购置费

序号	名称及规格	单位	数量	单价(元)	合价(元)
1	照明配电箱	台	1	2500	2500
	合计	元	—	—	2500
设备单位建筑面积指标		元/m²	—	—	20

2.2.1.11 循环水泵房及冷却塔

工程特征：建筑面积315m²，现浇钢筋混凝土框架结构、跨度4.8+6(m)、柱距9+3(m)、檐高

4.9m，带地下室，地下室标高−2m。钢吊车梁。页岩实心砖。钢质隔声门窗。外墙涂料，泵房间内墙为压型钢板吸声内墙，其他房间内墙涂料。钢筋混凝土屋面板，憎水珍珠岩保温，APP 改性沥青油毡 3＋4(mm)防水卷材。水泥 综合砂浆地面。室外冷却塔2台，每台水量 Q=2500m³/h，地上部分为钢筋混凝土框架，地下为钢筋混凝土循环水池，池底标高−2.2m。铸铁散热器，机械通风，荧光灯，金卤灯。

单位：m²

指标编号				10F-079	
项目			单位	额定日处理能力 750t	占指标基价(%)
指标基价			元	4408	100.00
一、建筑安装工程费			元	4372	99.18
二、设备购置费			元	36	0.82
建筑安装工程费					
直接费	人工费	人工	工日	14	—
		措施费分摊	元	8	—
		人工费小计	元	427	9.69
	材料费	钢筋 ϕ10 以内	kg	52.38	—
		钢筋 ϕ10 以外	kg	220.60	—
		钢材　综合	kg	12.25	—
		水泥　综合	kg	902.29	—
		APP 改性沥青油毡防水卷材 3＋4mm	m²	2.59	—
		憎水膨胀珍珠岩块	m³	0.09	—
		KP1 砖	块	153.84	—
		其他材料费	元	1024	—
		措施费分摊	元	90	—
		材料费小计	元	2646	60.02
	机械费	机械费	元	497	—
		措施费分摊	元	5	—
		机械费小计	元	502	11.39
	直接费小计		元	3575	81.10
综合费用			元	797	18.08
合计			元	4372	—

设备购置费

序号	名称及规格	单位	数量	单价(元)	合价(元)
1	防腐轴流式通风机 NO3.0	台	2	3920	7840
2	轴流风机 NO4.5	台	1	1100	1100
3	照明配电箱	台	1	2500	2500
合计		元	—	—	11440
设备单位建筑面积指标		元/m²	—	—	36

工程特征：建筑面积 365m²，现浇钢筋混凝土框架结构、跨度 9m、柱距 4.8m、檐高 4.9m，钢筋混凝土地下室，地下室标高−2.5m。钢吊车梁。页岩实心砖。钢质隔声门窗。外墙涂料，内墙涂料。钢筋混凝土屋面板，SBS 3＋4(mm)防水卷材，挤塑聚苯板保温，聚氨酯隔汽层。水泥 综合砂浆地面。冷却塔 2 台，每台水量 Q=2500m³/h，钢混结构，设地下水池。机械排风，分体空调，荧光灯，金卤灯

单位：m²

指标编号				10F-080	
项目			单位	额定日处理能力 1050t	占指标基价(%)
指标基价			元	4031	100.00
一、建筑安装工程费			元	3982	98.78
二、设备购置费			元	49	1.22
建筑安装工程费					
直接费	人工费	人工	工日	15	—
		措施费分摊	元	7	—
		人工费小计	元	478	11.86
	材料费	钢筋 ϕ10 以内	kg	109.26	—
		钢筋 ϕ10 以外	kg	273.15	—
		钢材　综合	kg	64.74	—
		水泥　综合	kg	1112.25	—
		SBS 改性沥青油毡防水卷材 3＋4mm	m²	1.05	—
		挤塑板 50mm 厚	m³	0.04	—
		KP1 砖	块	116.25	—
		其他材料费	元	563	—
		措施费分摊	元	80	—
		材料费小计	元	2609	64.72
	机械费	机械费	元	182	—
		措施费分摊	元	5	—
		机械费小计	元	187	4.64
	直接费小计		元	3274	81.22
综合费用			元	708	17.56
合计			元	3982	—

设备购置费

序号	名称及规格	单位	数量	单价(元)	合价(元)
1	防腐轴流风机 NO3.5	台	6	1368	8208
2	分体壁挂空调机 KFR-36GW	台	1	4500	4500
3	照明配电箱	台	2	2500	5000
合计		元	—	—	17708
设备单位建筑面积指标		元/m²	—	—	49

2.2.1.12 加压泵房及蓄水池

工程特征：建筑面积95m²，砖混结构，檐高3.9m，带钢筋混凝土地下室，地下室标高－1.9m。钢吊车梁。页岩实心砖墙。钢质隔声门窗。外墙涂料，内墙涂料。钢筋混凝土屋面板，APP 3＋4(mm)防水卷材，憎水珍珠岩保温。水泥 综合砂浆地面。蓄水池为1000m³半地下钢筋混凝土水池2座，池底标高－1.9m，地上5.1m。铸铁散热器。荧光灯，配照型工厂灯。

单位：m²

指标编号				10F-081	
项目			单位	额定日处理能力 750t	占指标基价(%)
指标基价			元	15680	100.00
一、建筑安装工程费			元	15626	99.66
二、设备购置费			元	54	0.34
建筑安装工程费					
直接费	人工费	人工	工日	38.44	—
		措施费分摊	元	29	—
		人工费小计	元	1222	7.79
	材料费	钢筋 ϕ10以内	kg	230.63	—
		钢筋 ϕ10以外	kg	898.42	—
		钢材 综合	kg	1.47	—
		水泥 综合	kg	2960.74	—
		APP改性沥青油毡防水卷材4mm厚	m²	18.43	—
		SBS改性沥青油毡防水卷材3＋4mm	m²	6.81	—
		挤塑板50mm厚	m³	0.48	—
		KP1砖	块	368.00	—
		其他材料费	元	3778	—
		措施费分摊	元	316	—
		材料费小计	元	10264	65.46
	机械费	机械费	元	1333	—
		措施费分摊	元	18	—
		机械费小计	元	1351	8.62
		直接费小计	元	12837	81.87
综合费用			元	2789	17.79
合计			元	15626	—

设备购置费

序号	名称及规格	单位	数量	单价(元)	合价(元)
1	防腐轴流式通风机NO2.8	台	2	1300	2600
2	照明配电箱	台	1	2500	2500
合计		元	—	—	5100
设备单位建筑面积指标		元/m²	—	—	54

2.2.1.13 综合泵房及水池

工程特征：建筑面积119m²，现浇钢筋混凝土框架结构，檐高3.8m，钢筋混凝土地下室，地下室标高－2.5m。钢吊车梁。页岩实心砖墙。钢质隔声门窗。外墙涂料，内墙涂料。钢筋混凝土屋面板，SBS 3＋4(mm)防水卷材，挤塑聚苯板保温，聚氨酯隔汽层。水泥 综合砂浆地面。另配有钢混结构一体化原水预处理构筑物1座。水池为800m³钢筋混凝土蓄水池2座。机械排风，荧光灯，配照型厂灯。

单位：m²

指标编号				10F-082	
项目			单位	额定日处理能力 1050t	占指标基价(%)
指标基价			元	8957	100.00
一、建筑安装工程费			元	8871	99.04
二、设备购置费			元	86	0.96
建筑安装工程费					
直接费	人工费	人工	工日	32	—
		措施费分摊	元	17	—
		人工费小计	元	996	11.12
	材料费	钢筋 ϕ10以内	kg	195.55	—
		钢筋 ϕ10以外	kg	321.93	—
		钢材 综合	kg	12.44	—
		水泥 综合	kg	3026.97	—
		钢质隔声窗	m²	0.22	—
		SBS改性沥青油毡防水卷材4mm厚	m²	2.80	—
		SBS改性沥青油毡防水卷材3＋4mm厚	m²	1.32	—
		挤塑板50mm厚	m³	0.05	—
		KP1砖	块	176.81	—
		其他材料费	元	2367	—
		措施费分摊	元	179	—
		材料费小计	元	5897	65.84
	机械费	机械费	元	390	—
		措施费分摊	元	10	—
		机械费小计	元	400	4.47
		直接费小计	元	7293	81.43
综合费用			元	1578	17.61
合计			元	8871	—

设备购置费

序号	名称及规格	单位	数量	单价(元)	合价(元)
1	防腐轴流式通风机NO2.8	台	4	1300	5200
2	照明配电箱	台	2	2500	5000
合计		元	—	—	10200
设备单位建筑面积指标		元/m²	—	—	86

2.2.1.14 综合泵房

工程特征：建筑面积 468m²，现浇钢筋混凝土框架结构、跨度 9m、柱距 9m、檐高 8.1m。砖条形基础带钢筋混凝土地下室。页岩实心砖墙。钢质隔声门窗。外墙涂料，内墙乳胶漆。钢筋混凝土屋面板，APP 改性沥青油毡防水卷材 4＋3(mm)，厚，憎水珍珠岩保温板 100mm 厚，聚氨酯隔汽层。水泥 综合砂浆地面。机械排风。荧光灯，配照型工厂灯。

单位：m²

指标编号				10F-083	
项目			单位	额定日处理能力 1200t	占指标基价(%)
指标基价			元	4880	100.00
一、建筑安装工程费			元	4861	99.61
二、设备购置费			元	19	0.39
建筑安装工程费					
直接费	人工费	人工	工日	59	—
		措施费分摊	元	9	—
		人工费小计	元	1846	37.83
	材料费	钢筋 ϕ10 以内	kg	59.00	—
		钢筋 ϕ10 以外	kg	122.63	—
		钢材 综合	kg	3.46	—
		水泥 综合	kg	641.18	—
		KP1 砖	块	86.13	—
		APP 改性沥青油毡防水卷材 3＋4mm 厚	m²	1.37	—
		聚氨酯防水涂料	kg	3.65	—
		铝合金隔声固定窗	m²	0.17	—
		其他材料费	元	730	—
		措施费分摊	元	95	—
		材料费小计	元	2001	41.00
	机械费	机械费	元	117	—
		措施费分摊	元	5	—
		机械费小计	元	122	2.50
	直接费小计		元	3969	81.33
综合费用			元	892	18.28
合计			元	4861	—

设备购置费

序号	名称及规格	单位	数量	单价(元)	合价(元)
1	防腐轴流式通风机 NO3	台	4	1550	6200
2	照明配电箱	台	1	2500	2500
合计		元	—	—	8700
设备单位建筑面积指标		元/m²	—	—	19

2.2.1.15 取水泵房

工程特征：建筑面积 122m²，檐高 3.6m，砖混结构，现浇钢筋混凝土带形基础，钢吊车梁。页岩实心砖墙。钢门、铝合金门窗。外墙涂料，内墙涂料。钢筋混凝土屋面板，SBS 3＋4(mm)防水卷材，挤塑聚苯板保温，聚氨酯隔汽层。水泥 综合砂浆地面。机械排风，配照型防尘工厂灯，荧光灯。

单位：m²

指标编号				10F-084	
项目			单位	额定日处理能力 1050t	占指标基价(%)
指标基价			元	2095	100.00
一、建筑安装工程费			元	2042	97.47
二、设备购置费			元	53	2.53
建筑安装工程费					
直接费	人工费	人工	工日	9	—
		措施费分摊	元	3.8	—
		人工费小计	元	295	14.08
	材料费	钢筋 ϕ10 以内	kg	42.95	—
		钢筋 ϕ10 以外	kg	63.03	—
		型钢	kg	7.21	—
		水泥 综合	kg	556.07	—
		SBS 改性沥青油毡防水卷材 3＋4mm	m²	0.98	—
		挤塑板 50mm 厚	m³	0.03	—
		KP1 砖	块	259.34	—
		钢管 综合	kg	5.49	—
		其他材料费	元	454	—
		措施费分摊	元	41	—
		材料费小计	元	1329	63.44
	机械费	机械费	元	49	—
		措施费分摊	元	2	—
		机械费小计	元	51	2.43
	直接费小计		元	1675	79.95
综合费用			元	367	17.52
合计			元	2042	—

设备购置费

序号	名称及规格	单位	数量	单价(元)	合价(元)
1	防腐轴流式通风机 NO2.8	台	3	1300	3900
2	照明配电箱	台	1	2500	2500
合计		元	—	—	6400
设备单位建筑面积指标		元/m²	—	—	53

工程特征：建筑面积275m²，现浇钢筋混凝土框架结构、跨度8m、柱距6m、檐高4.8m。独立基础带钢筋混凝土地下室，地下室标高−7.2m，吸水池部分−8.2m。页岩实心砖墙。隔声门窗。外墙涂料，内墙乳胶漆。钢筋混凝土屋面板，APP改性沥青油毡防水卷材4+3(mm)厚，憎水珍珠岩保温板100mm厚，聚氨酯隔汽层。水泥 综合砂浆地面。机械排风，荧光灯，三防壁灯、三防金属卤化物灯。

单位：m²

指标编号				10F-085	
项目			单位	额定日处理能力1200t	占指标基价(%)
指标基价			元	2729	100.00
一、建筑安装工程费			元	2697	98.82
二、设备购置费			元	32	1.18
建筑安装工程费					
直接费	人工费	人工	工日	6	—
		措施费分摊	元	5	—
		人工费小计	元	202	7.40
	材料费	钢筋φ10以内	kg	87.71	—
		钢筋φ10以外	kg	105.05	—
		型钢	kg	5.53	—
		水泥 综合	kg	526.40	—
		APP改性沥青油毡防水卷材3+4mm	m²	1.91	—
		KP1砖	块	48.18	—
		其他材料费	元	757	—
		措施费分摊	元	54	—
		材料费小计	元	1834	67.20
	机械费	机械费	元	178	—
		措施费分摊	元	3	—
		机械费小计	元	181	6.63
	直接费小计		元	2217	81.23
综合费用			元	480	17.59
合计			元	2697	—

设备购置费

序号	名称及规格	单位	数量	单价(元)	合价(元)
1	玻璃钢轴流风机NO3.55	台	4	1550	6200
2	照明配电箱	台	1	2500	2500
合计		元	—	—	8700
设备单位建筑面积指标		元/m²	—	—	32

2.2.1.16 油泵房

工程特征：建筑面积44m²，砖混结构，檐高3.4m，现浇钢筋混凝土带形基础，240黏土空心砖墙。铝合金门窗。外墙涂料，内墙涂料。钢筋混凝土屋面板，憎水珍珠岩保温，APP改性沥青油毡防水卷材3+4(mm)厚。地砖、混凝土地面。UPVC给排水管，地漏，手提干粉灭火器。铸铁散热器。配罩工厂灯、荧光灯。

单位：m²

指标编号				10F-086	
项目			单位	额定日处理能力750t	占指标基价(%)
指标基价			元	2718	100.00
一、建筑安装工程费			元	2634	96.91
二、设备购置费			元	84	3.09
建筑安装工程费					
直接费	人工费	人工	工日	13	—
		措施费分摊	元	5	—
		人工费小计	元	405	14.90
	材料费	钢筋φ10以内	kg	27.73	—
		钢筋φ10以外	kg	100.45	—
		型钢	kg	7.73	—
		水泥 综合	kg	555.91	—
		铝合金半玻平开门	m²	0.11	—
		铝合金半玻平开窗	m²	0.25	—
		APP改性沥青油毡防水卷材3+4mm	m²	1.34	—
		内墙釉面砖0.06m²以外	m³	1.34	—
		KP1砖	块	133.18	—
		钢管 综合	kg	10.91	—
		其他材料费	元	554	—
		措施费分摊	元	56	—
		材料费小计	元	1629	59.93
	机械费	机械费	元	109	—
		措施费分摊	元	3	—
		机械费小计	元	112	4.12
	直接费小计		元	2146	78.95
综合费用			元	488	17.96
合计			元	2634	—

设备购置费

序号	名称及规格	单位	数量	单价(元)	合价(元)
1	防爆轴流式通风机NO2.8	台	1	1200	1200
2	照明配电箱	台	1	2500	2500
合计		元	—	—	3700
设备单位建筑面积指标		元/m²	—	—	84

2.2.1.17 油泵房及油罐区

工程特征：油泵房建筑面积 80m²，其中：油泵房 50m²，钢结构雨棚 30m²。油泵房檐高 3.6m，砖混结构，现浇钢筋混凝土带形基础，页岩实心砖墙。钢门、铝合金门窗。外墙涂料，内墙涂料。钢筋混凝土屋面板，SBS3＋4(mm)防水卷材，挤塑聚苯板保温，聚氨酯隔汽层。地砖、耐油砂浆地面。雨棚为压型钢板屋面。油罐区包括：油罐基础、防火堤、铁栅围墙、平开钢大门等。PPR 给水管，UPVC 排水管，洗涤盆，手提灭火器。铸铁散热器。机械通风，分体空调。配照型防尘工厂灯，配电箱。

单位：m²

指标编号				10F-087	
项目			单位	额定日处理能力1050t	占指标基价(%)
指标基价			元	3659	100.00
一、建筑安装工程费			元	3569	97.54
二、设备购置费			元	90	2.46
建筑安装工程费					
直接费	人工费	人工	工日	11	—
		措施费分摊	元	7	—
		人工费小计	元	359	9.81
	材料费	钢筋 ϕ10 以内	kg	41.13	—
		钢筋 ϕ10 以外	kg	82.00	—
		型钢	kg	62.75	—
		钢结构薄型防火涂料	kg	0.06	—
		水泥 综合	kg	542.63	—
		铝合金半玻平开门	m²	0.29	—
		铝合金单玻推拉窗	m²	0.14	—
		SBS 改性沥青油毡防水卷材 3+4mm	m²	0.85	—
		挤塑板 50mm 厚	m³	0.03	—
		KP1 砖	块	182.50	—
		钢管 综合	kg	10.38	—
		阀门	个	0.03	—
		其他材料费	元	828	—
		措施费分摊	元	72	—
		材料费小计	元	2391	65.34
	机械费	机械费	元	183	—
		措施费分摊	元	4	—
		机械费小计	元	187	5.12
	直接费小计		元	2937	80.27
综合费用			元	632	17.27
合计			元	3569	—

设备购置费

序号	名称及规格	单位	数量	单价(元)	合价(元)
1	防爆轴流式通风机 NO2.8	台	1	1200	1200
2	分体壁挂空调机 KFR-26GW	台	1	3500	3500
3	照明配电箱	台	1	2500	2500
合计		元	—	—	7200
设备单位建筑面积指标		元/m²	—	—	90

2.2.1.18 空压站及污水处理间

工程特征：建筑面积 260m²，砖混结构，檐高 2.7～5.7m。其结构利用垃圾运输坡道下方的空间 240 黏土空心砖墙。隔声门窗、铝合金门窗。外墙涂料，内墙涂料，吸声墙面(彩色穿孔钢板 50mm 厚离心玻璃棉、轻钢龙骨)。机械排风，白炽灯。

单位：m²

指标编号				10F-088	
项目			单位	额定日处理能力750t	占指标基价(%)
指标基价			元	678	100.00
一、建筑安装工程费			元	644	94.99
二、设备购置费			元	34	5.01
建筑安装工程费					
直接费	人工费	人工	工日	3	—
		措施费分摊	元	1	—
		人工费小计	元	101	14.90
	材料费	钢筋 ϕ10 以内	kg	2.62	—
		钢筋 ϕ10 以外	kg	7.85	—
		型钢	kg	1.27	—
		水泥 综合	kg	93.62	—
		彩色压型钢板	kg	0.84	—
		轻钢龙骨 QC-75 75×45/43(mm)	m	2.51	—
		丙烯酸弹性高级涂料	kg	1.50	—
		隔声窗	m²	0.05	—
		隔声门	m²	0.03	—
		铝合金半玻平开门	m²	0.02	—
		铝合金单玻推拉窗	m²	0.04	—
		KP1 砖	块	74.81	—
		其他材料费	元	159	—
		措施费分摊	元	14	—
		材料费小计	元	408	60.18
	机械费	机械费	元	16	—
		措施费分摊	元	1	—
		机械费小计	元	17	2.51
	直接费小计		元	526	77.58
综合费用			元	118	17.40
合计			元	644	—

设备购置费

序号	名称及规格	单位	数量	单价(元)	合价(元)
1	防腐轴流式通风机 NO3.15	台	2	1920	3840
2	轴流式通风机 NO3.55	台	2	1163	2326
3	照明配电箱	台	1	2500	2500
合计		元	—	—	8666
设备单位建筑面积指标		元/m²	—	—	34

2.2.1.19 垃圾渗沥液处理厂房及污水调节池

工程特征：建筑面积320m²，现浇钢筋混凝土框架结构、跨度6.6m、柱距8.4m、檐高5m，钢筋混凝土地下室。页岩实心砖、加气混凝土砌块墙。钢门、塑钢门窗。外墙涂料，内墙涂料。钢筋混凝土屋面板，SBS 3+4(mm)防水卷材，挤塑聚苯板保温，聚氨酯隔汽层。地砖、水泥 综合砂浆地面。污水调节池为渗滤液调节池包括：厌氧反应池、反硝化池、硝化池、调节池等，渗沥液日处理量为150t。铸铁散热器。机械通风，分体空调。荧光灯，防腐灯，壁灯。

单位：m²

指标编号				10F-089	
项目			单位	额定日处理能力1050t	占指标基价(%)
指标基价			元	5633	100.00
一、建筑安装工程费			元	5577	99.01
二、设备购置费			元	56	0.99
建筑安装工程费					
直接费	人工费	人工	工日	18	—
		措施费分摊	元	10	—
		人工费小计	元	576	10.23
	材料费	钢筋 ϕ10以内	kg	155.19	—
		钢筋 ϕ10以外	kg	256.09	—
		钢材 综合	kg	1.94	—
		水泥 综合	kg	1698.63	—
		塑钢单玻推拉门	m²	0.08	—
		塑钢单玻推拉窗	m²	0.09	—
		SBS改性沥青油毡防水卷材3+4mm	m²	1.48	—
		挤塑板50mm厚	m³	0.05	—
		加气混凝土砌块	m³	0.37	—
		电缆	m	0.16	—
		其他材料费	元	1168	—
		措施费分摊	元	112	—
		材料费小计	元	3627	64.39
	机械费	机械费	元	376	—
		措施费分摊	元	6	—
		机械费小计	元	382	6.78
	直接费小计		元	4585	81.40
综合费用			元	992	17.61
合计			元	5577	—

设备购置费

序号	名称及规格	单位	数量	单价(元)	合价(元)
1	防爆管道风机	台	7	1551	10857
2	分体壁挂空调机KFR-36GW	台	1	4500	4500
3	照明配电箱	台	1	2500	2500
合计		元	—	—	17857
设备单位建筑面积指标		元/m²	—	—	56

2.2.1.20 污水处理站

工程特征：建筑面积188m²，砖混结构，其结构利用垃圾运输坡道下方的空间。页岩实心砖墙。钢门、铝合金窗。外墙涂料，内墙涂料。水泥 综合砂浆地面，3mm厚高聚物改性沥青防水涂膜防水层。铸铁散热器，机械通风，分体空调，配照型防尘工厂灯，荧光灯。

单位：m²

指标编号				10F-090	
项目			单位	额定日处理能力1050t	占指标基价(%)
指标基价			元	980	100.00
一、建筑安装工程费			元	929	94.80
二、设备购置费			元	51	5.20
建筑安装工程费					
直接费	人工费	人工	工日	4	—
		措施费分摊	元	1	—
		人工费小计	元	132	13.47
	材料费	钢材 综合	kg	1.540	—
		水泥 综合	kg	100.16	—
		弹性涂料	kg	1.57	—
		铝合金中空玻璃窗	m²	0.16	—
		高聚物改性沥青防水涂膜	m²	0.96	—
		KP1砖	千块	217.29	—
		钢管 综合	kg	5.99	—
		其他材料费	元	306	—
		措施费分摊	元	19	—
		材料费小计	元	610	62.25
	机械费	机械费	元	16	—
		措施费分摊	元	1	—
		机械费小计	元	17	1.73
	直接费小计		元	759	77.45
综合费用			元	170	17.35
合计			元	929	—

设备购置费

序号	名称及规格	单位	数量	单价(元)	合价(元)
1	防腐轴流式通风机NO3.15	套	3	1310	3930
2	分体壁挂空调机KFR-23GW	台	1	3200	3200
3	照明配电箱	台	1	2500	2500
合计		元	—	—	9630
设备单位建筑面积指标		元/m²	—	—	51

2.2.1.21 地磅房

工程特征：建筑面积142m²，其中地磅房建筑面积22m²，檐高3.5m，砖混结构，现浇钢筋混凝土带形基础，KPI空心砖外墙。铝合金门窗。外墙涂料，内墙涂料。钢筋混凝土屋面板，憎水珍珠岩保温，APP3+4(mm)防水卷材，预制混凝土板架空层屋面。地砖地面。地磅房雨棚建筑面积120m²为钢筋混凝土框架结构，顶棚为膜结构。UPVC给排水管，地漏，手提干粉灭火器。铸铁散热器。金属卤化物灯，荧光灯。

单位：m²

指标编号			10F-091		
项目		单位	额定日处理能力 750t	占指标基价(%)
指标基价		元	1625	100.00
一、建筑安装工程费		元	1575	96.92
二、设备购置费		元	50	3.08
建筑安装工程费				
直接费	人工费	人工	工日	2	—
		措施费分摊	元	3	—
		人工费小计	元	66	4.06
	材料费	钢筋 φ10 以内	kg	3.52	—
		钢筋 φ10 以外	kg	20.21	—
		钢材　综合	kg	0.85	—
		水泥　综合	kg	98.80	—
		聚氨酯涂膜防水	m²	0.85	—
		APP 改性沥青油毡防水卷材 3+4mm	m²	0.20	—
		挤塑板 50mm 厚	m³	0.01	—
		KP1 砖	块	24.15	—
		其他材料费	元	106	—
		措施费分摊	元	32	—
		材料费小计	元	1205	74.15
	机械费	机械费	元	19	—
		措施费分摊	元	2	—
		机械费小计	元	21	1.29
	直接费小计		元	1292	79.50
综合费用			元	283	17.42
合　计			元	1575	—

设备购置费

序号	名称及规格	单位	数量	单价(元)	合价(元)
1	分体壁挂空调机 KF-36GW	台	1	4500	4500
2	照明配电箱	台	1	2500	2500
合　计		元	—	—	7000
设备单位建筑面积指标		元/m²	—	—	50

工程特征：地磅房建筑面积25m²，(93m²)檐高3.6m，砖混结构，现浇钢筋混凝土带形基础，页岩实心砖墙。铝合金门窗。外墙涂料，内墙涂料。钢筋混凝土屋面板，SBS 3+4(mm)防水卷材，挤塑聚苯板保温，聚氨酯隔汽层。地砖地面。地磅房雨棚建筑面积68m²为钢筋混凝土框架结构，钢筋混凝土屋面板，聚氨酯涂膜防水。PPR给水管，UPVC排水管，蹲式大便器，洗脸盆。铸铁散热器，分体空调，荧光灯。

单位：m²

指标编号			10F-092		
项目		单位	额定日处理能力 1050t	占指标基价(%)
指标基价		元	2607	100.00
一、建筑安装工程费		元	2542	97.51
二、设备购置费		元	65	2.49
建筑安装工程费				
直接费	人工费	人工	工日	3	—
		措施费分摊	元	5	—
		人工费小计	元	89	3.41
	材料费	钢筋 φ10 以内	kg	5.91	—
		钢筋 φ10 以外	kg	33.98	—
		钢材　综合	kg	0.86	—
		水泥　综合	kg	145.05	—
		膜结构	m²	1.40	—
		SBS 改性沥青油毡防水卷材 3+4mm	m²	0.48	—
		挤塑板 50mm 厚	m³	0.02	—
		KP1 砖	块	67.74	—
		阀门	个	0.03	—
		其他材料费	元	287	—
		措施费分摊	元	51	—
		材料费小计	元	1968	75.49
	机械费	机械费	元	27	—
		措施费分摊	元	3	—
		机械费小计	元	30	1.15
	直接费小计		元	2087	80.05
综合费用			元	455	17.46
合　计			元	2542	—

设备购置费

序号	名称及规格	单位	数量	单价(元)	合价(元)
1	分体壁挂空调机 KFR-26GW	台	1	3500	3500
2	照明配电箱	台	1	2500	2500
合　计		元	—	—	6000
设备单位建筑面积指标		元/m²	—	—	65

2.2.1.22 门房

工程特征：建筑面积28m²，檐高3.3m，砖混结构，现浇钢筋混凝土带形基础，KP1型承重黏土多孔砖墙。铝合金门窗、装饰木门，内墙乳胶漆、外墙高级涂料，局部花岗石板。钢筋混凝土屋面板，憎水珍珠岩保温，APP 3+4(mm)防水卷材，预制混凝土板架空层屋面。地砖地面。UPVC给排水管，地漏，手提干粉灭火器。铸铁散热器。荧光灯。

单位：m²

指标编号				10F-093	
项目			单位	额定日处理能力750t	占指标基价(%)
指标基价			元	3468	100.00
一、建筑安装工程费			元	3379	97.43
二、设备购置费			元	89	2.57
建筑安装工程费					
直接费	人工费	人工	工日	13	—
		措施费分摊	元	7	—
		人工费小计	元	410	11.82
	材料费	钢筋 ϕ10以内	kg	30.71	—
		钢筋 ϕ10以外	kg	126.43	—
		钢材　综合	kg	3.57	—
		水泥　综合	kg	596.07	—
		实木装饰门带门框	m²	0.08	—
		铝合金半玻平开门	m²	0.17	—
		铝合金单玻平开窗	m²	0.50	—
		APP改性沥青油毡防水卷材3+4mm	m²	1.33	—
		聚氨酯防水涂料	m²	3.85	—
		丙烯酸弹性高级涂料	kg	3.15	—
		花岗石板 0.25m²以内	m²	0.27	—
		KP1砖	块	160.00	—
		其他材料费	元	798	—
		措施费分摊	元	69	—
		材料费小计	元	2242	64.65
	机械费	机械费	元	111	—
		措施费分摊	元	4	—
		机械费小计	元	115	3.32
	直接费小计		元	2767	79.79
综合费用			元	612	17.64
合　计			元	3379	—

设备购置费

序号	名称及规格	单位	数量	单价(元)	合价(元)
1	照明配电箱	台	1	2500	2500
合　计		元	—	—	2500
设备单位建筑面积指标		元/m²	—	—	89

工程特征：建筑面积25m²，檐高3.3m，砖混结构，现浇钢筋混凝土带形基础，页岩实心砖墙。铝合金门窗。外墙涂料，内墙涂料。钢筋混凝土屋面板，SBS 3+4(mm)防水卷材，挤塑聚苯板保温，聚氨酯隔汽层。地砖地面。PPR给水管，UPVC排水管，蹲式大便器，洗脸盆，手提灭火器。铸铁散热器，分体空调，荧光灯。

单位：m²

指标编号				10F-094	
项目			单位	额定日处理能力1050t	占指标基价(%)
指标基价			元	3072	100.00
一、建筑安装工程费			元	2832	92.19
二、设备购置费			元	240	7.81
建筑安装工程费					
直接费	人工费	人工	工日	17	—
		措施费分摊	元	5	—
		人工费小计	元	539	17.55
	材料费	钢筋 ϕ10以内	kg	32.00	—
		钢筋 ϕ10以外	kg	117.60	—
		钢材　综合	kg	38.40	—
		水泥　综合	kg	487.20	—
		铝合金半玻平开门	m²	0.60	—
		铝合金单玻推拉窗	m²	0.07	—
		SBS改性沥青油毡防水卷材3+4mm	m²	1.19	—
		挤塑板50mm厚	m³	0.06	—
		KP1砖	块	108.40	—
		阀门	个	0.12	—
		其他材料费	元	127.00	—
		措施费分摊	元	58	—
		材料费小计	元	1598	52.02
	机械费	机械费	元	189	—
		措施费分摊	元	3	—
		机械费小计	元	191	6.22
	直接费小计		元	2328	75.79
综合费用			元	504	16.40
合　计			元	2832	—

设备购置费

序号	名称及规格	单位	数量	单价(元)	合价(元)
1	分体壁挂空调机KFR-26GW	台	1	3500	3500
2	照明配电箱	台	1	2500	2500
合　计		元	—	—	6000
设备单位建筑面积指标		元/m²	—	—	240

2.2.1.23 垃圾运输坡道

工程特征：道面面积 999m²，宽度 9m、长111m、高 6m，现浇钢筋混凝土框架结构、独立柱基。钢筋混凝土现浇板，聚氨酯防水涂料，钢筋混凝土面层，钢管综合栏杆及扶手。

单位：m²

指标编号				10F-095	
项目			单位	额定日处理能力 750t	占指标基价(%)
指标基价			元	1499	100.00
一、建筑安装工程费			元	1499	100.00
二、设备购置费			元	—	—
建筑安装工程费					
直接费	人工费	人工	工日	5	—
		措施费分摊	元	2	—
		人工费小计	元	150	10.01
	材料费	钢筋 ϕ10 以内	kg	27.25	—
		钢筋 ϕ10 以外	kg	82.63	—
		水泥 综合	kg	380.25	—
		其他材料费	元	344	—
		措施费分摊	元	25	—
		材料费小计	元	889	59.30
	机械费	机械费	元	210	—
		措施费分摊	元	1	—
		机械费小计	元	202	13.48
	直接费小计		元	1241	82.79
综合费用			元	258	17.21
合计			元	1499	—

工程特征：道面面积 946m²，宽度 8.6m、长度110m、高 7m。现浇钢筋混凝土框架结构、独立柱基，钢筋混凝土现浇板，聚氨酯防水涂料，钢筋混凝土面层，不锈钢栏杆及扶手。

单位：m²

指标编号				10F-096	
项目			单位	额定日处理能力 1050t	占指标基价(%)
指标基价			元	1510	100.00
一、建筑安装工程费			元	1510	100.00
二、设备购置费			元	—	—
建筑安装工程费					
直接费	人工费	人工	工日	6	—
		措施费分摊	元	2	—
		人工费小计	元	186	12.32
	材料费	钢筋 ϕ10 以内	kg	59.97	—
		钢筋 ϕ10 以外	kg	52.45	—
		水泥 综合	kg	487.34	—
		不锈钢管 综合 $\phi 89\times 2.5$	m	0.38	—
		聚氨酯防水涂料	kg	2.23	—
		其他材料费	元	349	—
		措施费分摊	元	26	—
		材料费小计	元	1011	66.95
	机械费	机械费	元	54	—
		措施费分摊	元	1	—
		机械费小计	元	55	3.64
	直接费小计		元	1252	82.91
综合费用			元	258	17.09
合计			元	1510	—

工程特征：道面面积 874m²，宽度 8m、长 110m、高 6.09m，现浇钢筋混凝土框架结构、人工挖孔灌注桩，独立柱基，抗渗混凝土满堂基础。钢筋混凝土现浇板，聚氨酯防水涂料，钢筋混凝土面层，钢管综合栏杆及扶手。

单位：m²

指标编号				10F-097	
项目			单位	额定日处理能力 1200t	占指标基价（%）
指标基价			元	1237	100.00
一、建筑安装工程费			元	1237	100.00
二、设备购置费			元	—	—
建筑安装工程费					
直接费	人工费	人工	工日	3	—
		措施费分摊	元	2	—
		人工费小计	元	100	8.08
	材料费	钢筋 ϕ10 以内	kg	32.39	—
		钢筋 ϕ10 以外	kg	91.73	—
		水泥　综合	kg	370.56	—
		其他材料费	元	306	—
		措施费分摊	元	21	—
		材料费小计	元	879	71.06
	机械费	机械费	元	44	—
		措施费分摊	元	1	—
		机械费小计	元	45	3.64
	直接费小计		元	1024	82.78
综合费用			元	213	17.22
合计			元	1237	—

2.2.1.24　烟囱

工程特征：烟囱高 60m，出口直径 ϕ2.8m，现浇钢筋混凝土结构，陶粒混凝土内衬，加气混凝土砌块隔热层，钢平台。障碍灯 6 个。

单位：m

指标编号				10F-098	
项目			单位	额定日处理能力 750t	占指标基价（%）
指标基价			元	16825	100.00
一、建筑安装工程费			元	16661	99.03
二、设备购置费			元	164	0.97
建筑安装工程费					
直接费	人工费	人工	工日	41	—
		措施费分摊	元	25	—
		人工费小计	元	1287	7.65
	材料费	钢筋 ϕ10 以内	kg	277.76	—
		钢筋 ϕ10 以外	kg	1194.67	—
		钢材　综合	kg	180.17	—
		水泥　综合	kg	3906.67	—
		障碍灯	个	0.10	—
		其他材料费	元	2977	—
		措施费中材料费	元	226	—
		材料费小计	元	11444	68.02
	机械费	机械费	元	873	—
		措施费分摊	元	16	—
		机械费小计	元	889	5.28
	直接费小计		元	13620	80.95
综合费用			元	3041	18.08
合计			元	16661	—

设备购置费

序号	名称	单位	数量	单价(元)	合价(元)
1	障碍灯控制箱	台	1	9800	9800
合计		元	—	—	9800
设备单位建筑面积指标		元/m	—	—	164

工程特征：烟囱高100m，出口直径ϕ2.5m，现浇钢筋混凝土结构，陶粒混凝土内衬，加气混凝土砌块隔热层，钢平台，障碍灯。

单位：m

指标编号				10F-099	
项目			单位	额定日处理能力1050t	占指标基价（%）
指标基价			元	16953	100.00
一、建筑安装工程费			元	16855	99.42
二、设备购置费			元	98	0.58
建筑安装工程费					
直接费	人工费	人工	工日	95	—
		措施费分摊	元	26	—
		人工费小计	元	2972	17.53
	材料费	钢筋ϕ10以内	kg	55.80	—
		钢筋ϕ10以外	kg	608.40	—
		钢材　综合	kg	117.20	—
		水泥　综合	kg	2426.60	—
		陶粒混凝土	m^3	2.75	—
		加气混凝土砌块	m^3	1.66	—
		钢管　综合	kg	7.40	—
		障碍灯	个	0.06	—
		其他材料费	元	4762	—
		措施费中材料费	元	276	—
		材料费小计	元	10218	60.27
	机械费	机械费	元	543	—
		措施费分摊	元	15	—
		机械费小计	元	559	3.30
	直接费小计		元	13749	81.10
综合费用			元	3106	18.32
合　计			元	16855	—

设备购置费

序号	名称及规格	单位	数量	单价（元）	合价（元）
1	障碍灯控制箱	台	1	9800	9800
合　计		元	—	—	9800
设备单位建筑面积指标		元/m	—	—	98

2.2.2 工艺设备及安装工程分项指标

2.2.2.1 额定日处理能力750t

工程特征：垃圾焚烧系统安装、额定日处理能力750t。

单位：t/d

指标编号				10F-100	
项目			单位	垃圾焚烧系统	占指标基价（%）
指标基价			元	82788	100.00
一、建筑安装工程费			元	14164	17.11
二、设备购置费			元	68624	82.89
建筑安装工程费					
直接费	人工费	人工	工日	93	—
		措施费分摊	元	41	—
		人工费小计	元	2915	3.52
	材料费	钢材　综合	kg	264.93	—
		钢管　综合	kg	10.29	—
		其他材料费	元	1893	—
		措施费分摊	元	450	—
		材料费小计	元	3567	4.31
	机械费	机械费	元	3866	—
		措施费分摊	元	26	—
		机械费小计	元	3892	4.70
	直接费小计		元	10374	12.53
综合费用			元	3790	4.58
合　计			元	14164	—

设备购置费

序号	系统名称	设备名称、规格、数量	单位	数量	单价	合价
1	炉排式垃圾焚烧炉	SLC225-3.82/400 Q=22.5t/h 垃圾处理量250t/d	套	3	16870000	50610000
2	一次风机	LH-130D N=132kW	台	3	84000	252000
3	二次风机	W9-26 No8 N=18.5kW	台	3	14400	43200
4	引风机	LH-BR163D N=280kW	台	3	136400	409200
5	定期排污扩容器	(DP3.5)1台，连续排污扩容器(LP-3.5)1台，锅炉取样装置1套，排气消声器(DN80)3台，潜污泵(50QW40-30 7.5kW)2台	项	1	153550	153550
合　计			元	—	—	51467950
单位处理量指标			元/t	—	—	68624

工程特征：余热利用系统安装、额定日处理能力750t。

单位：t/d

指标编号				10F-101	
项目			单位	余热利用系统	占指标基价（%）
指标基价			元	15114	100.00
一、建筑安装工程费			元	1053	6.97
二、设备购置费			元	14061	93.03
建筑安装工程费					
直接费	人工费	人工	工日	8	—
		措施费分摊	元	3	—
		人工费小计	元	239	1.59
	材料费	钢材　综合	kg	6.13	—
		其他材料费	元	259	—
		措施费分摊	元	37	—
		材料费小计	元	319	2.11
	机械费	机械费	元	192	—
		措施费分摊	元	2	—
		机械费小计	元	194	1.28
	直接费小计		元	752	4.98
综合费用			元	301	1.99
合　计			元	1053	—

设备购置费

序号	系统名称	设备名称、规格、数量	单位	数量	单价	合价
1	汽轮机	N7.5-3.43 N=7500kW	台	2	3220000	6440000
2	发电机	QF-7.5-2 N=7500kW	台	2	1610000	3220000
3	电动吊钩桥式起重机	Q=15/3t，L=13.5m	台	1	350000	350000
4	给水泵	65DG50×12Q =30m³/h H=570m 90kW	台	4	31000	124000
5	中压热力除氧器(含水箱)	Q=40t/h	台	2	80000	160000
6	汽轮发电机其他辅机设备	凝结水泵、疏水设备、连续排污扩容器、分汽缸、事故油箱等	项	1	251860	251860
合　计			元	—	—	10545860
单位处理量指标			元/m²	—	—	14061

工程特征：烟气净化系统安装、额定日处理能力750t。

单位：t/d

指标编号		10F-102	
项目	单位	烟气净化系统	占指标基价（%）
指标基价	元	22000	100.00
一、建筑安装工程费	元	—	—
二、设备购置费	元	22000	100.00

设备购置费

序号	系统名称	设备名称、规格、数量	单位	数量	单价	合价
1	烟气净化设备	烟气净化装置(含置浆装置、灰仓、输灰管道及设备运费、安装)	套	3	5500000	16500000
合　计			元	—	—	16500000
单位处理量指标			元/t	—	—	22000

工程特征：包括主蒸汽管道、主给水管道、锅炉排污管道、抽汽管道、中低压给水管道、凝结水管道、疏放水管道、循环水管道、汽封管道、抽真空管道、除盐水管道、润滑油管道、锅炉水冲洗管道及厂区汽、水管道等。

单位：t/d

指标编号				10F-103	
项目			单位	热力系统汽水管道	占指标基价（%）
指标基价			元	2501	100.00
一、建筑安装工程费			元	2501	100.00
二、设备购置费			元	—	—
建筑安装工程费					
直接费	人工费	人工	工日	4.85	—
		措施费分摊	元	3	—
		人工费小计	元	153	6.12
	材料费	钢材　综合	kg	7	—
		钢管　综合	kg	101.56	—
		阀门	个	0.58	—
		其他材料费	元	125	—
		措施费分摊	元	24	—
		材料费小计	元	1869	74.73
	机械费	机械费	元	110	—
		措施费分摊	元	1	—
		机械费小计	元	111	4.44
	直接费小计		元	2133	85.29
综合费用			元	368	14.71
合　计			元	2501	—

工程特征：包括锅炉炉墙筑炉及本体保温，设备及烟风道复合硅酸盐板保温及油漆，汽水管道复合硅酸盐管壳保温油及油漆。

单位：t/d

指标编号				10F-104	
项目			单位	热力系统保温及油漆	占指标基价(%)
指标基价			元	7700	100.00
一、建筑安装工程费			元	7700	100.00
二、设备购置费			元	—	—
建筑安装工程费					
直接费	人工费	人工	工日	18	—
		措施费分摊	元	9.00	—
		人工费小计	元	564.00	7.00
	材料费	复合硅酸盐板(24～120kg/m³)	m³	0.30	—
		复合硅酸盐管壳(24～120kg/m³)	m³	0.14	—
		镀锌铁皮δ0.5	m²	6.70	—
		保温耐火材料	元	4455	—
		其他材料费	元	506	—
		措施费分摊	元	87	—
		材料费小计	元	5723	74.00
	机械费	机械费	元	198	—
		措施费分摊	元	5	—
		机械费小计	元	203	3.00
	直接费小计		元	6490	84.00
综合费用			元	1210	16.00
合计			元	7700	—

工程特征：燃料供应系统安装、额定日处理能力750t。

单位：t/d

指标编号				10F-105	
项目			单位	燃料供应系统	占指标基价(%)
指标基价			元	4569	100.00
一、建筑安装工程费			元	409	8.95
二、设备购置费			元	4160	91.05
建筑安装工程费					
直接费	人工费	人工	工日	4	—
		措施费分摊	元	2	—
		人工费小计	元	115	2.52
	材料费	钢材　综合	kg	0.51	—
		钢管　综合	kg	1.25	—
		其他材料费	元	82	—
		措施费分摊	元	18	—
		材料费小计	元	111	2.43
	机械费	机械费	元	47	—
		措施费分摊	元	1	—
		机械费小计	元	48	1.05
	直接费小计		元	274	6.00
综合费用			元	135	2.95
合计			元	409	—

设备购置费

序号	系统名称	设备名称、规格、数量	单位	数量	单价	合价
1	垃圾称量设备	电子汽车称重仪(SCS-40 Q=40t)	台	2	100000	200000
2	垃圾卸料门	电动垃圾卸料门[3400×5000(h)]	台	9	87000	783000
3	起重设备	六瓢抓斗桥式起重机(Q=10t LK=22.5m V=6m³)含控制系统)	台	2	1002000	2004000
		电动葫芦(CD₁2-36D)	台	1	15000	15000
4	燃油供应系统	油罐及附件(V=10m³)2台，油泵2台	套	1	118000	118000
合计			元	—	—	3120000
单位处理量指标			元/t	—	—	4160

工程特征：灰渣处理系统安装、额定日处理能力750t。

单位：t/d

指标编号			10F-106	
项目		单位	灰渣处理系统	占指标基价(%)
指标基价		元	3762	100.00
一、建筑安装工程费		元	692	18.39
二、设备购置费		元	3070	81.61
建筑安装工程费				
直接费 人工费	人工	工日	5	—
	措施费分摊	元	3	—
	人工费小计	元	144	3.83
材料费	钢材 综合	kg	25.81	—
	其他材料费	元	64	—
	措施费分摊	元	22	—
	材料费小计	元	296	7.87
机械费	机械费	元	65	—
	措施费分摊	元	1	—
	机械费小计	元	66	1.75
	直接费小计	元	506	13.45
综合费用		元	186	4.94
合计(含站内管线)		元	692	—

设备购置费

序号	系统名称	设备名称、规格、数量	单位	数量	单价	合价
1	飞灰固化设备	钢制水泥储仓，埋刮板输送机，强制式搅拌机JS型，仓顶收尘器，转运叉车(CPCD30WF)，模具等	套	1	1181840	1181840
2	空压机设备	喷油螺杆压缩机($Q=15.3m^3/min$ $P=0.85MPa$)3台，无热再生空气干燥器($Q=20m^3/min$)2台，缓冲罐($V=3m^3$)3个，及配套设备	套	1	771400	771400
3	除渣设备	电磁除铁器RCDC($B=500mm$)3台，耐高温带式输送机($B=500mm$，$L=5.8m$)3台，移动式带式输送机(YD53 $B=500$ $L=15m$)3台，($L=15m$)1台	套	1	348990	348990
合计			元	—	—	2302230
单位处理量指标			元/t	—	—	3070

工程特征：水处理系统安装、额定日处理能力750t。

单位：t/d

指标编号			10F-107	
项目		单位	水处理系统	占指标基价(%)
指标基价		元	1302	100.00
一、建筑安装工程费		元	353	27.12
二、设备购置费		元	949	72.88
建筑安装工程费				
直接费 人工费	人工	工日	1	—
	措施费分摊	元	1	—
	人工费小计	元	40	3.07
材料费	钢管 综合	kg	2	—
	钢管 综合	kg	2	—
	其他材料费	元	190	—
	措施费分摊	元	6	—
	材料费小计	元	219	16.83
机械费	机械费	元	26	—
	措施费分摊	元	1	—
	机械费小计	元	27	2.07
	直接费小计	元	286	21.97
综合费用		元	67	5.15
合计(含管线)		元	353	—

设备购置费

序号	系统名称	设备名称、规格、数量	单位	数量	单价	合价
1	除盐水系统	一级除盐加混床(含加氨装置)($10m^3/h$)	套	1	400000	400000
2	循环水处理系统	加药装置	套	2	81000	162000
3	给水炉水校正处理系统	磷酸盐炉内加药装置	套	1	150000	150000
合计			元	—	—	712000
单位处理量指标			元/t	—	—	949

工程特征：供水系统安装、额定日处理能力750t/d。

单位：t/d

指标编号				10F-108	
项目			单位	供水系统	占指标基价（%）
指标基价			元	6570	100.00
一、建筑安装工程费			元	3050	46.43
二、设备购置费			元	3520	53.57
建筑安装工程费					
直接费	人工费	人工	工日	4	—
		措施费分摊	元	2	—
		人工费小计	元	117	1.78
	材料费	钢材　综合	kg	2.92	—
		钢管　综合	kg	121.09	—
		阀门	个	0.11	—
		其他材料费	元	153	—
		措施费分摊	元	18	—
		材料费小计	元	2456	37.39
	机械费	机械费	元	86	—
		措施费分摊	元	1	—
		机械费小计	元	87	1.32
	直接费小计		元	2660	40.49
综合费用			元	390	5.94
合计（含泵房内管线及厂区循环管线）			元	3050	—

设备购置费

序号	系统名称	设备名称、规格、数量	单位	数量	单价	合价
1	循环泵房	循环水泵（KDOW600-560 250kW）3台，旁滤水泵（KD80-50（Ⅰ）AN＝18.5kW）2台，差压式方形中温冷却塔（FBL-75）1台，手动单梁起重机（SDXQ Lk＝6.0m，G＝3.0t）1台，潜水泵（50QW18-7-0.75）1台	套	1	524300	524300
2	冷却塔	中温玻璃钢冷却塔（含安装）（GNZF-2500 Q＝2500m³/h，N＝110kW t1＝43℃，t2＝33℃）（钢混结构）	台	2	750000	1500000

续表

序号	系统名称	设备名称、规格、数量	单位	数量	单价	合价
3	综合水泵房	生产水泵（变频控制）（FLG80-200（Ⅰ）AN＝18.5kW），补水泵（FLG125-100A N＝7.5kW）2台，无阀滤池设备（200m³/h）2台，潜水泵（50QW18-7-0.75）1台，手动单轨小车（SG-1Q＝1.0T）1台	套	1	615500	615500
合计			元	—	—	2639800
单位处理量指标			元/t	—	—	3520

工程特征：电气系统安装、额定日处理能力750t。

单位：t/d

指标编号				10F-109	
项目			单位	电气系统	占指标基价（%）
指标基价			元	26105	100.00
一、建筑安装工程费			元	12582	48.20
二、设备购置费			元	13523	51.80
建筑安装工程费					
直接费	人工费	人工	工日	16	—
		措施费分摊	元	7	—
		人工费小计	元	494	1.89
	材料费	钢材　综合	kg	28.00	—
		钢管　综合	kg	61.33	—
		电缆	m	72.95	—
		其他材料费	元	1412	—
		措施费分摊	元	76	—
		材料费小计	元	10321	39.54
	机械费	机械费	元	141	—
		措施费分摊	元	4	—
		机械费小计	元	145	0.56
	直接费小计		元	10960	41.99
综合费用			元	1622	6.21
合计（含全厂电缆及接地）			元	12582	—

设备购置费

序号	系统名称	设备名称、规格、数量	单位	数量	单价	合价
1	发电机电气及引出线	汽轮发电机（随汽机配套）（7.5MW）2台，高压开关柜[GG-1A（F）]4台，避雷器2台	套	1	346040	346040
2	主变压器系统	厂用高压变压器（SG10-1600/10）4台	套	1	1280000	1280000
3	10kV配电装置	高压开关柜20台，低压配电屏31台	套	1	3860000	3860000
4	主控及直流系统	各种保护控制屏15面，220V蓄电池组（200AH）1套，综合保护系统1套	套	1	1830000	1830000
5	厂用电系统	变压器（SG10-1000）1台，低压抽屉式开关柜MNS型6面，变频柜6台，动力箱、控制箱等	套	1	2672850	2672850
6	通信系统	数字程控调度电话交换机64门1套，设备电源柜1台，配线架1台，调度电话机59个	项	1	153000	153000
合计			元	—	—	10141890
单位处理量指标			元/t	—	—	13523

工程特征：热工控制系统安装、额定日处理能力750t。

单位：t/d

指标编号				10F-110	
项目			单位	热工控制系统	占指标基价（%）
指标基价			元	12348	100.00
一、建筑安装工程费			元	3164	25.63
二、设备购置费			元	9184	74.37
建筑安装工程费					
直接费	人工费	人工	工日	12	—
		措施费分摊	元	5	—
		人工费小计	元	364	2.95
	材料费	钢材　综合	kg	11	—
		钢管　综合	kg	25	—
		电缆	m	60	—
		其他材料费	元	751	—
		措施费分摊	元	56	—
		材料费小计	元	2096	16.97
	机械费	机械费	元	94	—
		措施费分摊	元	3	—
		机械费小计	元	97	0.79
	直接费小计		元	2557	20.71
综合费用			元	607	4.92
合计			元	3164	—

设备购置费

序号	系统名称	设备名称、规格、数量	单位	数量	单价	合价
1	控制系统设备	分散控制系统（DCS）（1420控制点）1套，烟气在线系统3套，全厂电视监视系统（包括16套摄像机，21inch监视器5台，监视柜1台，硬盘录像机等）1套	套	1	4346900	4346900
2	单项控制设备	热工自动化试验设备1套，模拟屏10m×3m 1套，热控电源柜2面，上位机1套（6站），输灰电控设备1套，火灾探测报警控制系统（93点）1套	套	1	1185930	1185930
3	就地仪表	控制调节安全监控装置（包括：热电偶、差压变送器、过程开关SOR、电动调节阀、锅炉汽包液位计、涡轮流量计、燃油流量计、氧量计等）	套	1	1354880	1354880
合计			元	—	—	6887710
单位处理量指标			元/t	—	—	9184

工程特征：附属生产系统安装、额定日处理能力750t。

单位：t/d

指标编号				10F-111	
项目			单位	附属生产系统	占指标基价（%）
指标基价			元	5989	100.00
一、建筑安装工程费			元	132	2.21
二、设备购置费			元	5857	97.79
建筑安装工程费					
直接费	人工费	人工	工日	1	—
		措施费分摊	元	1	—
		人工费小计	元	22	0.37
	材料费	钢材　综合	kg	1.25	—
		钢管　综合	kg	1.87	—
		其他材料费	元	56	—
		措施费分摊	元	3	—
		材料费小计	元	70	1.17
	机械费	机械费	元	8	—
		措施费分摊	元	1	—
		机械费小计	元	9	0.15
	直接费小计		元	101	1.69
综合费用			元	31	0.52
合计			元	132	—

设备购置费

序号	系统名称	设备名称、规格、数量	单位	数量	单价	合价
1	机修设备	普通机加设备，交直流电焊机、钳工台等	套	1	442350	442350
2	汽水化验室设备	仪器仪表，药品柜，仪器柜，实验台等	套	1	145872	145872
3	垃圾化验室设备	仪器仪表	套	1	296500	296500
4	电气试验室设备	仪器仪表	套	1	100000	100000
5	热工试验室设备	仪器仪表	套	1	100000	100000
6	环保工程设备	垃圾渗沥液处理回用成套设备(含安装费)	套	1	3058350	3058350
		污废水处理站设备(A/O生物处理系统 3m³/h)	套	1	250000	250000
合　计			元	—	—	4393072
单位处理量指标			元/t	—	—	5857

2.2.2.2 额定日处理能力 1050t

工程特征：垃圾焚烧系统、额定日处理能力 1050t。

单位：t/d

指　标　编　号			10F-112	
项　　目		单位	垃圾焚烧系统	占指标基价(%)
指标基价		元	89278	100.00
一、建筑安装工程费		元	13721	15.37
二、设备购置费		元	75557	84.63
建筑安装工程费				
直接费	人工费 人工	工日	88	—
	人工费 措施费分摊	元	39	—
	人工费小计	元	2771	3.10
	材料费 钢材　综合	kg	288.57	—
	材料费 钢管　综合	kg	7.62	0.02
	材料费 其他材料费	元	1822	—
	材料费 措施费分摊	元	428	—
	材料费小计	元	3609	4.04
	机械费 机械费	元	3688	—
	机械费 措施费分摊	元	25	—
	机械费小计	元	3713	4.15
	直接费小计	元	10093	11.31
综合费用		元	3628	4.06
合　　计		元	13721	—

设备购置费

序号	系统名称	设备名称、规格、数量	单位	数量	单价	合价
1	焚烧炉本体设备	垃圾焚烧炉本体(SLC350-3.82/400 Q = 32t/h 3.82MPa 350t/d)(含除氧器、排气消声器、吹灰器)	套	3	26047500	78142500
2	一次风机	一次风机(G6-51 No.12D N = 132kW)	台	3	84000	252000
3	二次风机	二次风机(9-19 11.2D 75kW	台	3	30000	90000
4	引风机	引风机(Y6-51 No16D N=400kW)	台	3	250000	750000
5	焚烧炉其他辅助设备	定期排污扩容器(DP3.5)1台，减温减压装置(Y-10-3.82/390-/0.4/180)1台，排气消声器(DN80)3台，潜污泵(50QW40-30 7.5kW)2台	项	1	99850	99850
合　计			元	—	—	79334350
单位处理量指标			元/t	—	—	75557

工程特征：余热利用系统、额定日处理能力 1050t。

单位：t/d

指　标　编　号			10F-113	
项　　目		单位	余热利用系统	占指标基价(%)
指标基价		元	10824	100.00
一、建筑安装工程费		元	721	6.66
二、设备购置费		元	10103	93.34
建筑安装工程费				
直接费	人工费 人工	工日	5	—
	人工费 措施费分摊	元	1	—
	人工费小计	元	161	22.34
	材料费 钢材　综合	kg	4.11	—
	材料费 钢管　综合	kg	0.41	—
	材料费 其他材料费	元	182	—
	材料费 措施费分摊	元	25	—
	材料费小计	元	222	2.05
	机械费 机械费	元	132	—
	机械费 措施费分摊	元	1	—
	机械费小计	元	133	1.23
	直接费小计	元	516	4.77
综合费用		元	205	1.89
合　　计		元	721	—

设备购置费

序号	系统名称	设备名称、规格、数量	单位	数量	单价	合价
1	汽轮机	N7.5-3.82 N=7500kW	台	2	3220000	6440000
2	发电机	QF-7.5-2 N=7500kW	台	2	1610000	3220000
3	电动吊钩桥式起重机	Q = 20/5t，L = 13.5m，H=12m	台	1	396000	396000
4	给水泵	DC46-50 × 12Q 46m³/h H = 600m 132kW	台	3	50000	150000
5	移动式滤油机	DYJ-100	台	1	100000	100000
6	气轮发电机其他辅机设备		项	1	301670	301670
合计			元	—	—	10607670
单位处理量指标			元/t	—	—	10103

工程特征：烟气净化系统、额定日处理能力1050t。

单位：t/d

指标编号		10F-114	
项目	单位	烟气净化系统	占指标基价（%）
指标基价	元	20430	100.00
一、建筑安装工程费	元	—	—
二、设备购置费	元	20430	100.00

设备购置费

序号	系统名称	设备名称、规格、数量	单位	数量	单价	合价
1	烟气净化设备	烟气净化装置（含置浆装置、灰仓、输灰管道及设备运费、安装）	套	3	7150350	21451050
合计			元	—	—	21451050
单位处理量指标			元/t	—	—	20430

工程特征：包括主蒸汽管道、主给水管道、锅炉排污管道、抽汽管道、中低压给水管道、凝结水管道、疏放水管道、循环水管道、汽封管道、抽真空管道、除盐水管道、润滑油管道、锅炉水冲洗管道及厂区汽、水管道等。

单位：t/d

指标编号				10F-115	
项目			单位	热力系统汽水管道	占指标基价（%）
指标基价			元	2146	100.00
一、建筑安装工程费			元	2146	100.00
二、设备购置费			元	—	—
建筑安装工程费					
直接费	人工费	人工	工日	3	—
		措施费分摊	元	2	—
		人工费小计	元	108	5.04
	材料费	钢材　综合	kg	6.62	—
		钢管　综合	kg	76.95	—
		阀门	个	0.70	—
		其他材料费	元	111	—
		措施费分摊	元	17	—
		材料费小计	元	1664	77.55
	机械费	机械费	元	77	—
		措施费分摊	元	1	—
		机械费小计	元	78	3.63
	直接费小计		元	1850	86.21
综合费用			元	296	13.79
合计			元	2146	—

工程特征：包括锅炉炉墙筑炉及本体保温，设备及烟风道复合硅酸盐板保温及油漆，汽水管道复合硅酸盐管壳保温油及油漆。

单位：t/d

指标编号			10F-116	
项目		单位	热力系统保温油漆	占指标基价（%）
指标基价		元	8055	100.00
一、建筑安装工程费		元	8055	100.00
二、设备购置费		元	—	—
建筑安装工程费				
直接费	人工费	人工	工日	20	—
		措施费分摊	元	9	—
		人工费小计	元	631	7.83
	材料费	复合硅酸盐板(24～120kg/m³)	m³	0.34	—
		复合硅酸盐管壳(24～120kg/m³)	m³	0.29	—
		镀锌铁皮δ0.5	m²	11.55	—
		耐火材料	元	4243	—
		其他材料费	元	528	—
		措施费分摊	元	97	—
		材料费小计	元	5911	73.39
	机械费	机械费	元	207	—
		措施费分摊	元	6	—
		机械费小计	元	213	2.64
	直接费小计		元	6755	83.86
综合费用			元	1300	16.14
合计			元	8055	—

工程特征：燃料供应系统、额定日处理能力1050t。

单位：t/d

指标编号			10F-117	
项目		单位	燃料供应系统	占指标基价（%）
指标基价		元	4571	100.00
一、建筑安装工程费		元	301	6.58
二、设备购置费		元	4270	93.42
建筑安装工程费				
直接费	人工费	人工	工日	3	—
		措施费分摊	元	1	—
		人工费小计	元	86	1.89
	材料费	钢材　综合	kg	0.44	—
		钢管　综合	kg	2.63	—
		其他材料费	元	47	—
		措施费分摊	元	13	—
		材料费小计	元	79	1.73
	机械费	机械费	元	34	—
		措施费分摊	元	1	—
		机械费小计	元	35	0.76
	直接费小计		元	200	4.37
综合费用			元	101	2.21
合计			元	301	—

设备购置费

序号	系统名称	设备名称、规格、数量	单位	数量	单价	合价
1	垃圾称量设备	电子汽车称重仪(GCS-TDM30H，Q=1～60t)	台	2	100300	200600
2	垃圾卸料门	电动垃圾卸料门[3800×5000(h)]	台	9	87800	790200
3	起重设备	电动六瓢抓斗桥式起重机（Q=12.5tLK=26.5m V=6.3m³）含控制系统)	台	2	1650000	3300000
		电动葫芦（CD₁2-20D)	台	1	8000	8000
4	燃油供应系统	油罐及附件(V=20m³) 2台，油泵3台	套	1	184600	184600
合计			元	—	—	4483400
单位处理量指标			元/t	—	—	4270

工程特征：灰渣处理系统、额定日处理能力1050t。

单位：t/d

指标编号				10F-118	
项目			单位	灰渣处理系统	占指标基价（%）
指标基价			元	4601	100.00
一、建筑安装工程费			元	644	14.00
二、设备购置费			元	3957	86.00
建筑安装工程费					
直接费	人工费	人工	工日	4	—
		措施费分摊	元	2	—
		人工费小计	元	121	2.63
	材料费	钢材　综合	kg	24.9	3.87
		钢管　综合	kg	1.73	—
		阀门	个	0.08	—
		其他材料费	元	122	—
		措施费分摊	元	19	—
		材料费小计	元	300	6.52
	机械费	机械费	元	60	—
		措施费分摊	元	1	—
		机械费小计	元	61	1.33
	直接费小计		元	482	10.48
综合费用			元	162	3.52
合　计			元	644	—

设备购置费

序号	系统名称	设备名称、规格、数量	单位	数量	单价	合价
1	飞灰固化设备	钢制水泥储仓，（V＝50m^3，Φ3000mm），埋刮板输送机，强制式搅拌机JS型（Q＝100t），仓顶收尘器，转运叉车（CPCD30WF），模具等	套	1	1557300	1557300
2	空压机设备	螺杆式空气压缩机（SA185W Q＝32Nm^3/min P＝0.75MPa）4台，水冷式冷冻干燥机（JRL-30NW Q＝34m^3/h）4台，空气储气罐（V＝20m^3）1个，（V＝5m^3）1个，油水分离器（SLY-30Q＝30m^3/h）4台，吸附式干燥机（JHL-15Q＝15Nm^3/min）1个，电动葫芦（Q＝2t，H＝8m）2个	套	1	2312000	2312000

续表

序号	系统名称	设备名称、规格、数量	单位	数量	单价	合价
3	除渣设备	振动输送机（DZS-3I Q＝20m^3/h）2台，电磁除铁器（RCDC-12 B＝1200mm）1台，耐高温带式输送机（B＝1200mm，L＝40m）1台，钢构件4t	套	1	286000	286000
合　计			元	—	—	4155300
单位处理量指标			元/t	—	—	3957

工程特征：水处理系统、额定日处理能力1050t。

单位：t/d

指标编号				10F-119	
项目			单位	水处理系统	占指标基价（%）
指标基价			元	2607	100.00
一、建筑安装工程费			元	223	8.55
二、设备购置费			元	2384	91.45
建筑安装工程费					
直接费	人工费	人工	工日	1	—
		措施费分摊	元	1	—
		人工费小计	元	45	1.73
	材料费	无缝钢管　综合	kg	0.3	—
		不锈钢	kg	0.36	—
		其他材料费	元	73	—
		措施费分摊	元	7	—
		材料费小计	元	88	3.38
	机械费	机械费	元	30	—
		措施费分摊	元	1	—
		机械费小计	元	31	1.18
	直接费小计		元	164	6.29
综合费用			元	59	2.26
合计（含管线）			元	223	—

设备购置费

序号	系统名称	设备名称、规格、数量	单位	数量	单价	合价
1	原水预处理设施	一体化原水预处理设施（含安装）（钢混结构）($200m^3/h$)	套	1	517500	517500
2	反渗透除盐水系统	$15m^3/h$(FW+RO+EDI)方式 带 PLC 控制	套	1	1660730	1660730
3	循环水处理系统	加药计量泵（J-125/1.0 N=0.55kW）带搅拌器(JL-2 N=1.1kW)	套	3	81000	243000
4	给水炉水校正处理系统	柱塞式计量泵(JYM50/6.3) 3 台磷酸盐溶液箱(ϕ1000)2 台	套	1	82000	82000
合计			元	—	—	2503230
单位处理量指标			元/t	—	—	2384

工程特征：供水系统、额定日处理能力 1050t。

单位：t/d

指标编号				10F-120	
项目			单位	供水系统	占指标基价(%)
指标基价			元	4124	100.00
一、建筑安装工程费			元	1768	42.87
二、设备购置费			元	2356	57.13
建筑安装工程费					
直接费	人工费	人工	工日	3	—
		措施费分摊	元	1	—
		人工费小计	元	93	2.26
	材料费	钢管　综合	kg	116.19	—
		阀门	个	0.07	—
		其他材料费	元	160	—
		措施费分摊	元	14	—
		材料费小计	元	1362	33.03
	机械费	机械费	元	64	—
		措施费分摊	元	1	—
		机械费小计	元	65	1.57
	直接费小计		元	1520	36.86
综合费用			元	248	6.01
合计			元	1768	—

设备购置费

序号	系统名称	设备名称、规格、数量	单位	数量	单价	合价
1	取水泵房	取水泵(200LS2-38 N=55kW)2 台，旋流除砂器(SYS-250S/DQ $200m^3/h$)1 台，手动单轨小车及手拉葫芦起重量(2t)1 套，移动式潜污泵(50QW 10-10-1.0)1 台	套	1	105000	105000
2	循环泵房	循环水泵(SMGW350-370(I)N=160kW)4 台，旁滤水泵(FLG100-200A N=18.5kW)2 台，差压式全自动过滤机(BY2D-308D Q=$200m^3/h$)1 台，潜水泵 2 台、手动起重设备(1t)1 台	套	1	818200	818200
3	冷却塔	中温玻璃钢冷却塔（含安装）(GNZF-2500 Q=$2500m^3/h$，N=110kW t1=43℃，t2=33℃)（钢混结构）	座	2	750000	1500000
4	综合水泵房	生产水泵（变频控制）(FLG80-200(I)A N=18.5kW)3 台，潜水泵 2 台，手动起重设备(1t)1 台	套	1	51000	51000
合计			元	—	—	2474200
单位处理量指标			元/t	—	—	2356

工程特征：电气系统、额定日处理能力1050t。

单位：t/d

指标编号				10F-121	
项目			单位	电气系统	占指标基价(%)
指标基价			元	27974	100.00
一、建筑安装工程费			元	12343	44.12
二、设备购置费			元	15631	55.88
建筑安装工程费					
直接费	人工费	人工	工日	27	—
		措施费分摊	元	12	—
		人工费小计	元	841	3.01
	材料费	钢材　综合	kg	43.07	—
		钢管　综合	kg	79.71	—
		电缆	m	99.96	—
		其他材料费	元	2379	—
		措施费分摊	元	130	—
		材料费小计	元	9508	33.99
	机械费	机械费	元	182	—
		措施费分摊	元	7	—
		机械费小计	元	189	0.68
		直接费小计	元	10538	37.67
综合费用			元	1805	6.45
合计(含全厂电缆及接地)			元	12343	—

设备购置费

序号	系统名称	设备名称、规格、数量	单位	数量	单价	合价
1	发电机电气及引出线	汽轮发电机(随汽机配套)(7.5MW)2台，高压开关柜(XGN2-10)8台，	套	1	640000	640000
2	35kV主变压器系统	主变压器(双卷)(S10-10000/35)2台避雷器(含在线监测仪)2个	套	2	1101375	2202750
3	35kV配电装置	35kV高压开关柜(KYN2-40.5)	台	7	150000	1050000
4	主控及直流系统	各种保护控制屏19面，网络计算机系统1套，220V蓄电池组(500AH)1套，交流不停电电源系统(UPS)(40kV·A)1套，直流润滑油泵控制箱2台10kV高压开关柜(KYN28A-12)27面，厂用干式变压器	套	1	1937000	1937000
5	厂用电系统	(SCB10-1600 10.5/0.4kV)5台，(SCB10-800 10.5/0.4kV)2台，低压抽屉式开关柜(MNS型)69面，变频柜9台，控制箱32台，电梯安装1部	套	1	10323800	10323800
6	通信系统	数字程控调度电话交换机(100门)1套，设备电源柜及电池1套，配线柜200回线1套，网络设备柜1套，TO综合布线箱1台，电视分配器箱3个，放大器箱1个	项	1	258550	258550
	合计		元	—	—	16412100
	单位处理量指标		元/t	—	—	15631

工程特征：热工控制系统、额定日处理能力1050t。

单位：t/d

指标编号			10F-122	
项目		单位	热工控制系统	占指标基价(%)
指标基价		元	11467	100.00
一、建筑安装工程费		元	4575	39.90
二、设备购置费		元	6892	60.10
建筑安装工程费				
直接费	人工费	人工	工日	14	—
		措施费分摊	元	6	—
		人工费小计	元	435	3.79
	材料费	钢材　综合	kg	11.92	—
		钢管　综合	kg	17.87	—
		电缆	m	69.59	—
		其他材料费	元	1040	—
		措施费分摊	元	67	—
		材料费小计	元	3311	28.87
	机械费	机械费	元	65	—
		措施费分摊	元	4	—
		机械费小计	元	69	0.60
	直接费小计		元	3815	33.27
综合费用			元	760	6.63
合　计			元	4575	—

设备购置费

序号	系统名称	设备名称、规格、数量	单位	数量	单价	合价
1	控制系统	分散控制系统(DCS)(2000控制点)1套，烟气在线系统3套，全厂电视监视系统(包括23套摄像机，21inch监视器，16路硬盘录像机等)1套	套	1	5004200	5004200
2	单项控制	汽包水位、炉膛火焰工业电视各2套，模拟屏10m×3m1套，热控电源柜、配电柜各2面，火灾探测报警控制系统(100点)1套	套	1	638344	638344
3	就地仪表	控制调节安全监控装置(包括：热电偶、差压变送器、过程开关SOR、电动调节阀、锅炉汽包液位计、涡轮流量计、燃油流量计、氧量计、机翼式测风装置等)	套	1	1594040	1594040
合　计			元	—	—	7236584
单位处理量指标			元/t	—	—	6892

工程特征：附属生产系统、额定日处理能力1050t。

单位：t/d

指标编号			10F-123	
项目		单位	附属生产系统	占指标基价(%)
指标基价		元	5596	100.00
一、建筑安装工程费		元	107	1.91
二、设备购置费		元	5489	98.09
建筑安装工程费				
直接费	人工费	人工	工日	1	—
		措施费分摊	元	1	—
		人工费小计	元	18	0.33
	材料费	阀门	个	0.01	—
		其他材料费	元	47	—
		措施费分摊	元	3	—
		材料费小计	元	56	1.00
	机械费	机械费	元	8	—
		措施费分摊	元	0	—
		机械费小计	元	8	0.14
	直接费小计		元	82	1.47
综合费用			元	25	0.45
合　计			元	107	—

设备购置费

序号	系统名称	设备名称、规格、数量	单位	数量	单价	合价
1	机修设备	普通机加设备，交直流电焊机、钳工台等	套	1	442350	442350
2	汽水化验室设备	仪器仪表，药品柜，仪器柜，实验台等	套	1	145870	145870
3	垃圾化验室设备	仪器仪表	套	1	296550	296550
4	电气试验室设备	仪器仪表	套	1	100000	100000
5	热工试验室设备	仪器仪表	套	1	100000	100000
6	环保工程设备	垃圾渗滤液处理回用成套设备(含安装费)用日处理水量(150t/d)	套	1	4369200	4369200
		污废水处理站设备	套	1	310000	310000
合　计			元	—	—	5763970
单位处理量指标			元/t	—	—	5489

2.2.2.3 额定日处理能力 1200t

工程特征：垃圾焚烧系统、额定日处理能力 1200t。

单位：t/d

指标编号				10F-124	
项目			单位	垃圾焚烧系统	占指标基价(%)
指标基价			元	34652	100.00
一、建筑安装工程费			元	7547	21.78
二、设备购置费			元	27105	78.22
建筑安装工程费					
直接费	人工费	人工	工日	47	—
		措施费分摊	元	21	—
		人工费小计	元	1480	4.27
	材料费	钢材　综合	kg	139.17	—
		钢管　综合	kg	13.33	—
		其他材料费	元	1242	—
		措施费分摊	元	228	—
		材料费小计	元	2154	6.22
	机械费	机械费	元	1942	—
		措施费分摊	元	13	—
		机械费小计	元	1955	5.64
	直接费小计		元	5589	16.13
综合费用			元	1958	5.65
合计			元	7547	—

设备购置费

序号	系统名称	设备名称、规格、数量	单位	数量	单价	合价
1	焚烧炉本体设备	循环流化床垃圾焚烧炉（CG-55/3.82-MXLJ t=450）垃圾处理量(400t/d)	套	3	10125000	30375000
2	一次风机	一次风机（10-18 NO 16D N=450kW）	台	3	198848	596544
3	二次风机	二次风机（9-281 NO 14D N=75kW）	台	3	59940	179820
4	引风机	引风机（液力耦合器）(Y5-42 NO 25D N=500kW）	台	3	336936	1010808
5	高压风机	罗茨风机(JAS-250 N=75kW)	台	6	35700	214200
6	焚烧炉其他辅助设备	定期排污扩容器(DP3.5)1台，减温减压装置（Y-10-3.82/450-/0.3/160)1台，螺杆泵(G40-2 Q=5.8m^3/h P=1.2MPa N=5.5kW)2台，渗沥液水箱(20m^3)1台，排气消声器(DN80)3台，自动搅匀排污泵(50-10-15 1.5kW)2台	项	1	149100	149100
合计			元	—	—	32525472
单位处理量指标			元/t	—	—	27105

工程特征：余热利用系统、额定日处理能力 1200t。

单位：t/d

指标编号				10F-125	
项目			单位	余热利用系统	占指标基价(%)
指标基价			元	19654	100.00
一、建筑安装工程费			元	1142	5.81
二、设备购置费			元	18512	94.19
建筑安装工程费					
直接费	人工费	人工	工日	8	—
		措施费分摊	元	3	—
		人工费小计	元	242	1.23
	材料费	钢材　综合	kg	6.21	—
		其他材料费	元	331	—
		措施费分摊	元	37	—
		材料费小计	元	319	1.99
	机械费	机械费	元	197	—
		措施费分摊	元	2	—
		机械费小计	元	199	1.01
	直接费小计		元	831	4.23
综合费用			元	311	1.58
合计			元	1142	—

设备购置费

序号	系统名称	设备名称、规格、数量	单位	数量	单价(元)	合价(元)
1	汽轮机	汽轮机（N12-3.43-1 N=12MW）发电机（QFW-12-2 N=12000kW）	台	3	6850000	20550000
2	电动双钩桥式起重机	Q=20/5t LK=22.5m H=16m	台	1	400000	400000
3	给水泵	DG85-67X9 Q=85m^3/h H=604m 250kW	台	4	90000	360000
4	中压热力除氧器(含水箱)	Q=75t/h 水箱(30m^3)	台	2	180000	360000
5	汽轮发电机其他辅机设备	凝结水泵、低位水泵，疏水扩容器，疏水泵，连续排污扩容器，油泵，滤水器，移动式滤油机，排气消声器，水箱	项	1	544980	544980
合计			元	—	—	22214980
单位处理量指标			元/t	—	—	18512

工程特征：烟气净化系统、额定日处理能力1200t。

单位：t/d

指标编号		10F-126	
项目	单位	烟气净化系统	占指标基价（%）
指标基价	元	18501	100.00
一、建筑安装工程费	元	—	—
二、设备购置费	元	18501	100.00

设备购置费

序号	系统名称	设备名称、规格、数量	单位	数量	单价	合价
1	烟气净化设备	烟气净化装置（含置浆装置、灰仓、输灰管道及设备运费、安装费）	套	3	7400500	22201500
		合计	元	—	—	22201500
		单位处理量指标	元/t	—	—	18501

工程特征：垃圾焚烧系统、额定日处理能力1200t。包括主蒸汽管道、主给水管道、锅炉排污管道、抽汽管道、中低压给水管道、凝结水管道、疏放水管道、循环水管道、汽封管道、抽真空管道、除盐水管道、润滑油管道、锅炉水冲洗管道及厂区汽、水管道等。

单位：t/d

指标编号				10F-127	
项目			单位	热力系统汽水管道	占指标基价（%）
指标基价			元	2518	100.00
一、建筑安装工程费			元	2518	100.00
二、设备购置费			元	—	—
建筑安装工程费					
直接费	人工费	人工	工日	5	—
		措施费分摊	元	2	—
		人工费小计	元	156	6.20
	材料费	钢材 综合	kg	3.25	—
		钢管 综合	kg	107.74	—
		阀门	个	0.62	—
		其他材料费	元	152	—
		措施费分摊	元	24	—
		材料费小计	元	1876	74.50
	机械费	机械费	元	113	—
		措施费分摊	元	1	—
		机械费小计	元	114	4.53
		直接费小计	元	2146	85.23
		综合费用	元	372	14.77
		合计	元	2518	—

工程特征：包括锅炉炉墙筑炉及本体保温，设备及烟风道复合硅酸盐板保温及油漆，汽水管道复合硅酸盐管壳保温油及油漆。

单位：t/d

指标编号				10F-128	
项目			单位	热力系统保温油漆	占指标基价（%）
指标基价			元	5670	100.00
一、建筑安装工程费			元	5670	100.00
二、设备购置费			元	—	—
建筑安装工程费					
直接费	人工费	人工	工日	13	—
		措施费分摊	元	6	—
		人工费小计	元	418	7.37
	材料费	复合硅酸盐板（24～120kg/m^3）	m^3	0.17	—
		复合硅酸盐管壳（24～120kg/m^3）	m^3	0.21	—
		镀锌铁皮 $\delta=0.5$	m^2	7.22	—
		保温耐火材料	元	3150	—
		其他材料费	元	353	—
		措施费分摊	元	65	—
		材料费小计	元	4216	74.36
	机械费	机械费	元	139	—
		措施费分摊	元	4	—
		机械费小计	元	143	2.52
		直接费小计	元	4777	84.25
		综合费用	元	893	15.75
		合计	元	5670	—

单位：t/d

指标编号			10F-129	
项目		单位	燃料供应系统	占指标基价（%）
指标基价		元	11811	100.00
一、建筑安装工程费		元	1264	10.70
二、设备购置费		元	10547	89.30
建筑安装工程费				
直接费	人工费 人工	工日	8	—
	人工费 措施费分摊	元	3	—
	人工费小计	元	246	2.08
	材料费 钢材　综合	kg	35	—
	材料费 钢管　综合	kg	1.93	—
	材料费 其他材料费	元	267	—
	材料费 措施费分摊	元	38	—
	材料费小计	元	596	5.05
	机械费 机械费	元	93	—
	机械费 措施费分摊	元	2	—
	机械费小计	元	95	0.80
	直接费小计	元	937	7.93
综合费用		元	327	2.77
合　计		元	1264	—

设备购置费

序号	系统名称	设备名称、规格、数量	单位	数量	单价（元）	合价（元）
1	垃圾称量设备	电子汽车称重仪(SCS-40Q=40t)	台	2	130000	260000
		电动垃圾卸料门[3400×5000(h)]	台	12	80000	960000
2	垃圾给料系统	双链板给料机(30t/h)	台	3	1380000	4140000
		钢制垃圾料斗(h=3.2m)	台	3	160000	480000
		垃圾破碎机(20t/h)	台	1	460000	460000
		六瓢抓斗桥式起重机(Q=10tLK=22.5m)V=6m^3(含控制系统)	台	2	1650000	3300000
		电动葫芦($CD_1$2-36D)	台	1	10000	10000
3	储煤设备	抓斗桥式起重机(Q=10t LK28.5mV=5m^3)	台	2	650000	1300000
		轮式装载机(ZL-40)	台	1	280000	280000
4	上煤设备	3号带式输送机(B=500 L=57.2m)1台密封带式输送机(B=500 L=4.6m)6台电液犁式卸料器(DYN-500-S B=500)7台布袋除尘机组(MMD48AI Q=5840m^3/h)3台钢煤斗3个电动葫芦(CD2-26D Q=2t H=26m)1台	套	1	698820	698820

续表

序号	系统名称	设备名称、规格、数量	单位	数量	单价（元）	合价（元）
5	输煤设备	给煤机装置(50t/h)1台，1、2号带式输送机(B=500)各1台，电磁除铁器1台，概动筛(50～100t/h)1台，可逆破碎机(Q=30～60t/h)1台，除尘机组(MMD481 Q=5840m^3/h)2台，电动悬挂起重机(LX 5t LK=5m H=18m)1台，手动单轨小车(3t、2t)各1台，手拉葫芦(3t 4m)1台	套	1	662685	662685
6	燃油供应系统	油罐及附件(V=20m^3)1台，油泵(2.2kW)2台	套	1	105100	105100
	合　计		元	—	—	12656605
	单位处理量指标		元/t	—	—	10547

工程特征：灰渣处理系统、额定日处理能力1200t。

单位：t/d

指标编号			10F-130	
项目		单位	灰渣处理系统	占指标基价（%）
指标基价		元	6279	100.00
一、建筑安装工程费		元	814	12.97
二、设备购置费		元	5465	87.03
建筑安装工程费				
直接费	人工费 人工	工日	4	—
	人工费 措施费分摊	元	2	—
	人工费小计	元	137	2.18
	材料费 钢材　综合	kg	31.67	—
	材料费 钢管　综合	kg	1.67	—
	材料费 其他材料费	元	169	—
	材料费 措施费分摊	元	21	—
	材料费小计	元	425	6.77
	机械费 机械费	元	59	—
	机械费 措施费分摊	元	1	—
	机械费小计	元	60	0.96
	直接费小计	元	622	9.91
综合费用		元	192	3.06
合计(含站内管线)		元	814	—

设备购置费

序号	系统名称	设备名称、规格、数量	单位	数量	单价（元）	合价（元）
1	飞灰固化设备	钢制水泥储仓，埋刮板输送机，称重给料机，缓冲料斗，强制式搅拌机 JS 型，仓顶收尘器，转运叉车 CPCD30WF，模具等	套	1	1355800	1355800
2	空压机设备	螺杆压缩机（Q=23m³/min P=1.0MPa）4 台，水冷式冷冻干燥机 JS-(200WC Q=28.5m³/min)4 台，油水分离器（SLY-30 Q=30m³/min）4 台，缓冲罐（V=20m³）1 个，及配套其他设备	套	1	1913200	1913200
3	除渣设备	振动给料机（ϕ400×2000）3 台，水冷滚筒冷渣机（ϕ1020×6350）3 台，斗式提升机（THG160 Q=3t/h H=20m）2 台，斗链输送机 4 台，带式输送机（TDII B=1000 L=24.28m）1 台，电液犁式卸料器（DYN-1000-S B=1000）7 台，电磁除铁器（RCDD-10 B=1000）1 台，钢制渣斗（90m³）10 个等	套	1	3288750	3288750
合计			元	—	—	6557750
单位处理量指标			元/t	—	—	5465

工程特征：水处理系统、额定日处理能力 1200t。

单位：t/d

指标编号				10F-131	
项目			单位	水处理系统	占指标基价（%）
指标基价			元	1737	100.00
一、建筑安装工程费			元	140	8.06
二、设备购置费			元	1597	91.94
建筑安装工程费					
直接费	人工费	人工	工日	1	—
		措施费分摊	元	1	—
		人工费小计	元	36	2.07
	材料费	钢材 综合	kg	0.53	—
		钢管 综合	kg	0.17	—
		其他材料费	元	27	—
		措施费分摊	元	6	—
		材料费小计	元	38	2.19
	机械费	机械费	元	22	—
		措施费分摊	元	1	—
		机械费小计	元	23	1.32
	直接费小计		元	97	5.58
综合费用			元	43	2.48
合计（含管线）			元	140	—

设备购置费

序号	系统名称	设备名称、规格、数量	单位	数量	单价（元）	合价（元）
1	反渗透除盐水系统	16.5m³/h（FW＋RO＋EDI）方式带 PLC 控制	套	1	1440000	1440000
2	循环水处理系统	加药计量泵 J-125/1.0 N=0.55kW，带搅拌器 JL-2 N=1.1kW	套	4	81500	326000
3	给水炉水校正处理系统	磷酸盐炉内加药装置	套	1	150000	150000
合计			元	—	—	1916000
单位处理量指标			元/t	—	—	1597

工程特征：供水系统、额定日处理能力1200t。

单位：t/d

指标编号			10F-132	
项目		单位	供水系统	占指标基价(%)
指标基价		元	5974	100.00
一、建筑安装工程费		元	2277	38.12
二、设备购置费		元	3697	61.88
建筑安装工程费				
直接费	人工费	人工	工日	4	—
		措施费分摊	元	2	—
		人工费小计	元	117	1.96
	材料费	钢材　综合	kg	0.83	—
		钢管　综合	kg	152.5	—
		阀门	个	0.11	—
		其他材料费	元	311	—
		措施费分摊	元	18	—
		材料费小计	元	1753	29.35
	机械费	机械费	元	90	—
		措施费分摊	元	1	—
		机械费小计	元	91	1.52
	直接费小计		元	1961	32.83
综合费用			元	316	5.29
合计(含泵房内管线及厂区循环管线)			元	2277	—

设备购置费

序号	系统名称	设备名称、规格、数量	单位	数量	单价(元)	合价(元)
1	取水泵房主要设备	取水泵(KD150/400-45/4 Q＝200m³/h，N＝45kW)3台，差压式全自动过滤器(BYZD-310B)2台，旋流除砂器(WD-300/250XS)2台，手动单轨小车及手拉葫芦起重量(2t)1套，移动式潜污泵(50QW 10-10-1.0)1台	套	1	371500	371500
2	循环泵房主要设备	循环水泵(SMGW600-610 B280kW)4台，差压式全自动过滤机(BYZD-308D Q＝200m³/h)1台，潜水泵(150QW200-22-22)2台，手动单梁起重机(SDXQ Lk＝6.0m，5t)1台，潜水泵(50QW10-10-1.1)2台	套	1	1304200	1304200

续表

序号	系统名称	设备名称、规格、数量	单位	数量	单价(元)	合价(元)
3	冷却塔	中温玻璃钢冷却塔(含安装) GNZF-3000 Q＝3000m³/h，N＝110kW	台	3	900500	2701500
4	综合水泵房主要设备	生产水泵(KDLD150-20(2)N＝30kW)2台，冷却水补水泵(KDL150/185-11/4 N＝11kW)1台，潜污泵(50QW-10-10-1.1)1台，手动单轨小车(SG-1 Q＝1.0T)1台	套	1	59500	59500
合计			元	—	—	4436700
单位处理量指标			元/t	—	—	3697

工程特征：电气系统、额定日处理能力1200t。

单位：t/d

指标编号			10F-133	
项目		单位	电气系统	占指标基价(%)
指标基价		元	30388	100.00
一、建筑安装工程费		元	11633	38.28
二、设备购置费		元	18755	61.72
建筑安装工程费				
直接费	人工费	人工	工日	26	—
		措施费分摊	元	12	—
		人工费小计	元	831	2.73
	材料费	钢材　综合	kg	40	—
		钢管　综合	kg	51.67	—
		电缆	m	64.52	—
		其他材料费	元	2725	—
		措施费分摊	元	128	—
		材料费小计	元	8827	29.05
	机械费	机械费	元	157	—
		措施费分摊	元	7	—
		机械费小计	元	164	0.54
	直接费小计		元	9822	32.32
综合费用			元	1811	5.96
合计(含电缆及接地)			元	11633	—

设备购置费

序号	系统名称	设备名称、规格、数量	单位	数量	单价（元）	合价（元）
1	发电机电气及引出线	汽轮发电机（QFW-12-2A 12MW）3台，高压开关柜18台，电流互感器（1200/5A）18台，氧化锌避雷器3台	套	1	1719000	1719000
2	主变压器系统	电力变压器（SF10-16000/110）3台避雷器3台隔离开关（100A）3台中性点电流互感器（50/5A）3台	套	1	4188000	4188000
3	110kV屋内配电装置	单极隔离开关（GW8-60G （W）100A）3台断路器3台各种互感器12台避雷器3台隔离开关（80kA）5组	套	1	471000	471000
4	主控及直流系统	各种保护控制屏（装置）35面，网络计算机系统1套，220V 蓄电池组（400AH）1套，电气综合自动化系统1套，10kV PT消谐装置3套	套	1	3539000	3539000
5	厂用电系统	变压器（SCB10-1600kV·A）3台，变压器 SCB10-1250kV·A3台，10kV高压开关柜48台，低压配电柜MNS88面，变频柜6台，动力箱、控制箱等	套	1	12396000	12396000
6	通信系统	数字程控调度电话交换机（64门）2台，信息网络机柜2台，设备电源柜及电池（50A）1台，配线架1台，电话分机55个	项	1	192400	192400
合计			元	—	—	22505400
单位处理量指标			元/t	—	—	18755

工程特征：热工控制系统、额定日处理能力1200t。

单位：t/d

指标编号				10F-134	
项目			单位	热工控制系统	占指标基价（%）
指标基价			元	12401	100.00
一、建筑安装工程费			元	4502	36.30
二、设备购置费			元	7899	63.70
建筑安装工程费					
直接费	人工费	人工	工日	12	—
		措施费分摊	元	5	—
		人工费小计	元	365	2.94
	材料费	钢材　综合	kg	10	—
		钢管　综合	kg	60	—
		电缆	m	54.29	—
		其他材料费	元	1103	—
		措施费分摊	元	56	—
		材料费小计	元	3330	26.86
	机械费	机械费	元	67	—
		措施费分摊	元	3	—
		机械费小计	元	70	0.56
	直接费小计		元	3765	30.36
综合费用			元	737	5.94
合计（含热工电缆）			元	4502	—

设备购置费

序号	系统名称	设备名称、规格、数量	单位	数量	单价（元）	合价（元）
1	控制系统设备	分散控制系统（DCS）3000控制点）1套，烟气在线系统3套，全厂电视监视系统（包括23套摄像机，21inch监视器6台，硬盘录像机等）1套	套	1	6231400	6231400
2	单项控制设备	热工自动化试验设备1套，模拟屏（10m×3.5m）1套，热工配电柜2台，上位机1套（8站），汽机DEH机柜3套，火灾探测报警控制系统（300点）1套	套	1	990166	990166
3	就地仪表	控制调节安全监控装置（包括：热电偶、差压变送器、电动调节阀、锅炉汽包液位计、涡轮流量计、燃油流量计、氧量计等）	套	1	2256850	2256850
合计			元	—	—	9478416
单位处理量指标			元/t	—	—	7899

工程特征：附属生产系统、额定日处理能力1200t。

单位：t/d

指标编号			10F-135	
项目		单位	附属生产系统	占指标基价（%）
指标基价		元	1580	100.00
一、建筑安装工程费		元	93	5.89
二、设备购置费		元	1487	94.11
建筑安装工程费				
直接费	人工费	人工	工日	1	—
		措施费分摊	元	1	—
		人工费小计	元	15	0.96
	材料费	钢材　综合	kg	1	—
		钢管　综合	kg	1	—
		其他材料费	元	40	—
		措施费分摊	元	2	—
		材料费小计	元	49	3.10
	机械费	机械费	元	6	—
		措施费分摊	元	1	—
		机械费小计	元	7	0.44
	直接费小计		元	71	4.50
综合费用			元	22	1.39
合　计			元	93	—

设备购置费

序号	系统名称	设备名称、规格、数量	单位	数量	单价（元）	合价（元）
1	机修设备	普通机加设备、交直流电焊机、钳工台等	套	1	442350	442350
2	汽水化验室设备	仪器仪表，资料柜，药品柜，仪器柜，实验台等	套	1	145872	145872
3	垃圾化验室设备	仪器仪表	套	1	296550	296550
4	电气试验室设备	仪器仪表	套	1	100000	100000
5	热工试验室设备	仪器仪表	套	1	100000	100000
6	环保工程设备	污废水处理站设备(A/O生物处理系统 $3m^3/h$)	套	1	300000	300000
		离子王除臭装置 $10000m^3/h$	套	1	400000	400000
合　计			元	—	—	1784772
单位处理量指标			元/t	—	—	1487

3 中转站工程指标

说　明

一、适用范围

本综合指标是依据近期各地设计和建设的有代表性的生活垃圾中转站工程项目的经济技术资料编制而成，本综合指标所涉及的生活垃圾中转站工程投资估算指标适用于中转站的新建、扩建工程，不适用于维修和技术改造工程以及有毒、有害废物和危险废物的垃圾处理工程和技术改造工程。

二、指标项目划分及编制说明

1. 综合指标：按中转站建设规模额定日转运能力分为 1000t/d、600t/d、100t/d、50t/d4 个项目。由于本指标是根据典型工程编制，因此指标中包含的分项内容未作统一要求。使用时应注意项目基本情况的描述及日转运量大小进行调整。

2. 分项指标：反映不同规模的生活垃圾中转站单项建筑物及构筑物指标和设备购置及安装工程指标。分项指标项目划分根据生活垃圾中转站的特点，按项目构成分为建筑工程和设备购置及安装工程两部分。建筑工程考虑了建筑安装工程费；设备购置及安装工程考虑了压缩工艺的系统性，并按工艺系统编制指标。

三、其他需要说明的问题

1. 设备购置及安装工程分项指标中的设备及安装工程是指与中转站压缩工艺有关的压缩设备及安装工程。给排水工艺管道及阀门、电力电缆、控制电缆、滑触线、暖气片等均计人建安工程费中。

2. 分项指标中所列设备购置是指用于生活及附属于厂房的各种设备（如压缩设备、机修附属设备、锅炉等），其安装费已包含在设备购置费中。

3. 综合指标中分项工程费用包括建筑安装工程费和压缩设备、垃圾转运车辆、地磅等附属设备，不包括垃圾收运系统。

4. 有温度要求的单项工程的分项指标中，未区分地域差别暂按北京地区考虑了采暖和空调工程，使用时应根据地域差别注意调整。

5. 分项指标列有工程特征说明，介绍了单项工程的工艺标准、结构特征、主要做法等内容，以便选择时参考比较。当条件相差较大，设计标准不同时，应按工程实际情况进行调整。

6. 指标中设备均按国产设备考虑。

四、工程量计算规则

1. 生活垃圾中转站工程综合指标按额定日中转能力“元/t”计算。

2. 分项指标中装运车间、机修车间、业务用房、传达室以建筑物面积“m^2”计算。

3. 分项指标中引桥以水平投影面积“m^2”计算。

4. 分项指标中场区供热、给排水以管道长度“m”计算。

5. 分项指标中地下油库单体以“座”计算。

6. 分项指标中沉淀池、污水池、喷水池以单体“m^3”计算。

7. 分项指标中场区电气以电缆长度“m”计算。

8. 分项指标中围墙以长度“m”计算。

3.1 综合指标

工程特征：钢筋混凝土独立基础，钢筋混凝土框架柱、梁，页岩砖砌体，轻钢屋面，铝合金卷帘门，塑钢门窗；垂直式压缩。

单位：t/d

指标编号				10Z-019	
项目			单位	日转运量 50t 以内	占指标基价（%）
指标基价			元	19760	100.00
一、建筑安装工程费			元	8710	44.08
二、设备购置费			元	7200	36.44
三、工程建设其他费用			元	2386	12.08
四、基本预备费			元	1464	7.40
建筑安装工程费					
直接费	人工费	人工	工日	29	—
		措施费分摊	元	15	—
		人工费小计	元	915	4.63
	材料费	钢筋 φ10 以内	kg	72.07	—
		钢筋 φ10 以外	kg	283.72	—
		水泥　综合	kg	405.12	—
		标准砖	块	1104.43	—
		砂子	kg	1625.59	—
		铁件	kg	21.22	—
		预拌混凝土 C25	m^3	3.04	—
		塑钢单玻推拉窗	m^2	0.31	—
		钢檩条	kg	24.60	—
		钢支撑	kg	8.20	—
		弹性涂料	kg	2.72	—
		其他材料费	元	2912	—
		措施费分摊	元	160	—
		材料费小计	元	6186	31.31
	机械费	机械费	元	148	—
		措施费分摊	元	9	—
		机械费小计	元	157	0.79
	直接费小计		元	7258	36.73
综合费用			元	1452	7.35
合计			元	8710	—

分项工程费用　　单位：t/d

序号	指标编号		10Z-019	
	名称	单位	数量	费用（元）
中转站				
1	生产管理用房	m^2	1	2484
2	中转站	m^2	3	6226
3	压缩设备	项	—	5200
4	运输车辆（5t）	项	—	2000
	合计	元	—	15910

工程特征：钢筋混凝土独立基础、条形基础，钢筋混凝土框架柱、梁，页岩砖砌体，屋面为单层有檩式压型钢板。水平密封直压式。

单位：t/d

指标编号				10Z-020	
项目			单位	日转运量 100t 以内	占指标基价（%）
指标基价			元	27722	100.00
一、建筑安装工程费			元	13521	48.77
二、设备购置费			元	8800	31.74
三、工程建设其他费用			元	3348	12.08
四、基本预备费			元	2054	7.41
建筑安装工程费					
直接费	人工费	人工	工日	26	—
		措施费分摊	元	30	—
		人工费小计	元	837.00	3.02
	材料费	钢筋 φ10 以内	kg	23.26	—
		钢筋 φ10 以外	kg	100.34	—
		水泥　综合	kg	359.68	—
		标准砖	块	602.00	—
		砂子	kg	1243.97	—
		铁件	kg	11.37	—
		预拌混凝土 C25	m^3	2.13	—
		钢屋架	kg	288.20	—
		钢檩条	kg	205.30	—
		钢支撑	kg	12.50	—
		弹性涂料	kg	8.05	—
		其他材料费	元	5011	—
		措施费分摊	元	322	—
		材料费小计	元	9847	35.52
	机械费	机械费	元	381	—
		措施费分摊	元	18	—
		机械费小计	元	399	1.44
	直接费小计		元	11083	39.98
综合费用			元	2438	8.79
合计				13521	—

分项工程费用

单位：t/d

序号	指标编号			10Z-020
	名称	单位	数量	费用(元)
中转站				
1	生产管理用房	m²	0.60	2053
2	中转站	m²	3.50	4865
3	停车站场	m²	7.34	6602
4	压缩设备	项	—	6800
5	运输车辆(8t)	项	—	2000
合计			—	22321

工程特征：钢筋混凝土独立基础、条形基础，钢筋混凝土框架柱、梁，页岩砖砌墙，转运车间部分钢筋混凝土结构，部分轻钢结构。水平压缩(非预压)。

单位：t/d

指标编号				10Z-021	
项目			单位	日转运量600t以内	占指标基价(%)
指标基价			元	56892	100.00
一、建筑安装工程费			元	16343	28.73
二、设备购置费			元	29464	51.79
三、工程建设其他费用			元	6871	12.08
四、基本预备费			元	4214	7.40
建筑安装工程费					
直接费	人工费	人工	工日	40	—
		措施费分摊	元	21	—
		人工费小计	元	1262	2.22
	材料费	钢筋 φ10 以内	kg	97.11	—
		钢筋 φ10 以外	kg	506.37	—
		水泥 综合	kg	475.39	—
		标准砖	块	1017.88	—
		砂子	kg	1670.67	—
		铁件	kg	5.23	—
		预拌混凝土 C25	m³	5.66	—
		电缆桥架	m	0.86	—
		钢屋架	kg	10.13	—
		钢檩条	kg	5.08	—
		钢支撑	kg	3.23	—
		弹性涂料	kg	5.01	—
		其他材料费	元	6722	—
		措施费分摊	元	233	—
		材料费小计	元	11659	20.49
	机械费	机械费	元	573	—
		措施费分摊	元	13	—
		机械费小计	元	586	1.03
	直接费小计		元	13507	23.74
综合费用			元	2836	4.98
合计			元	16343	—

分项工程费用

单位：t/d

序号	指标编号			10Z-021
	名称	单位	数量	费用(元)
一	中转区			
1	转运车间	m²	3.13	4774
2	引桥	m²	1.32	3599
3	压缩设备	项	—	14089
4	转运车辆	项	—	11440
5	其他项目	项	—	2150
	合计		—	36052
二	管理区			
1	业务用房	m²	1.18	1863
2	传达室、地磅房	m²	0.18	300
	合计		—	2163
三	总图			
1	运输车辆	项	—	1785
2	场区采暖	项	—	958
3	场区给排水	项	—	422
4	场区电气	项	—	920
5	围墙	项	—	727
6	道路及广场	项	—	1027
7	绿化	项	—	600
8	其他项目	项	—	1153
合计				7592

工程特征：钢筋混凝土独立基础、条形基础，钢筋混凝土框架柱、梁，页岩砖砌墙，转运车间部分为钢筋混凝土结构，部分轻钢结构。水平压缩(非预压)。

单位：t/d

指标编号				10Z-022	
项目			单位	日转运量600t以外	占指标基价(%)
指标基价			元	53256	100.00
一、建筑安装工程费			元	13810	25.93
二、设备购置费			元	29069	54.58
三、工程建设其他费用			元	6432	12.08
四、基本预备费			元	3945	7.41
建筑安装工程费					
直接费	人工费	人工	工日	30	—
		措施费分摊	元	22	—
		人工费小计	元	953	1.79
	材料费	钢筋 ϕ10 以内	kg	93.45	—
		钢筋 ϕ10 以外	kg	416.19	—
		水泥 综合	kg	367.42	—
		标准砖	块	922.95	—
		砂子	kg	1662.36	—
		铁件	kg	5.17	—
		预拌混凝土 C25	m³	5.53	—
		电缆桥架	m	0.75	—
		钢屋架	kg	20.05	—
		钢檩条	kg	8.77	—
		钢支撑	kg	4.23	—
		弹性涂料	kg	3.26	—
		其他材料费	元	5502	—
		措施费分摊	元	238	—
		材料费小计	元	10038	18.85
	机械费	机械费	元	315	—
		措施费分摊	元	14	—
		机械费小计	元	329	0.62
	直接费小计		元	11320	21.26
综合费用			元	2490	4.68
合计				13810	

分项工程费用

单位：t/d

序号	指标编号	10Z-022		
	名称	单位	数量	费用(元)
一	中转区			
1	转运车间	m²	2.84	4534
2	引桥	m²	1.20	3358
3	压缩设备	项	—	17245
4	转运车辆	项	—	9240
5	其他项目	项	—	1008
	合计		—	35386
二	管理区			
1	业务用房	m²	0.89	1541
2	传达室、地磅房、洗车坪	m²	0.13	141
3	机修车间	m²	0.22	296
	合计		—	1977
三	总图			
1	运输车辆	项		1575
2	场区采暖	项	—	232
3	场区给排水	项	—	457
4	场区电气	项	—	591
5	围墙	项	—	577
6	道路、停卸地及广场	项	—	1256
7	绿化	项	—	600
8	其他项目	项	—	228
	合计			5516

3.2 分 项 指 标

3.2.1 转运车间

工程特征：钢筋混凝土独立基础，钢筋混凝土框架柱、梁，页岩砖砌体，铝合金卷帘门，塑钢门窗。垂直式压缩。建筑面积：146m²。

单位：m²

指标编号				10F-136	
项目			单位	日转运量 50t 以内	占指标基价（%）
指标基价			元	3745	100.00
一、建筑安装工程费			元	1965	52.46
二、设备购置费			元	1780	47.54
建筑安装工程费					
直接费	人工费	人工	工日	9	—
		措施费分摊	元	5	—
		人工费小计	元	284	7.58
	材料费	钢筋 ϕ10 以内	kg	24.67	—
		钢筋 ϕ10 以外	kg	97.12	—
		水泥　综合	kg	138.68	—
		标准砖	块	378.07	—
		砂子	kg	556.48	—
		铁件	kg	7.27	—
		预拌混凝土 C25	m³	1.04	—
		塑钢单玻门推拉窗	m²	0.11	—
		钢檩条	kg	6.06	—
		钢支撑	kg	2.82	—
		弹性涂料	kg	0.93	—
		SBS 改性沥青油毡防水卷材 3mm	m²	0.51	—
		其他材料费	元	150	—
		措施费分摊	元	55	—
		材料费小计	元	1280	34.18
	机械费	机械费	元	48	—
		措施费分摊	元	3	—
		机械费小计	元	51	1.35
	直接费小计		元	1615	43.11
综合费用			元	350	9.35
合　计			元	1965	—

设备购置费

序号	名　称	单位	数量	单价（元）	合价（元）
1	压缩设备	台	1	260000	260000
设备单位建筑面积指标		元/m²	—	—	1780

工程特征：钢筋混凝土独立基础、条形基础，钢筋混凝土框架柱、梁，页岩砖砌体，屋面有檩式单层双向压型钢板，围护结构为单层有檩式压型钢板，门式钢架，金属卷帘门，打孔钢板窗，水平密封直压式压缩。建筑面积：200m²。

单位：m²

指标编号				10F-137	
项目			单位	日转运量 100t 以内	占指标基价（%）
指标基价			元	5687	100.00
一、建筑安装工程费			元	2287	40.21
二、设备购置费			元	3400	59.79
建筑安装工程费					
直接费	人工费	人工	工日	7	—
		措施费分摊	元	4	—
		人工费小计	元	221	3.89
	材料费	钢筋 ϕ10 以内	kg	11.63	—
		钢筋 ϕ10 以外	kg	50.17	—
		水泥　综合	kg	179.84	—
		标准砖	块	301.00	—
		砂子	kg	621.99	—
		铁件	kg	5.69	—
		预拌混凝土 C25	m³	1.06	—
		钢屋架	kg	22.83	—
		钢檩条	kg	17.96	—
		钢支撑	kg	0.74	—
		弹性涂料	kg	1.15	—
		压型钢板	m²	1.96	—
		其他材料费	元	345	—
		措施费分摊	元	19	—
		材料费小计	元	1633	28.72
	机械费	机械费	元	22	—
		措施费分摊	元	3	—
		机械费小计	元	25	0.44
	直接费小计		元	1879	33.04
综合费用			元	408	7.17
合　计				2287	—

设备购置费

序号	名　称	单位	数量	单价（元）	合价（元）
1	水平密封式压缩设备	台	1	680000	680000
设备单位建筑面积指标		元/m²	—	—	3400

工程特征：钢筋混凝土独立基础、条形基础，钢筋混凝土框架柱、梁，页岩砖砌体，中转车间首层为钢筋混凝土框架结构，二层门式钢架，屋面有檩式单层双向压型钢板。水平直压式压缩(非预压)。建筑面积：1700m²。

单位：m²

指标基价				10F-138	
项目			单位	日转运量600t以内	占指标基价(%)
指标基价			元	6557	100.00
一、建筑安装工程费			元	1584	24.16
二、设备购置费			元	4973	75.84
建筑安装工程费					
直接费	人工费	人工	工日	4	—
		措施费分摊	元	3	—
		人工费小计	元	127	1.94
	材料费	钢筋 ϕ10 以内	kg	13.64	—
		钢筋 ϕ10 以外	kg	78.92	—
		水泥 综合	kg	49.28	—
		标准砖	块	149.28	—
		砂子	kg	236.66	—
		铁件	kg	0.24	—
		预拌混凝土 C25	m³	0.61	—
		钢屋架	kg	11.22	—
		钢檩条	kg	3.56	—
		钢支撑	kg	5.26	—
		弹性涂料	kg	1.53	—
		塑钢单玻门推拉窗	m²	0.24	—
		其他材料费	元	289	—
		措施费分摊	元	32	—
		材料费小计	元	1108	16.90
	机械费	机械费	元	55	—
		措施费分摊	元	2	—
		机械费小计	元	57	0.86
	直接费小计		元	1292	19.70
综合费用			元	293	4.46
合计				1584	—

设备购置费

序号	名称	单位	数量	单价(元)	合价(元)
1	压装机	台	2	1344000	2688000
2	料槽及推料装置	套	1	2030000	2030000
3	自控系统	套	1	2296000	2296000
4	通风除尘除臭系统	套	1	1344000	1344000
5	电子汽车衡	台	1	79180	79180
6	冷却塔及水箱	套	1	16200	16200
合计		—	—	—	8453380
设备单位建筑面积指标		元/m²	—	—	4973

工程特征：中转车间首层为钢筋混凝土框架结构，二层部分球型网架，部分钢筋混凝土框架结构，屋面单层双向压型钢板，砖砌墙体。水平直压式压缩(非预压)。建筑面积：2200m²。

单位：m²

指标编号				10F-139	
项目			单位	日转运量600t以外	占指标基价(%)
指标基价			元	7840	100.00
一、建筑安装工程费			元	1568	20.01
二、设备购置费			元	6271	79.99
建筑安装工程费					
直接费	人工费	人工	工日	5	—
		措施费分摊	元	3	—
		人工费小计	元	158	2.02
	材料费	钢筋 ϕ10 以内	kg	15.74	—
		钢筋 ϕ10 以外	kg	80.55	—
		水泥 综合	kg	61.90	—
		标准砖	块	294.31	—
		砂子	kg	343.61	—
		铁件	kg	0.19	—
		预拌混凝土 C25	m³	0.61	—
		钢屋架	kg	4.10	—
		钢檩条	kg	1.99	—
		钢支撑	kg	2.88	—
		弹性乳胶漆	kg	1.68	—
		塑钢单玻门推拉窗	m²	0.19	—
		其他材料费	元	258	—
		措施费分摊	元	30	—
		材料费小计	元	1069	13.64
	机械费	机械费	元	61	—
		措施费分摊	元	2	—
		机械费小计	元	63	0.80
	直接费小计		元	1290	16.45
	综合费用		元	279	3.56
	合计		元	1568	—

设备购置费

序号	名称	单位	数量	单价(元)	合价(元)
1	变电站设备	台	1	863240	863240
2	压装机	套	3	1342787	4028360
3	料槽及推料装置	套	1	3765160	3765160
4	中控系统	套	1	3119480	3119480
5	通风除尘除臭系统	套	1	1872360	1872360
6	电子汽车衡	台	1	147700	147700
合计		—	—	—	13796300
设备单位建筑面积指标		元/m²	—	—	6271

3.2.2 机修车间

工程特征：钢筋混凝土条形基础，钢筋混凝土框架柱、梁、板，砖砌墙体。建筑面积：140m²。

单位：m²

指 标 基 价				10F-140	
项 目			单位	机修车间	占指标基价（%）
指 标 基 价			元	3064	100.00
一、建筑安装工程费			元	1521	49.64
二、设备购置费			元	1543	50.36
建筑安装工程费					
直接费	人工费	人工	工日	6	—
		措施费分摊	元	3	—
		人工费小计	元	189	6.17
	材料费	钢筋 ϕ10 以内	kg	19.59	—
		钢筋 ϕ10 以外	kg	46.98	—
		水泥　综合	kg	105.88	—
		标准砖	块	292.94	—
		砂子	kg	469.98	—
		铁件	kg	0.05	—
		预拌混凝土 C25	m³	0.62	—
		塑钢单玻门推拉窗	m²	0.08	—
		SBS 改性沥青油毡防水卷材 3mm	m²	1.73	—
		弹性涂料	kg	0.85	—
		其他材料费	元	361	—
		措施费分摊	元	28	—
		材料费小计	元	1026	33.49
	机械费	机械费	元	28	—
		措施费分摊	元	2	—
		机械费小计	元	30	0.99
	直接费小计		元	1245	40.64
综合费用			元	276	9.00
合　计				1521	—

设备购置费

序号	名 称	单位	数量	单价（元）	合价（元）
1	机修设备	项	1	216000	216000
设备单位建筑面积指标		元/m²	—	—	1543

3.2.3 业务用房

工程特征：钢筋混凝土条形基础，钢筋混凝土框架柱、梁、板，砖砌墙体。建筑面积：650m²。

单位：m²

指 标 编 号				10F-141	
项 目			单位	业务用房	占指标基价（%）
指 标 基 价			元	1762	100.00
一、建筑安装工程费			元	1673	94.94
二、设备购置费			元	89	5.06
建筑安装工程费					
直接费	人工费	人工	工日	7	—
		措施费分摊	元	3	—
		人工费小计	元	220	12.48
	材料费	钢筋 ϕ10 以内	kg	16.17	—
		钢筋 ϕ10 以外	kg	62.08	—
		水泥　综合	kg	204.93	—
		标准砖	块	321.39	—
		砂子	kg	684.05	—
		铁件	kg	0.19	—
		预拌混凝土 C25	m³	0.42	—
		塑钢单玻门推拉窗	m²	0.19	—
		SBS 改性沥青油毡防水卷材 3mm	m²	0.79	—
		挤塑泡沫保温板	m³	0.03	—
		弹性涂料	kg	1.62	—
		其他材料费	元	342	—
		措施费分摊	元	30	—
		材料费小计	元	1114	63.21
	机械费	机械费	元	39	—
		措施费分摊	元	2	—
		机械费小计	元	41	2.31
	直接费小计		元	1375	78.01
综合费用			元	298	16.93
合　计			元	1673	—

设备购置费

序号	名 称	单位	数量	单价（元）	合价（元）
1	电开水器	台	1	3000	3000
2	空调机	台	20	2500	50000
3	照明配电箱	台	2	2500	5000
合　计		—	—	—	58000
设备单位建筑面积指标		元/m²	—	—	89

3.2.4 传达室、地磅房

工程特征：钢筋混凝土条形基础，钢筋混凝土框架柱、梁、板，砖砌墙体，部分阳光板罩棚。传达室建筑面积：32m²。地磅房建筑面积：100m²。

单位：m²

指标编号				10F-142	
项目			单位	传达室、地磅房	占指标基价（%）
指标基价			元	2478	100.00
一、建筑安装工程费			元	1524	61.50
二、设备购置费			元	954	38.50
建筑安装工程费					
直接费	人工费	人工	工日	7	—
		措施费分摊	元	3	—
		人工费小计	元	220	8.88
	材料费	钢筋 φ10 以内	kg	12.94	—
		钢筋 φ10 以外	kg	49.42	—
		水泥 综合	kg	354.80	—
		标准砖	块	295.67	—
		砂子	kg	491.95	—
		预拌混凝土 C25	m³	0.60	—
		塑钢单玻推拉窗	m²	0.18	—
		SBS 改性沥青油毡防水卷材 3mm	m²	0.96	—
		弹性涂料	kg	0.41	—
		其他材料费	元	254	—
		措施费分摊	元	31	—
		材料费小计	元	1001	40.40
	机械费	机械费	元	29	—
		措施费分摊	元	2	—
		机械费小计	元	31	1.23
	直接费小计		元	1252	50.52
综合费用			元	272	10.98
合计				1524	—

设备购置费

序号	名称	单位	数量	单价（元）	合价（元）
1	地磅	台	1	80000	80000
2	洗车设备	套	1	12900	12900
3	分体壁挂空调机	台	1	2500	2500
合计		—	—	—	95400
设备单位建筑面积指标		元/m²	—	—	954

3.2.5 引桥

工程特征：钢筋混凝土框架结构，钢筋混凝土柱、梁、板，钢筋混凝土拦板。水平投影面积：990m²。

单位：m²

指标编号				10F-143	
项目			单位	引桥	占指标基价（%）
指标基价			元	2737	100.00
一、建筑安装工程费			元	2737	100.00
二、设备购置费			元	—	—
建筑安装工程费					
直接费	人工费	人工	工日	5	—
		措施费分摊	元	9	—
		人工费小计	元	164	5.99
	材料费	钢筋 φ10 以内	kg	39.44	—
		钢筋 φ10 以外	kg	147.79	—
		水泥 综合	kg	2.21	—
		石子	kg	1410.23	—
		砂子	kg	764.16	—
		预埋铁件	kg	1.17	—
		预拌混凝土 C25	m³	1.18	—
		其他材料费	元	651	—
		措施费分摊	元	103	—
		材料费小计	元	2027	74.07
	机械费	机械费	元	32	—
		措施费分摊	元	6	—
		机械费小计	元	38	1.38
	直接费小计		元	2229	81.45
综合费用			元	508	18.55
合计				2737	—

3.2.6 场区供热

工程特征：钢管、直埋保温管安装，四柱散热器安装。管线长度2850m。

单位：m

指标编号				10F-144	
项目			单位	场区供热	占指标基价（%）
指标基价			元	224	100.00
一、建筑安装工程费			元	165	74.00
二、设备购置费			元	58	26.00
建筑安装工程费					
直接费	人工费	人工	工日	1	—
		措施费分摊	元	0.3	—
		人工费小计	元	32	14.31
	材料费	型钢	kg	0.48	—
		焊接钢管 综合	kg	0.13	—
		无缝钢管 综合	kg	1.21	—
		镀锌钢管 综合	kg	0.02	—
		防锈漆	kg	0.09	—
		警示带	m	0.50	—
		压力表 0～1.6MPa	支	0.00	—
		其他材料费	元	34	—
		措施费分摊	元	3	—
		材料费小计	元	98	43.82
	机械费	机械费	元	6	—
		措施费分摊	元	0.2	—
		机械费小计	元	6	2.90
	直接费小计		元	136	61.04
综合费用			元	29	12.97
合计			元	165	—

设备购置费

序号	名称	单位	数量	单价（元）	合价（元）
1	饮水锅炉	台	1	40000	40000
2	燃油锅炉	台	1	90000	90000
3	循环泵	台	4	5000	20000
合计			—	—	150000
设备单位长度指标		元/m	—	—	53

3.2.7 场区给排水

工程特征：钢管、钢筋混凝土排水管铺设。管线长度663m。

单位：m

指标编号				10F-145	
项目			单位	场区给、排水	占指标基价（%）
指标基价			元	385	100.00
一、建筑安装工程费			元	355	92.17
二、设备购置费			元	30	7.83
建筑安装工程费					
直接费	人工费	人工	工日	1	—
		措施费分摊	元	1	—
		人工费小计	元	41	10.65
	材料费	型钢	kg	0.27	—
		焊接钢管 （综合）	kg	0.39	—
		水泥 综合	kg	1.73	—
		镀锌钢管(综合)	kg	4.71	—
		钢筋混凝土管 ϕ500	m	0.52	—
		平焊法兰(1.6MPa以下)	片	0.01	—
		预拌混凝土 C25	m^3	0.06	—
		预拌混凝土 C10	m^3	0.06	—
		抗渗预拌混凝土 C25	m^3	0.00	—
		脚手架、模板租赁费	元	1.35	—
		其他材料费	元	11	—
		措施费分摊	元	13	—
		材料费小计	元	115	29.73
	机械费	机械费	元	133	—
		措施费分摊	元	1	—
		机械费小计	元	134	34.69
	直接费小计		元	289	75.07
综合费用			元	66	17.10
合计			元	355	—

设备购置费

序号	名称	单位	数量	单价（元）	合价（元）
1	循环泵	台	2	10000	20000
设备单位长度指标		元/m	—	—	30

3.2.8 地下油库

工程特征：钢筋混凝土基础及结构。

单位：座

指标编号			10F-146	
项目		单位	地下油库	占指标基价（%）
指标基价		元	31506	100.00
一、建筑安装工程费		元	12606	40.01
二、设备购置费		元	18900	59.99
建筑安装工程费				
直接费	人工费	人工	工日	36	—
		措施费分摊	元	44	—
		人工费小计	元	1161	3.69
	材料费	钢筋 ϕ10 以内	kg	98.91	—
		钢筋 ϕ10 以外	kg	134.53	—
		水泥 综合	kg	307.94	—
		砂子	kg	1406.19	—
		标准砖	块	1382.14	—
		预拌混凝土 C25	m^3	11.55	—
		其他材料费	元	3437	—
		措施费分摊	元	475	—
		材料费小计	元	7319	23.23
	机械费	机械费	元	1760	—
		措施费分摊	元	27	—
		机械费小计	元	1787	5.67
		直接费小计	元	10267	32.59
综合费用			元	2339	7.42
合计				12606	—

设备购置费

序号	名称	单位	数量	单价	合价
1	加油机（电脑自控）	台	1	18900	18900
设备单位指标		座	—	—	18900

3.2.9 场区电气

工程特征：埋设电缆、配电柜安装、庭院灯、路灯安装。长度2208m。

单位：m

指标编号				10F-147	
项目			单位	场区电气	占指标基价（%）
指标基价			元	490	100.00
一、建筑安装工程费			元	243	49.49
二、设备购置费			元	248	50.51
建筑安装工程费					
直接费	人工费	人工	工日	0.36	—
		措施费分摊	元	0.34	—
		人工费小计	元	11.51	2.35
	材料费	型钢	kg	0.16	—
		焊接钢管（综合）	kg	0.34	—
		标准砖	块	2.16	—
		镀锌钢管（综合）	kg	0.02	—
		砂子	kg	41.41	—
		电缆桥架	m	0.17	—
		电缆	m	1.00	—
		预拌混凝土 C10	m^3	0.02	—
		其他材料费	元	36	—
		措施费分摊	元	4	—
		材料费小计	元	191	38.98
	机械费	机械费	元	1	—
		措施费分摊	元	0.22	—
		机械费小计	元	1.22	0.25
		直接费小计	元	204	41.58
综合费用			元	39	7.91
合计				243	—

设备购置费

序号	名称	单位	数量	单价（元）	合价（元）
1	400kV·A 变压器	台	1	140000	140000
2	配电柜	台	7	30000	210000
3	高压配电柜	台	4	40000	160000
4	照明配电箱	台	25	1500	37500
合计		—	—		547500
设备单位长度指标		元/m	—	—	248

3.2.10 沉淀池

工程特征：钢筋混凝土池。容积77.8m³。

单位：m³

指标编号			10F-148	
项目		单位	沉淀池	占指标基价（%）
指标基价		元	526	100.00
一、建筑安装工程费		元	526	100.00
二、设备购置费		元	—	—
建筑安装工程费				
直接费 人工费	人工	工日	2	—
	措施费分摊	元	0.96	—
	人工费小计	元	60	11.34
直接费 材料费	钢筋φ10以内	kg	7.12	—
	钢筋φ10以外	kg	39.65	—
	水泥　综合	kg	19.10	—
	砂子	kg	50.63	—
	预埋铁件	kg	0.02	—
	预拌混凝土C10	m³	0.03	—
	抗渗预拌混凝土C25	m³	0.27	—
	其他材料费	元	21	—
	措施费分摊	元	9	—
	材料费小计	元	356	67.69
直接费 机械费	机械费	元	17	—
	措施费分摊	元	0.60	—
	机械费小计	元	18	3.40
直接费	直接费小计	元	434	82.44
综合费用		元	92	17.56
合计			526	—

3.2.11 污水池

工程特征：钢筋混凝土池。容积150m³。

单位：m³

指标编号			10F-149	
项目		单位	污水池	占指标基价（%）
指标基价		元	548	100.00
一、建筑安装工程费		元	548	100.00
二、设备购置费		元	—	—
建筑安装工程费				
直接费 人工费	人工	工日	2	—
	措施费分摊	元	1	—
	人工费小计	元	50	9.06
直接费 材料费	钢筋φ10以内	kg	8.22	—
	钢筋φ10以外	kg	45.63	—
	水泥　综合	kg	21.22	—
	砂子	kg	50.33	—
	预埋铁件	kg	0.01	—
	预拌混凝土C10	m³	0.04	—
	抗渗预拌混凝土C25	m³	0.27	—
	其他材料费	元	63	—
	措施费分摊	元	11	—
	材料费小计	元	389	70.99
直接费 机械费	机械费	元	10	—
	措施费分摊	元	1	—
	机械费小计	元	11	2.06
直接费	直接费小计	元	450	82.12
综合费用		元	98	17.88
合计			548	—

3.2.12 喷水池

工程特征：钢筋混凝土池。容积 410m³。

单位：m³

指标编号				10F-150	
项目			单位	喷水池	占指标基价（%）
指标基价			元	554	100.00
一、建筑安装工程费			元	554	100.00
二、设备购置费			元	—	—
建筑安装工程费					
直接费	人工费	人工	工日	1.31	—
		措施费分摊	元	1	—
		人工费小计	元	42	7.58
	材料费	钢筋 ϕ10 以内	kg	8.59	—
		钢筋 ϕ10 以外	kg	47.66	—
		水泥　综合	kg	5.86	—
		砂子	kg	15.54	—
		预埋铁件	kg	0.00	—
		预拌混凝土 C10	m³	0.01	—
		抗渗预拌混凝土 C25	m³	0.29	—
		其他材料费	元	78	—
		措施费分摊	元	11	—
		材料费小计	元	405	73.09
	机械费	机械费	元	7	—
		措施费分摊	元	1	—
		机械费小计	元	8	1.50
	直接费小计		元	455	82.17
综合费用			元	99	17.83
合计			元	554	—

3.2.13 场区围墙

工程特征：砖基础，砖砌体，砖外墙刷涂料，铁艺透视围墙。

单位：m

指标编号				10F-151	
项目			单位	场区围墙	占指标基价（%）
指标基价			元	618	100.00
一、建筑安装工程费			元	618	100.00
二、设备购置费			元	—	—
建筑安装工程费					
直接费	人工费	人工	工日	2	—
		措施费分摊	元	1	—
		人工费小计	元	63	10.19
	材料费	水泥　综合	kg	35.17	—
		标准砖	块	157.55	—
		砂子	kg	187.22	—
		预拌混凝土 C10	m³	0.15	—
		预拌混凝土 C25	m³	0.29	—
		其他材料费	元	201	—
		措施费分摊	元	13	—
		材料费小计	元	432	69.86
	机械费	机械费	元	7	—
		措施费分摊	元	1	—
		机械费小计	元	8	1.22
	直接费小计		元	503	81.27
综合费用			元	116	18.73
合计			元	618	—

4 附　录

4.1 案　例

4.1.1 填埋处理工程应用实例

南方某城市的一个填埋场，其项目基本情况：(1)填埋场总库容：145万立方米；(2)填埋场类型：山谷型；(3)日处理规模：200t；(4)服务年限：15年；(5)填埋场防渗结构及面积：2.0mmHDPE膜+GCL膨润土垫复合防渗的结构，防渗面积为143200m²；(6)地下水情况：采用盲沟与速排笼结合的方式进行导排；(7)管理区总建筑面积：785m²；(8)渗沥液处理规模、出水标准：渗沥液送污水处理厂处理。

市场人工工日、材料、机械台班价格如下：

1. 人工	35元/工日
2. HDPE膜(2.0mm)	45元/m²
3. 无纺土工布(200g/m²)	8元/m²
4. 无纺土工布(600g/m²)	16元/m²
5. 膨润土垫(5000g/m²)	40元/m²
6. HDPE管(DN100)	200元/m
7. HDPE管(DN200)	250元/m
8. HDPE管(DN350)	400元/m
9. 水泥	0.35元/kg
10. 钢材	4.9元/kg
11. 标准砖	320元/千块
12. 粗砂	49元/t
13. 砾石	50元/t
14. 沥青混凝土	320元/m³

设备购置费用费率综合取定10%；当地措施费费率取定5.4%；当地综合费用费率取定22%。计算方法如下：

一、建筑安装工程费调整

(一)选择类似综合指标

根据项目建设规模和特征选用综合指标10Z-002。

(二)综合指标10Z-002按每万立方米直接费中人工费、材料费、机械费调整

1. 人工费调整：

人工费=指标中人工工日×市场工日单价
=572×35=20020(元)

2. 材料费调整：

(1)主要材料费=指标中各主要材料量×材料市场单价之和
=∑指标中各主要材料量×当地材料单价=100335(元)

(2)其他材料费=指标其他材料费×调整后的主要材料费/指标(材料费小计－其他材料费－材料费中措施费分摊)
=13358×100335/(118367－13358－4965)=13397(元)

3. 机械费

机械费=指标机械费×调整后的(人工费+主要材料费+其他材料费)/指标(人工费+主要材料费+其他材料费)
=45122×(20020+100335+13397)/(18193－457+118367－4965)=45122×133461/131138=46021(元)

(三)措施费调整=调整后的(人工费+主要材料费+其他材料费+机械费)×5.4%
=(20020+100335+13397+46021)×5.4%=9708(元)

其中：人工费中分摊措施费=9708×8%=777(元)

材料费中分摊措施费=9708×87%=8446(元)

机械费中分摊措施费=9708×5%=485(元)

(四)建筑安装工程直接费调整

建筑安装工程直接费小计=调整后的(人工费+人工费中措施费分摊+主要材料费+其他材料费+材料费中措施费分摊+机械费+机械费中措施费分摊)

其中：人工费小计=调整后的(人工费+人工费中措施费分摊)=20020+777=20797(元)

材料费小计=调整后的(主要材料费+其他材料费+材料费中措施费分摊)=100335+13397+8446=122178(元)

机械费小计=调整后的机械费+机械费中措施费分摊=46021+485=46506(元)

调整后建筑安装工程直接费小计=20797+122178+46506=189481(元)

(五)综合费用调整

采用当地的综合费用费率为22%

综合费用=调整后的建筑安装工程直接费小计×综合费用费率=189481×22%=41686(元)

(六)建筑安装工程费调整

建筑安装工程费=建筑安装工程直接费小计+综合费用=189481+41686=231167(元)

二、设备购置费调整

根据市场的价格，做一定的系数调整

设备购置费=指标中的设备购置费×调整系数
=35497×1.1=39047(元)

三、工程建设其他费用调整

本指标设定的工程建设其他费用费率为15%

工程建设其他费用＝调整后的（建筑安装工程费＋设备购置费）×其他费用费率

工程建设其他费用＝(231167＋39047)×15％

＝40532(元)

四、基本预备费调整

本指标设定的基本预备费费率为8％

基本预备费＝调整后的（建筑安装工程费＋设备购置费＋工程建设其他费用）×8％

＝(231167＋39047＋40532)×8％＝24860(元)

五、指标基价调整

指标基价＝调整后的（建筑安装工程费＋设备购置费＋工程建设其他费用＋基本预备费）

＝231167＋39047＋40532＋24860＝335606(元)

六、项目指标总造价

335606×145＝48662870(元)

表1

指标编号		10Z-002	
项目	单位	Ⅰ类 填埋区总库容	
		指标价格	调整后价格
指标基价	元	316657	335606
一、建筑安装工程费	元	220344	231167
二、设备购置费	元	35497	39047
三、工程建设其他费	元	37360	40532
四、基本预备费	元	23456	24860

建筑安装工程费计算

		项目	单位	指标单方消耗量	市场单价	合价
直接费	人工费	人工	工日	572	35	20020
		措施费分摊	元	457	—	777
		人工费小计	元	18193	—	20797
	材料费	HDPE膜(2.0mm)	m^2	646.19	45	29079
		无纺土工布($200g/m^2$)	m^2	218.76	8	1750
		无纺土工布($600g/m^2$)	m^2	631.05	16	10097
		膨润土垫($5000g/m^2$)	m^2	631.05	40	25242
		HDPE管(DN100)	m	10.52	200	2104
		HDPE管(DN200)	m	0.32	250	80
		HDPE管(DN350)	m	23.14	400	9256
		水泥	kg	8044.67	0.35	2816
		钢材	kg	2480.26	4.9	12153
		标准砖	千块	1.45	320	464
		粗砂	t	27.97	49	1371
		砾石	t	116.24	50	5812
		沥青混凝土	m^3	0.35	320	112
		其他材料费	元	13358	—	13397
		措施费分摊	元	4965	—	8446
		材料费小计	元	118367	—	122178
	机械费	机械费	元	45122	—	46021
		措施费分摊	元	285	—	485
		机械费小计	元	45408	—	46506
		直接费小计	元	181967	—	189481
		综合费用	元	38377	—	41686
		合计	元	220344	—	231167

4.1.2 焚烧处理工程应用实例

［例1］ 应用综合指标编制估算

在华东地区某城市新建一个生活垃圾焚烧处理厂，该厂建设规模为每天处理生活垃圾1050t。主要设备选用国产3台350t/d炉排式垃圾焚烧炉和2台7.5MW凝汽式汽轮发电机组。

当地市场人工工日、材料、机械台班价格如下：

1. 人工：30元/工日
2. 钢筋ϕ10以下：3.43元/kg
3. 钢筋ϕ10以上：3.51元/kg
4. 钢材：5.90元/kg
5. 水泥：0.30元/kg
6. 钢结构薄型防火涂料2mm：14180元/t
7. SBS改性沥青油毡防水卷材3＋4(mm)厚：62元/m^2
8. 铝合金中空玻璃窗：445元/m^2
9. 镀铝锌夹心钢板(内填玻璃棉保温层)：280元/m^2
10. 垃圾池防腐：245元/m^2
11. 加气混凝土砌块：195元/m^3
12. PK1砖：0.34元/块
13. 砂子：60元/t
14. 钢管：5.00元/kg
15. 电缆：55元/m

计算方法如下：

一、综合指标建筑安装工程费调整

(一) 选择类似综合指标

根据项目建设规模和炉型选用综合指标10Z-017。

(二) 综合指标10Z-017按每吨直接费中人工费、材料费、机械费调整。

1. 人工费调整：

人工费＝指标中人工工日×市场工日单价

＝399.82×30＝11995(元)

2. 材料费调整：

(1)主要材料费＝指标中各主要材料量×材料市场单价之和(见表1)＝∑指标中各主要材料量×当地材料单价＝37198(元)

(2)其他材料费＝指标其他材料费×调整后的主要材料费/指标中(材料费小计－其他材料费－材料费中措施费分摊)

$$=30349\times\frac{37198}{69279-30349-2069}$$

＝30626(元)

3. 机械费调整：

机械费＝指标机械费×调整后的(人工费＋主要材料费＋其他材料费)/指标(人工费小计－人工费中

措施费分摊＋材料费小计－材料费中措施费分摊）＝

$$7465\times\frac{(11995+37198+30626)}{(12598-192+69279-2069)}=7484(元)$$

（三）措拖费调整

按当地规定措施费以人工费＋机械费之和为基数，费率按 9％计算

措施费调整＝（调整后人工费＋调整后机械费）×9％

＝(11995＋7484)×9％＝1753(元)

其中：人工费中措施费分摊＝1753×8％＝140(元)

材料费中措施费分摊＝1753×87％＝1525(元)

机械费中措施费分摊＝1753×5％＝88(元)

（四）建筑安装工程直接费计算

建筑安装工程直接费＝调整后（人工费＋人工费中措施费分摊＋主要材料费＋其他材料费＋材料费中措施费分摊＋机械费＋机械费中措施费分摊）

其中：人工费小计＝调整后（人工费＋分摊人工费）

材料费小计＝调整后（主要材料费＋其他材料费＋分摊材料费）

机械费小计＝调整后（机械费＋分摊机械费）

调整后建筑安装工程直接费小计＝11995＋140＋37198＋30626＋1525＋7484＋88＝89056(元)

其中：人工费小计＝11995＋140＝12135(元)

材料费小计＝37198＋30626＋1525＝69349(元)

机械费小计＝7484＋88＝7572(元)

（五）综合费用调整

按当地规定综合费用费率为 22.38％

综合费用＝调整后建筑安装工程直接费小计×综合费用费率

综合费用＝89056×22.38％＝19931(元)

（六）建筑安装工程费调整

调整后建筑安装工程费＝调整后建筑安装工程直接费小计＋调整后综合费用＝89056＋19931＝108987(元)

（七）建筑安装工程费中建筑工程费与安装工程费调整

建筑工程费＝调整后建筑安装工程费合计×指标中建筑工程费/指标中建筑安装工程费

安装工程费＝调整后建筑安装工程费合计－调整后建筑工程费

$$建筑工程费=108987\times\frac{65651}{110255}=64896(元)$$

安装工程费＝108987－64896＝44091(元)

二、设备购置费调整

可按相应指标×调整系数计算。此项目设备价格没有调整。

三、工程建设其他费用调整

工程建设其他费用＝调整后的（建筑安装工程费＋设备购置费）×当时当地工程建设其他费用费率当地工程建设其他费用为 15％。

工程建设其他费用＝(108987＋147069)×15％＝38408(元)

四、基本预备费调整

基本预备费＝调整后的（建筑安装工程费＋设备购置费＋工程建设其他费用）×基本预备费费率基本预备费费率取 8％

基本预备费＝(108987＋147069＋38408)×8％＝23557(元)

五、指标基价调整

每吨指标总造价＝调整后的（建筑安装工程费＋设备购置费＋工程建设其他费用＋基本预备费）

每吨指标总造价＝108987＋147069＋38408＋23557＝318021(元)

六、项目指标总造价

项目指标总造价＝调整后指标价格×日处理生活垃圾量(t/d)

项目指标总造价＝318021×1050＝33392(万元)

表1 单位：t/d

项　　目	单位	10Z-017	
		指标价格	调整后价格
指标基价	元	319597	318021
一、建筑安装工程费	元	110255	108987
其中：建筑工程费（含通风空调等建筑设备）	元	65651	64896
安装工程费（含工艺管道、电缆等）	元	44604	44091
二、工艺设备购置费	元	147069	147069
三、工程建设其他费用	元	38599	38408
四、基本预备费	元	23674	23557

建筑安装工程费

		项　　目	单位	指标消耗量	市场单价	合价
直接费	人工费	人工	工日	399.82	30.00	11995
		措施费分摊	元	192	—	140
		人工费小计	元	12598	—	12135
	材料费	钢筋 ϕ10 以下	kg	757.00	3.43	2597
		钢筋 ϕ10 以上	kg	2043.00	3.51	7171
		钢材	kg	952.00	5.90	5617
		水泥	kg	11778.00	0.30	3533
		钢结构薄型防火涂料 2mm	t	0.03	14180.00	425
		SBS 改性沥青油毡防水卷材 3＋4(mm)	m²	12.11	62.00	751
		铝合金中空玻璃窗	m²	1.38	445.00	614
		镀铝锌夹心钢板（内填玻璃棉保温层）	m²	5.05	280.00	1414
		垃圾池防腐	m²	4.98	245.00	1220
		加气混凝土砌块	m³	3.21	195.00	626
		PK1 砖	块	1353.00	0.34	460
		砂子	t	22.62	60.00	1357
		钢管	kg	412.00	5.00	2060
		电缆	m	170.05	55.00	9353
		其他材料费	元	30349	—	30626
		措施费分摊	元	2069	—	1525
		材料费小计	元	69279	—	69349
	机械费	机械费	元	7465	—	7484
		措施费分摊	元	119	—	88
		机械费小计	元	7584	—	7572
		直接费小计	元	89461	—	89056
综合费用			元	20794	—	19931
合　　计			元	110255	—	108987

［例 2］ 应用分项指标编制估算

在华东地区某城市新建一个生活垃圾焚烧处理厂，该厂建设规模为每天处理生活垃圾 1000t，主要设备选用国产 4 台 250t/d 炉排式垃圾焚烧炉和 3 台 7.5MW 凝汽式汽轮发电机组。主厂房为现浇钢筋混凝土框排架结构、跨度（36＋23＋25＋18）m、柱距 7m×7m、檐高 39m，建筑面积 9920m²。人工挖土灌注桩，独立桩承台。主厂房球接点钢网架，镀铝锌彩色压型钢板，挤塑板保温 δ50mm，1.5mm 厚绿色 PVC 防水卷材（机械固定），混凝土楼地面，钢吊车梁。垃圾池宽 16.4m，长 59.7m，池底标高－6m，C30 现浇抗渗混凝土，4mm 厚环氧稀胶泥，环氧树脂四布六涂一次贴成玻璃钢面层，环氧面漆两道。根据主厂房建筑分项指标编制该项目主厂房建筑工程估算。当地的人工、主要材料市场价格见表 2。

计算方法如下：

一、分项指标建筑安装工程费调整

（一）选择类似分项指标

根据项目特征和炉型选用分项指标 10F-056。

（二）分项指标 10F-056 按每平方米直接费中人工费、材料费、机械费调整

1. 人工费调整：

人工费＝指标中人工工日×（采用当时当地的）工日单价

人工费＝10.44×30＝313（元）

2. 材料费调整：

（1）主要材料费合计＝指标中各主要材料量×材料市场单价之和（见表 2）

＝∑指标中各主要材料量×材料市场单价＝1447（元）

（2）其他材料费＝指标其他材料费×调整后的主要材料费/（指标材料费小计－其他材料费－材料费中措施费分摊）

$$=835\times\frac{1447}{2384-835-72}=818（元）$$

3. 机械费调整：

机械费＝指标机械费×调整后的（人工费＋主要材料费＋其他材料费）/指标（人工费小计－人工费中措施费分摊＋材料费小计－材料费中措施费分摊）

$$=240\times\frac{(313+1447+818)}{(331-7+2384-72)}=235（元）$$

（三）措施费调整

按当地规定措施费以人工费＋机械费之和为基数，费率按 9％计算

措施费＝调整后（人工费＋机械费）×9％

＝（313＋235）×9％＝49（元）

其中：人工费中措施费分摊＝49× 8％＝4（元）

材料费中措施费分摊＝49×87％＝43(元)

机械费中措施费分摊＝49×5％＝2(元)

（四）建筑安装工程直接费调整

建筑安装工程直接费小计＝调整后(人工费＋人工费中措施费分摊＋主要材料费＋其他材料费＋材料费中措施费分摊＋机械费＋机械费中措施费分摊)

其中：人工费小计＝调整后(人工费＋人工费中措施费分摊)

材料费小计＝调整后(主要材料费＋其他材料费＋材料费中措施费分摊)

机械费小计＝调整后(机械费＋机械费中措施费分摊)

建筑安装工程直接费小计＝313＋4＋1447＋818＋43＋235＋2＝2862(元)

其中：人工费小计＝313＋4＝317(元)

材料费小计＝1447＋818＋43＝2308(元)

机械费小计＝235＋2＝237(元)

（五）综合费用调整

按当地规定综合费用费率为22.38％

综合费用＝调整后建筑安装工程直接费小计×当时当地综合费用费率＝2862×22.38％＝641(元)

（六）建筑安装工程费调整

建筑安装工程直接费合计＝调整后建筑安装工程直接费小计＋调整后综合费用＝2862＋641＝3503(元)

二、建筑设备购置费调整

项目有设备清单的，按设备清单；没有设备清单的，参考分项指标中设备数量，采用设备市场价计算(含运杂费)。没有设备数量的，可按相应指标×调整系数计算。2007年设备价格没有调整，详见表2。

三、分项指标基价调整

分项指标基价＝调整后的(建筑安装工程费＋建筑设备购置费)＝3503＋62＝3565(元)

四、主厂房建筑工程造价调整

主厂房建筑工程造价＝调整后分项指标基价×主厂房建筑面积＝3565×9920＝3536(万元)

表2 应用分项指标编制估算

单位：m^2

指 标 编 号	10F-056		
项 目	单位	指标价格	调整后价格
指标基价	元	3743	3565
一、建筑安装工程	元	3681	3503
二、建筑设备购置费	元	62	62

续表2

建筑安装工程费						
项 目			单位	指标消耗量	市场单价	合价
直接费	人工费	人工	工日	10.44	30	313
		措施费分摊	元	7	—	4
		人工费小计	元	331	—	317
	材料费	钢筋ϕ10以下	kg	32.08	3.43	110
		钢筋ϕ10以上	kg	162.10	3.51	569
		钢材	kg	55.88	5.90	330
		水泥	kg	550.35	0.30	165
		垃圾池防腐	m^2	0.40	220	88
		镀铝锌彩色压型钢板0.8mm	m^2	0.85	120	102
		1.5mm厚绿色PVC防水卷材(机械固定)	m^2	0.99	40	40
		KP1黏土空心砖	块	20.13	0.34	7
		钢管	kg	7.10	5	36
		其他材料费	元	835	—	818
		措施费分摊	元	72	—	43
		材料费小计	元	2384	—	2308
	机械费	机械费	元	240	—	235
		措施费分摊	元	4	—	2
		机械费小计	元	244	—	237
	直接费小计		元	2959	—	2862
综合费用			元	722	—	641
合 计			元	3681	—	3503

建筑设备购置费

序号	名称及规格	单位	数量	单价(元)	合价(元)
1	消防水泵37kW 2台及水箱 $V=12m^3$ 1台	台	3	22000	66000
2	斜流、轴流通风5台空调机KFR-71LW1台	台	6	3627	21762
3	旋转式自然通风器RZT-880	台	56	6500	372400
4	照明配电箱	台	12	2500	30000
	合 计	元	—	—	490162
	建筑设备单位建筑面积指标	元/m^2	—	—	62

4.1.3 中转站工程应用实例

某城市新建一个生活垃圾中转站，建设规模为日转运量800t，压缩工艺为水平压缩式(非预压)。当地市场人工工日、材料、机械台班价格如下：

1. 人工：38元/工日
2. 钢筋ϕ10以内：3.94元/kg
3. 钢筋ϕ10以外：4.05元/kg
4. 水泥　综合：0.32元/kg
5. 标准砖：0.42元/块
6. 砂子：0.06元/kg
7. 铁件：0.62元/kg
8. 预拌混凝土：328.58元/m^3
9. 电缆桥架：133.00元/m
10. 钢屋架：3.98元/kg
11. 钢檩条：4.00元/kg
12. 钢支撑：4.01元/kg
13. 弹性涂料：25元/kg

设备购置费用综合取定5%；当地措施费取定2.5%；当地综合费用取定21.5%。

计算方法如下：

一、建筑安装工程费调整

(一)选择类似综合指标

根据项目建设规模和压缩工艺选用综合指标10Z-022。

(二)综合指标10Z-022按每吨直接费中人工费、材料费、机械费调整

1. 人工费调整：

人工费＝指标中人工工日×市场工日单价

＝30×38＝1140(元)

2. 材料费调整：

(1)主要材料费＝指标中各主要材料量×当地材料单价之和＝∑指标中各主要材料量×当地材料单价＝4793(元)

(2)其他材料费＝指标其他材料费×调整后的主要材料费/指标(材料费小计－其他材料费－材料费中措施费分摊)

＝5502×4793/(10038－5502－238)＝6136(元)

3. 机械费调整：

机械费＝指标机械费×调整后的(人工费＋材料费)/指标(人工费＋材料费)＝315×(1140＋4793＋6136)/(953－22＋10038－238)＝354(元)

(三)措施费调整

措施费＝调整后的(人工费＋主要材料费＋其他材料费＋机械费)×2.5%

＝(1140＋4793＋6136＋354)×2.5%＝311(元)

其中：人工费中措施费分摊＝311×8%＝25(元)

材料费中措施费分摊＝311×87%＝271(元)

机械费中措施费分摊＝311×5%＝16(元)

(四)建筑安装工程直接费调整

建筑安装工程直接费小计＝调整后(人工费＋人工费中措施费分摊＋主要材料费＋其他材料费＋材料费中措施费分摊＋机械费＋机械费中措施费分摊)

其中：人工费小计＝调整后(人工费＋人工费中措施费分摊)

材料费小计＝调整后(主要材料费＋其他材料费＋材料费中措施费分摊)

机械费小计＝调整后(机械费＋机械费中措施费分摊)

调整后建筑安装工程直接费小计＝1140＋25＋4793＋6136＋271＋354＋16＝12807(元)

其中：人工费小计＝1140＋25＝1165(元)

材料费小计＝4793＋6136＋271＝11200(元)

机械费小计＝354＋16＝370(元)

(五)综合费用计算

按当地规定综合费用费率为21.5%

调整后综合费用＝调整后建筑安装工程直接费小计×当时当地综合费用率＝12807×21.5%＝2754(元)

(六)建筑安装工程费的调整

调整后建筑安装工程费＝调整后建筑安装工程直接费小计＋调整后综合费用＝12807＋2754＝15561(元)

二、设备购置费调整

根据市场的价格，做一定的系数调整

设备购置费＝指标中的设备购置费×调整系数

＝29069×1.05＝30522(元)

三、工程建设其他费用调整

工程建设其他费用＝调整后的(建筑安装工程费＋设备购置费)×工程建设其他费用费率＝(15561＋30522)×15%＝6912(元)

四、基本预备费调整

调整后基本预备费＝调整后的(建筑安装工程费＋设备购置费＋工程建设其他费用)×基本预备费费率＝(15561＋30522＋6912)× 8%＝4240(元)

五、指标总造价

指标总造价＝调整后的(建筑安装工程费＋设备购置费＋工程建设其他费用＋基本预备费)＝15561＋30522＋6912＋4240＝57235(元)

项目指标总造价＝调整后每吨指标总造价×每天中转生活垃圾量(t/d)＝57235×800＝45788(万元)

表1　　　单位：t/d

指标编号				10Z-022		
项目				指标用量		合价(元)
指标基价			元	53256		57235
一、建筑安装工程费			元	13810		15561
二、设备购置费			元	29069		30522
三、工程建设其他费			元	6432		6912
四、基本预备费			元	3945		4240
建筑安装工程费						
直接费	人工费	人工	工日	30	38	1140
		措施费分摊	元	22	—	25
		人工费小计	元	953	—	1165
	材料费	钢筋 ϕ10以内	kg	93.45	3.94	368
		钢筋 ϕ10以外	kg	416.19	4.05	1686
		水泥　综合	kg	367.42	0.32	118
		标准砖	块	922.95	0.42	388
		砂子	kg	1662.36	0.06	100
		铁件	kg	5.17	0.62	3
		预拌混凝土	m^3	5.53	328.58	1818
		电缆桥架	m	0.75	133.00	100
		钢屋架	kg	20.05	3.98	80
		钢檩条	kg	8.77	4.00	35
		钢支撑	kg	4.23	4.01	17
		弹性涂料	kg	3.26	25.00	81
		其他材料费	元	5502	—	6136
		措施费分摊	元	238	—	271
		材料费小计	元	10038	—	11200
	机械费	机械费	元	315	—	423
		措施费分摊	元	14	—	19
		机械费小计	元	329	—	442
	直接费小计		元	11320	—	12807
综合费用			元	2490	—	2754
合计				13810	—	15561

4.2　主要材料机械台班设备单价取定表

序号	名称	规格型号	单位	单价(元)
1	钢筋	ϕ10以内	kg	3.45
2	钢筋	ϕ10以外	kg	3.55
3	钢筋成型加工及运费	ϕ10以内	kg	0.146
4	钢筋成型加工及运费	ϕ10以外	kg	0.109
5	圆钢	ϕ10以内	kg	3.40
6	圆钢	ϕ10以外	kg	3.40
7	角钢	63以内	kg	3.40
8	角钢	63以外	kg	3.50
9	槽钢	16以内	kg	3.35
10	方钢	16以内	kg	3.50
11	圆钢	ϕ10以内	kg	3.40
12	扁钢	60以内	kg	3.35
13	扁钢	60以外	kg	3.45
14	镀锌扁钢		kg	4.35
15	镀锌角钢		kg	4.40
16	铁件		kg	3.57
17	镀锌钢绞线		kg	7.25
18	钢丝网		m^2	3.68
19	钢筋笼		t	3909.85
20	预埋铁件		kg	3.43
21	型钢		kg	3.40
22	钢材	综合	kg	5.90
23	钢屋架		kg	6.048
24	钢檩条		kg	5.92
25	钢支撑		kg	5.92
26	普通钢板	$\delta \leqslant 4$	kg	5.72
27	普通钢板	$\delta > 4$	kg	4.67
28	普通钢板	$\delta = 2.6 \sim 3.2$	kg	5.90
29	普通钢板	$\delta = 3.5 \sim 4.0$	kg	4.70
30	普通钢板	$\delta = 4.1 \sim 7$	kg	4.75
31	普通钢板	$\delta = 8 \sim 15$	kg	4.65
32	普通钢板	$\delta = 16 \sim 20$	kg	4.60
33	镀锌钢板		kg	6.21
34	镀锌铁皮	$\delta = 0.5$	m^2	25.00
35	压型钢板		kg	6.50
36	镀铝锌彩色压型钢板	$\delta = 0.8$mm	m^2	120.00

续表

序号	名 称	规格型号	单位	单价(元)
37	镀铝锌夹心钢板(内填玻璃棉保温层)		m^2	280.00
38	彩色穿孔钢板		m^2	100.00
39	铝单板		m^2	350.00
40	水泥综合		kg	0.35
41	白水泥		kg	0.54
42	混凝土树池框	L=1.0m	根	20.12
43	混凝土树池框	L=1.25m	根	26.49
44	混凝土树池框	L=1.5m	根	30.54
45	混凝土减速缘石		m	26.70
46	碎石、块石		m^3	57.80
47	标准砖		块	0.29
48	砂子		kg	0.059
49	石子		kg	0.046
50	天然砂石		kg	0.038
51	中粗砂		kg	0.059
52	粗砂		kg	0.059
53	级配石		m^3	44.23
54	砾石		kg	0.05
55	块石、片石		m^3	52.99
56	块石		m^3	57.80
57	豆石		kg	0.06
58	石灰		kg	0.13
59	粉煤灰		kg	0.12
60	石灰粉煤灰砂砾		t	43.50
61	石灰粉煤灰碎石		t	50.00
62	水泥稳定碎石		t	90.00
63	膨润土		kg	0.50
64	板方材		m^3	1452.00
65	加气混凝土块		m^3	195.00
66	页岩陶粒		m^3	105.60
67	陶粒混凝土空心砌块		m^3	150.00
68	压顶料石		m^3	977.00
69	页岩实心砖		块	0.37
70	PKI砖		块	0.37
71	地面砖	0.16m^2 以内	m^2	36.00
72	地面砖	0.16m^2 以外	m^2	50.00
73	地砖踢脚		m	5.04

续表

序号	名 称	规格型号	单位	单价(元)
74	内墙釉面砖	0.16m^2 以外	m^2	45.01
75	DM3 模数砖	190×140×90	块	0.50
76	SBS 改性沥青油毡防水卷材	5	m^2	30.80
77	APP 改性沥青油毡防水卷材	3	m^2	30.80
78	APP 改性沥青油毡防水卷材	4	m^2	33.80
79	绿色 PVC 防水卷材(机械固定)	1.5	m^2	40.00
80	聚氨酯防水涂料		kg	10.45
81	高聚物改性沥青防水涂膜		m^2	45.00
82	垃圾池防腐(环氧砂浆面层、水泥基渗透型防水涂料，局部 SBS 防水卷材)		m^2	245.00
83	垃圾池防腐(4mm 厚环氧胶泥基层、环氧玻璃钢四布六涂底层，环氧涂料面层2道)		m^2	220.00
84	钢结构薄型防火涂料		t	14180.00
85	弹性涂料		kg	20.63
86	挤塑保温泡沫板		m^3	1500.00
87	憎水膨胀珍珠岩块		m^3	360.00
88	铝合金中空玻璃平开窗		m^2	445.00
89	铝合金中空玻璃平开门		m^2	430.00
90	铝合金半玻平开门		m^2	424.00
91	铝合金单玻推拉窗		m^2	265.00

续表

序号	名　称	规格型号	单位	单价(元)
92	铝合金隔声固定窗		m^3	560.00
93	钢质防火门		m^2	471.25
94	钢质隔声窗		m^2	430.00
95	塑钢单玻推拉门		m^2	378.40
96	塑钢单玻推拉窗		m^2	246.40
97	带明框玻璃幕墙中空玻璃		m^2	1045.00
98	铝合金隐框中空玻璃幕墙		m^2	985.60
99	花岗石板	0.25m^2 以外	m^2	160.00
100	地面砖每块面积	0.16m^2 以外	m^2	50.00
101	磨光花岗石		m^2	242.00
102	铁栏杆		t	6497.00
103	绿化材料费		m^2	35.00
104	五防井盖	重型ϕ700	套	748.00
105	铸铁井盖	ϕ700	套	202.00
106	钢筋混凝土管	ϕ500	m	89.00
107	钢筋混凝土管	ϕ600	m	100.00
108	钢筋混凝土管	ϕ700	m	142.00
109	钢筋混凝土管	ϕ800	m	190.00
110	钢筋混凝土管	ϕ900	m	211.00
111	钢筋混凝土管	ϕ1000	m	264.00
112	焊接钢管	综合	kg	3.60
113	焊接钢管	ϕ100	m	38.52
114	焊接钢管	ϕ125	m	55.65
115	焊接钢管	ϕ150	m	65.90
116	焊接钢管	ϕ200	m	96.03
117	镀锌钢管	综合	kg	4.20
118	镀锌钢管	80	m	35.36
119	镀锌钢管	100	m	47.15
120	镀锌钢管	125	m	65.35
121	镀锌钢管	150	m	96.31
122	镀锌钢管	200	m	129.50
123	碳钢管	219×6	m	138.00
124	碳钢管	273×7	m	206.00
125	碳钢管	325×8	m	284.00
126	碳钢管	377×9	m	371.00
127	碳钢管	426×9	m	420.00
128	碳钢管	530×10	m	597.00

续表

序号	名　称	规格型号	单位	单价(元)
129	碳钢管	630×10	m	713.00
130	碳钢管	730×12	m	990.00
131	卷焊钢管	ϕ800	m	1190.50
132	卷焊钢管	ϕ900	m	1391.00
133	卷焊钢管	ϕ1000	m	1487.00
134	镀锌无缝钢管	综合	kg	6.40
135	无缝钢管	综合	kg	5.40
136	无缝钢管	108×4.5	m	57.58
137	无缝钢管	159×6	m	102.85
138	无缝钢管	219×8	m	193.08
139	无缝钢管	325×8	m	296.13
140	钢管	综合	t	5000.00
141	铸铁管	*DN* 300	m	217.12
142	铸铁管	*DN* 350	m	271.40
143	铸铁管	*DN* 400	m	303.26
144	铸铁管	*DN* 450	m	375.24
145	铸铁管	*DN* 500	m	427.16
146	铸铁管	*DN* 600	m	569.94
147	铸铁管	*DN* 700	m	661.98
148	铸铁管	*DN* 800	m	826.00
149	铸铁管	*DN* 900	m	1007.72
150	铸铁管	*DN* 1000	m	1210.68
151	上水铸铁管	综合	kg	2.90
152	球墨给水铸铁管	*DN* 150	m	141.60
153	球墨给水铸铁管	*DN* 200	m	190.75
154	球墨给水铸铁管	*DN* 250	m	250.75
155	球墨给水铸铁管	ϕ300	m	319.00
156	球墨给水铸铁管	ϕ400	m	411.00
157	球墨给水铸铁管	ϕ500	m	542.00
158	球墨给水铸铁管	ϕ600	m	712.00
159	球墨给水铸铁管	ϕ700	m	887.00
160	球墨给水铸铁管	ϕ800	m	1095.00
161	HDPE 管	*DN* 200	m	82.50
162	HDPE 管	*DN* 300	m	179.30
163	HDPE 管	*DN* 400	m	309.10
164	HDPE 管	*DN* 500	m	448.80
165	HDPE 管	*DN* 600	m	678.70
166	CPVC 上水塑料管	40	m	82.45

续表

序号	名称	规格型号	单位	单价(元)
167	CPVC 上水塑料管	50	m	130.57
168	PVC-U 上水塑料管	75	m	22.00
169	PVC-U 上水塑料管	110	m	42.70
170	PVC-U 上水塑料管	160	m	89.00
171	PP-R 给水管	20	m	9.00
172	PP-R 给水管	25	m	14.00
173	PP-R 给水管	32	m	19.00
174	PP-R 给水管	40	m	34.00
175	PP-R 给水管	50	m	53.00
176	PP-R 给水管	63	m	88.00
177	PP-R 给水管	75	m	125.00
178	PP-R 给水管	90	m	180.00
179	PP-R 给水管	110	m	270.00
180	混凝土管	ϕ200	m	28.00
181	混凝土管	ϕ300	m	30.00
182	铝塑复合管	16	m	7.00
183	铝塑复合管	25	m	13.80
184	铝塑复合管	40	m	30.80
185	钢塑复合管	*DN* 25	m	10.12
186	钢塑复合管	*DN* 50	m	29.48
187	铝塑异径直通	50×32	个	80.00
188	铝塑异径直通	50×40	个	91.00
189	铝塑异径直通	63×40	个	97.00
190	铝塑异径直通	63×50	个	103.00
191	PP-R 异径三通	110×50 ×110	个	104.00
192	PP-R 异径三通	110×60 ×110	个	119.00
193	PP-R 异径三通	110×75 ×110	个	131.00
194	PP-R 异径三通	110×90 ×110	个	161.00
195	PP-R 异径三通	160×90 ×160	个	275.00
196	PP-R 异径三通	160×110 ×160	个	288.00

续表

序号	名称	规格型号	单位	单价(元)
197	90°钢弯头	48	个	3.80
198	90°钢弯头	57	个	5.10
199	90°钢弯头	76	个	12.00
200	90°钢弯头	89	个	15.00
201	90°钢弯头	108	个	22.00
202	90°钢弯头	114	个	24.50
203	90°钢弯头	133	个	35.00
204	90°钢弯头	159	个	49.00
205	PVC-U 45°弯头	25	个	1.02
206	PVC-U 45°弯头	32	个	1.30
207	PVC-U 45°弯头	40	个	2.30
208	PVC-U 45°弯头	50	个	3.50
209	PVC-U 45°弯头	63	个	6.20
210	PVC-U 45°弯头	75	个	9.80
211	PVC-U 45°弯头	90	个	16.90
212	PVC-U 45°弯头	110	个	28.00
213	PVC-U 45°弯头	160	个	104.00
214	钢三通	20	个	1.70
215	钢三通	25	个	2.50
216	钢三通	32	个	4.00
217	钢三通	40	个	5.00
218	钢三通	50	个	8.00
219	钢三通	65	个	14.60
220	钢三通	80	个	19.10
221	钢三通	100	个	33.50
222	HDPE 光面防渗膜	1	m^2	22.00
223	HDPE 光面防渗膜	1.5	m^2	33.00
224	HDPE 光面防渗膜	2	m^2	44.00
225	HDPE 毛面防渗膜	1	m^2	25.00
226	HDPE 毛面防渗膜	1.5	m^2	38.00
227	HDPE 毛面防渗膜	2	m^2	50.00
228	无纺土工布	200g/m^2	m^2	5.00
229	无纺土工布	300g/m^2	m^2	7.50
230	无纺土工布	400g/m^2	m^2	10.00

续表

序号	名　称	规格型号	单位	单价(元)
231	无纺土工布	500g/m²	m²	12.50
232	无纺土工布	600g/m²	m²	15.00
233	膨润土垫	4800g/m²	m²	25.00
234	膨润土垫	5000g/m²	m²	35.00
235	玻璃丝布		m²	2.57
236	复合硅酸盐板	24～120kg/m³	m³	1050.00
237	复合硅酸盐管壳	24～120kg/m³	m³	1370.00
238	球阀	Q41F-16T 20	个	190.00
239	球阀	Q41F-16T 25	个	290.00
240	球阀	Q41F-16T 32	个	404.50
241	球阀	Q41F-16T 40	个	511.00
242	球阀	Q41F-16T 50	个	615.00
243	球阀	Q41F-16T 65	个	818.00
244	球阀	Q41F-16T 80	个	1124.00
245	球阀	Q41F-16T 100	个	1539.00
246	电动闸阀	Z941H-16C Dg600	个	50000.00
247	电动闸阀	Z941H-16C Dg500	个	39400.00
248	电动闸阀	Z941H-100 Dg200	个	15800.00
249	电动闸阀	Z941H-100 Dg150	个	13510.00
250	电动截止阀	J941H-100 DN50	个	9380.00
251	电动调节阀	T940H-25 Dg50	个	6800.00
252	电动调节阀	T940H-25 Dg40	个	6500.00
253	电动蝶阀	D941H-16 PN1.6 *DN* 500	个	31000.00
254	闸阀	Z44T-10 Dg150	个	690.00
255	闸阀	Z44T-10 Dg100	个	340.00
256	闸阀	Z44T-10 Dg80	个	285.00
257	闸阀	Z44T-10 Dg65	个	238.00
258	闸阀	Z41H-16C Dg150	个	1800.00

续表

序号	名　称	规格型号	单位	单价(元)
259	闸阀	Z41H-16C Dg125	个	1452.00
260	闸阀	Z41H-16C Dg100	个	1052.40
261	闸阀	Z41H-16C Dg80	个	812.40
262	闸阀	Z41H-16C Dg65	个	667.20
263	闸阀	Z41H-16C Dg50	个	547.20
264	截止阀	J41H-100 Dg80	个	1400.00
265	截止阀	J41H-100 Dg50	个	924.00
266	截止阀	J41H-100 Dg32	个	520.00
267	截止阀	J41H-100 Dg20	个	354.00
268	截止阀	J41H-100 Dg25	个	462.00
269	截止阀	J41H-16 Dg150	个	2023.20
270	截止阀	J41H-16 Dg125	个	1555.20
271	截止阀	J41H-16 Dg100	个	1036.80
272	截止阀	J41H-16 Dg80	个	751.20
273	截止阀	J41H-16 Dg65	个	660.00
274	截止阀	J41H-16 Dg50	个	468.00
275	截止阀	J41H-16 Dg40	个	415.20
276	截止阀	J41H-16 Dg32	个	285.60
277	截止阀	J41H-16 Dg25	个	228.00
278	截止阀	J41H-16 Dg20	个	180.00

续表

序号	名 称	规格型号	单位	单价(元)
279	截止阀	J41H-16 Dg15	个	156.00
280	丝扣截止阀	15	个	21.08
281	双斜面弹性密封闸阀	YQZ45X-10Q DN 350	个	10105.60
282	双斜面弹性密封闸阀	YQZ45X-10Q DN 250	个	544.00
283	双斜面弹性密封闸阀	YQZ45X-10Q DN 200	个	3754.00
284	双斜面弹性密封闸阀	YQZ45X-10Q DN 150	个	2423.20
285	双斜面弹性密封闸阀	YQZ45X-10Q DN 100	个	1621.60
286	消声止回阀	YQH7B 41XT-16Q DN 150	个	2440.80
287	消声止回阀	YQH7B 41XT-16Q DN 100	个	1649.60
288	活塞式安全泄压阀	YQ20002-16Q DN 100	个	12355.20
289	丝扣法兰	(1.0MPa以下)32	片	10.01
290	丝扣法兰	(1.0MPa以下)15	片	4.89
291	丝扣法兰	(1.0MPa以下)20	片	6.21
292	丝扣法兰	(1.0MPa以下)50	片	14.72
293	平焊法兰	(1.6MPa以下)50	片	18.98
294	平焊法兰	(1.6MPa以下)100	片	35.54
295	可曲绕橡胶接头	DN 32	个	96.00
296	可曲绕橡胶接头	DN 40	个	102.40
297	可曲绕橡胶接头	DN 50	个	128.00
298	可曲绕橡胶接头	DN 65	个	168.00
299	可曲绕橡胶接头	DN 80	个	202.40
300	可曲绕橡胶接头	DN 100	个	256.00
301	可曲绕橡胶接头	DN 125	个	392.00
302	可曲绕橡胶接头	DN 150	个	456.00
303	可曲绕橡胶接头	DN 200	个	756.00

续表

序号	名 称	规格型号	单位	单价(元)
304	可曲绕橡胶接头	DN 250	个	960.00
305	可曲绕橡胶接头	DN 300	个	1280.00
306	可曲绕橡胶接头	DN 350	个	1600.00
307	可曲绕橡胶接头	DN 600	个	2500.00
308	可曲绕橡胶接头	DN 700	个	3000.00
309	可曲绕橡胶接头	DN 800	个	4000.00
310	可曲绕橡胶接头	DN 900	个	5000.00
311	镀锌型钢		kg	4.40
312	LMY 铝母线		kg	22.70
313	TMY 铜母线		kg	29.80
314	同轴电缆	27638	m	5.16
315	同轴电缆	27515	m	1.80
316	电缆桥架		m	133.00
317	梯式桥架	300×150	m	140.00
318	梯式桥架	400×150	m	174.00
319	滑触线		m	220.00
320	防火包		m^3	13000.00
321	BV 铜芯聚氯乙烯绝缘电线	2.5	m	0.87
322	BV 铜芯聚氯乙烯绝缘电线	4	m	1.35
323	BV 铜芯聚氯乙烯绝缘电线	6	m	1.95
324	BV 铜芯聚氯乙烯绝缘电线	25	m	8.70
325	NH-BV 铜芯聚氯乙烯绝缘电线	2.5	m	2.67
326	NH-BV 铜芯聚氯乙烯绝缘电线	4	m	3.99
327	RVS 铜芯聚氯乙烯绝缘绞型软线	0.3	m	0.38
328	RVS 铜芯聚氯乙烯绝缘绞型软线	1	m	1.20
329	NH-RVVP 屏蔽线	2×1.0	m	4.40
330	电缆	YJV22-1kV	m	32.51
331	电缆	ZR-VV 3×185	m	350.89
332	电缆	ZR-VV 4×4	m	14.85

续表

序号	名　称	规格型号	单位	单价（元）
333	电缆	ZR-VV 3×50+1×25	m	109.39
334	电缆	ZR-VV 3×70+1×35	m	146.94
335	电缆	ZR-VV 3×185+195	m	399.76
336	电缆	ZR-YJV 3×2.5	m	10.67
337	电缆	ZR-YJV 3×4	m	14.92
338	电缆	ZR-YJV 3×95	m	231.77
339	电缆	ZR-YJV 3×185	m	467.62
340	电缆	ZR-YJV 4×6	m	33.91
341	电缆	ZR-YJV 4×10	m	41.46
342	电缆	ZR-YJV 4×16	m	61.18
343	电缆	ZR-YJV- 4×50+1×25	m	189.08
344	电缆	ZR-YJV 3×35+1×16	m	105.51
345	电缆	ZR-YJV- 3×70+1×35	m	200.27
346	电缆	ZRC-YJV 3×120+1×70	m	343.60
347	电缆	ZR-YJV 3×185+1×95	m	532.70
348	电缆	ZR-YJV 3×240+1×120	m	681.13
349	电缆	ZR-YJV- 4×120+1×70	m	446.49
350	电缆	ZR-YJV- 4×240+1×120	m	886.06
351	电缆	ZR-YJV22 4×25	m	106.86
352	电缆	ZR-YJV22- 5×2.5	m	32.51
353	电缆	NH-YJV- 2×10	m	45.60
354	电缆	NH-YJV- 4×70+1×35	m	367.85
355	控制电缆	ZR-KVVP2 4×1.5	m	17.80
356	控制电缆	ZR-KVVP2 4×2.5	m	23.01

续表

序号	名　称	规格型号	单位	单价（元）
357	控制电缆	ZR-KVVP2 7×1.5	m	24.86
358	控制电缆	ZR-KVVP2 10×1.5	m	40.64
359	控制电缆	ZR-KVVP2 10×2.5	m	50.86
360	控制电缆	ZR-KVVP2 14×1.5	m	49.06
361	计算机电缆	ZR-JYPVP 1×2×1.0	m	29.59
362	计算机电缆	ZR-JYPVP 5×3×1.5	m	164.08
363	电话电缆	HYA 50×2×0.5	m	13.88
364	感温电缆		m	102.00
365	导线	综合	m	1.35
366	双向土工格栅		m^2	40.00
367	铅丝网		m^2	15.00
368	无机防火涂料		m^3	6100.00
369	有机防火涂料		m^3	15500.00
370	弹性涂料		kg	20.63
371	耐酸漆		kg	12.59
372	防锈漆		kg	13.17
373	酚醛清漆		kg	11.66
374	银粉		kg	23.39
375	油漆溶剂油		kg	2.64
376	醇酸磁漆		kg	15.33
377	无光调和漆		kg	10.61
378	调和漆		kg	9.98
379	红丹防锈漆		kg	11.97
380	丙烯酸封底漆		kg	9.98
381	丙烯酸弹性高级涂料		kg	13.65
382	铜镀铬毛巾架		套	35.89
383	镀锌固定件		个	1.15
384	聚氨酯防水涂料		kg	10.45
385	玻璃胶		支	7.14
386	室内乳胶漆		kg	11.97
387	水性封底漆		kg	5.04
388	弹性腻子		kg	3.36

续表

序号	名 称	规格型号	单位	单价（元）
389	聚氨酯泡沫填充剂		支	15.75
390	塑料弯头	ϕ50	套	4.82
391	铸铁排水弯头		套	24.15
392	塑料水落管	ϕ100	m	21.63
393	塑料雨水斗		个	23.88
394	铝合金半玻平开门		m^2	424.00
395	铝合金单玻推拉门		m^2	265.00
396	1∶3聚氨酯		m^3	19.00
397	可发性聚氨酯泡沫塑料		kg	21.63
398	水泥电杆	190×12	根	850.00
399	低压蝶式绝缘子	ED-1	个	1.34
400	TMY铜母线		kg	29.80
401	编织铜线		m	0.65
402	橡胶圈	75	个	1.32
403	橡胶圈	100	个	2.36
404	铸铁地漏	ϕ50	个	26.30
405	铸铁地漏	100	个	62.00
406	阻火圈	50	个	70.00
407	阻火圈	110	个	165.00
408	混合龙头及配件	15	套	410.00
409	陶瓷片密封龙头	15	个	9.20
410	莲蓬喷头	15	个	21.00
411	排水栓 带链堵	50	套	7.64
412	洗涤盆托架		副	22.94
413	延时自闭冲洗阀及配件	25	个	114.00
414	小便器自闭式配件		套	90.00
415	蹲便冲洗管	铜32×800	根	52.80
416	防污器	32	个	10.00
417	花篮罩排水栓	50	个	11.46
418	玻璃	3	m^2	10.00
419	灵活隔断墙		m^2	445.50
420	胶合板木门		m^2	198.00
421	彩板组角平开门		m^2	510.30

续表

序号	名 称	规格型号	单位	单价（元）
422	抗折商品混凝土	5MPa	m^3	360.00
423	普通混凝土	C10	m^3	181.50
424	普通混凝土	C15	m^3	197.42
425	普通混凝土	C20	m^3	210.23
426	普通混凝土	C25	m^3	223.52
427	普通混凝土	C30	m^3	238.00
428	普通混凝土	C35	m^3	250.07
429	普通混凝土	C40	m^3	250.63
430	普通混凝土	C45	m^3	260.76
431	普通混凝土	C50	m^3	271.33
432	预拌混凝土	C10	m^3	250.00
433	预拌混凝土	C15	m^3	265.00
434	预拌混凝土	C20	m^3	280.00
435	预拌混凝土	C25	m^3	295.00
436	预拌混凝土	C30	m^3	315.00
437	预拌混凝土	C35	m^3	335.00
438	预拌混凝土	C40	m^3	355.00
439	预拌混凝土	C45	m^3	370.00
440	预拌抗渗混凝土	C25	m^3	380.00
441	预拌抗渗混凝土	C30	m^3	400.00
442	预拌抗渗混凝土	C35	m^3	415.00
443	预拌抗渗混凝土	C40	m^3	465.00
444	预拌抗折混凝土	C30	m^3	340.00
445	小型构件		m^3	1179.00
446	小型构件	C25	m^3	1075.00
447	过梁		m^3	823.00
448	混凝土小型空心砌块	90	m^3	225.00
449	混凝土小型空心砌块	190	m^3	213.81
450	挤压式混凝土平石	49.5×30×10	块	7.40
451	混凝土块道牙		m	38.75
452	水泥砂浆	M10	m^3	217.33
453	防水砂浆		m^3	315.94
454	1∶1水泥砂浆		m^3	339.27
455	1∶2水泥砂浆		m^3	275.48
456	1∶2.5水泥砂浆		m^3	249.80
457	1∶3水泥砂浆		m^3	234.34
458	1∶3.5水泥砂浆		m^3	217.20

续表

序号	名 称	规格型号	单位	单价（元）
459	1∶4水泥砂浆		m^3	213.41
460	3∶7灰土		m^3	29.38
461	2∶8灰土		m^3	19.63
462	1∶8水泥蛭石		m^3	221.27
463	豆石混凝土	C30	m^3	262.13
464	混合砂浆	M10	m^3	205.27
465	混合砂浆	M7.5	m^3	194.07
466	混合砂浆	M5	m^3	179.15
467	混合砂浆	M2.5	m^3	162.83
468	混合砂浆	M1	m^3	149.41
469	水泥砂浆	M7.5	m^3	192.13
470	水泥砂浆	M5	m^3	169.38
471	厂拌沥青石屑		t	219.30
472	厂拌沥青碎石		t	175.44
473	厂拌粗粒式沥青混凝土		t	197.00
474	厂拌中粒式混凝土		t	202.00
475	厂拌细粒式沥青混凝土		t	220.40
476	乳化沥青		kg	2.40
477	沥青混凝土		m^3	426.91
478	改性沥青混凝土		t	355.49
479	沥青透层油		t	1670.40
480	汽车起重机	5t	台班	402.49
481	汽车起重机	8t	台班	509.61
482	汽车起重机	10t	台班	589.78
483	汽车起重机	12t	台班	674.73
484	汽车起重机	16t	台班	848.49
485	汽车起重机	20t	台班	983.23
486	汽车起重机	40t	台班	1588.60
487	汽车起重机	75t	台班	4672.64
488	载重汽车	4t	台班	285.27
489	载重汽车	5t	台班	352.20
490	载重汽车	6t	台班	352.20
491	载重汽车	4t	台班	285.27
492	载重汽车	8t	台班	461.63
493	载重汽车	10t	台班	539.19
494	载重汽车	综合	台班	453.22
495	自卸汽车	4t	台班	345.81

续表

序号	名 称	规格型号	单位	单价（元）
496	自卸汽车	8t	台班	506.34
497	自卸汽车	15t	台班	875.63
498	履带式单斗挖土机	$1m^3$	台班	728.06
499	履带式推土机	75kW	台班	545.44
500	履带式推土机	60kW	台班	397.19
501	轮胎式装载机	$1m^3$	台班	298.05
502	平地机	90HP	台班	464.85
503	电动夯实机	20～62kg/m	台班	20.80
504	电焊机	综合	台班	66.38
505	空压机	$0.6m^3/min$	台班	62.68
506	交流电焊机	21kV·A	台班	58.17
507	交流电焊机	32kV·A	台班	59.90
508	直流电焊机	20kW	台班	66.94
509	氩弧焊机	500A	台班	95.78
510	洒水车	4000L	台班	339.22
511	磨钎机		台班	140.84
512	电动空压机	$6m^3/min$	台班	105.49
513	空压机	综合	台班	320.01
514	锻钎机	421～90(90m/s)	台班	120.89
515	拖拉机	54马力	台班	362.57
516	履带式起重机	15t	台班	535.19
517	灰浆搅拌机	200L	台班	50.86
518	泥浆泵	ϕ100	台班	103.25
519	灰浆输送泵		台班	93.02
520	平板拖车组	20t	台班	850.49
521	混凝土振捣器插入式		台班	4.71
522	混凝土振捣器（平板式）		台班	4.51
523	卷扬机（单筒快速）	1t以内	台班	57.02
524	X光探伤机	TX-2505	台班	139.77
525	超声波探伤机	CTS-26	台班	110.92
526	卷板机	20×2500	台班	132.73
527	离心水泵	ϕ100	台班	68.08
528	试压泵	60MPa	台班	63.03
529	试压泵		台班	58.01
530	压路机	6～8t	台班	369.79
531	压路机	8～10t	台班	497.06

续表

序号	名称	规格型号	单位	单价（元）
532	压路机	12～15t	台班	591.91
533	振动压路机	综合	台班	573.30
534	履带式沥青混凝土摊铺机		台班	1260.37
535	混凝土锯缝机		台班	170.78
536	试压水泵	4.0MPa	台班	48.46
537	电动夯实机	20～62kg/m	台班	20.80
538	机动翻斗车	1t	台班	111.82
539	滚筒式混凝土搅拌机	电动出土量 400L	台班	92.48
540	灰浆搅拌机	400L	台班	52.66
541	旋喷桩机	D600～800	台班	123.81
542	袋装砂井机（不带门架）		台班	133.20
543	电动卷扬机 单筒慢速	5t	台班	73.21
544	振冲器		台班	280.29
545	对焊机	75kV·A	台班	96.78
546	工程钻机		台班	298.05
547	混凝土磨光机		台班	18.49
548	履带式电动起重机	5t	台班	147.43
549	履带式推土机	90kW	台班	517.93
550	轮胎式装载机	3m³	台班	609.65
551	内燃空气压缩机	9m³/min	台班	285.08
552	汽车式沥青喷洒机	4000L	台班	398.12
553	抓铲挖掘机		台班	527.23
554	混凝土路面刻槽机		台班	129.79
555	稳定土混合料摊铺机		台班	6500.00
556	洒水车	6000L	台班	380.96
557	履带式推土机	135kW	台班	769.00
558	液压镐		台班	415.17
559	自卸汽车	4.5t	台班	345.81
560	电动双梁起重机	5t	台班	221.28
561	低压自动压力计		套	408.00
562	中压自动压力计		套	408.00
563	U型压力计		套	108.00

续表

序号	名称	规格型号	单位	单价（元）
564	电动单梁桥式起重机	LD-10	台	130000.00
565	电动单梁悬挂起重机	DX5-5.5-20 T=5t	台	53600.00
566	电动单梁悬挂起重机	DX2	台	22000.00
567	电动单梁悬挂起重机	T=5t	台	201700.00
568	电动单梁悬挂起重机	（2t以内）	台	25600.00
569	电动单梁悬挂起重机	2t	台	31500.00
570	电动单梁悬挂起重机	3t	台	42600.00
571	电动单梁悬挂起重机	DX	台	29400.00
572	电动单梁悬挂起重机	Lk=7m	台	112300.00
573	电动单梁悬挂起重机	T=10t Lk=13.5m	台	55000.00
574	电动单梁悬挂起重机起重量	（1t以内） Lk=12m	台	22800.00
575	电动调节阀	*DN* 500	个	15617.00
576	电动蝶阀	*DN* 100	个	3750.00
577	电动蝶阀	*DN* 80	个	2450.00
578	电动蝶阀	D71J-6 *DN* 500	个	1182.00
579	电动蝶阀	D941X-10 *DN* 500	个	14460.00
580	电动蝶阀	D941X-10 *DN* 600	个	13000.00
581	电动蝶阀	D941X-10 *DN* 700	个	18750.00
582	电动蝶阀	*DN*500 PN=1.0MPa	个	18000.00
583	电动蝶阀	*DN*700 PN=1.0MPa	个	22000.00
584	电动蝶阀	Z940H-16C *DN* 300	个	8600.00
585	电动蝶阀	Z944T-10 *DN* 150	个	5320.00

续表

序号	名 称	规格型号	单位	单价（元）
586	电动蝶阀	Z944T-10 *DN* 250	个	6120.00
587	电动蝶阀	Z944T-10 *DN* 400	个	7500.00
588	电动法兰阀门	*DN* 100	个	3750.00
589	电动葫芦	CD15-12D T=5t	台	16500.00
590	电动葫芦	MD1	台	8000.00
591	电动葫芦	2t 以内	台	6310.00
592	电动葫芦	MD15-12D	台	7000.00
593	电动葫芦	T=2.0t	台	12000.00
594	电动葫芦	T=3t	台	21200.00
595	电动机	Y200L2-6 P=22kW n=970 转/分	台	7000.00
596	电动机	Y355M-8 P=160kW n=750 转/分	台	5000.00
597	电动球阀	*DN* 100	个	5500.00
598	电动球阀	*DN* 50	个	4370.00
599	电动球阀	*DN* 125	个	7190.00
600	电动旋转式格删除污机	B=2m N=3.0kW	台	191578.00
601	电度表屏	PK-1C 型	台	30000.00
602	电力变压器	S10-M-400kV·A	台	92580.00
603	电力变压器	S9-250 10/0.4kV	台	10000.00
604	电力变压器	800kV·A 10kV/0.4kV	台	54230.00
605	电力变压器	S9-400/35/0.4	台	63520.00
606	电力变压器	S9-800/10/0.4	台	56800.00
607	电流互感器		台	5000.00
608	电热淋浴器		台	1500.00
609	电容补偿屏	PGJ-1	台	2400.00
610	电容器屏		台	4500.00
611	电台专用电源		套	3526.00

续表

序号	名 称	规格型号	单位	单价（元）
612	电源模块		块	7850.00
613	吊车	G=3t LK=9m	台	109000.00
614	调节阀	*DN* 15	个	3783.00
615	调速电机	N=1000kW	台	199200.00
616	定速电机	N=1000kW 10kV	台	132800.00
617	动力配电箱		台	14250.00
618	断路器柜单母线柜		台	20000.00
619	多功能水泵控制阀	*DN* 400	只	6700.00
620	多功能水泵控制阀	*DN* 450	只	7100.00
621	反冲洗泵		台	42000.00
622	反冲洗泵	Q=1720 H=14	台	110000.00
623	反冲洗泵	Q=820m^3/h H=10m N=37kW	台	39600.00
624	反冲洗水泵	Q=1680m^3/h H=8.5m	台	180000.00
625	反冲洗水泵	Q=910m^3/h H=10m	台	81000.00
626	非金属链条刮泥机		套	300580.00
627	废水回收泵	Q=400m^3/h H=16m N=30kW	台	67500.00
628	分体柜式空调器	RF-71W	台	8000.00
629	风机控制箱	XRM3-06 改	台	3200.00
630	干式变压器安装容量	1000kV·A 以下	台	165000.00
631	高压成套配电柜		台	98573.00
632	高压电容器柜	GR-1 型	台	80000.00
633	高压开关柜	JYN2-10 型	台	80000.00
634	高压配电柜		台	12300.00
635	鼓风机	Q=27m^3/min H=2.5mWc	台	136050.00

续表

序号	名 称	规格型号	单位	单价（元）
636	鼓风机	$Q=55m^3/min$ H=4mWc	台	260500.00
637	鼓风机	$Q=8.5m^3/min$ H=1mWc	台	58765.00
638	鼓风机	N=150kW	台	675000.00
639	刮泥机	ϕ15m	台	747000.00
640	刮泥机	N=7.5kW	台	292000.00
641	刮泥机	ϕ7800 N=0.75kW	台	150000.00
642	刮泥机	45×8m	台	167800.00
643	刮泥机	64×8m	台	205600.00
644	柜式空调机	制冷量6730kW	台	15000.00
645	锅炉水处理设备钠离子交换器	2t/h	台	13000.00
646	回流潜水泵	$Q=150m^3/h$ H=15m	台	30000.00
647	混合池搅拌机	N=3.7 ~7.5kW	套	230000.00
648	混合器		套	20000.00
649	机组重5t以内回转式螺杆压缩机		台	65000.00
650	集中控制台	2~4m	台	5000.00
651	加氯泵	$Q=15m^3/h$ H=55m N=11kW	台	15280.00
652	加氯升压泵	$Q=7.2m^3/h$ H=40m	台	3800.00
653	加氯水泵就地箱		台	3240.00
654	加药装置一体机		台	454806.00
655	浆式搅拌机	N=1.1kW	套	40000.00
656	浆式搅拌器（二级混合）	D1800 N=7.5kW	台	35000.00
657	浆式搅拌器（一级混合）	D1800 N=22kW	台	51000.00
658	浆式搅拌器安装（二级混合）	N=3.0kW	台	35000.00
659	浆式搅拌器安装（一级混合）	N=7.5kW	台	45280.00
660	降压启动柜	JJ1B-315 /380-2	台	4500.00
661	聚合物投加泵	100L/h H=30m	台	12000.00

续表

序号	名 称	规格型号	单位	单价（元）
662	聚合物投加泵	1500L/h H=30m	台	15000.00
663	空气干燥器	FD16	台	22000.00
664	空气压缩机	SF4-8-250	台	180000.00
665	空压机		台	925000.00
666	离心泵	$Q=110m^3/h$	台	8750.00
667	离心泵	$Q=1806m^3/h$	台	16000.00
668	离心泵	$Q=84.6m^3/h$	台	6980.00
669	离心式水泵	$Q=1736.1m^3/h$ H=25m	台	23000.00
670	离心式水泵	$Q=2000m^3/h$ H=46m	台	41000.00
671	离心式水泵	$Q=3255.2m^3/h$ H=30m	台	32400.00
672	离心式水泵	$Q=3472.2m^3/h$ H=25m	台	26700.00
673	离心式水泵	$Q=3600m^3/h$ H=46m	台	76500.00
674	离心水泵	350S-44	台	44000.00
675	离心水泵	500S-59	台	64800.00
676	离心脱水机	$Q=40m^3/h$ N=55kW	台	1480000.00
677	立式补水泵		台	2500.00
678	立式储气罐		个	15000.00
679	立式锅炉本体安装		台	85000.00
680	立式热水循环泵		台	3800.00
681	链条式非金属刮泥机		套	375600.00
682	链条式刮泥机	Lk=5.5m	台	245784.00
683	漏氯中和装置		套	185000.00
684	滤板安装密封件		套	15000.00
685	滤板及滤头		套	1200.00
686	螺杆泵	$Q=40m^3/h$ H=10m N=7.5kW	台	35561.00
687	螺旋输送机	N=2.2kW	台	68200.00
688	模拟量输入模块		块	32600.00

续表

序号	名　称	规格型号	单位	单价（元）
689	浓缩脱水一体机		台	1744820.00
690	排水泵	Q=10m³/h H=15m N=0.75kW	台	2100.00
691	配电（电源）屏底压开关柜		台	20000.00
692	启闭机		台	3000.00
693	启闭机	0.5t	台	6955.00
694	起重量2t以内电动葫芦		台	6310.00
695	潜水泵	AS30-2CB Q=33.7m³/h H=12m	台	38000.00
696	潜水泵	50QW 42-9-2.2	台	3000.00
697	潜水泵	Q=36-108m³/h H=8m	台	56000.00
698	潜水泵	Q=460 H=17m	台	110952.00
699	潜水泵	WQZ10-10-1.1	台	3000.00
700	潜水泵	WQZ10-10-11Q=10m³/h H=10m	台	1600.00
701	潜水泵	YQS-11	台	3450.00
702	潜水回流泵	Q=108m³/h	台	56000.00
703	潜水搅拌机	Q=1944m³/h	套	95000.00
704	潜水排污泵		台	1960.00
705	潜水排污泵	Q=25m³/h	台	7980.00
706	潜水排污泵	Q=36m³/h	台	11200.00
707	潜水排污泵	Q=50m³/h	台	14500.00
708	潜水排污泵	Q=7 H=8m	台	9800.00
709	潜污泵	AS16-2CB	台	1500.00
710	潜污泵	N=5.5kW	台	12000.00
711	潜污泵	N=7.5kW	台	14500.00
712	潜污泵	Q=480 H=15m	台	110324.00
713	桥式吊车	N=12.1kW	台	201700.00
714	倾斜螺旋输送机	Q=4m³/h L=7500mm N=3.0kW	台	130000.00

续表

序号	名　称	规格型号	单位	单价（元）
715	清水离心泵	Q=722.22 H=41m	台	69000.00
716	取样泵	Q=1500 H=8m N=0.25	台	2500.00
717	取样泵	Q=5500 H=26.8m N=2.5	台	6200.00
718	取样泵	Q=7500 H=34.3m N=4	台	7800.00
719	热水锅炉	S-1W 1.4-0.7 /95/70-AI13	台	200000.00
720	容量2t立式储气罐		台	15000.00
721	上清液回流泵	Q=110m³/h H=10m N=5.5kW	台	16500.00
722	手电两动启闭机	T=2t	个	4368.00
723	手电两用启闭机械		台	14352.00
724	手动启闭机	T=2t	个	4368.00
725	数字显示调节仪		台	2518.00
726	双级离心泵	Q=1330 H=55m N=250	台	258000.00
727	双级离心泵	Q=875 H=55m N=200	台	212000.00
728	双吸离心泵	Q=3200m³/M	台	132800.00
729	水泵	N=90kW	台	52000.00
730	水泵	24SA-18B Q=2292m³/h H=18m	台	41500.00
731	水泵	200S95A	台	8960.00
732	水泵	300S90	台	10200.00
733	水泵	N=90kW	台	260000.00
734	送水泵	N=132kW	台	34580.00
735	送水泵	N=220kW	台	125600.00
736	送水泵	N=355kW	台	198000.00

续表

序号	名称	规格型号	单位	单价（元）
737	送水泵	N=630kW	台	251000.00
738	通信模块		块	3670.00
739	投药泵	N=0.75kW	台	65384.00
740	投药一体机	4.45kg/h N=3.4kW	台	125000.00
741	脱水机给料泵	Q=2～15m³/h	台	25400.00
742	污泥抽送泵	NM053L	台	28500.00
743	污泥输送泵	Q=12m³/h H=15m N=1.5kW	台	5500.00
744	污泥输送泵	Q=45m³/h H=20m N=5.5kW	台	12000.00
745	洗涤塔，XT-90小型制氧机械		台	78000.00
746	移动带式输送机	B×L=600×800	台	15000.00
747	PE燃气80球型阀	D110双放散杆长1800	组	3514.00
748	PE燃气80球型阀	D160双放散杆长1800	组	5908.00

续表

序号	名称	规格型号	单位	单价（元）
749	PE燃气80球型阀	D200双放散杆长1800	组	9660.00
750	PE燃气80球型阀	D250双放散杆长1800	组	13782.00
751	PE燃气80球型阀	D300双放散杆长1800	组	18490.00
752	过滤器	*DN* 200	组	1700.00
753	过滤器	*DN* 300	组	2958.00
754	过滤器	*DN* 400	组	3800.00
755	分离器	*DN* 150	个	1500.00
756	分离器	*DN* 200	个	2300.00
757	分离器	*DN* 300	个	2800.00
758	安全水封	*DN* 200	个	2100.00
759	安全水封	*DN* 300	个	3600.00
760	调压器	雷诺式 *DN* 150	台	5490.00
761	调压器	雷诺式 *DN* 200	台	9858.00
762	调压器	雷诺式 *DN*300	台	17010.00
763	调压器	TMJ316	台	7920.00
764	调压器	TMJ318	台	16520.00
765	调压器	TMJ439	台	21500.00

本 册 主 编 单 位：北京市建设工程造价管理处

本 册 参 编 单 位：中国航空工业规划设计研究院
城市建设研究院
北京市市政工程设计研究总院
天津市环境卫生工程设计院
中国市政工程华北设计研究院

本册主要编写人员：刘　军　刘　智　郭燕萍　俞惠文　刘淑玲
齐长青　樊自力　康振同　陆焕玲　温以雄
孟　繁　张金凤　从云忠　陈　晖　顾生才
何　勤　颜廷山　唐书娟　安晓晶　梁　晗
刘芝田　蔡　亮　贺业迅　陈会良　刘　斌
靳俊平　刘保燕

综 合 组 成 员：胡传海　徐金泉　王海宏　胡晓丽　白洁如
李艳海　刘　军　刘　智　李永芳　白树华
张东海　龚伟中　王　梅　刘　运　陆勇雄
陈益梁　刘　洁　温鄂生　金春平　吴宏伟
王慧颖　陈建民　石　刚